U0137395

Theory of Games and Economic Behavior
(Sixtieth-Anniversary Edition)

《博弈论与经济行为》的确是天才之作，即使千年以后也必将被铭记 。

——保罗·萨缪尔森（Paul Samuelson），1970年诺贝尔经济学奖获得者，麻省理工学院教授

博弈论这本卓越著作的问世真是一个罕见的重大事件……本书作者处理经济问题的方法有足够的普遍性，可以应用到政治科学、社会科学，甚至军事策略。

——赫尔维茨（Leonid Hurwicz），2007年诺贝尔经济学奖获得者，明尼苏达大学教授

这部著作对读者的数学要求不超过最基本的代数知识，所涉及的数学概念，在书中都给出了详细的介绍和解释……所有这些因素，使得即使是对于未经数学训练的读者而言，这部著作也会是非常有趣的。

——克劳德·谢瓦莱（Claude Chevalley），法国著名数学家，巴黎大学教授

阅读这部著作获得的关于博弈理论应用和发展的思想财富，将成为社会科学分析的基本工具。每一位相信有必要使社会科学的理论数学化的社会科学家，都要掌握博弈论的工作。

——赫尔伯特·西蒙(Herbert A. Simon)，1978年诺贝尔经济学奖获得者，卡内基梅隆大学教授

这部著作或将被后世视为20世纪前半叶最重要的科学成就之一，它留下了许多未竟的工作，而这一点也让它更加有趣，无论是沿着经济学应用和解释的方向，还是沿着数学研究的方向，许多扩展工作都可望产生丰富的效果。

——阿瑟·科普兰德（Arthur H. Copeland），莱斯大学和密歇根大学教授

本书列入“十四五”国家重点图书出版规划

如果说这部著作只是对于经济学的贡献，那么对作者是不公平的。它所涉及的范围比经济学要宽广得多。

——赫尔维茨（Leonid Hurwicz），2007年诺贝尔经济学奖获得者，明尼苏达大学教授

出现一本如《博弈论与经济行为》这般水准的著作，本属罕见之事。阅读这部著作对于读者而言既是一种乐趣，又是促进智力发展的一个驿站……绝大部分经济学家都应该阅读这部著作。

——赫尔维茨（Leonid Hurwicz），2007年诺贝尔经济学奖获得者，明尼苏达大学教授

这是一部丰富多彩的著作……博弈论实际上也许应该被视为20世纪社会科学的里程碑之一。

——《政治经济学史》（*History of Political Economics*）

对于应该如何将经济学成功地置于合理的数学基础上，人们的看法仍然不尽相同，但博弈论最终产生了巨大的影响，特别是在数学和自动机研究方面。在每一个重要的图书馆，都必须有这本书。

——《新科学家》（*New Scientist*）

尽管作为经济学界中的一次“政变”，博弈论是成功的或失败的尚未定论，但很少有人会否认这一主题引起的研究兴趣——以在专业期刊所占的页数衡量——已接近史上最高。仅凭这一点，这部由冯·诺伊曼和摩根斯坦合著的仍存争议的经典之作，就足以受到整个学术界的欢迎。

——《暹罗新闻》（*SIAM News*）

在具体结论之外，这部著作的主要成就在于将现代逻辑作为一种分析工具引入了经济学，并使这种工具的运用体现出惊人的概括力。

——《政治经济学学报》（*The Journal of Political Economy*）

我们不得不佩服在书中几乎每一页都表现出的大胆远见、对细节的执着和思想的深度……一部具有这样水准的著作的出现 …… 的确是一件罕见的事。

——《美国经济评论》（*The American Economic Review*）

这部著作或将被后世视为20世纪前半叶最重要的科学成就之一。如果能够以此重建一门科学——经济学——这将更加毋庸置疑。而作者通过这部著作奠定的基础，无疑有着尤为光明的前景。

——《美国数学学会会刊》(*The Bulletin of the American Mathematical Society*)

对于社会科学研究而言，冯·诺伊曼和摩根斯坦的这部著作的作用与其说是一剂良药，毋宁说是一个有益的催化剂!

——罗森布里斯(Walter A. Rosenblith)，麻省理工学院教授

这部著作是自凯恩斯的《就业、利息和货币通论》(*The General Theory of Employment, Interest, and Money*)以来最重要的著作。尽管当时许多经济学家连这两部著作中的任何一部都没有完全搞懂。

——斯通(John Richard Nicholas Stone)，1984年诺贝尔经济学奖获得者，剑桥大学教授

(冯·诺依曼是)一个天才……一个能够看透自己的，非常聪明的人。

——保罗·萨缪尔森(Paul Samuelson)，1970年诺贝尔经济学奖获得者，麻省理工学院教授

至少以下六位经济学家认为他们的研究受到了冯·诺伊曼的巨大影响：

萨缪尔森（Paul Samuelson），1970年诺贝尔奖获得者

阿罗（Kenneth Arrow），1972年诺贝尔奖获得者

库普曼斯（T. C. Koopmans），1975年诺贝尔奖获得者

坎托罗维奇（V. Kantorovich），1975年诺贝尔奖获得者

德布勒（G. Debreu），1983年诺贝尔奖获得者

索洛（Robert Solow），1987年诺贝尔奖获得者

科学元典丛书

The Series of the Great Classics in Science

主　　编　任定成

执行主编　周雁翎

策　　划　周雁翎

丛书主持　陈　静

科学元典是科学史和人类文明史上划时代的丰碑，是人类文化的优秀遗产，是历经时间考验的不朽之作。它们不仅是伟大的科学创造的结晶，而且是科学精神、科学思想和科学方法的载体，具有永恒的意义和价值。

科学元典丛书

博弈论与经济行为

（60周年纪念版）

Theory of Games and Economic Behavior

(Sixtieth-Anniversary Edition)

[美] 冯·诺伊曼　[美] 摩根斯坦 著
王建华　顾玮琳 译

北京大学出版社
PEKING UNIVERSITY PRESS

著作权合同登记号　图字：01-2014-5429

图书在版编目(CIP)数据

博弈论与经济行为：60 周年纪念版/(美) 冯·诺伊曼，(美) 摩根斯坦著；王建华，顾玮琳译.
—北京：北京大学出版社，2018.5

（科学素养文库·科学元典丛书）

ISBN 978-7-301-29326-3

Ⅰ.①博…　Ⅱ.①冯…②摩…③王…④顾…　Ⅲ.①博弈论—研究②经济行为—研究　Ⅳ.①O225
②F014.9

中国版本图书馆 CIP 数据核字（2018）第 037319 号

Theory of Games and Economic Behavior (SIXTIETH-ANNIVERSARY EDITION) by John von Neumann & Oskar Morgenstern

书　　名	博弈论与经济行为（60 周年纪念版） BOYILUN YU JINGJI XINGWEI
著作责任者	［美］冯·诺伊曼　［美］摩根斯坦　著　王建华　顾玮琳　译
丛书策划	周雁翎
丛书主持	陈　静
责任编辑	李淑方
标准书号	ISBN 978-7-301-29326-3
出版发行	北京大学出版社
地　　址	北京市海淀区成府路 205 号　100871
网　　址	http://www.pup.cn　　新浪微博：@ 北京大学出版社
微信公众号	通识书苑（微信号：sartspku）　科学元典（微信号：kexueyuandian）
电子邮箱	编辑部 jyzx@ pup.cn　　总编室 zpup@ pup.cn
电　　话	邮购部 010-62752015　发行部 010-62750672　编辑部 010-62767857
印 刷 者	北京中科印刷有限公司
经 销 者	新华书店 787 毫米×1092 毫米　16 开本　39 印张　彩插 16 页　1000 千字 2018 年 5 月第 1 版　2023 年 11 月第 6 次印刷
定　　价	158.00 元

弁　言

· *Preface to the Series of the Great Classics in Science* ·

这套丛书中收入的著作，是自古希腊以来，主要是自文艺复兴时期现代科学诞生以来，经过足够长的历史检验的科学经典。为了区别于时下被广泛使用的“经典”一词，我们称之为“科学元典”。

我们这里所说的“经典”，不同于歌迷们所说的“经典”，也不同于表演艺术家们朗诵的“科学经典名篇”。受歌迷欢迎的流行歌曲属于“当代经典”，实际上是时尚的东西，其含义与我们所说的代表传统的经典恰恰相反。表演艺术家们朗诵的“科学经典名篇”多是表现科学家们的情感和生活态度的散文，甚至反映科学家生活的话剧台词，它们可能脍炙人口，是否属于人文领域里的经典姑且不论，但基本上没有科学内容。并非著名科学大师的一切言论或者是广为流传的作品都是科学经典。

这里所谓的科学元典，是指科学经典中最基本、最重要的著作，是在人类智识史和人类文明史上划时代的丰碑，是理性精神的载体，具有永恒的价值。

一

科学元典或者是一场深刻的科学革命的丰碑，或者是一个严密的科学体系的构架，或者是一个生机勃勃的科学领域的基石。它们既是昔日科学成就的创造性总结，又是未来科学探索的理性依托。

哥白尼的《天体运行论》是人类历史上最具革命性的震撼心灵的著作，它向统治西方思想千余年的地心说发出了挑战，动摇了“正统宗教”学说的天文学基础。伽利略《关于托勒密与哥白尼两大世界体系的对话》以确凿的证据进一步论证了哥白尼学说，更直接地动摇了教会所庇护的托勒密学说。哈维的《心血运动论》以对人类躯体和心灵的双重关怀，满怀真挚的宗教情感，阐述了血液循环理论，推翻了同样统治西方思想千余年、被“正统宗教”所庇护的盖伦学说。笛卡儿的《几何》不仅创立了为后来诞生的微积分提供了工具的解析几何，而且折射出影响万世的思想方法论。牛顿的《自然哲学之数学原理》标志着17世纪科学革命的顶点，为后来的工业革命奠定了科学基础。分别以惠更斯的《光论》与牛顿的《光学》为代表的波动说与微粒说之间展开了长达200余年的论战。拉瓦锡在《化学基础论》中详尽论述了氧化理论，推翻了统治化学百余年之久的燃素理论，这一智识壮举被公认为历史上最自觉的科学革命。道尔顿的《化学哲学新体系》奠定了物质结构理论的基础，开创了科学中的新时代，使19世纪的化学家们有计划地向未知领域前进。傅立叶的《热的解析理论》以其对热传导问题的精湛处理，突破了牛顿的《自然哲学之数学原理》所规定的理论力学范围，开创了数学物理学的崭新领域。达尔文《物种起源》中的进化论思想不仅在生物学发展到分子水平的今天仍然是科学家们阐释的对象，而且100多年来几乎在科学、社会和人文的所有领域都在施展它有形和无形的影响。《基因论》揭示了孟德尔式遗传性状传递机理的物质基础，把生命科学推进到基因水平。爱因斯坦的《狭义与广义相对论浅说》和薛定谔的《关于波动力学的四次演讲》分别阐述了物质世界在高速和微观领域的运动规律，完全改变了自牛顿以来的世界观。魏格纳的《海陆的起源》提出了大陆漂移的猜想，为当代地球科学提供了新的发展基点。维纳的《控制论》揭示了控制系统的反馈过程，普里戈金的《从存在到演化》发现了系统可能从原来无序向新的有序态转化的机制，二者的思想在今天的影响已经远远超越了自然科学领域，影响到经济学、社会学、政治学等领域。

科学元典的永恒魅力令后人特别是后来的思想家为之倾倒。欧几里得的《几何原本》以手抄本形式流传了1800余年，又以印刷本用各种文字出了1000版以上。阿基米德写了大量的科学著作，达·芬奇把他当作偶像崇拜，热切搜求他的手稿。伽利略以他的继承人自居。莱布尼兹则说,了解他的人对后代杰出人物的成就就不会那么赞赏了。为捍卫《天体运行论》中的学说,布鲁诺被教会处以火刑。伽利略因为其《关于托勒密与哥白尼两大世界体系的对话》一书,遭教会的终身监禁,备受折磨。伽利略说吉尔伯特的《论磁》一书伟大得令人嫉妒。拉普拉斯说,牛顿的《自然哲学之数学原理》揭示了宇宙的最伟大定律,它将永远成为深邃智慧的纪念碑。拉瓦锡在他的《化学基础论》出版后5年被法国革命法庭处死,传说拉格朗日悲愤地说,砍掉这颗头颅只要一瞬间,再长出这样的头颅100年也不够。《化学哲学新体系》的作者道尔顿应邀访法,当他走进法国科学院会议厅时,院长和全体院士起立致敬,得到拿破仑未曾享有的殊荣。傅立叶在《热的解析理论》中阐述的强有力的数学工具深深影响了整个现代物理学,推动数学分析的发展达一个多世纪,麦克斯韦称赞该书是"一首美妙的诗"。当人们咒骂《物种起源》是"魔鬼的经典""禽兽的哲学"的时候,赫胥黎甘做"达尔文的斗犬",挺身捍卫进化论,撰写了《进化论与伦理学》和《人类在自然界的位置》,阐发达尔文的学说。经过严复的译述,赫胥黎的著作成为维新领袖、辛亥精英、"五四"斗士改造中国的思想武器。爱因斯坦说法拉第在《电学实验研究》中论证的磁场和电场的思想是自牛顿以来物理学基础所经历的最深刻变化。

在科学元典里,有讲述不完的传奇故事,有颠覆思想的心智波涛,有激动人心的理性思考,有万世不竭的精神甘泉。

二

按照科学计量学先驱普赖斯等人的研究,现代科学文献在多数时间里呈指数增长趋势。现代科学界,相当多的科学文献发表之后,并没有任何人引用。就是一时被引用过的科学文献,很多没过多久就被新的文献所淹没了。科学注重的是创造出新的实在知识。从这个意义上说,科学是向前看的。但是,我们也可以看到,这么多文献被淹没,也表明划时代的科学文献数量是很少的。大多数科学元典不被现代科学文献所引用,那是因为其中的知识早已成为科学中无须证明的常识了。即使这样,科学经典也会因为其中思想的恒久意义,而像人文领域里的经典一样,具有永恒的阅读价值。于是,科学经典就被一编再编、一印再印。

早期诺贝尔奖得主奥斯特瓦尔德编的物理学和化学经典丛书"精密自然科学经典"从1889年开始出版,后来以"奥斯特瓦尔德经典著作"为名一直在编辑出版,有资料说目前已经出版了250余卷。祖德霍夫编辑的"医学经典"丛书从1910年就开始陆续出版了。也是这一年,蒸馏器俱乐部编辑出版了20卷"蒸馏器俱乐部再版本"丛书,丛书中全是化学经典,这个版本甚至被化学家在20世纪的科学刊物上发表的论文所引用。一般把1789年拉瓦锡的化学革命当作现代化学诞生的标志,把1914年爆发的第一次世界大战称为化学家之战。奈特把反映这个时期化学的重大进展的文章编成一卷,把这个时期的其他9部总结性化学著作各编为一卷,辑为10卷“1789—1914年的化学发展”丛书,于1998年出版。像这样的某一科学领域的经典丛书还有很多很多。

科学领域里的经典,与人文领域里的经典一样,是经得起反复咀嚼的。两个领域里的经典一起,就可以勾勒出人类智识的发展轨迹。正因为如此,在发达国家出版的很多经典丛书中,就包含了这两个领域的重要著作。1924年起,沃尔科特开始主编一套包括人文与科学两个领域的原始文献丛书。这个计划先后得到了美国哲学协会、美国科学促进会、科学史学会、美国人类学协会、美国数学协会、美国数学学会以及美国天文学学会的支持。1925年,这套丛书中的《天文学原始文献》和《数学原始文献》出版,这两本书出版后的25年内市场情况一直很好。1950年,沃尔科特把这套丛书中的科学经典部分发展成为“科学史原始文献”丛书出版。其中有《希腊科学原始文献》《中世纪科学原始文献》和《20世纪(1900—1950年)科学原始文献》,文艺复兴至19世纪则按科学学科(天文学、数学、物理学、地质学、动物生物学以及化学诸卷)编辑出版。约翰逊、米利肯和威瑟斯庞三人主编的“大师杰作丛书”中,包括了小尼德勒编的3卷“科学大师杰作”,后者于1947年初版,后来多次重印。

在综合性的经典丛书中,影响最为广泛的当推哈钦斯和艾德勒1943年开始主持编译的“西方世界伟大著作丛书”。这套书耗资200万美元,于1952年完成。丛书根据独创性、文献价值、历史地位和现存意义等标准,选择出74位西方历史文化巨人的443部作品,加上丛书导言和综合索引,辑为54卷,篇幅2 500万单词,共32 000页。丛书中收入不少科学著作。购买丛书的不仅有“大款”和学者,而且还有屠夫、面包师和烛台匠。迄1965年,丛书已重印30次左右,此后还多次重印,任何国家稍微像样的大学图书馆都将其列入必藏图书之列。这套丛书是20世纪上半叶在美国大学兴起而后扩展到全社会的经典著作研读运动的产物。这个时期,美国一些大学的寓所、校园和酒吧里都能听到学生讨论古典佳作的声音。有的大学要求学生必须深研100多部名著,甚至在教学中不得使用最新的实验设备,而是借助历史上的科学大师所使用的方法和仪器复制品去再现划时代的著名实验。至20世纪40年代末,美国举办古典名著学习班的城市达300个,学员50 000余众。

相比之下,国人眼中的经典,往往多指人文而少有科学。一部公元前300年左右古希腊人写就的《几何原本》,从1592年到1605年的13年间先后3次汉译而未果,经17世纪初和19世纪50年代的两次努力才分别译刊出全书来。近几百年来移译的西学典籍中,成系统者甚多,但皆系人文领域。汉译科学著作,多为应景之需,所见典籍寥若晨星。借20世纪70年代末举国欢庆“科学春天”到来之良机,有好尚者发出组译出版“自然科学世界名著丛书”的呼声，但最终结果却是好尚者抱憾而终。20 世纪 90 年代初出版的“科学名著文库”，虽使科学元典的汉译初见系统，但以 10 卷之小的容量投放于偌大的中国读书界，与具有悠久文化传统的泱泱大国实不相称。

我们不得不问：一个民族只重视人文经典而忽视科学经典，何以自立于当代世界民族之林呢？

三

科学元典是科学进一步发展的灯塔和坐标。它们标识的重大突破，往往导致的是常规科学的快速发展。在常规科学时期，人们发现的多数现象和提出的多数理论，都要用科学元典中的思想来解释。而在常规科学中发现的旧范型中看似不能得到解释的现象，其重要性往往也要通过与科学元典中的思想的比较显示出来。

在常规科学时期，不仅有专注于狭窄领域常规研究的科学家，也有一些从事着常规研究但又关注着科学基础、科学思想以及科学划时代变化的科学家。随着科学发展中发现的新现象，这些科学家的头脑里自然而然地就会浮现历史上相应的划时代成就。他们会对科学元典中的相应思想，重新加以诠释，以期从中得出对新现象的说明，并有可能产生新的理念。百余年来，达尔文在《物种起源》中提出的思想，被不同的人解读出不同的信息。古脊椎动物学、古人类学、进化生物学、遗传学、动物行为学、社会生物学等领域的几乎所有重大发现，都要拿出来与《物种起源》中的思想进行比较和说明。玻尔在揭示氢光谱的结构时，提出的原子结构就类似于哥白尼等人的太阳系模型。现代量子力学揭示的微观物质的波粒二象性，就是对光的波粒二象性的拓展，而爱因斯坦揭示的光的波粒二象性就是在光的波动说和粒子说的基础上，针对光电效应，提出的全新理论。而正是与光的波动说和粒子说二者的困难的比较，我们才可以看出光的波粒二象性说的意义。可以说，科学元典是时读时新的。

除了具体的科学思想之外，科学元典还以其方法学上的创造性而彪炳史册。这些方法学思想，永远值得后人学习和研究。当代诸多研究人的创造性的前沿领域，如认知心理学、科学哲学、人工智能、认知科学等，都涉及对科学大师的研究方法的研究。一些科学史学家以科学元典为基点，把触角延伸到科学家的信件、实验室记录、所属机构的档案等原始材料中去，揭示出许多新的历史现象。近二十多年兴起的机器发现，首先就是对科学史学家提供的材料，编制程序，在机器中重新做出历史上的伟大发现。借助于人工智能手段，人们已经在机器上重新发现了波义耳定律、开普勒行星运动第三定律，提出了燃素理论。萨伽德甚至用机器研究科学理论的竞争与接受，系统研究了拉瓦锡氧化理论、达尔文进化学说、魏格纳大陆漂移说、哥白尼日心说、牛顿力学、爱因斯坦相对论、量子论以及心理学中的行为主义和认知主义形成的革命过程和接受过程。

除了这些对于科学元典标识的重大科学成就中的创造力的研究之外,人们还曾经大规模地把这些成就的创造过程运用于基础教育之中。美国几十年前兴起的发现法教学,就是在这方面的尝试。近二十多年来,兴起了基础教育改革的全球浪潮,其目标就是提高学生的科学素养,改变片面灌输科学知识的状况。其中的一个重要举措,就是在教学中加强科学探究过程的理解和训练。因为,单就科学本身而言,它不仅外化为工艺、流程、技术及其产物等器物形态,直接表现为概念、定律和理论等知识形态,更深蕴于其特有的思想、观念和方法等精神形态之中。没有人怀疑,我们通过阅读今天的教科书就可以方便地学到科学元典著作中的科学知识,而且由于科学的进步,我们从现代教科书上所学的知识甚至比经典著作中的更完善。但是,教科书所提供的只是结晶状态的凝固知识,而科学本是历史的、创造的、流动的,在这历史、创造和流动过程之中,一些东西蒸发了,另一些东西积淀了,只有科学思想、科学观念和科学方法保持着永恒的活力。

然而,遗憾的是,我们的基础教育课本和不少科普读物中讲的许多科学史故事都是误讹相传的东西。比如,把血液循环的发现归于哈维,指责道尔顿提出二元化合物的元素原子数最简比是当时的错误,讲伽利略在比萨斜塔上做过落体实验,宣称牛顿提出了牛顿定律的诸数学表达式,等等。好像科学史就像网络上传播的八卦那样简单和耸人听闻。为避免这样的误讹,我们不妨读一读科学元典,看看历史上的伟人当时到底是如何思考的。

现在,我们的大学正处在席卷全球的通识教育浪潮之中。就我的理解,通识教育固然要对理工农医专业的学生开设一些人文社会科学的导论性课程,要对人文社会科学专业的学生开设一些理工农医的导论性课程,但是,我们也可以考虑适当跳出专与博、文与理的关系的思考路数,对所有专业的学生开设一些真正通而识之的综合性课程,或者倡导这样的阅读活动、讨论活动、交流活动甚至跨学科的研究活动,发掘文化遗产、分享古典智慧、继承高雅传统,把经典与前沿、传统与现代、创造与继承、现实与永恒等事关全民素质、民族命运和世界使命的问题联合起来进行思索。

我们面对不朽的理性群碑,也就是面对永恒的科学灵魂。在这些灵魂面前,我们不是要顶礼膜拜,而是要认真研习解读,读出历史的价值,读出时代的精神,把握科学的灵魂。我们要不断吸取深蕴其中的科学精神、科学思想和科学方法,并使之成为推动我们前进的伟大精神力量。

任定成
2005 年 8 月 6 日
北京大学承泽园迪吉轩

冯·诺伊曼（John von Neumann，1903—1957）

1903 年 12 月 28 日，冯·诺伊曼出生于匈牙利首都布达佩斯，父亲马克斯是位富有的银行家，母亲善良贤惠。当时的匈牙利，一般犹太人是受到歧视的，但因其家族的富裕反而受到王公贵族巴结。

冯·诺伊曼从小就智力超常，被称为神童。他 6 岁就能心算 8 位数除法，8 岁掌握微积分，12 岁就能读懂法国数学家波雷尔（E.Borel，1871—1956）的专著《函数论》。

多瑙河畔的布达佩斯

正在演讲的冯·诺伊曼

冯·诺伊曼演讲，内容丰富，边讲边写，一会儿就写满一黑板，只好擦去旧的再写新的内容，当要引述前面的结果时，他就会不断地指着黑板的某个位置说：“根据擦过的三次之前写在这里的结果，再加上擦掉六次之前写在这里用过的定律，就得到结论……”因此获得“用黑板擦证明定理的人”称号。

冯·诺伊曼一生主要在两大领域作出改变世界的贡献。第一是在计算机领域，第二是创立博弈论。

1937 年，冯·诺伊曼荣获美国数学学会授予的波谢（Bocher）奖。这是美国数学界最高荣誉之一，之前只有维纳等五人获此奖。图为 2005 年美国发行的纪念冯·诺伊曼的邮票。

1945 年，冯·诺伊曼起草并和几位学者联名发表了计算机史上最著名的 101 报告——自动计算机的设计报告，轰动了数学界。报告明确了二进制代替十进制运算，并提出了著名的“冯·诺伊曼架构”。直到现在，最先进的计算机采用的都是二进制计算方式的冯·诺伊曼体系架构。

1943 年，宾夕法尼亚大学莫尔学院受阿伯丁弹道实验室的委托制造世界上第一台大型通用电子计算机 ENIAC，冯·诺伊曼是莫尔学院的常客。图为 1950 年，参观者和部分制造 ENIAC 的人员合影，左二是冯·诺伊曼。

第一台计算机 ENIAC 使用电缆和插板输入程序，一个程序要写一周。

根据冯·诺伊曼架构建造的计算机，被称为冯·诺伊曼计算机。据说，冯·诺伊曼制造了当时计算速度最快的计算机。图为 1952 年科学家们在冯·诺伊曼计算机前合影。左五为奥本海默，右一为冯·诺伊曼。

据说，在制造这台计算机的过程中发生了一件趣事，几位数学家一起切磋数学难题，百思不得其解。有位年轻数学家回家继续演算，从晚上一直算到第二天凌晨四点半，总算找到了这道难题的 5 种特殊解答方法，一种比一种难。第二天一早，几位年轻人聚在办公室讨论这道难题的解法，被闯进来的冯·诺伊曼用了六分钟的时间就算出来了。

冯·诺伊曼在高等研究院与其研究生喝下午茶

纪念冯·诺伊曼和图灵的邮票

冯·诺伊曼临终前深入比较了天然自动机和人工智能机，没有完成的手稿在 1958 年以《计算机与人脑》出版，这部书思想丰富，对后来的理论和实践产生了不可忽视的影响。

冯·诺伊曼的设计思想对后来计算机的设计有决定性的影响，被誉为“计算机之父”。

冯·诺伊曼曾为“曼哈顿工程”工作，为此，一些人甚至把他看作是电影《奇爱博士》中的某个原型。

《奇爱博士》剧照

电影《奇爱博士》摄于1964年，根据彼得·乔治1958年的小说《红色警戒》改编而成，与《2001漫游太空》《发条橙》并称为“未来三部曲”。

《奇爱博士》中作战室模型

1947—1948年，华罗庚在普林斯顿高等研究院与冯·诺伊曼曾共事一段时间。华罗庚参观了冯·诺伊曼的实验室，并且和他讨论了学术问题。1950年，华罗庚回国后，在中国开展了计算机的研制工作。图为华罗庚与冯·诺伊曼等专家合影，第三排右一为冯·诺伊曼，第一排右一为华罗庚。

1944 年，冯·诺伊曼与摩根斯坦合作出版鸿篇巨制《博弈论与经济行为》。

1944 年第一版《博弈论与经济行为》封面。

摩根斯坦（Oskar Morgenstern，1902—1977），美国经济学家，出生于奥地利维也纳的葛利兹小镇（Görlitz）。1925 年获得维也纳大学政治学博士学位。被认为是世界顶尖的数理经济学家之一。

摩根斯坦出生地葛利兹小镇（Görlitz）（油画）。

1925—1928年，摩根斯坦成为洛克菲勒学者和哈佛大学荣誉研究学者，期间，出版《经济预测》一书。

1928年，冯·诺伊曼发表论文《伙伴游戏》（*Zur Theorie der Gesellschaftsspiele*），自此以后很长一段时间未再进一步研究博弈论，直到遇到摩根斯坦。

1935 年，摩根斯坦被聘为维也纳大学教授。应邀参加维也纳学派会议，宣讲经济预测相关主题。在这次会中，他被告知相关问题与冯·诺伊曼在 1928 年所发表的一篇关于博弈论的论文思想相同。

维也纳大学主楼

1938 年 1 月，摩根斯坦应邀前往美国，特意到普林斯顿大学拜访冯 · 诺伊曼，但未能如愿。1938 年纳粹德国吞并奥地利后，摩根斯坦被迫离开维也纳来到美国，并接受了普林斯顿大学为期三年的聘任，而他应聘的原因也是为了认识冯 · 诺伊曼，并希望这能启发他未来的研究。

1939 年 2 月 1 日，两人第二次在拿骚俱乐部会面，一坐便花费数小时讨论博弈论的相关问题，著名物理学家玻尔也参加了这场会面。后来，外尔、爱因斯坦等也加入了他们的讨论。奇怪的是，后来两人谁也记不清第一次见面的地点。

在一个值得纪念的日子，摩根斯坦和冯 · 诺伊曼做了一个历史性的决定，两人合作完成一篇关于博弈论的论文。

普林斯顿大学的拿骚堂（Nassau Hall），是普林斯顿大学最古老的建筑。

20 世纪初的拿骚大街，当时冯 · 诺伊曼的家就在拿骚大街 12 号。

1941—1942 年，冯 · 诺伊曼在摩根斯坦的督促下，在普林斯顿大学开设了一些关于博弈论的课程。

1942 年，冯 · 诺伊曼举家搬迁到了华盛顿，并去了海军的一个研究部门工作。但每逢周末，仍时常与摩根斯坦在一起疯狂工作。书稿越写越厚，1943 年 1 月 1 日，整部书稿完成，比之前预计的 100 页上下的小册子厚重很多。1944 年，该书正式出版，标志着博弈论的正式创立。

普林斯顿大学最大的演讲厅

“你是上天赐予的礼物！”这是著名数学家希尔伯特写给挚友闵可夫斯基的话。摩根斯坦许多年后读到这句话，觉得冯 · 诺伊曼是上帝赐给他的厚礼。

▶ 1992 年匈牙利发行的第一张纪念冯·诺伊曼的邮票

◀ 2005 年 5 月 25 日，美国发行邮票纪念美国四位科学家，其中有冯·诺伊曼。图为冯·诺伊曼的女儿玛琳娜在邮票发行会上讲话。

▶ 冯·诺伊曼的后裔在其纪念邮票发行会上留影

目　录

译 者 序

· *Foreword of Chinese Edition* ·

策略博弈论，简称博弈论（也有译作“竞赛论”或“对策论”的，但“博弈论”这一译名更符合原意，能够更好地表达这个理论所研究的基本概念和有关的问题），是最近十多年间发展起来的，它是运筹学的一个重要分支. 这本书就是博弈论的奠基著作.

按照作者的看法，博弈论是唯一适合于经济问题研究的数学方法. 在这里，作者所论及的经济问题是经济学的一些基本问题，如商品价格的确定问题. 应当指出，博弈论并没有能够帮助作者解决这些基本的经济学问题.

毫无疑问，经济现象的数量方面的研究是必要的. 为了进行量的研究而应用一定的数学方法，也是必要的. 但是，对经济现象的量的研究，必须以对经济现象的质的分析为基础. 如果对经济现象所进行的质的分析是错误的，那么，量的研究也不可能得到正确的结论，而在量的研究中所应用的任何数学方法，在某种意义上都将成为一种误用. 譬如说，关于商品价格的确定问题，正确的研究途径应当是从商品的内含劳动量引出价值规律，这样就能得出一切商品的价格都围绕其价值波动的正确结论. 如果不从劳动价值学说出发，而只是像本书的作者那样，把价格的确定看作只是卖者与买者之间的斗争，那么，不论采取什么样的数学方法，都不能真正理解商品的价格问题.

博弈论虽然未能帮助作者完成他们自己提出的任务，然而，这个数学理论的建立是有十分重要的意义的. 由于博弈论研究斗争模型，因此，在人向自然索取财富的斗争中，在人对自然灾害、疾病的斗争中，在人向未知知识领域探索的斗争中，以及在军事斗争中等，博弈论都有可能被应用来解决有关的技术性问题，它能够帮助人们在规定的条件和要求下，在复杂的数量关系中，找出最合理、最有效的方案.

为了保持这本博弈论奠基著作的完整，尽管书中对经济问题的一些看法是错误的. 仍将它全部译出，其中关于经济学的基本问题以及关于博弈论与经济学的关系问题的讨论，应当批判地对待.

60周年纪念版引言*

· Introduction of Sixtieth-Anniversary Edition ·

哈罗德 · W. 库恩

普林斯顿大学数理经济学名誉教授

虽然冯 · 诺伊曼毫无疑问是博弈论之父，但是博弈论的诞生却经历了许多次的流产. 从1713年[1]中孤立而令人惊奇的零和二人博弈的最小最大值解法，到E. Zermelo[2]、波雷尔(E. Borel)[3]和H. Steinhaus[4]这些零星的研究，都无法与冯 · 诺伊曼发表在1928年[5]中的开创性文章相提并论.

如果没有冯 · 诺伊曼在20世纪40年代初期与奥斯卡 · 摩根斯坦的合作，上面说的这篇文章尽管很精美，也很可能只成为数学史上的一个脚注而存在. 他们二人的合作促成普林斯顿大学出版社出版了616页的《博弈论与经济行为》(以下简称TGEB)(它的出版得到4000美元的资助，其来源是卡内基基金会或高等研究院，说法不一).

我在这里不打算讨论这本书两位作者作出贡献的大小，奥斯卡 · 摩根斯坦自己已经写出了他们二人合作的经过，[6]原文已收录在本书中. 我愿向读者介绍Robert J. Leonard的学术文章，[7]他注意到摩根斯坦的"回忆略去了直到1944年的一些历史性的复杂情况"，提供了一篇关于两位作者在相关年代的活动的精彩而完整的历史文献. 总的来说，我同意Leonard说的"如果冯 · 诺伊曼和摩根斯坦从未相遇，就不大可能有博弈论的发展."如果冯 · 诺伊曼以超凡的单性生殖的能力既扮演这个理论的父亲，又扮演它的母亲，那么摩根斯坦就是它的接生员.

我写这篇前言，有几个目的. 首先，我想让读者了解，对于这本用全新方式论述经济理论著作的出版，最初的反响是怎样的. 然后，我们将探讨一下，各篇书评的高调评论与经济学家、数学家团队的反应之间，为什么会存在明显的不协调. 身为做出反应的一员（从1948年夏天开始），我的意见必然会受到主观以及有选择性的回忆的限制，这是要向读者申明的.

迎接TGEB出版的书评，无论从数量上还是质量上讲，都是异乎寻常的；面对这样的书

---

* 清华大学教授王建华译。

评，任何一个作者都会感到无比欣慰．试看下面列出的部分书评，请特别注意书评的长度、期刊的质量和书评作者的知名度：

H. A. Simon，*American Journal of Sociology*（1945）3 页*

A. H. Copeland，*Bulletin of the American Mathematical Society*（1945）7 页*

L，Hurwicz，*The American Economic Review*（1945）17 页*

J. Marschak. *Journal of Political Economy*（1946）18 页

T. Barna，*Economica*（1946）3 页*

C. Kaysen，*Review of Economic Studies*（1946）15 页

D. Hawkins，*Philosophy of Science*（1946）7 页

J. R. N. Stone，*Economic Journal*（1948）16 页

E，Ruist，*Economisk Tidskrift*（1948）5 页

G. Th. Guilbaud，*Economie Appliquée*（1949）45 页

E. Justman，*Revue d'Economie Politique*（1949）18 页

K. G. Chacko，*Indian Journal of Economics*（1950）17 页

这些书评中的一些赞誉之词是每个出版商所梦想得到的．例如：

西蒙（H. A. Simon）鼓励：“每一位相信有必要使社会科学的理论数学化的社会科学家——以及在这一点上至今还没有被说服的那些未曾转变的人们——都要从事于掌握博弈论的工作．”

科普兰德（A. H. Copeland）断言：“后世将把此书列为 20 世纪上半叶最主要的科学成就之一．”

赫尔维茨（Hurwicz）表示：“二位作者处理经济问题的方法有足够的普遍性，可以应用到政治科学、社会学，甚至军事策略．”他最后说：“博弈论这本卓越著作的问世真是一个罕见的重大事件．”

Jacob Marschak 在赞扬了“该书缜密严谨的精神”后说：“必将再出现 10 本这样的著作以及经济的进步．”

如果说书评的数量和刊载它们的期刊的质量给人以深刻的印象，那么撰写评论的作者的人选以及他们的地位同样令人肃然起敬．评论者中的两位，西蒙和斯通（J. R. N. Stone），都是诺贝尔经济学奖的得主．

第一篇问世的书评是西蒙撰写的．按照他自己的说法[8]，他“用了[他的]1944 年绝大部分圣诞假期（全天以及几个夜晚）阅读[TGEB]．”西蒙熟知冯・诺伊曼早期的工作，他关心的是 TGEB 有可能预见到他正在准备出版的一本书中的一些结果．

第一篇为数学工作者撰写的书评出自科普兰德，他是一位概率论专家，是密歇根大学的教授．科普兰德在社会科学方面唯一一项有意义的工作是所谓的“科普兰德方法”，是为了解决投

---

* 有的书评已收录在本书中．

票问题的:很简单,就是对于两名竞选人,每一获胜票得1分,每一失败票得 −1分,总分最高者赢得选举.他的评论为数学界提供了TGEB一书内容的极为完整的介绍.与几乎所有书评作者的典型表现相同,虽然科普兰德为研究者指出了TGEB为他们提出的挑战,他自己却并没有身体力行地从事于博弈论的研究.在他大量的作品中,唯一与博弈论有一点关联的,是一篇与人合作的关于单人博弈的文章,所讨论的博弈其实属于机会游戏的范畴.科普兰德对于博弈论的主要贡献在于他是Howard Raiffa的学位论文的导师;Raiffa与R. Duncan Luce合著的《博弈与决策》一书(1957年Wiley出版社出版,1989年Dover出版社重印)是首部使博弈论能被广大社会科学工作者接受的非数学化的论述.

另外一位书评作者霍金斯(David Hawkins)的名字永久性地与西蒙联系在一起,原因是他们合作发现了"Hawkins-Simon条件",这是每一名经济学研究生都必须学习的.当霍金斯还是位于贝克莱的加利福尼亚大学的一名年轻讲师时,他的朋友原子弹之父J.罗伯特·奥本海默将其任命为在洛斯阿拉莫斯实验室的助手,负责记录官方事务与军方联系事宜.奥本海默创办了洛斯阿拉莫斯实验室,在这里研制了第一颗原子弹.霍金斯后来在科罗拉多大学有一番出色的事业,他在1986年被选入麦克阿瑟的一级"天才"学者班子.霍金斯没有做过博弈论的研究.

雅各布·马沙克(Jacob Marschak)和赫尔维茨也一样,都是夸张式地赞扬,继之以没有后续的研究,而且情况更为突出.马沙克评论TGEB时是芝加哥大学考尔斯委员会的主席.他出生于俄国,早年在那里过着动乱的生活,乱世余生来到柏林,成为一名经济学家,然后来到美国,在新社会研究学院主持一个有影响力的计量经济学讨论班.赫尔维茨先于Marschak就职于考尔斯委员会,而且在Tjalling C. Koopmans就任主席、委员会从芝加哥大学迁往耶鲁大学后,他继续担任委员会的顾问.马沙克和赫尔维茨二人所处的地位都能够对考尔斯委员会的研究工作施加影响,但令人惊讶的是,委员会大量的研究成果竟然没有涉及博弈论的,直到Martin Schubik 1963年来到耶鲁后情况才有所改变.赫尔维茨在评论TGEB八年后提出了这样的问题:博弈论发生了什么事情?他的答案[9]发表在*The American Economic Research*,其结论在这篇前言中得到回应.

在书评和书评的作者中,G. Th. Guilbaud的评论绝对是独一无二的.它在*Economie Appliquée*这份期刊中占了45页,不仅包含TGEB的内容,还进一步讨论了该书理论所面临的困难.Guilbaud本人是书评作者中唯一一位对博弈论作出贡献的;他的著作*Eléments de la Theorie des Jeux*于1968年由巴黎Dunad出版社出版.但是,它没能争取到法国的经济学者们参加到这方面的工作中来.Guilbaud 1950—1951年在巴黎的讨论班只有Allais、Malinvaud、Boiteux和我自己这几位数学经济学家参加,但是法国人中没有从事博弈论研究的.我很高兴告诉大家,Guilbaud这位91岁高龄非常朴实的先生仍和我们在一起,他住在St. Germaine-en-Laye. 1713年[9]中的最小最大值解法就是他发现的,他是从一位书商那里买到Montmort关于概率的那篇论文的,书商们的书摊排列在巴黎塞纳河边.

由于书评作者们夸张地赞誉,人们可能会期望看到大量的研究.且不说别的地方,普林斯顿经济系总应该成为活动的温床吧.当Martin Schubik 1949年秋天来到普林斯顿做经济学研究生工作时，他希望看到的正是这样的. 然而事与愿违，他看到的是摩根斯坦教授与该系完全隔离，他独自主持一个讨论班，4 名学生参加.[10]. 摩根斯坦的研究计划除他本人外还有 Maurice Peston、Tom Whitin 和 Ed Zabel 三位助手，他们的研究集中于运筹学的一些领域，例如盘存理论，但并不涉及博弈论. 假如 Schubik 在两年前来到普林斯顿，他会发现，数学系的情况也与此类似. Samuel Karlin（他于 1947 年春天在普林斯顿数学系获得他的哲学博士学位，拥有加州理工学院的职位，而且几乎立即到兰德公司开始在 Frederic Bohnenblust 指导下做顾问工作）说，他在读研究生时期从来没有听到有人提过博弈论.

尽管如此，有许多观测家认为，接下来的 20 年中，普林斯顿是博弈论繁荣发展的两个中心之一，另外一个中心是位于圣摩尼卡的兰德公司. 兰德公司以及它得到美国空军资助的故事在一些地方可以查阅到（见[11],[12]）. 我们只集中讲一下普林斯顿数学系的活动，这个故事表明，在人类事务中，机会因素起着多么重大的作用.

故事从 George Dantzig 在 1847 年秋天和 1948 年春天两次访问约翰 冯・诺伊曼开始. 在第一次访问中，Dantzig 讲述了他的新的“线性规划”理论，结果被冯・诺伊曼斥退，告诉 Dantzig 他在研究零和二人博弈时已遇到过类似的问题. 第二次访问时，Dantzig 提出一项学术计划，要研究这两个领域之间的关系，请求冯・诺伊曼为他指示，哪一家大学有可能接受这个计划. 塔克（A. W. Tucker，一位拓扑学家，当时是数学系的副主任）驱车将 Dantzig 送他回到华盛顿的火车站. 途中 Dantzig 将他的新发现做了快速的描述，以运输问题作为生动的例子.[13]这使得塔克联想到他早期关于电网和 Kirkhoff 定律的工作，由此萌生了一个想法：在普林斯顿大学数学系确立线性规划与博弈论之间关系的研究计划.

在那些太平的日子里，没有官僚习气，不到一个月的时间塔克就招聘了两名研究生，盖尔（David Gale）和我自己，研究计划就借助 Solomon Lefshetz 关于非线性微分方程的研究计划建立起来，直到通过海军研究院后勤分部办公室批准，成立了正式的机构. 于是，在 1948 年夏天，盖尔、库恩（Kuhn）和塔克互学互教博弈论.

我们是怎样做的呢？我们把“圣经”即冯・诺伊曼和摩根斯坦的 TGEB 按章分割开，互相讲解给另外两个人听，地点是古老的 Fine Hall 的讨论班教室之一，那时 Fine Hall 是普林斯顿数学系之家. 到了夏末的时候，我们确定了：从数学上讲，线性规划与零和二人博弈是等价的.

刚刚获得的研究结果进一步发展的可能性使我们感到很兴奋，我们想要扩大它的影响. 我们在系里开创了一个每周一次的讨论班，主题是博弈论和线性规划. 要了解这一发展的重要性，人们必须对比今天和当时的情况. 今天，大学和高等研究院的讨论班时间表上列有超过 20 个讨论班，主题是数论、拓扑学、分析和统计力学等. 在 1948 年，有一个座谈会，每周一次在大学和研究院交替举行. 拓扑学家和统计学家们都有每周一次的讨论班；我的学位论文导师 Ralph Fox 有一个每周一次的纽结理论的讨论班；仅此而已. 因此，一个新的讨论班的出现成了一个事件，它在一定程度上提高了博弈论在数学系研究生和研究院访问学者中的能见度.

主讲人有冯・诺伊曼、摩根斯坦、高等研究院的访问学者. 例如 Kaplansky、Ky Fan（樊畿)、David Bourgin,以及外来的访问学者.例如Abraham Wald,他是哥伦比亚大学的一位统计学家,在博弈论和统计推断的关系方面作出过杰出的贡献.(*Mathematical Review* 上TGEB的书评就是Wald写的,Wald还曾在维也纳教过摩根斯坦数学.)

更重要的是,讨论班为这个领域的数学研究生提供了一个论坛,他们可以提出自己的新的思想.Schubik曾经回忆道:"环绕Fine Hall的一般态度是,没有人在乎你是谁或者你在数学的哪一部分做研究,只要你能让教授会的一位资深人物看到,你提出的问题是有意义的,而且你做得不错……对我来说,当时令我最感到触目的不是数学系张开双臂欢迎博弈论——而是它欢迎来自任何方面的新的思想和新的才智,它还表达了一种挑战的意识,它相信很多新的和有价值的事物会出现."他在经济系里没有看到这种姿态.

一个关键性的事实是,冯·诺伊曼的理论对于经济学家来说实在是太数学化了.试看那个时期以及其后一个典型的经济系的情况:在TGEB出版已超过15年以后,普林斯顿的经济学家们就是否为高年级学生制定一项数学方面的要求,办法是对学生实行双轨制的教学,一种方式是用到微积分,另外一种不用微积分,对此进行投票,结果被否决了. Richard Lester (他与Lester Chandler轮流担任系主任)与Fritz Machlup已就"边际产品(这是个微积分的概念)作为工资的一个决定因素是否合法"进行了不断的辩论.需要用到数学术语和含有类似线性规划等数学内容的课程,其名称被隐蔽性地改为"企业的管理理论"等等.在这样的观点统治下,研究生和年轻教师们没有可能得到奖励或机会去学习博弈论.

因此,在那个时期,博弈论的发展几乎无例外地都是由数学家作出的.我们可以从*The New Palgrave Dictionary of Economics*一书中奥曼(Robert J. Aumann)关于博弈论的精彩文章[14]里看到另外一位外部的观察家对那时情形的看法.下面是他文章中一段的大意.

20世纪40年代后期和50年代初期是博弈论的令人兴奋的时期.原理已破茧而出,开始飞翔,巨人们在大地上行走.在普林斯顿,纳什为一般非合作理论和合作议价理论奠定了基础.夏普利(Lloyd Shapley)为合伙博弈定义了一组值,创建了随机博弈的的理论,与D. B. Gillies共同发明了核心的概念,与John Milnor一同发展出首个具无穷多个局中人的博弈的模型.库恩重新定义了博弈的广阔形式,并且引进了行为策略和完全记忆的概念. 塔克(Albert Tucker)发明了囚徒困境的问题,它已进入了流行文化的领域,成为竞争与合作之间相互作用的一个关键性的例子.

应该认识到,奥曼列出的那些结果与冯·诺伊曼提出的一些看法并不一致.相反,它们是一些新的概念,与冯·诺伊曼所采取的对理论的看法相反.差不多在每一种情况下,都是对TGEB中提出的理论的某些不合适的地方的一种修正.事实上,冯·诺伊曼和摩根斯坦曾多次批评过纳什的非合作理论.而关于广阔形式,书中声称不可能对它给出一种有用的几何学的描述.由此可见,博弈论在很大程度上还是一门进展中的学科,尽管冯·诺伊曼认为TGEB已经包含了一个相当完整的理论.通过人们在兰德公司和普林斯顿的努力,已经开创了许多新的方向的研究,已经为即将到来的应用铺好了道路.

TGEB是由当代数理经济学家的精英撰写的,以无比隆重的仪式出版问世,然后被经济学家们忽视,而数学家们则在兰德公司和普林斯顿安静地将主题的研究范围扩展到新的领域.古老而陈旧的看法是,博弈论只不过是一种零和二人博弈的理论,它的用途仅限于军事方面的问题.差不多经历了四分之一个世纪的时间,这种看法方才被现实所否定.一旦这些神话被击破,各方面的应用就潮涌出来,而到了 1994 年诺贝尔经济学奖被颁发给纳什(Nash)、海萨尼(Harsanyi)和泽尔腾(Reinhard Selten)时,博弈论已在学院派经济学理论中占据了中心的位置.如果 1994 年奥斯卡·摩根斯坦还活着的话,他一定会说:"我早就同你说过了!"

打开这本新版的 TGEB,你就可以自己阅读它所阐述的经济学理论的修订,判断它是不是"20 世纪最主要的科学成就之一".虽然自从它出版后 60 年以来研究的主题已有了可观的扩展,但是一切都建立在冯·诺伊曼和摩根斯坦在本书中所创建的基础之上.

参考文献

1. J. Waldegrave (1713) Minimax solution of a 2-person, zero-sum game, reported in a letter from P. de Montmort to N. Bernouilli, transl. and with comments by H. W. Kuhn in W. J. Baumol and S. Goldfeld (eds.), *Precursors of Mathematical Economics* (London: London School of Economics, 1968), 3–9.

2. Zermelo, E. (1913) "Uber eine anwendung der Mengenlehre auf die theorie des Schachspiels," *Proceedings, Fifth International Congress of Mathematicians*, vol. 2, 501–504.

3. Borel, E. (1924) "Sur les jeux ou interviennent l'hasard et l'habilité des joueurs," *Théorie des Probabilités* (Paris: Librarie Scientifique, J Hermann), 204–224.

4. Steinhaus, H. (1925) "Definitions for a theory of games and pursuit" (in Polish), *Mysl Akademika, Lwow* 1, 13–14; E. Rzymovski (trans.) with introduction by H. W. Kuhn, *Naval Research Logistics Quarterly* (1960), 105–108.

5. von Neumann, J. (1928) "Zur theorie der Gesellschaftsspiele," *Math. Ann.* 100, 295–300.

6. Morgenstern, O. (1976) "The collaboration of Oskar Morgerstern and John von Neumann on the theory of games," *Journal of Economic Literature* 14, 805–816.

7. Leonard, R. J. (1995) "From parlor games to social science: von Neumann, Morgenstern, and the creation of game theory 1928–1944," *Journal of Economic Literature* 33, 730–761.

8. Simon, H. A. (1991) *Models of My Life* (New York: Basic Books).

9. Hurwicz, L. (1953) "What has happened to the theory of games?" *American Economic Review* 43, 398–405.

10. Shubik, M. (1992) "Game theory at Princeton, 1949–1955; a personal reminiscence," in E. R. Weintraub (ed.) *Toward a History of Game Theory*, History of Political Economy supplement to vol. 24, (Durham and London: Duke University Press).

11. Poundstone, W. (1992) *Prisoner's Dilemma* (New York: Doubleday).

12. Nasar, S. (1998) *A Beautiful Mind* (New York: Simon & Schuster).

13. Dantzig, G. B. (1963) *Linear Programming and Extensions* (Princeton: Princeton University Press).

14. Aumann, R. J. (1989) "Game theory" in J. Eatwell, M. Milgate, and P. Newman (eds), *The New Palgrave Dictionary of Economics* (New York: W. W. Norton), 1–53.

本书前三版前言

· *Prefaces to the First Three Editions* ·

第一版前言

这本书包含博弈数学理论的说明和各方面的应用.这个理论是1928年以来由我们中间的一人发展起来的,现在第一次完整地予以出版.它有两方面的应用:一方面它应用于博弈本身;另一方面它应用于经济学和社会学问题,这些问题,正如我们所希望证明的,最好是沿着这个途径来进行研究.

我们将要作出的对博弈的应用,至少可以在对这些博弈的研究中印证这个理论.随着我们的研究工作的进展,这种相互关系的性质将更加明显.当然,我们的主要兴趣是在经济学和社会学方面.在这里,我们只能研究一些最简单的问题.然而,这些问题是带有根本性的.更进一步,我们的目的本来就是要证明:我们可以有一个精确的方法来研究这些论题,它们实际上包括平行或相反利益问题、完全或不完全情报问题、自由的合理的决定或机会影响问题.

约翰·冯·诺伊曼

奥斯卡·摩根斯坦

普林斯顿,纽杰西 1943 年 1 月

第二版前言

第二版只是在一些次要方面与第一版不同.我们已经尽可能完全地消除了印刷上的错误;这要对在这方面帮助我们的几位读者表示感谢.我们增加了一个附录,它包含数量效用的公理的推演.这个论题在第3节中讨论得相当详细,但主要是定性讨论.在第一版中,我们曾经允诺过，这个问题的证明将在一本期刊上发表，但我们发现：把它作为附录是更为方便的. 关于在工业区位理论问题上的应用、在四人和五人博弈问题上的应用，我们也曾打算写成附录，但由于其他工作很忙，不得不放弃了这个打算.

第一版出版后. 出现了几篇讨论本书主题的文章.

对数学问题感兴趣的读者，主要注意以下一些方面：A. Wald 发展了一个新的统计估算基础的理论，这个理论与零和二人博弈理论有着密切的联系，并以它为基础（“Statistical Decision Functions Which Minimize the Maximum Risk”, *Annals of Mathematics*, 46 (1945), 265—280). 他又把零和二人博弈的主要定理（参看 17.6）推广到某些连续的、无穷的情形（“Generalization of a Theorem by von Neumann Concerning Zero-Sum Two-Person Games”, *Annals of Mathematics*, 46(1945), 281—286). 这个定理的一个新的、很简单的初等证明（这个证明也适用于 17.6 的第二个注中所述的更有一般性的定理）是 L. H. Loomis 提供的（“On a Theorem of von Neumann”, *Proc. Nat. Acad.*, 32(1946), 213—215). 此外，I. Kaplanski 取得了关于零和二人博弈中纯策略和混合策略的作用的有趣的结果（“A Contribution to von Neumann's Theory of Games”, *Annals of Mathematics*, 46(1945), 474—479). 我们也想要回过来讨论这个问题的各个数学方面. 28.1.4 的附注所提到的群论的问题已由 C. Chevalley 解决.

对经济学问题感兴趣的读者可以从 L. Hurwicz（“The Theory of Economic Behavior”, *American Economic Review*, 35(1945), 909—925）和 J. Marschak（“Neumann's and Morgenstern's New Approach to Static Economics”, *Journal of Political Economy*, 54(1946), 97—115）的文章中找到一个对本书的问题的较浅的说明.

约翰·冯·诺伊曼
奥斯卡·摩根斯坦
普林斯顿，纽杰西 1946 年 9 月

第三版前言

第三版不同于第二版的，只在于继续消除了目前我们已经发现的一些印刷上的错误. 我们要对在这方面给予我们帮助的几位读者表示感谢.

第二版出版以来，出现了大量有关本书主题的文献. 在我们写这篇序的时候，全部文献已有数百篇之多. 因此，我们不打算在这里给出文献目录. 我们只在下面列出有关这一主题的几部书名：

(1) H. W. Kuhn and A. W. Tucker (eds.), “Contributions to the Theory of Games, Ⅰ”, *Annals of Mathematics Studies*, No. 24, Princeton(1950), 书中包含十三名作者的十五

篇文章.

(2) H. W. Kuhn and A. W. Tucker(eds.),"Contributions to the Theory of Games, Ⅱ", *Annals of Mathematics Studies*, No. 28, Princeton(1953),书中包含二十二名作者的二十一篇文章. [①]

(3) J. McDonald, Strategy in Poker, Business and War, New York(1950).

(4) J. C. C. McKinsey, Introduction to the Theory of Games, New York (1952).

(5) A. Wald, Statistical Decision Functions, New York(1950).

(6) J. Williams, The Compleat Strategyst, Being a Primer on the Theory of Games of Strategy, New York(1953).

除(6)以外,在以上各书中都可以找到关于本书主题的文献目录.在过去几年中,位于加利福尼亚州圣塔·摩尼加的国防研究协会的工作人员在这方面做了大量的工作.在国防研究协会的出版物RM-950中可以查到这些工作的目录.

在n人博弈理论中,在"非合作的博弈"方面有了一些进一步的发展.在这方面,必须特别提到的是J. F. Nash的工作:"Non-Cooperative Games", *Annals of Mathematics*, 54(1951), 286—295.这方面工作的其他文献的目录,可在上列(1),(2)和(4)各书中找到.

关于经济学中的许多发展,我们特别提一下"线性规划"和"分派问题",看来它们也都是越来越多地同博弈论发生了联系.读者也可以在(1),(2)和(4)中找到有关的文献目录.

本书第二版的1.3节和附录中所建议的效用理论已在理论上以及实验上有了相当大的发展,而且是在许多不同的讨论中出现的.关于这一方面,读者可以参看下面几篇文章:

M. Friedman and L. J. Savage,"The Utility Analysis of Choices Involving Risk", *Journal of Political Economy*. 56(1948), 279—304.

J. Maschak,"Rational Behavior, Uncertain Prospects, and Measurable Utility", *Econometrica*, 18(1950), 111—141.

F. Mosteller and P. Nogee,"An Experimental Measurement of Utility", *Journal of Political Economy*, 59(1951), 371—404.

M. Friedman and L. J. Savage,"The Expected Utility Hypothesis and the Measurability of Utility", *Journal of Political Economy*, 60(1952), 463—474.

也可参看 *Symposium on Cardinal Utilities in Econometrica*, 20(1952):

H. Wold,"Ordinal Preferences or Cardinal Utility?"

A. S. Manne,"The Strong Independence Assumption——Gasoline Blends and Probability Mixtures".

P. A. Samuelson,"Probability, Utility, and the Independence Axiom".

---

① 译者注:第三卷和第四卷现亦已出版.

E. Malinvaud,"Note on von Neumann-Morgenstern's Strong Independence Axiom".

上述论文集的某些撰稿人曾在方法论方面提出过批评.对于这些批评,我们愿意指出:我们是按照惯常的方式,以惯常的审慎态度应用公理化的方法的.在效用概念的严格的、公理化的处理(在3.6节和附录中)之前,首先补充了启发式的描述(在3.1—3.5节中)作为准备.后者的作用在于给读者以这样的观点,使他对以后的公理化程序的正确性能够加以估价和认识.特别是,在那些章节里我们对"自然的运算"的讨论和选择,包含了我们认为是萨缪尔森-马兰沃(Samuelson-Malinvaud)的"独立公理"的有关内容.

约翰·冯·诺伊曼

奥斯卡·摩根斯坦

普林斯顿,纽杰西1953年1月

导读一　正面，我赢；背面，你输[①]

· Introduction Ⅰ　Heads, I Win, and Tails, You Lose ·

保罗·萨缪尔森(Paul Samuelson)
1970年诺贝尔经济学奖获得者　麻省理工学院教授

这部思想史上的经典著作诞生至今已有20年，如今平装版本业已问世. 这部兼具数学和经济学魅力的著作既是数以千计的读者的审美享受，又是滋养着其后数学研究工作的沃土，同时，它还直接启发了个人概率(personal probability)、统计决策、运筹学、线性规划及更加一般的优化问题等诸多领域的研究. 实际上，这部著作在几乎所有领域都产生了重要影响，而唯独没能实现其最初的目标——带来经济学理论的革命.

然而，由于在其影响下产生的对一个时代经济学理论的质疑，《博弈论与经济行为》的确可以称得上是天才之作，即使在一千年以后也必将被铭记——无论在那样一个遥远的将来，经济学将会是什么样子. 在其超过600页的篇幅之上密密麻麻地书写着数学符号，以至于即使在大多数受过良好教育的人看来，这也有些像一部希腊文著作，直到我们体会到查尔斯·珀西·斯诺(C. P. Snow)[②]所说的"学会理解超过一种文化"的愉悦状态时才能真正读懂. 遗憾的是，对于音盲而言，莫扎特的交响乐无异于噪音. 同样的，若一个人由于对数学一无所知而根本无法进入现代科学和哲学的世界，也只能让人感到遗憾.

与街巷俗论不同，数学紧密联系着其他方面的思维能力：实验证明，拥有好的语言和逻辑能力的孩子，同样更具数学潜力. 学校教育若不能使我们远离对于数学的无知和怨愤，那就如同摧毁了我们欣赏莎士比亚著作的欢乐一样，是一种犯罪. 这并非因为在这个人造卫星和汽车的时代，熟练掌握数学仍然是维系个人生存和创造国家财富的先决条件，而是因为人们如果无法欣赏一曲莫扎特的交响乐，或是无法理解一个优美的初等概率问题，就失去了那种纯粹的快乐.

---

① 说明：本文原为英文版的附录，中文版将其作为导读一。北京航空航天大学段颀译。

② C. P. 斯诺(1905—1980)，20世纪英国物理学家、小说家，萨缪尔森在此处所引话语，来自斯诺的著作《两种文化与科学革命》(*The Two Cultures and the Scientific Revolution*, 1959). ——译者注

斯诺使得是否理解热力学第二定律成为衡量20世纪文化人的标杆.[①]我认为，博弈论或将成为一个同样重要的标杆.下面是这部著作中的一些基本概念.

首先，冯·诺伊曼指出了单个个体最大化问题和多人博弈之间的不同.鲁滨逊·克鲁索所面临的一个典型最大化问题可能会是：给定总长度是1英里的篱笆，怎样设置四边长才能使篱笆所围的面积最大？我们只需要简单的代数或者微积分知识（或者仅仅从对称性的角度考虑出发）就可以得到答案：将篱笆围成正方形.等边三角形会优于所有其他的三角形，但是比不上正方形.正多边形优于边数相等的所有其他多边形，而在各种正多边形之中，边数越多，所围面积越大.于是，正如迦太基女王狄多(Dido)就已经知道的，在给定周长的情况下，如果你想要围起尽可能大的面积，那么圆形是最佳选择.

但是，如果是两个可能存在目标冲突的理性头脑相遇，而其中任何一个的结局都同时依赖于双方的决定，那么形势又将如何呢？象棋或者井字棋游戏，就是简单的例子.

在井字棋中，如果由我先行，那么只要我的方式正确，你将永远无法击败我；而如果由你先行并且方式正确，我也无法击败你.这一博弈的解是随机的.但是，在一个双方轮流往圆桌上放硬币，直到一方放不下就算失败的博弈中，若我是先行动的一方，那么我就有确定获胜的策略：首先将我的硬币放在圆桌的正中央，然后，无论你将硬币放在何处，我都将紧接着将我的硬币放在恰好对称的位置——这样我永远也不会输，所以输的人只能是你.

作为一个同样的完美信息博弈，象棋实际上也和上面两个博弈一样简单.在两个具有完美计算能力的参与人之间，只有三种可能的情况：必然平局、先行者必胜、后行者必胜.我们尚不知道是其中的哪一个，但是通过从博弈的最后开始反向推导，博弈论证明了象棋必定具有这种简单属性.

如果说象棋是简单的博弈，猜硬币则不是.若要与你保持一致，当你选择正面时我也必须选择正面.但是，如果你知道我要选择正面，为了战胜我，你又会选择背面.这意味着我要选择背面，而这又意味着你要选择正面.所以，这是一个无限的循环.

正是在对这一无限循环问题的处理上，冯·诺伊曼，法国数学家波莱尔(Borel)以及英国统计学家罗纳德·费舍尔(Ronald Fisher)爵士，表现出了他们的天才."如果你不想让自己的秘密被别人知道，那么你自己也不要知道.投掷硬币，以正反面来决定你将要采取的行动.基于这样一种随机的策略，你理性的对手就算知道了你的策略，也不可能以超过二分之一的概率获胜."

冯·诺伊曼通过一个两人零和博弈证明了其基本定理，其中参与人1试图最大化自己的平均收益，参与人2试图最小化参与人1的平均收益，从而最大化自己的平均收益.每个参与人都应该采取一种随机策略以最大化其"最脆弱的一点，也就是最坏可能情况下的收益"——因为链条的强度总是等于其最弱的一环（至少当你的对手是理性的时候）.这一定

---

① C.P.斯诺并非热力学第二定律的发现者（该定律的发现者是德国科学家鲁道夫·克劳修斯(Rudolph Clausius)和英国科学家威廉·汤姆森(William Thomson)，也叫开尔文勋爵(Lord Kelvin)）.但是，在其一场关于文化分隔的著名辩论中，有些被激怒的斯诺指出"应该是有文化的人"甚至不知道热力学第二定律.——译者注

理意义深远,下面是其含义的一部分.

(1) 在扑克牌游戏中,一贯地虚张声势只表示你有一手差牌. 从不虚张声势,则会在你拿到好牌时,让你的对手直接放弃. 面对采取随机策略以最大化其期望收益的对手,存在一个对你而言最优的虚张声势率,这个概率能够最大化你的期望收益.

(2) 我在为学生出考试题时,从教科书之中随机抽取,这样学生就必须复习整本教科书.

(3) 如果禁止游行和罢工,那么关于工资集体讨价还价的结果一定会有所不同.

除了处于完全对立地位的两人博弈,在考虑其他博弈时,理论将变得更加复杂和不确定(当三个暴徒走进一个房间时,其中两人将会结伙来对付另一人,但我们不知道是哪两人将会结伙). 在这部著作之中,充满着大量富于想象的见解.

对于赛马、股票交易,或者在一个牵涉中国的世界中与俄国进行谈判,博弈论及其相关扩展应用或许会稍有助益. 那么,博弈论能不能帮你决定是否让你唯一的孩子接受一场可能完全治愈疾病、也可能有生命危险的手术呢? 这个问题仍没有答案,也许将要永远地争论下去. 数学本身不能回答哲学问题,但是,如果没有规划和尺度,你甚至无法成为博弈的观众.

导读二　冯·诺伊曼,你错了[①]

· *Introduction* Ⅱ *Big D* ·

保罗·克鲁姆(Paul Crume)

The Dallas Morning News 专栏作家

就像我们之前在这一专栏中曾预测的那样,希尔·金(King Hill)[②]赢得了全美大学生橄榄球联赛冠军,而如今这一专栏所预测的已不止于体育比赛的结果.不过,像这样有点类似巫术的事需要适可而止,否则就会成为怪诞邪说.

长久以来,我们致力于寻求能够据以作出一般性预测的科学方法——一位名叫冯·诺伊曼的数学天才,已经尝试做了这件事.他撰写的著作《博弈论与经济行为》已经成为这个时代最为畅销的五六本著作之一.他的理论大体上是说:如果有一件事在每五次(独立实验)之中会发生一次,与此同时,另一件事在每七次之中会发生五次,那么利用平方根公式,就可以预测将这两件事情放到一起而产生的另一件完全不同的事情发生的概率.

就像你看到的那样,这显然过于简单化了.

冯·诺伊曼的方法之所以是错误的,是因为其违背了伟大的自然法则:如果你想要通过加总数字来获得任何问题的答案,你将永远无法得到正确的答案.

…………

以及,任何需要被开平方根的东西,本身就已经相当不可靠了.你最好是能抛弃它们,改求其他.

…………

主导生活的是这样一类伟大的自然法则,比如帕金森定律(Parkinson's Law),[③]我们

---

① 说明:本文原为英文版的附录,中文版将其作为导读二。北京航空航天大学段颀译。

② 希尔·金(King Hill)是20世纪50—60年代美国家喻户晓的橄榄球明星.作为球队的主力四分卫,希尔·金率领莱斯(Rice)大学橄榄球队获得了1957年的全美大学生橄榄球联赛冠军.1958年,希尔·金以队长身份率领美国大学生全明星队,击败了1957年的美国橄榄球联盟(National Football League,NFL)冠军底特律雄狮队(Detroit Lions),随后,在当年的NFL选秀中,希尔·金在第一轮第一顺位被芝加哥红雀队(Chicago Cardinals)选中,成为当年的NFL选秀状元.——译者注

③ 诺斯科特·帕金森(Northcote Parkinson, 1909—1993),英国历史学家和政治学家.1958年,帕金森出版了其戏谑官僚体制的著作《帕金森定律》(*Parkinson's Law*),提出了一系列著名的"帕金森定律".——译者注

可以将其表述为:“若你常常虚度光阴,你迟早只能昏昏度日.”

伟大的自然法则之所以能够帮助我们成功地预测,其根本在于:表面上由一些原因引起的事件,实际上却另有他因.

例如,我们可以来预测一下你晚饭将会吃什么.什么是其决定因素?你午饭吃的是牛肉末——你本就不甚喜欢牛肉末,更何况其中的卤汁实在糟糕.于是,你决定要好好吃一顿晚餐作为补偿,比如烙龙虾.首先这样你可以省些钱——龙虾是便宜货,毫不稀罕.另外,你有一瓶好酒正好可以搭配龙虾.与此同时,厨房中就有现成的烹饪龙虾的配料.以及,你的确喜欢烙龙虾.所有这些,都是决定你晚饭要吃什么的因素.

现在,让我们引入事先无法估量的因素.孩子从学校回到家里,突然需要一款新的拼写板.正当你出门准备去商店的时候,邻居家的狗追逐着你家的猫,从你两腿之间跑过,撞上了电线杆.消防车轧坏了邻居家孩子的自行车,而邻居出了远门,你的律师恰好要离开镇子两小时.

冰箱里还有些牛肉末.

你认为将会发生什么?

…………

所有这些都对应着逻辑互斥理论(Theory of Logical Repulsion).该理论认为,你的任何一种动机,都会自动地在你预想不到的地方产生另一种力量.

…………

有关预测的自然法则,则要更少一些.其中之一便是:从未发生过的事情,往往将会发生.总是发生的事情,往往不再发生.另一个则是:即使是重复完全一样的事情,有时也会出错.

而平方根与此毫无关系.事实上,人们试图证明所谓的平方根是来自某种东西,但他们从未能够证明这一点.

导读三　博弈和经济学中的数学[①]

· *Introduction Ⅲ　Mathematics of Games and Economics* ·

E. 罗兰(E. Rowland)

这部著作的理论基础是：在现实世界中试图最大化自己所得产品的经济人的行为，就如同在有许多人共同参与的博弈之中，每个参与人都试图最大化自己的胜率的行为. 作者指出，个人的财富最大化问题不是一个一般性的微积分问题，原因在于个人自身无法控制许多决策变量，有时甚至无法了解这些变量. 在作者看来，关于社会博弈的一般性理论提供了一个基于简化(抽象化了的)概念的经济行为模型——通过研究这样的模型，人们能够更好地理解相关的经济学概念，比如说效用.

在这部著作的第一章，作者提出了这一基本思想，并试图建立起一套包括经济行为标准和社会博弈策略的二元体系. 作者表示，曾经有许多研究者都试图建立起一套关于经济行为的数学理论，但是由于各种不足之处，鲜有成功者. 其中最重要的不足就是不能清晰地刻画经济问题，表示形式的模糊使得任何进一步的数学求解都显得没有意义. 同时，经验研究所积累的知识背景也远远不够. 另一个难点在于，对于经济学问题的处理时常依赖过于复杂的数学方法，以至于许多所谓的"证明"其实只能算是在陈述主张——而若就陈述主张而言，其价值又还不如文字表述. "在任何一门科学之中，所有伟大进步的取得都要求所研究的问题与终极目标相比必须是适度的，所使用的方法必须能够不断被改进……合理的步骤，是首先在有限的领域内实现尽可能的准确性，理解这些领域，然后再考虑将这种方法推广到更宽的领域，如此下去，直到最终取得真正的成功，那就是用理论来预见现实. "作者认为，在这一点(即问题、方法的恰当性，以及发展路径)上，经济学没有理由可以免于物理学和化学所要遵循的规律，而在未来的许多年里，经济学都不可能建立起一套完整的数学理论.

在刻画了基本的经济学问题之后，这部著作开始进入数学博弈本身. 由于作为理论基础的思想是简单的，数学形式也是完整独立的. 只不过，要深入地运用这一理论模型，需要用到集论以及相关的数学符号. 为了给出博弈的一般性表述，作者用了 40 页的篇幅考虑了

---

① 说明：本文原为英文版的附录，中文版将其作为导读三。北京航空航天大学段颀译。

所有理论上可能的复杂情况,将博弈最终归结为10条公理.随后作者进一步证明,这10条公理可以简化为3条,从而得到关于博弈的两种定义方式——这两种定义方式是完全等价的.这两种定义方式分别被命名为“延展式”和“标准式”:在一些时候使用其中一种定义方式更加方便;而在考虑另一些问题时,使用另一种定义方式可能会更加合适.

接下来的一章从讨论单人零和博弈开始,考虑例如个人的“忍耐性”问题(也就是,在一种消费和另一种消费之间的权衡,以及在此时消费和彼时消费之间的权衡),随后进入二人零和博弈,这时讨论的例子主要是象棋、扑克牌和桥牌游戏,而不是卡特尔、市场竞争或者寡头.然后,理论就进入了三人零和博弈.单人零和博弈被证明等同于一个简单的最大化问题,但是,一旦从单人零和博弈进入二人零和博弈,简单最大化问题就不存在了:博弈被设计成一种简单而明确的利益对立.类似地,一旦从二人零和博弈进入三人零和博弈,简单而明确的利益对立也不存在了.这时可能会形成二人联盟,因而任意两个参与人之间的关系都是多重的.任何两人非零和博弈,都可以简化成三人零和博弈.

现在,该理论进入n人零和博弈.然而,这时理论已经难以再深入下去,从而只得回到$n=4$的特殊情况(也是最简单的$n>3$的情况).即使是这样,博弈也只是在一定的特殊情况下才是可解的.对于$n\geqslant 5$的博弈,作者在若干方面做了分析,但这时的问题已经变得如此复杂,以至于将这一理论方法推进到考虑超过$n=5$的情况,看上去希望渺茫.与此同时,对于n更大情况下的博弈,(尽管不能完全求解)对于其部分性质的理解当然也是极为重要的.这些无疑是使得该理论有望得到经济学和社会学应用的最重要因素,但同时也正是需要对该理论加以慎重考虑的地方:博弈参与人每增加1个,都会在博弈中引入性质不同的新现象.这一点,对于$n=2,3,4$的情况而言是清楚无疑的.对于$n=5$的情况,并没有明确的结论,但这也许只是因为对于这种情况尚缺少细节上的理解.但随后就将看到,又会有性质不同的新现象在$n=6$时首次出现.

由于这些原因,开发能够研究更多参与人博弈的数学工具,看上去迫在眉睫.就目前的状况而言,无法指望可以得到任何关于博弈理论的系统的或者完整的结论.就理论的发展路径而言,接下来自然应该是寻找若干特殊类型的、能够完全求解的多人博弈.作者给出并讨论了两种此类博弈,其中每一种都被视为四人博弈的一个一般化形式.

此时,原著的发展方向发生了变化.零和假设被舍弃,理论开始面对人们所熟悉的经济学问题.在以一个一般性例子对主要的可能争论给出简单讨论之后,对于$n=1$和$n=2$情况,以及$n=3$情况下的一个特例,作者给出了经济学的解释.

如果仅从这部著作所使用的数学符号看,我们有理由怀疑若非训练有素的数学家,将难以理解书中的讨论和推导.这一点难以避免,但要让这部著作被不熟悉数学思想和方法的经济学家所接受,这亦是一点遗憾.

导读四　何为博弈论[①]

· Introduction Ⅳ　Theory of Games ·

克劳德·谢瓦莱(Claude Chevalley)
法国著名数学家　巴黎大学教授

将数学应用于经济学的尝试时常有之，只是直到今日也没有取得完全的成功. 按照约翰·冯·诺伊曼和奥斯卡·摩根斯坦的说法，这种现象的原因在于这些尝试通常只是照搬来自于力学或者物理学理论的方法，而这些方法的核心，在于以导数方程来刻画一个现状已知的系统在不久的将来可能出现的情况. 这部著作的作者所采用的方法却是极端不同的：他们将经济生活视为一个由有限个参与人参与的博弈，其中每个参与人都要遵循一定的规则，在此基础上，作者研究了每一名参与人试图最大化自身收益，同时也与博弈规则相容的可能行为类型.

在任何情况下，进行合理的数学分析的前提都是有一套公理体系，以之实现对于问题的数学语言描述. 有了这样一套公理体系，才有可能通过纯粹的逻辑推理得到结论，而在这一过程中不必时时考虑每一个数学表达式在理论所指现实问题之中的对应物. 只是在这个逻辑推理过程的终点之处，论述者才要重新回到数学符号的现实意义，将理论所得的定理转化为对应给定现实条件下将会发生之事，表述为可以与实验结果相比较或者可以被实际观察到的事物. 遵循这一思路，作者首先对博弈之中的概念给出了详细的公理化描述.

在设定了对于博弈的数学描述之后，这部著作考虑的主要对象就不再是实际生活中的博弈，而是表现为数学形式的理论. 作者展开其理论的过程，的确受到了人们学习实际博弈顺序的启发，但这只是一种启发——即使对于所涉及的实际博弈一无所知，读者也无法否认其中任何一步逻辑推理，尽管他可能常常会难以理解为何如此.

第一个要构造的概念，就是任何一名参与人的策略. 笼统地说，一个参与人的一个策略是一套行动法则，告诉该参与人在每一种可能的情况之下应该如何行动. 现在，如果每一名参与人分别遵循一种各自给定的策略，那么博弈直至结束的整个过程就理所当然地被决定了，每名参与人在博弈结束时将获得的收益都是已知的.

---

① 说明：本文原为英文版的附录，中文版将其作为导读四。北京航空航天大学段颀译。

但是,每一名参与人当然都只能够控制自己选择何种策略,而无法决定对手所选择的策略.因此首要的问题就是:每一名参与人要想在不知道对手将选择何种策略的情况下最大化自己的收益,应该选择怎样的策略?

在一个只有两名参与人,并且每一名参与人的所得总是恰好等于另一名参与人的所失的博弈(零和博弈)之中,这一问题得到了解决.作者证明了在信息完美(也就是博弈的每一名参与人在任何时候都知道所有已发生之事)的博弈(例如象棋)之中,每一名参与人都有一个最优可能策略.这意味着以下两种可能性之一将会成为现实:两名参与人之中,有一人拥有保证自己获胜的策略;或者,每一名参与人都拥有一种保证自己不会得到比平局更坏的结果的策略.当博弈的信息不完美时,情况会变得更加复杂.但通过引入"混合策略"这一概念,在二人零和博弈中这一问题也得到了解决.采取一种混合策略,意味着分别以一定的概率采取不同的纯策略.可以证明,通过选择恰当的混合策略,在二人零和博弈中先行动的参与人能够确定获得不低于一定水平的期望收益 v,而后行动的参与人能够阻止先行动的参与人获得超过 v 的期望收益(v 的取值可以为正、为负,或者等于零:若 v 为负,则表示先行动的参与人能够确定其损失不超过 $-v$).

这样,有关二人博弈的全部问题就得到了解决,作者随后进入参与人超过两个的博弈问题.在这样的博弈之中,可能出现参与人达成一致,形成两个联盟的情况:博弈在联盟之间进行(可能其中一个联盟是多人的,另一个是单人的).在这种情况下,博弈又回到了二人博弈的状态,之前的结果可以直接应用.这时,每一个联盟都有一个对应的数值,表示即使当最坏的情况发生,也就是除该联盟成员外的所有博弈参与人采取对该联盟最为不利的一致行动,该联盟之中所有成员在博弈之中所能够得到的最少总收益.作者对于这类博弈的完整讨论,基于研究每个联盟的这一对应数值.当然,要讨论的问题之一就是出现联盟所需的条件,以及(如果联盟能够出现)联盟总收益如何在所有成员之间进行分配.这一博弈的最终结果被表述为一个归责体系,该归责体系规定了博弈的每个参与人最终能够从博弈中获得的收益——既可能直接来自博弈的规则,也可能来自所处联盟之中其他成员自愿的转移支付.这套理论尚不能给出哪一种具体的归责体系将会实现,但是特定的归责体系(也就是博弈的"解")应该被优先考虑.其理由是:确定博弈的解依赖于博弈之外的因素,例如,传统和价值观等.

博弈不同的解体现了在由博弈者构成的社会之中"被共同接受的行为标准".在这些行为标准之中,博弈的解描述了哪一种归责体系更有可能实现.确定博弈的解集合(之中的所有元素,也就是所有归责体系)的标准是:在博弈的所有参与人之中,没有任何一个或者一群参与人有理由认为属于解集合的任意一种归责体系严格优于另一种(没有一群参与人这样认为,要求在该群体之中没有任何一个参与人这样认为[①]);同时,任何一种不属于解集合的归责体系,都必定被至少一部分参与人认为严格劣于解集合之内的至少一

① 因此,此处直接表述为"没有任何一个有理由认为……"即可,本篇评论原文表述显得累赘且可能引起歧义.——译者注

种归责体系. 不幸的是，一方面，是否(对于任何博弈而言)一定存在一个满足上述条件的非空解集合还是未知之数；另一方面，一些特殊的例子显示，同一博弈可能存在若干不同的此类标准.

这部著作对于读者的数学要求不超过最基本的代数知识. 在深入阅读这部著作的过程中所涉及的进一步的数学概念，在书中都给出了详细的介绍和解释. 一般理论的提出，均是基于对于具体例子的详细讨论. 作者抓住每一个机会，对其数学分析所得结果的含义给出文字解释. 所有这些因素，使得这部著作即使是对于未经数学训练的读者而言，也会是非常有趣的.

最后，我希望这部著作能够为经济学从目前的“模糊与混乱”转变为“准确定义与清晰表述”的过程提供有用的工具.

导读五 珠联璧合的协作[①]

· *Introduction V The Collaboration on the Theory of Games* ·

奥斯卡·摩根斯坦(Oskar Morgenstern)

美国著名经济学家 普林斯顿大学教授

从1944年《博弈论与经济行为》出版至今,同一个问题再次被提到我面前:我与当代最伟大的数学家之一冯·诺伊曼是怎样相遇,然后开始合作,最终完成了这样一部对我们二人而言都可算是一生中最重要的工作之一的著作?最近一段时间,我收到来自许多方面的敦促,希望我能够介绍这段合作的历史.所以,在此我将尝试对我们之间的互动做一个简单介绍.包含有准确时间点的完全版本,或将留待后续.

我的第一本书,《经济预测》(*Wirtschaftfprognose*)[10],1928年10月由奥地利维也纳的斯普林格(Springer)出版社出版.该书写成于1926—1927年,作为劳拉·斯佩尔曼·洛克菲勒学者(Fellow of the Laura Spelman Rockefeller Memorial)和哈佛大学荣誉研究学者(Honorable Research Fellow at Harvard University),我基于当时的所知,研究论述了进行经济预测的困难性和(几乎)不可能性.就一般性的科学观而言,我在很大程度上受到数学和物理学界赫尔曼·外尔(Hermann Weyl)、伯特兰·罗素(Bertrand Russell)及其他学者的影响.[②]我也曾花费大力气,研读了路德维希·维特根斯坦(Ludwig Wittgenstein)1921年出版的著作《逻辑哲学论》(*Tractatus Logico-Philosophicus*).[26][③]在哈佛大学期间,我时常

---

① 说明:本文原为英文版的附录,中文版将其作为导读五。北京航空航天大学段颀译。

② 赫尔曼·外尔(1885—1995),德国数学家、物理学家,1908年获哥廷根大学博士学位(导师是著名数学家希尔伯特),曾任哥廷根大学数学研究所所长和美国普林斯顿高等研究院教授.赫尔曼·外尔是20世纪上半叶最重要的数学家之一,在数学的许多领域有重大贡献,在相对论和量子力学上也有十分突出的成就.

伯特兰·罗素(1872—1970),英国哲学家、数理逻辑学家、历史学家,无神论或者不可知论者,也是20世纪西方最著名、影响最大的学者和和平主义社会活动家之一.罗素也被认为与弗雷格、维特根斯坦和怀特黑德一同创建了分析哲学,他与怀特黑德合著的《数学原理》对逻辑学、数学、集合论、语言学和分析哲学有着巨大影响.1950年,为了表彰其"多样且重要的作品,持续不断的追求人道主义理想和思想自由",罗素被授予诺贝尔文学奖.除了《数学原理》,罗素的代表作品包括《幸福之路》《西方哲学史》《物的分析》等.——译者注

③ 路德维希·维特根斯坦(1889—1951),奥地利裔(有着四分之三犹太血统)哲学家(1938年纳粹吞并奥地利后加入英国籍).维特根斯坦是20世纪全世界最有影响力的哲学家之一,其研究领域主要涉及数学哲学、精神哲学和语言哲学等方面.——译者注

参加由著名哲学家和数学家阿尔弗雷德·诺斯·怀特黑德(Alfred North Whitehead)主持的私人学术会议,①当时他的著作《科学与现代世界》(*Science and the Modern World*)[25]刚刚出版,不过,他后来更多地转向了形而上的科学哲学问题,这与我在之后的研究兴趣有所不同.

在成为洛克菲勒学者的时候,我早已是奥地利经济学派的一员,1925年我获得博士学位的论文的主题是边际生产率.但是,对于庞巴维克的讨价还价理论和"边际对偶"(marginal pairs),我始终感到困惑:就其根本而言,该理论不能够被视作是完整的.这也让尚在维也纳时的我将目光投向了埃奇沃思《数学心理学》(*Mathematical Psychics*,1881)[2]中的契约曲线.1925年,在即将赴美国之前,我前往英国牛津大学拜访了当时年事已高的埃奇沃思.对埃奇沃思论文集的出版我表达了由衷的快乐,同时我也极力主张他再版当时脱版已久的《数学心理学》.埃奇沃思接受了我的建议,但他却在执行这一计划之前阖然离世.②

在我的书里,③我说明了经济中的个人面临着的两种类型的变量,我将它们分别称为"死变量"和"活变量":前者不反映其他经济主体的决策,后者则反映着这些决策.在这一关系之下,甚至已经出现了"博弈"一词.我同时指出,仅仅是放大一个孤立"简单经济"(在奥地利学派的意义上,指的是一个孤立的居民户)的规模所引起的复杂程度的增加,比不上在一个简单经济之中将他人因素纳入考虑——无论该经济的规模如何——后者,也只有后者,才要处理我所说的"活变量",也就是表现他人决策的变量.这一点恰好陈述了博弈论的基本信条:只有当决策个体仅面对前一种"死变量"的时候,才有所谓的最大化问题;而在后一种情况下,就如我在那部书中对该问题的表述,决策个体面对的问题有着完全不同的性质,这是由于"活变量"反映着他人的意志和经济行为,因而可能会对决策个体的选择产生干扰或者强化.

这对于经济预测结果的影响是社会科学之中的一个典型问题,于是也自然而然地成为我所关注问题.我从许多不同的视角考察了这一问题.我对几种预测作了分析:首先,当唯一的预测结果被所有人知道并且相信时,他们的反应将会对预测事件产生影响;接下来,如果存在若干不同的预测结果,而人们对于这些预测结果也有着不同的接受率,那么,这些预测结果对人的行为和事件的未来发展将会产生不同的影响,如此等等.在研究这些问题的过程中,我构造了莫里亚蒂教授追踪夏洛克·福尔摩斯的例子(1928年,第98页).[10]我证

---

① 阿尔弗雷德·诺斯·怀特黑德(1861—1947),英国当代著名数学家、哲学家,分析哲学的创始人之一.早年在英国剑桥大学三一学院(1885—1910)和伦敦大学(1910—1924)任教,1924年后在哈佛大学任教.与伯特兰·罗素(怀特黑德在剑桥大学的学生)合著的《数学原理》(*Principia Mathematica*,1912)(第2卷)是逻辑研究的里程碑(该书一共三卷,分别关于哲学、数学和数理逻辑,分别出版于1910年、1912年和1913年).除了此处提到的《科学与现代世界》,怀特黑德的后期著作还包括《自然的概念》(*The Concept of Nature*,1920)、《历程与实在》(*Process and Reality*,1929)和《观念之历险》(*The Adventure of Ideas*,1933)等.——译者注

② 如今,对于将博弈论与更加传统的经济学理论相联系,契约曲线和"(交换经济的)核"发挥着重要的作用.

③ 对于该书的英文版详细总结,可以见于阿瑟·W.马吉特(Arthur W. Marget)1929年[5]和伊芙琳·M.伯恩斯(Eveline M. Burns)1929年的评论文章.

明了：如果其中一人完全看穿了另一人(“我认为他认为我认为!! ……”),二人之间的追踪游戏将永远无法得到一个解——只有在某种“主观决策”的基础上,才能得到这一问题的解,因此这是一个关于策略的问题.①

尽管我的研究领域是商业周期理论和经济统计,但我在该书中所提出的问题却一直未曾远离我的思绪.1935年,我在《经济学杂志》(*Zeitschrift für Nationalökonomie*)上发表了题为《完美预见与经济均衡》(*Vollkommene Voraussicht und Wirtschaftliches Gleichgewicht*)的论文,[12]其中再次使用了夏洛克·福尔摩斯和莫里亚蒂教授的例子,但是将关于预测的整个问题置于一个更加宽泛的框架之下.这篇论文偶然间引起了弗兰克·H.奈特(Frank H. Knight)教授的极大好奇,②奈特教授本人随后将其翻译成了英文,并用于其课程讲义之中.③我证明关于完美预见的假设将会导致悖论,从而不容于一般均衡理论——对这一点的认识在当时极度不足.这篇论文发表之后,应著名哲学家,同时也是所谓的“维也纳学派”的领袖莫里茨·施里克(Moritz Schlick)教授之邀,④我就该篇论文所涉及的问题进行了探讨.当时在一次持续时间相当长的会议中,我与到会学者就这一问题进行了十分细致的讨论.就某一方面而言,这些学者都属于维也纳学术圈,包括：卡尔纳普(Carnap)、费格尔(Feigl)、弗兰克(Frank)、哥德尔(Gödel)、哈恩(Hahn)、门格尔(Menger)、波普尔(Pop-

---

① 在我们合作的《博弈论与经济行为》中,给出了对这一问题的分析.

② 弗兰克·H.奈特(1885—1972),美国经济学家,20世纪全世界范围内的经济学巨擘之一,20世纪60年代“新古典主义反凯恩斯革命”的代表人物,芝加哥学派的奠基者之一.1950年奈特被推选为美国经济学会会长,1957年获美国经济学会最高奖：弗朗西斯·沃尔克奖章(Francis Volcker Medal).1921年,奈特出版了《风险、不确定性和利润》(*Risk, Uncertainty and Profit*)一书(该书即是奈特1916年在康奈尔大学获得博士学位的同名论文),通过对风险和不确定性的区分和描述,较为完整地把信息经济学的思想呈现于现代经济学的殿堂中.奈特的著作极为丰富,包括：《经济组织》(*The Economic Organization*, 1933)、《自由与改革：经济学与社会哲学论文集》(*Freedom and Reform: Essays in Economics and Social Philosophy*, 1947)、《经济学的历史与方法》(*On the History and Methods of Economics: Selected essays*, 1956),等等.

奈特长期执教于芝加哥大学(1927—1955年任芝加哥大学经济学教授,1955年后任芝加哥大学荣誉教授直至逝世).后获得诺贝尔经济学奖的米尔顿·弗利德曼(Milton Friedman)、乔治·斯蒂格勒(Georgy Stigler)和詹姆斯·M.布坎南(James M. Buchanan),均是奈特在芝加哥大学的学生;另外,1991年诺贝尔经济学奖得主罗纳德·H.科斯(Ronald H. Coase),尽管没有直接作为奈特学生的经历,但也曾表示其思想主要受到奈特的影响.——译者注

③ 该译文在1976年出版.[22]

④ 莫里茨·施里克(1882—1936),德国著名哲学家、物理学家,逻辑实证主义(logical positivism)的创始人,维也纳学派的缔造者和领导者.施里克的代表性观点是“一个命题的意义在于它的证实方法”,即证实原则,著有《普通认识论》(*Allgemeine Erkenntnislehre*, 1917)、《当代物理学中的空间与时间》(*Raum und Zeit in der gegenw? Rtigen Physik*, 1917)和《伦理问题》(*Fragen der Ethik*, 1930)等.

维也纳学派(英文：Vienna Circle,德文：Wiener Kreis)是发源于20世纪20年代奥地利首都维也纳的一个学术团体.其主要成员均是当时欧洲大陆最优秀的物理学家、数学家和逻辑学家(详见下页).他们关注当时自然科学发展成果(如数学基础论、相对论与量子力学),并尝试在此基础上去探讨哲学和科学方法论等问题.维也纳学派是20世纪影响最广泛、持续最长久的哲学流派之一,在某种意义上,维也纳学派等价于逻辑实证主义——它代表了自然科学发展对传统哲学的挑战.如今,无论是否接受或者喜爱,或者认为其观点偏颇与否,维也纳学派的唯科学主义观点已成为现代哲学摆脱不掉的“幽灵”.——译者注

per)、魏斯曼(Waismann),等等,此处并未列出其全部.①我时常去参加这些会议,以及卡尔·门格尔组织的会议,尽管我并非其中任何一个会议的正式成员.

应门格尔的邀请,我在其组织的学术会议上反复地讲着这一主题,在一次会议的间歇,一位名叫爱德华·切赫(Eduard Cech)的数学家来到我面前,告诉我我所提出的问题与约翰·冯·诺伊曼1928年发表的一篇关于博弈论的论文[18]是相同的,而这篇论文的发表时间也恰好与我的《经济预测》一书[10]的出版时间相同.作为一位当时已是明日之星的数学家,切赫向我简要介绍了这篇论文的基本思想和结论,并且十分希望我能对这一研究进行了解.我十分想要这样做,但由于当时我还担任德国内战期间奥地利商业周期研究院的负责人,面对纳粹威胁,时常需要穿梭于日内瓦、巴黎和伦敦的国际联盟(the League of Nations)办事机构之间,繁重的工作负担让我未能如愿.但是,即使是在20世纪30年代的维也纳,我也设法阅读了许多关于逻辑学和集论的著作,其中包括希尔伯特(Hilbert)和阿克曼(Ackermann)、弗兰克尔(Fraenkel)、希尔伯特和伯内斯(Bernays)、哈恩(Hahn)、豪斯多

---

① 卡尔纳普(1891—1970),全名鲁道夫·卡尔纳普(Rudolf Carnap),德裔美籍哲学家,逻辑实证主义的代表人物之一.1926—1935年先后任教于维也纳大学和布拉格大学,1935年底前往美国并于1941年加入美国籍,1936—1952年任芝加哥大学哲学教授,1954年后任加州大学洛杉矶分校教授至1961年退休.卡尔纳普的著作十分丰富,包括《世界的逻辑构造》(*Der Logische Aufbau der Welt*, 1928)、《语言的逻辑句法》(*Logische Syntax der Sprache*, 1934)、《语义学导论》(*Introduction to Semantics*, 1942)、《逻辑的形式化》(*Formalization of Logic*, 1943)、《意义与必然性》(*Meaning and Necessity: a Study in Semantics and Modal Logic*, 1947)、《概率的逻辑基础》(*Logical Foundations of Probability*, 1950)、《归纳方法的连续统》(*The Continuum of Inductive Methods*, 1952)、《物理学的哲学基础》(*Philosophical Foundations of Physics*, 1966)等.

费格尔(1891—1971),全名弗里茨·费格尔(Fritz Feigl),奥地利化学家,分析化学中点滴试验的奠基人.

弗兰克(1884—1966),全名菲利普·弗兰克(Philipp Frank),奥地利物理学家、数学家、哲学家,逻辑实证主义的代表人物之一,维也纳学派主要成员之一.1912年,在爱因斯坦的推荐下,弗兰克进入位于布拉格的查尔斯-费迪南德大学(Charles-Ferdinand University)任教;1938年纳粹占领奥地利后移居美国,在哈佛大学担任数学和物理学讲师;1947年,在美国艺术与科学学会(American Academy of Arts and Sciences, AAAS)之下成立科学统一研究所,该研究所有规律地组织学术会议,曾被称为是"流亡的维也纳学派".

哥德尔(1906—1978),全名库尔特·弗雷德里希·哥德尔(Kurt Friedrich Gödel),奥地利裔逻辑学家、数学家、哲学家,提出了著名的"哥德尔不完全性定理".1930年获得维也纳大学博士学位并留校任教,1938年加入普林斯顿大学高等研究院,1948年加入美国籍.哥德尔与亚里士多德和戈特洛布·弗雷格(Gottlob Frege)比肩,被认为是世界历史上最具影响力的逻辑学家之一,对20世纪科学和哲学思想产生了巨大影响.

哈恩(1879—1968),全名奥托·哈恩(Otto Hahn),德国化学家、物理学家,辐射理论的先驱,20世纪世界最顶尖科学家之一,获得1944年诺贝尔化学奖.

门格尔(1902—1985),全名卡尔·门格尔(Karl Menger),著名经济学家、"边际三杰"之一奥地利裔数学家卡尔·门格尔(Carl Menger)之子.主要研究领域是代数学、几何学和维度论,对于博弈论和社会科学也有贡献.

波普尔(1902—1994),全名卡尔·莱蒙德·波普尔(Karl Raimund Popper),奥地利裔哲学家、科学家、逻辑学家(——波普尔的祖父、祖母、外祖父和外祖母都是犹太人,不过在其出生前,波普尔一家人就改信了路德教(Lutheranism).为躲避纳粹威胁,1937年以后先后移居新西兰和英国,直至去世),当代西方最有影响的科学哲学家之一.波普尔的研究范围很广,涉及科学方法论、科学哲学、社会哲学、逻辑学等,他1934年完成的《科学研究的逻辑》(*The Logic of Scientific Discovery*)一书标志着西方科学哲学最重要的学派——批判理性主义的形成;他在社会哲学方面的代表作,《历史主义的贫困》(*The Poverty of Historicism*, 1944)和《开放社会及其敌人》(*The Open Society and Its Enemies*, 1945),出版后轰动了西方哲学界和政治学界.

魏斯曼(1896—1959),全名弗雷德里希·魏斯曼(Friedrich Waismann),奥地利数学家、物理学家、哲学家(1938年纳粹占领奥地利后移居英国),逻辑实证主义的代表人物之一.——译者注

夫(Hausdorff)等人的著作.①在好友卡尔·门格尔(Karl Menger)的帮助和指导下,我也尝试阅读了库尔特·哥德尔关于不确定性的重要著作.同时,被我聘为研究院统计学家的亚伯拉罕·沃尔德(Abraham Wald)②在许多数学领域给予了我特别的指导.在那些年里,不仅沃尔德做出了关于瓦尔拉斯方程的激动人心的工作,门格尔也发表了关于回报理论(1936)[9]和圣彼得堡悖论(1934)[7]的伟大论文.除此之外,1934年门格尔出版了其关于道德逻辑的著作[8],在我看来,该书为讨论现代哲学对于社会科学的意义提供了合适的契机(1936).[13]

不久之后,门格尔力荐我参加他组织的一次会议——作为从美国赴欧洲之行的目的之一,约翰·冯·诺伊曼将在这次会议上做宣讲,报告其在1937年做出的一个关于扩张性经济的理论.不巧的是,恰好他在维也纳的那几天,我不得不赴日内瓦出席国际联盟的会议,因而我们未能谋面.

1938年1月,应卡耐基国际和平基金(Carnegie Endowment for International Peace)的邀请,我作为四所美国大学的访问教授前往美国.我希望能有机会前往普林斯顿大学,拜访当时在普林斯顿大学高级研究中心任教授的冯·诺伊曼.我的确去了,但是见到的经济学家只有弗兰克·费特(Frank Fetter)和弗兰克·格拉汉姆(Frank Graham),未能得见冯·诺伊曼.1938年3月,纳粹占领了维也纳.我被以“政治上不可接受”为名,被我供职的大学和研究院开除,在我离开时将研究院交予了我的副手,而此人这时成为一名纳粹.这时的研究院被他和后来成为柏林商业周期研究院首脑的魏哲曼(Wagemann)所掌控.在美国期间,我收到来自若干所大学的邀请,希望我加入其研究团队.我接受了普林斯顿大学的任期三年的合同,担任课程编号为1913的政治经济学课程的主讲人.作为我在维也纳研究院的长期资助者,洛克菲勒基金承担了我在普林斯顿大学头三年报酬的一半.我之所

---

① 希尔伯特(1862—1943),全名大卫·希尔伯特(David Hilbert),德国著名数学家,1884年获得哥德斯堡大学数学博士学位并留在该校任教,1895年以后一直在哥廷根大学任教授,直至1930年退休.在此期间,他曾获得施泰纳奖、罗巴契夫斯基奖、波约伊奖和瑞典科学院的米塔格-莱福勒奖.1942年,希尔伯特成为柏林科学院荣誉院士.希尔伯特于1900年8月8日在巴黎第二届国际数学家大会上,提出了20世纪数学家应当努力解决的23个数学问题,被认为是整个20世纪数学的至高点——对这些问题的研究有力推动了20世纪数学的发展,产生了深远的影响.希尔伯特被称为“数学界的无冕之王”,希尔伯特领导的数学学派是19世纪末、20世纪初数学界的一面旗帜.

阿克曼(1896—1962),全名威廉·弗里德里希·阿克曼(Wilhelm Friedrich Ackermann),德国数学家,提出了计算理论的重要例子“阿克曼函数”.1928年,阿克曼与希尔伯特合著了《理论逻辑原理》(*Grundzuge der Theoretischen Logik*).

弗兰克尔(1891—1965),全名亚伯拉罕·哈勒维·弗兰克尔(Abraham Halevi Fraenkel),生于德国的以色列数学家.弗兰克尔是一个早期的犹太复国主义者,也是耶路撒冷希伯来大学数学学院的第一任院长.弗兰克尔以其对公理集合论的贡献而闻名,特别是他对于厄恩斯特·策梅罗(Ernst Zermelo)公理的贡献,由此产生了著名的策梅罗-弗兰克尔公理体系,影响深远.弗兰克尔著有《高斯时代数的概念与代数》(*Materialien für eine wissenschaftliche Biographie von Gauss*, 1920).

伯内斯(1888—1977),全名保罗·伊萨克·伯内斯(Paul Isaac Bernays),瑞士数学家,在数学逻辑、公理集合论和数学哲学方面均有突出贡献.与希尔伯特合著有《数学基础》(*Grundlagen der Mathematik*)第一卷(1934)和第二卷(1939).

豪斯多夫(1868—1942),全名菲利克斯·豪斯多夫(Felix Hausdorff),德国数学家,现代拓扑学的奠基人之一,在集论、测度论和函数理论方面均有突出贡献,在这些领域有一系列著作和论文.——译者注

② 亚伯拉罕·沃尔德(1902—1950),出生于奥匈帝国克鲁日(现属罗马尼亚)的数学家,在决策理论、几何学和计量经济学领域均有贡献,统计序列分析的奠基人.——译者注

以想要来普林斯顿大学，主要原因就是可能认识冯·诺伊曼，并且希望这能够启发我未来的研究.

开学不久冯·诺伊曼和我便见面了.奇怪的是，若干年后我们谁也记不清我们第一次见面的地点，不过我们都记得第二次见面的地点：那是在1939年的2月1日，我在拿骚俱乐部做一个关于商业周期的午餐餐后宣讲，他和尼尔斯·玻尔(Niels Bohr)、奥斯瓦尔德·凡勃伦(Oswald Veblen)以及其他一些人都在场.①他和玻尔邀请我当天下午去学校的精品厅喝茶，我们在那里一坐便是数小时，讨论博弈的问题及各种有关的实验.这是我们之间第一次关于博弈的对话，而由于玻尔的出席，这一场景也更加具有纪念意义.当然，这样的一位旁观者对于谈话的"干扰"，也是尼尔斯·玻尔提出的量子力学最著名问题之一.这样的对话后来又发生在外尔的家中——这时他也已经进入了我的生活.当我在冯·诺伊曼家中吃晚餐时再次见到玻尔并第一次见到爱因斯坦，这一个讨论的圈子进一步扩大，爱因斯坦所谈论的理论的重要性高于实验、概念化的意义，他对制度的深深困惑，我至今仍然觉得历历在目.在后来的许多次聚会中，他都常常会回到与此有关的问题上.

冯·诺伊曼和我之间有过许多其他十分热烈并且涉及内容广泛的讨论.我们的思想不断地交汇，自发的共鸣时时产生.我向他提出，我十分想要阅读他的两篇论文，一篇是关于博弈论的，另一篇是在维也纳报告的关于扩张性经济的.我们很快交换了打印的文稿，我给他的则是我关于预测的论文.冯·诺伊曼告诉我，自从1928年以后他就没有再进行有关博弈论或者扩张性经济模型的研究.他可能曾经从一个或者另一个角度考虑过有关的问题，但是没有再进行系统性的研究，也没有写相关的论文.

现在，我开始仔细阅读他关于博弈论的文章了.对我来说这并不容易，因为其中用到的一部分数学方法对我而言是完全陌生的，特别是关于不动点定理的整个话题.而由于相同的原因，关于扩张性经济的论文对我来说也存在难度.这很快就产生了我与乔尼(Johnny)之间的许多次对话——这是我此后对他的称呼.在阅读他1928年提出的博弈论的过程中，我所获得的智力上的巨大兴奋感，事实上还有情感上的融入，至今我仍记忆犹新.我看到了这一理论的意义，以及其中蕴藏的巨大潜力.

因此我决定要写一篇论文，向经济学家介绍当时业已存在的博弈论所具有的本质和重要意义，我随即开始着手写这篇论文.于是又有了许多次与乔尼的进一步讨论.在我们余下的一生中，我们保持频繁的接触，而每一次的碰面不仅总是最为友好的，而且又最能激发出智力上的兴奋感.在我写作论文的过程中，他时常主动要求阅读手稿.他读后会在文中一些地方做标记，指出这些地方的论述过于简短，对于那些不像我这么了解博弈论的人而言，会显得难以理解.与此同时，我们已经开始讨论这一理论的许多可能性以及进一步的发展.于

① 尼尔斯·玻尔(1885—1962)，全名尼尔斯·亨利克·戴维·玻尔(Niels Henrik David Bohr)，丹麦现代物理学家，现代原子结构理论和量子力学的奠基人之一，获得1922年诺贝尔物理学奖.因此，作者将其与冯·诺伊曼之间关于博弈论的第一次讨论，以"玻尔列席"作为纪念，颇具意义.——译者注

奥斯瓦尔德·凡勃伦(1880—1960)，美国数学家、几何学家、拓扑学家，应用原子物理学的先驱，1905年证明了"若尔当曲线定理"(Jordan Curve Theorem)，被认为是对于该定理的最早严格证明.——译者注

是,我开始扩展这篇论文.在一个值得纪念的日子,在我位于拿骚街12号(后来成为普林斯顿银行与信托大楼)的单身宿舍里,他看到了已经大为扩展的论文新版本,于是建议说:"我们何不合作完成这篇论文呢?"我完全认同这一建议.我们的许多次会面,已经为我开启了一个全新的世界,在这个世界中我已徜徉数年.现在乔尼希望在这个世界中与我合作,意味着我们将共同迈向一个广阔的新领域,其中的挑战、困难和光明前景,都毋庸置疑.许多年以后,我读到希尔伯特在哥廷根大学写给其挚友闵可夫斯基(Minkovsky)的话:"你是上天赐予的礼物!"这就是上天赐予我的厚礼.[①]

这时已是1940年的秋天.当我们的论文工作还在继续之时,时常坐在一起共同撰写的我们二人感到,这篇论文可能需要写得再长一点.乔尼说最好将这篇论文分成两个部分,因为作为一个部分出版的话,对于专业期刊来说有些过长了.我表示完全没有意见,相反,我们应该根据问题的需要,尽可能地论述详尽.于是,我们继续工作.而随着工作的推进,乔尼说:"你知道,这不是一篇论文所能够说清楚的,即使是分成两部分也不行.或许我们应该写一个小册子,然后可以在马斯顿·摩尔斯(Marston Morse)担任编辑的《数学研究年刊》(*Annual of Mathematic Studies*)上发表."这个小册子大约会有100页,乔尼有可能说服马斯顿接受并发表它.

而在我们继续工作一段时间以后,乔尼说:"我们为什么不去问一下普林斯顿大学出版社,看他们是否有兴趣出版我们的小册子呢?"当时负责普林斯顿大学出版社的戴德斯·史密斯(Datus Smith)表示十分欢迎,并且很快与我们签订了协议.根据该协议,我们将按照一定的程序交稿,但我已记不清这份协议是否规定了交稿的具体截止日期.无论如何,关于这本小册子的设想篇幅是大约100页.签订了这份协议,我们顿感释怀并且开心庆祝.现在我们真正开始动笔了——不过在写作的过程中,我们完全地忘记了关于100页的篇幅限制,讨论亦是永无止境.

我们时常外出远足,过程中一直讨论各种博弈,以及整个理论的展开.有时我们开车去海边,在岸边的木板行道上来回踱步,讨论有关的问题.1940年的圣诞节,由于我要在美国经济学会的一次会议上报告一篇关于失业问题的论文,我们一同去了新奥尔良.之后,我与乔尼和他的夫人克拉里(Klari)一道,在比洛克希度过了假期.[②]在那里,我们继续日复一日地讨论着这套理论.首要的问题之一是,我们需要用一些数字来表示博弈参与人获得的支付.一个可选的做法是直接放进一些数字,称之为货币:货币对于所有参与人的价值是一致的,并且可以不受限制地在参与人之间实现转移.由于知道效用这一概念的重要性,我并不十分愿意采用这种方式,而是坚持要做得更好些.一开始,我们只是想

---

① 闵可夫斯基(1864—1909),全名赫尔曼·闵可夫斯基(Hermann Minkowski),出生于俄国的德国裔犹太数学家、天文学家(后移居美国).闵可夫斯基8岁随家迁居普鲁士哥尼斯堡时,与后来成为其一生好友的希尔伯特的家仅一河之隔.闵可夫斯基因数学才能出众,很早就有神童之名(闵可夫斯基比希尔伯特小两岁,却早一年从预科学校毕业);1881年,17岁的闵可夫斯基便解决了《法国科学》发出通告悬赏求解的数学难题(并且,闵可夫斯基的求解实际上远远超出了该问题);最终,闵可夫斯基和希尔伯特这一对一生的挚友,都成为十分优秀的数学家.另外值得一提的是,作为爱因斯坦在苏黎世大学期间的老师,闵可夫斯基时空为广义相对论的建立提供了框架.——译者注

② 比洛克希(Biloxi),美国东南部港口城市.——译者注

要设定一个效用数值，但后来我说，就我对于经济学家同行的了解，站在当时主流的无差异曲线分析方法的角度——我们二人都不喜欢这一方法——他们将会认为这样的设定老套而又让人无法接受.

因此，我们决定仔细考虑和解决效用数值问题. 不久之后，我们就构造出了作为如今这套理论基础的公理体系，这让我们获得了可靠的效用概念：基于线性变换的期望效用. 在1944年本书的第一版中，我们并未出版对于这一效用数值存在性的证明(尽管当时我们当然已经有了这一证明). 在维也纳时，我曾讲授过关于风险、期望和价值理论中时间因素的课程，也曾发表了一些关于这些问题的论著. 在风险问题上，卡尔·门格尔1934年关于圣彼得堡悖论的重要论文[7]起到了巨大的作用. 乔尼同时阅读了我在1934年关于价值理论中时间因素的论文[11]，并力荐我将该论文扩展为一本著作(我一直未做此事). 他说该论文所考虑的问题不仅重要而且将提出许多数学难题. 不过，我们构造期望效用公理的过程却相当顺利和自然. 我仍清楚地记得，当我们完成公理设定时，乔尼从桌旁站起，惊奇地说："但是难道就没有人曾经想到这一点吗?"在许多时候，我们常常都会一边用英文写作，一边说着德文——这也让后来一位富有学识的读者不无讽刺地这样评价本书"……以这样美妙而专业的德文".

这一效用理论大体上是由我完成的，尽管我认为关于效用的最终理论必然要比我们给出的复杂得多，但对于在这一效用理论基础上后来发生的一切，我仍然感到十分满意. 当然，我们也意识到概率理论在其逻辑基础上存在的困难. 因此在论述我们的理论中有关概率的问题时，我们决定用经典的频率方法(frequency approach)作为基础，同时用脚注标明：通过引入主观概率这一概念，可以一并实现效用和概率的公理化. 后来，这件事被其他人所实现.

乔尼1937年关于扩张性经济的论文[19]，就是我没能在维也纳听到他报告的那一篇，是另一个引起我思考兴趣的领域. 这时我也十分认真地研读了这一篇论文，并且立即确信其具有非同一般的重要性. 我建议乔尼在经济系的例行讨论会上报告这篇论文，而他随后也这样做了. 报告在老佩恩图书馆进行，当时我们在那里有一间会议室，前来听这次报告的人有很多，但收到的反馈甚少，这令我很沮丧. 当时的普林斯顿几乎没有数理经济学家，更不用说能够理解他文中所提出的新的基本思想的人了.

即使是在我们已经开始写作博弈论之后，我也曾写过一篇名为《希克斯教授的价值与资本理论》的论文，发表在1944年的《政治经济学杂志》(*Journal of Political Economy*)上[14][22]. 在该文中我引用了乔尼的扩张性经济模型，强调在经济中个人所面对的，本质上是一系列的不等式，而非等式. 就我所知，在所有经济学期刊和著作中，该文是第一次引用乔尼的关于扩张性经济的论文. 同时，我在论文中还重点引用了亚伯拉罕·沃尔德关于瓦尔拉斯系统的基础性工作(同样是在门格尔20世纪30年代的私人学术聚会上)，该工作同样没有被希克斯所引用. 乔尼仔细阅读了我关于希克斯的论文，对于我所说的表示完全同意. 他甚至在文稿中给出了一两条注释. 也许是因为在战时，也许是因为其不合时宜的性质，这篇关于希克斯的论文被后来的文献完全地忽略了. 冯·诺伊曼表达了对于直到当时甚至之后的数理经济学著作(当然,除了门格尔和沃尔德的著作以外)的观点:“你知道,奥斯卡,如果这些著作在几百年后被从地下挖出,人们将会难以相信它们是我们这个时代的作品.其中所运用的数学知识是如此的粗浅,以至于人们会以为它们写成于牛顿的时代.经济学与物理学这样的现代科学之间的距离,还有100万英里之遥.”直到后来的岁月里,他对于经济学和社会学研究仍不断重复着这样的评价.

扩张性经济的问题从未远离过我,乔尼和我就这一问题讨论过许多次.在其理想的模型中,我从一开始就不很喜欢一个有着极强限制性的假设,并非其关于线性的假设,而是经济生产出的每一种中间产品,无论其数量有多小,都会进入下一个生产阶段,用于生产另一种产品.而实际上只有在高度加总的情况下才会是这样.幸运的是,1956年当乔尼已癌症缠身时,我终于可以告诉他,J・G.凯梅尼(J. G. Kemeny)、杰拉尔德・L.汤普森(Gerald L. Thompson)和我已经成功地去除了这一限制,从而实质性地使得他的模型更具一般意义,这令他感到尤为高兴.这就是后来为人们所知的“KMT模型”,该模型与博弈论之间也存在确实的关联.本质上,二者都建立在最小最大原理的基础之上:KMT模型说明了为什么要以最小最大原理为基础,而博弈论本身就是一个模型,同时也可以被当作一个数学工具——这是事先未曾预料到的.在KMT模型的基础之上,还可以进行许多进一步的一般化,这也显示了乔尼的原始思想所具有的力量.我同时告诉乔尼、汤普森,我正计划在这一方向上开展更多的研究.对于上述思想的进一步扩展和一般化的一系列论文组成了汤普森和我的一部合作著作,这本书不仅令我满意,同时也成为我们二人一生中最重要的工作之一:《扩张性契约经济的数学理论》(*Mathematical Theory of Expanding and Contracting Economies*, 1976).[17]

1941—1942年,我们紧张地工作着.在我的敦促之下,乔尼在普林斯顿大学开设了一些关于博弈论的课程,尽管在他的一些课上也出现过我们关于n人博弈的新结论,但其中大部分都只涉及两人博弈问题.不知道是因为什么,来听课者难言众多——毕竟,当时我们已深处战争之中,这并非一个适合做我们这类工作的理想时期!无论如何,这些课程帮助我们集中思路,并在一定程度上推进了文稿的写作.

我们之间不断地会面和讨论,要么在我位于银行楼上的宿舍中,要么在韦斯科特路26号乔尼同其夫人克拉里和女儿玛丽娜(现在已经是玛丽娜・冯・诺伊曼・怀特曼(Marina von Neumann Whitman)夫人)的家中.我们几乎都是在一起写作,在文稿之中,有时大段的文字会由一人或另一人独自完成,有时同一页上的一段文字会在我们二人之间经过两到三次的交换(修改).我们共同度过了大部分的下午,喝掉的咖啡难以计数.我们无休止的对话和讨论常常令克拉里感到烦闷.那段时间,她正在收集象牙、玻璃以及其他一些材料的制品.有一次她嘲笑我们道,这本书变得越来越庞大,耗费着我们越来越多的时间,就好像里面装了一只大象——她要和这本书一刀两断.于是我们保证说,我们将很乐于将一只大象装进其中:任何人如果想要找寻一只大象的话,只要翻开这本书就能够得到图示.

这时我注意到了一件事,证明随机性可能会影响科学研究的方向.那是一个下着雪、明朗而寒冷的冬日，我外出散步，那时我们正在准备为乔尼 1928 年著名的最小最大化定理写一个新的证明. 我朝着普林斯顿大学高等研究院走去，由于寒冷，我走进图书馆闲逛. 我随手拿起一本埃米尔・博雷尔（émile Borel）编写的《概率计算理论及其应用》（*Traité du Calcul des Probablitiés et de ses Applications*）翻看，①突然看到一篇让・威利（Jean Ville）1938 年的论文[23]，正好引用了乔尼 1928 年的论文. 该文在对乔尼的最小最大化定理做重新表述时，并未使用布劳沃（Brouwer）不动点定理，而代之以一个更加基础性的证明（乔尼更早的两个证明并不是基础性的）. 我之前并不知道威利的研究工作，于是，我打电话告诉了同样不知道这件事的乔尼. 我们立刻见面并很快发现，证明该定理的最佳方法是考虑目标函数的凸性. 于是，就有了基于支撑超平面定理（theorem of the supporting hyperplane）的"矩阵替代定理"（theorem of the alternative for matrices）. 此前，在数理经济学之中从未出现过这类思想. 从那以后（也就是从 1944 年以后），在现代经济学文献中，特别是应用线性规划（也是博弈论的产物）方法的文献中，才引入了凸分析的方法. ②

想想这是多么的奇妙：如果没有那一次冬日里的漫步，在不曾期望看到任何与有关博弈内容的情况下，发现了博雷尔的书，并且翻开了它，那么我们对于博弈论的数学处理方法将会多么的不同. 当然，有关凸性的考虑最终仍然会在某处出现，但那或许要等到若干年之后. 而许多其他领域的研究进展，将因此受到延阻. 自然地，我们也乐于能够以一种更加基础性的方式进行阐述，尽管我们因此不得不对其背后的数学做出细微解释. 我们都坚信，永远应该以尽可能基础的方式来阐述问题，除非必要，不使用高级的数学工具，但是，在许多数理经济学家后来的文章中，仍然出现了不动点定理，有时这会不必要地使其论述复杂化.

乔尼 1942 年搬家去了华盛顿，不过当时我们的书稿也已经有了很大的进展. 战争爆发以后，他就去了海军的一个研究部门. 而在那段时间，我每周大约要上十二到十四个小时的课. 我用在撰写书稿上的时间，无法折算成任何的"教学分"—— 这在当时并非习惯的做法，我也没有提出这样的要求. 在进行这项工作时，我们之中的任何一个人都没有得到任何类型的研究资助. 乔尼在华盛顿的那段时间，我时常去那里，有时就住在他家，周末期间我们疯狂地工作，努力保证这一庞大的工作能够在他的一趟英国之行之前完成. 而为了这次简短旅行，他的穿戴让克拉里和我都忍俊不禁：他穿着一身厚厚的皮外套，头戴钢盔，胳膊下面夹着一本《剑桥古代史》（*Cambridge Ancient History*）（尽管工作繁忙，我们总会找时间阅读和交换这类书籍，以及修昔底德的著作，这些都是我们为"下一章"而工作之余，时常深入讨论的主题）. 他也偶尔会来普林斯顿大学，我们就一直工作到深夜. 1942 年的圣诞节当他再次来普林斯顿时，我们已经在考虑这本书的最后几页了. 在我们头脑中有一些东西，主要是关于这套理论的经济学应用，我们曾希望将其写进书里，但由于这部书的篇幅已经很大，我们最终去掉了这一部分内容. 对于大部分我们真正认为重要的事情，我们在书中都已经给出了说明，而截稿时间已日近. 在圣诞

---

① 埃米尔・博雷尔（1871—1956），法国数学家、政治活动家，亦有许多关于博弈论的论文. 博雷尔是测度论及其在概率论中应用的先驱，博雷尔集的概念即以其命名. ——译者注

② 在冯・诺伊曼 1932 年关于扩张性经济的论文[17][19]中，有着对于凸性概念的基本应用.

节当天,我们最后审阅了书稿,并写下了落款日期为1943年1月的前言,1943年1月的第一天,我们的整个工作得以完成.

在我们合作的整个期间,我们每一次会面之后——当时的书稿当然都是手写的——我都会将我们完成的书稿正式打印两份,在之后一天或者下一次会面时将其中一份交给乔尼,另一份则自己保留.在此基础上,我们面前就总是能够有一份某种程度上规范打印的文稿.这是一份相当辛苦的差事,不过我在做这件事的时候总是感到愉快而满足.我们既没有秘书服务,也没有资金支持,所有事情都只能靠自己.由于那时我是单身,每天都在宿舍马路对面的拿骚俱乐部用早餐,而因为乔尼的夫人习惯睡得稍长一些,乔尼还在普林斯顿大学时几乎每天都会起得稍早并过来和我一起用早餐.他在早晨总是精神饱满,于是我们有时甚至从早餐的餐桌上就开始讨论如果可能的话当天下午要做什么.这样的早餐会面持续了许多年,甚至一直到我1948年结婚,尽管那以后就没有那么频繁了.

在书稿完成以后,我们显然不得不去普林斯顿大学出版社,说明与之前预计100页上下的"小册子"相比,这本书实际的篇幅要稍微大一点.当出版社的同事们看到满是图形和奇怪数学符号的1200页打印文稿时,他们完全崩溃了.他们十分大度地表示将尽最大努力出版这本书(尽管是在第二次世界大战期间!),不过不知道是否能够得到一些经济补偿?因为需要首先将整个书稿重新整理打印,所有的数学公式都需要重新录入.我们最终成功地分别从普林斯顿大学和高等研究院获得了500美元的资助,用于书稿的重新打印.一位来自"敌方阵营"日本的年轻数学家,完成了原稿中全部数学公式的重新录入工作.乔尼以其一贯的风格对此评价道,是命运让敌方阵营中的数学家遭受了如此的惩罚,不得不录入他人的数学公式.

文稿的重新打印和其他准备工作,包括所有图形的调整(以及集论这只大象!),均由国民经济研究局(National Bureau of Economic Research)的打字员福尔曼(Forman)先生一人完成,这因此花费了不少的时间.不过,整个书稿还是在1943年年内交付印刷.然后就是历时一年之久的排版、校对等程序,此处不做赘述.

我们需要给这本书想一个名字.有一段时间,我们曾经考虑把这本书叫作《理性行为通论》(*General Theory of Rational Behavior*),不过很快我们就放弃了这个书名以及与之类似的其他书名.这些名字都不能准确地表述我们的工作,于是我们回到了最初考虑的书名《博弈论与经济行为》,尽管我们如上面曾提到的深知博弈论亦可应用于政治学和社会学等领域.在确定了书名之后,乔尼主张以我们名字的首字母进行作者排序.我坚决拒绝考虑这一建议,在一番争执之后,他最终做出了让步.

出版社毫不犹豫地接受了书稿的印刷和出版工作.虽然无需再经过任何审阅或者鉴定,但是出版社仍然要求一定的经济补偿,这不仅是因为制作成本的上涨,同时也因为他们认为出版这本书存在一定的风险.我于是去找了一位著名的美国朋友,他曾经许多次匿名为出版社所属的普林斯顿大学捐款.这并没有用去一大笔钱,却使形势得以扭转,出版社终于不再犹豫,开始印刷和出版此书.那是1944年的9月18日,而他们当然没有因此亏本.

对于这本书的命运,我们有着怎样的预期?首先,我们确信这本书是对传统经济学的一个基本的突破:我们说明了经济问题中的个人所面对的并非一般的最大化或者最小化问题(无论其他条件如何!),而是一种有着完全不同概念的情况.而在直观上,又很容易将这套理论联系一般的市场交换、垄断以及寡头等无处不在的经济现象.甚至对于替代关系与互补关系、价值的超加和性、资源的开发与利用、歧视问题、社会"分层"问题、组织对称性、博弈参与人的能力和特权等等,这套理论也给出了新的处理方式——在此我不对其本身做更多描述.因此,书中理论的应用远远地超出了经济学范围,同时涉及了政治学和社会学,只不过经济学是我们更直接关注和感兴趣的问题.我们也知道会有许多对于书中理论的抵触,这既是由于这套理论的基本出发点是针对传统经济学的弊端,也由于不为人们所熟悉的数学方法贯穿了整部书的始终.对于后一问题,我们在书中给出了尽可能细致的解释,而我们也知道,这部书的确在上述两个方面都对读者要求甚高.乔尼反复地对我说,我们应该进一步地合作发表若干文章,并且我们当然也知道自己应该和能够做什么(我们有一篇关于 n 人一般博弈的对称解的论文,后来被收录在了《兰德研究备忘录》(*RAND Research Memorandum*, 1961)中[21]).否则,他说道,这本书就将成为"一只死鸭子".①即便如此,他并不指望这套理论能够很快地被人们接受,也许我们不得不等上一代人.我们的一些朋友也持相同的看法,特别是沃尔夫冈·泡利(Wolfgang Pauli)②和赫尔·曼韦尔.

而事情的发展却与预计的颇为不同.1945 年和 1946 年,莱昂尼德·赫尔维茨和雅克布·马沙克先后发表了两篇文章,对我们的工作给出了精彩的解说,[4][6]此外还有亚伯拉罕·沃尔德 1947 年的长篇评论文章,[24]而他在 1945 年就已经以两人零和博弈为基础提出了一个关于构造统计估计的新理论.

然后,在 1946 年的 3 月,一篇对于这部书的笔法机智的长篇评论文章出现在了《纽约时报》(*The New York Times*)周日版的首页上.这引起了小小的轰动,导致我们的书很快脱销以至于不得不出第二版,该版遂于 1947 年面世.在第二版中我们加入了大篇幅的附录,对首版中基于数字效用得出结论的公理体系给出证明.该理论如今已经进入了最高级的经济学理论教科书中,将来终会完全取代传统的无差异曲线分析方法.我们同时加入了关于效用的若干新发现,特别是关于偏好的部分有序性、非阿基米德排序,以及赌博的效用问题.1953 年我们出版了第三版,只是在其中加入了一篇新的前言.

---

① 冯·诺伊曼在这里说的"这本书就将成为'一只死鸭子'"(a dead duck),是一种美语俚语,意指如果不发表更多的论文对书中理论作进一步的说明和解释,那么这本书就会像"一只死鸭子"一样沉默下去并且前景黯淡.——译者注

② 沃尔夫冈·泡利(1900—1958),全名沃尔夫冈·恩斯特·泡利(Wolfgang Ernst Pauli),奥地利裔物理学家(1935 年移居美国,1946 年后返回欧洲直至去世),现代量子物理学的先驱,著名的"泡利不相容定理"和"泡利矩阵"即以其名字命名.泡利是一名少年成名的天才,对待科学探索寻根究底一丝不苟,思想不时闪现灵敏火花,喜好争论但不唯我独尊,18 岁(中学毕业未上大学)成为慕尼黑大学最年轻的研究生,同年发表了关于引力场中能量分量问题的论文,不满 20 岁发表论文指出赫尔曼·韦尔引力理论中的错误.泡利 21 岁获得博士学位,同年为德国的《数学科学百科全书》(*Encyklopédie der mathematischen Wissenschaften*, 1921)编写的关于狭义和广义相对论的词条(长达 200 余页),直至今天仍然是该领域的经典文献之一.在读过泡利 1921 年完成的博士学位论文《关于氢分子离子的模型》(*über das Modell des Wasserstoff-Molekülions*)之后,爱因斯坦的评价是:"该领域的任何专家都不会相信,该文出自一个仅 21 岁的青年之手,作者在文中显示出来的对这个领域的理解力、熟练的数学推导能力、对物理深刻的洞察力、使问题明晰的能力、系统的表述、对语言的把握、对该问题的完整处理,和对其评价,使任何一个人都会感到羡慕."22 岁时,泡利得到了玻尔的赏识,并很快成为玻尔的好友和合作者;3 年后,泡利就发现了著名的不相容定理.1945 年,经爱因斯坦提名,泡利获得诺贝尔物理学奖.——译者注

正如上面所讲到的,在所有计划的合作文章中,我们只完成了一篇.我们还有其他的计划.例如,我们都相信,当时对于经济数据的时间序列分析方法存在严重的不足,而对于傅里叶分析的普遍敌视则有失公允,学界可以得到更好的基于傅里叶序列的分析方法.但是,由于我们想要进行大规模的运算,我们一再推迟这一计划,等待着乔尼当时正在设计的电子计算机的问世.这一天再也没有来到:1955年乔尼被确诊患上了癌症,发现时已经太迟,饱经病痛折磨之后,他于1957年2月8日在华盛顿离世(我未曾放弃这一研究计划,而是转向了频谱分析(spectral analysis)及其应用,相关成果发表在了与C. W. J. 格兰杰(C. W. J. Granger)合作的《股票市场价格的可预测性》(*Predictability of Stock Market Prices*, 1970)[3],以及后来的一系列论文中).

乔尼同时也对我的另一些研究领域感兴趣,例如我对于经济统计误差和经济描述中普遍存在的问题的研究.对我的论文《重新审视需求理论》(*Demand Theory Reconsidered*, 1948)[15]他表示出尤其浓厚的兴趣,同其他一些时候一样,他发现该论文提出了一个巨大的数学难题,而我的结论要想被人们所接受,将需要很长一段时间——事实也的确是这样.

在最后的年月里,乔尼的工作不只局限于计算机的设计,他同时十分地关注自动控制理论.我们也曾深入地讨论了这些问题.许多次我们深夜漫步在普林斯顿校园内的马路上时,他都会十分细致地谈到设计一种能够自我复制的机器人的可能性.特别是有一个问题始终萦绕:在面对与自己同样的组装部件时,这样一个机器人的"嘴"(即部件入口)应该设计成什么样子才能够识别出这些部件,并将其组装成为自己的一个副本.当然,所有这些,也包括关于未来大型计算机的讨论,都受限于当时只有体积和能耗都巨大的真空电子管,而尚无晶体管的实际情况.

如今,我们的书已经被翻译为德语、日语和俄语版本,西班牙语和意大利语版本的翻译工作也正在进行之中.若干次以博弈论为主题的国际学术会议已经在包括苏联在内的不同国家召开过,一本名为《博弈论国际期刊》(*International Journal of Game Theory*)的学术杂志已经启动,并将于1971年1月首次发行.在维也纳列出的直至1970年的博弈论参考书单上,已有超过6200种出版物,其中包括许多不同国家文字的版本.

显然,以上无法将所有与本书有关的事件一一记录,而只能列举其中较为显而易见的部分.实际发生在我们二人之间的思想交流,还有许多话要说,但那是另一个故事,也许可以在另一个时候来讲,其中亦有许多都与这套理论的某些具体方面相关联.当然,那段日子也是我思维最为活跃的一个时期,否则还能如何呢!这位在那段时间与我关系紧密到无以复加的朋友和持续的合作者,他是本世纪最伟大的数学家之一,一个哪怕只是短暂相处也能够感受到其天才的人.

我们在很短的时间里完成了大量的工作,在那段时间里,快乐永无止境,从来不会觉得工作是一件苦差.对于我们中的任何一个人而言,这都是一段激动人心的经历.既有在前进中获得新发现的愉悦,也有在工作中的全心沉浸.回头看去,尽管我们各自有着其他的职责和各种必须参加的活动,但是我们依然能够找到时间和精力来完成这项工作,这有些令人难以置信.而这也不仅仅是一段共同工作的时光,因为我们同时有着密切的社会交往,既在彼此之间,也与共同的朋友们一道. 在这一整个时期里，或者说，在余下的一生中，我们之间的友谊从未有过动摇. 在写后来发表在 1958 年《经济学杂志》(*Economic Journal*)上的乔尼的简短悼文[16]时，我还深陷在他刚刚去世的悲痛之中. 而要说的话，还有许多.

参考文献

[1] Burns, Eveline M. "Statistics and Economic Forecasting," *J. Amer. Statist. Assoc.*, June 1929, *24*(166), pp. 152–163.

[2] Edgeworth, Francis Y. *Mathematical psychics*. London: Kegan Paul, 1881.

[3] Granger, Clive W. J. and Morgenstern, Oskar. *Predictability of stock market prices*. Lexington, Mass.: Heath, Lexington Books, 1970.

[4] Hurwicz, Leonid. "The Theory of Economic Behavior," *Amer. Econ. Rev.*, Dec. 1945, *35*(5), pp. 909–925.

[5] Marget, Arthur W. "Morgenstern on the Methodology of Economic Forecasting," *J. Polit. Econ.*, June 1929, *37*(3), pp. 312–339.

[6] Marschak, Jacob. "Neumann's and Morgenstern's New Approach to Static Economics," *J. Polit. Econ.*, April 1946, *54*(2), pp. 97–115.

[7] Menger, Karl. "Das Unsicherheitsmoment in der Wertlehre," *Z. Nationalökon.*, 1934, *5*(4), pp. 459–485. Published in English as: "The Role of Uncertainty in Economics," in *Essays in mathematical economics in honor of Oskar Morgenstern*. Edited by Martin Shubik. Princeton, N.J.: Princeton University Press, 1967, pp. 211–231.

[8] ———. *Moral, Wille und Weltgestaltung*. Vienna: Springer, 1934. Published in English as *Morality, decision and social organization*. Dordrecht, Holland: Reidel, 1974.

[9] ———. "Bemerkungen zu den Ertragsgesetzen," *Z. Nationalökon.*, 1936, *7*(1), pp. 25–56.

[10] Morgenstern, Oskar. *Wirtschaftsprognose, eine Untersuchung ihrer Voraussetzungen und Möglichkeiten*. Vienna: Springer Verlag, 1928.

[11] ———. "Das Zeitmoment in der Wertlehre," *Z. Nationalökon.*, Sept. 1934, *5*(4), pp. 433–458. Published in English as "The Time Moment in Value Theory," in Schotter [22, 1976].

[12] ———. "Vollkommene Voraussicht und wirtschaftliches Gleichgewicht," *Z. Nationalökon.*, August 1935, *6*(3), pp. 337–357. Published in English as "Perfect Foresight and Economic Equilibrium," in Schotter [22, 1976].

[13] ———. "Logistik und Sozialwissenschaften," *Z. Nationalökon.*, March 1936, *7*(1), pp. 1–24. Published in English as "Logic and Social Science," in Schotter [22, 1976].

[14] ———. "Professor Hicks on Value and Capital," *J. Polit. Econ.*, June 1941, *49*(3), pp. 361–393. Reprinted in Schotter [22, 1976].

[15] ———. "Demand Theory Reconsidered," *Quart. J. Econ.*, Feb. 1948, *62*, pp. 165–201. Reprinted in Schotter [22, 1976].

[16] ———. "John von Neumann, 1903–1957," *Econ. J.*, March 1958, *68*, pp. 170–174. Reprinted in Schotter [22, 1976].

[17] ——— and Thompson, Gerald L. *Mathematical theory of expanding and contracting economies*. Lexington, Mass.: Heath, Lexington Books, 1976.

[18] von Neumann, John. "Zur Theorie der Gesellschaftsspiele," *Math. Annalen*, 1928, *100*, pp. 295–320.

[19] ———. "Über ein ökonomisches Gleichungssystem und eine Verallgemeinerung des Brouwer'schen Fixpunktsatzes," *Ergebnisse eines Math. Kolloquiums*, 1937, *8*, pp. 73–83. Published in English as "A Model of General Economic Equilibrium," in Morgenstern and Thompson [17, 1976].

[20] ——— and Morgenstern, Oskar. *Theory of games and economic behavior*. Princeton, N.J.: Princeton University Press, 1944. Third Edition, 1953.

[21] ——— and Morgenstern, Oskar. "Symmetric Solutions of Some General *n*-Person Games," RAND Corporation, P-2169, March 2, 1961.

[22] Schotter, Andrew, ed. *Selected economic writings of Oskar Morgenstern*. New York: New York University Press, 1976.

[23] Ville, Jean. "Sur la Théorie Générale des Jeux où intervient l'Habilité des Joueurs," in *Traité du Calcul des Probabilités et de ses Applications*. Volume IV. Edited by Emile Borel *et al.* Paris: Gautier-Villars, 1938, pp. 105–113.

[24] Wald, Abraham. "*Theory of Games and Economic Behavior* by John von Neumann and Oskar Morgenstern," *Rev. Econ. Statist*, 1947, *29*(1), pp. 47–52.

[25] Whitehead, Alfred North. *Science and the modern world*. New York: Macmillan, 1925.

[26] Wittgenstein, Ludwig. *Tractatus logico-philosophicus*. "Original in final number of Ostwald's *Annalen der Naturphilosophie*," 1921. English edition with Index: London: Routledge & Kegan Paul, 1955.

本书所用方法说明

· *Technical Note* ·

这本书所研究的问题的性质和所用的方法，需要采用这样一种程序，这种程序在许多场合下完全是数学的. 在本书中不出现高等代数或微积分等，在这个意义上，我们说，所使用的数学方法是初等的.（有两个不很重要的例外：在对 19.7 及以下的一个例子的讨论中和在 A.3.3 中用到了一些简单的积分）起源于集合论、线性几何和群论的概念，在本书中占重要地位，但是，它们无例外地取自这些课程的前几章，并且还在专门说明的章节中加以分析和解释. 尽管如此，这本书并不真正是初等的，因为本书中的数学推理常常是复杂的，而且广泛地利用了逻辑上的可能情形.

因此，阅读本书，并不需要高等数学的任何部分的专门知识. 然而，如果读者要想更透彻地了解这里所阐明的论题，就必须肯定地超越常规和初级阶段来熟悉数学推理方法. 本书所采用的程序的性质，主要属于数理逻辑、集合论和泛函分析.

我们尽力以这样一种形式来提出这个论题，这种形式能够使一个粗通数学的读者在学习过程中获得必要的熟练. 我们希望，在这方面所作的努力不完全是白费的.

与此相适应，问题的表述形式并不严格遵照数学论文的要求. 所有的定义和推论都比数学论文的要求粗略一些. 此外，纯粹的文字形式的讨论和分析，占去了相当的篇幅. 凡是在有可能的地方，我们对每一个主要的数学推理，都特地同时试作文字说明. 我们希望，这种做法将以非数学的语言说明数学方法所表述的内容——同时也表明：在何处采用文字说明要比不采用文字说明更为合适.

在这一点上，正如在我们的方法论观点问题上，我们要想仿照理论物理学的一些最好的例子.

对数学并不是特别感兴趣的读者，最初应当按照他自己的判断，略去本书中数学性太强的各节. 我们不打算明确地列出它们的名单，因为这种判断必须是主观的. 然而，在目录中有星号的各节，对于一般读者来说，非常可能是属于这种性质的. 无论如何，他将发现，略去这些节，对于理解前几部分很少妨碍，虽然在严格的意义上，前后贯串的逻辑线索可能遭到中断. 当他继续读下去的时候，他所略去的各节将逐渐具有更加严肃的性质，推理中的空缺将显得越来越重要. 我们建议读者在这时重新从头开始阅读，因为已获得的熟悉越大，大概会使读者更加容易理解本书的内容.

第一章 经济问题的描述

· Chapter Ⅰ Formulation of the Economic Problem ·

1 经济学中的数学方法

1.1 引 言

1.1.1 这本书的目的是要对经济理论的某些基本问题加以讨论,这些问题需要采用与过去迄今文献中不同的处理方法.这种分析是与因研究经济行为而引起的一些基本问题有关的,而这些问题,长期以来,成为经济学者们注意的中心. 问题的起源是试图对一个个人的要求取得最大效用所作出的努力,或者,对一个企业主来说,则是要求取得最大利润所作出的努力,找出一种精确的描述方法.大家都知道,即使就有限几种具有代表性的情况而言,例如,就两个或更多人之间的商品交换(直接的或间接的)的情况而言,就双边垄断、二头垄断、寡头垄断和自由竞争的情况而言,这种精确描述的工作就已经包含了多么大的(事实上是不可克服的)困难.以后将会看到,这些为每一个经济学者所熟悉的问题的结构,在很多方面是与目前的把这些问题表达出来的方式大不相同的.更进一步,以后还可以看到,只有借助于与以往或当代数理经济学家所用过的方法大不相同的数学方法,才能获得这些问题的精确的假设和由此产生的题解.

1.1.2 我们对问题的考虑将引导至"策略博弈"数学理论的应用,这个理论是在 1928 年和 1940—1941 年的几个相继的阶段里,由作者之一发展起来的.[①]在介绍了这个理论以后,将着手在上述意义下把它应用于经济问题.以后可以看到,它对一些尚未解决的经济问题,提供出一个新的途径.

首先,我们必须研究:怎样才能使这个博弈理论与经济理论发生联系,它们之间的共同之点是些什么.要做到这一点,最好是对某些基本经济问题的性质加以简单的叙述,以便清楚地看出它们的共同之点.然后,就能明显地看到,这种联系的建立,不仅没有任何不自然之处;正相反,这个策略博弈理论乃是用来发展出一套经济行为理论的恰当的工具.

---

① 这方面工作的最早的文献是 J. von Neumann:"Zur Theorie der Gesellschaftsspiele",*Math. Annalen*,100(1928),295—320.这个理论的进一步完善化,以及上引文献中的论点的更细致的精密化,都在这本书里第一次发表.

人们可能会误解我们的意图,认为我们的讨论仅仅在于指出这两个领域的类似之处. 我们希望,在对少数看来可以成立的基本论点加以发展之后,就能令人信服地说明: 经济行为的典型问题是与一些适当的策略博弈的数学概念完全相同的.

1.2 运用数学方法的困难

1.2.1 让我们先从经济理论的性质说起,并简单地讨论一下数学在经济理论发展中所能起的作用问题,这样做可能是比较合适的.

第一,我们应当了解,目前并不存在经济理论的统一的体系;而且,即使有这样的一个体系能够被建立起来,那很可能不是我们这一代能够做到的. 原因很简单: 经济学是一门绝不可能很快被建立起来的困难的科学,特别是由于考虑到经济学者们对他们所处理的问题的认识是很有限的,而对这些问题的描述又是很不全面的. 只有那些不了解这种情况的人,才会去试图建立统一的体系. 即使是远比经济学先进的科学,如物理学,目前也还没有一种统一的体系可资采用.

继续以物理学作比喻. 有时发生这样的情况: 某一个个别的物理理论,看来好像是为一个统一的体系提供了基础,然而,直到今天为止的所有的历史事实都表明: 这种情况至多不能持续十年以上的时间. 物理研究工作者的日常工作当然并没有纠缠于这样高的目标,而是从事于解决那些已经是"成熟"了的具体问题. 假如是要认真强求这一过高的标准的话,那么,物理学也许根本就不会有所进步. 物理学者从事于一些个别问题的研究,有的问题在实际应用上有很大的意义,有的问题在实际应用上的意义较小. 这一类的工作可能会使原来是分开的而且相距很远的各个领域统一起来. 然而,这样的偶然发生的事情是罕见的,而且只有在每一个领域都已被彻底地探讨过以后,才有可能发生. 考虑到经济学比起物理学来更为困难,更少被人理解,而且作为一门科学来说,它无疑远比物理学处于更早期的发展阶段,那么,人们显然也就不应当对经济学提出比上述发展形式更高的要求.

第二,我们必须注意到: 科学问题之间的差异使我们不能不采用不同的方法,而到了后来,如果有比较好的方法可资采用,可能又不得不把原来的方法弃去不用. 这有两重含义: 在经济学的某些分支里,最有成效的工作可能是细致、耐心的描述工作;事实上,在目前和在未来的一段时间内,占最大部分的可能正是这种性质的工作. 在另外一些分支里,也许已经有可能在严格的意义上发展出一套理论,而为了这个目的,数学的运用可能是有需要的.

数学实际上已经用于经济理论,甚至或许已经用得有些过分. 然而,在任何情况下,数学的应用都不是很成功的. 这一点与人们在别的一些科学中所见到的情况相反: 在那里,数学的应用已经有了巨大的成绩,而且大部分的科学离开了数学几乎就无法前进. 虽然如此,要解释这种现象却是相当简单的.

1.2.2 这并不是由于有任何根本性的原因存在,使得数学不应当运用于经济学. 常常听到这样的一些论点: 由于人的因素、心理学的因素等等,或者(据说是)由于对一些重要的因素没有办法量度,因此,数学就无法应用. 所有这些论点都可以看作是完全错误的说法而加以舍弃. 好几世纪以前,在那些现在以数学作为主要分析工具的科学领域里,差不多所有这些反对论调都被提出来过,或有可能被提出来. 我们所说的"有可能被提出来"的含义如下：让我们设想自己是处在物理学、化学或生物学发展过程中的这样一个时期，这个时期是在这门科学进入它的数学阶段或差不多是数学阶段之前，这对物理学来说，是16世纪，而对化学和生物学来说，是18世纪. 我们可以把那些从原则上反对数理经济学的人的怀疑态度，当作很自然的事，因为物理和生物科学在这些较早时期中的形势，绝不比当前经济学的形势(加必要的变更)要更好一些.

至于说到对最重要的因素缺少量度方法，那么，热学理论的例子是最能说明问题的. 在数学理论获得发展以前，在热学中对数量的量度，较之今天在经济学中对数量的量度，令人感到可能性更小. 对热的量与质(热能和温度)的精确的量度，乃是数学理论发展的结果，而不是它的前提. 这个情况应当与经济学中的下列事实作一对比：价格、货币和利率的数量的与精确的概念，早在几个世纪以前就已经形成了.

另有一类反对量度经济学中数量的意见，这类意见集中在：经济学的数量缺乏无穷可分性. 据说，这是与无穷小分析的应用不相容的，因此也是与数学的应用不相容的. 很难理解，在看到了物理学和化学中的原子理论，在看到了电动力学中的量子理论……而且在看到了数学分析在这些学科里获得了众所周知的和不断的成就以后，这样的一些反对意见怎么还能继续立足.

说到这里，把经济学文献中另一个大家都熟悉的论点提出来谈谈是合适的，这个论点有可能重新被人拿来当作反对数学方法的一个理由.

1.2.3 为了阐明我们在经济学中所用的一些概念，我们曾经而且还会再次引用物理学方面的例证. 有许多社会科学家根据各种各样的论据，反对这样的对比说明；在这些论据中，较普遍的一种主张是：经济学的理论不能模仿物理学，因为它是一门社会现象的科学，是一门人类现象的科学，它必须考虑到心理学的因素，等等. 这样的说法至少是不成熟的. 应该研究一下，什么东西曾促进其他科学的发展；应用同样的原则是否也能促进经济学的发展. 进行这样的研究，无疑是合理的. 如果产生了采用不同原则的需要，那么，这种需要只有在经济理论的实际发展过程中才可能被发现. 这个发现本身实质上就是一个重大的变革. 但是，既然十分肯定地说，我们还没有达到这样的地步——同时，也无法肯定将来会有应用完全不同的科学原则的需要，那么，如果不按照使物理科学得以建立的有成效的方式来研究我们的问题，而去考虑其他的方式，是很不明智的.

1.2.4 由此可见，数学还没有在经济学中得到更为有效的应用，其原因必须从别的方面去寻找. 之所以未能取得实际的成效，主要是由于一些相互结合的不利条件，其中有的是可以逐步加以消除的.

首先，经济学的问题并不是明确地陈述出来的，而是常常用一些含混的词句来叙述，致使数学的演绎的处理方法无法进行，因为问题到底是什么，甚不明确. 在那些概念和问题本身意义就不明晰的地方，对它们应用精确的方法是徒劳的. 因此，最基本的任务是通过更细致的描述工作来澄清对事物的认识. 但在经济学中，即使是在那些描述工作做得比较令人满意的部分，数学工具也很少被运用得恰当. 数学工具或者被运用得不够，例如，只是算一算方程和未知数的数目，就想确定一个一般性的经济平衡问题，或者仅仅做到把文字的表达方式译为数学符号，而没有任何进一步的数学分析.

其次，经济科学的实验基础肯定是不够的. 我们对经济学的有关事实的知识，较之物理学在实现它的数学化的时候所掌握的知识,是少到了无法比较的程度. 事实上,在17世纪出现于物理学特别是力学中的决定性的转折,只是由于此前有了天文学的发展才成为可能. 天文学的发展是以几千年的系统的、科学的天文观察作为基础的,到了泰科·德·布拉赫(Tycho de Brahe)这位才能卓越的天文观察家而达到高峰. 这种事情在经济学中还没有发生过. 如果没有泰科,而指望在物理学中出现凯普勒和牛顿,那是不可想象的,——我们也没有理由期望经济学的发展会更容易一些.

这些显而易见的说明,当然不应该被解释为对统计经济研究工作的一种轻视;经济学朝着正确方向前进的希望,就寄托在这种研究工作上.

就是由于上面提到的这些情况相互结合在一起,才使得数理经济学还没有能够获得很多的成就. 对一种强有力的但却是很难掌握的工具的不充分和不恰当的运用,还没有能够消除具有根本性的意义含混和知识不足.

按照以上的解释,我们现在可以把我们自己所处的地位说明如下：这本书的目的并不在实验性的研究方面. 按照类似以上说过的必要的规模来发展经济科学的这一方面,显然是一项占有巨大分量的工作. 可以期望：由于科学技术的进步和在别的领域内取得的经验,描述性的经济学的发展将不需要像在与天文学对比中令人联想到的那样长的时间. 但无论如何,这项工作看来是要超出任何个人拟订的计划范围的.

我们只准备利用有关人类行为的一些日常经验来进行讨论,这种行为可以采用数学方法来研究,并在经济学中有着重要的意义.

我们相信：用一种数学方法来处理这些现象的可能性,能够驳倒在1.2.2中提到的那些"根本性"的反对意见.

然而,以后将会看到：这种数学化的过程绝不是显而易见的. 上面提到的那些反对意见的一部分的根源,的确可能就在于：任何数学方法的直接应用都有相当明显的困难. 我们将发现有必要拟定至今在数理经济学中还没有用过的数学方法,而且,更进一步的研究在将来很有可能会导致新的数学学科的建立.

最后,我们还可以发现：对于用数学方法来研究经济理论的不能令人满意的感觉,其中有一部分主要是由于这样的事实而产生的:即人们常常不提出证明,只提出断语,而这些断语事实上并不比用文字形式表达的同样的断语来得高明. 由于企图把数学方法用于一些广大和复杂的领域,结果常常是有断语而无证明;这些领域是如此广大和复杂,以至在将来的一个长时期中——直到获得了比现在多得多的经验知识为止,还绝少有任何理由来希望取得更加数学化的进展. 这些领域被采用这种方法来着手进行研究——例如经济波动理论、生产的时间结构等,这个事实表明所存在的困难是怎样被低估了. 这些困难是巨大的,而我们现在还没有条件来解决它们.

1.2.5 当数学被成功地应用到一个新的课题中去的时候,有可能产生数学方法上的一些变革——事实上是数学本身的变革;我们在上面曾经提到了这些变革的性质和可能性. 应当正确地细察这些变革,这是重要的.

绝不能忘记,这些变革可能是很巨大的. 数学应用于物理学的决定性的阶段——牛顿的力学原理的建立——带来了无穷小运算的发现,而且也是与无穷小运算的发现很难分开的(还有一些其他的例子,但没有比这个例子更强有力的了).

社会现象的重要性、它们的表现形式的丰富性和多样性以及它们的结构的复杂性，都至少是与物理学中的情况相等的. 因此，应当这样期望——或者恐怕只能这样：为了在经济学领域中得到决定性的成功，需要在数学上有一些新的发现，这些发现将具有可以与微积分相比拟的规模.（顺便提一下，必须按照这种精神来估量我们现在所作的努力）更不必说，如果仅仅重复使用在物理学中很有成效的方法，看来对于社会现象是不大能够解决问题的. 在经济学中重复使用同样方法的可能性的确是很小的，因为以后将会看到：我们在讨论中所遇到的一些数学问题，是与物理科学中所出现的问题大不相同的.

在现时，微积分、微分方程等的应用常被过分强调，把它们看作是数理经济学的主要工具；联系到这种做法，应当记住上面所作的那些说明.

1.3 研究任务的必要的限制

1.3.1 现在，我们必须回到前面表明过的出发点了：我们必须从那些被清楚地描述了的问题开始研究，即使这些问题，从任何其他角度来看，可能并不是那么重要. 还应当更进一步说明，对这些可能处理的问题加以处理，可以引出一些大家都已熟知但却缺少严格证明的结论. 一个理论，在没有对它给予证明之前，实际上是并不能作为一个科学的理论而存在的. 在以牛顿的理论对行星的轨道作出计算和解释之前，人们很早就已经知道行星的运行；在不少较小和较不引人注意的例子中，情况也是如此. 同样，在经济理论中，某些结果——比方说，双边垄断的不定性——可能已经是人们所知道的. 然而，再一次把它们从严密的理论中推导出来，是很有教益的. 对于几乎所有的已经建立起来的经济学定理，都可以而且应该这样说.

1.3.2 最后，不妨说明一下，对于所处理的问题，我们并不打算讨论它们的实际意义. 这与前面所说的关于选择理论领域的原则是一致的. 在这里，情况与其他科学并没有区别. 在其他科学中，在它们的长时期的和有成果的发展过程中，那些从实用的观点来看是最重要的问题，也可能曾经是完全不可掌握的. 当然，在经济学中，情况始终是如此. 在经济学中，怎样稳定就业、怎样增加国民收入或怎样适当地加以分配，是我们要想知道的极重要的问题. 但没有人能够真正回答这些问题，而我们也不必牵涉到那种认为在目前就可以有科学的解答的主张中去.

在每一门科学中，当通过对一些问题（这些问题与最终目标比较起来，是一些朴实的问题）的研究，发展出一些可以不断加以推广的方法时，这门科学就得到了巨大的进展. 自由落体是一个很平凡的物理现象，但是，正是对这一非常简单的事实的探讨，以及把它和天文学的物体进行比较研究的结果，才产生了力学.

在我们看来，同样的朴实的准则也应当应用于经济学. 要想解释——而且是“系统地”解释——一切经济现象，乃是徒劳的. 踏实的做法是：首先在一个有限的领域内取得最大的精确性和熟练它，然后再进入另一个范围稍广一些的领域，并这样进行下去. 这同时也能去掉那种将一些所谓理论应用于经济或社会改革，而其实是全然无效的不健全的做法.

我们相信：尽可能多地理解关于个人的行为和关于交换的一些最简单的形式的知识，乃是必要的. 这个观点实际上是被边际效用学派的创始者们有显著成效地加以采用了的，但是,尽管如此,这个观点却没有普遍被接受. 经济学家们常常指出一些大得多的、更"火急"的问题,并把一切妨碍他们对这些问题发表议论的东西扫除一清. 较先进的科学,如物理学的经验告诉我们: 这种性急的做法只能延误科学工作的进展,其中包括"火急"问题的处理工作的进展. 我们没有理由来假定捷径的存在.

1.4 结 束 语

1.4 必须了解,与其他学科科学家的经历比较,经济学家们不能期望得到侥幸的遭遇. 看来作这样的预期是合理的: 他们将不得不首先着手研究经济生活中的那些最简单事实所包含的问题,并试图建立能够解释这些问题而且真正合乎严格科学标准的理论. 我们有充分的信心认为: 自此之后,经济科学将进一步发展,把它的内容逐步扩大到在开始时所不可能包含的那些极其重要的问题. ①

这本书所涉及的领域是很有限的,而我们就是这样谨慎地来对问题进行研究的. 如果我们的研究结果与最近得到的或长期以来就已形成的看法是一致的,我们毫不以此为虑,因为重要的是对普通的、日常的经济事实进行谨慎的分析,并在这个基础上逐步发展出一套理论. 这个起始的阶段必须是启发式的,也就是说,它必须是一个从用非数学的方法对看来是可以成立的论点进行考察转变为用正规的数学方法来进行研究的阶段. 最后得到的理论必须在数学上是严密的,而在概念上则是有一般性的. 它首先必须用于最基本的问题,而在这些问题中,所作的结论是从来没有任何疑问的,而且事实上是不需要用理论来给予证实的. 在这个早期阶段,理论的应用是为了印证理论本身. 然后,理论被应用于某些比较复杂的情况,这些情况可能在一定程度上已经不是显而易见和人们所熟悉的了,而在此时,理论就发展到了一个新的阶段. 在这里,理论和应用是同时相互印证的. 越过这个阶段,就达到了真正的成功的境地: 从理论得到真实的预见. 大家都知道,一切数学化的科学都曾经历过这几个相继的发展阶段.

2 合理行为问题的定性讨论

2.1 合理行为的问题

2.1.1 经济理论的主题是价格和生产的很复杂的机构,以及是收入的获得和花费的很复杂的机构. 在经济学的发展过程中,人们曾经发现: 对这个巨大的问题的有效的研究途径,是分析构成经济社会的各个人的行为. 这种看法到如今差不多已经是一致公认的了. 在许多方面,上面所述的分析已经推行得相当深入;虽然还存在着很多不同的意见,然而,不

---

① 开始时所研究的问题,事实上是有一定的重要意义的,因为少数人之间的交换形式与在现代工业的某些最重要的市场中所观察到的交换形式是一样的,或者与国际贸易中国家之间的货物交换形式也是一样的.

论这一途径会有多大的困难，它的重要意义是不容怀疑的. 即使在开始时把研究工作限于静态经济学中的情形（事实上也不得不如此），困难仍然是相当大的. 主要的困难之一，是如何恰当地描述对个人行为动机所必须作出的那些假定. 这个问题的传统的提法是：假定消费者希望得到最大效用或满足，而企业主希望得到最大利润.

"效用"这个名词，其概念上的和实际上的困难，特别是试图把它表述为一个数字时的困难是众所周知的；对这个问题的处理，并不是本书的主要任务. 虽然如此，在某些场合，特别是在本章 3.3 和 3.5 中，我们也不得不加以讨论. 我们现在指出：这本书对这个很重要和很有趣的问题的立场，将主要是避重就轻的. 我们希望把注意力集中在一个问题上——这个问题并不是效用和选择的量度问题，——因而，我们将试图把一切其他特征在合理的限度内尽量简化. 因此，我们将假定：在经济制度中的每一个参加者（不论是消费者或企业主）的目标均为货币，或者换句话说，均为一种单一的货币商品. 我们假定：这种货币商品能够按照每一个参加者所希望取得的任何"满足"或"效用"（即使是在数量概念上），无限制地分割和调换，自由地转移和等价（关于效用的量的性质，参看上面提到过的 3.3）.

有的经济学文献宣称：讨论"效用"和"选择"的概念，完全是不必要的，因为它们都是言辞上的定义，其中不包含可以凭经验观察到的结果，也就是说，它们完全是同义语的反复. 依我们看来，这些概念在性质上并不次于物理学中的某些很好地确立了的和不可缺少的概念，如力、质量、电荷，等等. 这就是说，尽管这些概念在它们的直接的形态上仅仅是一些定义，然而，通过建立在它们上面的那些理论——不能通过其他途径，它们就成为可以被经验掌握的了. 这样，效用的概念就被那些使用这个概念的理论提高到高出同义语反复的地位，而其结果就可以与经验或者至少是与常识作比较.

2.1.2 试图取得最大效用或利润的个人，又被称作是"合理地"行动的. 然而，可以有把握地说：关于合理行为的问题，在目前还没有得到令人满意的解决. 例如：要达到最优情况，可能有几个方法，这些方法可能取决于个人所具有的知识和理解，取决于他所能采取的行动方法. 从性质方面来研究所有这些问题是不完全的，因为，显然这些问题蕴涵着数量关系. 因此，必须以数量概念来把它们表达出来，使从性质方面描述的一切因素都被考虑进去. 这是一项极其困难的工作，我们可以肯定地说：在有关这个问题的广博的文献中，这项工作并没有完成. 主要原因无疑在于：对于这个问题，还未能发展出和应用合适的数学方法. 这就能表明：这个按假定认为是与合理性概念相应的最大值问题，完全不是清清楚楚地陈述出来的. 的确，较详尽的分析（将在本章 4.3 至本章 4.5 中加以说明）揭露，这个重要的关系较之通常使用的和"哲学"上的"合理"一词所表达的含义要复杂得多.

奥国学派提供了一个有价值的从性质上对个人行为所作的初步描述，特别是分析了与世隔绝的"鲁滨逊"经济. 我们也可能有机会说一说波姆·巴瓦克（Böhm-Bawerk）的某些关于二人或更多人之间的交换的看法. 较近的以同等曲线分析形式表现的个人选择理论的解说，正是以同样的事实或确定了的事实作为基础的，所不同的只是使用了一种通常被认为在许多方面具有较大优越性的方法. 关于这一点，我们将在本章 2.1.1 和 3.3 中予以讨论.

然而，对于交换问题，我们将从一个完全不同的角度来进行研究，也就是从"策略博弈"的观点来研究；我们希望，这个问题将由此得到正确的理解. 特别是在对先前有人（比方说，波姆·巴瓦克）已经做了研究的某些观念——波姆·巴瓦克的观点只能看作是"策略博弈"

理论的最初的样本——给予正确的数量描述之后,我们的方法就立刻显得很清楚了.

2.2 "鲁滨逊"经济和社会性交换经济

2.2.1 让我们较仔细地看一看"鲁滨逊"模型所代表的那一类经济,这是一个与世隔绝的个人的经济,不然就是一个按照单一的意志组织起来的经济. 这个经济面临着一定数量的物品和它们所能满足的一些需要的问题. 问题是要取得最大的满足. 这的确是一个普通的最大值问题——特别是考虑到我们在前面所作关于效用的数量特性的假定,它的困难显然决定于变量的数目和要求使之为最大的那个函数的性质;但是,这主要是实际工作中的困难,而非理论上的困难.①如果不考虑生产是连续进行的和消费也是在时间上连续的(常使用耐久性消费品),那么,人们就得到了一个尽可能简单的模型. 人们曾经认为,这个模型正可以用来作为经济理论的基础,但是,这种意图——众所周知,这是奥国学派的见解的特色——是常常引起争论的. 反对将这一简化了的与世隔绝的个人的模型用做社会性商品交换经济理论,其主要理由是:它并不代表一个受多方面社会势力影响的人. 因此,人们认为应当分析这样的一个人,这个人的选择是在社会性的世界中作出的,他处于模仿、广告、习惯等因素的影响之下,从而他的行为可能有很大的不同. 当然,这些因素会引起巨大的差别,但是问题在于:它们是否改变使之为最大这一过程的基本性质. 的确,这里绝不包含这个意义. 由于我们只是单独地讨论这个问题,因此,我们可以不考虑上述社会因素.

"鲁滨逊"与社会性商品交换经济的参加者,还有一些其他的区别,这些区别也是我们所不考虑的. 例如,在前一种情况下,作为交换媒介的货币是不存在的,在那里只有计算标准,而这一作用则是任何物品都能起到的. 在2.1.2中,我们对效用一词作出数量概念甚至是货币概念的假定,而这一困难的确就被我们所作的假定掩盖起来. 我们再一次强调,即使采取了所有这些办法来使问题大为简化,然而,与社会性商品交换经济的参加者比较,鲁滨逊所面临的是一个十分不同的基本问题,而这一事实乃是我们所注意的.

2.2.2 假设鲁滨逊具有一些具体的资料(关于各种需要和物品的资料),他的任务是要把它们结合起来,并以这样的方式加以应用,即要求取得最大满足的结果. 毫无疑问,他能够完全掌握所有的决定这个结果的变量,如确定资源的分配、决定同种物品的各种不同用途等.②

这样,鲁滨逊面临着一个普通的求最大值的问题;如同以上所指出的那样,它的困难纯粹是技术性的——而不是理论性的.

2.2.3 现在试考虑社会性商品交换经济的一个参加者. 当然,他的问题与一个求最大值的问题有许多共通之点. 但是,它同时包含一些很重要的、性质完全不同的因素. 他也想得到最优结果;但是,为了得到这样的结果,他必须与别人发生交换关系. 如果两个人或更多人互相交换商品,那么,一般说来,每个人所得的结果并不仅仅取决于他自己的行动,而

---

① 以后的讨论是否决定它的理论在它的各个方面都是完全的,这一点并不重要.

② 有时,不可控制的因素也起阻挠作用,例如农业中的气候因素. 然而,这些都是纯粹统计学的现象. 因此,它们可以用已知的计算概率的处理方法来加以消除,也就是用决定各种可能发生的事情的概率和用引入"数学期望"概念的方法来加以消除. 至于它们对效用概念的影响,请参看本章3.3中的讨论.

且还同时取决于别人的行动.这样,每一个参加者都企图使一个函数成为最大(即企图取得他的上述的"结果"),而对于这个函数,他并没有能控制所有的变量.这当然不是求最大值的问题,而是由若干个相互矛盾的最大值问题所构成的一种特殊的、不调和的混合.每一个参加者的行动都受另一个原则指导,而没有人能够决定对他的利益发生影响的所有的变量.

在古典的数学文献中,这一类的问题还从来没有被讨论过.我们冒着可能被人认为自以为博学的危险来强调:这并不是条件最大值问题,不是变量的计算问题,不是函数分析问题,等等.这一点,即使是在最"基本"的情况下(例如:在假定所有的变量都只能取有穷多个值的情况下),也表现得十分明显.

对于这一虚假的最大值问题,有一个特别惊人的普遍的误解,这种误解是一个著名的论断,它认为:社会活动的目的是要努力获得"最大多数人的最大利益".这就要求同时使两个(或更多个)函数成为最大,而一个指导原则是不能以这样的要求来表述的.

这样的一个原则,按字义解释,是自相矛盾的.(一般说来,在一个函数取得最大值之处,另一个函数将没有最大值)这样的说法并不比例如以下的说法更好一些:一个企业应当以最大的周转来取得最大的价格,或以最小的支出来取得最大的收入.如果这是指这些原则的某种重要性的顺序或某种加权平均数,那么,这样说是应当的.然而,对于社会性经济的一些参加者,这一类的结果并不是所要求的,所要求的是:所有的最大值都能同时得到——被各个参加者得到.

人们可能错误地相信:像本章2.2.2的注所述的鲁滨逊问题中的困难一样,只要依靠概率论的方法,上述困难就可以被消除.每一个参加者能够决定那些描述他自己的行为的变量,但是不能决定描述别人行为的变量.而且,从他的观点来看,这些"不相干"的变量还是不能用统计学的假设来描述的.这是因为:正如他自己一样,别人的行为也是以合理的原则作为指导的——不论所谓合理的原则是指什么;任何一种行为方法,如果它不打算理解这些原则,不打算理解所有参加者彼此矛盾的利益的相互作用,都不可能是正确的.

有时,这些利益中的某一些,是差不多相互平行的——此时,我们的问题接近于简单的最大值问题.但是,这些利益也可能恰好相反.一般性的理论必须概括所有这些可能性、所有的中间阶段和它们的所有的组合.

2.2.4 鲁滨逊的观点与社会性经济参加者的观点的区别,也可以用下列方法说明:鲁滨逊在他的意志所能控制的那些变量之外,还掌握了一些"死"的资料——他所处的形势的不变的物质背景(即使从表面看来它们是可变的,而事实上它们是被固定的统计学定理所制约的;参看2.2.2的注).没有一个他所必须处理的资料,反映着别人的意志或经济打算——作为它们的基础的动机,是与他自己的动机性质相同的.另一方面,社会性商品交换经济的一个参加者,正好面临着另一类的资料:它们是其他参加者的行为和意愿的结果(如价格).他对别人的行动的估计将影响他自己的行动,别人的行动也反映别人对他的行动的估计.

因此,研究鲁滨逊经济和应用适合于这个经济的方法,对于经济理论的价值是很小的,它甚至小于直到现在为止的最激烈的反对论调所曾经承认的价值.产生这一限制的根本原因并不在于我们以上说过的那些社会关系——虽然我们并不怀疑它们的重要性,而是在于：在原来的(鲁滨逊的)最大值问题和以上所刻画的更为复杂的问题之间，有着概念上的区别.

我们希望，从以上所述，读者能够相信：我们现在在这里所遇到的确实是一个概念上的困难——而不仅仅是技术上的困难."策略博弈"理论的设计，主要就是为了要处理这个问题.

2.3 变量的数目和参加者的数目

2.3.1 我们在前面几段里用以表示社会性商品交换经济中的事件的形式结构，使用了一些"变量"，它们描述出这个经济的参加者的行动.这样，每一个参加者被给予一个变量集合——一个"他的"变量的集合，这些变量结合起来，就完全地描述了他的行动，也就是说，精确地表达了他的意志的形态.我们把这些集合称为局部的变量集合.所有参加者的局部的变量集合结合起来，就构成了一个全部变量的集合，称之为总的集合.因此，变量的总数首先取决于参加者的人数，即取决于局部的集合；其次，取决于每一个局部的集合所包含的变量的数目.

从纯粹的数学观点来看，可以允许把任何一个局部的集合的所有的变量，作为一个单个的变量来看待，即看作是与这个局部的集合相对应的"那个"参加者的变量.事实上，这是一个将在我们的数学讨论中经常采用的做法：它在概念上绝对没有差别，而却大大简化了概念.

然而，现时我们还想要在每一个局部的集合的范围内，把各个变量区分开来.很自然地吸引着人们注意力的经济模型，要求我们这样做.因此，用一个特定的变量来描述每一个参加者所想要取得的每一种商品的数量等，这是合适的.

2.3.2 现在我们必须强调，在一个参加者的局部的集合内，变量数目的任何增加，将要在技术上使我们的问题复杂化，但是，这种复杂化仅仅是技术上的.这样，在一个鲁滨逊经济中——在那里，只有一个参加者和一个局部的集合，因而这个局部的集合就等于总的集合，变量数目的增加将使我们所必须确定的最大值在技术上更加困难，但是，这并不改变问题的性质，它仍然是一个"纯粹的最大值"问题.另一方面，如果参加者的数目——即局部集合的数目——增加了，就会发生性质很不相同的事情.用博弈的术语说(这类术语将是很重要的)，这相当于在博弈中增加了局中人. 举最简单的例子来说，三人博弈在根本上与二人博弈有很大的差别，四人博弈与三人博弈有很大的差别，等等. 每增加一个局中人，问题的组合上的复杂性——我们已经知道，这根本不是最大值问题——就随之大大增加，我们以后的讨论将能充分地说明这一点.

我们这样仔细地特别对这个问题加以讨论，是因为在大多数的经济模型中都出现这两种现象的特殊的混合物. 每当局中人人数增加，即每当社会性经济的参加者人数增加，经济体系的复杂性通常也增加了，例如，所交换的商品和服务的种类、所采用的生产过程等等，也增加了.这样，在每一个参加者的局部的集合内，变量的数目很可能增加.但是，参加者的数目，即局部的集合的数目，也已经增加了.这样，我们讨论的这两个来源都以同一步调使变量的总数增加.看清楚每一来源的真实的作用是很重要的.

2.4 参加者很多的情况：自由竞争

2.4.1 在本章2.2.2至2.2.4对"鲁滨逊经济"与社会性商品交换经济的详细比较中，我们强调了后者的某些特点；在参加者的数目不很多(但大于1)的情况下，这些特点表现得更加突出.每一个参加者都按照他自己的想法来预计别人的反应，并受这种预计的影响；同时，这对每一个参加者都是一样的.这一事实，在二头垄断、寡头垄断等(从卖者的角度来看参加者人数)古典问题中，最突出地表现为问题的关键. 当参加者人数变得非常之大，就产生一些希望：即每一个单个的参加者的影响将是可以忽视的，而上述困难也就可以消除，一个比较平常的理论就成为可能.这些当然就是古典的"自由竞争"的情况.的确，这正是经济理论中许多最好的情况的出发点. 与这个参加者人数很多的情况——自由竞争——比较，在卖者方面人数较少的情况——一人垄断、二头垄断、寡头垄断——甚至被作为例外或不正常的现象来考虑(即使在这些情况下，从买者之间的竞争来看，参加者的人数仍然是很多的.真正只包含少数参加者的情况是：双边垄断；一人垄断与寡头垄断之间的交换；两个寡头垄断间的交换；等等).

2.4.2 对于传统的观点，以下这样的说法是完全公正的：在许多精密的自然科学的分支中，极大的数目常常要比中等规模的数目更容易掌握，这是一个大家都知道的现象.一个差不多完全精确的关于大约包含10^{23}①个自由运动着的分子的气体理论，较之关于由9个主要物体所构成的太阳系的理论，不可比拟地要简易得多；它比起关于差不多同样大小的三四个物体的复合星球的理论来，还要更加简单. 当然，这是由于在前一种情况下，统计和概率定律的应用有着极好的可能性.

然而，对于我们的问题，这个比喻还是很不完全的.关于2,3,4,…,个物体的力学理论，是大家知道的；按照它的一般理论形式(与它的特殊的及计算的形式区分开来)，它是大数统计理论的基础.对于社会性商品交换经济——即与"策略博弈"相当的经济——来说，关于2,3,4,…,个参加者的理论迄今还是一片空白. 我们前面所作的讨论，正是为了要提出建立这个理论的需要；而我们以下接着所作的研究，正是为了要努力满足这个需要.换句话说，只有在满意地发展了关于数目不多的参加者的理论之后，才有可能决定：究竟极大数目的参加者是否能使情况简单化.让我们再说一遍，我们也同样希望(主要因为在其他领域内有上述的类似情形)问题的简化将确实会发生.目前关于自由竞争的断言，看来是对结论的很有价值的臆断和直观的预测. 但是，它们不是结论，而在我们上面所述的条件没有得到满足之前，把它们当作结论来对待，是没有科学根据的.

在文献中有不少理论性的讨论，这些讨论打算说明，当参加者人数增加时，不定性的范围(指交换比例的不定性)——当参加者人数不多时，这种不定性无疑是存在的——将会缩小并消失. 这样就可以连续地转变到自由竞争——参加者人数很多——的理想情况，而在自由竞争情况下，所有的问题都能明确地和无例外地获得解决：当然，按照一般的规律性，人们可以希望，事情确实是如此；但是，人们不能不承认，到今天为止，这样一类的论点尚未

① 6.02205×10^{23}个分子的集合，化学上称为1摩尔(mol)(此即 Avogardro 常数).——编辑注

得到肯定的结论. 必须经过的步骤是不能跳越的: 对于这个问题,首先必须在少数参加者的情况下来描述它、解决它和理解它,然后才能证明: 在任何一种参加者人数很多的极端的情况下,例如在自由竞争的情况下,问题的性质是否会有所改变.

2.4.3 由于我们既不能完全有把握,也不能有较大的把握来肯定: 仅仅是参加者人数的增加最后将一定导致自由竞争的情况,因此,把这个论题真正从根本上重新提出来是更为合适的. 自由竞争的古典定义,都在参加者人数很多的假定之外,另包含着进一步的假定. 例如,很明显,如果参加者的某些大的集团——不论由于什么原因——采取了一致的行动,那么,参加者人数虽多,也可能不起作用;决定性的交换将在数目很少的大的"合伙"[①]之间直接进行,而不在数目很多的独立行动的个人之间进行. 我们进一步关于"策略博弈"的讨论将证明: 在整个论题中,"合伙"的职能和规模是有决定意义的. 因此,上述困难——虽然不是新的——仍然是中心问题. 任何一个令人满意的关于由少数参加者到多数参加者的"极端转变"的理论,都必须解释: 在什么情况下,将会形成或不会形成这一类的大的"合伙",也就是说;在什么情况下,参加者人数很多这一因素将发挥作用,并导致大体上是自由竞争的情况. 二者之间何者可能出现,将取决于有关这种情况的具体资料. 我们认为,能否回答这个问题,是对任何自由竞争理论的真正考验.

2.5 "罗圣"理论
(The"Lausanne"Theory)

2.5 在这一节结束之前,必须谈一谈罗圣学派的平衡理论,以及其他各种派系的涉及"个人订计划"和互相关联的个人计划的理论. 所有这些派系都注意社会性经济中参加者的相互依赖关系. 然而,这一点总是在严格的限制下做到的. 有时,它们作出自由竞争的假定,而在引入这个假定之后,参加者就面临着固定的条件,并像一群"鲁滨逊"那样行动——完全致力于追求个人的最大满足,在这些条件下,这些参加者又是相互没有联系的了. 在另外的一些情况下,又采用了其他的限制办法,所有这些办法都等于使任何一类或所有各类参加者所组成的"合伙"不能自由地发挥作用. 关于影响参加者行为的方式,常常有明确的假定,有时则有隐蔽的假定. 按照这些假定的方式,他们的不完全对立和不完全一致的利益将发生影响,并使他们根据给定的情况,或者联合行动,或者单独行动. 我们希望,我们已经说明: 这样的一种做法,等于是一种根据未经证明的原理所作的推论,我们觉得,它至少还处在应当提出来讨论的阶段. 这些假定回避了真正的困难,所研究的是一个字面上的问题,而不是研究实际经验所提出的问题. 当然,我们并不想怀疑这些研究工作的意义,但是,它们未回答我们的问题.

---

① 这一类的"合伙"有工会、消费合作组织、工业卡特尔等;可以想象得到,在政治界中,这一类的组织更多.

3 效用概念

3.1 选择和效用

3.1.1 我们已经在本章2.1.1中说过，为了描述个人选择的基本概念，我们希望以什么方式来采用一个应用范围较广的效用概念. 许多经济学者将会感到，我们所作的假定实在太多(参看我们在2.1.1中所列举的各个特征)，并认为，对于比较谨慎的"同等曲线"的现代技术来说，我们的观点是一种退步.

在试图进行任何专门的论述之前，让我们把以下的说明作为一个一般性的辩白，这就是，我们所采用的方法最坏也不过是把科学分析的一个古典的基本方法加以应用：即把困难分割开来，而把力量集中于其中的一个(集中于当前研究的主题)，并且采用对假设进行简化和概括的方法，把所有其他的困难合理地尽可能减少至最低限度. 我们还应当补充说明：在我们的论文的主要部分，都要采用这一种武断的对选择和效用的处理方法，但是，我们附带也在一定限度内研究去掉上述假设后在我们的理论中所可能引起的变化(参看第十二章的66和67).

然而，我们认为，与一般文献中常作的假设比较，在我们的假设中，至少有一部分——即把效用视为在数量上可量度的量的假设——还不是十分极端的. 我们将试图在下一段中证明这一点. 我们只是附带地扼要讨论像效用这样一个具有重大的概念上的意义的题目，对于我们的这种做法，希望读者能够谅解. 然而，即使是很简单的说明，看来也可能是很有益处的，因为效用的可量度性的问题，与物理科学中的相应的问题，在性质上是相似的.

3.1.2 从历史上看，效用概念最初是作为可量度的量(即数)来表达的. 对于这个以原始的、朴实的形态来表达的看法，人们可以提出而且已经提出了正当的反对意见. 显然，每一个量度——或者不如说是每一个对可量度性的要求——最终必须以某种直觉为基础，而这种直觉可能无法而且一定不需要进一步加以分析. [①]对于效用概念，选择——在两件或两堆物品中选择其中之一——的直觉提供了这个基础. 但是，这只能允许我们说，在什么时候，对于某一个人来说，某一个效用要大于另一个效用. 它本身并不是在对一个人的不同效用之间进行数量比较的基础，也不是在不同的人之间进行比较的基础. 由于在直觉上有意义地把对同一个人的两个效用相加的方法是不存在的，因此，即使假设效用具有非数量性质，看来也似乎是有理的了. 现代的同等曲线分析方法，是描述这个情况的数学方法.

3.2 量度的原则：引言

3.2.1 关于效用的量度的全部问题，使人深深感到，它与热学理论最初存在的情况是

① 在相应的物理学的分支中，这一类的直觉，如对光、热、肌肉力的感觉等.

相似的. 热学理论同样也曾基于一个物体比另一个物体更热的直觉概念,但是却没有直接的方法来明确表示:这个物体比另一个物体热多少,热多少倍,或者在什么意义上,这个物体比另一个物体更热.

与热学所作的这一比较,也说明:人们很难用演绎的方法来预测这样一个理论将具有什么样的最终形态. 上述粗略的征象,完全不能像我们现在所知道的那样来揭露:后来发生的是什么事情.后来发现,热的数量描述不能用一个数值,而要用两个数值,即热量和温度.说得更确切一些,前者是可以直接用数量来表现的,因为实际上它具有可以相加的性质,同时,它竟然是与力学中的能量联系着的,而力学中的能量则无论如何是可以用数量来表现的.温度也是可以用数量来表现的,但是要采用更加细致的方法.在任何直接的意义上,它不具有可以相加的性质;但是,从对理想气体的一致的状态的研究中,以及从对与熵定理有关的绝对温度的作用的研究中,出现了测定温度的一个严密的尺度.

3.2.2 热学理论的历史发展表明:对任何概念作出最终的否定的结论,必须极端慎重.在今天,效用概念即使看来是很难用数量来表现的,然而,热学理论的历史经验是可能会重复的,而且没有人能够预言,在重复时会有什么样的分歧和变动.[①]同时,它当然不应当使人们丧失信心,不去从理论上解释正式建立效用的数量概念的可能性.

3.3 概率和效用的数量概念

3.3.1 我们甚至可以比上述的正反两面都不肯定的说法——这种说法仅仅是为了谨慎地避免过早地否定建立效用的数量概念的可能性——更进一步.我们可以证明,在作为同等曲线分析的基础的那些条件下,只需稍作进一步的努力,就可以得出效用的数量概念.

前面已经反复指出:效用的数量概念依存于对效用的差异进行比较的可能性.与仅仅能够陈述选择概念的假设比较,这看来可能是——而且确实是——一个要求更高的假设.但是,如果不应用经济选择概念,而采用其他的办法,那么,这些其他的办法,看来将是会抹杀这一区别的.

3.3.2 现在让我们先假定有这样一个人,他的选择的体系是无所不包的和完全的,这就是说,对于任何两个物品,或者毋宁说是对于任何两个想象到的事件,他具有一个清楚的选择的直观.

更确切地说,我们假定:对于任何两个可供选择的事件(这两个事件被作为可能出现的事件而摆在他的面前),他能够说出他选择二者之间的哪一个.

这一假设的很自然的引申是:不仅应当允许这样的一个人对两个事件进行比较,而且甚至应当允许他按照给定的概率来比较不同的事件组合.[②]

我们所说的两个事件的组合,其含义如下:设以 B 和 C 代表这两个事件,而且,为了简便起见,我们采用50%对50%的概率. 于是,这个“组合”是指按50%的概率希望看到 B 的

---

① 关于正式建立数量概念的多种多样的可能性,可以用光、色和波长理论的完全不同的发展作为一个很好的例子来说明.所有这些概念也都发展成为数量概念,但采取了完全不同的方法.

② 如果他从事于那些明显地取决于概率的经济活动,那么,这个假设确实是必不可少的.参看本章2.2.2的注中关于农业的例子.

出现和按 50%的概率(指其余的 50%的概率)希望看到 C 的出现(如果 B 不出现). 我们强调,这两个事件是互不相容的,因此,不存在 B 和 C 同时出现这一类的可能性. 同时,B 和 C 二者之一必然出现.

把我们的观点重述一次. 我们期望我们所说的那个人具有一种清楚的直观能力,使他能够在事件 A 与 50%对 50%的 B 和 C 的组合之间进行选择. 如果他认为 A 的出现比 B 同时也比 C 更为有利,那么,显然他将选择 A,而不选择上述组合;同样,如果他认为 B 或 C 都比 A 有利,那么,他将选择这个组合. 但是,假如他认为 A 比 B 有利,而同时,C 比 A 有利,那么,任何关于他选择 A 而不选择这个组合的断言,都在根本上包含着新的意义. 显然,如果他现在选择 A 而不选择 50%对 50%的 B 和 C 的组合,这就提供了一个显而易见的数量估价的基础: 他认为 A 比 B 有利的程度超过他认为 C 比 A 有利的程度. [①②]

如果我们接受了这个观点,那么,我们就得到了一个将 C 比 A 有利的选择与 A 比 B 有利的选择加以比较的标准. 大家知道,这样,不同的效用——或者毋宁说是效用的差异——就在数量上是可以量度的了.

仅仅是在这个程度上在 A,B 和 C 之间进行比较的可能性,就已经足以在数量上量度"距离",这是潘雷图(Pareto)第一个在经济学上发现的. 然而,对于直线上点的位置,欧几里得曾经提出过完全相同的论点——实际上,这正是他的从数量上表现距离的古典推论的基础.

如果采用了所有的可能的概率,数量的量度甚至可以更直接地引入. 的确,试考虑 C,A,B 三个事件,对于这三个事件,那个人的选择顺序同前面所述的是一样的. 设 α 是 0 与 1 之间的一个实数. 在 B 和 C 的事件组合中,事件 C 的概率是 α,事件 B 的概率是 $1-\alpha$. 设这个人认为,A 与 B 和 C 的组合对他是同样有利的. 那么,我们认为,可以用 α 来估量 A 比 B 有利的选择对 C 比 B 有利的选择的比例数值. [③]对这些概念的精密的和详尽的研究,要求采用公理的方法. 在这个基础上作简单的处理,确实是可能的. 我们将在本章 3.5 至 3.7 中加以讨论.

3.3.3 为了避免误解,让我们说明: 前面所用的作为选择概念的低一级概念的"事件"一词,是指将来发生的事件,这样就使在逻辑上可能的一切可供选择的事件,都同样地可以被承认. 然而,就我们目前的任务而论,如果牵扯到在不同未来时期中事件的选择问题,那就会不必要地使问题复杂化. [④]然而,把我们发生兴趣的所有的"事件",都确定在同一标准时间,而且最好是在最近的将来,那么,这一类的困难看来是可以免除的.

---

① 举一个简单的例子: 假定一个人认为喝一杯茶要比喝一杯咖啡好,而喝一杯咖啡要比喝一杯牛奶好. 如果我们现在要想知道: 他认为咖啡比牛奶好——即效用的差异——的程度是否超过茶比咖啡好的程度,那么,我们只要使这个人处于这样的境地,即要求他决定,在一杯咖啡与一杯可能是茶也可能是牛奶的饮料(这杯饮料是茶或牛奶的可能性各为 50%)之间选择何者.

② 注意: 我们仅仅曾经假定一个人具有这种直观,即他能够在两个"事件"之间进行选择. 但是,我们还没有直接假定他具有估价两个选择的相对大小的直观——按后来所用的术语,就是指估价两个效用差异的直观.

这是很重要的,因为前一个问题的答复,应当能够仅仅从"询问"中用一种可以重复出现的方式取得.

③ 在这里,我们正好可以提出另一个说明问题的例子. 上述方法可以用来直接确定比例值 q,q 是占有一个单位的某种物品的效用对占有两个单位的同种物品的效用之比. 这个人必须在下列情况下进行选择: 或者他肯定可以得到一个单位的物品,或者他试一试运气——以 α 的概率得到两个单位的物品,而以 $1-\alpha$ 的概率什么也得不到. 如果他选择前者,则 $\alpha<q$;如果他选择后者,则 $\alpha>q$;如果他不能说出他应当怎样选择,则 $\alpha=q$.

④ 大家知道,这与储蓄和利息理论等有着很有趣的,但却是极其不明显的联系.

上述论点对于概率的数量概念,有着如此根本性的依赖关系,因此,对概率概念稍加说明可能是合适的.

概率常常被看作是一个或多或少具有估计性质的主观概念.由于我们打算用它来建立一个个人的对效用的数量估计,上述对概率的看法不适合于我们的要求.因此,最简单的办法就是坚持另一种完全有根据的解释,把概率解释为长期的频率.这就直接提供了必需的数量概念的基础.[①]

3.3.4 以上所述的对这个人的效用的数量量度的方法,当然依存于对个人选择体系的完全性的假设.[②]可以想象得到——而且更现实的情况甚至可能是——在有些情况下,这个人可能既不能说出在两个可供选择的事件中他选择哪一个,也不能肯定这个事件对他是同样有利的.在这种情况下,同等曲线的方法也同样是不适用的.[③]

不论对于个人或组织,这个可能性的现实性如何,看来似乎是一个极其有趣的问题,但是,这是一个事实问题.它当然值得进一步研究.我们将简单地在3.7.2中重新加以考虑.

总之,我们希望,已经证明同等曲线方法所隐含的假设是同样多的:如果这个人的选择不全是可以比较的,那么,同等曲线就不能存在.[④]如果这个人的选择都是可以比较的,那么,我们甚至可以得到一个(唯一地定义了的)效用的数量概念,这个概念使同等曲线成为多余的.

当然,对于能够用(货币)成本和利润来进行计算的企业主来说,所有这一切都是无意义的.

3.3.5 可能有人会提出这样的反对意见:探讨所有这些关于效用的可量度性的复杂细节是不必要的,因为,显然,普通人(这个人的行为是我们要想加以描述的)并不精确地量度他的效用,但却在一个相当不清楚的圈子里进行他的经济活动.当然,对于许多关于光、热、肌肉力等的行为来说,情况也是一样的.但是,为了建立一门物理科学,这些现象必须加以量度.然后,人们甚至在日常生活中也能使用——直接地或间接地——这一类量度的结果.在经济学方面,将来也可以得到同样的结果.在使用这一工具的理论的帮助下,一旦我们对经济行为得到了更完全的理解,人们的生活就可能会受到重大的影响.因此,研究这些问题并不是一件没有意义的多余的事情.

3.4 量度的原则:详细的讨论

3.4.1 根据前面所述,读者可能感到:只是由于以尚待证明的原理作为根据,即只是由于实际上假定有这样一种尺度存在,才使我们得到了效用的一个数量尺度.在3.3.2中,我们曾经讨论过,如果一个人选择事件 A,而不选择50%对50%的 B 和 C 的组合(同时,他选择 C 而不选择 A,选择 A 而不选择 B),那么,这就提供了一个显而易见的根据,使我们能够在数量

---

① 如果有人反对用频率来解释概率,那么,我们可以采用将这两个概念(概率和选择)同时公理化的办法.这同样导致令人满意的效用的数量概念.关于这一点,将在另外的场合加以讨论.

② 我们还没有取得任何在数量上或性质上对不同的人的效用进行比较的基础.

③ 这些问题系统地隶属于有序集合的数学理论.上述这个问题等于是要问:对选择来说,这些事件构成一个完全有序集合或部分有序集合.参看65.3.

④ 同一条同等曲线上的各点都是等效的,因而没有不可比的例子.

上作出估量：A 比 B 有利的选择，超过了 C 比 A 有利的选择. 我们是不是在这里假定——或视为当然——一个选择可以超过另一个选择，即假定这样的说法是有意义的呢？这样的一种说法，将是对我们的方法的完全的误解.

3.4.2 我们并没有提出这一类的主张(或假设). 我们只假定了一件事——而这个假定是有很好的经验性的证据的，这就是，我们假定，想象中的事件可以与概率结合起来. 因此，对于与它们相联系的效用——不论效用可能是什么，必须作同样的假定.

或者用更多的数学语言来说：在科学中，常有这样的量，这些量原先不是数学的量，但是，它们是与物质世界的某些方面联系着的. 有时，这些量可以在一定的领域内归并在一起，而在这些领域内，某些自然的、在物理学上定义了的运算是可能的. 这样，在物理学上定义了的"质量"的量，允许加法运算. 在物理几何学上定义了的"距离"[①]的量，允许同样的运算. 另一方面，在物理几何学上定义了的"位置"的量，不允许这个运算，[②]但是，它允许构成两个位置的"重心"的运算. [③]再者，其他的物理几何学概念，通常命名为"向量"——如速度和加速度，允许"加法"运算.

3.4.3 在所有这些情况下，这样一种"自然的"运算被给予一个类似数学运算的名称——像上面所说的"加法"的例子，对此，我们必须谨慎地避免误解. 采用这个名词，并不是想要宣称：这两个同名的运算是等同的，——事情显然不是这样；这仅仅表达了这样的意见，即它们具有类似的性质，并希望它们之间的对应关系最终将能建立起来. 当然，要做到这一点——如果这是可行的话，就要为我们所讨论的这个物理学的领域，寻找出一个数学的模型，而在这个物理学的领域内，我们用数来确立这些量的定义，使数学运算能够在这个模型中，描述同名的"自然的"运算.

回到我们的例子："能"和"质量"变成了恰当的数学模型中的数，而"自然的"运算就变成了普通的加法. "位置"以及向量变成了三个数，[④]分别称为坐标或者支量. 对于$\{x_1,x_2,x_3\}$和$\{x'_1,x'_2,x'_3\}$这两个位置[⑤]以及 α 和 $1-\alpha$ 这两个"质量"(参看 3.4.2 第三个注)，"重心"的"自然的"概念变成：

$$\{\alpha x_1+(1-\alpha)x'_1,\ \alpha x_2+(1-\alpha)x'_2,\ \alpha x_3+(1-\alpha)x'_3\}.$$ [⑥]

$\{x_1,x_2,x_3\}$和$\{x'_1,x'_2,x'_3\}$的"自然的""加法"运算变成$\{x_1+x'_1,x_2+x'_2,x_3+x'_3\}$. [⑦]

以上所述的关于"自然的"和数学的运算的一切，同样适用于自然的和数学的关系. 在物理学中出现的各种关于"更大"的概念——更大的能、力、热、速度等——就是很好的例子.

---

① 为了说明这个论点，让我们把几何学看作是一个物理学科，而这是一个有充分根据的观点. 我们所说的"几何学"——同样为了说明这个论点——是指欧几里得几何学.

② 我们所考虑的是一个"齐次"的欧几里得空间，在这里，没有一个原点或参考标架被认为是优于其他原点或参考标架的.

③ 这是对占据这两个位置的已知的质量 α 和 β 而言的. 为了方便起见，可以使它正规化，使总质量为 1，即 $\beta=1-\alpha$.

④ 我们所考虑的是三维欧几里得空间.

⑤ 我们现在用它们的三个数量坐标来描述它们.

⑥ 这常用 $\alpha\{x_1,x_2,x_3\}+(1-\alpha)\{x'_1,x'_2,x'_3\}$ 来表示. 参看 16.2.1 中的(16:A:c).

⑦ 这常用$\{x_1,x_2,x_3\}+\{x'_1,x'_2,x'_3\}$来表示. 参看 16.2.1 的开始部分.

这些"自然的"关系是建立数学模型和将这个物理学领域和它们联系起来的最好的基础.[①][②]

3.4.4 在这里,还必须作进一步的说明.假定对于一个物理学的领域,一个在上述意义上令人满意的数学模型已被找到,并假定所考虑的物理学的量已经与数联系起来.在这种情况下,所作的描述(数学模型的描述)不一定提供一个唯一的将物理学的量与数联系起来的方法;即它可能指出一族这样一类的联系——数学的名称是映象,它们中间的任何一个,都可以用于理论的目的,从这些联系中的一种改换为另一种,就相当于将描述物理学的量的数字加以变换.于是,我们说,在这个理论中,所论及的物理学的量是用适合于这个变换体系的数字来描述的.这样的变换体系的数学名称是群.[③]

这类情况的例子是很多的.例如,距离的几何学概念是一个数,它可以与(正的)常量因子相乘.[④]关于质量的物理学的量的情况也是一样的.能的物理学的量是一个适合于任何线性变换的数,即它可以与任何一个常量相加或与任何一个(正的)常量相乘.[⑤]位置概念是用适合于非齐次正交线性变换的数来定义的.[⑥][⑦]向量概念是用适合于齐次的同种变换的数来定义的.[⑧][⑨]

3.4.5 甚至有这样的可能:一个物理学的量是一个适合于任何单调变换的数.对于只能以"更大"这一"自然的"关系来表示——而不能用其他方式表示——的那些量来说,情况就是这样.例如:在只知道"更热"这个概念之时,[⑩]温度就是这种情况;莫斯(Mohs)矿物硬度尺度属于这种情况;当效用概念以选择的传统概念为基础时,它也属于这种情况.在这些情况下,考虑到数字的描述在很大程度上是有任意性的,这就可能引导人们采取这样的观点,即认为所讨论的量是根本不能以数字来表现的.然而,看来更恰当的做法应当是:不要从性质上作这样的说明,而要客观地说明这个数量描述被确定为适合于何种变换体系.变换体系包括所有的单调

---

① 这并非唯一的基础.温度是一个很好的反面例子."更大"的"自然的"关系还不足以建立今天的数学模型——即绝对温度尺度.实际使用的方法是不同的.参看 3.2.1.

② 我们并不要给人一种容易引起误解的感觉,使人认为我们打算在这里提出数学模型的形成的全貌,即物理学理论形成的全貌.应当记住:这是一个具有很多不能预料的阶段的变化很多的过程.例如,一个重要的阶段是概念的分解,即将某些事物分裂开来;从表面观察,这似乎是把一个物理学的实体分割为几个数学概念.例如,"分解"力与能、热量与温度,在它们各自的领域中有着决定性的意义.

在经济理论的发展中,还会有多少这样的分化,这是很不容易预见的.

③ 我们将在第六章 28.1.1 的另一段文字中碰到群.在这一节中,还列出了参考书.

④ 即在欧氏几何学中并不固定距离的单位.

⑤ 即在力学中并不固定能的零或单位.参看上一个注.距离有一个自然的零——每一点与它自己之间的距离.

⑥ 即$\{x_1,x_2,x_3\}$将被$\{x_1^*,x_2^*,x_3^*\}$替代,

$$x_1^* = a_{11}x_1 + a_{12}x_2 + a_{13}x_3 + b_1,$$
$$x_2^* = a_{21}x_1 + a_{22}x_2 + a_{23}x_3 + b_2,$$
$$x_3^* = a_{31}x_1 + a_{32}x_2 + a_{33}x_3 + b_3,$$

a_{ij},b_i 是常量,而矩阵(a_{ij})是所谓正交的.

⑦ 对于位置来说,在几何学中并不固定原点或参考标架;对于向量来说,并不固定参考标架.

⑧ 对于位置来说,在几何学中并不固定原点或参考标架;对于向量来说,并不固定参考标架.

⑨ 即在上页脚注⑩中,$b_i=0$.有时,允许有一个更广义的矩阵概念——所有这些矩阵的行列式都不等于 0.我们不需在此讨论这些事情.

⑩ 但是没有可以在数量上重复出现的计温学的方法.

变换,这当然是一个比较极端的情况.在这个尺度的另一端的各个等级,是前面说过的一些变换体系:在空间中的非齐次的或齐次的正交线性变换;一个数量变量的线性变换;这个变量与一个常量相乘.[①]最后,在数量描述极其严格的情况下,即在根本不需要允许任何变换的情况下,这种情况也会出现.[②]

3.4.6 给定一个以数描述的物理学的量,它所适合的变换体系,可以随着时间,即随着这个题目的发展阶段而发生变化.例如,"温度"本来是适合于任何单调变换的数.[③]随着计温学,特别是一致的理想气体计温学的发展,变换被限于线性变换,也就是说,只是缺少了绝对零度和绝对的单位.热力学的进一步的发展,甚至固定了绝对零度,因而在热力学中,变换体系只包含与常量相乘.我们还可以找出很多的例子,但是,看来是没有必要在这个题目上作更深入的讨论了.

对于效用来说,情况看来是具有相似的性质的.人们可以采取这样的态度:在这个领域中,仅有的"自然的"资料是"更大"关系,即选择概念.在这种情况下,效用是适合于单调变换的数量.这确是经济文献中一般采取的观点,而同等曲线技术最能表达这种观点.

为了缩小变换体系,必须进一步在效用领域内发现"自然的"运算或关系.例如,潘雷图曾经指出:[④]这只要找出效用差异的一个相等关系就够了;用我们的术语来说,这将使变换体系缩减至线性变换.[⑤]然而,由于这个关系看来不是真正的"自然的"关系——即它不能用重复出现的观察来解释,因此,这个建议不能达到缩减变换体系的目的.

3.5 效用的数量概念的公理化方法的概念结构

3.5.1 某一个特殊方法的失败不一定否定以另一个方法来达到同一目的的可能性.我们的论点是:效用的领域包含一个"自然的"运算,这个运算能够缩小变换体系,而缩小的程度则与其他方法所能做到的完全相同.如 3.3.2 所述,这是将两个效用与两个给定的可供选择的概率 α 和 $1-\alpha$ $(0<\alpha<1)$ 结合起来.这个过程与 3.4.3 中所提到的重心的形成十分相似,致使我们可以有利地采用同样的名词.因此,对于效用 u 和 v,存在着"自然的"关系 $u>v$ (读作:u 被认为是比 v 有用)和"自然的"运算 $\alpha u+(1-\alpha)v$ (在这里,$0<\alpha<1$,而这个运算读作:u 和 v 分别以 α 和 $1-\alpha$ 为权数的重心,或读作:u 和 v 与可供选择的概率 α 和 $1-\alpha$ 的组合).如果承认这些概念——以及重复出现的观察的可能性——是可以存在的,那么,我们所应采取的方法就是很明显的:我们必须寻找效用与数之间的一个对应关系,这个对应关系把效用的 $u>v$ 的关系和 $\alpha u+(1-\alpha)v$ 的运算变成同义的数的概念.

把这个对应关系表示为

---

① 我们也可以设想一些更大的变换体系的中间情况,但它们并不包含所有的单调变换.相对论的各种形态提供了这方面的较专门的例子.

② 用一般的话语来说,对于那些可以确定绝对的零和绝对的单位的物理学的量,这一点是确实的.例如:在光的速度起规范作用的那些物理学理论中,如麦克斯威尔电动力学、特殊相对论等,速度的绝对值(不是向量!)就属于这种情况.

③ 这是指仅仅知道"更热"概念——即一个"自然的""更大"关系——的发展阶段.这一点已在前面详细讨论过.

④ V. Pareto, Manuel d'Economie Politique(政治经济学教程),Paris,1907,第 264 页.

⑤ 这正是欧几里得对一条线上的位置问题的做法.在这里,"选择"的效用概念相当于"位于右边"的关系,而(所要求的)效用差异的相等关系则相当于几何学上区间的全等.

$$u \to \rho = v(u),$$

u 是这个效用,$v(u)$是在这个对应关系中与效用相联系的数.于是,我们的要求是

(3:1:a) $u > v$ 蕴涵 $v(u) > v(v)$,

(3:1:b) $v(\alpha u + (1-\alpha)v) = \alpha v(u) + (1-\alpha)v(v)$.[①]

如果存在着两个这样的对应关系:

(3:2:a) $u \to \rho = v(u)$,

(3:2:b) $u \to \rho' = v'(u)$,

那么,它们建立了数之间的一个对应关系:

(3:3) $\rho \rightleftarrows \rho'$,

我们也可以把这个对应关系写成

(3:4) $\rho' = \phi(\rho)$.

由于(3:2:a)和(3:2:b)满足了(3:1:a)和(3:1:b),因此,对应关系(3:3),即(3:4)中的函数$\phi(\rho)$,必须仍然使 $\rho > \sigma$ 的关系[②]和 $\alpha\rho + (1-\alpha)\sigma$ 的运算不受影响(参看3.5.1的第一个脚注).这就是说

(3:5:a) $\rho > \sigma$ 蕴涵 $\phi(\rho) > \phi(\sigma)$,

(3:5:b) $\phi(\alpha\rho + (1-\alpha)\sigma) = \alpha\phi(\rho) + (1-\alpha)\phi(\sigma)$.

因此,$\phi(\rho)$一定是一个线性函数,即

(3:6) $\rho' = \phi(\rho) \equiv \omega_0\rho + \omega_1$,

ω_0 和 ω_1 是定数(常量),$\omega_0 > 0$.

这样,我们就可以看出:如果确实存在着效用的这种数量估计,[③]那么,它肯定适合于一个线性变换.[④][⑤]这就是说,这样,效用就是一个适合于线性变换的数.

为了使上述意义的数量估计能够存在,有必要对效用的 $u > v$ 的关系和 $\alpha u + (1-\alpha)v$ 的运算的某些性质,作出假设.这些假设或公理的选定及其进一步的分析,将导致在数学上颇有兴趣的一些问题.以下我们向读者说明这个情况的一般轮廓;而完全的论述则列入附录.

3.5.2 公理的选定不纯粹是有目的性的工作.某一个确定的目标——某一个或某些特定的定理将能从公理中引出——的到达,常常是我们所预期的;在这个范围内,这个问题是严格的和有目的性的.但是,在这个范围之外,总会有性质上较不严格的其他要求:公理的数目不应当过多,它们的体系应当尽可能简单和明显,而且每一个公理都应当有一个直接的直觉的意义,依据这个直觉,可以直接判断:这个公理是恰当的.[⑥]在我们所遇到的这种情况下,最后这

---

① 注意:在每一个要求中,左边有效用的"自然的"概念,而右边则有数的传统的概念.

② 现在,这些关系被应用于数 ρ 和 σ.

③ 即一个满足(3:1:a)和(3:1:b)的对应关系(3:2:a)是存在的.

④ 即(3:6)形式之一.

⑤ 注意3.4.4中所述的同样情况的物理学的例子.(我们现在的讨论,在一定程度上是更加详细的)我们不打算确定效用的绝对的零及绝对的单位.

⑥ 第一个和最后一个原则可以代表——至少在一定的程度上——相反的趋势:如果我们用尽可能合并的办法来减少公理的数目,我们可能失却区分各种直觉根据的可能性.例如,我们可以用较少的公理来表达3.6.1中(3:B)这一组公理,但是,如果这样做,则会使3.6.2的进一步的分析变得不明晰.

找到一个适当的平衡,是一个实际判断问题——在一定程度上甚至是美学的问题.

个要求是特别重要的，尽管它的意义是不清楚的. 我们要建立一个服从于数学方法的直觉的概念，并尽可能清楚地看出它要求什么假设.

我们的问题的有目的性的部分是明显的：如 3.5.1 所述，这些假定必须蕴涵具有(3:1:a)和(3:1:b)性质的对应关系(3:2:a)的存在. 以上所指出的更进一步的启发式的要求(甚至是美学的要求)并不决定：我们只能通过一个唯一的途径来找出这个公理化处理方法. 下面我们将拟定一套公理，它们看来都是基本上令人满意的.

3.6 公理及其解释

3.6.1 我们的公理如下：

让我们考虑一个包含实体 $u,v,w,\cdots$[1]的体系 U. 在 U 中，给定一个关系：$u>v$，而且对于任何数值 $\alpha(0<\alpha<1)$，给定一个运算

$$\alpha u+(1-\alpha)v=w.$$

这些概念满足下列公理：

(3:A) $u>v$ 是 U 的一个完全的顺序.[2]

这表示：当 $v>u$ 时，我们写 $u<v$. 于是

(3:A:a) 对于任何两个 u,v，下列三个关系中有一个而且只有一个是确实的：

$$u=v,\quad u>v,\quad u<v.$$

(3:A:b) $u>v$ 和 $v>w$ 蕴涵 $u>w$.[3]

(3:B) 顺序和组合.[4]

(3:B:a) $u<v$ 蕴涵 $u<\alpha u+(1-\alpha)v$.

(3:B:b) $u>v$ 蕴涵 $u>\alpha u+(1-\alpha)v$.

(3:B:c) $u<w<v$ 蕴涵 α 的存在，而且

$$\alpha u+(1-\alpha)v<w.$$

(3:B:d) $u>w>v$ 蕴涵 α 的存在，而且

$$\alpha u+(1-\alpha)v>w.$$

(3:C) 组合的代数.

(3:C:a) $\alpha u+(1-\alpha)v=(1-\alpha)v+\alpha u$.

(3:C:b) $\alpha(\beta u+(1-\beta)v)+(1-\alpha)v=\gamma u+(1-\gamma)v$，其中 $\gamma=\alpha\beta$.

可以证明：这些公理蕴涵本章 3.5.1 中所描述的具有(3:1:a)和(3:1:b)性质的对应关系(3:2:a)的存在. 因此，3.5.1 的结论是有根据的：体系 U——按我们现在的解释，系指(抽象的)效用的体系——是一个适合于线性变换的数.

---

① 这当然是指(抽象的)效用体系，我们的公理将说明其特征. 关于公理化方法的一般性质，参看 10.1.1(第二章)最后部分的文字及参考书.

② 对这个概念的更有系统的数学讨论，参看 65.3.1(第十二章). 相应的选择体系的完全性概念，已经在 3.3.2 和 3.4.6 的开始部分讨论过了.

③ (3:A:a)和(3:A:b)这些条件，相当于 65.3.1(第十二章)中的(65:A:a)和(65:A:b).

④ 注意：在这里出现的 α,β,γ 均大于 0，而小于 1.

(3:2:a)的建立(连同(3:1:a)和(3:1:b)一起,它们都是用公理(3:A)至(3:C)建立的),是一个纯粹数学的工作,虽然它是依照传统的方法建立起来的,而且并没有特殊的困难,但是,它比较冗长(参看附录).

在这里,看来同样没有必要按惯例对这些公理进行逻辑学的讨论.[①]

然而,我们将对(3:A)至(3:C)中的每一个公理的直观意义——即判断——再多说几句.

3.6.2 对我们的假设的分析如下:

(3:A:a*) 这是对个人的选择体系的完全性的说明.在讨论效用或选择时,例如在"同等曲线的分析方法"中,习惯上都采用这样的假定.这些问题在3.3.4和3.4.6中已经讨论过.

(3:A:b*) 这是选择的"传递性",它是一个显然的和普遍接受的性质.

(3:B:a*) 在这里,我们说明:如果认为 v 比 u 有用,那么,甚至可以肯定,以 $1-\alpha$ 的概率取得 v 和以 α 的概率取得 u 的组合,也比 u 有用.这是合理的,因为任何种类的兼有(或都不出现)都是不允许的.参看3.3.2的开始部分.

(3:B:b*) 这是与(3:B:a*)相对的,将取舍倒过来.

(3:B:c*) 在这里,我们说明:如果认为 w 比 u 有用,并且给予一个更有用的 v,那么,以 α 的概率取得 u 和以 $1-\alpha$ 的概率取得 v 的组合,也不会比 w 更有用,只要 $1-\alpha$ 的概率充分小.这就是说,不论 v 本身是怎样有用,人们可以按照自己的愿望,给它一个充分小的概率,使它的影响变得非常微弱.这是一个明显的"连续性"的假设.

(3:B:d*) 这是与(3:B:c*)相对的,把取舍倒过来.

(3:C:a*) 这说明:对于一个组合的成分 u 和 v,不论按哪一个顺序来叙述,都是一样的.这是合理的,特别是因为组合的成分既不能同时出现,又不能同时不出现.参看上面的(3:B:a*).

(3:C:b*) 这说明:不论一个包含两个成分的组合是通过两个相互接连的步骤——先按 α 和 $1-\alpha$ 概率,然后再按 β 和 $1-\beta$ 概率——取得的,或是只通过一次运算——按 γ 和 $1-\gamma$ 概率,在这里 $\gamma=\alpha\beta$——取得的,其结果是一样的.[②]如同以上所述的(3:C:a*),在这一点上,情况是相同的.然而,这个假设可能有更深的意义,对于这一点,在下面3.7.1中将有所暗示.

3.7 关于公理的一般说明

3.7.1 在这里,让我们停下来对情况重新考虑一下,这可能是有好处的.我们是不是论证得太多了?我们可以从(3:A)至(3:C)的假设中引出按照3.5.1中(3:2:a)和(3:1:a),(3:1:b)意义的效用的数量性质,而(3:1:b)表明:效用的数值,像数学期望那样(与概率)结合起来!

---

① 类似的情况在10中(第二章)作更详尽的研究,那些公理描述一个对我们的主要任务更为重要的题目.在那里,逻辑学的讨论在10.2中说明.10.3中的某些一般性的论述,对于目前的情况也是适合的.

② 对于两个相互接连的 v 与 u 的混合事件来说,这当然是正确的计算方法.

然而,数学期望概念是常常被人怀疑的,它的合理性当然要取决于某些关于“期望”性质的假设.[①]那么,我们的讨论是不是以尚待证明的原理作为依据的呢?是不是我们的公理以某种间接的方式,采用了一些假设,而这些假设却引入了数学期望?

更具体地说:一个人是否可以有一个仅仅是“碰运气”行为的(正的或负的)效用,即是否可以有赌博行为的效用,而数学期望的采用就会抹杀这种效用?

我们的公理(3:A)至(3:C)怎样避免了这一可能性呢?

按照我们的见解,我们的公理(3:A)至(3:C)并没有打算避免它.即使是最接近于摒除“赌博效用”的那一个假设(3:C:b)(参看3.6.2中对它所进行的讨论),看来也是自明的和合理的——除非是采用这样一个心理学体系,这个体系比目前经济学中所适用的要精密得多,那么,又当别论.一个数量的效用概念可以在(3:A)至(3:C)的基础上——采用一个公式,这个公式的采用相当于采用数学期望——建立起来,这一事实看来可以表明:我们实际上把数量的效用概念定义为这样的事物,对于这一事物,数学期望的计算是合理的.[②]由于(3:A)至(3:C)保证了必要的创建得以实现,因此,类似“赌博的特殊效用”的概念的描述,在这个水平上不可能没有矛盾.[③]

3.7.2 如同我们已经说过的(最后一次是在3.6.1中),我们的公理的基础是效用的$u>v$的关系和$\alpha u+(1-\alpha)v$的运算.看来值得指出,后者可以认为是比前者更直接给定的.人们绝少怀疑:一个能够设想两个可供选择的情况(这两个情况分别具有效用u和v)的人,竟然不能同时觉察按给定的各自的概率α和$1-\alpha$来取得二者的形势.另一方面,人们可能怀疑公理(3:A:a)中$u>v$的假设,即怀疑这一顺序的完全性.

让我们对这一点作一番考虑.我们已经同意,人们可以怀疑是否一个人总是能够在两个可供选择的事件——各具有效用u和v——中作出决定.[④]但是,不论这种怀疑具有怎样的理由,即使是为了要采用“同等曲线方法”,也必须假定有这一可能性——即必须假定(个人的)选择体系的完全性(参看3.6.2中对(3:A:a)所作的说明).但是,如果假定了$u>v$这一性质,[⑤]那

---

① 参看Karl Menger:Das Unsicher heitsmoment in der Wertlehre,*Zeitschrift für Nationalökonomie*,5(1934),第459页以下;Gerhard Tintner:A contribution to the non-static Theory of Choice,*Quarterly Journal of Economics*,LVI(1942),第274页以下.

② 这样,丹尼尔·伯努里(Daniel Bernoulli)的采用所谓“精神期望”(而不是数学期望)来“解决”“圣彼得堡矛盾”的著名建议,意味着从数量上将效用定义为一个人所拥有的货币的对数.

③ 这似乎是一个自相矛盾的说法.但是,任何一个曾经严肃地试图把那个不易抓住的概念公理化的人,大概都会同意这一点.

④ 或者他能够肯定它们恰好是同样需要的.

⑤ 即完全性的假设(3:A:a).

么,我们采用更加不容置疑的 $\alpha u+(1-\alpha)v$ 的运算的结果,[①]也同样得出数量的效用概念![②]

如果不作出普遍可比性的假设,[③]要建立一个数学理论——根据 $\alpha u+(1-\alpha)v$ 以及除了 $u\succ v$之外的其他假设——仍是可能的.[④]它所引导出来的概念,可以被描述为多维向量的效用概念.这是一个比较复杂和比较不能令人满意的理论,但是,我们不打算在这里对它加以系统的讨论.

3.7.3 我们并不要求通过这个简单的解释,来对这个题目作出详尽的说明,但是,我们希望:我们已经说明了要点.为了免除误解,下面的补充说明可能是有用的.

(1) 再次强调,我们只考虑一个人所体验到的效用.这些考虑不包含任何与比较不同的人的效用有关的事情.

(2) 不能否认,数学期望的分析方法(参看3.7.1第一个脚注所提到的文献),在目前还远未作出结论.我们在3.7.1中所作的说明,是与这个方向有关的,但是,在这方面应当进一步做很多的说明.这里包含许多有趣的问题,然而,它们超出了本书的讨论范围.根据我们的目的,我们只要求:3.6.1中关于关系 $u\succ v$ 和运算 $\alpha u+(1-a)v$ 的简单而自明的公理(3:A)至(3:C)可以成立,使效用的数值在这几节讨论的意义上适合于一个线性变换.

3.8 边际效用概念的作用

3.8.1 前面的分析明确了:我们是可以运用效用的数量概念的.另一方面,进一步的讨论将证明,我们不能不采用这样的假定,即必须假定在所论及的经济社会中的所有的人,都完全了解他们进行活动的形势的具体特点,并且由于具有了这些知识,他们能够进行所有的统计、数学等运算.这个假定的性质和重要性,在这本书中被给予广泛的注意,而且这个论题大概距离彻底解决还远得很.我们不打算参与这方面的讨论.这个问题过于广阔,过于困难,而我们相信,最好是"把难点分散开来".这就是说,我们要想避开这个复杂问题,这个问题虽然就它本身的要求来说,是很有趣的,但却应当与我们现在的问题分开来考虑.

事实上我们认为,我们的研究——虽然它假定了"完备的情报"而不作任何进一步的讨论——确实对这个问题的研究有所贡献.以后可以看出,在我们的理论中出现了许多经济和社会现象,它们常常被归之于个人的"不完备的情报"的状态,而在我们的理论的帮助下,它们得到了令人满意的解释.由于我们的理论假定"完备的情报",因此,我们从这里得出结论:这

---

① 即(3:B)和(3:C)的假设,连同明显的(3:A:b)的假设.

② 在此,读者可以回想一个熟悉的论点,按照这个论点,效用的非数量的("同等曲线"的)研究方法要优于任何的数量的研究方法,因为它比较简单,而且它所依据的假设较少.如果数量的研究方法是以潘雷图的效用差异的相等关系(参看3.4.6末)作为根据的,那么,这个反对意见可能是对的.在原有的关于效用的普遍可比性(选择的完全性)的假设之外,又增加了这一关系,而这一关系的确是一个更硬性和更复杂的假设.

然而,我们代之以 $\alpha u+(1-\alpha)v$ 的运算,而且我们希望读者将同意我们的意见:与选择的完全性的假设比较,它甚至是一个更稳妥的假设.

因此,我们认为,我们的方法是与潘雷图的方法有区别的;以必须作出人为的假设和丧失简单性为理由的反对意见,是不能用来指责我们的方法的.

③ 这相当于将(3:A:a)减弱为(3:A:a′),把"有一个而且只有一个"代之以"至多一个".于是,(3:A:a′)和(3:A:b)的情况相当于第十二章的(65:B:a)和(65:B:b).

④ 在这种情况下,还必须对(3:B)和(3:C)的两组假设作某些修正.

些现象与个人的“不完备的情报”无关. 这方面的一些特别突出的例子可以在 33.1 的“差别待遇”概念、38.3 的“不完全剥削”概念和 46.11、46.12 的“转移”或“贡奉”概念中找到.

根据以上所述,我们甚至大胆怀疑: 究竟是否应当像通常所做的那样,在经济和社会学理论中对传统意义的“不完备的情报”[①]给予很大的重视. 以后可以看到,某些现象,初看起来好像是由于这个原因产生的,事实上却与它无关. [②]

3.8.2 现在让我们设想一个与外界隔绝的人,这个人具有一定的具体特征,并有一定数量的物品由他处理. 根据前面所述,他要决定在这种情况下他所能取得的最大效用. 既然这个最大值是一个明确地定义了的量,同样,当他所拥有的全部物品增加了一个单位的任何一种物品时,这种增加也是一个确定的量. 当然,这就是所述物品的一个单位的边际效用的古典概念. [③]

显然,在“鲁滨逊经济”中,这些量是有决定性的意义的. 上述的边际效用显然相当于他为了多取得这种物品的一个单位所愿意付出的最大努力——如果他按照通常的合理性标准行动.

然而,边际效用对于决定社会性商品经济中的一个参加者的行为有什么意义,这个问题是根本没有明确的. 我们看到,在这种情况下,合理行为的原则还没有表述出来;它们当然没有被鲁滨逊类型的最大值的要求表达出来. 因此,必须认为,还不能肯定究竟在这种情况下边际效用是否有任何意义. [④]

对这个论题作出肯定的断语,只有在我们成功地发展了社会性商品经济中合理行为的理论之后——也就是如以前所述的,在“策略博弈”理论的帮助之下——才有可能. 以后将会看到,边际效用的确也是在这种情况下起着重要的作用,但是,它的作用要比通常所假设的更为细致.

4 理论的结构: 解和行为的标准

4.1 一个参加者的解的最简单概念

4.1.1 经过前面的讨论,我们现在已经有可能从正面来描述我们所打算采取的方法. 这就是初步提出主要技术名词与方法的纲要和说明.

如同前面所述,我们要想寻找数学上完整的原则来说明社会性商品经济的参加者的“合理

---

① 以后将会看到,我们所考虑的某些博弈的规则,可能明确地规定某些参加者不准知道某些情报. 参看第二章的 6.3 和 6.4.(不发生这种情形的博弈,将在第三章的 14.8 和 15.3.2 的(15:B)中加以说明,这一类的博弈称为“完全的情报”的博弈)我们将承认和利用这一类的“不完备的情报”(按照以上所述,不如称为“不完全的情报”). 但是,我们否定所有其他种类,这些种类的定义是含混地用“错综性”、智力等概念来说明的.

② 我们的理论把这些现象的起因归之于多重的“稳定的行为标准”的可能性. 参看本章 4.6 和 4.7 末.

③ 更精确地说,这就是所谓“间接从属的预期效用”.

④ 在我们的若干使问题简单化的假设的范围内,这一切是不言而喻的. 如果取消这些假设,则会进一步产生各种困难.

行为”,并从中引出这种行为的一般特征.一方面,这些原则应当完全是一般性的——即在所有的情况下都是能够成立的;另一方面,如果目前我们仅能解决某些典型的特殊情况,我们也是满意的.

首先,我们必须得到一个可以作为这个问题的解的清楚的概念,即我们必须明确,问题的解所必须说明的事情有多少,以及我们应当期望它具有怎样的形式结构.只有在弄清楚这些事情之后,才可能进行精密的分析.

4.1.2 解的直接概念显然是每一个参加者的一套规则,这套规则告诉参加者,在每一个设想可能出现的情况下,他将如何行动. 在这里,人们可能提出反对意见,认为这种看法不必要地包含了过多的内容. 由于我们要想把“合理行为”理论化,看来似乎没有必要在合理的社会所产生的一些情况之外,再根据其他的情况来给这个人以劝告. 假定在其他参加者方面同样也有合理行为,这种提法将是有根据的,不论怎样,我们总要把它的特征表示出来.这样的程序可能会导致唯一的一系列的情况,这些情况只是与我们的理论有关.

由于以下两个理由,反对意见看来是没有根据的.

首先,“博弈规则”——即产生所述经济活动的确实背景的具体定理——可能明确地表现为统计的规则.经济社会的参加者的行动,可能只能在与那些取决于机会(按已知的概率)的事件的联系中作出决定(参看2.2.2的脚注和6.2.1). 如果考虑到这一点,那么,即使在一个完全合理的社会中,行为的规则也必须能够适应很多种情况——其中一些将与最优情况相去很远.①

第二个原因,甚至是更加根本性的原因:合理行为的规则必须肯定地能够适应在其他参加者方面的不合理行为的可能性. 换句话说,设想我们已经发现了一套所有参加者的规则——称为“最优的”或“合理的”,这套规则中的每一条都确实是最优的,但是有一个条件,这就是其他的参加者都要遵守这些规则.那么,仍然还存在着这样的问题,即如果某些参加者并不遵守,将会有什么结果.如果事情恰好是对他们有利——而且恰好对遵守规则的人是不利的,那么,以上的“解”看来将是很成问题的.我们现在还没有条件从正面来讨论这些事情,但是,我们要明确指出:在这种情况下,这个“解”或至少是它的出发点,必须认为是不完善的和不完全的. 不论用什么方法来陈述“合理行为”的指导原则和客观根据,都必须对“其他人”的每一个可能的行为作出附带条件.只有采取这种方法,才能发展出一个令人满意的和详尽的理论.但是,如果要证实“合理行为”确比任何其他行为优越,那么,它的描述必须包括在所有可以设想的情况下的行为规则——包括“其他人”的不合理行为(根据理论所确立的行为标准来判断它们是否合理)的那些情况.

4.1.3 至此,读者可以看出,这与日常的博弈概念有很大的相似之处.我们认为这个相似是很重要的.的确,事实上还不止于此.正如各种几何数学模型已经在物理科学中成功地发挥作用一样,对于经济和社会问题,博弈起到——或应当起到——同样的作用.这一类模型,是具有精密的、详尽的但不过于复杂的定义的理论建设;而且,在对目前的研究有重要意义的那些方面,它们必须与现实相似.详细地重述一遍:为了使数学的运用成为可能,定义必须是精密

---

① 尽管机会所决定的可能性是众多的,然而,一个唯一的最优的行为仍是可以设想的,这当然是由于使用了“数学期望”概念.参看前面所述的章节.

的和详尽的.理论的结构必须不过于复杂,以便使数学的运用能够超出仅仅是形式主义的范围,而达到能够产生完全的数量结果的地步.为了使运算有意义,与现实相似是必要的.同时,这个相似通常必须限于少数当时被认为是“主要的”特征,因为,如其不然,上面的各个要求将互相矛盾.[①]

显然,如果按照这个原则来建立一个经济活动的模型,结果就得到对博弈的描述.这对于描述市场形态是特别突出的,而归根到底,市场是经济体系的核心——但是,这一断语对于所有的情况都是完全确定的.

4.1.4 在 4.1.2 中我们曾经说明,我们希望问题的解——即“合理行为”的特征的描述——包含一些什么内容.这就是要得出一套完整的行为规则,这套规则在所有可以设想的情况下都是合适的.这对于社会性经济和博弈都是同样适用的.因此,按照上述意义,全部的结果是一个极其复杂的组合计算.但是,我们曾经采纳了一个简化了的效用概念,按照这个概念,一个人努力想要获得的一切,可以充分地用一个数字来描述(参看 2.1.1 和 3.3).这样,这个复杂的组合的目录——我们希望在问题的解中得到这个目录——可以有一个很简单而重要的摘要,这个摘要说明,如果我们所说的那个参加者的行为是“合理的”,那么,他可以得到多少.[②③]这里所说的“可以得到”,当然假定是一个最小值;如果其他人犯了错误(其他人的行为不合理),他就可以得到更多.

应当理解:所有这些讨论是(正如它们应当是)预先提出的,它们的提出是在按所指出的途径建立起一个令人满意的理论之前.我们陈述了一个迫切要求,在我们后来的讨论中,它将成为成功的标准;但是,我们是依照通常的启发式的程序来研究这个迫切要求的——甚至是在我们能够满足它们之前.的确,这个预先的研究是寻求满意的理论的过程中的一个不可缺少的部分.[④]

4.2 推广至所有的参加者

4.2.1 直到现在,我们仅考虑了:对于一个参加者来说,什么是应有的解.现在让我们同时观察所有的参加者,即让我们考虑一个社会性经济,或者说,考虑一个固定数目(如 n 个)参加者的博弈.如同我们已经讨论过的那样,问题的解所应表达的全部情况是组合性质的.以前曾进一步指出:如果我们说明了每一个参加者的合理行为能够使他取得多少,那么,只用一个数量的说明,就能包含应表达的情况的决定性部分.试考虑这若干个参加者所“取得”的数量.如果问题的解在数量意义上仅仅是确定了这些数量,[⑤]那么,这将与大家所知道的“转归”概念

---

① 例如,牛顿以少数“质点”来描述太阳系.这些点相互吸引,并像星球一样运行着.这就是在主要的特征上相似;但同时,行星的极其丰富的其他物理学特征,都没有予以考虑.

② 指效用.对企业主来说,指利润;对局中人来说,指胜负.

③ 当然,如果明显地存在着机会的因素,我们所指的是“数学期望”.参看 4.1.2 的第一段,同时并参看 3.7.1 的讨论.

④ 熟悉物理学发展的人可以理解:这样的启发式的考虑可以有多么重要的意义.如果没有关于将来理论的迫切要求的“先理论”(“pre-theoretical”)讨论,那么,不论是一般的相对论或是量子力学,都不可能被发现.

⑤ 如同前面扼要说明过的那样,当然要在组合的意义上来确定怎样取得它们的程序.

相一致：它将仅仅说明总的收入怎样在参加者之间进行分配.[①]

我们强调：转归的问题,必须不仅在总收入事实上等于零的情况下,而且要在总收入可变的情况下都获得解决.这个问题,按其一般形式,既未在经济学文献中恰当地提出,也未获得解决.

4.2.2 如果可以找到这样的解,即找到一个适合于最优(合理)行为的正当要求的单一转归,我们认为,人们没有理由不满足于这种性质的解.(当然,我们还没有陈述这些要求.关于详尽的讨论,参看以下指出的章节.)于是,所论及的社会的结构将极其简单：将存在一个绝对的平衡状态,其中每一个参加者的数量份额将能够精确地加以确定.

然而,以后将会看到,这样的一个具有所有的必需的性质的解,一般并不存在.解的概念将不得不在一定程度上扩大,同时,以后将会看到,这是与社会组织的某些固有的特点密切地联系着的;从"常识"观点来看,这些特点是人所共知的,但是,它们迄今尚未以恰当的观点加以观察(参看 4.6 和 4.8.1).

4.2.3 我们对这个问题的数学分析将证明：的确存在着相当重要的一族博弈,它们可以按照上述意义,即按照单一的转归来定义和寻求问题的解.在这一类情况下,每一个参加者只要恰当地、合理地行动,就至少能够取得应转归给他的数量.的确,如果其他参加者也合理地行动,那么,他正好取得这个数量;如果其他参加者不这样做,那么,他甚至可以取得更多.

有一种两个参加者的博弈,博弈中所有的支付的总和是零. 虽然对于主要的经济过程来说,这些博弈并不恰好是典型的,但是,它们包含所有博弈的某些有普遍性的重要特点,而从它们引出的结果乃是一般博弈理论的基础. 我们将在第三章中对它们作详细的讨论.

4.3 作为转归集合的解

4.3.1 如果上述限制中的任何一个被取消,则情况起了重要变化.

超越第二个条件的最简单的博弈,是一个所有支付的总和可变的二人博弈.这相当于一个有两个参加者的社会性经济,同时,这不仅允许在这两个参加者之间有相互依赖的关系,而且允许有随着他们的行为而发生的总效用的可变性.[②]事实上,这正好是双边垄断的情况(参看 61.2 至 61.6,第十一章).在目前致力于解决转归问题中所得到的著名的"不定带"表明：必须找到一个更广义的解的概念. 这个情况将在以上指出的章节中讨论.目前,我们只用它来指示困难的存在,并转入更适合于作为第一个肯定步骤的基础的另一种情况的讨论.

4.3.2 不考虑第一个条件的最简单的博弈,是一个所有支付总和为零的三人博弈.与上述二人博弈比较,它不相当于任何基本的经济问题,但是,尽管如此,它代表一个可能的基本的人的关系.主要的特点是：任何两个局中人联合起来对付第三人,可以由此获利.问题是：这两个局中人在联合中应如何分配所获的利益. 任何一个这一类的转归方案将必须考虑到：任何两个伙伴都有可能联合起来;也就是说,当任何一个联合正在形成时,每一个伙伴都必须考虑

---

① 对博弈来说——通常这是不言而喻的——总的收入总是零：即一个参加者只能赢得其他参加者所输掉的.这样就有一个纯粹的分配——即转归——问题,而且绝对不存在总效用(即"社会产品")增加的问题.在所有的经济问题中,后一个问题也同样发生,但转归的问题仍然存在. 以后,我们将取消总收入为零的条件来扩大博弈的概念(参看第十一章).

② 要记住：我们采用了可转移的效用,参看 2.1.1.

这一事实：即他的未来的盟友可能不同他联合，而与第三个参加者联合起来.

当然，博弈的规则将规定：合伙的收益应当如何在伙伴之间分配. 但是，22.1（第五章）的详细讨论将证明：一般说来，这将不是最后定局. 设想一个博弈（三人或更多人的），在博弈中两个参加者可以组成一个有利的合伙，但是，博弈规则却规定：大部分的收益属于第一个参加者. 更进一步假设：这个合伙中的第二个参加者也可以与第三者合伙；这个合伙，总的说来，效力较小，但是将使他比前一个合伙获得较多的个人收益. 在这种情况下，第一个参加者将他能够从第一个合伙所取得的收益的一部分转移给第二个参加者，以便保持这个合伙，这显然是合理的. 换句话说，人们一定要预期到，在某些情况下，合伙中的一个参加者将愿支付他的伙伴一笔补偿. 因此，合伙内部的分配不仅取决于博弈规则，而且也在另外的合伙的影响下取决于上述原则.[①]

根据常识，可以知道，人们不能希望得到那一个联合将要形成的任何理论性的说明，[②]而只能希望了解这方面的情况：即为了防止任何一个伙伴脱离合伙而去同第三个局中人联合的突然事故，在可能形成的联合中的伙伴必须怎样分配所获的收益. 所有这一切将在第五章中详细地并从数量上加以讨论.

在这里，仅仅说明上述定性研究所弄清楚的结果就够了，这个结果将在前面所指出的章节中更加严密地确立起来. 合理的解的概念. 在这种情况下包括三个转归所组成的体系. 这些转归相当于以上所述的三个组合或联合，并表明各个伙伴之间的收益分配.

4.3.3 最后的那个结果将成为一般情况的范例. 我们将看到：寻求转归体系的解，而非单一的转归的解，将由此得到一个协调的理论.

显然，在上述三人博弈中，自问题的解中所得到的任何一个单一转归，就它本身来说，完全不像是问题的解. 任何一个特定的联合，仅仅说明参加者在策划他们的行为时所作的一个特定的考虑. 即使一个特定的联合最终是形成了，伙伴间的收益的分配将受到每一个伙伴都有可能另行加入的其他联合的决定性影响. 因此，只能是这三个联合和它们的转归合起来形成一个合理的整体，这个整体决定它的所有的细节，并具有它自己的稳定性. 这个整体是一个确实重要的实体；的确，它比它的组成转归更为重要. 即使其中之一实际上被运用了，即如果某一个特定的联合实际上是组成了，其他的联合仍然在“现实”的形态上存在：它们虽然没有实现，但它们对于真实实际的形成和决定，有着重要的影响.

为了构成一般性问题，即构成社会性经济问题或者说是 n 个参加者的博弈问题，我们希望（这种希望是乐观的，它只能以随后的成功来证实）我们将能得到同样的结果：问题的解应当是一个转归体系；[③]作为一个整体，这个体系具有某种平衡和稳定性，而这种平衡和稳定性的性质正是我们想要确定的. 我们强调，这个稳定性——不论它将会是什么——将是整个体系的一个特性，而不是作为体系组成部分的各个单一转归的特性. 关于三人博弈的简单的讨论，

---

① 这并不表示博弈规则被破坏了，因为如果这一类的补偿性支付确实是被支付了，那是根据合理的考虑而自愿支付的.

② 显然，在三个由两个局中人组成的联合中，任何一个都是可能的. 在 21 节（第五章）所举的例子中，在问题的解的范围内对某一个特定的联合的选择，将是对称性所排斥的一种情形. 这就是说，对于所有这三个参加者来说，博弈是对称的. 然而，请参看 33.1.1（第六章）.

③ 如 4.3.2 所述，它们同样可以包含合伙中的伙伴之间的补偿.

已经说明了这一点.

4.3.4 作为我们问题的解,这个用来说明转归体系特点的精密的标准,当然是数学性质的.因此,关于精确的和详尽的讨论,我们请读者阅读这个理论以后的数学的发展.精密的定义本身将在30.1.1(第六章)中叙述.尽管如此,我们将着手作出一个初步的定性的纲要.我们希望,这将有助于理解作为定量讨论的基础的一些概念.此外,我们对社会理论的一般结构进行讨论的立足点,将更加明确起来.

4.4 "优越"或"控制"的不可传递性的概念

4.4.1 让我们回到较原始的解的概念.这个概念,我们已经知道,是必须舍弃的.我们所指的是作为一个单一转归的解的概念. 如果存在这样的解,它将不得不是在某种明显的意义上比其他转归优越的一个转归. 至于转归之间的所谓优越性,这个概念应当这样来表述,即应当把周围的物质的和社会的结构考虑进去. 这就是说,人们应当把在任何情况下所发生的下列情况定义为转归x优越于转归y:假定社会(即所有参加者的总和)必须考虑是否要"采纳"转归y作为所有分配问题的一个静态安排.进一步假定,作为另一个安排的转归x在这时也同样被考虑,那么,这个另外的安排x将足以排斥y的采纳.我们把这种情况理解为:足够数量的参加者,根据他们自己的利益,愿意选择x而不选择y,而且他们相信,或者可以相信,他们有可能得到x的利益.在x与y的这一比较中,参加者不应当受到考虑任何第三种不同安排(转归)的影响. 这就是说,我们把优越性关系设想为一个仅仅联系到转归x和转归y的基本关系.进一步比较三个或更多的——最后比较所有的——转归,是一个论题,这个论题现在必须作为建立在优越性的基本概念之上的上层建筑来加以讨论.

如上述定义所述,以x代替y有可能取得某些利益,这种可能性究竟能否使受益方面相信,这将取决于形势的具体特点——用博弈的术语来说,即决定于博弈的规则.

"优越"这个词汇有多方面的含义,我们认为,应当采用一个更加具有技术名词性质的词汇.当转归x和转归y之间有着上述关系时,[1]那么,我们将说,x 控制 y. 从包含一个单一转归的解中,应当希望得到些什么;这个问题,如果我们更谨慎一些来重述,就应当采取这样的表达方式:这样的一个转归应当控制所有其他的转归,而不受任何转归来控制.

4.4.2 上面表述的(或者不如说是上面指出的)控制概念,显然具有顺序的性质(这与选择问题是相似的),或者具有任何定量分析理论的规模. 单一转归的解的概念[2]相当于这个顺序的首元素概念.[3]

这样的首元素的寻求,将是很显然的,条件是:我们所说的顺序,即我们的控制概念,具有传递性这一重要性质;也就是说,如果以下的关系成立:当x控制y,y控制z,那么,x也控制

[1] 即当它保持30.1.1(第六章)中所说明的精确的数学形式.

[2] 我们继续用它作为例子,虽然我们已经证明,这是一个已放弃的希望.这样做的理由是:如果说明了当某种复杂情况并不发生时它具有怎样的内容,我们将能更好地说明这些复杂情况. 在这个阶段我们真正想研究的,当然是这些复杂情况,它们是相当基本的.

[3] 关于顺序的数学理论是很简单的,而且,与任何纯粹字句上的讨论比较,它可能引导到对这些条件的更深刻的理解.必要的数学讨论见65.3(第十二章).

z. 在这种情况下,人们可以采取这样的程序: 从任意选定的 x 出发,寻找一个控制 x 的 y,如果这样的 y 是存在的;那么,选定其中之一,并寻找一个控制 y 的 z,如果这样的 z 是存在的;那么,选定其中之一,并寻找一个控制 z 的 u;依次类推. 在大多数实际问题中,很可能得到这样的结果: 这个过程或者在有穷尽的步骤之后,得到一个不受任何其他事物控制的 w,这就结束了这个过程,或者是: 序列 $x,y,z,u,\cdots$无穷尽地继续下去,但是,这些 $x,y,z,u,\cdots$趋于一个极限位置 w,而 w 则不受任何其他事物控制. 不论是哪一种情况,由于上述的传递性,最终的 w 控制着所有的此前取得的 $x,y,z,u,\cdots$.

我们将不再研究更繁复的细节,这些细节是可以而且应当在一个详尽的讨论中加以说明的. 读者可能已经清楚: 这个通过序列 $x,y,z,u,\cdots$的进展,相当于连续的"改进",最终达到"最优情况",即控制其他一切但本身不受控制的"第一"元素 w.

当传递性不能适用时,这一切将完全不同. 在这种情况下,任何想用连续的改进来达到一个"最优情况"的尝试,都可以是徒劳的. 可以发生这样的情况: x 被 y 控制,y 被 z 控制,而 z 又被 x 控制.[①]

4.4.3 现在我们所依据的控制概念的确是不具有传递性的. 在我们对这个概念所作的描述的尝试中,我们指出: 如果有一群参加者,其中每一个都根据他个人的情况,在 x 和 y 中选择 x,并且,作为一个群——即作为一个联合——他们能够坚持他们的选择,那么,我们说,x 控制 y. 我们将在 30.2 中(第六章)详细地讨论这一点. 这一群参加者应称为 x 对 y 的控制中的"有效集合". 现在,当 x 控制 y,而 y 控制 z 时,这两个控制的有效集合可能完全是分离的,因此,不能作出关于 z 与 x 之间关系的结论. 在第三个有效集合(这个有效集合可能是与前面两个分离的)的作用下,甚至可以发生 z 控制 x 的情况.

缺乏传递性,特别是在以上表现形式中缺乏传递性,可以使问题显得更加麻烦、复杂,甚至看来最好是努力把它从理论中除去. 但是,如果读者再看看最后一段,他将注意到: 事实上它仅仅包含所有社会组织中的一种最典型现象的一个曲折. 在各个转归 $x,y,z,\cdots$——即各种社会形态——之间的控制关系,相当于使它们彼此失去平衡——即推翻——的各种形式. 在这一类的各种关系中,作为有效集合而发挥作用的各个参加者群,可以产生"循环的"控制,例如,y 控制 x,z 控制 y,而 x 控制 z. 这的确是研究这些现象的理论所必须正视的最典型的困难.

4.5 解的精确定义

4.5.1 这样,我们的任务是要用某种概念来代替最优——即首元素——的概念;我们所采用的概念要能在一个静态的平衡中发挥出它的作用. 这是必需的,因为原来的概念已经站不住了. 我们最早在 4.3.2 至 4.3.3(第一章)的某一种三人博弈的具体例子中发现它站不住. 但是,现在我们已经更深一步观察了它失败的原因: 这就是我们的控制概念的性质,特别是它的不可传递性.

---

① 在具有传递性的情况下,这是不可能的,因为如果需要证明的话,x 绝不能控制它自己. 的确,例如,如果 y 控制 x,z 控制 y,而 x 控制 z,那么,我们可以根据传递性得出 x 控制 x 的推论.

这一类的关系,完全不是我们的问题所特有的.在很多领域中,也有大家知道的这一类的例子,可惜的是,它们始终没有得到普遍的数学的处理.我们所指的是这样的一些概念,它们按一般的性质来说,是选择或"优越性"的比较,或顺序的比较,但是却缺乏传递性,例如,在棋赛中局中人的实力、运动博弈和赛马中的"纸上名次"等.[①]

4.5.2 在4.3.2至4.3.3中所讨论的三人博弈表明:一般说来,问题的解将是一个转归的集合,而不是一个单一的转归.这就是说,"首元素"概念将不得不被具有适当性质的元素(转归)的集合概念所替代.在32节(第六章)对这个博弈的详尽讨论中(同时参看33.1.1中的解释,这个解释把某些变化提出来,以引起注意)可以看到,在4.3.2至4.3.3中作为三人博弈问题的解而引入的由三个转归组成的体系,将借助于30.1.1的假设而准确地推论出来.这些假设,将与那些用来说明一个首元素的特征的假设很相似.当然,它们是对一个元素(转归)集合的要求,但是,如果最后发现这个集合仅仅是由一个单一元素组成的,那么,我们的假设就变成(在所有转归的总的体系中的)对首元素的特征的说明.

直到现在,我们还没有详细地提出这些假设,但现在我们将陈述这些假设,希望读者能够认为它们是相当明显的.某些说明它们性质的理由,或者不如说是一个可能的解释,将在以下紧接的一段中叙述.

4.5.3 这些假设如下:如果元素(转归)的集合 S 具有以下两个特性,它们就是所要求的解:

(4:A:a) 在 S 所包含的 y 中,没有一个被 S 所包含的一个 x 控制着.

(4:A:b) 每一个不包含在 S 中的 y,都被 S 所包含的某一个 x 控制着.

(4:A:a)和(4:A:b)可以并为一个条件来叙述:

(4:A:c) S 的元素正好是那些不被 S 的元素所控制的元素.[②]

对这一类练习有兴趣的读者,现在可以验证一下我们以前的说法,即对于由一个单一元素 x 所组成的集合 S,上述条件正好表明:x 是首元素.

4.5.4 初看起来,上述假设所可能引起的弊病,一部分或许是由于它们的循环性质.这在(4:A:c)的形式中是特别明显的.在(4:A:c)中,S 的成分是以同样要取决于 S 的一个关系来说明的.不要误解这个形式,这一点是很重要的.

由于我们的定义(4:A:a)和(4:A:b),或(4:A:c),对于 S 来说是循环的——即隐含的,现在还完全不清楚,是否确实存在一个能够满足它们的 S;这个 S——如果确实存在一个这样的 S——究竟是不是唯一的.的确,这些问题在现阶段还没有得到答复,它们是以后的理论的主题.然而,已经清楚的是:这些定义肯定地说明究竟某一个特定的 S 是不是问题的一个解.如果有人坚持要把定义的概念与被定义的事物的存在的属性和唯一性联系起来,那么,我们必须这样说:我们尚未对 S 下定义,只是对 S 的特性下了定义——我们尚未对问题的解下定义,只是说明了所有的可能的解的特性.究竟这个定义所说明的全部解的总体不包含 S,包含一个 S,

---

① 这些问题中,有的已经因引入机会和概率而用数学方法处理了.不能否认,这个方法有一定的根据,但我们怀疑,即使对这些情况来说,它究竟是否有助于全面了解问题.对我们所考虑的社会组织问题来说,它将是根本不够的.

② 这样,(4:A:c)正好相当于(4:A:a)和(4:A:b)合起来.没有数学训练的读者可能认为这种说法比较费解,然而,这事实上是相当简单的概念的一种直接表述方式.

还是包含几个 S,这是需要进一步探讨的问题.[①]

4.6 以“行为标准”来解释我们的定义

4.6.1 单一转归的概念在经济学中是常用的,而且是很好地被人理解的,而我们所引出的转归集合的概念则是颇为生疏的. 因此,我们把这个概念与已经在我们的关于社会现象的思想中占有确定地位的某些事物联系起来,这样做是合宜的.

的确,可以看出,我们所考虑的转归集合 S,相当于与社会组织联系着的“行为标准”. 让我们更仔细地检验这种说法.

设一个社会经济的物质基础是已知的,或者,对这个问题采取更宽广的观点,设一个社会的物质基础是已知的.[②]按照所有的惯例和经验,人类有一种独特的方式来使自己适应这样一种背景. 这并不是由建立一个硬性的分配(即转归)制度来形成的,而是建立多种可供选择的分配方式,这些方式可能都表示某些一般性的原则,但是,尽管如此,它们在很多具体方面是彼此不同的.[③]这个转归制度说明了“已确立的社会秩序”或“被采纳的行为标准”.

显然,转归的任意的组合是不可能成为这样的“行为标准”的: 它将必须满足某些条件,这些条件把它表达为事物的一种可能的顺序. 这种可能性概念显然必须提供稳定性的条件. 无疑地,读者将能看出,我们在前面几段文字中所采用的程序是很符合这种精神的: 转归 $x,y,z,\cdots$的集合 S,相当于我们现在所说的“行为标准”,而说明解 S 的特征的条件(4:A:a)和(4:A:b),或(4:A:c),的确在上述意义上表示出一种稳定性.

4.6.2 在这个例子中,把(4:A:a)和(4:A:b)分开,是特别合适的. 前面说过,x 控制 y 表示: 转归 x(如果被考虑到)摒除了转归 y 的采纳(这并不预言最终将要采纳哪一个转归,参看 4.4.1 和 4.4.2). 因此,(4:A:a)表明了这样的事实,即行为标准没有内在矛盾: 没有一个属于 S 的——即遵照“被采纳的行为标准”的——转归 y,可以被同类的另一个转归 x 所推翻——即控制. 另一方面,(4:A:b)表示“行为标准”可以用来否定任何不符合标准的行为: 每一个不属于 S 的转归 y,可以被属于 S 的一个转归 x 所推翻——即控制.

注意: 我们在 4.5.3 中并未提出这样的假设,即属于 S 的一个 y 绝不会被任何一个 x 所控制.[④]当然,如果发生这样的事情,那么,根据(4:A:a),x 必须是在 S 之外. 用社会组织的术语来说,一个遵照“被采纳的行为标准”的转归 y,可以被另一个转归 x 所推翻,但是,在这种情

---

① 不须说明,(4:A:a)和(4:A:b),或(4:A:c)的这个循环性质(或者不如说是隐含性质)毫不表示它们是重复的. 当然,它们表达了对 S 的一个很严格的限制.

② 对于博弈来说,这只不过是说——如同我们前面已提到的那样,博弈的规则为已知. 但是,对于现在的比喻来说,与一个社会经济进行比较,是更加有用的. 因此,我们建议,读者暂时把与博弈的相似性忘却,而完全按社会组织的术语来思考.

③ 可能有极端的(或者用数学的术语来说,“退化的”)特殊情况,在这种情况下,所建立的是这样一种例外的简单制度,以至一个硬性的单一分配就是可行的. 但是,我们把这种情况视为非典型的,这看来是合理的.

④ 参看 31.2.3 中的(31:M),可以证明: 这样的一个假设一般是不能实现的. 也就是说,在所有的确实是有趣的情况下,不可能找到一个 S,它同时满足这个假设和我们的其他要求.

况下,可以肯定,x 并不遵照这个行为标准.[1]根据我们的其他要求,可以推论:x 又被第三个转归 z 所推翻,而 z 却又是遵照这个行为标准的.既然 y 和 z 都是遵照这个行为标准的,那么,z 不能推翻 y——这是"控制"的不传递性的又一个证明.

这样,我们的解 S 相当于这样的具有内在稳定性的"行为标准":一旦它们被普遍采纳,它们推翻了其他一切,而且在它们之中没有一个部分是可以在被采纳的标准的限度内被推翻的.这显然是实际的社会组织中的真实情况:它强调,4.5.3 中我们的条件的循环性质是完全合适的.

4.6.3 我们以前曾经提到(但有意地不加讨论)的一个重要的反对意见:按照 4.5.3 的(4:A:a)和(4:A:b)或(4:A:c)的条件的意义,不论是解 S 的存在或其唯一性,都不明显,或未予证明.

如果要否定解的存在,我们当然是不能让步的.如果最后发现,我们的关于解 S 的要求,在任何特定的情况下是无法满足的,这当然就有必要从根本上改变这个理论.因此,对于所有的特定的情况,解 S 的存在的一般证明,[2]是十分需要的.从我们以后的讨论中将能看出:这个证明还没有推广到具有充分普遍性的程度,但是,就直到现在为止的所有的情况而论,问题的解都已经找到.

至于说到唯一性,情况就根本不同了.常常提到的我们的要求的"循环"性质,很可能使问题的解一般说不是唯一的.事实上,我们将在大多数例子中看到解的多样性.[3]试考虑我们曾说过的把解作为稳定的"行为标准"的解释,这有一个简单的、不是没有理由的意义,即:设给予相同的物质背景,可以确立不同的"被建立的社会秩序"或"被采纳的行为标准",它们都具有我们曾讨论过的那些内在稳定性的特征.由于这个稳定性概念被视为是"内在"性质的——即只是在普遍采纳所论及的标准的假设下才发挥作用的,因此,这些不同的标准可以完全是相互矛盾的.

4.6.4 我们的方法应当与这样一种普遍采纳的观点作一比较,这种观点是:一个社会学的理论只可能建立在某些事先形成的社会目的原则的基础上.这些原则将包括既与总共应完成的目标又与个人之间的分配有关的数量说明.一旦它们被采纳,就产生了一个简单的最大值问题.

让我们指出,所有的这样的原则说明,本身从来都是不能令人满意的;支持这一观点的论证,通常或者是那些关于内在稳定性的论点,或者是定义不很清楚的关于需要种类(主要是有关分配的)的论点.

对于后一类的目的,我们没有什么可说的.我们的问题并不是要在追求任何一套先验的原则——它们必然是任意的——中确定什么事情应当发生,而是要研究发生作用的力量在何处达到平衡.

至于说到第一个目的,我们的目标恰好是给这些论点以既与全体的目标又与个人的分配有关的精确的和令人满意的形式.这就必须把整个的内在稳定性问题看作是它本身的正当的

---

① 我们暂时把"遵照"("遵照'行为标准'")这个词作为"被包含在 S 中"的同义词来使用,而把"推翻"这个词作为"控制"的同义词.

② 用博弈的术语来说,所有的特定的情况指不同的参加者人数和各种可能的博弈规则.

③ 在 65.8 中(第十二章)有一个有趣的例外.

问题.符合这一点的理论,是一定能够对整个经济利益、势力和力量的相互作用作出精确的说明的.

4.7 博弈和社会组织

4.7 现在可以回过来说一说与博弈的相似性了.对于这个相似性,我们有意识地未在前几段文字中加以说明(参看 4.6.1 第一个注).一方面是 4.5.3 意义上的解 S,另一方面是稳定的“行为标准”,这二者之间的相似性可以从两方面来相互印证关于这些概念的论断.至少,我们希望这个建议将引起读者的注意.我们认为:由于博弈的一些概念和社会组织的一些概念之间存在着对应关系,策略博弈数学理论的方法肯定地增加了自明性.另一方面,我们——或者在这个问题上,其他任何人——所曾作出的有关社会组织的每一个说明,差不多都与现行的某些见解发生冲突.而且,根据事情本身的性质,大多数见解迄今还未能在社会学理论领域内得到证明或否定.因此,要使我们的所有的论断都能得到策略博弈理论的具体例子的支持,这是大有帮助的.

这确实是在自然科学中采用模型的标准技巧之一.这种从两方面来相互印证的方法,说明了采用模型的重要作用,这一作用在 4.1.3 的讨论中是没有加以强调的.

举例来说,在同一物质背景的基础上,究竟是否可能有若干个稳定的“社会秩序”或“行为标准”,是一个很可以争论的问题.用普通的方法来解决这个问题的希望很小,因为,且不说别的,这个问题具有极大的复杂性.但是,我们将讨论三人博弈或四人博弈的具体例子,在这些例子中,一个博弈具有 4.5.3 意义上的若干个解.可以看出,在这些例子中,有的将是简单的经济问题的模型(参看 62,第十一章).

4.8 结 束 语

4.8.1 作为结尾,还需要作几点比较偏重形式性质的说明.

我们从这样的观察开始:我们从单一的转归开始考虑,而单一的转归本来就是从较详细的规则集合中所抽取出来的数量特征.从此,我们不得不进一步达到转归集合 S,它们在某些情况下成为问题的解.由于解看来不一定是唯一的,因此,对于任何一个特定的问题,完整的答案不是寻求一个解,而是要确定所有的解的集合.这样,我们在任何具体问题中所寻求的,事实上是转为集合的集合.从它本身来看,这可能特别复杂;此外,主要由于后来遇到的困难,这个程序看来不能保证不必再向前推进.关于这些怀疑,我们说明以下两点就够了:第一,策略博弈理论的数学结构提供了我们的程序的正式验证;第二,前面讨论过的与“行为标准”的联系(相当于转归集合)和同一物质背景的“行为标准”的多样性(相当于转归集合的集合),正好使这种程度的复杂性成为意料中的事.

人们可能批评我们把转归集合解释为“行为标准”的做法.以前在 4.1.2 和 4.1.4 中我们介绍了一个较基本的概念,它可能使读者感到:这是直接陈述了“行为标准”的概念.我们所介绍的是解的基本的组合概念,它把解作为每一个参加者的规则的集合,指示这个参加者在博弈的每一个可能的情况下怎样行动.(从这些规则中,单一的转归就被作为数量方面的要点而抽取出来,见以上所述)这样一种对“行为标准”的简单看法可以保持下来,但是,只能限于合伙和合伙伙伴之间的补偿(参看4.3.2)不发生作用的那些博弈,因为上述规则并不提供这些可能性.确实有一些博弈,在这些博弈中,可以不考虑合伙和补偿,例如4.2.3中所提到的零和二人博弈;更一般地说,例如将在27.3和31.2.3的(31:P)中(第六章)讨论的"非本质"博弈.但是,对于一般的、典型的博弈——特别是社会性商品交换经济中的所有的重要问题——来说,不采用这些方法,就不可能作出处理.因此,正如我们不考虑单一转归而考虑转归集合一样,相同的一些论点又必然引导我们放弃狭窄的"行为标准"概念.事实上,我们将把这些规则集合称为博弈的"策略".

4.8.2 我们将提到的下一个论题是与理论的静态和动态性质有关的.我们再次特别强调,我们的理论完全是静态的.动态的理论将无疑是更完全的,因而也是更合适的.但是,从科学的其他的分支中,可以得到充分的证明:在静态理论没有完全被理解以前,要想建立一个动态理论是徒劳的.另一方面,读者可能反对我们在讨论过程中所作的某些论述,这些论述肯定是动态方面的.特别是所有的关于各种转归在"控制"影响下的相互作用的讨论(参看4.6.2),就属于这种情况.我们认为,这是完全许可的.静态理论研究平衡.[①]一个平衡的基本特征是:它没有变动的趋向,即它不趋于动态发展.当然,若不采用某些基本的动态概念,这种形态的分析就是不可设想的.重要之点是:它们是基本的.换句话说,对于研究精确的运动(它们常常远离平衡)的真正的动态理论,需要具有关于这些动态现象的更加深刻的知识.[②③]

4.8.3 最后,让我们指出一点,在这一点上,人们假定:社会现象的理论很肯定地要与数理物理学的现有形式发生分歧.这当然只是对一个尚有许多不能肯定和不清楚之处的论题的一种猜测.

我们的静态理论详细说明平衡——即4.5.3意义上的解,而这些平衡是转归的集合.一个动态理论(当找到一个这样的理论时)大概要用较简单的概念来描述变动,即以单一转归的概念(适合于所论及的时瞬)或其他类似的概念来描述变动.这表示:从种属上说,这一部分理论的形式结构——静态理论和动态理论的相互关系——可能与古典物理理论有所不同.[④]

所有这些考虑再次表明:必须预期社会学理论将有多么复杂的理论形式.仅仅是我们的静态分析,就必须创立一种概念的和形式的结构,而这个结构则是与所有曾经用过的(如在数理物理学中用过的)结构有很大区别的.因此,把解作为一个唯一确定的数或数的总和的习惯看法,尽管它在其他领域中行之有效,而对于我们的目的,却显得过于狭窄.数学方法的重点,看来更多地趋向于往组合理论和集合理论转移,并趋向于离开统治着数学物理的微分方程算法.

---

① 动态理论还研究失衡——即使它们有时被称为"动态平衡".

② 当然,以上将静态理论与动态理论进行对比的讨论,完全不是一个特别的创举.例如,熟悉力学的读者将从中看出:这种说法重述了大家知道的古典静力学和动力学理论的形态.现在,我们着重宣称的是:这是一个包含力和结构变动的科学研究程序的一般特征.

③ 引入静态平衡讨论中的动态概念,是与古典力学中的"虚位移"相似的.在这里,读者也可以回想起4.3.3中关于"现实的存在"的说明.

④ 特别是与古典力学不同.4.8.2的第二个注中所引用的相似,在此不再适用.

第二章　策略博弈的一般描述

· *Chapter Ⅱ　General Formal Description of Games of Strategy* ·

5　绪　　论

5.1　重点从经济学转移到博弈

5.1　根据第一章的讨论，应该可以清楚地看出来，要建立合理行为的理论——也就是经济学的基础和社会组织的主要结构的理论，需要全面彻底地掌握“策略博弈”. 因此，我们现在必须把博弈论当作一个独立的题目来进行研究. 为了做到这一点，必须认真地改变我们的观点. 在第一章里，我们主要的兴趣是在经济学方面. 我们看到，如果事先对博弈没有一个根本的了解，就不可能使经济学得到进步；在认识到这个事实以后，我们才逐渐地接近了那些与博弈有关的描述和问题. 但是，在整个第一章里，经济学的观点始终占着主要的地位. 从这一章起，我们必须把博弈当作博弈来处理. 因此，如果我们所提到的某些论点同经济学一点联系也没有，我们觉得也没有什么关系——不然的话，就不可能淋漓尽致地来处理这个题目. 当然，绝大部分的概念还是那些在经济学文献的讨论中熟悉的概念(参看下一节)，但一些细节常常是同经济学无关的，而细节通常会在讨论的过程中占统治地位，把主导的原则遮盖起来的.

5.2　分类和讨论程序的一般原则

5.2.1　“策略博弈”的某些方面已在第一章的最后几节里突出地加以描述，在我们现在的讨论的开始阶段将不涉及这些方面. 明确地说，在开始时，将不考虑局中人之间的合伙和他们之间互相交付的补偿这些问题(关于这些问题，参看第一章 4.3.2 和 4.3.3.). 我们简单地说明一下理由，这些理由也会对我们一般的处理方法有所启发.

关于博弈的分类，有一种重要的看法是这样的：在博弈告终时，所有的局中人得到的报酬总和是永远为零呢，还是不一定为零？如果总和为零，那么，就可以说，只是在局中人们之间有所支付，而并没有包含货物的生产或破坏. 一切娱乐性质的游戏都属于这种类型. 但是，具有经济意义的计划，在本质上都不属于这种类型. 在那里，报酬的总和，即社会产品的总数，一般说来不为零，而且甚至也不为常量. 这就是说，它依赖于局中人们——社会组织的成员——的行为.这种区别已在4.2.1,特别是在该节第二个注里提到过.我们将称上面提到的第一种类型的博弈为零和博弈,第二种类型的为非零和博弈.

我们将首先建立一套零和博弈的理论,然后就可以发现,借助于这个理论,便能无例外地处理一切博弈.确切地说,我们将证明,一般的(因而也包括和为变量的)n人博弈可化为一个零和$n+1$人博弈(参看56.2.2).而零和n人博弈的理论将建立在零和二人博弈这种特殊情形上(参看25.2).因此,我们的讨论将从这种零和二人博弈的理论开始,在第三章里将完成这个理论的建立的工作.

在零和二人博弈中,可以完全不涉及"合伙和补偿"的问题.①在这种博弈中,主要问题的性质是属于其他方面的.根本的问题是:每一个局中人应该怎样计划他的行动——也就是,怎样精确地描述策略这个概念?在博弈的每一阶段,每个局中人拥有哪些情报?如果一个局中人知道了另一个局中人的策略,这会起什么作用?知道了关于博弈的全部理论,又会起什么作用?

5.2.2 对所有的博弈来说,不论局中人的数目是多少,甚至于当博弈包含合伙和补偿的问题时,上面这些问题当然都是重要的.但对零和二人博弈来说,从我们以后的讨论中可以看出,全部内容都已包含在这几个问题里面了.人们在经济学中也已认识到所有这些问题的重要性;但我们认为,在博弈论中它们以更初等的——相对于复合的——形式出现.因此,可以用精确的方法对它们进行讨论,而且——如我们所希望的——加以解决.不过,在分析的过程中,为了技术上的方便,将借助于一些图形和例子,它们离开经济学的领域可说是相当遥远,而是完全属于惯常类型的竞赛的领域.基于这样一个精神,在以下的讨论中,占统治地位的将是国际象棋、"配铜钱"、扑克、桥牌等等方面的例子,而不是企业联合、市场、寡头垄断等的结构方面的例子.

说到这里,应该回忆起以前提到过的一个论点:我们假定,在博弈告终时,一切支付都纯粹以货币的形式交割,也就是说,我们认为所有的局中人都无例外地以金钱为其目的.在第一章2.1.1中,我们利用效用概念分析了上面这句话的含义.就目前而言,特别是就我们首先要讨论的"零和二人博弈"而言(参看5.2.1中的讨论),这种简化是绝对必要的.事实上,我们将在绝大多数场合继续保持这种假定,只是到了以后才来探讨其他的情况(参看第十二章,特别是66).

5.2.3 我们的第一个任务是要建立博弈的严格定义.只要博弈的概念还没有以绝对数学的——组合的——严密形式描述出来,我们就不能对5.2.1结尾处提出的问题提供精密而彻底的解答.虽然我们的第一个题目是——像在5.2.1中所说的——零和二人博弈理论,但博弈概念的严格描述显然不必只限于这种情形.因此,我们可以从一般的n人博弈的描述开始.在进行这个描述时,我们试图使它包括可能出现于一个博弈中的一切想象得到的细微和复杂的性质——只要它们不是一些明显的非本质的性质.这样,我们就——分成几步——达到一个相当复杂然而完善,并且在数学上是严格的定义.然后,我们将看到,这

① 要"证明"这个论断,唯一能够令人满意的办法,是对所有的零和二人博弈建立起一整套理论,而不借助于"合伙与补偿"的方法.在第三章里将做到这一点,决定性的结论出现在17中(第三章).而且,从常识看来也应该很清楚,在这里,"默契"和"合伙"不会起任何作用.这是因为,任何这种现象至少须包含两个局中人——因而在二人博弈中就是全部的局中人,对这两个局中人来说,支付之和恒等于零.这就是说,这时不存在对手,从而也不存在任何目的物.

个一般的定义有可能被一个简单得多的定义所代替,而后者是完全并且严格地与前者等价的.而且,导致这种简化的数学方法对我们的问题还有其直接的重大意义:由它就可以引出策略的严格概念.

应该了解,这种迂回的方式——从相当复杂的描述到最后的简单描述——并不是可以避免的.必须首先说明,一切可能的复杂情况都已被考虑到,而且我们所用的数学方法确实能够保证复杂定义和简单定义之间的等价性.

所有这些工作都能够而且必须对一切博弈来进行,局中人的数目也可以是任意的.在最一般的情况下完成了这个任务以后,我们的理论的第二个题目就是——像上面提到过的——去寻求零和二人博弈的完全的解答.所以,本章的内容将是对一切博弈的讨论,而下一章则专门讨论零和二人博弈.在处理了这些问题而且讨论了一些重要的例子以后,我们将重新扩展探讨的范围——首先扩展到零和 n 人博弈,然后扩展到一切博弈.

合伙和补偿问题只在到了后一阶段时才重新出现.

6 简化的博弈概念

6.1 术语的解释

6.1 博弈这个组合性的概念,在给出它的严格定义之前,我们必须首先澄清一些术语的用法.某些概念对博弈的讨论来说是十分基本的,但在日常的语言中它们的用法却是非常不明确的.用来描写这些概念的语句,有时指的是一种意义,有时又指另一种意义,偶尔——最坏的情形——还会令人认为它们是同义词.为了这个缘故,我们必须规定一些术语的确定的用法,而且以后一直严格地执行这些规定.

首先,我们必须对一个博弈的抽象概念和这个博弈的个别赛局有所区分.博弈指的是用来描写它的那些规则的全体.而这种博弈每一次从头到底——按照某种特殊的方式——具体的进行过程则称为一场.[①]

其次,对于博弈的组成元素——“着”(读音 zhao)——也应该作出相应的区分.所谓一“着”,是指在种种可能采取的走法中作出抉择的权利;这个抉择或者由局中人之一来执行,或者由某种随机的方法来决定,这些都在博弈的规则中有确切的规定.一“着”只不过是这种抽象的“抉择权”,连同附带的细节的描述在内,也就是博弈的一个组成部分.在每一个具体的例子里——即在一个具体的局里——所选定的一种特定的走法叫作一个选择.因此,着对于选择的关系,就同博弈对于局的关系一样.博弈由一系列的“着”组成,而局则由一系

① 在绝大多数游戏里,日常的说法把一场也叫作一个竞赛,例如在国际象棋里、在扑克里、在许多体育运动里,等等.在桥牌游戏里,我们这里的一场相当于它的一“盘”,在网球赛里也相当于它的一“盘”.但不幸的是,在这些游戏里,场的某些组成部分也叫作“竞赛”.在法文里,“竞赛”和“场”这两个词区分得相当清楚.(译者注:这里的竞赛是指竞技比赛,与本书中的博弈二者原文是同一个词,即 game.)

列的选择组成.[①]

最后,博弈的规则不应该同局中人的策略混淆起来.严格的定义将在以后给出,但我们所强调的这种区别必须在一开始就加以明确.每一个局中人可以任意挑选他的策略——即支配他的选择的一般原则.策略可以有好有坏,假定这些概念都能在严格意义下得到解释(参看第三章14.5和17.8至17.10),但采用与否则是局中人的自由.然而,博弈的规则是绝不容许违反的.一旦规则遭到了破坏,那么,根据定义,整个事件就不再是由那些规则描述的博弈了.在许多情形里,甚至在物质上是不可能破坏规则的.[②]

6.2 博弈的基本要素

6.2.1 考虑 n 个局中人的博弈 Γ;为了简洁起见,把 n 个局中人记为 $1,\cdots,n$. 按照通常的了解,这个博弈就是一系列的"着";我们并假定着的数目及次序的安排都在一开始时就已规定好.以后我们将看到,这些限制事实上并不很重要,把它们取消并没有困难.在目前,我们以 ν 表示 Γ 中"着"的(固定的)数目——这是一个正整数,$\nu=1,2,\cdots$. 我们以 $\mathfrak{M}_1,\cdots,\mathfrak{M}_\nu$ 表示"着",并假定这就是它们的规定出现的次序.

每一个"着"$\mathfrak{M}_\kappa$,$\kappa=1,\cdots,\nu$,实际上由若干种可能的走法组成,而选择——着是由选择构成的——就在这些可能的走法中进行.以 α_κ 表示不同走法的数目,而以 $\mathfrak{A}_\kappa(1),\cdots,\mathfrak{A}_\kappa(\alpha_\kappa)$ 表示这些走法本身.

着分两类.如果选择是由一个指定的局中人来执行的,也就是只依赖于他的自由决定而不依赖于其他因素,这种着称为"第一类的着"或"人的着".如果选择依赖于某种机械的方法,按照确定的概率随机地决定它的结果,[③]这种着称为第二类的着或"机会的着".因此,对于"人的着"来说,必须指明由哪一个局中人的意志来决定这一"着",也就是说,应该指明这是谁的"着".我们以 k_κ 来记这个局中人(即,他的号码),于是,$k_\kappa=1,\cdots,n$. 对于"机会的着",我们令(这是一种约定)$k_\kappa=0$. 在这种情况中,各种走法 $\mathfrak{A}_\kappa(1),\cdots,\mathfrak{A}_\kappa(\alpha_\kappa)$ 的概率必须是已知的.我们分别以 $p_\kappa(1),\cdots,p_\kappa(\alpha_\kappa)$ 表示这些概率.[④]

6.2.2 在一个"着"$\mathfrak{M}_\kappa$ 里的选择,就是从 $\mathfrak{A}_\kappa(1),\cdots,\mathfrak{A}_\kappa(\alpha_\kappa)$ 里挑选一种走法,也就是挑选一个数 $1,\cdots,\alpha_\kappa$. 我们以 σ_κ 表示这个挑选出来的数.于是,这个选择的特征就由一个数 $\sigma_\kappa=1,\cdots,\alpha_\kappa$ 表示出来了.如果把对应于所有的"着"$\mathfrak{M}_1,\cdots,\mathfrak{M}_\nu$ 的选择都写出来,则整个一局就被描写出来了.这就是说,一个局可以通过一个数列 $\sigma_1,\cdots,\sigma_\nu$ 来表示.

---

① 按照这样的意义,在国际象棋里我们可以说:第一"着"的选择是"E2-E4".

② 例如:国际象棋的规则里禁止棋手用他的王棋来"将军".这同禁止卒棋横走一样,都是绝对不允许违反的.但把将棋走到下一步对手就能把他"将死"的位置上去,只不过是不聪明的走法,而不在禁止之列.

③ 例如:从一副洗匀的纸牌里发牌、掷骰子,等.甚至也有可能包括一些体力和技巧的竞赛,其中"策略"也占一定的地位;例如网球、足球等.在这些竞赛里,局中人的动作在某种程度上是"人的着"——即依赖于他们的自由意志,而超出了这个程度则是"机会的着",其概率随局中人的特点而有所不同.

④ 由于 $p_\kappa(1),\cdots,p_\kappa(\alpha_\kappa)$ 是概率,它们都必须是 $\geqslant 0$ 的数.又因为它们无遗漏地属于互不相容的全部可能的走法,它们的和(对于一个固定的 κ)必须是1,即

$$p_\kappa(\sigma)\geqslant 0,\ \sum_{\sigma=1}^{\alpha_\kappa}p_\kappa(\sigma)=1.$$

博弈 Γ 的规则里必须指明,如果一局由一个已知的数列 $\sigma_1,\cdots,\sigma_\nu$ 表示,那么,对于每一个局中人 $k=1,\cdots,n$,这一局的结果是什么.这就是说,必须指明,在一局结束的时候,每一个局中人的报酬是什么.以 $\mathscr{F}_k$ 表示局中人 k 应得到的报酬(若 k 收到一笔报酬,则 $\mathscr{F}_k>0$;若他付出一笔报酬,则 $\mathscr{F}_k<0$;若不是这两种情形,则 $\mathscr{F}_k=0$).于是,每一个 $\mathscr{F}_k$ 必然是作为 $\sigma_1,\cdots,\sigma_\nu$ 的函数而给出的:

$$\mathscr{F}_k=\mathscr{F}_k(\sigma_1,\cdots,\sigma_\nu),\quad k=1,\cdots,n.$$

我们再一次强调指出,博弈 Γ 的规则只指明了 $\mathscr{F}_k(\sigma_1,\cdots,\sigma_\nu)$ 是一个函数,[①]这就是说,它只规定了每一个 $\mathscr{F}_k$ 对变量 $\sigma_1,\cdots,\sigma_\nu$ 的抽象依从关系.而每一个 σ_κ 乃是一个变量,这个变量的取值域是 $1,\cdots,\alpha_\kappa$. σ_κ 的特定数值,即特定的数列 $\sigma_1,\cdots,\sigma_\nu$ 的挑选,并不在博弈 Γ 里指明.如我们在前面指出过的,这是一个局的定义.

6.3 情报和前备性

6.3.1 我们对博弈 Γ 的描述还没有完成.每一个局中人在每次需要作出他的决定的时候,就是当一个规定是属于他的"人的着"来到时,他所拥有的情报情况如何,这方面我们还没有加以说明.现在,我们就转到这方面的讨论.

这个讨论最好是这样来进行:在面临作出对应的选择的情况下,来考虑"着"$\mathfrak{M}_1,\cdots,\mathfrak{M}_\nu$.

我们首先把注意力集中在一个特定的"着"$\mathfrak{M}_\kappa$ 上.如果这个 $\mathfrak{M}_\kappa$ 是一个"机会的着",那就没有什么需要解释的地方了:因为选择是由机会决定的;任何人的意志、任何人关于其他事情的知识都不能影响它.但若 $\mathfrak{M}_\kappa$ 是"人的着",假定是局中人 k_κ"人的着",那么,在 k_κ 作出关于 $\mathfrak{M}_\kappa$ 的决定——即他的选择 σ_κ——时,他所拥有的情报情况如何,就是很重要的了.

他能够拥有的唯一情报,就是在 $\mathfrak{M}_\kappa$ 以前的各"着"——着 $\mathfrak{M}_1,\cdots,\mathfrak{M}_{\kappa-1}$——里所作出的选择.这就是说,他有可能知道 $\sigma_1,\cdots,\sigma_{\kappa-1}$ 的值.然而,他不一定知道这些值的全部.在局中人 k_κ 要选择 σ_κ 的时候,他究竟拥有多少关于 $\sigma_1,\cdots,\sigma_{\kappa-1}$ 的情报,这是博弈 Γ 的一个重要的特性.我们即将用几个例子来说明这种局限的性质.

描写 k_κ 在 $\mathfrak{M}_\kappa$ 的情报情况的最简形式的规则是这样的:已知集合 Λ_κ,它是由 $\lambda=1,\cdots,\kappa-1$ 中的若干个数组成的.假定 k_κ 知道 σ_λ 的值,其中 λ 属于 Λ_κ;而对于任何其他的 λ,他完全不知道 σ_λ 的值.

在这种情况下,我们就说,如果 λ 属于 Λ_κ,则 λ 对于 κ 是**前备**的.这蕴涵着 $\lambda=1,\cdots,\kappa-1$,即 $\lambda<\kappa$.但 $\lambda<\kappa$ 不一定蕴涵 λ 对 κ 是前备的.如果我们考虑与 λ 和 κ 相对应的"着"$\mathfrak{M}_\lambda$ 和 $\mathfrak{M}_\kappa$,这就是说:前备性蕴涵**先现性**,[②]而先现性不一定蕴涵前备性.

6.3.2 这个前备性的概念虽然有它的局限作用,但却值得更细致地加以研究.就这个概念本身,以及就它与先现性(参看本页注①)的关系而言,它提供了种种组合的可能性.这些可能性出现在不同的博弈里,都有其确定的意义.我们现在就用一些特别能够表现这些特征的例子来说明它们.

---

① 关于函数概念的系统解释,参看 13.1(第三章).

② 从时间上说,$\lambda<\kappa$ 的含义就是 $\mathfrak{M}_\lambda$ 先于 $\mathfrak{M}_\kappa$ 而出现.

6.4 前备性,传递性,信号

6.4.1 我们首先注意到,在有些博弈里,前备性和先现性是同一回事. 这就是说,在这些博弈里,在"人的着"$\mathfrak{M}_\kappa$ 时,局中人 k_κ 知道以前所有的着 $\mathfrak{M}_1,\cdots,\mathfrak{M}_{\kappa-1}$ 中选择的结果. 在这类具有"完全"情报的博弈中,国际象棋是一个典型的代表. 这类博弈通常被认为是具有合理性质的博弈. 在第三章的 15 特别是在 15.7 里,我们将看到这句话的确切含义.

国际象棋还有这样一个性质:它的所有的"着"都是"人的着". 然而,即使是在含有"机会的着"的博弈里,也有可能保持前面所说的性质——前备和先现的等价性. 双陆(backgammon)就是一个例子. [①]有人也许会怀疑,由于有了机会的着,会不会破坏上面例子里所提到的博弈的"合理性质".

我们将在 15.7.1 中看到,如果对"合理性质"给以十分合理的解释,就不会发生这种情况. 是否所有的"着"都是"人的着",这并不重要;主要的是前备性与先现性的相合.

6.4.2 现在,我们来考察一些博弈,其中先现性并不蕴涵前备性. 这就是说,在"人的着"$\mathfrak{M}_\kappa$ 时,局中人 k_κ 并不完全知道以前发生的一切事情. 有很大的一类博弈,其中出现这种情况. 这种博弈常常是既包含"机会的着",又包含"人的着". 一般的意见认为这种博弈具有混合的特征:虽然说它们的结果肯定依赖于机会,但也受到局中人们策略能力的强烈影响.

扑克和桥牌是很好的例子. 而且,这两种博弈还使我们看到,前备性一旦与先现性不相一致,它能够显示出多么独特的特性. 这一点也许值得我们更细致地加以考察.

先现性,也就是着的先后序次,它具有传递的性质. [②]而在我们现在的情形里,前备性却不一定是传递的. 事实上,在扑克和桥牌里,前备性都不是传递的;而且,使这种情况得以出现的条件都是富有特色的.

(1) 扑克. 设 $\mathfrak{M}_\mu$ 表示把一手牌发给局中人 1——这是一个"机会的着";$\mathfrak{M}_\lambda$ 是局中人 1 的第一次下赌注——这是 1 的一次"人的着";$\mathfrak{M}_\kappa$ 是局中人 2(紧接着的)第一次下赌注——2 的"人的着". 于是,$\mathfrak{M}_\mu$ 前备于 $\mathfrak{M}_\lambda$,$\mathfrak{M}_\lambda$ 前备于 $\mathfrak{M}_\kappa$,但 $\mathfrak{M}_\mu$ 并不前备于 $\mathfrak{M}_\kappa$. [③]因此,在这里传递性不成立,但这种情况牵涉两个局中人. 事实上,从表面上看起来,在任何博弈里,在同一个局中人的若干次"人的着"之间,前备性似乎不可能发生不满足传递性的情况. 要想不满足传递性,就需要这个局中人在"着"$\mathfrak{M}_\lambda$ 和 $\mathfrak{M}_\kappa$ 之间把他在 $\mathfrak{M}_\mu$ 里所作的选择"忘记"掉;[④]很难想象,怎样才能达到让他"忘记"的目的,即使是使用强迫的办法也好! 然而,在我们下面这个例子里却真正做到了这一点.

---

① 在双陆里,"机会的着"是掷骰子;每一次掷出的结果决定一个总的步数,它是一个局中人所率领的人可以轮流走的总步数. 对于这个分配给他的总的步数,每个局中人可以按照自己的意志决定如何分派给他手下的人;这种决定是人的着. 局中人也可以决定把赌注加倍;而当对手加倍的时候,他可以决定接受或是放弃. 这些也都是人的着. 然而,在进行每一着的时候,所有的人都可以在棋盘上看到以前各着中选择的结果.

② 这就是说:如果 $\mathfrak{M}_\mu$ 的出现先于 $\mathfrak{M}_\lambda$,而 $\mathfrak{M}_\lambda$ 又先于 $\mathfrak{M}_\kappa$,则 $\mathfrak{M}_\mu$ 必先于 $\mathfrak{M}_\kappa$. 在有些特殊情况里,传递性能否被满足,在所考虑的问题里占有重要的地位;这些情况已在第一章 4.4.2 和 4.6.2 里讨论控制的关系时分析过了.

③ 这就是说:1 第一次下赌注时知道他自己的一手牌;2 第一次下赌注时知道 1(在前面的)第一次下的赌注;但同时 2 并不知道 1 手中是怎样的一手牌.

④ 我们假定,$\mathfrak{M}_\mu$ 前备于 $\mathfrak{M}_\lambda$,$\mathfrak{M}_\lambda$ 前备于 $\mathfrak{M}_\kappa$,但 $\mathfrak{M}_\mu$ 不前备于 $\mathfrak{M}_\kappa$.

(2) 桥牌. 桥牌虽然是由四个人——记为 A,B,C,D——玩的,但却应该划入二人博弈类里. 事实上,A 和 C 形成一个联合,不仅是在自愿基础上的合伙而已;B 和 D 也一样. 如果 A 不和 C 合作,却去和 B(或 D)合作,这就成了"欺骗". 这种欺骗,其性质就同 A 偷看 B 的牌,或在打牌过程中能够跟牌却不跟牌的情况一样. 换一句话说,这将是对博弈规则的破坏. 如果三个(或更多个)人玩扑克,其中两个(或更多个)人由于利害相一致,合作对付另一个人,这是完全许可的——但在桥牌里,A 和 C(同样,B 和 D)必须合作,而 A 和 B 是不准合作的. 描述这种情况的很自然的方法是: 把 A 和 C 合起来看作一个局中人 1,而把 B 和 D 合起来看作一个局中人 2. 这就是说,桥牌是一种二人博弈,但两个局中人 1 和 2 并不自己来进行博弈. 1 通过两个代表 A 和 C 来参加博弈,2 也通过两个代表 B 和 D 来参加博弈.

现在,我们来看 1 的代表 A 和 C. 博弈的规则不准许他们互通消息,即交换情报. 例如: 设 $\mathfrak{M}_\mu$ 表示把一手牌发给 A——这是一个"机会的着";$\mathfrak{M}_\lambda$ 表示 A 打出第一张牌——1 的一次"人的着";$\mathfrak{M}_\kappa$ 表示 C 在这墩牌里所打的一张牌——1 的又一次"人的着". 于是 $\mathfrak{M}_\mu$ 前备于 $\mathfrak{M}_\lambda$,$\mathfrak{M}_\lambda$ 前备于 $\mathfrak{M}_\kappa$,但 $\mathfrak{M}_\mu$ 并不前备于 $\mathfrak{M}_\kappa$.[①]因此,在这里传递性也不成立,但这次只包含一个局中人. 值得注意的是,通过把 1"分割"成 A 和 C,就真正做到了在 $\mathfrak{M}_\lambda$ 和 $\mathfrak{M}_\kappa$ 之间"忘记"了 $\mathfrak{M}_\mu$.

6.4.3 上面的一些例子说明,前备性这个关系的不可传递性,它提供了"信号"的可能性;而"信号"乃是实际应用里一种著名的策略. 如果在 $\mathfrak{M}_\kappa$ 的时候不知道关于 $\mathfrak{M}_\mu$ 的情况,但若能在 $\mathfrak{M}_\kappa$ 时观察到 $\mathfrak{M}_\lambda$ 的结果,而 $\mathfrak{M}_\lambda$ 又曾受 $\mathfrak{M}_\mu$ 的影响(由于知道 $\mathfrak{M}_\mu$ 的结果),那么,$\mathfrak{M}_\lambda$ 事实上是从 $\mathfrak{M}_\mu$ 到 $\mathfrak{M}_\kappa$ 的一个信号——一种(间接地)传达情报的方式. 现在,按照 $\mathfrak{M}_\lambda$ 和 $\mathfrak{M}_\kappa$ 是属于同一个局中"人的着",还是属于两个不同局中"人的着",有两种相反的情况出现.

在第一种情形——就是我们在前面看到发生在桥牌里的情况——里,对局中人(他就是 $k_\lambda=k_\kappa$)有利的,是助长"信号的发布",即"在他的内部组织机构里"传播情报. 这种愿望由于桥牌里有详尽的"常用信号"打法而得以实现.[②]这些都属于策略的范畴,而不在博弈的规则内(参看 6.1). 因此,可以有种种不同方式的信号,[③]但桥牌这种博弈却保持不变.

在第二种情形——就是我们在前面看到发生在扑克里的情况——里,对局中人(我们现在指的是 k_λ,注意在这里 $k_\lambda \neq k_\kappa$)有利的,是阻止"信号的发布",即把情报传播给对手(k_κ). 这种愿望的实现,常常是通过不规则和看来是不合逻辑的行为(在作 $\mathfrak{M}_\lambda$ 的选择时)——这种行为使得对手比较不容易从 $\mathfrak{M}_\lambda$ 的结果(这是他看到的)里推断 $\mathfrak{M}_\mu$ 的结果(他在这方面没有直接的知识). 这就是说,这种方式使得"信号"的意义含糊而不肯定. 我们将在第四章 19.2.1 里

---

① 这就是说: A 打出第一张牌时知道他自己的一手牌;C 在这墩牌里打出他的牌时知道 A 第一张出的是什么牌;但同时 C 并不知道 A 手中是怎样的一手牌.

② 应该注意到,在桥牌里,这种"发布信号"如果是按照规则所规定的方式进行的,则被认为是完全公正的. 例如,A 和 C(局中人 1 的两个代表,参看 6.4.2)可以约定(在赛局开始前)"开叫"两个将牌,表示其他三种花色的牌很弱. 这样的约定是许可的(译者注: 这种约定必须在赛局开始前通知对方). 但不许可——否则就成了"欺骗"——用故意提高叫牌的声调或敲敲桌子等方式来表示某些花色的牌很弱.

③ 甚至对两个局中人来说,所用的信号也可以不同;即 A 和 C 用一种信号,而 B 和 D 用另一种信号. 但,在同一个局中人的"内部组织机构里",例如在 A 和 C 之间,则必须取得一致.

看到,事实上这就是扑克里"偷鸡"[①]的功用.[②]

我们将称这两种信号为直接信号和反面信号.应该指出,反面信号——即,目的在使对手误入歧途的信号——出现在几乎所有的博弈里,也包含桥牌在内.这是因为,当问题牵涉到不止一个局中人时,反面信号的应用以前备性不可传递为其基础.另一方面,直接信号是极少见的;例如,在扑克里这种信号是不存在的.事实上,如我们在前面指出过的,直接信号必然是在问题只包含一个局中人,而且前备性是不可传递的情况下出现的——这就是说,它要求这个局中人能够"忘记"一些事实,这在桥牌里是通过把一个局中人"分割"成两个人而达到的.

总之,桥牌和扑克这两个例子,看来确能分别表现出两类不可传递性——直接和反面信号——的特征.

这两类信号引出一个精致的问题,就是,在具体进行博弈时如何平衡的问题,也就是如何来定义"好的""合理的"博弈方式的问题.要发出多于或少于"单纯的"博弈方式所应该包含的信号,任何这种企图都需要离开"单纯的"博弈方式.而通常这只有在一定的代价下才有可能做到;换一句话说,它的直接后果乃是损失.因此,问题在于调整这个"外加的"信号,使得它的利益——通过促进或抑制情报的传播而得到——能够超过由信号而引起的直接损失.这使人感到,问题似乎在于寻求一个最适宜的条件,虽然还没有清楚地定义什么是最适宜的条件.我们将看到,二人博弈的理论已经照顾到这个问题;而且,我们将在一个典型性的例子(一种简化形式的扑克,参看第四章的19)里透彻地讨论这个问题.

最后,我们注意到,具有不可传递前备性的一切重要例子都是包含"机会的着"的博弈.这件事情的确很奇怪,因为在这两种现象之间并不存在任何明显的关系.[③][①′]我们以后的分析将表明,在这种情况下,是否有"机会的着"出现,的确不会影响到策略的本质方面.

7 博弈的完全概念

7.1 每一"着"的特征的多变性

7.1.1 我们在6.2.1中引入了"着"$\mathfrak{M}_\kappa$的α_κ种可能的走法:$\mathfrak{A}_\kappa(1),\cdots,\mathfrak{A}_\kappa(\alpha_\kappa)$.我们也引入了指标$k_\kappa$,它表明了着$\mathfrak{M}_\kappa$是"人的着"还是"机会的着".如果是"人的着",$k_\kappa$就是决定这个"着"的局中人;如果是"机会的着",上述可能走法的概率是$p_\kappa(1),\cdots,p_\kappa(\alpha_\kappa)$.我们又在6.3.1中借助于集合$\Lambda_\kappa$——就是由(在$\lambda=1,\cdots,\kappa-1$中)前备于$\kappa$的一切$\lambda$组成的集合——描述了前备性概念.但我们没有能够指明,这些东西——$\alpha_\kappa,k_\kappa,\Lambda_\kappa$以及$\mathfrak{A}_\kappa(\sigma),p_\kappa(\sigma)$,其中$\sigma=1,\cdots,\alpha_\kappa$——究竟是只依赖于$\kappa$呢,还是也依赖于别的事物.所谓"别的事物",当然只能是先于$\mathfrak{M}_\kappa$出

① 译者注:"偷鸡"(bluffing)有虚张声势的意思,在第四章19.2.1及以后的各节中有详细的说明和讨论.

② 当拿了一手弱牌的时候,这种"偷鸡"绝不是为了想赢得更多的赌注.参看上引的一节.

③ 参看6.4.1,在那里讨论了相应的问题,其中前备性与先现性相合,因而是传递的.如在那里提到的,是否有"机会的着"出现,在那种情形里是不重要的.

①′ "配铜钱"是在这方面具有一定重要意义的一个例子.它和一些其他的有关博弈将在18里(第四章)讨论.

现的各"着"中选择的结果,也就是$\sigma_1,\cdots,\sigma_{\kappa-1}$这些数(参看6.2.2).

这种依赖性需要更细致地加以讨论.

第一,走法$\mathfrak{A}_\kappa(\sigma)$本身(有别于它们的数目$\alpha_\kappa$)对$\sigma_1,\cdots,\sigma_{\kappa-1}$的依赖性是无关紧要的.我们很可以假定,"着"$\mathfrak{M}_\kappa$里的选择不是在$\mathfrak{A}_\kappa(\sigma)$之间进行的,而是在它们的号码$\sigma$之间进行的.总之,出现于表示一局的结果的式子——即函数$\mathscr{F}_k(\sigma_1,\cdots,\sigma_\kappa)$, $k=1,\cdots,n$——里的,只有$\mathfrak{M}_\kappa$的σ,即σ_κ(参看6.2.2).[①]

第二,如果$\mathfrak{M}_\kappa$是"机会的着",即当$k_\kappa=0$时(参看6.2.1末尾),这时所出现的(关于$\sigma_1,\cdots,\sigma_{\kappa-1}$的)依赖性并不会使我们的问题复杂化.它与我们对局中人行为的分析无关.这就解决了所有的概率$p_\kappa(\sigma)$,因为这些概率只在"机会的着"里出现.(另一方面,Λ_κ不在任何机会的着里出现.)

第三,如果$\mathfrak{M}_\kappa$是人的着,我们必须考虑$\alpha_\kappa,k_\kappa,\Lambda_\kappa$(对$\sigma_1,\cdots,\sigma_{\kappa-1}$)的依赖性.[②]现在,这种可能性才真是错综复杂的源泉.而且,这种可能性是十分现实的.[③]理由见下节.

7.1.2 在$\mathfrak{M}_\kappa$时,局中人k_κ必须知道α_κ,k_κ和Λ_κ的值——因为这些已是博弈规则的一部分,是他应该知道的.由于它们依赖于$\sigma_1,\cdots,\sigma_{\kappa-1}$,他可以从它们推出关于$\sigma_1,\cdots,\sigma_{\kappa-1}$的值的某些结论.但关于$\sigma_\lambda$,其中$\lambda$不属于$\Lambda_\kappa$,却假定他什么也不知道!很难想象,怎样才能够避免矛盾.

确切地说,在下面这个特殊情况下是没有矛盾的:假定Λ_κ与一切$\sigma_1,\cdots,\sigma_{\kappa-1}$都无关,并且$\alpha_\kappa$和$k_\kappa$只依赖于$\sigma_\lambda$,其中$\lambda$属于$\Lambda_\kappa$.这样,局中人$k_\kappa$当然就不能从$\alpha_\kappa,k_\kappa,\Lambda_\kappa$得到比他本来知道的(即$\sigma_\lambda$的值,其中$\lambda$属于$\Lambda_\kappa$)更多的情报.在这种情形下,我们就说,这是**特殊形式的依赖性**.

但我们是不是总有特殊形式的依赖性呢?拿一个极端的情形来看:如果Λ_κ永远是空集合——即k_κ在$\mathfrak{M}_\kappa$时完全没有情报,然而,比方说,α_κ却明显地依赖于$\sigma_1,\cdots,\sigma_{\kappa-1}$中某几个!

这显然是不能容许的.我们必须要求,从关于$\alpha_\kappa,k_\kappa,\Lambda_\kappa$的知识里所能得出的一切数值方面的结论,必须明显地而且从头就指定作为局中人k_κ在$\mathfrak{M}_\kappa$时可以运用的情报.然而,如果为了做到这一点,而把$\alpha_\kappa,k_\kappa,\Lambda_\kappa$所明显地依赖着的一切$\sigma_\lambda$的指标$\lambda$都包含在$\Lambda_\kappa$里面,这却是错误的.首先,就$\Lambda_\kappa$而言,必须特别小心在上面说的条件里避免循环性.[④]但即使由于Λ_κ只依赖于κ而不依赖于$\sigma_1,\cdots,\sigma_{\kappa-1}$——即如果在每一个时刻每个局中人所能运用的情报与这一局前一阶段的经过无关,没有发生上述困难,这时上面提到的程序也许仍是不能容许的.例如,假定α_κ依赖于$\lambda=1,\cdots,\kappa-1$中若干个$\sigma_\lambda$的某种组合,而且博弈的规则确实规定,局中人$k_\kappa$在$\mathfrak{M}_\kappa$时

---

① $\mathfrak{M}_\kappa$的走法$\mathfrak{A}_\kappa(\sigma)$,它们的形式和性质当然可能透露给局中人$k_\kappa$(如果$\mathfrak{M}_\kappa$是人的着)一些关于先出现的值$\sigma_1,\cdots,\sigma_{\kappa-1}$的情报,如果$\mathfrak{A}_\kappa(\sigma)$依赖于这些值的话.但任何像这样的情报,都应该单独列入k_κ在$\mathfrak{M}_\kappa$能够利用的情报范围之内.我们已在6.3.1中讨论了关于情报这个题目的简单形式,并将在7.1.2中完成这个讨论.稍后一些的关于$\alpha_\kappa,k_\kappa,\Lambda_\kappa$的讨论,就$\mathfrak{A}_\kappa(\sigma)$作为情报的可能来源而言,也是阐明情报的特征的.

② 对于一个给定的κ,$\mathfrak{M}_\kappa$本身将依赖于k_κ,因而间接地依赖于$\sigma_1,\cdots,\sigma_{\kappa-1}$,因为这时,$k_\kappa\neq0$(参看6.2.1末尾).

③ 例如:在国际象棋中,$\mathfrak{M}_\kappa$里可能走法的数目α_κ依赖于人的位置,也就是依赖于这一局前一阶段的经过.在桥牌里,在下一墩牌里首先出牌的牌手,即在$\mathfrak{M}_\kappa$时的k_κ,他就是赢进前一墩牌的人.因此,k_κ也依赖于这一局前一阶段的经过.在某些形式的扑克里,同时在别的一些有关的博弈里,在一个指定的时刻一个局中人能够运用的情报数量,即在$\mathfrak{M}_\kappa$时的Λ_κ,依赖于他和别的局中人先前所做过的事情.

④ 只有对所有的数列$\sigma_1,\cdots,\sigma_{\kappa-1}$考虑了一切$\Lambda_\kappa$的全体以后,$\Lambda_k$所依赖的那些$\sigma_\lambda$才有意义.是否每一个$\Lambda_\kappa$都该包含这些$\lambda$呢?

应该知道这个组合的值,但同时又规定不让他知道更多的情况(即 $\sigma_1,\cdots,\sigma_{\kappa-1}$ 的单独的值). 例如:他可以知道 $\sigma_\mu+\sigma_\lambda$ 的值,其中 μ,λ 都先现于 $\kappa(\mu,\lambda<\kappa)$;但不允许他知道 σ_μ 和 σ_λ 的单独的值.

人们可以试用种种技巧,把上面这种情形化为我们以前的较简单的形式;在那里,k_κ 的情报情况是用集合 Λ_κ 来描述的.[①]但若 k_κ 在 $\mathfrak{M}_\kappa$ 时情报的种种组成部分,是由属于不同局中人的"人的着"而引起的,或者由属于同一局中人的"人的着"引起,但来自情报的不同阶段,这时要解决 k_κ 的情报的组成,就成为完全不可能的了. 在我们上面的例子里,这种情况发生于 $k_\mu\neq k_\lambda$,或 $k_\mu=k_\lambda$ 而这个局中人在 $\mathfrak{M}_\mu$ 和在 $\mathfrak{M}_\lambda$ 时的情报情况不相同的时候.[②]

7.2 一般描述

7.2.1 还有种种技巧,虽然是多少有些不自然的技巧,可以试用来克服这些困难. 但,最自然的办法看来还是承认这些困难,而对我们的定义作些相应的修改.

要做到这一点,只要放弃以 Λ_κ 作为描述情报情况的工具. 代替它,我们可以把局中人 k_κ 在他的"着"$\mathfrak{M}_\kappa$ 时的情报情况明白地描述出来:只要列举出以先现于这个着的 σ_λ——即 $\sigma_1,\cdots,\sigma_{\kappa-1}$——为变量的那些函数,这些函数的值假定 k_κ 在这个时刻是知道的. 这是一组函数,记为 Φ_κ.

因此,Φ_κ 是函数

$$h(\sigma_1,\cdots,\sigma_{\kappa-1})$$

的集合. 由于 Φ_κ 的元素描述出对于 $\sigma_1,\cdots,\sigma_{\kappa-1}$ 的依赖性,所以 Φ_κ 本身是固定的,即只依赖于 κ.[③]α_κ,k_κ 都可能依赖于 $\sigma_1,\cdots,\sigma_{\kappa-1}$;由于 k_κ 在 $\mathfrak{M}_\kappa$ 时知道它们的值,所以下面这些函数

$$\alpha_\kappa=\alpha_\kappa(\sigma_1,\cdots,\sigma_{\kappa-1}),k_\kappa=k_\kappa(\sigma_1,\cdots,\sigma_{\kappa-1})$$

都必须属于 Φ_κ. 当然,如果一旦发生了 $k_\kappa=0$(对于 $\sigma_1,\cdots,\sigma_{\kappa-1}$ 的一组特定的值),则 $\mathfrak{M}_\kappa$ 是一个"机会的着",因而将用不到 Φ_κ,但这并没有关系.

我们以前用 Λ_κ 来描述的方式,显然是现在用 Φ_κ 来描述的方式的一种特殊情形.[④]

7.2.2 到了这里,读者对我们的讨论所采取的方式也许会感到某种程度的不满. 我们的讨论转到这个方向,虽然是由出现于实际的典型例子中的复杂情况而引起的(参看 7.1.1 中最后一个注),但,以 Φ_κ 代替 Λ_κ 的必要性,其根源却在于要保持绝对的(数学的)形式上的一般性. 引起我们采取这个步骤的那些决定性的困难(在 7.1.2 中所讨论的,特别是在那里

---

① 在上面的例子里,人们可以试以一个新的着来代替着 $\mathfrak{M}_\mu$,在这个新的"着"里,所选择的不是 σ_μ 而是 $\sigma_\mu+\sigma_\lambda$. 这时 $\mathfrak{M}_\kappa$ 保持不变,而 k_κ 在 $\mathfrak{M}_\kappa$ 时就只能知道关于在新的 $\mathfrak{M}_\mu$ 里选择的结果.

② 对前一个注里的例子来说,就是:如果 $k_\mu\neq k_\lambda$,则新的"着"$\mathfrak{M}_\mu$(在这个着里,所选择的是 $\sigma_\mu+\sigma_\lambda$,而且这个"着"应该是"人的着")不属于任何局中人. 如果 $k_\mu=k_\lambda$,但在 $\mathfrak{M}_\mu$ 和在 $\mathfrak{M}_\lambda$ 时的情报情况不相同,则无法对这个新的着 $\mathfrak{M}_\mu$ 合适地指明情报情况.

③ 虽然如此,这种处理的方式还是包含了这样的可能性:由 Φ_κ 表示出来的情报情况依赖于 $\sigma_1,\cdots,\sigma_{\kappa-1}$. 例如,对于 σ_λ 的一组值,Φ_κ 的一切函数 $h(\sigma_1,\cdots,\sigma_{\kappa-1})$ 表示出对 σ_μ 的明显的依赖性,而对于 σ_λ 的其他值,则与 σ_μ 无关. 然而,Φ_κ 却是固定的.

④ 如果发生了这样的情况:Φ_κ 由某些变量 σ_λ——比方说,λ 属于一个已知集合 M_κ 的那些 σ_λ——的所有函数组成,而不包含其他函数,则 Φ_κ 的描述方式就成了原来的 Λ_κ 的描述方式:Λ_κ 就是上述的集合 M_κ. 但,我们已经看到,一般说来我们不能指望这样的一个集合一定存在.

的注里所解释的)，事实上都是外加上去的. 换一句话说，它们并不表现原来那些例子的特征，那些例子是真正的博弈.（例如，国际象棋和桥牌都可以用 Λ_κ 来描述.）

需要用 Φ_κ 来描述的实际博弈也是存在的. 但，在绝大多数的场合，人们可以通过种种不同的技巧用 Λ_κ 来描述它们——这个问题需要相当细致的分析，但在这里我们认为不值得去讨论它.[①]毫无疑问，必须用 Φ_κ 来描述的经济学上的模型是存在的.[②]

然而，下面所述的乃是最重要的一点.

为了完成我们自己提出来的任务，我们必须做到这样的程度：我们必须能够肯定，局中人们种种可能的决定、他们的情报情况的变化等所能起的全部相互作用，一切这样的可能性的组合都已被考虑穷尽. 这些都是在经济学文献中被广泛地详加讨论的问题. 我们希望能够表明，它们都能得到完全的解决. 但是，为了这个缘故，我们必须避免任何不应有的特殊化，使一些重要的可能性被遗漏掉，从而引起人们的非难.

此外，人们将看到，在我们的讨论中即将引进的一切形式化的成分，最终不会使我们的描述复杂化. 这就是说，它们只使目前预备阶段的形式描述复杂化. 问题的最终形式是不受它们的影响的(参看本章 11.2).

7.2.3 需要讨论的只剩下一点了. 在我们讨论的开头的地方(在 6.2.1 的开始处)作了这样的特殊化假定："着"的数目及次序的安排都在一开始时就已规定好. 我们现在就将看到，这些限制并不是不可少的.

首先，我们来看"着"的"次序的安排". 关于每一个"着"——即，"着"的 k_κ——的性质的多变性，我们已彻底地考虑过了(特别是在 7.2.1 里). "着"$\mathfrak{M}_\kappa(\kappa=1,\cdots,\nu)$的序次只不过是按它们出现的先后次序而已. 因此，在这方面已没有什么需要讨论的了.

其次，我们来看"着"的数目 ν. 这个量也可以是一个变量，即依赖于局的进行过程.[③]我们必须相当小心地来描述 ν 的这种可变性.

局的进行过程是由(选择的)序列 $\sigma_1,\cdots,\sigma_\nu$ 表现出来的(参看 6.2.2). 不能只是简单地说，ν 是变量 $\sigma_1,\cdots,\sigma_\nu$ 的函数. 这是因为，如果事先不知道局的长度 ν 是多少，就根本不能想象，整个序列 $\sigma_1,\cdots,\sigma_n$ 是怎样的一个序列.[④]正确的描述是这样的：假想变量 $\sigma_1,\sigma_2,\sigma_3,\cdots$ 是一个跟着一个选择出来的.[⑤]如果这种选择接连不断地进行下去，则博弈的规则必须规定，到了某一个 ν，这种过程必须终止. 于是，使得博弈终止的这个 ν，它当然将依赖于这个时刻以前的一切选择. 这就是在这个特殊的一局里着的数目.

---

① 我们指的是某些纸牌游戏，其中参加游戏的人可以垫出某些牌而无须让别人知道所垫的是什么牌，而到了后来又准许他们拿回所垫的牌的一部分，或打开应用已垫掉的牌的一部分. "德国军棋"也是属于这一类的一种游戏.（有关这种游戏的描述，参看本章 9.2.3. 关于这个描述，我们指出：每一个局中人知道另一个局中人以前所作的选择的"可能性"，但不知道这些选择本身是什么——这种"可能性"就是所有先现的选择的一个函数.）

② 假定一个成员对其他成员在以前的全部行为的细节是不知道的，但假定他知道有关这些行为的某些统计结果.

③ 在绝大多数博弈里，ν 也是变量；例如国际象棋、双陆、扑克、桥牌. 在桥牌的情形，ν 的可变性首先是由于"叫牌"的长度是一个变量，其次是由于完成一"盘"(即我们的一局)所需的定约数目是一个变量. 很难找到 ν 为固定的博弈的实例：我们将看到，我们可以人为地使每一个博弈的 ν 成为固定的，但 ν 原来就是固定的博弈必将流于单调乏味.

④ 这就是说，不能认为博弈的长度依赖于在所有的"着"里所作的全部选择；因为，不论某些"着"是否出现，它将依赖于博弈的长度. 这个论点显然是循环的.

⑤ σ_1 的取值域是 $1,\cdots,\alpha_1$. σ_2 的取值域是 $1,\cdots,\alpha_2$，而且可能依赖于 σ_1：$\alpha_2=\alpha_2(\sigma_1)$. α_3 的取值域是 $1,\cdots,\sigma_3$，而且可能依赖于 σ_1,σ_2：$\alpha_3=\alpha_3(\sigma_1,\sigma_2)$. 依此类推.

这个终止规则必须能够提供保证,使得每一个可以想象的局必定有终止的时候.换一句话说,要把选择$\sigma_1,\sigma_2,\sigma_3,\cdots$安排成这样一个次序(见本页注⑤)里的限制条件下),使得终止的时候永远不会来到,这必须是不可能的.为了保证这个,最简单的办法就是想出一种终止规则,根据这个规则,一局的终止必然会在一个固定的时刻,比方说ν^*之前来到.这就是说,虽然ν可能依赖于$\sigma_1,\sigma_2,\sigma_3,\cdots$,但必定有$\nu\leqslant\nu^*$,其中$\nu^*$不依赖于$\sigma_1,\sigma_2,\sigma_3,\cdots$.在这种情况下,我们就说,终止规则以$\nu^*$为界.我们将假定,我们所考虑的博弈具有以(适当的但是固定的)数ν^*为界的终止规则.[①②]

我们现在可以借助于这个上界ν^*彻底地解决ν的可变性问题了.

为了做到这一点,只要把博弈的形式加以扩充,使它永远含有ν^*个"着"$\mathfrak{M}_1,\cdots,\mathfrak{M}_{\nu^*}$.对于每一个序列$\sigma_1,\sigma_2,\sigma_3,\cdots$来说,直到$\mathfrak{M}_\nu$为止一切都没有改变,而在$\mathfrak{M}_\nu$以后的所有的"着"都是"空着".换一句话说,在一个序列$\sigma_1,\sigma_2,\sigma_3,\cdots$中,我们考虑一个"着"$\mathfrak{M}_\kappa,\kappa=1,\cdots,\nu^*$.如果$\mathfrak{M}_\kappa$满足条件$\nu<\kappa$,则我们认为它是一个"机会的着",这个"机会的着"只有一种可能的走法[③]——即不发生任何事情的走法.

---

① 对于每一个博弈来说,这个终止规则的确是一个不可少的部分.在绝大多数的博弈里,很容易找到ν的一个固定的上界ν^*.然而,有时博弈的习惯上的规则并不排斥(在特殊的条件下)一场可以无穷无尽地进行下去.在所有这些情形里,博弈的规则中随后都被加入了实际的保障,目的就在于保证上界ν^*的存在.但是,必须说明,这些保障并不总是绝对有效的,虽然在每一种情况下作出这种保障的意图是很清楚的.即使是在特殊的无穷赛场确实存在的情况下,这些保障在实用上也是没有多大用处的.不过,至少是从数学的观点来看,我们来讨论一些典型性的例子是很有益处的.我们按照有效性的递减次序给出四个例子.

"埃卡泰"(écarté)纸牌游戏:一场就是一"盘",一"盘"由三局中胜二局而构成(参看6.1的第一个注),一局由先赢得五分构成,而每一付牌使二局中人之一得到一至二分,因此,最多在三局以后就完成了一盘,最多九付牌后完成一局,并且,容易验算,一付牌由13、14或18着组成.由此可见,$\nu^*=3\times9\times18=486$.

扑克:由于两个赌徒可以无穷尽地互相竞加赌注,习惯上常在规则里附加一个条件,限制准许"竞叫"的次数.(每次下赌注的钱数也是有限制的,为的是使这些人的着里可能走法的数目α_κ是有穷数.)这就保证了一个有穷的ν^*.

桥牌:一场是一"盘".如果双方(即局中人)每次都不能做成定约,一"盘"就永无完成之时了.我们可以假想,一方当面临即将输掉一"盘"的危机时,每一次都十分荒唐地叫牌叫得非常高,这样来永远阻止一"盘"的完成.虽然在实际上人们并不这样做,但在桥牌的规则里并没有明文规定禁止这种做法.无论如何,从理论上说,应该在桥牌里引进一种终止规则.

国际象棋:很容易构造些选择的序列(用日常的话来说,就是"步"的序列)——特别是在"残局"里,它们能够无穷尽地继续下去,使一局永远不能结束(即将一方"将死").最简单的就是周期性的序列,即选择的同一循环的无穷多次重复;但不循环的情况也是存在的.所有这些情况都极有可能促使面临失败危险的局中人努力去争取"和局".为了这个原因,人们在国际象棋里采用各种各样的"和局规则"——即终止规则,其目的正是为了防止无穷赛场的现象.

一种熟知的"和局规则"是这样的:选择(即"步")的任何循环,如果重复了三次,则一场即作为"和局"告终.这个规则解决了绝大部分无穷序列的问题,但并未解决全部无穷序列的问题,所以事实上不是有效的.

另外一种"和局规则"是这样的:在40"着"以内,如果没有移动过任何卒棋,而且没有任何军官被吃掉(这些都是"不可逆"的动作,即不能回复原状的),则一场即作为"和局"告终.容易看出,虽然ν^*这个数非常大,但这个规则是有效的.

② 从纯粹数学的观点出发,可以提出下面的问题.假定终止规则只在下述意义下有效:不可能把选择$\sigma_1,\sigma_2,\sigma_3,\cdots$安排成这样一个次序,使得终止的时候永远不会来到.这就是说,假定总有依赖于$\sigma_1,\sigma_2,\sigma_3,\cdots$的一个有穷的$\nu$存在.这个假定本身是不是能够保证,一定有一个固定的有穷的ν^*存在,作为终止规则的界?换一句话说,使得所有的$\nu\leqslant\nu^*$?

这是一个高度理论性的问题,因为一切实际博弈的规则,其目的在于直接建立一个ν^*(参看上注).虽然如此,在数学上这却是一个很有趣的问题.

回答是肯定的,即ν^*一定存在.可参看D. König: Über eine Schlussweise aus dem Endlichen ins Unendliche, *Acta Litt. ac Scient. Univ. Szeged, Sect. Math.*,卷Ⅲ/Ⅱ(1927),第121—130页;特别是第129—130页的附录.

③ 当然,这就是说,$\alpha_\kappa=1,k_\kappa=0$,而且$p_\kappa(1)=1$.

这样,我们在 6.2.1 开头处所作的假设——特别是 ν 从一开始时就已规定好的假设——在事后被证实是正确的.

8 集合和分割

8.1 用集合论的方法描述博弈的优点

8.1 我们已经得到博弈概念的一种令人满意和一般的描述,现在可以把它用公理上精密而严格的形式重新叙述出来,作为以后的数学讨论的基础.不过,在进行这个工作以前,先转到另外一种描述方式是很有益处的.这种新的描述方式,它与我们在前面几节里达到的描述方式是完全等价的;但它的一般形式的描述比原来的更为统一、更为简单,而且所用的记号更加优美、清楚.

为了达到这种描述,我们必须比以前更广泛地运用集合论——特别是分割——的符号.这就需要一定程度的解释和说明.我们现在就来进行这个工作.

8.2 集合,它们的性质和图示法

8.2.1 由一些事物组成的任意一个整体叫作一个集合.这些事物,也就是上述集合的元素,关于它们的性质和数目,没有任何附加的限制条件.元素构成并确定了集合,而无需考虑任何有关它们的序次或其他种类的关系.这就是说:如果 A 和 B 是两个集合,若 A 的每一个元素也是 B 的元素,而且反过来也一样,则这两个集合在任何方面都是恒等的,记为 $A=B$."α 是集合 A 的元素"这个关系也可以说成"α 属于 A".[①]

我们有兴趣的主要只是有穷集合——即由有穷多个元素组成的集合,虽然并不总是只考虑有穷集合.

设 $\alpha,\beta,\gamma,\cdots$ 是任意的事物,我们把以这些事物作为元素的集合记为 $(\alpha,\beta,\gamma,\cdots)$.为了应用的方便,我们引进一个不包含任何元素的集合,即空集合.[②]以$\ominus$表示空集合.我们也可以构成恰好含有一个元素的集合,即单元素集合.单元素集合(α)和它的唯一的元素 α 是两

---

① 集合论的数学文献是非常广博的.除了在这本书里提到的以外,我们并不需要引用这些文献.在这方面有兴趣的读者,可以在下面这本很好的初步的书里得到更多的集合论的知识:A. Fraenkel: Einleitung in die Mengenlehre, 3rd edition, Berlin, 1928;下面这本书写得很简洁,而且在技术上是杰出的:F. Hausdorff: Mengenlehre, 2nd edition, Leipzig, 1927(中译本:集论,1960,科学出版社).

② 如果两个集合 A 和 B 都是没有元素的,我们可以说,它们含有相同的元素.因此,根据我们在上面所述的,有 $A=B$.换一句话说,只存在一个空集合.

这种说法也许会令人觉得有些古怪,但却是无可非议的.

个不同的概念,不应该把它们混淆起来.①

我们再一次强调,任何事物可以作为一个集合的元素.当然,我们将只限于讨论数学方面的事物.集合本身也可以作为元素(参看上页最后一个注),这样就引出了集合的集合等概念.有时也用别的——同义的——名字来称呼集合的集合,例如集合的系统或类.我们认为这是没有必要的.

8.2.2 下面是有关集合的主要概念和运算:

(8:A:a) 如果 A 的每一元素也是 B 的一个元素,则称 A 是 B 的子集合,或 B 是 A 的扩集合,记为 $A \subseteq B$ 或 $B \supseteq A$.在上面的条件下,如果 B 包含不属于 A 的元素,则称 A 是 B 的真子集合,或 B 是 A 的真扩集合,记为 $A \subset B$ 或 $B \supset A$.我们看到:如果 A 是 B 的子集合,且 B 是 A 的子集合,则 $A=B$(这是 8.2.1 开头处提到的原则的重述).我们又看到:A 是 B 的真子集合,必须而且只需,A 是 B 的子集合但不满足 $A=B$.

(8:A:b) 由 A 的一切元素及 B 的一切元素组成的集合叫作 A 与 B 的和,记为 $A \cup B$.类似地可以定义多于两个集合的和.②

(8:A:c) 由 A 与 B 的一切共同元素组成的集合叫作 A 与 B 的乘积或交,记为 $A \cap B$.类似地可以定义多于两个集合的乘积.③

(8:A:d) 由一切属于 A 但不属于 B 的元素组成的集合叫作 A 与 B 的差(A 是被减集合,B 是减集合),记为 $A-B$.④

(8:A:e) 如果 B 是 A 的子集合,我们也称 $A-B$ 为 B 在 A 中的余集合.有时,当 A 所代表的集合是如此地明显而不至于引起误解,我们就只写 $-B$,并且只说是 B 的余集合,不另外加以说明.

(8:A:f) 如果两个集合 A 和 B 没有共同的元素,即若 $A \cap B = \ominus$,我们说,A 和 B 是不相交的.

(8:A:g) 设 $\mathfrak{A}$ 是集合的系统(集合).如果 $\mathfrak{A}$ 中每一对不相同的元素都是不相交的集合,即,对于 $\mathfrak{A}$ 的元素 A 和 B,$A \neq B$ 蕴涵 $A \cap B = \ominus$,则称 $\mathfrak{A}$ 是两两不相交集合的系统.

8.2.3 到了这里,介绍一些图形的解释也许会有帮助.

我们以点子表示在这些讨论里作为集合的元素的事物(图1).我们把属于同一个集合的点子(元素)用曲线圈起来表示集合,在围线上写一个或几个用来表示集合的那个符号(图1).顺便指出,在这个图里,集合 A 和 C 是不相交的,而 A 和 B 则相交.

---

① 在数学的某些部门里,是把(α)和 α 等同起来的.虽然人们有时这样做,但这是一种不很好的做法.在一般场合,这当然是行不通的.例如:假定 α 肯定不是一个单元素集合——是个二元素集合(α,β),或空集合$\ominus$.这时必须把(α)和 α 区分开来,因为(α)是一个单元素集合,而 α 却不是.

② 这里和、乘积、差这些术语是按照传统的用法.它们是根据代数学里某些类似的概念而命名的;但我们在这里用不到那些代数学上的概念.事实上,$\cup$,$\cap$ 这些运算的代数也被称为布尔代数,它本身也是相当有趣的.可参看 A. Tarski: Introduction to Logic, New York, 1941.为了更深入地研究,可参看 Garrett Birkhoff: Lattice Theory, New York, 1940.对于了解近代的抽象方法,这本书具有更广阔的价值.书中第六章讨论布尔代数.在那里也列出了更多的参考文献.

③ 同上.

④ 同上.

我们也能够用这种方法表示集合的和、乘积与差(图 2). 在这个图里,A 不是 B 的子集合,B 也不是 A 的子集合,因而,差 $A—B$ 与 $B—A$ 都不是余集合. 在图 3 里,B 是 A 的一个子集合,因而 $A—B$ 是 B 在 A 中的余集合.

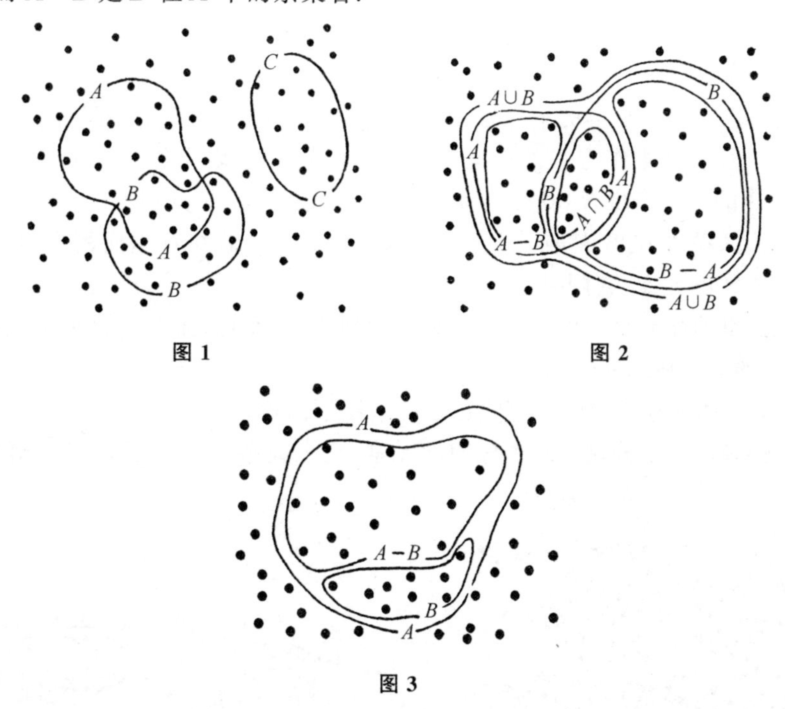

图 1

图 2

图 3

8.3 分割,它们的性质和图示法

8.3.1 设 Ω 是一个集合,$\mathfrak{A}$ 是集合的一个系统. 如果 $\mathfrak{A}$ 满足下面两个条件,我们就说,它是 Ω 中的一个分割:

(8:B:a) $\mathfrak{A}$ 的每一元素 A 是 Ω 的一个非空子集合.

(8:B:b) $\mathfrak{A}$ 是两两不相交集合的一个系统.

这个概念也已成了大量文献的题材. ①

设 $\mathfrak{A}$ 和 $\mathfrak{B}$ 是两个分割. 如果它们满足下面的条件,我们就说,$\mathfrak{A}$ 是 $\mathfrak{B}$ 的一个子分割:

(8:B:c) $\mathfrak{A}$ 的每一元素 A 是 $\mathfrak{B}$ 中某个元素 B 的一个子集合. ②我们注意到,如果 $\mathfrak{A}$ 是

---

① 参看上引 G. Birkhoff 的书. 我们的条件(8:B:a)和(8:B:b)与习惯上的形式并不完全相同. 确切地说:

关于(8:B:a): 有时并不要求 $\mathfrak{A}$ 的元素 A 是非空集合. 事实上,我们将在 9.1.3 中不得不作一次例外的考虑(参看 9.1.3中最后一段的注).

关于(8:B:b): 习惯上要求 $\mathfrak{A}$ 的所有元素的和恰好就是集合 Ω. 对于我们的讨论来说,略去这个条件更为方便.

② 因为 $\mathfrak{A}$ 和 $\mathfrak{B}$ 本身也是集合,我们可以把子集合的关系与子分割的关系进行比较(就 $\mathfrak{A}$,$\mathfrak{B}$ 而言). 很容易验证: 如果 $\mathfrak{A}$ 是 $\mathfrak{B}$ 的一个子集合,则 $\mathfrak{A}$ 也是 $\mathfrak{B}$ 的一个子分割;但反面的命题不(一般地)成立.

$\mathfrak{B}$ 的子分割,而且 $\mathfrak{B}$ 是 $\mathfrak{A}$ 的子分割,则 $\mathfrak{A}=\mathfrak{B}$.[①]

其次,我们定义:

(8:B:d)　　设 $\mathfrak{A}$ 和 $\mathfrak{B}$ 是两个分割. 由形如 $A\cap B$ 的一切非空交集合组成的系统——A 遍历 $\mathfrak{A}$ 的所有元素,B 遍历 $\mathfrak{B}$ 的所有元素——显然还是一个分割,称为 $\mathfrak{A}$ 和 $\mathfrak{B}$ 的叠加.[②]

最后,我们也在一个给定的集合 C 里面对两个分割 $\mathfrak{A}$、$\mathfrak{B}$ 定义上面引进的关系.

(8:B:e)　　如果 $\mathfrak{A}$ 中作为 C 的子集合的每一元素 A 是 $\mathfrak{B}$ 中作为 C 的子集合的某个元素 B 的一个子集合,则称 $\mathfrak{A}$ 是 $\mathfrak{B}$ 在 C 里面的一个子分割.

(8:B:f)　　如果 $\mathfrak{A}$ 和 $\mathfrak{B}$ 满足下述条件,我们就说,$\mathfrak{A}$ 和 $\mathfrak{B}$ 在 C 里面相等: C 的子集合如果是 $\mathfrak{A}$ 的元素,它同时也是 $\mathfrak{B}$ 的元素.

在(8:B:c)里的注显然可以逐字逐句地应用到这里. 而且,在 Ω 里面的上述概念与原来未加限制条件的那些概念完全相同.

8.3.2　我们再按照 8.2.3 的意义给出一些图形的解释.

首先,我们画出一个分割. 对于分割的元素(它们是些集合),我们将不给出它们的名字,而以虚线……圈出每个元素(图 4).

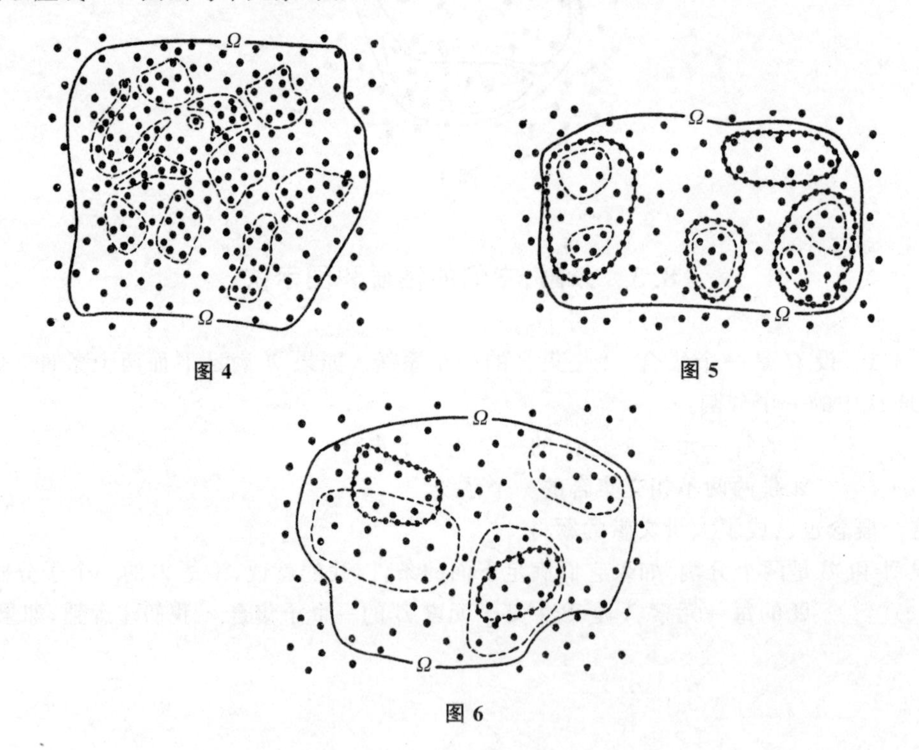

图 4　　图 5

图 6

① 证明:考察 $\mathfrak{A}$ 的一个元素 A. A 必定是 $\mathfrak{B}$ 的某个元素 B 的子集合,而 B 又是 $\mathfrak{A}$ 的某个元素 A_1 的子集合. 因此,A 和 A_1 有共同的元素——即非空集合 A 的全部元素;这就是说,A 和 A_1 不是不相交的. 由于它们都属于分割 $\mathfrak{A}$,所以必定有 $A=A_1$. 于是,A 是 B 的一个子集合,B 是 $A(=A_1)$ 的一个子集合. 由此可见,$A=B$,从而 A 属于 $\mathfrak{B}$.

这就说明了 $\mathfrak{A}$ 是 $\mathfrak{B}$ 的一个子集合(参看上注). 同理,$\mathfrak{B}$ 是 $\mathfrak{A}$ 的一个子集合. 因此,$\mathfrak{A}=\mathfrak{B}$.

② 容易证明,$\mathfrak{A}$ 和 $\mathfrak{B}$ 的叠加是 $\mathfrak{A}$ 同时也是 $\mathfrak{B}$ 的子分割,而且,每一个分割 $\mathfrak{C}$,如果它是 $\mathfrak{A}$ 同时也是 $\mathfrak{B}$ 的子分割,则它也是它们的叠加的子分割. 叠加这个名字就是这样来的. 参看上引 G. Birkhoff 书的第一至二章.

其次,我们画出两个分割 $\mathfrak{A}$,$\mathfrak{B}$. 以虚线……圈出 $\mathfrak{A}$ 的元素,而以点画线–·–·–圈出 $\mathfrak{B}$ 的元素,这样来区别它们(图 5). 在图 5 里,$\mathfrak{A}$ 是 $\mathfrak{B}$ 的一个子分割. 在图 6 里,$\mathfrak{A}$ 既不是 $\mathfrak{B}$ 的子分割,$\mathfrak{B}$ 也不是 $\mathfrak{A}$ 的子分割. 在这个图里,我们留待读者来定出 $\mathfrak{A}$ 和 $\mathfrak{B}$ 的叠加.

分割的另一种更加形象的表示法是这样的:以一个点子表示集合 Ω,而分割的每一元素——它是 Ω 的一个子集合——则用从这个点子向上伸出的一个线段来表示. 这样,图 5 里的分割 $\mathfrak{A}$ 就可以用一个简单得多的图来表示(图 7). 这种表示法不能指出在分割的元素里面的元素,因而不能够用来同时表示 Ω 中几个分割,就像在图 6 里所表示的. 不过,如果 Ω 中两个分割 $\mathfrak{A}$ 和 $\mathfrak{B}$ 的关系是像图 5 所表示的,即若 $\mathfrak{A}$ 是 $\mathfrak{B}$ 的一个子分割,则这个缺点是可以弥补的. 在这种情形下,我们可以仍以最下面的一个点子表示 Ω;$\mathfrak{B}$ 的每一元素用从这个点子向上伸出的一个线段来表示,像在图 7 里一样;——而 $\mathfrak{A}$ 的每一元素则用再向上伸出的一个线段来表示:由于 $\mathfrak{A}$ 的每一元素是 $\mathfrak{B}$ 的某个元素的子集合,我们现在所说的线段就是从代表 $\mathfrak{B}$ 的这个元素的那条线段的上端开始. 这样,我们就能表示出图 5 的两个分割 $\mathfrak{A}$,$\mathfrak{B}$ 了(图 8). 这种表示法也不及图 5 的相应表示法来得明显. 但是,由于它的图形简单,这就使它有可能扩张到更远于图 4 至图 6 实际上所能达到的程度. 这就是说,我们能够用这种方法画出分割的一个序列 $\mathfrak{A}_1,\cdots,\mathfrak{A}_\mu$,其中每一个分割是它前面一个分割的子分割. 我们给出 $\mu=5$ 的一个典型例子(图 9).

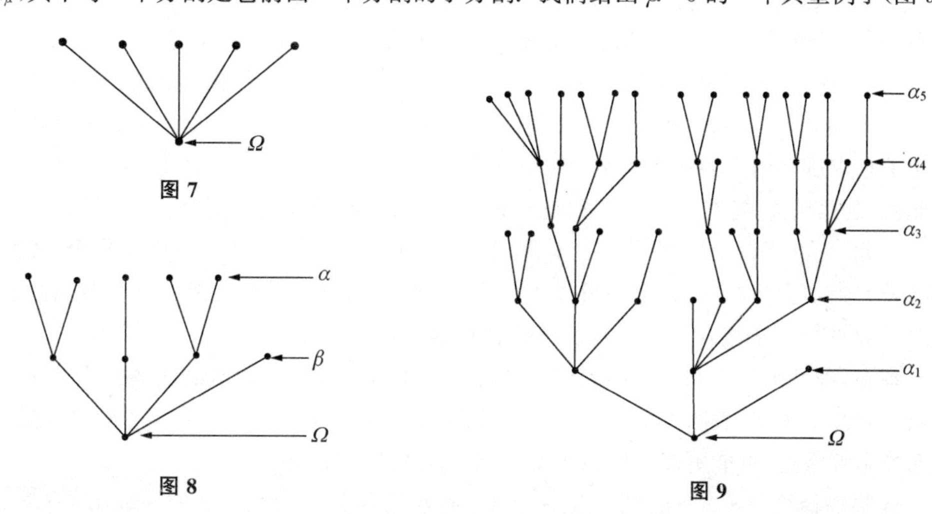

图 7

图 8

图 9

这种类型的构型已在数学里被研究,称为树.

8.4 集合与分割在逻辑上的解释

8.4.1 我们在 8.2.1 至 8.3.2 中所描述的概念,它们在以下关于博弈的讨论里将是有用的,因为对这些概念我们能够给以逻辑上的解释.

我们首先从关于集合的解释开始.

如果 Ω 是任何种类事物的一个集合,则我们能够把每一个可能的性质——上述集合中某些事物具有这个性质,而其余的不具有这个性质——的特征完全表现出来,只要指出 Ω 中具有这个性质的那些元素所组成的集合. 这就是说,如果在这个意义下有两个性质对应于同一个集合(Ω 的同一个子集合),则具有这两个性质的将是 Ω 的一些相同的元素——即,它们在 Ω

里面是等价的,这里等价的意义按照逻辑学中对这个术语的了解.

不仅是(Ω 的元素的)性质与集合(Ω 的子集合)有这种简单的对应关系,而且,关于性质的逻辑上的初等运算,也与我们在 8.2.2 中所讨论的集合的运算相对应.

两个性质的析取(即二者中至少有一个成立的断定)显然对应于构成两个集合的和——即运算 $A \cup B$. 两个性质的合取(即二者都成立的断定)则对应于构成两个集合的乘积——即运算 $A \cap B$. 最后,一个性质的否定(即反面的断定)对应于构成集合的余集合——即运算 $-A$.[①]

我们在上面使 Ω 的子集合与 Ω 中的性质互相联系. 代替这种联系的方式,我们同样也可以使 Ω 的子集合与关于 Ω 中一个——未确定的——元素的一切可能情报状况相联系. 事实上,任意一个这样的情报,就相当于断定说,Ω 的这个(未知的)元素具有某种(指定的)性质. 这也可以等价地用一个集合来表示,就是 Ω 中具有这个性质的一切元素所组成的集合;换一句话说,给定的情报使得 Ω 中这个(未知的)元素所在的可能范围缩小到了上面所说的集合之内.

我们特别注意到,空集合$\ominus$对应于一个不可能发生的性质,即对应于一个不合理的情报. 两个不相交的集合对应于两个互不相容的性质,即对应于两个互斥的情报状况.

8.4.2 我们现在把注意力转向分割.

重新考虑 8.3.1 中的定义(8:B:a)和(8:B:b),并且用我们现在的术语重新叙述出来,我们就有:一个分割是两两互斥的情报状况——关于 Ω 中一个未知的元素——的一个系统,其中没有一个情报本身是不合理的. 换一种说法:一个分割是一种预先的规定,它对于 Ω 的一个——未知的——元素,规定了以后将给予多少情报;也就是说,对这个元素所在的可能范围,规定了它以后将缩小到什么程度. 但分割并不给出真正的情报,那将相当于在分割里选择一个元素;这是因为,这样的一个元素是 Ω 的一个子集合,即真正的情报.

因此,我们可以说,Ω 中的一个分割乃是一个情报的形式. 至于 Ω 的子集合,我们在 8.4.1 里已经看到,它们对应于确定的情报. 为了避免与分割的术语相混淆,我们在这种情形下——即对于 Ω 的一个子集合——采用真正的情报这个说法.

现在,我们来考虑 8.3.1 中的定义(8:B:c),并用我们现在的术语叙述出来. 这个定义对 Ω 中两个分割 $\mathfrak{A}$ 和 $\mathfrak{B}$ 表明了 $\mathfrak{A}$ 是 $\mathfrak{B}$ 的子分割的意义. 这就等于说:$\mathfrak{A}$ 所宣布的情报包含 $\mathfrak{B}$ 所宣布的全部情报(可能更多);即情报形式 $\mathfrak{A}$ 包含情报形式 $\mathfrak{B}$.

这些解释给予 8.3.2 的图 4 至图 9 以一种新的意义. 例如,图 9 的树画出了不断增加的情报形式的一个序列.

*9 博弈的集合论描述

*9.1 用来描述一个博弈的分割

9.1.1 我们假定,着的数目是固定的,我们现在已经知道,作这样的假定是可以的. 仍以 ν

① 关于集合论与形式逻辑的关系,可参看上引的 G. Birkhoff 的书,第八章.

记这个数目，并以 $\mathfrak{M}_1, \cdots, \mathfrak{M}_\nu$ 记这些着.

考虑博弈 Γ 的一切可能的局，并构成以这些局为元素的集合 Ω. 如果我们引用上面几节里的描述，则一切可能的局就是一切可能的序列 $\sigma_1, \cdots, \sigma_\nu$.[①]这样的序列只有有穷多个，所以 Ω 是一个有穷集合.[②]

然而，也有更直接的方法来构成 Ω. 例如，可以把每一个局描述成为连贯地出现于局的进行过程中的 $\nu+1$ 个局面的序列.[③]一般说来，在一个给定的局面之后，当然不一定能够出现一个任意的局面；但，出现于一个给定的时刻的种种可能局面，是要受到以前出现的那些局面的限制的，而受限制的方式必须在博弈的规则里面有明确的规定.[④]由于我们对博弈规则的描述是从构成 Ω 开始的，我们不希望让 Ω 本身过分地依赖于那些规则的全部细节. 因此，我们认为，不妨把局面的不合理序列也包含在 Ω 里面.[⑤]于是，我们完全可以让 Ω 包含由 $\nu+1$ 个连贯局面组成的一切可能序列，而无须加上任何限制条件.

我们以后的描述将会表明，从这个可能包含过剩元素的集合 Ω 里，怎样可以选出实际上是可能的局.

9.1.2 给定了 ν 和 Ω 之后，我们现在来讨论一个更细致的问题，就是一局进行过程的细节.

考察在这个过程里一个确定的时刻，比方说，恰好在一个给定的着 $\mathfrak{M}_\kappa$ 之前的时刻. 在这个时刻，博弈的规则必须详细地提供下面的一般说明.

第一，必须描述，一直到着 $\mathfrak{M}_\kappa$ 为止所发生的那些事件，[⑥]它们已在怎样的程度上决定了这一局的过程. 这些事件的每一个特定的序列，它使集合 Ω 缩小到一个子集合 A_κ：这就是由 Ω 中这样的局组成的集合，其中每一局到 $\mathfrak{M}_\kappa$ 为止的过程就是上面所说的事件的特定序列. 用我们以前的术语来说，Ω 是——如在 9.1.1 中指出的——由一切序列 $\sigma_1, \cdots, \sigma_\nu$ 组成的集合；于是，A_κ 就是由一切这样的序列 $\sigma_1, \cdots, \sigma_\nu$ 组成的集合，其中 $\sigma_1, \cdots, \sigma_{\kappa-1}$ 具有已知的值(参看上面的注). 但，从我们现在更广阔的观点看来，我们只需说，A_κ 必定是 Ω 的一个子集合.

到 $\mathfrak{M}_\kappa$ 为止，博弈所能取得的各种不同的可能过程，必须以不相同的集合 A_κ 来表示. 任意两个这样的过程，如果它们互不相同，应该属于以局为元素的两个完全不相交的集合；换一句话说，没有一个局能够以两种不同的方式开头(即进行到 $\mathfrak{M}_\kappa$). 这就是说，任意两个不相同的集合 A_κ 必须是不相交的.

由此可见，直到 $\mathfrak{M}_\kappa$ 为止，我们的博弈的一切可能的局，它们的全部形式上的可能情况是通过 Ω 的一族两两不相交子集合来描述的. 这就是上面提到的一切集合 A_κ 的族. 我们以 $\mathfrak{A}_\kappa$ 来记这个族.

包含在 $\mathfrak{A}_\kappa$ 里的全部集合 A_κ，它们的和必须包含一切可能的局. 但由于我们明白地表示了允许 Ω 包含过剩的元素，这个和不一定要它等于 Ω. 总结起来说：

---

① 可参看 6.2.2$\sigma_1, \cdots, \sigma_\nu$ 的取值范围已在 7.2.3 的第三个注里描述过.

② 这个事实可以利用上面所说的注立即得到验证.

③ 在 $\mathfrak{M}_1$ 之前，在 $\mathfrak{M}_1$ 和 $\mathfrak{M}_2$ 之间，$\mathfrak{M}_2$ 和 $\mathfrak{M}_3$ 之间，$\cdots$，$\mathfrak{M}_{\nu-1}$ 和 $\mathfrak{M}_\nu$ 之间，$\mathfrak{M}_\nu$ 之后.

④ 这与序列 $\sigma_1, \cdots, \sigma_\nu$ 的发展情况相类似，就像在本章 7.2.3 的第三个注里所描述的.

⑤ 就是最后会被发现是博弈的规则所不容许的那些序列.

⑥ 就是在先现的着 $\mathfrak{M}_1, \cdots, \mathfrak{M}_{\kappa-1}$ 里的选择——也就是数值 $\sigma_1, \cdots, \sigma_{\kappa-1}$.

(9:A)　　$\mathfrak{A}_\kappa$ 是 Ω 中的一个分割.

我们也可以说,分割 $\mathfrak{A}_\kappa$ 描述出一个人的情报形式,这个人知道到 $\mathfrak{M}_\kappa$ 为止所发生的一切事情;[①]例如,监督一局进行过程的一个裁判员的情报形式.[②]

9.1.3 第二,必须知道,"着"$\mathfrak{M}_\kappa$ 的性质是怎样的. 这可以由 6.2.1 里的 k_κ 来表示:如果这个"着"是"人的着"并属于局中人 k_κ,则 $k_\kappa=1,\cdots,n$;如果是"机会的着",则 $k_\kappa=0$. k_κ 可能依赖于到 $\mathfrak{M}_\kappa$ 为止局的进行过程,即依赖于 $\mathfrak{A}_\kappa$ 所表现的情报.[③]这就是说,在 $\mathfrak{A}_\kappa$ 的每一个集合 A_κ 里面,k_κ 必须是一个常数;但在不同的 A_κ 里它可以改变.

因此,对于每一个 $k=0,1,\cdots,n$,我们可以构成一个集合 $B_\kappa(k)$,它是由满足 $k_\kappa=k$ 的一切集合 A_κ 组成的,而且不相同的 $B_\kappa(k)$是不相交的. 于是,$B_\kappa(k)$,$k=0,1,\cdots,n$ 构成 Ω 的不相交子集合的一个族. 我们以 $\mathfrak{B}_\kappa$ 记这个族.

(9:B)　　$\mathfrak{B}_\kappa$ 也是 Ω 中的一个分割. 由于 $\mathfrak{A}_\kappa$ 的每一个 A_κ 是 $\mathfrak{B}_\kappa$ 的某个 $B_\kappa(k)$的一个子集合,所以 $\mathfrak{A}_\kappa$ 是 $\mathfrak{B}_\kappa$ 的一个子分割.

虽然没有必要指明一种方法把 $\mathfrak{A}_\kappa$ 的集合 A_κ 枚举出来,但对 $\mathfrak{B}_\kappa$ 来说则不是如此. $\mathfrak{B}_\kappa$ 由恰好 $n+1$ 个集合组成,即 $B_\kappa(k)$,$k=0,1,\cdots,n$,而这些集合通过 $k=0,1,\cdots,n$ 以一种固定的枚举方式出现.[④]这个枚举的方式有它的重要意义,因为它可以代替函数 k_κ(参看前面一个注).

9.1.4 第三,必须详细地描述,"着"$\mathfrak{M}_\kappa$ 里的选择应在怎样的条件下进行.

首先,假定 $\mathfrak{M}_\kappa$ 是一个"机会的着";这就是说,我们是处在集合 $B_\kappa(0)$之中. 这时,主要的量是这些:走法的数目 α_κ 以及这些可能走法的概率 $p_\kappa(1),\cdots,p_\kappa(\alpha_\kappa)$(参看 6.2.1 末尾). 如在 7.1.1中指出的(在那里的第二项讨论里),这些量都有可能依赖于 $\mathfrak{A}_\kappa$ 中所含的全部情报(参看 9.1.3 里第一个注),这是因为,这时 $\mathfrak{M}_\kappa$ 是一个机会的着. 这就是说,α_κ 和 $p_\kappa(1),\cdots,p_\kappa(\alpha_\kappa)$在 $\mathfrak{A}_\kappa$的每一个集合 A_κ 里都必须是常数,[⑤]但在不同的 A_κ 里则可以取不同的值.

在每一个这样的 A_κ 里面,选择是在可能的走法 $\mathfrak{A}_\kappa(1),\cdots,\mathfrak{A}_\kappa(\alpha_\kappa)$中进行的,即选择一个 $\sigma_\kappa=1,\cdots,\alpha_\kappa$(参看 6.2.2). 这可以通过下面的方式来描述:指出 A_κ 的 α_κ 个互不相交的子集合,它们对应于由 A_κ 表示出来的限制条件;并且指出已发生的选择 σ_κ. 我们以 C_κ 记这些集合,而以 $\mathfrak{C}_\kappa(0)$记它们的系统——由作为 $B_\kappa(0)$的子集合的一切 A_κ 中的一切 C_κ 组成. 由此可见,$\mathfrak{C}_\kappa(0)$是 $B_\kappa(0)$中的一个分割. 由于 $\mathfrak{C}_\kappa(0)$的每一个 C_κ 是 $\mathfrak{A}_\kappa$ 中某个 A_κ 的一个子集合,所以 $\mathfrak{C}_\kappa(0)$是 $\mathfrak{A}_\kappa$ 的一个子分割.

α_κ 由 $\mathfrak{C}_\kappa(0)$确定;[⑥]因此,我们无须再提到它们. 至于 $p_\kappa(1),\cdots,p_\kappa(\alpha_\kappa)$,它们的描述是这样的:对于 $\mathfrak{C}_\kappa(0)$的每一个 C_κ,必须以一数 $p_\kappa(C_\kappa)$(它的概率)与之相联系,这些数满足相当于

---

① 就是在"着"$\mathfrak{M}_1,\cdots,\mathfrak{M}_{\kappa-1}$里一切选择的结果. 用我们以前的术语来说,就是 $\sigma_1,\cdots,\sigma_{\kappa-1}$的值.

② 由于一般说来没有一个局中人会拥有 $\mathfrak{A}_\kappa$ 中所含的全部情报,因此必须引进这样的一个人.

③ 按照 7.2.1 里的记法,并按照上面这个注里的意义,$k_\kappa=k_\kappa(\sigma_1,\cdots,\sigma_{\kappa-1})$.

④ 因此,$\mathfrak{B}_\kappa$ 事实上既不是一个集合也不是一个分割,而是一个更加精致的概念:它由集合 $B_\kappa(k)$,$k=0,1,\cdots,n$ 组成,就按照这种方式枚举.

然而,它具有 8.3.1 的性质(8:B:a)和(8:B:b),而这些性质表现出一个分割的特征. 但在那里必须作一次例外的考虑,就是:在那些 $B_\kappa(k)$中可能有空集合存在.

⑤ 我们是处在 $B_\kappa(0)$之中,因此,所有这些都只针对作为 $B_\kappa(0)$的子集合的那些 A_κ 而言.

⑥ α_κ 是 $\mathfrak{C}_\kappa(0)$中那些 C_κ 的数目,这些 C_κ 是给定的 A_κ 的子集合.

6.2.1 第二个注里的条件.[①]

9.1.5 其次,假定 $\mathfrak{M}_\kappa$ 是“人的着”,比方说,是“k 的着”,$k=1,\cdots,n$;这就是说,我们是处在集合 $B_\kappa(k)$之中. 在这种情形下,我们必须指明局中人 k 在 $\mathfrak{M}_\kappa$ 时的情报情况. 在 6.3.1 里,这是通过集合 Λ_κ 来描述的,在 7.2.1 里则通过函数族 Φ_κ 描述,而后一种方法是比较一般同时也是最终的描述方式. 按照这种描述方式,k 在 $\mathfrak{M}_\kappa$ 时知道 Φ_κ 中一切函数 $h(\sigma_1,\cdots,\sigma_{\kappa-1})$的值,而且除此以外不知道其他的情况. 这些情报把 $B_\kappa(k)$分成若干个互不相交的子集合,它们对应于 k 在 $\mathfrak{M}_\kappa$ 时的种种可能情报情况. 我们以 D_κ 记这些集合,并以$\mathfrak{D}_\kappa(k)$记它们的系统. 于是,$\mathfrak{D}_\kappa(k)$是 $B_\kappa(k)$中的一个分割.

当然,k 在 $\mathfrak{M}_\kappa$ 时的情报,乃是在这个时刻 $\mathfrak{A}_\kappa$ 所含全部情报的一部分(在 9.1.2 的意义下). 因此,在 $\mathfrak{A}_\kappa$ 的一个 A_κ 里,由于它是 $B_\kappa(k)$的一个子集合,不会产生意义不明确的情况,即这个 A_κ 不可能与 $\mathfrak{D}_\kappa(k)$中一个以上的 D_κ 具有共同的元素. 这就是说,我们所说的 A_κ 必须是 $\mathfrak{D}_\kappa(k)$中某个 D_κ 的一个子集合. 换一句话就是,在 $B_\kappa(k)$里面,$\mathfrak{A}_\kappa$ 是 $\mathfrak{D}_\kappa(k)$的一个子分割.

事实上,在 $\mathfrak{M}_\kappa$ 这个时刻,局的进行过程缩小到了 $\mathfrak{A}_\kappa$ 的一个集合 A_κ 之内. 但局中人 k($\mathfrak{M}_\kappa$ 就是这个局中“人的着”)所知道的并没有这样多;就他而言,他只知道局是在 $\mathfrak{D}_\kappa(k)$的一个集合 D_κ 之内. 他现在必须在走法 $\mathfrak{A}_\kappa(1),\cdots,\mathfrak{A}_\kappa(\alpha_\kappa)$中作出选择,即选择一个 $\sigma_\kappa=1,\cdots,\alpha_\kappa$. 如在本章 7.1.2 和7.2.1中(特别是在 7.2.1 的末尾)指出的,α_κ 也可以是变量,但它只可能依赖于 $\mathfrak{D}_\kappa(k)$所含的情报. 这就是说,在我们现在所考虑的 $\mathfrak{D}_\kappa(k)$的集合 D_κ 里面,它必须是一个常数. 因此,$\sigma_\kappa=1,\cdots,\alpha_\kappa$的选择可以描述如下:指出 D_κ 的 α_κ 个互不相交的子集合,它们对应于由 D_κ 表示出来的限制条件;并且指出已发生的选择 σ_κ. 我们以 C_κ 记这些集合,而以 $\mathfrak{C}_\kappa(k)$记它们的系统——由 $\mathfrak{D}_\kappa(k)$中所有 D_κ 的一切 C_κ 组成. 由此可见,$\mathfrak{C}_\kappa(k)$是 $B_\kappa(k)$中的一个分割. 由于 $\mathfrak{C}_\kappa(k)$的每一个 C_κ 是 $\mathfrak{D}_\kappa(k)$中某个 D_κ 的一个子集合,所以 $\mathfrak{C}_\kappa(k)$是 $\mathfrak{D}_\kappa(k)$的一个子分割.

α_κ 由 $\mathfrak{C}_\kappa(k)$确定;[②]因此,我们无需再提到它们. α_κ 必须不为 0,这就是说,对于 $\mathfrak{D}_\kappa(k)$中一个给定的 D_κ,必定存在 $\mathfrak{C}_\kappa(k)$的某个 C_κ,它是 D_κ 的一个子集合.[③]

*9.2 这些分割及其性质的讨论

9.2.1 在前面几节里,我们已全面地描述了在“着”$\mathfrak{M}_\kappa$ 之前这个时刻的情况. 我们现在进而讨论,当 $\kappa=1,\cdots,\nu$,这些着继续不断地出现时,将发生些什么情况. 为了讨论的方便,我们再加上一个 $\kappa=\nu+1$,它对应于一局的结束,即最后一“着”$\mathfrak{M}_\nu$ 之后.

对于 $\kappa=1,\cdots,\nu$,如在前面几节里讨论的,我们有下面这些分割:

$$\mathfrak{A}_\kappa;\mathfrak{B}_\kappa=(B_\kappa(0),B_\kappa(1),\cdots,B_\kappa(n));\mathfrak{C}_\kappa(0),\mathfrak{C}_\kappa(1),\cdots,\mathfrak{C}_\kappa(n);\mathfrak{D}_\kappa(1),\cdots,\mathfrak{D}_\kappa(n).$$

所有这些分割,除了 $\mathfrak{A}_\kappa$ 以外,都涉及 $\mathfrak{M}_\kappa$,因而它们对 $\kappa=\nu+1$ 无须而且不能有定义. 但,如在

---

① 这就是说,每一个 $p_\kappa(C_\kappa)\geqslant 0$;而对于每一个 A_κ,对 $\mathfrak{C}_\kappa(0)$中作为 A_κ 的子集合的一切 C_κ 取和数,我们有 $\sum p_\kappa(C_\kappa)=1$.

② α_κ 是 $\mathfrak{C}_\kappa(k)$中那些 C_κ 的数目,这些 C_κ 是给定的 A_κ 的子集合.

③ 我们只对 $k=1,\cdots,n$ 提出这个要求. 实际上,这个条件对 $k=0$ 也同样成立——只要把这里 $\mathfrak{D}_\kappa(k)$的 D_κ 换成 $B_\kappa(0)$的一个子集合 A_κ. 但在这种情形下没有必要把它叙述出来,因为这是 9.1.4 最末一个注的直接推论;事实上,如果我们所要求的这种 C_κ 不存在,则上引注里的 $\Sigma p_\kappa(C_\kappa)$将为 0 而不是 1 了.

9.1.2 的讨论中表明的,$\mathfrak{A}_{\nu+1}$具有完善的意义:它表示关于一个局可能存在的全部情报——即一局的具体实现.[①]

到了这里,有两点说明可以提出来:按照上面所述的意义,$\mathfrak{A}_1$ 对应于一个时刻,在这个时刻根本没有任何可以利用的情报.因此,$\mathfrak{A}_1$ 应该由唯一的集合 Ω 组成.另一方面,$\mathfrak{A}_{\nu+1}$对应于具体验明已完成的局的可能性.因此,$\mathfrak{A}_{\nu+1}$是单元素集合的一个系统.

以下我们进而描述,当$\kappa=1,\cdots,\nu$,从 κ 到 $\kappa+1$ 的过渡.

9.2.2 当κ换为$\kappa+1$时,关于$\mathfrak{B}_\kappa$,$\mathfrak{C}_\kappa(k)$和$\mathfrak{D}_\kappa(k)$的变化已没有什么可说的了,我们以前的讨论已经表明,当κ换为$\kappa+1$时,任何事情都可能发生在上面这些分割上,也就是发生在它们所代表的事物上.

不过,要说明怎样从 $\mathfrak{A}_\kappa$ 得到 $\mathfrak{A}_{\kappa+1}$,这却是有可能的.

从 $\mathfrak{A}_\kappa$ 所含的情报,加上在 $\mathfrak{M}_\kappa$ 里所作的选择的结果,[②]就可以得到 $\mathfrak{A}_{\kappa+1}$所含的情报.这一点从 9.1.2 的讨论中应该已很清楚了.因此,$\mathfrak{A}_{\kappa+1}$所含的情报,其中多于 $\mathfrak{A}_\kappa$ 所含的部分,恰好就是在 $\mathfrak{C}_\kappa(0)$,$\mathfrak{C}_\kappa(1)$,$\cdots$,$\mathfrak{C}_\kappa(n)$中所含的情报.

这就是说,把分割 $\mathfrak{A}_\kappa$ 与所有的 $\mathfrak{C}_\kappa(0)$,$\mathfrak{C}_\kappa(1)$,$\cdots$,$\mathfrak{C}_\kappa(n)$叠加起来,就得到分割 $\mathfrak{A}_{\kappa+1}$.也就是说,构成 $\mathfrak{A}_\kappa$ 中每一个 A_κ 与 $\mathfrak{C}_\kappa(0)$,$\mathfrak{C}_\kappa(1)$,$\cdots$,$\mathfrak{C}_\kappa(n)$中每一个 C_κ 间的交集合,然后弃去空集合,就得到 $\mathfrak{A}_{\kappa+1}$.

由于$\mathfrak{A}_\kappa$,$\mathfrak{C}_\kappa(k)$与集合$B_\kappa(k)$之间存在一定的关系,如在前面几节里所讨论的,我们可以对这个叠加的步骤再作一些说明.

在$B_\kappa(0)$中,$\mathfrak{C}_\kappa(0)$是$\mathfrak{A}_\kappa$ 的一个子分割(参看 9.1.4 中的讨论).因此,在那里,$\mathfrak{A}_{\kappa+1}$与$\mathfrak{C}_\kappa(0)$重合.在$B_\kappa(k)$中,$k=1,\cdots,n$,$\mathfrak{C}_\kappa(k)$和$\mathfrak{A}_\kappa$ 都是$\mathfrak{D}_\kappa(k)$的子分割(参看 9.1.5 中的讨论).因此,在那里,首先取$\mathfrak{D}_\kappa(k)$的每一个D_κ,其次,对每一个这样的D_κ,取$\mathfrak{A}_\kappa$ 中作为D_κ 的子集合的一切A_κ,以及$\mathfrak{C}_\kappa(k)$中作为D_κ 的子集合的一切C_κ,然后构成一切交集合$A_\kappa\cap C_\kappa$,这样就得到了$\mathfrak{A}_{\kappa+1}$.

每一个形如$A_\kappa\cap C_\kappa$ 的集合由一些局组成,这些局是这样产生的:局中人 k 面对着 D_κ 的情报,但事实上是处在A_κ(D_κ 的一个子集合)的局势下,他在"着"$\mathfrak{M}_\kappa$ 时选择了 C_κ,这样就把问题局限到 C_κ 之中.

根据以前所说的,这个选择是能够实现的,因此,这样的局确实存在.换一句话说,集合$A_\kappa\cap C_\kappa$必须不是空的.我们把这个论点重述如下:

(9:C) 如果 $\mathfrak{A}_\kappa$ 中的 A_κ 和 $\mathfrak{C}_\kappa(k)$中的 C_κ 是 $\mathfrak{D}_\kappa(k)$中同一个 D_κ 的子集合,则交集合$A_\kappa\cap C_\kappa$必须不是空的.

9.2.3 在有些博弈里,人们也许会企图把这个条件撇开.我们是指这样的博弈,其中某个局中人作出一个合法的选择,而到了后来才知道这个选择是被禁止的;例如,在 7.2.2 第一个注里提到的德国军棋:在这种游戏里,一个棋手可以在他自己的棋盘上作出表面上是可能的一个选择(即一"步"),而只是到了后来才由"裁判员"告诉他,这是一个"不可能"的选择.

不过,这只是一个虚假的例子.事实上,上面说的着可以分解成由几个可采取的"着"组成的一个序列.我们最好先全面地介绍一下德国军棋的规则.

---

① 在 9.1.2 第二个注的意义下,就是一切$\sigma_1,\cdots,\sigma_\nu$ 的值.如在 6.2.2 所述的,序列$\sigma_1,\cdots,\sigma_\nu$ 表出局本身的特征.

② 用我们以前的术语说,就是 σ_κ 的值.

这种竞赛由一系列的“着”组成. 在每一“着”时,“裁判员”向双方宣布,前面一个“着”是否是可能的“着”. 如果不是,则下一着是“人的着”,属于与前一“着”相同的棋手;如果是可能的,则下一“着”是另一棋手的“人的着”. 在每一“着”时,棋手知道他自己以前所作的全部选择,知道双方以前所作全部选择的“可能”或“不可能”的整个序列,并且知道在以前双方曾发生过的将军或吃掉任何棋子的全部情况. 但他只知道他自己被吃掉的是些什么棋子. 在决定竞赛的过程时,“裁判员”不考虑那些“不可能”的“着”. 除此以外,这种竞赛的进行方式与国际象棋一样;终止规则按照 7.2.3 第四个注里的意义,并附加下面这个条件:任何一个棋手,在一个未被对手阻断的“着”的序列(因而这些“着”都是属于他自己的“人的着”)里,不许可重复采取同样的一个选择.(当然,在实际进行游戏时需要两块棋盘——每个局中人的棋盘不给对手看见,但“裁判员”可以看见双方的棋盘,这样才能够使情报的这些条件得以实现.)

不管怎样,我们将严格遵守上述的条件. 可以看到,对于我们以后的讨论来说,这将是很方便的(参看 11.2.1).

9.2.4 现在只剩下一件事情了:用我们新的术语重新引进 6.2.2 中所述的量 $\mathscr{F}_k$, $k=1,\cdots,n$. $\mathscr{F}_k$ 是一局对于局中人 k 的结果. $\mathscr{F}_k$ 必须是已发生的局的函数.[①]如果我们以符号 π 表示这个局,那么,我们可以说:$\mathscr{F}_k$ 是变量 π 的函数,π 的变化范围是 Ω. 这就是说

$$\mathscr{F}_k=\mathscr{F}_k(\pi),\ \pi \text{ 属于 } \Omega,\ k=1,\cdots,n.$$

*10 公理化描述

*10.1 公理及其解释

10.1.1 借助于新的方法,其中包含集合和分割的运用,我们现在已完成了博弈的一般概念的描述. 一切结构和定义都已在前面几节里有了充分的解释;因此,我们现在可以进而给出博弈的一个严格的公理化定义. 当然,这个定义只不过是把我们在前几节里比较概括地讨论过的事物用简洁的方式重新叙述一遍.

我们首先给出精确的定义,而不加任何注解.[②]

一个 n 人博弈 Γ,即,它的规则的整个体系,通过指出下面这些资料而确定:

(10:A:a) 一个数 ν.

(10:A:b) 一个有穷集合 Ω.

(10:A:c) 对于每一个 $k=1,\cdots,n$:一个函数 $\mathscr{F}_k=\mathscr{F}_k(\pi)$,$\pi$ 属于 Ω.

(10:A:d) 对于每一个 $\kappa=1,\cdots,\nu,\nu+1$:一个 Ω 中的分割 $\mathfrak{A}_\kappa$.

(10:A:e) 对于每一个 $\kappa=1,\cdots,\nu$:一个 Ω 中的分割 $\mathfrak{B}_\kappa$. $\mathfrak{B}_\kappa$ 由 $n+1$ 个集合 $B_\kappa(k)$ 组成,其中 $k=0,1,\cdots,n$,就按照这种方式枚举.

---

① 按照我们以前的术语,我们有 $\mathscr{F}_k=\mathscr{F}_k(\sigma_1,\cdots,\sigma_\nu)$. 参看 6.2.2.

② 关于“解释”,参看 10.1.1 的末尾以及 10.1.2 里的讨论.

(10:A:f)　　对于每一个 $\kappa=1,\cdots,\nu$ 和每一个 $k=0,1,\cdots,n$：一个 $B_\kappa(k)$ 中的分割 $\mathfrak{C}_\kappa(k)$.

(10:A:g)　　对于每一个 $\kappa=1,\cdots,\nu$ 和每一个 $k=1,\cdots,n$：一个 $B_\kappa(k)$ 中的分割 $\mathfrak{D}_\kappa(k)$.

(10:A:h)　　对于每一个 $\kappa=1,\cdots,\nu$ 和 $\mathfrak{C}_\kappa(0)$ 的每一个 C_κ：一个数 $p_\kappa(C_\kappa)$.

这些事物必须满足下面的条件：

(10:1:a)　　$\mathfrak{A}_\kappa$ 是 $\mathfrak{B}_\kappa$ 的一个子分割.

(10:1:b)　　$\mathfrak{C}_\kappa(0)$ 是 $\mathfrak{A}_\kappa$ 的一个子分割.

(10:1:c)　　对于 $k=1,\cdots,n$：$\mathfrak{C}_\kappa(k)$ 是 $\mathfrak{D}_\kappa(k)$ 的一个子分割.

(10:1:d)　　对于 $k=1,\cdots,n$：在 $B_\kappa(k)$ 里面，$\mathfrak{A}_\kappa$ 是 $\mathfrak{D}_\kappa(k)$ 的一个子分割.

(10:1:e)　　对于每一个 $\kappa=1,\cdots,\nu$ 和 $\mathfrak{A}_\kappa$ 中作为 $B_\kappa(0)$ 的子集合的每一个 A_κ：对于 $\mathfrak{C}_\kappa(0)$ 中作为这个 A_κ 的子集合的一切 C_κ，有 $p_\kappa(C_\kappa)\geqslant 0$；对它们取和数，有 $\sum p_\kappa(C_\kappa)=1$. .

(10:1:f)　　$\mathfrak{A}_1$ 由唯一的一个集合 Ω 组成.

(10:1:g)　　$\mathfrak{A}_{\nu+1}$ 由单元素集合组成.

(10:1:h)　　对于 $\kappa=1,\cdots,\nu$：把 $\mathfrak{A}_\kappa$ 与一切 $\mathfrak{C}_\kappa(k)$ 叠加起来，其中 $k=0,1,\cdots,n$，就得到 $\mathfrak{A}_{\kappa+1}$(细节可参看 9.2.2).

(10:1:i)　　对于 $\kappa=1,\cdots,\nu$：如果 $\mathfrak{A}_\kappa$ 的 A_κ 和 $\mathfrak{C}_\kappa(k)$ 的 C_κ，其中 $k=1,\cdots,n$，是 $\mathfrak{D}_\kappa(k)$ 中同一个 D_κ 的子集合，则交集合 $A_\kappa\cap C_\kappa$ 必须不是空的.

(10:1:j)　　对于 $\kappa=1,\cdots,\nu$ 和 $k=1,\cdots,n$ 以及 $\mathfrak{D}_\kappa(k)$ 的每一个 D_κ：在 $\mathfrak{C}_\kappa$ 中必须存在某个 $C_\kappa(k)$，它是 D_κ 的一个子集合.

这个定义首先应该按照近代公理方法的精神来看它. 对于上面(10:A:a)至(10:A:h)里引进的数学概念，我们特别避免给它们以名称，为的是使人们不至于从文字的名称联想到任何相关的意义. 在这种绝对“纯粹”的意义下，这些概念才能够作为严格的数学研究的对象. ①

这种步骤最适合于用来发展严格定义的概念. 在完成了精密的分析以后，再回过来应用到直观上熟知的事物. 参看在第一章 4.1.3 里所说的，关于模型在物理学里的作用：直观系统的公理模型是与(同样直观的)物理系统的数学模型相类似的.

然而，一旦有了这个了解，我们再回想一下，这个公理化定义乃是从前面几节详尽的经验方面的讨论里抽象出来的，这是不会有任何害处的. 事实上，如果我们给这些概念以适当的名称——这些名称尽可能地表达出直观的背景，这只会使它们应用起来更方便，并使它们的构造更易于被了解. 而且，按照同样的精神，解释一下我们的公理(10:1:a)至(10:1:j)的“意义”——就是它们的直观上的意义——会是很有用的.

当然，这些解释只可能是前几节里直观考虑的一个简明的总结；我们的公理化正是从这些考虑里引导出来的.

10.1.2　我们首先叙述 10.1.1 的(10:A:a)至(10:A:h)里那些概念的学术名称.

(10:A:a*)　　ν 是博弈 Γ 的**长度**.

① 这与现代使逻辑、几何等科学公理化所采取的态度相似. 在使几何学公理化时，习惯上总要说明，点、线和面的概念不应该与任何直观上的事物等同起来，——它们只不过是些事物的记号，只假定它们具有公理里表出的性质. 例如，可参看 D. Hilbert：Die Grundlagen der Geometrie，Leipzig，1899，英文第 2 版，Chicago 1910.

(10:A:b*) Ω是由Γ的一切局组成的集合.

(10:A:c*) $\mathscr{F}_k(\pi)$是局π对局中人k的结果.

(10:A:d*) $\mathfrak{A}_\kappa$是在"着"$\mathfrak{M}_\kappa$时(即恰好在$\mathfrak{M}_\kappa$之前)裁判员的情报形式,$\mathfrak{A}_\kappa$的一个A_κ是在$\mathfrak{M}_\kappa$时裁判员的真正情报.($\kappa=\nu+1$: 博弈结束时.)

(10:A:e*) $\mathfrak{B}_\kappa$是"着"$\mathfrak{M}_\kappa$的指派形式,$\mathfrak{B}_\kappa$的一个$B_\kappa(k)$是$\mathfrak{M}_\kappa$的真正指派.

(10:A:f*) $\mathfrak{C}_\kappa(k)$是局中人k在"着"$\mathfrak{M}_\kappa$时的选择形式,$\mathfrak{C}_\kappa(k)$的一个C_κ是k在$\mathfrak{M}_\kappa$时的真正选择.($k=0$: 机会的选择形式和真正选择.)

(10:A:g*) $\mathfrak{D}_\kappa(k)$是在"着"$\mathfrak{M}_\kappa$时局中人k的情报形式,$\mathfrak{D}_\kappa(k)$的一个D_κ是在$\mathfrak{M}_\kappa$时局中人k的真正情报.

(10:A:h*) $p_\kappa(C_\kappa)$是在(机会的)着$\mathfrak{M}_\kappa$时真正选择C_κ的概率.

我们现在利用上面的术语来描述(10:1:a)至(10:1:j)这些条件的"意义"——在10.1.1末尾的讨论的意义下.

(10:1:a*) 裁判员在"着"$\mathfrak{M}_\kappa$时的情报形式包含这个"着"的指派.

(10:1:b*) 在一个机会的"着"$\mathfrak{M}_\kappa$时的选择形式包含在这一"着"时裁判员的情报形式.

(10:1:c*) 局中人k在人的"着"$\mathfrak{M}_\kappa$时的选择形式包含局中人k在这一"着"时的情报形式.

(10:1:d*) 在"着"$\mathfrak{M}_\kappa$时裁判员的情报形式包含局中人k在这一"着"时的情报形式——在它是属于局中人k的"人的着"的范围内.

(10:1:e*) 在一个"机会的着"$\mathfrak{M}_\kappa$时,各种可能选择的概率,其性质与属于互不相交但穷尽事物的概率一样.

(10:1:f*) 在第一"着"时,裁判员的情报形式是空的.

(10:1:g*) 在博弈结束时,裁判员的情报形式完全地决定一个局.

(10:1:h*) 把在"着"$\mathfrak{M}_\kappa$时裁判员的情报形式与在$\mathfrak{M}_\kappa$时的选择形式叠加起来,就得到在着$\mathfrak{M}_{\kappa+1}$时($\kappa=\nu$: 在博弈结束时)裁判员的情报形式.

(10:1:i*) 设给定"着"$\mathfrak{M}_\kappa$,它是局中人k的"人的着",并给定在这一"着"时局中人k的任一真正情报. 于是,在这一"着"时裁判员的任一真正情报,以及局中人k在这一"着"时的任一真正选择,如果二者都处于上述(局中人k的)真正情报之内(即,二者都是上述真正情报的加细),则二者不是互不相容的. 这就是说,它们出现于实际的局里.

(10:1:j*) 设给定着$\mathfrak{M}_\kappa$,它是局中人k的"人的着",并给定在这一"着"时局中人k的任一真正情报. 于是,局中人k所能采取的种种不同的真正选择,其数目不为0.

这就结束了我们对博弈的一般结构的形式描述.

*10.2 公理在逻辑上的讨论

对于每一种公理化,习惯上在形式逻辑里有一些连带的问题需要考虑,这些问题我们还没有加以讨论.它们是:公理的无矛盾性、范畴性(完备性)和独立性.[①]我们的公理系统具有第一和第三个性质,但不满足第二个性质. 这些事实都是很容易验证的,而且,不难看出,情况就恰好应该是这样的.总起来说:

(a) 无矛盾性.博弈的存在性是毫无疑问的,我们只不过用严格的形式体系把它们描述了出来.我们以后将详尽地讨论某些博弈的形式体系化,例如,可参看第四章18、19中的例子.从严格的数学——逻辑上的——观点看,即使是最简单的博弈也可以用来建立无矛盾性这个事实. 但,我们真正感兴趣的,乃是那些比较复杂而且真正有趣的博弈.[②]

(b) 范畴性(完备性):我们的公理不满足这个性质;这是因为,有许多不相同的博弈存在,它们都满足这些公理.参看上面提到的实例.

读者可以看到,在这种情形下,我们并不打算让公理具有范畴性,因为我们的公理必须用来定义一类事物(博弈),而不是唯一的一个事物.[③]

(c) 独立性:这是很容易建立的,但我们不去讨论它.

*10.3 关于公理的一般说明

关于我们的公理化,还有两点是需要说明的.

第一,我们的程序是按照古典的方法进行的,就是从直观上——经验上——已有的观念中得出一个精密的描述.博弈的概念存在于一般的经验里,而且实际上是以一种相当令人满意的形式存在的;但,要它适合于用严格的方法来处理,这种形式还是太模糊了.读者可以发现,这种不严密的地方是如何逐渐地被移去,"模糊地带"如何地被缩小,最后终于得到了一个精确的描述.

第二,我们希望,对于下面这个争论不决的论点,我们的公理化可以作为一个例子来说明它的真确性.这个论点是:有可能用数学的方法描述和讨论人的行为,这些行为其主要的因素属于心理方面.在我们现在的情况下,由于有必要分析意志的决定,分析这些决定是在怎样的情报的基础上进行的,并分析情报的集合(在不同的着时)之间的相互关系,这就引进了心理方面的因素. 这种相互关系的发生,是由于各情报集合之间有时间、因果的关系,而且局中人们之间会作出投机性的假定.

当然,还有许多——而且是非常重要的——心理因素我们还从未触及过,但一类主要取决于心理因素的现象已被公理化,这却是事实.

---

① 参看上引 Hilbert 的书;O. Veblen & J. W. Young:Projective Geometry,New York,1910;H. Weyl:Philosophie der Mathematik und Naturwissenschaften,in Handbuch der Philosophie,Munich,1927.

② 下面是最简单的博弈:$\nu=0$,Ω 只有一个元素,记为 π_0.在这里,$\mathfrak{B}_\kappa$,$\mathfrak{C}_\kappa(k)$,$\mathfrak{D}_\kappa(k)$都不存在,而 $\mathfrak{A}_\kappa$ 只有一个,即 $\mathfrak{A}_1$,它由单独一个 Ω 组成.对于 $k=1,\cdots,n$,定义 $\mathscr{F}_{(\pi_0)}=0$.这个博弈显然可以这样来描述:没有任何人做任何事情,而且没有任何事情发生.这也说明了无矛盾性在这里不是一个有趣的问题.

③ 在从逻辑上接近公理化的一般方法中,这是一个很重要的区别之点. 欧几里得的几何公理描述唯一的一个对象;而群论(在数学里)或理论力学(在物理学里)的公理所描述的对象则不是唯一的,这是因为有许多不相同的群和许多不相同的力学系统存在.

*10.4 图 示 法

10.4.1 要把代表一个博弈的许多分割用图形表示出来,是不容易的. 我们不预备系统地处理这个问题:即使是比较简单的博弈,也会引起复杂和混乱的图表;因此,就失去了通常图示法的优点.

不过,在某些情形下还是有可能运用图示法的;我们现在简单地介绍一下这些情形.

首先,根据 10.1.1 里的(10:1:h)(或由 10.1.2 里的(10:1:h*),即(10:1:h)的"意义"),$\mathfrak{A}_{\kappa+1}$ 显然是 $\mathfrak{A}_\kappa$ 的一个子分割. 这就是说,在分割的序列 $\mathfrak{A}_1,\cdots,\mathfrak{A}_\nu,\mathfrak{A}_{\nu+1}$ 里,每一项是它前面一项的子分割. 由此可见,至少这个性质能够用 8.3.2 里图 9 的方法画出来,即,用一个树表示出来.(图 9 在下述这一点上没有表出博弈的特征:由于假定了博弈 Γ 的长度是固定的,树的所有分支都必须伸展到最高点,参看下面 10.4.2 里的图 10.)我们不预备把 $B_\kappa(k)$,$\mathfrak{C}_\kappa(k)$ 和 $\mathfrak{D}_\kappa(k)$ 加入这个图里.

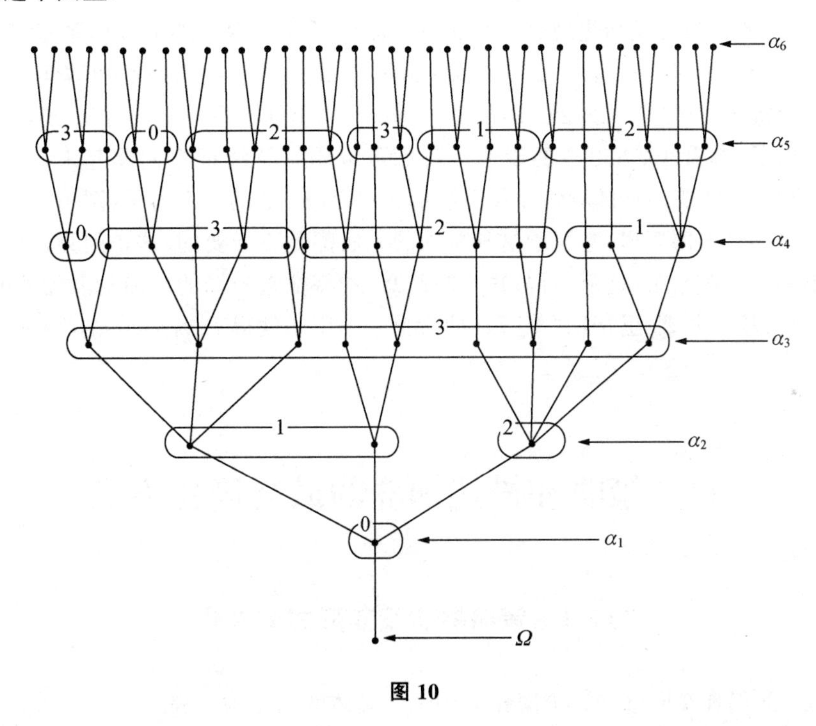

图 10

虽然如此,对于有一类博弈来说,序列 $\mathfrak{A}_1,\cdots,\mathfrak{A}_\nu,\mathfrak{A}_{\nu+1}$ 事实上说明了全部的情况. 这就是前备性和先现性为等价的这一重要的类——已在 6.4.1 中讨论过,还将在第三章的 15 里有更多的讨论. 在我们现在的形式体系里,这一类博弈的特征有一种很简单的表示法.

10.4.2 前备性和先现性等价的必要和充分条件是(如 6.4.1,6.4.2 的讨论和 6.4.3 的解释所表明的),每一局中人在进行"人的着"的时刻,知道这一局里已发生的全部事情. 设局中人是 k,"着"是 $\mathfrak{M}_\kappa$. $\mathfrak{M}_\kappa$ 是 k 的"人的着",这就是说,我们是处在 $B_\kappa(k)$ 之中. 因此,前备性和先现性等价的意义是:在 $B_\kappa(k)$ 里面,局中人 k 的情报形式与裁判员的情报形式重合;即,在 $B_\kappa(k)$ 里面,$\mathfrak{D}_\kappa(k)$ 与 $\mathfrak{A}_\kappa$ 相等. 但,$\mathfrak{D}_\kappa(k)$ 是 $B_\kappa(k)$ 中的一个分割,因此,上述说法的意义是:$\mathfrak{A}_\kappa$ 的

处于 $B_\kappa(k)$ 内的那个部分就是 $\mathfrak{D}_\kappa(k)$.

重述如下:

(10:A) 前备性和先现性等价——即,每一局中人在进行"人的着"的时刻,知道这一局里已发生的全部事情——的必要和充分条件是: $\mathfrak{D}_\kappa(k)$ 是 $\mathfrak{A}_\kappa$ 处于 $B_\kappa(k)$ 内的部分.

如果满足了这个条件,那么,根据 10.1.1 里的(10:1:c)和上面的讨论,$\mathfrak{D}_\kappa(k)$ 现在必须是 $\mathfrak{A}_\kappa$ 的一个子分割.对于"人的着",即,对于 $k=1,\cdots,n$,这个论点成立;而对于 $k=0$,结论直接从 10.1.1 的(10:1:b)得到.因此,根据 10.1.1 里的(10:1:h),可以推知(细节见 9.2.2),在 $B_\kappa(k)$ 中 $\mathfrak{A}_{\kappa+1}$ 与 $\mathfrak{C}_\kappa(k)$ 重合——对于一切 $k=0,1,\cdots,n$.(我们同样也可以应用 10.1.2 里的相应内容,即这些概念的"意义".我们把这个论断的文字表示工作留给读者去做.)但 $\mathfrak{C}_\kappa(k)$ 是 $B_\kappa(k)$ 中的一个分割;因此,上述论断的意义是: $\mathfrak{C}_\kappa(k)$ 是 $\mathfrak{A}_{\kappa+1}$ 处于 $B_\kappa(k)$ 内的部分.

重述如下:

(10:B) 如果(10:B)的条件被满足,则 $\mathfrak{C}_\kappa(k)$ 是 $\mathfrak{A}_{\kappa+1}$ 处于 $B_\kappa(k)$ 内的部分.

由此可见,如果前备性和先现性是等价的,那么,在我们现在的形式体系里,序列 $\mathfrak{A}_1,\cdots,\mathfrak{A}_\nu,\mathfrak{A}_{\nu+1}$ 和集合 $B_\kappa(k)$,$k=0,1,\cdots,n$,其中 $\kappa=1,\cdots,\nu$,完全地描述出我们的博弈.这就是说,要表示这样一个博弈,只要在 8.3.2 的图 9 里,把每个 $\mathfrak{A}_\kappa$ 里属于同一个集合 $B_\kappa(k)$ 的那些元素圈在一起就可以了(参看 10.4.1 里的说明).我们可以用一条线把它们圈起来,在围线上写明 $B_\kappa(k)$ 的 k.那些空的 $B_\kappa(k)$ 可以略去.我们给出 $\nu=5$ 和 $n=3$ 的一个例子(图 10).

在这一类的许多博弈里,甚至于这种特殊的方法都是不必要的,这是因为,对于每一个 κ,只有一个 $B_\kappa(k)$ 不是空的.这就是说,每一"着" $\mathfrak{M}_\kappa$ 的特征是与局的前面阶段无关的.[①]在这种情形下,只要在每一个 $\mathfrak{A}_\kappa$ 里指明"着" $\mathfrak{M}_\kappa$ 的特征——就是使得 $B_\kappa(k)\neq\ominus$ 的唯一的一个 $k=0,1,\cdots,n$.

11 策略和描述博弈的最终简化方式

11.1 策略概念及其形式体系化

11.1.1 我们现在回过来讨论博弈 Γ 的一个具体的局 π 的过程.

着 $\mathfrak{M}_\kappa$ 按照次序 $\kappa=1,\cdots,\nu$ 相继出现.在每一"着" $\mathfrak{M}_\kappa$ 里,要作出一个选择.这个选择或者由机会决定,如果局是处在 $B_\kappa(0)$ 之中;或者由一个局中人 $k=1,\cdots,n$ 来执行,如果局是处在 $B_\kappa(k)$ 之中.所谓选择,就是在 $\mathfrak{C}_\kappa(k)$($k=0$ 或 $k=1,\cdots,n$,见上句)里选一个 C_κ,这时的局已被局限到 $\mathfrak{C}_\kappa(k)$ 之中.如果选择是由一个局中人 k 来进行的,则一定要注意,在这个时刻,这个局中人的情报形式必须是 $\mathfrak{D}_\kappa(k)$.(在像桥牌和德国军棋这样的例子里,这个要求的满足可能会有些具体的困难;参看本章 6.4.2 之末和 9.2.3.)

① 国际象棋就是这样的.双陆的规则则使得它能够用两种方式来解释.

现在,我们设想,每一个局中人 $k=1,\cdots,n$ 不是在有了需要的时候才作出决定,而是在事先就对一切可能发生的情况作出了相应的决定;这就是说,局中人 k 在开始参加博弈时就有了一整套的计划:对于每一种可能的局面,对于他在那个时刻所能拥有的每一个可能的真正情报,只要与博弈的规则提供给他的情报形式相符,这个计划里指明他将采取怎样的选择.我们称这样的一个计划为一个策略.

应该注意到,如果我们要求每一个局中人在开始参加博弈时都有一整套这样的计划,即策略,我们绝没有限制了他行动的自由.特别是,我们并不因此就强迫他,对于一个具体的局的每一种实际情况,在比可供他利用的情报为少的基础上作出决定.这是因为,我们假定策略所指明的是:在一个具体的局里,每一个特殊的决定只是作为他能拥有的其正情报量的函数而出现的.我们的假定加在局中人身上的唯一负担,是属于脑力方面的:虽然他也许只参加一局,但却须对于一切可能发生的事件准备一套行为的准则.不过,在数学分析的范围内,这却是一个无害的假设条件(参看 4.1.2).

11.1.2 博弈的机会成分也可以按照同样的方法来处理.

很显然,由机会决定的选择,也就是"机会的着"的选择,的确没有必要在那些着到来的时候才去进行.一个裁判员可以在事先把一切都准备好,在不同的时刻,按照博弈的规则提供的情报,把结果在不同的程度内向局中人宣布.

不错,裁判员事先不知道哪些着是"机会的着",以及概率是多少;一般说,这些都依赖于局的具体进行过程.但——如同我们在上面考虑的策略的情况——他可以准备应付一切可能发生的情况:他可以在事先就决定,在每一个可能的"机会的着"时,对于局的每一种可能的先现过程,即对于这一着时每一种可能的裁判员真正情报,选择的结果应该是什么.在这些条件下,对于上面所说的每一种情况,博弈规则所规定的概率就完全确定了——这样,裁判员就可以按照适当的概率来实现每一次必要的选择.

然后,如上面所说的,裁判员可以把结果向局中人宣布——在适当的时刻并在适当的程度内.

对于一切可能"机会的着"的选择,这样一种事先的决定,我们称它是一个裁判员的选择.

我们在上一节里看到,以局中人 k 的策略来代替属于局中人 k 的一切"人的着"的选择,这样做是合法的;即,这样不会使博弈 Γ 的基本特征有所改变.很明显,我们现在以裁判员的选择来代替一切"机会的着"的选择,在同样的意义下也是合法的.

11.1.3 留下来的工作是要把策略和裁判员的选择这两个概念形式化.上面两节关于性质方面的讨论,为我们指出了明确的途径.

局中人 k 的一个策略应该做到下面所述的事情.考虑一个"着"$\mathfrak{M}_\kappa$.假定它是属于局中人 k 的"人的着"——即假定局是处在 $B_\kappa(k)$之中.考虑在这个时刻局中人 k 的一个可能的真正情报——即考虑 $\mathfrak{D}_\kappa(k)$的一个 D_κ.于是,上述策略必须决定他在这个时刻的选择——即,$\mathfrak{C}_\kappa(k)$中作为上述 $\mathfrak{D}_\kappa(k)$的子集合的一个 C_κ.

形式化,我们得到:

(11:A) 局中人 k 的一个策略是一个函数 $\Sigma_k(\kappa;D_\kappa)$,这个函数对于每一个 $\kappa=1,\cdots,\nu$ 和 $\mathfrak{D}_\kappa(k)$的每一个 D_κ 有定义,并且它的值

$$\Sigma_k(\kappa;D_\kappa)=C_\kappa$$

总具有下述性质: C_κ 属于 $\mathfrak{C}_\kappa(k)$,并且是 D_κ 的一个子集合.

策略——即满足上述条件的函数 $\Sigma_k(\kappa;D_\kappa)$——必定存在,这一事实与我们 10.1.1 里的公理(10:1:j)是一致的.

一个裁判员的选择应该做到下面所述的事情:

考虑一个"着"$\mathfrak{M}_\kappa$. 假定它是一个"机会的着"——即,假定局是处于 $B_\kappa(0)$之中. 考虑在这个时刻裁判员的一个可能的真正情报——即考虑 $\mathfrak{A}_\kappa$ 中作为 $B_\kappa(0)$的子集合的一个 A_κ. 于是,上述裁判员的选择必须决定在这个时刻的机会的选择——即,$\mathfrak{C}_\kappa(0)$中作为上述 A_κ 的子集合的一个 C_κ.

形式化,我们得到:

(11:B) 一个裁判员的选择是一个函数 $\Sigma_0(\kappa;A_\kappa)$,这个函数对于每一个 $\kappa=1,\cdots,\nu$ 和 $\mathfrak{A}_\kappa$ 中作为 $B_\kappa(0)$的子集合的每一个 A_κ 有定义,并且它的值

$$\Sigma_0(\kappa;A_\kappa)=C_\kappa$$

总具有下述性质: C_κ 属于 $\mathfrak{C}_\kappa(0)$,并且是 A_κ 的一个子集合.

关于裁判员的选择的存在性——即满足上述条件的函数 $\Sigma_0(\kappa;A_\kappa)$的存在性,参看上面(11:A)后的说明,以及 9.1.5 中最后一个注.

由于裁判员的选择的结果依赖于机会,必须指出相应的概率. 裁判员的选择是相互独立随机事件的一个集合. 如在 11.1.2 里所描述的,对于每一个 $\kappa=1,\cdots,\nu$ 和 $\mathfrak{A}_\kappa$ 中作为 $B_\kappa(0)$的子集合的每一个 A_κ,有这样的一个事件存在. 这就是说,对于 $\Sigma_0(\kappa;A_\kappa)$的定义域里的每一对 κ,A_κ,有一个这样的事件存在. 就这个事件而言,$\Sigma_0(\kappa;A_\kappa)=C_\kappa$ 的概率是 $p_\kappa(C_\kappa)$. 因此,由函数 $\Sigma_0(\kappa;A_\kappa)$表示的裁判员的整个选择,它的概率是各概率 $p_\kappa(C_\kappa)$的乘积.[①]

形式化,我们得到:

(11:C) 由函数 $\Sigma_0(\kappa;A_\kappa)$表示的裁判员的选择,它的概率是概率 $p_\kappa(C_\kappa)$的乘积,其中 $\Sigma_0(\kappa;A_\kappa)=C_\kappa$,并且 κ,A_κ 遍取 $\Sigma_0(\kappa;A_\kappa)$的整个定义域里的值(参看上面的(11:B)).

如果我们对所有的 κ,A_κ 考虑 10.1.1 里的条件(10:1:e),并把所有的概率乘起来,则我们得到下面的结果: (11:C)里的一切概率都$\geqslant 0$,并且它们的和(对一切裁判员的选择求和)是 1. 这是很自然的,因为一切裁判员的选择的全体是由互不相容而穷尽的可能事物组成的一个系统.

11.2 博弈的描述的最终简化

11.2.1 如果每一个局中人 $k=1,\cdots,n$ 采取了一种确定的策略,并且一种确定的裁判员的选择已被选定,则它们唯一地决定了一个局的整个过程,从而也决定了这一局对于每一个局中人 $k=1,\cdots,n$ 的结果. 根据这些概念的文字描述,这应该已是很清楚了;但我们也可以给出一个同样简单的形式的证明.

以 $\Sigma_k(\kappa;D_\kappa)$,$k=1,\cdots,n$,记上述策略,并以 $\Sigma_0(\kappa;A_\kappa)$记裁判员的选择. 我们将确定裁判员在一切时刻 $\kappa=1,\cdots,\nu,\nu+1$ 的真正情报. 为了避免与上面用到的变量 A_κ 相混淆,我们采用 $\bar{A}_\kappa$

① 讨论中的随机事件必须看作是相互独立的.

这个记号.

$\bar{A}_1$ 当然就等于 Ω 本身(参看 10.1.1 里的(10:1:f)).

现在,让我们来考察一个 $\kappa=1,\cdots,\nu$,并且假定,相应的 $\bar{A}_\kappa$ 是已知的. 于是,$\bar{A}_\kappa$ 是恰好一个 $B_\kappa(k)$的子集合,$k=0,1,\cdots,n$(参看 10.1.1 里的(10:1:a)). 若 $k=0$,则 $\mathfrak{M}_\kappa$ 是一个"机会的着",因而选择的结果是 $\Sigma_0(\kappa;\bar{A}_\kappa)$. 因此,$\bar{A}_{\kappa+1}=\Sigma_0(\kappa;\bar{A}_\kappa)$(参看 10.1.1 里的(10:1:h)以及 9.2.2 里的细节). 若 $k=1,\cdots,n$,则 $\mathfrak{M}_\kappa$ 是一个属于局中人 k 的"人的着". $\bar{A}_\kappa$ 是 $\mathfrak{D}_\kappa(k)$中恰好一个 $\bar{D}_\kappa$ 的子集合(参看 1 0.1.1 里的(10:1:d)). 因此,选择的结果是 $\Sigma_k(\kappa;\bar{D}_\kappa)$. 于是,$\bar{A}_{\kappa+1}=\bar{A}_\kappa\cap\Sigma_k(\kappa;\bar{D}_\kappa)$(参看 10.1.1 里的(10:1:h)以及 9.2.2 里的细节).

这样,我们用归纳法相继地确定了 $\bar{A}_1,\bar{A}_2,\bar{A}_3,\cdots,\bar{A}_\nu,\bar{A}_{\nu+1}$. 但是 $\bar{A}_{\nu+1}$ 是一个单元素集合(参看 10.1.1 里的(10:1:g));我们以 π 来记这个唯一的元素.

这个 π 就是实际上出现的"局".①因而这个局对于局中人 $k=1,\cdots,n$ 的结果就是 $\mathscr{F}_k(\pi)$.

11.2.2 由于所有局中人的策略与裁判员的选择合在一起就能确定具体的局,从而也能确定这一局对于每个局中人的结果,这就使我们有可能得到博弈 Γ 的一种新的更加简单的描述.

考虑一个给定的局中人 $k=1,\cdots,n$. 构成他的一切可能的策略,即 $\Sigma_k(\kappa;D_\kappa)$,或简记为 Σ_k. 它们的数目虽然非常大,但这个数目显然是有穷的. 以 β_k 表示这个数目,而以 $\Sigma_k^1,\cdots,\Sigma_k^{\beta_k}$ 表示策略本身.

类似地,构成一切可能的裁判员的选择,即 $\Sigma_0(\kappa;A_\kappa)$,或简记为 Σ_0. 它们的数目也是有穷的. 以 β_0 表示这个数目,而以 $\Sigma_0^1,\cdots,\Sigma_0^{\beta_0}$ 表示裁判员的选择. 以 $p^1,\cdots,p^{\beta_0}$ 分别表示它们的概率(参看 11.1.3 里的(11:C)). 这些概率全都$\geqslant 0$,而且它们的和是 1(参看 11.1.3 的末尾).

在所有的策略里作一个固定的选择,例如 $\Sigma_k^{\tau_k}$,其中

$$\tau_k = 1,\cdots,\beta_k,\quad k = 0,1,\cdots,n,$$

并且在裁判员的选择里作一个固定的选择,例如 $\Sigma_0^{\tau_0}$,其中

$$\tau_0 = 1,\cdots,\beta_0,$$

这就确定了"局"π(参看 11.2.1 的末尾),并且也确定了它对于每一个局中人 $k=1,\cdots,n$ 的结果 $\mathscr{F}_k(\pi)$. 这样,就可以写成

(11:1) $$\mathscr{F}_k(\pi)=\mathscr{G}_k(\tau_0,\tau_1,\cdots,\tau_n),\quad k=1,\cdots,n.$$

整个的"一局"现在是这样组成的:每一个局中人 k 所选择的一个策略 $\Sigma_k^{\tau_k}$,即一个数 $\tau_k=1,\cdots,\beta_k$;以及机会的裁判员按照概率 $p^1,\cdots,p^{\beta_0}$ 对于 $\tau_0=1,\cdots,\beta_0$ 所作的选择.

局中人 k 必须在这样的情况下选择他的策略,即,他的 τ_k:他没有关于其他局中人的选择的任何情报,也没有关于机会事件(裁判员的选择)的任何情报. 这个条件必须被满足,这是因为,他在任何时刻能够拥有的情报,都已包含在他的策略 $\Sigma_k=\Sigma_k^{\tau_k}$ 里,即,都已包含在函数 $\Sigma_k=\Sigma_k(\kappa;D_\kappa)$里(参看 11.1.1 的讨论). 即使他有一定的看法,认为其他局中人的策略有可能是这样或那样的,这些看法也应该已经包含在函数 $\Sigma_k(\kappa;D_\kappa)$里.

11.2.3 以上的分析表明,在 6.2.1 至 6.3.1 中最简单的原始结构的范围内,Γ 现在已恢

① 上面用归纳的方法导出 $\bar{A}_1,\bar{A}_2,\bar{A}_3,\cdots,\bar{A}_\nu,\bar{A}_{\nu+1}$,这恰好就是一局的具体进行过程在数学上的再现. 读者应该验证两者所含步骤的同一性.

复到它最简单的描述. 我们有 $n+1$ 个"着",其中一个是"机会的着",另外对于每一个局中人 $k=1,\cdots,n$有一个"人的着"——每一着包含固定数目的不同走法,"机会的着"是 β_0 个,"人的着"则是 $\beta_1,\cdots,\beta_n$ 个,而且每一局中人必须在完全不知道一切其他选择的结果的情况下作出他的选择.[①]

现在,我们甚至还可以把机会的着摆脱掉. 如果局中人们的选择已经出现,局中人 k 已经选择了 τ_k,则"机会的着"所能起的全部影响是这样的: 局对于局中人 k 的结果可以是下面这些数里的一个:

$$\mathcal{G}_k(\tau_0,\tau_1,\cdots,\tau_n),\quad \tau_0=1,\cdots,\beta_0,$$

它们的概率分别是 $p^1,\cdots,p^{\beta_0}$. 因此,他的结果的"数学期望"是

$$\mathcal{H}_k(\tau_1,\cdots,\tau_n)=\sum_{\tau_0=1}^{\beta_0}p^{\tau_0}\mathcal{G}_k(\tau_0,\tau_1,\cdots,\tau_n). \tag{11:2}$$

由于各个"着",包含"机会的着"在内,它们相互之间是完全隔离开来的,局中人对事物的判断必定是只受这个"数学期望"的指导.[②]这样,起作用的着就只是局中人 $k=1,\cdots,n$ 的 n 个"人的着"了.

因此,最终的描述如下:

(11:D)　n 人博弈 Γ,即,它的规则的整个体系,通过指出下面这些资料而确定:

(11:D:a)　对于每一个 $k=1,\cdots,n$: 一个数 β_k.

(11:D:b)　对于每一个 $k=1,\cdots,n$: 一个函数

$$\mathcal{H}_k=\mathcal{H}_k(\tau_1,\cdots,\tau_n),$$

$$\tau_j=1,\cdots,\beta_j,\quad j=1,\cdots,n.$$

Γ 的一局的过程是这样的:

每个局中人 k 选择一个数 $\tau_k=1,\cdots,\beta_k$. 每个局中人必须在完全不知道其他局中人的选择的情况下作出他的选择. 在所有的选择都已作出后,由一个裁判员来决定,局对于局中人 k 的结果是 $\mathcal{H}_k(\tau_1,\cdots,\tau_n)$.

11.3 策略在博弈的简化形式里的作用

11.3 应该注意,在这个方案里,并不需要任何种类的更进一步的"策略". 每个局中人有一个着,而且只有一个着;他必须在不知道任何其他事情的情况下来进行他的"着".[③]我们的问题化为现在这种严格和最终的形式,是通过从 11.1.1 起以后各节中的处理而完成的,在这

---

① 由于这 $n+1$ 个着之间有这种完全不相关联的性质,按照怎样的先后次序来安置它们就变成无关紧要了.

② 在这里我们采用未加修改的"数学期望"概念,因为我们满足于效用的简化概念,如在 5.2.2 的末尾所强调指出的. 这就排斥了所有那些更加精致的"期望"概念,它们事实上是用来改进最简单的效用概念的(例如,贝努里在"圣彼得堡诗论"里的"道德上的期望.")

③ 回到 11.1.1 里给出的策略的定义,就是: 在这个博弈里,局中人 k 有一个而且只有一个"人的着"$\mathfrak{M}_k$,它与局的进行过程无关. 在 $\mathfrak{M}_k$ 时,他必须在没有任何情报的情况下作出他的选择. 因此,他的策略只不过是对于"着"$\mathfrak{M}_k$ 的一个固定的选择——不多也不少;这就是说,选择一个 $\tau_k=1,\cdots,\beta_k$.

用分割来描述这个博弈,以及把上面的定义与 11.1.3 的(11:A)里策略的形式化定义进行比较,这些工作我们都留给读者去做.

些节里，我们实现了从原来的着到策略的转化.由于我们现在把那些策略本身都当作“着”来考虑，所以不需要再有更进一步的策略了.

11.4 零和条件的意义

11.4 作为本章讨论的结束，我们来确定零和博弈(参看 5.2.1)在我们的最终方案里的地位.

应用 11.1.1 里的记法，Γ 是一个零和博弈的意义是：

(11:3) 对于 Ω 里的一切 π，$\sum_{k=1}^{n}\mathscr{F}_k(\pi)=0.$

如果我们从 $\mathscr{F}_k(\pi)$ 转到在 11.2.2 意义下的 $\mathscr{G}_k(\tau_0,\tau_1,\cdots,\tau_n)$，则上式变为

(11:4) 对于一切 $\tau_0,\tau_1,\cdots,\tau_n$，$\sum_{k=1}^{n}\mathscr{G}_k(\tau_0,\tau_1,\cdots,\tau_n)=0.$

最后，如果我们引用在 11.2.3 意义下的 $\mathscr{H}_k(\tau_1,\cdots,\tau_n)$，则得到

(11:5) 对于一切 $\tau_1,\cdots,\tau_n$，$\sum_{k=1}^{n}\mathscr{H}_k(\tau_1,\cdots,\tau_n)=0.$

反过来，如果 Γ 是我们在 11.2.3 里定义的博弈，则(11:5)中的条件显然蕴涵 Γ 是一个零和博弈.

第三章　零和二人博弈：理论

· *Chapter Ⅲ　Zero-Sum Two-Person Games: Theory* ·

12　概　　述

12.1　一般观点

12.1.1　在上一章里，对于一般的 n 人博弈，我们得到了一个包括一切情况的形式化的描述(参看10.1). 随后我们建立了策略的精确概念，它使我们能够用一个形式简单得多的特殊博弈来代替博弈的相当复杂的一般方案，而且也证明了后者是与前者完全等价的(参看11.2). 在以后的讨论中，有时以采用一种形式较为方便，有时则以采用另一种形式较为方便. 因此，应该给它们以不同的名称. 我们分别称它们是广阔和正规化的形式.

由于这两种形式是严格等价的，我们完全有权在每一种场合下采用在技术上较为方便的一种形式. 事实上我们就打算这样做，为此，必须再度强调指出，这样做绝不会影响到我们一切讨论的绝对而一般的正确性.

实际上，正规化形式适于用来导出一般定理，而对于特殊情况的分析，则以采用广阔的形式更为方便；换一句话说，前者能够很好地用来建立一切博弈所共有的性质，而后者能够阐明各种博弈的特性的差别，以及决定这些差别的结构性特征(关于前者，参看本章的14，17；关于后者，可参看15).

12.1.2　由于一切博弈的形式化描述已经完成，我们现在必须转而建立一套正面的理论. 可以想象，为了这个目的，系统的讨论程序应该是从较简单的博弈逐步过渡到较复杂的博弈. 因此，我们预备按照博弈的复杂程度的递增次序来建立它们的理论.

我们已经按照参加者的数目把博弈分类——具有 n 个参加者的博弈叫作 n 人博弈，也按照博弈是否为零和的而分类. 这样，我们必须区分开零和 n 人博弈和一般的 n 人博弈. 以后我们将看到，一般的 n 人博弈与零和 $n+1$ 人博弈有密切的关联，事实上，前者的理论将作为后者理论的一个特殊情形而得出(参看第十一章的56.2.2).

12.2　一人博弈

12.2.1　我们首先对一人博弈作一些说明. 在正规化形式下，这种一人博弈是这样组成的：选择一个数 $\tau=1,\cdots,\beta$，然后（唯一的）局中人 1 得到 $\mathscr{H}(\tau)$[①]. 这时，零和的情形显然是一种空无一物的情形，[②]因而我们对它无需再作任何说明. 在一般的情形下，有一个一般的函数 $\mathscr{H}(\tau)$，而"最好"或"有理"的行为——即参加博弈的方式——显然是这样的：局中人 1 将选择 $\tau=1,\cdots,\beta$ 使 $\mathscr{H}(\tau)$ 为最大.

一人博弈能够用这种极端简单化的方式来描述，当然是由于我们的变量 τ 所表示的并不是一个选择（在一个着里），而是局中人的策略；这就是说，对于在一局的进行过程里能够出现的一切可能情况，它表出了他对待这些情况的方法的一整套"理论". 应该记住，即使是一个一人博弈，它的形式也可能是很复杂的：它可以同时包含"机会的着"以及"人的着"（属于唯一的局中人），每一种"着"都含有数目非常大的不同走法，而且，在任何一个特定的"人的着"时，可资局中人采用的情报数量，也可以按照任何预先指定的方式变化.

12.2.2 可以举出许多种一人独玩的游戏，它们的形式都是非常复杂和细致的. 然而，有一种重要的情形，就我们所知，在通常的单人游戏中却找不到它的例子. 这就是不完全情报的情形，也就是，在属于唯一局中人的不同的"人的着"之间，先现性与前备性不等价的情形（参看 6.4）. 在这种情形下，必须是：局中人有两个"人的着"$\mathfrak{M}_\kappa$ 和 $\mathfrak{M}_\lambda$，在每个"着"时，他不知道另一"着"的选择的结果. 这种情报不完全的情况是不容易做到的；但我们在 6.4.2 里讨论过，通过把局中人"分割"成两个或更多个利害相同而情报的交换是不完全的人，就可以做到这一点. 我们在那里看到，桥牌就是在二人博弈里的这样一个例子；不难构造一个类似的一人博弈，但不幸"单人游戏"的种种已知形式都不属于这种类型. [③]

这种情形对于某些经济组织来说却有其实际的意义. 例如，在一个严格地建立起来的共产主义社会里，分配方案的决定是毋庸争论的（即交换已经消灭，只有一个转嫁社会产品的机构）. 在这样的社会里，一切成员的利害都是绝对一致的，[④]因此，必须把这种组织看作一个一人博弈. 然而，由于在成员之间的联系方面存在种种不完全的可能性，所以一切种类的不完全情报都有可能出现.

由此可见，只要坚持应用策略（即计划）的概念，上述情形就很自然地化为一个简单的最大值问题. 在我们以前的讨论的基础上，现在可以看出，在这种情形里，也只在这种情形里，是适于用经济学里的最大值形式——即"鲁滨逊"形式——来描述的.

12.2.3 以上的讨论也说明，纯粹用最大值——即"鲁滨逊"——的方式来接近问题的实质是有局限性的. 上面关于严格建立和分配方案不容置疑的社会的例子表明，在这种情况下要对分配方案本身进行合理的鉴定是不可能的. 为了使它成为一个最大值问题，必须把整个分配方案包括在博弈的规则内，这种规则是绝对的、不可侵犯的、不容批评的. 而为了使它进入竞争的领域——即博弈的策略——内，则必须考虑当 $n\geqslant 2$ 时的 n 人博弈，从而放弃问题的简单极大化的一面.

---

① 参看第二章的 11.2.3 中的(11:D:a)和(11:D:b). 我们在这里把脚标 1 略去了.

② 这时 $\mathscr{H}(\tau)=0$，参看 11.4.

③ 已有的"双重单人游戏"都是在两个参加者之间的竞争性游戏，即都是二人博弈.

④ 不能把每个成员本人看作局中人，这是因为，在成员之间没有任何利害的矛盾，也不存在若干个成员合伙对待其他成员的可能性.

12.3 机会和概率

12.3 在继续进行讨论以前,我们愿意提到这样一点:在广博的“数学游戏”的文献——大部分是在18和19世纪里发展起来的——里所讨论的,主要只是已被我们撇开的那一方面的问题.这就是关于机会因素的影响的确定.当然,是由于概率计算特别是数学期望概念的发现和适当的应用,才使我们有可能摆脱了机会影响的问题.我们是在第二章11.2.3的讨论中完成这项工作的.[①][②]

因此,对于这一类的博弈,其中的数学问题只是计算机会所起的作用——即计算概率和数学期望,我们不再感兴趣.这样的博弈有时会导致概率论中很有趣的习题;[③]但我们希望读者会同意我们的看法,即它们不属于纯博弈论的范畴.

12.4 下一步的任务

12.4 我们现在转向较复杂博弈的分析.一般的一人博弈既已处理完毕,剩下的博弈里最简单的一种就是零和二人博弈了.我们首先就来讨论这种博弈.

在这以后,先讨论一般的二人博弈或是零和三人博弈,这其间有一个选择的余地.将会看到,我们的讨论所用的技巧,使我们有必要先来处理零和三人博弈;然后,我们将把理论扩充到零和 n 人博弈(对于一切 $n=1,2,3,\cdots$);其次,才适宜于进行对一般 n 人博弈的探讨.

13 函项运算

13.1 基本定义

13.1.1 如在12.4中所述的,我们的下一任务是对零和二人博弈进行详尽的讨论.为了做好这件工作,有必要比我们以前更广泛地引用函项运算——或至少其中的某些部分——的符号体系.我们所需要的概念是函数、变量、最大和最小的概念,并把最大和最小当作函数运算来应用.这一切都需要一定的解释和说明,现在就来给出这些解释.

在此以后,我们要证明一些定理,它们是关于最大、最小及由二者组合成的鞍值的定

① 当然,我们丝毫也没有贬低这些发现的重大意义的企图.正是由于它们的伟大的作用,才使我们有可能用非常简洁的方式来处理问题的这一方面.我们感兴趣的乃是问题中不能够单独用概率概念来解决的那些方面;因而,我们的注意力必须放在这些方面,而不是放在那些已得到完满解决的方面.

② 关于数学期望的应用与数值效用概念之间的关系,参看3.7以及该节前面的讨论.

③ 某些博弈,例如轮盘赌,它们的性质甚至更加奇特.在轮盘赌里,赌徒的数学期望显然是负数.因此,如果把能够收回的金钱与效用等同起来,则参加这种赌博的动机是不可理解的.

理.这些定理将在零和二人博弈的理论里起重要的作用.

13.1.2 一个函数 ϕ 是一个依从关系,它指出怎样从某些事物 $x,y,\cdots$——称为 ϕ 的变量——确定出一个事物 u——称为 ϕ 的值.从这个定义可知,u 由 ϕ 以及 $x,y,\cdots$ 确定,而这个确定的规则——即依从关系——则用下面的方程来表示：

$$u=\phi(x,y,\cdots).$$

在原则上,应该区别开函数 ϕ 本身——它是一个抽象的东西,只包含 $u=\phi(x,y,\cdots)$ 对于 $x,y,\cdots$ 的一般依从关系——以及它对于任何特定的 $x,y,\cdots$ 时的值 $\phi(x,y,\cdots)$.不过,在数学的实际用法上,为了用起来方便,常常把 ϕ 写成 $\phi(x,y,\cdots)$——但在这里 $x,y,\cdots$ 是不确定的(参看下面的例(c)至(e);(a)与(b)的情况更加坏些,参看下页注①).

为要描述函数 ϕ,当然——先不说别的——必须指出它的变量 $x,y,\cdots$ 的数目.于是有单变量函数 $\phi(x)$,二变量函数 $\phi(x,y)$,等等.

下面是几个例子：

(a) 算术运算 $x+1$ 和 x^2 都是单变量函数.①

(b) 加法和乘法的算术运算,$x+y$ 和 xy,它们都是二变量函数.②

(c) 对于任意一个固定的 k,9.2.4 里的 $\mathscr{F}_k(\pi)$ 是单变量(即 π)的一个函数.但它也可以看作一个二变量(k 和 π)的函数.

(d) 对于任意一个固定的 k,第二章 11.1.3 的(11:A)里的 $\Sigma_k(\kappa,D_\kappa)$ 是一个二变量(κ 和 D_κ)的函数.③

(e) 对于任意一个固定的 k,第二章 11.2.3 里的 $\mathscr{H}_k(\tau_1,\cdots,\tau_n)$ 是一个 n 变量($\tau_1,\cdots,\tau_n$)的函数.④

13.1.3 为要描述一个函数,也需要指出,对于变量 $x,y,\cdots$ 的哪些特定的选择,它的值 $\phi(x,y,\cdots)$ 才有定义.$x,y,\cdots$ 的这些选择——即这些组合——形成 ϕ 的定义域.

函数的定义域是多种多样的,它们可以由算术上的或分析上的事物组成,也可以由其他事物组成.下面是上节例(a)至(e)里的定义域：

(a) 我们可以认为定义域由全体整数组成,也可以认为由全体实数组成.

(b) 定义域可以由(a)中任何一类数的一切数对组成.

(c) 定义域是集合 Ω,它由表示博弈 Γ 的局的一切 π 组成(参看第二章 9.11 和 9.2.4).

(d) 定义域由一个正整数 κ 和一个集合 D_κ 的对偶组成.

(e) 定义域由正整数的某些系统组成.

如果函数 ϕ 的变量是正整数,则称它是一个算术函数;如果变量是实数,则称它是一个数值函数;如果变量是集合(例如(d)里的 D_κ),则称它是一个集合函数.

在目前,我们感兴趣的主要是算术和数值函数.

作为本节的结束,我们指出一件事实,它是从我们的函数概念推得到的.这就是：函数是由变量的数目、定义域以及函数值对于变量的依从关系构成的：如果两个函数 ϕ 与 ψ 具

---

① 虽然它们并不以上面的典型形式 $\phi(x)$,$\phi(x,y)$ 而出现.

② 同上.

③ 我们也可以把(d)和(e)里的 k 看作变量,就像在(c)里一样.

④ 同上.

有同样的变量 $x,y,\cdots$,同样的定义域,而且在整个定义域里有 $\phi(x,y,\cdots)=\psi(x,y,\cdots)$,则 ϕ 和 ψ 在一切方面是恒等的.[①]

13.2 运算 Max 和 Min

13.2.1 设 ϕ 是一个函数,它的值

$$\phi(x,y,\cdots)$$

是实数.

首先假定 ϕ 是单变量函数.如果能够这样选择它的变量,例如 $x=x_0$,使得对于一切其他的选择 x',有 $\phi(x_0)\geqslant\phi(x')$,则说 ϕ 具有**最大值** $\phi(x_0)$,并说它在 $x=x_0$ **取得**最大值.

我们注意到,这个最大值是唯一确定的,即,可以对于不止一个 x_0 在 $x=x_0$ 取得最大值,但它们必须得出同一个值 $\phi(x_0)$.[②]我们以 $\mathrm{Max}\,\phi(x)$ 记这个值,称为 $\phi(x)$ 的**最大值**.

如果把 $\geqslant$ 换成 $\leqslant$,就得到 ϕ 的**最小值** $\phi(x_0)$ 的概念,并说 ϕ 在 x_0 **取得**最小值.同样,也可以有不止一个这样的 x_0,但它们必须得出同一个值 $\phi(x_0)$.我们以 $\mathrm{Min}\,\phi(x)$ 记这个值,称为 $\phi(x)$ 的**最小值**.

我们注意到,$\mathrm{Max}\,\phi(x)$ 或 $\mathrm{Min}\,\phi(x)$ 不一定存在.[③]不过,若 ϕ 的定义域——变量遍历域中的元素——只由有穷多个元素组成,则

$$\mathrm{Max}\,\phi(x)\text{和}\ \mathrm{Min}\,\phi(x)\text{显然都存在.}$$

我们要讨论的函数,事实上绝大部分都属于这种情形.[④]至于其他的函数,由它们的连续性及其定义域的几何上的限制条件,直接可以推出 Max 和 Min 的存在性.[⑤]总之,我们只限于讨论 Max 和 Min 都存在的函数.

13.2.2 现在,假设 ϕ 有任意个数目的变量 $x,y,z,\cdots$.我们划出一个变量,例如 x,而把其余的变量 $y,z,\cdots$ 当作常量,这样就可以把 $\phi(x,y,z,\cdots)$ 看做单变量 x 的函数.因此,如同在 13.2.1 里一样,对于这个 x,我们可以形成 $\mathrm{Max}\,\phi(x,y,z,\cdots)$ 和 $\mathrm{Min}\,\phi(x,y,z,\cdots)$.

由于我们也可以对任一个其他的变量 $y,z,\cdots$ 做到这一点,有必要指明,运算 Max 和 Min 是施行在变量 x 上的.为了这个目的,我们把不完全的表示式 $\mathrm{Max}\,\phi$ 和 $\mathrm{Min}\,\phi$ 改写成 $\mathrm{Max}_x\,\phi(x,y,z,\cdots)$ 和 $\mathrm{Min}_x\,\phi(x,y,z,\cdots)$.这样,我们就可以把运算子 Max_x,Min_x,Max_y,Min_y,Max_z,Min_z,$\cdots$ 中的任意一个施行到函数 $\phi(x,y,z,\cdots)$ 上.这些运算子都互不相同,我们的记法是不会产生歧义的.

---

① 函数概念与集合概念很相似,上面所述应该与 8.2 里的解释对比着看.

② 证明:假设有两个这样的 x_0,例如 x'_0 和 x''_0.我们有 $\phi(x'_0)\geqslant\phi(x''_0)$ 和 $\phi(x''_0)\geqslant\phi(x'_0)$.因此,$\phi(x'_0)=\phi(x''_0)$.

③ 例如,若 $\phi(x)\equiv x$ 以全体实数为其定义域,则 $\mathrm{Max}\,\phi(x)$ 和 $\mathrm{Min}\,\phi(x)$ 都不存在.

④ 典型的例子:第二章 11.2.3(或 13.1.2 的(e))里的函数 $\mathscr{H}_k(\tau_1,\cdots,\tau_n)$,14.1.1 里的函数 $\mathscr{H}(\tau_1,\tau_n)$.

⑤ 典型的例子:17.4 里的函数 $K(\boldsymbol{\xi},\boldsymbol{\eta})$,$\mathrm{Max}_{\boldsymbol{\xi}}K(\boldsymbol{\xi},\boldsymbol{\eta})$,$\mathrm{Min}_{\boldsymbol{\eta}}K(\boldsymbol{\xi},\boldsymbol{\eta})$.17.5.2 里的函数 $\mathrm{Min}_{\tau_2}\sum_{\tau_1=1}^{\beta_1}\mathscr{H}(\tau_1,\tau_2)\xi_{\tau_1}$,$\mathrm{Max}_{\tau_1}\sum_{\tau_2=1}^{\beta_2}\mathscr{H}(\tau_1,\tau_2)\eta_{\tau_2}$.这些函数的变量是 $\boldsymbol{\xi}$ 和 $\boldsymbol{\eta}$,或者是二者之一,其后的最大值和最小值就是对它们而形成的.

在第九章的 46.2.1,特别是在那一节的注里,讨论了另一个例子.在那里我们讨论到这一问题的数学背景及其有关文献.我们在这里没有必要涉及它们,因为上面提出的都是初等的例子.

即使是对单变量函数，这种记法也有它的优点，我们就预备采用这种记法；这就是说，我们将以 $\mathrm{Max}_x\,\phi(x)$ 和 $\mathrm{Min}_x\,\phi(x)$ 来代替 13.2.1 里的 $\mathrm{Max}\,\phi(x)$ 和 $\mathrm{Min}\,\phi(x)$.

有时候，明白地指出构成最大值或最小值的域 S 是很方便，甚至很有必要的. 例如，有时函数 $\phi(x)$ 在 S 以外的(某些) x 也有定义，但只要求在 S 以内取它的最大或最小值. 在这种情形下，我们以

$$\mathrm{Max}_{x\in S}\,\phi(x),\ \mathrm{Min}_{x\in S}\,\phi(x)$$

来代替 $\mathrm{Max}_x\,\phi(x)$，$\mathrm{Min}_x\,\phi(x)$.

在某些其他情形下，枚举出 $\phi(x)$ 的值——例如 $a,b,\cdots$——也许比把 $\phi(x)$ 表成一个函数更简单些. 这时，我们以 $\mathrm{Max}(a,b,\cdots)$，$\mathrm{Min}(a,b,\cdots)$ 来代替 $\mathrm{Max}_x\,\phi(x)$，$\mathrm{Min}_x\,\phi(x)$. ①

13.2.3 我们注意到，$\phi(x,y,z,\cdots)$ 是变量 $x,y,z,\cdots$ 的函数，而 $\mathrm{Max}_x\,\phi(x,y,z,\cdots)$ 和 $\mathrm{Min}_x\,\phi(x,y,z,\cdots)$ 仍是函数，但它们的变量只有 $y,z,\cdots$. 纯粹从表面形式上看，x 仍在 $\mathrm{Max}_x\,\phi(x,y,z,\cdots)$ 和 $\mathrm{Min}_x\,\phi(x,y,z,\cdots)$ 中出现，但它已不再是这些函数的变量了. 我们说，运算 Max_x 和 Min_x 使作为它们的脚标的变量 x **消失**. ②

由于 $\mathrm{Max}_x\,\phi(x,y,z,\cdots)$ 和 $\mathrm{Min}_x\,\phi(x,y,z,\cdots)$ 是变量 $y,z,\cdots$ 的函数，③我们可以继续构成表示式

$$\mathrm{Max}_y\,\mathrm{Max}_x\,\phi(x,y,z,\cdots),\ \mathrm{Max}_y\,\mathrm{Min}_x\,\phi(x,y,z,\cdots),$$
$$\mathrm{Min}_y\,\mathrm{Max}_x\,\phi(x,y,z,\cdots),\ \mathrm{Min}_y\,\mathrm{Min}_x\,\phi(x,y,z,\cdots),$$

同样也可以构成

$$\mathrm{Max}_x\,\mathrm{Max}_y\,\phi(x,y,z,\cdots),\ \mathrm{Max}_x\,\mathrm{Min}_y\,\phi(x,y,z,\cdots),$$

等等；④也可以用 x,y 以外的两个变量(如果有的话)；或者用两个以上的变量(如果有的话).

总之，在施行了与 $\phi(x,y,z,\cdots)$ 中变量数目相同次数的 Max 或 Min 的运算后(按照任何次序和组合，但每次恰好只对变量 $x,y,z,\cdots$ 中的一个施行)，我们得到不含任何变量的一个函数，即一个**常量**.

13.3 关于可交换性的问题

13.3.1 在 13.2.3 里的讨论的基础上，有可能完全把 Max_x，Min_x，Max_y，Min_y，Max_z，Min_z，…看作**函数运算**，每一个运算使一个函数变为另一个函数. ⑤我们已经看到，我们可以相继地施行若干个这样的运算. 在这种情形下，一看就知道，施行运算的先后次序是有关系的.

但事实上是否真有关系呢？确切地说：如果把两个运算施行到同一个对象上，若它们的次序无关紧要，则说这两个运算是**可交换**的. 现在我们要问：所有的运算 Max_x，Min_x，Max_y，Min_y，Max_z，Min_z，…，它们相互之间是否都是可交换的？

---

① 当然，$\mathrm{Max}(a,b,\cdots)$ 和 $\mathrm{Min}(a,b,\cdots)$ 只不过是数 $a,b,\cdots$ 中最大和最小的一个.

② 在数学分析里，定积分是使一个变量 x 消失的熟知的运算：$\phi(x)$ 是 x 的函数，但 $\int_0^1 \phi(x)\mathrm{d}x$ 是一个常量.

③ 在 13.2.2 里，我们把 $y,z,\cdots$ 看作固定的参数. 但 x 既已消失，我们又使 $y,z,\cdots$ 恢复为变量.

④ 我们注意到，如果施行两次或更多次运算，首先施行的是最里面的一个，它使它的变量消失；然后再施行其次一个运算，依此类推.

⑤ 新的函数减少了一个变量，因为每一个运算使一个变量消失.

我们即将回答这个问题.为了这个目的,我们只需用到两个变量,例如 x 和 y,这样,就没有必要假定函数 ϕ 具有 x,y 以外的变量.①

因此,我们来考虑一个二变量的函数 $\phi(x,y)$.关于可交换性的主要问题显然是这样的:

下面三个等式,哪几个能够普通地成立:

(13:1) $\quad \mathrm{Max}_x\ \mathrm{Max}_y\ \phi(x,y)=\mathrm{Max}_y\ \mathrm{Max}_x\ \phi(x,y)$,

(13:2) $\quad \mathrm{Min}_x\ \mathrm{Min}_y\ \phi(x,y)=\mathrm{Min}_y\ \mathrm{Min}_x\ \phi(x,y)$,

(13:3) $\quad \mathrm{Max}_x\ \mathrm{Min}_y\ \phi(x,y)=\mathrm{Min}_y\ \mathrm{Max}_x\ \phi(x,y)$.②

我们将看到,(13:1)和(13:2)成立,而(13:3)则不成立;这就是说,任意两个 Max 或任意两个 Min 是可交换的,而一个 Max 和一个 Min 一般说来是不可交换的.我们还将得出一个判断的准则,它能够确定,Max 和 Min 在怎样的特殊情况下是可交换的.

这个关于 Max 和 Min 的可交换性的问题,将在零和二人博弈理论里起决定性的作用(参看本章 14.4.2 和 17.6).

13.3.2 让我们首先来考虑(13:1).在直观上应该很清楚,如果我们把 x 和 y 合在一起看作一个变量,则 $\mathrm{Max}_x\ \mathrm{Max}_y\ \phi(x,y)$ 就是 $\phi(x,y)$ 的最大值;这就是说,对于适当的 x_0,y_0,有 $\phi(x_0,y_0)=\mathrm{Max}_x\ \mathrm{Max}_y\ \phi(x,y)$,而且,对于一切 x',y',有 $\phi(x_0,y_0)\geqslant\phi(x',y')$.

如果仍然需要一个数学的证明,我们给出如下:选择 x_0 使得 $\mathrm{Max}_y\ \phi(x,y)$ 在 $x=x_0$ 取得它的 x—最大值,然后选择 y_0 使得 $\phi(x_0,y)$ 在 $y=y_0$ 取得它的 y—最大值.于是有

$$\phi(x_0,y_0)=\mathrm{Max}_y\ \phi(x_0,y)=\mathrm{Max}_x\ \mathrm{Max}_y\ \phi(x,y),$$

而且,对于一切 x',y',有

$$\phi(x_0,y_0)=\mathrm{Max}_y\ \phi(x_0,y)\geqslant\mathrm{Max}_y\ \phi(x',y)\geqslant\phi(x',y').$$

这就完成了证明.

互换 x,y,我们看到,如果把 x,y 看作一个变量,则 $\mathrm{Max}_y\ \mathrm{Max}_x\ \phi(x,y)$ 也是 $\phi(x,y)$ 的最大值.

由此可见,(13:1)的两端具有同样的特性,因此二者相等.这就证明了(13:1).

只要把所有的$\geqslant$都换成$\leqslant$,则用在 Max 上的论点可以逐字逐句地同样用在 Min 上.这就证明了(13:2).

这种把两个变量看作一个变量的方法,有时是很有用的.当我们这样用的时候(例如,在 18.2.1 里,其中的 $\tau_1,\tau_2,\mathscr{H}(\tau_1,\tau_2)$ 就是我们现在的 $x,y,\phi(x,y)$),我们将写成 $\mathrm{Max}_{x,y}\ \phi(x,y)$ 和 $\mathrm{Min}_{x,y}\ \phi(x,y)$.

13.3.3 到了这里,介绍一下图形的解释,会是很有用的.假设 $\phi(x,y)$ 的定义域是一个有穷集合.为了简单起见,以 $1,\cdots,t$ 表示 x(在上述定义域内)所能取的值,以 $1,\cdots,s$ 表示 y 所能取的值.这样,对应于定义域内的一切 x,y——即,$x=1,\cdots,t$,$y=1,\cdots,s$ 的一切组合,$\phi(x,y)$ 的值可以排列在一个矩形的图表里:用一个 t 行 s 列的矩形,以数 $x=1,\cdots,t$ 表示行;并以数 $y=1,\cdots,s$表示列.在第 x 行和第 y 列交界——简称为 x,y——的地位,我们可写出函数值 $\phi(x,y)$(图 11).这种表格在数学里称为**矩阵**,它事实上表示了函数 $\phi(x,y)$ 的一切特征.特定值

① 如果 ϕ 还有其他的变量,则这些变量在我们的分析里可以当作常量来处理.

② $\mathrm{Min}_x\ \mathrm{Max}_y$ 这个组合不需要另加讨论,因为它可以通过在 $\mathrm{Max}_x\ \mathrm{Min}_y$ 的等式里把 x,y 互换而得到.

$\phi(x,y)$称为**矩阵元素**.

	1	2	……	y	……	s
1	$\phi(1,1)$	$\phi(1,2)$	……	$\phi(1,y)$	……	$\phi(1,s)$
2	$\phi(2,1)$	$\phi(2,2)$	……	$\phi(2,y)$	……	$\phi(2,s)$
⋮	⋮	⋮		⋮		⋮
x	$\phi(x,1)$	$\phi(x,2)$	……	$\phi(x,y)$	……	$\phi(x,s)$
⋮	⋮	⋮		⋮		⋮
t	$\phi(t,1)$	$\phi(t,2)$	……	$\phi(t,y)$	……	$\phi(t,s)$

图 11

由于 $\mathrm{Max}_y\,\phi(x,y)$是 $\phi(x,y)$在第 x 行里的最大值,因此

$$\mathrm{Max}_x\,\mathrm{Max}_y\,\phi(x,y)$$

是各行的最大值里的最大值.另一方面

$$\mathrm{Max}_x\,\phi(x,y)$$

是 $\phi(x,y)$在第 y 列里的最大值,因此

$$\mathrm{Max}_y\,\mathrm{Max}_x\,\phi(x,y)$$

是各列的最大值里的最大值,我们在 13.3.2 里关于(13:1)的断言,现在可以这样来叙述:各行的最大值里的最大值等于各列的最大值里的最大值;二者都等于 $\phi(x,y)$在矩阵里的绝对最大值.至少是在这种形式下,这些断言在直观上应该是很明显的.类似地,如果把 Max 换成 Min,就得到关于(13:2)的断言.

13.4 混合情形.鞍点

13.4.1 现在,我们来考虑(13:3).沿用 13.3.3 中的术语,(13:3)的左端是各行的最小值里的最大值,而右端则是各列的最大值里的最小值.这两个数都不是绝对最大值,也都不是绝对最小值,因此,并没有很明显的根据认为在一般情形下它们应该相等.事实上,它们并不总是相等.在图 12、13 里,我们给出两个函数,其中上面说的两个数不相等.在图 14 里给出的函数,这两个数则是相等的.(这些图表都应按照 13.3.3 的说明以及图 11 的意义来了解.)

这些图表——以及关于 Max 与 Min 可交换性的整个问题——将在零和二人博弈理论中起主要的作用.事实上,我们将会看到,它们代表某些博弈,这些博弈是上述理论的一些重要情形的典型例子(参看第四章的 18.1.2).在目前,我们只想就它们本身来讨论,而不涉及它们在那些方面的任何应用.

$t=s=2$

	1	2	行的最小值
1	1	−1	−1
2	−1	1	−1
列的最大值	1	1	

行的最小值里的最大值 = −1
列的最大值里的最小值 = 1

图 12

$t=s=3$

	1	2	3	行的最小值
1	0	−1	1	−1
2	1	0	−1	−1
3	−1	1	0	−1
列的最大值	1	1	1	

行的最小值里的最大值 = −1
列的最大值里的最小值 = 1

图 13

$t=s=2$

	1	2	行的最小值
1	−2	1	−2
2	−1	2	−1
列的最大值	−1	2	

行的最小值里的最大值 = −1
列的最大值里的最小值 = −1

图 14

13.4.2 由于(13:3)既不是一般地成立,也不是一般地不成立,有必要对它的两端

(13:4) $$\mathrm{Max}_x\ \mathrm{Min}_y\ \phi(x,y), \quad \mathrm{Min}_y\ \mathrm{Max}_x\ \phi(x,y)$$

之间的关系进行更全面的讨论.上面的图 12 至图 14 在某种程度上说明了(13:3)的性质,这些图对一般的情形提供了一些线索.明确地说:

(13:A) 在三个图里,(13:3)的左端(即(13:4)的第一个式子)都≤(13:3)的右端(即(13:4)的第二个式子).

(13:B) 在图 14——其中(13:3)成立——的矩阵里,有一个地位同时包含它的行里的最小值和列里的最大值(就是元素 −1,在矩阵的左下角).在图 12 和图 13 里,其中(13:3)不成立,这样的元素不存在.

为了讨论的方便,我们引进关于(13:B)中所述元素的一个一般概念.

下面就是其定义:设 $\phi(x,y)$ 是一个任意的二变量函数.如果 $\phi(x,y_0)$ 在 $x=x_0$ 取最大值,同时 $\phi(x_0,y)$ 在 $y=y_0$ 取最小值,则说 x_0,y_0 是 ϕ 的一个**鞍点**.

我们采用**鞍点**这个名称的理由是这样的:把以一切 $x,y(x=1,\cdots,t,y=1,\cdots,s)$ 为元素的矩阵(参看图 11)想象成一幅地形图,在 x,y 这个地位上的山的高度就是 $\phi(x,y)$ 的值.这样,鞍点 x_0,y_0 的定义事实上描写出在这一点(即在这个地位上)有一个鞍形;行 x_0 就是山脊,而列 y_0 则是跨过这个山脊的道路(从山谷到山谷的道路).

在 13.5.2 里的公式(13:C*)也符合于这种解释.[①]

13.4.3 图 12 和图 13 表明,一个 ϕ 可以根本没有鞍点. 另一方面,可以想象,ϕ 也可能具有不止一个鞍点. 但在一切鞍点 x_0, y_0——如果存在——必须得出同一个值 $\phi(x_0, y_0)$.[②]我们以 $\mathrm{Sa}_{x/y}\,\phi(x,y)$ 表示这个值——如果存在,称为 $\phi(x,y)$ 的鞍值.[③]

我们现在写出(13:A)和(13:B)所指出事实的一般化的定理. 我们以(13:A*)和(13:B*)来表示它们,并且强调指出,这两个公式对一切函数 $\phi(x,y)$ 都成立.

(13:A*) 永远有

$$\mathrm{Max}_x\,\mathrm{Min}_y\,\phi(x,y) \leqslant \mathrm{Min}_y\,\mathrm{Max}_x\,\phi(x,y).$$

(13:B*) $$\mathrm{Max}_x\,\mathrm{Min}_y\,\phi(x,y) = \mathrm{Min}_y\,\mathrm{Max}_x\,\phi(x,y)$$

的必要和充分条件是: ϕ 的鞍点 x_0, y_0 存在.

13.5 主要事实的证明

13.5.1 我们首先对每一个函数 $\phi(x,y)$ 定义两个集合 A^ϕ 和 B^ϕ. $\mathrm{Min}_y\,\phi(x,y)$ 是 x 的函数;设这个函数在 $x=x_0$ 时取最大值,我们以 A^ϕ 表示由一切这样的 x_0 组成的集合. $\mathrm{Max}_x\,\phi(x,y)$ 是 y 的函数;设这个函数在 $y=y_0$ 时取最小值,我们以 B^ϕ 表示由一切这样的 y_0 组成的集合.

现在,我们来证明(13:A*)和(13:B*).

(13:A*)的证明: 在 A^ϕ 里选一个 x_0,B^ϕ 里选一个 y_0. 于是有

$$\mathrm{Max}_x\,\mathrm{Min}_y\,\phi(x,y) = \mathrm{Min}_y\,\phi(x_0,y) \leqslant \phi(x_0,y_0)$$
$$\leqslant \mathrm{Max}_x\,\phi(x,y_0) = \mathrm{Min}_y\,\mathrm{Max}_x\,\phi(x,y),$$

即 $\mathrm{Max}_x\,\mathrm{Min}_y\,\phi(x,y) \leqslant \mathrm{Min}_y\,\mathrm{Max}_x\,\phi(x,y)$,证明完毕.

(13:B*)中必要条件的证明: 假定

$$\mathrm{Max}_x\,\mathrm{Min}_y\,\phi(x,y) = \mathrm{Min}_y\,\mathrm{Max}_x\,\phi(x,y).$$

在 A^ϕ 里选一个 x_0,B^ϕ 里选一个 y_0;我们有

$$\mathrm{Max}_x\,\phi(x,y_0) = \mathrm{Min}_y\,\mathrm{Max}_x\,\phi(x,y)$$
$$= \mathrm{Max}_x\,\mathrm{Min}_y\,\phi(x,y) = \mathrm{Min}_y\,\phi(x_0,y).$$

因此,对于每一个 x',有

$$\phi(x',y_0) \leqslant \mathrm{Max}_x\,\phi(x,y_0) = \mathrm{Min}_y\,\phi(x_0,y) \leqslant \phi(x_0,y_0),$$

---

① 所有这些都与关于极值问题、变分法等更一般的数学理论有密切的关系——虽然并不恰好就是这些理论的一种特殊情形. 参看 M. Morse: The Critical Points of Functions and the Calculus of Variations in the Large, *Bull. Am. Math. Society*, Jan.—Feb. 1929,第 38 页以下;又,What is Analysis in the Large?, *Am. Math. Monthly*, Vol. XLIX, 1942, 第 358 页以下.

② 这可以从 13.5.2 里的(13:C*)得出. 也有一种同样简单的直接证法: 考虑两个鞍点 x_0, y_0,例如 x'_0, y'_0 和 x''_0, y''_0. 我们有

$$\phi(x'_0,y'_0) = \mathrm{Max}_x\,\phi(x,y'_0) \geqslant \phi(x''_0,y'_0) \geqslant \mathrm{Min}_y\,\phi(x''_0,y) = \phi(x''_0,y''_0),$$

即 $\phi(x_0,y_0) \geqslant \phi(x''_0,y''_0)$. 类似地,有 $\phi(x''_0,y''_0) \geqslant \phi(x'_0,y'_0)$. 因此

$$\phi(x'_0,y'_0) = \phi(x''_0,y''_0).$$

③ 很明显,运算 $\mathrm{Sa}_{x/y}\,\phi(x,y)$ 使两个变量 x, y 都同时消失. 参看 13.2.3.

即 $\phi(x_0,y_0)\geqslant\phi(x',y_0)$——这就是说,$\phi(x,y_0)$在 $x=x_0$ 时取得最大值.

对于每一个 y',有

$$\phi(x_0,y')\geqslant \mathrm{Min}_y\,\phi(x_0,y)=\mathrm{Max}_x\,\phi(x,y_0)\geqslant\phi(x_0,y_0),$$

即 $\phi(x_0,y_0)\leqslant\phi(x_0,y')$——这就是说,$\phi(x_0,y)$在 $y=y_0$ 时取得最小值.

由此可见,x_0,y_0 形成一个鞍点.

(13:B*)中充分条件的证明:设 x_0,y_0 是一个鞍点.于是有

$$\mathrm{Max}_x\,\mathrm{Min}_y\,\phi(x,y)\geqslant\mathrm{Min}_y\,\phi(x_0,y)=\phi(x_0,y_0),$$

$$\mathrm{Min}_y\,\mathrm{Max}_x\,\phi(x,y)\leqslant\mathrm{Max}_x\,\phi(x,y_0)=\phi(x_0,y_0),$$

因此 $$\mathrm{Max}_x\,\mathrm{Min}_y\,\phi(x,y)\geqslant\phi(x_0,y_0)\geqslant\mathrm{Min}_y\,\mathrm{Max}_x\,\phi(x,y).$$

把这个式子与(13:A*)合在一起就得到

$$\mathrm{Max}_x\,\mathrm{Min}_y\,\phi(x,y)=\phi(x_0,y_0)=\mathrm{Min}_y\,\mathrm{Max}_x\,\phi(x,y),$$

证明完毕.

13.5.2 从13.5.1的讨论里还可以得出一些值得注意的结果.我们现在假定鞍点存在——即(13:B*)里的等式成立.

对于每一个鞍点 x_0,y_0,有

(13:C*) $$\phi(x_0,y_0)=\mathrm{Max}_x\,\mathrm{Min}_y\,\phi(x,y)=\mathrm{Min}_y\,\mathrm{Max}_x\,\phi(x,y).$$

证明:这就是13.5.1关于(13:B*)中充分条件的证明里的最后一个等式.

(13:D*) x_0,y_0 是一个鞍点的必要和充分条件是:x_0 属于 A^ϕ 且 y_0 属于 B^ϕ.[①]

充分条件的证明:设 x_0 属于 A^ϕ,y_0 属于 B^ϕ.13.5.1关于(13:B*)中必要条件的证明恰好表明了 x_0,y_0 是一个鞍点.

必要条件的证明:设 x_0,y_0 是一个鞍点.由(13:C*)可知,对于每一个 x',有

$$\mathrm{Min}_y\,\phi(x',y)\leqslant\mathrm{Max}_x\,\mathrm{Min}_y\,\phi(x,y)=\phi(x_0,y_0)=\mathrm{Min}_y\,\phi(x_0,y),$$

即 $\mathrm{Min}_y\,\phi(x_0,y)\geqslant\mathrm{Min}_y\,\phi(x',y)$——这就是说,$\mathrm{Min}_y\,\phi(x,y)$在 $x=x_0$ 时取得最大值.因此,x_0 属于 A^ϕ.类似地,对于每一个 y',有

$$\mathrm{Max}_x\,\phi(x,y')\geqslant\mathrm{Min}_y\,\mathrm{Max}_x\,\phi(x,y)=\phi(x_0,y_0)=\mathrm{Max}_x\,\phi(x,y_0),$$

即 $\mathrm{Max}_x\,\phi(x,y_0)\leqslant\mathrm{Max}_x\,\phi(x,y')$——这就是说,$\mathrm{Max}_x\,\phi(x,y)$在 $y=y_0$ 取得最小值.因此,y_0 属于 B^ϕ.这就完成了证明.

顺便提一下,定理(13:C*)和(13:D*)指出,我们在13.4.2的末尾所说的类似性是有限度的;这就是说,这两个定理表明,对于日常的(地形上的)鞍形观念来说,我们的鞍点概念是狭义的.事实上,(13:C*)说明,一切鞍形——如果存在——都在同一个高度上.而(13:D*)说明(如果我们把集合 A^ϕ 和 B^ϕ 看作两个区间[②]),所有的鞍形合在一起形成一个区域,它的形状像一个矩形的高原.[③]

13.5.3 作为本节的结束,我们对一种特殊类型的 x,y 和 $\phi(x,y)$证明鞍点的存在性.将会看到,这种特殊情形具有相当程度的普遍性.设 $\psi(x,u)$是两个变量 x,u 的函数.我们考

---

① 只在本节开头处所作的假设条件之下.不然的话,鞍点根本不存在.

② 如果 x,y 是正整数,则只要把它们的取值域进行适当的排列,就可以做到这一点.

③ 在13.4.2的注里提到的一般数学概念不受上述的限制.它们恰好对应于日常的鞍形概念.

虑在 u 的域内取值的一切函数 $f(x)$. 我们保留变量 x，但以函数 f 本身来代替变量 u.[①]表达式 $\psi(x,f(x))$ 由 x 和 f 确定；因此，我们可以把 $\psi(x,f(x))$ 看作 x 和 f 的函数，而以它来代替 $\phi(x,y)$.

我们要证明，对于 x,f 和 $\psi(x,f(x))$——代替原来的 x,y 和 $\phi(x,y)$，鞍点必定存在，即

(13:E) $$\mathrm{Max}_x \mathrm{Min}_f \psi(x,f(x))=\mathrm{Min}_f \mathrm{Max}_x \psi(x,f(x)).$$

证明：对于每一个 x，选择一个满足 $\psi(x,u_0)=\mathrm{Min}_u \psi(x,u)$ 的 u_0. 这个 u_0 依赖于 x，因此，我们可以通过 $u_0=f_0(x)$ 定义一个函数 f_0. 于是，$\psi(x,f_0(x))=\mathrm{Min}_u \psi(x,u)$. 由此得到

$$\mathrm{Max}_x \psi(x,f_0(x)) = \mathrm{Max}_x \mathrm{Min}_u \psi(x,u).$$

从而有

(13:F) $$\mathrm{Min}_f \mathrm{Max}_x \psi(x,f(x))\leqslant \mathrm{Max}_x \mathrm{Min}_u \psi(x,u).$$

可以看出，$\mathrm{Min}_f \psi(x,f(x))$ 与 $\mathrm{Min}_u \psi(x,u)$ 完全一样；这是因为，对于同一个 x，f 只以它的值 $f(x)$ 而进入这个式子，因而可以把 $f(x)$ 写成 u. 这样，就有 $\mathrm{Min}_f \psi(x,f(x))=\mathrm{Min}_u \psi(x,u)$，从而有

(13:G) $$\mathrm{Max}_x \mathrm{Min}_f \psi(x,f(x))=\mathrm{Max}_x \mathrm{Min}_u \psi(x,u).$$

由(13:F)和(13:G)得到

$$\mathrm{Max}_x \mathrm{Min}_f \psi(x,f(x)) \geqslant \mathrm{Min}_f \mathrm{Max}_x \psi(x,f(x)).$$

由(13:A*)得到

$$\mathrm{Max}_x \mathrm{Min}_f \psi(x,f(x)) \leqslant \mathrm{Min}_f \mathrm{Max}_x \psi(x,f(x)).$$

因此，(13:E)里的等式成立.

14 严格确定的博弈

14.1 问题的描述

14.1.1 我们现在进入零和二人博弈的讨论. 我们仍从正规化形式的博弈开始.

按照这种形式，博弈由两个着组成：局中人 1 选择一个数 $\tau_1=1,\cdots,\beta_1$，局中人 2 选择一个数 $\tau_2=1,\cdots,\beta_2$，每一个选择是在完全不知道另一选择的情况下作出的；然后，局中人 1 和 2 分别得到 $\mathscr{H}_1(\tau_1,\tau_2)$ 和 $\mathscr{H}_2(\tau_1,\tau_2)$.[②]

由于博弈是零和的，由 11.4，我们有

$$\mathscr{H}_1(\tau_1,\tau_2)+\mathscr{H}_2(\tau_1,\tau_2)\equiv 0.$$

我们把它写成下面的形式：

$$\mathscr{H}_1(\tau_1,\tau_2)\equiv \mathscr{H}(\tau_1,\tau_2),\quad \mathscr{H}_2(\tau_1,\tau_2)\equiv -\mathscr{H}(\tau_1,\tau_2).$$

我们希望表明，选择 τ_1 和 τ_2 可通过局中人 1 和 2 的很明显的愿望而确定下来.

---

① 我们要求读者了解，虽然 f 本身是一个函数，它也可以是另一个函数的变量.

② 参看 11.2.3 里的(11:D).

当然,必须记住,τ_1 和 τ_2 所表示的并不是一个选择(在一着里),而是局中人的策略(即他们关于博弈的整个"理论"或"计划")的选择.

在目前,我们只这样来考虑.以后我们也将深入"追究"τ_1,τ_2,分析一局的过程.

14.1.2 局中人1,2的愿望是非常简单的.1希望使 $\mathscr{H}_1(\tau_1,\tau_2)\equiv\mathscr{H}(\tau_1,\tau_2)$ 为最大,而2则希望使 $\mathscr{H}_2(\tau_1,\tau_2)\equiv-\mathscr{H}(\tau_1,\tau_2)$ 为最大;即1希望使 $\mathscr{H}(\tau_1,\tau_2)$ 为最大,而2则希望使 $\mathscr{H}(\tau_1,\tau_2)$ 为最小.

因此,两个局中人的兴趣集中在同一个对象上,即,集中在同一个函数 $\mathscr{H}(\tau_1,\tau_2)$ 上.然而,他们的意图——如在一个零和二人博弈里所能期望的——则恰好相反:1要使它为最大,而2要使它为最小.这里面特别困难的一点是:没有一个局中人能够完全控制他的对象物 $\mathscr{H}(\tau_1,\tau_2)$——即它的变量 τ_1,τ_2.1要使它为最大,但他只能够控制 τ_1;2要使它为最小,但他只能够控制 τ_2.这样,将发生怎样的情况呢?

困难在于,一个变量——例如 τ_1——的任一特定选择,都不一定能决定 $\mathscr{H}(\tau_1,\tau_2)$ 的大小.一般说来,τ_1 对于 $\mathscr{H}(\tau_1,\tau_2)$ 的影响是不确定的;只有在与另一变量 τ_2 的选择相结合的时候,才成为确定的(参看2.2.3中所讨论的在经济学中的相应困难).

我们注意到,从局中人1——它选择一个变量,例如 τ_1——的观点看,当然不能把另一变量当作机会事件来考虑.另一变量(即 τ_2)依赖于另一局中人的意志,必须把它当作"合理"行为来考虑(参看第一章2.2.3的末尾及2.2.4).

14.1.3 到了这里,引用13.3.3中介绍的图形表示法是很有益处的.现以一个矩阵来表示 $\mathscr{H}(\tau_1,\tau_2)$:作出一个 β_1 行 β_2 列的矩形,以数 $\tau_1=1,\cdots,\beta_1$ 表示行,并以数 $\tau_2=1,\cdots,\beta_2$ 表示列.在 τ_1,τ_2 的地方,写出矩阵元素 $\mathscr{H}(\tau_1,\tau_2)$.(参看13.3.3里的图11,那里的 ϕ,x,y,t,s 对应于我们现在的 $\mathscr{H},\tau_1,\tau_2,\beta_1,\beta_2$(图15).)

	1	2	……	τ_2	……	β_2
1	$\mathscr{H}(1,1)$	$\mathscr{H}(1,2)$	……	$\mathscr{H}(1,\tau_2)$	……	$\mathscr{H}(1,\beta_2)$
2	$\mathscr{H}(2,1)$	$\mathscr{H}(2,2)$	……	$\mathscr{H}(2,\tau_2)$	……	$\mathscr{H}(2,\beta_2)$
⋮	⋮	⋮		⋮		⋮
τ_1	$\mathscr{H}(\tau_1,1)$	$\mathscr{H}(\tau_1,2)$	……	$\mathscr{H}(\tau_1,\tau_2)$	……	$\mathscr{H}(\tau_1,\beta_2)$
⋮	⋮	⋮		⋮		⋮
β_1	$\mathscr{H}(\beta_1,1)$	$\mathscr{H}(\beta_1,2)$	……	$\mathscr{H}(\beta_1,\tau_2)$	……	$\mathscr{H}(\beta_1,\beta_2)$

图15

应该了解,函数 $\mathscr{H}(\tau_1,\tau_2)$ 不受任何条件的限制;这就是说,我们完全可以任意地选择它.[①]事实上,给定任意一个函数 $\mathscr{H}(\tau_1,\tau_2)$,只要令

$$\mathscr{H}_1(\tau_1,\tau_2)\equiv\mathscr{H}(\tau_1,\tau_2),\quad \mathscr{H}_2(\tau_1,\tau_2)\equiv-\mathscr{H}(\tau_1,\tau_2),$$

就定义出在11.2.3中(11:D)意义下的一个零和二人博弈(参看14.1.1).上节所述的局中

① 定义域当然是事先指定的:它由一切数对 τ_1,τ_2 组成,其中 $\tau_1=1,\cdots,\beta_1$;$\tau_2=1,\cdots,\beta_2$.这是一个有穷集合,因此,Max和Min都存在,参看13.2.1的末尾.

人 1,2 的意图,现在可以描写如下：两个局中人的兴趣都集中在矩阵元素 $\mathscr{H}(\tau_1,\tau_2)$的值上. 局中人 1 希望使它为最大,但他只能够控制行——即数 τ_1;局中人 2 希望使它为最小,但他只能够控制列——即数 τ_2.

对于这种独特的“拔河游戏”[①]的结果,我们必须设法找出一种令人满意的解释.

14.2 劣势和优势博弈

14.2.1 我们先不对博弈 Γ 本身进行直接的研究——我们现在尚未具备这样的条件,而来考虑另外两个博弈,它们与 Γ 有密切的联系,并且对它们的讨论是立刻可以做到的.

对 Γ 进行分析的困难显然在于：局中人 1 在选择 τ_1 时不知道他将遭遇到局中人 2 的怎样一个选择 τ_2,反过来也一样. 因此,让我们把 Γ 与不发生这种困难的其他博弈进行比较.

首先,我们定义一个博弈 Γ_1,它除了下述一点外在任何细节上都与 Γ 相同：在局中人 2 作出他的选择 τ_2 前,局中人 1 必须先作出他的选择 τ_1;而局中人 2 在进行选择时知道局中人 1 的 τ_1 的值(即 1 的“着”前备于 2 的“着”). [②]在这个博弈 Γ_1 里,局中人 1 所处的地位显然比他在原来的博弈 Γ 里的地位不利. 因此,我们称 Γ_1 为 Γ 的劣势博弈.

类似地,我们定义另一个博弈 Γ_2,它除了下述一点外在任何细节上都与 Γ 相同：在局中人 1 作出他的选择 τ_1 前,局中人 2 必须先作出他的选择 τ_2;而局中人 1 在进行选择时知道局中人 2 的 τ_2 的值(即 2 的“着”前备于 1 的“着”). [③]在这个博弈 Γ_2 里,局中人 1 所处的地位显然比他在原来的博弈 Γ 里的地位有利. 因此,我们称 Γ_2 为 Γ 的优势博弈.

这两个博弈 Γ_1,Γ_2 的引入,使我们达到了下述目的：从常识上看应该很明显(我们也将给以严格的讨论),对于 Γ_1 和 Γ_2 来说,“参加博弈的最好方式”——即合理行为的概念——具有清楚的意义. 另一方面,博弈 Γ 显然处于两个博弈 Γ_1 和 Γ_2“之间”;例如,从 1 的观点看,Γ_1 总比 Γ 不利,而 Γ_2 总比 Γ 有利. [④]因此,可以想象,对于有关 Γ 的那些主要的量,Γ_1 和 Γ_2 能为它们提供下界和上界. 当然,我们将以完全严格的形式来讨论这些问题. 由于“上界”和“下界”之间的差别有可能是很大,因而对于 Γ 的了解就会在相当程度上是不确定的. 初看起来,对于许多博弈,情况都会是这样. 但我们将成功地运用这种技巧——通过引进某些新的方法,到了最后,可以得到一套关于 Γ 的严密理论,它对所有的问题都能给出完整的解答.

14.3 辅助博弈的讨论

14.3.1 我们首先来考虑劣势博弈 Γ_1. 在局中人 1 作出了他的选择 τ_1 以后,局中人 2

---

① 事实上,这并不是一种拔河游戏. 两个局中人的利害相反,但他们用来促进自己的利益的方法并非互相对立的. 相反,这些“方法”——即 τ_1,τ_2 的选择——显然是互相独立的. 这个矛盾表示了整个问题的特征.

② 这样,Γ_1——虽然非常简单——已不再是正规化形式的博弈.

③ 这样,Γ_2——虽然非常简单——已不再是正规化形式的博弈.

④ 严格地说,“不利”应该是“不利或与之相等”,“有利”应该是“有利或与之相等”.

知道 τ_1 的值并作出选择 τ_2. 由于局中人 2 的意图是使 $\mathscr{H}(\tau_1,\tau_2)$ 为最小,他当然将这样来选择 τ_2,使得对于这个已知的 τ_1,$\mathscr{H}(\tau_1,\tau_2)$ 的值为最小. 换一句话说,当 1 选择一个特定的 τ_1 的值时,他已能肯定地预见到 $\mathscr{H}(\tau_1,\tau_2)$ 的值将是什么. 这就是 $\mathrm{Min}_{\tau_2}\ \mathscr{H}(\tau_1,\tau_2)$.[①]这是一个单变量 τ_1 的函数. 由于 1 希望使 $\mathscr{H}(\tau_1,\tau_2)$ 为最大,又因为它的选择 τ_1 对 $\mathrm{Min}_{\tau_2}\ \mathscr{H}(\tau_1,\tau_2)$——它只依赖于 τ_1,而与 τ_2 完全无关——的值起作用,因此,他将选 τ_1 使 $\mathrm{Min}_{\tau_2}\ \mathscr{H}(\tau_1,\tau_2)$ 为最大. 这样,最后的值将是

$$\mathrm{Max}_{\tau_1}\ \mathrm{Min}_{\tau_2}\ \mathscr{H}(\tau_1,\tau_2).$$ [②]

总结如下:

(14:A:a) 局中人 1 参加劣势博弈 Γ_1 的好方式(策略)是在集合 A 里选择 τ_1,——A 是由这样的 τ_1 组成的集合,即: $\mathrm{Min}_{\tau_2}\ \mathscr{H}(\tau_1,\tau_2)$ 在这些 τ_1 处取最大值 $\mathrm{Max}_{\tau_1}\ \mathrm{Min}_{\tau_2}\ \mathscr{H}(\tau_1,\tau_2)$.

(14:A:b) 局中人 2 参加劣势博弈 Γ_1 的好方式(策略)是这样的: 如果 1 已选择了一个确定的 τ_1,[③]则 2 应在集合 B_{τ_1} 里选择 τ_2——B_{τ_1} 是由这样的 τ_2 组成的集合,即 $\mathscr{H}(\tau_1,\tau_2)$ 在这些 τ_2 处取最小值 $\mathrm{Min}_{\tau_2}\ \mathscr{H}(\tau_1,\tau_2)$.[④]

在这个基础上,我们还有

(14:A:c) 如果局中人 1 和 2 都以好方式参加劣势博弈 Γ_1,即如果 τ_1 属于 A 而 τ_2 属于 B_{τ_1},则 $\mathscr{H}(\tau_1,\tau_2)$ 的值将等于

$$V_1 = \mathrm{Max}_{\tau_1}\ \mathrm{Min}_{\tau_2}\ \mathscr{H}(\tau_1,\tau_2).$$

这个命题的真确性可以立即从数学上得到证实: 只要记住集合 A 和 B_{τ_1} 的定义,并把它们代入命题中就可以了. 我们把它作为一个练习题,留给读者去做. 从常识上看,命题的真确性也应该是很明显的.

通过整个的讨论,应该可以弄清楚这样一点: 博弈 Γ_1 的每一个局对于每一局中人有一个确定的值. 对于局中人 1 来说,这个值就是上面提到的 v_1;因而对于局中人 2 来说就是 $-v_1$.

关于 v_1 的意义,它的更加细致的说法是这样的:

(14:A:d) 局中人 1 若做得合适,能够保证他自己所获得的 $\geqslant v_1$,而不管局中人 2 如何做法. 局中人 2 若做得合适,能够保证他自己所获得的 $\geqslant -v_1$,而不管局中人 1 如何做法.

(证明: 命题的前半部分可以通过在 A 中的任一选择 τ_1 而得到. 命题的后半部分可以通

---

① 我们注意到,τ_2 可能不是唯一确定的: 对于一个给定的 τ_1,τ_2- 函数 $\mathscr{H}(\tau_1,\tau_2)$ 可以在 τ_2 的几个值处取得它的 τ_2- 最大值. 但在一切这样的 τ_2 处,$\mathscr{H}(\tau_1,\tau_2)$ 的值则都相同,即等于唯一定义的最小值 $\mathrm{Min}_{\tau_2}\ \mathscr{H}(\tau_1,\tau_2)$(参看 13.2.1).

② 根据与上注里相同的理由,τ_1 的值可能不是唯一的,但在一切这样的 τ_1 处,$\mathrm{Min}_{\tau_2}\ \mathscr{H}(\tau_1,\tau_2)$ 的值则都相同,即等于唯一定义的最大值

$$\mathrm{Max}_{\tau_1}\ \mathrm{Min}_{\tau_2}\ \mathscr{H}(\tau_1,\tau_2).$$

③ 在局中人 2 作他的选择 τ_2 时,2 已知道 τ_1 的值,这是 Γ_1 的规则. 由我们的策略概念可知(参看 4.1.2 以及 11.1.1 的末尾),在这个时刻,对于每一个 τ_1 的值,2 必须提供如何选择 τ_2 的对策——不论 1 的选择方式是好还是坏,即,不论 1 所选的值是否属于 A.

④ 在整个过程里,τ_1 是被当作一个已知的参数来处理的;一切事情都依赖于 τ_1,也包括集合 B_{τ_1}(τ_2 就应该从这里面来选择)在内.

过在 B_{τ_1} 中的任一选择 τ_2 而得到.[①]我们仍把细节留给读者去做；这些都是很容易的.）

上面这个命题也可以等价地叙述如下：

(14:A:e) 局中人 2 若做得合适，能够保证局中人 1 所获得的 $\leqslant v_1$，即不论局中人 1 如何做法，能够阻止他有 $> v_1$ 的获得. 局中人 1 若做得合适，能够保证局中人 2 所获得的 $\leqslant -v_1$，即不论局中人 2 如何做法，能够阻止他有 $> -v_1$ 的获得.

14.3.2 关于 Γ_1，我们用了相当多的篇幅作了细致的讨论，虽然它的"解"是相当明显的. 这就是说，任何人若对情况有清楚的了解，很可能不用数学的方法只凭常识也会很容易地得到同样的结论. 虽然如此，我们认为，对这种情形进行这样详细的讨论是有必要的. 这是因为，对于以下即将出现的若干种其他情形，上述情形可以作为它们的一个典型；而在下面的那些情形里，其中情况若用"非数学的"观点来看，远没有上述情况这样清楚. 而且，引起错综复杂情况的一切基本因素，以及借以克服它们的根据，事实上都已出现在这个最简单的情形里. 在这种情形里清楚地看到了它们相互之间的关系，就有可能在以后的较复杂的情形里认识它们. 同时，只有采取了这种方式，才有可能准确地判断，我们的工作究竟能够做到怎样的程度.

14.3.3 现在，我们来考虑优势博弈 Γ_2

Γ_2 不同于 Γ_1 的，只在于局中人 1 与 2 所处的地位互换了：局中人 2 必须首先作出他的选择 τ_2，然后局中人 1 在知道 τ_2 的值的情况下作出他的选择 τ_1.

我们说，在 Γ_1 里把局中人 1 与 2 互换，就得到 Γ_2，但同时我们必须记住，在互换的过程里，局中人仍保持他们各自的函数 $\mathscr{H}_1(\tau_1,\tau_2)$ 和 $\mathscr{H}_2(\tau_1,\tau_2)$，即 $\mathscr{H}(\tau_1,\tau_2)$ 和 $-\mathscr{H}(\tau_1,\tau_2)$. 换句话说，局中人 1 仍希望使 $\mathscr{H}(\tau_1,\tau_2)$ 为最大，2 仍希望使 $\mathscr{H}(\tau_1,\tau_2)$ 为最小.

有了这些了解以后，我们把文字上的描述工作留给读者去作，它们事实上是 14.3.1 的讨论的逐字逐句的重复. 我们只限于把关于 Γ_2 的主要定义重复叙述出来.

(14:B:a) 局中人 2 参加优势博弈 Γ 的好方式（策略）是在集合 B 里选择 τ_2，B 是由这样的 τ_2 组成的集合，即：$\mathrm{Max}_{\tau_1}\mathscr{H}(\tau_1,\tau_2)$ 在这些 τ_2 处取最小值 $\mathrm{Min}_{\tau_2}\ \mathrm{Max}_{\tau_1}\mathscr{H}(\tau_1,\tau_2)$.

(14:B:b) 局中人 1 参加优势博弈 Γ_2 的好方式（策略）是这样的：如果 2 已选择了一个确定的 τ_2，[②]则 1 应在集合 A_{τ_2} 里选择 τ_1，A_{τ_2} 是由这样的 τ_1 组成的集合，即：$\mathscr{H}(\tau_1,\tau_2)$ 在这些 τ_1 处取最大值 $\mathrm{Max}_{\tau_1}\mathscr{H}(\tau_1,\tau_2)$.[③]

在这个基础上，我们还有

(14:B:c) 如果局中人 1 和 2 都以好方式参加优势博弈 Γ_2，即，如果 τ_2 属于 B 而 τ_1 属于 A_{τ_2}，则 $\mathscr{H}(\tau_1,\tau_2)$ 的值将等于

$$v_2 = \mathrm{Min}_{\tau_2}\ \mathrm{Max}_{\tau_1}\mathscr{H}(\tau_1,\tau_2).$$

通过整个的讨论，应该可以弄清楚这样一点：博弈 Γ_2 的每一个局对于每一局中人有一个确定的值. 对于局中人 1 来说，这个值就是上面提到的 v_2；因而对于局中人 2 来说就是 $-v_2$.

为了着重指出整个讨论的对称性，我们再逐字逐句地重复 14.3.1 中最后的两个命题. 它

---

① 我们记得，τ_1 的选择是在不知道 τ_2 的情况下作出的，而 τ_2 的选择则是在完全知道 τ_1 的情况下作出的.

② 在作他的选择 τ_1 时，1 已知道 τ_2 的值，——这是 Γ_2 的规则（参看 14.3.1 的第三个注）.

③ 在整个过程里，τ_2 是被当作一个已知的参数来处理的；一切事情都依赖于 τ_2，也包括集合 A_{τ_2}（τ_1 就应该从这里面来选择）在内.

们现在可以用来作为对 v_2 的意义的更细致的说法.

(14:B:d) 局中人1若做得合适,能够保证他自己所获得的 $\geqslant v_2$,而不管局中人2如何做法.局中人2若做得合适,能够保证他自己所获得的 $\geqslant -v_2$,而不管局中人1如何做法.

(证明:命题的后半部分可以通过在 B 中的任一选择 τ_2 而得到.命题的前半部分可以通过在 A_{τ_2} 中的任一选择 τ_1 而得到.[①]参看(14:A:d)的证明.)

上面这个命题也可以等价地叙述如下:

(14:B:e) 局中人2若做得合适,能够保证局中人1所获得的 $\leqslant v_2$,即不论局中人1如何做法,能够阻止他有 $>v_2$ 的获得.局中人1若做得合适,能够保证局中人2的获得 $\leqslant -v_2$,即不论局中人2如何做法,能够阻止他有 $>-v_2$ 的获得.

14.3.4 在前面14.3.1和14.3.3中分别给出的关于 Γ_1 和 Γ_2 的讨论,它们相互之间存在着一种对称或对偶的关系;如在前面指出过的(在14.3.3的开头处),只要互换局中人1和2的位置,就可以从一个讨论得到另一个讨论.就博弈本身来说,Γ_1 或 Γ_2 对于这种互换都不是对称的;事实上,这不过是说,互换局中人1和2也使得博弈 Γ_1 与 Γ_2 互换,因而使二者都有了改变.由此可见,我们在14.3.1和14.3.3中所作关于 Γ_1 和 Γ_2 的好策略的种种叙述(即(14:A:a),(14:A:b),(14:B:a),(14:B:b)),对于局中人1和2都不是对称的.我们再一次看到,互换局中人1与2就使得 Γ_1 和 Γ_2 的定义互换,因而使二者都有了改变.[②]

因此,十分值得注意的是:在14.3.1和14.3.3的最后所给出的,一局的值(Γ_1 的 v_1,Γ_2 的 v_2)的特性——即(14:A:c),(14:A:d),(14:A:e),(14:B:c),(14:B:d),(14:B:e)(除了(14:A:c)之末和(14:B:c)之末的两个公式),它们对于局中人1和2都是完全对称的.根据上面所述,这就等于断定了这些特性对 Γ_1 和 Γ_2 可以用完全相同的方式叙述出来.[③]所有这些当然也可以同样清楚地从有关的讨论里直接观察出来.

这样,我们完成了对一局的值下定义的工作:对于博弈 Γ_1 和 Γ_2 来说,以同样的方式定义;对于局中人1和2来说,以对称的方式定义(在14.3.1和14.3.3的(14:A:c),(14:A:d),(14:A:e),(14:B:c),(14:B:d),(14:B:e)里),虽然每个局中人在这两个博弈里所处的地位有着根本性质的不同.从这里我们得到一个希望:我们希望,对于其他的博弈——特别是博弈 Γ,它处于在 Γ_1 和 Γ_2 之间的中间地位——也可以用同样的方式来定义一局的值.当然,我们只对值这个概念本身抱有这种希望,而不是对导致这个概念的那些论点;那些论点是针对 Γ_1 和 Γ_2 的,事实上关于 Γ_1 的论点与关于 Γ_2 的论点是不相同的,因而它们完全不能应用于 Γ 本身;换句话说,我们以后寄予希望的,主要是在(14:A:d),(14:A:e),(14:B:d),(14:B:e),而不在(14:A:a),(14:A:b),(14:B:a),(14:B:b).

很明显,上面所述的只不过是一些启发性的说明.到现在为止,我们甚至还没有想要证明,

---

① 我们记得,τ_2 的选择是在不知道 τ_1 的情况下作出的,而 τ_1 的选择则是在完全知道 τ_2 的情况下作出的.

② 我们注意到,原来的博弈 Γ 对于两个局中人1和2是对称的,只要使每个局中人连同他的函数 $\mathscr{H}_1(\tau_1,\tau_2)$,$\mathscr{H}_2(\tau_1,\tau_2)$ 一起互换;这就是说,1和2的人的着在 Γ 里都有同样的特性.

关于较狭义的对称性概念,其中函数 $\mathscr{H}_1(\tau_1,\tau_2)$,$\mathscr{H}_2(\tau_1,\tau_2)$ 保持固定不变,参看14.6.

③ 这一点值得加以仔细的考虑:似乎必须通过互换局中人1和2的位置,才能够从这两个特性里的一个得出另外一个.但在这种情形下,即使根本不使局中人互换,两个特性的叙述也完全重合.这是由于它们有单独的对称性.

对于博弈 Γ,也能够按照这种方式来定义它的一局的数值.我们现在将着手进行详细的讨论,通过这个讨论,就能把空白的地方弥补起来.将会看到,在最初,由于存在着严重的困难,看来会使我们讨论的进展受到限制(参看 14.7.1),但,通过一种新的技巧的引进,就有可能克服这些困难(参看本章 17.1 至 17.3).

14.4 结 论

14.4.1 我们已对一局的值给予了很合理的解释;就局中人 1 而言,对于博弈 Γ_1,Γ_2,这个值分别是

$$v_1 = \mathrm{Max}_{\tau_1}\ \mathrm{Min}_{\tau_2}\mathscr{H}(\tau_1,\tau_2),$$
$$v_2 = \mathrm{Min}_{\tau_2}\ \mathrm{Max}_{\tau_1}\mathscr{H}(\tau_1,\tau_2).$$ ①

由于 1 在博弈 Γ_1 里比他在博弈 Γ_2 里不利(在 Γ_1 里,他必须先于他的对手走他的着,而且他的对手看得见他所走的着;而在 Γ_2 里,情况刚好相反),因此,有理由认为,Γ_1 的值小于或等于(即不大于)Γ_2 的值.人们也许会问:这能不能算是一个严格的"证明"?这个问题是难以回答的;但如果把有关的文字讨论精密地分析一下,至少可以发现,它与我们已有的同样命题的数学证明是完全一致的.事实上

$$v_1 \leqslant v_2$$

这个命题与 13.4.3 里的(13:A*)是一致的.(那里的 ϕ,x,y 相当于我们现在的 $\mathscr{H},\tau_1,\tau_2$.)

我们也可以不把 v_1,v_2 当作 Γ_1,Γ_2——它们是异于 Γ 的两个博弈——的值,而使它们与 Γ 本身发生联系,只要对局中人 1 和 2 的"智力"作些适当的假设.

当然,博弈 Γ 的规则规定,每一个局中人必须在不知道对手选择结果的情况下作出他的选择(他的人的着).虽然如此,我们也可以想象,局中人之一,比方说是 2,"猜透"了他的对手;换一句话说,他不知怎样竟会知道了他的对手的策略.②至于他是怎样会知道的,我们用不着去讨论它;也许是(当然不一定是)根据以前各局的经验.不管怎样,我们假定局中人 2 掌握了这样的消息.在这种情况下,1 当然有可能改变他的策略;但我们再假定,不知为了什么原因,他并不改变他的策略.③在这些假定之下,我们就可以说,局中人 2 已经"猜透"了他的对手.

在这种情形下,Γ 里的条件就变成与 Γ_1 里的完全一样,因此,前面 14.3.1 的全部讨论可以逐字逐句地用在这里.

类似地,我们也可以想象与此相反的情形,即局中人 1 已经"猜透"了他的对手的情形.这时,Γ 里的条件变成与 Γ_2 里的完全一样,因此,前面 14.3.3 的全部讨论可以逐字逐句地用在这里.

根据上面所述,我们可以说:

如果作了下面两个极端的假设之一,则博弈 Γ 的一局的值是一个有确切定义的量;这两

---

① 因而,对于局中人 2,值是 $-v_1$,$-v_2$.

② 在博弈 Γ——它是正规化形式的博弈——里,局中人的策略恰好就是他在其唯一的一次人的着里的真正选择.应该回想一下,这个正规化形式的博弈是如何从它原来的广阔形式导出的;这样,就可以看出,这个选择同样也对应于原来博弈里的策略.

③ 关于所有这些假设条件的解释,参看本章 17.3.1.

个假设条件是：或是局中人2“猜透”了他的对手，或是局中人1“猜透”了他的对手. 在第一种情形下，一局对于1的值是v_1，对于2的值是$-v_1$；在第二种情形下，一局对于1的值是v_2，对于2的值是$-v_2$.

14.4.2 由上面的讨论可知，如果Γ本身——不加任何其他限制条件或更改——的一局的值能够得到定义，则它必定介于v_1和v_2这两个值之间.（我们指的是对于局中人1的值.）这就是说，如果以v表示Γ的一局的（我们所盼望的）值（对于局中人1），则必定有

$$v_1 \leqslant v \leqslant v_2.$$

v能够在其中取值的区间，它的长度是

$$\Delta = v_2 - v_1 \geqslant 0.$$

同时，Δ也表示从被对手“猜透”到“猜透”对手，这其间能够获得的利益（在博弈Γ里）.[①]

但博弈也可能是这样的，即：无论是哪一个局中人“猜透”他的对手，并不使博弈受到影响；这就是说，上面所说的利益为零. 由上面的讨论可知，使得这种情形成立的必要和充分条件是

$$\Delta = 0,$$

即

$$v_1 = v_2,$$

也就是

$$\mathrm{Max}_{\tau_1}\ \mathrm{Min}_{\tau_2}\ \mathscr{H}(\tau_1, \tau_2) = \mathrm{Min}_{\tau_2}\ \mathrm{Max}_{\tau_1}\ \mathscr{H}(\tau_1, \tau_2).$$

如果博弈Γ具有这种性质，我们称它为**严格确定**的博弈.

上面最后这个等式使我们想到拿它与13.3.1里的(13:3)以及13.4.1至13.5.2里的讨论进行对比.（那里的ϕ, x, y相当于我们现在的$\mathscr{H}, \tau_1, \tau_2$.）事实上，13.4.3里的(13:B*)表明，要使得博弈Γ是严格确定的，必须而且只需$\mathscr{H}(\tau_1, \tau_2)$的鞍点存在.

14.5 严格确定性的分析

14.5.1 我们假定，博弈Γ是严格确定的；即，假定$\mathscr{H}(\tau_1, \tau_2)$的鞍点存在.

在这种情形下，我们希望（考虑到14.4.2里的分析），有可能把量

$$v = v_1 = v_2$$

解释成Γ的一局的值（对于局中人1）. 如果我们回忆一下v_1, v_2的定义和13.4.3里鞍值的定义，并利用13.5.2里的(13:C*)，就会发现，上面的等式也可以写成

$$v = \mathrm{Max}_{\tau_1}\ \mathrm{Min}_{\tau_2}\ \mathscr{H}(\tau_1, \tau_2) = \mathrm{Min}_{\tau_2}\ \mathrm{Max}_{\tau_1}\ \mathscr{H}(\tau_1, \tau_2) = \mathrm{Sa}_{\tau_1/\tau_2}\ \mathscr{H}(\tau_1, \tau_2).$$

只要重复14.3.1之末及14.3.3之末的步骤，的确不难把上面这个量解释成Γ的一局的值（对于局中人1）.

确切地说：14.3.1和14.3.3里的(14:A:c)，(14:A:d)，(14:A:e)，(14:B:c)，(14:B:d)，(14:B:e)，它们原来是适用于Γ_1和Γ_2的，现在也可以对Γ本身得出这些结果. 我们首先叙述

---

① 我们注意到，这里所说的利益的表示式对两个局中人都适用：对于局中人1来说，利益是$v_2 - v_1$；对于局中人2来说，利益是$(-v_1) - (-v_2)$，这两个式子相等，即都等于Δ.

相当于(14:A:d),(14:B:d)的性质：

(14:C:d) 局中人 1 若做得合适，能够保证他自己所获得的$\geqslant v$，而不管局中人 2 如何做法.

局中人 2 若做得合适，能够保证他自己所获得的$\geqslant -v$，而不管局中人 1 如何做法.

为了证明这个性质，我们再一次构成前面 14.3.1 的(14:A:a)里的集合 A，以及 14.3.3 的(14:B:a)里的集合 B. 事实上，它们就是 13.5.1 里的集合 A^{ϕ}，B^{ϕ}(ϕ 相当于我们现在的 $\mathscr{H}$). 重复如下：

(14:D:a) A 是由这样的 τ_1 组成的集合，即：$\text{Min}_{\tau_2}\mathscr{H}(\tau_1,\tau_2)$在这些 τ_1 处取最大值；即在这些 τ_1 处，有

$$\text{Min}_{\tau_2}\mathscr{H}(\tau_1,\tau_2)=\text{Max}_{\tau_1}\ \text{Min}_{\tau_2}\mathscr{H}(\tau_1,\tau_2)=v.$$

(14:D:b) B 是由这样的 τ_2 组成的集合，即：$\text{Max}_{\tau_1}\mathscr{H}(\tau_1,\tau_2)$在这些 τ_2 处取最小值；即在这些 τ_2 处，有

$$\text{Max}_{\tau_1}\mathscr{H}(\tau_1,\tau_2)=\text{Min}_{\tau_2}\ \text{Max}_{\tau_1}\mathscr{H}(\tau_1,\tau_2)=v.$$

现在，(14:C:d)不难证明如下：

设局中人 1 在 A 中选择 τ_1. 于是，不论局中人 2 如何做法，即，对于每一个 τ_2，我们有 $\mathscr{H}(\tau_1,\tau_2)\geqslant\text{Min}_{\tau_2}\mathscr{H}(\tau_1,\tau_2)=v$；这就是说，1 所获得的$\geqslant v$.

设局中人 2 在 B 中选译 τ_2. 于是，不论局中人 1 如何做法，即，对于每一个 τ_1，我们有 $\mathscr{H}(\tau_1,\tau_2)\leqslant\text{Max}_{\tau_1}\mathscr{H}(\tau_1,\tau_2)=v$；这就是说，1 所获得的$\leqslant v$，因而 2 所获得的$\geqslant -v$.

这就完成了证明.

我们现在转到与(14:A:e),(14:B:e)相当的性质. 事实上，上面的(14:C:d)也可以等价地叙述如下：

(14:C:e) 局中人 2 若做得合适，能够保证局中人 1 所获得的$\leqslant v$，即不论局中人 1 如何做法，能够阻止他有$>v$ 的获得.

局中人 1 若做得合适，能够保证局中人 2 所获得的$\leqslant -v$，即不论局中人 2 如何做法，能够阻止他有$>-v$ 的获得.

上面的(14:C:d)和(14:C:e)使我们能够令人满意地把 v 解释成 Γ 的一局对于局中人 1 的值，并把$-v$ 解释成对于局中人 2 的值.

14.5.2 我们现在考虑与(14:A:a),(14:A:b),(14:B:a),(14:B:b)相当的叙述.

鉴于 14.5.1 里的(14:C:d)，我们可以合理地定义局中人 1 参加博弈 Γ 的好方式如下：这种方式保证他所获得的大于或等于某一局对于 1 的值，而不管 2 如何做法；即 τ_1 的这样一个选择：它对于一切 τ_2 有 $\mathscr{H}(\tau_1,\tau_2)\geqslant v$. 这也可以等价地写成 $\text{Min}_{\tau_2}\mathscr{H}(\tau_1,\tau_2)\geqslant v$.

但我们永远有 $\text{Min}_{\tau_2}\mathscr{H}(\tau_1,\tau_2)\leqslant\text{Max}_{\tau_1}\ \text{Min}_{\tau_2}\mathscr{H}(\tau_1,\tau_2)=v$.

因此，上面关于 τ_1 的条件相当于 $\text{Min}_{\tau_2}\mathscr{H}(\tau_1,\tau_2)=v$，即(根据 14.5.1 里的(14:D:a))，相当于 τ_1 属于 A.

同样，鉴于 14.5.1 里的(14:C:d)，我们可以合理地定义局中人 2 参加博弈 Γ 的好方式如下：这种方式保证他所获得的大于或等于某一局对于 2 的值，而不管 1 如何做法；即 τ_2 的这样一个选择：它对于一切 τ_1 有$-\mathscr{H}(\tau_1,\tau_2)\geqslant -v$. 这就是说，对于一切 τ_1 有 $\mathscr{H}(\tau_1,\tau_2)\leqslant v$. 这也可

以等价地写成 $\mathrm{Max}_{\tau_1}\mathscr{H}(\tau_1,\tau_2)\leqslant v$.

但我们永远有 $\mathrm{Max}_{\tau_1}\mathscr{H}(\tau_1,\tau_2)\geqslant \mathrm{Min}_{\tau_2}\ \mathrm{Max}_{\tau_1}\mathscr{H}(\tau_1,\tau_2)=v$.

因此,上面关于 τ_2 的条件相当于 $\mathrm{Max}_{\tau_1}\mathscr{H}(\tau_1,\tau_2)=v$,即(根据14.5.1里的(14:D:b)),相当于 τ_2 属于 B.

于是,我们有

(14:C:a) 局中人1参加博弈 Γ 的好方式(策略)是在集合 A 里选择 τ_1,A 是14.5.1的(14:D:a)里的集合.

(14:C:b) 局中人2参加博弈 Γ 的好方式(策略)是在集合 B 里选择 τ_2,B 是14.5.1的(14:D:b)里的集合.[①]

最后,根据我们在本节开头处所述的参加博弈好方式的定义,立即可以得到与(14:A:c)或(14:B:c)相当的.

(14:C:c) 如果局中人1和2都以好方式参加博弈 Γ——即,如果 τ_1 属于 A 而 τ_2 属于 B,则 $\mathscr{H}(\tau_1,\tau_2)$ 的值将等于某一局(对于1)的值,即等于 v.

另外,我们还注意到,从13.5.2的(13:D*)以及在14.5.1的(14:D:a),(14:D:b)之前所作关于 A,B 的说明,可以得到下面的结果:

(14:C:f) 两个局中人都是以好方式参加博弈 Γ——即 τ_1 属于 A 而 τ_2 属于 B——的必要和充分条件是:τ_1,τ_2 是 $\mathscr{H}(\tau_1,\tau_2)$ 的一个鞍点.

14.6 局中人的互换.对称性

14.6.1 就严格确定的二人博弈而言,14.5.1和14.5.2里的(14:C:a)至(14:C:f)解决了全部的问题.我们注意到,在14.3.1和14.3.3——关于 Γ_1,Γ_2——里,我们是从(14:A:a),(14:A:b),(14:B:a),(14:B:b)导出(14:A:d),(14:A:e),(14:B:d),(14:B:e)的;而在14.5.1和14.5.2——关于 Γ 本身——里,我们从(14:C:d),(14:C:e)得出(14:C:a),(14:C:b).这样做有它的方便之处,因为,14.3.1和14.3.3里关于(14:A:a),(14:A:b),(14:B:a),(14:B:b)的论点,比起14.5.1和14.5.2里关于(14:C:d),(14:C:e)的论点更富于启发性.

由于我们采用了函数 $\mathscr{H}(\tau_1,\tau_2)\equiv\mathscr{H}_1(\tau_1,\tau_2)$,在整个安排中包含着某种不对称的情况;这使得局中人1被放在一种特殊的地位上.不过,在直观上应该很清楚,如果我们把局中人2放在这种特殊的地位上,也能够得出完全类似的结果.由于局中人的互换在以后的讨论里将起一定的作用,我们现在对这个问题仍给以简短的数学讨论.

在博弈 Γ——我们现在无需再假定它是严格确定的——里,局中人的互换相当于以函数

① 由于博弈是 Γ,每一局中人必须在不知道另一局中人的选择(τ_2 或 τ_1 的)的情况下作出他的选择(τ_1 或 τ_2 的).读者可以把这个与14.3.1里关于 Γ_1 的(14:A:b)和14.3.3里关于 Γ_2 的(14:B:b)进行对比.

$\mathscr{H}_2(\tau_2,\tau_1)$，$\mathscr{H}_1(\tau_2,\tau_1)$来代替$\mathscr{H}_1(\tau_1,\tau_2)$，$\mathscr{H}_2(\tau_1,\tau_2)$.①②因此，这种互换也就相当于以函数$-\mathscr{H}(\tau_2,\tau_1)$来代替$\mathscr{H}(\tau_1,\tau_2)$.

但是，改变符号的效果就等于使运算 Max 和 Min 互换. 因此，在 14.4.1 里定义的量

$$\mathrm{Max}_{\tau_1}\ \mathrm{Min}_{\tau_2}\mathscr{H}(\tau_1,\tau_2)=v_1,$$
$$\mathrm{Min}_{\tau_2}\ \mathrm{Max}_{\tau_1}\mathscr{H}(\tau_1,\tau_2)=v_2$$

现在就成了

$$\mathrm{Max}_{\tau_1}\ \mathrm{Min}_{\tau_2}[-\mathscr{H}(\tau_2,\tau_1)]=-\mathrm{Min}_{\tau_1}\ \mathrm{Max}_{\tau_2}\mathscr{H}(\tau_2,\tau_1)=-\mathrm{Min}_{\tau_2}\ \mathrm{Max}_{\tau_1}\mathscr{H}(\tau_1,\tau_2)^{③}=-v_2,$$
$$\mathrm{Min}_{\tau_2}\ \mathrm{Max}_{\tau_1}[-\mathscr{H}(\tau_2,\tau_1)]=-\mathrm{Max}_{\tau_2}\ \mathrm{Min}_{\tau_1}\mathscr{H}(\tau_2,\tau_1)=-\mathrm{Max}_{\tau_1}\ \mathrm{Min}_{\tau_2}\mathscr{H}(\tau_1,\tau_2)^{④}=-v_1.$$

于是，v_1，v_2 变成了$-v_2$，$-v_1$.⑤由此可见

$$\Delta=v_2-v_1=(-v_1)-(-v_2)$$

的值没有改变；⑥如果 Γ 是严格确定的，情况仍然一样，因为这就相当于 $\Delta=0$. 在这种情形下，等式 $v=v_1=v_2$ 变为

$$-v=-v_1=-v_2.$$

现在，很容易验证，如果把局中人 1 和 2 互换，则 14.5.1，14.5.2 里的(14:C:a)至(14:C:f)全部保持不变.

14.7 非严格确定的博弈

14.7.1 前面的讨论完全地解决了严格确定的博弈，但并没有解决其他的博弈. 对于一个非严格确定的博弈 Γ，我们有 $\Delta>0$，即，在这样的博弈里，"猜透"了对手可以得到正的利益. 因此，在博弈的结果即 Γ_1 的值和 Γ_2 的值之间有着本质的不同，因而在参加这种博弈的好方式之间也存在着区别. 由此可见，14:3.1，14.3.3 的讨论并没有为处理 Γ 提供任何办法. 14.5.1 和 14.5.2 的讨论也不能应用，因为在那里用到 $\mathscr{H}(\tau_1,\tau_2)$的鞍点的存在性，也用到等式

$$\mathrm{Max}_{\tau_1}\ \mathrm{Min}_{\tau_2}\mathscr{H}(\tau_1,\tau_2)=\mathrm{Min}_{\tau_2}\ \mathrm{Max}_{\tau_1}\mathscr{H}(\tau_1,\tau_2),$$

即，假定了 Γ 是严格确定的. 当然，从 14.4.2 开头处的不等式里我们可以看到一些线索. 按照这个不等式，Γ 的一局(对于局中人 1)的值 v——如果对于我们现在的一般情形，这个概念终于能够形成的话；我们现在还没有看到能够形成的迹象⑦——受到下列不等式的限制：

---

① 这已不是 14.3.4 里所用的互换局中人的程序了. 在 14.3.4 里，我们只对每一着时的安排和情报情况感兴趣，局中人 1 和 2 是被当作连同他们的函数 $\mathscr{H}_1(\tau_1,\tau_2)$，$\mathscr{H}_2(\tau_1,\tau_2)$一同进行互换的(参看 14.3.4 的第一个注). 在这种意义下，Γ 是对称的，即不受这种互换的影响(同上注).

现在，我们是把局中人 1 和 2 所扮演的角色整个地互换了，在他们的函数 $\mathscr{H}_1(\tau_1,\tau_2)$和 $\mathscr{H}_2(\tau_1,\tau_2)$里也互换了.

② 由于 τ_1 表示局中人 1 的选择，τ_2 表示局中人 2 的选择，所以我们不得不使变量 τ_1，τ_2 互换. 因此，现在是 τ_2 以 $1,\cdots,\beta_1$为其取值域. 这样，对于 $\mathscr{H}_k(\tau_2,\tau_1)$——就像以前对于 $\mathscr{H}_k(\tau_1,\tau_2)$，在函数的记号里，仍旧是第一个变量在 $1,\cdots,\beta_1$ 里取值，第二个变量在 $1,\cdots,\beta_2$ 里取值.

③ 这只不过是记号的改变：变量 τ_1，τ_2 换成了 τ_2，τ_1.

④ 同上.

⑤ 和预期的一样，这与 14.4.1 的第一个注是一致的.

⑥ 和预期的一样，这与 14.4.2 的注是一致的.

⑦ 参看本章 17.8.1.

$$v_1 \leqslant v \leqslant v_2.$$

但是,这仍然没有使 v 的值得到确定,它只说明了 v 处于一个长度为 $\Delta = v_2 - v_1 > 0$ 的区间里,而且,整个情况在概念上是极端不能令人满意的.

人们也许已经打算放弃这个问题的讨论了:在这样的博弈 Γ 里,既然"猜透"对手能够得到正的利益,看来似乎可以说,除非明确地假定"谁猜透谁",在怎样的程度上"猜透",[①]就没有可能找到一个解答.

我们将在17里看到,事实并非如此;虽然是 $\Delta > 0$,我们仍能按照以前的讨论程序得到一个解答.不过,首先我们打算不涉及这种困难,而来列举出一些 $\Delta > 0$ 的博弈 Γ,以及一些 $\Delta = 0$ 的博弈.第一种——非严格确定的——将在这里作一简短的介绍;在17.1里再作细致的探讨.对于第二种——严格确定的——将相当详细地加以分析.

14.7.2 由于不具有鞍点的函数 $\mathscr{H}(\tau_1, \tau_2)$ 是存在的(参看13.4.1,13.4.2;那里的 $\phi(x,y)$ 就是我们现在的 $\mathscr{H}(\tau_1, \tau_2)$),所以非严格确定的博弈也是存在的.作为我们现在讨论的应用,重新检验一下那里的例子——即13.4.1中图12、13的矩阵所描写的函数——是有益的.这就是说,我们要明白地描写那些图表所从属的博弈.(在每一种情形里,以 $\mathscr{H}(\tau_1, \tau_2)$ 代替 $\phi(x,y)$,其中在每一矩阵里 τ_2 是列数,τ_1 是行数.可同时参看14.1.3的图15.)

图12是"配铜钱"游戏.对于 τ_1 和 τ_2,以1表示"正面",2表示"反面";则若 τ_1 和 τ_2"相配"——即若二者相等,——矩阵元素的值是1,若不"相配",值是-1.局中人1找局中人2"配铜钱",他的输赢计算如下:若二者"相配",局中人1获胜(一个单位);若不"相配",他输掉(一个单位).

图13是"石头、布、剪刀"游戏.对于 τ_1 和 τ_2,以1表示"石头";2表示"布";3表示"剪刀".矩阵里的元素1和-1的分布表示:"布"击败"石头";"剪刀"击败"布";"石头"击败"剪刀".[②]这样,局中人1若击败局中人2,他获胜(一个单位);局中人1若被击败,他输掉(一个单位).在其他的情形下(若二局中人作出同样的选择),游戏成为和局.

14.7.3 这两个例子以特别清楚的形式表示了我们在一个非严格确定的博弈里所能够遇见的困难;正因为它们是极端简单的博弈,才能使困难在这里完全地表现出来.问题是:在"配铜钱"和"石头、布、剪刀"里,参加博弈的任一种方式(即,任一个 τ_1 或任一个 τ_2),它与任何其他一种方式都是一样的好:"正面"或"反面",其本身并没有什么内在的有利或不利因素,"石头""布""剪刀"也一样.唯一有关系的,是要猜对对手的选择;但是,对于局中人的"智力"不作任何假定,我们将怎样来描述这个问题呢?[③]

当然,还能举出一些比较复杂的博弈,它们不是严格确定的,而且,从更精细的技术上的种种观点来看,它们是很重要的.但是,只就主要的困难而言,"配铜钱"和"石头、布、剪刀"这两种博弈能够充分地说明它的特征.

---

① 说得清楚些:$\Delta > 0$ 的意义是,在这个博弈里,两个局中人不可能同时都比他的对手更聪明.因此,看来似乎应该知道,每一个局中人究竟聪明到什么程度.

② "布包石头,剪刀剪布,石头击毁剪刀".

③ 如在前面提到过的,我们将在本章17.1中说明,这是可以做到的.

14.8 细致地分析严格确定性的程序

14.8.1 严格确定的博弈 Γ——我们已经有了这种博弈的解——虽然只是一种特殊情形，我们却不应该低估这种博弈所占领域的广阔程度．由于我们用的是博弈 Γ 的正规化形式，也许会引起这样的低估：它使得事物看起来比它们的真实情况来得简单．必须记住，就像在本章 14.1.1 里指出过的，τ_1，τ_2 在博弈的广阔形式里代表策略，而广阔形式的博弈的结构可能是非常复杂的．

因此，为了了解严格确定性的意义，有必要联系博弈的广阔形式进行研究．这就牵涉到关于"着"——"机会的着"或"人的着"——的详细性质，关于局中人的情报情况等问题；这就是说，如在 12.1.1 里提到过的，我们要在广阔形式的基础上进行结构性的分析．

我们特别感兴趣的是这样的博弈：每一个局中人在进行"人的着"的时刻，知道以前出现的着中选择的全部结果．这种博弈已在第二章 6.4.1 中提到过；在那里曾经提及，它们通常被认为是具有有理性质的博弈．我们现在将证明，一切这样的博弈都是严格确定的，从而在严密的意义上阐明上述有理性．我们也将证明，上面所述不仅当所有的"着"都是"人的着"时成立，而且在有"机会的着"出现时也成立．

*15 具有完全情报的博弈

*15.1 讨论的目的．归纳法

15.1.1 我们希望更进一步来探讨零和二人博弈，目的是要找出一个尽可能广泛的子类，其中只包含严格确定的博弈；即，其中在 14.4.1 里提到的两个量(它们对于博弈性质的评定已成为如此地重要)

$$v_1 = \mathrm{Max}_{\tau_1}\ \mathrm{Min}_{\tau_2}\ \mathscr{H}(\tau_1, \tau_2),$$
$$v_2 = \mathrm{Min}_{\tau_2}\ \mathrm{Max}_{\tau_1}\ \mathscr{H}(\tau_1, \tau_2)$$

满足

$$v_1 = v_2 = v.$$

我们将证明，如果 Γ 是具有完全情报——即前备性等价于先现性(参看 6.4.1，以及 14.8 的末尾)——的博弈，则 Γ 是严格确定的．我们也将讨论这个结果的概念上的意义(见 15.8)．事实上，这个结果将作为关于 v_1，v_2 的一个更一般的规则的特殊情形而得出(见 15.5.3)．

我们的讨论将从更一般的情形开始：我们考虑一个完全不受任何限制条件的一般 n 人博弈 Γ．这种一般性在以后将是有用的．

15.1.2 设 Γ 是一个广阔形式的一般 n 人博弈．我们将考察 Γ 的某些方面，首先应用我们原来在第二章 6.7 里所用的非集合论的术语(见 15.1)，然后把一切讨论都转换成第二章 9，10 里的分割和集合的术语(见 15.2 及以下)．只借助于第一种讨论，读者也许就能得到一个全面的了解；第二种讨论的方法是相当形式体系化的，只是为了绝对的严格我们才这样做，这可以表明,我们确实是在第二章10.1.1公理的基础上严格地进行讨论的.

我们来考察Γ中一切"着"的序列$\mathfrak{M}_1,\mathfrak{M}_2,\cdots,\mathfrak{M}_\nu$.我们把注意力集中在第一个"着"$\mathfrak{M}_1$以及这一"着"时的局面上.

由于没有任何事物先现于这个"着",也就没有任何事物前备于它;这就是说,这个"着"的特征不依赖于任何事物,——它们是常量.这个论点首先适用于下面的事实:$\mathfrak{M}_1$可以是一个"机会的着",也可以是"人的着";而且,如果是"人的着",它是哪一个局中人的"着"——即,在6.2.1的意义下,分别适用于$k=0,1,\cdots,n$的值.上述论点也适用于在$\mathfrak{M}_1$时可能走法的数目α_1,而对于"机会的着"(即若$k_1=0$)还适用于概率$p_1(1),\cdots,p_1(\alpha_1)$的值.在$\mathfrak{M}_1$——"机会的着"或"人的着"——时选择的结果是一个$\sigma_1=1,\cdots,\alpha_1$.

这使得我们想到采用一种方法来对博弈Γ进行数学的分析,这种方法的精神与在一切数学分支里被广泛运用的"完全归纳法"一致.这个尝试如果成功,能使Γ的分析以包含比Γ少一个着的其他博弈的分析来代替.[①]我们的步骤是这样的:选择一个$\bar{\sigma}_1=1,\cdots,\alpha_1$,并以$\Gamma_{\bar{\sigma}_1}$表示一个新的博弈,它除了下述一点外在其他任何细节上都与Γ一样:取消原来的"着"$\mathfrak{M}_1$,而把$\sigma_1=\bar{\sigma}_1$指定(根据新的博弈的规则)为选择σ_1的值.[②]事实上,$\Gamma_{\bar{\sigma}_1}$比Γ少一个"着":它的"着"是$\mathfrak{M}_2,\cdots,\mathfrak{M}_\nu$.[③]如果我们能够从所有的$\Gamma_{\bar{\sigma}_1}(\bar{\sigma}_1=1,\cdots,\alpha_1)$的主要特征导出$\Gamma$的特征,我们的"归纳"法就成功了.

15.1.3 不过,必须注意,只有在关于Γ的某种限制条件下,才有可能构成$\Gamma_{\bar{\sigma}_1}$.事实上,在博弈$\Gamma_{\bar{\sigma}_1}$里进行某个"人的着"的每一局中人,他必须知道这个博弈的全部规则.这就是说,他必须知道原来的博弈Γ的全部规则,还须知道在$\mathfrak{M}_1$时指定的选择的值,即$\bar{\sigma}_1$.因此,只有当每一局中人在他的任何一个"人的着"$\mathfrak{M}_2,\cdots,\mathfrak{M}_\nu$时,按照原来的规则$\Gamma$,知道在$\mathfrak{M}_1$时选择的结果,即$\mathfrak{M}_1$必须前备于一切"人的着"$\mathfrak{M}_2,\cdots,\mathfrak{M}_\nu$;只有在这个条件下,才能从$\Gamma$构成$\Gamma_{\bar{\sigma}_1}$——不改变在$\Gamma$中关于局中人情报情况的规则.重述如下:

(15:A) 只有当Γ具有下列性质时,才能——不因此而改变Γ的根本结构——构成$\Gamma_{\bar{\sigma}_1}$:

(15:A:a) $\mathfrak{M}_1$前备于一切"人的着"$\mathfrak{M}_2,\cdots,\mathfrak{M}_\nu$.[④]

---

① 即"着"的数目是$\nu-1$而不是ν.重复地应用这个"归纳"的步骤——如果行得通的话,就会使博弈Γ化为一个具有0个"着"的博弈;即,化为一个具有固定不变的结果的博弈.这当然就是Γ的一个完全的解答(参看15.6.1里的(15:C)).

② 例如,博弈Γ是国际象棋,$\bar{\sigma}_1$是"白方"即局中人1的一个特定的第一"着"——即$\mathfrak{M}_1$时的一个选择.这时,$\Gamma_{\bar{\sigma}_1}$仍是国际象棋,但它第一"着"的性质相当于普通国际象棋里的第二"着"——"黑方"即局中人2的着,而且它在开始时的局面是由"头一着"$\bar{\sigma}_1$造成的.这个指定的"头一着",它可以是(但不一定是)一个习惯上的"着"(例如E2—E4).

同样的做法也出现在各种形式的桥牌比赛里,其中"裁判员"分派给局中人们以确定的——事先选定的、已知的——牌.(例如,在桥牌复式比赛里就是这样做的.)

在第一个例子里,指定的"着"$\mathfrak{M}_1$原来是"人的着"("白方"即局中人1的);在第二个例子里,$\mathfrak{M}_1$原来是"机会的着"(即发牌).

在有些博弈里,有时优秀的局中人对技术较差的局中人作某些"让步",这就相当于一个或更多个指定的"着".

③ 其实,我们应该采用指标$1,\cdots,\nu-1$,并指出它们对于σ_1的依赖性;例如,可以写成$\mathfrak{M}_1^{\bar{\sigma}_1},\cdots,\mathfrak{M}_{\nu-1}^{\bar{\sigma}_1}$.但我们认为采用较简单的记号$\mathfrak{M}_2,\cdots,\mathfrak{M}_\nu$更好些.

④ 这里用的是6.3的术语;这就是说,我们用的是7.1.2意义下的特殊形式的依赖性.应用7.2.1的一般描述,我们必须这样来叙述(15:A:a):对于每一个"人的着"$\mathfrak{M}_\kappa,\kappa=2,\cdots,\nu$,集合$\Phi_\kappa$包含函数$\sigma_1$.

15.2 精确条件(第一步)

15.2.1 我们现在用第二章 9,10 里分割和集合的术语来叙述 15.1.2,15.1.3 里的内容(参看 15.1.2 的开头处).为了这个目的,我们将引用 10.1 里的记号.

$\mathfrak{A}_1$ 由唯一的一个集合 Ω 组成(10.1.1 里的(10:1:f)),并且它是 $\mathfrak{B}_1$ 的一个子分割(10.1.1 里的(10:1:a));因此,$\mathfrak{B}_1$ 也由唯一的一个集合 Ω 组成(其他的集合都是空集合).[①][②]这就是说:

$$B_1(k) = \begin{cases} \Omega, \text{对于恰好一个 } k\text{,设为 } k = k_1, \\ \ominus, \text{对于一切 } k \neq k_1. \end{cases}$$

这个 $k_1=0,1,\cdots,n$ 确定了 $\mathfrak{M}_1$ 的特征;这就是 6.2.1 里的 k_1.如果 $k_1=1,\cdots,n$——即若着是人的着,则 $\mathfrak{A}_1$ 也是 $\mathfrak{D}_1(k_1)$的一个子分割(10.1.1 里的(10:1:d).在公理里,是在 $B_1(k_1)$里假定这个条件的;但 $B_1(k_1)=\Omega$).因此,$\mathfrak{D}_1(k_1)$也由唯一的一个集合 Ω 组成.[③]而对于 $k\neq k_1$,作为 $B_1(k)=\ominus$的子分割(10.1.1 里的(10:A:g)),$\mathfrak{D}_1(k)$必须是空的.

由此可见,在 $\mathfrak{A}_1$ 里我们有恰好一个 A_1,它就是 Ω;对于 $k_1=1,\cdots,n$,在一切 $\mathfrak{D}(k)$里我们有恰好一个 D_1,它也是 Ω;而对于 $k_1=0$,在一切 $\mathfrak{D}_1(k)$里没有任何 D_1.

"着"$\mathfrak{M}_1$ 的构成,是从 $\mathfrak{C}_1(k)$里选择一个 C_1;如果 $k_1=0$,由机会来选择;如果 $k_1=1,\cdots,n$,由局中人 k_1 来选择.在前一种情形,C_1 必然是唯一的 $A_1(=\Omega)$的一个子集合;在后一种情形,C_1 是唯一的 $D_1(=\Omega)$的一个子集合.这种 C_1 的数目是 α_1(参看 9.1.4 和 9.1.5,特别是 9.1.4 的第二个注);由于我们所讨论的 A_1 或 D_1 是固定的,所以这个 α_1 是个确定的常数.α_1 是在 $\mathfrak{M}_1$ 时各种不同走法的数目,即 6.2.1 和 15.1.2 里的 α_1.

这些 C_1 与 15.1.2 里的 $\sigma_1=1,\cdots,\alpha_1$ 相对应,我们就把它们记为 $C_1(1),\cdots,C_1(\alpha_1)$.[④]现在,由 10.1.1 里的(10:1:h)可知(很容易验证),$\mathfrak{A}_1$ 也就是由 $C_1(1),\cdots,C_1(\alpha_1)$所组成的集合,即 $\mathfrak{A}_1$ 等于 $\mathfrak{C}_1$.

到现在为止,我们的分析完全是一般性的——对任何博弈 Γ 的 $\mathfrak{M}_1$(而且在某种程度上对于 $\mathfrak{M}_2$)成立.读者应该按照 8.4.2 和 10.4.2 的意义把这些性质以常用的术语叙述出来.

我们现在转而讨论 $\Gamma_{\bar{\sigma}_1}$.如在 15.1.2 所述的,令 $\sigma_1=\bar{\sigma}_1$,指定了着 $\mathfrak{M}_1$,就从 Γ 得到 $\Gamma_{\bar{\sigma}_1}$.同时,博弈的着被局限到 $\mathfrak{M}_2,\cdots,\mathfrak{M}_\nu$.这就是说,元素 π——它代表具体的局——不再能够在整个 Ω 里变化,而是被局限到 $C_1(\bar{\sigma}_1)$之内.而且,在 9.2.1 中列出的分割,它们的足标被局限到 $\kappa=2,\cdots,\nu$[⑤](对于 $\mathfrak{A}_\kappa$,还有 $\kappa=\nu+1$).

15.2.2 现在,我们来考虑与 15.1.3 中限制条件相当的叙述.

---

① 这个 $\mathfrak{B}_1$ 是 8.3.1 里(8:B:a)的一个例外情形;参看 8.3.1 的第一个注和 9.1.3 的第二个注.

② 证明:Ω 属于 $\mathfrak{A}_1$,$\mathfrak{A}_1$ 是 $\mathfrak{B}_1$ 的一个子分割;因此,Ω 是 $\mathfrak{B}_1$ 中某个元素的子集合.这个元素必须等于 Ω.$\mathfrak{B}_1$ 中一切其他元素都与 Ω 不相交(参看 8.3.1),所以都是空集合.

③ 与 $\mathfrak{B}_1$ 不同(参看上面所述),$\mathfrak{A}_1$ 和 $\mathfrak{D}_1(k_1)$必须满足 8.3.1 里的(8:B:a)和(8:B:b),因此,除了 Ω 之外二者都没有其他的元素.

④ 它们代表 6.2,9.14,9.15 里的走法 $\mathfrak{A}_1(1),\cdots,\mathfrak{A}_1(\alpha_1)$.

⑤ 我们不希望把枚举改成 $\kappa=1,\cdots,\nu-1$,参看 15.1.2 中最后一个注.

为要使得博弈Γ改变成为在15.2.1之末所述的情况,需对Γ加上一定的限制条件.

我们已经指出,我们希望把局——即π——局限到$C_1(\bar{\sigma}_1)$之内.因此,所有在Γ的描述里出现的那些集合,它们原来都是Ω的子集合,现在都必须改变成为$C_1(\bar{\sigma}_1)$的子集合,原来的分割改变成为在$C_1(\bar{\sigma}_1)$里面(或在$C_1(\bar{\sigma}_1)$的子集合里面)的分割.但怎样可以做到这一点呢?

出现在Γ的描述里的分割(参看9.2.1)可以分成两类:第一类是代表对象事实的分割——$\mathfrak{A}_\kappa$;$\mathfrak{B}_\kappa=(B_\kappa(0),B_\kappa(1),\cdots,B_\kappa(n))$;以及$\mathfrak{C}_k(k)$,$k=0,1,\cdots,n$.第二类是只代表局中人情报情况的分割,[①]即$\mathfrak{D}_k(k)$,$k=1,\cdots,n$.当然,我们在这里假定$\kappa\geqslant 2$(参看15.2.1的末尾).

对于第一类的分割,我们只需把每一个元素换成它与$C_1(\bar{\sigma}_1)$的交集合.这样,$\mathfrak{B}_k$的元素$B_\kappa(0),B_\kappa(1),\cdots,B_\kappa(n)$就换成了$C_1(\bar{\sigma}_1)\cap B_\kappa(0),C_1(\bar{\sigma}_1)\cap B_\kappa(1),\cdots,C_1(\bar{\sigma}_1)\cap B_\kappa(n)$.在$\mathfrak{A}_\kappa$中,甚至这样做也是不必要的.由于$\mathfrak{A}_\kappa$是$\mathfrak{A}_2$的一个子分割(因为$\kappa\geqslant 2$;参看10.4.1),而$\mathfrak{A}_2$是两两不相交集合的一个系统,即$(C_1(1),\cdots,C_1(\alpha_1))$(参看15.2.1);因此,我们只需保留$\mathfrak{A}_\kappa$中作为$C_1(\bar{\sigma}_1)$的子集合的那些元素,即,$\mathfrak{A}_\kappa$的处于$C_1(\bar{\sigma}_1)$内的部分.$\mathfrak{C}_\kappa(k)$应该像$\mathfrak{B}_\kappa$一样来处理,但我们暂时把这个讨论搁下.

对于第二类的分割——即对于$\mathfrak{D}_\kappa(k)$——我们却不能这样处理.把$\mathfrak{D}_\kappa(k)$的元素换成它与$C_1(\bar{\sigma}_1)$的交集合,会引起局中人的情报情况的改变,[②]因此,应该避免这样的做法.唯一可以允许的办法,是上面用在$\mathfrak{A}_\kappa$上的方法,这就是:以$\mathfrak{D}_\kappa(k)$的处于$\mathfrak{C}_1(\bar{\sigma}_1)$内的那个部分来代替$\mathfrak{D}_\kappa(k)$.但是,只有当$\mathfrak{D}_k(k)$——像前面的$\mathfrak{A}_\kappa$一样——是$\mathfrak{A}_2$的一个子分割(对于$\kappa\geqslant 2$)时,才能够这样做.因此,我们必须假定这个条件成立.

现在,$\mathfrak{C}_\kappa(k)$的问题解决了:它是$\mathfrak{D}_\kappa(k)$的一个子分割(10.1.1里的(10:1:c)),因而也是$\mathfrak{A}_2$的一个子分割(根据上面的假定);于是,我们可以用它的处于$C_1(\bar{\sigma}_1)$内的部分来代替它.

这样,我们看到,Γ的必要的限制条件是:每一个$\mathfrak{D}_\kappa(k)$(其中$\kappa\geqslant 2$)必须是$\mathfrak{A}_2$的一个子分割.现在,回忆一下8.4.2以及10.1.2中(10:A:d*),(10:A:g*)的解释.它们指出了上述限制条件的意义如下:每一个局中人在人的"着"$\mathfrak{M}_2,\cdots,\mathfrak{M}_\nu$时,知道在"着"$\mathfrak{M}_1$以后(即"着"$\mathfrak{M}_2$之前)由$\mathfrak{A}_2$表示的一切事情.(同时可参看10.4.2中(10:B)前面的讨论)这就是说,$\mathfrak{M}_1$必须前备于一切"着"$\mathfrak{M}_2,\cdots,\mathfrak{M}_\nu$.

这样,我们又一次得到了15.1.3里的条件(15:A:a).博弈$\Gamma_{\bar{\sigma}_1}$满足10.1.1的条件,这个简单的验证工作我们留给读者去作.

*15.3 精确条件(整个归纳法)

15.3.1 如在15.1.2的末尾指出的,我们希望从所有的$\Gamma_{\bar{\sigma}_1}(\bar{\sigma}_1=1,\cdots,\alpha_1)$的特征导出$\Gamma$的特征,因为这——如果能够成功的话——将成为"完全归纳法"典型的一步.

然而,到目前为止,在全部博弈里,我们已拥有一些(数学上的)特征的,只不过是零和二人博弈这一类:对于这类博弈来说,我们有了v_1和v_2(参看15.1.1).因此,我们假定Γ是一个零

---

① $\mathfrak{A}_\kappa$代表裁判员的情报情况,但它是一个对象事实.它代表这样的事件:它们直到那个时刻为止已在恰好是那样的程度上确定了一局的过程(参看9.1.2).

② 是指,使他得到外加的情报.

和二人博弈.

我们将看到，Γ 的 v_1 和 v_2 确实能够借助于 $\Gamma_{\bar{\sigma}_1}$($\bar{\sigma}_1=1,\cdots,\alpha_1$；参看 15.1.2)的相应的量而表示出来. 这种情况使我们有必要把"归纳法"更向前推进，直到它们的结论，即以同样的方式构成 $\Gamma_{\bar{\sigma}_1,\bar{\sigma}_2}$，$\Gamma_{\bar{\sigma}_1,\bar{\sigma}_2,\bar{\sigma}_3}$，$\cdots$，$\Gamma_{\bar{\sigma}_1,\bar{\sigma}_2,\cdots,\bar{\sigma}_\nu}$. [①]在这些博弈里，步数不断地从 ν(对于 Γ)，$\nu-1$(对于 $\Gamma_{\bar{\sigma}_1}$)，$\nu-2$，$\nu-3$，$\cdots$减少到 0(对于 $\Gamma_{\bar{\sigma}_1,\bar{\sigma}_2,\cdots,\bar{\sigma}_\nu}$)；即，$\Gamma_{\bar{\sigma}_1,\bar{\sigma}_2,\cdots,\bar{\sigma}_\nu}$ 是一个"空的"博弈(就像在 10.2 第二个注里所提到的博弈). 在这个博弈里，不存在任何着；局中人 k 得到固定的数 $\mathscr{F}_k(\bar{\sigma}_1,\cdots,\bar{\sigma}_\nu)$.

这里用的是本章 15.1.2，15.1.3 的术语——即第二章 6，7 的术语. 如果用 15.2.1，15.2.2 的术语——即第二章 9，10 的术语，我们的说法是：Ω(对于 Γ)被逐步地局限到 $\mathfrak{A}_2$ 的一个 $C_1(\bar{\sigma}_1)$里(对于 $\Gamma_{\bar{\sigma}_1}$)，$\mathfrak{A}_3$ 的一个 $C_2(\bar{\sigma}_1,\bar{\sigma}_2)$里(对于 $\Gamma_{\bar{\sigma}_1,\bar{\sigma}_2}$)，$\mathfrak{A}_4$ 的一个 $C_3(\bar{\sigma}_1,\bar{\sigma}_2,\bar{\sigma}_3)$里(对于 $\Gamma_{\bar{\sigma}_1,\bar{\sigma}_2,\bar{\sigma}_3}$)，等等，最后，到 $\mathfrak{A}_{\nu+1}$ 的一个 $C_\nu(\bar{\sigma}_1,\bar{\sigma}_2,\cdots,\bar{\sigma}_\nu)$里(对于 $\Gamma_{\bar{\sigma}_1,\bar{\sigma}_2,\cdots,\bar{\sigma}_\nu}$). 而最后这个集合只有唯一的一个元素(10.1.1 里的(10:1:g))，设为 π. 因此，博弈 $\Gamma_{\bar{\sigma}_1,\bar{\sigma}_2,\cdots,\bar{\sigma}_\nu}$ 的结果是固定的：局中人 k 得到固定的数 $\mathscr{F}_k(\pi)$.

由此可见，博弈 $\Gamma_{\bar{\sigma}_1,\bar{\sigma}_2,\cdots,\bar{\sigma}_\nu}$ 的性质是极为明显的；对于每一个局中人来说，这个博弈有确定的值. 因此，从 $\Gamma_{\bar{\sigma}_1}$ 导向 Γ 的步骤——如果能够建立起来的话，可以回过来用以从 $\Gamma_{\bar{\sigma}_1,\bar{\sigma}_2,\cdots,\bar{\sigma}_\nu}$ 导出 $\Gamma_{\bar{\sigma}_1,\bar{\sigma}_2,\cdots,\bar{\sigma}_{\nu-1}}$，再导出 $\Gamma_{\bar{\sigma}_1,\bar{\sigma}_2,\cdots,\bar{\sigma}_{\nu-2}}$，等等，再导出 $\Gamma_{\bar{\sigma}_1,\bar{\sigma}_2}$，再导出 $\Gamma_{\bar{\sigma}_1}$，最后，导出 Γ.

但要使得这个步骤行得通，我们必须能够构成博弈的序列 $\Gamma_{\bar{\sigma}_1}$，$\Gamma_{\bar{\sigma}_1,\bar{\sigma}_2}$，$\Gamma_{\bar{\sigma}_1,\bar{\sigma}_2,\bar{\sigma}_3}$，$\cdots$，$\Gamma_{\bar{\sigma}_1,\bar{\sigma}_2,\cdots,\bar{\sigma}_\nu}$，即 15.1.3 或 15.2.2 中的最终条件必须被所有这些博弈所满足. 这个条件又可以对任意的一般 n 人博弈 Γ 来讨论；因此，我们现在仍回到这种 Γ.

15.3.2 用 15.1.2，15.1.3 的术语(即 6，7 的术语)来说，条件就是：$\mathfrak{M}_1$ 必须前备于一切 $\mathfrak{M}_2$，$\mathfrak{M}_3$，$\cdots$，$\mathfrak{M}_\nu$；$\mathfrak{M}_2$ 必须前备于一切 $\mathfrak{M}_3$，$\mathfrak{M}_4$，$\cdots$，$\mathfrak{M}_\nu$；等等；即前备性必须与先现性等价.

用 15.2.1，15.2.2 的术语——即 9，10 的术语——来说，我们得到：所有的 $\mathfrak{D}_\kappa(k)$，$\kappa\geqslant 2$，必须都是 $\mathfrak{A}_2$ 的子分割；所有的 $\mathfrak{D}_\kappa(k)$，$\kappa\geqslant 3$，必须都是 $\mathfrak{A}_3$ 的子分割；等等；这就是说，如果$\kappa\geqslant\lambda$，则所有的 $\mathfrak{D}_\kappa(k)$必须都是 $\mathfrak{A}_\lambda$ 的子分割. [②]由于 $\mathfrak{A}_\kappa$ 在任何情形下是 $\mathfrak{A}_\lambda$ 的一个子分割(参看 10.4.1)，所以只需一切 $\mathfrak{D}_\kappa(k)$都是 $\mathfrak{A}_\kappa$ 的子分割就够了. 但是，在 $B_\kappa(k)$里面，$\mathfrak{A}_\kappa$ 是 $\mathfrak{D}_\kappa(k)$的一个子分割(10.1.1 里的(10:1:d))；由此可知，我们的限制条件就相当于说，$\mathfrak{D}_\kappa(k)$是 $\mathfrak{A}_\kappa$ 的处于 $B_\kappa(k)$内的部分. [③]根据 10.4.2 里的(10:B)，这恰好表示，前备性与先现性在 Γ 里面重合.

根据上面的考虑，我们已经建立了下面的

(15:B) 为了能够构成博弈的整个序列

(15:1)
$$\Gamma,\Gamma_{\bar{\sigma}_1},\Gamma_{\bar{\sigma}_1,\bar{\sigma}_2},\Gamma_{\bar{\sigma}_1,\bar{\sigma}_2,\bar{\sigma}_3},\cdots,\Gamma_{\bar{\sigma}_1,\bar{\sigma}_2,\cdots,\bar{\sigma}_v}$$

其中着的数目分别是

$$v,v-1,v-2,\cdots,0$$

必须而且只须，在博弈 Γ 中前备性和先现性重合——即，Γ 是具有完全情报的博弈(参看 6.4.1 以及 14.8 的末尾).

如果 Γ 是零和二人博弈，那么，利用这个条件，可以这样来阐明 Γ：把(15:1)里的

---

① $\bar{\sigma}_1=1,\cdots,\alpha_1$；$\bar{\sigma}_2=1,\cdots,\alpha_2$，其中 $\alpha_2=\alpha_2(\bar{\sigma}_1)$；$\bar{\sigma}_3=1,\cdots,\alpha_3$，其中 $\alpha_3=\alpha_3(\bar{\sigma}_1,\bar{\sigma}_2)$；依此类推.

② 上面我们对 $\lambda=2,3,\cdots$叙述了这个条件；对于 $\lambda=1$，这个条件自然成立：每一个分割是 $\mathfrak{A}_1$ 的一个子分割，因为 $\mathfrak{A}_1$ 由唯一的一个集合 Ω 组成(第二章 10.1.1 里的(10:1:f)).

③ 理由——如果需要的话——可参看第二章 8.3.1 第三个注中的论点.

序列倒转过来——从"空的"博弈 $\Gamma_{\bar{\sigma}_1,\bar{\sigma}_2,\cdots,\bar{\sigma}_\nu}$ 到博弈 Γ——借助于从 $\Gamma_{\bar{\sigma}_1}$ 导致 Γ 的方法，一步一步地做到底；我们将在 15.6.2 里进行这个工作.

*15.4　归纳法步骤的精确讨论

15.4.1　我们现在来实现前面提到的从 Γ_{σ_1}[①] 到 Γ 的"归纳法步骤". Γ 只须满足 15.1.3 或 15.2.2 里的最终条件，但它必须是一个零和二人博弈.

这样，我们能够构成一切 Γ_{σ_1}，$\sigma_1=1,\cdots,\alpha_1$，它们也都是零和二人博弈. 我们以 $\Sigma_1^1,\cdots,\Sigma_1^{\beta_1}$ 和 $\Sigma_2^1,\cdots,\Sigma_2^{\beta_2}$ 表示两个局中人在 Γ 里的策略；以

$$\mathscr{H}_1(\tau_1,\tau_2)\equiv\mathscr{H}(\tau_1,\tau_2),\quad \mathscr{H}_2(\tau_1,\tau_2)\equiv-\mathscr{H}(\tau_1,\tau_2)$$

表示，若采用了策略 $\Sigma_1^{\tau_1},\Sigma_2^{\tau_2}$，局对于两个局中人的结果的"数学期望"(参看 11.2.3 和 14.1.1). 我们以 $\Sigma_{\sigma_1/1}^1,\cdots,\Sigma_{\sigma_1/1}^{\beta_{\sigma_1}/1}$ 和 $\Sigma_{\sigma_1/2}^1,\cdots,\Sigma_{\sigma_1/2}^{\beta_{\sigma_1}/2}$ 表示在 Γ_{σ_1} 里的相应的量；如果采用了策略 $\Sigma_{\sigma_1/1}^{\tau_{\sigma_1}/1}\ \Sigma_{\sigma_1/2}^{\tau_{\sigma_1}/2}$，"数学期望"记为

$$\mathscr{H}_{\sigma_1/1}(\tau_{\sigma_1/1},\tau_{\sigma_1/2})\equiv\mathscr{H}_{\sigma_1}(\tau_{\sigma_1/1},\tau_{\sigma_1/2}),$$
$$\mathscr{H}_{\sigma_1/2}(\tau_{\sigma_1/1},\tau_{\sigma_1/2})\equiv-\mathscr{H}_{\sigma_1}(\tau_{\sigma_1/1},\tau_{\sigma_1/2}).$$

我们对 Γ 和 Γ_{σ_1} 形成 14.4.1 里的 v_1,v_2；对于 Γ_{σ_1}，把它们记为 $v_{\sigma_1/1},v_{\sigma_2/2}$. 于是有

$$v_1=\mathrm{Max}_{\tau_1}\,\mathrm{Min}_{\tau_2}\,\mathscr{H}(\tau_1,\tau_2),$$
$$v_2=\mathrm{Min}_{\tau_2}\,\mathrm{Max}_{\tau_1}\,\mathscr{H}(\tau_1,\tau_2)$$

和

$$v_{\sigma_1/1}=\mathrm{Max}_{\tau_{\sigma_1/1}}\,\mathrm{Min}_{\tau_{\sigma_1/2}}\,\mathscr{H}_{\sigma_1}(\tau_{\sigma_1/1},\tau_{\sigma_1/2}),$$
$$v_{\sigma_1/2}=\mathrm{Min}_{\tau_{\sigma_1/2}}\,\mathrm{Max}_{\tau_{\sigma_1/1}}\,\mathscr{H}_{\sigma_1}(\tau_{\sigma_1/1},\tau_{\sigma_1/2}).$$

我们的任务是要用 $v_{\sigma_1/1},v_{\sigma_1/2}$ 来表示 v_1,v_2.

在 15.1.2,15.2.1 里确定"着"$\mathfrak{M}_1$ 的特征的 k_1，将起重要的作用. 由于 $n=2$，可能的值是 $k_1=0,1,2$. 我们必须分别考虑这三种可能的情形.

15.4.2　首先，考虑 $k_1=0$ 这种情形；即，假定 $\mathfrak{M}_1$ 是一个"机会的着". 它的可能选择 $\sigma_1=1,\cdots,\alpha_1$ 的概率，就是在 15.1.2 里提及的 $p_1(1),\cdots,p_1(\alpha_1)$（$p_1(\sigma_1)$ 就是 10.1.1 的(10:A:h)里的 $p_1(C_1)$，其中 $C_1=$15.2.1 里的 $C_1(\sigma_1)$）.

显然，局中人 1 在 Γ 里的一个策略 $\Sigma_1^{\tau_1}$ 是这样组成的：对于机会的变量的每一个值 $\sigma_1=1,\cdots,\alpha_1$，局中人 1 在 Γ_{σ_1} 里有一个特定的策略 $\Sigma_{\sigma_1/1}^{\tau_{\sigma_1}/1}$；[②]这就是说，$\Sigma_1^{\tau_1}$ 对应于集合 $\Sigma_{1/1}^{\tau_{1/1}},\cdots,\Sigma_{\alpha_1/1}^{\tau_{\alpha_1}/1}$——对于一切可能的组合 $\tau_{1/1},\cdots,\tau_{\alpha_1/1}$.

类似地，局中人 2 在 Γ 里的一个策略 $\Sigma_2^{\tau_2}$ 是这样组成的：对于机会的变量的每一个值

① 从现在起，我们把 $\bar{\sigma}_1,\bar{\sigma}_2,\cdots,\bar{\sigma}_\nu$ 改写成 $\sigma_1,\sigma_2,\cdots,\sigma_\nu$，因为不可能产生任何误会.

② 在直观上，这是很清楚的. 读者可以从形式体系的观点来验证它：只要把 11.1.1 里的定义和 11.1.3 里的(11:A)应用到 15.2.1 里所述的情况.

$\sigma_1=1,\cdots,\alpha_1$，局中人 2 在 Γ_{σ_1} 里有一个特定的策略 $\Sigma_{\sigma_1/2}^{\tau_1/2}$；这就是说，$\Sigma_2^{\tau_2}$ 对应于集合 $\Sigma_{1/2}^{\tau_{1/2}},\cdots,\Sigma_{\alpha_1/2}^{\tau_{\alpha_1/2}}$——对于一切可能的组合 $\tau_{1/2},\cdots,\tau_{\alpha_1/2}$.

Γ 和 Γ_{σ_1} 中结果的"数学期望"之间，显然满足下面的关系：

$$\mathcal{H}(\tau_1,\tau_2)=\sum_{\sigma_1=1}^{\alpha_1}p_1(\sigma_1)\mathcal{H}_{\sigma_1}(\tau_{\sigma_1/1},\tau_{\sigma_1/2}).$$

因此，我们关于 v_1 的公式给出

$$\begin{aligned}v_1&=\mathrm{Max}_{\tau_1}\mathrm{Min}_{\tau_2}\mathcal{H}(\tau_1,\tau_2)\\&=\mathrm{Max}_{\tau_1/1,\cdots,\tau\alpha_1/1}\mathrm{Min}_{\tau_1/2,\cdots,\tau\alpha_1/2}\sum_{\sigma_1=1}^{\alpha_1}p_1(\sigma_1)\mathcal{H}_{\sigma_1}(\tau_{\sigma_1/1},\tau_{\sigma_1/2}).\end{aligned}$$

上式最右端和式 $\sum_{\sigma_1=1}^{\alpha_1}$ 里面的σ_1-项

$$p_1(\sigma_1)\mathcal{H}_{\sigma_1}(\tau_{\sigma_1/1},\tau_{\sigma_1/2})$$

只包含两个变量 $\tau_{\sigma_1/1},\tau_{\sigma_1/2}$. 变量偶

$$\tau_{1/1},\tau_{1/2};\cdots;\tau_{\alpha_1/1},\tau_{\alpha_1/2}$$

单独地分别出现在

$$\sigma_1=1;\cdots;\sigma_1=\alpha_1$$

这些单独的σ_1-项里. 因此，在构成 $\mathrm{Min}_{\tau_1/2,\cdots,\tau\alpha_1/2}$时，我们可以单独地分别取每一个$\sigma_1$-项的最小值；而在构成 $\mathrm{Max}_{\tau_1/1,\cdots,\tau\alpha_1/1}$时，我们也可以单独地分别取每一个 σ_1-项的最大值. 这样，我们的表达式变成

$$\sum_{\sigma_1=1}^{\alpha_1}p_1(\sigma_1)\mathrm{Max}_{\tau_{\sigma_1/1}}\mathrm{Min}_{\tau_{\sigma_1/2}}\mathcal{H}_{\sigma_1}(\tau_{\sigma_1/1},\tau_{\sigma_1/2})=\sum_{\sigma_1=1}^{\alpha_1}p_1(\sigma_1)v_{\sigma_1/1}.$$

于是，我们得到下面的等式：

(15:2) $$v_1=\sum_{\sigma_1=1}^{\alpha_1}p_1(\sigma_1)v_{\sigma_1/1}.$$

如果把 Max 和 Min 的地位互换，则根据完全同样的论点，得到

(15:3) $$v_2=\sum_{\sigma_1=1}^{\alpha_1}p_1(\sigma_1)v_{\sigma_1/2}.$$

15.4.3 其次，考虑 $k_1=1$ 这种情形. 在这种情形里，我们将不得不用到 13.5.3 里的结果. 考虑到这个结果的特征是高度形式化的，看来最好是说明一下，它是关于博弈的一个直观上容易理解的事实的形式化叙述，这样，可以使它接近于读者的想象力. 同时，也会使人看得更加清楚，为什么在这时候必须应用这个结果.

我们现在要给出的关于 13.5.3 中结果的解释，是建立在 14.2 至 14.5 的讨论——特别是 14.5.1，14.5.2 的讨论——上的；正是为了这个理由，我们不能够在 13.5.3 里提出这个解释.

为此，我们将考虑一个正规化形式的零和二人博弈 Γ(参看 14.1.1)，并考虑它的劣势博弈 Γ_1 和优势博弈 Γ_2(参看 14.2).

如果我们把正规化形式的博弈 Γ 按照广阔形式的方式来处理，并引进策略等，希望通过

11.2.2,11.2.3 的程序达到一个(新的)正规化形式的博弈,那么,就像在 11.3 中特别是那里的注里所说的,我们得不到什么结果.然而,对于劣势博弈 Γ_1 和优势博弈 Γ_2 来说,情况就不同了;如在 14.2 的第一和第二个注里所说的,这两个博弈都不是正规化形式的博弈.因此,可以而且有必要按照 11.2.2,11.2.3 的程序把它们化为正规化的形式——我们现在还没有做到这一点.

由于在 14.3.1,14.3.3 里已经找到了 Γ_1,Γ_2 的完全的解,我们希望能够说明,这两个博弈是严格确定的.[①]

我们只需考虑 Γ_1(参看 14.3.4 的开头处),现在我们就将这样进行.

对于 Γ,我们引用记号 $\tau_1,\tau_2,\mathscr{H}(\tau_1,\tau_2)$ 和 v_1,v_2;对于 Γ_1,相应的概念记为 $\tau'_1,\tau'_2,\mathscr{H}(\tau_1,\tau_2)$ 和 v'_1,v'_2.

局中人 1 在 Γ_1 里的一个策略,就是指定一个(固定的)τ_1 的值($=1,\cdots,\beta_1$);局中人 2 在 Γ_1 里的一个策略则是指定一个 τ_2 的值($=1,\cdots,\beta_2$),对于 τ_1 的每一个值($=1,\cdots,\beta_1$),τ_2 依赖于 τ_1.[②]这就是说,它是 τ_1 的函数:$\tau_2=\mathscr{I}_2(\tau_1)$.

因此,τ'_1 就是 τ_1,而 τ'_2 相当于函数 $\mathscr{I}_2$,$\mathscr{H}'(\tau'_1,\tau'_2)$ 相当于 $\mathscr{H}(\tau_1,\mathscr{I}_2(\tau_1))$.于是有

$$v'_1=\mathrm{Max}_{\tau_1}\,\mathrm{Min}_{\mathscr{I}_2}\,\mathscr{H}(\tau_1,\mathscr{I}_2(\tau_1)),$$

$$v'_2=\mathrm{Min}_{\mathscr{I}_2}\,\mathrm{Max}_{\tau_1}\,\mathscr{H}(\tau_1,\mathscr{I}_2(\tau_1)).$$

由此可见,Γ_1 是严格确定的这一命题,即等式 $v'_1=v'_2$ 成立这一命题,它与 13.5.3 里的(13:E)完全等价;只需把那里的 $x,u,f(x),\psi(x,f(x))$ 换为 $\tau_1,\tau_2,\mathscr{I}_2(\tau_1),\mathscr{H}(\tau_1,\mathscr{I}_2(\tau_1))$.

13.5.3 的结果与 Γ_1 的严格确定性之间的这种等价关系,使我们理解到,13.5.3 为什么将在以下的讨论中占有重要的地位.Γ_1 是具有完全情报的博弈——这种博弈是我们目前的讨论的最终目标(参看 15.3.2 的末尾)——的一个非常简单的例子.Γ_1 里的第一着恰好就是我们现在要讨论的一种:它是一个局中人 1 的"人的着",即 $k_1=1$.

*15.5 归纳法步骤的精确讨论(续)

15.5.1 现在,考虑 $k_1=1$ 这种情形;即,假定 $\mathfrak{M}_1$ 是一个属于局中人 1 的"人的着".

显然,局中人 1 在 Γ 里的一个策略 $\Sigma_1^{\tau_1}$ 是这样组成的:指定一个(固定的)值 $\sigma(=1,\cdots,\alpha_1)$,并指定一个局中人 1 在 $\Gamma_{\sigma_1^0}$ 里的(固定的)策略 $\Sigma_{\sigma_1^0/1}^{\tau_{\sigma_1^0/1}}$;[③]即,$\Sigma_1^{\tau_1}$ 对应于对偶 $\sigma_1^0,\tau_{\sigma_1^0/1}$.

另一方面,局中人 2 在 Γ 里的一个策略 $\Sigma_2^{\tau_2}$ 是这样组成的:对于变量 $\sigma_1^0=1,\cdots,\alpha_1$ 的每一

---

① 这只不过是一个启发性的论点,因为,14.3.1,14.3.3 里的"解答"所根据的原则,虽然它是我们在 14.5.1,14.5.2 里解决严格确定情形所用原则的踏脚石,但二者并不完全相同.如果采用"非数学的"、纯粹文字上的详细叙述,也能使我们的论点很有说服力.但我们愿意用数学的方法来解决问题,理由与在 14.3.2 里的类似情况中一样.

② 这在直观上是很清楚的.读者可以从形式体系的观点来验证它:只要把在 14.2 中 Γ_1 的定义用分割和集合的术语重新描述出来,然后应用 11.1.1 里的定义和 11.1.3 里的(11:A).

总之,主要的一点是:在 Γ_1 里面,局中人 1 的"人的着"前备于局中人 2 的"人的着".

③ 参看 15.4.2 的注或 15.4.3 的第二个注.

个值，[①]指定局中人 2 在 $\Gamma_{\sigma_1^0}$ 里的一个策略 $\Sigma_{\sigma_1^0/2}^{\tau_{\sigma_1^0/2}}$. 这就是说，$\tau_{\sigma_1^0/2}$ 是 σ_1^0 的一个函数：$\tau_{\sigma_1^0/2}=\mathscr{I}_2(\sigma_1^0)$；即 $\Sigma_2^{\tau_2}$ 与函数 $\mathscr{I}_2$ 相对应，而且显然有

$$\mathscr{H}(\tau_1,\tau_2)=\mathscr{H}_{\sigma_1^0}(\tau_{\sigma_1^0/1},\mathscr{I}_2(\sigma_1^0)).$$

因此，我们关于 v_1 的公式给出

$$\begin{aligned} v_1 &= \mathrm{Max}_{\sigma_1^0,\tau_{\sigma_1^0/1}}\mathrm{Min}_{\mathscr{I}_2}\mathscr{H}_{\sigma_1^0}(\tau_{\sigma_1^0/1},\mathscr{I}_2(\sigma_1^0)) \\ &= \mathrm{Max}_{\tau_{\sigma_1^0/1}}\mathrm{Max}_{\sigma_1^0}\mathrm{Min}_{\mathscr{I}_2}\mathscr{H}_{\sigma_1^0}(\tau_{\sigma_1^0/1},\mathscr{I}_2(\sigma_1^0)). \end{aligned}$$

根据 13.5.3 里的(13:G)，我们有

$$\mathrm{Max}_{\sigma_1^0}\mathrm{Min}_{\mathscr{I}_2}\mathscr{H}_{\sigma_1^0}(\tau_{\sigma_1^0/1},\mathscr{I}_2(\sigma_1^0))=\mathrm{Max}_{\sigma_1^0}\mathrm{Min}_{\tau_{\sigma_1^0/2}}\mathscr{H}_{\sigma_1^0}(\tau_{\sigma_1^0/1},\tau_{\sigma_1^0/2});$$

只须把那里的 $x,u,f(x),\psi(x,u)$ 换为 $\sigma_1^0,\tau_{\sigma_1^0/2},\mathscr{I}_2(\sigma_1^0),\mathscr{H}_{\sigma_1^0}(\tau_{\sigma_1^0/1},\tau_{\sigma_1^0/2})$. [②]于是

$$\begin{aligned} v_1 &= \mathrm{Max}_{\tau_{\sigma_1^0/1}}\mathrm{Max}_{\sigma_1^0}\mathrm{Min}_{\tau_{\sigma_1^0/2}}\mathscr{H}_{\sigma_1^0}(\tau_{\sigma_1^0/1},\tau_{\sigma_1^0/2}) \\ &= \mathrm{Max}_{\sigma_1^0}\mathrm{Max}_{\tau_{\sigma_1^0/1}}\mathrm{Min}_{\tau_{\sigma_1^0/2}}\mathscr{H}_{\sigma_1^0}(\tau_{\sigma_1^0/1},\tau_{\sigma_1^0/2}) \\ &= \mathrm{Max}_{\sigma_1^0}v_{\sigma_1^0/1}. \end{aligned}$$

又，我们关于 v_2 的公式给出[③]

$$\begin{aligned} v_2 &= \mathrm{Min}_{\mathscr{I}_2}\mathrm{Max}_{\sigma_1^0,\tau_{\sigma_1^0/1}}\mathscr{H}_{\sigma_1^0}(\tau_{\sigma_1^0/1},\mathscr{I}_2(\sigma_1^0)) \\ &= \mathrm{Min}_{\mathscr{I}_2}\mathrm{Max}_{\sigma_1^0}\mathrm{Max}_{\tau_{\sigma_1^0/1}}\mathscr{H}_{\sigma_1^0}(\tau_{\sigma_1^0/1},\mathscr{I}_2(\sigma_1^0)). \end{aligned}$$

根据 13.5.3 里的(13:E)和(13:G)，我们有

$$\begin{aligned} &\mathrm{Min}_{\mathscr{I}_2}\mathrm{Max}_{\sigma_1^0}\mathrm{Max}_{\tau_{\sigma_1^0/1}}\mathscr{H}_{\sigma_1^0}(\tau_{\sigma_1^0/1},\mathscr{I}_2(\sigma_1^0)) \\ &= \mathrm{Max}_{\sigma_1^0}\mathrm{Min}_{\mathscr{I}_2}\mathrm{Max}_{\tau_{\sigma_1^0/1}}\mathscr{H}_{\sigma_1^0}(\tau_{\sigma_1^0/1},\mathscr{I}_2(\sigma_1^0)) \\ &= \mathrm{Max}_{\sigma_1^0}\mathrm{Min}_{\tau_{\sigma_1^0/2}}\mathrm{Max}_{\tau_{\sigma_1^0/1}}\mathscr{H}_{\sigma_1^0}(\tau_{\sigma_1^0/1},\tau_{\sigma_1^0/2}); \end{aligned}$$

只须把那里的 $x,u,f(x),\psi(x,u)$ 换为 $\sigma_1^0,\tau_{\sigma_1^0/2},\mathscr{I}_2(\sigma_1^0),\mathrm{Max}_{\tau_{\sigma_1^0/1}}\mathscr{H}_{\sigma_1^0}(\tau_{\sigma_1^0/1},\tau_{\sigma_1^0/2})$. [④]

于是

$$v_2=\mathrm{Max}_{\sigma_1^0}\mathrm{Min}_{\tau_{\sigma_1^0/2}}\mathrm{Max}_{\tau_{\sigma_1^0/1}}\mathscr{H}_{\sigma_1^0}(\tau_{\sigma_1^0/1},\tau_{\sigma_1^0/2})=\mathrm{Max}_{\sigma_1^0}v_{\sigma_1^0/2}.$$

总结起来(并把 σ_1^0 改写成 σ_1)，我们有

(15:4) $$v_1=\mathrm{Max}_{\sigma_1}v_{\sigma_1/1},$$

(15:5) $$v_2=\mathrm{Max}_{\sigma_1}v_{\sigma_1/2}.$$

15.5.2 最后，我们来考虑 $k_1=2$ 这种情形；即假定 $\mathfrak{M}_1$ 是一个属于局中人 2 的“人的着”.

---

① 参看 15.4.2 的注或 15.4.3 的第二个注.

② 在这种情形下，必须把 $\tau_{\sigma_1^0/1}$ 当作一个常量来处理.

这一步骤当然是极端显然的(参看所引处的论点).

③ 与 15.4.2 不同，现在在 v_1 和 v_2 的处理方法上有着本质的差别.

④ 在这种情形下，运算 $\mathrm{Max}_{\tau_{\sigma_1^0/1}}$ 使 $\tau_{\sigma_1^0/1}$ 消失.

这一步骤不是微不足道的. 如在 15.4.3 提到的，我们在这里用到 13.5.3 里的(13:E)，这是那一节里的主要结果.

互换局中人 1 和 2,就把问题化为上一种情形($k_1=1$).

如在 14.6 里讨论过的,这种互换使得 v_1, v_2 变为 $-v_2, -v_1$,因而也使得 $v_{\sigma_1/1}, v_{\sigma_1/2}$ 变为 $-v_{\sigma_1/2}, -v_{\sigma_1/1}$. 把这些改变代入上面的公式(15:4)和(15:5)里,就可以清楚地看出来,这两个公式的改变只不过是 Max 换成了 Min. 我们得到

(15:6) $$v_1 = \mathrm{Min}_{\sigma_1} v_{\sigma_1/1},$$

(15:7) $$v_2 = \mathrm{Min}_{\sigma_1} v_{\sigma_1/2}.$$

15.5.3 我们可以把 15.4.2,15.5.1,15.5.2 里的公式(15:2)至(15:7)综合如下:

对于变量 $\sigma_1(=1,\cdots,\alpha_1)$ 的一切函数 $f(\sigma_1)$,定义三个运算 $M_{\sigma_1}^{k_1}$, $k_1=0,1,2$,如下:

(15:8) $$M_{\sigma_1}^{k_1} f(\sigma_1) = \begin{cases} \sum_{\sigma_1=1}^{\alpha_1} p_1(\sigma_1) f(\sigma_1), \text{若 } k_1 = 0, \\ \mathrm{Max}_{\sigma_1} f(\sigma_1), \quad \text{若 } k_1 = 1, \\ \mathrm{Min}_{\sigma_1} f(\sigma_1), \quad \text{若 } k_1 = 2. \end{cases}$$

于是有 $$v_k = M_{\sigma_1}^{k_1} v_{\sigma_1/k}, \quad k=1,2.$$

关于这些运算 $M_{\sigma_1}^{k_1}$,我们强调指出几点简单的事实.

第一,$M_{\sigma_1}^{k_1}$ 使变量 σ_1 消失;即,$M_{\sigma_1}^{k_1} f(\sigma_1)$ 不再依赖于 σ_1. 对于 $k_1=1,2$——即对于 Max_{σ_1}, Min_{σ_1},这已在 13.2.3 里指出. 对于 $k_1=0$,这个事实是很显然的;顺便提一下,这个运算与 13.2.3 第一个注里用做例子的积分运算相类似.

第二,$M_{\sigma_1}^{k_1}$ 明显地依赖于博弈 Γ. 这个事实是很显然的,因为 k_1 出现于函数的式子里,而且 σ_1 的取值范围是 $1,\cdots,\alpha_1$. 在 $k_1=0$ 这个情形,由于用到 $p_1(1),\cdots,p_1(\alpha_1)$,有更进一步的依赖性.

第三,对于 k_1 的每一个值,v_k 对 $v_{\sigma_1/k}$ 的依赖性对于 $k=1,2$ 是一样的.

我们注意到,要用纯粹文字上的(非数学的)论证来理解这些公式(包含对于一个机会的着的平均值 $\sum_{\sigma_1=1}^{\alpha_1} p_1(\sigma_1) f(\sigma_1)$,对于一个属于第一个局中人的"人的着"的最大值,和对于一个属于第二个局中人的"人的着"的最小值),也是很容易的. 但是,为了能够充分地揭露 v_1 和 v_2 的恰切地位,有必要采用严密的数学方式来处理它们. 要想用纯粹文字上的论证来完成这件工作,无可避免地会使问题变成如此地复杂——如果不说是意义模糊,以致没有多大价值.

*15.6 完全情报情形下的结果

15.6.1 我们现在回到 15.3.2 的末尾处所述的情形,并且在那里提到的全部假设条件下进行讨论;这就是说,我们假定 Γ 是具有完全情报的博弈,并且是零和二人博弈. 按照上引处指出的方案,并利用 15.5.3 中关于"归纳法"步骤的公式(15:8),使我们能够确定 Γ 的主要性质.

首先,我们证明,但不再进行详细的叙述,这样的 Γ 总是严格确定的. 我们对博弈的长度应用"完全归纳法"来证明它(参看 15.1.2). 这就相当于要证明下面两点:

(15:C:a) 对于具有最小长度的一切博弈,即,对于 $\nu=0$,命题成立.

(15:C:b) 对于一个给定的 $\nu=1,2,\cdots$,若命题对长度为 $\nu-1$ 的一切博弈成立,则它对长

度为 ν 的一切博弈也成立.

(15:C:a)的证明：若长度 ν 为零，则博弈里没有任何着存在；局中人 1 和 2 得到固定的数——设为 w 和 $-w$.[①]因此，$\beta_1=\beta_2=1$，从而我们有 $\tau_1=\tau_2=1$，$\mathscr{H}(\tau_1,\tau_2)=w$，[②]于是得到

$$v_1 = v_2 = w;$$

这就是说，Γ 是严格确定的，它的 $v=w$.[③]

(15:C:b)的证明：设 Γ 的长度是 ν. 于是，每一个 Γ_{σ_1} 的长度是 $\nu-1$；根据假设条件，每一个 Γ_{σ_1} 是严格确定的. 因此，$v_{\sigma_1/1}\equiv v_{\sigma_1/2}$. 由 15.5.3 里的公式(15:8)可知，[④]$v_1=v_2$. 所以，Γ 也是严格确定的，这就完成了证明.

15.6.2 现在，我们将进入细节的讨论，明白地确定 Γ 的 $v_1=v_2=v$. 要做到这一点，我们甚至可以不用到 15.6.1 里的结果.

如在 15.3.2 的末尾一样，我们构成博弈的序列

(15:9)
$$\Gamma,\Gamma_{\sigma_1},\Gamma_{\sigma_1,\sigma_2},\cdots,\Gamma_{\sigma_1,\sigma_2,\cdots,\sigma_\nu},$$ [⑤]

它们的长度分别是

$$\nu,\nu-1,\nu-2,\cdots,0.$$

把这些博弈的 v_1,v_2 记为

$$v_k,v_{\sigma_1/k},v_{\sigma_1,\sigma_2/k},\cdots,v_{\sigma_1,\sigma_2,\cdots,\sigma_\nu/k}.$$

我们现在要应用 15.5.3 的(15:8)来进行 15.3.2 之末所述的"归纳法"步骤；这就是说，对于每一个 $\kappa=1,\cdots,\nu$，我们要以 $\sigma_\kappa,\Gamma_{\sigma_1,\cdots,\sigma_{\kappa-1}},\Gamma_{\sigma_1,\cdots,\sigma_{\kappa-1},\sigma_\kappa}$ 来代替 15.5.3 里的 $\sigma_1,\Gamma,\Gamma_{\sigma_1}$. 15.5.3 里的 k_1 现在属于 $\Gamma_{\sigma_1,\cdots,\sigma_{\kappa-1}}$ 的第一"着"；即属于 Γ 里的"着"$\mathfrak{M}_\kappa$. 为了方便，把它记为 $k_\kappa(\sigma_1,\cdots,\sigma_{\kappa-1})$(参看 7.2.1). 于是，15.5.3 里的 $M_{\sigma_1}^{k_1}$ 就为运算 $M_{\sigma_\kappa}^{k_\kappa(\sigma_1,\cdots,\sigma_{\kappa-1})}$ 所代替. 我们得到

(15:10)
$$v_{\sigma_1,\cdots,\sigma_{\kappa-1}/k}=M_{\sigma_\kappa}^{k_\kappa(\sigma_1,\cdots,\sigma_{\kappa-1})}v_{\sigma_1,\cdots,\sigma_\kappa/k},k=1,2.$$

现在，考虑序列(15:9)的末元素，即，博弈 $\Gamma_{\sigma_1,\cdots,\sigma_\nu}$. 这就是 15.6.1 的(15:C:a)里的情形；它不含有任何着. 以 $\bar\pi=\bar\pi(\sigma_1,\cdots,\sigma_\nu)$ 表示它的唯一的一个局.[⑥]于是，它的固定的 w[⑦] 等于 $\mathscr{F}_1(\bar\pi(\sigma_1,\cdots,\sigma_\nu))$. 我们得到

(15:11)
$$v_{\sigma_1,\cdots,\sigma_\nu/1}=v_{\sigma_1,\cdots,\sigma_\nu/2}=\mathscr{F}_1(\bar\pi(\sigma_1,\cdots,\sigma_\nu)).$$

在(15:10)里令 $\kappa=\nu$，应用到(15:11)上；再在(15:10)里相继地令 $\kappa=\nu-1,\cdots,2,1$，应用到由此得出的结果上. 我们得到

(15:12)
$$v_1=v_2=v=M_{\sigma_1}^{k_1}M_{\sigma_2}^{k_2(\sigma_1)}\cdots M_{\sigma_\nu}^{k_\nu(\sigma_1,\cdots,\sigma_{\nu-1})}\mathscr{F}_1(\bar\pi(\sigma_1,\cdots,\sigma_\nu)).$$

这就再一次证明了 Γ 是严格确定的，同时也给出了它的值的一个显表示式.

---

① 参看 10.2 第二个注里的博弈，或 15.3.1 里的 $\Gamma_{\bar\sigma_1,\bar\sigma_2,\cdots,\bar\sigma_\nu}$. 用分割和集合的术语说：若 $\nu=0$，则 10.1.1 里的(10:1:f)和(10:1:g)表明，Ω 只有一个元素，设为 $\bar\pi$，即 $\Omega=(\bar\pi)$. 于是，上面指出的两个值就是：$w=\mathscr{F}_1(\bar\pi)$，$-w=\mathscr{F}_2(\bar\pi)$.

② 即每一局中人只有一个策略，这个策略是：不做任何事情.

③ 这个结果是相当明显的. 主要的一步是(15:C:b).

④ 即在 15.5.3 之末指出的第三件事实：对于 k_1 的每一个值，公式对 $k=1,2$ 是一样的.

⑤ 参看 15.4.1 的注.

⑥ 参看 15.3.1 里关于 $\Gamma_{\bar\sigma_1,\cdots,\bar\sigma_\nu}$ 的说明.

⑦ 参看 15.6.1 里的(15:C:a)，特别是 15.6.1 的第一个注.

*15.7 对国际象棋的应用

15.7.1 我们在6.4.1中提到的,以及14.8中关于前备性与先现性等价的——即具有完全情报的——零和二人博弈的命题,现在得到了证明.我们曾经提到,这种博弈通常被认为是具有有理性质的博弈;我们现在证明了这种博弈是严格确定的,这就给予了上述模糊的观点以一种精确的意义.我们也证明了,当博弈含有机会的着时,命题仍成立,这个事实是难以根据"通常看法"而得出的.

具有完全情报的博弈,它们的例子已在6.4.1中给出:国际象棋(不含机会的着)和双陆(含有机会的着).对所有这些博弈来说,我们已经证明,它们有一个固定的(一局的)值和固定的最好策略存在.但是,我们只是抽象地证明了它们的存在性;在绝大多数场合下,要用我们的方法来研究它们的结构,则是太冗长了,以致无法实际应用.①

为此,我们将更细致地考察国际象棋这种游戏.

国际象棋里一局的结果——即6.2.2或9.2.4中函数$\mathcal{F}_k$的每一个值——只可能是1,0,−1这三个数之一.②在11.2.2里的$\mathcal{G}_k$也具有同样的值;而由于国际象棋里没有"机会的着",所以11.2.3里的函数$\mathcal{H}_k$也是一样.③以下我们将引用14.1.1里的函数$\mathcal{H}=\mathcal{H}_1$.

由于$\mathcal{H}$只有三个值:1,0,−1,因此

(15:13) $v=\mathrm{Max}_{\tau_1}\,\mathrm{Min}_{\tau_2}\,\mathcal{H}(\tau_1,\tau_2)=\mathrm{Min}_{\tau_2}\,\mathrm{Max}_{\tau_1}\,\mathcal{H}(\tau_1,\tau_2)$

的值必为下列三数之一:

$$v=1,0,-1.$$

(15:13)的意义是(我们留给读者来讨论这些意义):

(15:D:a) 如果$v=1$,则局中人1("白方")有一个借以"获胜"的策略,不管局中人2("黑方")怎样做.

(15:D:b) 如果$v=0$,则每一局中人有一个借以形成"和局"(并有可能"获胜")的策略,不管另一局中人怎样做.

(15:D:c) 如果$v=-1$,则局中人2("黑方")有一个借以"获胜"的策略,不管局中人1("白方")怎样做.④

15.7.2 上面的讨论表明,如果国际象棋的理论真已全部为人所知,那么,这种游戏就没有什么值得玩的地方了.理论将会指出,在三种可能性(15:D:a),(15:D:b),(15:D:c)里,究竟是哪一种情形真会出现.因此,在一局开始之前,理论就已决定了它的结果:在(15:D:a)这种

---

① 这主要是由于ν的值是非常庞大的数.关于国际象棋,参看第二章7.2.3第四个注里的有关部分.(那里的ν^*就是我们现在的ν,参看7.2.3之末)

② 解释局中人k在一局里的"胜""和"或"负",这是最简单的方式.

③ $\mathcal{G}_k$的每一个值是$\mathcal{F}_k$的一个值;$\mathcal{H}_k$的每一个值——在没有"机会的着"的情形下——是$\mathcal{G}_k$的一个值,参看上引.在含有"机会的着"的情形下,$\mathcal{H}_k$的值是"胜"的概率减去"负"的概率,可以是−1和1之间的任何数.

④ 在含有"机会的着"的情形下,$\mathcal{H}_k(\tau_1,\tau_2)$是"胜"的概率与"负"的概率之差,见上注.局中人们企图使这个数为最大或最小;一般说来,不能得到上面(15:D:a)—(15:D:c)里的三种极端的结果.

双陆虽然是一种具有完全情报的博弈,而且其中包含"机会的着",但它不是我们现在这种情况的好的例子.双陆的赌注是多种多样的,不只是简单的"胜""和"或"负"——这就是说,$\mathcal{F}_k$的值不只限于1,0,−1这三个数.

情形，判定"白方"获胜；在(15:D:b)这种情形，判定是"和局"；在(15:D:c)这种情形，"黑方"获胜.

但是，我们的证明只保证了在三种可能情形里有一种(而且只有一种)成立，它并没有给出在实际上是可用的方法，来确定究竟是哪一种情形成立. 由于在人的因素方面存在着困难，这才使得"棋术"有高低之分，而为了获"胜"，必须运用那些不完全的、由棋手自己根据经验摸索出来的"高明"的"棋术"；否则，在国际象棋里就没有什么"奋战"和"妙棋"这些成分了.

*15.8 文字的讨论

15.8.1 作为结束，我们以另一种较简单而不太形式化的方式来得出我们的主要结论——即一切具有完全情报的零和二人博弈都是严格确定的.

也许有人要问，以下的论证究竟能不能算是一个证明？这就是说，我们将系统地提出看来是可信的论证，说明对于上述类型任一博弈 Γ 的每一个局，我们能够给它以一个值，但这种论证仍会遭到非难. 事实上，并没有必要详细地一一回答这些非难，因为我们这样得到的 Γ 的一局的值 v 与 15.4 至 15.6 中得出的相同，而在那里我们已用精确地定义了的概念给出了一个绝对严格的证明. 现在这种看来是可信的论证，它的价值在于比较容易掌握，而且可以重复地应用到具有完全情报但不满足零和二人条件的博弈上. 问题是：在一般的情形里，也会遭到同样的非难；而在那里我们不再能够回答这些非难. 事实上，在一般情形(具有完全情报的博弈)里，我们将沿着完全不同的路线得出博弈的解. 这样，就会使得零和二人情形和一般情形之间的差别的性质表现得更加清楚. 这一点是相当重要的：它说明了处理一般情形时(参看第五章的 24)不得不采用根本不相同的方法的理由.

15.8.2 设 Γ 是一个具有完全情报的零和二人博弈. 我们在一切方面都引用 15.6.2 里的记号：$\mathfrak{M}_1, \mathfrak{M}_2, \cdots, \mathfrak{M}_\nu$；$\sigma_1, \sigma_2, \cdots, \sigma_\nu$；$k_1, k_2(\sigma_1), \cdots, k_\nu(\sigma_1, \sigma_2, \cdots, \sigma_{\nu-1})$；概率；运算子 $M_{\sigma_1}^{k_1}, M_{\sigma_2}^{k_2(\sigma_1)}, \cdots, M_{\sigma_\nu}^{k_\nu(\sigma_1, \sigma_2, \cdots, \sigma_{\nu-1})}$；由 Γ 导出的博弈序列(15:9)；以及函数 $\mathscr{F}_1(\pi(\sigma_1, \cdots, \sigma_\nu))$.

我们这样来讨论博弈 Γ：从末一"着"$\mathfrak{M}_\nu$ 开始，然后通过 $\mathfrak{M}_{\nu-1}, \mathfrak{M}_{\nu-2}, \cdots$ 逐步倒推回去. 首先，假定(着 $\mathfrak{M}_1, \mathfrak{M}_2, \cdots, \mathfrak{M}_{\nu-1}$ 的)选择 $\sigma_1, \sigma_2, \cdots, \sigma_{\nu-1}$ 已经作出，现在要作("着"$\mathfrak{M}_\nu$ 的)选择 σ_ν.

如果 $\mathfrak{M}_\nu$ 是一个"机会的着"，即若 $k_\nu(\sigma_1, \sigma_2, \cdots, \sigma_{\nu-1})=0$，则 σ_ν 的值将是 $1, 2, \cdots, \alpha_\nu(\sigma_1, \cdots, \sigma_{\nu-1})$，分别以 $p_\nu(1), p_\nu(2), \cdots, p_\nu(\alpha_\nu(\sigma_1, \cdots, \sigma_{\nu-1}))$ 为其概率. 因此，最后的结果 $\mathscr{F}_1(\pi(\sigma_1, \cdots, \sigma_{\nu-1}, \sigma_\nu))$ 的数学期望(对于局中人 1)是

$$\sum_{\sigma_\nu=1}^{\alpha_\nu(\sigma_1, \cdots, \sigma_{\nu-1})} p_\nu(\sigma_\nu)\mathscr{F}_1(\pi(\sigma_1, \cdots, \sigma_{\nu-1}, \sigma_\nu)).$$

如果 $\mathfrak{M}_\nu$ 是一个属于局中人 1 或 2 的"人的着"，即若 $k_\nu(\sigma_1, \cdots, \sigma_{\nu-1})=1$ 或 2，则可以预期，该局中人的选择 σ_ν 将使得 $\mathscr{F}_1(\pi(\sigma_1, \cdots, \sigma_{\nu-1}, \sigma_\nu))$ 为最大或最小；这就是说，可以预期，结果分别是 $\mathrm{Max}_{\sigma_\nu}\mathscr{F}_1(\pi(\sigma_1, \cdots, \sigma_{\nu-1}, \sigma_\nu))$ 或 $\mathrm{Min}_{\sigma_\nu}\mathscr{F}_1(\pi(\sigma_1, \cdots, \sigma_{\nu-1}, \sigma_\nu))$.

换句话说，预期中的一局的结果——在已经作出选择 $\sigma_1, \cdots, \sigma_{\nu-1}$ 以后——总是

$$M_{\sigma_\nu}^{k_\nu(\sigma_1, \cdots, \sigma_{\nu-1})}\mathscr{F}_1(\pi(\sigma_1, \cdots, \sigma_\nu)).$$

其次，假定(着 $\mathfrak{M}_1, \cdots, \mathfrak{M}_{\nu-2}$ 的)选择 $\sigma_1, \cdots, \sigma_{\nu-2}$ 已经作出，现在要作("着"$\mathfrak{M}_{\nu-1}$ 的)选择 $\sigma_{\nu-1}$.

由于结果 $M_{\sigma_\nu}^{k_\nu(\sigma_1,\cdots,\sigma_{\nu-1})}\mathscr{F}_1(\pi(\sigma_1,\cdots,\sigma_\nu))$——它只是 $\sigma_1,\cdots,\sigma_{\nu-1}$ 的函数,因为运算 $M_{\sigma_\nu}^{k_\nu(\sigma_1,\cdots,\sigma_{\nu-1})}$ 使 σ_ν 消失——是由 $\sigma_{\nu-1}$ 的一个固定的选择而引起的,我们可以同上面一样地进行下去.我们只需以 $\nu-1;\sigma_1,\cdots,\sigma_{\nu-1};M_{\sigma_{\nu-1}}^{k_{\nu-1}(\sigma_1,\cdots,\sigma_{\nu-2})}M_{\sigma_\nu}^{k_\nu(\sigma_1,\cdots,\sigma_{\nu-1})}\mathscr{F}_1(\pi(\sigma_1,\cdots,\sigma_\nu))$ 来代替

$$\nu;\sigma_1,\cdots,\sigma_\nu;M_{\sigma_\nu}^{k_\nu(\sigma_1,\cdots,\sigma_{\nu-1})}\mathscr{F}_1(\pi(\sigma_1,\cdots,\sigma_\nu)).$$

这样,预期中的一局的结果——在已经作出选择 $\sigma_1,\cdots,\sigma_{\nu-2}$ 以后——是

$$M_{\sigma_{\nu-1}}^{k_{\nu-1}(\sigma_1,\cdots,\sigma_{\nu-2})}M_{\sigma_\nu}^{k_\nu(\sigma_1,\cdots,\sigma_{\nu-1})}\mathscr{F}_1(\pi(\sigma_1,\cdots,\sigma_\nu)).$$

类似地,预期中一局的结果——在已经作出选择 $\sigma_1,\cdots,\sigma_{\nu-3}$ 以后——是

$$M_{\sigma_{\nu-2}}^{k_{\nu-2}(\sigma_1,\cdots,\sigma_{\nu-3})}M_{\sigma_{\nu-1}}^{k_{\nu-1}(\sigma_1,\cdots,\sigma_{\nu-2})}M_{\sigma_\nu}^{k_\nu(\sigma_1,\cdots,\sigma_{\nu-1})}\mathscr{F}_1(\pi(\sigma_1,\cdots,\sigma_\nu)).$$

最后,在开头时预期中一局的结果——在一局开始前——是

$$M_{\sigma_1}^{k_1}M_{\sigma_2}^{k_2(\sigma_1)}\cdots M_{\sigma_{\nu-1}}^{k_{\nu-1}(\sigma_1,\cdots,\sigma_{\nu-2})}M_{\sigma_\nu}^{k_\nu(\sigma_1,\cdots,\sigma_{\nu-1})}\mathscr{F}_1(\pi(\sigma_1,\cdots,\sigma_\nu)).$$

这恰好就是 15.6.2 中(15:12)的 v.①

15.8.3 关于 15.8.2 里的步骤,反对的意见是这样的:以这种方式达到 Γ 的一局的"值",必须预先假定,所有局中人的行为都是"合理"的;即局中人 1 的策略建立在局中人 2 采用最优策略这个假设条件之上,反过来也一样.

明确地说:假定 $k_{\nu-1}(\sigma_1,\cdots,\sigma_{\nu-2})=1,k_\nu(\sigma_1,\cdots,\sigma_{\nu-1})=2$;即 $\mathfrak{M}_{\nu-1}$ 是局中人 1"人的着",$\mathfrak{M}_\nu$ 是局中人 2"人的着".于是,局中人 1 在选择 $\sigma_{\nu-1}$ 时相信局中人 2 会"合理地"选择他的 σ_ν.事实上,我们假定了选择 $\sigma_{\nu-1}$ 能使一局的结果成为 $\mathrm{Min}_{\sigma_\nu}\mathscr{F}_1(\pi(\sigma_1,\cdots,\sigma_\nu))$,即 $M_{\sigma_\nu}^{k_\nu(\sigma_1,\cdots,\sigma_{\nu-1})}\mathscr{F}_1(\pi(\sigma_1,\cdots,\sigma_\nu))$,上述"合理"行为是我们作这个假定的唯一借口(参看 15.8.2 中关于 $\mathfrak{M}_{\nu-1}$ 的讨论).

然而,在第一章的 4.1.2 的第二部分里,我们曾经得出结论:必须避免对别的局中人的行为加上"合理"的假设条件.本章 15.8.2 的论证却不满足这个要求.

有可能这样来进行辩解:在零和二人博弈里,可以假定对手行为的合理性,因为对手的行为若不是合理的,决不会对另一局中人有任何不利.事实上,由于只有两个局中人,而且和为 0,因此,对手自己——由于不合理的行为——所蒙受的每一个损失,必然会使另一局中人得到大小相等的一个利益.②这样的论据绝不是很完善的,但我们能够在相当的程度上使它更精确化.不过,我们用不着在这里讨论它:我们在 15.4 至 15.6 里的证明是无可非议的.③

但是,对于上述问题的一个主要方面来说,以上讨论也许仍是很有意义的.我们将会看到,在 15.8.1 之末提及的更一般的情形——不满足零和二人条件的情形——中,它将怎样地影响改变了的条件.

---

① 在想象把这个步骤应用到任一特定的博弈上时,必须记住,我们假定 Γ 的长度 ν 是固定的.如果 ν 事实上是变量——在绝大多数博弈里,情况就是这样的(参看 7.2.3 第一个注),则必须首先应用 7.2.3 之末所述的方法,在 Γ 里增加些"空着",使长度成为常量.只是在经过了这样的处理以后,上面所述的顺着 $\mathfrak{M}_\nu,\mathfrak{M}_{\nu-1},\cdots,\mathfrak{M}_1$ 的次序倒推回去才成为可能.

对于实际的应用,这种步骤当然并不比 15.4 至 15.6 的步骤更好.

有一些非常简单的博弈,例如"圆圈、叉"(Tit-tat-toe,即二人玩的#字游戏),也许可以用两种步骤中的任意一种得到有效的处理.

② 如果和不恒等于 0,或局中人不止两个,这个论据不一定成立.细节可参看第五章 20.1,24.2.2 和第十一章 58.3.

③ 关于这一方面,可特别参看本章 14.5.1 里的(14:D:a),(14:D:b),(14:C:d),(14:C:e)和 14.5.2 里的(14:C:a),(14:C:b).

16 线性和凸性

16.1 几何背景

16.1.1 我们的下一任务，是要找出一切零和二人博弈的解——这就是说，我们将面临非严格确定的困难情形. 我们将借助于以前解决严格确定情形的同样想法，来完成这个工作：将会看到，它们能够加以扩充，以适用于一切零和二人博弈. 为此，我们将不得不用到概率论的某些方面(参看本章 17.1，17.2). 而且，也有必要用到一些不很平常的数学方法. 13 里的分析为我们提供了工具的一部分；其余的部分最好是求助于几何学里的线性和凸性理论. 有两个关于凸体[①]的定理将是特别重要的.

为了这些理由，我们现在要讨论——到我们所需要的程度——线性和凸性的概念.

16.1.2 对我们来说，并没有必要对 n 维线性(欧几里得)空间的概念进行根本的分析. 我们只须说，这个空间由 n 个数值坐标来描述. 据此，对于每一个 $n=1,2,\cdots$，我们定义 n 维线性空间 L_n 为由一切 n 维实数$\{x_1,\cdots,x_n\}$组成的集合. 也可以把这些 n 维实数看作变量 $\boldsymbol{i}$ 的函数 x_i，以$(1,\cdots,n)$为其定义域——按照 13.1.2，13.1.3 的意义. [②]我们将——为了与通常的用法取得一致——称 i 是一个指标，而不称为变量；但这并不改变问题的性质. 我们有

$$\{x_1,\cdots,x_n\}=\{y_1,\cdots,y_n\}$$

的必要和充分条件是：对于一切 $i=1,\cdots,n,x_i=y_i$(参看本章 13.1.3 的末尾). 甚至也可以把 L_n 看作是一切(数值的)函数空间里最简单的一个，其中函数的定义域是一个固定的有穷集合——即集合$(1,\cdots,n)$. [③]

我们也将称 L_n 里的 n 维实数——或函数——为 L_n 的点或向量，并记为

$$\boldsymbol{x}=\{x_1,\cdots,x_n\}. \tag{16:1}$$

对于特定的 $i=1,\cdots,n$，数 x_i——即函数 x_i 的值——叫作向量 $\boldsymbol{x}$ 的支量.

16.1.3 我们指出——虽然这对我们进一步的工作来说并不是重要的，L_n 不是一个抽象欧几里得空间，而是一个已选好参考标架(坐标系统)的欧几里得空间. [④]这是因为，有可能以数值的方法指定 L_n 的原点和坐标向量(见下面所述)，但我们不想详细讨论这方面的

---

① 参看 T. Bonessen and W. Fenchel: Theorie der konvexen Körper, *Ergebnisse der Mathematik und ihren Grenzgebiete*, Vol. Ⅲ/1, Berlin, 1934. 关于更深入的讨论，参看 H. Weyl: Elementare Theorie der konvexen Polyeder, *Commentarii Mathematici Helvetici*, Vol. Ⅶ, 1935, 290—306.

② 这就是说，n 维实数$\{x_1,\cdots,x_n\}$并不只是在第二章 8.2.1 意义上的集合. x_i 的通过指标 $i=1,\cdots,n$ 的枚举，以及它们的值的集合，二者是缺一不可的组成因素. 参看第二章 9.1.3 第二个注里的类似情况.

③ 近世分析中许多地方都倾向于这种看法.

④ 这至少是传统的几何学观点.

问题.

L_n 的零向量或原点是

$$\mathbf{0}=\{0,\cdots,0\}.$$

L_n 的 n 个坐标向量是

$$\boldsymbol{\delta}^j=\{0,\cdots,1,\cdots,0\}=\{\delta_{1j},\cdots,\delta_{nj}\},j=1,\cdots,n,$$

其中

$$\delta_{ij}=\begin{cases}1, & 若\ i=j,\text{[1][2]}\\ 0, & 若\ i\neq j.\end{cases}$$

有了这些预备知识后,我们可以来叙述 L_n 中向量的基本运算和性质了.

16.2 向量运算

16.2.1 关于向量的主要运算有数量乘法,即一向量 $\boldsymbol{x}$ 与一数量 t 的乘法,以及向量加法,即两个向量间的加法.这两种运算的定义,就是把乘法和加法这两种运算分别施行在所论向量的支量上.确切地说:

数量乘法: $t\{x_1,\cdots,x_n\}=\{tx_1,\cdots,tx_n\}.$

向量加法: $\{x_1,\cdots,x_n\}+\{y_1,\cdots,y_n\}=\{x_1+y_1,\cdots,x_n+y_n\}.$

这两种运算的代数是非常简单而且非常明显的,这里略去关于它们的讨论.我们只提出一点值得注意的事实:任一向量 $\boldsymbol{x}=\{x_1,\cdots,x_n\}$ 可以通过它的支量与 L_n 的坐标向量而表示出来:

$$\boldsymbol{x}=\sum_{j=1}^{n}x_j\boldsymbol{\delta}^j.$$ [3]

下面是 L_n 的一些重要的子集合:

(16:A:a) 考虑一个(线性非齐次)方程

(16:2:a)
$$\sum_{i=1}^{n}a_ix_i=b$$

($a_1,\cdots,a_n,b$ 都是常数).我们排除

$$a_1=\cdots=a_n=0$$

这种情形,因为这时根本没有方程.满足上列方程的所有点(向量) $\boldsymbol{x}=\{x_1,\cdots,x_n\}$ 形成一个超平面.[4]

(16:A:b) 给定的超平面

(16:2:a)
$$\sum_{i=1}^{n}a_ix_i=b$$

---

① 由此可知,零向量的支量都是 0;而坐标向量除了有一个支量是 1 外,其他的支量都是 0,支量的指标 j 表示是第 j 个坐标向量.

② δ_{ij} 是"克罗内克尔-魏尔斯特拉斯符号",它在许多方面是很有用的.

③ x_j 是数,因而 $x_j\boldsymbol{\delta}^j$ 是数量乘积. $\sum_{j=1}^{n}$ 表示对向量求和.

④ 对于 $n=3$,即在通常的(三维欧几里得)空间里,这恰好就是通常的(二维)平面.在我们的一般情形里,它代表($n-1$维的)类似的概念;它的名字就是这样得来的.

确定了 L_n 的两个部分. 它将 L_n 分割为下面两部分：

(16:2:b)
$$\sum_{i=1}^{n} a_i x_i > b$$

和

(16:2:c)
$$\sum_{i=1}^{n} a_i x_i < b.$$

它们是由超平面产生的两个半空间.

我们注意到，如果把 $a_1,\cdots,a_n,b$ 换为 $-a_1,\cdots,-a_n,-b$，则超平面(16:2:a)保持不变，但却使得两个半空间(16:2:b)和(16:2:c)互换. 因此，我们可以假定，半空间总是以(16:2:b)这种形式给出.

(16:A:c) 设 $\boldsymbol{x},\boldsymbol{y}$ 是两个点(向量)，并设 $t\geqslant 0$，满足 $1-t\geqslant 0$；则 $\boldsymbol{x},\boldsymbol{y}$ 的以 $t,1-t$ 为权的重心——按照力学里的意义——是 $t\boldsymbol{x}+(1-t)\boldsymbol{y}$.

这可以通过等式

$$\boldsymbol{x}=\{x_1,\cdots,x_n\},\boldsymbol{y}=\{y_1,\cdots,y_n\},$$
$$t\boldsymbol{x}+(1-t)\boldsymbol{y}=\{tx_1+(1-t)y_1,\cdots,tx_n+(1-t)y_n\}$$

得到足够清楚的说明.

设 C 是 L_n 的一个子集合，它包含它的一切点的一切重心(即若 $\boldsymbol{x},\boldsymbol{y}$ 属于 C，那么一切 $t\boldsymbol{x}+(1-t)\boldsymbol{y}$，$0\leqslant t\leqslant 1$，也属于 C)，则称 C 是凸的.

读者大概已经注意到，对于 $n=2,3$——即，在通常的平面或空间中，这就是通常的凸性概念. 事实上，由一切点 $t\boldsymbol{x}+(1-t)\boldsymbol{y}$，$0\leqslant t\leqslant 1$，所组成的集合恰好就是连接两点 $\boldsymbol{x}$ 和 $\boldsymbol{y}$ 的线性(直线段)区间$[\boldsymbol{x},\boldsymbol{y}]$. 因此，一个凸集合就是这样的集合：如果 $\boldsymbol{x},\boldsymbol{y}$ 是它的任意两个点，则它也包含它们的区间$[\boldsymbol{x},\boldsymbol{y}]$. 图 16 中表示了 $n=2$ 时即在平面里的条件.

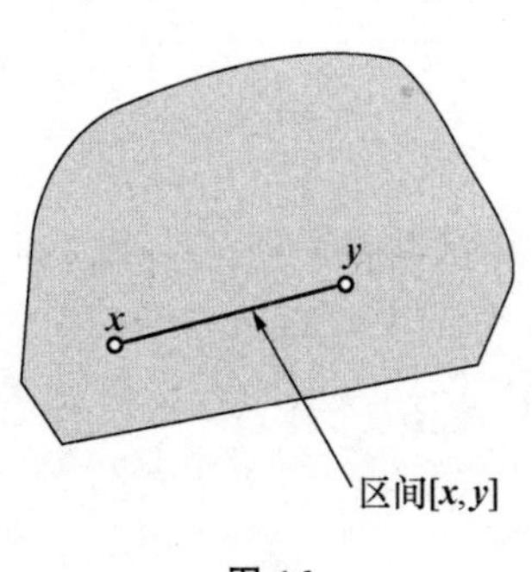

图 16

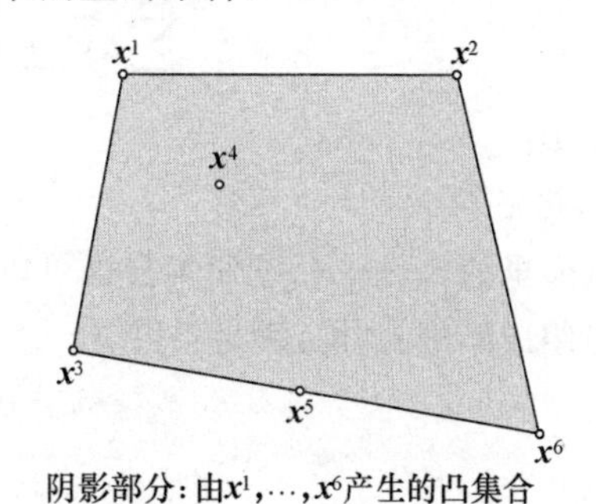

图 17

16.2.2 很明显，任意多个凸集合的交仍是一个凸集合. 因此，如果给定了任意多个点(向量)$\boldsymbol{x}^1,\cdots,\boldsymbol{x}^p$，则有包含这些点的最小凸集合存在，它就是包含 $\boldsymbol{x}^1,\cdots,\boldsymbol{x}^p$ 的一切凸集合的交集合. 我们称它为由 $\boldsymbol{x}^1,\cdots,\boldsymbol{x}^p$ 产生的凸集合. 把 $n=2$(平面)这种情形形象化，也是很有用的(见图 17，其中 $p=6$). 容易验证，这个集合由满足下列条件的一切点(向量)组成：

(16:2:d)
$$\sum_{j=1}^{p} t_j \boldsymbol{x}^j，对于满足 \sum_{j=1}^{p} t_j = 1 的一切 t_1\geqslant 0,\cdots,t_p\geqslant 0.$$

证明：(16:2:d)里的点所组成的集合包含 $\boldsymbol{x}^1,\cdots,\boldsymbol{x}^p$. $\boldsymbol{x}^i$ 可以这样得到：令 $t_j=1$，一切其他

的 $t_i=0$.

(16:2:d)里的点组成一个凸集合：如果 $\boldsymbol{x}=\sum_{j=1}^{p}t_j\boldsymbol{x}^j$，$\boldsymbol{y}=\sum_{j=1}^{p}s_j\boldsymbol{x}^j$，则

$$t\boldsymbol{x}+(1-t)\boldsymbol{y}=\sum_{j=1}^{p}u_j\boldsymbol{x}^j,$$

其中 $u_j=tt_j+(1-t)s_j$.

包含 $\boldsymbol{x}^1,\cdots,\boldsymbol{x}^p$ 的任一个凸集合 D，它也包含(16:2:d)里的一切点：我们用归纳法证明，这对所有的 $p=1,2,\cdots$成立.

证明：$p=1$ 时，命题显然成立；这时 $t_1=1$，所以 $\boldsymbol{x}^1$ 是(16:2:d)里唯一的一个点.

假定命题对 $p-1$ 成立，现在来证明它对 p 也成立. 如果 $\sum_{j=1}^{p}t_j=0$，则 $t_1=\cdots=t_{p-1}=0$，这时(16:2:d) 只有一个点 $\boldsymbol{x}^p$，它属于 D. 如果 $\sum_{j=1}^{p-1}t_j>0$，则令 $t=\sum_{j=1}^{p-1}t_j$，于是

$$1-t=\sum_{j=1}^{p}t_j-\sum_{j=1}^{p-1}t_j=t_p.$$

因此，$0<t\leqslant 1$. 令 $s_j=t_j/t$，$j=1,\cdots,p-1$. 于是，$\sum_{j=1}^{p-1}s_j=1$. 因此，根据我们关于 $p-1$ 的假定，$\sum_{j=1}^{p-1}s_j\boldsymbol{x}^j$ 属于 D. 由于 D 是凸的，所以

$$t\sum_{j=1}^{p-1}s_j\boldsymbol{x}^j+(1-t)\boldsymbol{x}^p$$

也属于 D；但这个向量等于

$$\sum_{j=1}^{p-1}t_j\boldsymbol{x}^j+t_p\boldsymbol{x}^p=\sum_{j=1}^{p}t_j\boldsymbol{x}^j,$$

因而它属于 D.

证明至此完毕.

(16:2:d)里的 $t_1,\cdots,t_p$，它们本身也可以看作是 L_p 中的向量 $\boldsymbol{t}=\{t_1,\cdots,t_p\}$的支量. 因此，由这些向量组成的集合，即，满足条件

$$t_1\geqslant 0,\cdots,t_p\geqslant 0$$

和

$$\sum_{j=1}^{p}t_j=1$$

的向量的集合，我们应当给它一个名称. 我们以 S_p 来记它. 对于只满足条件 $t_1\geqslant 0,\cdots,t_p\geqslant 0$的向量所组成的集合，为了应用的方便，我们也给它一个名称. 我们以 P_p 来记它. S_p 和 P_p 都是凸集合.

我们以图形表示 $p=2$(平面)和 $p=3$(空间)这两种情形. P_2 是正象限，就是平面上正 x_1 和 x_2 轴之间的部分(图 18). P_3 是正卦限，就是正 x_1,x_2,x_3 轴之间的空间——即在 x_1,x_2；x_1,x_3；x_2,x_3 三个平面象限之间的空间(图 19). S_2 是穿过 P_2 的一个线性区间(图 18). S_3 是一个平面三角形，它穿过 P_3(图 19). 为了看起来更清楚，我们把 S_2,S_3 单独地画出来，而不画出相

应的 P_2, P_3（或 L_2, L_3）（图 20,21）. 在这两个图上，我们标出了分别与 x_1, x_2 或 x_1, x_2, x_3 成比例的那些距离.

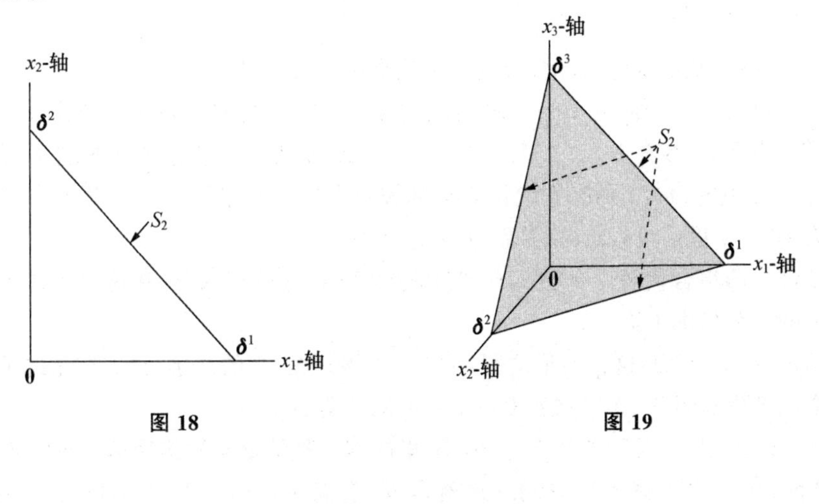

图 18　　　　图 19

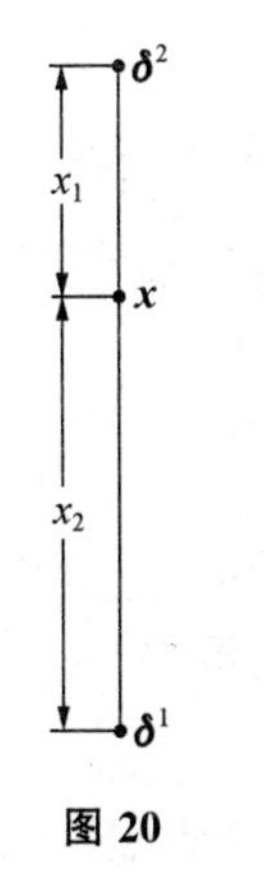

图 20

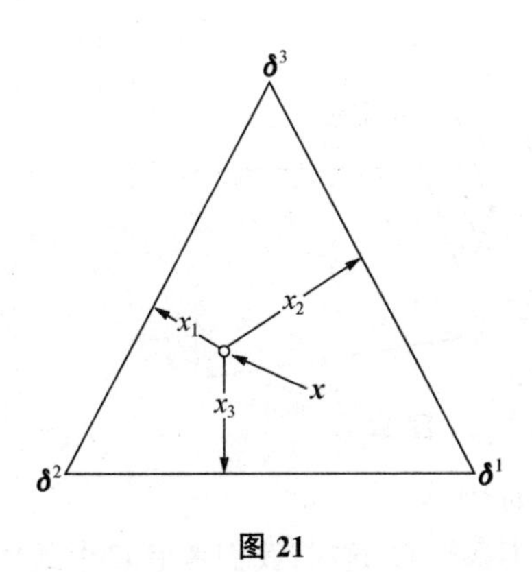

图 21

（我们再一次强调指出：图 20,21 里标有 x_1, x_2, x_3 的距离并不是坐标 x_1, x_2, x_3 本身. 这些坐标都在 L_2 或 L_3 里面，而不在 S_2 或 S_3 之中，所以不能在 S_2 或 S_3 里面画出来；但是，很容易看出，距离是与坐标成比例的）

16.2.3　向量的长是另一个重要的概念. $\boldsymbol{x}=\{x_1, \cdots, x_n\}$ 的长是

$$|\boldsymbol{x}|=\sqrt{\sum_{i=1}^{n} x_i^2}.$$

两点（向量）间的距离是它们的差的长：

$$|\boldsymbol{x}-\boldsymbol{y}|=\sqrt{\sum_{i=1}^{n}(x_i-y_i)^2}.$$

由此可见，$\boldsymbol{x}$ 的长是它到原点 $\mathbf{0}$ 的距离.①

① 这些概念的欧几里得-毕达哥拉斯——意义是显然的.

16.3 关于支承超平面的定理

现在,我们要建立凸集合的一个重要的一般性质:

(16:B) 设给定 p 个向量 $\boldsymbol{x}^1,\cdots,\boldsymbol{x}^p$. 若 $\boldsymbol{y}$ 是任一向量,则或者是 $\boldsymbol{y}$ 属于由 $\boldsymbol{x}^1,\cdots,\boldsymbol{x}^p$ 产生的凸集合 C(参看 16.2.1 里的(16:A:c)),或者是有一个包含 $\boldsymbol{y}$ 的超平面存在(参看 16.2.1 里的(16:2:a)),它使得 C 全部被包含在由超平面产生的两个半空间之一(设为 16.2.1 里的(16:2:b);参看(16:A:b))中.

甚至以任一凸集合代替由 $\boldsymbol{x}^1,\cdots,\boldsymbol{x}^p$ 产生的凸集合,命题仍成立. 在这种形式下,它是近世凸集合理论的一个基本工具.

我们给出 $n=2$(平面)这种情形的图:图 22 中用到图 17 的凸集合(如在命题里假定的,它由有穷多个点产生),而图 23 中则表出一个一般的凸集合 C.①

在证明(16:B)以前,我们先指出:(16:B)里的第二种情形显然排斥第一种情形,因为这时 $\boldsymbol{y}$ 属于超平面,所以它不属于半空间.(这就是说,它满足(16:A:b)里的(16:2:a),而不满足(16:2:b).)

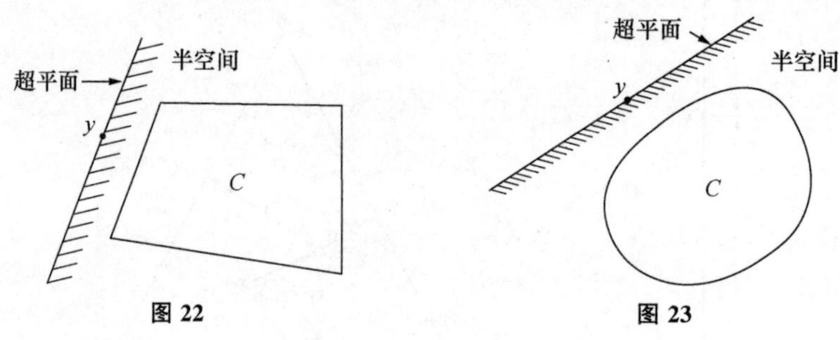

图 22　　图 23

我们现在给出证明:

证明:假定 $\boldsymbol{y}$ 不属于 C. 这时,我们考虑 C 中最接近 $\boldsymbol{y}$ 的一个点 $\boldsymbol{z}$——即,使得

$$|\boldsymbol{z}-\boldsymbol{y}|^2=\sum_{i=1}^{n}(z_i-y_i)^2$$

取最小值的点 $\boldsymbol{z}$.

设 $\boldsymbol{u}$ 是 C 中另一个任意的点. 于是,对于满足 $0\leqslant t\leqslant 1$ 的每一个 t,$t\boldsymbol{u}+(1-t)\boldsymbol{z}$ 也属于凸集合 C. 鉴于 $\boldsymbol{z}$ 的最小性质(见上文),我们有

$$|t\boldsymbol{u}+(1-t)\boldsymbol{z}-\boldsymbol{y}|^2\geqslant|\boldsymbol{z}-\boldsymbol{y}|^2,$$

即

$$|(\boldsymbol{z}-\boldsymbol{y})+t(\boldsymbol{u}-\boldsymbol{z})|^2\geqslant|\boldsymbol{z}-\boldsymbol{y}|^2,$$

即

$$\sum_{i=1}^{n}\{(z_i-y_i)+t(u_i-z_i)\}^2\geqslant\sum_{i=1}^{n}(z_i-y_i)^2.$$

① 对于熟悉拓扑学的读者,我们补充指出:严格地说,这句话是有附带的条件的——是对闭的凸集合而说的. 这样,就保证了我们在以下的证明中所用到的最小值的存在性. 关于这些概念,请参看第九章 46.2.1 里的注.

由初等代数运算可知

$$2\sum_{i=1}^{n}(z_i-y_i)(u_i-z_i)t+\sum_{i=1}^{n}(u_i-z_i)^2t^2\geqslant 0.$$

于是，当 $t>0$(但 $t\leqslant 1$)时，有

$$2\sum_{i=1}^{n}(z_i-y_i)(u_i-z_i)+\sum_{i=1}^{n}(u_i-z_i)^2t\geqslant 0.$$

如果 t 收敛到 0，则上式左端收敛到 $2\sum_{i=1}^{n}(z_i-y_i)(u_i-z_i)$. 因此

$$\sum_{i=1}^{n}(z_i-y_i)(u_i-z_i)\geqslant 0. \tag{16:3}$$

由于 $u_i-y_i=(u_i-z_i)+(z_i-y_i)$，由上式可得

$$\sum_{i=1}^{n}(z_i-y_i)(u_i-y_i)\geqslant\sum_{i=1}^{n}(z_i-y_i)^2=|\boldsymbol{z}-\boldsymbol{y}|^2.$$

但 $\boldsymbol{z}\neq\boldsymbol{y}$(因为 $\boldsymbol{z}$ 属于 C，而 $\boldsymbol{y}$ 不属于 C)，所以 $|\boldsymbol{z}-\boldsymbol{y}|^2>0$. 因此，上式的左端 >0. 即

$$\sum_{i=1}^{n}(z_i-y_i)u_i\geqslant\sum_{i=1}^{n}(z_i-y_i)y_i. \tag{16:4}$$

令 $a_i=z_i-y_i$，则因 $\boldsymbol{z}\neq\boldsymbol{y}$(参看上文)，所以不会有 $a_1=\cdots=a_n=0$ 这种情形出现. 再令 $b=\sum_{i=1}^{n}a_iy_i$，于是

$$\sum_{i=1}^{n}a_ix_i=b \tag{16:2:a*}$$

确定了一个超平面，$\boldsymbol{y}$ 显然属于这个超平面. 其次

$$\sum_{i=1}^{n}a_ix_i>b \tag{16:2:b*}$$

是由上面这个超平面产生的半空间，而(16:4)恰好表明，$\boldsymbol{u}$ 属于这个半空间.

因为 $\boldsymbol{u}$ 是 C 的任意元素，这就完成了证明.

这个代数证明也可以用几何的语言叙述出来.

我们首先叙述 $n=2$(平面) 的情形. 在图 24 中，$\boldsymbol{z}$ 是 C 中最接近 $\boldsymbol{y}$ 的一个点；即，使得 $\boldsymbol{y}$ 和 $\boldsymbol{z}$ 的距离 $|\boldsymbol{z}-\boldsymbol{y}|$ 取最小值的点. 因为 $\boldsymbol{y}$ 和 $\boldsymbol{z}$ 是固定的，而 $\boldsymbol{u}$ 是 C 的一个变动的点，所以(16:3) 表示一个超平面以及由它产生的半空间之一. 容易验证，$\boldsymbol{z}$ 属于这个超平面，而且它是由这样的点 $\boldsymbol{u}$ 组成的：由 $\boldsymbol{y},\boldsymbol{z},\boldsymbol{u}$ 三点形成的角是一个直角(即，向量 $\boldsymbol{z}-\boldsymbol{y}$ 与 $\boldsymbol{u}-\boldsymbol{z}$ 正交). 事实上，这就是说，$\sum_{i=1}^{n}(z_i-y_i)(u_i-z_i)=0$. 显然，$C$ 必须是全部都在这个超平面上，或者在不含 $\boldsymbol{y}$ 的一侧上. 如果 C 有一个点 $\boldsymbol{u}$ 在 $\boldsymbol{y}$ 的同侧，则区间$[\boldsymbol{z},\boldsymbol{u}]$ 中将有一些点距 $\boldsymbol{y}$ 较 $\boldsymbol{z}$ 距 $\boldsymbol{y}$ 为近. (见图 25. 这正是我们前面的代数证明里的计算 —— 如果给以正确的解释 —— 所表示的) 因为 C 包含 $\boldsymbol{z}$ 和 $\boldsymbol{u}$，因而它也包含全部$[\boldsymbol{z},\boldsymbol{u}]$，这与 $\boldsymbol{z}$ 是 C 中最接近 $\boldsymbol{y}$ 的点这一假定相抵触.

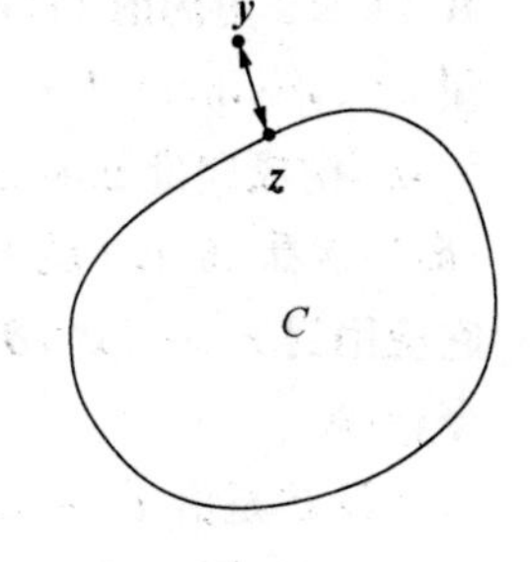

图 24

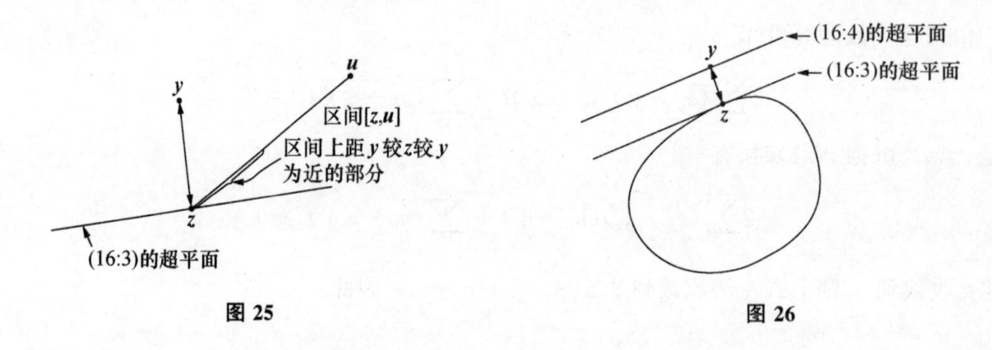

图 25　　　　图 26

从(16:3)到(16:4)的一段,相当于把这个超平面从 **z** 平行地移到 **y**(因为所有的 u_i 的系数 $a_i=z_i-y_i$, $i=1,\cdots,n$,都没有改变,所以是平行的移动). 现在,**y** 是在超平面上,而 C 是全部在由此产生的半空间之一中(图 26).

$n=3$(空间)的情形也可以按照类似的方式使它形象化.

甚至对于一般的 n,也有可能用这种几何的方式来说明. 如果读者相信自己有 n 维的"几何直观能力",那么,他也许会同意,认为上面的证明对于 n 维的情形也同样成立. 甚至也有可能避免这样的做法,而按照下面的方式来讨论:不论 n 是多少,我们整个的证明只同时处理三个点,即 **y**,**z**,**u**;而通过这三个点总可以作一个(二维)平面. 如果我们只在这个平面上考虑问题,那么,无需另加任何解释,图 24 至 26 及其有关的论证就可以拿来应用.

不管怎样,前面给出的纯粹代数的证明是绝对严格的. 我们给出了类似的几何证明,目的主要在于帮助了解前一证明里的代数运算.

16.4　关于矩阵的定理

16.4.1　从 16.3 的定理(16:B)可以得到一个推论,它将是我们以后的工作的一个基本工具.

我们考虑一个在本章前面 13.3.3 意义下的 n 行 m 列的矩阵,它的矩阵元素是 $a(i,j)$.(参看 13.3.3 里的图 11,那里的 ϕ,x,y,t,s 相当于我们现在的 a,i,j,n,m)这就是说,$a(i,j)$是二变量 $i=1,\cdots,n,j=1,\cdots,m$ 的任意函数. 其次,我们构成 L_n 中的一些向量:对于每一个 $j=1,\cdots,m$,构成向量 $\boldsymbol{x}^j=\{x_1^j,\cdots,x_n^j\}$,其中 $x_i^j=a(i,j)$;对于每一个 $l=1,\cdots,n$,构成坐标向量 $\boldsymbol{\delta}^l=\{\boldsymbol{\delta}_{il}\}$(参看 16.1.3 的末尾;我们已把那里的 j 换为 l). 在 16.3 的定理(16:B)中令 $p=n+m$,把它应用到 $\boldsymbol{x}^1,\cdots,\boldsymbol{x}^m,\boldsymbol{\delta}^1,\cdots,\boldsymbol{\delta}^n$ 这 $n+m$ 个向量上.(它们代替了上引处的 $\boldsymbol{x}^1,\cdots,\boldsymbol{x}^p$)我们令 $\boldsymbol{y}=\boldsymbol{0}$.

设 C 是由 $\boldsymbol{x}^1,\cdots,\boldsymbol{x}^m,\boldsymbol{\delta}^1,\cdots,\boldsymbol{\delta}^n$ 产生的凸集合,则它有可能包含 **0**. 如果 C 包含 **0**,则根据 16.2.2 里的(16:2:d),我们有

$$\sum_{j=1}^{m} t_j \boldsymbol{x}^j + \sum_{l=1}^{n} s_l \boldsymbol{\delta}^l = \boldsymbol{0},$$

其中

(16:5)　$$t_1 \geqslant 0,\cdots,t_m \geqslant 0,s_1 \geqslant 0,\cdots,s_n \geqslant 0,$$

(16:6) $$\sum_{j=1}^{m} t_j + \sum_{l=1}^{n} s_l = 1.$$

($t_1,\cdots,t_m,s_1,\cdots,s_n$ 代替了上引处的 $t_1,\cdots,t_p$.)用支量来表示，这就是

$$\sum_{j=1}^{m} t_j a(i,j) + \sum_{l=1}^{n} s_l \delta_{il} = 0.$$

左端的第二项等于 s_i，所以可以写成

(16:7) $$\sum_{j=1}^{m} a(i,j) t_j = - s_i.$$

假定 $\sum_{j=1}^{m} t_j = 0$，则 $t_1 = \cdots = t_m = 0$，根据(16:7) 应有 $s_1 = \cdots = s_n = 0$，这与(16:6) 相矛盾. 因此，$\sum_{j=1}^{m} t_j > 0$. 由(16:7) 可知

(16:8) $$\sum_{j=1}^{m} a(i,j) t_j \leqslant 0.$$

现在，对于 $j = 1,\cdots,m$，令 $x_j = t_j \Big/ \sum_{j=1}^{m} t_j$. 这样，我们有 $\sum_{j=1}^{m} x_j = 1$；根据(16:5)，有

$$x_1 \geqslant 0,\cdots,x_m \geqslant 0.$$

因此

(16:9) $$\boldsymbol{x}=\{x_1,\cdots,x_m\}\text{属于 } S_m.$$

根据(16:8)，有

(16:10) $$\sum_{j=1}^{m} a(i,j) x_j \leqslant 0, \quad i = 1,\cdots,n.$$

另一方面，考虑 C 不包含 $\mathbf{0}$ 的情形. 根据 16.3 的定理(16:B)，存在着包含 $\boldsymbol{y}$ 的一个超平面(参看 16.2.1 里的(16:2:a))，使得 C 全部被包含在由这个超平面产生的半空间之一中(参看 16.2.1 里的((16:2:b)). 以

$$\sum_{i=1}^{n} a_i x_i = b$$

记这个超平面. 由于 $\mathbf{0}$ 属于它，因此，$b=0$. 所以，上述半空间是

(16:11) $$\sum_{i=1}^{n} a_i x_i > 0;$$

$\boldsymbol{x}^1,\cdots,\boldsymbol{x}^m,\boldsymbol{\delta}^1,\cdots,\boldsymbol{\delta}^n$ 都属于这个半空间. 由于 $\boldsymbol{\delta}^l$ 属于半空间，由(16:11) 得到 $\sum_{i=1}^{n} a_i \delta_{il} > 0$，即 $a_l > 0$. 因此，我们有

(16:12) $$a_1>0,\cdots,a_n>0.$$

由于 $\boldsymbol{x}^j$ 属于半空间，由(16:11)得到

(16:13) $$\sum_{i=1}^{n} a(i,j) a_i > 0.$$

现在，对于 $i = 1,\cdots,n$，令 $w_i = a_i \Big/ \sum_{i=1}^{n} a_i$. 这样，我们有 $\sum_{i=1}^{n} w_i = 1$；根据(16:12)，有

$$w_1 > 0,\cdots,w_n > 0.$$

因此

(16:14) $w=\{w_1,\cdots,w_n\}$属于S_n.

根据(16:13),有

(16:15) $$\sum_{i=1}^{m}a(i,j)w_i>0,j=1,\cdots,m.$$

总结(16:9),(16:10),(16:14),(16:15),我们得到

(16:C) 设给定n行m列的一个矩阵.以$a(i,j),i=1,\cdots,n;j=1,\cdots,m$,记它的矩阵元素.于是,或者是在$S_m$中存在一个向量$x=\{x_1,\cdots,x_m\}$,使得

(16:16:a) $$\sum_{j=1}^{m}a(i,j)x_j\leqslant 0,i=1,\cdots,n;$$

或者是在S_n中存在一个向量$w=\{w_1,\cdots,w_n\}$,使得

(16:16:b) $$\sum_{i=1}^{n}a(i,j)w_i>0,j=1,\cdots,m.$$

我们还注意到

(16:16:a)和(16:16:b)这两种情形是互斥的.

证明:假定(16:16:a)和(16:16:b)同时成立.以w_i乘(16:16:a)的每一个式子,并对$i=1,\cdots,n$取和数;于是有$\sum_{i=1}^{n}\sum_{j=1}^{m}a(i,j)w_ix_j\leqslant 0$.以$x_j$乘(16:16:b)的每一个式子,并对$j=1,\cdots,m$取和数;于是有$\sum_{i=1}^{n}\sum_{j=1}^{m}a(i,j)w_ix_j>0$.①我们得到了一个矛盾.

16.4.2 我们把矩阵$a(i,j)$换为它的负转置矩阵;这就是说,我们以$i=1,\cdots,n$表示列(它们原来是表示行的),以$j=1,\cdots,m$表示行(它们原来是表示列的),并设矩阵元素是$-a(i,j)$(原来是$a(i,j)$).(这样,n和m也随之互换了)

我们现在把16.4.1的最后结果应用到这个新的矩阵上,并把它重述出来.我们以$x'=\{x'_1,\cdots,x'_m\}$代替原来的$w=\{w_1,\cdots,w_n\}$,以$w'=\{w'_1,\cdots,w'_n\}$代替原来的$x=\{x_1,\cdots,x_m\}$.我们把结果对原来的矩阵叙述出来.

这样,我们得到

(16:D) 设给定n行m列的一个矩阵.以$a(i,j),i=1,\cdots,n;j=1,\cdots,m$,记它的矩阵元素.于是,或者是在$S_m$中存在一个向量$x'=\{x'_1,\cdots,x'_m\}$,使得

(16:17:a) $$\sum_{j=1}^{m}a(i,j)x'_j<0,i=1,\cdots,n;$$

或者是在S_n中存在一个向量$w'=\{w'_1,\cdots,w'_n\}$,使得

(16:17:b) $$\sum_{i=1}^{n}a(i,j)w'_i\geqslant 0,j=1,\cdots,m.$$

而且,这两种情形是互斥的.

16.4.3 我们现在把16.4.1和16.4.2的结果结合起来.这些结果表明,我们必须有(16:17:a),或(16:15:b),或(16:16:a)与(16:17:b)二者同时成立;而且这三种情形是互斥的.

① 这里是>0而不仅是$\geqslant 0$.事实上,如果是$=0$,则必须有$x_1=\cdots=x_m=0$;但$\sum_{j=1}^{m}x_j=1$,所以是不可能的.

我们仍用同样的矩阵 $a(i,j)$，但把 16.4.1，16.4.2 里的向量 $\boldsymbol{x}'$，$\boldsymbol{w}$，$\boldsymbol{x}$，$\boldsymbol{w}'$ 改写成 $\boldsymbol{x}$，$\boldsymbol{w}$，$\boldsymbol{x}'$，$\boldsymbol{w}'$，于是得到

(16:E)　　或者是在 S_m 中存在一个向量 $\boldsymbol{x}=\{x_1,\cdots,x_m\}$，使得

(16:18:a)
$$\sum_{j=1}^{m} a(i,j)x_j < 0, i=1,\cdots,n;$$

或者是在 S_n 中存在一个向量 $\boldsymbol{w}=\{w_1,\cdots,w_n\}$，使得

(16:18:b)
$$\sum_{i=1}^{n} a(i,j)w_i > 0, j=1,\cdots,m;$$

或者是在 S_m 中存在一个向量 $\boldsymbol{x}'=\{x'_1,\cdots,x'_n\}$，并在 S_n 中存在一个向量 $\boldsymbol{w}'=\{w'_1,\cdots,w'_n\}$，使得

$$\sum_{j=1}^{m} a(i,j)x'_j \leqslant 0, i=1,\cdots,n,$$

(16:18:c)
$$\sum_{i=1}^{n} a(i,j)w'_i \geqslant 0, j=1,\cdots,m.$$

(16:18:a)，(16:18:b)，(16:18:c)这三种情形是互斥的.

如果一方面把(16:18:a)和(16:18:c)结合起来，另一方面把(16:18:b)和(16:18:c)结合起来，我们得到下列较简单然而较弱的结果：[①][②]

(16:F)　　或者是在 S_m 中存在一个向量 $\boldsymbol{x}=\{x_1,\cdots,x_m\}$，使得

(16:19:a)
$$\sum_{j=1}^{m} a(i,j)x_j \leqslant 0, i=1,\cdots,n;$$

或者是在 S_n 中存在一个向量 $\boldsymbol{w}=\{w_1,\cdots,w_n\}$，使得

(16:19:b)
$$\sum_{i=1}^{n} a(i,j)w_i \geqslant 0, j=1,\cdots,m.$$

16.4.4 现在，我们考虑一个反号对称矩阵 $a(i,j)$；这就是说，$a(i,j)$ 与它的负转置矩阵(在 16.4.2 的意义上)重合；也就是说，$n=m$，而且

$$a(i,j)=-a(j,i), i,j=1,\cdots,n.$$

在这种情形下，16.4.3 里的两个条件(16:19:a)和(16:19:b)表示同样的内容：事实上，(16:19:b)是

$$\sum_{i=1}^{n} a(i,j)w_i \geqslant 0;$$

可以把它写为
$$-\sum_{i=1}^{n} a(j,i)w_i \geqslant 0 \text{ 或 } \sum_{i=1}^{n} a(j,i)w_i \leqslant 0.$$

我们只须把 i,j 改写成 j,i，[③]上面最后一个式子就成了 $\sum_{j=1}^{n} a(i,j)w_j \leqslant 0$；然后，把 $\boldsymbol{w}$ 改写成 $\boldsymbol{x}$，[④]

---

① (16:9:a)和(16:9:b)这两种情形不是互斥的：二者的合取(契合)正是(16:18:c).

② 这个结果也可以从前面 16.4.1 的最后结果直接得出：(16:19:a)就是那里的(16:16:a)，而(16:19:b)是(16:16:b)的一种较弱形式.我们给出以上更细致的讨论，因为这样可以对整个的情况有更清楚的了解.

③ 我们注意到，由于 $m=n$，这里只不过是记号的改变.

④ 同上.

我们得到$\sum_{j=1}^{n} a(i,j)x_j \leqslant 0$. 这恰好就是(16:19:a).

因此,对于(16:19:a)和(16:19:b)的析取,我们可以用二者中的任意一个来代替它——设为(16:19:b). 这样,我们得到

(16:G) 如果矩阵 $a(i,j)$是反号对称的(因而 $n=m$,参看上文),则在 S_n 中存在一个向量 $\boldsymbol{w}=\{w_1,\cdots,w_n\}$,使得

$$\sum_{i=1}^{n} a(i,j)w_i \geqslant 0, j=1,\cdots,n.$$

17 混合策略. 一切博弈的解

17.1 两个初等例子的讨论

17.1.1 为了克服非严格确定情形里的困难——我们已在本章14.7中特别注意到这些困难,最好是重新考虑一下产生这种现象的最简单的例子——"配铜钱"和"石头、布、剪刀"的游戏(参看14.7.2和14.7.3). 由于关于这些博弈的"问题"存在着经验和常识上的看法,我们可以期望,对这样的看法进行观察和分析,也许能够得到非严格确定的(零和二人)博弈的解的一些线索.

例如,曾经指出,在"配铜钱"游戏里,参加博弈的任一种方式——出"正面"或出"反面"——都不比其他方式更好,唯一有关系的,是要猜对对手的意向. 看起来这使得我们获得一个解的道路受到了堵塞,因为博弈的规则明白地规定,在一个局中人作他的选择的时刻,禁止他知道关于对手的行动的消息. 但是,上面所述与实际情况并不完全相符: 如果一个局中人和一个智力在中等以上的对手玩配铜钱的游戏,这个局中人不会企图去猜出对手的意向,而是努力避免使自己的意图被对手猜出来——在一连串的局里无规律地出"正面"和"反面",由于我们希望描述的是在单独一个局里的策略(事实上,我们必须讨论单独一局的进行过程,而不是一连串局的序列的过程),我们应该这样来表示它: 局中人的策略既不是出"反面",也不是出"正面",而是以$\frac{1}{2}$的概率出"反面",以$\frac{1}{2}$的概率出"正面".

17.1.2 可以想象,为了以有理的方式参加"配铜钱",局中人可以——在每一局里作出他的选择前——用某种50:50的随机方法,来决定究竟是出"正面"还是出"反面".[①]这样的做法可以保护他不致受损失. 事实上,不管对手采用怎样的策略,前一局中人对这一局的结果的数学期望总是0.[②]特别是,如果肯定地知道对手出"反面",或者肯定地知道对手出"正面",上面

① 例如,他可以掷一粒骰子——当然不让对手看见掷出的结果: 如果掷出的点数是偶数,则出"反面";如果点数是奇数,则出"正面".

② 这就是说,他获胜的概率等于他失败的概率,这是因为,在这样的条件下,不管对手采取怎样的做法,相配的概率与不相配的概率都是$\frac{1}{2}$.

所说的数学期望都是 0；而且，如果对手——也像前一局中人一样的做法——按照某种概率出“正面”和“反面”，结果也一样. ①

由此可见，如果我们允许一个局中人在“配铜钱”博弈中采用一种“统计的”策略，即以某种概率(由他自己选定)把各种可能的方式“混合”起来，则他能够保护他自己不致受损失. 事实上，我们在上面指出了这样的一种统计策略，利用这个策略，不管对手怎样做法，他是不会输的. 同样的论点也适用于对手，即对手可以采用一种统计的策略，使前一局中人无论怎样做法都不能获胜. ②

读者将会发现，这与 14.5 的讨论是非常地相似. ③按照那里讨论的精神，看来有理由把 0 当作“配铜钱”的一局的值，而把“正面”与“反面”按 50∶50 的统计混合看作一个好的策略.

“石头、布、剪刀”里的情况是完全类似的. 从常识上可以知道，好的玩法是按照每种概率为 $\frac{1}{3}$ 出三种可能的情形. ④可以按照和前面一样的方式和意义，导出一局的值，并把上述策略解释为好的策略. ⑤

17.2 上节观点的一般化

17.2.1 在配铜钱和石头、布、剪刀里得到的结果，我们现在试图把它扩充到所有的零和二人博弈上.

我们采用博弈的正规化形式. 与从前一样，设两个局中人的可能选择分别是 $\tau_1=1,\cdots,\beta_1$ 和 $\tau_1=1,\cdots,\beta_2$，局对于局中人 1 的结果是 $\mathscr{H}(\tau_1,\tau_2)$. 我们不作严格确定的假设.

现在，试将在 17.1 里已得到成效的程序重复应用到我们目前的情形上；这就是说，我们仍然想象，局中人的博弈“理论”不是选择确定的策略，而是选择具有确定概率的若干个策略. ⑥这样，局中人 1 所选择的将不是一个数 $\tau_1=1,\cdots,\beta_1$——即相应的策略 $\Sigma_1^{\tau_1}$，而是 β_1 个数 $\xi_1,\cdots,\xi_{\beta_1}$——即 $\Sigma_1^1,\cdots,\Sigma_1^{\beta_1}$ 这些策略的概率. 同样，局中人 2 所选择的将不是一个数 $\tau_2=1,\cdots,\beta_2$——即相应的概率 $\Sigma_2^{\tau_2}$，而是 β_2 个数 $\eta_1,\cdots,\eta_{\beta_2}$——即 $\Sigma_1^1,\cdots,\Sigma_1^{\beta_2}$ 这些策略的概率. 由于这些概率属于互不相容而穷尽的事件集合，数 ξ_{τ_1}，η_{τ_2} 满足下列条件：

(17:1:a) 所有的 $\xi_{\tau_1}\geqslant 0,\ \sum_{\tau_1=1}^{\beta_1}\xi_{\tau_1}=1$；

---

① 设为 p 和 $1-p$. 我们假定前一局中人的概率是 $\frac{1}{2}$，$\frac{1}{2}$.

② 这一切当然都按照统计学的意义来了解：所谓局中人不会输，指的是他失败的概率≤他获胜的概率. 所谓局中人不会获胜，指的是他失败的概率≥他获胜的概率. 实际上每一局不是获胜就是失败，因为配铜钱是没有和局的.

③ 我们指的特别是 14.5.1 里的(14:C:d)和(14:C:e).

④ 可以像前面一样地引用随机的方法. 本节第一个注里提到的掷骰子就是一种可能的方法. 例如，若掷出的点数是 1 或 2，出“石头”；3 或 4 点，出“布”；5 或 6 点，出“剪刀”.

⑤ 在“石头、布、剪刀”里存在着和局. 但是，不会输指的仍是失败的概率≤获胜的概率，不获胜的意义与此相反. 参看本节第四个注.

⑥ 有时，对于所有的策略，这些概率都相等 $\left(\text{上节例子里的}\frac{1}{2},\frac{1}{2}\text{或}\frac{1}{3},\frac{1}{3},\frac{1}{3}\right)$，这当然是偶然的. 可以想象，在这样的博弈里，由于各种可能的情形是以对称的方式出现的，这才使得概率相等. 我们的讨论将在下述假设之下继续进行：在描述一个策略时，概率的出现是主要的事情，而概率的值是多少则是次要的.

(17:1:b) 所有的 $\eta_{\tau_2} \geqslant 0, \sum_{\tau_2=1}^{\beta_2} \eta_{\tau_2} = 1.$

除此以外,它们不需要满足任何其他条件.

我们构成向量 $\boldsymbol{\xi}=\{\xi_1,\cdots,\xi_{\beta_1}\}$ 和 $\boldsymbol{\eta}=\{\eta_1,\cdots,\eta_{\beta_2}\}$. 于是,上面的条件就是:在 16.2.2 的意义上,$\boldsymbol{\xi}$ 必须属于 S_{β_1},$\boldsymbol{\eta}$ 属于 S_{β_2}.

在这种情形下,和前面一样,一个局中人并不选择他的策略,他采用一切可能的策略,所选择的只是他要用到的那些策略的概率. 这个一般化的方式,在一定程度上克服了非严格确定情形的主要困难:我们已经看到,这种情形的特征在于,每一个局中人若被对手猜透了他的意图,就会遭受到确定数量的损失.[①]由此可见,在这样的一个博弈里,一个局中人所要考虑的重要事情之一,[②]是防止自己的意图被他的对手发现. 为了在一定程度上达到这个目的,随机地采用若干种不同的策略,只有策略的概率是确定的,这是一种很有效的方法:利用这种方法,对手就不可能猜出这一局中人的策略究竟是什么,因为局中人本人也是不知道的.[③]自己不知道显然是一个很好的安全保障,它可以避免直接或间接地泄露消息.

17.2.2 看起来好像我们同时使局中人的行动的自由受到了限制. 这样的情况总是会发生的,即:他只愿意采用一个确定的策略,而排除一切其他的策略;或者是,他虽然愿意按照一定的概率采用某几个策略,但却绝对不愿用一切其他的策略.[④]我们强调指出,这些可能性完全都包含在我们的方案的范围之内. 一个局中人如果根本不愿采用某些个策略,他只要选定这些策略的概率为 0;如果只愿意采用一个策略,不愿用一切其他的策略,他可以选定这个策略的概率为 1,一切其他策略的概率都为 0.

于是,如果局中人 1 只采用策略 $\Sigma_1^{\tau_1}$,他将把坐标向量 $\boldsymbol{\delta}^{\tau_1}$(参看 16.1.3)选作 $\boldsymbol{\xi}$. 同样,如果局中人 2 只采用策略 $\Sigma_2^{\tau_2}$,他将把坐标向量 $\boldsymbol{\delta}^{\tau_2}$ 选作 $\boldsymbol{\eta}$.

鉴于以上的考虑,我们称 S_{β_1} 的一个向量 $\boldsymbol{\xi}$ 为局中人 1 的一个**统计**或**混合策略**,S_{β_2} 的 $\boldsymbol{\eta}$ 为局中人 2 的统计或混合策略. 坐标向量 $\boldsymbol{\delta}^{\tau_1}$ 或 $\boldsymbol{\delta}^{\tau_2}$ 分别与局中人 1 或 2 的原来的策略 τ_1 或 τ_2——即 $\Sigma_1^{\tau_1}$ 或 $\Sigma_2^{\tau_2}$——相对应. 我们称它们为**严格**或**纯策略**.

17.3 上述程序应用到单独一局上的可能性

17.3.1 到了这里,读者也许已经感到不安,也许已经发觉,在我们的讨论里强调指出的

---

① 14.7.1 里的 $\Delta>0$.

② 但不一定是唯一要考虑的事情.

③ 如果对手对第一个局中人的"风格"有足够的统计上的经验,或者能够非常精明而合理地预测他的行为,则他有可能发现各种策略的概率——频率.(我们用不着去讨论,究竟是否会发生这种情况,以及怎样地发生. 参看 17.3.1 的讨论)但是,根据概率和随机性的定义,没有一个人能够在任何条件下预见到,在任意一个个别的情形里将要出现的结果究竟是什么.(必须除去那些概率为 0 的情况;参看下文.)

④ 在这种情形下,显然增加了他的策略被对手发现的危险性. 但是,情况可能是这样的:比起其他的策略来,上面所说的一个或多个策略具有这样的内在有利因素,使得他值得这样去做. 例如,这种情况以一种极端的形式出现在严格确定情形里的"好的"策略上(参看 14.5,特别是 14.5.2 里的(14:C:a),(14:C:b)).

两个同等重要的观点，其间存在着矛盾.一方面，我们总是说，我们的理论是一个静的理论(参看 4.8.2)，我们要分析的是一局的进行过程，而不是一连串局的序列的过程(参看 17.1).另一方面，我们却把关于一个局中人的策略被对手发现的危险性，放入我们讨论里的绝对中心的地位(参看 14.4，14.7.1，以及 17.2 的最后部分).如果不是通过不断的观察，一个局中人的策略——特别是，他所采用的是若干种不同策略的随机混合——怎样会被发现呢？我们已经指出，不允许连续地观察分析许多个局.因此，似乎有必要在一个局里完成这件工作.然而，即使是博弈的规则使得我们有可能这样去做——即博弈的局是漫长而反复的，也只有在局的进行过程中才会使得观察逐渐不断地得到效果.在一开头的时候，是观察不到什么的.这样，整个问题就会牵涉到种种动的方面的考虑，而我们却坚持要建立一套静的理论！况且，博弈的规则甚至连这样的观察机会[①]都可能不给我们；在我们原来的配铜钱和石头、布、剪刀博弈里，情况确实就是如此.这些矛盾和冲突出现在本章 14 节的讨论里(在那里，关于策略的选择我们没有用到概率)，也出现在我们目前 17 节的讨论里——我们在以下将用到概率.

应该怎样解决这些矛盾和冲突呢？

17.3.2 我们的回答是这样的：

首先，本章 14 和 17 节中得到的结果，在它们的证明——即 14.5 和 17.8 的讨论——里并不包含任何像上面所述的互相冲突的因素.因此，我们可以回答说，我们最终的证明是正确的，即使导致这些证明的启发性的程序会令人感到靠不住.

但我们也能够说明，甚至这些程序也是合理的.我们不作任何让步：我们的观点是静的观点，我们所分析的只是一个单独的局.我们试图寻求一套完美的理论——在目前的阶段，寻求零和二人博弈的理论.因此，我们并不是在一个已然存在的理论——一个已然经受了一切必要的考验的理论——的坚固基础上，用演绎的方法来进行讨论，而是在寻求着这样的一个理论.[②]在这样做的时候，我们完全有权运用通常逻辑上的工具，特别是间接证法.我们的方法是这样的：我们假想有一套某种形式的完美理论，[③]试着从这个假想的情况导出一些推论，然后再得出结论，说明假想的理论在细节上究竟应该是怎样的.如果接连地应用这种程序，也许会使我们假想中的理论的可能形式，被局限到这样的范围内：只剩下了一种可能性——这就是说，我们用这种方法确定和发现了理论.[④]当然，也可能发生这样的情况：到了最后，连一种可能性都没有剩下——这就表示，要找到一个无矛盾的、属于假设中的类型的理论，乃是不可能的.[⑤]

17.3.3 我们现在假想，关于零和二人博弈，有一套完全的理论存在，它告诉局中人应该

---

① 即，在一个局里"逐渐不断地"观察对手的行为.

② 当然，我们用的是经验上的方法：在一些最简单的博弈里，对于那些被我们认为是具有典型性的特征，我们试着去了解它们，使它们形式化和一般化.在一切具有经验基础的科学里，这样的做法毕竟是标准的方法.

③ 这完全说明，我们(现在尚)没有这样一个理论，而且，如果有的话，我们(现在尚)不能想象，它是怎样的.

这一切——在它自己的领域内——并不比任何科学里的任何别种间接证法(例如数学和物理学里的归谬证法)更坏.

④ 这种做法在物理学中有好几个重要的例子.例如，对于特殊相对论，一般相对论或波动力学的逐步接近过程.参看 A. D'Abro：The Decline of Mechanism in Modern Physics，New York，1939.

⑤ 这也在物理学中出现过.在量子力学里，N. Bohr 和 Heisenberg 对于"不能同时观察到的量"的分析，就可以这样来解释.参看 N. Bohr：Atomic Theory and the Description of Nature，Cambridge，1934 和 P. A. M. Dirac：The Principles of Quantum Mechanics，London，1931，第一章.

做些什么,而且理论是绝对可信的.如果两个局中人都知道这样的理论,则每一个局中人就不得不假定,他的策略已被对手"发现".对手知道这个理论,同时也知道,如果一个局中人不遵守这个理论,那将是不聪明的.[①]由此可见,假设了完美理论的存在性,就使得我们有理由去探讨,一个局中人的策略被他的对手"发现"后的情况.而只有当我们能把两个极端 Γ_1 和 Γ_2——局中人 1 的策略被"发现"或局中人 2 的策略被"发现"——调和起来,一个完美的理论[②]才能够存在.

在原来的讨论——不含概率(即策略都是纯策略)的情形——里,我们已在 14.5 确定了,能够调和到怎样的程度.

我们已经看到,在不引用概率的基础上,能够建立起完美理论的,是严格确定的情形.我们现在希望,通过引用概率(即考虑混合策略的情形),再向前推进一步.我们在 14.5 中用于不含概率情形的同样方法,现在将再一次被用做工具,对"发现"另一局中人的策略的问题进行分析.

将会看到,假设中的理论这一次能够完全地、对一切情形(不仅对严格确定的情形——参看 17.5.1,17.6)确定下来.

在找到了理论以后,我们必须通过直接论证[③]来独立地证明它.对于严格确定的情形,这已在 14.5 里完成;我们将在 17.8 里对目前讨论中的完全理论做到这一点.

17.4 劣势和优势博弈(混合策略情形)

17.4.1 我们现在的情况是:局中人 1 在 S_{β_1} 里选择一个任意的元素 $\boldsymbol{\xi}$,局中人 2 在 S_{β_2} 里选择一个任意的元素 $\boldsymbol{\eta}$.

这样,如果局中人 1 希望只采用一个策略 $\Sigma_1^{\tau_1}$,他将选择坐标向量 $\boldsymbol{\delta}^{\tau_1}$ 作为 $\boldsymbol{\xi}$(参看 16.1.3);类似地,如果局中人 2 希望只采用一个策略 $\Sigma_2^{\tau_2}$,他将选择坐标向量 $\boldsymbol{\delta}^{\tau_2}$ 作为 $\boldsymbol{\eta}$.

我们仍然假定,局中人 1 在作他的选择 $\boldsymbol{\xi}$ 时,他完全不知道局中人 2 的选择 $\boldsymbol{\eta}$;反过来也一样.

当然,这就是说,在作这些选择时,局中人 1 将按照概率 ξ_{τ_1} 采用(每一个)$\tau_1=1,\cdots,\beta_1$;而局中人 2 将按照概率 $\boldsymbol{\eta}_{\tau_2}$ 采用(每一个)$\tau_2=1,\cdots,\beta_2$.由于这些选择是互相独立的,博弈的结果的数学期望是

$$(17{:}2)\qquad K(\boldsymbol{\xi},\boldsymbol{\eta})=\sum_{\tau_1=1}^{\beta_1}\sum_{\tau_2=1}^{\beta_2}\mathscr{H}(\tau_1,\tau_2)\xi_{\tau_1}\eta_{\tau_2}.$$

---

① 为什么不遵守这个理论就是不聪明的,在目前这与我们无关;我们已经假定,理论是绝对可信的.

从我们最后的结果里可以看到,这不是不可能的.我们将找到一套完美的理论;然而,这个理论包含着这样的事实:局中人的策略能够被他的对手发现.但理论给予他种种指示,使他得以调整自己的行为,因而不致引起损失(参看 17.6 的定理,以及 17.8 中我们的完整的解的讨论).

② 这里指的只是在我们目前条件下的一个理论.当然,我们并不自认为一定能成功.如果一旦发现我们现在的条件是不能被满足的,我们就不得不为一个理论寻求别种基础.事实上我们已经这样做过一次,就是从本章 14(纯策略的场合)到 17(混合策略的场合)的过渡.

③ 上面概述的间接论证法,只能给出必要条件.因此,也许会得出不合理的结果(归谬证法),也许会把种种可能性局限到只剩下一种;而如果是后一情形,仍有必要证明剩下的一种可能性是完美的.

换一句话说，我们把原来的博弈Γ换成了一个新的博弈，它的结构在本质上与原来的一样，但有着下述形式上的区别：数τ_1,τ_2——局中人的选择——被向量$\boldsymbol{\xi},\boldsymbol{\eta}$所代替；函数$\mathscr{H}(\tau_1,\tau_2)$——一局的结果，或者说是结果的“数学期望”——被$K(\boldsymbol{\xi},\boldsymbol{\eta})$所代替. 以上这些考虑可以说明，我们现在关于$\Gamma$的结构的观点，是与14.1.2里一样的，唯一的区别在于，如上面所述的，以$\boldsymbol{\xi},\boldsymbol{\eta},K(\boldsymbol{\xi},\boldsymbol{\eta})$代替了原来的$\tau_1,\tau_2,\mathscr{H}(\tau_1,\tau_2)$. 鉴于这种同构的性质，我们可以应用在原来的$\Gamma$里用过的同样方法，即：如在14.2，14.3.1，14.3.3里描述的，将Γ与劣势博弈Γ_1和优势博弈Γ_2进行比较.

17.4.2 于是，在Γ里，局中人1首先选择他的$\boldsymbol{\xi}$；然后，在完全知道了对手选出的$\boldsymbol{\xi}$的情况下，局中人2选择他的$\boldsymbol{\eta}$. 在Γ_2里，他们进行选择的次序相反. 这样，14.3.1的讨论可以不加改变地应用到我们现在的场合. 局中人1在选择某一个$\boldsymbol{\xi}$时，可以预期局中人2将选择他的$\boldsymbol{\eta}$使$K(\boldsymbol{\xi},\boldsymbol{\eta})$为最小；这就是说，局中人1若选择$\boldsymbol{\xi}$，就会导致$\mathrm{Min}_{\boldsymbol{\eta}}K(\boldsymbol{\xi},\boldsymbol{\eta})$这个值，这是单变量$\boldsymbol{\xi}$的函数. 因此，局中人1应该选择他的$\boldsymbol{\xi}$使$\mathrm{Min}_{\boldsymbol{\eta}}K(\boldsymbol{\xi},\boldsymbol{\eta})$为最大. 由此可见，$\Gamma_1$的一局的值（对于局中人1）是

$$v_1' = \mathrm{Max}_{\boldsymbol{\xi}}\mathrm{Min}_{\boldsymbol{\eta}}K(\boldsymbol{\xi},\boldsymbol{\eta}).$$

类似地，Γ_2的一局的值（对于局中人1）是

$$v_2' = \mathrm{Min}_{\boldsymbol{\eta}}\mathrm{Max}_{\boldsymbol{\xi}}K(\boldsymbol{\xi},\boldsymbol{\eta}).$$

（关于对手的合理行为的假设，事实上并不重要，因为14.3.1和14.3.3里的(14:A:a)至(14:A:e)和(14:B:a)至(14:B:e)仍可以不加改变地在这里应用.）

如同在14.4.1里一样，由于局中人1在Γ_1里所处的地位比在Γ_2里不利，我们可以说，这个事实可以作为

$$v_1' \leqslant v_2'$$

的证明；如果有人认为不够满意，则可以在13.4.3的(13:A*)里找到一个严格的证明. 那里的x,y,ϕ相当于我们现在的$\boldsymbol{\xi},\boldsymbol{\eta},K$.[①]如果发生了这样的情形：

$$v_1' = v_2'$$

则可以不加改变地应用14.5的讨论. (14:C:a)至(14:C:f)，(14:D:a)，(14:D:b)这些论证，它们确定了“好的”$\boldsymbol{\xi}$和$\boldsymbol{\eta}$的概念，并且把一局的“值”（对于局中人1）固定在

$$v' = v_1' = v_2'.$$[②]

根据13.4.3里的(13:B*)，使得这些情况发生的必要和充分条件是：K的鞍点存在.（那里的x,y,ϕ相当于我们现在的$\boldsymbol{\xi},\boldsymbol{\eta},K$.）

17.5 一般严格确定性

17.5.1 我们把(14:A:c)和(14:B:c)里的v_1,v_2换成了我们现在的v_1',v_2'，而且，以上的讨论表明，后者能够发挥前者的作用. 但是，我们依赖于$v_1'=v_2'$的程度，与我们以前依赖于$v_1=v_2$的程

① 虽然$\boldsymbol{\xi}$和$\boldsymbol{\eta}$是向量，即实数的序列($\xi_1,\cdots,\xi_{\beta_1}$和$\eta_1,\cdots,\eta_{\beta_2}$)，在我们现在所构成的最大和最小值的运算中，完全可以把它们每一个看作是个单独的变量. 它们的取值域就是我们在17.2里引进的集合S_{β_1}和S_{β_2}.

② 这些论证的详尽的重述，见17.8.

度完全一样. 因此,很自然地会发生这样的问题: 在这个替换之下,究竟有没有任何新的收获?

很明显,如果 $v'_1 = v'_2$(对于任意给定的 Γ)的成立能够比 $v_1 = v_2$ 给出更好的结论,那就是有了收获. 当 $v_1 = v_2$,我们已经称 Γ 为严格确定的;现在似乎应该把两种情况区别开来: 如果 $v_1 = v_2$,我们称 Γ 是特殊严格确定的;如果 $v'_1 = v'_2$,称 Γ 是一般严格确定的. 只有当我们能够证明前者蕴涵后者时,这些名称才是合理的.

这个蕴涵关系从常识上看是可以理解的: 由于我们引进了混合策略,这就使得局中人防御他的策略被发现的能力增强了,因此,可以预期,v'_1 和 v'_2 是在 v_1 和 v_2 之间. 为了这个理由,甚至可以断言:

(17:3)
$$v_1 \leqslant v'_1 \leqslant v'_2 \leqslant v_2.$$

(这个不等式当然保证了刚才说的蕴涵关系.)

为了排除一切可能的疑难,我们将给(17:3)以严格的证明. 我们把它当作另一个引理的推论来证明,这样比较方便.

17.5.2 我们首先证明下面的引理:

(17:A) 对于 S_{β_1} 中每一个 $\boldsymbol{\xi}$,有

$$\mathrm{Min}_{\boldsymbol{\eta}} K(\boldsymbol{\xi}, \boldsymbol{\eta}) = \mathrm{Min}_{\boldsymbol{\eta}} \sum_{\tau_1=1}^{\beta_1} \sum_{\tau_2=1}^{\beta_2} \mathscr{H}(\tau_1, \tau_2) \xi_{\tau_1} \eta_{\tau_2} = \mathrm{Min}_{\tau_2} \sum_{\tau_1=1}^{\beta_1} \mathscr{H}(\tau_1, \tau_2) \xi_{\tau_1}.$$

对于 S_{β_2} 中每一个 $\boldsymbol{\eta}$,有

$$\mathrm{Max}_{\boldsymbol{\xi}} K(\boldsymbol{\xi}, \boldsymbol{\eta}) = \mathrm{Max}_{\boldsymbol{\xi}} \sum_{\tau_1=1}^{\beta_1} \sum_{\tau_2=1}^{\beta_2} \mathscr{H}(\tau_1, \tau_2) \xi_{\tau_1} \eta_{\tau_2} = \mathrm{Max}_{\tau_1} \sum_{\tau_2=1}^{\beta_2} \mathscr{H}(\tau_1, \tau_2) \eta_{\tau_2}.$$

证明: 我们只证明第一个公式;第二个公式的证明方法是完全一样的,只要互换 Max 和 Min,并互换"$\leqslant$"和"$\geqslant$".

考虑 $\boldsymbol{\eta} = \boldsymbol{\delta}^{\tau'_2}$(参看本章 16.1.3,以及 17.2 的末尾)这个特殊的向量,我们有

$$\mathrm{Min}_{\boldsymbol{\eta}} \sum_{\tau_1=1}^{\beta_1} \sum_{\tau_2=1}^{\beta_2} \mathscr{H}(\tau_1, \tau_2) \xi_{\tau_1} \eta_{\tau_2} \leqslant \sum_{\tau_1=1}^{\beta_1} \sum_{\tau_2=1}^{\beta_2} \mathscr{H}(\tau_1, \tau_2) \xi_{\tau_1} \delta_{\tau_2 \tau'_2} = \sum_{\tau_1=1}^{\beta_1} \mathscr{H}(\tau_1, \tau_2) \xi_{\tau_1}.$$

因为这对于所有的 τ'_2 都成立,所以

(17:4:a)
$$\mathrm{Min}_{\boldsymbol{\eta}} \sum_{\tau_1=1}^{\beta_1} \sum_{\tau_2=1}^{\beta_2} \mathscr{H}(\tau_1, \tau_2) \xi_{\tau_1} \eta_{\tau_2} \leqslant \mathrm{Min}_{\tau'_2} \sum_{\tau_1=1}^{\beta_1} \mathscr{H}(\tau_1, \tau'_2) \xi_{\tau_1}.$$

另一方面,对于一切 τ_2,有

$$\sum_{\tau_1=1}^{\beta_1} \mathscr{H}(\tau_1, \tau_2) \xi_{\tau_1} \geqslant \mathrm{Min}_{\tau_2} \sum_{\tau_1=1}^{\beta_1} \mathscr{H}(\tau_1, \tau_2) \xi_{\tau_1}.$$

给定 S_{β_2} 中任一向量 $\boldsymbol{\eta}$,以 η_{τ_2} 乘之,并对 $\tau_2 = 1, \cdots, \beta_2$ 取和数. 由于 $\sum_{\tau_2=1}^{\beta_2} \eta_{\tau_2} = 1$,因此

$$\sum_{\tau_1=1}^{\beta_1} \sum_{\tau_2=1}^{\beta_2} \mathscr{H}(\tau_1, \tau_2) \xi_{\tau_1} \eta_{\tau_2} \geqslant \mathrm{Min}_{\tau_2} \sum_{\tau_1=1}^{\beta_1} \mathscr{H}(\tau_1, \tau_2) \xi_{\tau_1}.$$

因为这对于一切 $\boldsymbol{\eta}$ 都成立,所以

(17:4:b)
$$\mathrm{Min}_{\boldsymbol{\eta}} \sum_{\tau_1=1}^{\beta_1} \sum_{\tau_2=1}^{\beta_2} \mathscr{H}(\tau_1, \tau_2) \xi_{\tau_1} \eta_{\tau_2} \geqslant \mathrm{Min}_{\tau_2} \sum_{\tau_1=1}^{\beta_1} \mathscr{H}(\tau_1, \tau_2) \xi_{\tau_1}.$$

把(17:4:a)和(17:4:b)合在一起,就得到所需要的关系.

如果把上面的公式与前面 17.4 中 v_1',v_2'的定义结合起来,那么,我们得到

(17:5:a) $$v_1' = \mathrm{Max}_{\boldsymbol{\xi}}\,\mathrm{Min}_{\tau_2} \sum_{\tau_1=1}^{\beta_1} \mathscr{H}(\tau_1,\tau_2)\xi_{\tau_1},$$

(17:5:b) $$v_2' = \mathrm{Min}_{\boldsymbol{\eta}}\,\mathrm{Max}_{\tau_1} \sum_{\tau_2=1}^{\beta_2} \mathscr{H}(\tau_1,\tau_2)\eta_{\tau_2}.$$

这两个公式可以简单地用文字解释为:在计算 v_1'时,我们只需给局中人 1 以保障,使他的策略不致被发现,这个保障就是采用$\boldsymbol{\xi}$(代替原来的 τ_1);局中人 2 仍可以按照原来的方式进行,即采用 τ_2(不是 $\boldsymbol{\eta}$).在计算 v_2'时,局中人 1 与局中人 2 的地位互换.从常识上看,这是可以理解的:v_1'属于博弈 Γ_1(参看 17.4 和 14.2);在这个博弈里,局中人 2 在局中人 1 之后进行选择,而且他完全知道局中人 1 所作选择的情况,——因此,他不需要防备他的策略被局中人 1 发现.对于属于博弈 Γ_2(参看上引处)的 v_2',局中人 1 与局中人 2 的地位互换.

在上面的公式中,如果我们限制 $\mathrm{Max}_{\boldsymbol{\xi}}$ 里 $\boldsymbol{\xi}$ 的变化范围,则(17:5:a)里的等号将变为"$\geqslant$".我们限制 $\boldsymbol{\xi}=\boldsymbol{\delta}^{\tau_1'}$ ($\tau_1'=1,\cdots,\beta_1$;参看 16.1.3,以及 17.2 的末尾).由于

$$\sum_{\tau_1=1}^{\beta_1} \mathscr{H}(\tau_1,\tau_2)\delta_{\tau_1\tau_1'} = \mathscr{H}(\tau_1',\tau_2),$$

上面的式子变为 $$\mathrm{Max}_{\tau_1'}\,\mathrm{Min}_{\tau_2}\,\mathscr{H}(\tau_1',\tau_2) = v_1.$$

于是,我们证明了 $$v_1 \leqslant v_1'.$$

类似地(参看上面引理的证明开头处的说明),把 $\boldsymbol{\eta}$ 限制为 $\boldsymbol{\eta}=\boldsymbol{\delta}^{\tau_2'}$,就得到

$$v_2 \geqslant v_2'.$$

这两个不等式连同 $v_1'\leqslant v_2'$(参看前面 17.4)给出

(17:3) $$v_1\leqslant v_1'\leqslant v_2'\leqslant v_2.$$

证明至此完毕.

17.6 主要定理的证明

17.6.1 我们已经证明,在特殊严格确定性成立($v_1=v_2$)的一切情形里,一般严格确定性都成立($v_1'=v_2'$).一般严格确定性在一些别的情形里也可以成立——即 $v_1'=v_2'$成立,而 $v_1=v_2$ 不成立,这从我们关于"配铜钱"和"石头、布、剪刀"的讨论,可以清楚地看出来.[1]因此,在前面 17.5.1 的意义上,我们可以说,从特殊严格确定性到一般严格确定性的过程,的确是一个进展.但是,就我们现在所知道的来说,这个进展的程度也许还不足以使我们掌握整个应加以掌握的领域;也许有可能发生这样的情况:某些博弈 Γ 甚至不能满足一般严格确定性的条件——这就是说,我们还没有排斥

$$v_1' < v_2'$$

这种可能性.如果真是发生了这种情况,那么,在前面 14.7.1 里提出的全部论点,就将又一次

① 在这两个博弈里,都是 $v_1=-1$,$v_2=1$(参看 14.7.2,14.7.3);而 17.1 的讨论可以说明,$v_1'=v_2'=0$.

在更大的程度上适用于现在的场合：如果能够发现对手的策略，就可以得到确定数量的利益

$$\Delta' = v_2' - v_1' > 0.$$

这样，就很难想象，如果不附加上一些关于“谁发现谁的策略”的假设条件，怎样能够把博弈的理论建立起来.

解决这个问题的关键在于，我们能够证明，上面所说的情况是不会发生的. 对于一切博弈 Γ，必定有

$$v_1' = v_2',$$

即

$$\text{(17:6)} \qquad \mathrm{Max}_{\boldsymbol{\xi}} \mathrm{Min}_{\boldsymbol{\eta}} K(\boldsymbol{\xi},\boldsymbol{\eta}) = \mathrm{Min}_{\boldsymbol{\eta}} \mathrm{Max}_{\boldsymbol{\xi}} K(\boldsymbol{\xi},\boldsymbol{\eta}),$$

或者，等价地说(仍应用 13.4.3 里的(13:B*))，那里的 x, y, ϕ 相当于我们现在的 $\boldsymbol{\xi}, \boldsymbol{\eta}, K$)：$K(\boldsymbol{\xi},\boldsymbol{\eta})$ 的鞍点存在.

这是一个一般的定理，它对于形如

$$\text{(17:2)} \qquad K(\boldsymbol{\xi},\boldsymbol{\eta}) = \sum_{\tau_1=1}^{\beta_1} \sum_{\tau_2=1}^{\beta_2} \mathscr{H}(\tau_1, \tau_2) \xi_{\tau_1} \eta_{\tau_2}$$

的一切函数 $K(\boldsymbol{\xi},\boldsymbol{\eta})$ 成立. 系数 $\mathscr{H}(\tau_1,\tau_2)$ 不受任何限制；如在 14.1.3 中所述的，它们构成完全任意的一个矩阵. 变量 $\boldsymbol{\xi},\boldsymbol{\eta}$ 事实上是实数的序列：$\xi_1, \cdots, \xi_{\beta_1}$ 和 $\eta_1, \cdots, \eta_{\beta_2}$；它们的取值域是集合 S_{β_1} 和 S_{β_2} (参看 17.4.2 的第一个注). 形如(17:2)的函数 $K(\boldsymbol{\xi},\boldsymbol{\eta})$ 叫作**双线性形式**.

借助于 16.4.3 的结果，上述基本定理的证明是容易的. [①]下面就是证明：

我们应用 16.4.3 里的(16:19:a)和(16:19:b)，把那里的 $i, j, n, m, a(i,j)$ 换成我们现在的 $\tau_1, \tau_2, \beta_1, \beta_2, \mathscr{H}(\tau_1,\tau_2)$，并把那里的向量 $\boldsymbol{w}, \boldsymbol{x}$ 换成 $\boldsymbol{\xi}, \boldsymbol{\eta}$.

如果(16:19:b)成立，则我们有一个 S_{β_1} 里的 $\boldsymbol{\xi}$，满足条件

$$\sum_{\tau_1=1}^{\beta_1} \mathscr{H}(\tau_1,\tau_2)\xi_{\tau_1} \geqslant 0, \tau_2 = 1, \cdots, \beta_2,$$

---

① 这个定理及其证明，在作者之一关于博弈论的原始论文中首次出现：J. von Neumann：“Zur Theorie der Gesellschaftsspiele”, *Math. Annalen*, Vol. 100(1928), 295—320.

这个“Min-Max”问题的一个略微更一般些的形式，出现在数理经济学中关于生产方程式的问题里：J. von Neumann：“Über ein ökonomisches Gleichungssystem und eine Verallgemeinerung des Brouwer' schen Fixpunktsatzes”, *Ergebnisseeines Math. Kolloquiums*, Vol. **8**(1937), 73—83.

值得注意的是，与数理经济学有关的两个截然不同的问题——虽然是通过完全不同的方法进行讨论，导致同一个数学问题，而且这里引出的问题形式是相当不平常的，即“Min-Max 类型”的问题. 在这里，以及在上述第二篇论文中提及的某些其他方面，也许存在着一些更深刻的形式上的联系. 这个问题应该进一步加以阐明.

我们的定理的证明，在上述第一篇论文中给出时，用到一些拓扑学和函项运算的较复杂的知识. 上述第二篇论文里给出了一个不同的证明，所用的完全是拓扑学的方法，并且使定理与拓扑学中 L. E. J. Brouwer 的所谓“不动点定理”发生了联系. 这方面的问题后来又得到了进一步的阐明，证明也得到了简化，见 S. Kakutani：“A Generalization of Brouwer's Fixed Point Theorem”, *Duke Math. Journal*, Vol. **8**(1941), 457—459.

所有这些证明方法，肯定地说，都不是初等的. 头一个初等证明是由 J. Ville 给出的，见 E. Borel 丛书：“Traité du Calcul des Probabilités et de ses Applications”, Vol. Ⅳ, 2：“Applications aux Jeux de Hasard”, Paris(1938)一书中 J. Ville 的文章：“Sur la Théorie Générale des Jeux où intervient l' Habileté des Joueurs”, 105—113.

我们以下要给出的证明，是把 J. Ville 所引进的初等方法更推进了一步，看起来是特别地简单. 这个简化过程的关键，是联系到 16 里的凸性理论，特别是联系到 16.4.3 里的结果.

即满足 $$\mathrm{Min}_{\tau_2}\sum_{\tau_1=1}^{\beta_1}\mathscr{H}(\tau_1,\tau_2)\xi_{\tau_1}\geqslant 0.$$

因此，前面 17.5.2 的公式(17:5:a)给出

$$v_1'\geqslant 0.$$

如果(16:19:a)成立，则我们有一个 S_{β_2} 里的 $\boldsymbol{\eta}$，满足条件

$$\sum_{\tau_2=1}^{\beta_2}\mathscr{H}(\tau_1,\tau_2)\eta_{\tau_2}\leqslant 0,\tau_1=1,\cdots,\beta_1,$$

即，满足 $$\mathrm{Max}_{\tau_1}\sum_{\tau_2=1}^{\beta_2}\mathscr{H}(\tau_1,\tau_2)\eta_{\tau_2}\leqslant 0.$$

因此，前面 17.5.2 的公式(17:5:b)给出

$$v_2'\leqslant 0.$$

由此可见，或者是 $v_1'\geqslant 0$，或者是 $v_2'\leqslant 0$，即

(17:7) 不可能有 $v_1'<0<v_2'$.

现在，选择一个任意的数 w，并以 $\mathscr{H}(\tau_1,\tau_2)-w$ 代替函数 $\mathscr{H}(\tau_1,\tau_2)$. ①

这就使得 $K(\boldsymbol{\xi},\boldsymbol{\eta})$ 换成了 $K(\boldsymbol{\xi},\boldsymbol{\eta})-w\sum_{\tau_1=1}^{\beta_1}\sum_{\tau_2=1}^{\beta_2}\xi_{\tau_1}\eta_{\tau_2}$，即，换成了 $K(\boldsymbol{\xi},\boldsymbol{\eta})-w$—— 由于 $\boldsymbol{\xi}$ 属于 S_{β_1}，$\boldsymbol{\eta}$ 属于 S_{β_2}，因而 $\sum_{\tau_1=1}^{\beta_1}\xi_{\tau_1}=1,\sum_{\tau_2=1}^{\beta_2}\eta_{\tau_2}=1$. 从而，$v_1'$，$v_2'$ 被 $v_1'-w$，$v_2'-w$ 所代替. ②于是，对 $v_1'-w$，$v_2'-w$ 应用(17:7)，我们得到

(17:8) 不可能有 $v_1'<w<v_2'$.

由于 w 是完全任意的，因此，若 $v_1'<v_2'$，则可选择 w 使 $v_1'<w<v_2'$，这与(17:8)相矛盾. 由此可见，$v_1'<v_2'$ 是不可能的. 这样，我们证明了 $v_1'=v_2'$. 证明至此完毕.

17.7 用纯策略和用混合策略处理的比较

17.7.1 在继续进行讨论之前，我们再一次考察

$$v_1'=v_2'$$

这个结果的意义. 主要的含义是：我们永远有 $v_1'=v_2'$，但不一定有 $v_1=v_2$——即永远有一般严格确定性，但不一定有特殊严格确定性(参看 17.6 的开头处).

或者，用数学的语言表示：

我们永远有

(17:9) $$\mathrm{Max}_{\boldsymbol{\xi}}\mathrm{Min}_{\boldsymbol{\eta}}K(\boldsymbol{\xi},\boldsymbol{\eta})=\mathrm{Min}_{\boldsymbol{\eta}}\mathrm{Max}_{\boldsymbol{\xi}}K(\boldsymbol{\xi},\boldsymbol{\eta}),$$

即

① 即博弈 Γ 被一个新的博弈所代替，它除了下述一点外与 Γ 完全一样：当一局结束时，局中人 1 比他在 Γ 里少得到(局中人 2 多得到)一个固定的数量 w.

② 如果我们记得上一个注里的解释，这是非常显然的.

(17:10) $$\mathrm{Max}_{\boldsymbol{\xi}}\mathrm{Min}_{\boldsymbol{\eta}}\sum_{\tau_1=1}^{\beta_1}\sum_{\tau_2=1}^{\beta_2}\mathscr{H}(\tau_1,\tau_2)\xi_{\tau_1}\eta_{\tau_2}=\mathrm{Min}_{\boldsymbol{\eta}}\mathrm{Max}_{\boldsymbol{\xi}}\sum_{\tau_1=1}^{\beta_1}\sum_{\tau_2=1}^{\beta_2}\mathscr{H}(\tau_1,\tau_2)\xi_{\tau_1}\eta_{\tau_2}.$$

借助于(17:A),可以把上式写为

(17:11) $$\mathrm{Max}_{\boldsymbol{\xi}}\mathrm{Min}_{\tau_2}\sum_{\tau_1=1}^{\beta_1}\mathscr{H}(\tau_1,\tau_2)\xi_{\tau_1}=\mathrm{Min}_{\boldsymbol{\eta}}\mathrm{Max}_{\tau_1}\sum_{\tau_2=1}^{\beta_2}\mathscr{H}(\tau_1,\tau_2)\eta_{\tau_2}.$$

但我们不一定有

(17:12) $$\mathrm{Max}_{\tau_1}\mathrm{Min}_{\tau_2}\mathscr{H}(\tau_1,\tau_2)=\mathrm{Min}_{\tau_2}\mathrm{Max}_{\tau_1}\mathscr{H}(\tau_1,\tau_2).$$

我们现在比较(17:9)和(17:12):(17:9)永远成立,而(17:12)则不一定成立.然而,二者的区别只在于一个是$\boldsymbol{\xi},\boldsymbol{\eta},K$,一个是$\tau_1,\tau_2,\mathscr{H}$.以前者代替后者,为什么就能使不一定成立的(17:12)变为一定成立的(17:9)呢?

理由是这样的:(17:12)里的$\mathscr{H}(\tau_1,\tau_2)$是以$\tau_1,\tau_2$为变量的一个完全任意的函数(参看本章14.1.3),而(17:9)里的$K(\boldsymbol{\xi},\boldsymbol{\eta})$是以$\boldsymbol{\xi},\boldsymbol{\eta}$——即$\xi_1,\cdots,\xi_{\beta_1}$和$\eta_1,\cdots,\eta_{\beta_2}$——为变量的一个极端特殊的函数——即一个双线性形式(参看17.6第一部分).因此,由于$\mathscr{H}(\tau_1,\tau_2)$的绝对一般的性质,使得(17:12)的任何证明为不可能;而$K(\boldsymbol{\xi},\boldsymbol{\eta})$的特殊——双线性形式——性质,则为17.6中所给出的(17:9)的证明提供了基础.[①]

17.7.2 上面的理由虽然是说得通的,但,由于从$\mathscr{H}(\tau_1,\tau_2)$得出$K(\boldsymbol{\xi},\boldsymbol{\eta})$的过程在一切方面都像是个一般化的过程,也许会使人怀疑,$K(\boldsymbol{\xi},\boldsymbol{\eta})$究竟是不是比$\mathscr{H}(\tau_1,\tau_2)$更特殊些:如在17.2中所述的,我们是以混合策略代替原来的纯策略的狭义概念,即,以$\boldsymbol{\xi},\boldsymbol{\eta}$代替$\tau_1,\tau_2$,而得出$K(\boldsymbol{\xi},\boldsymbol{\eta})$的.

不过,如果我们更仔细地进行考察,就可以把疑团扫清.与$\mathscr{H}(\tau_1,\tau_2)$比较起来,$K(\boldsymbol{\xi},\boldsymbol{\eta})$是一个很特殊的函数;但是,它的变量的取值域却比原来的τ_1,τ_2宽广得多.事实上,τ_1的取值域是有穷集合$(1,\cdots,\beta_1)$,而$\boldsymbol{\xi}$的变化范围是集合S_{β_1},它是β_1维线性空间L_{β_1}的一个(β_1-1)维曲面(参看本章16.2.2的末尾及17.2).τ_2与$\boldsymbol{\eta}$的关系与此类似.[②]

在S_{β_1}的$\boldsymbol{\xi}$当中,的确有一些特殊的点,它们与$(1,\cdots,\beta_1)$里的各个τ_1相对应.对于一个给定的τ_1,我们可以(如在16.1.3以及17.2的末尾所述的)构成坐标向量$\boldsymbol{\xi}=\boldsymbol{\delta}^{\tau_1}$,它表示选用策略$\Sigma_1^{\tau_1}$,而排除一切其他的策略.类似地,我们可以使$S_{\beta_2}$里一个特殊的$\boldsymbol{\eta}$与$(1,\cdots,\beta_2)$里的$\tau_2$相对应:对于一个给定的$\tau_2$,我们可以构成坐标向量$\boldsymbol{\eta}=\boldsymbol{\delta}^{\tau_2}$,它表示选用策略$\Sigma_2^{\tau_2}$,而排除一切其他的策略.

---

① $K(\boldsymbol{\xi},\boldsymbol{\eta})$是双线性形式这一事实,是由于一旦出现概率时我们就引用"数学期望"的缘故.这个概念的线性性质与我们解的存在性发生联系——在我们已找到了一个解这一意义上,看来似乎是值得深入探讨一下的.从数学上看,这就产生了一个相当有趣的问题:可以研究一下,有没有别的概念可以代替"数学期望",而不致影响我们的解——即,不影响17.6中关于零和二人博弈的结果.

很明显,"数学期望"概念从许多方面看都是一个基本的概念.从效用理论的观点看,它的重要性已在3.7.1中特别提出.

② 我们注意到,以$\xi_{\tau_1},\tau_1=1,\cdots,\beta_1$为支量的$\boldsymbol{\xi}=\{\xi_1,\cdots,\xi_{\beta_1}\}$也包含$\tau_1$;但二者之间有着根本的不同.在$\mathscr{H}(\tau_1,\tau_2)$里,$\tau_1$本身是个变量.在$K(\boldsymbol{\xi},\boldsymbol{\eta})$里,$\boldsymbol{\xi}$是个变量,而$\tau_1$则可说是个变量里的变量.$\boldsymbol{\xi}$事实上是$\tau_1$的一个函数(参看16.1.2的末尾),而这个函数又是$K(\boldsymbol{\xi},\boldsymbol{\eta})$的变量.$\tau_2$与$\boldsymbol{\eta}$的关系与此类似.

或者,对τ_1,τ_2来说:$\mathscr{H}(\tau_1,\tau_2)$是$\tau_1,\tau_2$的函数,而$K(\boldsymbol{\xi},\boldsymbol{\eta})$是$\tau_1,\tau_2$的函数的函数(按照数学的术语,是泛函数).

于是，显然有

$$K(\boldsymbol{\delta}^{\tau_1},\boldsymbol{\delta}^{\tau_2}) = \sum_{\tau'_1=1}^{\beta_1}\sum_{\tau'_2=1}^{\beta_2}\mathscr{H}(\tau'_1,\tau'_2)\delta_{\tau'_1\tau_1}\delta_{\tau'_2\tau_2} = \mathscr{H}(\tau_1,\tau_2).$$ [①]

由此可见，函数 $K(\boldsymbol{\xi},\boldsymbol{\eta})$ 虽然有它的特殊性，但却包含整个函数 $\mathscr{H}(\tau_1,\tau_2)$；因此，它事实上是两个概念中比较普遍的一个。它确实比 $\mathscr{H}(\tau_1,\tau_2)$ 更一般，因为，并非所有的 $\boldsymbol{\xi},\boldsymbol{\eta}$ 都具有 $\boldsymbol{\delta}^{\tau_1},\boldsymbol{\delta}^{\tau_2}$ 这种特殊形式——并非所有的混合策略都是纯策略.[②]可以这样说：$K(\boldsymbol{\xi},\boldsymbol{\eta})$ 是 $\mathscr{H}(\tau_1,\tau_2)$ 的扩张，从 τ_1,τ_2——即，$\boldsymbol{\delta}^{\tau_1},\boldsymbol{\delta}^{\tau_2}$——的较狭窄的变化域，扩张到 $\boldsymbol{\xi},\boldsymbol{\eta}$ 的较宽广的变化域——即全部 S_{β_1},S_{β_2}，从纯策略扩张到混合策略. $K(\boldsymbol{\xi},\boldsymbol{\eta})$ 是个双线性形式这一事实，只不过表示上述扩张是通过线性插值法而完成的. 当然，是由于"数学期望"的线性性质，[③]才使得我们不得不采用这种程序.

17.7.3 现在回到(17:9)至(17:12). 我们看出，可以把(17:9)至(17:11)为真和(17:12)不真表示如下：

(17:9)和(17:10)表示：如果每一个局中人采用混合策略 $\boldsymbol{\xi},\boldsymbol{\eta}$，而不采用纯策略 τ_1,τ_2，则他就有了完全的保障，使他的策略不致被对手发现. (17:11)表示：如果发现了对手策略的局中人采用 τ_1,τ_2，而策略被对手发现的局中人受到 $\boldsymbol{\xi},\boldsymbol{\eta}$ 的保障，则上述论点仍成立. 最后，(17:12)不真的意义是：两个局中人——特别是策略被发现的局中人——都不能安然无恙地放弃 $\boldsymbol{\xi},\boldsymbol{\eta}$ 的保障.

17.8 一般严格确定性的分析

17.8.1 我们现在要把 14.5 的内容重新列举出来——如在 17.3.3 的末尾说过的. 在这样做的时候，我们将特别考虑到在 17.6 里建立起来的事实，即每一个零和二人博弈 Γ 是一般严格确定的. 鉴于这个结果，我们可以定义：

$$v' = \mathrm{Max}_{\xi}\mathrm{Min}_{\boldsymbol{\eta}}K(\boldsymbol{\xi},\boldsymbol{\eta}) = \mathrm{Min}_{\boldsymbol{\eta}}\mathrm{Max}_{\xi}K(\boldsymbol{\xi},\boldsymbol{\eta}) = \mathrm{Sa}_{\xi}\mid_{\boldsymbol{\eta}}K(\boldsymbol{\xi},\boldsymbol{\eta}).$$

(同时可参看本章 13.5.2 里的(13:C*)，以及 13.4.3 的末尾.)

与本章 14.5.1 中(14:D:a)，(14:D:b)里集合 A,B 的定义相类似，我们现在构成两个集合 $\bar{A},\bar{B}$——它们分别是 S_{β_1},S_{β_2} 的子集合. 这些集合就是 13.5.1 里的集合 A^{ϕ},B^{ϕ}（那里的 ϕ 相当于我们现在的 K）. 我们定义：

(17:B:a) $\bar{A}$ 是由(S_{β_1} 中)一切这样的 $\boldsymbol{\xi}$ 组成的集合，即：$\mathrm{Min}_{\boldsymbol{\eta}}K(\boldsymbol{\xi},\boldsymbol{\eta})$ 在这些 $\boldsymbol{\xi}$ 处取最大值；即在这些 $\boldsymbol{\xi}$ 处，有

$$\mathrm{Min}_{\boldsymbol{\eta}}K(\boldsymbol{\xi},\boldsymbol{\eta}) = \mathrm{Max}_{\xi}\mathrm{Min}_{\boldsymbol{\eta}}K(\boldsymbol{\xi},\boldsymbol{\eta}) = v'.$$

(17:B:b) $\bar{B}$ 是由(S_{β_2} 中)一切这样的 $\boldsymbol{\eta}$ 组成的集合，即：$\mathrm{Max}_{\xi}K(\boldsymbol{\xi},\boldsymbol{\eta})$ 在这些 $\boldsymbol{\eta}$ 处取最小值；即在这些 $\boldsymbol{\eta}$ 处，有

$$\mathrm{Max}_{\xi}K(\boldsymbol{\xi},\boldsymbol{\eta}) = \mathrm{Min}_{\boldsymbol{\eta}}\mathrm{Max}_{\xi}K(\boldsymbol{\xi},\boldsymbol{\eta}) = v'.$$

---

① 如果我们想一下，$\boldsymbol{\xi}^{\tau_1}$ 和 $\boldsymbol{\xi}^{\tau_2}$ 所代表的是怎样的策略，则这个公式的意义就非常明显了.

② 即，可以按照正的概率有效地采用若干个不同的策略.

③ 关于数值效用概念和线性"数学期望"的根本联系，已在 3.7.1 的末尾指出.

现在,可以重复本章14.5里的论证了.

在这样做的时候,我们将采用与14.5中断言(14:C:a)至(14:C:f)相应的编号.[①]

首先,我们看出

(17:C:d) 局中人1若做得合适,能够保证他自己所获得的$\geqslant v'$,而不管局中人2如何做.

局中人2若做得合适,能够保证他自己所获得的$\geqslant -v'$,而不管局中人1如何做.

证明:设局中人1在$\bar{A}$中选择$\boldsymbol{\xi}$. 于是,不论局中人2如何做,即,对于每一个$\boldsymbol{\eta}$,我们有$K(\boldsymbol{\xi},\boldsymbol{\eta})\geqslant \mathrm{Min}_{\boldsymbol{\eta}}K(\boldsymbol{\xi},\boldsymbol{\eta})=v'$. 设局中人2在$\bar{B}$中选择$\boldsymbol{\eta}$. 于是,不论局中人1如何做法,即,对于每一个$\boldsymbol{\xi}$,我们有$K(\boldsymbol{\xi},\boldsymbol{\eta})\leqslant \mathrm{Max}_{\boldsymbol{\xi}}K(\boldsymbol{\xi},\boldsymbol{\eta})=v'$. 这就完成了证明.

其次,(17:C:d)显然与下面的(17:C:e)等价.

(17:C:e) 局中人2若做得合适,能够保证局中人1所获得的$\leqslant v'$,即,不论局中人1如何做法,能够阻止他有$>v'$的获得.

局中人1若做得合适,能够保证局中人2所获得的$\leqslant -v'$,即,不论局中人2如何做法,能够阻止他有$>-v'$的获得.

17.8.2 第三,我们现在可以断言——在(17:C:d)和(17:C:e)的基础上,并根据(17:C:d)的证明里的考虑:

(17:C:a) 1参加博弈Γ的好方式(策略的组合)是在集合$\bar{A}$里选择任意一个$\boldsymbol{\xi}$——$\bar{A}$是上面(17:B:a)里的集合.

(17:C:b) 2参加博弈Γ的好方式(策略的组合)是在集合$\bar{B}$里选择任意一个$\boldsymbol{\eta}$——$\bar{B}$是上面(17:B:b)里的集合.

第四,把(17:C:d)——或(17:C:e)——里的断言结合起来,我们得到

(17:C:c) 如果局中人1和2都以好方式参加博弈Γ——即,如果$\boldsymbol{\xi}$属于$\bar{A}$而$\boldsymbol{\eta}$属于$\bar{B}$,则$K(\boldsymbol{\xi},\boldsymbol{\eta})$的值将等于某一局(对于1)的值,即等于$v'$.

另外,我们还注意到,从13.5.2的(13:D*)以及在(17:B:a),(17:B:b)之前所作关于集合$\bar{A}$,$\bar{B}$的说明,可以得到下面的结果:

(17:C:f) 两个局中人都是以好方式参加博弈Γ——即$\boldsymbol{\xi}$属于$\bar{A}$而$\boldsymbol{\eta}$属于$\bar{B}$——的必要和充分条件是:$\boldsymbol{\xi},\boldsymbol{\eta}$是$K(\boldsymbol{\xi},\boldsymbol{\eta})$的一个鞍点.

这一切应该可以充分说明,的确可以把v'解释成为Γ的一局(对于1)的值,而且$\bar{A}$,$\bar{B}$分别包含局中人1,2参加博弈Γ的好方式. 在(17:C:a)至(17:C:f)的整个论证里,并没有任何不确定的地方. 我们并没有附加关于局中人的"智力"、关于"谁发现谁的策略"等假设条件. 我们关于一个局中人的结论,也并没有建立在对另一局中人的合理行为的信念上——这一点的重要性我们曾再三强调指出过(参看4.1.2的末尾以及15.8.3).

---

① 因而,(a)至(f)将不按照它们原来的次序出现. 在14.5里,情况也是这样,因为那里列举出来的结果是以前面14.3.1,14.3.3里的结果为依据的,而两处的论证是沿着不完全相同的路线得出的.

17.9 好策略的其他特征

17.9.1 上面最后两个结果——17.8.2 中的(17:C:c)和(17:C:f)——也为我们现在的解简单明确地指出了它的基本特征——即，数 v' 和向量集合 $\bar{A}$,$\bar{B}$ 的基本特征.

根据(17:C:c)，v' 可以由 $\bar{A}$,$\bar{B}$ 确定；因此，我们只需研究 $\bar{A}$ 和 $\bar{B}$. 我们将利用(17:C:f)来研究它们.

按照(17:C:f)里的准则，$\boldsymbol{\xi}$ 属于 $\bar{A}$ 且 $\boldsymbol{\eta}$ 属于 $\bar{B}$ 的必要和充分条件是：$\boldsymbol{\xi},\boldsymbol{\eta}$ 是 $K(\boldsymbol{\xi},\boldsymbol{\eta})$ 的鞍点. 这就是说

$$K(\boldsymbol{\xi},\boldsymbol{\eta}) = \left\{\begin{matrix} \mathrm{Max}_{\boldsymbol{\xi}'}K(\boldsymbol{\xi}',\boldsymbol{\eta}) \\ \mathrm{Min}_{\boldsymbol{\eta}'}K(\boldsymbol{\xi},\boldsymbol{\eta}') \end{matrix}\right| .$$

利用 17.4.1 和 17.6 里 $K(\boldsymbol{\xi},\boldsymbol{\eta})$ 的表示式(17:2)，以及 17.5.2 的引理(17:A)里 $\mathrm{Max}_{\boldsymbol{\xi}'}K(\boldsymbol{\xi}',\boldsymbol{\eta})$ 和 $\mathrm{Min}_{\boldsymbol{\eta}'}(\boldsymbol{\xi},\boldsymbol{\eta}')$ 的表示式，上面的等式变为

$$\sum_{\tau_1=1}^{\beta_1}\sum_{\tau_2=1}^{\beta_2}\mathscr{H}(\tau_1,\tau_2)\xi_{\tau_1}\eta_{\tau_2} = \left\{\begin{matrix} \mathrm{Max}_{\tau_1'}\sum_{\tau_2=1}^{\beta_2}\mathscr{H}(\tau_1',\tau_2)\eta_{\tau_2} \\ \mathrm{Min}_{\tau_2'}\sum_{\tau_1=1}^{\beta_1}\mathscr{H}(\tau_1,\tau_2')\xi_{\tau_1} \end{matrix}\right| .$$

考虑到 $\sum_{\tau_1=1}^{\beta_1}\xi_{\tau_1} = \sum_{\tau_2=1}^{\beta_2}\eta_{\tau_2} = 1$，我们也可以把上式写成

$$\sum_{\tau_1=1}^{\beta_1}\left[\mathrm{Max}_{\tau_1'}\left\{\sum_{\tau_2=1}^{\beta_2}\mathscr{H}(\tau_1',\tau_2)\eta_{\tau_2}\right\} - \sum_{\tau_2=1}^{\beta_2}\mathscr{H}(\tau_1,\tau_2)\eta_{\tau_2}\right]\xi_{\tau_1} = 0,$$

$$\sum_{\tau_2=1}^{\beta_2}\left[-\mathrm{Min}_{\tau_2'}\left\{\sum_{\tau_1=1}^{\beta_1}\mathscr{H}(\tau_1,\tau_2')\xi_{\tau_1}\right\} + \sum_{\tau_1=1}^{\beta_1}\mathscr{H}(\tau_1,\tau_2)\xi_{\tau_1}\right]\eta_{\tau_2} = 0.$$

在这两个等式的左端，ξ_{τ_1}，η_{τ_2} 的系数都 $\geqslant 0$.[①] ξ_{τ_1}，η_{τ_2} 本身也都 $\geqslant 0$. 因此，只有当左端每一项都为 0 时，等式才能成立. 这就是说，对于每一个 $\tau_1 = 1,\cdots,\beta_1$，如果系数不为 0，我们就有 $\xi_{\tau_1} = 0$；对于每一个 $\tau_2 = 1,\cdots,\beta_2$，如果系数不为 0，我们就有 $\eta_{\tau_2} = 0$.

总起来说：

(17:D) $\boldsymbol{\xi}$ 属于 $\bar{A}$ 且 $\boldsymbol{\eta}$ 属于 $\bar{B}$ 的必要和充分条件是：

对于每一个 $\tau_1 = 1,\cdots,\beta_1$，如果 $\sum_{\tau_2=1}^{\beta_2}\mathscr{H}(\tau_1,\tau_2)\eta_{\tau_2}$ 不取它的最大值(对于 τ_1 而言)，则有 $\xi_{\tau_1} = 0$.

对于每一个 $\tau_2 = 1,\cdots,\beta_2$，如果 $\sum_{\tau_1=1}^{\beta_1}\mathscr{H}(\tau_1,\tau_2)\xi_{\tau_1}$ 不取它的最小值(对于 τ_2 而言)，则有 $\eta_{\tau_2} = 0$.

用文字来叙述这些原则，是很容易的. 它们所表示的是：如果 $\boldsymbol{\xi},\boldsymbol{\eta}$ 都是好的混合策略，则 $\boldsymbol{\xi}$ 不

① 应该注意，Max 和 Min 是以怎样的方式出现在这两个等式里.

包含任何对 $\boldsymbol{\eta}$ 来说不是最优(对于局中人 1)的策略 τ_1,而且 $\boldsymbol{\eta}$ 不包含任何对 $\boldsymbol{\xi}$ 来说不是最优(对于局中人 2)的策略 τ_2;这就是说,$\boldsymbol{\xi},\boldsymbol{\eta}$ 互为最优策略.

17.9.2 到了这里,我们还有一点是值得提出的:

(17:E) 博弈为特殊严格确定的必要和充分条件是:对于每一个局中人,有一个纯的好策略存在.

在我们以往的讨论的基础上,特别是考虑到我们从纯策略过渡到混合策略的过程,上面这个断言在直观上是可以令人信服的.但我们仍给出一个同样简单的数学证明.下面就是证明.

我们在 17.5.2 的最后部分看到,v_1 和 v'_1 都是通过对 $\mathrm{Min}_{\tau_2}\sum_{\tau_1=1}^{\beta_1}\mathscr{H}(\tau_1,\tau_2)\xi_{\tau_1}$ 施行 Max_{ξ} 这个运算而得到的,只是 $\boldsymbol{\xi}$ 的变化域不同:对于 v_1 来说,$\boldsymbol{\xi}$ 的变化域是由一切 $\boldsymbol{\delta}^{\tau_1}$ $(\tau_1=1,\cdots,\beta_1)$ 组成的集合,对于 v'_1 来说,则是集合 S_{β_1};这就是说,在第一种情形里是纯策略,第二种情形里则是混合策略.因此,使得等式 $v_1=v'_1$ 成立即两个最大值相等的必要和充分条件是:第二个域里的最大值在第一个域内被取得(至少一次).根据上面的(17:D),这就是说,(至少)有一个纯策略必须属于 $\bar{A}$,也就是说,它必须是个好策略.即

(17:F:a) $v_1=v'_1$ 的必要和充分条件是:对于局中人 1 来说,有一个纯的好策略存在.

类似地,有

(17:F:b) $v_2=v'_2$ 的必要和充分条件是:对于局中人 2 来说,有一个纯的好策略存在.

由于 $v'_1=v'_2=v'$,特殊严格确定性的意义是 $v_1=v_2=v'$,即 $v_1=v'_1$ 且 $v_2=v'_2$.因此,由(17:F:a)和(17:F:b)可以得出(17:E).

17.10 犯错误及其后果.永久最优性

17.10.1 我们以往的讨论已经阐明,什么叫作一个好的混合策略.我们现在要对其他的混合策略作一些说明.我们要对那些不是好的策略(即向量 $\boldsymbol{\xi},\boldsymbol{\eta}$),表出它们距离"好"有多么远;而且,也要描写一下犯了错误的后果——即采用了不是好的策略的后果.不过,对这个可以分成种种引人兴趣情况的问题,我们不预备作详尽的讨论.

对于 S_{β_1} 中任意一个 $\boldsymbol{\xi}$,以及 S_{β_2} 中任意一个 $\boldsymbol{\eta}$,我们构成下面的函数:

(17:13:a) $$\alpha(\boldsymbol{\xi})=v'-\mathrm{Min}_{\boldsymbol{\eta}}K(\boldsymbol{\xi},\boldsymbol{\eta}),$$

(17:13:b) $$\beta(\boldsymbol{\eta})=\mathrm{Max}_{\boldsymbol{\xi}}K(\boldsymbol{\xi},\boldsymbol{\eta})-v'.$$

根据 17.5.2 里的引理(17:A),它们就是

(17:13:a*) $$\alpha(\boldsymbol{\xi})=v'-\mathrm{Min}_{\tau_2}\sum_{\tau_1=1}^{\beta_1}\mathscr{H}(\tau_1,\tau_2)\xi_{\tau_1},$$

(17:13:b*) $$\beta(\boldsymbol{\eta})=\mathrm{Max}_{\tau_1}\sum_{\tau_2=1}^{\beta_2}\mathscr{H}(\tau_1,\tau_2)\eta_{\tau_2}-v'.$$

由定义

$$v'=\mathrm{Max}_{\boldsymbol{\xi}}\mathrm{Min}_{\boldsymbol{\eta}}K(\boldsymbol{\xi},\boldsymbol{\eta})=\mathrm{Min}_{\boldsymbol{\eta}}\mathrm{Max}_{\boldsymbol{\xi}}K(\boldsymbol{\xi},\boldsymbol{\eta})$$

可知,我们永远有

$$\alpha(\boldsymbol{\xi})\geqslant 0,\beta(\boldsymbol{\eta})\geqslant 0.$$

于是，17.8 里的(17:B:a)，(17:B:b)和(17:C:a)，(17:C:b)蕴涵：$\boldsymbol{\xi}$ 是好策略的必要和充分条件是 $\alpha(\boldsymbol{\xi})=0$，$\boldsymbol{\eta}$ 是好策略的必要和充分条件是 $\beta(\boldsymbol{\eta})=0$.

由此可见，对于一般的 $\boldsymbol{\xi},\boldsymbol{\eta}$，要表示它们距离“好”的远近，以 $\alpha(\boldsymbol{\xi})$，$\beta(\boldsymbol{\eta})$ 作为量度的数值标准是很方便的. 用文字来描述 $\alpha(\boldsymbol{\xi})$，$\beta(\boldsymbol{\eta})$，可以使这种解释更易于理解：从上面的公式(17:13:a)，(17:13:b)或(17:13:a*)，(17:13:b*)可以清楚地看出来，如果局中人采用这个特殊的策略，他所冒的损失的险有多大——相对于一局对他的值而言. [①]这里所谓“冒险”，是按照给定条件下所能发生的最坏情形的意义来了解的. [②]

然而，必须了解，$\alpha(\boldsymbol{\xi})$ 和 $\beta(\boldsymbol{\eta})$ 并没有揭露出，对手的哪一个策略会使采用 $\boldsymbol{\xi}$ 或 $\boldsymbol{\eta}$ 的局中人蒙受这个(最大)损失. 特别是，如果对手采用某一个特殊的好策略，即，一个 $\bar{B}$ 中的 $\boldsymbol{\eta}_0$ 或 $\bar{A}$ 中的 $\boldsymbol{\xi}_0$，这时绝不能肯定，它就会导致上面说的最大损失. 如果对手采用一个(不是好的)$\boldsymbol{\xi}$ 或 $\boldsymbol{\eta}$，则最大损失将出现在对手的满足下列条件的那些 $\boldsymbol{\eta}'$ 或 $\boldsymbol{\xi}'$ 上：

(17:14:a) $$K(\boldsymbol{\xi},\boldsymbol{\eta}')=\mathrm{Min}_{\boldsymbol{\eta}}K(\boldsymbol{\xi},\boldsymbol{\eta}),$$

(17:14:b) $$K(\boldsymbol{\xi}',\boldsymbol{\eta})=\mathrm{Max}_{\boldsymbol{\xi}}K(\boldsymbol{\xi},\boldsymbol{\eta});$$

这就是说，这时 $\boldsymbol{\eta}'$ 对于给定的 $\boldsymbol{\xi}$ 来说是最优的，或者 $\boldsymbol{\xi}'$ 对于给定的 $\boldsymbol{\eta}$ 来说是最优的. 我们还没有确定过，任何一个固定的 $\boldsymbol{\eta}_0$ 或 $\boldsymbol{\xi}_0$，是否能够对于一切 $\boldsymbol{\xi}$ 或 $\boldsymbol{\eta}$ 都是最优的.

17.10.2 因此，如果一个 $\boldsymbol{\eta}'$ 或 $\boldsymbol{\xi}'$ 对于一切 $\boldsymbol{\xi}$ 或 $\boldsymbol{\eta}$ 都是最优的——即，对于一切 $\boldsymbol{\xi},\boldsymbol{\eta}$，它满足 17.10.1 里的条件(17:14:a)或(17:14:b)，我们称它是永久最优的. 任一个永久最优的 $\boldsymbol{\eta}'$ 或 $\boldsymbol{\xi}'$ 必定是个好的策略；从概念上看，这应该是很清楚的，要严格地证明它也很容易. [③]但是，下面的问题仍然存在：一切好的策略是否也都是永久最优的？甚至还可以提出这样的问题：永久最优策略是否一定存在？

一般说来，回答是否定的. 在配铜钱或在石头、布、剪刀里，唯一的一个好策略(对于局中人 1，同时也对于局中人 2)是 $\xi=\eta=\left\{\frac{1}{2},\frac{1}{2}\right\}$ 或 $\left\{\frac{1}{3},\frac{1}{3},\frac{1}{3}\right\}$. [④]如果局中人 1 采用别的策略——例如，永远出“正面”[⑤]或永远出“石头”，[⑥]则若对手出“反面”[⑦]或“布”，[⑧]局中人 1 就会输掉. 但

---

① 这就是说，所谓损失，是指一局的值减去真正的结果：对于局中人 1，是 $v'-K(\boldsymbol{\xi},\boldsymbol{\eta})$；而对于局中人 2，是 $(-v')-(-K(\boldsymbol{\xi},\boldsymbol{\eta}))=K(\boldsymbol{\xi},\boldsymbol{\eta})-v'$.

② 事实上，利用前一个注以及(17:13:a)，(17:13:b)，有

$$\alpha(\boldsymbol{\xi})=v'-\mathrm{Min}_{\boldsymbol{\eta}}K(\boldsymbol{\xi},\boldsymbol{\eta})=\mathrm{Max}_{\boldsymbol{\eta}}\{v'-K(\boldsymbol{\xi},\boldsymbol{\eta})\},$$

$$\beta(\boldsymbol{\eta})=\mathrm{Max}_{\boldsymbol{\xi}}K(\boldsymbol{\xi},\boldsymbol{\eta})-v'=\mathrm{Max}_{\boldsymbol{\xi}}\{K(\boldsymbol{\xi},\boldsymbol{\eta})-v'\}.$$

即二者都是最大损失.

③ 证明：只须对 $\boldsymbol{\eta}'$ 证明这个命题；关于 $\boldsymbol{\xi}'$ 的证明是类似的.

设 $\boldsymbol{\eta}'$ 是永久最优的. 选择一个对于 $\boldsymbol{\eta}'$ 为最优的 $\boldsymbol{\xi}^*$，即 $\boldsymbol{\xi}^*$ 满足条件

$$K(\boldsymbol{\xi}^*,\boldsymbol{\eta}')=\mathrm{Max}_{\boldsymbol{\xi}}K(\boldsymbol{\xi},\boldsymbol{\eta}').$$

根据定义，有

$$K(\boldsymbol{\xi}^*,\boldsymbol{\eta}')=\mathrm{Max}_{\boldsymbol{\eta}}K(\boldsymbol{\xi},\boldsymbol{\eta}').$$

因此，$\boldsymbol{\xi}^*,\boldsymbol{\eta}'$ 是 $K(\boldsymbol{\xi},\boldsymbol{\eta})$ 的一个鞍点，所以，根据 17.8.2 里的(17:C:f)，$\boldsymbol{\eta}'$ 属于 $\bar{B}$——即，它是好的策略.

④ 参看 17.1. 任何别种概率若被“发现”将导致损失. 见下文.

⑤ 这就是 $\boldsymbol{\xi}=\boldsymbol{\delta}^1=\{1,0\}$ 或 $\{1,0,0\}$.

⑥ 同上.

⑦ 这就是 $\boldsymbol{\eta}=\boldsymbol{\delta}^2=\{0,1\}$ 或 $\{0,1,0\}$.

⑧ 同上.

这时对手的策略也不是好的策略——$\left\{\frac{1}{2},\frac{1}{2}\right\}$或$\left\{\frac{1}{3},\frac{1}{3},\frac{1}{3}\right\}$. 如果对手采用好策略，则前一局中人犯错误就没有什么关系. [①]

关于这个问题，我们将在 19.2 和 19.10.3 里讨论扑克和"偷鸡"的必要性时，给出另一个例子——通过一种较精密和复杂的方式.

以上所述，可以总结如下：从防御的观点看，虽然我们的好策略是完美的，但(一般说来)它们不能从对手的错误里得到最大的利益——即，它们不是从取攻势的一方来计算的.

然而，应该记住，我们在前面 17.8 里的推理，却是令人信服的；这就是说，在上述意义下，如果不引进新的概念，要建立攻方的理论，将是不可能的. 读者如果不愿接受这个论点，应该再一次地想象一下"配铜钱"或"石头、布、剪刀"里的情况；由于这两种博弈是极端简单的，这就能够把关键的地方看得特别清楚.

对于过分强调"攻方"，我们还有一点可以提出：有许多通常叫作"取攻势"的情况，其实按照上述意义根本不是什么"取攻势"——它们完全属于我们现在的理论的范畴. 对于一切具有完全情报的博弈，情况都是如此；我们将在 17.10.3 里看到这一点. [②]对于像扑克里"偷鸡"[③]这样的典型"攻势"行为(这种行为是由不完全情报而产生的)，情况也是如此.

17.10.3 最后，我们指出，有一类重要的(零和二人)博弈，其中存在着永久最优策略. 这就是具有完全情报的博弈，这种博弈我们已在 15，特别是在 15.3.2，15.6，15.7 里分析过. 事实上，把上引处给出的这类博弈严格确定性的证明稍加修改，就足以建立上面的断言了. 它将给出永久最优的纯策略. 但我们在这里不预备涉及这个讨论.

由于具有完全情报的博弈总是严格确定的(见前)，因此，人们也许会想到，在严格确定的博弈和具有永久最优策略(对于两个局中人)的博弈之间，也许存在着更加根本的联系. 我们在这里不想更多地讨论这些问题，我们只提出以下几点与此有关的事实：

(17:G:a) 可以证明：如果永久最优策略存在(对于两个局中人)，则博弈必定是严格确定的.

(17:G:b) 可以证明：(17:G:a)的逆命题不真.

(17:G:c) 对严格确定性概念作某些细微的修改，看来会使它与永久最优策略的存在性有比较密切的关系.

17.11 局中人的互换. 对称性

17.11.1 我们现在来考察对称性，或者，更一般地，考察在博弈 Γ 里互换局中人 1 和 2 后的结果. 很自然地，这将是 14.6 的分析的继续.

如在那里所指出的，互换局中人使得函数 $\mathscr{H}(\tau_1,\tau_2)$ 被 $-\mathscr{H}(\tau_2,\tau_1)$ 所代替. 17.4.1 和 17.6 里的公式(17:2)表明：对于 $K(\boldsymbol{\xi},\boldsymbol{\eta})$ 来说，这使得它被 $-K(\boldsymbol{\eta},\boldsymbol{\xi})$ 所代替. 用 16.4.2 的术语说：我们把矩阵($\mathscr{H}(\tau_1,\tau_2)$ 的矩阵；参看 14.1.3)换成了它的负转置矩阵.

---

① 这就是说，"正面"(或"石头")这个坏策略只能够被"反面"(或"布")所击败，而后者本身也是一个同样坏的策略.

② 因而包含国际象棋和双陆.

③ 上面的讨论其实更适用于不采用"偷鸡". 参看 19.2 和 19.10.3.

这样，完全类似于 14 的讨论可以继续下去，我们可以得到与那里一样的形式上的结果，只要把 $\tau_1,\tau_2,\mathscr{H}(\tau_1,\tau_2)$ 换成 $\boldsymbol{\xi},\boldsymbol{\eta},K(\boldsymbol{\xi},\boldsymbol{\eta})$.（这种替换已在前面 17.4 和 17.8 中出现过.）

我们在本章 14.6 里看到，以 $-\mathscr{H}(\tau_2,\tau_1)$ 代替 $\mathscr{H}(\tau_1,\tau_2)$，就使得 v_1,v_2 变为 $-v_2,-v_1$. 逐字逐句地重复那里的讨论，就可以表明，以 $-K(\boldsymbol{\eta},\boldsymbol{\xi})$ 代替 $K(\boldsymbol{\xi},\boldsymbol{\eta})$，就使得 v'_1,v'_2 变为 $-v'_2,-v'_1$. 总起来说：互换局中人 1 和 2，使 v_1,v_2,v'_1,v'_2 变为 $-v_2,-v_1,-v'_2,-v'_1$.

在 14.6 里建立起来的关于（特殊）严格确定情形的结果是：$v=v_1=v_2$ 变为 $-v=-v_1=-v_2$. 由于我们现在不具备特殊严格确定的性质，不可能得到这样的结果.

在目前，我们知道，一般严格确定性总是成立的，因此，$v'=v'_1=v'_2$. 于是，这个等式变为 $-v'=-v'_1=-v'_2$.

这个结果的意义是很明显的：由于我们已经令人满意地定义了 Γ 的一局的值（对于局中人 1）的概念，即 v'，因此，当互换局中人时这个量应该变号，这当然是很合理的.

17.11.2 如果 Γ 是对称的，我们也能够严密地叙述它的性质. 这就是两局中人 1 和 2 所占地位完全相同的博弈——即，在博弈 Γ 里互换局中人 1 和 2，所得到的博弈与原来的 Γ 完全一样. 根据上面所说的，这就是说

$$\mathscr{H}(\tau_1,\tau_2)=-\mathscr{H}(\tau_2,\tau_1),$$

或者写成与它等价的形式：

$$K(\boldsymbol{\xi},\boldsymbol{\eta})=-K(\boldsymbol{\eta},\boldsymbol{\xi}).$$

矩阵 $\mathscr{H}(\tau_1,\tau_2)$ 或双线性形式 $K(\boldsymbol{\xi},\boldsymbol{\eta})$ 的这个性质已在 16.4.4 中介绍过，并已被称为反号对称性.[①][②]

在这种情形下，v_1,v_2 必须分别等于 $-v_2,-v_1$；因此，$v_1=-v_2$，又因 $v_1\geqslant v_2$，所以有 $v_1\geqslant 0$. 但因 v' 必须与 $-v'$ 相等，所以，我们还可以断言：

$$v'=0.^{③}$$

这样，我们看到：对称博弈每一局的值是 0.

应该注意，即使 Γ 不是对称博弈，它的每一局的值 v' 也有可能是 0. 我们称 $v'=0$ 的博弈为公平的博弈.

14.7.2，14.7.3 的例子表明："石头、布、剪刀"是对称的（因而是公平的）；"配铜钱"是公平

---

① 对于一个矩阵 $\mathscr{H}(\tau_1,\tau_2)$，或对于相应的双线性形式 $K(\boldsymbol{\xi},\boldsymbol{\eta})$，对称性的定义是：

$$\mathscr{H}(\tau_1,\tau_2)=\mathscr{H}(\tau_2,\tau_1),$$

或写成与之等价的形式：

$$K(\boldsymbol{\xi},\boldsymbol{\eta})=K(\boldsymbol{\eta},\boldsymbol{\xi}).$$

值得注意的是：博弈 Γ 的对称性，相当于它的矩阵或双线性形式的反号对称性，而不相当于它们的对称性.

② 由此可见，反号对称性的意义是：把 14.1.3 中图 15 里的矩阵沿着它的主对角线（由(1,1)，(2,2)等组成）折转过来，所得到的是它自己的反号矩阵.（在前一个注的意义上，对称性的意义是：折转过来所得到的矩阵就是它自己.）

图 15 里的矩阵是长方形的；它有 β_2 个列和 β_1 个行. 在我们现在所考虑的情形下，折转后矩阵的形状必须没有改变. 因此，它必须是正方的——即 $\beta_1=\beta_2$. 这个结果是当然的；这是因为，我们假定了局中人 1 和 2 在 Γ 里占有完全相同的地位.

③ 当然，这是因为我们已经知道了 $v'_1=v'_2$. 如果没有这个事实——即没有 16.4.3 里的一般定理(16:F)，则我们对 v'_1，v'_2 只能断言，它们具有与上面得出的关于 v_1,v_2 的同样结果，即 $v'_1=-v'_2$；又因 $v'_1\geqslant v'_2$，所以有 $v'_1\geqslant 0$.

的(参看 17.1),但不是对称的.[①]

在一个对称博弈里,17.8 的(17:B:a),(17:B:b)里的集合 $\bar{A}$ 和 $\bar{B}$ 显然是相等的.既然 $\bar{A}=\bar{B}$,我们可以在 17.9 最后的准则(17:D)里令 $\boldsymbol{\xi}=\boldsymbol{\eta}$.我们现在把它对这种情形重述如下:

(17:H) 在一个对称博弈里,$\boldsymbol{\xi}$ 属于 $\bar{A}$ 的必要和充分条件是:对于每一个 $\tau_2=1,\cdots,\beta_2$,如果 $\sum_{\tau_1=1}^{\beta_1}\mathscr{H}(\tau_1,\tau_2)\xi_{\tau_1}$ 不取它的最小值(对 τ_2 而言),则有 $\xi_{\tau_2}=0$.

用 17.9.1 末段的术语说,上面的条件所表示的是:$\boldsymbol{\xi}$ 对它自己来说是最优的策略.

17.11.3 17.11.1 和 17.11.2 的结果——在每一个对称博弈里,$v'=0$——可以同 17.8 里的(17:C:d)结合起来.我们得到

(17:I) 在一个对称博弈里,每个局中人若做得合适,能够避免损失,[②]而不管对手如何做.

我们可以把这个结果用数学的方式叙述如下:

如果矩阵 $\mathscr{H}(\tau_1,\tau_2)$ 是反号对称的,则在 S_{β_1} 中存在一个向量 $\boldsymbol{\xi}$,使得

$$\sum_{\tau_1=1}^{\beta_1}\mathscr{H}(\tau_1,\tau_2)\xi_{\tau_1}\geqslant 0,\tau_2=1,\cdots,\beta_2.$$

这也可以直接得出,因为它与 16.4.4 中最后的结果(16:G)一样.要说明这一点,只须在那里引用我们现在的记号:把那里的 $i,j,a(i,j)$ 换为我们现在的 $\tau_1,\tau_2,\mathscr{H}(\tau_1,\tau_2)$,并把那里的 $\boldsymbol{w}$ 换为我们现在的 $\boldsymbol{\xi}$.

甚至有可能把我们整个的理论建立在上面这个事实上,即,从上面的结果导出 17.6 的定理.换一句话说:一切 Γ 的一般严格确定性,能够从对称博弈的一般严格确定性推导出来.证

---

① 在"配铜钱"游戏中,局中人 1 和 2 所占的地位不同:1 希望相配,而 2 则希望避免相配.当然,我们觉得这种差别不是本质的;而"配铜钱"游戏之所以是公平的博弈,正是由于它的不对称性并非本质的性质.这个问题可以细致地加以研究,但我们不想就这个例子来讨论它.要给出一个公平而不对称博弈的较好例子,最好是能够找到这样一个博弈,这个博弈是很不对称的,但每一局中人在博弈中的有利或不利因素得到非常恰当的调整,使得博弈成为公平的——值 $v'=0$.

通常的"掷骰子"游戏就是一个相当不错的例子.在这个游戏里,局中人 1 同时掷两粒骰子,每粒骰子上有 1,…,6 六个数字.每掷一次,可能出现的总点数是 2,…,12.这些总点数出现的概率如下表:

总点数 ……………………	2	3	4	5	6	7	8	9	10	11	12
在 36 种可能性中所占频率 ……	1	2	3	4	5	6	5	4	3	2	1
概率 ……………………	$\frac{1}{36}$	$\frac{2}{36}$	$\frac{3}{36}$	$\frac{4}{36}$	$\frac{5}{36}$	$\frac{6}{36}$	$\frac{5}{36}$	$\frac{4}{36}$	$\frac{3}{36}$	$\frac{2}{36}$	$\frac{1}{36}$

博弈的规则规定:若局中人 1 掷出 7 或 11,他获胜;若掷出 2,3 或 12,则他输掉;若掷出任何其他点数(4,5,6 或 8,9,10),则他重掷,一直到掷出与第一次相同的点数(在这种情形下他获胜),或者掷出 7 点(在这种情形下他输掉)为止.局中人 2 在局的整个过程里不起任何影响.

博弈的规则对于局中人 1 和 2 的作用虽然有着极大的区别,但两个局中人的机会差不多是相等的:通过简单的计算(我们不在这里详细给出)可以表明,局中人 1 获胜的机会是 $\frac{244}{495}$,局中人 2 获胜的机会是 $\frac{251}{495}$;这就是说,一局的值——假定赌注是一个单位——是

$$\frac{244-251}{495}=-\frac{7}{495}=-1.414\%.$$

由此可见,博弈是相当接近于公平的,人们还可以问:是否可以更公平一些?

② 即,保证他自己所获得的 $\geqslant 0$.

明本身有其一定的兴趣，但我们在这里不预备讨论它，因为 17.6 的推导更直接些.

只是由于我们采用了混合策略 $\boldsymbol{\xi},\boldsymbol{\eta}$(参看 17.7 的末尾)，才使得保障自己不致受损失(在一个对称博弈里)成为可能. 如果局中人只限于采用纯策略 τ_1,τ_2，那么，就存在着自己的策略被发现、从而蒙受损失的危险性. 要说明这一点，只需回忆一下我们关于“石头、布、剪刀”的讨论(参看 14.7 和 17.1.1). 在 19.2.1 里讨论扑克和“偷鸡”的必要性时，我们也将看出这一点.

第四章 零和二人博弈：例子

· Chapter Ⅳ Zero-Sum Two-Person Games: Examples ·

18 一些初等博弈

18.1 最简单的博弈

18.1.1 我们已经结束了零和二人博弈的一般讨论.现在,我们将进而考察这类博弈的一些特殊的例子.这些例子将比任何一般的抽象讨论更加深刻地揭露出我们理论的各个组成部分的真正含义.特别是,它们将表明,怎样可以给我们理论里的某些形式化的方法以直接的、常识上的解释.将会看到,像在本章 19.2,19.10 和 19.16 里将要提及的那些"实际的""心理上的"现象,我们能够使它们的主要方面得到严格的形式体系化.[①]

18.1.2 数 β_1,β_2——即,在博弈的正规化形式里,两个局中人能够采取的不同策略的数目——的大小对博弈 Γ 的复杂程度给出了一个初步的估计.可以不必考虑二数之一或二者都是 1 的情形:在这种情形下,局中人之一或二局中人对博弈所能够起的影响都将根本没有任何选择的余地.[②]因此,在我们所讨论的这类博弈里,其中最简单的是

(18:1) $$\beta_1=\beta_2=2$$

这种情形,我们已在第三章的 14.7 中看到,"配铜钱"就是一个这样的博弈;它的矩阵已在 13.4.1 的图 12 中给出.那里的图 14 是这种博弈的另一个例子.

我们现在考察属于(18:1)这种情形的最一般的博弈,即属于图 27 的博弈.例如,它可以应用到下述情形的"配铜钱"上:两种相配的情形不一定代表赢进同样的数额(甚至可以不代表赢),两种不相配的情形也不一定代表输掉同样的数额(甚至可以不代表输).[③]我们将对这种情形讨论 17.8 的结果——博弈 Γ 的值以及好策略的集合 $\bar{A}$,$\bar{B}$.这些概念

	1	2
1	$\mathscr{H}(1,1)$	$\mathscr{H}(1,2)$
2	$\mathscr{H}(2,1)$	$\mathscr{H}(2,2)$

图 27

① 我们强调这一点,是因为一般的意见都认为这些东西是天生成不适于用严格的(数学)方法处理的.

② 这时博弈事实上是一人博弈;当然,这时博弈将不是零和的.参看 12.2.

③ 比较图 12 和 27 可知,在"配铜钱"里,$\mathscr{H}(1,1)=\mathscr{H}(2,2)=1$(相配时所赢得的);$\mathscr{H}(1,2)=\mathscr{H}(2,1)=-1$(不相配时所输掉的).

已在 17.8 一般存在性的证明里建立起来（在 17.6 的定理的基础上）；但我们要在这个特殊情形里通过直接的计算再一次得出它们，从而更深刻地了解它们的作用和它们的种种可能性.

18.1.3 对于一个由图 27 表出的博弈，可以作某些调整；这样，可以在相当程度上使我们详尽的讨论得到简化.

第一，局中人 1 的两个选择，其中哪一个记为 $\tau_1=1$，哪一个记为 $\tau_1=2$，这完全是任意的；我们可以把它们对调——即，互换矩阵的两个行.

第二，局中人 2 的两个选择，其中哪一个记为 $\tau_2=1$，哪一个记为 $\tau_2=2$，这也完全是任意的；我们可以把它们对调——即，互换矩阵的两个列.

最后，我们称哪一个局中人为 1，哪一个为 2，这也完全是任意的；我们可以把它们对调——即，以 $-\mathscr{H}(\tau_1,\tau_2)$ 代替 $\mathscr{H}(\tau_1,\tau_2)$（参看 14.6 和 17.11）. 这就相当于互换矩阵的行和列，同时使它的元素变号.

总起来看，我们有 $2\times2\times2=8$ 种可能的调整方法，它们所描述的在本质上是同一个博弈.

18.2 这些博弈的详尽的定量讨论

18.2.1 我们现在正式进入讨论. 我们将考虑在下面列举出来的若干种可能的"情形".

$\mathscr{H}(\tau_1,\tau_2)$ 同时对两个变量 τ_1,τ_2 所取的最大和最小值，按照它们在矩阵里出现地位的不同，可以分成种种情形. 初看起来，这好像是一种随便想到的划分方法；但是，将会看到，按照这种划分的方法，能够很快地列举出一切可能的情形.

我们考虑 $\mathrm{Max}_{\tau_1,\tau_2}\mathscr{H}(\tau_1,\tau_2)$ 和 $\mathrm{Min}_{\tau_1,\tau_2}\mathscr{H}(\tau_1,\tau_2)$ 这两个值. 每一个值至少被取得一次，有可能被取得一次以上；[①]但在目前这并不是我们所关心的. 我们现在从种种情形的定义开始：

18.2.2 情形(A)：在这种情形下，能够选定取得 $\mathrm{Max}_{\tau_1,\tau_2}$ 和取得 $\mathrm{Min}_{\tau_1,\tau_2}$ 的地位，使二者既不在同一行，也不在同一列.

互换 $\tau_1=1,2$ 以及 $\tau_2=1,2$，我们能够把上面提到的第一个值（$\mathrm{Max}_{\tau_1,\tau_2}$ 的值）放在(1,1)这个地位. 这样，上面提到的第二个值（$\mathrm{Min}_{\tau_1,\tau_2}$ 的值）必定出现在(2,2)这个地位. 于是，我们得到

$$\mathscr{H}(1,1)\begin{cases}\geqslant\mathscr{H}(1,2)\geqslant\\ \geqslant\mathscr{H}(2,1)\geqslant\end{cases}\mathscr{H}(2,2). \tag{18:2}$$

因此，(1,2)是一个鞍点.[②]

由此可见，在这种情形下，博弈是严格确定的，而且

$$v'=v=\mathscr{H}(1,2). \tag{18:3}$$

18.2.3 情形(B)：不可能按照上面一种情形选定最大和最小值的地位，即：

选定二者（即 $\mathrm{Max}_{\tau_1,\tau_2}$ 和 $\mathrm{Min}_{\tau_1,\tau_2}$）的地位；这时它们必定在同一行或同一列中. 如果二者在同一行中，则可互换局中人 1,2，因此总可以使二者在同一列中.[③]

---

① 在"配铜钱"里（参看上一个注），$\mathrm{Max}_{\tau_1,\tau_2}$ 是 1，在(1,1)和(2,2)被取得；而 $\mathrm{Min}_{\tau_1,\tau_2}$ 是 -1，在(1,2)和(2,1)被取得.

② 回忆 13.4.2. 注意我们必须取(1,2)而不是(2,1).

③ 互换局中人使得每一个矩阵元素变号（见上文），从而也使 $\mathrm{Max}_{\tau_1,\tau_2}$ 和 $\mathrm{Min}_{\tau_1,\tau_2}$ 互换. 但它们终究是在同一列中.

如果有必要,互换 $\tau_1=1,2$ 以及 $\tau_2=1,2$,我们又可以把上面提到的第一个值($\mathrm{Max}_{\tau_1,\tau_2}$ 的值)放在(1,1)这个地位.因此,二者所出现的列是 $\tau_2=1$.这样,上面提到的第二个值($\mathrm{Min}_{\tau_1,\tau_2}$ 的值)必定出现在(2,1)这个地位.[1]于是,我们得到

$$(18:4)\qquad \mathscr{H}(1,1)\begin{Bmatrix}\geqslant \mathscr{H}(1,2)\geqslant\\ \geqslant \mathscr{H}(2,2)\geqslant\end{Bmatrix}\mathscr{H}(2,1).$$

事实上,这里应该排斥 $\mathscr{H}(1,1)=\mathscr{H}(1,2)$ 和 $\mathscr{H}(2,2)=\mathscr{H}(2,1)$,因为这样就可以选择(1,2),(2,1)或(1,1),(2,2)作为 $\mathrm{Max}_{\tau_1,\tau_2}$ 和 $\mathrm{Min}_{\tau_1,\tau_2}$ 出现的地位,而这是属于情形(A)的.[2]

因此,我们能够把(18:4)加强如下:

$$(18:5)\qquad \mathscr{H}(1,1)\begin{Bmatrix}> \mathscr{H}(1,2)\geqslant\\ \geqslant \mathscr{H}(2,2)>\end{Bmatrix}\mathscr{H}(2,1).$$

现在,我们必须再分成两种情形来讨论:

18.2.4 情形(B_1):

$$(18:6)\qquad \mathscr{H}(1,2)\geqslant \mathscr{H}(2,2).$$

这时,(18:5)可以加强如下:

$$(18:7)\qquad \mathscr{H}(1,1)>\mathscr{H}(1,2)\geqslant \mathscr{H}(2,2)>\mathscr{H}(2,1).$$

因此,(1,2)仍是一个鞍点.

由此可见,在这种情形下,博弈也是严格确定的,而且仍然有

$$(18:8)\qquad v'=v=\mathscr{H}(1,2).$$

18.2.5 情形(B_2):

$$(18:9)\qquad \mathscr{H}(1,2)<\mathscr{H}(2,2).$$

这时,(18:5)可以加强如下:

$$(18:10)\qquad \mathscr{H}(1,1)\geqslant \mathscr{H}(2,2)>\mathscr{H}(1,2)\geqslant \mathscr{H}(2,1).$$ [3]

博弈不是严格确定的.[4]

然而,根据 17.9 的条件(17:D),不难找到好的策略,即,找到一个 $\overline{A}$ 中的 $\boldsymbol{\xi}$ 和一个 $\overline{B}$ 中的 $\boldsymbol{\eta}$.我们甚至可以得到更多的结果:我们能够选择 $\boldsymbol{\eta}$ 使得 $\sum_{\tau_2=1}^{2}\mathscr{H}(\tau_1,\tau_2)\eta_{\tau_2}$ 对于一切 τ_1 都相等,也能够选择 $\boldsymbol{\xi}$ 使得 $\sum_{\tau_1=1}^{2}\mathscr{H}(\tau_1,\tau_2)\xi_{\tau_1}$ 对于一切 τ_2 都相等.为了这个目的,我们需要有

$$(18:11)\qquad \begin{cases}\mathscr{H}(1,1)\eta_1+\mathscr{H}(1,2)\eta_2=\mathscr{H}(2,1)\eta_1+\mathscr{H}(2,2)\eta_2,\\ \mathscr{H}(1,1)\xi_1+\mathscr{H}(2,1)\xi_2=\mathscr{H}(1,2)\xi_1+\mathscr{H}(2,2)\xi_2.\end{cases}$$

这就是说

---

① 确切地说,也可能在(1,1).但这时 $\mathscr{H}(\tau_1,\tau_2)$ 将有相等的 $\mathrm{Max}_{\tau_1,\tau_2}$ 和 $\mathrm{Min}_{\tau_1,\tau_2}$,因而是一个常数.这时我们也能用(2,1)作为 $\mathrm{Min}_{\tau_1,\tau_2}$ 出现的地位.

② 如"配铜钱"的例子所表明的,$\mathscr{H}(1,1)=\mathscr{H}(2,2)$ 和 $\mathscr{H}(1,2)=\mathscr{H}(2,1)$ 是完全可能的.参看本章 18.1.2 的第二个注和 18.2.5的第一个注.

③ 事实上,这就是"配铜钱"的情形.参看本章 18.1.2 的第二个注和 18.2.3 的末一个注.

④ 很明显,$v_1=\mathrm{Max}_{\tau_1}\mathrm{Min}_{\tau_2}\mathscr{H}(\tau_1,\tau_2)=\mathscr{H}(1,2)$,$v_2=\mathrm{Min}_{\tau_2}\mathrm{Max}_{\tau_1}\mathscr{H}(\tau_1,\tau_2)=\mathscr{H}(2,2)$,因而 $v_1<v_2$.

(18:12)
$$\begin{cases}\xi_1 : \xi_2 = \mathscr{H}(2,2)-\mathscr{H}(2,1) : \mathscr{H}(1,1)-\mathscr{H}(1,2),\\ \eta_1 : \eta_2 = \mathscr{H}(2,2)-\mathscr{H}(1,2) : \mathscr{H}(1,1)-\mathscr{H}(2,1).\end{cases}$$

我们必须使 $\xi_1,\xi_2,\eta_1,\eta_2$ 满足这些比例关系，同时，还须满足下面这些当然的条件：

$$\xi_1 \geqslant 0, \xi_2 \geqslant 0, \xi_1+\xi_2=1,$$
$$\eta_1 \geqslant 0, \eta_2 \geqslant 0, \eta_1+\eta_2=1.$$

这是做得到的，因为，根据(18:10)，上面写出的比值(即(18:12)右端的两个式子)都是正的. 我们得到

$$\xi_1 = \frac{\mathscr{H}(2,2)-\mathscr{H}(2,1)}{\mathscr{H}(1,1)+\mathscr{H}(2,2)-\mathscr{H}(1,2)-\mathscr{H}(2,1)},$$

$$\xi_2 = \frac{\mathscr{H}(1,1)-\mathscr{H}(1,2)}{\mathscr{H}(1,1)+\mathscr{H}(2,2)-\mathscr{H}(1,2)-\mathscr{H}(2,1)};$$

此外
$$\eta_1 = \frac{\mathscr{H}(2,2)-\mathscr{H}(1,2)}{\mathscr{H}(1,1)+\mathscr{H}(2,2)-\mathscr{H}(1,2)-\mathscr{H}(2,1)},$$

$$\eta_2 = \frac{\mathscr{H}(1,1)-\mathscr{H}(2,1)}{\mathscr{H}(1,1)+\mathscr{H}(2,2)-\mathscr{H}(1,2)-\mathscr{H}(2,1)}.$$

我们甚至能够证明，这些 $\boldsymbol{\xi},\boldsymbol{\eta}$ 是唯一确定的，即，$\bar{A},\bar{B}$ 不包含其他的元素.

证明：如果 $\boldsymbol{\xi}$ 或 $\boldsymbol{\eta}$ 是异于我们在上面所找到的向量，则根据 17.9 的条件(17:D)，$\boldsymbol{\eta}$ 或 $\boldsymbol{\xi}$ 必有一个支量为 0. 于是，$\boldsymbol{\eta}$ 或 $\boldsymbol{\xi}$ 也与上面找到的不同，因为在那里两个支量都是正的. 由此可见，如果 $\boldsymbol{\xi}$ 或 $\boldsymbol{\eta}$ 与上面找到的不同，则二者都与上面的不同. 这时必须是二者都有一个支量为 0，因而二者的另一支量都是 1，即，二者都是坐标向量.[①] 因此，它们所代表的 $K(\boldsymbol{\xi},\boldsymbol{\eta})$ 的鞍点事实上也是 $\mathscr{H}(\tau_1,\tau_2)$ 的鞍点，参看 17.9 里的(17:E). 这样，博弈将是严格确定的；但我们知道，它在这种情形下不是严格确定的.

这就完成了证明.

现在可以看出，(18:11)里的四个式子都具有同样的值，即

$$\frac{\mathscr{H}(1,1)\mathscr{H}(2,2)-\mathscr{H}(1,2)\mathscr{H}(2,1)}{\mathscr{H}(1,1)+\mathscr{H}(2,2)-\mathscr{H}(1,2)-\mathscr{H}(2,1)},$$

而根据 17.5.2 里的(17:5:a)，(17:5:b)，这就是 v' 的值. 因此，我们得到

(18:13)
$$v' = \frac{\mathscr{H}(1,1)\mathscr{H}(2,2)-\mathscr{H}(1,2)\mathscr{H}(2,1)}{\mathscr{H}(1,1)+\mathscr{H}(2,2)-\mathscr{H}(1,2)-\mathscr{H}(2,1)}.$$

18.3 定性的说明

18.3.1 为了使 18.2 中形式的结果的意义更加清楚，可以用种种方法把它们加以总结. 我们从下面的准则开始：

在图 27 中，(1,1)，(2,2)这两个地位构成矩阵的一条对角线，(1,2)，(2,1)构成另一个对角线.

设 E,F 是两个数集合. 如果 E 的每一元素大于 F 的每一元素，或者 E 的每一元素小于 F

---

① {1,0}或{0,1}.

的每一元素,则称 E 和 F 是可分离集合.

现在,考虑 18.2 里的情形(A),(B_1),(B_2). 在前两种情形里,博弈是严格确定的,矩阵的一条对角线上的元素与另一对角线上的元素不是可分离的.[①]在后一种情形里,博弈不是严格确定的,矩阵的一条对角线上的元素与另一对角线上的元素是可分离的.[②]

由此可见,对角线的可分离性是博弈非严格确定的必要而且充分的条件. 我们在 18.2 里假定了用到 18.1.3 所述的调整,从而得到上面这个准则. 但是,18.1.3 里所述的三种调整的程序,它们既不影响严格确定性,也不影响对角线的可分离性.[③]因此,这个准则在任何情形下都成立. 我们将它重述如下:

(18:A) 博弈非严格确定的必要和充分条件是:矩阵的一条对角线上的元素与另一对角线上的元素是可分离的.

18.3.2 在情形(B_2)里,即,若博弈不是严格确定的,我们所找到的 $\bar{A}$ 里(唯一)的 $\boldsymbol{\xi}$ 和 $\bar{B}$ 里(唯一)的 $\boldsymbol{\eta}$,它们的两个支量都$\neq 0$. 这个事实以及唯一性都不受 18.1.3 中所述调整的影响.[④]因此,我们有

(18:B) 如果博弈不是严格确定的,则只存在一个好策略 $\boldsymbol{\xi}$(即 $\bar{A}$ 中的 $\boldsymbol{\xi}$)和一个好策略 $\boldsymbol{\eta}$(即 $\bar{B}$ 中的 $\boldsymbol{\eta}$),而且二者都有两个正的支量.

这就是说,两个局中人都必须真的采用混合策略.

根据(18:B),$\boldsymbol{\xi}$ 或 $\boldsymbol{\eta}$($\boldsymbol{\xi}$ 属于 $\bar{A}$,$\boldsymbol{\eta}$ 属于 $\bar{B}$)的支量都不为 0. 因此,17.9 里的准则表明:(18:11)前面的论点——它在那里是充分而非必要的——现在是必要的(而且是充分的). 所以,(18:11)必须被满足,从而它的一切推论都成立. 特别是,这适用于在(18:11)以后给出的值 $\xi_1,\xi_2,\eta_1,\eta_2$,也适用于在(18:13)中给出的值 v'. 这样,只要博弈不是严格确定的,所有这些公式都适用.

18.3.3 我们现在叙述另一个准则:

在一个一般的矩阵——参看 14.1.3 里的图 15——(我们暂时假定 β_1,β_2 是任意的)里,如果对于一切 τ_2 有 $\mathscr{H}(\tau_1',\tau_2)\geqslant\mathscr{H}(\tau_1'',\tau_2)$,我们说,行 τ_1' 超过行 τ_1'';如果对于一切 τ_1 有 $\mathscr{H}(\tau_1,\tau_2')\geqslant\mathscr{H}(\tau_1,\tau_2'')$,则说列 τ_2' 超过列 τ_2''.

这个概念有一个简单的意义:对于局中人 1 来说,选择 τ_1' 至少与选择 τ_1'' 一样好;或者,对于局中人 2 来说,选择 τ_2' 至多与选择 τ_2'' 一样好,在两种情形下,不论对手如何做法,情况都是如此.[⑤]

现在,回到我们目前的问题($\beta_1=\beta_2=2$). 我们再一次考察 18.2 里的情形(A),(B_1),(B_2). 在前两种情形里,一行或一列超过另一行或列.[⑥]在最后一种情形里,任一行或列不超过另一行或列.[⑦]

---

① 情形(A):由(18:2)有 $\mathscr{H}(1,1)\geqslant\mathscr{H}(1,2)\geqslant\mathscr{H}(2,2)$;情形($B_1$):由(18:7)有 $\mathscr{H}(1,1)>\mathscr{H}(1,2)\geqslant\mathscr{H}(2,2)$.

② 情形(B_2):由(18:10)有 $\mathscr{H}(1,1)\geqslant\mathscr{H}(2,2)>\mathscr{H}(1,2)\geqslant\mathscr{H}(2,1)$.

③ 不影响严格确定性是很明显的,因为所作的调整只是些记号的改变,对博弈来说不是本质的改变. 不影响对角线的可分离性可以直接加以验证.

④ 这些也都很容易直接加以验证.

⑤ 这当然是一种例外的情形;一般说来,两个选择的相对优劣依赖于对手的行为.

⑥ 情形(A):由(18:2),列 1 超过列 2;情形(B_1):由(18:7),行 1 超过行 2.

⑦ 情形(B_2):容易验证,(18:10)排斥全部四种可能性.

由此可见，一行或一列超过另一行或另一列是博弈为严格确定的必要而且充分的条件.像我们的第一个准则一样，这也是在 18.2 中假定了用到 18.1.3 所述的调整而得出的结果.也同第一个准则一样，这些调整的程序既不影响严格确定性，也不影响行或列被超过的性质.因此，现在这个准则也在任何情形下都成立.我们将它重述如下：

(18:C)　　博弈是严格确定的必要和充分条件是：一行或一列超过另一行或另一列.

18.3.4　对于严格确定性而言，(18:C)的条件是充分的，这是不足为奇的.这个条件表示：对于两位局中人之一来说，他的两个可能选择中的一个，在任何条件下至少与另一选择一样好(参看上文).因此，他知道应该怎样做，他的对手也知道会发生怎样的结果，这样，就有可能蕴涵严格确定性.

当然，这样的考虑蕴涵着对于另一局中人行为的合理性的假定.15.8 开头和结尾处的说明，在某种程度上可以应用到现在这个简单得多的情况.

在(18:C)这个结果里，真正重要的是建立了条件的必要性；这就是说，比行或列的彻底被超过更弱的任何性质，都不足以导致严格确定性.

必须记住，我们现在所考虑的是最简单的情形：$\beta_1=\beta_2=2$.我们将在 18.5 中看到，当 β_1，β_2 增加时，条件在任何方面都变得更加复杂.

18.4　一些特殊博弈的讨论(“配铜钱”的推广形式)

18.4.1　下面是 18.2 和 18.3 中结果的一些应用.

(a)通常形式的“配铜钱”，它的图 27 的 $\mathscr{H}$ 矩阵由 13.4.1 里的图 12 给出.我们知道，这个博弈的值是

$$v'=0,$$

而且它的(唯一的)好策略是

$$\boldsymbol{\xi}=\boldsymbol{\eta}=\left\{\frac{1}{2},\frac{1}{2}\right\}$$

(参看 17.1，当然，也可以立即从 18.2 的公式得出).

18.4.2　(b)“配铜钱”，其中正面相配得到加倍的奖赏.这样，图 27 的矩阵所不同于图 12 的，是把它的(1,1)处的元素加倍(见图 28a).对角线是可分离的(1 和 2 都＞－1)，因此，好策略是唯一的，而且是混合的(参看(18:A)，(18:B)).应用 18.2.5 中情形(B_2)的有关公式，我们得到值

	1	2
1	2	－1
2	－1	1

图 28a

$$v'=\frac{1}{5}$$

和好策略

$$\boldsymbol{\xi}=\left\{\frac{2}{5},\frac{3}{5}\right\},\quad \boldsymbol{\eta}=\left\{\frac{2}{5},\frac{3}{5}\right\}.$$

可以看出，正面相配所加的奖赏，使得对于局中人 1(他是希望相配的)来说一局的值增加了.这也使得他选择正面的频率减少了；因为加倍的奖赏使得他更倾向于选择正面，因而成为危险的举动.正面相配将使局中人 2 遭到额外的损失，这个直接的威胁也同样地影响着局中人 2.上面这种文字上的论证是有些说得通的，但当然是不严格的.不过，我们导致这个结果的公

式却是严格的.

	1	2
1	2	−3
2	−1	1

图 28b

18.4.3 (c)"配铜钱",其中正面相配得到加倍的奖赏,但(局中人1)在选择正面时若不相配,须付出三倍的处罚.这样,图27的矩阵应修改如图28b.对角线是可分离的(1和2都>−1和−3),因此,好策略是唯一的,而且是混合的(参看(18:A),(18:B)).由前面用过的公式得到值

$$v'=-\frac{1}{7}$$

和好策略

$$\boldsymbol{\xi}=\left\{\frac{2}{7},\frac{5}{7}\right\},\quad \boldsymbol{\eta}=\left\{\frac{4}{7},\frac{3}{7}\right\}.$$

可以按照和上面同样的意义,用文字来解释这个结果;我们把它留给读者去做.沿着我们指出的路线,不难造出属于这一类型的其他例子.

18.4.4 (d)我们已在18.1.2中看到,这些变形了的"配铜钱",可就是零和二人博弈里的最简单形式.这使得它们取得某种一般的意义,而这种意义又由18.2和18.3的结果得到印证:事实上,我们在那里发现,这类博弈在它们的最简单形式下揭露出严格确定和非严格确定情形的条件.我们补充指出,这些博弈与"配铜钱"之间的联系,只突出了问题的一个方面.以完全不同的具体内容出现的其他博弈,事实上也可以属于这一类型.我们将在下面给出一个例子:

我们要讨论的例子,是福尔摩斯探案集里的一段插话.[①②]

为要逃脱追踪他的莫里阿蒂教授,歇洛克·福尔摩斯想从伦敦前往多维尔港,然后转赴欧洲大陆.在搭上了火车后,当列车开行时,他发现莫里阿蒂教授出现在站台上.歇洛克·福尔摩斯认为——我们假定他完全有理由这样想,他的敌手既已看见他,就可以弄到一列专车追上他.福尔摩斯有两种办法:一种办法是到多维尔去,另一种办法是在唯一的中间站坎特布雷下车.他的敌手——假定他的才能使他完全能够看出这些可能性——也有着同样的选择.双方必须选择他们下车的地点,而完全不知道对方的相应决定.采取了上述这些办法后,如果他们终于在同一个站台下车,那么,毫无疑问,歇洛克·福尔摩斯就会死在莫里阿蒂手中.如果歇洛克·福尔摩斯安全地到达了多维尔港,他就能够远走高飞.

我们要问:好策略是怎样的?特别是,对于歇洛克·福尔摩斯来说,好策略是怎样的?这个博弈显然与"配铜钱"有着某种程度的相似之处:莫里阿蒂教授就是希望相配的局中人.我们就以局中人1作为莫里阿蒂,而把局中人2当作歇洛克·福尔摩斯.把前往多维尔的选择记为1,而把在中间站下车的选择记为2(这对τ_1,τ_2都适用).

我们现在考虑图27的$\mathscr{H}$矩阵.(1,1)和(2,2)两处相当于莫里阿蒂教授追上了歇洛

① Conan Doyle: The Adventures of Sherlock Holmes, New York, 1938, 550—551.

② 我们要讨论的这个情况,当然仍应看作是实际生活中可能发生的种种矛盾的一个典范.在O. Morgenstern: Wirtschaftsprognose, Vienna, 1928的第98页上就是这样说明的.

不过,对于在上引文献中以及在"Vollkommene Voraussicht und wirtschaftliches Gleichgewicht", *Zeitschrift für Nationalökonomie*, Vol. 6, 1934,文章中所表示的一些悲观的看法,作者并不坚持.

这里,我们的解也回答了K. Menger所表示的同样性质的怀疑;见K. Menger: Neuere Fortschritte in den exacten Wissenschaften, "Einige neuere Fortschritte in der exacten Behandlung Socialwissenschaftlicher Probleme", Vienna, 1936,第117及131页.

克·福尔摩斯，不妨把相应的矩阵元素的值定得很高——设为 100.(2,1)表示歇洛克·福尔摩斯成功地逃往多维尔，而莫里阿蒂在坎特布雷停了下来.就目前的情况而言，这是莫里阿蒂的失败，应该用一个数值较大的负数来表示矩阵元素，数值应该比上面说的正数小——设为－50.(1,2)表示歇洛克·福尔摩斯在中间站逃过了莫里阿蒂，但没有能够到达欧洲大陆.这种情形最好是看作一个和局，而以 0 作为它的矩阵元素.

在图 29 中给出了 $\mathscr{H}$ 矩阵.

	1	2
1	100	0
2	－50	100

图 29

和前面(b),(c)里一样，对角线是可分离的(100>0 和－50)；因此，好策略也是唯一的，而且是混合的.由前面用过的公式得到值(对于莫里阿蒂)

$$v'=40$$

和好策略(对于莫里阿蒂是 $\boldsymbol{\xi}$，对于歇洛克·福尔摩斯是 $\boldsymbol{\eta}$)

$$\boldsymbol{\xi}=\left\{\frac{3}{5},\frac{2}{5}\right\},\quad \boldsymbol{\eta}=\left\{\frac{2}{5},\frac{3}{5}\right\}.$$

由此可见，莫里阿蒂应该以 60％的概率前往多维尔，而歇洛克·福尔摩斯应该以 60％的概率在中间站下车——在两种情形里，余下的 40％都是另一种选择的概率.①

18.5 一些稍复杂些的博弈的讨论

18.5.1 我们在 18.2 里得到的零和二人博弈的一般解，使得一些可能情况和概念特别突出地显示出来：严格确定性的被满足或不满足，一局的值 v' 以及好策略的集合 $\overline{A}$，$\overline{B}$.对于这一切，我们在 18.2 里给出了十分简单而明确的说明，也给出了确定它们的方法.在 18.3 中重述这些结果时，这一切就变得更加显著了.

由于这些结果是这样的简单，甚至有可能引起误解.事实上，18.2和18.3的结果是通过最初等的直接计算法得出的.18.3里关于严格确定性的组合准则(18:A)和(18:C)，也——至少就它们的最终形式来说——比我们以前的任何结果更简单明了.这就有可能引起怀疑，认为 17.8 里相当复杂的讨论(以及第三章 14.5 里关于严格确定情形的相应讨论)究竟有没有必要——特别因为它们是以 17.6 的数学定理为基础的，而后者又需要用到第三章 16 里线性和凸性的分析.如果这一切都能用18.2，18.3形式的讨论来代替，那么，我们在 16 和 17 里讨论的方法就完全是不值得的了.②

事实并非如此.如在 18.3 的末尾指出的，18.2 和 18.3 的讨论程序和结论所以是极端地简单，是因为它们只适用于零和二人博弈的最简单类型，即，满足 $\beta_1=\beta_2=2$ 的“配铜钱”

① 柯南道尔在他的故事里没有考虑混合策略，而是直接叙述事态的真实发展情况，这是可以原谅的.按照他的叙述，歇洛克·福尔摩斯在中间站下了车，胜利地看着莫里阿蒂的专车继续开往多维尔.在他的局限条件下(只限于考虑纯策略)下，柯南道尔所找到的解答乃是最好的一种，因为他让双方采取的行动，都是我们在上面找到的可能性最大的一种选择(即他把 60％的可能性当作必然性).然而，令人感到有些不解的是，这样的办法竟会使歇洛克·福尔摩斯得到完全的胜利；而我们在上面看到，胜算(即一局的值)是肯定操在莫里阿蒂手中的.(我们关于 $\boldsymbol{\xi}$，$\boldsymbol{\eta}$ 的结果表明，当歇洛克·福尔摩斯的列车从维多利亚车站(伦敦车站名——译者注)开出时，他事实上已死了 48％.关于这一点，可与前一个注里所引的 Morgenstern 文献第 98 页的论点比较，在那里提到，整个旅行是不必要的，因为在出发之前就能够确定谁是失败者了.)

② 当然，并不是说，这样做是不严格的，但对一个初等的问题不必要运用重大艰深的数学工具.

类型的博弈. 对于一般的情形,到目前为止,16 和 17 中更抽象的数学工具看来还是不可少的.

我们将通过一些例子表明,对于较大的 β 值,18.2 和 18.3 的断言就不能成立. 这样,对于正确了解事情的真相会是有帮助的.

18.5.2 事实上,只须考虑满足 $\beta_1=\beta_2=3$ 的博弈. 这些博弈将是与配铜钱有些联系的,只是多了一个第三种选择,因而更一般些.

每一个局中人将有三种不同的选择 1,2,3(即 τ_1,τ_2 的值). 读者最好把选择 1 想象成出"正面",选择 2 看作出"反面",而把选择 3 看作"不比". 局中人 1 仍希望相配. 如果任一局中人选择"不比",而另一局中人的选择是"正面"还是"反面",这是无关紧要的——唯一有关系的是,他究竟是选择了这二者之一呢,还是也选择"不比". 这样,矩阵的形状就像图 30 所表示的.

$\tau_1 \backslash \tau_2$	1	2	3
1	1	-1	γ
2	-1	1	γ
3	α	α	β

图 30

最前面的四个元素——即前两行的前两个元素——就是我们所熟悉的配铜钱的排列(参看图 12). 写有 α 的两处,代表局中人 1 选择"不比",而局中人 2 不选择"不比". 写有 γ 的两处代表相反的情形. 写有 β 的一处相当于两个局中人都选择"不比". 如果我们指定一些适当的值(正、负或 0),就可以使任一种情形表示得到奖赏、处罚或没有输赢.

只要把这个矩阵特殊化——即,适当地指定 α,β,γ 的值,就可以得到我们在目前所需要的全部例子.

18.5.3 我们的目的是要表明,18.3 的三个结果(18:A),(18:B),(18:C),其中没有一个能够一般地成立.

关于(18:A): 这个判断严格确定性的准则显然只适用于 $\beta_1=\beta_2=2$ 这种特殊情形. 对于较大的 β_1,β_2 值,两个对角线不能包含全部矩阵元素,因此,博弈的特性不能像以前一样仅用对角线上的元素来说明.

关于(18:B): 我们将给出一个博弈的例子,它不是严格确定的,但对于其中一个局中人(对另一局中人当然不成立),却存在着一个好的纯策略. 这个例子还有另外一个特点: 其中一个局中人有不止一个好的策略,而另一局中人只有一个.

在图 30 的博弈里,我们指定 α,β,γ 如图 31: 其中 $\alpha>0,\delta>0$. 读者可以自己确定一下,按照前面指出的意义,哪几种"不比"的组合得到奖赏,哪几种受到处罚.

$\tau_1 \backslash \tau_2$	1	2	3
1	1	-1	0
2	-1	1	0
3	α	α	$-\delta$

图 31

下面应用 17.8 的准则给出对博弈的完整讨论.

对于 $\boldsymbol{\xi}=\left\{\frac{1}{2},\frac{1}{2},0\right\}$,总有 $K(\boldsymbol{\xi},\boldsymbol{\eta})=0$;这就是说,局中人 1 采用这个策略就不会输. 因此,$v'\geqslant 0$. 对于 $\boldsymbol{\eta}=\boldsymbol{\delta}^3=\{0,0,1\}$,总有 $K(\xi,\eta)\leqslant 0$;[①]这就是说,局中人 2 采用这个策略就不会输. 因此,$v'\leqslant 0$. 这样,我们得到

$$v'=0.$$

由此可见,要使得 $\boldsymbol{\xi}$ 为好策略,必须而且只须永远有 $K(\boldsymbol{\xi},\boldsymbol{\eta})\geqslant 0$;要使得 $\boldsymbol{\eta}$ 为好策略,必须而且

① 事实上,它等于 $-\delta\xi_3$.

只需永远有 $K(\xi,\eta)\leqslant 0$.①容易看出，前者成立的必要和充分条件是

$$\xi_1=\xi_2=\frac{1}{2},\quad \xi_3=0;$$

后者成立的必要和充分条件是

$$\eta_1=\eta_2\leqslant\frac{\delta}{2(\alpha+\delta)},\quad \eta_3=1-2\eta_1$$

于是，全部好策略 $\boldsymbol{\xi}$ 的集合 $\overline{A}$ 由唯一的一个元素组成，这个元素不是一个纯策略. 另一方面，全部好策略 $\boldsymbol{\eta}$ 的集合 $\overline{B}$ 包含无穷多个策略，其中有一个是纯策略，即 $\boldsymbol{\eta}=\boldsymbol{\delta}^3=\{0,0,1\}$.

利用图 21 的图形表示法，可以使集合 $\overline{A},\overline{B}$ 形象化(参看图 32,33).

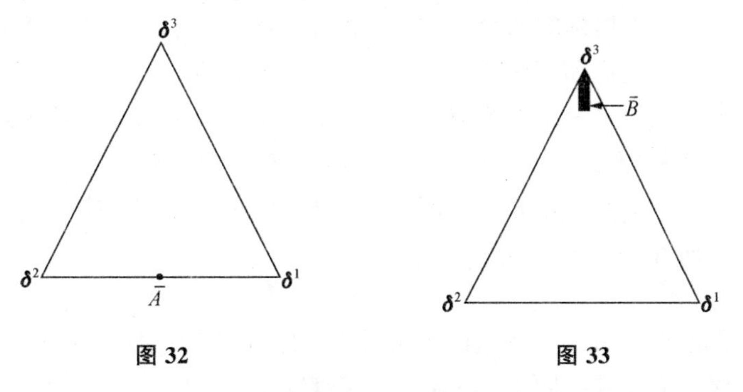

图 32　　　　图 33

关于(18:C)：我们将给出一个博弈的例子，它是严格确定的，但其中任一行或列不超过另一行或列. 事实上，我们将得出比这稍多些的结果.

18.5.4 暂时设 β_1,β_2 是任意的. 一行或列超过另一行或列的意义已在 18.3 的末尾考虑过. 我们在那里看到，它的意义是：局中人之一由于一种单纯而直接的动机，使他只愿采取一种选择，而不考虑另外一个选择——这就缩小了可能性的范围，最后终于能够与严格确定性发生联系.

明确地说：如果行 τ_1' 超过行 τ_1''——即，如果对于一切 τ_2 有 $\mathscr{H}(\tau'_1,\tau_2)\geqslant\mathscr{H}(\tau_1'',\tau_2')$，则局中人 1 永远无须考虑选择 τ_1''，因为在任何情形下 τ_1' 至少与 τ_1'' 一样好. 如果列 τ_2'' 超过列 τ'_2——即：如果对于一切 τ_1 有 $\mathscr{H}(\tau_1,\tau_2'')\geqslant\mathscr{H}(\tau_1,\tau'_2)$，则局中人 2 永远无须考虑选择 τ_2''，因为在任何情形下 τ_2' 至少与 τ_2'' 一样好.(参看上引处，特别是 18.3.3 的第一个注. 这些当然都只是些启发式的考虑，参看下面的注.)

现在，我们可以采用一种更一般些的方法：如果一切行 $\tau_1'\neq\tau_1''$ 的一个平均值(即支量 $\xi_{\tau_1''}=0$ 的一个混合策略)超过行 τ_1''(即局中人 1 的对应于 τ_1'' 的纯策略)，那么，仍可以假定，局中人 1 永远无需考虑选择 τ_1''，因为在任何情形下别的 τ'_1 至少与 τ_1'' 一样好. 这种情形的数学表示式是这样的：

$$(18{:}14{:}\mathrm{a})\qquad\begin{cases}\mathscr{H}(\tau''_1,\tau_2)\leqslant\displaystyle\sum_{\tau_1=1}^{\beta_1}\mathscr{H}(\tau_1,\tau_2)\xi_{\tau_1}, & \text{对于一切 }\tau_2,\\ \boldsymbol{\xi}\text{ 属于 }S_{\beta_1},\ \xi_{\tau_1''}=0.\end{cases}$$

对于局中人 2 的相应情况：列 τ_2''(即局中人 2 的对应于 τ_2'' 的纯策略)超过一切列 $\tau'_2\neq\tau_2''$ 的

① 这些叙述的文字解释是很简单的，我们留给读者去作.

一个平均值(即支量 $\eta_{\tau''_2}=0$ 的一个混合策略).这种情形的数学表示式是这样的:

$$(18:14:\text{b})\qquad \begin{cases} \mathscr{H}(\tau_1,\tau''_2)\geqslant\sum_{\tau_2=1}^{\beta_2}\mathscr{H}(\tau_1,\tau_2)\eta_{\tau_2}, & \text{对于一切 }\tau_1, \\ \boldsymbol{\eta}\text{ 属于 }S_{\beta_2},\eta_{\tau''_2}=0. \end{cases}$$

这时的结论与上面的相类似.

由此可见,如果在一个博弈里出现了(18:14:a)或(18:14:b)这种情况,则对于其中一个局中人来说,就有可能立即使可能选择的范围得到缩小.①

18.5.5 我们现在要证明,(18:14:a),(18:14:b)的应用范围是极其有限的:我们将给出一个严格确定的博弈,其中(18:14:a)或(18:14:b)都不成立.

τ_1 \ τ_2	1	2	3
1	1	-1	$-\alpha$
2	-1	1	$-\alpha$
3	α	α	0

图 34

我们回到图 30 所表示的那一类博弈($\beta_1=\beta_2=3$).我们指定$0<\alpha<1$,$\beta=0,\gamma=-\alpha$(见图 34).读者可以自己确定一下,按照前面指出的意义,哪几种"不比"的组合得到奖赏,哪几种受到处罚.

下面是博弈的讨论:(3,3)显然是一个鞍点,因此,博弈是严格确定的,而且

$$v=v'=0.$$

现在,不难看出(借助于 18.5.3 中用过的方法),全部好策略 $\boldsymbol{\xi}$ 的集合 $\overline{A}$ 和全部好策略 $\boldsymbol{\eta}$ 的集合 $\overline{B}$ 都恰好只包含一个元素:即纯策略 $\boldsymbol{\delta}^3=\{0,0,1\}$.

另一方面,读者可以验证一下,在这里(18:14:a)和(18:14:b)都不成立,这就是说,在图 34 里,任意两行的任何平均值不超过另一行,任意一列不超过另二列的任何平均值.

18.6 机会和不完全情报

18.6.1 前面几节里讨论的例子清楚地表明,在一个博弈里,机会——更确切地说,是概率——所能够起的作用不一定是明显的、在博弈的规则里直接规定的一种.图 27 和图 30 所描述的博弈,它们的规则里并没有规定机会的因素;所有的着无例外地都是"人的着".②然而,我们发现,它们绝大部分都不是严格确定的,这就是说,它们的好策略是混合策略,明白地包含着概率的运用.

另一方面,我们关于具有完全情报博弈的分析表明,它们总是严格确定的——即,它们有纯的好策略,根本不包含概率的问题(参看 15).

因此,从局中人行为的观点看——即,从采用的策略来看,主要的事情在于博弈是否严格确定的,而绝不在于它是否包含"机会的着".

15 中关于具有完全情报博弈的结果指出,在严格确定性和支配局中人情报情况的规则之

---

① 这当然完全是启发式的论证.我们并不需要它,因为我们已经有了 14.5 和 17.8 的完整讨论.但是,人们也许会认为,能够拿它来代替或至少是简化那些讨论.我们在下面即将给出的例子,看来可以使这样的想法趋于破灭.

还有一条有可能得出些结果的路线:如果(18:14:a)或(18:14:b)成立,那么,把它同 17.8 结合起来,能够用来得出好策略集合 $\overline{A}$ 和 $\overline{B}$ 的性质.我们在这里不打算讨论这个问题.

② 一切博弈简化成为正规化形式的过程,更一般地说明了这一点:它证明了每一个博弈与一个不含"机会的着"的博弈等价,因为正规化形式里只包含"人的着".

间存在着密切的联系. 为了清楚地说明这一点，特别是为了说明“机会的着”出现与否是无关紧要的，我们将表明：在每一个(零和二人)博弈里，任何“机会的着”能够用“人的着”的一个组合来代替，而使博弈的策略的种种可能性保持完全不变. 为了这个目的，我们必须让博弈的规则规定，局中人有不完全的情报；而我们要说明的也正是这一点：不完全情报的情形包含着(除了别的东西)由“机会的着”产生的一切可能后果. ①

18.6.2 因此，我们现在考虑一个(零和二人)博弈 Γ，并且假定其中有一个“机会的着” $\mathfrak{M}_k$. ②和以前一样，列举出它的可能选择 $\sigma_k=1,\cdots,\alpha_k$，并假定它的概率 $p_k^{(1)},\cdots,p_k^{(\alpha_k)}$ 都等于 $1/\alpha_k$. ③现在，以两个“人的着” $\mathfrak{M}'_k,\mathfrak{M}''_k$ 来代替 $\mathfrak{M}_k$. $\mathfrak{M}'_k$ 和 $\mathfrak{M}''_k$ 分别是局中人 1 和 2 的“人的着”. 二者都有 α_k 种走法；我们以 $\sigma'_k=1,\cdots,\alpha_k$ 和 $\sigma''_k=1,\cdots,\alpha_k$ 记它们的相应选择. 这两个“着”按照哪一种先后次序进行，这是无关紧要的；但我们规定，在进行这两个“着”时，必须不具备关于其他任何“着”(也包括这两个着 $\mathfrak{M}'_k,\mathfrak{M}''_k$ 中的另一个)的结果的任何情报. 我们用一个矩阵定义一个函数 $\delta(\sigma',\sigma'')$. (参看图 35. 矩阵元素是 $\delta(\sigma',\sigma'')$. ④) $\mathfrak{M}'_k,\mathfrak{M}''_k$ 对于博弈结果的影响——即，相应的(“人的着”)选择 σ'_k,σ''_k 对于结果的影响——与 $\mathfrak{M}_k$ 以其相应的(“机会的着”)选择 $\sigma_k=\delta(\sigma'_k,\sigma''_k)$ 所能起的影响一样. 我们以 Γ^* 记这个新的博弈. 我们断言：Γ^* 在策略方面的可能情况是与 Γ 一样的.

σ' \ σ''	1	2	……	α_k-1	α_k
1	1	α_k	……	3	2
2	2	1	……	4	3
⋮	⋮	⋮	⋮	⋮	⋮
α_k-1	α_k-1	α_k-2	……	1	α_k
α_k	α_k	α_k-1	……	2	1

图 35

① 当然，在 11.1 中引进(纯)策略和裁判员的选择后，就有了直接摆脱“机会的着”的方法. 事实上，作为把一个博弈化为正规化形式的最后一步，我们在 11.2.3 中引进了数学期望值，从而消去了余下的那些“机会的着”.

但是，我们现在想要消去“机会的着”，而不要像上面所述那样根本地改变博弈的结构. 我们将把每一个“机会的着”个别地以“人的着”(将会看到，是两个人的着)来代替，这样，各个“机会的着”在确定局中人策略上的作用，就总能区分开来，并且能够单独地予以评定. 比起上面说的最终简化程序来，这种细致的处理方法似乎能够使人更清楚地了解有关的结构性问题.

② 对我们当前的讨论来说，$\mathfrak{M}_k$ 的特征是否依赖于局的以前过程，这是无关紧要的.

③ 这个假设事实上并没有伤及普遍性. 为了说明这一点，假定所考虑的概率具有任意的有理值——设为，$r_1/t,\cdots,r_{\alpha_k}/t$ ($r_1,\cdots,r_{\alpha_k}$ 和 t 是正整数). (这里实际上加了一个限制条件——不过，是个任意小的限制条件，因为任何概率能够用有理数概率逼近到任意的程度.)

现在，把“机会的着” $\mathfrak{M}_k$ 加以更改，使它含有 $r_1+\cdots+r_{\alpha_k}=t$ 种选择(代替原来的 α_k 种)，记为 $\sigma'_k=1,\cdots,t$ (代替原来的 $\sigma_k=1,\cdots,\alpha_k$)；同时，使得 σ'_k 的最初 r_1 个值对于局的作用都与 $\sigma_k=1$ 一样，σ'_k 的其次 r_2 个值的作用都与 $\sigma_k=2$ 一样，余类推. 这样，给一切 $\sigma'_k=1,\cdots,t$ 以同样的概率 $1/t$，其效果就与给 $\sigma_k=1,\cdots,\alpha_k$ 以原来的概率 $r_1/t,\cdots,r_{\alpha_k}/t$ 一样.

④ 它的算术式子是

$$\delta(\sigma',\sigma'')\begin{cases}=\sigma'-\sigma''+1, & \text{对于 } \sigma'\geqslant\sigma''\\ =\sigma'-\sigma''+1+\alpha_k, & \text{对于 } \sigma'<\sigma''\end{cases}\Bigg|.$$

因此，$\delta(\sigma',\sigma'')$ 总是数 $1,\cdots,\alpha_k$ 之一.

18.6.3 事实上,设局中人1在Γ^*里采用Γ的一个给定的混合策略,但关于"着"$\mathfrak{M}'_k$有一个附带的说明,[①]就是:以同样的概率$1/\alpha_k$选择一切$\alpha'_k=1,\cdots,\alpha_k$.这样,从局中人2的观点看,博弈$\Gamma^*$——其中含有局中人1的上述策略——与$\Gamma$是一样的.这是因为,他在$\mathfrak{M}''_k$时的任一选择(即,任一个$\sigma''_k=1,\cdots,\alpha_k$)所引起的后果,是与原来的"机会的着"$\mathfrak{M}_k$一样的:只要看一看图35,就可以知道,在矩阵的第$\sigma''=\sigma''_k$列里,每一个数$\sigma=\delta(\sigma',\sigma'')=1,\cdots,\alpha_k$恰好出现一次——这就是说,$\delta(\sigma',\sigma'')$将以同样的概率$1/\alpha_k$取得每一个值$1,\cdots,\alpha_k$(根据局中人1的策略),这正好与$\mathfrak{M}_k$是一样的.因此,从局中人1的观点看,$\Gamma^*$至少与$\Gamma$是一样好.

互换局中人1与2——因而图35中矩阵的行将扮演上述列的角色——同样的论证表明,从局中人2的观点看,Γ^*也至少与Γ是一样好.

由于两个局中人的观点是相反的,这就说明了Γ^*和Γ是等价的.[②]

18.7 以上结果的解释

18.7.1 把18.6.2,18.6.3中所述的程序重复地应用到Γ中所有的"机会的着"上,就可以把它们全部摆脱掉,从而使18.6.1的最终论点得到证明.如果我们通过一些实例来说明这种方法,就可以更好地了解上述结果的意义.

(A)下面是相当简单的一个"机会的博弈".两个局中人按照一种50%至50%的随机方法决定,谁付给另一局中人1个单位.这个博弈由恰好一个"机会的着"组成;应用18.6.2,18.6.3的方法,可以把它转换成为一个由两个"人的着"组成的博弈.在图35的矩阵里令$\alpha_k=2$——把$\delta(\sigma',\sigma'')$的值1,2分别换为实际上的支付1,−1——就得到与图12里一样的矩阵.由14.7.2,14.7.3可知——从它本身看也足以说明,这就是"配铜钱"的博弈.

这就是说,要从"人的着"和不完全情报得到$\frac{1}{2},\frac{1}{2}$的概率,"配铜钱"是个很自然的方法(回忆17.1)

(B)把(A)加以更改,使它包含"和局":两个局中人按照一种$33\frac{1}{3}\%,33\frac{1}{3}\%,33\frac{1}{3}\%$的随机方法决定,谁付给另一局中人1个单位,或者双方都没有任何支付.仍旧应用18.6.2,18.6.3的方法.现在,在图35的矩阵里令$\alpha_k=3$——把$\delta(\sigma',\sigma'')$的值1,2,3分别换为实际上的支付0,1,−1,就得到与图13里一样的矩阵.由14.7.2,14.7.3可知,这就是"石头、布、剪刀"的博弈.

这就是说,要从"人的着"和不完全情报得到$\frac{1}{3},\frac{1}{3},\frac{1}{3}$的概率,"石头、布、剪刀"是很自然的方法(回忆17.1).

18.7.2 (C)图35里的$\delta(\sigma',\sigma'')$能够用另一个函数来代替,甚至定义域$\sigma'_k\neq1,\cdots,\alpha_k$和

① $\mathfrak{M}'_k$是他的"人的着",因此,他在Γ^*里的策略必须规定这一点.在Γ里则无必要规定,因为$\mathfrak{M}_k$是一个"机会的着".

② 我们留待读者把这些讨论按照11和17.2,17.8中严密的形式体系重述出来.这并没有任何困难,但却相当冗长.对于我们所考虑的现象,上面的文字论证能够清楚而简洁地表达出它的实质——我们希望如此.

$\alpha''_k=1,\cdots,\alpha_k$ 也能够用另外的两个域 $\alpha'_k=1,\cdots,\alpha'_k$ 和 $\sigma''_k=1,\cdots,\alpha''_k$ 来代替，只要满足下述条件：在图 35 的矩阵里，每一个数 $1,\cdots,\alpha_k$ 在每一列里出现的次数相同，①在每一行里出现的次数也相同. ②事实上，18.6.2 的讨论里只用到 $\delta(\sigma'_k,\sigma''_k)$（以及 α'_k,α''_k）的这两个性质.

不难看出，在发牌前的"切牌"这个防备性的规定，就属于这种类型. 如果一个"机会的着"要以 1/52 的概率选择 52 张牌中的一张，通常是以"洗牌"的方式进行的. 这本来是一个"机会的着"；但若是洗牌的局中人不诚实，则有可能使这一着变成了他的一个"人的着". 为了防止这种现象，另一个局中人有权通过"切牌"的方式指定，在洗好了的全副牌中，应该从什么地方取出所要的那张牌. 这是两个"着"——虽然它们是"人的着"——的组合，它等价于原来规定的那个"机会的着". 当然，要使得这种方法有效果，情报必须是不完全的.

在这里，$\alpha_k=52,\alpha'_k=52!$ ＝全副牌的可能排列的数目，$\alpha''_k=52$＝可能的"切牌"方式的数目. 关于这个例子③的细节的补充，以及 $\delta(\sigma'_k,\sigma''_k)$ 的确定，我们留待读者去作.

*19　扑克和"偷鸡"

*19.1　扑克的描述

19.1.1　我们曾一再强调指出，在 18.3 尤其是在 18.4 中所讨论的 $\beta_1=\beta_2=2$ 这种情形，只不过是零和二人博弈里最简单的一种. 我们后来又在 18.5 中给出了一些例子，说明在一般零和二人博弈里可能出现的复杂情况；但若对比较复杂类型的一个特殊的博弈进行细致详尽的讨论，也许能够更清楚地了解我们的一般结果（即 17.8 的结果）的含义. 在 $\beta_1=\beta_2=2$ 这种博弈里，τ_1,τ_2 的选择被称为（纯）策略；其实它们并不应该得到这个名称：称它们为"着"也许还不算太夸张. 这样，上面所说对一个特殊的博弈进行讨论就更有必要了. 事实上，在上述极端简单的博弈里，它们的广阔形式和正规化形式之间几乎是不会有任何区别的；因此，在这些博弈里，无可避免地会使着和策略等同起来——这本来是正规化形式的特征. 我们现在将考察一个广阔形式的博弈，其中的局中人有若干个"着"，这些"着"使得向正规化形式和策略的过渡不再是一个空洞而无意义的过程.

---

① 出现 α'_k/α_k 次；因而 α'_k 必须是 α_k 的一个倍数.

② 出现 α''_k/α_k 次；因而 α''_k 必须是 α_k 的一个倍数.

③ 我们假定，洗牌只是为了取出一张牌. 如果要发出整个的几"手"牌，"切牌"并不是绝对可靠的安全保障. 一个不诚实的洗牌者有可能在全副牌里安排好一些相互的联系，一次"切牌"破坏不了它们，洗牌者由于知道这些前后的联系而能得到不合法的利益.

19.1.2 我们要给以严密讨论的博弈是扑克.[①]不过,要进行穷尽的讨论,真正的扑克实在是太复杂了;因此,我们将不得不对它加一些简化的修改条件,而且其中有一些完全是根本性的修改.[②]虽然如此,我们认为,我们的简化形式仍能保留扑克的基本观念及其决定性的性质.因此,我们即将应用以前建立起来的理论得出一些结果,在这些结果的基础上,能够得出一般性的结论和解释.

首先,扑克在实际上可以有任意数目的人参加,[③]但因我们现在讨论的是零和二人博弈;我们将把局中人的数目定为两个.

在扑克博弈开始时,从全副牌中发给每一局中人5张牌.[④]他可能拿到的5张牌的组合——总共有2 598 960种可能的组合[⑤]——称为一"手"牌;各种组合可以按照大小次序排列起来,即有详尽的规则规定,哪一"手"牌是最强的,哪一"手"其次,哪一"手"第三,……,从最强的一直到最弱的.[⑥]扑克在实际玩时有许多种变形,可以把它们分成"不换牌"与"换牌"两类博弈.在一个"不换牌"的博弈里,局中人的一手牌在一开始时就全部发给他,在整个一局的过程里,他必须保持这手牌不变.在"换牌"的博弈里,一个局中人可以换掉他那手牌的全部或一部分,换牌的方式是多种多样的;在某些变形里,他的一手牌是在一局的过程中几个相继的阶段里发给他的.由于我们希望讨论的是尽可能最简单的形式,我们将只考虑"不换牌"的博弈.

---

① 关于扑克的一般考虑,以及在以下几节里即将提及的一些扑克变形的数学讨论,是由J. von Neumann在1926—1928年完成的,但在以前并未发表过.(参看下列文献中的一般叙述:"Zur Theorie der Gesellschaftsspiele", *Math. Ann.*, **100**(1928).)这里指的特别是19.4至19.10里的对称变形,19.11至19.13里的变形(A),(B),以及支配所有这些讨论的、关于"偷鸡"的整个解释.19.14至19.16里的不对称变形(C),是在1942年为了这本书的出版而考虑的.

在17.6第二个注里提到的E. Borel和J. Ville的工作,其中也包含着关于扑克的考虑(Vol. Ⅳ,2:"Applications, aux Jeux de Hasard", Chap. Ⅴ:"Le jeu de Poker").这些考虑是很有意义的,但主要是些概率计算在扑克上的应用,其方式或多或少带有直观的成分,并没有系统地运用任何一般的博弈理论.

在上引文献91—97页中,分析了扑克(原文是"La Relance"="竞出赌注")里一种策略方面的问题.这也可以看作是扑克的一种简化了的变形——堪与我们在19.4至19.10和19.14至19.16里考虑的两种变形相比.事实上它与后者有着密切的联系.

如果有读者愿意比较这两种变形,他也许会感到下面的指示是有帮助的:

(Ⅰ)我们的叫价a,b相当于上引文献中的$1+\alpha$,1.

(Ⅱ)我们19.4至19.10里的变形与上引文献中的变形,二者之间的区别在于:如果局中人1开头的叫价是"低"的,那么,按照我们的变形,是要比牌的意思,而按照上引文献中的变形,则把它当作叫"低"的人无条件地输掉他的赌注.这就是说,我们把开始叫"低"当作"看牌"(参看19.14开头处的讨论,特别是19.14.1的第一个注),而上引文献中则把它当作"不看".我们相信,我们的处理方式更接近于扑克在这一方面的实际情况;特别是,为了能够严格地分析和解释"偷鸡",需要这样来处理.关于技术方面的细节,参看19.16.2里的注.

② 参看19.11,并参看19.16的末尾.

③ "最合适的"——它的意义我们不打算加以解释——人数是4或5个.

④ 有时是用全副52张牌,但若参加的人数较少时,常常只用全副牌里的一部分——通常是32或28张.有的时候,另外加上一两张有特殊功用的牌,叫作"百搭".

⑤ 这是对全副牌说的.熟悉组合运算的读者将会注意到,这就是"从52个东西里无重复地取5个东西的组合"的数目:

$$\binom{52}{5}=\frac{52\cdot 51\cdot 50\cdot 49\cdot 48}{1\cdot 2\cdot 3\cdot 4\cdot 5}=2\,598\,960.$$

⑥ 这里面牵涉到一些熟知的术语,如"同花大顺""同花顺""四同""三同一对"等.我们没有必要在这里讨论它们.

在这种情形下，没有必要把一手牌当作一手牌——即牌的组合——来讨论．若以 S 表示一切可能的“手”的总数——我们已经看到，若用全副牌，则 $S=2\,598\,960$，则我们完全可以这样说：每个局中人抽到一个数 $s=1,\cdots,S$．可以认为，$s=S$ 相当于最强的一手牌，$s=S-1$ 相当于次强的一手，等等，最后，$s=1$ 相当于最弱的一手牌．由于“发牌是规矩的”就相当于假定每一手可能的牌是以同样的概率发出的，我们必须把上述抽一个数 s 解释成为一个机会的着，每一个可能的值 $s=1,\cdots,S$ 具有同样的概率．于是，博弈从两个机会的着开始：给局中人 1 和局中人 2 各抽一个数 s，[①]我们把它们记为 s_1 和 s_2．

19.1.3 一般扑克博弈的第二个阶段是局中人的“叫价”，就是局中人下赌注，赌注的数额可以是较少的，也可以是较多的．局中人之一叫价后，他的对手有三种可能的选择：“不看”“看牌”，或“加叫”．“不看”表示他愿意付出他在前面最后一次叫价的数额（这个数额必定低于现在的叫价），而没有任何其他的异议．在这种情形下，两个局中人所拿到的两手牌究竟是怎样的，这是无关紧要的．两手牌根本无需摊开来．“看牌”表示接受叫价：两手牌须摊开比较，握有较强的一手牌的局中人赢进目前这次叫价的数额．“看牌”使一局告终．“加叫”表示对手以一个更高的叫价来还击目前这个叫价，这时两个局中人的地位反过来了：前面一个叫价的局中人有不看、看牌或加叫三种选择；余依此类推．[②]

*19.2 “偷 鸡”

19.2.1 问题在于，握有一手强牌的局中人很可能叫高价，并作许多加叫，因为他有很好的理由认为自己会获胜．因此，如果一个局中人曾经叫过高价，或者曾经加叫过，他的对手可以假定（从他的表现看）他有一手强牌．这也许会使对手选择“不看”作为对策．然而，由于在“不看”的情形，两手牌是不比的，因此，一个握有一手弱牌的局中人，如果他用叫高价或加叫的方法——这样可能引起对手不看，造成一种拥有强牌的（假的）印象，有时甚至能够战胜握牌较强的对手．

这种现象被称为“偷鸡”．毫无疑问，一切有经验的赌徒都采用这种方法．也许有人怀疑，上面所说的究竟是不是它的真正起因；但是，另外有一个解释却是可以理解的．这就是：如果大家都知道一个局中人只在他拿到一手强牌时才叫高价，那么，他的对手在这种情形下就很可能不看牌了．这样，这个局中人就不能在叫高价或许多加叫中赢钱，而正是在这些情形里，他手中牌的实力使他有赢的机会．因此，他当然要使得对手的心目中不能肯定他的真实情况——这就是说，要让人家知道，他确实在有的时候拿了一手弱牌而叫高价．

总起来说，在“偷鸡”的两种可能的动机里，第一种是拿了（真的）弱牌而想造成强牌的（假的）印象；第二种是拿了（真的）强牌而想造成弱牌的（假的）印象．二者都是反面信号（参看 6.4.3）——即，使对手误入歧途——的例子．不过，应该注意的是，第一类的“偷鸡”在它“成功”

---

① 在实际的扑克里，第一个局中人的一手牌已经抽出来以后，第二个局中人才从余下的那些牌里抽到他的一手牌．我们不考虑这一点，正如我们不考虑扑克的其他次要的复杂情况一样．

② 通常由于在一开头时必须无条件地付出赌注——“底注”（在有些变形里，由第一个叫价者出；在另外一些变形里，每一个愿意参加的人都出；在还有一些变形里，要取得换牌权，需付出额外的赌注；等等）而使得情形复杂化．这些我们完全不考虑．

的时候最为成功,即,在对手真的“不看”的时候,因为这就使得“偷鸡”的局中人赢得赌注;第二类的“偷鸡”则在它“失败”的时候最为成功,即在对手“看牌”的时候,因为这将使对手得到引起混乱的情报.[①]

19.2.2 这种反方向——因而表面上不是有理的——叫价的可能性,还会引起另外一个后果.由于这种叫价必然带有冒险性,不妨用一些适当的反面措施——因而这些措施的应用只限于对手——使它们更富于冒险性.但这种反面措施事实上也是反方向的行为.

我们用了这样长的篇幅说明这些直观上的考虑,是因为我们的严密理论能够解决一切这种类型的复杂动机.在本章19.10和19.15.3,19.16.2中将会看到,怎样能从量的方面来了解围绕着“偷鸡”的现象,以及上述的动机怎样与博弈的策略方面的特性,像开头的叫价权的拥有等,发生联系.

*19.3 扑克的描述(续)

19.3.1 我们现在回到扑克的技术性规则:为了避免无穷尽地加叫,叫价的次数通常是有限制的.[②]为了避免不现实的过高的叫价——对于对手会产生几乎不能预知的不合理的效果,也规定每一次叫价和加叫的最大值.而且,习惯上也禁止太小的加价;我们以后将为这种规定指出一个看来是很好的理由(参看19.13的末尾).我们将以最简单的方式来表示关于叫价和加叫的大小的限制条件:我们将假定,从一开头就给定了两个数a,b,

$$a>b>0,$$

而且,对于每一次叫价,只有两种可能性:叫价或者是“高”的,在这种情形下就是a;或者是“低”的,在这种情形下就是b.把比值a/b——很明显,这个比值是唯一有关系的因素——加以变化,若a/b比1大得多,则博弈的冒险性较大;若a/b只比1稍大一点,则博弈相对说来比较安全.

关于叫价和加叫次数的限制,现在将被用来简化整个的博弈.在实际玩的时候,局中人之一开始头一个叫价;然后,局中人们轮流叫.

一个局中人由于拥有头一次的叫价权,他同时必须第一个采取行动!这里面所包含的有利或不利因素,其本身就是一个有趣的问题.我们将在19.4,19.5里讨论扑克的一种(不对称的)形式,其中这个问题占有地位.但是,在一开始的时候,我们也希望避免这个问题的负担.换一句话说,我们在目前希望避免一切不对称的情况,这样,所得到的将是扑克在其最纯粹、最简单形式下的主要的特性.因此,我们将假定,两个局中人都有自己的开叫,每个局中人不知道另

---

① 到了这里,人们也许又将非难我们,说我们忽略了以前提出的主导原则;以上的讨论里显然假定了一系列的“着”(因而有可能对于对手的习惯进行统计上的观察),而且肯定地有着“动的”性质.而我们以前却一再声称,我们的考虑必须针对单独的一局,而且必须是严格的静的考虑.

我们请读者参看17.3,在那里已仔细地考察过这种表面的矛盾现象.那里的考虑在现在的情形里也完全有效,而且应该能够说明我们的程序是合理的.我们现在只补充说明一点:我们的不一致——用到许多个局以及动的术语——只不过是文字上的.采用这种方式,能使我们的讨论更加简洁、更加接近于用日常的语言谈这些问题的方式.但在17.3里已细致地讨论过,怎样可以用寻求好策略的问题来代替所有这些靠不大住的叙述,而前者是绝对静的问题.

② 这就是7.2.3里的终止规则.

一局中人的选择.只在双方都作出了自己的叫价后,才让每个局中人知道另一局中人的选择,即,对手的叫价究竟是“高”的还是“低”的.

19.3.2 此外,我们再作下述简化：我们只给局中人以“不看”和“看牌”两种选择；这就是说,我们排除“加叫”这种选择.事实上,“加叫”只不过是用更精巧和强烈的方式表示一种意图,而在一个高的开叫里其实已包含了这种意图.由于我们希望使问题尽可能地简单,我们将避免以若干种不同的方式来表示同一种意图.(不过,可以参看19.11里的(C)以及19.14,19.15.)

按照这样的精神,我们现在规定下面的条件：我们考虑当两局中人的选择被通知给对方的时刻.如果双方的叫价都是“高”的,或者都是“低”的,那么,两手牌须摊开比较,握有较强的一手牌的局中人从他的对手那里接受 a 或 b 的数额.如果他们的两手牌大小相同,则双方没有支付.另一方面,如果一个局中人的叫价是“高”,另一局中人叫“低”,那么,叫价低的局中人可以有“不看”或“看牌”两种选择:“不看”表示他付给对手以叫低价的数额(不再考虑两手牌的强弱);“看牌”表示他从原来的叫“低”价转换成叫“高”价,这种情况的处理,就同他们原来都叫“高”价一样.

*19.4 规则的精确叙述

19.4 我们现在可以把以上关于简化了的扑克的描述加以总结,把我们一致同意的规则严密地叙述出来：

首先,每一个局中人通过一个“机会的着”得到他的一“手”牌,即,一个数 $s=1,\cdots,S$,这些数里每一个都有同样的概率 $1/S$.我们分别以 s_1,s_2 记局中人1,2的一手牌.

然后,每一个局中人通过一个“人的着”选择 a 或 b,即,“高”或“低”的叫价.每一个局中人在作他的选择(叫价)时,知道他自己的一手牌,但不知道他的对手的一手牌或选择(叫价).最后,每一局中人知道了另一局中人的选择,但不知道他的那手牌.(双方仍都知道自己的一手牌和选择.)如果一个局中人的叫价是“高”的而另一局中人是“低”的,则后者有“看牌”或“不看”的选择.

这就是一局的过程.在一局结束的时候,按照下述方式进行支付;如果两个局中人都叫“高”,或者一个叫“高”,另一个叫“低”但后来又“看牌”,那么,若 $s_1>s_2,s_1=s_2,s_1<s_2$,分别对应于局中人1从局中人2那里得到 $a,0,-a$ 这个数额.如果两个局中人都叫“低”,那么,若 $s_1>s_2,s_1=s_2,s_1<s_2$,分别对应于局中人1从局中人2那里得到 $b,0,-b$ 这个数额.如果一个局中人叫“高”,另一局中人叫“低”而且后来又“不看”,那么,若“叫高价的局中人”是 $\frac{1}{2}$,局中人1

从局中人 2 那里得到 $\begin{matrix} b \\ -b \end{matrix}$ 这个数额.①

*19.5 策略的描述

19.5.1 在这个博弈里,显然可以这样来说明一个(纯)策略:对于每一"手"牌 $s=1,\cdots,S$,说明叫价将是"高"的还是"低"的,在后一种情形还需说明,如果自己叫的"低"价碰上了对手叫"高"价,自己将"看牌"还是"不看"?用数值指标 $i_s=1,2,3$ 来描述它比较简单些:以 $i_s=1$ 表示叫"高"价;$i_s=2$ 表示叫"低"价而后来又"看牌"(如果有必要的话);以 $i_s=3$ 表示叫"低"价而且后来"不看"(如果有必要的话).于是,策略就是对于每一个 $s=1,\cdots,S$ 指定一个指标 i_s——即指定一个序列 $i_1,\cdots,i_S$.

这对两个局中人 1 和 2 都适用.因此,我们将以 $\Sigma_1(i_1,\cdots,i_s)$或 $\Sigma_2(i_s,\cdots,i_s)$记上述策略.

由此可见,两个局中人的策略的数目是一样的:与序列 $i_1,\cdots,i_s$ 的数目一样多——即 3^S 个.按照 11.2.2 的记号,有

$$\beta_1=\beta_2=\beta=3^S.$$

如果我们想要严格地沿用上引处的记号,我们应该通过 $\tau_1=1,\cdots,\beta$ 枚举出形如 $i_1,\cdots,i_s$ 的全部序列,然后把局中人 1,2 的(纯)策略分别记为 $\Sigma_1^{\tau_1},\Sigma_2^{\tau_2}$.但我们宁愿用我们现在的记号继续往下讨论.

现在,如果两局中人采用了策略 $\Sigma_1(i_1,\cdots,i_s),\Sigma_2(j_1,\cdots,j_s)$,我们必须把局中人 1 所收到的数额表示出来.这就是矩阵元素 $\mathscr{H}(i_1,\cdots,i_s|j_1,\cdots,j_s)$.②

如果两局中人实际上握有的两"手"牌是 s_1,s_2,那么,局中人 1 所收到的数额可以这样来表示(应用上述规则):数额是 $\mathscr{L}_{\operatorname{sgn}(s_1-s_2)}(i_{s_1},j_{s_2})$,其中 $\operatorname{sgn}(s_1-s_2)$是 s_1-s_2 的符号,③而且其中的三个函数

$$\mathscr{L}_+(i,j),\mathscr{L}_0(i,j),\mathscr{L}_-(i,j),i,j=1,2,3$$

可以用矩阵表示如下(图 36 至图 38):④

---

① 为了形式上的绝对正确,这些仍应按照第二章中 6 和 7 的方式加以安排.应该把最初提到的两个"机会的着"(发牌)叫作"着"1 和"着"2:其后的两个人的着(叫价)叫作"着"3 和"着"4:最后的"人的着"("不看"或"看"牌)叫作"着"5.

在着 5 的情形里,由于它是"人的着",它所从属的局中人以及不同选择的数目,二者都依赖于局的以前的进行过程,就像在 7.1.2 和 9.1.5 中所描述的.(如果两个局中人都叫"高",或者都叫"低",那么,可能选择的数目是 1,这时,我们究竟把这个空的人的着指定给哪一个局中人,是没有关系的.如果一个局中人叫"高"而另一局中人叫"低",那么,这个"人的着"属于叫"低"的局中人.)

要与上引处所用的记号取得一致,还需把 s_1,s_2 写为 σ_1,σ_2;"高"或"低"的叫价写为 σ_3,σ_4;"不看"或"看牌"写为 σ_5.

我们留待读者来说明所有这些区别.

② 整个序列 $i_1,\cdots,i_S$ 是行的指标,而整个序列 $j_1,\cdots,j_S$ 则是列的指标.如果按照我们原来的记号,则策略是 $\Sigma_1^{\tau_1},\Sigma_2^{\tau_2}$,而矩阵元素是 $\mathscr{H}(\tau_1,\tau_2)$.

③ 即 $\begin{matrix}+\\0\\-\end{matrix}$,若 $s_1\gtreqless s_2$.它以算术的形式表示了哪一手牌较强.

④ 读者最好把这些矩阵同我们关于规则的文字叙述进行比较,并验证它们的正确性.

另一个值得注意的事实是:博弈的对称性相当于恒等式

$$\mathscr{L}_+(i,j)\equiv-\mathscr{L}_-(j,i),\mathscr{L}_0(i,j)\equiv-\mathscr{L}_0(j,i)$$

$i \backslash j$	1	2	3
1	a	a	b
2	a	b	b
3	$-b$	b	b

$\mathscr{L}_{+}(i,j)$

图 36

$i \backslash j$	1	2	3
1	0	0	b
2	0	0	0
3	$-b$	0	0

$\mathscr{L}_{0}(i,j)$

图 37

$i \backslash j$	1	2	3
1	$-a$	$-a$	b
2	$-a$	$-b$	$-b$
3	$-b$	$-b$	$-b$

$\mathscr{L}_{-}(i,j)$

图 38

但是，如上所述，s_1, s_2 是由"机会的着"发出的. 因此，

$$\mathscr{H}(i_1,\cdots,i_s \mid j_1,\cdots,j_s)=\frac{1}{S^2}\sum_{s_1,s_2=1}^{S}\mathscr{L}_{\operatorname{sgn}(s_1-s_2)}(i_{s_1},j_{s_2}).$$ ①

19.5.2 我们现在转到 17.2 意义上的(混合)策略. 这就是 S_β 中的向量 $\boldsymbol{\xi},\boldsymbol{\eta}$. 考虑到我们现在所用的记号，我们必须把这些向量的支量的指标也用新的方式表示出来：必须把 $\xi_{\tau_1}, \eta_{\tau_2}$ 改写成 $\xi_{i_1,\cdots,i_S}, \eta_{j_1,\cdots,j_S}$.

17.4.1 里的(17:2)表示局中人 1 所获得的数学期望值，我们现在把它表示如下：

$$K(\boldsymbol{\xi},\boldsymbol{\eta})=\sum_{i_1,\cdots,i_S,j_1,\cdots,j_S}\mathscr{H}(i_1,\cdots,i_S \mid j_1,\cdots,j_S)\xi_{i_1,\cdots,i_S}\eta_{j_1,\cdots,j_S}=$$

$$=\frac{1}{S^2}\sum_{i_1,\cdots,i_S,j_1,\cdots,j_S}\sum_{s_1,s_2}\mathscr{L}_{\operatorname{sgn}(s_1-s_2)}(i_{S_1},j_{S_2})\xi_{i_1,\cdots,i_S}\eta_{j_1,\cdots,j_S}.$$

互换两个 $\sum$ 号，把上式写为

$$K(\boldsymbol{\xi},\boldsymbol{\eta})=\frac{1}{S^2}\sum_{s_1,s_2}\sum_{i_1,\cdots,i_S,j_1,\cdots,j_S}\mathscr{L}_{\operatorname{sgn}(s_1-s_2)}(i_{S_1},j_{S_2})\xi_{i_1,\cdots,i_S}\eta_{j_1,\cdots,j_S}.$$

若令

(19:1) $$\rho_i^{S_1}=\sum_{\substack{i_1,\cdots,i_S\text{但不包含}i_{S_1}\\ i_{S_1}=i}}\xi_{i_1,\cdots,i_S},$$

(19:2) $$\sigma_j^{S_2}=\sum_{\substack{j_1,\cdots,j_S\text{但不包含}j_{S_2}\\ j_{S_2}=j}}\eta_{j_1,\cdots,j_S},$$

则上面的等式变为

(19:3) $$K(\boldsymbol{\xi},\boldsymbol{\eta})=\frac{1}{S^2}\sum_{s_1,s_2}\sum_{i,j}\mathscr{L}_{\operatorname{sgn}(s_1-s_2)}(i,j)\rho_i^{S_1}\sigma_j^{S_2}.$$

用文字来说明(19:1)至(19:3)将是有好处的.

(19:1)表示，若局中人 1 采用混合策略 $\boldsymbol{\xi}$，则当他的一"手"牌是 s_1 时，他将以概率 $\rho_i^{S_1}$ 选择 i；(19:2)表示；若局中人 2 采用混合策略 $\boldsymbol{\eta}$，则当他的一"手"牌是 s_2 时，他将以概率 $\rho_j^{S_2}$ 选择

---

① 读者可以验证：等式

$$\mathscr{H}(i_1,\cdots,i_S \mid j_1,\cdots,j_S)=-\mathscr{H}(j_1,\cdots,j_s \mid i_1,\cdots,i_s)$$

是上一个注里两个关系式的推论. 这就是说

$$\mathscr{H}(i_1,\cdots,i_S \mid j_1,\cdots,j_S)$$

是反号对称的；这就再一次说明了博弈的对称性.

j.[①]现在,在直观上很清楚,数学期望值 $K(\boldsymbol{\xi},\boldsymbol{\eta})$ 只依赖于 $\rho_i^{S_1},\sigma_j^{S_2}$ 这些概率,而不依赖于原来的那些概率 $\xi_{i_1,\cdots,i_S},\eta_{j_1,\cdots,j_S}$ 本身.[②]

公式(19:3)可以直接看出是正确的:只要记得 $\mathscr{L}_{sgn(S_1-S_2)}(i,j)$ 的意义和 $\rho_i^{S_1},\sigma_j^{S_2}$ 的定义的解释.

19.5.3 从 $\rho_i^{S_1},\sigma_j^{S_2}$ 的意义以及从它们的形式定义(19:1),(19:2)都可以清楚地看出来,它们满足下面的条件:

(19:4) $$\text{所有的 } \rho_i^{S_1}\geqslant 0,\quad \sum_{i=1}^{3}\rho_i^{S_1}=1;$$

(19:5) $$\text{所有的 } \sigma_j^{S_2}\geqslant 0,\quad \sum_{j=1}^{3}\sigma_j^{S_2}=1.$$

另一方面,满足这些条件的任何 $\rho_i^{S_1},\sigma_j^{S_2}$ 可以根据(19:1),(19:2)从合适的 $\boldsymbol{\xi},\boldsymbol{\eta}$ 得出. 这在数学上是很清楚的,[③]从直观上看也很明显. 这种 $\rho_i^{S_1},\sigma_j^{S_2}$ 的任一系统是个概率的系统,它们定出了一种可能的量度方法,因而它们必定相当于某个混合策略.

(19:4),(19:5)使我们想到下面的三维向量:

$$\boldsymbol{\rho}^{S_1}=\{\rho_1^{S_1},\rho_2^{S_1},\rho_3^{S_1}\},\quad \boldsymbol{\sigma}^{S_2}=\{\sigma_1^{S_2},\sigma_2^{S_2},\sigma_3^{S_2}\}.$$

于是,(19:4),(19:5)的意义是:所有的 $\boldsymbol{\rho}^{S_1},\boldsymbol{\sigma}^{S_2}$ 都属于 S_3.

从这里可以看出,由于这些向量的引进,使得我们的简化有了何等巨大的进展:原来的 $\boldsymbol{\xi}$(或 $\boldsymbol{\eta}$)是 S_β 里的向量,它依赖于 $\beta-1=3^S-1$ 个常数值;现在的 $\boldsymbol{\rho}^{S_1}$(或 $\boldsymbol{\sigma}^{S_2}$)则是 S_3 里的 S 个向量,其中每一个依赖于两个常数值,因而总共依赖于 $2S$ 个常数值. 即使对于不太大的 S 来说,3^S-1 也比 $2S$ 大得多.[④]

*19.6 问题的叙述

19.6 因为我们现在所讨论的是对称博弈,我们可以应用(混合)好策略——即 $\overline{A}$ 中的

---

① 我们从19.4知道,i 或 $j=1$ 表示叫"高"价;$i=2,3$ 表示叫"低"价而且(打算)后来分别选择"看牌"或"不看".

② 这里的含义是:(纯)策略的两种不同的混合在实际上的效果可以是一样的.

我们用一个简单的例子来说明这一事实. 令 $S=2$,即,假设只有一手"强"牌和一手"弱"牌. 把 $i=2,3$ 看作是相同的,即,假设只有一个"高"的叫价和一个"低"的叫价. 那么,总共有四种可能的(纯)策略,我们给它们以下面的名称:

"冒进":每一手牌都叫"高"价;"保守":每一手牌都叫"低"价;"正常":"强"牌叫"高"价,"弱"牌叫"低"价;"偷鸡":"弱"牌叫"高"价,"强"牌叫"低"价.

于是,"冒进"和"保守"的50-50的混合,其实际效果与"正常"和"偷鸡"的50-50的混合相同:二者都表示局中人将在每一手牌上按照50-50的概率叫"高"或"低"价.

然而,按照我们现在的记号,它们却是两种不同的"混合"策略——即向量 $\boldsymbol{\xi}$.

当然,这就是说,我们的记号虽然在一般情形上是完全合适的,但对于许多特殊的博弈却是多余的. 在目的在于一般性的数学讨论里,这是一种常常会出现的现象.

只要我们是在从事于一般理论的建立,就没有理由把这种情况当作是多余的. 但是,对于现在所讨论的特殊博弈,我们将把这种多余性除去.

③ 例如,可令 $\xi_{i_1,\cdots,i_S}=\rho_{i_1}^{1}\cdot\ldots\cdot\rho_{i_S}^{S},\eta_{j_1,\cdots,j_S}=\sigma_{j_1}^{1}\cdot\ldots\cdot\sigma_{j_S}^{S}$,然后,可以验证:17.2.1里的(17:1:a),(17:1:b)是上面(19:4),(19:5)的推论.

④ 事实上,S 差不多等于250万(参看19.1.2里的第五个注);因此,3^S-1 和 $2S$ 这两个数都很大,但前者远较后者更大.

$\boldsymbol{\xi}$——的特性. 17.11.2 的(17:H)中说：$\boldsymbol{\xi}$ 对于它本身必须是最优的——即，$\mathrm{Min}_{\boldsymbol{\eta}}(\boldsymbol{\xi},\boldsymbol{\eta})$ 必须在 $\boldsymbol{\eta}=\boldsymbol{\xi}$ 处被取得.

我们在 19.5 中看到，$K(\boldsymbol{\xi},\boldsymbol{\eta})$ 实际上依赖于 $\boldsymbol{\rho}^{S_1}$，$\boldsymbol{\sigma}^{S_2}$. 因此，我们可以把它写成 $K(\boldsymbol{\rho}^1,\cdots,\boldsymbol{\rho}^S|\boldsymbol{\sigma}^1,\cdots,\boldsymbol{\sigma}^S)$. 于是，19.5.2 里的(19:3)变为(我们把 $\sum$ 的安排稍加改变)

(19:6)
$$K(\rho^1,\cdots,\rho^S|\sigma^1,\cdots,\sigma^S)=\frac{1}{S^2}\sum_{s_1,i}\sum_{S_2,j}\mathscr{L}_{\mathrm{sgn}(S_1-S_2)}(i,j)\rho_i^{S_1}\sigma_j^{S_2}.$$

这样，好策略的 $\boldsymbol{\rho}^1,\cdots,\boldsymbol{\rho}^S$ 的特性是

$$\mathrm{Min}_{\boldsymbol{\sigma}^1,\cdots,\boldsymbol{\sigma}^S}K(\boldsymbol{\rho}^1,\cdots,\boldsymbol{\rho}^S|\boldsymbol{\sigma}^1,\cdots,\boldsymbol{\sigma}^S)$$

在 $\boldsymbol{\sigma}^1=\boldsymbol{\rho}^1,\cdots,\boldsymbol{\sigma}^S=\boldsymbol{\rho}^S$ 被取得. 这个特性的条件实质上可以按照 17.9.1 里类似问题中的同样方式得出；我们现在给出另外一种简洁的讨论.

(19:6)里的 $\mathrm{Min}_{\boldsymbol{\sigma}^1,\cdots,\boldsymbol{\sigma}^S}$ 相当于对每一个 $\boldsymbol{\sigma}^1,\cdots,\boldsymbol{\sigma}^S$ 单独取最小值. 因此，我们考虑一个这样的 $\boldsymbol{\sigma}^{S_2}$. 它所须满足的限制条件只是属于 S_3——即

$$\text{所有的 }\sigma_j^{S_2}\geqslant 0,\quad \sum_{j=1}^{3}\sigma_j^{S_2}=1.$$

(19:6)是这三个支量 $\sigma_1^{S_2},\sigma_2^{S_2},\sigma_3^{S_2}$ 的一次式子. 因此，它在这样的地方取得对于 $\boldsymbol{\sigma}^{S_2}$ 的最小值：其中不具有最小可能系数(对于 j 来说；参看下文)的一切支量 $\sigma_j^{S_2}$ 都为 0.

$\sigma_j^{S_2}$ 的系数是

$$\frac{1}{S^2}\sum_{S_1,i}\mathscr{L}_{\mathrm{sgn}(S_1-S_2)}(i,j)\rho_i^{S_1},$$

我们把它记为 $\frac{1}{S}\gamma_j^{S_2}$. 于是，(19:6)变为

(19:7)
$$K(\boldsymbol{\rho}^1,\cdots,\boldsymbol{\rho}^S|\boldsymbol{\sigma}^1,\cdots,\boldsymbol{\sigma}^S)=\frac{1}{S}\sum_{S_2,j}\gamma_j^{S_2}\sigma_j^{S_2}.$$

而且，关于最小值(对于 $\boldsymbol{\sigma}^{S_2}$)的条件是：

(19:8) 对于 $\gamma_j^{S_2}$ 不取它的最小值(对于 j)的每一对 s_2,j，我们有 $\sigma_j^{S_2}=0$.

因此，好策略的特性——在 $\boldsymbol{\sigma}^1=\boldsymbol{\rho}^1,\cdots,\boldsymbol{\sigma}^S=\boldsymbol{\rho}^S$ 取最小值的性质——是：

(19:A) $\boldsymbol{\rho}^1,\cdots,\boldsymbol{\rho}^S$ 代表一个好策略，即，一个 $\overline{A}$ 中的 $\boldsymbol{\xi}$，其必要和充分条件是：

对于 $\gamma_j^{S_2}$ 不取它的最小值(对于 j[①])的每一对 s_2,j，我们有 $\sigma_j^{S_2}=0$.

最后，应用图 36 至 38 的矩阵，我们写出 $\gamma_j^{S_2}$ 的显表示式如下：

(19:9:a)
$$\gamma_1^{S_2}=\frac{1}{S}\Big\{\sum_{S_1=1}^{S_2-1}(-a\rho_1^{S_1}-a\rho_2^{S_1}-b\rho_3^{S_1})-b\rho_3^{S_2}+\sum_{S_1=S_2+1}^{S}(a\rho_1^{S_1}+a\rho_2^{S_1}-b\rho_3^{S_1})\Big\},$$

(19:9:b)
$$\gamma_2^{S_2}=\frac{1}{S}\Big\{\sum_{S_1=1}^{S_2-1}(-a\rho_1^{S_1}-b\rho_2^{S_1}-b\rho_3^{S_1})+\sum_{S_1=S_2+1}^{S}(a\rho_1^{S_1}+b\rho_2^{S_1}+b\rho_3^{S_1})\Big\},$$

(19:9:c)
$$\gamma_3^{S_2}=\frac{1}{S}\Big\{\sum_{S_1=1}^{S_2-1}(b\rho_1^{S_1}-b\rho_2^{S_1}-b\rho_3^{S_1})+b\rho_1^{S_2}+\sum_{S_1=S_2+1}^{S}(b\rho_1^{S_1}+b\rho_2^{S_1}+b\rho_3^{S_1})\Big\}.$$

---

① 我们指的是对于 j，而不是对于 s_2,j！

*19.7　从离散的问题转到连续的问题

19.7.1　19.6里的判断准则(19:A),连同公式(19:7),(19:9:a),(19:9:b),(19:9:c),可以用来确定全部好的策略.[①]这种讨论包含一系列可能情形的分析,是一种令人感到沉闷的讨论.由此得到的结果,在质的方面与我们以下在稍加修改的假设条件下即将导出的结果相类似,但在非常精致的细节上有着某些区别,这些细节可以称为策略的"精细结构".我们将在19.12中更多地谈到这个问题.

在目前,我们首先感兴趣的是解的主要特性,而不是"精细结构"的问题.我们现在把注意力转向序列 $s=1,\cdots,S$——一切可能的"手"的序列——的"颗粒状"结构.

如果我们试图按照0%到100%——或者说是0到1之间的分数——的表来描写一切可能的"手"的强弱,那么,最弱的一手牌1将对应于0,而最强的一手牌 S 将对应于1.因此,在这个表上,应该把 $s(=1,\cdots,S)$ 这一手牌放在 $z=\frac{s-1}{S-1}$ 的地位.这就是说,我们有下面(图39)的对应关系:

可能的"手"								
	老的表	$s=$	1	2	3	……	$S-1$	S
	新的表	$z=$	0	$\frac{1}{S-1}$	$\frac{2}{S-1}$	……	$\frac{S-2}{S-1}$	1

图39

由此可见,z 的值很密地充斥在区间

$$0\leqslant z\leqslant 1 \tag{19:10}$$

中;[②]虽然如此,它们所形成的仍不过是个离散的序列.这就是上面提到的"颗粒状"结构.我们现在要以一个连续的结构来代替它.

这就是说,我们假设,选择 s 这手牌——即 z ——的"机会的着"能够产生区间(19:10)里的任一个 z.我们假设,(19:10)的任一部分的概率就是那一部分的长度,即,z 在(19:10)上是同等分布的.[③]我们以 z_1,z_2 分别记局中人1,2的两"手"牌.

19.7.2　这种改变需要我们把向量 $\boldsymbol{\rho}^{S_1},\boldsymbol{\sigma}^{S_2}$ $(s_1,s_2=1,\cdots,S)$ 换为向量 $\boldsymbol{\rho}^{z_1},\boldsymbol{\sigma}^{z_2}$ $(0\leqslant z_1,z_2\leqslant 1)$;但是,它们当然还是具有与以前一样性质的概率向量,即,仍属于 S_3.因此,支量(概率) $\rho_i^{S_1},\sigma_j^{S_2}$ $(s_1,s_2=1,\cdots,S;i,j=1,2,3)$ 被支量 $\rho_i^{z_1},\sigma_j^{z_2}$ $(0\leqslant z_1,z_2\leqslant 1;i,j=1,2,3)$ 所代替.类似地,$\gamma_j^{S_2}$(见前面19.6里的(19:9:a),(19:9:b),(19:9:c))变成了 $\gamma_j^{z_2}$.

我们现在重新写出19.6的公式(19:7),(19:9:a),(19:9:b),(19:9:c)里 K 和 γ_j^S 的表示式.很明显,所有的和

$$\frac{1}{S}\sum_{s_1=1}^{s},\quad \frac{1}{S}\sum_{s_2=1}^{s}$$

---

① 这个确定的工作已由作者之一完成,并将在别处发表.

② 我们记得(参看19.1.2的第五个注),S 差不多等于250万.

③ 这就是所谓的几何概率.

都必须换为积分

$$\int_0^1 \cdots \mathrm{d}z_1, \quad \int_0^1 \cdots \mathrm{d}z_2,$$

所有的和

$$\frac{1}{S}\sum_{s_1=1}^{s_2-1}, \quad \frac{1}{S}\sum_{s_1=s_2+1}^{S}$$

换为积分

$$\int_0^{z_2} \cdots \mathrm{d}z_1, \quad \int_{z_2}^1 \cdots \mathrm{d}z_1,$$

而出现在因子 $1/S$ 后面的孤立的项则可以忽略.[①][②]有了这些了解以后,关于 K 和 γ_j^S(即 γ_j^z)的公式就变成了下面的形式：

(19:7*) $$K = \sum_j \int_0^1 \gamma_j^{z_2} \sigma_j^{z_2} \mathrm{d}z_2,$$

(19:9:a*) $$\gamma_1^{z_2} = \int_0^{z_2} (-a\rho_1^{z_1} - a\rho_2^{z_1} - b\rho_3^{z_1})\mathrm{d}z_1 + \iint_{z_2}^1 (a\rho_1^{z_1} + a\rho_2^{z_1} - b\rho_3^{z_1})\mathrm{d}z_1,$$

(19:9:b*) $$\gamma_2^{z_2} = \int_0^{z_2} (-a\rho_1^{z_1} - b\rho_2^{z_1} - b\rho_3^{z_1})\mathrm{d}z_1 + \iint_{z_2}^1 (a\rho_1^{z_1} + b\rho_2^{z_1} + b\rho_3^{z_1})\mathrm{d}z_1,$$

(19:9:c*) $$\gamma_3^{z_2} = \int_0^{z_2} (b\rho_1^{z_1} - b\rho_2^{z_1} - b\rho_3^{z_1})\mathrm{d}z_1 + \iint_{z_2}^1 (b\rho_1^{z_1} + b\rho_2^{z_1} + b\rho_3^{z_1})\mathrm{d}z_1,$$

而 19.6 里的性质(19:A)则变为：

(19:B) $\boldsymbol{\rho}^z$ $(0\leqslant z\leqslant 1)$(它们都属于 S_3)代表一个好策略,其必要和充分条件是：

对于 γ_j^z 不取它的最小值(对于 j[③])的每一对 z,j,我们有 $\rho_j^z=0$.[④]

*19.8 解在数学上的确定法

19.8.1 我们现在来确定好的策略 $\boldsymbol{\rho}^z$,即,确定 19.7 中条件(19:B)所隐含的解.

首先假定,ρ_2^z 这种情形是会发生的.[⑤]对于一个这样的 z,必定有 $\mathrm{Min}_j\gamma_j^z=\gamma_2^z$,因而 $\gamma_1^z \geqslant \gamma_2^z$,即

---

① 明确地说,我们指的是(19:9:a)和(19:9:c)里的中间项 $-b\rho_3^{S_2}$ 和 $b\rho_1^{S_2}$.

② 这些项相当于 $s_1=s_2$,在我们现在的情形里相当于 $z_1=z_2$;由于 z_1,z_2 是连续变量,二者(偶然地)重合的概率的确为 0.

从数学上描述这些运算,可以说,我们是在实现 $S\to\infty$ 的极限过程.

③ 我们指的是对于 j,而不是对于 z,j!

④ 如果从一开始就以 $\boldsymbol{\rho}^{z_1},\boldsymbol{\rho}^{z_2}$ 代替 $\boldsymbol{\xi},\boldsymbol{\eta}$,直接对这种"连续"的情况进行讨论,也能够导出公式(19:7*),(19:9:a*),(19:9:b*),(19:9:c*).但我们采取了 19.4 至 19.7 里所用的较长而较清楚的方式,为的是使人能够明显地看出我们的程序的严格和完整性.作为一个很好的练习,读者可以自己完成上述较简短而直接的讨论.

试图建立一套博弈理论,其中系统而直接地运用这种连续参数,这将是一项富有诱惑性的工作：这就是说,要有足够的一般性,能够应用到像现在的这种情形,而且不必运用从离散的博弈取极限的过程.

J. Ville 在这一方面做出了一些有趣的结果,参看 17.6 第二个注里所引文献的第 110—113 页.不过,对于许多应用来说——特别是对于我们目前的问题,在那里所加的关于连续性的限制条件似乎是过于严格了.

⑤ 这就是说,我们所考虑的好策略里包含 $j=2$ 的支量,即,叫"低"价而且(打算)后来在某些条件下"看牌".

$$\gamma_2^z - \gamma_1^z \leqslant 0.$$

把(19:9:a*),(19:9:b*)代入上式,得到

(19.11) $$(a-b)\left(\int_0^z \rho_2^{z_1}\,dz_1 - \int_z^1 \rho_2^{z_1}\,dz_1\right) + 2b\int_z^1 \rho_3^{z_1}\,dz_1 \leqslant 0.$$

现在,设 z^0 是满足条件 $\rho_2^z>0$ 的这些 z 的上极限.[①]于是,由连续性可知,(19:11)对 $z=z^0$.也成立.由于当 $z_1>z^0$ 时不可能有 $\rho_2^{z_1}>0$——根据假设条件,(19:11)里的 $\int_z^{1_0} \rho_2^{z_1}\,dz_1$ 这一项现在为0.因此,我们可以把它前面的一号改写成+号,而(19:11)就变成了

$$(a-b)\int_0^1 \rho_2^{z_1}\,dz_1 + 2b\int_z^{1_0} \rho_3^{z_1}\,dz_1 \leqslant 0.$$

但是,根据假设条件,$\rho_2^{z_1}$ 永远$\geqslant 0$,有时>0;因此,第一项>0.[②][③]第二项显然$\geqslant 0$.这样,我们导出了一个矛盾.这就是说,我们证明了

(19:12) $$\rho_2^z \equiv 0.$$[④]

19.8.2 $j=2$ 这种情形既已被消除,我们现在分析 $j=1$ 和 $j=3$ 的关系.因为 $\rho_2^z=0$,所以 $\rho_1^z+\rho_3^z\equiv 1$,即

(19:13) $$\rho_3^z = 1-\rho_1^z,$$

从而有

(19:14) $$0\leqslant \rho_1^z \leqslant 1.$$

在区间 $0\leqslant z\leqslant 1$ 里有可能存在着这样的子区间,在其中永远有 $\rho_1^z\equiv 0$ 或永远有 $\rho_1^z\equiv 1$.[⑤]如果一个 z 不属于任何一个这样的区间(即,在任意接近于它的地方,$\rho_1^{z'}\neq 0$ 和 $\rho_1^{z'}\neq 1$同时成立),则称 z 是中间值.由于 $\rho_1^{z'}\neq 0$ 或 $\rho_1^{z'}\neq 1$(即 $\rho_3^{z'}\neq 0$)分别蕴涵 $\text{Min}_j\gamma_j^{z'}=\gamma_1^{z'}$ 或 $\gamma_3^{z'}$,我们看出:

$$\gamma_1^{z'}\leqslant\gamma_3^{z'} \text{ 和 } \gamma_1^{z'}\geqslant\gamma_3^{z'}$$

都出现在任意接近于一个中间值 z 的地方.因此,对于这样的一个 z,根据连续性,[⑥]有 $\gamma_1^z=\gamma_3^z$,即

$$r_3^z - r_1^z = 0.$$

把(19:9:a*),(19:9:b*)代入上式,并应用(19:12),(19:13),我们得到

$$(a+b)\int_0^z \rho_1^{z_1}\,dz_1 - (a-b)\int_z^1 \rho_1^{z_1}\,dz_1 + 2b\int_z^1 (1-\rho_1^{z_1})\,dz_1 = 0.$$

即

---

① 即,满足下述条件的最大的 z^0:$\rho_2^z>0$ 出现在任意接近于 z^0 的地方.(但我们并不要求对于一切$z<z^0$都有$\rho_2^z>0$.)如果满足 $\rho_2^z>0$ 的 z 存在,则这个 z^0 当然存在.

② 当然,$a-b>0$.

③ 看来没有必要详细地讨论积分论、测度论等的精细的部分.我们假定,我们的函数是充分地平滑,使得一个正值函数有正的积分,等等.只要适当应用上述的有关数学理论,也不难给出一个严密的处理.

④ 读者应该用文字重述这个事实:我们排除了叫"低"价而且(打算)后来"看牌"的情况,方法是对发生这种情况的各手牌的上极限分析其条件;我们也已表明,至少在上极限附近,还不如直接叫"高价"更好一点.

当然,由于在我们的简化形式里禁止"加叫",才能够得出这个结果.

⑤ 这就是说,在这样的子区间里,策略指导局中人永远叫"高"价,或指导他永远叫"低"价(而且后来"不看").

⑥ 这些 γ_j^z 是由积分(19:9:a*),(19:9:b*),(19:9:c*)定义的,因而它们当然是连续的.

$$(a+b)\left(\int_0^z \rho_1^{z_1}\,dz_1 - \int_z^1 \rho_1^{z_1}\,dz_1\right) + 2b(1-z) = 0. \tag{19:15}$$

其次，我们考虑两个中间值 z'，z''. 对 $z=z'$ 和 $z=z''$ 应用(19:15)并相减，我们得到

$$2(a+b)\int_{z'}^{z''} \rho_1^{z_1}\,dz_1 - 2b(z''-z') = 0,$$

即

$$\frac{1}{z''-z'}\int_{z'}^{z''} \rho_1^{z_1}\,dz_1 = \frac{b}{a+b}. \tag{19:16}$$

用文字叙述，是：在两个中间值 z'，z''之间，ρ_1^z 的平均值是$\frac{b}{a+b}$.

由此可见，$\rho_1^z \equiv 0$ 或 $\rho_1^z \equiv 1$ 都不能在整个区间

$$z' \leqslant z \leqslant z''$$

里成立，因为这样平均值就将是 0 或 1. 因此，这个区间必定包含另外(至少)一个中间值 z，即，在任意两个中间值之间，必定有(至少)一个第三个中间值. 重复应用这个结果，就可以表明，在两个中间值 $\bar{z}'$，$\bar{z}''$之间，其他的中间值 z 是处处稠密的. 于是，在 z'，z''之间，使得(19:16)成立的那些 $\bar{z}'$，$\bar{z}''$是处处稠密的. 这样，根据连续性，[①](19:16)必须对介于 z'，z''之间的一切 $\bar{z}'$，$\bar{z}''$都成立. 由此可知，在 z'，z''之间处处有 $\rho_1^z = \frac{b}{a+b}$. [②]

19.8.3 现在，如果有中间值 z 存在，那么，必有最小的和最大的中间值存在；设 $\bar{z}'$，$\bar{z}''$分别是最小的和最大的中间值. 我们得到

(19:17) 在整个区间 $\bar{z}' \leqslant z \leqslant \bar{z}''$里有 $\rho_1^z = \frac{b}{a+b}$.

如果中间值 z 根本不存在，那么，必有 $\rho_1^z \equiv 0$(对于一切 z)或 $\rho_1^z \equiv 1$(对于一切 z). 容易看出，二者都不是解. [③]由此可见，中间值 z 确实存在，因而 $\bar{z}'$，$\bar{z}''$也存在，而且(19:17)成立.

19.8.4 对于一切 z，(19:15)的左端是 $\gamma_3^z - \gamma_1^z$；因此，对于 $z=1$，有

---

① (19:16)里的积分当然是连续的.

② 很明显，可以允许除去点 z 的一个面积为 0 的集合——即，总的概率为 0 的集合(例如，有穷多个固定的 z). 它们不会改变任一个积分的值. 不难给出严格的数学处理，但在这里似乎没有必要(参看 19.8.1 的第四个注). 因此，最简单的办法是，在 $\bar{z}' \leqslant z \leqslant \bar{z}''$中毫无例外地假定 $\rho_1^z = \frac{b}{a+b}$.

在评价我们以下几页里的公式时，应该记住上面的注解. 在这些公式里，一方面要考虑区间 $\bar{z}' \leqslant z \leqslant \bar{z}''$，另一方面要考虑 $0 \leqslant z < \bar{z}'$ 和 $\bar{z}'' < z \leqslant 1$；即，把点 $\bar{z}'$，$\bar{z}''$算在第一个区间里. 这当然是没有关系的，因为两个固定的孤立点——在这里是 $\bar{z}'$ 和 $\bar{z}''$——的问题总是能够解决的.

但是，读者必须注意，虽然在对 z 本身进行比较的时候，一个"$<$"和一个"$\leqslant$"之间并没有什么重要的区别，而对于 γ_j^z 来说则不是这样. 我们已经看到 $\gamma_1^z > \gamma_3^z$ 蕴涵 $\rho_1^z = 0$，而从 $\gamma_1^z \geqslant \gamma_3^z$ 则得不出这样的推论.(同时可参看关于图 41 以及图 47,48 的讨论.)

③ 这就是说，在任何条件下叫"低"价(而且后来"不看")不是一个好的策略；在任何条件下叫"高"价也不是一个好的策略.

数学证明：关于 $\rho_1^z \equiv 0$：由计算知，$\gamma_1^0 = -b$，$\gamma_3^0 = b$，因此，$\gamma_1^0 < \gamma_3^0$，这与 $\rho_3^0 = 1 \neq 0$ 相矛盾. 关于 $\rho_1^z \equiv 1$：由计算知，$\gamma_1^0 = a$，$\gamma_3^0 = b$，因此，$\gamma_3^0 < \gamma_1^0$，这与 $\rho_1^0 = 1 \neq 0$ 相矛盾.

$$\gamma_3^1-\gamma_1^1=(a+b)\int_0^1\rho_1^{z_1}\mathrm{d}z_1>0$$

(因为 $\rho_1^{z_1}\equiv 0$ 的情形已被排除). 由连续性可知,$\gamma_3^z-\gamma_1^z>0$;这就是说,即使当 z 仅仅是充分接近于1时,不等式 $\gamma_1^z<\gamma_3^z$ 仍成立. 因此,对于这些 z,有 $\rho_3^z=0$,即 $\rho_1^z=1$. 于是,根据(19:17),必定有 $\bar{z}''<1$. 由于在 $\bar{z}''\leqslant z\leqslant 1$ 中不存在中间值 z,因此,在整个区间里有 $\rho_1^z\equiv 0$ 或 $\rho_1^z\equiv 1$. 我们前面的结果排斥第一种情形. 因此

(19:18) 在整个区间 $\bar{z}''\leqslant z\leqslant 1$ 里有 $\rho_1^z\equiv 1$.

19.8.5 最后,考虑(19:17)中区间的左端点 $\bar{z}'$. 如 $\bar{z}'>0$,我们得到区间 $0\leqslant z\leqslant\bar{z}'$. 此区间不包含中间值 z;因此,在整个区间 $0\leqslant z\leqslant\bar{z}'$ 里,我们有 $\rho_1^z\equiv 0$ 或 $\rho_1^z\equiv 1$. $\gamma_3^z-\gamma_1^z$ 即(19:15)左端的一阶导数显然是 $2(a+b)\rho_1^z-2b$. 在 $0\leqslant z<\bar{z}'$ 里,如 $\rho_1^z\equiv 0$,则这个导数是 $2(a+b)\cdot 0-2b=-2b<0$;如果 $\rho_1^z\equiv 1$,则导数是 $2(a+b)\cdot 1-2b=2a>0$. 这就是说,在整个区间 $0\leqslant z<\bar{z}'$ 里,$\gamma_3^z-\gamma_1^z$ 分别是单调减少或单调增加的. 由于它在右端点(中间值点 $\bar{z}'$)的值是0,在整个区间 $0\leqslant z<\bar{z}'$ 里我们分别有 $\gamma_3^z-\gamma_1^z>0$ 或 <0;即分别有 $\gamma_1^z<\gamma_3^z$ 或 $\gamma_3^z<\gamma_1^z$. 在 $0\leqslant z<\bar{z}'$ 中,前一种情形蕴涵 $\rho_3^z\equiv 0,\rho_1^z\equiv 1$,后一种情形蕴涵 $\rho_1^z\equiv 0$;但是,在这个区间中;我们开始时所作的假设分别是 $\rho_1^z\equiv 0$ 或 $\rho_1^z\equiv 1$. 因此,在两种情形里都存在着矛盾.

于是,我们得到

(19:19) $$\bar{z}'=0.$$

19.8.6 现在,我们对中间值 $z=\bar{z}'=0$ 表出(19:15)里的等式,从而可以确定 $\bar{z}''$. 这时,(19:15)变为

$$-(a+b)\int_0^1\rho_1^{z_1}\mathrm{d}z_1+2b=0,$$

即

$$\int_0^1\rho_1^{z_1}\mathrm{d}z_1=\frac{2b}{a+b}.$$

但由(19:17),(19:18),(19:19)有

$$\int_0^1\rho_1^{z_1}\mathrm{d}z_1=\bar{z}''\cdot\frac{b}{a+b}+(1-\bar{z}'')\cdot 1=1-\frac{a}{a+b}\cdot\bar{z}''.$$

因此,我们得到

$$1-\frac{a}{a+b}\bar{z}''=\frac{2b}{a+b},$$

$$\frac{a}{a+b}\bar{z}''=1-\frac{2b}{a+b}=\frac{a-b}{a+b},$$

即

(19:20) $$\bar{z}''=\frac{a-b}{a}.$$

把(19:17),(19:18),(19:19),(19:20)结合起来,就有

(19:21) $$\rho_1^z=\begin{cases}\dfrac{b}{a+b}, & 若\ 0\leqslant z\leqslant\dfrac{a-b}{a},\\ 1, & 若\ \dfrac{a-b}{a}<z\leqslant 1.\end{cases}$$

这个式子连同(19:12),(19:13)说明了策略的全部特征.

*19.9 解的详尽分析

19.9.1 19.8的结果表明，在我们所考虑的这种形式的扑克里，存在着唯一的一个好策略.[①]它由19.8里的(19:11)，(19:12)，(19:13)描述.我们将以图形表示这个策略，这可以使我们在以下用文字来讨论它的时候比较容易些.(见图40.这个图的比例是$a/b\approx3$.)

曲线$\rho=\rho_1^z$以线段——表示.——在直线$\rho=0$上面的高度是叫"高"价的概率：ρ_1^z；直线$\rho=1$在——上面的高度是叫"低"价(而且后来必定是"不看")的概率：$\rho_3^z=1-\rho_1^z$.

19.9.2 应用19.7里的公式(19:9:a*)，(19:9:b*)，(19:9:c*)，我们现在可以计算系数γ_j^z.我们给出这些公式的图形表示，而把简单的验证工作留给读者去做.(见图41.图的比例与图40一样，即$a/b\approx3$——参看图40的说明.)曲线$\gamma=\gamma_1^z$以线段"——"表示；$\gamma=\gamma_2^z$以"……"表示；$\gamma=\gamma_3^z$以"----"表示.从图上可以看出："——"和"----"(即γ_1^z和γ_3^z)在$0\leqslant z\leqslant\frac{a-b}{a}$中重合"……"和"----"(即$\gamma_2^z$和$\gamma_3^z$)在$\frac{a-b}{a}\leqslant z\leqslant1$中重合.三条曲线各由在$z=\frac{a-b}{a}$相衔接的两个直线段构成.$\gamma_j^z$在临界点$z=0,\frac{a-b}{a},1$处的值都在图中给出.[②]

19.9.3 比较图40和图41，可以看出，我们的策略确实是个好策略，即它满足19.7里的条件(19:B).事实上，在$0\leqslant z\leqslant\frac{a-b}{a}$中有$\rho_1^z\neq0,\rho_3^z\neq0$，这时$\gamma_1^z$和$\gamma_3^z$都是最低的曲线，即等于$\mathrm{Min}_j\gamma_j^z$.在$\frac{a-b}{a}<z\leqslant1$中只有$\rho_1^z\neq0$，这时只有$\gamma_1^z$是最低的曲线，即等于$\mathrm{Min}_j\gamma_j^z$.($\gamma_2^z$的变化可以不必考虑，因为$\rho_2^z=0$处处成立.)

我们也能够从19.7里的(19:7*)计算一局的值K.不难求得$K=0$；这就是预期中的值，因为博弈是对称的.

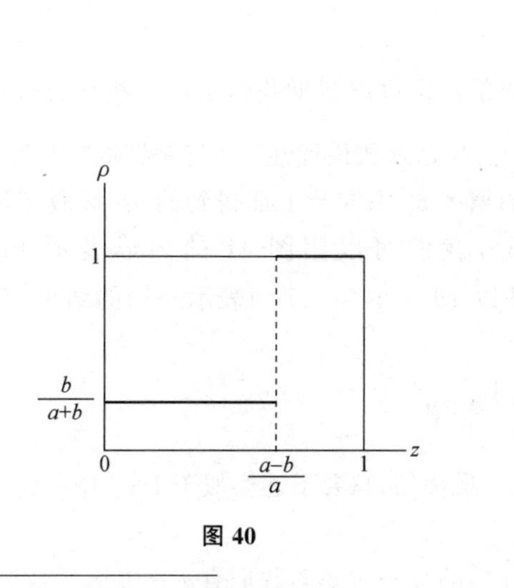

图40

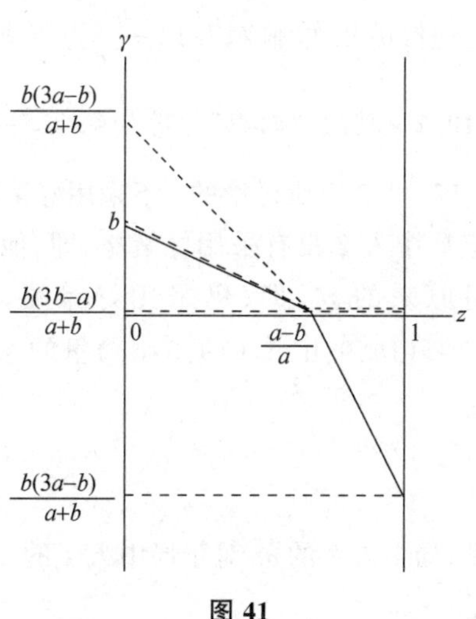

图41

---

① 事实上，我们所证明的只是：除了在19.8中确定的策略外，任何别的策略都不可能是好的策略.19.8中所确定的策略确实是好策略，这可以从已得到证明的(至少一个)好策略的存在性推出；虽然我们转到"连续"情形的过程也许会引起一些怀疑.但是，我们将在下面验证，上述策略是个好策略，这就是说，它满足19.7里的(19:B).

② 这些结果的简单计算留待读者验算.

*19.10 解的解释

19.10.1 19.8,19.9的结果虽然在数学上是完整的,但却需要用文字加以讨论和解释.我们现在就来进行这个工作.

首先,从图40中好策略的图形可以看出,对于足够强的一手牌,有 $\rho_1^z=1$;这就是说,这时局中人应该叫"高"价,而不应该采取任何其他的措施.这就是 $z>\frac{a-b}{a}$ 的情形.但是,对于较弱的牌,有 $\rho_1^z=\frac{b}{a+b}$,$\rho_3^z=1-\rho_1^z=\frac{a}{a+b}$,这时 ρ_1^z 和 ρ_3^z 都 $\neq 0$;这就是说,这时局中人应不规则地叫"高"和"低"价(按照指明的概率).这就是 $z\leqslant\frac{a-b}{a}$ 的情形.在这种情形下,应该少叫"高"价而多叫"低"价;事实上,$\frac{\rho_3^z}{\rho_1^z}=\frac{a}{b}$,而且 $a>b$.从最后这个公式也可以看出,当叫"高"价的代价增加(相对于叫"低"价而言)时,最后这类"高"的叫价应该越来越减少.

这些拿了一手"弱"牌而叫"高"价的情形——不规则地应用,只受(指明的)概率支配,而且当叫"高"价的代价增加时变得越来越少——有一个很明显的解释:这就是普通扑克里的"偷鸡".

由于我们在讨论里对扑克加上了极端的简化条件,"偷鸡"只不过以其最原始的形式出现.然而,这种现象的实质是无可怀疑的:策略告诉局中人,如果拿到一手"强"牌$\left(z>\frac{a-b}{a}\right)$,一定叫"高"价;如果拿到一手"弱"牌$\left(z<\frac{a-b}{a}\right)$,在大多数情况下叫"低"价$\left(\text{以}\frac{a}{a+b}\text{为概率}\right)$,但偶尔不规则地掺进几次"偷鸡"$\left(\text{以}\frac{b}{a+b}\text{为概率}\right)$.

19.10.2 其次,"偷鸡"地带 $0\leqslant z\leqslant\frac{a-b}{a}$ 的条件也可以帮助我们了解一些别的事情——17.10.1,17.10.2里所讨论的:不采用好策略的后果,"永久最优性""取守势""取攻势".

假定局中人2没有采用好策略,即,他用的概率 σ_j^z 不同于上面得到的 ρ_j^z.又假定局中人1仍采用原来的 ρ_j^z,即,仍采用好策略,于是,我们可以用图41的图形表示19.7的(19:9:a*),(19:9:b*),(19:9:c*)里的 γ_j^z,并以19.7的(19:7*)表示一局的结果(对于局中人1):

(19:22)
$$K=\sum_j\int_0^1\gamma_j^z\sigma_j^z\,\mathrm{d}z.$$

由此可见,局中人2的 σ_j^z 对于局中人1的 ρ_j^z 说是最优的,只要下述类似于19.6中(19:8)的条件被满足:

(19:C) 对于 γ_j^z 不取它的最小值(对于 j[①])的每一对 z,j,我们有 $\sigma_j^z=0$.这就是说,要使得 σ_j^z 对于 ρ_j^z 恰好与 ρ_j^z 本身一样好——即,使得 $K=0$,(19:C)是个必要和充分的

① 我们指的是对于 j,而不是对于 z,j!

条件.不满足这个条件的 σ_j^z 就没有这样好——即,使得 $K>0$.换一句话说：

(19:D) 当对手坚守好策略时,犯错误——即,采用一个异于好策略 ρ_j^z 的策略 σ_j^z——而不导致损失,其必要和充分条件是：σ_j^z 满足上面的(19:C).

只要看一看图 41 就可以知道,(19:C)的意义是：

$$\text{对于 } z>\frac{a-b}{a}\text{,有 } \sigma_2^z=\sigma_3^z=0\text{；但对于 } z\leqslant\frac{a-b}{a}\text{,则只有 } \sigma_2^z=0.$$ [①]

这就是说：对于一手强牌$\left(z>\frac{a-b}{a}\right)$,(19:C)规定永远叫“高”价；对于任何一手牌,它规定不许可叫“低”价而后来又“看牌”；但对于一手弱牌,即,对于“偷鸡”地带的牌$\left(z\leqslant\frac{a-b}{a}\right)$,它没有能指出叫“高”价和叫“低”价(而且后来“不看”)的概率之比.

19.10.3 由此可见,如果比不正确的“偷鸡”更远离好策略,就会导致损失.这时对手只要坚守好策略就够了.如果对手采用好策略,那么,不正确的“偷鸡”是不会引起损失的.但对手若适当地偏离好策略,就可以使前一局中人遭受损失.这就是说,“偷鸡”的重要性并不在于与一个好的对手博弈时局的进行如何,而在于对手有可能偏离好的策略,“偷鸡”能够对这种情况有所防备.这与我们在 19.2.1 的末尾所作的说明是一致的,特别是我们在那里提出的“偷鸡”的第二种解释.[②]事实上,由“偷鸡”所造成的不确定的因素,正是我们在 19.2.1 里提到的对于对手策略的约束；我们已在 19.2.1 的末尾分析了这一问题.

我们的结果与 17.10.2 里的结论也是一致的.我们看到,扑克的这种变形,它的唯一的一个好策略不是永久最优的；因此,永久最优的策略在这里不存在.(参看 17.10.2 前半部分的说明,特别是该节的第一个注.)而且,“偷鸡”是一种防御性的措施——在 17.10.2后半部分讨论的意义上.

19.10.4 第三,让我们看一看上引处指出的取攻势的行为,即,当对手未能正确地运用“偷鸡”时,一个局中人能够通过偏离好策略而得到利益.

我们互换局中人的地位：设局中人 1 不正确地进行“偷鸡”,即,采用不同于图 40 中的 ρ_j^z.由于只牵涉到不正确的“偷鸡”,我们仍假定：

$$\rho_2^z=0,\quad \text{对于一切 } z,$$

$$\left.\begin{array}{l}\rho_1^z=1,\\ \rho_3^z=0,\end{array}\right\}\quad \text{对于一切 } z>\frac{a-b}{a}.$$

我们感兴趣的只是下面的情形：

(19：23) $$\rho_1^z\geqslant\frac{b}{a+b}\text{，对于某些 } z=z_0<\frac{a-b}{a}.$$ [③]

---

① 事实上,在$z=\frac{a-b}{a}$处,甚至$\sigma_2\neq0$也是许可的.但这个孤立的z值的概率为0,因此,可以不必考虑它.参看 19.8.2 最后一个注.

② 这些对我们现在这种形式的扑克都成立.关于其他的观点,参看 19.16.

③ 事实上,我们需要它对不止一个 z 成立,参看 19.8.2 最后一个注.最简单的方式,是假定这些不等式在 z_0 的一个邻域里成立.

在 19.8.1 第四个注和 19.8.2 最后一个注的意义上,要严格地处理这个问题是很容易的.我们不打算这样做,理由与上引处所说的一样.

19.8 中(19:15)的左端仍是 $r_3^z-r_1^z$ 的有效表示式.现在,考虑一个 $z<z_0$.(19:23)里的 $\gtreqless$ 不影响 $\int_0^z \rho_1^{z_1}\,dz_1$ 的值,但它使 $\int_z^1 \rho_1^{z_1}\,dz_1$ $\begin{matrix}\text{增加}\\ \text{减少}\end{matrix}$,因而使(19:15)的左端即 $r_3^z-r_1^z$ $\begin{matrix}\text{减少}\\ \text{增加}\end{matrix}$.如果没有(19:23)的改变,$r_3^z-r_1^z$ 的值将为 0(参看图 41),因此,它现在的值 $\gtreqless 0$.这就是说,$r_3^z \gtreqless r_1^z$.其次,考虑

$$z_0<z\leqslant\frac{a-b}{a}$$

里的一个 z.(19:23)里的 $\gtreqless$ 使 $\int_0^z \rho_1^{z_1}\,dz_1$ $\begin{matrix}\text{增加}\\ \text{减少}\end{matrix}$,但它不影响 $\int_z^1 \rho_1^{z_1}\,dz_1$ 的值;因此,它使(19:15)的左端即 $r_3^z-r_1^z$ $\begin{matrix}\text{增加}\\ \text{减少}\end{matrix}$.如果没有(19:23)的改变,$r_3^z-r_1^z$ 的值将为 0(参看图 41),因此,它现在的值 $\gtreqless 0$.这就是说,$r_3^z \gtreqless r_1^z$.总起来说:

(19:E) (19:23)里的 $\gtreqless$ 引起

$$r_3^z \gtreqless r_1^z,\quad \text{对于 } z<z_0,$$

$$r_3^z \gtreqless r_1^z,\quad \text{对于 } z_0<z\leqslant\frac{a-b}{a}.$$

所以,对手有可能得到利益,即,使得(19:22)的 K 减小,只要采用不同于 ρ_j^z 的 σ_j^z:对于 $z<z_0$,以 $\begin{matrix}\sigma_1^z\\ \sigma_3^z\end{matrix}$ 为代价,使 $\begin{matrix}\sigma_3^z\\ \sigma_1^z\end{matrix}$ 增加,即,使 σ_1^z 从 ρ_1^z 的值 $\frac{b}{a+b}$ $\begin{matrix}\text{减少}\\ \text{增加}\end{matrix}$ 到极端值 $\begin{matrix}0\\ 1\end{matrix}$;对于 $z_0<z\leqslant\frac{a-b}{a}$,以 $\begin{matrix}\sigma_3^z\\ \sigma_1^z\end{matrix}$ 为代价,使 $\begin{matrix}\sigma_1^z\\ \sigma_3^z\end{matrix}$ 增加,即,使 σ_1^z 从 ρ_1^z 的值 $\frac{b}{a+b}$ $\begin{matrix}\text{增加}\\ \text{减少}\end{matrix}$ 到极端值 $\begin{matrix}1\\ 0\end{matrix}$.换句话说:

(19:F) 对于一手牌 z_0,如果对手"偷鸡"过多(或少),则可以通过下述对好策略的偏离而使他受到惩罚:对于较 z_0 为弱的各手牌,过少(或多)采取"偷鸡"行为;对于较 z_0 为强的各手牌,过多(或少)采取"偷鸡"行为.

这就是说,对于较 z_0 为强的牌,应该模仿他的错误;对于较 z_0 为弱的牌,应该采取与他相反的措施.

以上的细节确切地说明了正确的"偷鸡"如何能够防备对手过多或过少的"偷鸡"行为,也表示了它的直接推论.在这方面还可以进行更深入的考虑,但我们不打算继续讨论这个问题了.

*19.11 扑克的更一般的形式

19.11 以上讨论虽然能在很大的程度上帮助我们了解扑克的策略方面的结构和扑克的种种可能性,但这只是由于我们对博弈的规则加上了极端的简化条件的缘故.所加的这些简化条件是在 19.1,19.3,19.7 里表述出来的.为了真实地了解这种博弈,我们现在应该设法除去这些条件.

这并不是说,博弈的一切新奇复杂的情况,过去我们把它们除去了(参看 19.1),现在必须

全部予以恢复.[①]但是,由于简化而使博弈失去了它的一些简单而重要的特点,重新来考虑它们将是很有益处的.我们指的特别是:

(A) 各"手"牌应该是离散的,而不是连续的(参看 19.7).

(B) 叫价应该有两种以上的可能方式(参看 19.3).

(C) 每一局中人应该有多于一次的叫价机会,而且,也应该考虑轮流叫价,而不限于同时叫价(参看 19.3).

要同时加上(A),(B),(C)三个条件并求出好的策略,这个问题还没有解决.因此,我们目前只能满足于单独地把(A),(B),(C)加上去.

现在已经知道了关于(A)和关于(B)的完全的解,而关于(C)则只取得了很有限的进展.要详细地给出全部数学推导,将会离题过远;我们将简洁地介绍关于(A),(B),(C)的结果.

*19.12 离散的各手牌

19.12.1 首先考虑(A).这就是说,我们现在回到在 19.1.2 之末引进的、在 19.4 至 19.7 中用过的离散的各手牌 $s=1,\cdots,S$ 的情形.这种情形下的解,在许多方面是与图 40 的解相类似的.一般的有 $\rho_2^s=0$;并且存在某个 s^0,使得对于 $s>s^0$ 有 $\rho_1^s=1$,而对于 $s<s^0$ 有 $\rho_1^s\neq 0,1$.而且,如果转换到 z 的尺度(参看图 39),则$\frac{s^0-1}{S-1}$的值非常接近于$\frac{a-b}{a}$.[②]因此,有一个"偷鸡"地带,而且在其上有一个叫"高"价的地带——正好和图 40 里一样.

但是,对于 $s<s^0$,即,在"偷鸡"地带里,ρ_1^s 却并不等于或接近于图 40 里的$\frac{b}{a+b}$.[③]当 $S\to\infty$ 时,它们在这个值周围振荡,振幅依赖于 S 的某些算术上的特性,但不趋于 0.不过,ρ_1^s 的平均值则趋于$\frac{b}{a+b}$.[④]换句话说:

离散博弈的好策略非常像连续博弈的好策略:就两个地带("偷鸡"和叫"高"价地带)的划分而言,在一切细节上都对;就这些地带的地位和大小,以及叫"高"价地带中的事件而言,断言也成立.但在"偷鸡"地带中,断言只适用于有关平均值的问题(关于长度近似相等的若干手牌).单独地看各手牌,其策略与图 40 中给出的相差可能很大,它们依赖于 s 和 S(关于 a/b)的算术特性.[⑤]

19.12.2 由此可见,与图 40 相应的策略——即,其中对于一切 $s<s^0$ 有 $\rho_1^s\equiv\frac{b}{a+b}$——不是一个好策略,它与好策略有着相当大的差别.虽然如此,我们能够证明,采用这个"平均"策略

---

① 而且,我们目前要考虑的仍是二人博弈,而不是任何别种博弈.

② 确切地说:对于 $S\to\infty$,$\frac{s^0-1}{S-1}\to\frac{a-b}{a}$.

③ 这就是说:不论 s 的变化范围如何,对于 $S\to\infty$,不会有 $\rho_1^s\to\frac{b}{a+b}$.

④ 事实上,对于绝大多数 $s<s^0$,有$\frac{1}{2}(\rho_1^s+\rho_1^{s+1})=\frac{b}{a+b}$.

⑤ 在与图 40 相当的图里,图形的左边部分将不是一个直线段$\left(\rho=\frac{b}{a+b},0\leqslant z\leqslant\frac{a-b}{a}\right)$,而是围绕着这个平均值振荡得很厉害的曲线.

所致的最大损失,其值并不大.更确切地说,当 $S\to\infty$ 时它趋于 0.[①]

这样,我们看到:在离散博弈里,"偷鸡"的正确方式具有很复杂的"精细结构",然而采用它的局中人只能由此获得极其微小的利益.

这种现象可能是典型的,它也会出现在复杂得多的实际博弈里.此现象表明,要在这个理论里假定或期望连续性,必须是多么审慎和小心.[②]但在实际上的重要性——由此引起的输赢——似乎是很小的,而整个问题即使对于最有经验的局中人来说恐怕也还属于"未知的领域".

19.13 m 个可能的叫价

19.13.1 其次,考虑(B).这就是说,我们保持各手牌是连续的,但允许有两种以上的叫价方式.也就是说,我们把原来的两个叫价

$$a>b\ (>0)$$

改变成更多数目——设为 m 个——的叫价,序次如下:

$$a_1>a_2>\cdots>a_{m-1}>a_m\ (>0).$$

这种情形下的解,也与图 40 的解有一定程度的相似性.[③]

这时,存在着某个 z^0,[④]使得对于 $z>z^0$,局中人应当无例外地叫最高的价;而对于 $z<z^0$,他应当按照指明的概率不规则地进行各种叫价(其中总是包含最高的叫价 a,但也包含别的叫价).至于他应该以怎样的概率采用哪几种叫价,这由 z 的值确定.[⑤]因此,有一个"偷鸡"地带,而且在其上有一个叫"高"价的地带(事实上其中只包含叫最高的价,而不包含别的),正好和图 40 里一样.但是,与图 40 相比,"偷鸡"——在它自己的地带 $z\leqslant z^0$ 里——具有复杂得多和多变的结构.

这种结构虽然有着一些很有趣的性质,但我们不预备去详细地分析它.不过,我们将在这里提出它的特点之一.

19.13.2 设已给定二值

$$a>b>0,$$

以它们作为最高和最低的叫价:

$$a_1=a,\quad a_m=b.$$

现在,令 $m\to\infty$,并选择其余的叫价 $a_2,\cdots,a_{m-1}$ 使它们以无限增加的密度充斥在区间

---

① 事实上,它的阶是 $1/S$.我们记得,在实际的扑克里 S 约等于 250 万(参看前面 19.1.2 第五个注).

② 关于这个问题,可以回忆一下前面 19.7.2 最后一个注的第二部分.

③ 事实上,解是这样确定的:在规则里再加上一个限制条件,它规定,对于对手的一个较高的叫价,不允许"看牌".这就是说:每个局中人应该一次就作出他的最终、最高的叫价;如果对手的叫价比他的高,则"不看"(并接受其后果).

④ 类似于图 40 里的 $z=\dfrac{a-b}{a}$.

⑤ 如果他必须采用的叫价是 $a_1,a_p,a_q,\cdots,a_n\ (1<p<q<\cdots<n)$,那么,可以证明,它们的概率必定分别是

$$\frac{1}{ca_1},\ \frac{1}{ca_p},\ \frac{1}{ca_q},\ \cdots,\frac{1}{ca_n},\quad \left(c=\frac{1}{a_1}+\frac{1}{a_p}+\cdots+\frac{1}{a_n}\right).$$

这就是说,如果必须采用某个叫价,则它的概率必定与所需的代价成反比.

对于一个给定的 z,实际上究竟出现哪些 $a_p,a_q,\cdots,a_n$,这需由一个更加复杂的准则来确定,我们在这里不讨论它.

应当注意到,只是为了要使得全部概率的和等于 1,才需要用到上面的 c.读者自己可以验证一下,图 40 里的概率具有上面列出的值.

(19:24)
$$b \leqslant x \leqslant a$$
中.(参看下面的注里的两个例子.)这时,如果上面描述的好策略趋于一个极限(即,当 $m \to \infty$,趋于一个渐近策略),那么,对于只规定了叫价的上、下界(a 和 b)而叫价可以是二者之间的任一数(即,在(19:24)中)的博弈,就可以把它解释成为一个好策略.这就是说,在 19.3 的开头处提到的、叫价和叫价之间须有一个最小间隔的限制条件,现在被移去了.

现在,在 $a_1=a$ 和 $a_m=b$ 之间,举例说,我们可以插入一个算术序列 $a_2,\cdots,a_{m-1}$,也可以插入一个几何序列 $a_2,\cdots,a_{m-1}$.[①]当 $m \to \infty$,在两种情形里都可以得到一个渐近策略,但这两个策略在许多主要的方面都不一样.

如果我们在博弈里允许(19:24)的一切叫价,那么,就能直接确定出这个博弈的好策略.可以发现,上面提到的两个策略都是好策略,而且还有许多别的好策略.

这个结果表明,一旦放弃了叫价与叫价之间最小间隔的限制条件,就会导致多么复杂的情况:极限情形下的一个好策略,不能够用来近似地表示具有有穷多个叫价的一切附近情形中的好策略.这样,我们又一次加强了 19.12 结束处的说明.

*19.14 轮流叫价

19.14.1 最后,考虑(C).到现在为止,在这个方向所得到的唯一进展是这样的:我们能够以两个相继的叫价代替两个局中人的同时叫价;这就是说,我们首先让局中人 1 叫价,然后让局中人 2 叫价.

于是,19.4 中所述的规则现在修改如下:

首先,每一个局中人通过一个机会的着得到他的一手牌 $s=1,\cdots,S$,其中每一数具有相同的概率 $1/S$.我们以 s_1,s_2 分别记局中人 1,2 的一手牌.

然后,[②]局中人 1 通过一个"人的着"选择 a 或 b,即,"高"或"低"的叫价.[③]这时,他知道自己的一手牌,但不知道对手的一手牌.如果他叫的是"低"价,则一局就此结束.如果他叫的是"高"价,则局中人 2 通过一个人的着选择 a 或 b,即,"高"或"低"的叫价.[④]这时,局中人 2 知道他自己的一手牌,也知道对手的选择,但不知道对手的一手牌.

这就是一局的过程.在一局结束的时候,按照下述方式进行支付:如果局中人 1 叫"低",那么,若 $s_1>s_2$,$s_1=s_2$,$s_1<s_2$,分别相应于局中人 1 从局中人 2 那里得到 $b,0,-b$ 这个数额;如果两个局中人都叫"高",那么,若 $s_1>s_2$,$s_1=s_2$,$s_1<s_2$,分别相应于局中人 1 从局中人 2 那里得到 $a,0,-a$ 这个数额;如果局中人 1 叫"高"而局中人 2 叫"低",那么,局中人 1 从局中人 2 那

---

① 第一个序列由下面的等式定义:
$$a_p=\frac{1}{m-1}((m-p)a+(p-1)b), \quad p=1,2,\cdots,m-1,m;$$
第二个序列由下面的等式定义:
$$a_p=\sqrt[m-1]{a^{m-p}b^{p-1}}, \quad p=1,2,\cdots,m-1,m.$$

② 从这里开始,我们的描述就如同假定局中人 2 已经叫了"低"价,而现在轮到局中人 1 选择"看牌"或"加叫"一样.在这个阶段,我们不考虑"不看".

③ 即"加叫"或"看牌",参看上面这个注.

④ 即"看牌"或"不看".应该注意从上面这个注以后意义的改变.

里得到 b 这个数额.[①]

19.14.2 现在,可以进行纯策略和混合策略的讨论了,——如同19.5中对我们原来形式的扑克所进行的一样.

我们要给出的这个讨论,其方式对于就得19.4至19.7中讨论程序的读者来说,将是十分清楚的.

在这个博弈里,显然可以这样来说明一个纯策略:对于每一手牌 $s=1,\cdots,S$,说明叫价将是"高"的还是"低"的.用数值指标 $i_s=1,2$ 来描述它比较简单些:$i_s=1$ 表示叫"高"价,$i_s=2$ 表示叫"低"价.于是,策略就是对于每一个 $s=1,\cdots,S$ 指定一个这样的指标 i_s——即指定一个序列 $i_1,\cdots,i_S$.

这对两个局中人1和2都适用.因此,我们将以 $\Sigma_1(i_1,\cdots,i_S)$ 或 $\Sigma_2(j_1,\cdots,j_S)$ 记上述策略.由此可见,两个局中人的策略的数目是一样的:与序列 $i_1,\cdots,i_S$ 的数目一样多——即 2^S 个.按照11.2.2的记号,有

$$\beta_1=\beta_2=\beta=2^S$$

(但博弈却不是对称的!).

现在,如果两个局中人采用了策略 $\Sigma_1(i_1,\cdots,i_S),\Sigma_2(j_1,\cdots,j_S)$,我们必须把局中人1所收到的数额表示出来.这就是矩阵元素 $\mathscr{H}(i_1,\cdots,i_S|j_1,\cdots,j_S)$.如果两局中人实际上握有的两手牌是 s_1,s_2,那么,局中人1所收到的数额可以表示(应用上述规则)为:$\mathscr{L}_{\mathrm{sgn}(s_1-s_2)}(i_{s_1},j_{s_2})$,其中 $\mathrm{sgn}(s_1-s_2)$ 是 s_1-s_2 的符号,而且,

其中的三个函数 $\mathscr{L}_+(i,j)$, $\mathscr{L}_0(i,j)$, $\mathscr{L}_-(i,j)$,可以用矩阵表示为:

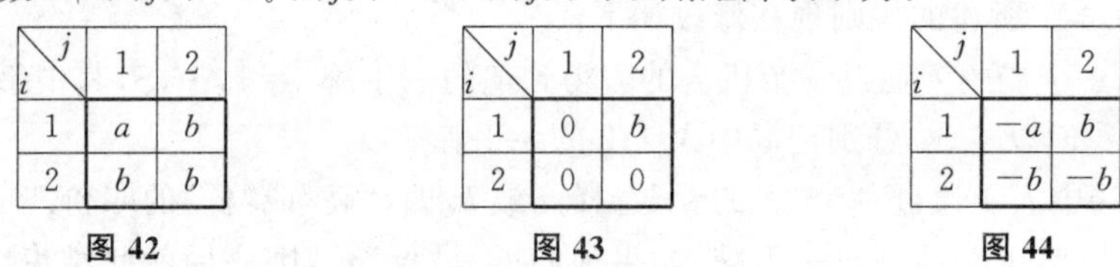

$i \backslash j$	1	2
1	a	b
2	b	b

图 42

$i \backslash j$	1	2
1	0	b
2	0	0

图 43

$i \backslash j$	1	2
1	$-a$	b
2	$-b$	$-b$

图 44

但是,如上所述,s_1,s_2 是由机会的着发出的.因此,

$$\mathscr{H}(i_1,\cdots,i_S \mid j_1,\cdots,j_S)=\frac{1}{S^2}\sum_{s_1,s_2=1}^{S}\mathscr{L}_{\mathrm{sgn}(s_1-s_2)}(i_{s_1},j_{s_2}).$$

19.14.3 我们现在转到17.2意义上的混合策略.这就是 S_β 中的向量 $\boldsymbol{\xi},\boldsymbol{\eta}$,我们必须把这些向量的支量也像(纯)策略一样表示出来:必须把 $\xi_{\tau_1}\ \eta_{\tau_2}$ 改写成 $\xi_{i_1,\cdots,i_S},\eta_{j_1,\cdots,j_S}$.

17.4.1里的(17:2)表示局中人1所获得的期望值,我们现在把它表示如下:

$$K(\boldsymbol{\xi},\boldsymbol{\eta})=\sum_{i_1,\cdots,i_S,j_1,\cdots,j_S}\mathscr{H}(i_1,\cdots,i_S \mid j_1,\cdots,j_S)\xi_{i_1,\cdots,i_S}\eta_{j_1,\cdots,j_S}$$

$$=\frac{1}{S^2}\sum_{i_1,\cdots,i_S,j_1,\cdots,j_S}\sum_{s_1,s_2}\mathscr{L}_{\mathrm{sgn}(s_1-s_2)}(i_{s_1},j_{s_2})\xi_{i_1,\cdots,i_S}\eta_{j_1,\cdots,j_S}.$$

互换两个 $\sum$ 号,把上式改写为

$$K(\boldsymbol{\xi},\boldsymbol{\eta})=\frac{1}{S^2}\sum_{s_1,s_2}\sum_{i_1,\cdots,i_S,j_1,\cdots,j_S}\mathscr{L}_{\mathrm{sgn}(s_1-s_2)}(i_{s_1},j_{s_2})\xi_{i_1,\cdots,i_S}\eta_{j_1,\cdots,j_S}.$$

---

① 在解释这些规则时,应记住上面三个注.从形式体系的观点看,应该回忆19.4里的注(再适当地更改一下).

若令

$$\rho_i^{s_1} = \sum_{\substack{i_1,\cdots,i_S \text{但不包含} i_{s_1} \\ i_{s_1}=i}} \xi_{i_1,\cdots,i_S}, \tag{19:25}$$

$$\sigma_j^{s_2} = \sum_{\substack{j_1,\cdots,j_S \text{但不包含} j_{s_2} \\ j_{s_2}=j}} \eta_{j_1,\cdots,j_S}, \tag{19:26}$$

则上面的等式变为

$$K(\boldsymbol{\xi},\boldsymbol{\eta}) = \frac{1}{S^2}\sum_{s_1,s_2}\sum_{i,j}\mathscr{L}_{\operatorname{sgn}(s_1-s_2)}(i,j)\rho_i^{s_1}\sigma_j^{s_2}. \tag{19:27}$$

19.14.4 所有这些都与19.5.2里的完全一样.也同那里一样,(19:25)表示,若局中人1采用混合策略$\boldsymbol{\xi}$,则当他的一手牌是s_1时,他将以概率$\rho_i^{s_1}$选择i.(19: 26)表示,若局中人2采用混合策略$\boldsymbol{\eta}$,则当他的一手牌是s_2时,他将以概率$\sigma_j^{s_2}$选择j.在直观上仍很清楚,数学期望值$K(\boldsymbol{\xi},\boldsymbol{\eta})$只依赖于$\rho_i^{s_1}$,$\sigma_j^{s_2}$这些概率,而不依赖于原来的那些$\xi_{i_1,\cdots,i_S}$,$\eta_{j_1,\cdots,j_S}$本身.(19: 27)所表示的就是这个事实;而且,在这个基础上,也很容易直接将它推导出来.

从$\rho_i^{s_1}$,$\sigma_j^{s_2}$的意义以及从它们的形式定义(19:25),(19:26),也都可以清楚地看出来,它们满足下面的条件:

$$\text{所有的 } \rho_i^{s_1} \geqslant 0, \quad \sum_{i=1}^{2}\rho_i^{s_1} = 1; \tag{19:28}$$

$$\text{所有的 } \sigma_j^{s_2} \geqslant 0, \quad \sum_{j=1}^{2}\sigma_j^{s_2} = 1. \tag{19:29}$$

而且,满足这些条件的任何$\rho_i^{s_1}$,$\sigma_j^{s_2}$,都可以根据(19:25),(19:26)从合适的$\boldsymbol{\xi},\boldsymbol{\eta}$得出.(参看19.5.3中相应的步骤,特别是该节的第一个注.)因此,可以形成下面的二维向量:

$$\boldsymbol{\rho}^{s_1} = \{\rho_1^{s_1},\rho_2^{s_1}\}, \quad \boldsymbol{\sigma}^{s_2} = \{\sigma_1^{s_2},\sigma_2^{s_2}\}.$$

于是,(19:28),(19:29)的确切含义是:所有的ρ^{s_1},σ^{s_2}都属于S_2.

由此可见,$\boldsymbol{\xi}$(或$\boldsymbol{\eta}$)是S_β里的向量,它依赖于$\beta-1=2^S-1$个常数值;现在的$\boldsymbol{\rho}^{s_1}$(或$\boldsymbol{\sigma}^{s_2}$)是$S_2$里的$S$个向量,其中每一个依赖于一个常数值,因而总共依赖于S个常数值.这样,我们使2^S-1缩减成了S(参看19.5.3的末尾).

19.14.5 如同19.6里一样,我们现在把(19:27)改写为

$$K(\boldsymbol{\rho}^1,\cdots,\boldsymbol{\rho}^S \mid \boldsymbol{\sigma}^1,\cdots,\boldsymbol{\sigma}^S) = \frac{1}{S}\sum_{s_2,j}\gamma_j^{s_2}\sigma_j^{s_2}, \tag{19:30}$$

式中$\sigma_j^{s_2}$的系数是

$$\frac{1}{S}\gamma_j^{s_2} = \frac{1}{S^2}\sum_{s_1,i}\mathscr{L}_{\operatorname{sgn}(s_1-s_2)}(i,j)\rho_i^{s_1};$$

应用图42至图44的矩阵,就有

$$\gamma_1^{s_2} = \frac{1}{S}\left\{\sum_{s_1=1}^{s_2-1}(-a\rho_1^{s_1}-b\rho_2^{s_1}) + \sum_{s_1=s_2+1}^{S}(a\rho_1^{s_1}+b\rho_2^{s_2})\right\}, \tag{19:31:a}$$

$$\gamma_2^{s_2} = \frac{1}{S}\left\{\sum_{s_1=1}^{s_2-1}(b\rho_1^{s_1}-b\rho_2^{s_1}) + b\rho_1^{s_2} + \sum_{s_1=s_2+1}^{S}(b\rho_1^{s_1}+b\rho_2^{s_2})\right\}. \tag{19:31:b}$$

由于博弈不是对称的,我们也需要写出当两个局中人互换时的相应公式,这就是

(19:32) $$K(\boldsymbol{\rho}^1,\cdots,\boldsymbol{\rho}^S \mid \boldsymbol{\sigma}^1,\cdots,\boldsymbol{\sigma}^S)=\frac{1}{S}\sum_{s_1,i}\delta_i^{s_1}\rho_i^{s_1},$$

式中 $\rho_i^{s_1}$ 的系数是

$$\frac{1}{S}\delta_i^{s_1}=\frac{1}{S^2}\sum_{s_2,j}\mathscr{L}_{\operatorname{sgn}(s_1-s_2)}(i,j)\sigma_j^{s_2};$$

应用图 42 至图 44 的矩阵,就有

(19:33:a) $$\delta_1^{s_1}=\frac{1}{S}\Big\{\sum_{s_2=1}^{s_1-1}(a\sigma_1^{s_2}+b\sigma_2^{s_2})+b\sigma_2^{s_2}+\sum_{s_2=s_1+1}^{S}(-a\sigma_1^{s_2}+b\sigma_2^{s_2})\Big\},$$

(19:33:b) $$\delta_2^{s_1}=\frac{1}{S}\Big\{\sum_{s_2=1}^{s_1-1}(b\sigma_1^{s_2}+b\sigma_2^{s_2})+\sum_{s_2=s_1+1}^{S}(-b\sigma_1^{s_2}-b\sigma_2^{s_2})\Big\}.$$

现在,判断好策略的准则基本上就是 19.6 中准则的重复.这就是说,由于现在所考虑的这种变形的不对称性,我们现在的准则将从 17.9 中一般准则(17:D)得出,其方式正如 19.6 中的准则能从 17.11.2 之末的对称准则得出一样.下面就是准则:

(19:G) $\boldsymbol{\rho}^1,\cdots,\boldsymbol{\rho}^S$ 和 $\boldsymbol{\sigma}^1,\cdots,\boldsymbol{\sigma}^S$——它们都属于 S_2——代表好策略,其必要和充分条件是:

对于 $\gamma_j^{s_2}$ 不取它的最小值(对于 j[①])的每一对 s_2,j,我们有 $\sigma_j^{s_2}=0$.对于 $\delta_i^{s_1}$ 不取它的最大值(对于 i[①])的每一对 s_1,i,我们有 $\rho_i^{s_1}=0$.

19.14.6 现在,我们按照 19.7 的意义,以连续的各手牌来代替离散的各手牌 s_1,s_2(可特别参看那里的图 39).如在 19.7 中所述的,这就使得向量 $\boldsymbol{\rho}^{s_1},\boldsymbol{\sigma}^{s_2}$ $(s_1,s_2=1,\cdots,S)$ 被向量 $\boldsymbol{\rho}^{z_1},\boldsymbol{\sigma}^{z_2}$ $(0\leqslant z_1,z_2\leqslant 1)$ 所代替,后者仍是具有与以前一样性质的概率向量,即,仍属于 S_2.因此,支量 $\boldsymbol{\rho}_i^{s_1},\boldsymbol{\sigma}_j^{s_2}$ 被支量 $\boldsymbol{\rho}_i^{z_1},\boldsymbol{\sigma}_j^{z_2}$ 所代替.类似地,$\delta_i^{s_1},\gamma_j^{s_2}$ 变成了 $\delta_i^{z_1},\gamma_j^{z_2}$.在我们的公式(19: 30),(19:31:a),(19:31:b)和(19:32),(19:33:a),(19:33:b)里的和式,现在都转换成了积分,就像 19.7 的(19:7*),(19:9:a*),(19:9:b*),(19:9:c*)里的积分一样.我们得到

(19:30*) $$K=\sum_j\int_0^1\gamma_j^{z_2}\sigma_j^{z_2}\,\mathrm{d}z_2,$$

(19:31:a*) $$\gamma_1^{z_2}=\int_0^{z_2}(-a\rho_1^{z_1}-b\rho_2^{z_1})\,\mathrm{d}z_1+\int_{z_2}^1(a\rho_1^{z_1}+b\rho_2^{z_1})\,\mathrm{d}z_1,$$

(19:31:b*) $$\gamma_2^{z_2}=\int_0^{z_2}(b\rho_1^{z_1}-b\rho_2^{z_1})\,\mathrm{d}z_1+\int_{z_2}^1(b\rho_1^{z_1}+b\rho_2^{z_1})\,\mathrm{d}z_1$$

和

(19:32*) $$K=\sum_i\int_0^1\delta_i^{z_1}\rho_i^{z_1}\,\mathrm{d}z_1,$$

(19:33:a*) $$\delta_1^{z_1}=\int_0^{z_1}(a\sigma_1^{z_2}+b\sigma_2^{z_2})\,\mathrm{d}z_2+\int_{z_1}^1(-a\sigma_1^{z_2}+b\sigma_2^{z_2})\,\mathrm{d}z_2,$$

(19:33:b*) $$\delta_2^{z_1}=\int_0^{z_1}(b\sigma_1^{z_2}+b\sigma_2^{z_2})\,\mathrm{d}z_2+\int_{z_2}^1(-b\sigma_1^{z_2}-b\sigma_2^{z_2})\,\mathrm{d}z_2.$$

---

① 我们指的是对于 $j(i)$,而不是对于 $s_2,j(s_1,i)$!

我们关于好策略的准则，现在也同样受到相应的转换.（这种转换是与从 19.6 的离散准则转换到 19.7 的连续准则一样的.）我们得到：

(19:H) $\boldsymbol{\rho}^{z_1}$ 和 $\boldsymbol{\sigma}^{z_2}$ $(0\leqslant z_1, z_2\leqslant 1)$——它们都属于 S_2——代表好策略的必要和充分条件是：

对于 $\gamma_j^{z_2}$ 不取它的最小值（对于 j[①]）的每一对 z_2, j，我们有 $\sigma_j^{z_2}=0$. 对于 $\delta_i^{z_1}$ 不取它的最大值（对于 i[①]）的每一对 z_1, i，我们有 $\rho_i^{z_1}=0$.

*19.15 全部解的数学描述

19.15.1 好策略 $\boldsymbol{\rho}^z$ 和 $\boldsymbol{\sigma}^z$，即，19.14 之末所述条件中隐含的解，是完全有办法加以确定的. 所需的数学方法，是与我们在 19.8 里所用的方法相类似的；在那里，我们确定了原来那种扑克变形的好策略——即，19.7 之末所述条件中隐含的解.

我们在这里不预备给出全部数学讨论，但将叙述一下由此产生的好策略 $\boldsymbol{\rho}^z, \boldsymbol{\sigma}^z$.

有唯一的一个好策略 $\boldsymbol{\rho}^z$ 存在，而好策略 $\boldsymbol{\sigma}^z$ 则形成一个很广泛的族.（参看图 45，图 46. 这些图里的实际比例是 $a/b\approx 3$.）

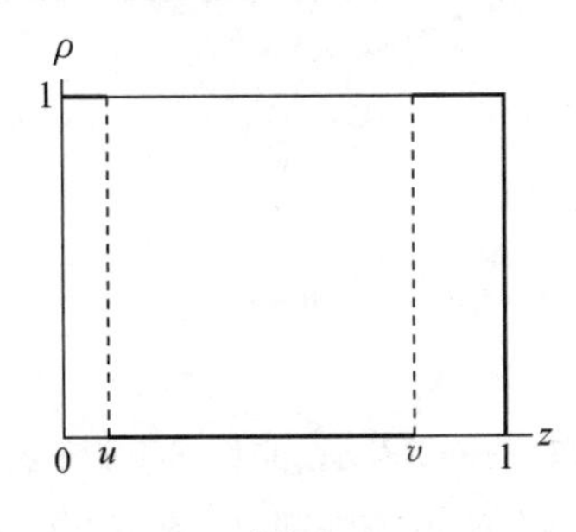

图 45

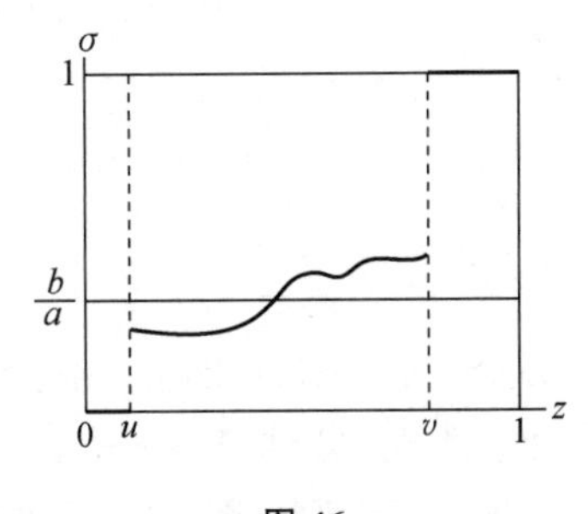

图 46

上图中：$u=\dfrac{(a-b)b}{a(a+3b)}, v=\dfrac{a^2+2ab-b^2}{a(a+3b)}$.

曲线 $\rho=\rho_1^z$ 和 $\sigma=\sigma_1^z$ 以线段——表示. ——在直线 $\rho=0(\sigma=0)$ 上面的高度是叫“高”价的概率：$\rho_1^z(\sigma_1^z)$；直线 $\rho=1(\sigma=1)$ 在——上面的高度是叫“低”价的概率：$\rho_2^z=1-\rho_1^z(\sigma_2^z=1-\sigma_1^z)$. 图 46 中曲线 $\sigma=\sigma_1^z$ 在区间 $u\leqslant z\leqslant v$ 上的不规则部分，代表好策略 $\boldsymbol{\sigma}^z$ 的多重性：事实上，曲线 $\sigma=\sigma_1^z$ 的这一部分满足下面的（必要而且充分）条件：

$$\frac{1}{v-z_0}\int_{z_0}^{v}\sigma_1^z\,\mathrm{d}z\begin{cases}=\dfrac{b}{a}, & \text{当 } z_0=u,\\[2ex] \geqslant\dfrac{b}{a}, & \text{当 } u<z_0<v.\end{cases}$$

用文字叙述，就是：在 u 和 v 之间，σ_1^z 的平均值是 b/a；而在这个区间中靠右边的任一部分上，σ_1^z 的平均值 $\geqslant b/a$.

由此可见，在下列三个区间上，$\boldsymbol{\rho}^z$ 和 $\boldsymbol{\sigma}^z$ 二者都表现出三种不同类型的现象：[②]

---

① 我们指的是对于 $j(i)$，而不是对于 $z_2, j(z_1, i)$！

② 关于这些区间的端点等，参看 19.8.2 最后一个注.

第一：$0\leqslant z<u$. 第二：$u\leqslant z\leqslant v$. 第三：$v<z\leqslant 1$. 这三个区间的长度分别是 $u, v-u, 1-v$. 容易验证：

$$u : 1-v=a-b : a+b,$$

$$v-u : 1-v=a : b.$$

借助于这两个比例关系，就可以很容易地记住 u, v 的相当复杂的表示式.

19.15.2 应用 19.14,6 的公式(19:31:a*),(19:31:b*)和(19:33:a*),(19:33:b*)，我们现在可以计算系数 γ_j^z, δ_i^z. 如同 19.9 的图 41 一样，我们给出这些公式的图形表示，而把简单的验证工作留给读者去做. 要说明 $\boldsymbol{\rho}^z, \boldsymbol{\sigma}^z$ 是好策略，只有 $\delta_1^z-\delta_2^z, \gamma_2^z-\gamma_1^z$ 这两个差是有关系的因素. 事实上，19.14 之末的准则可以这样来叙述：当上面的差式>0 时，分别有 $\rho_2^z=0$ 或 $\sigma_2^z=0$；当上面的差式<0 时，分别有 $\rho_1^z=0$ 或 $\sigma_1^z=0$. 因此，我们只给出这些差式的图形.(参看图 47，图 48. 图里的比例与图 45，图 46 一样，即 $a/b\approx 3$——参看那里的说明.)

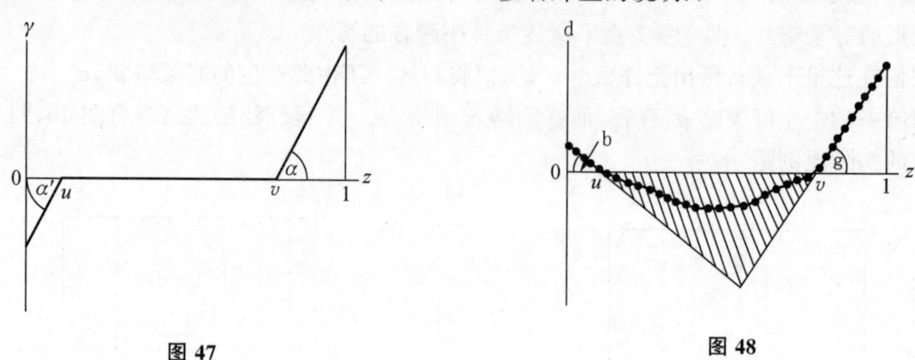

图 47　　　　图 48

上图中：$\tan\alpha=2a$，　$\tan\beta=2b$，　$\tan\gamma=2(a-b)$.

曲线 $\gamma=\gamma_2^z-\gamma_1^z$ 以线段"——"表示；曲线 $\delta=\delta_1^z-\delta_2^z$ 以"••••"表示. 曲线 $\delta=\delta_1^z-\delta_2^z$ 在区间 $u\leqslant z\leqslant v$ 上的不规则部分(图 48)，与曲线 $\sigma=\sigma_1^z$ 在同一区间上的不规则部分(图 46)相对应——即它也代表好策略 $\boldsymbol{\sigma}^z$ 的多重性. 曲线 $\sigma=\sigma_1^z$ 的这一部分所满足的条件(参看图 46 以后的讨论)说明，曲线 $\delta=\delta_1^z-\delta_2^z$ 的这一部分必须处于带斜线"/////"的三角形之内(图 48).

19.15.3 以图 45 与图 47 相比较，并以图 46 与图 48 相比较，可以看出，我们的策略确实是好策略，即，它们满足条件(19:H). 我们留待读者验证这一点，这与 19.9 中对图 40 和 41 进行比较是相类似的.

K 的值可以从 19.14.6 里的(19:30*)或(19:32*)得出. 结果是：

$$K=bu=\frac{(a-b)b^2}{a(a+3b)}\text{[①]}.$$

因此，对于一个局，局中人 1 有着正的期望值——即，对他有利[②]；这似乎可以归之于他拥有头一次的叫价权.

① 从数值上看，对于我们全部图形所根据的比值 $a/b=3$，有 $u=\frac{1}{9}, v=\frac{7}{9}$ 和 $K=\frac{b}{9}$.

② 对于 $a/b\approx 3$，这里的利益约为 $b/9$(参看上一个注)，即，约为叫"低"价的代价的 11%.

*19.16 解的解释.结束语

19.16.1 19.15 里的结果现在应该加以讨论，就像在 19.10 里讨论 19.8，19.9 的结果一样.我们不打算详细地进行这个讨论，只预备对这个问题作一些说明.

我们看到，代替图 40 里的两个地带，在图 45，图 46 里出现了三个地带.在两个图里（即对于两个局中人），最高的地带（即最右端的）都相当于“高”的叫价，而且除此以外不包含任何别的情况.但另外两个地带的情况却不这么单纯.

对于局中人 2（图 46）来说，中间地带所代表的“偷鸡”类型，就同在图 40 的最低地带里一样——对于同一手牌，不规则地叫“高”和“低”价.但是，它们的概率虽然不是完全任意的，却不像图 40 里是唯一确定的.[①]这里（图 46 中）存在着一个最低的地带，其中局中人 2 必须永远叫“低”价——这就是说，这时他的一手牌是过分地弱，而不适于采用上述的混合行为.

此外，在局中人 2 的中间地带，γ_j^z 的变化——图 47 里的 $\gamma_2^z-\gamma_1^z=0$——与图 41 里一样，是没有差别的.因此，在这个地带里，与 19.10 最终部分所讨论的一样，他的行为的动机也是间接的.事实上，与其说这些“高”的叫价是“偷鸡”，还不如说它们是对于“偷鸡”的防御更恰当些.由于局中人 2 的这一叫价使一局结束，因此，其中确实并不包含“偷鸡”的动机，而对于对手的“偷鸡”，则有必要偶尔采取叫“高”价——即“看牌”——的办法来约制一下.

对于局中人 1 说（图 45），情况就不同了.在最低的地带里，他必须无例外地叫“高”价；在中间地带里，则需无例外地叫“低”价.拿了最弱的牌叫“高”价，而拿了中等强度的牌则叫“低”价，这正是取攻势的“偷鸡”行为的最纯粹形式.在这个“偷鸡”地带（即最低地带），δ_i^z 却绝不是没有差别的：在图 48 里，$\delta_1^z-\delta_2^z>0$——这就是说，在这种条件下，如果不采取“偷鸡”的行为，就会导致损失.

19.16.2 总起来说，在我们这种新的扑克变形里，“偷鸡”可以分成两类：第一种是由拥有开叫权的局中人采用的，这纯粹是攻势的“偷鸡”；第二种是由最后叫价的局中人采用的——由于怀疑对手在“偷鸡”，即使自己只有一手中等强度的牌，也要不规则地“看牌”——这是防御性的“偷鸡”.在我们原来的变形里，开叫权是分操在两个局中人手中的——因为他们同时叫价；现在可以看出，其中所包含的程序就是上述两种“偷鸡”的混合.[②]

这一切为我们提供了很有价值的启示，它帮助我们理解，应该怎样来逼近实际的扑克——具有更长的（轮流）叫价和加价的序列.数学上的问题是困难的，但是，应用已有的技术，也许不是不可能解决的.这将在别的著作中予以讨论.

---

① 参看图 46 之后的讨论.事实上，甚至有可能只用 $\sigma_1^z=0$ 和 1 就可以满足那些条件.例如，在中间的区间里，左边的 $\frac{a-b}{a}$ 部分区间上 $\sigma_1^z=0$，右边的 $\frac{b}{a}$ 部分区间上 $\sigma_1^z=1$.

当然，这样的解（即不可能有 $\sigma_1^z\neq 0,1$——根据图 45，也不可能有 $\rho_1^z\neq 0,1$）的存在性说明，扑克的这种变形是严格确定的.但是，在这个基础上（即在纯策略的基础上）进行讨论，却无法揭示出像图 46 里画出的解.

② 本章 19.1.2 第一个注里提到的 E. Borel 的变形，其处理的方式与我们的程序有某种程度的相似性.按照我们的术语，E. Borel 的变形可以这样来描述：

对于纯策略和混合策略二者，Max-Min（Max 对局中人 1 说，Min 对局中人 2 说）都是确定的.而且，二者是恒等的——这就是说，这种变形是严格确定的.由此得出的好策略与我们图 46 里的好策略是相当类似的，因此，“偷鸡”的特征表现得不像我们图 40 和 45 里那样清楚.参看上文中与此相类似的考虑.

第五章　零和三人博弈

· Chapter V　Zero-Sum Three-Person Games ·

20　概　述

20.1　一般观点

20.1.1　我们已经完成了零和二人博弈的理论，现在，我们要按照12.4的意义进行下一步的工作：建立零和三人博弈的理论. 在这个工作里，将表现出一些崭新的观点. 到现在为止已讨论过的每一类博弈，也都有着它们自己的特征问题. 我们已经看到，零和一人博弈里的特点，是有一个最大值问题出现；而零和二人博弈里的特点，则是轮廓鲜明的双方利害的对立，而且这已不再能够用一个最大值问题来描述. 正如同从一人博弈转移到零和二人博弈使问题失去了单纯最大值的特点，从零和二人博弈转移到零和三人博弈也使单纯的利害对立退出问题的核心.

20.1.2　事实上，很明显，在一个零和三人博弈里，两个局中人之间的关系可以是多方面的. 在一个零和二人博弈里，一个局中人所赢得的必定是另一个局中人所输掉的；反过来也一样，因此，永远有着利害的绝对对立. 在一个零和三人博弈里，一局中人的某种特殊的行动——为简单计，我们假定这个行动显然是对他有利的——可以是对另外两个局中人都是不利的，但也可以是对其中之一有利并且(从而)对另一对手是不利的. [①]在这种情形下，某两个局中人的利害有时会是相同的；而且可以想象，需要一个更精致的理论，来确定利害是全部相同或部分相同等等. 另一方面，在这种博弈(它是零和博弈)里，利害的对立必定仍然存在——因而，理论必须能够解决可能出现的种种错综复杂的情况.

特别是，可能发生这样的情况：一个局中人可以在种种不同的政策里有选择的余地. 他可以调整他自己的行为，使与另一个局中人有相同或相反的利害关系；他可以选择，愿意同另外两个局中人中的哪一个局中人建立这种利害相同的关系，并(有可能)建立到怎样的程度.

---

① 关于这一切，当然还需考虑到我们在零和二人博弈里已看出并已克服了的复杂性和困难性：一个特殊的"着"对某个局中人有利或不利，不一定只依赖于这个"着"，也依赖于别的局中人的行为. 不过，我们现在是在试图把新出现的困难性孤立起来，在其最纯粹的形式下进行分析. 以后我们将讨论，它们与原来的困难性之间的相互关系.

20.1.3 一旦有了选择谁建立共同利害关系的可能性,这就变成了一个挑选同盟者的问题.可以想象,形成了联盟以后,在两个有关的局中人之间,有必要有某种的默契.也可以这样来叙述这种情况:由于利害的一致,使得两个局中人要求合作,因而也许会导致行动的相互契合.另一方面,可以认为,如果利害相反,则局中人只需为自己的利益独立地采取行动.

这一切现象在零和二人博弈里是不存在的.在两个局中人之间,除非对手输掉,否则一个局中人是不会赢得什么的;因此,行动的一致或默契是毫无意义的.[①]从常识上看,这应该是很清楚的.如果需要一个形式上的论据(证明),只要回想一下,我们已经完成了零和二人博弈的理论,而从来没有提到过行动的一致或默契.

20.2 合　　伙

20.2.1 我们在上面看到了零和三人博弈在质的方面一个不同的特点(相对于零和二人博弈来说).除此而外,是否还有别的特点呢?这个问题只有到了以后才能够确定.如果我们用不着再引进任何新的概念就能完成零和三人博弈的理论,那么,我们就能够说,除了上面所述的,不再有其他的特点.当我们讨论到本章稍后的23.1时,就会看到,问题的实质正是如此.目前,我们指出:在我们所讨论的情形里,这是一个新的主要的因素;我们打算,在涉及任何其他事物之前,先对这个问题进行充分彻底的讨论.

这就是说,我们希望把注意力集中在一个局中人所能采取的若干种不同措施上:是与别的局中人合作呢,还是与他们站在对立的地位上?换一句话说,我们预备分析一下合伙的可能性——关于在哪两个局中人之间形成合伙,和合伙对付哪一个局中人的问题.[②]

为此,应该造出零和三人博弈的一个例子,其中只有这个因素占主要的地位,而一切其他因素都是可以忽略的;也就是说,在这个博弈里,合伙是唯一有关系的事情,也是所有局中人的唯一可想象的目标.[③]

20.2.2 到了这里,我们也不妨指出下面的情况:一个局中人最多只能在两种可能的合伙里选择一种,因为除了他本人外只有两个局中人;他可以试图与其中之一合作,以对付第三个局中人.我们必须通过对零和三人博弈的研究,来阐明这种选择是怎样进行的,并说

---

① 当然,在一个一般的二人博弈(即,和为变量的博弈)里,情况就不同了:在那里,两个局中人有可能合作,以取得较大的收益.从这方面看,在一般的二人博弈和零和三人博弈之间,有着某种的类似性。

我们将在第十一章,特别是56.2.2里看到,二者之间存在着一般的联系:一般的 n 人博弈与零和 $n+1$ 人博弈有着密切的关系.

② 下面的事实看来是值得注意的:在零和博弈里,当参加博弈的人数达到三个时,合伙才首次出现.在二人博弈里,局中人的数目不足以形成合伙:合伙至少需有两个局中人,这样就没有剩下的局中人可资对付了.而在三人博弈里,虽然博弈本身含有合伙,但局中人数目仍很有限,所以只能以一种确定的方式形成合伙:合伙必须由恰好两个局中人组成,并用来对付恰好一个(余下的)局中人.

如果有四个或更多个局中人,则情况就在相当程度上变得更加复杂——可以形成若干个合伙,这些合伙又可以互相合并或站在对立的地位上,等等.关于这个问题的一些例子,出现在第七章36.1.2之末及其后,37.1.2之末及其后;另一种情况出现在38.3.2之末.

③ 从方法上看,这与我们在零和二人博弈理论里关于"配铜钱"的考虑是一样的.我们在第三章14.7.1里看出,零和二人博弈起决定性作用的新的特点,在于确定哪一个局中人"猜透"他的对手."配铜钱"是这样一种博弈:在那里,"猜透对手"完全地控制着整个描述,而且除此以外任何别的因素都不起作用.

明某个特定的局中人究竟是否一定有这种选择的余地.如果某个局中人只有一种可能性形成一个合伙(我们以后将解释它的意义),那么,在怎样的意义上它算是一个合伙,这一点并不是很清楚的:由博弈的规则规定了一个局中人只能按照唯一的一种方式行动,就其性质说,与其说它是一种(合作的)合伙,还不如说它是一个(单方面的)策略.当然,在我们目前阶段的分析里,这些考虑是相当模糊和不明确的.但我们仍把它们提出来,因为这些都将是起决定性作用的性质.

一个局中人所能选择的几种可能的合伙,它们与另一局中人的几种可能合伙有着怎样的关系,这至少在目前的阶段似乎也是不明确的;这就是说,看来现在还不能肯定,对于一个局中人若存在着几种可能的选择,则对于另一局中人是不是也有同样的几种选择.

21 三人简单多数博弈

21.1 博弈的描述

21.1 我们现在来描述上面提到的例子,即:在一个简单的零和三人博弈里,唯一有关系的事情是局中人之间的默契——即合伙——的可能性.

下面就是对这个博弈的描述:

每一局中人通过一个"人的着"选择另二局中人之一的号码.[①]每个局中人在作他的选择时,不知道另外两个局中人的选择.

然后,按照下述方式进行支付:如果两个局中人互相选择了对方的号码,我们说,他们形成一个"偶合".[②]很明显,或者是恰好有一个"偶合",或者是一个"偶合"也没有.[③④]如果恰好有一个"偶合",则属于这个"偶合"的两个局中人各得到一个单位,而第三个("偶合"以外的)局中人相应地输掉一个单位.如果一个"偶合"也没有,则局中人之间没有任何支付.[⑤]

读者不难认出以这个博弈为其抽象模型的具体社会现象.我们将称它为(**三个局中人的)简单多数博弈**.

---

① 局中人1选择2或3,局中人2选择1或3,局中人3选择1或2.

② 将会看到,"偶合"的形成是对组成这个"偶合"的两个局中人有利的.我们以下几节关于默契和合伙的讨论将会表明,为了能够形成一个"偶合",局中人将结成一个合伙.但是,应该注意"偶合"和"合伙"这两个概念之间的区别:前者是我们现在定义的博弈规则里的一个形式概念;后者则是属于这个博弈的理论(将会看到,也是许多别的博弈的理论)的一个概念.

③ 这就是说,不可能同时有两个不同的"偶合".事实上,如果有两个"偶合",则必须有一个局中人同时出现在这两个"偶合"里(因为总共只有三个局中人),而这个局中人所选的号码必须是两个"偶合"里另外那个局中人的号码——即两个"偶合"恒等.

④ 有可能发生不存在任何"偶合"的情况.例如:1选择2,2选择3,3选择1.

⑤ 为了形式上的绝对正确,这些仍应按照第二章6和7的形式加以安排.与第四章19.4的注里所讨论的类似情况一样,我们把这个工作留给读者.

21.2 博弈的分析："默契"的必要性

21.2.1 我们现在来考察一下当博弈进行时的情况.

首先,很明显,在这个博弈里,一个局中人除了物色一个合伙人——一个预备同他形成偶合的局中人——外,不需要做任何其他事情.这个博弈是如此简单,而且不包含任何其他策略方面的可能性,所以也就不可能再包含任何别的程序.由于每一局中人在进行他的"人的着"时,他不知道别的局中人的选择,因此,在一局的进行过程中间,局中人之间不可能建立互相合作的关系.如果两个局中人希望合作,他们必须在一局开始之前商量这个问题——即,在博弈之外进行.局中人(进行他的人的着时)在实行他的约定(即,选择合伙人的号码)时,必须能够确信,他的合伙人也会照样实行原来的约定.由于像上面所述,我们所关心的只是博弈的规则,我们当然用不着去判断,这种信念的基础究竟是什么;换一句话说,究竟是什么东西能够保证这种约定一定得到执行.也许有这样的博弈,其本身——通过第二章6.1和10.1里所定义的博弈的规则——就规定了约定和执行约定的方法.[①]但是,我们不能够以这种可能性为基础进行考虑,这是因为,一个博弈不一定会规定这样的方法;而上述简单多数博弈里当然没有这种规定.因此,看起来似乎无可避免地需要考虑到在博弈之外所作的约定.如果我们不允许有这种约定,那么,就很难想象,在一个简单多数博弈里,支配局中人行为的究竟将是什么东西.

或者,换一种方式说:在一个给定的博弈里,我们正在试图建立一套参加博弈者合理行为的理论.在我们关于简单多数博弈的考虑里,我们已经到达了这样的地步:如果不引进像"约定""默契"等辅助概念,就很难建立这样一套理论.以后我们预备研究,为了摆脱这些概念,需要怎样的理论上的结构.为了这个目的,需要以这部书的整个理论作为基础;这个问题的研究,将沿着第十二章特别是66里指出的路线进行.但是,在目前我们的基础还太弱,我们的理论还没有充分发展到足以容许如此"俭省"的程度.因此,在以下的讨论中,我们将应用在博弈之外形成合伙的可能性;这里也假定了合伙人将尊重他们的约定.

21.2.2 上面所说的约定,在相当程度上是与桥牌等游戏里的"常用玩法"相类似的——但二者有着基本的区别:后者只涉及一个"组织"(即一个局中人分割成两个"人"),而我们现在所考虑的则是两个局中人之间的关系.到了这里,读者可以重读6.4.2的末段和6.4.3特别是6.4.3第一个注里关于"常用玩法"及其有关问题的讨论,这将会是有益处的.

21.2.3 如果我们的理论被用来对同一博弈的一系列局进行统计的分析,而不是用来对一个孤立的局进行分析,那么,我们就会想到另外一种解释.在那种情形下,我们应该把约定和一切形式的合作,看作是在局的这样一个长的系列里一再重复出现,从而为它们确立自己的地位.

根据局中人要求保持他自己的纪录的愿望,以及要求能信赖合伙人的纪录的愿望,要

---

① 例如,规定一个局中人的"人的着",关于这些着只让另外两个局中人之一知道,而这些着里包含关于第一个局中人未来的政策的(可能是有条件的)叙述;此外,还规定他以后须按照这些叙述行事,或(在决定博弈结果的函数里)规定不遵守叙述所应受到的惩罚.

想得到一种强制执行的方法,这并不是不可能的.不过,我们宁愿从应用到一个单独的局来看我们的理论.虽然如此,这些考虑仍具有一定的实际意义.这个情况有点像我们在零和二人博弈的(混合)策略的分析里碰见的情况.读者应该把第三章 17.3 中的讨论稍加修改,应用到现在的场合.

21.3 博弈的分析:合伙.对称性的作用

21.3 一旦承认了在简单多数博弈里可以有局中人之间的约定,就扫清了我们前进道路上的障碍.这个博弈给予进行合作的局中人们以必然的获胜机会,但博弈并不为任何人提供任何别种合理行为的机会.博弈的规则是如此的简单,这一点应该是完全可以令人信服的.

而且,对于三个局中人说,博弈是完全对称的.就博弈的规则说,这是毫无疑问的:规则若为任一局中人提供任一种可能性,也为任一别的局中人提供同样的可能性.当然,局中人们在这些可能性之下如何行动,这却是另外一回事情了.他们的行为可以是不对称的;事实上,由于默契即"合伙"一定会出现,所以情况必然是不对称的.在三个局中人之间,只可能形成一个"合伙"(由两个局中人组成);所以必定有一个局中人被排除在"合伙"之外.值得注意的是:博弈的规则是绝对公平的(在这里就是对称的),但局中人的行为则必然不是公平的.[①][②]

由此可见,这个博弈的唯一有意义的策略方面的特点,就是在两个局中人之间形成"合伙"的可能性.[③]由于博弈的规则是完全对称的,全部三种可能的"合伙"[④]必须在同样的基础上给以考虑.如果形成了一个"合伙",则博弈的规则规定,两个合伙人从第三个("合伙"以外的)局中人那里得到一个单位——每人得到半个单位.

这三个可能的"合伙",究竟是哪一个被形成,这个问题不在我们理论的范围之内——至少在目前的发展阶段里(参看第一章 4.3.2 的末尾).我们只能说,如果没有一个"合伙"被形成,这将是不合理的;至于所形成的究竟是哪一个特殊的合伙,则需依赖于我们尚未着手分析的一些条件.

---

① 我们在 17.11.2 里看到,在零和二人博弈里不出现这种情况.在那里,如果博弈的规则是对称的,则两个局中人得到同样的数额(即博弈的值是 0),而且两个局中人有相同的好策略.这就是说,没有理由认为他们的行为会有所不同,也没有理由认为他们最后所达到的结果会有所不同.

是由于出现了"合伙"——当局中人数目多于两个时——以及由合伙在局中人之间产生的"勒索",才引出了上面所述的特别的情况.(在我们目前的三个局中人的情形下,"勒索"的出现是由于每一"合伙"只包含两个局中人,即,少于全部局中人的数目,而多于全部局中人数目的一半.但是,如果认为在局中人数目较大的场合下不会出现这种"勒索",这却是错误的.)

② 当然,在社会组织的最习见的形式里,这是一个非常重要的特点.这也是经常出现于攻击这些组织的批评中的一个论点,绝大部分批评针对着基于"自由放任"的假想的秩序上.论点是这样的:即使是绝对的、正式的公平规则(博弈规则的对称性),也不能保证组织的成员在应用这些规则时是公平和对称的.事实上,这里"不能保证"还说得太少了:可以期望,合理行为的任何详尽的理论将会表明,成员必然会以种种不对称的方式形成合伙.

如果能够建立起关于这些"合伙"的一个严格的理论,就可以真正地了解这种传统上的批评.看来值得强调指出:这种典型的"社会"现象只出现在三个或更多个成员的情形里.

③ 当然,在这个博弈里,这样的一个"合伙"只不过是双方约定互相选择对方的号码,从而形成在博弈规则意义上的一个"偶合".我们已在 4.3.2 的开头处预先看到了这种情况.

④ 在局中人 1,2 之间;1,3 之间;2,3 之间.

22 更多的例子

22.1 不对称分配.补偿的必要性

22.1.1 前面几节里的说明,至少暂时把简单多数博弈这个题目讨论穷尽了.现在,我们必须把用以说明这个博弈——它的非常特殊的性质使我们能够考察合伙在其纯粹、孤立的形式下(就像在试管里一样)的作用,但现在这个任务已经完成了——其极端特殊化的假设条件一个一个地移去.我们必须开始考察更一般的情形.

22.1.2 我们首先要移去的限制条件是这个:在简单多数博弈里,任一合伙可以从对手那里得到一个单位;博弈的规则规定,这一个单位必须平分给合伙人.我们现在考虑这样一个博弈:每一合伙仍得到同样数额的报酬,但博弈的规则规定一种不同的分配办法.为简单计,假定只在局中人1和2的合伙里按照不同的办法分配:设局中人1分得的报酬比平均数多ε.于是,修改后的博弈的规则如下:

博弈的"着"与21.1中描述的简单多数博弈一样."偶合"的定义也一样.如果1,2形成"偶合",则局中人1得到$\frac{1}{2}+\varepsilon$,[①]局中人2得到$\frac{1}{2}-\varepsilon$,而局中人3付出一个单位.如果形成了任何别的"偶合"(即1,3或2,3),则属于"偶合"的两个局中人各得到半个单位,而第三个("偶合"以外的)局中人付出一个单位.

在这个博弈里会发生怎样的情况呢?

首先,在这个博弈里仍有可能出现三种合伙——对应于三个可能的"偶合".初看起来,这个博弈似乎对局中人1特别有利,因为至少在他与局中人2形成"偶合"时,他比在原来的简单多数博弈里多得到ε.

然而,这种有利完全是虚幻的.如果局中人1真的坚持在他与局中人2的"偶合"里多拿ε,就会发生下面的后果:"偶合"1,3将永远不会组成,因为从1的观点看,"偶合"1,2更为有利;"偶合"1,2也永远不会组成,因为从2的观点看,"偶合"2,3更为有利;但"偶合"2,3的组成则不受任何障碍,因为这可以通过2,3的合伙得到实现,而2和3就无需再考虑1及其特殊要求了.由此可见,除"偶合"2,3外,别的"偶合"都不会组成;而局中人1不仅得不到$\frac{1}{2}+\varepsilon$,也得不到半个单位,他必将被排除在偶合之外,从而需付出一个单位.

所以,如果局中人1企图在"偶合"1,2里保持他的特权地位,他必将遭受损失.为他设想,最好的办法是采取措施使得"偶合"1,2对于局中人2具有与"偶合"2,3相同的吸引力.这就是说,他若与2形成"偶合",他应该采取明智的措施:把额外的ε还给局中人2.应该注意的是,他绝不能保留ε的一部分;这就是说,如果他企图为自己保留一个额外的ε',[②]那么,以ε'代替

① 很自然地,可以假定$0<\varepsilon<\frac{1}{2}$.

② 当然,我们的意思是$0<\varepsilon'<\varepsilon$.

ε,就又可以逐字逐句地重复应用上述论点.[①]

22.1.3 人们可以试着对原来的简单多数博弈作一些其他的更改,但仍保持每一合伙的总值是一个单位.例如,我们可以考虑这样的规则:局中人1在每一"偶合"1,2和1,3里都得到$\frac{1}{2}+\varepsilon$;而局中人2和3在"偶合"2,3里平均分配.在这种情形下,如果1企图保留他的额外的ε或ε的一部分,则2或3都将不愿同1合作.因此,局中人1的这种企图仍将肯定地导致2,3合伙对付他,从而使他付出一个单位.

另外一种可能性是这样的:两个局中人在与第三个局中人形成"偶合"时都得到额外的收入.例如,在"偶合"1,3和2,3里,局中人1和2分别得到$\frac{1}{2}+\varepsilon$,而局中人3只得到$\frac{1}{2}-\varepsilon$;而在"偶合"1,2里,双方都得到半个单位.在这种情形下,局中人1和2彼此都将不愿与对方形成合伙,而局中人3则变成了1与2共同争取的合伙人.可以期望,为了争取3的合作,会在1和2之间引起竞争.这种竞争的后果,必然是把额外的报酬ε退还给局中人3.只有这样,才会使"偶合"1,2回到竞争的场地,从而恢复平衡.

22.1.4 我们留给读者去考虑另外一些变形,其中全部三个局中人在全部三个"偶合"里所得的报酬都不一样.除此以外,我们不打算继续上面的分析,虽然要继续往下分析是能够做得到的,而且还能用来答复一些表面上好像是有道理的反对意见.对于我们目前的问题,我们满足于已经得到的一些一般论点.现在总结如下:一个局中人在一个确定的合伙里所能得到的,看来不但依赖于博弈规则关于这个合伙的规定,而且也依赖于他自己和他的合伙人的别种合伙的(竞争性的)可能性.由于博弈的规则是绝对的、不容破坏的,这就等于说,在某些条件下,合伙的局中人之间必须有"补偿"的支付;换一句话说,一个局中人必须付给预期中的合伙人以确定的代价."补偿"的数额将依赖于每个局中人所能采取的其他措施.

我们以上的例子,其目的在于对这些原则作一个初步的说明.有了这个了解后,我们现在将再一次更一般地研究这个题目,并以更精确的方式来处理它.[②]

22.2 强弱不同的合伙.讨论

22.2.1 为此,我们现在向一般情形迈进一步.我们要考察下面这种博弈:

如果局中人1,2合作,则他们能够从局中人3那里得到c这个数额,而不能得到更多;如果局中人1,3合作,则他们能够从局中人2那里得到b这个数额,而不能得到更多;如果局中人2,3合作,则他们能够从局中人1那里得到a这个数额,而不能得到更多.

关于这个博弈的规则的其他细节,我们不再作任何别的假定.我们无须描述,上述数额是通过怎样的措施——怎样的复杂办法——到手的.我们也不去叙述,这些数额在合伙人之间应该怎样分配,以及任一合伙人能不能够和怎样能够影响或更改分配的办法,等等.

---

① 这时,导致局中人1最终蒙受损失——"偶合"2,3必然形成——的根源比较弱了一点,但是,他同样还是会受到损失,而且其肯定的程度和以前完全一样.关于这个问题,参看本章22.2.2的注.

② 正是为了这个缘故,我们无需继续分析本节的非数学的论点——以下几节的讨论里将考虑到一切事情.所有这些可能性事先都已在第一章4.3.2的开头处和4.3.3里指出.

即使是这样,我们仍能够对这个博弈进行完全的讨论.但是,必须记住,一个合伙也许是同合伙人之间的补偿联系在一起的.我们的论点如下:

22.2.2 考虑局中人 1 的情况.他可以有两种可能的合伙:与局中人 2 或与局中人 3.假设局中人 1 想要在任何条件下得到 x 这个数额.在这种情形下,局中人 2 在与局中人 1 的合伙里就不能得到多于$c-x$的数额.类似地,局中人 3 在与局中人 1 的合伙里就不能得到多于 $b-x$ 的数额.如果这两个上界的和——即$(c-x)+(b-x)$——小于局中人 2 和 3 组成合伙所能得到的,那么,我们可以假设,局中人 1 将找不到同他合伙的人.[①]2 和 3 组成的合伙能够得到的数额是 a.因此,我们看出:如果局中人 1 要在任何条件下得到 x 这个数额,而 x 满足

$$(c-x)+(b-x)<a,$$

则他不可能找到一个同他合伙的人.

这就是说,除非是

$$(c-x)+(b-x)\geqslant a,$$

否则他想得到 x 是不现实和不合理的.上面这个不等式也可以等价地写成

$$x\leqslant\frac{-a+b+c}{2}.$$

重述如下:

(22:1:a) 局中人 1 没有理由要求,在任何条件下得到多于 $\alpha=\dfrac{-a+b+c}{2}$的数额.

同样的考虑可以重复地用于局中人 2 和 3;我们得到:

(22:1:b) 局中人 2 没有理由要求,在任何条件下得到多于 $\beta=\dfrac{a-b+c}{2}$的数额.

(22:1:c) 局中人 3 没有理由要求,在任何条件下得到多于 $\gamma=\dfrac{a+b-c}{2}$的数额.

22.2.3 由于(22:1:a)至(22:1:c)这三个准则只是些必要条件,人们也许会由此推论,继续往下考虑也许会使 α,β,γ 这些上界更加降低,或者会使局中人们所能指望的受到别的限制.以下的简单考虑表明,事实并非如此.

很容易验证:

$$\alpha+\beta=c,\quad \alpha+\gamma=b,\quad \beta+\gamma=a.$$

换句话说:如果局中人 1,2,3 并不指望(分别地)得到比(22:1:a),(22:1:b),(22:1:c)所允许的更多,即,不比 α,β,γ 多,那么,任何两个组成合伙的局中人确实能在合伙里得到这些数额.因此,这些要求是完全合理的.当然,只有两个局中人——组成一个合伙的两个局中人——能够在实际上得到他们的"合理的"报酬.第三个局中人,即合伙以外的局中人将得不到 α,β,γ,他所得到的将分别是$-a,-b,-c$.[②]

① 当然,我们假定,一个局中人对于无论多么小的可能利益都不是不关心的.这个假定也隐含在我们关于零和二人博弈的讨论里.

所谓"人的经济学"的传统观念,在清楚地陈述出来的程度内,也包含着这个假定.

② 这些事实上是另外两个局中人组成的合伙能够分别从局中人 1,2,3 得到的数额.这个合伙不可能得到更大的数额.

22.3 一个不等式. 公式

22.3.1 到了这里,出现了一个很明显的问题:任一局中人 1,2,3,如果他和别人形成了一个合伙,则他可以分别得到 α,β,γ;如果他没有能够与人形成合伙,则他只得到 $-a,-b,-c$. 这只当 α,β,γ 大于对应的 $-a,-b.-c$ 时才有意义,因若不然,一个局中人将根本不愿与人组成合伙,而愿意自己单独参加博弈,这样对他更为有利. 因此,问题在于,下面三个差式

$$p=\alpha-(-a)=\alpha+a,$$
$$q=\beta-(-b)=\beta+b,$$
$$r=\gamma-(-c)=\gamma+c$$

是否都$\geqslant 0$.

容易看出,三个式子都各相等. 事实上

$$p=q=r=\frac{a+b+c}{2}.$$

我们以 $\Delta/2$ 记这个量. 于是,我们的问题变为

$$\Delta=a+b+c\geqslant 0$$

是否成立的问题了. 这个不等式可以证明如下:

22.3.2 局中人 1,2 的合伙能够(从局中人 3 那里)得到数额 c,而不能得到更多. 如果局中人 1 单独参加博弈,则局中人 2,3 无法使他得到比 $-a$ 更坏的结果,因为即使是 2,3 的合伙也只能(从局中人 1 那里)得到数额 $+a$,而不能得到更多;这就是说,不借助于任何外来的帮助,局中人 1 能够为他自己得到数额 $-a$. 类似地,不借助于任何外来的帮助,局中人 2 能够为他自己得到数额 $-b$. 因此,即使是局中人 1,2 没有能够相互合作,他们两人合起来也能得到数额 $-(a+b)$. 因为他们在任何条件下所能得到的最大数额是 c,所以 $c\geqslant -a-b$,即

$$\Delta=a+b+c\geqslant 0.$$

22.3.3 以上的证明为我们指出了下面几点:

第一,我们的论证是就局中人 1 进行的. 鉴于最后的结果 $\Delta=a+b+c\geqslant 0$ 对于三个局中人是对称的,如果我们分析局中人 2 或局中人 3 的情况,也会得出同样的不等式. 这个事实说明,在三个局中人的作用方面有着某种的对称性.

第二,$\Delta=0$ 的意义是 $c=-a-b$,或即 $\alpha=-a$,另外并有通过三个局中人循环排列而得到的两对相应的等式. 因此,在这种情形下,没有一个合伙有存在的理由:任意两个局中人不需要合作也能得到与合作所得相同的数额(例如,对局中人 1 和 2 说,这个数额是 $-a-b=c$). 而且,每一个局中人在参加了合伙以后,所得到的数额并不比他自己不借助于外来的帮助而得到的更多些(例如,对局中人 1 说,这个数额是 $\alpha=-a$).

另一方面,如果 $\Delta>0$,则每一局中人若参加合伙就可得到肯定的利益. 所含的利益对三个局中人都一样:都是 $\Delta/2$.

这里,我们又看到三个局中人所处地位的某种对称性:$\Delta/2$ 是引起寻求合伙的动机;它对三个局中人都一样.

22.3.4 我们所得到的结果可以列表(图 49)表示如下:

选手		1	2	3
一局的值	有合伙	α	β	γ
	无合伙	$-a$	$-b$	$-c$

图 49

若令

$$a' = -a + \frac{1}{3}\Delta = \alpha - \frac{1}{6}\Delta = \frac{-2a+b+c}{3},$$

$$b' = -b + \frac{1}{3}\Delta = \beta - \frac{1}{6}\Delta = \frac{a-2b+c}{3},$$

$$c' = -c + \frac{1}{3}\Delta = \gamma - \frac{1}{6}\Delta = \frac{a+b-2c}{3},$$

则有

$$a' + b' + c' = 0,$$

于是,可以把上面的表格等价地表成下面的形式:

(22:A) 一局对于局中人 1,2,3 的基本值分别是 a', b', c'.(这是一种可能的估计,因为这三个值的和是 0;参看上文.)但在一局里肯定会有一个合伙组成.组成合伙的两个局中人各得到(在他们的基本值以外)$\Delta/6$ 的奖额,而合伙以外的局中人则蒙受$-\Delta/3$ 的损失.

由此可见,对每一个局中人说,引起组成合伙的动机都是 $\Delta/2$,而且永远有 $\Delta/2 \geqslant 0$.

23 一般情形

23.1 详尽的讨论.非本质和本质博弈

23.1.1 我们现在可以把一切限制条件都除去了.

设 Γ 是一个完全任意的零和三人博弈.只要通过简单的考虑,就能使前面 22.2 和 22.3 的分析适用于这种博弈.我们的论证如下:

如果两个局中人,设为 1 和 2,决定彻底合作(暂时搁下分配即合伙者之间支付补偿的问题,待以后再解决),则 Γ 就成了一个零和二人博弈.这个新的博弈里的两个局中人是:合伙 1,2(这现在成了一个复合局中人,由两个"自然人"组成)和局中人 3.按照这个方式看,Γ 属于第三章零和二人博弈理论的范围.这个博弈的每一个局有一个确定的值(我们指的是 17.4.2 里定义的 v').我们以 c 记一局对于合伙 1,2(按照我们现在的解释,这是二局中人之一)的值.

类似地,我们可以假设局中人 1 和 3 形成彻底的合伙,并把 Γ 看作是这个合伙与局中人 2 之间的一个零和二人博弈.这时,我们以 b 记一局对于合伙 1,3 的值.

最后,我们可以假设局中人 2 和 3 形成彻底的合伙,并把 Γ 看作是这个合伙与局中人 1 之间的一个零和二人博弈.这时,我们以 a 记一局对于合伙 2,3 的值.

应该注意的是：我们并没有假定，一定会出现这种合伙. 量 a,b,c 只是通过计算而定义的；我们是以 17.6 的主要(数学的)定理为基础而构成这些量的.(a,b,c 的显表示式见下.)

23.1.2 现在，很清楚，零和三人博弈 Γ 完全归入了 22.2,22.3 的有效范围之内：局中人 1,2 或 1,3 或 2,3 的合伙分别能够(从合伙以外的局中人 3 或 2 或 1)得到数额 c,b,a，而不能得到更多. 因此，22.2,22.3 的全部结果都成立，特别是，在最后给出的描述每一局中人有合伙或无合伙情况的结论也成立.

23.1.3 这些结果表明，零和三人博弈可以按照 $\Delta=0$ 和 $\Delta>0$ 分成两种不同的类型. 事实上：

(a) $\Delta=0$. 我们已经看到，合伙在这种情形下没有存在的理由；每一局中人若单独参加博弈对付所有别的局中人，他能得到与任何合伙相同的数额. 在这种情形下，而且也只在这种情形下，有可能为每一局对每一局中人假定一个唯一的值——这些值的和为零. 这就是在 22.3 之末提到的基本值 a',b',c'. 在这种情形下，22.3 的公式表明，$a'=\alpha=-a,b'=\beta=-b,c'=\gamma=-c$. 这种情形下的博弈，可以不必考虑合伙，我们将称它是非本质的博弈.

(b) $\Delta>0$. 在这种情形下，如在 22.3 之末讨论的，有着组成合伙的确定动机. 我们无须重复那里的描述；我们只指出，现在有 $\alpha>a'>-a,\beta>b'>-b,\gamma>c'>-c$. 这种情形下的博弈，合伙是不可少的，我们将称它是本质的博弈.

以上非本质和本质的分类，目前只适用于零和三人博弈. 但是，我们以后将看到，这种分类能够用于一切博弈，而且是一种极端重要的分类法.

23.2 全部公式

23.2 在对以上结果继续进行分析以前，我们先作一些关于量 a,b,c——以及与之有关的 $\alpha,\beta,\gamma,a',b',c',\Delta$——的纯数学的说明，我们的解就是通过这些量表示出来的.

设 Γ 是第三章 11.2.3 中正规化形式的零和三人博弈. 在这个博弈里，局中人 1,2,3 分别选择变量 τ_1,τ_2,τ_3 的值(每一局中人不知道另两位局中人的选择)，然后分别得到数额 $\mathscr{H}_1(\tau_1,\tau_2,\tau_3),\mathscr{H}_2(\tau_1,\tau_2,\tau_3),\mathscr{H}_3(\tau_1,\tau_2,\tau_3)$. 当然(博弈是零和的)：

$$\mathscr{H}_1(\tau_1,\tau_2,\tau_3)+\mathscr{H}_2(\tau_1,\tau_2,\tau_3)+\mathscr{H}_3(\tau_1,\tau_2,\tau_3)\equiv 0.$$

这些变量的定义域是：

$$\tau_1=1,2,\cdots,\beta_1,$$
$$\tau_2=1,2,\cdots,\beta_2,$$
$$\tau_3=1,2,\cdots,\beta_3.$$

现在，在局中人 1,2 的彻底合伙与局中人 3 之间的二人博弈里，我们有下述情况：

复合局中人 1,2 的变量是 τ_1,τ_2，局中人 3 的变量是 τ_3. 前者得到数额

$$\mathscr{H}_1(\tau_1,\tau_2,\tau_3)+\mathscr{H}_2(\tau_1,\tau_2,\tau_3)\equiv-\mathscr{H}_3(\tau_1,\tau_2,\tau_3),$$

而后者得到与此异号的数额.

复合局中人 1,2 的一个混合策略是 $S_{\beta_1\beta_2}$ 里的一个向量 $\boldsymbol{\xi}$，它的支量我们记为 ξ_{τ_1,τ_2}.[①]因此，

① 数偶 τ_1,τ_2 的数目当然是 $\beta_1\beta_2$.

$S_{\beta_1\beta_2}$ 里的 $\boldsymbol{\xi}$ 满足下面的条件：

$$\xi_{\tau_1,\tau_2} \geqslant 0, \quad \sum_{\tau_1,\tau_2} \xi_{\tau_1,\tau_2} = 1.$$

局中人 3 的一个混合策略是 S_{β_3} 里的一个向量 $\boldsymbol{\eta}$,它的支量我们记为 η_{τ_3}. S_{β_3} 里的 $\boldsymbol{\eta}$ 满足下面的条件：

$$\eta_{\tau_3} \geqslant 0, \quad \sum_{\tau_3} \eta_{\tau_3} = 1.$$

于是,第三章 17.4.1 的(17:2)里的双线性形式 $K(\boldsymbol{\xi},\boldsymbol{\eta})$ 是

$$K(\boldsymbol{\xi},\boldsymbol{\eta}) \equiv \sum_{\tau_1,\tau_2,\tau_3} \{\mathscr{H}_1(\tau_1,\tau_2,\tau_3) + \mathscr{H}_2(\tau_1,\tau_2,\tau_3)\} \xi_{\tau_1,\tau_2} \eta_{\tau_3} \equiv$$

$$- \sum_{\tau_1,\tau_2,\tau_3} \mathscr{H}_3(\tau_1,\tau_2,\tau_3) \xi_{\tau_1,\tau_2} \eta_{\tau_3},$$

而且

$$c = \mathrm{Max}_{\boldsymbol{\xi}} \mathrm{Min}_{\boldsymbol{\eta}} K(\boldsymbol{\xi},\boldsymbol{\eta}) = \mathrm{Min}_{\boldsymbol{\eta}} \mathrm{Max}_{\boldsymbol{\xi}} K(\boldsymbol{\xi},\boldsymbol{\eta}).$$

在有关这个式子的一切细节里,通过局中人 1,2,3 的循环排列,就可以得到 b,a 的表示式.

我们重复写出表示 $\alpha,\beta,\gamma,a',b',c'$ 和 Δ 的公式：

$$\Delta = a + b + c, \text{ 必定} \geqslant 0,$$

$$\alpha = \frac{-a+b+c}{2}, \quad a' = \frac{-2a+b+c}{3},$$

$$\beta = \frac{a-b+c}{2}, \quad b' = \frac{a-2b+c}{3},$$

$$\gamma = \frac{a+b-c}{2}, \quad c' = \frac{a+b-2c}{3};$$

而且我们有

$$\Delta \geqslant 0, \; a' + b' + c' = 0,$$

$$\alpha = a' + \frac{\Delta}{6}, \quad \beta = b' + \frac{\Delta}{6}, \quad \gamma = c' + \frac{\Delta}{6},$$

$$-a = a' - \frac{\Delta}{3}, \quad -b = b' - \frac{\Delta}{3}, \quad -c = c' - \frac{\Delta}{3}.$$

24 一个反对意见的讨论

24.1 完全情报的情形及其意义

24.1.1 我们已经得到了零和三人博弈的解,它说明了一切可能的情况,同时也为寻求 n 人博弈的解指出必须遵循的方向：分析一切可能的"合伙"和它们相互之间的竞争性的关系,通过这种关系,确定要求形成"合伙"的局中人之间应支付的"补偿".

我们已经注意到,对于局中人的数目 $n \geqslant 4$ 的场合,这个问题将比 $n=3$ 的场合困难得多

(参看 20.2.1 第一个注).

在我们着手解决这个问题前,最好先停下来重新考虑一下我们的情况.在以下的讨论里,我们主要将着重分析合伙的形成以及参加这些合伙的局中人之间的补偿;应用零和二人博弈的理论,确定所有局中人都已选定立场后的最终"合伙"的值,而这些合伙是互相对立的(参看 25.1.1 和 25.2).但是,情况是否真是像我们说的那样普遍呢?

关于这个问题,我们已经在零和三人博弈的讨论里举出了一些正面的论证.总之,由于我们能够在这个基础上建立 n 人博弈(对于一切 n)的理论,这就是最有决定意义的正面论证.但是,有一种反面的论点——一个反对的意见——需加考虑,这种论点是与具有完全情报的博弈有关的.

我们现在即将讨论的,是针对上述这类特殊博弈的反对意见.因此,如果我们的讨论有了效果,也并不为我们提供能用于一切博弈的一个新的理论.但是,因为我们自称,我们提出的立场是普遍有效的,我们必须能够回答一切反对意见,哪怕是些针对某种特殊情形的反对意见也好.[①]

24.1.2 具有完全情报的博弈已在第三章 15 里讨论过.我们在那里看到,它们有着重要的特点,而且只有在广阔形式下——而不仅是在我们的讨论引为主要依据的正规化形式下(同时可参看 14.8)——考虑它们,才能全面地了解它们的性质.

在第三章 15 的分析里,一开始时考虑的是 n 人博弈(对于任意的 n),但到了后面的部分,我们却不得不把讨论局限到零和二人博弈的范围内.特别是,到了最后,我们给出了一种文字方式的讨论(见 15.8),这种方法有着一些值得注意的特点:第一,虽然不能够完全避免反对的意见,但这种方法看来是值得考虑的;第二,所用的论证法在相当程度上不同于我们用以分析一般情形的零和二人博弈的方法,虽然只适用于这种特殊情形,但它比另一种方法更简单些;第三,对于具有完全情报的零和二人博弈,它导致与我们一般理论相同的结果.

人们也许会想到,有没有可能把这种方法用到局中人数目 $n \geqslant 3$ 的情形;事实上,如果只对 15.8.2 进行表面的考察,并不能立即发现,它为什么(就像在那一节里一样)只适用于局中人数目 $n=2$ 的情形(但可参看 15.8.3).但是,这个程序里并没有提及局中人之间的合伙、默契等等;因此,如果它真能适用于局中人数目 $n=3$ 的情形,那么,我们现在的路线就非常值得怀疑了.[②]我们现在要表明,为什么 15.8 的程序对于局中人数目是 3 或更多的情形是不适用的.

为此,让我们重复上述论证法的关键性的几步(参看 15.8.2;我们现在也要引用那里的记号).

---

① 换句话说,在声称一个理论是普遍有效时,必须承担回答一切反对意见的责任.

② 人们也许会指望:一切具有完全情报的零和三人博弈都能满足 $\Delta=0$,从而就可避开我们目前的讨论程序.这就会使得合伙成为不必要了.参看本章 23.1 之末.

正如具有完全情报的博弈由于其严格确定性(参看 15.6.1)而避免了零和二人博弈理论的困难,它们现在似乎也将由于其非本质性而能避免零和三人博弈理论的困难.

然而,事实并非如此.要说明这一点,只要把简单多数博弈的规则(参看 21.1)修改如下:设局中人 1,2,3 按照写出的先后次序进行他们的"人的着"(即 τ_1,τ_2,τ_3 的选择:参看上引处),而且每一局中人知道一切先现的"着"的选择.容易验证,三个合伙 1,2 和 1,3 和 2,3 的值 c,b,a 仍同以前一样:

$$c=b=a=1, \quad \Delta=a+b+c=3>0.$$

这个博弈的详细讨论,特别是就 21.2 的考虑来说,将是有一定的兴趣的;但在目前我们不打算把这个题目继续下去.

24.2 详尽的讨论.补偿在三个或更多个局中人之间的必要性

24.2.1 我们现在考虑一个具有完全情报的博弈 Γ. 设 $\mathfrak{M}_1,\mathfrak{M}_2,\cdots,\mathfrak{M}_v$ 是它的"着";$\sigma_1,\sigma_2,\cdots,\sigma_v$ 是这些"着"的相应选择;$\pi(\sigma_1,\cdots,\sigma_v)$是由这些选择决定的局;$\mathscr{F}_j(\pi(\sigma_1,\cdots,\sigma_v))$是这个局对于局中人 $j(=1,2,\cdots,n)$的结果.

假设 $\mathfrak{M}_1,\mathfrak{M}_2,\cdots,\mathfrak{M}_{v-1}$ 已经进行完毕,它们的选择的结果是 $\sigma_1,\sigma_2,\cdots,\sigma_{v-1}$;我们现在考虑最后一个着 $\mathfrak{M}_v$ 及其选择 σ_v. 如果它是一个"机会的着"——即 $k_v(\sigma_1,\cdots,\sigma_{v-1})=0$,则各个可能的值 $\sigma_v=1,2,\cdots,\alpha_v(\sigma_1,\cdots,\sigma_{v-1})$的概率分别是 $p_v(1),p_v(2),\cdots,p_v(\alpha_v(\sigma_1,\cdots,\sigma_{v-1}))$. 如果它是属于局中人 k 的"人的着"——即 $k_v(\sigma_1,\cdots,\sigma_{v-1})=k=1,2,\cdots,n$,则局中人 k 将选择 σ_v 使 $\mathscr{F}_k(\pi(\sigma_1,\cdots,\sigma_{v-1},\sigma_v))$为最大. 以 $\sigma_v(\sigma_1,\cdots,\sigma_{v-1})$记这个 σ_v. 于是,可以认为,在进行了"着"$\mathfrak{M}_1$,$\mathfrak{M}_2,\cdots,\mathfrak{M}_{v-1}$之后,(在 $\mathfrak{M}_v$ 之前!)这一局的值就已确定(对于每一个局中人 $j=1,\cdots,n$)——即,仅是 $\sigma_1,\sigma_2,\cdots,\sigma_{v-1}$的函数. 事实上,根据上面所述,这个值是

$$
\mathscr{F}_j'(\pi'(\sigma_1,\cdots,\sigma_{v-1}))\begin{cases} = \displaystyle\sum_{\sigma_v=1}^{\alpha_v(\sigma_1,\cdots,\sigma_{v-1})} p_v(\sigma_v)\mathscr{F}_j(\pi(\sigma_1,\cdots,\sigma_{v-1},\sigma_v)), \\ \qquad\qquad \text{对于 } k_v(\sigma_1,\cdots,\sigma_{v-1})=0, \\ = \mathscr{F}_j(\pi(\sigma_1,\cdots,\sigma_{v-1},\sigma_v(\sigma_1,\cdots,\sigma_{v-1}))), \end{cases}
$$

其中

$\sigma_v=\sigma_v(\sigma_1,\cdots,\sigma_{v-1})$使 $\mathscr{F}_k(\pi(\sigma_1,\cdots,\sigma_{v-1},\sigma_v))$为最大,对于 $k_v(\sigma_1,\cdots,\sigma_{v-1})=k=1,\cdots,n$.

由此可见,我们可以把博弈 Γ 当作只含有着 $\mathfrak{M}_1,\mathfrak{M}_2,\cdots,\mathfrak{M}_{v-1}$(不含有 $\mathfrak{M}_v$)一样.

根据这个方法,我们移去了最后一个"着"$\mathfrak{M}_v$. 重复这个步骤,我们同样可以把"着"$\mathfrak{M}_{v-1}$,$\mathfrak{M}_{v-2},\cdots,\mathfrak{M}_2,\mathfrak{M}_1$相继地移去,最后得到这一局的一个确定的值(对于每一个局中人 $j=1,2,\cdots,n$).

24.2.2 为了鉴定这个程序的价值,我们来考察最后的两步: $\mathfrak{M}_{v-1}$和 $\mathfrak{M}_v$,并假定它们分别是两个不同局中人,设为 1 和 2 的人的着. 在这种情形下,我们假定了局中人 2 肯定将选择 σ_v 使 $\mathscr{F}_2(\sigma_1,\cdots,\sigma_{v-1},\sigma_v)$为最大. 这就给出了一个 $\sigma_v=\sigma_v(\sigma_1,\cdots,\sigma_{v-1})$. 但是,我们也假定了局中人 1 在选择 σ_{v-1}时能够信赖这一点;这就是说,他可以放心地以 $\mathscr{F}_1(\sigma_1,\cdots,\sigma_{v-1},\sigma_v(\sigma_1,\cdots,\sigma_{v-1}))$代替$\mathscr{F}_1(\sigma_1,\cdots,\sigma_{v-1},\sigma_v)$(这是他实际上将要得到的),并对前一个量取最大值.[①]现在我们要问:他能够信赖这个假定吗?

首先,$\sigma_v(\sigma_1,\cdots,\sigma_{v-1})$甚至有可能不是唯一确定的:对于给定的 $\sigma_1,\cdots,\sigma_{v-1}$,$\mathscr{F}_2(\sigma_1,\cdots,\sigma_{v-1},\sigma_v)$有可能在几个不同的 σ_v 处取得它的最大值. 这在零和二人博弈里是没有关系的:在那里有

---

① 因为这个量仅是 $\sigma_1,\cdots,\sigma_{v-2},\sigma_{v-1}$的函数,其中 $\sigma_1,\cdots,\sigma_{v-2}$在 $\mathfrak{M}_{v-1}$时是已知的,而 σ_{v-1}是由局中人 1 控制的,所以他能够使它为最大.

在任何意义上他不能够使 $\mathscr{F}_1(\sigma_1,\cdots,\sigma_{v-1},\sigma_v)$为最大,因为这个量也依赖于 σ_v,而这是他既不知道也不能控制的一个变量.

$\mathscr{F}_1 \equiv -\mathscr{F}_2$,因而在两个不同的 σ_v 处若 $\mathscr{F}_2$ 有相同的值,则 $\mathscr{F}_1$ 也有相同的值.[①]但是,即使只是在零和三人博弈里,由于出现了第三个局中人和他的 $\mathscr{F}_3$,所以 $\mathscr{F}_1$ 不能够由 $\mathscr{F}_2$ 完全确定.因此,在这里头一次出现了这种情况,即:对于一个局中人是无关紧要的差别,可以对另一局中人是很重要的.这在零和二人博弈里是不可能的,因为在那里每一局中人所赢得的(恰好)等于另一局中人所输掉的.

那么,如果两个 σ_v 对局中人 2 说效果是一样的,而对局中人 1 却不一样,局中人 1 应该采取怎样的措施呢?可以期望,他将努力劝使局中人 2 选择对自己更有利的那个 σ_v.他可以建议付给局中人 2 某个数额,这个数额可以一直大到两个选择对局中人 1 所产生的差额.

承认了这一点,就可以发现,局中人 1 甚至有可能努力劝使局中人 2 选择一个不使 $\mathscr{F}_2(\sigma_1,\cdots,\sigma_{v-1},\sigma_v)$ 为最大的 σ_v.只要是这个改变所引起的局中人 2 的损失比局中人 1 由此获得的利益小,[②]局中人 1 可以承担局中人 2 的损失(付给他一个补偿的数额),甚至可以把自己的一部分利益分给局中人 2.

24.2.3 但是,如果局中人 1 能够提供给局中人 2 上述数额,局中人 3 同样也能提供给局中人 2 一个数额.这就是说,绝不能肯定,局中人 2 将通过选择 σ_v 而使 $\mathscr{F}_2(\sigma_1,\cdots,\sigma_{v-1},\sigma_v)$ 为最大.在比较两个 σ_v 的时候,必须考虑,究竟是局中人 1 还是局中人 3 的利益,能够更多地“补偿”局中人 2 的损失,因为这将导致默契和补偿.换一句话说,对于 σ_v 的任一更改,必须分析,究竟是 1,2 的“合伙”有利呢,还是 2,3 的“合伙”有利.

24.2.4 这就使得合伙回到了我们的博弈里.通过更仔细的分析,可以在一切细节上把我们引导到前面 22.2,22.3,23 里的考虑和结果.但是,似乎没有必要在这里进行全面而细致的讨论,因为这终究不过是一种特殊情形,而 22.2,22.3,23 的讨论却是(对于零和三人博弈)普遍有效的.当然,必须假定,默契和补偿——即,“合伙”——的考虑是被允许的.

我们以前说过,我们要表明,如果越出了零和二人博弈的范围,则 15.8.2 的论证法的弱点(已在 15.8.3 中提到)就会完全暴露出来,而且必然导致本章前几节里引进的“合伙”等方法.从以上的分析应该看得很清楚,我们已经完成了这个工作.因此,我们可以回到我们原来处理零和三人博弈的方法——即,我们断言:22.2,22.3,23 的结果是完全正确有效的.

① 事实上,我们在 15.8.2 里完全避免提到 $\mathscr{F}_2$:代替“使 $\mathscr{F}_2$ 为最大”,我们说“使 $\mathscr{F}_1$ 为最小”.在那里甚至没有必要引进 $\sigma_v(\sigma_1,\cdots,\sigma_{v-1})$,因为一切情况都通过对 $\mathscr{F}_1$ 进行 Max 和 Min 的运算而表达出来.

② 这就是说,使局中人 3 吃亏.

第六章　零和 n 人博弈一般理论

· *Chapter Ⅵ　Formulation of the General Theory: Zero-Sum n-Person Games* ·

25　特征函数

25.1　主题和定义

25.1.1　我们现在转入一般的零和 n 人博弈的讨论. 第五章里关于 $n=3$ 的情形的讨论表明,局中人之间合伙的可能性将在我们正在发展的理论里起决定性的作用. 因此,有必要引进一种数学工具,把上面说的"可能性"以数量的方式表示出来.

由于对零和二人博弈我们已经有了(一局的)"值"的精确概念,因此,对于给定的任一局中人集团,我们也能给它定义一个"值",只要由一切其他局中人组成的合伙与这个集团站在对立的地位上. 在以下,我们将给这些非数学的解释以精确的意义. 总之,重要的是: 我们将由此达到一个数学概念,而且以此为基础可以试图建立起一般的理论——而结局将证明这种尝试是成功的.

现在,让我们把借以实现这个程序的精确数学定义叙述出来.

25.1.2　假定我们有一个 n 人博弈 Γ,为了简洁起见,以 $1,2,\cdots,n$ 记 n 个局中人. 为了讨论的方便,我们引进由全部局中人组成的集合 $I=(1,2,\cdots,n)$. 在还没有对这个博弈中一局的可能进行过程作出任何预言或假设条件之前,我们注意到下面的事实: 如果我们把局中人分成两个集团,把每一个集团看作一个绝对的合伙——即,在每一集团内假定彻底的合作,那么,就得到一个零和二人博弈[①]. 确切地说: 设 S 是 I 的任一子集合,$-S$ 是它在 I 中的余集合. 我们考虑这样得到的零和二人博弈: 一方面是属于 S 的所有局中人 k 互相合作;另一方面是属于 $-S$ 的所有局中人 k 互相合作.

从这个观点看,Γ 属于第三章零和二人博弈理论的范围. 这个博弈的每一个局有一个确定的值(我们指的是在 17.8.1 里定义的 v'). 我们以 $v(S)$ 表示一局对于由属于 S 的全部 k 所组成的合伙(按照我们现在的解释,这个合伙是局中人之一)的值.

---

① 这刚好是我们在 23.1.1 中 $n=3$ 的情况下所采取的办法. 我们已在 24.1 的开头处提到在一般情形下采用这种方法的可能性.

$v(S)$的数学表示式可以得出如下：[1]

25.1.3 设Γ是第二章11.2.3中正规化形式的零和n人博弈.在这个博弈里，每一局中人$k=1,2,\cdots,n$选择一个变量τ_k的值(每一局中人不知道另外$n-1$个选择)，并得到数额

$$\mathcal{H}_k(\tau_1,\tau_2,\cdots,\tau_n).$$

当然(博弈是零和的)

$$\sum_{k=1}^{n}\mathcal{H}_k(\tau_1,\cdots,\tau_n)\equiv 0. \tag{25:1}$$

这些变量的定义域是

$$\tau_k=1,\cdots,\beta_k,\quad k=1,2,\cdots,n.$$

现在，在属于S的一切局中人k组成的彻底合伙(局中人$1'$)与属于$-S$的一切局中人k组成的彻底合伙(局中人$2'$)之间的二人博弈里，我们有下述情况：

复合局中人$1'$的变量是τ_k的一个集合，其中k遍取S中所有元素的值.有必要把这个集合当作一个单独的变量来处理;因此，我们用一个单独的记号τ^S来表示它.复合局中人$2'$的变量是τ_k的一个集合，其中k遍取$-S$中所有元素的值.这个集合也是一个单独的变量，记为τ^{-S}.局中人$1'$得到数额

$$\overline{\mathcal{H}}(\tau^S,\tau^{-S})=\sum_{k\in S}\mathcal{H}_k(\tau_1,\cdots,\tau_n)=-\sum_{k\in -S}\mathcal{H}_k(\tau_1,\cdots,\tau_n);\text{[2]} \tag{25:2}$$

局中人$2'$得到与此异号的数额.

局中人$1'$的一个混合策略是S_{β^S}[3]里的一个向量$\boldsymbol{\xi}$，它的支量我们记为ξ_{τ^S}.因此，S_{β^S}里的$\boldsymbol{\xi}$满足下面的条件：

$$\xi_{\tau^S}\geqslant 0,\quad \sum_{\tau^S}\xi_{\tau^S}=1.$$

局中人$2'$的一个混合策略是$S_{\beta^{-S}}$[4]里的一个向量$\boldsymbol{\eta}$，它的支量我们记为$\eta_{\tau^{-S}}$.因此，$S_{\beta^{-S}}$里的$\boldsymbol{\eta}$满足下面的条件：

$$\eta_{\tau^{-S}}\geqslant 0,\quad \sum_{\tau^{-S}}\eta_{\tau^{-S}}=1.$$

于是，17.4.1的(17:2)里的双线性形式$K(\boldsymbol{\xi},\boldsymbol{\eta})$是

$$K(\boldsymbol{\xi},\boldsymbol{\eta})=\sum_{\tau^S,\tau^{-S}}\overline{\mathcal{H}}(\tau^S,\tau^{-S})\xi_{\tau^S}\eta_{\tau^{-S}},$$

而且

$$v(S)=\mathrm{Max}_{\boldsymbol{\xi}}\ \mathrm{Min}_{\boldsymbol{\eta}}K(\boldsymbol{\xi},\boldsymbol{\eta})=\mathrm{Min}_{\boldsymbol{\eta}}\ \mathrm{Max}_{\boldsymbol{\xi}}K(\boldsymbol{\xi},\boldsymbol{\eta}).$$

25.2 概念的讨论

25.2.1 上面的函数$v(S)$对I的一切子集合S都有定义，而且以实数为其函数值.按

---

① 这就是23.2中数学构造的重复，它在23.2里只适用于$n=3$这种特殊情形.

② 最左端的式子里的τ^S,τ^{-S}，它们合在一起形成另外两个表示式里$\tau_1,\cdots,\tau_n$的集合;因此，这些$\tau_1,\cdots,\tau_n$由τ^S,τ^{-S}确定.

当然，最后两个表示式相等只不过是零和性质的重述.

③ β^S是一切可能的集合τ^S的数目，即一切β_k的乘积，其中k遍取S中所有元素的值.

④ β^{-S}是一切可能的集合τ^{-S}的数目，即一切β_k的乘积，其中k遍取$-S$中所有元素的值.

照 13.1.3 的意义，这是一个数值集合函数. 我们称它是博弈 Γ 的特征函数. 我们曾经一再地指出，我们希望把零和 n 人博弈的全部理论建立在这个函数的基础上.

把我们这个愿望的含义形象化会是有好处的. 我们要仅仅通过特征函数 $v(S)$，而把有关局中人间的合伙、每一合伙内合伙人之间的补偿、合伙与合伙之间的合并或斗争等等的一切事情都确定下来. 初看起来，特别是考虑到下面两点，我们这个程序似乎是不合理的：

(a) 我们用来定义 $v(S)$的，是一个完全虚构的二人博弈，它只在理论的构造上与真正的 n 人博弈有着联系. 因此，$v(S)$是建立在一个假设的情况上，而不是直接建立在 n 人博弈本身上.

(b) $v(S)$描述出局中人间的一个合伙（明确地说，就是集合 S）从他们的对手们（集合 $-S$）那里能够得到的数额，但它没有能描述，合伙的收入应该怎样分配给属于 S 的合伙人 k. 这种分配，即所谓"转归"，事实上是由每个人的函数 $\mathscr{H}_k(\tau_1,\cdots,\tau_n)$（其中 k 属于 S）直接确定的，而$v(S)$所依赖的则比这少得多. 事实上，$v(S)$是仅仅由它们的部分和 $\overline{\mathscr{H}}(\tau^S,\tau^{-S})$就能确定的；甚至比这更少的条件也能确定 $v(S)$，因为它是根据 $\overline{\mathscr{H}}(\tau^S,\tau^{-S})$而形成的双线性形式 $\mathrm{K}(\boldsymbol{\xi},\boldsymbol{\eta})$的鞍值（参看 25.1.3 的公式）.

25.2.2 虽然如此，我们希望，特征函数 $v(S)$将能确定一切，包括"转归"（参看上面的(b)）在内. 第五章中零和三人博弈的分析指出，按照 $\mathscr{H}_k(\tau_1,\cdots,\tau_n)$直接分配（即"转归"）的方法，必然会被某种"补偿"的系统所代替，这些"补偿"是局中人们在能够组成合伙之前必须决定的. "补偿"主要应该由合伙 S 中每一合伙人（即，属于 S 的每一个 k）面临的种种可能性来确定，这些可能性是：脱离 S 而参加另外的某个合伙 T.（也许还须考虑，由于 S 中某些局中人组成的某些集合同时而且一致地脱离合伙等等而产生的影响.）这就是说，$v(S)$在属于 S 的局中人 k 之间的"转归"，应该由另外那个 $v(T)$来确定，[①]而不由 $\mathscr{H}_k(\tau_1,\cdots,\tau_n)$确定. 我们曾在第五章中对零和三人博弈表明了这一点. 我们正在试图创立的理论，它的主要目标之一，就是要对一般的 n 人博弈同样地建立这一点.

25.3 基 本 性 质

25.3.1 在着手阐明特征函数 $v(S)$对于博弈的一般理论的重要性以前，我们将把这个函数当作一个数学对象进行研究. 我们知道，它是一个数值集合函数，对于 $I=(1,2,\cdots,n)$的一切子集合 S 有定义. 我们现在要确定它的主要性质.

下面就是它的主要性质：

(25:3:a) $$v(\ominus)=0,$$

(25:3:b) $$v(-S)=-v(S),$$

(25:3:c) $$v(S\cup T)\geqslant v(S)+v(T),\quad 若 S\cap T=\ominus.$$

我们首先证明，每一个博弈的特征函数 $v(S)$满足(25:3:a)至(25:3:c).

25.3.2 最简单的证明方法是概念上的证明，几乎用不到数学公式就可以完成. 然而，由于我们在 25.1.3 里给出了 $v(S)$的精确数学表示式，人们也许会要求有一个形式化的严

① 所有这些都与第一章 4.3.3 中所说的关于"现实"的存在的作用，在含义上是十分符合的.

格数学证明——通过运算 Max,Min 和适当的变向量来完成. 因此,我们强调指出,我们的概念上的证明与人们要求的形式化数学证明是严格等价的,而且从前者转换成后者并没有任何实际的困难. 但因概念上的证明能够使我们更清楚地看到问题的实质,而且证明的方式也更简单明了,而形式化的证明需涉及一定数量的繁复的记号,所以我们认为还是给出前一种证明较好. 有兴趣的读者可以把我们概念上的证明转换成形式化的证明,这将是一个很好的练习.

25.3.3 (25:3:a)的证明:[1]合伙$\ominus$不包含任何成员,因而它得到的数额永远是 0,即$v(\ominus)=0$.

(25:3:b)的证明: $v(S)$和$v(-S)$出于同一个(虚构的)零和二人博弈——由合伙S和合伙$-S$参加的零和二人博弈. 这个博弈的一局对于它的两个复合局中人的值分别是$v(S)$和$v(-S)$. 因此,$v(-S)=-v(S)$.

(25:3:c)的证明: 合伙S能够(采用一个适当的混合策略)从它的对手那里得到数额$v(S)$,而且不能得到更多. 类似地,合伙T能够得到数额$v(T)$,而且不能得到更多. 因此,即使合伙$S\cup T$的子合伙S和T没有能互相合作,[2]合伙$S\cup T$也能够从它的对手那里得到数额$v(S)+v(T)$. 因为合伙$S\cup T$在任何条件下能够得到的最大值是$v(S\cup T)$,这就证明了$v(S\cup T)\geqslant v(S)+v(T)$.[3]

25.4 直接推论

25.4.1 在继续进行讨论之前,我们先从上面的(25:3:a)至(25:3:c)得出一些推论. 这些推论对于满足(25:3:a)至(25:3:c)的任意数值集合函数$v(S)$都成立,而不论它是不是一个零和n人博弈Γ的特征函数.

(25:4)
$$v(I)=0.$$

证明:[4]根据(25:3:a),(25:3:b),$v(I)=v(-\ominus)=-v(\ominus)=0$.

(25:5)
$$v(S_1\cup\cdots\cup S_p)\geqslant v(S_1)+\cdots+v(S_p),$$

其中$S_1,\cdots,S_p$是I的两两不相交的子集合.

---

① 我们在这里甚至把空集合$\ominus$也当作一个合伙来处理. 读者也许会认为,未免有些过分地周到. 虽然从表面上看会令人感觉奇怪,但这一步骤却是无害的——而且完全符合一般集合论的精神. 事实上,如果在讨论里排除空集合,在技术上就会有许多不方便的地方.

当然,这个空的合伙里没有"着",没有变量,没有影响,没有收入,也没有损失. 但这并没有关系.

$\ominus$的余集合,即全体局中人的集合I,也将当作一个可能的合伙来处理. 从集合论的观点看,这也是一个有益的程序. 在较低的程度上,这个合伙也会令人感觉奇怪,因为它没有任何对手. 虽然它有许多成员(因而有着也有变量),但(在一个零和博弈里)它同样也不产生任何影响,而且也没有收入和损失. 这也是没有关系的.

② 注意,我们现在用到了$S\cap T=\ominus$这个条件. 如果S和T有共同的元素,我们就不能够把合伙$S\cup T$分解成子合伙S和T.

③ 这个证明非常像是第五章 22.3.2 中$a+b+c\geqslant 0$的证明的重复. 甚至有可能从上面这个关系推出我们的(25:3:c): 把I分解成三个不相交的子集合$S,T,-(S\cup T)$. 这就使得Γ转换成为一个零和三人博弈. 把三个相应的(假设的)绝对合伙看作这个新的博弈里的三个局中人. 于是,$v(S),v(T),v(S\cup T)$分别相当于上引处的$-a,-b,c$;因此,$a+b+c\geqslant 0$的意义就是: $-v(S)-v(T)+v(S\cup T)\geqslant 0$,即,$v(S\cup T)\geqslant v(S)+v(T)$.

④ 如果$v(S)$是从一个博弈得出的,则在概念上(25:3:a)和(25:4)都已包含在 25.3.3 的第一个注的说明里.

证明：重复应用(25:3:c)，就得到上面的结果.

(25:6) $$v(S_1)+\cdots+v(S_p)\leqslant 0,$$

其中 $S_1,\cdots,S_p$ 是 I 的一个分解，即，I 的两两不相交的子集合，以 I 为和.

证明：我们有 $S_1\cup\cdots\cup S_p=I$，因此，根据(25:4)，$v(S_1\cup\cdots\cup S_p)=0$. 从(25:5)立即得到(25:6).

25.4.2 (25:4)—(25:6)虽然是(25:3:a)至(25:3:c)的推论，但(25:4)至(25:6)——甚至更少一点——能够等价地代替(25:3:a)至(25:3:c). 确切地说：

(25:A) 条件(25:3:a)至(25:3:c)等价于 $p=1,2,3$ 时的(25:6)；但对于 $p=1,2$，(25:6)中必须用=号，对于 $p=3$，(25:6)中必须用≤号.

证明：对于 $p=2$，在(25:6)中用=号，我们得到 $v(S)+v(-S)=0$(我们把 S_1 写成 S，因而 S_2 是 $-S$)，即 $v(-S)=-v(S)$，这恰好就是(25:3:b).

对于 $p=1$，在(25:6)中用=号，我们得到 $v(I)=0$(在这种情形下，S_1 必须等于 I)——这恰好就是(25:4). 因为(25:3:b)成立，所以这恰好与(25:3:a)一样(参看上面(25:4)的证明).

对于 $p=3$，在(25:6)中用≤号，我们得到 $v(S)+v(T)+v(-(S\cup T))\leqslant 0$(我们把 S_1,S_2 写成 S,T，因而 S_3 是 $-(S\cup T)$)，即

$$-v(-(S\cup T))\geqslant v(S)+v(T).$$

根据(25:3:b)，上式变为 $v(S\cup T)\geqslant v(S)+v(T)$，这恰好就是(25:3:c).

因此，我们的断言等价于(25:3:a)至(25:3:c)的合取.

26 从已知的特征函数构造博弈

26.1 构 造

26.1.1 我们现在证明 25.3.1 里的逆命题：对于满足条件(25:3:a)至(25:3:c)的任一数值集合函数 $v(S)$，存在以 $v(S)$ 为特征函数的零和 n 人博弈 Γ.

为了避免混淆，我们把满足(25:3:a)至(25:3:c)的已知数值集合函数记为 $v_0(S)$. 借助于这个函数，我们将定义一个零和 n 人博弈 Γ，并以 $v(S)$ 记 Γ 的特征函数. 然后，我们再证明 $v(S)\equiv v_0(S)$.

设已给定满足(25:3:a)至(25:3:c)的一个数值集合函数 $v_0(S)$. 我们定义零和 n 人博弈 Γ 如下：[①]

每一局中人 $k=1,2,\cdots,n$ 将通过一个人的着选择 I 的一个子集合 S_k，这个子集合包含 k.

① 这个博弈 Γ 实质上是与第五章 21.1 中定义的三人简单多数博弈相类似的，但更一般些. 在以下的文字中，我们将通过附注指出类似之点.

每一局中人的选择与其他局中人的选择无关.[①]

然后,支付按照下述方式确定:

以局中人为元素的任一集合 S,其中

(26:1) $S_k=S$, 对于属于 S 的每一个 k,

叫作一个环.[②][③]具有共同元素的任意两个环是恒等的.[④]换句话说,(在一局里实际形成的)环的全体是 I 的两两不相交子集合的一个系统.

每一局中人如果没有被包含在任一个这样定义的环里,则他自己形成一个(单元素)集合,我们称它是一个单干集合.于是,(在一局里实际形成的)一切环和一切单干集合的全体是 I 的一个分解;即 I 的两两不相交子集合的一个系统,以 I 为其和.以 $C_1,\cdots,C_p$ 记这些集合,并以 $n_1,\cdots,n_p$ 分别记它们的元素的数目.

现在,考虑一个局中人 k.他属于 $C_1,\cdots,C_p$ 这些集合里的恰好一个,设为 C_q.于是,局中人 k 得到数额

(26:2) $$\frac{1}{n_q}v_0(C_q)-\frac{1}{n}\sum_{r=1}^{p}v_0(C_r).$$ [⑤]

这就完成了博弈 Γ 的描述.我们现在将证明,这个 Γ 是一个零和 n 人博弈,而且它的特征函数就是 $v_0(S)$.

26.1.2 零和性质的证明:考虑上述集合之一:C_q.这个集合里的 n_q 个局中人,他们每人得到的数额相同:都是(26:2).因此,C_q 的局中人合在一起得到数额

(26:3) $$v_0(C_q)-\frac{n_q}{n}\sum_{r=1}^{p}v_0(C_r).$$

为了得出全部局中人 $1,\cdots,n$ 所得到的总的数额,我们必须把表示式(26:3)对一切集合 C_q 求和,即,对一切 $q=1,\cdots,p$ 求和.这个和数显然是

$$\sum_{q=1}^{p}v_0(C_q)-\sum_{r=1}^{p}v_0(C_r),$$

即:0.[⑥]

特征函数为 $v_0(S)$ 的证明:以 $v(S)$ 记 Γ 的特征函数.(25:3:a)至(25:3:c)对于 $v(S)$ 成立,

---

① n 元素集合 I 有着 2^{n-1} 个包含 k 的子集合 S,我们可以用指标 $\tau_k(S_k)=1,2,\cdots,2^{n-1}$ 把它们枚举出来.现在,如果我们不让局中人 k 选择 S_k,而让他选择 S_k 的指标 $\tau_k=\tau_k(S_k)=1,2,\cdots,2^{n-1}$,那么,博弈就已经属于11.2.3(第二章)的正规化形式了.很明显,所有的 $\beta_k=2^{n-1}$.

② 这里的环与21.1里的偶合相类似.因此,21.1第二个注的内容在这里也适用;特别是,环是博弈规则里的一个形式化概念,它引起合伙的形成,而合伙影响着每一局的实际进行过程.

③ 用文字表述为:一个环是局中人的一个集合,其中每一局中人所选择的正是这个集合.

这个定义与21.1中偶合的定义,其相似性是很明显的.二者的区别是由于要取得形式上的便利:在21.1(第五章)里,我们规定,每一局中人需指出他愿意形成的偶合里的另一元素;现在,我们规定,他需指出整个的环.要更仔细地分析这种分歧,将是非常容易的,但似乎并没有这个必要.

④ 证明:设两个环 S 和 T 具有共同元素 k;于是,根据(26:1),有 $S_k=S$ 和 $S_k=T$,因此,$S=T$.

⑤ 一局的过程,即:选择 $S_1,\cdots,S_n$—— 或者,按照26.1.1第二个注的意义,选择 $\tau_1,\cdots,\tau_n$—— 确定 $C_1,\cdots,C_p$,从而确定表示式(26:2).当然,(26:2)就是一般理论里的 $\mathscr{H}_k(\tau_1,\cdots,\tau_n)$.

⑥ 显然,$\sum_{q=1}^{p}n_q=n$.

因为它是一个特征函数;根据假设,它们对 $v_0(S)$也成立. 因此,(25:4)至(25:6)对$v(S)$和$v_0(S)$也都成立.

我们首先证明:

(26:4) $v(S) \geqslant v_0(S)$,对于 I 的一切子集合 S.

如果 S 是空集合,则根据(25:3:a),上式两端都为零. 因此,我们可以假定,S 不是空集合. 在这种情形下,S 中全部局中人 k 组成的合伙能够支配它的 S_k 的选择,使得 S 确实形成一个环. 这只要 S 中每一个 k 选择他的 $S_k = S$ 就够了. 这样,不管($-S$ 中)别的局中人怎样选择,S 将成为集合(环或单干集合)$C_1,\cdots,C_p$ 之一,设为 C_q. 于是,$C_q = S$ 中每一个 k 得到数额(26:2);因此,整个合伙 S 得到数额(26:3). 但是,我们知道,系统

$$C_1,\cdots,C_p$$

是 I 的一个分解;所以,根据(25:6),$\sum_{r=1}^{p} v_0(C_r) \leqslant 0$.

这就是说,(26:3)里的表示式$\geqslant v_0(C_q) = v_0(S)$.[①]换言之,不管$-S$ 里的局中人怎样选择,合伙 S 里的局中人能够保证他们自己得到的数额至少是 $v_0(S)$. 因此,有 $v(S) \geqslant v_0(S)$;这就是(26:4).

现在,我们能够证明所需的公式

(26:5) $v(S) = v_0(S)$

了. 我们对$-S$ 应用(26:4). 根据(25:3:b),我们得到$-v(S) \geqslant -v_0(S)$,即

(26:6) $v(S) \leqslant v_0(S)$.

把(26:4),(26:6)合在一起,就得到(26:5).[②]

26.2 总　　结

26.2 总起来说:在 25.3 至 26.1 里,对于一切可能的零和 n 人博弈的特征函数$v(S)$,我们得到了一个完整的数学说明. 如果我们在 25.2.1 里表白出来的愿望真的能够实现,即,如果我们能够以由 $v(S)$表示的合伙的一切性质为基础,建立博弈的全部理论,那么,我们关于 $v(S)$ 的说明已揭露出理论的精确数学基础. 这就使得关于 $v(S)$的说明以及关系式(25:3:a)至(25:3:c)具有根本性的重要意义.

因此,我们将对这些关系式的意义和性质进行初步的数学分析. 我们称满足那些关系式的函数是特征函数——即使是只从函数本身来看,而不联系到任何博弈.

---

① 应该注意的是:表示式(26:3),即合伙 S 得到的总的数额,并不单独由 S 里局中人的选择来确定. 但我们已得到它的一个下界 $v_0(S)$,这个下界却是确定的.

② 应该注意的是:在我们讨论合伙 S 和$-S$ 之间的(虚构的)二人博弈的好策略(我们以上的证明事实上就相当于这个讨论)时,我们所考虑的只有纯策略,而没有混合策略. 换句话说,所有这些二人博弈恰好都是严格确定的.

然而,对于我们正在寻求的最终结果说,这却是无关紧要的.

27 策略等价关系.非本质和本质博弈

27.1 策略等价关系.简化形式

27.1.1 设Γ是一个零和n人博弈,它的特征函数是$v(S)$.设$\alpha_0^0,\cdots,\alpha_n^0$是给定的数的系统.我们现在构成一个新的博弈$\Gamma'$,它除了下述一点外在一切细节上都与$\Gamma$一样:$\Gamma'$的进行方式与$\Gamma$完全一样;但当博弈进行完毕后,局中人在$\Gamma'$里得到的数额等于它在$\Gamma$里应得到的(在一个相同的局里)数额加上$\alpha_k^0$.(注意$\alpha_1^0,\cdots,\alpha_k^0$都是常数.)于是,若$\Gamma$是11.2.3(第二章)中正规化形式的博弈,它的函数是

$$\mathscr{H}_k(\tau_1,\cdots,\tau_n),$$

那么,Γ'也是正规化形式的博弈,它的相应的函数是

$$\mathscr{H}'_k(\tau_1,\cdots,\tau_n)\equiv\mathscr{H}_k(\tau_1,\cdots,\tau_n)+\alpha_k^0.$$

很明显,Γ'(以及Γ)是零和n人博弈的必要和充分条件是:

(27:1)
$$\sum_{k=1}^{n}\alpha_k^0=0\ ;$$

我们现在就假设这个等式成立.

以$v'(S)$记Γ'的特征函数,则有

(27:2)
$$v'(S)\equiv v(S)+\sum_{k\in S}\alpha_k^0.$$ ①

现在,很明显,两个博弈Γ和Γ'在策略方面的可能性是完全一样的.这两个博弈之间唯一的差别,在于每一局进行完毕后的支付额相差一个固定的α_k^0.这些α_k^0是绝对固定的;任何局中人的任何行为都不会使它们有所改变.也可以这样说:每一局中人的地位被移动了一个固定的数额,但策略方面的可能性、形成合伙的动机和可能性等等都完全没有改变.换一句话说:如果两个特征函数$v(S)$和$v'(S)$相互之间的关系是通过(27:2)②联系起来的,那么,每一个以$v(S)$为特征函数的博弈,从一切策略方面的观点看,是与以$v'(S)$为特征函数的某个博弈完全等价的,反过来也一样.这就是说,$v(S)$和$v'(S)$描述出在策略上是等价的两族博弈.在这个意义下,可以把$v(S)$和$v'(S)$本身也看作是等价的.

应该注意的是,以上所说与26.2中所述的愿望是无关的;按照26.2,具有同一个$v(S)$的所有博弈都有着同样的策略特性.

27.1.2 我们已经看到,变换(27:2)(我们无须注意(27:1),参看27.1.1第二个注)使

---

① 如果回忆一下,$v(S)$和$v'(S)$是怎样借助于合伙S而定义的,这个关系式的真确性就变得很明显了.也不难借助于$\mathscr{H}_k(\tau_1,\cdots,\tau_n)$,$\mathscr{H}'_k(\tau_1,\cdots,\tau_n)$用形式体系的方法来证明(27:2).

② 在这个条件下,可以直接得出(27:1),所以无需另外假设后者.事实上,根据25.4.1里的(25:4),我们有$v(I)=v'(I)=0$,因此,由(27:2)得到

$$\sum_{k\in I}\alpha_k^0=0;\ 即\sum_{k=1}^{n}\alpha_k^0=0.$$

集合函数 $v(S)$ 变为一个在策略上与它完全等价的集合函数 $v'(S)$. 因此,我们称这种关系为策略等价关系.

现在,我们转到特征函数的这个策略等价概念的数学性质的讨论.

从策略等价的特征函数 $v(S)$ 的每一个族里,最好能选出一个特别简单的代表 $\bar{v}(S)$. 我们的想法是这样的:对于一个给定的 $v(S)$,它的代表 $\bar{v}(S)$ 应该是很容易确定的;另一方面,要使得两个特征函数 $v(S)$ 和 $v'(S)$ 为策略等价的,其必要和充分条件应该是,它们的代表 $\bar{v}(S)$ 和 $\bar{v}'(S)$ 恒等. 另外,我们可以试着按照这样一种方式来选择这些代表 $\bar{v}(S)$,使得对 $\bar{v}(S)$ 的分析要比对原来的 $v(S)$ 的分析更简单.

27.1.3 当我们从两个特征函数 $v(S)$ 和 $v'(S)$ 出发时,策略等价概念能够单独建立在(27:2)上;(27:1)则是它的推论(参看 27.1.1 第二个注). 然而,现在我们要从单独一个特征函数 $v(S)$ 出发,来考察与它是策略等价的一切可能的 $v'(S)$——为的是从其中选出它们的代表 $\bar{v}(S)$. 因此,发生了这样的问题:我们应该采用哪些系统的数 $\alpha_1^0,\cdots,\alpha_n^0$? 这就是说:对于这些系统里的哪一些,(应用(27:2))从 $v(S)$ 是特征函数这一事实,能够推出 $v'(S)$ 也是一个特征函数? 根据我们以上的讨论,也根据直接的验算,立即可以得到回答:条件(27:1)是必要而且充分的. [①]

这样,在寻求一个代表 $\bar{v}(S)$ 的过程里,我们就有 n 个不确定的量 $\alpha_1^0,\cdots,\alpha_n^0$ 待定;但 $\alpha_1^0,\cdots,\alpha_n^0$ 须满足限制条件(27:1). 因此,我们有 $n-1$ 个自由的参数待定.

27.1.4 由此可见,我们可以使所求的代表 $\bar{v}(S)$ 满足 $n-1$ 个限制条件. ,我们选择下面的方程作为上述限制条件:

(27:3) $$\bar{v}((1))=\bar{v}((2))=\cdots=\bar{v}((n)).$$ [②]

这就是说,我们规定:每一个单人合伙——每一局中人当他单独参加博弈时——应有同样的值.

我们可以把(27:2)代入(27:3),并把它与(27:1)一同叙述出来,这样就可以得到我们关于 $\alpha_1^0,\cdots,\alpha_n^0$ 的全部限制条件. 我们得到

(27:1*) $$\sum_{k=1}^{n}\alpha_k^0 = 0,$$

(27:2*) $$v((1))+\alpha_1^0 = v((2))+\alpha_2^0 = \cdots = v((n))+\alpha_n^0.$$

容易验证,从这些方程里可以解出恰好一组 $\alpha_1^0,\cdots,\alpha_n^0$ 的值

(27:4) $$\alpha_k^0 = -v((k))+\frac{1}{n}\sum_{j=1}^{n}v((j)).$$ [③]

因此,我们能够说:

(27:A) 当而且只当一个特征函数 $\bar{v}(S)$ 满足(27:3)时,我们称它是简化的. 每一个

---

① 也许有人会认为,这个详细的讨论似乎是在自我表现. 我们的目的是要说明,当我们从两个特征函数 $v(S)$ 和 $v'(S)$ 出发时,(27:1)是多余的;但当我们只从一个特征函数出发时,(27:1)则是不可少的.

② 注意,这里是 $n-1$ 个方程,而不是 n 个.

③ 证明:以 β 记(27:2*)中 n 个项的共同值. 于是,(27:2*)就相当于等式 $\alpha_k^0=-v((k))+\beta$,因而(27:1*)变为

$$n\beta-\sum_{k=1}^{n}v((k))=0;\ 即\ \beta=\frac{1}{n}\sum_{k=1}^{n}v((k)).$$

特征函数 $v(S)$ 与恰好一个简化的 $\bar{v}(S)$ 是策略等价的. 这个简化的 $\bar{v}(S)$ 由公式 (27:2) 和 (27:4) 给出,我们称它是 $v(S)$ 的**简化形式**.

这些简化的函数将作为我们所寻求的代表.

27.2 不等式. 量 γ

27.2 让我们考察一个简化特征函数 $\bar{v}(S)$. 我们以 $-\gamma$ 表示 (27:3) 中 n 个项的共同值:

(27:5) $$-\gamma=\bar{v}((1))=\bar{v}((2))=\cdots=\bar{v}((n)).$$

我们也可以这样来叙述 (27:5):

(27:5*) $\bar{v}(S)=-\gamma$, 对于每一个单元素集合 S.

应用 25.3.1 里的 (25:3:b), 就把 (27:5*) 变换成为

(27:5**) $\bar{v}(S)=\gamma$, 对于每一个 $(n-1)$ 元素集合 S.

我们强调指出,(27:5),(27:5*),(27:5**) 三者中的任意一个——除了 γ 的定义——都恰好是 (27:3) 的重述,即,它们都是 $\bar{v}(S)$ 的简化性质的特征.

现在,对单元素集合 $S_1=(1),\cdots,S_n=(n)$ 应用 25.4.1 里的 (25:6). $(p=n)$. 由 (27:5) 得到 $-n\gamma\leqslant 0$, 即

(27:6) $$\gamma\geqslant 0.$$

其次,考虑 I 的一个任意的子集合 S. 设 p 是它的元素的数目: $S=(k_1,\cdots,k_p)$. 现在,对单元素集合 $S_1=(k_1),\cdots,S_p=(k_p)$ 应用 25.4.1 里的 (25:5). 由 (27:5) 得到

$$\bar{v}(S)\geqslant -p\gamma.$$

把这个关系式应用到具有 $n-p$ 个元素的 $-S$. 再应用 25.3.1 里的 (25:3:b), 就得到

$$-\bar{v}(S)\geqslant -(n-p)\gamma,\ 即\ \bar{v}(S)\leqslant (n-p)\gamma.$$

把以上两个不等式合在一起,我们得到

(27:7) $-p\gamma\leqslant\bar{v}(S)\leqslant(n-p)\gamma$, 对于每一个 p 元素集合 S.

(27:5*) 和 $\bar{v}(\ominus)=0$ (这就是 25.3.1 里的 (25:3:a)) 也可以这样来陈述:

(27:7*) 对于 $p=0,1$, 我们在 (27:7) 的第一个关系式里有"="号.

(27:5**) 和 $\bar{v}(I)=0$ (这就是 25.4.1 里的 (25:4)) 也可以这样来陈述:

(27:7**) 对于 $p=n-1,n$, 我们在 (27:7) 的第二个关系式里有"="号.

27.3 非本质性和本质性

27.3.1 为了分析这些不等式,现在最好是分成两种情形来考虑.

我们根据 (27:6) 来分类:

第一种情形: $\gamma=0$. 这时,根据 (27:7), 对于所有的 S 有 $\bar{v}(S)=0$. 这是一种完全不足道的情形,它显然不包含任何别种可能性. 任何关于合伙的策略都是不必要的,博弈里没有斗争和竞争的因素: 每一局中人可以单独参加博弈,因为参加任何合伙都没有利益可得. 事实上,每一局中人能为自己得到数额 0, 而不管别的局中人如何做法. 而且,在任一个合伙里,它的全部成员合在一起所得到的数额不会比 0 大. 由此可见,这个博弈的一局对于每一局中人的值是绝对确定的: 都是 0.

如果一个一般的特征函数 $v(S)$ 与这样的一个 $\bar{v}(S)$ 是策略等价的——即,如果 $v(S)$ 的简化形式是 $\bar{v}(S)\equiv 0$,那么,我们有同样的情况,只是一局对于局中人 k 的值变成了 α_k^0. 以 $v(S)$ 为特征函数的博弈,它的一局对于局中人 k 的值是绝对确定的,即 α_k^0: 他甚至可以单独地得到这个数额,而不管别的局中人如何做法. 没有一个合伙能够得到更好的结果.

如果一个博弈 Γ 的特征函数 $v(S)$ 的简化形式是 $\bar{v}(S)\equiv 0$,我们称 Γ 为非本质的.[①]

27.3.2 第二种情形: $\gamma>0$. 通过单位[②]的改变,我们能够使 $\gamma=1$.[③]这种改变显然不会影响博弈的策略方面的性质;这样做有时是很方便的. 不过,目前我们并不打算这样做.

但是,在我们目前这个情形里,局中人们有很好的理由要求形成合伙. 任一局中人若单独参加博弈,将付出 γ 这个数额(即,他得到 $-\gamma$,参看(27: 5*)或(27: 7*));而任意 $n-1$ 个局中人互相合作,得到的总额将是 γ(即,他们的合伙得到 γ,参看(27: 5*)或(27: 7*)).[④]

因此,合伙的合适策略现在有其重大的意义.

如果一个博弈 Γ 的特征函数 $v(S)$ 的简化形式 $\bar{v}(S)$ 不是 $\equiv 0$,我们称 Γ 为本质的.[⑤]

27.4 各种准则. 不可加的效用

27.4.1 对于一个给定的特征函数 $v(S)$,我们希望能够写出它的简化形式 $\bar{v}(S)$ 的 γ 的显表示式(参看上节).

我们知道,$-\gamma$ 是 $\bar{v}((k))$ 的共同值,即 $v((k))+\alpha_k^0$ 的共同值;根据(27:4),它等于 $\frac{1}{n}\sum_{j=1}^{n} v((j))$.[⑥]因此

(27:8)
$$\gamma=-\frac{1}{n}\sum_{j=1}^{n} v((j)).$$

由此得到:

(27:B) Γ 为非本质博弈的必要和充分条件是

$$\sum_{j=1}^{n} v((j))=0 \quad (\text{即 } \gamma=0)$$

它为本质博弈的必要和充分条件是

$$\sum_{j=1}^{n} v((j))<0 \quad (\text{即 } \gamma>0).$$[⑦]

---

① 我们将在 27.4.1 的末尾看到,这里的非本质性,它的意义与 23.1.3(在零和三人博弈的特殊情形里)的意义相同.

② 因为需进行支付,我们这里指的是货币单位. 在比较广泛的意义上,也可以是效用单位. 参看 2.1.1.

③ 这在第一种情形里是不可能的,那里 $\gamma=0$.

④ 当然,整个情况并不止此. 可能有别的合伙——局中人人数>1 但<$n-1$ 的合伙——值得探讨.(这时,$n-1$ 超过 1 的数目必须大于 1——即 $n\geqslant 4$.)这与元素数目>1 但<$n-1$ 的集合 S 的 $\bar{v}(S)$ 有关. 但只有完全而详尽的博弈理论才能正确地评定这些合伙的作用.

我们以上对孤立局中人和 $n-1$ 个局中人的合伙(在有对手的合伙里,这是最大的!)的比较,只足以使我们达到我们当前的目的: 说明合伙在这种情况下的重要性.

⑤ 参看 27.3.1 的注.

⑥ 因而 $-\gamma$ 就是 27.1.4 第二个注里的 β.

⑦ 我们已经看到,一共只有两种情形,因为 $\sum_{j=1}^{n} v((j))\leqslant 0$ 而 $\gamma\geqslant 0$.

对于一个零和三人博弈,引用23.1(第五章)的记法,我们有 $v((1))=-a, v((2))=-b, v((3))=-c$;因此,$\gamma=\frac{1}{3}\Delta$. 由此可见,23.1.3里的概念是我们本质和非本质的概念在零和三人博弈情形里的特殊化. 考虑到在两种情形里这些概念的解释,这是可以理解的.

27.4.2 我们现在叙述判断非本质性的另外一些准则:

(27:C) Γ 为非本质博弈的必要和充分条件是: 它的特征函数 $v(S)$ 能够写成下面的形式:

$$v(S) \equiv \sum_{k \in S} \alpha_k^0,$$

其中 $\alpha_1^0, \cdots, \alpha_n^0$ 是一个合适的系统.

证明: 事实上,由(27:2)可知,上面的条件恰好表明,$v(S)$ 与 $\bar{v}(S) \equiv 0$ 是策略等价的. 因为 $\bar{v}(S)$ 是简化的特征函数,所以它就是 $v(S)$ 的简化形式——这正好是非本质性的意义.

(27:D) Γ 为非本质博弈的必要和充分条件是: 它的特征函数 $v(S)$ 在25.3.1的(25:3:c)里永远取"="号;即

$$v(S \cup T)=v(S)+v(T), \text{若 } S \cap T=\ominus.$$

证明: (1) 条件的必要性. 具有上面(27:C)中给出的形式的一个 $v(S)$,显然满足(27:D)里的等式.

(2) 条件的充分性. 重复地应用这个等式,就在25.4.1的(25:5)里得到"="号;即: 如果 $S_1, \cdots, S_p$ 是两两不相交的集合,则

$$v(S_1 \cup \cdots \cup S_p)=v(S_1)+\cdots+v(S_p).$$

考虑一个任意的 S,设为 $S=(k_1, \cdots, k_p)$. 于是,由 $S_1=(k_1), \cdots, S_p=(k_p)$,得到

$$v(S) = v((k_1)) + \cdots + v((k_p)).$$

因此,我们有

$$v(S) = \sum_{k \in S} \alpha_k^0,$$

其中 $\alpha_1^0=v((1)), \cdots, \alpha_n^0=v((n))$;根据(27:C),$\Gamma$ 是非本质的.

27.4.3 准则(27:C)和(27:D)都表示,一切合伙的值都由它们的成员的值相加而得.[①]我们应当记得,值的可加性,或者不如说,可加性时常不被满足这一事实,在经济学文献里占有怎样的地位. 不能一般地满足可加性的情形,乃是最重要的情形,但这些情形使得每一种理论的逼近路线遭遇到困难;人们无法说,这些困难已真正得到克服. 关于这个问题,应该回忆一下像对立性、全值、转归等的讨论. 我们目前在我们的理论里到达了相应问题的分析;而且发现,可加性只出现在令人不感兴趣的(非本质的)情形,而真正重要的(本质的)博弈则具有不可加的特征函数,这个发现无疑是很有意义的.[②]

熟悉测度论的读者将会注意到: 可加的 $v(S)$——即,非本质的博弈——恰好是 I 的测度函数,它使得 I 的整个测度为零. 由此可见,一般的特征函数 $v(S)$ 是测度概念的一种新的推

① 读者应当了解,我们现在说的(合伙 S 的)"值",指的就是量 $v(S)$.

② 我们现在所涉及的,当然只是问题的一个特殊的方面: 我们所考虑的,只是合伙——即采取一致行动——的值,而不是经济学商品或服务的值. 然而,读者将会发现,问题并不像表面看来那样特殊: 实际上,可以把商品和服务看作交换的经济行动——即一种一致行动.

广.这些说明在较深刻的意义上与前面关于经济学里值的说明有着联系.不过,继续往下讨论这个问题,将是离题太远了.[①]

27.5 本质情形里的不等式

27.5.1 我们现在回到 27.2 里的不等式,特别是(27:7),(27:7*),(27:7**).如果 $\gamma=0$(非本质的情形),一切情况都已非常清楚.因此,我们假定 $\gamma>0$(本质的情形).

现在,对于每一个 S 中元素的数目 p,(27:7),(27:7*),(27:7**)为 $\overline{v}(S)$ 的可能的值定出一个范围.在图 50 里,对于每一个 $p=0,1,2,\cdots,n-2,n-1,n$,画出了这个范围.

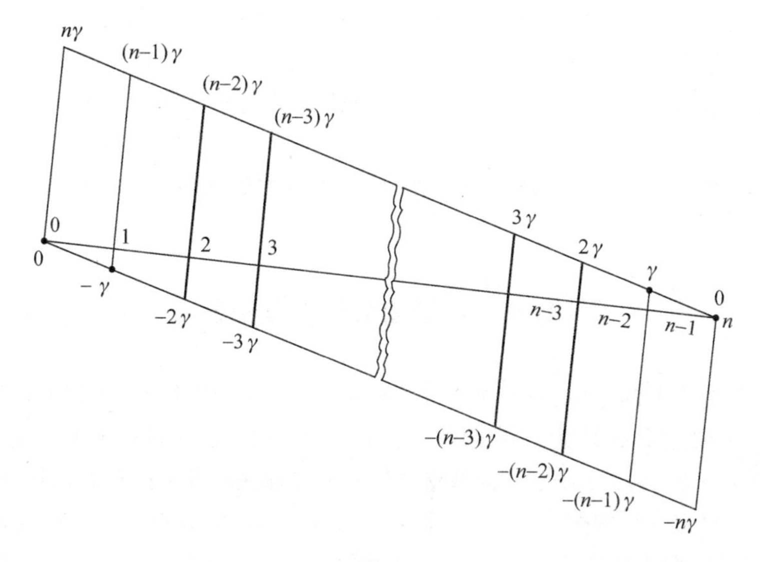

图 50

横坐标 p:S 的元素的数目.在 $0,-\gamma,\gamma,0$ 处的点或粗线:对应于 p 的 S 的可能值 $\overline{v}(S)$ 的范围.

我们再补充说明如下:

27.5.2 第一,可以看出,在一个本质的博弈里——即,当 $\gamma>0$——必定有 $n\geqslant3$.不然的话,公式(27:7),(27:7*),(27:7**)——或图 50,它表出了这些公式的内容——将导致矛盾:对于 $n=1$ 或 2,一个($n-1$)元素的集合 S 有 0 或 1 个元素,所以 $\overline{v}(S)$ 必须一方面等于 γ,而另一方面等于 0 或 $-\gamma$,这是不可能的.[②]

第二,在一个具有最小可能数目的成员的本质博弈里,即,对于 $n=3$,一切事情都由公式(27:7),(27:7*),(27:7**)——或图 50——确定:它们对 $0,1,n-1,n$ 元素的集合 S 给出它的值 $\overline{v}(S)$;而对于 $n=3$,元素的数目只可能是 0,1,2,3(同时可参看 27.3.2 第三个注里的说明).这与我们在 23.1.3 里得到的事实是一致的;按照 23.1.3,只存在一种类型的本质零和三人博弈.

① 测度论将再度出现在另一种关系里.参看 41.3.3(第九章).

② 当然,在一个零和一人博弈里,根本不发生任何事情;而关于零和二人博弈,我们已经有了一套理论,其中不出现合伙.因此,在所有这些情形里,非本质性是意料中的事.

第三,在局中人数目较大的场合,即,若 $n\geqslant4$,情况就不同了.由公式(27:7),(27:7*),(27:7**)——或图 50——可知,这时集合 S 的元素数目 p 可以取异于 $0,1,n-1,n$ 的值.这就是说,现在出现了

(27:9) $$2\leqslant p\leqslant n-2$$

这个区间.[①]正是在这个区间里,上述公式不再能确定 $\bar{v}(S)$ 的唯一的值;它们只能确定一个区间:

(27:7) $$-p\gamma\leqslant\bar{v}(S)\leqslant(n-p)\gamma,$$

对于每一个 p,每个区间的长度是 $n\gamma$(仍参看图 50).

27.5.3 也许有人会问:是否真的要用到区间(27:7)的全部?换一种说法:有没有可能通过关于 $\bar{v}(S)$ 的其他更精细的考虑,使得这个区间进一步缩小?回答是否定的.事实上,对于每一个 $n\geqslant4$:能够定义一个博弈 Γ_p,在这个博弈里,对于(27:9)的每一个 p,$\bar{v}(S)$ 能在适当的 p 元素集合 S 处取得 $-p\gamma$ 和 $(n-p)\gamma$ 这两个值.我们只在这里指出这个事实,而不再进行细致的讨论.

总起来说:博弈论的真正分歧只是在到达 $n\geqslant4$ 时才出现(在 27.3.2 第三个注里曾有过同样的说明).

27.6 特征函数的向量运算

27.6.1 作为本节的结束,我们再作一些说明,这些说明的性质是比较形式化的.

在 25.3.1 中描述特征函数 $v(S)$ 的条件(25:3:a)至(25:3:c)具有某种向量的特性:对它们能够进行与第三章 16.2.1 中定义的数量乘法和向量加法相类似的向量运算.更确切地说:

数量乘法:给定一个常数 $t\geqslant0$ 和一个特征函数 $v(S)$,则 $tv(S)\equiv U(S)$ 也是一个特征函数.向量加法:给定两个特征函数 $v(S),w(S)$,[②]则 $v(S)+w(S)\equiv z(S)$ 也是一个特征函数.唯一不同于 16.2 中相应定义的地方是:我们现在必须假定 $t\geqslant0$[③][④].

27.6.2 上面定义的两种运算有着实际的解释:

(1) 数量乘法.若 $t=0$,则 $U(S)=0$,这就是 27.3.1 里考虑过的不发生任何事情的博弈.所以,我们可以假设 $t>0$.这时,我们的运算相当于效用单位的改变:改变到原来的单位与因子 t 的乘积.

(2) 向量加法.这种运算相当于以 $v(S)$ 和 $w(S)$ 为特征函数的两个博弈的叠加.我们可以设想,同一组局中人 $1,2,\cdots,n$ 同时但独立地进行这两个博弈.即:就博弈的规则说,假定在一

---

① 它有 $n-3$ 个元素;当 $n\geqslant4$ 时,$n-3$ 就成了正数.

② 这里,一切都对同一个 n 和同一局中人集合

$$I=(1,2,\cdots,n)$$

而说.

③ 事实上,$t<0$ 将使 25.3.1 里的(25:3:c)不能成立.应该注意的是,把原来的 $\mathscr{H}_k(\tau_1,\cdots,\tau_n)$ 乘上一个 $t<0$ 是完全可以的.最简单的办法是考虑乘以 $t=-1$,即:改变正负号.但是,使 $\mathscr{H}_k(\tau_1,\cdots,\tau_n)$ 变号绝不等于使 $v(S)$ 变号.从常识上看,这应该是很明显的;因为输赢的颠倒将在非常复杂的程度上改变一切策略方面的考虑.(这种输赢的颠倒以及它的一些后果,对国际象棋手来说是熟悉的.)通过对 25.1.3 中定义的审查,可以从形式上证实我们的断言.

④ 向量空间中的数量乘法若满足这个条件,有时称为正向量空间.我们不需要涉及这方面的系统理论.

个博弈里的任一个着不影响另一博弈.在这种情形下,联合博弈的特征函数,显然就是原来的两个博弈的特征函数之和.①

27.6.3 对于这些运算,我们不打算进行系统的探讨(即,不打算在它们所引起的博弈里,探讨它们对博弈的策略方面的情况所产生的影响.不过,对这个问题作一些说明,但并不是详尽的说明),也许会是有用处的.

首先,我们注意到,数量乘法和向量加法的结合也能够得到直接的解释.特征函数

(27:10) $$z(S)\equiv tv(S)+sw(S)$$

所属的博弈是这样产生的:首先,把 $v(S)$ 和 $w(S)$ 所属的博弈的效用单位分别乘以 t 和 s,然后把由此得出的两个博弈叠加起来.

若 $s=1-t$,则(27:10)相当于16.2.1中(16:A:c)意义上的重心的形成.

我们将在35.3.4的讨论里(特别是35.3.4第二个注里)看到,即使是这个看来很简单的运算,也会在策略方面产生极其复杂的后果.

其次,我们注意到,在有一些情形里,我们的运算在策略方面并不产生影响:

(a) 通过单独一个 $t>0$ 的数量乘法,只引起单位的改变,在策略方面不发生影响.

(b) ——这是较重要的一点,27.1中讨论的策略等价性是一个叠加:把 $v(S)$ 的博弈与一个非本质博弈叠加起来,就得到一个与前者策略等价的博弈,以 $v'(S)$ 记它的特征函数.②(参见27.1.1里的(27:1)和(27:2);关于非本质性,参见27.3.1以及27.4.2里的(27:C).)我们也可以这样说:我们知道,非本质博弈是合伙在其中不起作用的博弈.把一个这样的博弈与另外一个博弈叠加起来,不会影响策略等价性,即,它使得后者的策略结构不变.

28 群、对称性和公平性

28.1 排列、排列群、排列对博弈的影响

28.1.1 我们现在考虑 n 人博弈里对称性的作用,更一般地说,是互换局中人 $1,\cdots,n$ ——或他们的号码——所产生的效果.很自然地,这将是17.11(第三章)中对零和二人博弈所作相应研究的扩充.

我们的分析的程序,基本上将是17.11中对 $n=2$ 所采取步骤的重复.但是,由于对于一个一般的 n,符号 $1,\cdots,n$ 的互换的可能性远较 $n=2$ 的情形为多,我们应该更系统地来进行这个工作.

考虑 $1,\cdots,n$ 这 n 个符号.构成它们的任意**排列** P. P 的描述为:对于每一个 $i=1,\cdots,n$,P 使它变为 i^P(也 $=1,\cdots,n$).我们记为:

---

① 这在直观上应该是很明显的.借助于25.1.3可以得到严格的验证:这个工作要用到一些较繁的记号,但并没有实际上的困难.

② 如果非本质博弈的特征函数是 $w(S)\equiv\sum_{k\in S}\alpha_k^0$,那么,按照上面的记法,有 $$v'(S)\equiv v(S)+w(S).$$

(28:1) $P: i \to i^P$;

或者用枚举全部元素的记法:

(28:2) $P: \begin{pmatrix} 1, & 2, & \cdots, n \\ 1^P, & 2^P, & \cdots, n^P \end{pmatrix}$.①

有几个排列是值得特别提出来的:

(28:A:a) 使得每一个 $i(=1,\cdots,n)$ 不变的恒等排列 I_n:

$$i \to i^{I_n} = i.$$

(28:A:b) 对于两个给定的排列 P,Q,它们的乘积 PQ 是先进行 P 然后进行 Q:

$$i \to i^{PQ} = (i^P)^Q.$$

一切可能排列的数目是 n 的阶乘:

$$n! = 1 \cdot 2 \cdot \cdots \cdot n,$$

它们合在一起组成排列的对称群 Σ_n. Σ_n 的任一子系统 G 若满足下面两个条件:

(28:A:a*) I_n 属于 G,

(28:A:b*) 如果 P 和 Q 属于 G,则 PQ 属于 G,

则称 G 是一个排列群.②

一个排列 P 使得 $I=(1,\cdots,n)$ 的每一子集合 S 变为另一子集合 S^P.③

28.1.2 有了以上一般的预备性的说明,我们现在要把这些概念应用到任意的 n 人博弈 Γ.

把一个排列 P 实施到 Γ 中局中人的符号 $1,\cdots,n$ 上.换一句话说:代替原来的 $k=1,\cdots,n$,以 k^P 记 n 个局中人;这就把博弈 Γ 变换成另一个博弈 Γ^P. Γ 被 Γ^P 所代替,必定在两方面产生影响:一方面体现在每一局中人在局的进行过程中的行为——即,每一局中人所选择的 τ_k 的指标 k 上;另一方面体现在局对于他的结果——即,表示结果的函数 $\mathscr{H}_k$ 的指标 k 上.④因此,Γ^P 仍是正规化形式的博弈,它的函数是 $\mathscr{H}_k^P(\tau_1,\cdots,\tau_n)$, $k=1,\cdots,n$. 在以 $\mathscr{H}_k(\tau_1,\cdots,\tau_n)$ 表示 $\mathscr{H}_k^P(\tau_1,\cdots,\tau_n)$ 时,我们必须记住:Γ 里的局中人 k 的函数是 $\mathscr{H}_k$;在 Γ^P 里,他成了 k^P,因而他的函数是 $\mathscr{H}_{k^P}^P$. 如果我们构成以 $\tau_1,\cdots,\tau_n$ 为变量的 $\mathscr{H}_{k^P}^P$,我们必须表出,当局中人在 Γ^P 里的名称是 k 而选择 τ_k 时,博弈 Γ^P 的结果是什么.这时 Γ^P 里的局中人 k^P 在 Γ 里是 k,他在 Γ 里选择 τ_{k^P}. 于是,$\mathscr{H}_k$ 里的变量必定是 $\tau_{1^P},\cdots,\tau_{n^P}$. 因此,我们有

---

① 据此,在 $n=2$ 的情形,两个元素 1,2 的互换就是排列 $\begin{pmatrix} 1,2 \\ 2,1 \end{pmatrix}$. 恒等排列(见下文)是 $I_n = \begin{pmatrix} 1,2,\cdots,n \\ 1,2,\cdots,n \end{pmatrix}$.

② 关于群论这个重要的广博理论,参看 L. C. Mathewson: Elementary Theory of Finite groups, Boston, 1930; W. Burnside: Theory of Groups of Finite Order, 2nd Ed., Cambridge, 1911; A. Speiser: Theorie der Gruppen von endlicher Ordnung, 3rd Edit., Berlin, 1937.

我们并不需要用到群论的任何特殊结果或概念;只是为了那些愿意更深刻地了解这个题目的内容的读者,我们才提出上列文献.

虽然我们并不希望把我们的解说与群论的错综复杂的内容相联系,但是,如果对群论的(至少是)基本原理没有一定的认识,就不可能真正了解对称性的特征和结构:为了这个缘故,我们才引进群论的一些基本术语.

关于对称性和群论之间关系的较全面的说明,参看 H. Weyl: Symmetry, Jour. Washington Acad. of Sciences, Vol. XXVIII (1938),第 253 页以下.

③ 若 $S=(k_1,\cdots,k_p)$,则 $S^P=(k_1^P,\cdots,k_p^P)$.

④ 参看 14.6 第一个注里关于 $n=2$ 的类似情况.

(28:3) $\mathscr{H}_{k^P}^P(\tau_1,\cdots,\tau_n)\equiv\mathscr{H}_k(\tau_{1^P},\cdots,\tau_{n^P})$.[①][②]

我们以 $v(S)$ 和 $v^P(S)$ 分别记 Γ 和 Γ^P 的特征函数. 由于在 Γ^P 里组成集合 S^P 的局中人就是在 Γ 里组成集合 S 的局中人,我们有

(28:4) $v^P(S^P)\equiv v(S)$,对于每一个 S.[③]

28.1.3 如果(对于一个特殊的 P)Γ 与 Γ^P 重合,我们说,Γ 对于 P 是不变的或对称的. 鉴于(28:3),这个性质可以表为

(28:5) $\mathscr{H}_{k^P}(\tau_1,\cdots,\tau_n)\equiv\mathscr{H}_k(\tau_{1^P},\cdots,\tau_{n^P})$.

在这种情形下,(28:4)变为

(28:6) $v(S^P)\equiv v(S)$,对于每一个 S.

给定一个任意的 Γ,我们能够构成由一切这样的 P 组成的系统 G_Γ:Γ 对于 P 是对称的. 从上面的(28:A:a),(28:A:b)可以清楚地看出: 恒等排列 I_n 属于 G_Γ;若 P,Q 属于 G_Γ,则它们的乘积 PQ 也属于 G_Γ. 因此,根据上面的(28:A:a*),(28:A:b*),G_Γ 是一个群. 我们称 G_Γ 是 Γ 的不变群.

我们注意到,现在能够把(28:6)叙述如下:

(28:7) 如果在 G_Γ 中存在一个 P 使 $S^P=T$,即,如果 P 使 S 变为 T,则 $v(S)=v(T)$.

G_Γ 的大小——即,它的元素的数目——在某种意义上可以用作 Γ 的"对称程度"的度量. 如果每一个排列 P(除了恒等排列 I_n 外)都使 Γ 改变,则 G_Γ 只由 I_n 单独一个元素组成,这时称 Γ 是全不对称的. 如果没有一个排列能使 Γ 改变,则 G_Γ 包含全部 P,即,它就是对称群 Σ_n,这时称 Γ 是全对称的. 在这两种极端情形之间,当然有着无数的中间情形;Γ 的对称性(或缺乏对称性)的精确结构就是通过群 G_Γ 而揭露出来的.

28.1.4 (28:7)里的假设条件蕴涵,S 和 T 有着同样数目的元素. 然而,在 G_Γ 是充分地小,即,当 Γ 是充分地不对称时,反面的蕴涵关系不一定成立. 因此,值得考虑一下使得这个反面蕴涵关系成立的那些群 $G=G_\Gamma$,即,使得下述命题为真的群 $G=G_\Gamma$:

(28:8) 如果 S 和 T 具有同样数目的元素,则在 G 中存在一个 P,使得 $S^P=T$——即,使得 S 变为 T.

如果 G 是对称群 Σ_n,即,对于全对称博弈 Γ 的 $G=G_\Gamma=\Sigma_n$,(28:8)里的条件显然被满足. 对于

---

① 读者会注意到,函数 $\mathscr{H}$ 本身的指标 k 的上标 P 出现在恒等式的左端,而变量 τ_k 的指标 k 的上标 P 出现在右端. 这种安排是正确的;(28:3)前面的论证可以说明这一点.

我们必须使这一点正确无误而且意义明确,这是因为,否则我们就无法肯定,对 Γ 相继地应用上标 P 和 Q(按照写出的先后次序),其结果与对 Γ(单独地)应用上标 PQ 一样. 建议读者验证上述关系,这将是掌握排列运算的很好的练习.

如果 $n=2$ 而 $P=\begin{pmatrix}1,2\\2,1\end{pmatrix}$,则对两端应用 P 得到同样的结果,所以在这一点上没有必要作详尽的验证. 参看第三章 14.6 第一个注.

② 在零和二人博弈里,$\mathscr{H}\equiv\mathscr{H}_1\equiv-\mathscr{H}_2$,类似地有 $\mathscr{H}^P\equiv\mathscr{H}_1^P\equiv-\mathscr{H}_2^P$. 因此,在这种情形下$\left(\text{参看上面的注,}n=2\text{ 而且 }P=\begin{pmatrix}1,2\\2,1\end{pmatrix}\right)$,(28:3)变为 $\mathscr{H}^P(\tau_1,\tau_2)\equiv-\mathscr{H}(\tau_2,\tau_1)$. 这与 14.6 和 17.11.2 里的公式一致.

但是,只有在零和二人博弈里,才会出现这种简单的情况: 在一切其他情形里,我们必须依靠一般公式(28: 3).

③ 这个概念性的证明比计算的证明清楚而且简单,后者可以根据 25.1.3 而得出. 第二种证明也没有什么困难,只不过要用到更多的记号.

某些较小的群，——即，对于对称性较少于全对称性的某些Γ，条件也能被满足.①

28.2 对称性和公平性

28.2.1 总之，只要(28:8)对于$G=G_{\Gamma}$成立，我们就能从(28:7)得到下面的结论：

(28:9) $v(S)$只依赖于S中元素的数目.

即

(28:10) $$v(S)=v_p,$$

其中p是S中元素的数目($p=0,1,\cdots,n$).

考虑25.3.1里的条件(25:3:a)至(25:3:c)；它们详尽地描述出一切特征函数$v(S)$. 当(28:10)成立时，不难把它们通过v_p重述如下：

(28:11:a) $$v_0=0,$$

(28:11:b) $$v_{n-p}=-v_p,$$

(28:11:c) $$v_{p+q}\geqslant v_p+v_q,\text{对于 }p+q\leqslant n.$$

27.1.4里的(27:3)显然是(28:10)的推论(即，(28:9)的推论)，因而这种$v(S)$总是简化的——它的$\gamma=-v_1$. 所以，我们特别有27.2里的(27:7)，(27:7*)，(27:7**)；即图50的条件.

按照25.4.2中(25:A)所用的程序，我们也可以类似地把条件(28:11:c)用另一种方式叙述出来.

令$r=n-p-q$，则利用(28:11:b)可以把(28:11:c)写成下面的形式：

(28:11:c*) $$v_p+v_q+v_r\leqslant 0,\text{若 }p+q+r=n.$$

由于(28:11:c*)对于p,q,r是对称的，②因此，通过适当的排列，可以使$p\leqslant q\leqslant r$. 另外，当$p=0$(因而$r=n-q$)，(28:11:c*)可以从(28:11:a)，(28:11:b)推出(这时式中取"="号). 所以，我们可以假定$p\neq 0$. 由此可见，我们只须对$1\leqslant p\leqslant q\leqslant r$要求(28:11:c*)；从而同样的论证对(28:11:c)也成立. 最后，我们注意到，由于$r=n-p-q$，不等式$q\leqslant r$相当于$p+2q\leqslant n$. 重述如下：

---

① 在$n=2$的情形，Σ_n除恒等排列外只包含一个排列$\left(p=\begin{pmatrix}1,2\\2,1\end{pmatrix}\text{，参看前面几个注}\right)$；因此，$G=\Sigma_n$是唯一可能的不变群.

现在，考虑$n\geqslant 3$. 如果G满足(28:8)，我们称G是集合传递群. 哪一些$G\neq\Sigma_n$是集合传递群，这是一个在群论里有一定兴趣的问题，但在我们这本书里并无必要涉及它.

不过，我们提出以下说明，供对群论有兴趣的读者参考：

Σ_n有一个子群，它包含Σ_n的全部元素的一半$\left(\text{即}\frac{1}{2}n!\text{ 个}\right)$，称为交代群$\mathfrak{A}_n$. 在群论里，这是一个非常重要的群，而且已对它进行了大量的讨论. 容易看出，当$n\geqslant 3$，它也是一个集合传递群.

因此，真正的问题是：对于哪些$n\geqslant 3$，存在着$\neq\Sigma_n$，$\mathfrak{A}_n$的集合传递群G?

容易证明，对于$n=3,4$，不存在这样的群. 对于$n=5,6$，这样的群确实存在.(对于$n=5$，存在着具有20个元素的集合传递群G，而Σ_5，$\mathfrak{A}_5$分别有120，60个元素. 对于$n=6$，存在着具有120个元素的集合传递群G，而Σ_6，$\mathfrak{A}_6$分别有720，360个元素.)对于$n=7,8$，群论里相当精致的论证表明，这样的群不存在. 对于$n=9$，这个问题尚未解决. 对于任意的$n>9$，这样的群看来有可能是不存在的，但这个断言还没有对一切$n>9$得到证明.

② 在假设和结论里都是对称的.

(28:12)　　只需对

$$1\leqslant p\leqslant q,\quad p+2q\leqslant n^{①}$$

要求(28:11:c).

28.2.2 特征函数的性质(28:10)是对称性的一个推论,但这个性质就它本身来说也是很重要的.当我们就最简单的特殊情形 $n=2$ 来考虑时,它的重要性就变得很清楚了.

事实上,对于 $n=2$,(28:10)的意义只不过是:17.8.1 里的 v' 为 0.②按照 17.11.2 的术语,这就是说,博弈 Γ 是公平的.我们现在使这个概念扩充如下:如果 n 人博弈的特征函数 $v(S)$ 满足(28:9),即,如果它是一个(28:10)的 v_p,则称 Γ 是公平的.如同在 17.11.2 里一样,这个公平性概念体现了对称性概念里真正本质的部分.然而,必须记住,博弈的公平性概念——类似地,全对称性概念——有可能但不一定蕴涵,在一个单独的局里,所有的局中人都会遭遇到同样的命运(假定他们都以好方式参加博弈).这个蕴涵关系对于$n=2$成立,但对于 $n\geqslant 3$ 则不成立!(关于前者,参看 17.11.2;关于后者,参看 21.3 的第一和第二个注.)

28.2.3 最后,我们注意到,根据本章 27.2 里的(27:7),(27:7*),(27:7**),或根据图 50,当$n=3$时,一切简化的博弈都是对称的因而也是公平的;但当 $n\geqslant 4$ 时则不然.(参看 27.5.2里的讨论.)然而,如在 27.1 中所说的,一般的零和 n 人博弈是通过固定的额外支付 $\alpha_1,\cdots,\alpha_n$(分别付给局中人 $1,\cdots,n$)而变为它的简化形式的.因此,在零和三人博弈的情形,这些 $\alpha_1,\alpha_2,\alpha_3$——即,固定的额外支付——详尽地表达出博弈的不公平性——即,不对称性的真正本质部分(同时可参看 22.3.4 里的"基本值"a',b',c').这在 $n\geqslant 4$ 的零和 n 人博弈里并不总是可能的,因为这时简化形式不一定是公平的.换一句话说,在这种博弈里,局中人的策略地位之间有可能存在着更加根本的区别,这些区别不能够用 $\alpha_1,\cdots,\alpha_n$——即,固定的额外支付——表达出来.这在第七章的讨论里可以看得非常清楚.关于这个问题,回忆一下 27.3.2的第三个注也是有益处的.

29　零和三人博弈的重新考虑

29.1　定性的讨论

29.1.1 我们现在可以来进行主要的工作了,这就是:叙述零和 n 人博弈的原则.③我们在前面几节里定义的特征函数 $v(S)$为这个工作提供了必要的工具.

---

① 这些不等式代替了原来的 $p+q\leqslant n$;它们显然比原来的强得多.

由于它们蕴涵 $3p\leqslant p+2q\leqslant n$ 和 $1+2q\leqslant p+2q\leqslant n$,我们有

$$p\leqslant\frac{n}{3},\quad q\leqslant\frac{n-1}{2}.$$

② 根据定义,$v'=v((1))=-v((2))$.在 $n=2$ 的情形,(28:9)(它与(28:10)等价)中唯一重要的断言是 $v((1))=v((2))$.鉴于上面所说的,它的意义恰好是 $v'=-v'$,即 $v'=0$.

③ 当然,一般的 n 人博弈仍待解决,但我们将借助于零和博弈得到它的解.最重大的一步则是目前的工作:零和 n 人博弈理论的建立.

我们的程序与以前一样：我们必须选择一种特殊情形，作为深入探讨的基础. 这必须是一种我们已经解决了的情形，而且这种情形是我们认为足以说明一般情形的特征的. 通过对这种特殊情形里已找到的(部分)解的分析，我们再试图使得支配一般情形的那些规律具体化. 考虑到我们在第一章 4.3.3 和本章 25.2.2 里所说的，应该不难理解，我们将以零和三人博弈作为上面说的特殊情形.

29.1.2 为此，让我们重新考虑借以获得零和三人博弈的现有的解的论证. 很清楚，我们感兴趣的将是本质的情形. 我们知道，我们完全可以在它的简化形式下考虑它，而且可以假设 $\gamma=1$.[①]如在 27.5.2 的第二点里讨论的，在这种情形下，特征函数是完全确定的：

$$v(S)=\begin{cases}0, \\ -1, \\ 1 \\ 0,\end{cases} \quad \text{若 } S \text{ 有} \begin{cases}0 \\ 1 \\ 2 \\ 3\end{cases} \text{个元素.}^{②} \tag{29:1}$$

我们已经看到，在这个博弈里，一切都决定于所形成的(二人)合伙，而且，我们的讨论[③]得出了下面的主要结论：

可能形成的合伙有三个；在一局结束时，三个局中人相应地得到下面(图 51)的结果：

合伙 \ 局中人	1	2	3
(1,2)	$\frac{1}{2}$	$\frac{1}{2}$	-1
(1,3)	$\frac{1}{2}$	-1	$\frac{1}{2}$
(2,3)	-1	$\frac{1}{2}$	$\frac{1}{2}$

图 51

这个“解”需要加以解释；我们特别提出以下的说明：[④]

29.1.3

(29:A:a) 图中写出的三种分配，相当于博弈的策略方面的全部可能性.

(29:A:b) 不能把三者中任何一个单独地看作一个解；三者所组成的系统以及三者相互之间的关系才真正构成一个解.

(29:A:c) 三种分配合在一起保持一种“稳定”，到此为止我们仅只很粗略地提到过这种“稳定”. 事实上，在这三种分配以外，不可能找到任何平衡；因此，应该认为，局中人之间任何种类的谈判最终必然导致三种分配之一.

(29:A:d) 应该注意的是：这个“稳定”仍然只是把三种分配合在一起看时的一个性质. 三者中的任何一个不可能单独地保持“稳定”；只要局中人的必要多数组成了

① 参看 27.1.4 和 27.3.2.

② 按照 23.1.1 的记法，就是：$a=b=c=1$. 这里提到的讨论的一般情形出现在 22.2，22.3，23 中. 上面说的特殊化事实上使我们回到了 22.1 里(更特殊)的情形. 因此，我们 27.1 里(关于策略等价关系和简化性)的考虑对零和三人博弈说事实上有着下面的效果：它使得一般情形回到了上述特殊情形.

③ 22.2.2，22.2.3 里的讨论；但这些讨论事实上正好是 22.1.2，22.1.3 的讨论的精致化.

④ 这些说明与 4.3.3 的考虑相联系. 关于(29:A:d)，也可以回忆一下第一章 4.6.2 的后半部分.

另一种不同的合伙，每一种分配就能够被推翻.

29.1.4 对于导致图 51 里的解的启发性原则，我们现在要着手寻求一种严格的叙述；在进行这项工作的时候，我们将随时记着(29:A:a)至(29:A:c)这些说明.

图 51 中三种分配组成的系统——这应该是 29.1.2 中最末一个注里所引讨论的一个简明的总结，它的"稳定性"在直观上是可以理解的；如果用更精确的方式来叙述它，就会使我们回到先前在质的方面的讨论里的情况.[①]我们可以叙述如下：

(29:B:a) 如果有任何别种分配方案提供给三个局中人考虑，必将遭到拒绝，理由如下：有足够数目的局中人，[②]他们为了自己的利益，愿意选择解里的(即图 51 里的)至少一种分配方案；他们相信，或者能够被说服，[③]获得这种分配方案所规定的利益是可能的.

(29:B:b) 但若提供给局中人考虑的是解里的分配方案之一，则找不到上述的局中人集团.

我们现在着手以更精确的方式讨论这个启发式的原则的价值.

29.2 定量的讨论

29.2.1 设 β_1,β_2,β_3 是局中人 1,2,3 之间的一种可能的分配方法. 即

$$\beta_1+\beta_2+\beta_3=0.$$

根据定义，$v((i))(=-1)$是局中人 i 能够为他自己获得的数额(不管别的局中人采取怎样的行动)，因此，他当然将摒弃任何使 $\beta_i<v((i))$的分配方案. 所以，我们可以假定

$$\beta_i\geqslant v((i))=-1.$$

我们可以适当地排列局中人 1,2,3，使得

$$\beta_1\geqslant\beta_2\geqslant\beta_3.$$

假定 $\beta_2<\frac{1}{2}$. 于是，$\beta_3<\frac{1}{2}$. 在这种情形下，局中人 2 和 3 都将选择图 51 里最后的一种分配，[④]在这种分配里他们都得到较高的数额$\frac{1}{2}$.[⑤]而且，很明显，他们能够获得这种分配方案所

---

① 这些观点贯穿在全部 4.4 至 4.6 中，它们更明确地表现在 4.4.1 和 4.6.2 里.

② 在这种情形下当然是两个局中人.

③ 所谓"说服"，它的意义曾在 4.4.3 里讨论过. 我们以下的讨论将使它有完全清楚的含义.

④ 由于我们已对局中人 1,2,3 作了排列，但并没有指明是哪一种排列，所以图 51 中最后一种分配事实上适用于全部三个局中人.

⑤ 我们注意到，通过这样的改变，两个局中人都单独地得到好处. 如果只是(两个局中人)合在一起得到好处，则将是不够的. 例如，考虑图 51 中第一种和第二种分配：从前者改变到后者，局中人 1,3 合在一起将得到好处，然而，作为解的一个组成部分，第一种分配并不比其他任何一种分配更差.

在这一种改变之下，局中人 3 确实得到好处$\left(\text{代替原来的}-1\text{，他现在得到}\frac{1}{2}\right)$，而对局中人 1 说则没有改变$\left(\text{在两种分配里都得到}\frac{1}{2}\right)$. 虽然如此，除非另外有补偿，局中人 1 是不会采取这样的行动的——我们在这里不必考虑这种情况. 关于这一点的更仔细的讨论，见 29.2.2.

规定的利益(不管另外一个局中人采取怎样的行动),因为他们规定的数额$\frac{1}{2}$,$\frac{1}{2}$合在一起并没有超过$v((2,3))=1$.

另一方面,如果$\beta_2\geqslant\frac{1}{2}$,则$\beta_1\geqslant\frac{1}{2}$.由于$\beta_3\geqslant-1$,所以必定有$\beta_1=\beta_2=\frac{1}{2}$,$\beta_3=-1$;即,我们必定有图51里的第一种分配方案(参看第五章本节第一个注).

这就证实了29.1.4里的(29:B:a).至于(29:B:b),则立即可以得到证实:在图51的三种分配的每一种里,肯定地有一个局中人希望能改善他的地位;[①]但是,因为他只是一个人,所以他是无能为力的.有两个人有可能同他合伙,但这两个人中任何一个若丢弃他现有的合伙人而与这个不满足的局中人联合起来,并不能使他得到任何好处:他们每人已能得到$\frac{1}{2}$,而在图51的任一种别的分配里他们并不能得到更多.[②]

29.2.2 这一点可以通过一些直观的考虑得到进一步的阐明.

我们看到,不满足的那个局中人找不到任何局中人愿意当他的合伙人,而且他也无法为任何局中人提供任何正面的动机,使得这个局中人愿意同他合作;他当然不能建议,一旦组成合伙以后,他愿意让他的合伙人从总的收入里分到比$\frac{1}{2}$更多的数额.我们认为这种建议是不会有效果的,这可以从两方面来说明它的理由:从纯粹形式的观点看,这种建议也许是不许可的,因为这就相当于是在图51的方案之外的一种分配;任何有远见的合伙人会认为,在这样的条件之下接受一种合伙的建议将是不聪明的,[③]他的这种想法的真正主观上的理由,极有可能是怕以后还会出现对他不利的情况——在一个合伙被形成以前,也许还会出现别种谈判,使他处于特别不利的地位(参看第五章22.1.2,22.1.3里的分析).

由此可见,不满足的那个局中人没有任何办法改变另外两个局中人的漠不关心的态度.我们强调指出:就两个可能的合伙人这方面说,他们并没有正面的动机坚持反对改变到图51里的另一种分配,他们的动机只不过是属于为了要保持某种形式的稳定而表现出来的不关心的性质.[④]

30 一般定义的精确形式

30.1 定 义

30.1.1 我们现在回到零和n人博弈Γ的情形,这里n是任意的.设$v(S)$是Γ的特征

---

① 就是得到-1的那个局中人.

② 读者可以对一个一般的(不是简化的)$v(S)$——即,对一般的a,b,c和22.3.4里的量——重复这个讨论,这将是一个很好的练习.结果是一样的:事实上不可能不一样,因为我们的策略等价性和简化性理论是正确的(参看第一章29.1.2第二个注).

③ 或不稳妥的,或不道德的.

④ 从图51的一种分配改变到另一种分配,肯定地有一个局中人反对,一个局中人非常欢迎;因而余下的那个局中人抱不关心的态度使得改变不能实现.

函数.

我们现在要给出具有决定意义的定义.

按照前面的讨论,如果 n 个数 $\alpha_1,\cdots,\alpha_n$ 的集合满足下列条件:

(30:1) $$\alpha_i \geqslant v((i)), \quad i=1,\cdots,n,$$

(30:2) $$\sum_{i=1}^{n} \alpha_i = 0,$$

我们称这个集合是一个分配或转归. 为了方便,可以把这些系统 $\alpha_1,\cdots,\alpha_n$ 看作 16.1.2 意义下的 n 维线性空间 L_n 里的向量:

$$\boldsymbol{\alpha} = \{\alpha_1,\cdots,\alpha_n\}.$$

集合 S(即,$I=(1,\cdots,n)$的一个子集合)如果满足条件:

(30:3) $$\sum_{i \in S} \alpha_i \leqslant v(S),$$

则称它对于转归 $\boldsymbol{\alpha}$ 是有效的.

设 $\boldsymbol{\alpha}$ 和 $\boldsymbol{\beta}$ 是两个转归. 如果存在着满足下列条件的集合 S:

(30:4:a) S 不是空的,

(30:4:b) S 对于 $\boldsymbol{\alpha}$ 是有效的,

(30:4:c) $\alpha_i > \beta_i$,对于 S 中所有的 i,

则称 $\boldsymbol{\alpha}$ 控制 $\boldsymbol{\beta}$,记为

$$\boldsymbol{\alpha} \succ \boldsymbol{\beta}.$$

转归的集合 V 如果满足下列条件:

(30:5:a) V 中没有一个 $\boldsymbol{\beta}$ 被 V 中一个 $\boldsymbol{\alpha}$ 控制,

(30:5:b) 不在 V 中的每一个 $\boldsymbol{\beta}$ 被 V 中某个 $\boldsymbol{\alpha}$ 控制,

则称它是一个解.

(30:5:a)和(30:5:b)合在一起可以写成一个单独的条件:

(30:5:c) V 的元素恰好是不被 V 的任何元素控制的那些转归.

(参看第一章 4.5.3 里的注).

30.1.2 当然,只要我们回忆前面几节的考虑以及以前 4.4.3 里的讨论,就能使以上这些定义形象化.

首先,我们的分配或转归相当于上引两处里更直观的同名概念. 我们称为有效集合的,无非是由那些局中人组成的集合,他们"相信或者能够被说服",获得 $\boldsymbol{\alpha}$ 为他们规定的利益是可能的;参看第一章 4.4.3 和本章 29.1.4 里的(29:B:a). 控制性定义里的条件(30:4:c)表示,那里的所有局中人都有着肯定的动机,愿意选择 $\boldsymbol{\alpha}$ 而不愿选择 $\boldsymbol{\beta}$. 由此可见,我们所定义的控制性显然完全符合 4.4.1 的精神,也符合 29.1.4 中(29:B:a)所描述的取舍的精神.

解的定义与第一章 4.5.3 中给出的完全一致,也与 29.1.4 里的(29:B:a),(29:B.b)一致.

30.2 讨论和反复论述

30.2.1 在上一节里,对于导致前面那些定义的根源,我们详细地指出了它们在本书中出现的地方. 但我们将再一次强调提出它们——特别是解的概念——的一些主要的特点.

我们已在 4.6 里看到,我们关于博弈的解的概念,完全相当于日常语言里"行为的标准"这个概念.我们的条件(30:5:a),(30:5:b)是与 4.5.3 里的条件(4:A:a),(4:A:b)相当的;(30:5:a),(30:5:b)所表示的,正是从可采用的行为标准所能期望的那种"内在的稳定".这个问题已在 4.6 里就质的方面进行了更细致的讨论.考虑到现在的讨论已进入了要求严密的阶段,我们现在可以用严格的方式重新叙述那些想法.我们要说明的是下面几点:[①]

30.2.2.

(30:A:a) 设 V 是一个解.对于 V 里的一个转归 $\boldsymbol{\beta}$,我们并没有排斥满足 $\boldsymbol{\alpha}' \succ \boldsymbol{\beta}$ 的外面的(不在 V 里的)转归 $\boldsymbol{\alpha}'$ 的存在性.[②]如果有这种 $\boldsymbol{\alpha}'$ 存在,我们必须这样来想象局中人所抱的态度:如果解 V(即转归的系统)被局中人 $1,\cdots,n$ 所"采纳",那么,他们必定认为,只有 V 中的转归 $\boldsymbol{\beta}$ 才是"稳妥的"分配方式.一个不在 V 中而满足 $\boldsymbol{\alpha}' \succ \boldsymbol{\beta}$ 的 $\boldsymbol{\alpha}'$,虽然对于局中人的某个有效集合说是可取的,但对他们并没有吸引力,因为它是"不稳妥的".(参看关于零和三人博弈的详细讨论,特别是关于每一局中人在一个合伙里不愿取得比规定的数额为多的理由.参看 29.2 的末尾及其注.)在 V 中存在着满足 $\boldsymbol{\alpha} \succ \boldsymbol{\alpha}'$ 的某个 $\boldsymbol{\alpha}$(参看下面的(30:A:b)),这一事实也可以用来说明 $\boldsymbol{\alpha}'$ 是"不稳妥的"这一看法.当然,所有这些论证在某种意义上都是循环的,而且仍然依赖于把 V 选作"行为的标准"——即"稳妥与否"的判断准则.但是,在日常关于"稳妥与否"的考虑方式里,这种循环性并不是不熟悉的.

(30:A:b) 如果局中人 $1,\cdots,n$ 采纳解 V 作为他们的"行为标准",那么,为了保持他们对 V 的信任,必须能够用 V(即,它的元素)来证实,不在 V 中的任何转归都是不可靠的.事实上,对于不在 V 中的每一个 $\boldsymbol{\alpha}'$,在 V 中必须有一个满足 $\boldsymbol{\alpha} \succ \boldsymbol{\alpha}'$ 的 $\boldsymbol{\alpha}$ 存在.(这就是我们的公设(30:5:b).)

(30:A:c) 最后,在 V 中必须没有内部的矛盾;这就是说,对于 V 里的 $\boldsymbol{\alpha},\boldsymbol{\beta}$,不许可有 $\boldsymbol{\alpha} \succ \boldsymbol{\beta}$.(这是我们的另一条公设(30:5:a).)

(30:A:d) 我们注意到,如果控制性——即关系 $\succ$ ——是传递的;则条件(30:A:b)以及(30:A:c)(即,我们的公设(30:5:a),(30:5:b))将排斥(30:A:a)里的相当周密的情况.明确地说:在(30:A:a)的情况中,$\boldsymbol{\beta}$ 属于 V,$\boldsymbol{\alpha}'$ 不属于 V,而 $\boldsymbol{\alpha}' \succ \boldsymbol{\beta}$.根据(30:A:b),在 V 中存在着 $\boldsymbol{\alpha}$ 使得 $\boldsymbol{\alpha} \succ \boldsymbol{\alpha}'$.于是,如果控制性是传递的,我们就应该有 $\boldsymbol{\alpha} \succ \boldsymbol{\beta}$;但 $\boldsymbol{\alpha}$ 和 $\boldsymbol{\beta}$ 都属于 V,所以这与(30:A:c)相矛盾.

(30:A:e) 以上的考虑使得这一点更加清楚了:只有把 V 当作一个整体,才能看作是一个解,才能保持一种稳定——V 的任一个单独的元素则不能.鉴于(30:A:a)中所指出的循环性质,下述事实也是可以理解的:对于同一个博弈,可以有不止一个解 V 存在.这就是说,在同样的具体情况下,可以有不止一种稳定的行为标准存在.当然,每一种行为标准本身是稳定而无矛盾的,但与一切其他行为标准都是互相冲突的.(同时可参看 4.6.3 的末尾和 4.7 的末尾).

---

① 以下的(30:A:a)至(30:A:d)这些说明,是 4.6.2 中想法的更精密、更恰切的表现.(30:A:e)有着与 4.6.3 相同的关系.

② 事实上,我们将在 31.2.3 的(31:M)里看到,使得 $\boldsymbol{\alpha}' \succ \boldsymbol{\beta}$ 绝对不成立的转归 $\boldsymbol{\beta}$ 只存在于非本质的博弈里.

我们将在以后的许多讨论里看到,解不唯一事实上是个很普遍的现象.

*30.3 饱和的概念

30.3.1 到了这里,似乎可以插入一些属于更加形式体系性质的说明.到现在为止,我们所注意的主要是我们引进的那些概念的意义和缘起,但是,上面定义的解的概念有着一些形式上的性质是值得注意的.

以下形式的——逻辑的——考虑并没有直接的应用,我们不想进行详细而广泛的讨论;我们以后主要将继续采用前面的处理方法.虽然如此,我们认为,为了能够更全面地了解我们的理论的结构,以下的说明在这里是有用的.而且,这里要用到的程序,将在第十章51.1至51.4中一个完全不同的问题上有很重要的技术上的应用.

30.3.2 设 D 是一个域(集合),在它的元素 x,y 之间存在着某种关系 $x\mathfrak{R}y$.如果在 D 的两个元素 x,y 之间,关系 $\mathfrak{R}$ 成立,则记为 $x\mathfrak{R}y$.[①] $\mathfrak{R}$ 的定义可以这样来叙述:无歧义地指明,$x\mathfrak{R}y$ 对于 D 里的哪些对 x,y 为真,对于哪些对 x,y 不真.如果 $x\mathfrak{R}y$ 与 $y\mathfrak{R}x$ 是等价的,则称 $x\mathfrak{R}y$ 是对称的.对于任一个关系 $\mathfrak{R}$,可以定义一个新的关系 $\mathfrak{R}^S$ 如下:以 $x\mathfrak{R}^Sy$ 表示 $x\mathfrak{R}y$ 和 $y\mathfrak{R}x$ 的合取.显然,要使得 $\mathfrak{R}^S$ 总是对称的而且与 $\mathfrak{R}$ 重合,必须而且只须 $\mathfrak{R}$ 是对称的.我们称 $\mathfrak{R}^S$ 是 $\mathfrak{R}$ 的对称化的形式.[②]

现在,我们定义:

(30:B:a) D 的子集合 A 是 $\mathfrak{R}$-适合的,必须而且只须 $x\mathfrak{R}y$ 对于 A 里的一切 x,y 都成立.

(30:B:b) D 的子集合 A 和 D 的元素 y 是 $\mathfrak{R}$-协调的,必须而且只须 $x\mathfrak{R}y$ 对于 A 里的一切 x 都成立.

根据这些定义立即可以得到下面的结果:

(30:C:a) 要使得 D 的子集合 A 是 $\mathfrak{R}$-适合的,必须而且只须,与 A 为 $\mathfrak{R}$-协调的那些 y 组成 A 的一个扩集合.

其次,我们定义:

(30:C:b) D 的子集合 A 是 $\mathfrak{R}$-饱和的,必须而且只须,与 A 为 $\mathfrak{R}$-协调的那些 y 恰好组成集合 A.

于是,为了保证(30:C:b)成立,除了(30:C:a)外必须加上下面的条件:

(30:D) 如果 y 不属于 A,则它与 A 不是 $\mathfrak{R}$-协调的;这就是说,在 A 中存在着一个 x,使得 $x\mathfrak{R}y$ 不成立.

由此可见,$\mathfrak{R}$-饱和性也可以等价地以(30:B:a)和(30:D)来定义.

30.3.3 在我们对这些概念进行深入的研究以前,我们给出一些例子.在这些例子里所作的断言,它们的验证工作都是很容易的,我们留给读者去作.

---

① 有时,用形如 $\mathfrak{R}(x,y)$ 的式子更为方便,但,对我们的讨论说,$x\mathfrak{R}y$ 更好一点.

② 例:设 D 是全体实数的集合.关系 $x=y$ 和 $x\neq y$ 都是对称的.关系 $x\leqslant y, x\geqslant y, x<y, x>y$ 都不是对称的.这四个关系里的前两个,它们的对称化形式是 $x=y$($x\leqslant y$ 和 $x\geqslant y$ 的合取);后两个关系的对称化形式是一个谬论($x<y$和 $x>y$ 的合取).

第一,设 D 是任意的集合,$x\mathfrak{R}y$ 是关系 $x=y$. 于是,A 的 $\mathfrak{R}$-适合性表示,A 或者是一个空集合,或者是一个单元素集合;A 的 $\mathfrak{R}$-饱和性表示,A 是一个单元素集合.

第二,设 D 是一个实数集合. $x\mathfrak{R}y$ 是关系 $x\leqslant y$. [①]于是,A 的 $\mathfrak{R}$-适合性所表示的与上面一样;[②]A 的 $\mathfrak{R}$-饱和性表示,A 是由 D 的最大元素组成的单元素集合. 由此可见,如果 D 没有最大的元素(例如,由全体实数组成的集合),则这样的 A 不存在;如果 D 有最大的元素(例如,D 是有穷集合),则 A 是唯一的.

第三,设 D 是平面,$x\mathfrak{R}y$ 表示点 x,y 有相同的高度(纵坐标). 于是,A 的 $\mathfrak{R}$-适合性表示,A 的所有的点都有相同的高度,即,都在平行于横坐标轴的一条直线上. A 的 $\mathfrak{R}$-饱和性表示,A 恰好是与横坐标轴平行的一条直线.

第四,设 D 是全部转归的集合,$x\mathfrak{R}y$ 是控制关系 $x\succ y$ 的否定. 于是,把我们的(30:B:a),(30:D)与 30.1.1 里的(30:5:a),(30:5:b)进行对比,或者,把(30:C:b)与(30:5:c)进行对比也一样,都可以表明,A 的 $\mathfrak{R}$-饱和性的意义是: A 是一个解.

30.3.4 根据条件(30:B:a),立即可以看出,适合性对于关系 $x\mathfrak{R}y$ 与对于关系 $y\mathfrak{R}x$ 是一样的,因而对于它们的合取 $x\mathfrak{R}^{S}y$ 也是一样的. 换一句话说: $\mathfrak{R}$-适合性与 $\mathfrak{R}^{S}$-适合性是一致的.

由此可见,适合性是个只有对于对称的关系才需要进行研究的概念.

这是因为,定义的条件(30:B:a)对 x,y 取对称的形式. 与之等价的条件(30:C:a)并没有表现出这种对称性;但这当然不影响证明的有效.

从结构上看,定义 $\mathfrak{R}$-饱和性的条件(30:C:b)是与(30:C:a)很相类似的. 它也同样是不对称的. 然而,虽然(30:C:a)有一个与它等价的对称形式(30:B:a),但(30:C:b)却没有. 我们知道(30:C:b)的相应的等价形式是(30:B:a)和(30:D)的合取——而(30:D)绝不是对称的. 这就是说,如果以 $y\mathfrak{R}x$ 代替 $x\mathfrak{R}y$,就会从根本上改变(30:D). 于是,我们有:

(30:E) 以 $\mathfrak{R}^{S}$ 代替 $\mathfrak{R}$,$\mathfrak{R}$-适合性不受影响,但 $\mathfrak{R}$-饱和性则不然.

条件(30:B:a)(相当于 $\mathfrak{R}$-适合性)对于 $\mathfrak{R}$ 和 $\mathfrak{R}^{S}$ 是一样的. 由于 $\mathfrak{R}^{S}$ 蕴涵 $\mathfrak{R}$,因此,关于 $\mathfrak{R}$ 的条件(30:D)蕴涵关于 $\mathfrak{R}^{S}$ 的同样条件. 于是,我们有:

(30:F) $\mathfrak{R}$-饱和性蕴涵 $\mathfrak{R}^{S}$-饱和性.

上面说的这两种饱和性之间的区别是很现实的: 不难给出具体的集合的例子,它是 $\mathfrak{R}^{S}$-饱和的,但不是 $\mathfrak{R}$-饱和的. [③]

由此可见,饱和性的研究不能只限于对称的关系.

30.3.5 就对称的关系 $\mathfrak{R}$ 来说,饱和性的性质是很简单的. 为了避免不必要的复杂情况,我们假定,在本节内 $x\mathfrak{R}x$ 总是成立. [④]

现在,我们证明:

(30:G) 设 $\mathfrak{R}$ 是对称的. 于是,A 的 $\mathfrak{R}$-饱和性等价于 A 是最大的 $\mathfrak{R}$-适合集合. 这就是说,它等价于: A 是 $\mathfrak{R}$-适合的,但 A 的任何真扩集合都不是 $\mathfrak{R}$-适合的.

---

① D 也可以是其中定义有这种关系的任何别的集合,参看 65.4.1(第十二章)里的第二个例子.

② 参看本章下面的 30.3.4 里的注.

③ 例如: 30.3.3 里前两个例子相互之间处于 $\mathfrak{R}^{S}$ 和 $\mathfrak{R}$ 的关系(参看 30.3.2 第二个注);它们的适合性概念是相同的,但饱和性概念则不相同.

④ 30.3.3 最后一个例子: $x\mathfrak{R}y$ 是 $x\succ y$ 的否定,显然属于这种情况,因为 $x\succ x$ 恒不成立.

证明：$\mathfrak{R}$-饱和性的意义是 $\mathfrak{R}$-适合性(即,条件(30:B:a))加上条件(30:D).因此,我们只须证明：如果 A 是 $\mathfrak{R}$-适合的,则(30:D)等价于 A 的一切真扩集合都非 $\mathfrak{R}$-适合的.

(30:D)的充分性：如果 $B\supset A$ 是 $\mathfrak{R}$-适合的,则在 B 中但不在 A 中的任一个 y 不满足(30:D).[①]

(30:D)的必要性：设 y 不满足(30:D).于是有

$$B=A\cup(y)\supset A.$$

现在,可以看出,B 是 $\mathfrak{R}$-适合的,即：对于 B 里的 x',y',总有 $x'\mathfrak{R}y'$.事实上,如果 x',y'都在 A 中,上面的断言可以从 A 的 $\mathfrak{R}$-适合性推出.如果 x',y'二者都等于 y,上面的断言只不过是 $y\mathfrak{R}y$.如果 x',y'二者之一在 A 中,另一个等于 y,那么,根据 $\mathfrak{R}$ 的对称性,我们可以假定 x'属于 A 而 $y'=y$.在这种情形下,我们的断言恰好是(30:D)的否定.

如果 $\mathfrak{R}$ 不是对称的,我们只能断言：

(30:H) A 的 $\mathfrak{R}$-饱和性蕴涵 A 是最大的 $\mathfrak{R}$-适合集合.

证明：最大 $\mathfrak{R}$-适合性与最大 $\mathfrak{R}^S$-适合性是一样的;参看(30:E).由于 $\mathfrak{R}^S$ 是对称的,根据(30:G),这就相当于 $\mathfrak{R}^S$-饱和性.根据(30:F),这是 $\mathfrak{R}$-饱和性的一个推论.

以上关于对称的 $\mathfrak{R}$ 的结果,它的意义可以叙述如下：从任意一个 $\mathfrak{R}$-适合的集合出发,必须尽可能地使这个集合增大——直到继续增大就会丧失 $\mathfrak{R}$-适合性的程度.按照这个方式,最后可以得到一个最大的 $\mathfrak{R}$-适合集合——根据(30:G),它是一个 $\mathfrak{R}$-饱和集合.[②]这个论证不但保证了 $\mathfrak{R}$-饱和集合的存在性,也使得我们能够推断,每一个 $\mathfrak{R}$-适合的集合能够扩张成为一个 $\mathfrak{R}$-饱和的集合.

应该注意的是：$\mathfrak{R}$-饱和集合的每一个子集合必定是 $\mathfrak{R}$-适合的.[③]因此,前面的断言表示逆命题也成立.

30.3.6 如果我们的理论里解的存在性能够用上面说的方法来证明,那将是十分方便的.然而,从表面的现象看来,这种方法似乎是行不通的：我们必须采用的关系 $x\mathfrak{R}y$——控制关系 $x\succ y$ 的否定,参看 30.3.3——显然不是对称的.因此,我们不能够应用(30:G),而只能用(30:H)：对于饱和性,即,对于作为一个解来说,最大适合性只是必要的,而不一定是充分的.

我们所遇到的困难的确是根深蒂固的,这可以从下面所说的看出来：如果我们能够以一个对称的关系来代替 $\mathfrak{R}$,那就不但能够用来证明解的存在性,而在同一证明过程里也将表明,能够把任意一个 $\mathfrak{R}$-适合的转归的集合扩张成为一个解(参看前面).虽然有可能每一个博弈都

---

① 注意,直到现在为止并没有用到关于 $\mathfrak{R}$ 的任何其他限制条件.

② 当 D 是有穷集合时,这个穷举的过程是个初等的方法——这就是说,在有穷步以后就终止了.

但是,由于全体转归的集合通常是个无穷集合,所以 D 为无穷的情形是个重要的情形.当 D 是无穷集合时,从直观上仍然可以说得通：经过无穷多步就能完成上述穷举的过程.这种过程被称为超穷归纳法,已成为集合论中广泛地研究的对象.借助于所谓的选择公理,可以用严格的方式来实现这个过程.

对此有兴趣的读者可以在 8.2.1 第一个注里所引 F. Hausdorff 的书中找到有关的文献.同时可参看 E. Zermelo, Beweis dass jede Menge wohlgeordnet werden kann. *Math, Ann.*, **59**(1904),第 514 页以下,及 *Math. Ann.*, **65**(1908),第 107 页以下.

这些问题离开我们的题目太远了,而且对我们来说并不是绝对必需的.因此,我们不再继续往下讨论.

③ 很明显,从一个集合缩小到它的一个子集合,并不会失去性质(30:B:a).

有它的解,但是,我们将会看到,有这样的博弈存在,其中某些集合不是任何解的子集合.[①]由此可见,以一个对称的关系来代替 $\mathfrak{R}$ 的方法是不可能成功的,因为用这种方法将得出两个结论,第一个结论我们估计是真的,而第二个结论却肯定是不真的.[②]

读者也许会认为,这样的讨论是徒劳无益的,因为我们所必须应用的关系("$x \succ y$ 的否定")事实上的确不是对称的.但是,从技术的观点看,可以想象,有可能找到满足下述条件的另一种关系 $x\mathfrak{S}y$: $x\mathfrak{S}y$ 与 $x\mathfrak{R}y$ 不是等价的;$\mathfrak{S}$ 是对称的,而 $\mathfrak{R}$ 则不是;但 $\mathfrak{S}$-饱和性则等价于 $\mathfrak{R}$-饱和性. 在这种情形下,$\mathfrak{R}$-饱和的集合将不得不存在,因为它们就是 $\mathfrak{S}$-饱和的集合;而且,$\mathfrak{S}$-适合的——但不一定是 $\mathfrak{R}$-适合的——集合将总能扩张成为 $\mathfrak{S}$-饱和即 $\mathfrak{R}$-饱和的集合.[③]关于解的存在问题的这一解决程序,并不像看起来那样是随意拟定的.事实上,我们将在以后看到一个类似的问题,它就是完全按照这种方式得到解决的(参看 51.4.3).然而,就目前说,所有这些都只是一种希望,一种可能性.

30.3.7 在上一节里,我们考虑了每一个 $\mathfrak{R}$-适合集合是否某个 $\mathfrak{R}$-饱和集合的子集合这一问题.我们已经看到,对于我们所必须应用的关系 $x\mathfrak{R}y$("$x \succ y$ 的否定",不对称的)来说,回答是否定的.我们现在对这个事实作一些简单的解释.

假定对上述问题的回答是肯定的,则其意义将是:满足(30:B:a)的任一集合能够扩张成为满足(30:B:a)和(30:D)的一个集合;或者,按照 30.1.1 的记法,满足(30:5:a)的任一转归的集合能够扩张成为满足(30:5:a)和(30:5:b)的一个转归的集合.

用 4.6.2 的术语把它重述出来是有益的:任意一种没有内部矛盾的行为标准能够扩张成为一种稳定的行为标准——即不但没有内部的矛盾,而且能够推翻这个标准以外的一切转归.

按照 30.3.6 里的说明,上述结果并不一般地成立,这有它一定的意义:要使得一组行为的规则成为一个稳定的行为标准的核心(即一个子集合),除了没有内部矛盾以外,它也许还须拥有一些更深刻的结构性质.[④]

30.4 三个问题

30.4.1 我们已经叙述了无条件的零和 n 人博弈的解的特征,现在可以开始对这个概念的性质进行系统的探讨了.在开始的阶段,我们要完成三个特殊问题的考察.这些问题是针对下面三种特殊情形的:

第一,在本节的整个讨论中,我们一再地想到,解的单纯概念有可能是个转归的概念——用我们现在的术语说,就是单元素集合 V 的概念.我们在 4.4.2 里明确地看到,这就相当于寻求一个关于控制关系的"第一"元素.我们又在第 4 节的后面部分以及在 30.2 的严密讨论中看

---

① 参看 32.2.1 里的注.

② 这是数学里技术方面的一个相当有用的原则.如果认为一种方法有可能会是成功的,但若它将得出过多的结论,这就能够推断,这种方法是不合适的.

③ 要点在于:我们假定 $\mathfrak{R}$-饱和性和 $\mathfrak{S}$-饱和性是互相等价的,但并不期望 $\mathfrak{R}$-适合性和 $\mathfrak{S}$-适合性是等价的.

④ 如果能够找到 30.3.6 末尾所提到的关系 $\mathfrak{S}$,那么,这个 $\mathfrak{S}$——不是 $\mathfrak{R}$——将揭露出,哪一些行为的标准可以作为这种核心(即子集合):那些 $\mathfrak{S}$-适合的行为标准.

参看 51 里的类似情况,在那里成功地完成了相应的工作.

到，主要是由于我们的控制概念的不可传递性，才使得我们的想法受到挫折，并迫使我们引入转归的集合 V 作为解.

因此，对下面的问题给出精确的回答——既然我们能够做到这一点——将是饶有兴趣的：在怎样的博弈里存在着单元素的解 V？这种博弈的解还有些什么性质？

第二，30.1.1 里的公设，是从我们关于本质情形的零和三人博弈的经验引出来的. 所以，按照现在的精确理论的精神重新考虑这种情形，将是有兴趣的. 当然，我们知道(事实上这是贯穿在我们整个讨论中的主导原则)，我们用 22，23 的方法所得到的解，也是在我们现在的公设意义上的解. 虽然如此，有必要明白地验证这一事实. 不过，真正重要的一点是要肯定，现在的公设有没有给予那些博弈以更多的解.（我们已经看到，同一个博弈有不止一个解并不是不可能的.）

因此，我们将确定本质的零和三人博弈的全部解——最后得到的结果可说是有些出人意料的，但是，我们将会看到，并不是不合理的.

30.4.2 以上两项事实上包含了 $n\leqslant3$ 的零和博弈的一切问题. 我们曾在本章前面 27.5.2 的第一点说明里注意到，当 $n=1,2$ 时，这种博弈都是非本质的；因此，再加上 $n=3$ 时的非本质和本质情形，就包含了 $n\leqslant3$ 里的一切事情.

在完成了这个程序以后，剩下要讨论的是 $n\geqslant4$ 的博弈，而我们已经知道，新的困难正是从这里开始出现的(参看 27.3.2 第三个注里的提示，以及 27.5.3 的末尾).

30.4.3 第三，我们在 27.1 里引进了策略等价的概念. 这个关系的作用看来似乎就像它的名字所表示的：两个博弈如果通过这个关系联系起来，它们应该有相同的策略方面的可能性、形成合伙的动机，等等. 我们既然已经在精确的基础上建立了解的概念，这种直观的说法需要一个严格的证明.

以上三个问题将分别在 31.2.3 的(31:P)，32.2，以及 31.3.3 的(31:Q)里得到回答.

31 直接推论

31.1 凸部，平值性，判断控制性的一些准则

31.1.1 本节的目的在于证明有关解以及围绕着解的其他概念，如非本质性、本质性、控制性、有效性的一些辅助性质的结果. 由于我们已经在精确的基础上建立了所有这些概念，这就有了以绝对严格的方式确定它们的性质的可能和必要. 以下有一些推演看起来好像是在表现渊博，而且有时看来似乎可以用文字的解释来代替数学的证明. 但是，本节里的结果只有一部分是有可能用这种方法来说明的；把一切情况都考虑在内，看来最好的办法是用绝对严格的数学方法系统地讨论全部问题.

在寻求解的过程里，起相当重要作用的一些原则是(31:A)，(31:B)，(31:C)，(31:F)，(31:G)，(31:H)；它们能够确定，必须总是要考虑某些合伙，或是根本不必考虑它们. 对于这些原则，除了它们的形式证明外，我们也将附带给出文字的解释(按照上面指出的意义)，这将

会有助于对它们的了解.

别的一些结果,它们本身在不同的方面都是很有兴趣的.它们合在一起,初步地确定出围绕着我们新建立的概念的周围情况.30.4里第一和第三个问题的回答分别在(31:P)和(31:Q)中给出.以前产生的另一问题在(31:M)里得到解决.

31.1.2 考虑两个转归 $\boldsymbol{\alpha}$ 和 $\boldsymbol{\beta}$,并假定有必要确定是否有 $\boldsymbol{\alpha} \succ \boldsymbol{\beta}$.这就相当于确定是否有满足30.1.1里的性质(30:4:a)至(30:4:c)的集合 S 存在.(30:4:c)是

$$\alpha_i > \beta_i,\text{ 对于 } S \text{ 中所有的 } i.$$

我们称它为主要条件.称另外两个条件(30:4:a)和(30:4:b)为预备条件.

在讨论有关这个控制性概念的问题时——即,在寻求30.1.1意义上的解 V 时,技术上的主要困难之一,就是由于概念里有着这些预备条件而造成的.如果能够把它们摆脱掉,即,如果能找到一些准则,判断在怎样的情形下预备条件一定被满足,以及另外一些准则,判断在怎样的情形下一定不被满足;那将是很方便的.在寻求后一类型的判断准则时,我们并不要求这些准则适用于不满足预备条件的一切转归 $\boldsymbol{\alpha}$,只要求它们适用于对某个其他的转归 $\boldsymbol{\beta}$ 来说,所有那些能够满足主要条件而不满足预备条件的转归 $\boldsymbol{\alpha}$.(参看(31:A)或(31:F)的证明,那里所用的方法正是这样的.)

在确定一个给定的转归集合 V 是不是一个解的问题里,即,在确定它是否满足30.1.1里的条件(30:5:a),(30:5:b)——条件(30:5:c)——时,我们所感兴趣的就是上面说的这种性质的准则.这里说的问题,相当于确定哪些转归 $\boldsymbol{\beta}$ 是被 V 的元素控制的.

在上述情况中,解决预备条件的准则里如果根本不提到 $\boldsymbol{\alpha}$,[①][②]即,如果只提到 S,这种准则是我们最盼望的(参看(31:F),(31:G),(31:H)).但即使是涉及 $\boldsymbol{\alpha}$ 的准则也可能是有用的(参看(31:A)).我们甚至还将考虑一个准则,它包含 S 与 $\boldsymbol{\alpha}$,而且还须涉及另一个 $\boldsymbol{\alpha}'$ 的行为.(当然,二者都在 V 中.参看(31:B).)

为了能够包括所有这些可能情况,我们引进下面的术语:

我们考虑目的在于确定所有转归 $\boldsymbol{\beta}$ 的证明,这些 $\boldsymbol{\beta}$ 是被一个给定的转归集合 V 的元素控制的.于是,我们所要考虑的是关系 $\boldsymbol{\alpha} \succ \boldsymbol{\beta}$($\boldsymbol{\alpha}$ 属于 V),以及对于这样一个关系来说,某个集合是否适合我们的预备条件的问题.如果我们知道(由于 S 满足某个合适的准则),S 和 $\boldsymbol{\alpha}$ 一定适合预备条件,我们称集合 S 是确实必要的.如果我们知道(仍由于 S 满足某个合适的准则,但这个准则有可能包含别的事物,参看前面),S 和 $\boldsymbol{\alpha}$ 适合预备条件的可能性可以不予考虑(因为这种可能性绝不会发生,或者由于任何别种原因.参看前面规定的限制条件),我们称集合 S 是确实不必要的.

---

① 问题在于:在我们的 $\alpha \succ \beta$ 的原始定义里,预备条件提到 S 也提到 $\boldsymbol{\alpha}$(但没有提到 $\boldsymbol{\beta}$).明确地说,(30:4:b)就是这样的.

② V 里的假设元素,它必定控制 $\boldsymbol{\beta}$.

以上这些考虑看起来也许是复杂的,但它们表出了一个很自然的技术上的观点.①

我们现在要给出关于确实必要和确实不必要性质的一些判断准则.在每一个准则的后面,我们将给出它的内容的文字解释,我们希望这些解释能够使得读者更清楚地了解我们的方法.

31.1.3 我们首先给出三个初等的判断准则:

(31:A) 对于一个给定的 $\boldsymbol{\alpha}$(属于 V),如果在 S 中存在着 i 使得 $\alpha_i = v((i))$,则 S 是确实不必要的.

解释:如果一个合伙不能够给予每一参加者(个人)以肯定多于他自己能够得到的数额,则没有任何必要考虑这个合伙.

证明:如果 $\boldsymbol{\alpha}$ 对于某个转归 $\boldsymbol{\beta}$ 满足主要条件,则 $\alpha_i > \beta_i$.因为 $\boldsymbol{\beta}$ 是一个转归,所以 $\beta_i \geqslant v((i))$.因此,$\alpha_i > v((i))$.这与 $\alpha_i = v((i))$ 相矛盾.

(31:B) 给定 $\boldsymbol{\alpha}$(属于 V),如果 S 对于满足

(31:1) $$\alpha'_i \geqslant \alpha_i,\ \text{对于 } S \text{ 中所有的 } i$$

的另一个 $\boldsymbol{\alpha}'$(属于 V)是确实必要的(而且是被考虑的),则 S 对于 $\boldsymbol{\alpha}$ 是确实不必要的.

解释:设有两个合伙.如果第二个合伙的参加者与第一个合伙一样,第二个合伙所能够给予每一参加者(个人)的数额不少于第一个合伙,而且第二个合伙肯定会受到考虑,则没有必要考虑第一个合伙.

证明:设 $\boldsymbol{\alpha}$ 和 $\boldsymbol{\beta}$ 满足主要条件:对于 S 中所有的 i,$\alpha_i > \beta_i$.于是,根据(31:1),$\boldsymbol{\alpha}'$ 和 $\boldsymbol{\beta}$ 也满足主要条件:对于 S 中所有的 i,$\alpha'_i > \beta_i$.因为 S 和 $\boldsymbol{\alpha}'$ 是被考虑的,所以 $\boldsymbol{\beta}$ 被 V 的一个元素控制,因而无须考虑 S 和 $\boldsymbol{\alpha}$.

(31:C) 设 S 是一个集合.如果另一集合 $T \subseteq S$ 是确实必要的(而且是被考虑的)则 S 是确实不必要的.

解释:如果一个合伙的一部分已经肯定被考虑,则没有必要考虑这个合伙.

证明:设 $\boldsymbol{\alpha}$(属于 V)和 $\boldsymbol{\beta}$ 满足对于 S 的主要条件,则它们显然也满足对于 $T \subseteq S$ 的主要条件.因为 T 和 $\boldsymbol{\alpha}$ 是被考虑的,所以 $\boldsymbol{\beta}$ 被 V 的一个元素控制,因而无须考虑 S 和 $\boldsymbol{\alpha}$.

31.1.4 我们现在要给出另外一些应用范围更广泛的判断准则.为了这个目的,我们从下面的考虑开始:

对于一个任意的集合 $S=(k_1,\cdots,k_p)$,应用前面 25.4.1 里的(25:5),其中令 $S_1=(k_1),\cdots,S_p=(k_p)$.于是有

$$v(S) \geqslant v((k_1)) + \cdots + v((k_p)),$$

---

① 对于熟悉形式逻辑的读者,我们提出下面的一些说明:"确实必要"和"确实不必要"这两种属性是属于逻辑性质的,它们的特征是这样显示出来的:我们能够表明(通过任何方法),逻辑上的某种省略不会使得(某一类型的)证明无效.明确地说:设有一个证明,它是有关于一个 $\boldsymbol{\beta}$ 被 V 中一个元素 $\boldsymbol{\alpha}$ 控制的.假定要考虑的是:通过集合 S 而出现的控制关系 $\boldsymbol{\alpha} \succ \boldsymbol{\beta}$($\boldsymbol{\alpha}$ 属于 V).于是,如果我们把 S 和 $\boldsymbol{\alpha}$(当它们具有上面说的一种属性时)就当作好像它们恒(或恒不)满足预备条件一样来处理,整个的证明仍保持正确,而无须真正去探讨这些预备条件.在即将给出的数学证明里,我们将一再地应用这种程序.

甚至有可能发生这样的情况:同一个 S(应用两个不同的准则)既是确实必要的,又是确实不必要的(对于同样的 $\boldsymbol{\alpha}$——例如,对于所有的 $\boldsymbol{\alpha}$).这只不过表示,上面提到的两种省略的任意一种,不会破坏任一个证明.例如,当 $\boldsymbol{\alpha}$ 对于任何转归都不满足主要条件时,就会发生这种情况.(在(31:E:b)中所述情况下,把(31:F),(31:G)结合起来,就得到一个例子.另外的例子见第七章 36.2.3 最后一个注和第十章 49.7.2 第一个注.)

即

(31:2) $$v(S) \geqslant \sum_{k \in S} v((k)).$$

(31:2)的左端超过右端的数额,表示由于合伙 S 的组成而带来的总的利益(所有的参加者合在一起). 我们称它为 S 的凸部. 如果这个利益为0,即:如果

(31:3) $$v(S) = \sum_{k \in S} v((k)),$$

则称 S 是平值的.

下面是一些基本的性质:

(31:D) 下面的集合恒为平值的:

(31:D:a) 空集合,

(31:D:b) 每一个单元素集合,

(31:D:c) 平值集合的每一子集合.

(31:E) 下面的每一个断言都等价于博弈的非本质性:

(31:E:a) $I=(1,\cdots,n)$是平值的,

(31:E:b) 存在着 S,使得 S 和 $-S$ 都是平值的,

(31:E:c) 每一个 S 是平值的.

证明:关于(31:D:a),(31:D:b):这些集合显然满足(31:3).

关于(31:D:c):设 $S \subseteq T$,并且 T 是平值的. 令 $R=T-S$. 根据(31:2),有

(31:4) $$v(S) \geqslant \sum_{k \in S} v((k)),$$

(31:5) $$v(R) \geqslant \sum_{k \in R} v((k)).$$

由于 T 是平值的,因此,根据(30:3),有

(31:6) $$v(T) = \sum_{k \in T} v((k)).$$

由于 $S \cap R = \ominus$, $S \cup R = T$;所以

$$v(S) + v(R) \leqslant v(T),$$

$$\sum_{k \in S} v((k)) + \sum_{k \in R} v((k)) = \sum_{k \in T} v((k)).$$

由(31:6),有

(31:7) $$v(S) + v(R) \leqslant \sum_{k \in S} v((k)) + \sum_{k \in R} v((k)).$$

比较(31:4),(31:5)和(31:7)可知,三个式子里必须都取等号. 但(31:4)里取等号正好表示 S 的平值性.

关于(31:E:a):这个断言与27.4.1里的(27:B)相同.

关于(31:E:c):这个断言与27.4.2里的(27:C)相同.

关于(31:E:b):如果博弈是非本质的,那么,根据(31:E:c),断言对任一个 S 成立. 反之,如果断言对(至少一个)S 成立,则

$$v(S) = \sum_{k \in S} v((k)), \quad v(-S) = \sum_{k \notin S} v((k)),$$

因此,把二式相加就得到(利用25.3.1里的(25:3:b)):

$$0=\sum_{k=1}^{n}v((k)),$$

根据(31:E:a)或 27.4.1 里的(27:B),这就说明了博弈是非本质的.

31.1.5 现在,我们可以证明下面的准则了:

(31:F) 如果博弈是平值的,则它是确实不必要的.

解释:如果一个合伙所能够给予的利益(合伙中所有的参加者合在一起)并不超过他们作为单独的局中人所能够得到的,则没有必要考虑这个合伙.①

证明:如果对于这个 S 有 $\boldsymbol{\alpha}\succ\boldsymbol{\beta}$,则必定有 $S\neq\ominus$. 而且,对于 S 中所有的 i,有 $\alpha_i>\beta_i$ 和 $\beta_i\geqslant v((i))$,从而有 $\alpha_i>v((i))$. 因此,$\sum_{i\in S}\alpha_i>\sum_{i\in S}v((i))$. 因为 S 是平值的,这就相当于 $\sum_{i\in S}\alpha_i>v(S)$. 但 S 必须是有效的,即 $\sum_{i\in S}\alpha_i\leqslant v(S)$,这与上式相矛盾.

(31:G) 如果 $-S$ 是平值的,而且 $S\neq\ominus$,则 S 是确实必要的.

解释:如果一个合伙是(非空的而且是)与(31:F)中所述的相对立的一种,则这个合伙必须被考虑.

证明:对于所有的转归 $\boldsymbol{\alpha}$,预备条件都被满足.

关于(30:4:a):$S\neq\ominus$是假设的条件.

关于(30:4:b):$\alpha_i\geqslant v((i))$恒成立,所以 $\sum_{i\notin S}\alpha_i\geqslant\sum_{i\notin S}v((i))$. 由于$\sum_{i=1}^{n}\alpha_i=0$,上式左端等于 $-\sum_{i\in S}\alpha_i$;由于 $-S$ 是平值的,上式右端等于 $v(-S)$,即(利用 25.3.1 里的(25:3:b))等于 $-v(S)$. 因此,$-\sum_{i\in S}\alpha_i\geqslant-v(S)$,$\sum_{i\in S}\alpha_i\leqslant v(S)$,这就是说,$S$ 是有效的.

从(31:F)和(31:G)我们得到下面的特殊情形:

(31:H) 如果 $p=n-1$,则 p 元素集合是确实必要的;如果 $p=0,1,n$,则 p 元素集合是确实不必要的.

解释:如果一个合伙只有一个对手,则这个合伙必须被考虑. 如果一个合伙是空的或只包含一个局中人(!)或没有对手,则没有必要考虑这个合伙.

证明:$p=n-1$:$-S$ 只有一个元素,所以,根据上面的(31:D),它是平值的. 应用(31:G)就得到我们的断言.

$p=0,1$:根据(31:D)和(31:F)立即得到结论.

$p=n$:在这种情形下,必定有 $S=I=(1,\cdots,n)$,它使得主要条件不能被满足. 事实上,这时主要条件要求对于所有的 $i=1,\cdots,n$ 有 $\alpha_i>\beta_i$,从而有 $\sum_{i=1}^{n}\alpha_i>\sum_{i=1}^{n}\beta_i$. 但因 $\boldsymbol{\alpha},\boldsymbol{\beta}$ 都是转归,所以上式两端都为 0,这是一个矛盾.

由此可见,使得 S 的必要性成问题的那些 p 只限于 $p\neq0,1,n-1,n$,即,只限于区间

$$2\leqslant p\leqslant n-2. \tag{31:8}$$

① 应该注意的是:这与(31:A)有联系,但绝不是与它一样的! 事实上,(31:A)所涉及的是 α_i,即能够给予每一参加者个人的数额. (31:F)所涉及的是 $v(S)$(它确定平值性),即博弈所能给予所有参加者的数额. 但两个准则都使它们同 $v((i))$——即每一局中人自己能够得到的数额——联系起来.

这个区间只当$n\geqslant 4$时才会起作用.这里讨论的情况与本章27.5.2的末尾和27.5.3里的情况相类似,而且$n=3$的情形再一次以特别简单的面貌出现.

31.2 所有转归的系统.单元素的解

31.2.1 我们现在讨论所有转归的系统的结构.

(31:I) 对于一个非本质的博弈,存在着恰好一个转归:

(31:9) $$\boldsymbol{\alpha}=\{\alpha_1,\cdots,\alpha_n\},\quad \alpha_i=v((i)),\ i=1,\cdots,n.$$

对于一个本质的博弈,存在着无穷多个转归——一个$(n-1)$维的连续统,但(31:9)不是其中之一.

证明:考虑一个转归

$$\boldsymbol{\beta}=\{\beta_1,\cdots,\beta_n\},$$

并令

$$\beta_i=v((i))+\varepsilon_i,\ i=1,\cdots,n.$$

于是,30.1.1中定义里的条件(30:1),(30:2)变为

(31:10) $$\varepsilon_i\geqslant 0,\ i=1,\cdots,n,$$

(31:11) $$\sum_{i=1}^{n}\varepsilon_i=-\sum_{i=1}^{n}v((i)).$$

如果Γ是非本质的,则根据27.4.1里的(27:B)有$-\sum_{i=1}^{n}v((i))=0$;这时(31:10),(31:11)相当于$\varepsilon_1=\cdots=\varepsilon_n=0$,即,(31:9)是唯一的一个转归.

如果Γ是本质的,则根据27.4.1里的(27:B)有$-\sum_{i=1}^{n}v((i))>0$,这时(31:10),(31:11)有无穷多个解,这些解形成一个$(n-1)$维的连续统;①因此,也有无穷多个转归$\boldsymbol{\beta}$,它们也形成一个$(n-1)$维的连续统.但(31:9)里的$\boldsymbol{\alpha}$不是其中之一,因为$\varepsilon_1=\cdots=\varepsilon_n=0$不满足(31:11).

下面是一个直接的推论:

(31:J) 解V不是空的.

证明:这就是说,空集合$\ominus$不是一个解.事实上:考虑任意一个转归$\boldsymbol{\beta}$,——根据(31:I),至少有一个$\boldsymbol{\beta}$存在.$\boldsymbol{\beta}$不属于$\ominus$,而且$\ominus$里没有满足$\boldsymbol{\alpha}\succ\boldsymbol{\beta}$的$\boldsymbol{\alpha}$.因此,$\ominus$不满足30.1.1里的(30:5:b).②

31.2.2 我们以前已经指出

(31:12) $$\boldsymbol{\alpha}\succ\boldsymbol{\beta},\ \boldsymbol{\beta}\succ\boldsymbol{\alpha}$$

二者同时成立并不是不可能的.③但是,我们有

---

① 方程只有一个,即(31:11).

② 这个论证看起来也许会像是在卖弄玄虚;但如果关于转归的条件是互相冲突的(即如果没有(31:I)),则$V=\ominus$将成为一个解.

③ 这时这两个控制关系的集合必须是不相交的.根据(31:H),这两个S都必须有$\geqslant 2$个元素.因此,只有当$n\geqslant 4$时才会出现(31:12)这种情况.

通过更细致的考虑,甚至可以排斥$n=4$这种情形;但对于每一个$n\geqslant 5$,(31:12)确实是可能的.

(31:K) $\boldsymbol{\alpha} \succ \boldsymbol{\alpha}$ 恒不成立.

证明：30.1.1 里的(30:4:a),(30:4:c)当 $\boldsymbol{\alpha}=\boldsymbol{\beta}$ 时是互相冲突的.

(31:L) 对于一个给定的本质博弈和一个给定的转归 $\boldsymbol{\alpha}$,存在着一个转归 $\boldsymbol{\beta}$,使得 $\boldsymbol{\beta} \succ \boldsymbol{\alpha}$ 成立,但 $\boldsymbol{\alpha} \succ \boldsymbol{\beta}$ 不成立.[1]

证明：令

$$\boldsymbol{\alpha}=\{\alpha_1,\cdots,\alpha_n\}.$$

考虑等式

$$\alpha_i=v((i)). \tag{31:13}$$

因为博弈是本质的,由(31:I)可知,(31:13)不能够对所有的 $i=1,\cdots,n$ 都成立.我们假定,当 $i=i_0$ 时(31:13)不成立.由于 $\boldsymbol{\alpha}$ 是一个转归,我们有 $\alpha_{i_0}\geqslant v((i_0))$,因此,(31:13)不成立的意义就是 $\alpha_{i_0}>v((i_0))$,即

$$\alpha_{i_0}=v((i_0))+\varepsilon,\ \varepsilon>0. \tag{31:14}$$

现在,我们定义一个向量如下：

$$\boldsymbol{\beta}=\{\beta_1,\cdots,\beta_n\},$$

其中

$$\beta_{i_0}=\alpha_{i_0}-\varepsilon=v((i_0)),$$

$$\beta_i=\alpha_i+\frac{\varepsilon}{n-1},\ 若\ i\neq i_0.$$

从这些等式可以清楚地看出来：$\beta_i\geqslant v((i))$,[2]而且 $\sum_{i=1}^{n}\beta_i=\sum_{i=1}^{n}\alpha_i=0$.[3]因此,与 $\boldsymbol{\alpha}$ 一样,$\boldsymbol{\beta}$ 也是一个转归.

我们现在证明关于 $\boldsymbol{\alpha},\boldsymbol{\beta}$ 的两个断言.

$\boldsymbol{\beta} \succ \boldsymbol{\alpha}$ 成立：对于所有的 $i\neq i_0$,即,对于集合 $S=-(i_0)$ 中所有的 i,我们有 $\beta_i>\alpha_i$.这个集合有 $n-1$ 个元素,而且它满足主要条件(对于 $\boldsymbol{\beta},\boldsymbol{\alpha}$),因此,根据(31:H),$\boldsymbol{\beta} \succ \boldsymbol{\alpha}$.

$\boldsymbol{\alpha} \succ \boldsymbol{\beta}$ 不成立：假定 $\boldsymbol{\alpha} \succ \boldsymbol{\beta}$.于是,必有一个满足主要条件的集合 S 存在,这并不被(31:H)排斥.因此,S 必须有 $\geqslant 2$ 个元素.因此,在 S 中必有一个 $i\neq i_0$ 存在.前者蕴涵 $\beta_i>\alpha_i$(根据 $\boldsymbol{\beta}$ 的构造);后者蕴涵 $\alpha_i>\beta_i$(根据主要条件)——这是一个矛盾.

31.2.3 现在可以得出我们所特别感兴趣的一些结论了：

(31:M) 使得 $\alpha' \succ \alpha$ 恒不成立的转归 $\boldsymbol{\alpha}$ 存在的必要和充分条件是：博弈是非本质的.[4]

证明：充分性：如果博弈是非本质的,则根据(31:I),它有恰好一个转归 $\boldsymbol{\alpha}$;根据(31:K),这个 $\boldsymbol{\alpha}$ 具有所需的性质.

必要性：假定博弈是本质的,并设 $\boldsymbol{\alpha}$ 是一个转归,则(31:L)里的 $\boldsymbol{\alpha}=\boldsymbol{\beta}$ 满足 $\boldsymbol{\alpha}'=\boldsymbol{\beta} \succ \boldsymbol{\alpha}$.

---

① 因而 $\boldsymbol{\alpha}\neq\boldsymbol{\beta}$.

② 事实上,对于 $i=i_0$,我们有 $\beta_{i_0}=v((i_0))$;对于 $i\neq i_0$,我们有 $\beta_i>\alpha_i\geqslant v((i))$.

③ $\sum_{i=1}^{n}\beta_i=\sum_{i=1}^{n}\alpha_i$ 是因为,β_i 和 α_i 的差对于 i 的一个值($i=i_0$)是 ε,而对于 i 的 $n-1$ 个值(所有的 $i\neq i_0$)是 $-\frac{\varepsilon}{n-1}$.

④ 参看 30.2.2 里的(30:A:a),特别是(30:A:a)里的注.

(31:N)　　如果博弈有一个单元素的解,[①]则它必定是非本质的.

证明:以 $V=(\boldsymbol{\alpha})$ 记假设中的单元素的解. 这个 V 必须满足 30.1.1 里的(30:5:b). 在我们现在的情况下,这就是说:异于 $\boldsymbol{\alpha}$ 的每一个 $\boldsymbol{\beta}$ 被 $\boldsymbol{\alpha}$ 控制. 即

$$\boldsymbol{\beta}\neq\boldsymbol{\alpha} \quad \text{蕴涵} \quad \boldsymbol{\alpha}\succ\boldsymbol{\beta}.$$

于是,若博弈是本质的,则根据(31:L),存在着一个 $\boldsymbol{\beta}$,它不满足上面这个条件.

(31:O)　　非本质博弈具有恰好一个解 V. 这就是单元素集合 $V=(\boldsymbol{\alpha})$,其中 $\boldsymbol{\alpha}$ 是(31:I)中所描述的.

证明:根据(31:I),存在着恰好一个转归,即(31:I)里的 $\boldsymbol{\alpha}$. 根据(31:J),一个解 V 不可能是空的;因此,唯一的可能性就是 $V=(\boldsymbol{\alpha})$. $V=(\boldsymbol{\alpha})$ 确实是一个解,它满足 30.1.1 里的(30:5:a)和(30:5:b):前者可由(31:K)推得,后者是由于根据(31:I)$\boldsymbol{\alpha}$ 是唯一的转归.

我们现在能够完全地回答 30.4.1 里的第一个问题了:

(31:P)　　博弈具有一个单元素的解(参看上面的本节第二个注)的必要和充分条件是:它是非本质的;这时它不具有别的解.

证明:这正好是(31:N)和(31:O)中结果的结合.

31.3　对应于策略等价关系的同构

31.3.1　考虑两个博弈 Γ 和 Γ',设它们的特征函数分别是 $v(S)$ 和 $v'(S)$,并设 $v(S)$ 和 $v'(S)$ 是在 27.1 意义上策略等价的. 我们要证明,从 30.1.1 中定义的概念的观点看,它们确实是等价的. 要做到这一点,只要在 30.1.1 中最基本的概念即转归之间建立一个同构对应. 换一句话说,我们希望在 Γ 的转归和 Γ' 的转归之间建立一个一一对应关系,它对于这两个概念是同构的,即,它使得 Γ 的有效集合、控制关系和解变换为 Γ' 的相应概念.

这只不过是 27.1.1 中所指出的事实的精确化,因此,读者也许会认为这是不必要的. 然而,这是"同构证明"的一个十分有益的例子;而且,我们以前关于文字证明和精确证明之间的关系的说明,现在可以又一次得到应用.

31.3.2　设 27.1.1 中(27:1),(27:2)意义上的策略等价关系由 $\alpha_1^0,\cdots,\alpha_n^0$ 给出. 考虑 Γ 的所有转归 $\boldsymbol{\alpha}=\{\alpha_1,\cdots,\alpha_n\}$ 和 Γ' 的所有转归 $\boldsymbol{\alpha}'=\{\alpha_1',\cdots,\alpha_n'\}$. 我们要寻求一个具有指定的性质的一一对应关系

(31:15)
$$\boldsymbol{\alpha}\leftrightarrows\boldsymbol{\alpha}'.$$

根据 27.1.1 开头处的说明不难猜想,(31:15)应该是怎样的一种对应关系. 我们已在那里指出,从 Γ 变到 Γ',就是对局中人 k 增加一个固定的支付额 α_k^0. 把这个原则应用到转归上,它的意义是

(31:16)
$$\alpha_k'=\alpha_k+\alpha_k^0,\quad k=1,\cdots,n.\text{[②]}$$

---

① 这个博弈也可能还有别的解,这些解可以是也可以不是单元素集合,我们并不排斥这种可能性. 事实上,(31:N)和(31:O)的结果合在一起——或(31:P)的结果——表明,这种可能性是不存在的(在我们现在的假设条件下). 但是,现在的考虑是与所有这些无关的.

② 如果我们引用(固定的)向量 $\boldsymbol{\alpha}^0=\{\alpha_1^0,\cdots,\alpha_n^0\}$,则(31:16)可以用向量的形式写出来:$\boldsymbol{\alpha}'=\boldsymbol{\alpha}+\boldsymbol{\alpha}^0$. 这就是说,它是转归的向量空间里的一个平移(移动 $\boldsymbol{\alpha}^0$).

因此,我们就以等式(31:16)来定义对应关系(31:15).

31.3.3 我们现在来验证前面指出的(31:15),(31:16)的性质.

Γ 的转归被映成 Γ' 的转归;按照 30.1.1 里的(30:1),(30:2),这就是说

(31:17) $$\alpha_i \geqslant v((i)), \quad i=1,\cdots,n,$$

(31:18) $$\sum_{i=1}^{n}\alpha_i = 0$$

被映成

(31:17*) $$\alpha'_i \geqslant v'((i)), \quad i=1,\cdots,n,$$

(31:18*) $$\sum_{i=1}^{n}\alpha'_i = 0.$$

从(31:17)变到(31:17*)是因为 $v'((i))=v((i))+\alpha_i^0$(根据 27.1.1 里的(27:2)),从(31:18)变到(31:18*)则是因为 $\sum_{i=1}^{n}\alpha_i^0 = 0$(根据 27.1.1 里的(27:1)).

Γ 的有效性变换成 Γ' 的有效性;按照 30.1.1 里的(30:3),这就是说

$$\sum_{i\in S}\alpha_i \leqslant v(S)$$

变换成

$$\sum_{i\in S}\alpha'_i \leqslant v'(S).$$

这只要通过(31:16)和(27:2)的对比就可以清楚地看出来.

Γ 里的控制性变换成 Γ' 里的控制性;这就是说,30.1.1 里的(30:4:a)至(30:4:c)保持不变.(30:4:a)显然不变;(30:4:b)表示有效性,我们已经证明它是不变的;关于(30:4:c),$\alpha_i>\beta_i$ 显然变换成 $\alpha'_i>\beta'_i$. Γ 的解被映成 Γ' 的解;这就是说,30.1.1 里的(30:5:a)和(30:5:b)(或(30:5:c))保持不变. 这些条件只涉及控制性,我们已经证明它是不变的.

我们把这些结果重述如下:

(31:Q) 如果两个零和博弈 Γ 和 Γ' 是策略等价的,则在它们的转归之间存在着一个同构——即从 Γ 的转归到 Γ' 的转归上的一个一一映象,它使得 30.1.1 中所定义的概念都保持不变.

32 本质零和三人博弈全部解的确定

32.1 数学问题的叙述. 图示法

32.1.1 我们现在转到 30.4.1 中所述的第二个问题: 本质零和三人博弈全部解的确定.

我们知道,我们可以在它的简化形式下来考虑这个博弈,而且可以选择 $\gamma=1$.[①]如我们以

① 参看 29.1.2 中的讨论,或该处的注里所引的 27.1.4 和 27.3.2.

前已经讨论过的,在这种情形下的特征函数是完全确定的:①

$$(32:1)\qquad v(S)=\begin{cases}0,\\-1,\\1,\\0,\end{cases}\quad \text{若 } S \text{ 有}\begin{cases}0\\1\\2\\3\end{cases}\text{个元素.}$$

转归是个向量:

$$\boldsymbol{\alpha}=\{\alpha_1,\alpha_2,\alpha_3\},$$

它的三个支量必须满足 30.1.1 里的(30:1)和(30:2).这些条件现在变为

$$(32:2)\qquad \alpha_1\geqslant-1,\quad \alpha_2\geqslant-1,\quad \alpha_3\geqslant-1,$$

$$(32:3)\qquad \alpha_1+\alpha_2+\alpha_3=0.$$

我们从 31.2.1 里的(31:I)知道,这些 $\alpha_1,\alpha_2,\alpha_3$ 所形成的只是一个二维连续统——这就是说,它们应该可以在平面上表示出来.事实上,可以用一个很简单的平面图形表示 (32:3).

32.1.2 为了这个目的,我们在平面上画出三个轴,每两个轴之间形成 60°的角.对于平面上的任一个点,我们以这个点距三个轴的垂直距离来定义 $\alpha_1,\alpha_2,\alpha_3$.整个的安排,特别是 $\alpha_1,\alpha_2,\alpha_3$ 的正负的规定,都在图 52 中给出.

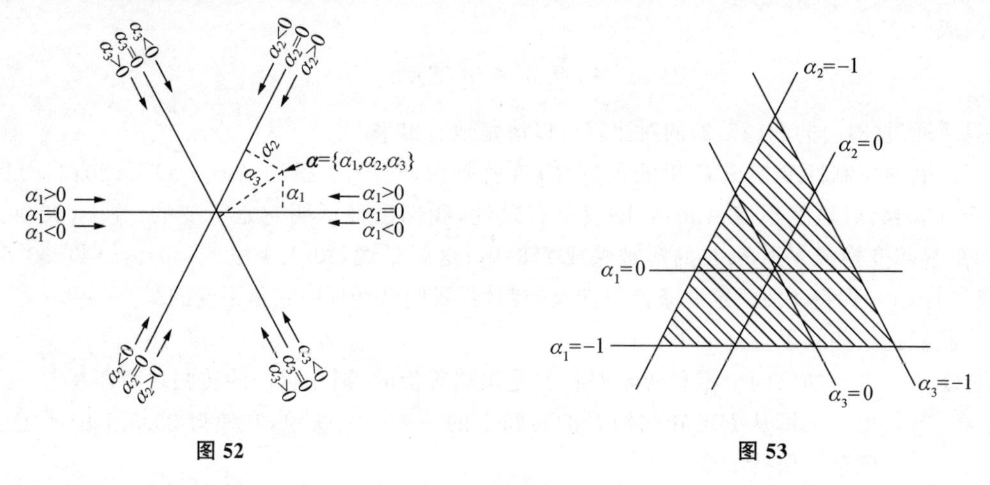

图 52

图 53

容易验证:对于任意的一个点,图中三个垂直距离的代数和为零;反过来,对于支量的和为零的任一向量 $\boldsymbol{\alpha}=\{\alpha_1,\alpha_2,\alpha_3\}$,有一个点和它对应.因此,图 52 里的平面图形所表示的正是条件(32:3).另外一个条件(32:2)相当于在图 52 的平面内对于点 $\boldsymbol{\alpha}$ 所加的限制条件.这个限制条件显然是这样的:点 $\boldsymbol{\alpha}$ 必须位于由直线 $\alpha_1=-1,\alpha_2=-1,\alpha_3=-1$ 所形成的三角形的边界或内部.图 53 所表示的就是这个条件.

由此可见,图 53 中有斜线的区域代表满足(32:2),(32:3)的 $\boldsymbol{\alpha}$——即:全部转归,我们称它为基本三角形.

32.1.3 其次,我们要在上述图示法里表示控制关系.当 $n=3$ 时,由(31:H)可知(同时参看 31.1.5 之末(31:8)的讨论),在 $I=(1,2,3)$ 的子集合 S 里,那些二元素子集合是确实必要

① 参看 29.1.2 中的讨论,或 27.5.2.

的，而一切其他的子集合都是确实不必要的. 这就是说，为了确定所有的解 V，我们必须考虑的集合是下面这些：

$$(1,2);\ (1,3);\ (2,3).$$

由此可见，对于

$$\boldsymbol{\alpha}=\{\alpha_1,\alpha_2,\alpha_3\},\quad \boldsymbol{\beta}=\{\beta_1,\beta_2,\beta_3\},$$

控制关系

$$\boldsymbol{\alpha}\succ\boldsymbol{\beta}$$

的意义如下：

(32:4) 或是 $\alpha_1>\beta_1,\alpha_2>\beta_2$；或是 $\alpha_1>\beta_1,\alpha_3>\beta_3$；或是 $\alpha_2>\beta_2,\alpha_3>\beta_3$.

从图形上看：$\boldsymbol{\alpha}$ 控制图 54 里有斜线的区域中所有的点，而且除此以外不控制其他的点.[①]

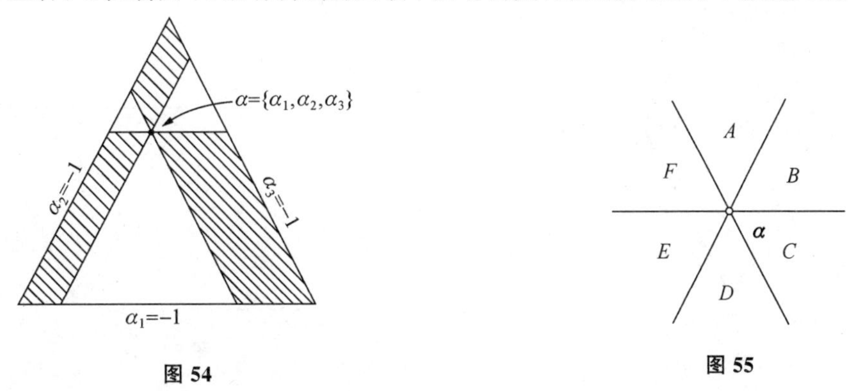

图 54　　图 55

由此可见，点 $\boldsymbol{\alpha}$ 控制图 55 中表出的六个部分里的三个部分(即 A,C,E). 由此不难推断，$\boldsymbol{\alpha}$ 被另外三个部分(即 B,D,F)控制. 因此，只有划分这六个部分的三条分线(即六条半直线)上的点，是既不控制 $\boldsymbol{\alpha}$ 也不被 $\boldsymbol{\alpha}$ 控制的. 这就是说

(32:5) 如果 $\boldsymbol{\alpha},\boldsymbol{\beta}$ 中任一个不控制另一个，则从 $\boldsymbol{\alpha}$ 到 $\boldsymbol{\beta}$ 的方向平行于基本三角形的三边之一.

32.1.4 现在，可以开始进行全部解的系统寻求工作了.

考虑一个解 V，即，基本三角形里满足 30.1.1 中条件(30:5:a)，(30:5:b)的一个集合. 在以下的讨论中，我们将时常应用这些条件，而不在每一次应用时明白地指出来.

由于博弈是本质的，V 必须包含至少两个点，[②]设为 $\boldsymbol{\alpha}$ 和 $\boldsymbol{\beta}$. 根据(32:5)，从 $\boldsymbol{\alpha}$ 到 $\boldsymbol{\beta}$ 的方向平行于基本三角形的三边之一；适当地排列局中人 1,2,3 的号码，我们可以使这个边是水平直线 $\alpha_1=-1$. 这就是说，$\boldsymbol{\alpha},\boldsymbol{\beta}$ 位于一条水平直线 l 上. 现在，产生了两种可能性：

(a) V 的每一点都在 l 上.

(b) V 的某些点不在 l 上.

我们分别讨论这两种情形.

---

① 特别是，不控制那些有斜线区域的边界上的点.

② 这也可以从图 54 直接看出来.

32.2 全部解的确定

32.2.1 我们首先考虑(b). 不在 l 上的任一点必须同时对于 $\boldsymbol{\alpha}$ 和对于 $\boldsymbol{\beta}$ 满足(32:5),这就是说,它必定是以 $\boldsymbol{\alpha},\boldsymbol{\beta}$ 为底的两个等边三角形之一的第三顶点:图 56 中二点 $\boldsymbol{\alpha}',\boldsymbol{\alpha}''$之一. 因此,$\boldsymbol{\alpha}'$或 $\boldsymbol{\alpha}''$属于 V. V 中异于 $\boldsymbol{\alpha},\boldsymbol{\beta}$ 以及 $\boldsymbol{\alpha}'$或 $\boldsymbol{\alpha}''$的任一点必仍满足(32:5),但现在是对于三个点:$\boldsymbol{\alpha},\boldsymbol{\beta}$ 以及 $\boldsymbol{\alpha}'$或 $\boldsymbol{\alpha}''$. 但是,检查一下图 56 就立即可以发现,这是不可能的. 因此,V 由恰好三个点组成——形如图 57 中三角形 *I* 或三角形 *II* 的三个顶点. 以图 57 与图 54 或 55 进行比较,可以看出,三角形 *I* 的顶点使得这个三角形的内部不被控制. 这就排除了三角形 *I*.[①]

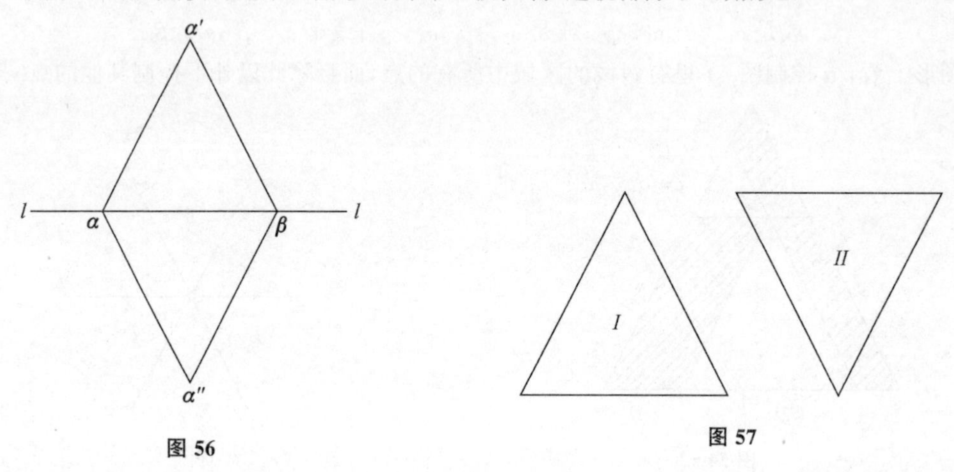

图 56　　　　图 57

通过同样的比较可以看出,三角形 *II* 的顶点使得图 58 中画有黑点的三个区域不被控制. 由此可见,三角形 *II* 必须在基本三角形中处于这样的地位:它使得有黑点的区域全部落在基本三角形之外. 这就是说,三角形 *II* 的三个顶点必须落在基本三角形的三条边上,就像图 59 里所表示的. 这三个顶点是基本三角形的三个边的中点.

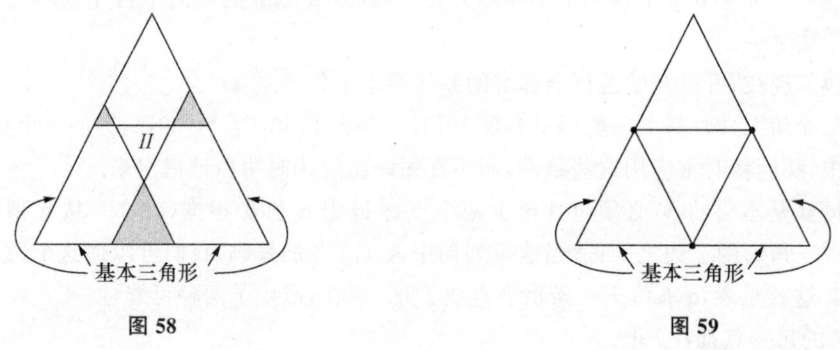

图 58　　　　图 59

以图 59 与图 54 或 55 进行比较,可以看出,这个集合 V 确实是一个解. 很容易验证,上面

① 这是 30.3.6 中所述情况的一个例子:三角形 *I* 的三个顶点相互之间没有控制关系,即,按照上引处的意义,它们组成一个适合集合. 但它们所组成的集合不能作为一个解的子集合.

说的三个中点是(向量)

(32:6) $$\left\{-1,\frac{1}{2},\frac{1}{2}\right\},\ \left\{\frac{1}{2},-1,\frac{1}{2}\right\},\ \left\{\frac{1}{2},\frac{1}{2},-1\right\},$$

即,解 V 就是 29.1.2 中图 51 里的集合.

32.2.2 我们现在考虑 32.1.4 里的(a). 在这种情形里,V 的全部都在水平直线 l 上. 根据(32:5),l 上的任一点不控制 l 上的另一点,所以 l 的每一点不被 V 控制. 因此,l 的每一点(在基本三角形以内)必须属于 V. 这就是说,V 正好是 l 的处于基本三角形以内的部分. 由此可见,V 的元素 $\boldsymbol{\alpha}=\{\alpha_1,\alpha_2,\alpha_3\}$ 可以用方程

(32:7) $$\alpha_1=c$$

来说明. 图 60 是它的图形表示.

以图 60 与图 54 或 55 进行比较,可以看出,直线 l 使得图 60 中画有黑点的区域不被控制. 由此可见,直线 l 必须在基本三角形中处于这样的地位:它使得有黑点的区域全部落在基本三角形之外. 这就是说,l 必须位于基本三角形的与它相交的二边中点以下.[①]用(32:7)的术语说,就是:$c<\frac{1}{2}$. 另一方面,要保证 l 与基本三角形相交,必须有 $c\geqslant-1$. 因此,我们得到

(32:8) $$-1\leqslant c<\frac{1}{2}.$$

以图 60 与图 54 或 55 进行比较,可以看出,在这些条件[②]之下,集合 V——即 l——确实是一个解.

但是,这个解的形式(32:7)是通过对数目 1,2,3 进行适当的排列而得到的. 因此,我们还有另外两个解,它们由方程

(32:7*) $$\alpha_2=c$$

和方程

(32:7**) $$\alpha_3=c$$

说明,而且二者都满足(32:8).

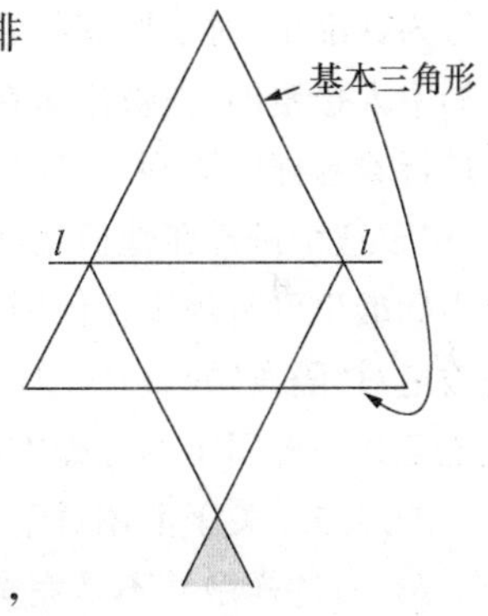

图 60

32.3.3 总结如下:

下面列出所有的解:

(32:A) 对于满足(32:8)的每一个 c:三个集合(32:7),(32:7*),(32:7**).

(32:B) 集合(32:6).

---

① 必须排除通过中点的 l 的极限位置. 理由如下:在这种情形下,有黑点的区域的顶点将位于基本三角形上,但这是不许可的,因为这个顶点也不被 V 即 l 控制.

应该注意的是:在情形(b)里,即,对于图 58 里有黑点的区域,并不出现相应的问题. 那里的顶点也是不被 V 控制的,但它们属于 V. 而在我们现在的情况下,上述顶点不属于 V 即 l.

由于排除了极限位置,使得下面的不等式里出现"<"号,而不是"⩽"号.

② (32:8),即:l 与基本三角形相交,但位于它的两个中点以下.

33 结 束 语

33.1 解的多重性. 差别待遇及其意义

33.1.1 32 的结果需要细致的考虑和说明. 我们已经确定了本质零和三人博弈的全部解. 在给出 30.1 里的精确定义以前,我们已在 29.1 里决定了我们所要的是怎样的一个解;这个解现在作为(32:B)而再次出现. 但我们另外还找到了别的解:(32:A),这是无穷多个集合,而每一个集合又是个以转归为元素的无穷集合. 这些额外的解所代表的是什么呢?

例如,考虑(32:A)里的(32:7)这种形式. 对于满足(32;8)的每一个 c,它给出一个解,这个解由满足(32:7)即 $\alpha_1=c$ 的所有转归 $\boldsymbol{\alpha}=\{\alpha_1,\alpha_2,\alpha_3\}$ 组成. 除此以外,它们还须满足的条件只是 30.1.1 里的(30:1),(30:2)——即 32.1.1 里的(32:2),(32:3). 换言之,我们的解由所有的

(33:1) $$\boldsymbol{\alpha}=\{c,a,-c-a\},\quad -1\leqslant a\leqslant 1-c$$

组成.

这个解可以解释如下:局中人之一(在这种情形下是局中人 1)受到另外两个局中人(在这种情形下是局中人 2,3)的差别待遇. 他所能得到的数额 c 是由他们指派给他的. 在解即被采纳的行为标准里,对于所有的转归,这个数额都是一样的. 局中人 1 在社会里的地位是由另外两个局中人指定的;他被排斥在一切足以导致合伙的谈判之外. 但是,在另外两个局中人之间却在进行着这样的谈判;在他们之间如何分配他们应得的份额 $-c$,这完全决定于他们的谈判能力. 关于这个份额在他们之间怎样分配——以 a,$-c-a$ 表示分配的数额,这在解即被采纳的行为标准里没有规定任何限制条件. [①]这是不足为奇的. 由于被排斥在合伙之外的那个局中人是被绝对"隔离"的,合伙里的每一参加者不会受到被合伙者抛弃的威胁. 因此,对于战利品不能规定某一种固定的分配方法. [②③]

33.1.2 关于上述对于一个局中人的"差别待遇",还有几点是需要说明的.

第一,这样做并不是完全任意的. 差别待遇的数量表征 c 是受 32.2.2 里的条件(32:8)限制的. (32:8)里的 $c\geqslant -1$ 这一部分,其意义是十分明显的;. 但另一部分 $c<\frac{1}{2}$[④]的含义却比较隐晦(参看下文). 它告诉我们:即使是任意一组差别待遇,也可以是与一个稳定的行为标准——即社会秩序——不相矛盾的,但它也许不得不满足某些数量方面的条件,为的是不致损害稳定性.

---

① 但二者必须都$\geqslant -1$——即局中人不借助于任何外来的帮助而自己能够得到的数额.
当然,$a\geqslant -1$ 和 $-c-a\geqslant -1$ 就是(33:1)里的 $-1\leqslant a\leqslant 1-c$.

② 参看本章 25.2 之末的讨论. 应该注意的是:那里用以引出 $v(S)$ 这个主要概念的论点,不再适用于现在这个特殊情形——但 $v(S)$ 仍能确定博弈的解!

③ 应该注意的是:按照 32.2.2 里的(32:8),战利品,即数额 $-c$ 可以是正的,也可以是负的.

④ 以及在 $c<\frac{1}{2}$ 里不包含"="号,而在 $c\geqslant -1$ 里包含"="号的意义.

第二,差别待遇对于受影响的那个局中人不一定是十分不利的. 当然,对于他不可能是十分有利的——这就是说,他的固定的值 c 不可能等于或超过别的局中人所能期望的最好结果. 根据(33:1),这时将有 $c \geqslant 1-c$,即 $c \geqslant \frac{1}{2}$,——而这正是(32:8)所不许可的. 但是,只有当 $c=-1$时,对于他才是十分不利的;而这只不过是 c 的一个可能的值(根据(32:8)),并不是唯一的值. $c=-1$ 的意义是: 这个局中人不但被排斥在合伙之外,而且被剥削到 100%的程度. 满足 $-1<c<\frac{1}{2}$的 c 的其余的值(在(32:8)里),相当于不利的程度逐渐缩小.

33.1.3 值得注意的是: 我们的解的概念能够表示所有这些无差别待遇的行为标准(32:B)和有差别待遇的行为标准(32:A)的微细之处(对于后者来说,表示了它们的受 100%损害的形式,即 $c=-1$,同时也表示了受损害的程度逐渐缩小的一个连续系统,即$-1<c<\frac{1}{2}$.

特别值得注意的是: 我们原先并没有指望会发生这样的事情),29.1 中启发式的讨论显然不是按这种精神进行的,但是,严格的理论却迫使我们达到这些结论. 而且,即使是在极端简单的零和三人博弈的范围内,就已出现了这种情况.

当 $n \geqslant 4$ 时在一切种类的差别待遇、偏见、特权等等形式上,我们必须期待,会出现数目更加多得多的可能性. 除此以外,我们当然还必须注意寻求与(32:B)——即无差别待遇的"客观"的解——相类似的解. 但是,我们将会看到,条件绝不是很简单的. 而且,我们也将看到,正是对于有差别待遇的"非客观"的解的研究,才会使我们对一般的非零和博弈有正确的了解——从而能够应用到经济学上.

33.2 静态和动态

33.2 到了这里,回忆一下第一章 4.8.2 中关于静态和动态的讨论是有益处的. 我们在那里所说的,到现在仍都是有效的;事实上,那里正是针对着我们的理论现在所达到的状况而说的.

在 29.2 以及该处提到的一些地方,我们考虑了出现于合伙形成以前的谈判、期望和恐惧——形成合伙的条件就是由它们确定的. 这些都是属于 4.8.2 中所述的准动态因素. 我们在 4.6 以及后来在 30.2 里的讨论也一样;在那里指出: 按照转归对于解的关系,不同的转归之间可以有也可以没有控制关系;这就是说: 被一个既定的行为标准所认可的行为,它们相互之间不能够有矛盾,但能够用它们来否定不被认可的那些行为.

在一个静的理论里采取这样的考虑方式,其理由和必要性以前已经提到. 因此,现在无需再重复它们了.

第七章　零和四人博弈

· Chapter Ⅶ　Zero-Sum Four-Person Games ·

34　概　　述

34.1　一般观点

34.1　我们现在有了一套零和 n 人博弈的一般理论，然而，我们所知道的却还远远不能令人满意. 除了一些定义的形式叙述外，我们所了解的都还停留在表面上. 我们已经讨论过的一些应用——即已经在其中确定了我们的解的那些特殊情形，——只能说是为我们提供了一个初步的方向. 如在第六章 30.4.2 中指出过的，这些应用涉及了所有的 $n\leqslant 3$ 的情形；但是，我们从过去的讨论知道，同一般的问题相比，它们所占的只不过是多么小的一部分. 因此，我们现在必须转到 $n\geqslant 4$ 的博弈；只有在这种情形下，合伙之间相互关联和相互影响的复杂情况才能充分地显现出来. 只有当我们掌握了控制这些现象的种种结构以后，才有可能对我们的问题的性质有更进一步的了解.

这一章将用来讨论零和四人博弈. 我们关于这一类博弈的知识还有着许多空白点. 这就迫使我们采取一种不是很详尽而且主要是辩证式的处理方式，这种处理方式包含着明显的缺点[①]. 但是，即使是这种不完全的讨论，也会揭露出一般理论的种种质的方面的主要特性，它们在以前（$n\leqslant 3$ 的情形）是不可能出现的. 事实上，将会看到，关于这一方面的数学上的结果的解释，很自然地会导致某些“社会的”概念及其描述.

34.2　本质零和四人博弈的形式体系

34.2.1　为了能够理解零和四人博弈的性质，我们从一种纯粹描述性的分类着手进行讨论.

设已给定一个任意的零和四人博弈 Γ，我们可以在它的简化形式下来讨论它，并且选择

---

① 例如，在相当程度上着重于启发式的方法.

$\gamma=1$[①]. 我们从第六章 27.2 里的(27:7*)和(27:7**)知道,以上这些假定就相当于下列关于特征函数的条件:

(34:1) $$v(S)=\begin{cases}0, \\ -1, \\ 1, \\ 0,\end{cases} \quad \text{若 } S \text{ 有} \begin{cases}0 \\ 1 \\ 3 \\ 4\end{cases} \text{个元素.}$$

通过这些正规化的程序,尚待确定的就只剩下二元素集合 S 的 $v(S)$ 了. 我们现在就把注意力集中到这些集合上.

全体局中人的集合 $I=(1,2,3,4)$ 具有六个二元素子集合 S:

$$(1,2),(1,3),(1,4),(2,3),(2,4),(3,4).$$

但是,不能够把这些集合的 $v(S)$ 看作独立的变量. 这是因为,在这些 S 里,每一个集合都以其中的另一个为它的余集合. 确切地说,第一个和最后一个、第二个和第五个、第三个和第四个都互为余集合. 因此,它们的 $v(S)$ 相互之间差一负号. 此外,还应该记住,根据 27.2 里的不等式(27:7)(其中 $n=4, p=2$),所有这些 $v(S)$ 都 $\leqslant 2$ 且 $\geqslant -2$. 由此可见,若令

(34:2) $$\begin{cases}v((1,4))=2x_1, \\ v((2,4))=2x_2, \\ v((3,4))=2x_3,\end{cases}$$

则有

(34:3) $$\begin{cases}v((2,3))=-2x_1, \\ v((1,3))=-2x_2, \\ v((1,2))=-2x_3,\end{cases}$$

而且

(34:4) $$-1 \leqslant x_1, x_2, x_3 \leqslant 1.$$

反之,如果给定满足(34:4)的任意三个数 x_1, x_2, x_3,则我们能够通过(34:1)至(34:3)定义一个函数 $v(S)$(对于 $I=(1,2,3,4)$ 的一切子集合 S),但我们必须证明,这个 $v(S)$ 是某个博弈的特征函数. 根据 26.1,这就是说,我们现在的 $v(S)$ 应该满足 25.3.1 里的条件(25:3:a)至(25:3:c). (25:3:a)和(25:3:b)显然被满足,所以只剩下了(25:3:c). 根据 25.4.2,这就意味着要证明:

$$v(S_1)+v(S_2)+v(S_3) \leqslant 0, \quad \text{若 } S_1, S_2, S_3 \text{ 是 } I \text{ 的一个分解}$$

(同时参看 25:4:1 里的(25:6)). 如果集合 S_1, S_2, S_3 中的任一个是空集合,则另外两个互为余集合,这时根据 25.3.1 里的(25:3:a)和(25:3:b),我们在上式里得到等号. 因此,我们可以假定,集合 S_1, S_2, S_3 都不是空的. 由于总共有四个元素,以上这些集合之一,比方说是 $S_1=S$,必须有两个元素,而另外两个都是单元素集合. 这样,我们的不等式变成

$$v(S)-2 \leqslant 0, \quad \text{即} \quad v(S) \leqslant 2.$$

如果我们对所有的二元素集合 S 表示这个关系,则(34:2)和(34:3)使得不等式变为

---

① 参看第六章 27.1.4 和 27.3.2. 读者可以看到,这里的讨论与 29.1.2 中关于零和三人博弈的讨论,其间有着类似之处. 关于这一点,以后还将提及.

$$2x_1 \leqslant 2, \quad 2x_2 \leqslant 2, \quad 2x_3 \leqslant 2,$$
$$-2x_1 \leqslant 2, \quad -2x_2 \leqslant 2, \quad -2x_3 \leqslant 2,$$

而这与原来假定的(34:4)是等价的.这样,我们证明了:

(34:A) 本质零和四人博弈(在其简化形式下,并且选择 $\gamma=1$)恰好与满足不等式(34:4)的三个数 x_1, x_2, x_3 相对应.一个这样的博弈 —— 即,它的特征函数 —— 与它的 x_1, x_2, x_3 之间的对应关系由等式(34:1)至(34:3)给出.[①]

34.2.2 上述以三个数 x_1, x_2, x_3 表示本质零和四人博弈的方法,可以用一个简单的几何图形来说明.我们可以把数 x_1, x_2, x_3 看作一个点的笛卡儿坐标.[②]在这种情形下,不等式(34:4)描写出空间的一部分,它恰好形成一个立方体 Q.这个立方体的中心在坐标原点,它的边长是2;这是因为,它的六个面是六个平面:

$$x_1 = \pm 1, \quad x_2 = \pm 1, \quad x_3 = \pm 1,$$

见图61.

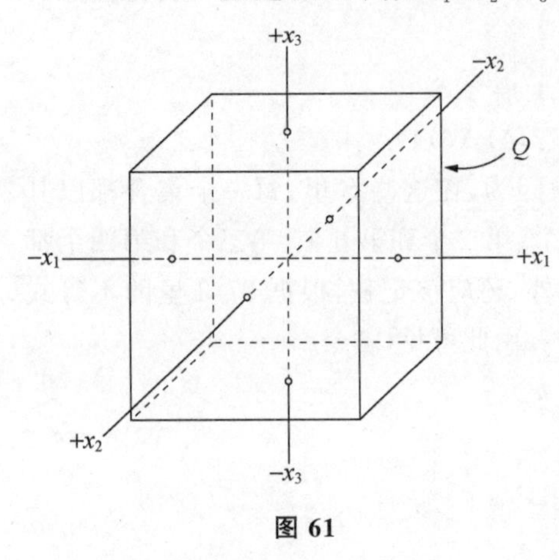

图 61

由此可见,每一个本质零和四人博弈 Γ 由上述立方体内部或表面上的恰好一个点表示,反过来也对.按照这个方式来看这些博弈,并试图将它们的特性与 Q 里的几何条件联系起来,是很有用处的.把那些与 Q 中某些重要的点相对应的博弈识别出来,将是特别有益处的.

但是,在实现这个程序之前,我们要先考虑有关对称性的一些问题.我们希望揭露出局中人1,2,3,4的排列与 Q 的几何变换(运动)之间的联系.事实上,根据28.1,前者相当于博弈 Γ 的对称性;而后者显然表示几何对象的对称性.

34.3 局中人的排列

34.3.1 在以上引出本质零和四人博弈的几何表示法时,我们不得不采用了一种任意的方法,即一种部分地破坏了原来情况的对称性的方法.事实上,在描写二元素集合 S 的 $v(S)$ 时,我们不得不从这些集合(总共有六个)中划出三个,为的是引进坐标 x_1, x_2, x_3.这种做法我们在(34:2),(34:3)中实际上是通过下述方式实现的:我们把局中人4放在一个特殊的地位上,然后在局中人1,2,3与量 x_1, x_2, x_3 之间分别建立对应关系(参看(34:2)).这样,局中人1,2,3的一个排列将引起坐标 x_1, x_2, x_3 的一个同样的排列,而到这里为止,处理的方式是对称的.但是,在局中人1,2,3,4的全部24个排列中,[③]上面说的只不过是其中的六个排列.按照这种方式,以另一个局中人代替局中人4的排列没有被考虑在内.

---

① 读者现在可以把我们的结果与29.1.2中关于零和三人博弈的结果进行比较.将会发现,可能情况的数目是大大增加了.

② 我们也可以把这些数看作是16.1.2(第三章)及其后意义下的 L_3 里一个向量的支量.这样的考虑有时更为方便,例如在35.3.4的第二个注里.

③ 参看28.1.1中定义(28:A:a),(28:A:b)之后.

34.3.2 我们现在就来考虑一个这样的排列.为了下面即将看到的理由,我们考虑使得局中人1和4互换的同时也使得局中人2和3互换的排列A.[①]只要看一看等式(34:2)和(34:3),就足以表明,这个排列使得x_1不变,而使得x_2,x_3变为$-x_2,-x_3$.类似地可以验证:使得2和4互换同时也使得1和3互换的排列B,它使得x_2不变,而使得x_1,x_3变为$-x_1,-x_3$;使得3和4互换的同时也使得1和2互换的排列C,它使得x_3不变,而使得x_1,x_2变为$-x_1$,$-x_2$.

由此可见,A,B,C这三个排列中的每一个,它对变量x_1,x_2,x_3所起的作用,只在于正负号的改变;每一个排列使得两个符号改变,而使得第三个保持不变.

由于这三个排列把4分别变为1,2,3,因此,如果同局中人1,2,3的六个排列结合起来,它们给出局中人1,2,3,4的全部24个排列.我们已经看到,局中人1,2,3的六个排列与x_1,x_2,x_3的六个排列(不改变正负号)相对应.因此,1,2,3,4的24个排列与x_1,x_2,x_3的六个排列相对应,其中每一个不带有符号的改变或带有两个符号的改变.[②]

34.3.3 以上结果也可以叙述如下:如果我们考虑空间中将立方体Q变为它自己的一切运动,那么,容易验证:它们是坐标轴x_1,x_2,x_3的排列与对坐标平面(即x_2,x_3平面;x_1,x_3平面;x_1,x_2平面)的任意反射的结合.从数学上看,它们是x_1,x_2,x_3的排列与x_1,x_2,x_3中符号的任意改变的结合.总共有48种可能情形.[③]在这48种情形里,只有一半,即变号次数是偶数(即0或2)的24种,是与局中人的排列相对应的.

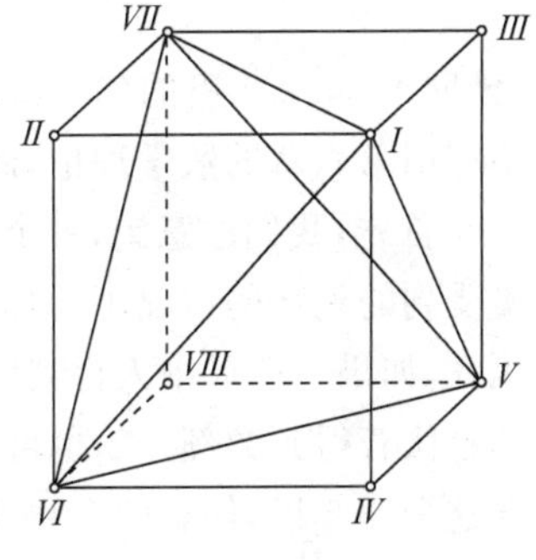

图 62

不难验证,这24种情形恰好就是这样的24种:它们不但将立方体Q变为它本身,而且也将图62中标出的四面体I,V,VI,VII变为它本身.人们还可以注意到,一个这样的运动也具有下述特性:它把Q的一个顶点"•"总是变为一个顶点"•";而且也把一个顶点"○"总是变为一个顶点"○",但绝不会把一个"•"变为一个"○".[④]

我们现在要对以上所述进行更直接的解释,方法是直接描述与立方体Q中一些特殊的点相对应的那些博弈:与Q的顶点"•"或"○"相对应的,与中心(图61里的原点)相对应的,以及与主对角线相对应的博弈.

---

① 按照28.1的记号:

$$A=\begin{pmatrix}1,2,3,4\\4,3,2,1\end{pmatrix},\quad B=\begin{pmatrix}1,2,3,4\\3,4,1,2\end{pmatrix},\quad C=\begin{pmatrix}1,2,3,4\\2,1,4,3\end{pmatrix}.$$

② 在每一种情形里,符号的改变有1+3=4种可能性;因此,关于x_1,x_2,x_3我们有6×4=24种方法,它们代表1,2,3,4的24个排列——这是很自然的.

③ 对于每一个变量x_1,x_2,x_3,有两种可能情形:变号或不变号.这样,共有$2^3=8$种情形.与x_1,x_2,x_3的六个排列结合起来,总共得到8×6=48种情形.

④ 这个运动群在群论特别是结晶体群论里是熟知的,但我们在这里不作更多的深入讨论.

35 立方体 Q 中一些特殊的点的讨论

35.1 顶点Ⅰ(以及Ⅴ,Ⅵ,Ⅶ)

35.1.1 我们首先确定与四个顶点“·”:Ⅰ,Ⅴ,Ⅵ,Ⅶ相对应的博弈.我们已经看到,它们之中的任意一个可以通过局中人1,2,3,4的适当排列而从另外一个得出.因此,只须考虑它们之中的一个,设为Ⅰ.

点Ⅰ对应于坐标 x_1,x_2,x_3 的值1,1,1.因此,这个博弈的特征函数 $v(S)$ 是

$$v(S)=\begin{cases}0,\\-1,\\2,\\-2,\\1,\\0,\end{cases}\text{若 }S\text{ 有}\begin{cases}0\\1\\2\\2\\3\\4\end{cases}\text{个元素}\begin{matrix}(\text{而且 4 属于 }S)\\(\text{而且 4 不属于 }S).\end{matrix}\tag{35:1}$$

(借助于34.2.1里的(34:1),(34:2),(34:3),可以立即得到验证.)对于这个博弈,我们现在先不应用第六章的数学理论,而来看一看,是否有一个直接的、直观的解释.

首先,我们注意到,一个局中人如果自己单独参加博弈,将损失数额-1.这显然是他所能遭受到的最坏的情况了,因为没有任何别人的帮助他也能够保障自己不致受到更多的损失.[①]因此,如果一个局中人得到数额-1,我们可以认为,他是被彻底地击败了.由两个局中人组成的合伙若得到数额-2,也可以认为是被击败了,因为这时合伙中每一局中人必定得到-1.[②][③]在这个博弈里,任意两个局中人所组成的合伙若不包含局中人4,则按照上述意义就是被击败了.

我们现在转入余集合的讨论.如果一个合伙按上述意义被击败,则可以认为它的余集合是个获胜的合伙.因此,含有局中人4的二元素集合必须看作是获胜的合伙.而且,由于任一个孤立的局中人必须看作是被击败的,所以三人合伙总是获胜的.对于那些包含局中人4的三元素合伙来说,这是无关紧要的,因为在这些合伙里,两个成员若包含局中人4就足以获胜了.但

① 这个看法可以从我们第五章23和第六章32.2中关于三人博弈的结果得到印证,也可以从30.1.1中转归的定义,特别是条件(30:1),得到更加根本的证实.

② 因为他或他的合伙人都没有必要得到比-1为少的数额,而他们合起来得到-2,所以这是他们唯一的分配方法.

③ 按照第六章31.1.4的术语:这个合伙是平值的.这里显然没有任何利益可图,因此,两个局中人没有任何动机要形成这样的一个合伙.但是,如果另外的两个局中人已经组成了合伙,而且无意吸收第三个合伙人,这时我们也可以把余下的两个局中人当作一个合伙来处理.

是，1,2,3 是个获胜的合伙，这一点却是重要的，因为它的所有的子集合都是被击败的.[①]

35.1.2 因此，可以认为，这是局中人们为了争取参加

(35:2) $(1,4), \quad (2,4), \quad (3,4), \quad (1,2,3)$

这几个可能的合伙中的任意一个而作的斗争，这些合伙所能够得到的数额分别是：

(35:3) $v((1,4)) = v((2,4)) = v((3,4)) = 2, \quad v((1,2,3)) = 1.$

我们注意到，这与我们在本质零和三人博弈里发现的情况是十分相似的. 在那里，获胜的合伙是：

(35:2*) $(1,2), \quad (1,3), \quad (2,3),$

而这些合伙所能够得到的数额分别是

(35: 3*) $v((1,2))=v((1,3))=v((2,3))=1.$

在三人博弈里，对于获胜的合伙的收入，我们是按照下述假定确定它在合伙人之间的分配的：同一个局中人在获胜的合伙里应该分得同样的数额，而不论是在哪一个获胜的合伙里. 以 α,β,γ 分别记局中人 1,2,3 应得的数额，则由(35: 3*)有

(35:4*) $\alpha+\beta=\alpha+\gamma=\beta+\gamma=1,$

由此得到

(35:5*) $\alpha=\beta=\gamma=\frac{1}{2}.$

这确实就是我们以前的讨论所得出的结果.

在我们现在的四人博弈里，我们假设同样的原则. 我们假定，每一局中人 1,2,3,4 在参加了一个获胜的合伙后分别得到数额 $\alpha,\beta,\gamma,\delta$. 于是，由(35:3)得到

(35:4) $\alpha+\delta=\beta+\delta=\gamma+\delta=2, \quad \alpha+\beta+\gamma=1,$

由此得到

(35:5) $\alpha=\beta=\gamma=\frac{1}{3}, \quad \delta=\frac{5}{3}.$

第五章 21,22 中关于三人博弈的全部启发式的论点在这里都可以重复应用.[②]

35.1.3 总结如下：

(35:A) 在这个博弈里，局中人 4 处于一种特别有利的地位：他同任一个局中人联合起来就足以形成一个获胜的合伙. 另一方面，如果得不到他的合作，则另外三个局中人必须合在一起才能获胜. 从每一局中人 1,2,3,4 当他处于获胜者的行列中时所应得的数额，也表现出上面说的有利情况——如果我们上面启发式的推理是可信的话. 这些数额分别是$\frac{1}{3},\frac{1}{3},\frac{1}{3},\frac{5}{3}$. 应该注意的是：局中人 4 的有利地位

---

① 我们提醒读者：虽然我们把“被击败”和“获胜”几乎是当作术语在运用，但这却并不是我们原来的意图. 事实上，这些概念是很宜于加以精确处理的. “被击败的”和“获胜的”合伙实际上分别与 31.1.5 的(31:F)和(31:G)中所考虑的集合 S 相合，即，平值集合 S 或使得 $-S$ 为平值的集合 S. 但是，只有到了第十章里，我们才按照这种方式来考虑这个问题.

在目前，我们的考虑纯粹是启发式的，应该以第五章 21,22 中关于零和三人博弈的启发式讨论的同样精神来对待它. 唯一的区别在于，我们现在的考虑在相当程度上将更为简洁，因为在我们的讨论过程中已积累了丰富的经验和方法.

由于我们已然有了关于博弈的解的一个严密理论，我们有义务严格地根据数学的理论，以一种精密的分析来研究上述初步的、启发式的讨论. 我们即将做到这一点(参看上引处，以及本章 36.2.3 的开头处).

② 当然，并不因此就使这成为在 30.1 的基础上的严格讨论.

是只对获胜的情形而说的;在被击败时,所有的局中人都处于同样的地位(即得到 -1).

上面最后提及的情况,当然是由于我们通过简化而实现的正规化程序所引起的.不过,如果不考虑任何正规化的程序,则这个博弈表现出下述特点:当两个局中人都获胜时,从量的方面看,一个局中人比另一局中人多得到的利益,可以不同于当两个人都被击败时前者多得到的利益.

在三人博弈里是不可能发生这种情况的,这从22.3.4之末的(22:A)可以清楚地看出来.这样,我们看到了当局中人数目达到四个时所出现的一个新的重要因素的迹象.

35.1.4 还有一点最后的说明似乎值得在这里提一提.在这个博弈里,局中人4在策略方面所以是处于有利的地位,在于他只须同一个局中人联合起来就足以获胜,而如果没有他却必须有三个合伙人才能获胜.甚至可以试图构造一个博弈,其中每一个不包含局中人4的合伙都是被击败的,这样就得到一个更为极端的形式.但是,必须了解,事实并非如此,或者说,局中人4的这样一种有利地位已不再是属于策略性质的了.事实上,在一个这样的博弈里

$$v(S)=\begin{cases}0,\\-1,\\-2,\\-3,\end{cases}\text{若 } S \text{ 有}\begin{cases}0\\1\\2\\3\end{cases}\text{个元素,而且 4 不属于 } S,$$

因此

$$v(S)=\begin{cases}3,\\2,\\1,\\0,\end{cases}\text{若 } S \text{ 有}\begin{cases}1\\2\\3\\4\end{cases}\text{个元素,而且 4 属于 } S.$$

这不是简化的,因为

$$v((1))=v((2))=v((3))=-1,\quad v((4))=3.$$

如果我们对这个 $v(S)$ 应用27.1.4的简化程序,我们发现,它的简化形式是

$$\bar{v}(S)\equiv 0.$$

这就是说,博弈不是本质的.(这也可以根据27.4里的(27:B)直接得到证明.)由此可见,这个博弈对于每一个局中人1,2,3,4有一个唯一确定的值,它们分别是 $-1,-1,-1,3$.

换句话说:局中人4在这个博弈里的有利地位是属于一个固定的支付(即现金)方面的,而不是属于策略可能性方面的.当然,前者比后者更为确定而且更有实际意义,但在理论上的价值则较小,因为可以用我们的简化程序把它移去.

35.1.5 在本节开头处我们曾经指出:顶点Ⅴ,Ⅵ,Ⅶ与Ⅰ的区别只在于局中人之间的一个排列.容易验证,局中人1,2,3在Ⅴ,Ⅵ,Ⅶ里分别有着与局中人4在Ⅰ里相同的特殊地位.

35.2 顶点Ⅷ(以及Ⅱ,Ⅲ,Ⅳ).三人博弈和一个"傀儡"

35.2.1 其次,我们考虑与四个顶点"○":Ⅱ,Ⅲ,Ⅳ,Ⅷ相对应的博弈.由于它们之中的任意一个可以通过局中人1,2,3,4的适当排列而从另外一个得出,因此,只须考虑它们之中的一

个，设为Ⅷ.

点Ⅷ对应于坐标 x_1, x_2, x_3 的值 $-1, -1, -1$. 因此，这个博弈的特征函数是

(35：6)
$$v(S)=\begin{cases}0, & \\ -1, & \\ -2, & \\ 2, & \\ 1, & \\ 0, & \end{cases} \text{若 } S \text{ 有} \begin{cases}0 \\ 1 \\ 2 \\ 2 \\ 3 \\ 4\end{cases} \text{个元素} \begin{matrix}(\text{而且 4 属于 } S) \\ (\text{而且 4 不属于 } S).\end{matrix}$$

(借助于 34.2.1 里的(34:1),(34:2),(34:3),可以立即得到验证.)和以前一样,对于这个博弈,我们现在先不应用第六章的数学理论,而来看一看,是否有一个直接的、直观的解释.

这个博弈的重要的特点是：当 $T=(4)$ 时,25.3 里的不等式(25:3:c)变成了等式,即

(35:7)
$$v(S\cup T)=v(S)+v(T), \quad \text{若 } S\cap T=\ominus.$$

这就是说：如果 S 代表一个不包含局中人 4 的合伙,则把 4 吸收进来不会给合伙带来任何利益;也就是说：它不会在任何方面影响这个合伙的策略方面的情况,也不会影响对手的策略方面的情况. 很明显,这就是(35:7)所表示的可加性的意义.[①]

35.2.2 上述情况引导我们得出以下的结论——当然是纯粹启发性质的结论.[②]由于局中人 4 参加到任何一个合伙中对于两方面都是完全无关紧要的事,看来不妨假定,在构成博弈的策略的一切事情里,局中人 4 不起任何作用. 他是同其他的局中人相隔离的,而且他能够单独为自己得到的数额——$v(S)=-1$——也就是博弈对于他的实际上的值. 另一方面,其他的三个局中人 1,2,3 却完全在他们自己之间进行博弈;因而他们所进行的乃是一个三人博弈. 原来的三人博弈由原来的特征函数 $v(S)$ 描述,它的值是：

(35:6*)
$$\left.\begin{aligned}&v(\ominus)=0,\\&v((1))=v((2))=v((3))=-1,\\&v((1,2))=v((1,3))=v((2,3))=2,\\&v((1,2,3))=1,\end{aligned}\right\} \begin{matrix}I'=(1,2,3)\text{现在是全}\\ \text{体局中人的集合.}\end{matrix}$$

(读者可从(35:6)加以验证.)

初看起来,这个三人博弈表现出 $v(I')$(I'现在是全体局中人的集合)不为零这一性质. 但这却是完全合理的：由于排除了局中人 4,我们把博弈变换成了一个不是零和的博弈;既然我们指定了局中人 4 的值是 -1,其他局中人合在一起应当得到 1 这个值. 我们现在还不预备系统地讨论这种情形(参看上面的注). 不过,很明显,只要把 27.1 中用过的变换稍加推广,就可

---

① 这里应该注意,得到 4 的合作是无关紧要的,这一性质由(35:7)表示,而不是由

$$v(S\cup T)=v(S)$$

表示. 这就是说,一个局中人作为一个合伙人是"无关紧要的",并不是由于他的参加不会改变合伙的值,而是由于他所带给合伙的数额恰好就是——而不多于——他在合伙以外所能得到的数额.

这个说明也许看来是不足道的;但是,的确存在着某种误解的可能性,特别是在非简化的博弈里,其中 $v((4))>0$——即,其中 4 的参加(虽然在策略上是无关紧要的)确实能够使一个合伙的值有所增加.

我们同时也注意到,S 与 $T=(4)$ 相互之间的无关紧要性,是一种严格地互反的关系.

② 以后我们将在 30.1 的基础上进行严格的讨论. 到了那个时候,我们也将看到,所有这些博弈都是具有某种重要性的更一般类型的博弈的特殊情形(参看第十章,特别是 41.2).

以使上述情况有所补救.我们这样来修改 1,2,3 的博弈:假定每一局中人预先得到数额$\frac{1}{3}$,然后,作为补偿,在(35:6*)中 $v(S)$的值里减去同样的数额.正如在 27.1 里一样,这样做是不会影响博弈的策略的,即,由此得到的是一个策略等价的博弈.①

在进行了上述补偿程序②之后,我们得到新的特征函数如下:

$$(35{:}6^{**})\quad \begin{aligned} &v'(\ominus)=0,\\ &v'((1))=v'((2))=v'((3))=-\frac{4}{3},\\ &v'((1,2))=v'((1,3))=v'((2,3))=\frac{4}{3},\\ &v'((1,2,3))=0. \end{aligned}$$

这就是在 32 中讨论过的本质零和三人博弈的简化形式——除了下述单位的不同:代替 32.1.1 中(32:1)的 $\gamma=1$,我们现在有 $\gamma=\frac{4}{3}$.这样,我们就可以应用第五章 23.1.3 里启发性质的结果,或者第六章 32 里精确的结果.③我们现在只考虑在两种情形里都出现的解,它是最简单的解:32.2.3 里的(32:B).这就是 32.2.1 里转归的集合(32:6),我们现在必须以 $\gamma=\frac{4}{3}$来乘它,即

$$\left\{-\frac{4}{3},\frac{2}{3},\frac{2}{3}\right\},\quad \left\{\frac{2}{3},-\frac{4}{3},\frac{2}{3}\right\},\quad \left\{\frac{2}{3},\frac{2}{3},-\frac{4}{3}\right\}.$$

(局中人当然是 1,2,3.)换一句话说:局中人 1,2,3 的策略的目标是组成含两个成员的任一合伙;做到这一点的局中人(即,获胜的局中人)得到$\frac{2}{3}$,被击败的局中人得到$-\frac{4}{3}$.现在,我们原来的博弈里的每一局中人 1,2,3 再得到额外的数额$\frac{1}{3}$,因而上述数额$\frac{2}{3}$,$-\frac{4}{3}$必须换为 1,-1.

35.2.3 总结如下:

(35:B) 在这个博弈里,局中人 4 被排斥在一切合伙之外.另外三个局中人 1,2,3 的策略的目标是组成含两个成员的任一合伙.局中人 4 在任何情况下都得到-1.另外三个局中人 1,2,3 中的任何一个,当他是获胜者时他得到数额 1,当他被击败时他得到数额-1.所有这些都是建立在启发式的讨论上的.

也可以认为,这个四人博弈只是一个“膨胀”了的三人博弈:局中人 1,2,3 的本质三人博弈加上一个“傀儡”局中人 4.我们将在以后看到,这个概念具有更一般的意义(参看 35.2.2 第

---

① 按照 27.1.1 的记法:$\alpha_1^0=\alpha_2^0=\alpha_3^0=-\frac{1}{3}$.我们所破坏了的那里的条件是(27:1):$\sum_i \alpha_i^0=0$.由于我们是从一个非零和博弈出发的,所以这种破坏是必要的.

甚至 $\sum_i \alpha_i^0=0$ 这个条件也能够使它保持成立,只要把局中人 4 包括在我们的考虑里,并令 $\alpha_4^0=1$.这将使他完全像以前一样地孤立,但必要的补偿将使得 $v((4))=0$,而由此得出的结果是显然的.

以上所述可以总结如下:就目前的情形说,在一切策略等价的形式里,简化形式的博弈并不是讨论的最好的根据.

② 即,从 $v(S)$里减去与 S 所具有的元素数目相同次数的$\frac{1}{3}$.

③ 当然,目前的讨论终究是启发性质的.关于严格的处理,参看本章 35.2.2 第一个注.

一个注).

35.2.4 人们也许会把这个博弈里局中人 4 的傀儡地位,与 32.2.3 中有差别待遇的解(32:A)里一个局中人所遭受到的排斥(见 33.1.2 的讨论)进行比较. 在这两种现象之间有着一个重要的区别. 在我们现在的情形里,局中人 4 对于任何一个合伙确实没有什么贡献可言;根据特征函数 $v(S)$,他是孤立的. 我们的启发式的考虑表明,在一切可采纳的解里,他应该被所有的合伙排斥. 我们将在第九章 46.9 里看到,严密的理论所确立的结果正是这样的. 在 33.1.2 意义上有差别待遇的解里被排斥的局中人,只是在那里所考虑的特殊情形下是被排斥的. 若只就那里的博弈的特征函数而言,他的作用是与所有其他局中人的作用一样的. 换一句话说:在我们现在的博弈里,"傀儡"是由于目前情况的客观事实(特征函数$v(S)$)[①]而被排斥的. 而在一个有差别待遇的解里,被排斥的局中人遭受到排斥的原因,主要是一种特殊的行为标准(解)所表示出来的那种任意的(虽然是稳定的)"偏见".

在本节开头处我们曾经指出:顶点Ⅱ,Ⅲ,Ⅳ与Ⅷ的区别只在于局中人之间的一个排列. 容易验证,局中人 1,2,3 在Ⅱ,Ⅲ,Ⅳ里分别有着与局中人Ⅳ在Ⅷ里相同的特殊地位.

35.3 关于 Q 的内部的一些说明

35.3.1 我们现在考虑与 Q 的中心相对应,也就是与坐标 x_1,x_2,x_3 的值 0,0,0 相对应的博弈. 很明显,这个博弈不受局中人 1,2,3,4 的任一排列的影响,这就是说,它是对称的. 我们注意到,在 Q 中只有这一个这样的博弈,这是因为,全对称性的意义是关于 x_1,x_2,x_3 的一切排列和其中的任意两个变号的不变性(参看 34.3);由此有 $x_1=x_2=x_3=0$.

这个博弈的特征函数 $v(S)$ 是:

$$(35:8)\qquad v(S)=\begin{cases}0, & \\ -1, & \\ 0, & 若 S 有 \\ 1, & \\ 0, & \end{cases}\begin{cases}0\\1\\2\\3\\4\end{cases}个元素.\text{②}$$

(借助于本章 34.2.1 里的(34:1),(34:2),(34:3),可以立即得到验证.)这个博弈有着极其众多的解;事实上应该说,解的种类繁多到令人为难的地步. 到现在为止,要通过应用我们的严密理论来整理它们并使它们系统化,还不可能达到人们所希望的完善程度. 然而,通过已知的那些解,已能对理论的各个分支有更深刻的了解. 我们将在 37 和 38 里更详尽地来考虑它们.

在目前,我们只提出下面一点(启发式的)说明. 对于这个(全)对称的博弈,我们显然可以这样来理解它:局中人的任一多数(即,任意一个三人合伙)获胜,而在和局的情形(即,如果组成了两个合伙,每一合伙包含两个局中人),则不作任何支付.

35.3.2 上面已经指出,在我们的结构里,Q 的中心代表唯一的一个(全)对称博弈:对称于局中人 1,2,3,4 的一切排列. 几何图形还为我们指出另一种值得考虑的对称性:对于坐标

---

① 这就是第一章 4.6.3 意义上的"物理背景".

② 这个表示式再一次表明,博弈是对称的,而且由这个性质唯一地说明它的特征. 参看第六章 28.2.1 的分析.

x_1,x_2,x_3 的一切排列的对称性.为此,我们选择 Q 中满足

(35:9) $$x_1=x_2=x_3$$

的点,这些点形成 Q 的一个主对角线,即,直线

(35:10) $$I\text{-中心-}VIII.$$

我们在 34.3.1 的开头处看到,这种对称性的意义恰好就是:博弈对于局中人 1,2,3 的一切排列是不变的.换一句话说:

主对角线(35:9),(35:10)代表所有那些关于局中人 1,2,3 为对称的博弈,这就是说,其中只有局中人 4 占有特殊地位的那些博弈.

Q 还有另外三个主对角线(Ⅱ-中心-Ⅴ,Ⅲ-中心-Ⅵ,Ⅳ-中心-Ⅶ).显然,在与它们相对应的那些博弈里,只有另外的一个局中人(局中人 1 或 2 或 3)占有特殊的地位.

我们现在回到主对角线(35:9),(35:10).我们以前考虑过的三个博弈(Ⅰ,Ⅷ,中心)都在这个主对角线上;在这三个博弈里,确实只有局中人 4 占有一种特殊的地位.[①]我们注意到,整个这一类博弈是一个单参数的博弈类.由于(35:9)成立,所以一个这样的博弈可以通过

(35:11) $$-1\leqslant x_1\leqslant 1$$

里的值 x_1 来说明.上面提到的三个博弈相当于端点值 $x_1=1,x_1=-1$ 和中点值 $x_1=0$.为了更深刻地了解我们的严密理论的作用,我们希望能够对所有这些 x_1 的值确定出博弈的精确的解,然后再来考察,当 x_1 沿着(35:10)连续地变化时,这些解是在怎样地改变.对于特殊的值 $x_1=-1,0,1$,我们已经看出,解是属于在质的方面不相同的类型的;要判断从一种类型的解怎样过渡到另一类型的解,这是一件特别有意义的工作.关于这个问题,我们将在本章 36.3.2 中指出到目前为止所能提供的有关结果.

35.3.3 下面是另一个有兴趣的问题.考虑一个博弈,即 Q 的一个点,关于这个博弈所能期望的解,假定我们已经有了一些直观的了解;例如,考虑顶点Ⅷ.然后,考虑Ⅷ的很接近的邻域内的一个博弈,这就是说,x_1,x_2,x_3 的值只有微小改变的一个博弈.我们希望找出这些邻近的博弈的精确解,并且看一看,它们同原来博弈的解在怎样的细节上有所不同——这就是说,x_1,x_2,x_3 的微小改变使得解发生怎样的改变.[②]这个问题的一些特殊情形将在 36.1.2 中,37.1.1 之末,以及 38.2.7 中讨论.

35.3.4 到目前为止,我们所考虑过的博弈,代表它们的 Q 中的点都是些或多或少比较特殊的点.[③]如果代表的点 X 是在 Q 的内部某处,是个"一般"位置的点——即,一个没有特别显著的性质的点,这时就成为更一般,也许是更典型的问题了.

人们也许会认为,关于这一种点的问题的处理,下述考虑方式就是一个很好的启发性的线索.由于我们已经有了顶点Ⅰ至Ⅷ处的条件的一些启发性的认识(参看 35.1 和 35.2),而 Q 中任一点 X 是在某种程度上被这些顶点所"包围"的,更确切地说,如果采用适当的权,X 是这些顶点的重心.因此,由 X 所表示的博弈的策略,也许会是由Ⅰ至Ⅷ所表示的博弈的(更熟悉的)策略的某种组合.人们甚至会期望,这个"组合"也许是在某种意义上与把 X 同Ⅰ至Ⅷ联系起来

---

① 在中心处,甚至局中人 4 也不占有特殊地位.

② 这是数学物理中一种熟知的方法——摄动分析法,用它来着手研究那些暂时还不能在其一般形式下得到解决的问题.

③ 顶点,中心以及整个主对角线.

的重心的运算相类似的.①

我们将在 36.3.2 和 38.2.5 至 38.2.7 中看到,这种推测只在 Q 的有限几个部分是对的,而绝不是在整个 Q 中都对. 事实上,在 Q 的某些内部范围内将会出现一些现象,这些现象在质的方面是与Ⅰ至Ⅷ所表现出来的任何现象都不相同的. 所有这些都可以表明,在处理有关策略的概念时,或者在对它们进行猜测时,必须是极端地谨慎小心,才能避免错误. 我们的数学方法目前还处于一个很早期的阶段,还需要更多的经验,才有可能使人在这方面感到有任何自信心.

36 主对角线的讨论

36.1 邻近顶点Ⅷ的部分: 启发式的讨论

36.1.1 四人博弈的系统理论还没有发展到足以把由 Q 的所有点代表的所有博弈的全部解列出来的程度. 我们甚至还不能够对每一个这样的博弈指出它的一个解. 到目前为止所作过的探讨,只在 Q 的某些部分确定了博弈的解(有的地方确定了一个,有的地方多一些). 只有在八个顶点Ⅰ至Ⅷ处,已能确定出它们的全部的解. 目前,Q 中有已知解的部分形成一些线性的、平面的和立体的区域,这些区域合在一起构成一个相当偶然的阵列. 它们分布在整个 Q 里面,但并没有把它完全填满.

对于顶点Ⅰ至Ⅷ来说,全部的解是已知的,不难借助于第九章和第十章的结果把它们确定下来;在第九和第十章里,这些博弈将放在一般理论的某些较大范围内来进行讨论. 在目前,我们只限于辩证式的讨论,这就是说,在已知一些特殊解的情形里来描述这些解;如果把关于这些方面所作的探讨到目前为止所得到的结果丝毫不差地叙述出来,②这对于我们的解释并没有多大好处,而且也将占去过多的篇幅. 我们只预备给出一些例子,我们希望这些例子在一定程度上足以说明问题.

36.1.2 我们首先考虑 Q 中主对角线Ⅰ-中心-Ⅷ: $x_1=x_2=x_3=-1$(参看 35.3.3)处的条

---

① 考虑 Q 中的两个点: $X=\{x_1,x_2,x_3\}$ 和 $Y=\{y_1,y_2,y_3\}$. 我们可以把它们看作 L_3 里的向量,而且事实上正是在这个意义上来了解重心

$$tX+(1-t)Y=\{tx_1+(1-t)y_1,tx_2+(1-t)y_2,tx_3+(1-t)y_3\}$$

的形成的(参看 16.2.1 里的(16:A:c)).

现在,如果 $X=\{x_1,x_2,x_3\}$ 和 $Y=\{y_1,y_2,y_3\}$ 按照 34.2.1 中(34:1)至(34:3)的意义定义特征函数 $v(S)$ 和 $w(S)$,那么,根据同样的算法,$tX+(1-t)Y$ 将给出特征函数

$$u(S)\equiv tv(S)+(1-t)w(S).$$

(这个关系式很容易通过上面提到的那些公式加以验证.)在 27.6.3 的(27:10)中作为 $v(S)$ 和 $w(S)$ 的重心而引进的也就是这个同样的 $u(S)$.

因此,这里正文里的考虑是与第六章 27.6 里的考虑相一致的. 我们现在所考虑的不是两个点、而是多于两个点(八个,即Ⅰ至Ⅷ)的重心,这一点并非主要的,因为后面一种运算可以由前面一种的累次重复而得到.

从这些说明可知,下面的正文里指出的困难,是与第六章 27.6.3 有着直接联系的,就像在那里提到的一样.

② 这些探讨将由作者之一发表在以后的数学刊物上.

件,我们将试着尽可能远地扩展 $x_1=x_2=x_3>-1$(参看图 63).

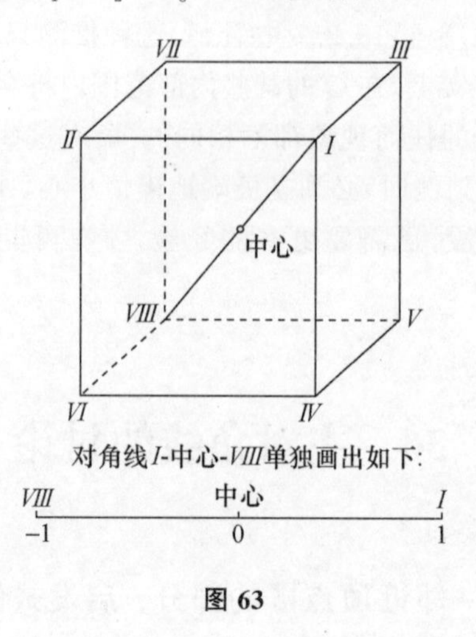

图 63

在这个对角线上

$$(36:1)\qquad v(S)=\begin{cases}0, \\ -1, \\ 2x_1, \\ -2x_1, \\ 1, \\ 0,\end{cases} \text{若 } S \text{ 有} \begin{cases}0 \\ 1 \\ 2 \\ 2 \\ 3 \\ 4\end{cases} \text{个元素} \begin{array}{l} \\ \\ \text{(而且 4 属于 } S\text{)} \\ \text{(而且 4 不属于 } S\text{).} \\ \\ \\ \end{array}$$

(我们注意到,当 $x_1=1$ 时,这就是 35.1.1 里的(35:1);当 $x_1=-1$ 时,这就是 35.2.1 里的(35:6).)我们假定 $x_1>-1$,但大得不太多,至于究竟准许它大多少,这将在以后揭露出来.我们现在先来对这种情况进行启发性的考虑.

由于我们假定 x_1 与 -1 相差不太多,35.2 的讨论也许仍有一些指导意义.由局中人 1,2,3 之中的两个局中人所组成的合伙现在仍有可能是最重要的策略上的目标,但它不再是唯一的一个了:35.2.1 里的公式(35:7)不再成立,但现在当 $T=(4)$ 时有

$$(36:2)\qquad v(S\cup T)>v(S)+v(T),\text{若 } S\cap T=\ominus.\text{[1]}$$

事实上,从(36:1)很容易验证,上式左端超过右端的值永远是[2] $2(1+x_1)$.对于 $x_1=-1$,这个超过部分为 0;但我们假定了 x_1 稍稍>-1,所以超过的值稍稍>0.我们注意到,对于上述不包含局中人 4 的二人合伙来说,由(36:1)可知,(36:2)[3]中超过的值永远是 $2(1-x_1)$.对于 $x_1=-1$,它等于 4;但我们假定了 x_1 稍稍>-1,所以超过的值只稍稍<4.

由此可见,第一个合伙(两个局中人的合伙,不包含局中人 4)在结构上比任何别的合伙(含有局中人 4 的合伙)强得多,但后者也不能不予考虑.由于第一个合伙是较强的合伙,可以认为,它也许是头一个被形成的合伙,而一旦这个合伙组成以后,它将像一个单独的局中

① 除掉 $S=\ominus$ 或 $-T$ 的情形,这时(36:2)中恒取"="号.这就是说,在现在的情况下,S 必须有一个或两个元素.

② 根据上一个注,S 有一个或两个元素,而且不包含局中人 4.

③ 这就是说,现在 S 和 T 都是单元素集合,都不包含局中人 4.

人一样来同另外两个局中人打交道.因此,可以认为,最后也许会出现一个像是某种三人博弈的情况.

36.1.3 例如,取(1,2)作为这个“头一个”合伙,则我们臆测中的三人博弈将是局中人(1,2),3,4之间的一个博弈.[①]在这个博弈里,23.1里的a,b,c是$a=v((3,4))=2x_1$,$b=v((1,2,4))=1$,$c=v((1,2,3))=1$.[②]因此,如果我们可以应用23.2中得出的公式的话(注意,所有这些讨论都是极端启发式的!),则当局中人(1,2)获胜时(当他参加到最后一个合伙中时)得到数额$\alpha=\frac{-a+b+c}{2}=1-x_1$,被击败时得到$-a=-2x_1$.局中人3获胜时得到数额$\beta=\frac{a-b+c}{2}=-x_1$,被击败时得到$-b=-1$.局中人4获胜时得到数额$\gamma=\frac{a+b-c}{2}=x_1$,被击败时得到$-c=-1$.

由于“头一个”形成的合伙可以不是(1,2),而是(1,3)或(2,3),因此,我们有着与(第五章21至22中)关于三人博弈的最初讨论相同的启发性理由认为,如果这些合伙被形成,则它们的合伙人将平均分配所得数额.于是,当一个这样的合伙获胜时(参看上文),可以认为它的每一成员得到$\frac{1-x_1}{2}$,而被击败时则每人得到x_1.

36.1.4 总结如下:如果这些推测是正确的,则情况将如下述:

假定“头一个”合伙是(1,2),如果他找到了一个局中人同他联合,而且参加进来同他组成最后合伙的局中人是3,则局中人1,2,3,4分别得到数额$\frac{1-x_1}{2},\frac{1-x_1}{2},x_1,-1$.如果参加进来同他组成最后合伙的局中人是4,则局中人1,2,3,4分别得到数额$\frac{1-x_1}{2},\frac{1-x_1}{2},-1,x_1$.如果“头一个”合伙(1,2)找不到一个局中人同他联合,即如果局中人3,4结合起来同他对抗,则局中人1,2,3,4分别得到数额$-x_1,-x_1,x_1,x_1$.

如果“头一个”合伙是(1,3)或(2,3),则必须对以上所述施行局中人1,2,3,4的相应排列.

36.2 邻近顶点Ⅷ的部分:精确的讨论

36.2.1 所有这些现在都必须经受严密的考核.前面启发式的讨论显然相当于下列推测:

设V是下面这些转归的集合:

(36:3)
$$\boldsymbol{\alpha}'=\left\{\frac{1-x_1}{2},\frac{1-x_1}{2},x_1,-1\right\},$$
$$\boldsymbol{\alpha}''=\left\{\frac{1-x_1}{2},\frac{1-x_1}{2},-1,x_1\right\},$$
$$\boldsymbol{\alpha}'''=\{-x_1,-x_1,x_1,x_1\},$$
以及从这些转归通过局中人1,2,3的排列(即,支量的排列)而得到的转归.

(参看36.1.3第二个注.)我们希望,当x_1接近于-1时,这个V是30.1的严格意义上的一个

① 可以说,在我们的假想中,(1,2)是一个法人,而3,4则是两个自然人.

② 在以下的所有公式里,应该记住x_1是接近于-1的——即,可以假定是负的;因此,$-x_1$是得到收入,而x_1则是损失.

解;现在我们必须确定,它究竟是不是这样的,以及在 x_1 的怎样一个区间上是这样的.

如果把这个确定的过程付诸实践,可以得到下面的结果:

(36:A) (36:3)的集合 V 是一个解的必要和充分条件是

$$-1 \leqslant x_1 \leqslant -\frac{1}{5}.$$

对于前面提出的问题:我们的启发式的考虑能够在多么远的范围内(从起点 $x_1=-1$ 即顶点Ⅷ开始)引出正确的结论,(36:A)就是它的答案.[①]

36.2.2 (36:A)能够得到严格的证明,而没有任何重大的技术上的困难.证明包含一系列特殊情形的相当机械的处理,而对于任何具有原则意义的问题的澄清,则并无任何贡献.[②]因此,读者如果没有兴趣,就可以不读它,而不致失去前后的连贯.他应当记住的只是(36:A)中所述的结果.

不过,为了下述理由,我们还是给出整个证明:(36:3)的集合 V 是通过启发式的考虑而得到的,即,根本没有用到30.1的精确理论.即将给出的严格证明则是完全建立在30.1的基础上的,从而使我们回到唯一完善的基本立足点,即精确理论的立足点.启发式的考虑只是用作一种方法来猜测我们的解,因为我们没有更好的方法;而对于我们的精确理论来说,它的解有时能够按照这种方式猜测出来,这是一件很幸运的事.但是,这样一种猜测事后必须用精确的方法来证实,或者说,必须用精确的方法来确定,在怎样的一个范围(所涉及的参数的变化域)内,猜测是正确的.

我们给出精确的证明,为的是使读者能够明白地对照和比较这两种程序——启发式的和严格的程序.

36.2.3 下面是证明:

如果 $x_1=-1$,则我们是处在顶点Ⅷ内,这时(36:3)的 V 与我们在35.2.3中启发式地引入(作为一个解)的集合是一致的,而这是很容易严格地加以证实的(同时,可参看本章35.2.2第一个注).因此,我们现在不考虑这种情形,而假定

(36:4) $$x_1>-1.$$

---

① 我们强调指出:(36:A)里并没有断言 V 是(在指出的 x_1 的变化范围内)我们所考虑的博弈的唯一解.不过,对于 $x_1 \leqslant -\frac{1}{5}$(即在(36:A)里的变化范围内),在考察了许许多多结构类似的集合以后,都没有能够发现其他的解,对于 x_1 稍稍 $>-\frac{1}{5}$(即稍稍越出(36:A)里的范围)的情形,(36:A)的 V 不再是它的一个解,这时,就代替它的那个解来说,也有同样的情况.参看36.3.1里的(36:B).

当然,像我们以前一再讨论过的,其他的"有差别待遇"型的解总是存在的;但我们的问题并不在此.它们是与我们现在所考虑的有穷解有着根本性质的不同的.

我们认为,解的性质的某种质的改变出现在

$$x_1=-\frac{1}{5}(\text{在对角线} I\text{-中心-Ⅷ上}),$$

上面这些论点看来可以说明我们这个看法是正确的.

② 读者可以把这个证明与有关零和二人博弈理论的一些证明进行对比,例如,与第三章16.4和17.6的结合进行对比.这样的证明比较起来是更加清楚的,它的适用范围通常更广阔些,而且对于研究的对象及其与数学的其他部分的关系能够在质的方面有所阐明.在我们的理论的一些较后的部分里,例如在第九章46里,可以看到这一类证明.但是,大部分理论现在还处于初创和不完善的阶段,以下的考虑也表现出这一点.

我们必须首先确定，哪一些集合 $S\subseteq I=(1,2,3,4)$ 按照 31.1.2 的意义是确实必要的或确实不必要的——因为我们现在正在进行的证明恰好是属于那里所考虑的类型.

下述结果是很明显的：

(36:5) 由 31.1.5 里的(31:H)可知，三元素集合 S 是确实必要的，二元素集合是不定的，任何其他集合都是确实不必要的.[①]

(36:6) 由 31.1.3 里的(31:C)可知，如果有一个二元素集合是确实必要的，则我们可以不考虑以这个二元素集合为其子集合的一切三元素集合.

因此，我们现在要考察的是二元素集合. 当然，必须对(36:3)的集合 V 里的一切 $\boldsymbol{\alpha}$ 进行这种考察.

首先，我们考虑与 $\boldsymbol{\alpha}'$ 一同出现的那些二元素集合 S.[②]由于 $\alpha'_4=-1$，根据 31.1.3 里的(31:A)，我们可以排除 S 包含 4 这种可能性. $S=(1,2)$ 为有效集合的条件是

$$\alpha'_1+\alpha'_2\leqslant v((1,2))\text{，即 }1-x_1\leqslant -2x_1\text{，即 }x_1\leqslant -1,$$

由(36:4)可知，它不成立. $S=(1,3)$ 为有效集合的条件是

$$\alpha'_1+\alpha'_3\leqslant v((1,3))\text{，即}\frac{1+x_1}{2}\leqslant -2x_1\text{，即 }x_1\leqslant -\frac{1}{5}.$$

这里，我们所假定的被满足的条件

$$x_1\leqslant -\frac{1}{5} \tag{36:7}$$

头一次出现了. $S=(2,3)$ 是我们不需要的，因为 1 和 2 在 $\boldsymbol{\alpha}'$ 里占同样的地位(参看上面的注).

其次，我们考虑 $\boldsymbol{\alpha}''$. 由于 $\boldsymbol{\alpha}''_3=-1$，我们现在排除包含 3 的 S(参看上面). $S=(1,2)$ 的讨论同前面一样，因为 $\boldsymbol{\alpha}'$ 和 $\boldsymbol{\alpha}''$ 的前两个支量相同. $S=(1,4)$ 为有效集合的条件是 $\boldsymbol{\alpha}''_1+\boldsymbol{\alpha}''_4\leqslant v((1,4))$，即 $\frac{1-x_1}{2}\leqslant 2x_1$，即 $x\geqslant\frac{1}{3}$，由(36:7)可知，它不成立. 按照同样的方式可以说明，$S=(2,4)$ 也不是有效的.

最后，我们考虑 $\boldsymbol{\alpha}'''$. $S=(1,2)$ 是有效的，因为 $\boldsymbol{\alpha}'''_1+\boldsymbol{\alpha}'''_2=v((1,2))$，即 $-2x_1=-2x_1$. $S=(1,3)$ 不需要考虑，理由如下：我们已对 $\boldsymbol{\alpha}'''$ 考虑(1,2)，如果我们互换 2 和 3(参看上面的注)，则 S 变为(1,3)，以 $-x_1$，$-x_1$ 为其支量. 这样，由(36:7)有 $-x_1\geqslant x_1$，根据 31.1.3 里的(31:B)，我们原来的以 $-x_1$，x_1 为支量的 $S=(1,3)$ 对于 $\boldsymbol{\alpha}'''$ 就成为确实不必要的了. 按照同样的方式可以说明，$S=(2,3)$ 也是确实不必要的. $S=(1,4)$ 为有效集合的条件是 $\alpha'''_1+\alpha'''_4\leqslant v((1,4))$，即 $0\leqslant 2x_1$，即 $0\leqslant x_1$，由(36:7)可知，它不成立. 按照同样的方式可以说明，$S=(2,4)$ 也不是有效的. $S=(3,4)$ 是有效的，因为 $\alpha'''_3+\alpha'''_4=v((3,4))$，即 $2x_1=2x_1$.

总结如下：

(36:8) 在全部二元素集合 S 里，下面列出的三个是确实必要的，其他的都是确实不必要的：

$$(1,3)\text{对于 }\boldsymbol{\alpha}'\text{，}(1,2)\text{和}(3,4)\text{对于 }\boldsymbol{\alpha}'''.$$

---

① 这是因为 $n=4$.

② 在这里，以及在以下的整个讨论中，为了简化我们的论证，我们将自由地应用(36:3)中所述的 1,2,3 的排列. 因此，读者在事后必须把 1,2,3 的这些排列施行到我们的结论上.

关于三元素集合 S：根据31.1.3里的(31:A)，对于 $\boldsymbol{\alpha}'$，我们可以排除那些包含4的 S；对于 $\boldsymbol{\alpha}''$，可以排除包含3的 S. 因此，对于 $\boldsymbol{\alpha}'$ 只剩下了(1,2,3)，对于 $\boldsymbol{\alpha}''$ 只剩下了(1,2,4). 根据(36:6)，前者是被排斥的，因为它包含(36:8)里的集合(1,3). 对于 $\boldsymbol{\alpha}'''$，每一个三元素集合包含(36:8)里的集合(1,2)或(3,4)；因此，根据(36:6)，我们可以排除这种情形.

总结如下：

(36:9) 在全部三元素集合 S 里，下面列出的一个是确实必要的，其他的都是确实不必要的：[①]

(1,2,4)对于 $\boldsymbol{\alpha}''$.

36.2.4 我们现在验证30.1.1里的(30:5:a)，即，V 中没有一个 $\boldsymbol{\alpha}$ 能够控制 V 中任何一个 $\boldsymbol{\beta}'$.

$\boldsymbol{\alpha}=\boldsymbol{\alpha}'$：根据(36:8)和(36:9)，我们必须取 $S=(1,3)$. 对于这个 S 来说，$\boldsymbol{\alpha}'$ 能够控制 $\boldsymbol{\alpha}'$ 或 $\boldsymbol{\alpha}''$ 或 $\boldsymbol{\alpha}'''$ 的任一1,2,3排列吗？如果能够的话，首先需要在所考虑的转归的支量1,2,3中有一个 $<x_1$(这是 $\boldsymbol{\alpha}'$ 的支量3)的支量存在. 这就排除了 $\boldsymbol{\alpha}'$ 和 $\boldsymbol{\alpha}'''$.[②]在 $\boldsymbol{\alpha}''$ 里，也排斥了支量1,2(参看上面的注)，但没有排除支量3. 但是，这时转归 $\boldsymbol{\alpha}''$ 的支量1,2,3中必须有另外一个是 $<\frac{1-x_1}{2}$(这是 $\boldsymbol{\alpha}'$ 的支量1)，而这是不成立的；$\boldsymbol{\alpha}''$ 的支量1,2都 $=\frac{1-x_1}{2}$.

$\boldsymbol{\alpha}=\boldsymbol{\alpha}''$：根据(36:8)和(36:9)，我们必须取 $S=(1,2,4)$. 对于这个 S 来说，$\boldsymbol{\alpha}''$ 能够控制 $\boldsymbol{\alpha}'$ 或 $\boldsymbol{\alpha}''$ 或 $\boldsymbol{\alpha}'''$ 的任一1,2,3排列吗？如果能够的话，首先需要所考虑的转归的支量4是 $<x_1$(这是 $\boldsymbol{\alpha}''$ 的支量4). 这就排除了 $\boldsymbol{\alpha}''$ 和 $\boldsymbol{\alpha}'''$. 对于 $\boldsymbol{\alpha}'$，我们还必须要求它的支量1,2,3里有两个 $<\frac{1-x_1}{2}$(这是 $\boldsymbol{\alpha}''$ 的支量1也是支量2)，而这是不成立的；这两个支量里只有一个是 $\neq\frac{1-x_1}{2}$ 的.

$\boldsymbol{\alpha}=\boldsymbol{\alpha}'''$：根据(36:8)和(36:9)，我们必须取 $S=(1,2)$，以及 $S=(3,4)$. $S=(1,2)$：对于这个 S 来说，$\boldsymbol{\alpha}'''$ 能够有像前面所述的控制性吗？如果能够的话，就需要在所考虑的转归的支量1,2,3中有两个 $<-x_1$(这是 $\boldsymbol{\alpha}'''$ 的支量1也是支量2)的支量存在. 这对于 $\boldsymbol{\alpha}'''$ 是不成立的，因为这些支量里只有一个是 $\neq -x_1$ 的. 对于 $\boldsymbol{\alpha}'$ 或 $\boldsymbol{\alpha}''$，也是不成立的，因为这时那些支量里只有一个是 $\neq\frac{1-x_1}{2}$ 的.[③]$S=(3,4)$：$\boldsymbol{\alpha}'''$ 能够有像前面所述的控制性吗？如果能够的话，首先需要所考虑的转归的支量4是 $<x_1$(这是 $\boldsymbol{\alpha}'''$ 的支量4). 这就排除了 $\boldsymbol{\alpha}''$ 和 $\boldsymbol{\alpha}'''$. 对于 $\boldsymbol{\alpha}'$，我们还必须要求它的支量1,2,3里有一个 $<x_1$(这是 $\boldsymbol{\alpha}'''$ 的支量3)的支量存在，而这是不成立的；所有这些支量都是 $\geqslant x_1$ 的(参看本节第一个注).

这就完成了(30:5:a)的验证工作.

36.2.5 我们现在验证30.1.1里的(30:5:b)，即，一个转归 $\boldsymbol{\beta}$ 若不被 V 中元素所控制，则

---

① 根据上面的(36:5)，每一个三元素集合是确实必要的，所以这是31.1.2最末一个注的最后一段所提到的现象的又一个例子.

② 事实上，有 $\frac{1-x_1}{2}\geqslant x_1$，即 $x_1\leqslant\frac{1}{3}$；并有 $-x_1\geqslant x_1$，即 $x_1\leqslant 0$——都根据(36:7).

③ $\frac{1-x_1}{2}\geqslant -x_1$，即 $x_1\geqslant -1$.

它必须属于 V.

考虑不被 V 中元素所控制的一个转归 $\boldsymbol{\beta}$. 首先假定 $\boldsymbol{\beta}_4 < x_1$. 如果 $\beta_1, \beta_2, \beta_3$ 中有任何一个是 $< x_1$,我们可以(通过 1,2,3 的排列)使 $\beta_3 < x_1$. 这就对(36:8)的 $S=(3,4)$得出$\boldsymbol{\alpha}''' \succ \boldsymbol{\beta}$. 因此

$$\beta_1, \beta_2, \beta_3 \geqslant x_1.$$

如果 $\beta_1, \beta_2, \beta_3$ 中有任何两个是$<\frac{1-x_1}{2}$,我们可以(通过 1,2,3 的排列)使 $\beta_1, \beta_2 < \frac{1-x_1}{2}$. 这就对(36:9)的 $S=(1,2,4)$得出 $\boldsymbol{\alpha}''' \succ \boldsymbol{\beta}$. 因此,$\beta_1, \beta_2, \beta_3$ 中最多只有一个是$<\frac{1-x_1}{2}$,即,有两个是$\geqslant\frac{1-x_1}{2}$. 通过 1,2,3 的排列,我们能够使

$$\beta_1, \beta_2 \geqslant \frac{1-x_1}{2}.$$

显然,$\beta_4 \geqslant -1$. 由此可见,$\boldsymbol{\beta}$ 的每一支量$\geqslant \boldsymbol{\alpha}'$的相应支量;由于二者都是转归,①所以二者重合:$\boldsymbol{\beta}=\boldsymbol{\alpha}'$,而在 V 中的确是这样.

其次,假定 $\beta_4 \geqslant x_1$. 如果 $\beta_1, \beta_2, \beta_3$ 中有任何两个是$<-x_1$,我们可以(通过 1,2,3 的排列)使 $\beta_1, \beta_2 < -x_1$. 这就对(36:8)的 $S=(1,2)$得出 $\boldsymbol{\alpha}''' \succ \boldsymbol{\beta}$. 因此,$\beta_1, \beta_2, \beta_3$ 中最多只有一个是$<-x_1$,即,有两个是$\geqslant -x_1$. 通过 1,2,3 的排列,我们能够使

$$\beta_1, \beta_2 \geqslant -x_1.$$

如果 $\beta_3 \geqslant x_1$,则由所有这些可以推断,$\boldsymbol{\beta}$ 的每一支量$\geqslant \boldsymbol{\alpha}'''$的相应支量;由于二者都是转归(参看上面的注),所以二者重合:$\boldsymbol{\beta}=\boldsymbol{\alpha}'''$,而在 V 中的确是这样.

因此,我们假定 $\beta_3 < x_1$. 如果 β_1, β_2 中有任何一个是$<\frac{1-x_1}{2}$,我们可以(通过 1,2 的排列)使 $\beta_1 < \frac{1-x_1}{2}$. 这就对(36:8)的 $S=(1,3)$得出 $\boldsymbol{\alpha}' \succ \boldsymbol{\beta}$. 因此

$$\beta_1, \beta_2 \geqslant \frac{1-x_1}{2}.$$

显然,$\beta_3 \geqslant -1$. 由此可见,$\boldsymbol{\beta}$ 的每一支量$\geqslant \boldsymbol{\alpha}''$的相应支量;由于二者都是转归(参看上面的注),所以二者重合:$\boldsymbol{\beta}=\boldsymbol{\alpha}''$,而在 V 中的确是这样.

这就完成了(30:5:b)的验证工作. ②

准则(36:A)到此证明完毕. ③

*36.3 主对角线的其他部分

36.3.1 当 x_1 越出 36.2.1 的(36:A)里的范围时,即,当它越过了边界 $x_1=-\frac{1}{5}$时,则

① 因而二者的全部支量的和是一样的:都是 0.

② 读者当会注意到,在我们的分析过程里,(36:8)和(36:9)中所有的集合都被用来说明控制性,而且 $\boldsymbol{\beta}$ 不得不相继地等于(36:3)中全部三个转归 $\boldsymbol{\alpha}', \boldsymbol{\alpha}'', \boldsymbol{\alpha}'''$.

③ 关于 $x_1=-1$,参看这个证明开头处所作的说明.

(36:3)的V不再是一个解. 实际上,可以找到在$x_1>-\frac{1}{5}$的某个范围$\left(邻近 x_1=-\frac{1}{5}\right)$内成立的一个解,这个解是(36:3)的$V$再加上下列转归:

(36:10) $\boldsymbol{\alpha}^{\mathrm{IV}}=\left\{\frac{1-x_1}{2},-x_1,\frac{-1+x_1}{2},x_1\right\}$,以及同(36:3)里一样的排列. [1]

精确的陈述实际上是这样的:

(36:B) (36:3)的集合V以及(36:10)是一个解的必要和充分条件是

$$-\frac{1}{5}\leqslant x_1\leqslant 0.$$ [2]

(36:B)的证明与上面给出的(36:A)的证明在方法上是一样的,我们不打算在这里讨论它了.

在整个区间$-1\leqslant x_1\leqslant 1$上,(36:A)和(36:B)里的区域充满了$x_1\leqslant 0$这一部分——即,对角线Ⅷ-中心-Ⅰ的一半:Ⅷ-中心.

36.3.2 在另外一边$x_1>0$上(即,在对角线的另一半:中心-Ⅰ上),也已找到了性质与36.2.1的(36:A)和36.3.1的(36:B)中所述的V相类似的解. 我们发现,在这一半上也有质的变化出现,这些质的改变与(36:A)和(36:B)所构成的那一半里的性质是一样的. 事实上,有三个这样的区间存在,即

(36:C) $$0\leqslant x_1<\frac{1}{9},$$

(36:D) $$\frac{1}{9}<x_1\leqslant\frac{1}{3},$$

(36:E) $$\frac{1}{3}\leqslant x_1\leqslant 1.$$

(参看图64,并与图63进行比较.)

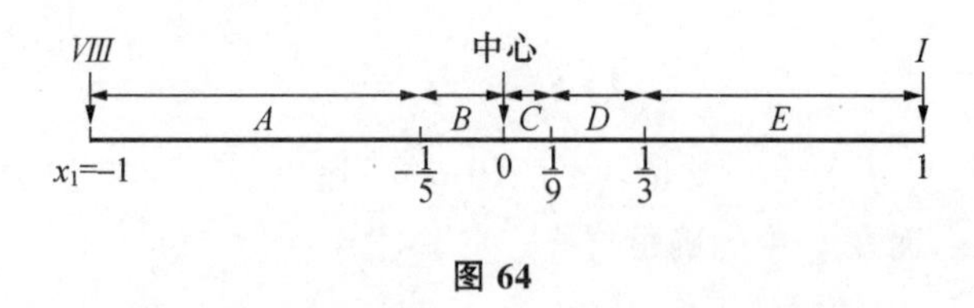

图 64

我们不预备在这里讨论属于(36:C),(36:D),(36:E)的解. [3]

不过,读者可以注意到:$x_1=0$同时属于两个(相邻的)区域(36:B)和(36:C);同样,$x_1=\frac{1}{3}$也属于两个区域(36:D)和(36:E). 这是因为:对于相应的解V进行细致的考察就可以表明,虽

---

[1] 对前面的证明进行考察,可以发现,当x_1变得$>-\frac{1}{5}$时,集合$S=(1,3)$(以及$(2,3)$)对于$\boldsymbol{\alpha}'$不再是有效的. 当然,这同时也使得三元素集合$S=(1,2,3)$得到恢复,它原来完全是由于包含$(1,3)$(以及$(2,3)$)而受到排斥的.

于是,被V的元素$\boldsymbol{\alpha}'$所控制的性质现在变得更加困难,因此,为了寻求一个解,必须考虑使V增大,这是不足为奇的.

[2] 注意在$x_1=-\frac{1}{5}$处的不连续性,$x_1=-\frac{1}{5}$属于(36:A)但不属于(36:B)! 即使是在这种地方,我们的精确理论也是毫无歧义的.

[3] 在38.2中将讨论另一族解,它们也适用于同一区域里的一部分. 参看38.2.7及其第二个注.

然 V 的性质在 $x_1=0$ 和 $\frac{1}{3}$ 处出现质的改变，但这些改变并不是不连续的.

另一方面，点 $x_1=\frac{1}{9}$ 不属于两个相邻的区域(36:C)和(36:D)中的任何一个. 我们发现，属于这两个区域的两类解 V，在 $x_1=\frac{1}{9}$ 处都是不适用的. 事实上，在这一点处的条件到现在为止还没有得到充分的澄清.

37 中心及其周围

37.1 中心周围的条件的初步测定

37.1.1 上一节的考虑都只局限在立方体 Q 的一个一维子集合上，即，对角线Ⅷ-中心-I 上. 应用 34.3 中所述的局中人 1,2,3,4 的排列，这就解决了 Q 的全部四个主对角线. 应用与上节相类似的方法，也可以在 Q 中某些其他的一维直线上找出它们的解. 这样，在 Q 中可以得到一个分布范围相当广泛的直线网，在其上的解是已知的. 我们不预备把它们列举出来，这主要是因为现在已有的知识也许只是些暂时性的情况.

我们必须注意到以下所说的这一点：当立方体 Q 这样一个整个的三维域里的解尚待阐明的时候，上面所说沿着一些孤立的一维直线寻求博弈的解最多只能作为对于问题的初步接近. 如果我们能够找到立方体的一个三维的部分(即使是一个很小的部分也好)，对于其中所有的点，能够采用属于同一性质的解的类型，那么，我们才能对期望中的条件有所了解. 我们知道，在 Q 的中心周围存在着一个这样的三维部分. 为了这个理由，我们将讨论中心处的条件.

37.1.2 中心与坐标 x_1, x_2, x_3 的值 0,0,0 相对应，而且，如在 35.3.1 中指出的，它代表我们的结构里唯一的一个(全)对称博弈. 这个博弈的特征函数是：

$$(37:1)\qquad v(S)=\begin{cases}0, \\ -1, \\ 0, \\ 1, \\ 0,\end{cases}\ \text{若 } S \text{ 有}\begin{cases}0 \\ 1 \\ 2 \\ 3 \\ 4\end{cases}\text{个元素.}$$

(参看上引处的(35: 8).)与 35.1,35.2,36.1 中相应的情形一样，我们仍从启发式的分析开始讨论.

很明显，在这个博弈里，在策略上所做的一切努力，其目的是要组成一个三人合伙. 一个孤立的局中人显然是个失败者；按照同样的意义，任一个三人合伙是获胜者；如果博弈的结果是组成了两个合伙，每个合伙包含两个局中人，则显然必须把这种情形解释成为和局.

这里所产生的质的方面的问题是这样的：在这个博弈里的目标是要组成一个三人合

伙.在一局开始之前所进行的谈判过程中,有可能是首先组成一个二人合伙.然后,这个合伙再同剩下的两个局中人进行谈判,试图获得其中之一的合作,以对付另一局中人.在争取第三个局中人参加时,有一点似乎是值得怀疑的:是否允许他与原来两个成员按照同样的条件参加到最后的合伙中来.如果回答是肯定的,则最后的合伙的收入 1 将在三个参加者之间平均分配:$\frac{1}{3},\frac{1}{3},\frac{1}{3}$.如果回答是否定的,则原来的两个成员(属于首先形成的二人合伙)也许将分得相同的数额,但较$\frac{1}{3}$稍多.这时也许将这样来分配 1 这个数额:$\frac{1}{3}+\varepsilon,\frac{1}{3}+\varepsilon,\frac{1}{3}-2\varepsilon$,其中 $\varepsilon>0$.

37.1.3 第一种情形是与我们在 35.1 中分析点 I 时遇到的情形相似的.在这里,合伙(1,2,3)如果能够组成的话,将以平等的条件包含它的三个参加者.第二种情形相当于 36.1 至 36.2 中所分析的区间里的情况.在这里,任意两个局中人(二者都不是局中人 4)首先联合起来,然后,由此形成的合伙再以较为不利的条件吸收剩下的两个局中人之一.

37.1.4 我们现在的情况与上面说的两种情形中的任何一种都不是完全相类似的.

在上面说的第一种情形里,合伙(1,2)不能够对局中人 3 提出硬性的条件,因为他们是绝对地需要他的:如果 3 同 4 联合起来,则 1 和 2 就完全被击败了;而且(1,2)作为一个合伙也不能够同 4 结合起来以对付 3,因为 4 只需要他们之中的一个就足以获胜(参看 35.1.3 里的描述).在我们现在的博弈里则不是这样的:合伙(1,2)可以用 3,也可以用 4,而且,即使 3 和 4 联合起来对付他,其结果也只是一个和局.

在上面说的第二种情形里,对于最后参加到三人合伙里来的那个成员的差别待遇是说得通的,因为原来的二人合伙在结构上要比最后的三人合伙强得多.事实上,当 x_1 趋于-1,后者将逐渐变成没有价值可言;参看 36.1.2 末尾的说明.在我们现在的博弈里,却看不出这种质的区别:首先组成的(二人)合伙所决定的是被击败与和局之间的区别,而最后的(三人)合伙的组成,所决定的是和局与获胜之间的区别.

除了细致地考察这两种可能的情形,我们并没有完善的基础足以确定它们.但是,在进行考察之前,我们要对考虑的对象加上一种重要的限制条件.

37.2 两种可能情形和对称性的作用

37.2.1 应当注意的是:我们假定,在上述两种情形里,同一种情形对全部四个三人合伙都成立.事实上,我们现在所寻求的只是对称的解,即包含转归 $\boldsymbol{\alpha}=\{\alpha_1,\alpha_2,\alpha_3,\alpha_4\}$ 及其全部排列的解.

我们知道,一般说来博弈的对称性绝不蕴涵它的每一个解的相应对称性.这一点在第六章 33.1.1 中讨论三人博弈的有差别待遇的解时已看得很清楚了.对于我们现在所考虑的对称四人博弈,我们将在 37.6 中看到这一方面的更多的例子.

然而,可以期望,对于一个对称博弈来说,不对称解必然是一种很隐蔽的特性,要通过像我们现在这种初步的、启发性的考察将它们发掘出来,必定是十分困难(参看上引处三人博弈里的类似情况).这就是我们在目前只限于寻求对称解的理由.

37.2.2 还有一点是应当指出的:我们可以想象,虽然不对称的解是存在的,但一般的组织原则,例如相应于上述两种可能情形的组织原则,或者是对所有的参加者全体都有效,或者是都无效.在参加者的数目还很低,而且实际上也许是低到这样的程度,以致无法形成具有不同组织原则的若干个局中人集团,对这种情形的考虑是有利于我们的推测的.事实上,我们只有四个参加者,而且我们有充分的证据可以说明,至少要有三个成员才有可能有任何种类的组织.这些模糊的想法至少将在一个地方得到严密的证实,见 43.4.2 的(43:L)及其后.但是,对于现在所考虑的情形,我们未能为它们提供任何严格的证明.

37.3 中心处第一种情形

37.3.1 我们现在考虑 37.1.2 里提出的两种可能情形.我们按照相反的次序来考虑它们.

首先,假定原来的两个参加者允许第三者以比较不利的条件参加进来.这时,必须把最初的(二人)合伙当作一个核心来看待,在这个基础上组成最后的(三人)合伙.因此,必须期望,在组成最后的合伙时,头一个合伙是作为一个单独的局中人在同另外两个局中人打交道,这样,就出现一种像是三人博弈的情况.如果这一种看法是正确的,我们就可以重复 36.1.3 中相应的考虑.

例如,取(1,2)作为"头一个"合伙,则我们想象中的三人博弈是局中人(1,2),3,4 之间的博弈.于是,可以逐字逐句地重复上面提到的讨论,只是数值有了改变:$a=0,b=c=1$,因而 $\alpha=1,\beta=\gamma=0$.[①]

由于"头一个"合伙可以由任何两个局中人组成,因此,与三人博弈讨论(见第五章 21 至 22)中相同的启发性理由使我们推想,当它找到了一个局中人同它联合,或者当结果是和局时,其中的两个合伙人将平均分配合伙的收入:待分配的数额分别是 1 或 0.[②]

37.3.2 总结如下:如果上面的猜测是正确的,则情况将如下述:

假定"头一个"合伙是(1,2),如果它找到了一个局中人同它联合,而且参加进来同它组成最后合伙的局中人是 3,则局中人 1,2,3,4 分别得到数额$\frac{1}{2},\frac{1}{2},0,-1$.如果"头一个"合伙找不到一个局中人同其联合,即如果结果是和局,则局中人 1,2,3,4 得到的数额分别是 0,0,0,0.

如果"头一个"合伙不是(1,2),则必须对以上所述施行局中人 1,2,3,4 的相应排列.

所有这些现在都必须经受严密的考核.以上启发式的讨论显然相当于下列推测:

设 V 是下面这些转归的集合:

(37:2)
$$\boldsymbol{\alpha}'=\left\{\frac{1}{2},\frac{1}{2},0,-1\right\},\quad \boldsymbol{\alpha}''=\{0,0,0,0\},$$
以及从这些转归通过局中人 1,2,3,4 的排列(即,支量的排列)而得到的转归.

---

① 这里的讨论与上面提到的讨论之间,根本的区别在于,"头一个"合伙现在不再排斥局中人 4.

② 在现在这种情形里的论据,在相当程度上比上面提到处的情形(或本章 36.1.3 中相应的应用)里为弱,因为现在每一个"头一个"合伙最后以两种不同的方式(和局或获胜)结束.只有在应用了我们的精确理论后,才能对这个论据的价值得到满意的判决.我们所需要的证实包含在 38.2.1 至 38.2.3 的证明里;事实上,它是 38.2.3 的(38:D)里的特殊情形:

$$y_1=y_2=y_3=y_4=1.$$

我们希望,这个 V 是一个解.

按照与36.2同样形式的严格讨论可以证明,这个 V 确实是30.1意义上的一个解.我们不在这里给出证明,特别是因为它将被包含在以后的一个更一般的证明里(参看上面的注里所引的地方).

37.4 中心处第二种情形

37.4.1 其次,假定最后的三人合伙以平等的条件包含它的全部参加者.这时,如果上述合伙是(1,2,3),则局中人1,2,3,4分别得到数额 $\frac{1}{3},\frac{1}{3},\frac{1}{3},-1$.

我们不能由此就轻率地得出结论,认为这样得到的转归集合 V 就是一个解;即,由下面这些转归 $\boldsymbol{\alpha}=\{\alpha_1,\alpha_2,\alpha_3,\alpha_4\}$ 组成的集合 V:

(37:3) $\boldsymbol{\alpha}'''=\left\{\frac{1}{3},\frac{1}{3},\frac{1}{3},-1\right\}$,以及与(37:2)里一样的排列.

到现在为止,我们还没有考虑过,不假定前面那种二人核心的存在,这个最后合伙的组成究竟是怎样发生的.

37.4.2 在前面的解(37:2)里可以看出这样一种解释.转归 $\boldsymbol{\alpha}'$ 表示了最后合伙分层形成的过程,而追求这种分配方案的动机,则是由于受到和局的威胁而引起的,这里和局由 $\boldsymbol{\alpha}''$ 表示.确切地说:$\boldsymbol{\alpha}'$ 只是在与 $\boldsymbol{\alpha}''$ 合在一起时才形成一个解,$\boldsymbol{\alpha}'$ 本身不能构成一个解.

在(37:3)里,缺乏第二种的转归.通过第六章30.1意义上的检验就可以发现,$\boldsymbol{\alpha}'''$ 满足那里的(30:5:a),但不满足(30:5:b).这就是说,它们之中的任何一个不控制另外一个,但它们留下些别的转归不受控制.因此,必须在 V 中加入些其他的元素.[①]

所加的当然不能是(37:2)的 $\boldsymbol{\alpha}''=\{0,0,0,0\}$,因为它是被 $\boldsymbol{\alpha}'''$ 控制的.[②]换一句话说,对于(37:3)的 $\boldsymbol{\alpha}'''$ 的情形,要把 $\boldsymbol{\alpha}'''$ 扩充(即4.3.3意义上的稳定)成为一个解,必须通过与(37:2)的 $\boldsymbol{\alpha}'$ 的情形里完全不相同的转归(即威胁)来实现.

要对现在所必须采取的措施给以启发性的说明,看来是很困难的.但是,幸而从这里开始就已能够按照严格的程序进行讨论,从而没有必要继续进行启发性的考虑.事实上,能够严格地证明,存在着唯一的一种对称扩充法,使得(37:3)的 V 扩充成为一个解.这就是加入下面这些转归 $\boldsymbol{\alpha}=\{\alpha_1,\alpha_2,\alpha_3,\alpha_4\}$:

(37:4) $\boldsymbol{\alpha}^{\mathrm{IV}}=\left\{\frac{1}{3},\frac{1}{3},-\frac{1}{3},-\frac{1}{3}\right\}$, 以及与(37:2)里一样的排列.

37.4.3 如果对这个解——即:对它的组成部分,(37:4)里的 $\boldsymbol{\alpha}^{\mathrm{IV}}$——需要一个常识上的解释,那么,必须说,它看来根本不像是一个和局(如同相应的(37:2)里的 $\boldsymbol{\alpha}''$ 一样),而像是一个可能获胜的合伙的一部分(两个成员)与另外两个局中人之间的一种折中方案.不过,正如上面

① 为了避免引起误解,我们指出:一般说,绝不是任一个互不控制的转归的集合都可以扩充成为一个解.事实上,对于一个给定的转归集合,要看出它是某个(未知的)解的子集合,这个问题至今还未得到解决.参看第六章30.3.7.

在现在的情形里,我们只不过表白我们的愿望:对于(37:3)的 V,我们希望这种扩充将是可能的;而这个希望将在下面得到证实.

② 对于 $S=(1,2,3)$.

所述，我们不打算为(37:3)的 V 和(37:4)找一个完全的启发性解释；事实上，精确理论的这一部分很可能已经超出了这些可能性的范围.[①]此外，在以后的一些例子里，将在更广泛的基础上说明这个解的特性. 前面提到的严格证明，我们也不在这里给出.

37.5 两个中心解的比较

37.5.1 对于代表中心的博弈，我们所找到的两个解(37:2)以及(37:3)，(37:4)，为解的多重性提供了一个新的例证. 当然，我们在以前已经注意到这种现象，这就是在 33.1.1 本质三人博弈的情形里的. 但是，在那里，所有的解除了其中的一个以外都是有些不正常的(我们是以“有差别待遇”这个术语来描述它们的). 只有一个解是个有穷的转归集合；只有这一个解是具有与博弈本身同样的对称性的(即，对于所有的局中人是对称的). 而现在的情形则完全不同了. 我们找到了两个解，二者都是有穷的转归集合，[②]而且都具有博弈的完全对称性. 37.1.2 的讨论表明，很难在任何意义上把任一个解看作是“不正常”或“有差别待遇”的；它们的主要区别，在于最后一个参加者进入三人合伙时处理方式的不同，因此，它们看来相当于两种完全正常的社会组织原则.

37.5.2 如果说有些区别的话，那么，解(37:3)，(37:4)看来也许是比较不正常的一个. 在(37:2)以及在(37:3)，(37:4)中，$\boldsymbol{\alpha}'$ 和 $\boldsymbol{\alpha}'''$ 分别是描写判决胜负的转归，解的特征就决定于这些转归. 在这些转归之外，不得不加上额外的转归 $\boldsymbol{\alpha}''$ 和 $\boldsymbol{\alpha}^{IV}$，以取得“稳定”. 我们看到，在第一个解里，显然可以把这个外加的 $\boldsymbol{\alpha}''$ 启发式地解释成为和局；而在第二个解里，外加的 $\boldsymbol{\alpha}^{IV}$ 的性质则显得比较复杂.

然而，通过更全面的分析可以发现，围绕着第一个解有着一些特别的现象，这些现象是借以导致这个解的启发性程序所不能解释而且不能预见的.

从一个一般的观点来看这些现象也是很有意义的，因为它们以一种相当显著的方式说明了我们的理论的一些可能性及其解释. 因此，我们将在以下比较细致地分析它们. 顺便指出，对第二个解来说，到目前为止还没有能找到一个类似的扩充.

37.6 不对称的中心解

37.6.1 首先，存在着一些有穷但非对称的解，它们与 37.3.2 里的(37:2)有着密切的联系，因为它们包含某些转归 $\left\{\frac{1}{2},\frac{1}{2},0,-1\right\}$.[③]这些解之一，是当我们沿着对角线 I-中心-Ⅷ 从任意一边趋向中心，并在那里采用 36.3 中提到的解而得到的. 这就是说，是通过不断地沿着(36:B)和(36:C)中的区域变动而得到的.(我们记得，点 $x_1=0$ 即中心同时属于这两个区域，参看本章 36.3.2)由于这个解也能够用以表达一种特殊的社会组织原则，我们将对它作一个简

---

① 这当然是数学物理理论中一种熟知的现象，即使这些理论是从启发式的考虑产生的.

② 通过对这些转归及其各种排列的简单计算，就可以表明，解(37:2)由 13 个元素组成，而解(37:3)，(37:4)由 10 个元素组成.

③ 即，这个转归的 12 个排列里的某几个，但不是全部.

洁的描述.

这个解有着与对角线I-中心-VIII上那些博弈的解相同的对称性,因为事实上它就是它们之中的一个：对于局中人1,2,3为对称,而局中人4占有一个特殊的地位.[①]因此,我们将按照与描述对角线上的解的同样方式,例如36.2.1里的(36:3),来描述它.在那里,没有明白地写出来的转归只有局中人1,2,3的那些排列,而在描述(37:3)和(37:4)时,则是局中人1,2,3,4的全部排列.

37.6.2 为了更便于比较,我们把第一个完全对称的解的定义,即37.3.2里的(37:2),用下面的记法(即,只允许1,2,3的排列)重述出来.它由下列转归组成:[②]

(37:2*)
$$\boldsymbol{\beta}'=\left\{\frac{1}{2},\quad \frac{1}{2},\quad 0,\quad -1\right\},$$
$$\boldsymbol{\beta}''=\left\{\frac{1}{2},\quad \frac{1}{2},\quad -1,\quad 0\right\},$$
$$\boldsymbol{\beta}'''=\left\{\frac{1}{2},\quad 0,\quad -1,\quad \frac{1}{2}\right\},$$
$$\boldsymbol{\beta}^{IV}=\{0,\quad 0,\quad 0,\quad 0\},$$
以及从这些转归通过局中人1,2,3的排列而得到的转归.

而我们提到的(非对称的)解则由下面这些转归组成:

(37:5)
$\boldsymbol{\beta}',\boldsymbol{\beta}'',\boldsymbol{\beta}^{IV}$与(37:2*)中相同,
$$\boldsymbol{\beta}^{V}=\left\{\frac{1}{2},0,-\frac{1}{2},0\right\},$$[③]
以及从这些转归通过局中人1,2,3的排列而得到的转归.

(37:5)是一个解,我们再一次略去它的证明.但我们将对这个解与37.3.2里的解(37:2)——即第一个(对称的)解——之间的区别给以解释.

37.6.3 区别在于

$$\boldsymbol{\beta}'''=\left\{\frac{1}{2},0,-1,\frac{1}{2}\right\}$$

换成了

$$\boldsymbol{\beta}^{V}=\left\{\frac{1}{2},0,-\frac{1}{2},0\right\}.$$

这就是说：现在是去掉了转归$\boldsymbol{\beta}'''$(局中人4在这个转归里是属于"头一个"合伙的(参看37.3.1),即,属于赢得最大数额$\frac{1}{2}$的集团),而代之以另外一个转归$\boldsymbol{\beta}^{V}$.局中人4现在得到的数额将比在$\boldsymbol{\beta}'''$里稍少,而局中人1,2,3中输掉的那个局中人(在现在的情形里是局中人3)现在所得的将比在$\boldsymbol{\beta}'''$里稍多.二者之差恰好是$\frac{1}{2}$,因而局中人4退到了和局的地位0,而局中人3则从完全被击败的地位-1转移到了一个中间地位$-\frac{1}{2}$.

---

① 局中人4在解里的地位与别的局中人不一样,这就是这个解与上面提到的两个对称解之间的区别之点.

② 我们的$\boldsymbol{\beta}',\boldsymbol{\beta}'',\boldsymbol{\beta}'''$完全代替了37.3.1的(37:2)里的$\boldsymbol{\alpha}'$,而$\boldsymbol{\beta}^{IV}$则是那里的$\boldsymbol{\alpha}''$.

$\boldsymbol{\alpha}'$必须用$\boldsymbol{\beta}',\boldsymbol{\beta}'',\boldsymbol{\beta}'''$这三个转归来表示,因为这种表示法使得我们有必要说明,局中人4所处的地位是在转归$\boldsymbol{\alpha}'$的三个可能位置$\left(\text{即,值}\frac{1}{2},0,-1\right)$中的哪一个.

③ $\boldsymbol{\beta}^{V}$这个转归的支量使人联想到37.4.2的(37:4)里的$\boldsymbol{\alpha}^{IV}$,但我们未能从这种相似性得出任何结果.

像这样，局中人 1,2,3 形成了一个“特权”集团，而且不容许集团以外的局中人进入“头一个”合伙. 但即使是在特权集团的三个成员之间，仍在进行合伙的争夺，因为“头一个”合伙只能包含两个参加者. 值得注意的是，甚至特权集团的成员之一也有可能完全被击败，像在 $\boldsymbol{\beta}''$ 里就是这样，但这种情形只有当他的集团中的大多数形成了“头一个”合伙，而且他们把“无特权”然而有资格参加的局中人 4 吸收到“最后的”合伙中作为第三个成员时才会发生.

37.6.4 读者将会注意到，这里描述的是社会组织的一种完全可能的形式. 这种形式肯定是有差别待遇的，虽然并不像三人博弈中“有差别待遇”的解那样简单. 它所描述的是一种更加复杂、更加精致的社会上的相互关系，这主要是根据解的性质，而不是根据博弈本身.[①] 人们也许会认为这未免有些任意，但是，由于我们现在所考虑的是个规模很小的“社会”，所以必须把一切可能的行为标准恰如其分而且精致地加以调整，使它们适合它的有限几种可能性.

对于任一个其他局中人(1 或 2 或 3)的差别待遇，也可以类似地通过适当的解来表示，这些解就可以同立方体 Q 的另外三个对角线联系起来. 这个事实我们当然无需再细致地来描述了.

*38 中心的一个邻域的一族解

*38.1 属于中心处第一种情形的解的变换

38.1.1 我们现在继续对 37.3.2 中(37:2)这个解进行分析. 可以看出，它可以在受到一个特殊的变换后，仍不失去作为一个解的特性.

这个变换就是把 37.3.2 的转归(37:2)都乘上一个共同的(正的)数值因子 z. 按照这个方式，就得到了下面的转归集合：

$$\begin{aligned}\boldsymbol{\gamma}' &= \left\{\frac{z}{2}, \frac{z}{2}, 0, -z\right\},\\ \boldsymbol{\gamma}'' &= \{0,\ 0,\ 0,\ 0\},\end{aligned} \tag{38:1}$$

以及由此通过局中人 1,2,3,4 的排列而得到的转归.

要使得它们是转归，它们的支量都必须 $\geqslant -1$(即 $v((i))$ 的共同值). 由于 $z>0$，所以只需有 $-z\geqslant -1$，这就是说，我们必须有

$$0 < z \leqslant -1. \tag{38:2}$$

对于 $z=1$，我们现在的(38:1)就是 37.3.2 里的(37:2). 对于(38:2)中任何别的 z，似乎不能由此断定，(38:1)也应该是同一个博弈的解. 然而，通过简单的讨论就可以表明，当且只当 $z>\frac{2}{3}$ 时，它确实是一个解；这就是说，只要把(38:2)换为

$$\frac{2}{3} < z \leqslant 1. \tag{38:3}$$

---

① 关于这一点，参看 35.2.4 的讨论.

事实上,还可以把它扩充成为围绕着立方体 Q 的中心的一个三维区域;这个事实进一步增加了这一族解的重要性.我们将给出全部必要的讨论,因为其中所用的方法会在更广泛的范围内有其应用价值.

这些结果的解释将在以后给出.

38.1.2 我们首先注意到,在 37.1.2 的(37:1)所描述的博弈(即 Q 的中心)里对于上面(38:1)所定义的集合 V 的考虑,可以用另一博弈里对 37.3.2 的(37:2)中原来的集合 V 的考虑来代替.事实上,我们的(38:1)是从(37:2)乘以 z 而得到的;我们也可以保持(37:2)不变,而把特征函数(37:1)乘以 $1/z$.这样,当然会破坏正规化条件 $\gamma=1$,它对于通过 Q 来解释的几何表示法是不可少的(参看 34.2.2),但我们认为这样做是值得的.

因此,我们现在所考虑的问题可以叙述如下:

在此以前,我们首先有一个给定的博弈,然后来寻求它的解.现在,我们要把这个过程反过来,首先有一个解,而来寻求博弈.确切地说:我们首先有一个已知的转归集合 V,现在要问,这个 V 是哪一个特征函数 $v(S)$(即博弈)的解.[①]

把 37.1.2 的(37:1)里的 $v(S)$ 乘以一个公共因子,意味着我们仍然要求有

(38:4) $v(S)=0$,若 S 是二元素集合,

但除此以外只需要博弈的简化特性(参看 27.1.4),即

(38:5) $v((1))=v((2))=v((3))=v((4))$.

事实上,(38:5)的共同值是 $-1/z$,因此,由(38:4),(38:5)以及 25.3.1 里的(25:3:a),(25:3:b)可知,这个 $v(S)$ 正是(37:1)与 $1/z$ 的乘积.上面的断言(38:3)的意义是:要使得 37.3.2 中(37:2)的 V 是(38:4),(38:5)的一个解,其必要和充分条件是:(38:5)的共同值(即 $-1/z$)是 $\leqslant -1$,且 $>-\frac{3}{2}$.

38.1.3 我们现在要进一步除去简化的限制条件,即(38:5).这样,对于 $v(S)$ 我们只要求它满足关于二元素集合 S 的值的限制条件(38:4).我们把问题的最终形式重述如下:

(38:A) 考虑一切零和四人博弈,其中

(38:6) $v(S)=0$,对于一切二元素集合 S.

在这些博弈里,其中哪一些博弈是以 37.3.2 中(37:2)的 V 为它的解的?

应当注意的是,因为我们已经除去了 $v(S)$ 的正规化和简化的限制条件,所以它同 Q 中几何表示不再有任何联系.因此,到了最后必须采用一种特殊的方法,把我们即将得到的结果放回到 Q 的结构中去.

---

① 这个相反的程序足以说明这种数学方法有其特有的弹性——对于那里所存在的自由度和种类来说.虽然在开始时它使我们的探讨偏离到一个方向,这个方向若不是从最严格的数学观点来看是不自然的,但是,它却是有成效的;借助于适当的技术上的手法,最后可以发现所要的解,而这些解是用任何别种方法所未能找到的.

在我们以前的例子里,我们的探讨都是受启发式的考虑引导的;在现在所讨论的情形里,不依赖于启发式的考虑,而是用纯粹数学的方法——即上面提到的相反的程序——找到博弈的解,这种研究方式本身是很有意义的.

如果有读者不满足于这种方法(即纯粹技术性和非概念性的方法),我们只能说,这种方法在数学分析里是被自由地、合法地采用的.

我们以前曾屡次看到,启发性的讨论程序比严格的程序容易掌握.现在的情形则是一个相反的例子.

*38.2 精确的讨论

38.2.1 问题(38:A)里的未知数显然是下面这些值:

(38:7) $v((1)) = -y_1, \quad v((2)) = -y_2, \quad v((3)) = -y_3, \quad v((4)) = -y_4.$

我们现在要确定,(38:A)里的条件所加于 y_1, y_2, y_3, y_4 这些数上的限制究竟是什么.

这个博弈不再是对称的.[①]因此,局中人1,2,3,4的排列现在只有在伴随着 y_1, y_2, y_3, y_4 的相应排列时才是被允许的.[②]

首先,对于一个给定的局中人 k 来说,在37.3.2的(37:2)的向量里,能够同他发生联系的最小支量是-1.因此,要使得这些向量是转归,必须而且只须$-1 \geqslant v((k))$,即

(38:8) $y_k \geqslant 1, \quad k = 1,2,3,4.$

这样,V 作为一个转归集合的特征就得到了确定;我们现在来看,它是不是一个解.这个讨论是同36.2.3—5里给出的证明相类似的.

38.2.2 36.2.3里的(36:5),(36:6)现在仍适用.当 $\alpha_i + \alpha_j \leqslant 0$ 时,二元素集合$S=(i,j)$对于$\boldsymbol{\alpha}=\{\alpha_1, \alpha_2, \alpha_3, \alpha_4\}$是有效的(参看(38:A)).因此,对于(37:2)的$\boldsymbol{\alpha}'$,$\boldsymbol{\alpha}''$,我们有:在$\boldsymbol{\alpha}''$中,每一个二元素集合 S 是有效的;在$\boldsymbol{\alpha}'$中,不包含局中人4的二元素集合 S 都不是有效的,而包含4的二元素集合,S=(1,4),(2,4),(3,4)显然都是有效的.但是,如果我们考虑 $S=(1,4)$,则我们可以弃去另外两个.这是因为:$S=(2,4)$是从 $S=(1,4)$通过互换1和2而得到的,而1,2的互换不影响$\boldsymbol{\alpha}'$;[③]$S=(3,4)$事实上不及1,3互换以后的$S=(1,4)$,因为$\frac{1}{2} \geqslant 0$.[④]

总结如下:

(38:B) 在全部二元素集合 S 里,下面列出的是确实必要的,其他的都是确实不必要的:

$(1,4)$ 对于 $\boldsymbol{\alpha}'$,[⑤] 全部 S 对于 $\boldsymbol{\alpha}''$.

关于三元素集合:考虑到以上所述,根据(36:6),对于$\boldsymbol{\alpha}''$,我们可以排除所有的三元素集合;对于$\boldsymbol{\alpha}'$,可以排除包含(1,4)或(2,4)的三元素集合.[⑥] 因此,只剩下了对于$\boldsymbol{\alpha}'$的$S=(1,2,3)$.

总结如下:

(38:C) 在全部三元素集合 S 里,下面列出的一个是确实必要的,其他的都是确实不必要的:

$(1,2,3)$ 对于 $\boldsymbol{\alpha}'$.

---

① 除非 $y_1=y_2=y_3=y_4$.

② 但这并不排除我们在37.3.2的(37:2)中所述的局中人1,2,3,4的排列.

③ 虽然有着上面38.2.1里的第一个注,这里的排列和以下一些类似的排列显然都是容许的.参看36.2.3的第二个注和上面38.2.1的第二个注.

④ 由于$\alpha'_4=-1$,当$v((4))=-1$即$y_4=1$时(这种可能性是存在的),我们也可以弃去包含$S=(1,4)$在内的所有这些集合.但我们并没有必要这样做.我们不这样做,为的是能够同时考虑$y_4=1$和$y_4>1$.

⑤ 以及1,2,3,4的全部排列;这些排列也使得$\boldsymbol{\alpha}'$改变.

⑥ 后者是从前者通过互换1和2而得到的,而1,2的互换不影响$\boldsymbol{\alpha}'$.

我们留待读者去验证 30.1.1 里的(30:5:a),即,V 中没有一个 $\boldsymbol{\alpha}'$ 能够控制 V 中任一个 $\boldsymbol{\beta}$.(参看 36.2.4 的证明里的相应部分.以下(30:5:b)的证明里事实上也包含了必要的步骤.)

38.2.3 我们现在验证 30.1.1 里的(30:5:b),即,一个转归 $\boldsymbol{\beta}$ 若不被 V 中元素所控制,则它必须属于 V.

考虑不被 V 中元素所控制的一个 $\boldsymbol{\beta}$.如果 $\beta_1,\beta_2,\beta_3,\beta_4$ 中有任何两个是 <0,我们可以(通过 1,2,3,4 的排列)使 $\beta_1,\beta_2<0$.这就对(38:B)的 $S=(1,2)$ 得出 $\boldsymbol{\alpha}''\succ\boldsymbol{\beta}$.因此,$\beta_1,\beta_2,\beta_3,\beta_4$ 中最多只有一个是 <0.如果没有一个是 <0,则全部都是 $\geqslant 0$.这时,$\boldsymbol{\beta}$ 的每一支量 $\geqslant\boldsymbol{\alpha}''$ 的相应支量;由于二者都是转归(参看 36.2.5 第一个注),所以二者重合:$\boldsymbol{\beta}=\boldsymbol{\alpha}''$,而在 V 中的确是这样.

由此可见,$\beta_1,\beta_2,\beta_3,\beta_4$ 中恰好有一个是 <0.通过 1,2,3,4 的排列,我们能够使 $\beta_4<0$.

如果 β_1,β_2,β_3 中有任何两个是 $<\frac{1}{2}$,我们可以(通过 1,2,3 的排列)使 $\beta_1,\beta_2<\frac{1}{2}$.此外,$\beta_4<0$.互换 3 和 4,就对(38:C)的 $S=(1,2,3)$ 得出 $\boldsymbol{\alpha}'\succ\boldsymbol{\beta}'$.因此,$\beta_1,\beta_2,\beta_3$ 中最多只有一个是 $<\frac{1}{2}$.如果没有一个是 $<\frac{1}{2}$,则 $\beta_1,\beta_2,\beta_3\geqslant\frac{1}{2}$.于是,$\beta_4\leqslant-\frac{3}{2}$.但因 $\beta_4\geqslant v((4))=-y_4$,这就需要

$$-y_4\leqslant-\frac{3}{2},\text{即 } y_4\geqslant\frac{3}{2}.$$

因此,要排除这种可能性,我们必须有 $y_4<\frac{3}{2}$;而由于我们自由地运用 1,2,3,4 的排列,所以我们必须有

$$y_k<\frac{3}{2},\quad k=1,2,3,4. \tag{38:9}$$

如果这个条件被满足,则我们能够断定,β_1,β_2,β_3 中恰好有一个是 $<\frac{1}{2}$.通过 1,2,3 的排列,我们能够使 $\beta_3<\frac{3}{2}$.

于是,$\beta_1,\beta_2\geqslant\frac{1}{2}$,$\beta_3\geqslant 0$.如果 $\beta_4\geqslant-1$,[①]则 $\boldsymbol{\beta}$ 的每一支量 $\geqslant\boldsymbol{\alpha}'$ 的相应支量;由于二者都是转归(参看 36.2.5 第一个注),所以二者重合:$\boldsymbol{\beta}=\boldsymbol{\alpha}'$,而在 V 中的确是这样.

因此,$\beta_4<-1$.而且,$\beta_3<\frac{1}{2}$.互换 1 和 3,就对(38:B)的 $S=(1,4)$ 得出 $\boldsymbol{\alpha}'\succ\boldsymbol{\beta}$.

这样,我们终于得到了一个矛盾,从而完成了 30.1.1 中(30:5:b)的验证工作.

在这个证明里我们用到过的条件(38:9)是十分必要的:容易验证

$$\boldsymbol{\beta}'=\left\{\frac{1}{2},\frac{1}{2},\frac{1}{2},-\frac{3}{2}\right\}$$

① 如果 $v((4))=-1$,即,如果 $y_4=1$,则情况确实是如此;但我们不希望作这个假定(参看本章 38.2.2 第二个注).

不被我们的 V 所控制，而要使它不是一个转归，就必须有 $-\frac{3}{2}<v((4))=-y_4$，即 $y_4<\frac{3}{2}$.[①]通过 1,2,3,4 的排列就得到(38:9).

由此可见，我们需要的恰好是(38:8)和(38:9). 总结如下：

(38:D) 要使得 37.3.2 中(37:2)的 V 是(38:A)的一个博弈(满足那里的(38:6),(38:7))的解，必须而且只须有

(38:10) $$1\leqslant y_k<\frac{3}{2},\quad k=1,2,3,4.$$

38.2.4 我们现在重新引入正规化和简化条件，这些条件我们曾暂时放弃，但是，如在(38:A)之后指出过的，为了把上面那些结果同 Q 联系起来，这些条件是必要的.

27.1.4 里的简化公式表明，局中人 k 应得的份额必须作 α_k^0 的改变，这里

$$\alpha_k^0=-v((k))+\frac{1}{4}\{v((1))+v((2))+v((3))+v((4))\}$$

$$=y_k-\frac{1}{4}(y_1+y_2+y_3+y_4),$$

而且

$$\gamma=-\frac{1}{4}\{v((1))+v((2))+v((3))+v((4))\}$$

$$=\frac{1}{4}(y_1+y_2+y_3+y_4).$$

对于一个二元素集合 $S=(i,j)$ 说，$v(S)$ 从它原来的值 0 增加到了

$$\alpha_i^0+\alpha_j^0=y_i+y_j-\frac{1}{2}(y_1+y_2+y_3+y_4)$$

$$=\frac{1}{2}(y_i+y_j-y_k-y_l)$$

(k,l 是 i,j 之外的那两个局中人).

上面的 γ 显然是 $\geqslant 1>0$(根据(38:10))，因此，博弈是本质的. 现在，把特征函数以及每一局中人应得的份额都除以 γ，就实现了正规化程序. 这样，对于 $S=(i,j)$，$v(S)$ 现在变成了

$$\frac{\alpha_i^0+\alpha_j^0}{\gamma}=2\,\frac{y_i+y_j-y_k-y_l}{y_1+y_2+y_3+y_4}.$$

这就是特征函数的正规化和简化形式，就像 34.2.1 中 Q 的表示法里所用的那样. 从那里的(34:2)以及上面的表示式可以得到 Q 中坐标 x_1,x_2,x_3 的公式如下：

---

① 应当注意的是：把 $\boldsymbol{\beta}'$ 加到 V 里 $\left(当\ y_4\leqslant\frac{3}{2}\right)$ 并不能改变 V 不控制 $\boldsymbol{\beta}'$ 这个事实. 事实上，对于 $S=(1,2,3)$，$\boldsymbol{\beta}'$ 控制 $\boldsymbol{\alpha}''=\{0,0,0,0\}$，因此，必须从 V 中除去 $\boldsymbol{\alpha}''$，从而产生新的不被控制的转归.

如果 $y_1=y_2=y_3=y_4=\frac{3}{2}$，那么，把单位改变 $\frac{2}{3}$ 倍，就使我们的博弈变为 37.1.2 里的形式(37:1)，而且也把上面的 $\boldsymbol{\beta}'$ 变为 37.4.1 的(37:3)里的 $\boldsymbol{\alpha}^{IV}=\left\{\frac{1}{3},\frac{1}{3},\frac{1}{3},-1\right\}$. 由此可见，要使我们的 V 成为一个解的尝试，也许会逐渐地使它变为 37.4.1 至 37.4.2 里的(37:3),(37:4). 这是值得注意的，因为我们的讨论是从 37.3.2 里的(37:2)出发的.

(37:2)以及(37:3),(37:4)这两个解之间的关系还需要进一步的探讨.

$$(38:11)\quad \begin{cases} x_1 = \dfrac{y_1 - y_2 - y_3 + y_4}{y_1 + y_2 + y_3 + y_4}, \\ x_2 = \dfrac{-y_1 + y_2 - y_3 + y_4}{y_1 + y_2 + y_3 + y_4}, \\ x_3 = \dfrac{-y_1 - y_2 + y_3 + y_4}{y_1 + y_2 + y_3 + y_4}. \end{cases}$$

38.2.5 由此可见,(38:10)和(38:11)合在一起定义了 Q 的一部分,在这个部分里,这些解——即经过了上面指出的变换以后的 37.3.2 里的解(37:2)——是可用的.这个定义是无遗漏的,但却是隐晦的.现在我们要把它明白地表达出来.这就是说,对于 Q 中以 x_1, x_2, x_3 为坐标的给定的点,我们要确定,(38:10)和(38:11)是否能同时被(合适的 y_1, y_2, y_3, y_4)满足.

我们对 y_1, y_2, y_3, y_4 假定

$$(38:12)\quad y_1 + y_2 + y_3 + y_4 = \frac{4}{z},$$

其中 z 是待定的数.于是,等式(38:11)变为

$$(38:12^*)\quad \begin{cases} y_1 - y_2 - y_3 + y_4 = \dfrac{4x_1}{z}, \\ -y_1 + y_2 - y_3 + y_4 = \dfrac{4x_2}{z}, \\ -y_1 - y_2 + y_3 + y_4 = \dfrac{4x_3}{z}. \end{cases}$$

(38:12)和(38:12*)能够对 y_1, y_2, y_3, y_4 解出:

$$(38:13)\quad \begin{cases} y_1 = \dfrac{1 + x_1 - x_2 - x_3}{z}, \quad y_2 = \dfrac{1 - x_1 + x_2 - x_3}{z}, \\ y_3 = \dfrac{1 - x_1 - x_2 + x_3}{z}, \quad y_4 = \dfrac{1 + x_1 + x_2 + x_3}{z}. \end{cases}$$

由于(38:11)是被满足的,所以我们必须选择 z 使它们满足(38:10).

设 w 和 v 分别是下面四个数里的最大者和最小者:

$$(38:14)\quad \begin{cases} u_1 = 1 + x_1 - x_2 - x_3, \quad u_2 = 1 - x_1 + x_2 - x_3, \\ u_3 = 1 - x_1 - x_2 + x_3, \quad u_4 = 1 + x_1 + x_2 + x_3. \end{cases}$$

这四个数是已知的数量,因为我们已经假定 x_1, x_2, x_3 是给定的.

(38:10)的意义显然是 $1 \leqslant v/z$ 以及 $w/z < \frac{3}{2}$,这就是说,它的意义是:

$$(38:15)\quad \frac{2}{3}w < z \leqslant v.$$

很明显,这个条件能够被(对 z)满足的必要和充分条件是

$$(38:16)\quad \frac{2}{3}w < v.$$

如果(38:16)被满足,则条件(38:15)容许 z 取无穷多个值——一个整个的区间里的值.

38.2.6 在我们从(38:15),(38:16)导出任何结论之前,我们首先用显表示式表出 37.3.2 的解(37:2)通过我们的变换之后的结果.我们必须取那里的转归 $\boldsymbol{\alpha}', \boldsymbol{\alpha}''$,对支量 k(即局中人 k

应得的份额)加上数额 α_k,再把它除以 γ.

这些运算使得支量 k 的可能值——即(37:2)里的$\frac{1}{2}$,0,-1——变换如下：我们首先考虑 $k=1$,并引用上面 α_k 和 γ 的表示式以及(38:13).于是

$$\frac{1}{2}\text{ 变为}\frac{\frac{1}{2}+\alpha_1}{\gamma}=\frac{2+4y_1-(y_1+y_2+y_3+y_4)}{y_1+y_2+y_3+y_4}$$

$$=\frac{z}{2}+x_1-x_2-x_3,$$

$$0\text{ 变为}\frac{\alpha_1}{\gamma}=\frac{4y_1-(y_1+y_2+y_3+y_4)}{y_1+y_2+y_3+y_4}=x_1-x_2-x_3,$$

$$-1\text{ 变为}\frac{-1+\alpha_1}{\gamma}=\frac{-4+4y_1-(y_1+y_2+y_3+y_4)}{y_1+y_2+y_3+y_4}$$

$$=-z+x_1-x_2-x_3.$$

对于其他的 $k=2,3,4$,这些表示式的改变只在于它们的 $x_1-x_2-x_3$ 分别被 $-x_1+x_2-x_3$,$-x_1-x_2+x_3$,$x_1+x_2+x_3$ 所代替[①].

总结如下(引用(38:14))：

(38:E) 支量 k 变换如下：

$$\frac{1}{2}\text{ 变为}\frac{z}{2}+u_k-1,$$

$$0\text{ 变为 }u_k-1,$$

$$-1\text{ 变为 }-z+u_k-1,$$

其中 u_1,u_2,u_3,u_4 由(38:14)定义.

通过(38:E)的修改,可以把(37:2)重述出来,我们把这个工作留给读者去做;对于正确地应用所需要的 1,2,3,4 的排列,读者应当予以足够的注意.

可以看到,对于中心——即 $x_1=x_2=x_3=0$——来说,从(38:E)再一次得到 38.1.1 处的公式(38:1),这当然是很自然的.

38.2.7 我们现在回到(38:15),(38:16)的讨论.

条件(38:16)表示,(38:14)里的四个数 u_1,u_2,u_3,u_4 相差不是很大——它们的最小值大于它们的最大值的$\frac{2}{3}$,这就是说,在相对的尺度上它们的大小变化小于 2:3.

这在中心处当然是对的,因为在中心处 $x_1=x_2=x_3=0$,所以 u_1,u_2,u_3,u_4 都$=1$.因此,在这种情形下,$v=w=1$,而(38:15)变成了$\frac{2}{3}<z\leqslant 1$,这也证明了我们以前所作的断言(参看 38.1.1 里的(38:3)).

---

① 这一点可以直接从(38:13)的等式看出,同样也可以通过考察局中人 1,2,3,4 的排列对坐标 x_1,x_2,x_3 的影响而得到(参看 34.3.2).

我们把 Q 中满足(38:16)的部分记为 Z. 于是,有一个充分小的中心的邻域属于 Z.[①]因此,Z 是 Q 的内部的一个三维区域,而中心则被包含在 Z 的内部.

我们也能够表出 Z 对于 Q 的对角线的关系,例如,对于 I-中心-Ⅷ的关系. Z 包含这个对角线的以下一些部分(应用图64): 在一边恰好是 C,在另外一边较 B 的一半稍小.[②]我们指出,这些解不同于36.3中提到的在(36:B)和(36:C)中成立的一族解.

*38.3 解的解释

38.3.1 我们在上面确定的一族解有着一些值得注意的特性.

我们首先注意到,任一个博弈如果以这个族为它的一个解(即在 Z 的每一个点处),则它同时给出无穷多个解.[③]我们在37.5.1中所说的现在仍全部适用: 这些解是些有穷的转归集合,[④]而且具有博弈的完全对称性.[⑤]因此,在这些解的任一个里,不存在"差别待遇",而且也不能认为,它们有着那里所讨论的"组织原则"的差别. 然而,却有着一种简单的"组织原则"来区别它们,这种"组织原则"的质的方面是能够用文字的形式叙述出来的. 我们现在就来叙述它.

38.3.2 考虑(38:E),它所表示的是应施行于37.3.2里的(37:2)的改变. 很清楚,在这个解里,局中人 k 所能够遭遇到的最坏的结果是最后一个表示式(因为它对应于 -1)——即 $-z+u_k-1$. 按照 z 是 $<$ 或 $=u_k$,这个表示式是 $>$ 或 $=-1$. 由于 u_1,u_2,u_3,u_4 就是(38:14)里的四个数,所以它们之中最小的是 v. 由(38:15)有 $z\leqslant v$,即,总有 $-z+u_k-1\geqslant -1$,而且等号只对 z 的最大可能值 $z=v$ 成立,而这时只对 u_k 取得它的最小值 v 的那些 k 成立.

重述如下:

(38:F) 在这一族解里,即使就一个局中人 k 所能遭遇到的最坏结果说,他一般也能获得肯定是比他自己单独能够得到的——即 $v((k))=-1$——稍好的结果. 只有当 z 取得它的最大可能值 $z=v$ 时,这个有利因素才会消失,而这时只对

---

① 如果 x_1,x_2,x_3 与0的差别 $<\frac{1}{15}$,则(38:14)的四个数 u_1,u_2,u_3,u_4 中每一个都 $<1+\frac{3}{15}=\frac{6}{5}$,而且 $>1-\frac{3}{15}=\frac{4}{5}$;因此,在相对的大小上它们的变化 $<\frac{6}{5}:\frac{4}{5}=\frac{3}{2}$. 这样,我们仍处于 Z 中. 换句话说: Z 包含一个立方体,它以 Q 的中心为中心,但它的(线性)大小是 Q 的 $\frac{1}{15}$.

实际上,Z 比这稍大,它的体积约为 Q 的体积的 $\frac{1}{1000}$.

② 这里指的是在对角线 $x_1=x_2=x_3$ 上,所以 u_1,u_2,u_3,u_4 分别是 $1-x_1,1-x_1,1-x_1,1+3x_1$. 于是,对于 $x_1\geqslant 0$ 有 $v=1-x_1,w=1+3x_1$,因而(38:16)变为 $x_1<\frac{1}{9}$. 对于 $x_1\leqslant 0$ 有 $v=1+3x_1,w=1-x_1$,因而(38:16)变为 $x_1>-\frac{1}{11}$. 因此,它们的交集合是

$$0\leqslant x_1<\frac{1}{9}(\text{这恰好是}C),$$

$$0\geqslant x_1>-\frac{1}{11}\left(B\text{是}0\geqslant x_1>-\frac{1}{5}\right).$$

③ 我们所找到的解包含四个参数: y_1,y_2,y_3,y_4;而它们所适合的博弈则只有三个参数: x_1,x_2,x_3.

④ 每一集合有13个元素,就像37.3.2里的(37:2)一样.

⑤ 在中心 $x_1=x_2=x_3=0$ 处有 $y_1=y_2=y_3=y_4$(参看(38:13)),即,对于1,2,3,4为对称. 在对角线 $x_1=x_2=x_3$ 上有 $y_1=y_2=y_3$(参看(38:13)),即对于1,2,3为对称.

(38:14) 中相应的 u_1, u_2, u_3, u_4 取得(38:14) 中最小值的那些 k 成立.

换一句话说：在这些解里，一个被击败的局中人一般说并没有受到完全的"剥削"，并没有陷入最不利的地位——他自己单独就能保持的地位，即 $v((k))=-1$. 我们以前曾在 33.1 中讨论三人博弈的"较温和"的"有差别待遇"的解时(即，当 $c>-1$ 时，参看 33.1.2 的末尾)，在获胜的合伙方面看到过这种限制. 但在那里，某一个解里只能有一个局中人是这种限制的对象，而且这种现象是由于他被排斥在合伙的竞争之外而出现的. 而在现在的情形，并没有差别待遇或隔离；然而这种限制却一般地适用于所有的局中人，而且在 Q 的中心处(38.1.1 的(38:1)，对于 $z<1$)，解甚至是对称的[①]!

38.3.3 即使是当 z 取它的最大值 v 时，一般说也只有一个局中人会失去这种有利因素，因为一般说(38:14)的四个数 u_1, u_2, u_3, u_4 是互不相同的，只有一个是等于它们的最小值 v 的. 只有当 u_1, u_2, u_3, u_4 都等于它们的最小值 v——即，都相等——时，全部四个局中人才会同时失去这种有利因素；只要看一看(38:14)就足以说明，只有在 $x_1=x_2=x_3=0$ 即中心处才会发生这种情况.

这种不完全地"剥削"被击败的局中人的现象，是我们的解——即，社会组织——的一个非常重要的可能(当然不是必要的)特性. 在一般理论里，它也很可能会占有更重要的地位.

最后，我们指出，我们在 36.3.2 中提到过而未能加以描述的那些解里，其中有一些也具有这个特性. 这就是图 64 的 C 里的解. 不过，它们与我们现在所考虑的解是有区别的.

---

① 在量的方面，也有着比较重要的区别. 在我们现在的情形(四人博弈，Q 的中心)和前面提到的情形(33.1 意义上的三人博弈)里，一个局中人(在我们所找到的解里)所能得到的最好的结果都是 $\frac{1}{2}$，最坏的结果都是 -1.

在他没有被完全地"剥削"的那些解里，他在被击败的场合下所能得到的数额(即满足 $\frac{2}{3}<z\leqslant 1$ 的 $-z$)的上限是 $-\frac{2}{3}$，而在第一种情形里$\left(\text{即满足 } -1\leqslant c<\frac{1}{2} \text{ 的 } c\right)$则是 $\frac{1}{2}$. 因此，这个区域现在占有效区间的 $\dfrac{\left(-\frac{2}{3}\right)-(-1)}{\frac{1}{2}-(-1)}=\dfrac{\frac{1}{3}}{\frac{3}{2}}=\frac{2}{9}$，即 $22\frac{2}{9}\%$，而在第一种情形里则占 100%.

第八章　关于$n \geqslant 5$个参加者的一些说明

· Chapter Ⅷ　Some Remarks Concerning $n \geqslant 5$ Participants ·

39　各类博弈中参数的数目

39.1　$n=3,4$的情形

39.1.1　我们知道,我们真正的问题在于本质博弈,而我们总可以假定它们取简化形式,而且$\gamma=1$.在这种表示法里,存在着唯一的一个零和三人博弈,而零和四人博弈则形成一个三维簇.[①]我们还看到,(唯一的)零和三人博弈总是对称的,而全部零和四人博弈的三维簇只包含一个对称的博弈.

我们现在要说明,对于上面说的每一类博弈,它的维数是多少——即:为了说明一类博弈里的一个博弈,必须对多少个不定的参数指明其特定值(数值).这最好是用一个表格的形式列出来,图65中列出了一切$n \geqslant 3$的情形.[②]我们以上所述的,出现在这个表的$n=3,4$两行中.

39.2　所有$n \geqslant 3$的情形

39.2.1　为了使得表格包含一切可能的情形,我们现在要对全部零和n人博弈的类以及对称博弈类确定参数的数目.

特征函数是数$v(S)$的一个集合,它的元素数目与$I=(1,\cdots,n)$中所含子集合S的数目相同——即2^n.数$v(S)$都受到25.3.1的条件(25:3:a)至(25:3:c)的限制,而且也受到27.2中(27:5)所表示的简化条件和正规化条件$\gamma=1$的限制.在这些条件里,(25:3:b)对于给定的$v(S)$确定了$v(-S)$,因此,它使得参数的数目减小了一半;[③]这样,我们的参数数目由2^n变成了2^{n-1}.

其次,(25:3:a)确定了剩下的$v(S)$里的一个,即$v((\ominus))$;(27:5)确定了剩下的$v(S)$里的n个,

① 关于一般的说明,参看27.1.4和27.3.2;关于零和三人博弈,参看29.1.2;关于零和四人博弈,参看34.2.1.

② 对于$n=1,2$,不存在本质零和博弈!

③ S和$-S$永远不会是同一个集合!

即 $v((1)),\cdots,v((n))$；因此，它们使得参数减少了 $n+1$ 个.①这样，我们总共有 $2^{n-1}-n-1$ 个参数. 最后，(25:3:c)无须考虑，因为它只包含不等式.

39.2.2 如果博弈是对称的，则 $v(S)$ 只依赖于 S 的元素的数目 p：$v(S)=v_p$，参看 28.2.1 因此，数 v_p 的集合的元素数目与 $p=0,1,\cdots,n$ 的数目一样——即 $n+1$. 这些数都受到 28.2.1 的条件(28:11:a)至(28:11:c)的限制；简化特性自然成立，我们另外还需要 $v_1=-\gamma=-1$. 条件(28:11:b)对于给定的 v_p 确定了 v_{n-p}；因此，它使得满足 $n-p\neq p$ 的那些参数的数目减小了一半. 当 $n-p=p$ 时②——即 $n=2p$，它只发生于 n 是偶数的情形，这时 $p=n/2$——(28:11:b)表明，这个 v_p 必须为 0. 这样，我们的参数不再是原来的 $n+1$ 个，而是当 n 是奇数时有 $\frac{n+1}{2}$ 个，当 n 是偶数时有 $\frac{n}{2}$ 个. 其次，(28:11:a)确定了剩下的 v_p 里的一个，即 v_0；$v_1=-\gamma=-1$ 确定了剩下的 v_p 里的另外一个，即 v_1；因此，它们使得参数减少了 2 个.③这样，我们总共有 $\frac{n+1}{2}-2$ 或 $\frac{n}{2}-2$ 个参数. 最后，(28:11:c)无需考虑，因为它只包含不等式.

39.2.3 我们把所有这些结果都列在图 65 的表格里. 我们同时写出 $n=3,4,5,6,7,8$ 这些特殊情形的值，其中头两种情形就是我们在前面提到过的情形.

局中人数目	全部博弈	对称博弈
3	0*	0*
4	3	0*
5	10	1
6	25	1
7	56	2
8	19	2
…	…	…
n	$2^{n-1}-n-1$	$\frac{n+1}{2}-2$，若 n 为奇数 $\frac{n}{2}-2$，若 n 为偶数

记号 * 表示博弈是唯一的.

图 65 本质博弈(简化形式，且 $\gamma=1$)

图 65 中左边一列里的数字的急速增大，也可以用来说明(如果需要的话)，当参加者的数目增大时，全部博弈的复杂程度是在怎样地增加着. 值得注意的是，右边一列即对称博弈情形里的数字也在增大，但增加得远较左边一列为慢.

① $S=\ominus,(1),\cdots,(n)$ 互不相同，而且与各自的余集合也互不相同.

② 把这个同 39.2.1 第一个注进行对比！

③ $p=0,1$ 互不相同，而且与各自的 $n-p$ 也互不相同(因为 $n\geqslant 3$).

40 对称五人博弈

40.1 对称五人博弈的形式体系

40.1.1 我们并不试图对零和五人博弈进行直接的探讨.要进行这种探讨工作,系统的理论现在还没有发展到足够深远的程度;而要用描述和决疑式的方法来接近它(就像在零和四人博弈里用过的方法),它的参数的数目10未免是太大了.

不过,要在后一种意义上来考察对称的零和五人博弈,这却是有可能的.参数的数目1是个小的数,但却不是0,而这是在质的方面一个新的值得考察的现象.对于$n=3,4$,只存在着一个对称的博弈,因此,是在$n=5$的情形里,对称博弈的结构才首次表现出有着不同的种类.

40.1.2 对称零和五人博弈的特性可以由28.2.1的v_p,$p=0,1,2,3,4,5$来说明,它们受那里列出的条件(28:11:a)至(28:11:c)的限制.由(28:11:a),(28:11:b),有(并满足$\gamma=1$)

(40:1) $$v_0=0,\quad v_1=-1,\quad v_4=1,\quad v_5=0$$

以及$v_2=-v_3$,即

(40:2) $$v_2=-\eta,\quad v_3=\eta.$$

(由(28:11:c),对于$p+q\leqslant 5$有$v_{p+q}\geqslant v_p+v_q$,而且我们可以使p,q再满足那里的(28:12)中的限制条件.因此,$p=1,q=1,2$,[①]从而得到下面的两个不等式(利用(40:1),(40:2)):

$$p=1,q=1:\quad -2\leqslant -\eta,$$
$$p=1,q=2:\quad -1-\eta\leqslant\eta,$$

即

(40:3) $$-\frac{1}{2}\leqslant\eta\leqslant 2.$$

总结如下:

(40:A) 对称的零和五人博弈的特性由一个参数η借助于(40:1),(40:2)而得到.η的变化域是(40:3).

40.2 两个极端情形

40.2.1 对上面描述的对称博弈给以直接的描写,会是有用的.我们首先考虑区间(40:3)的两个端点:

① 这是很容易验证的,只要考察一下(28:12),或者应用28.2.1里的注.由此得到$1\leqslant p\leqslant\frac{5}{3}$,$1\leqslant q\leqslant 2$;由于$p,q$是整数,因此,$p=1,q=1,2$.

$$\eta = 2, \quad -\frac{1}{2}.$$

先考虑 $\eta=2$：在这种情形里，对于每一个二元素集合 S 都有 $v(S)=-2$；这就是说，每一个二人合伙是个被击败的合伙.①因此，一个三人合伙(作为前面那个合伙的余集合)是个获胜的合伙.这就说明了整个的问题：在合伙逐渐形成的过程中，从失败到获胜的转折点出现在合伙人数从两个增加到三个的时候，而且在这个转折点的转变是个 100%的转变.②

总结如下：

(40:B) 在 $\eta=2$ 所描述的博弈里，所有局中人的唯一的目的，在于组成一个含有三个局中人的合伙.

40.2.2 其次，考虑 $\eta=-\frac{1}{2}$.在这种情形里，我们的论点如下：

$$v(S)=\begin{cases}1, \\ \frac{1}{2},\end{cases} \quad \text{若 } S \text{ 有}\begin{cases}4\\2\end{cases}\text{个元素.}$$

一个四人合伙总是获胜的.③

上面的公式表明，一个二人合伙按比例看其效果同一个四人合伙是一样的好；因此，很可以把前者与后者看作是同样程度的获胜合伙.如果我们从这种较广义的获胜的观点看，我们又可以肯定地说，博弈的整个问题已得到了说明：在形成合伙的过程中，从失败到获胜的转折点出现在合伙人数从一个增加到两个的时候；而且在这个转折点的转变是个 100%的转变.④

总结如下：

(40:C) 在 $\eta=-\frac{1}{2}$ 所描述的博弈里，所有局中人的唯一的目的，在于组成含有两个局中人的合伙.

40.2.3 在(40:B)和(40:C)的基础上，很容易启发式地猜出它们的博弈的解.这个猜测的工作，以及严格地证明这些转归集合确实是博弈的解，都是很容易的.但我们不打算再多考虑这个问题了.

在我们转入对(40:3)中其他的 η 的讨论之前，让我们指出，(40:B)和(40:C)显然是定义博弈的一般方法的最简单的例子.这种程序(它比第七章 35.1.1 最后一个注里提到的、第十章里的程序更一般)将在别处进行详尽的讨论(也包含非对称博弈的情形).它是要受到属于算术性

---

① 参看第七章 35.1.1 里的讨论，特别是 35.1.1 的最后一个注.

② 一个局中人被击败的程度同两个局中人一样，而四个并不比三个获胜更多.一个三人合伙当然没有任何动机吸收一个第四个合伙人；但是，看来似乎可以(启发式地)认为，如果他们真要吸收一个第四个合伙人，他们只会在尽可能最坏的条件上来接受他.然而，如果把一个这样的四人合伙当作一个整体来看，则它终究是获胜的，因为一个孤立的局中人总是被击败的.

③ 在任一个零和 n 人博弈里，任一个 $n-1$ 人的合伙获胜，因为一个孤立的局中人总是被击败的.参看上面一个注.

④ 一个局中人是被击败的，两个或四个局中人是获胜的.三个局中人的合伙则是一种复合情形，是值得加以注意的：对于一个三元素集合 S，$v(S)$是$-\frac{1}{2}$，即它是通过从一个二元素集合的$\frac{1}{2}$加上-1而得到的.因此，一个三人合伙不比一个获胜的(它所包含的)二人合伙加上一个剩下的被击败的孤立局中人更好.这个合伙只不过是一个获胜集团与一个被击败集团的组合，他们的地位并不因这种组合而有丝毫改变.

质的一些条件的限制的;例如,若 p 是 n 的一个因子,则使得每一 p 人合伙都获胜的(本质对称零和)n 人博弈显然是不存在的,因为这时将能够组成 n/p 个这种合伙,每一个人都获胜,而没有一个人是被击败者. 另一方面,若 $p=n-1$,则同样的条件并不会使博弈受到任何限制(参看 40.2.2 第一个注).

40.3 对称五人博弈和 1,2,3-对称四人博弈的关系

40.3.1 现在,考虑(40:3)的内部的 η. 这时的情况与 35.3 之末所讨论的有其类似之处. 对于(40:3)的两个端点处的条件,我们已经有了一些启发式的比较深刻的了解(参看上节).(40:3)的任一个点 η 是在某种程度上被这两个端点所"包围"的. 更确切地说,如果采用适当的权,则 η 是它们的重心. [①]上面提到的地方所作的说明现在仍适用: 虽然这种结构把(40:3)的所有的博弈表成了两种极端情形(40:B),(40:C)的组合,但却不能期望,前者的策略能够从后者的策略通过某种直接的方法而得出. 我们在零和四人博弈情形里的经验就说明了这一点.

然而,现在的博弈与零和四人博弈之间还有着一种类似的地方,能够使我们看到些启发性的线索. 在我们现在情形里的参数数目,是与那些对于局中人 1,2,3 为对称的零和四人博弈的参数数目相同的;我们现在的参数 η 在整个区间

(40:3) $$-\frac{1}{2}\leqslant\eta\leqslant 2$$

里变化,而上面提到的博弈的参数 x_1 在整个区间

(40:4) $$-1\leqslant x_1\leqslant 1$$ [②]

里变化.

在(全)对称五人博弈和 1,2,3-对称四人博弈之间的这种相似性,到现在为止纯粹是形式上的. 然而,在它的后面却有着更深刻的意义. 为了说明这一点,我们进行如下:

40.3.2 考虑一个对称五人博弈 Γ,它的 η 满足条件(40:3). 我们现在把这个博弈作如下的改变: 把局中人 4 和 5 合并成一个人,即合成一个局中人 4′. 以 Γ' 记这个新的博弈. 必须了解,Γ' 是一个完全新的博弈: 我们从来也没有断言过,在 Γ 里局中人 4 和 5 必然会采取一致行动、形成一个合伙等等;我们也没有说过,有着任何一般性的策略上的考虑,会引起这样一个合伙的形成. [③]我们现在是强迫 4 和 5 合并;我们这样做的时候,就改变了博弈的规则,从而使 Γ 变为 Γ'.

现在,Γ 是个对称五人博弈,而 Γ' 则是一个 1,2,3-对称的四人博弈. [④]对于给定的 Γ 的 η,我们要确定 Γ' 的 x_1,为的是要看出,它定义了(40:3)和(40:4)之间怎样的一个对应关系. 然后,

---

① 借助于 40.1.2 里的等式(40:1),(40:2),读者可以很容易地按照 35.3.4 第二个注的意义完成这种组合的运算.

② 参看 35.3.2. 在那里所用的以 Q 表示的方法里,$x_1=x_2=x_3$.

③ 应当把这个同 36.1.2 里的讨论对照着看,在那里,两个局中人之间的结合是在一定的条件之下形成的,这些条件使得这种合并从策略上看来是有理由的.

④ Γ 里的参加者是局中人 1,2,3,4,5,它们在原来的 Γ 里都占有同样的地位. Γ' 里的参加者是局中人 1,2,3 和复合局中人(4,5),即 4′. 很明显,1,2,3 仍占同样的地位,但 4′的地位则不同了.

虽然有着前面的评论,我们仍然要探讨一下,Γ 和 Γ' 的策略——即:解——之间究竟有没有一些关系存在.

Γ' 的特征函数 $v'(S)$ 可以立即用 Γ 的特征函数 $v(S)$ 表示出来.事实上

$$
\begin{aligned}
&v'((1)) = v((1)) = -1, && v'((2)) = v((2)) = -1,\\
&v'((3)) = v((3)) = -1, && v'((4')) = v((4,5)) = -\eta;\\
&v'((1,2)) = v((1,2)) = -\eta, && v'((1,3)) = v((1,3)) = -\eta,\\
&v'((2,3)) = v((2,3)) = -\eta, && v'((1,4')) = v((1,4,5)) = \eta,\\
&v'((2,4')) = v((2,4,5)) = \eta, && v'((3,4')) = v((3,4,5)) = \eta;\\
&v'((1,2,3)) = v((1,2,3)) = \eta, && v'((1,2,4')) = v((1,2,4,5)) = 1,\\
&v'((1,3,4')) = v((1,3,4,5)) = 1, && v'((2,3,4')) = v((2,3,4,5)) = 1;
\end{aligned}
$$

而且

$$v'(\ominus) = v'((1,2,3,4')) = 0.$$

Γ 虽然是正规化而且是简化的,Γ' 则既不是正规化也不是简化的;因此,我们必须把 Γ' 化为那种形式,因为我们要计算它的 x_1, x_2, x_3,即把它同 34.2.2 的 Q 联系起来.

为此,我们首先应用 27.1.4 的正规化公式.它们表明,局中人 $k=1,2,3,4'$ 应得的份额必须改变一个数额 α_k^0,这里

$$\alpha_k^0 = -v'((k)) + \frac{1}{4}\{v'((1)) + v'((2)) + v'((3)) + v'((4'))\},$$

而且

$$\gamma = -\frac{1}{4}\{v'((1)) + v'((2)) + v'((3)) + v'((4'))\}.$$

因此

$$\alpha_1^0 = \alpha_2^0 = \alpha_3^0 = \frac{1-\eta}{4}, \alpha_4^0 = -\frac{3(1-\eta)}{4}, \quad \gamma = \frac{3+\eta}{4}.$$

这个 γ 显然是 $\geqslant \dfrac{3-\frac{1}{2}}{4} = \dfrac{5}{8} > 0$(根据(40:3));因此,博弈是本质的.把每一个局中人应得的份额除以 γ,就完成了正规化的程序.

由此可见,对于一个二元素集合 $S=(i,j)$,$v'(S)$ 被

$$v''(S) = \frac{v'(S) + \alpha_i^0 + \alpha_j^0}{\gamma}$$

所代替.再通过简单的计算就得到

$$v''((1,2)) = v''((1,3)) = v''((2,3)) = -\frac{2(3\eta-1)}{3+\eta},$$

$$v''((1,4')) = v''((2,4')) = v''((3,4')) = \frac{2(3\eta-1)}{3+\eta}.$$

这就是特征函数的正规化和简化形式,就同 34.2 中用 Q 表示的方法里所用的一样.从 34.2.1 里的(34:2)和上面的表示式可以得到下式:

$$x_1 = x_2 = x_3 = \frac{3\eta-1}{3+\eta}.$$

在 $x_1=x_2=x_3$ 的条件下,上面这个关系式也可以写成

$$(3-x_1)(3+\eta)=10. \tag{40:5}$$

现在,容易验证,(40:5)把 η-域(40:3)映成 x_1-域(40:4). 这个映象显然是单调的. 在图 66 及所附 x_1 和 η 的对应值的表中表出了这个映象的细节. 图中的曲线表示 x_1, η 平面上的关系式(40:5);它显然是个双曲线(的一段弧).

40.3.3 关于 1,2,3-对称四人博弈的分析,已在 36.3.2 中总结出它的最终结果: 这种博弈,即代表这种博弈的 Q 的对角线Ⅰ-中心-Ⅷ,可以分成 A,B,C,D,E 五类,每一类的特性由具有某种性质的一类解表示. 对角线Ⅰ-中心-Ⅷ即区间 $-1\leqslant x_1\leqslant 1$ 上五个区域 A,B,C,D,E 的位置已在图 64 中表示.

因此,我们现在的结果使我们想到,在考虑对称五人博弈 Γ 时,应当按照相应的类型来考虑,把它们逐类地与 1,2,3-对称四人博弈 Γ' 进行比较,希望由此可以得到关于它们的解的探索工作的一些启发性的线索.

应用图 66 的附表,我们得到 $-\frac{1}{2}\leqslant\eta\leqslant 2$ 里的区域 $\overline{A},\overline{B},\overline{C},\overline{D},\overline{E}$,它们是 $-1\leqslant x_1\leqslant 1$ 中区域 A,B,C,D,E 的映象. 在图 67 中表出了这些细节.

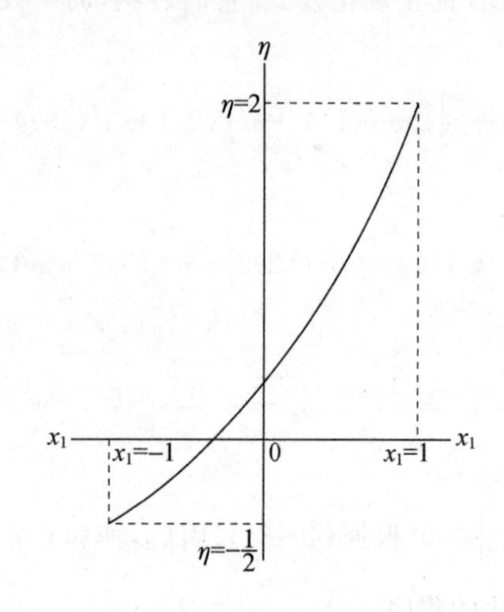

图 66

x_1 和 η 的对应值:

x_1:	-1	$-\frac{1}{2}$	$-\frac{1}{5}$	0	$\frac{1}{9}$	$\frac{1}{5}$	$\frac{1}{3}$	$\frac{1}{2}$	1
η:	$-\frac{1}{2}$	$-\frac{1}{7}$	$\frac{1}{8}$	$\frac{1}{3}$	$\frac{6}{13}$	$\frac{4}{7}$	$\frac{3}{4}$	1	2

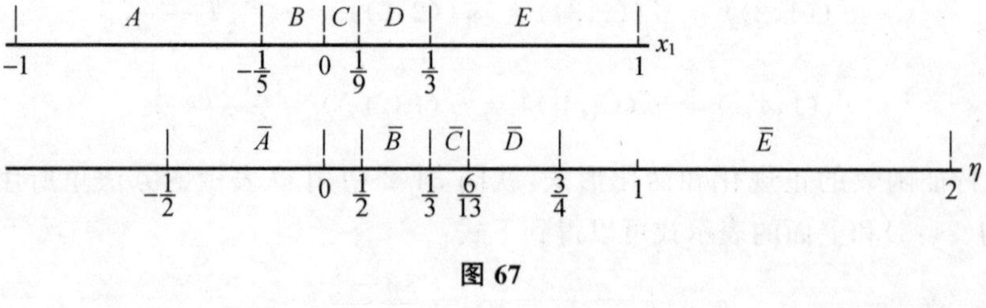

A | B | C | D | E (x_1): -1, $-\frac{1}{5}$, 0, $\frac{1}{9}$, $\frac{1}{3}$, 1

$\overline{A}$ | $\overline{B}$ | $\overline{C}$ | $\overline{D}$ | $\overline{E}$ (η): $-\frac{1}{2}$, 0, $\frac{1}{2}$, $\frac{1}{3}$, $\frac{6}{13}$, $\frac{3}{4}$, 1, 2

图 67

对称五人博弈的详尽分析可以在这个基础上完成. 分析的结果表明，区域 $\overline{A}$, $\overline{B}$ 确实起了我们期望中的作用，但区域 $\overline{C}$, $\overline{D}$, $\overline{E}$ 则必须换为另外两个区域 $\overline{C}'$, $\overline{D}'$. 在图 68 中表出了 $-\frac{1}{2}\leqslant\eta\leqslant 2$ 里的区域 $\overline{A}$, $\overline{B}$, $\overline{C}'$, $\overline{D}'$，以及它们在 $-1\leqslant x_1\leqslant 1$ 里的逆象 A, B, C', D'（仍借助于图 66 的附表得出）.

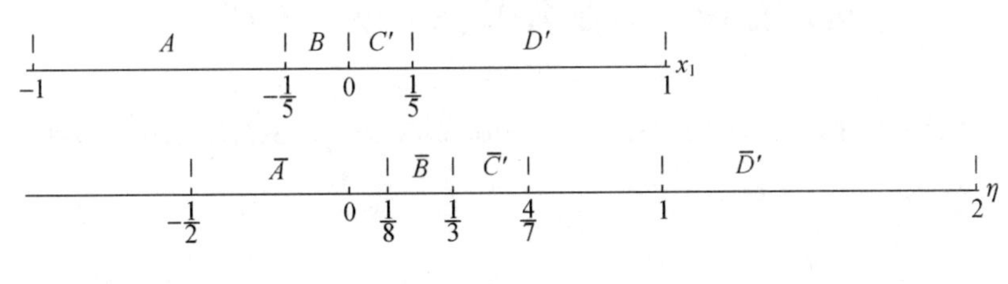

图 68

值得注意的是，图 68 里的 x_1-图解比图 67 里的 x_1-图解更为对称，虽然对于 1,2,3-对称四人博弈来说有意义的乃是后者.

40.3.4 对称五人博弈的分析除了它所给出的直接结果外，也有一些启发性的价值. 事实上，通过对称五人博弈 Γ 同它的相应的 1,2,3-对称四人博弈 Γ' 的对比，并研究它们的解的区别，就可以发现局中人 4 和 5 合并成一个（复合）局中人 $4'$ 的策略上的效果. 当解不含有本质性的区别时（这就是上面指出的区域 $\overline{A}$, $\overline{B}$ 里的情形），可以说，这种合并并不影响那些具有真正重要意义的策略上的考虑. [①]另一方面，在出现本质性的区别时（这出现在余下的几个区域里），我们就碰到了这样的有趣情况：即使 4 和 5 在 Γ 里合作，他们的共同地位也会由于他们之间存在着分离的可能性而有改变.

由于篇幅的限制，我们不能在这里根据解的严格概念对这个问题进行全面的讨论. [②]

---

① 当然，在 Γ 的解里，必须期望会出现这样的情况：局中人 4 和 5 最后被包含在两个对立的合伙里. 很明显，在 Γ' 里是不会出现与此类似的情况的. 所谓没有本质上的区别，指的是：在 Γ 的解里表示 4 与 5 合伙的那些转归，应当对应于 Γ' 的相应解里与之等价的转归.

这些说法还需要进一步使它们精确化；这是可以做得到的，但现在来讨论它将会离题过远.

② 我们在 22.2 关于三人博弈的最初讨论中已经发现，一个合伙的收入在合伙内部的分配，决定于每个局中人作为一个单独的局中人所能提出的要求. 但我们现在所考虑的情况则与此不同. 在我们现在的 Γ 里，甚至局中人 4 与局中人 5 的总的份额也会受到上述事实的影响.

这种可能性的质的概念，可以通过下面的考虑得到很好的说明：当局中人 4 和 5 组成了预备阶段的合伙，同未来的可能合作者进行谈判时，他们的谈判地位在两种情况中是有区别的：一种情况是已知他们的合伙是不可分的（在 Γ' 中），另一种情况是已知他们有可能会分开（在 Γ 里）.

第九章　博弈的合成与分解

· Chapter Ⅸ　Composition and Decomposition of Games ·

41　合成与分解

41.1　能够确定全部解的 n 人博弈的寻求

41.1.1　前面两章的讨论会使人特别看到，当参加者的数目 n 变到 4，5…以后，我们的问题的复杂程度就将急速地增加. 那些讨论虽然是不完全的，但是，它们的头绪变得如此地纷繁，以致要把这种——决疑式的——方法用在多于 5 个参加者的情况，[①]看来是完全无望的. 况且按照这种方式所得到的都是些片断的结果，从而使得我们在对理论的一般情形进行了解时，它们所能起的作用有着严重的局限性.

另一方面，对于 n 的较大值的场合里有效的条件，却有着绝对的必要获得一些较深刻的了解. 对于期望中的经济学和社会学里的应用来说，这些都是极其重要的；即使不谈这一点，还有下面这个事实需要考虑：每当 n 增加时，在质的方面就有新的现象出现. 对于每一个 $n=2,3,4$，这已是很清楚了（参看 20.1.1，20.2，35.1.3 以及 20.2.1 的第一个注里的说明）；如果说当$n=5$时我们还没有看到这一事实，这也许是由于我们对这种情形还缺乏细致的认识. 以后将会看到（参看 46.12 的末尾），当 $n=6$ 时，一些十分重要的质的方面的现象才初次出现.

41.1.2　为了这些理由，要着手研究 n 值较高的博弈，我们首先必须寻求一些研究的技巧. 在目前的情况下，我们当然不能希望有任何系统或穷尽的方法. 因此，合理的办法是：寻找一些包含许多个局中人[②]的特殊博弈类，它们是能够确切地加以处理的. 在一些精确的自然科学的许多部分里，一项普遍的经验是：对一些适当的特殊情形（这些情形是在技术上能够解决的，但它们是能体现基本原则的情形）的彻底了解，很有可能成为发展系统和穷尽的理论的先导.

我们现在要叙述并讨论两类这样的特殊情形. 可以把它们看作两个四人博弈的推广——每一博弈是两类博弈之一的一个模型. 这两个四人博弈相当于 34.2.2 中引入的立方体 Q 的八

① 如在第八章里看到的，当我们的讨论只限于对称的情形时，已必须考虑 5 个参加者.

② 而且每一个局中人在博弈里起根本性的作用.

个顶点：事实上，我们已经看到，这些顶点所代表的，从策略上看只不过是两种不同类型的竞赛——一类是 35.1 里讨论的顶点 Ⅰ，Ⅴ，Ⅵ，Ⅶ；一类是 35.2 里讨论的顶点Ⅱ，Ⅲ，Ⅳ，Ⅷ. 本章和下一章中所要研究的推广情形，将以 Q 的顶点Ⅰ和Ⅷ为其模型.

41.2 第一类型. 合成与分解

41.2.1 我们首先考虑 35.2 中所讨论的 Q 的顶点Ⅷ. 如在 35.2.2 之末指出的，这个博弈具有下述特点：四个参加者分别属于两个独立的集合（一个是三元素集合，另一个是单元素集合），二者之间没有相互的关系. 这就是说，每一集合里的局中人可以看作是在进行一个独立的博弈，博弈严格地在集合内部进行，而与另一集合完全无关.

这种情形很自然地可以推广到一个含有 $n=k+l$ 个参加者的博弈 Γ，它具有下述性质：参加者分别属于含有 k 和 l 个元素的两个集合，二者之间没有相互的关系. 这就是说，每一集合里的局中人可以看作是在进行一个独立的博弈，博弈严格地在集合内部进行，与另一集合完全无关. [1]设两个独立的博弈分别是 Δ 和 H.

我们用下面的术语来描述博弈 Γ,Δ,H 之间的这种关系：Γ 是 Δ 与 H 的合成；反之，Γ 能够分解成为两个组成部分 Δ 和 H. [2]

41.2.2 在我们对上面的文字定义进行精确的处理之前，先在质的方面作几点说明也许会是有用的：

第一，应当注意到，我们的合成和分解的程序，是同已在近代数学的许多部分里得到成功的应用的一种程序十分相似的. [3]由于这些问题是数学上的高度技术性的问题，我们在这里不再作更多的讨论. 我们只指出，我们现在的程序就是部分地受到上述类似性的启发而想到的. 我们即将得出而且能够用作进一步解释的一些结果是穷尽的，但并非不足道的；从技术的观点看，这些结果表现出相当有希望的征兆.

41.2.3 第二，读者也许会感到，合成是一种纯粹形式和虚构性的程序. 由两个不同的局中人集合参加的两个博弈 Δ 和 H，它们相互之间不发生任何影响，为什么要把它们当作一个单独的博弈 Γ 来考虑呢？

我们的讨论结果将会揭露出，就博弈的规则说，把两个博弈 Δ 和 H 完全分离开来，不一定

---

[1] 在 35.2 中原来的博弈里，第二个集合是由一个孤立的局中人组成的，他也被称为一个“傀儡”. 这就使人想到用另一种推广来代替上面说的一种：一个博弈里的参加者分别属于两个集合. 第一个集合里的局中人们严格地在他们自己之间进行一个独立的博弈，而第二个集合的局中人们无论就他们自己的命运说，或者就另一集合的局中人的命运说，都对博弈不发生任何影响.（因而这些局中人都是“傀儡”.）

然而，这只是正文中所说的推广的一种特殊情形. 这里隐含着把第二个集合的博弈 H 取为一个非本质博弈，即，其中每一参加者有其确定的值的一个博弈，这些值是任何人无法使之更改的.（参看 27.3.1 以及 43.4.2 之末. 在一个非本质博弈里，可以设想，一个局中人若采取不适当的方式进行博弈，只会使他自己的地位恶化. 对于一个“傀儡”，我们本应当排除这种可能性——但这一个并没有什么关系.）

我们即将给出的一般讨论（两个博弈 Δ 和 H 都是本质的），将揭露出一种现象，它在 35.2 的顶点Ⅷ所属的特殊情形——即，“傀儡”（H 非本质）的情形——里是不出现的. 这种新的现象将在本章 46.7，46.8 里讨论，而“傀儡”的情形——其中没有新的现象发生，则将在 46.9 中讨论.

[2] 把合成与分解的概念扩充到多于两个组成部分的情形，看来是很自然的. 这将在本章 43.2，43.3 中实现.

[3] 参看 G. Birkhoff and S, MacLane: A Survey of Modern Algebra, New York, 1941，第十三章.

蕴涵它们的解也是完全独立的. 这就是说:虽然两个局中人集合相互之间不能够发生直接的影响,但若把它们当作一个单独的集合——一个社会——来考虑,就有可能产生稳定的行为标准的问题,使它们之间发生相互关系,[①]这种情况的意义,当我们到达上面提到的地方时,将更细致而全面地加以分析.

41.2.4 此外,应当注意到,在自然科学以及经济学理论里,这种合成的程序是常用的. 例如,完全可以把两个独立的力学系统——拿一个极端的情形来说,一个位在木星上,另一个位在天王星上——当作一个单独的系统来考虑. 同样,也可以把两个不同的国家的内部经济当作一个单独的系统来考虑——不考虑它们之间的关系. 当然,在引入两个系统之间相互作用的力之前,这只是预备性质的一步. 这样,在我们的第一个例子里,我们可以把木星和天王星这两个星座本身选作上面说的两个系统(二者都处于太阳的引力场内),然后,引入行星相互之间所受的引力,作为上面说的相互作用. 在我们的第二个例子里,在考虑到国际贸易、国际资本的变动和迁移时,就引入了相互作用.

我们同样也可以从一个可分解的博弈 Γ 出发,而达到其邻近的其他博弈,而后者是不能分解的. [②]

但在目前的讨论里,我们将不考虑后一类办法. 我们的兴趣集中在本段开头处提及的解所引入的相互关系.

41.3 精确定义

41.3.1 我们现在进入博弈的合成与分解的严格数学描述.

设 k 个局中人 $1',\cdots,k'$ 形成集合 $J=(1',\cdots,k')$,参加博弈 Δ;l 个局中人 $1'',\cdots,l''$ 形成集合 $K=(1'',\cdots,l'')$,参加博弈 H. 我们再一次强调指出,Δ 和 H 是不相交的局中人集合,而且博弈 Δ 和 H 相互之间不发生任何影响. [③]以 $v_\Delta(S)$ 和 $v_H(T)$ 分别记这两个博弈的特征函数,其中 $S\subseteq J, T\subseteq K$.

在形成复合博弈 Γ 时,为了方便,用相同的记号 $1',\cdots,k',1'',\cdots,l''$ 来表示它的 $n=k+l$ 个局中人. [④]他们构成集合 $I=J\cup K=(1',\cdots,k',1'',\cdots,l'')$.

很明显,每一个集合 $R\subseteq I$ 有一个唯一的表示式:

(41:1) $$R=S\cup T, S\subseteq J, T\subseteq K;$$

这个公式反过来的写法是

(41:2) $$S=R\cap J, T=R\cap K.$$ [⑤]

以 $v_\Gamma(R)$,其中 $R\subseteq I$,记博弈 Γ 的特征函数. 博弈 Δ 和 H 组合起来不影响它们相互之间与

① 这与前面提到过的(参看第五章 21.3,37.2.1)下述现象之间有着类似之处:博弈的对称性不一定蕴涵全部解的同样对称性.

② 参看第七章 35.3.3,把它应用到顶点 I 的邻域内,而根据 35.2,I 是一个可分解的博弈. 这里也同 35.3.3 的注里关于摄动法的说明有关.

③ 如果同样的局中人 $1,\cdots,n$ 同时进行两个博弈,则将出现完全不同的情况. 那就是 27.6.2 以及 35.3.4 中提到的博弈的叠加. 它对于策略所产生的影响是更加复杂得多,很难用一般的规则描述出来,见 35.3.4.

④ 而不用通常的 $1,\cdots,n$.

⑤ (41:1),(41:2)这两个公式的意义有着直接的文字解释. 读者如果把它叙述出来,将是有益处的.

Γ 的关系,这一直观的事实在量的方面可以这样来表示:Γ 里一个合伙 $R\subseteq I$ 的值,由它的处于 J 中的部分 $S(\subseteq J)$ 在 Δ 里的值与处于 K 中的部分 $T(\subseteq K)$ 在 H 里的值相加而得到. 用公式表示如下:

(41:3) $$v_\Gamma(R)=v_\Delta(S)+v_H(T),$$

其中 R,S,T 满足(41:1)即(41:2). [①]

41.3.2 公式(41:3)通过组成部分 $v_\Delta(S)$,$v_H(T)$表出了复合的 $v_\Gamma(R)$. 但它也包含着关于反面的问题的解答:以 $v_\Gamma(R)$表示 $v_\Delta(S)$,$v_H(T)$.

事实上,$v_\Delta(\ominus)=v_H(\ominus)=0$. [②]因此,在(41:3)里相继地令 $T=\ominus$和 $S=\ominus$,我们得到

(41:4) $$v_\Delta(S)=v_\Gamma(S),\text{对于 } S\subseteq J,$$

(41:5) $$v_H(T)= v_\Gamma(T),\text{对于 } T\subseteq K. \text{[③]}$$

我们现在可以表示博弈 Γ 对于两个集合 J 和 K 的可分解性这一事实了. 这就是说,给定的博弈 Γ(参加者是 $I=J\cup K$ 的元素)具有这样的性质:它能够分解成两个适当的博弈 Δ(参加者是 J 的元素)和 H(参加者是 K 的元素). 前面已经指出,这是 Γ 的一个隐含的性质,它涉及两个未知的 Δ,H 的存在性. 我们现在要把它表成 Γ 的一个明显的性质.

事实上:如果有两个这样的博弈 Δ,H 存在,则它们必然就是(41:4),(41:5)所描述的两个博弈,而不可能是任何别的博弈. 由此可见,我们所考虑的 Γ 的性质是:(41:4),(41:5)的 Δ,H 满足(41:3). 把(41:4),(41:5)代入(41:3),并利用(41:1)以 S 和 T 表示 R,我们得到

(41:6) $$v_\Gamma(S\cup T)=v_\Gamma(S)+v_\Gamma(T),\text{对于 } S\subseteq J,T\subseteq K.$$

或者,如果我们不用(41:1)而用(41:2)(以 R 表示 S,T),我们得到

(41:7) $$v_\Gamma(R)=v_\Gamma(R\cap J)+v_\Gamma(R\cap K),\text{对于 } R\subseteq I.$$

41.3.3 为了能够正确地了解等式(41:6),(41:7)的作用,有必要对它们所借以建立的基本原理重新进行详尽的考虑. 这将在下面的 41.4 至 42.5.2 中完成. 但关于这些等式的解释有两点说明现在就可以指出来:

第一,(41:6)表示,集合 $S\subseteq J$ 与集合 $T\subseteq K$ 间的合伙是没有引力的——这就是说,虽然在 J 的内部局中人们可能有互相组合起来的动机,K 的内部也一样,但在穿过 J 和 K 的边界时却不存在作用的力.

第二,对于那些熟悉测度的数学理论的读者,我们继 27.4.3 末尾的说明,再指出下面一点:(41:7)恰好是卡拉推奥道利(Carathéodory)的可测性的定义. 在可加测度理论中,这是一个很基本的概念;到目前为止,从技术的观点看,卡拉推奥道利的定义似乎是最优越的一个. [④]它在我们现在的讨论中出现,这一点是值得注意的,而且看来也有进一步研究的价值.

---

① 当然,在 25.1.3 的基础上把它严密地推导出来是没有困难的. 25.3.2 在现在这个情形里全部适用.

② 注意,空集合$\ominus$既是、又是 K 的子集合;由于和 K 是不相交的,这是它们唯一的共同元素.

③ 我们把空集合$\ominus$当作一个合伙来处理,这里正是一个例子,说明它在技术上的方便之处. 参看 25.3.3 的第一个注.

④ 参看 C. Carathéodory: Vorlesungen über Reelle Funktionen, Berlin, 1918, 第五章.

41.4 可分解性的分析

41.4.1 Γ 的可分解性的判断准则(41:6),(41:7),是通过把(41:4),(41:5)里的 $v_\Delta(S)$,$v_H(T)$代到基本条件(41:3)里而得出的.但是,这样的推导却有着一个脱漏之处:我们并没有验证,是否能够找到两个博弈 Δ,H,它们能满足由(41:4),(41:5)形式地定义的 $v_\Delta(S)$,$v_H(T)$的等式.

要把这些附加的条件形式化,是没有什么困难的.由 25.3.1 可知,这就表示,$v_\Delta(S)$和 $v_H(T)$应当满足那里的条件(25:3:a)至(25:3:c).当然,必须有这样的了解:我们假定给定的 $v_\Gamma(R)$是从一个博弈 Γ 引出的;这就是说,$v_\Gamma(R)$满足这些条件.因此,上述问题变为:

(41:A) $v_\Gamma(R)$满足 25.3.1 里的(25:3:a)至(25:3:c),而且也满足上面的(41:6)至(41:7).这时,(41:4),(41:5)里的 $v_\Delta(S)$和 $v_H(T)$是否也满足 25.3.1 里的(25:3:a)至(25:3:c)呢?如果不满足,应当对 $v_\Gamma(R)$再加上怎样的条件?

为了回答这个问题,我们对 $v_\Delta(S)$和 $v_H(T)$逐一检验 25.3.1 里的条件(25:3:a)至(25:3:c).我们将按另一次序来检验它们,这样比较方便.

41.4.2 关于(25:3:a):根据(41:4),(41:5),这个条件对 $v_\Delta(S)$和 $v_H(T)$来说同对 $v_\Gamma(R)$是一样的.

关于(25:3:c):根据(41:4),(41:5),这个条件从 $v_\Gamma(R)$转到了 $v_\Delta(S)$和 $v_H(T)$——这只不过相当于把限制条件 $R\subseteq I$ 换为 $S\subseteq J$ 和 $T\subseteq K$.

在讨论余下的条件(25:3:b)之前,我们指出关于 25.4.1 中(25:4)的一点说明.由于它是(25:3:a)至(25:3:c)的一个推论,我们当然可以从它导出一些结论,将会看到,这样做能够使得(25:3:b)的分析简化.

从现在开始,我们必须混杂地运用 I,J,K 中的余集合.因此,有必要避免用 $-S$ 这个记号,而分别代之以 $I-S,J-S,K-S$.

关于(25:4):对 $v_\Delta(S)$和 $v_H(T)$来说,集合 I 分别被 J 和 K 所代替.因此,这个条件变为

$$v_\Delta(J)=0,$$
$$v_H(K)=0.$$

根据(41:4),(41:5),这就是说

(41:8) $$v_\Gamma(J)=0,$$

(41:9) $$v_\Gamma(K)=0.$$

因为 $K=I-J$,从(25:3:b)(应用于 $v_\Gamma(R)$;对它来说,已假定(25:3:b)成立)得到

(41:10) $$v_\Gamma(J)+v_\Gamma(K)=0.$$

由等式(41:10)可知,(41:8)和(41:9)互相蕴涵.

(41:8)或(41:9)所表示的确实是个新的条件,这是不能从(41:6)或(41:7)推出的.

关于(25:3:b):我们要从它对 $v_\Gamma(R)$成立这一假定,导出它对 $v_\Delta(S)$和 $v_H(T)$成立.根据对称性,只须考虑 $v_\Delta(S)$.

需要证明的关系式是

(41:11) $$v_\Delta(S)+v_\Delta(J-S)=0.$$

根据(41:4),这就是说

(41:12) $$v_\Gamma(S)+v_\Gamma(J-S)=0.$$

考虑到(41:8)(这个等式我们无论如何总是需要的),上式可以写成

(41:13) $$v_\Gamma(S)+v_\Gamma(J-S)=v_\Gamma(J).$$

(当然,$S\subseteq J$.)

为了证明(41:13),对 $v_\Gamma(R)$应用(25:3:b)于 $R=J-S$ 和 $R=J$. 对于这些集合,分别有

$$I-R=S\cup K \text{ 和 } I-R=K.$$

因此,(41:13)变为

$$v_\Gamma(S)-v_\Gamma(S\cup K)=-v_\Gamma(K),$$

即

$$v_\Gamma(S\cup K)=v_\Gamma(S)+v_\Gamma(K),$$

而这就是(41:6)当 $T=K$ 时的特殊情形.

这样,我们补足了 41.4.1 开头处指出的脱漏之点,也回答了(41:A)里的问题.

(41:B) 对于 $v_\Gamma(R)$必须附加的假设条件是(41:8),即(41:9).

所有这些合在一起,就能回答 41.3.2 中关于可分解性的问题了:

(41:C) 要使得博弈 Γ 对于集合 J 和 K 为可分解的(参看 41.3.2),它必须而且只须满足下面两个条件:(41:6)即(41:7),以及(41:8)即(41:9).

41.5 条件的修改的必要

41.5.1 在(41:C)中列出了我们所证明的与可分解性等价的两个条件,它们是两个性质很不相同的条件.(41:6)(即(41:7))是根本性质的条件,而(41:8)(即(41:9))所表示的则只是一种很不主要的情况.我们将在下面严格地阐明这一点,但首先在质的方面作一点说明将是有好处的.我们关于分解概念的模型是 41.2.1 开头处提及的博弈:35.2 中顶点Ⅷ所代表的博弈.但是,这个博弈满足(41:6),而不满足(41:8).(前者由于35.2.1里的(35:7),后者由于 $v(J)=v((1,2,3))=1\neq 0$.)然而我们却把这个博弈当作是可分解的(取 $J=(1,2,3)$,$K=(4)$),于是,就发生了这样的问题:它怎样会有可能破坏了条件(41:8),而这个条件我们已经证明对于可分解性是必要的?

41.5.2 理由很简单:就上面的这个博弈说,它的组成部分

$$\Delta(\text{在 } J=(1,2,3)\text{ 中})\text{ 和 } H(\text{在 } K=(4)\text{ 中})$$

并不完全适合 25.3.1 里的条件(25:3:a)至(25:3:c).确切地说,它们不满足 25.4.1 里的推论(25:4):$v_\Delta(J)=v_H(K)=0$ 不成立(而我们是从这个条件导出(41:8)的).换句话说:Γ 的组成部分不是零和博弈.当然,这一点在 35.2.2 里是十分清楚的;在那里,这一点是在我们的考虑之中的.

由此可见,我们必须设法把条件(41:8)摆脱掉,因为它将迫使我们考虑零和博弈以外的博弈.

42　理论的修改

42.1　不完全放弃零和条件

42.1.1　如果对我们的博弈[①]完全放弃零和条件,就将使得在11.2.3意义上说明博弈特征的函数 $\mathscr{H}_k(\tau_1,\cdots,\tau_n)$ 完全不受任何限制.这就是说,11.4和25.1.3里的限制条件

(42:1)
$$\sum_{k=1}^{n}\mathscr{H}_k(\tau_1,\cdots,\tau_n)\equiv 0$$

将被取消,而没有任何别的条件来代替它.这样,就需要作相当重大的修改,因为25中特征函数的构造是依赖于(25:1)即(42:1)的,从而我们将不得不从头来考虑它的构造.

到了最后,这样的修改终究是必要的(参看第十一章),但在目前的阶段还没有这个必要.

为了确切地了解一下目前究竟什么是必要的,我们在下面42.2.1,42.2.2中先作一些辅助性的讨论.

42.2　策略等价关系.常和博弈

42.2.1　考虑一个零和博弈 Γ,它可以满足也可以不满足条件(41:6)和(41:8).我们从 Γ 转到一个在27.1.1,27.1.2意义上与它策略等价的博弈 Γ',并沿用那里所描述的 $\alpha_1^0,\cdots,\alpha_n^0$.很明显,条件(41:6)对于 Γ 同它对于 Γ' 是等价的.[②]

对于(41:8),情况就完全不同了.从 Γ 转到 Γ',使得(41:8)的左端的值改变 $\sum_{k\in J}\alpha_k^0$.因此,(41:8)若对一种情形成立,当然决不能从它对另一种情形成立而推导出来.事实上,我们有:

(42:A)　　对于每一个 Γ,能够选择一个与它策略等价的博弈 Γ',使得后者满足(41:8).

证明:这里的论断是:[③]我们能够选择满足条件 $\sum_{k\in J}\alpha_k^0=0$ 的 $\alpha_1^0,\cdots,\alpha_n^0$(这就是27.1.1里的(27:1)),使得

$$v(J)+\sum_{k\in J}\alpha_k^0=0.$$

如果 $J\neq\ominus$ 或 I,这显然是可能的,因为这时可以给 $\sum_{k\in J}\alpha_k^0$ 以任何指定的值.如果 $J=\ominus$ 或 I,这里没有什么需要证明的,因为这时根据25.3.1里的(25:3:a)和25.4.1里的(25:4)有 $v(J)=0$.

这个结果可以解释如下:如果我们不考虑零和博弈以外的博弈,[④]则条件(41:6)表明,博

---

① 我们仍把局中人记为 $1,\cdots,n$.

② 根据27.1.1里的(27:2).注意(42:A)里的 $v_\Gamma(S)$,$v_{\Gamma'}(S)$ 就是(27:2)里的 $v(S)$,$v'(S)$.

③ 参看上面一个注.

④ 这就是说,我们不但要求 Γ 是零和的,而且也要求它的组成部分 Δ,H 是零和的.

弈 Γ 本身虽然不一定是可分解的，但它在策略上等价于某个可分解的博弈 Γ'.①

42.2.2 上面的严格的结论使得我们看清楚了我们目前的安排的弱点所在.可分解性是一个重要的策略上的性质，因此，在两个策略上等价的博弈里，如果把一个叫作可分解的，而另一个却不是，这当然是很不方便的.因此，有必要扩充这些概念，使得可分解性在策略等价关系下成为一个不变的性质.

换一句话说，我们要这样来修改我们的概念，使得 27.1.1 中定义策略等价关系的变换(27:2)不致破坏可分解博弈 Γ 与其组成部分 Δ 和 H 之间的关系.这里指的是(41:3)所表示的关系：

(42:2) $$v_\Gamma(S\cup T)=v_\Delta(S)+v_H(T)\text{，对于 }S\subseteq J,T\subseteq K.$$

如果我们以同一组 α_k^0 把(27:2)应用到三个博弈 Γ,Δ,H 上，则(42:2)显然不会受到破坏.唯一的困难在于预备条件(27:1).对于 Γ,Δ,H，这个条件分别是

$$\sum_{k\in I}\alpha_k^0=0,\sum_{k\in J}\alpha_k^0=0,\sum_{k\in K}\alpha_k^0=0;$$

我们现在虽然假定第一个关系式成立，但另外两个却有可能不成立.

因此，解决这个问题的很自然的办法，就是取消 27.1.1 里的条件(27:1).这就是说，把我们所考虑的博弈的范围放宽，使它包含与零和博弈策略等价的全部博弈，这些博弈只受变换公式(27:2)的限制——不要求它们满足(27:1).

如同在 27.1.1 里看到的，这就相当于把后者的函数

$$\mathscr{H}_k(\tau_1,\cdots,\tau_n)$$

换成新的函数

$$\mathscr{H}'_k(\tau_1,\cdots,\tau_n)\equiv\mathscr{H}_k(\tau_1,\cdots,\tau_n)+\alpha_k^0.$$

(这里 $\alpha_1^0,\cdots,\alpha_n^0$ 不再受(27:1)的限制.)按照这种方式，从满足 42.1 中条件(42:1)的函数族 $\mathscr{H}_k(\tau_1,\cdots,\tau_n)$ 得出了新的函数族 $\mathscr{H}'_k(\tau_1,\cdots,\tau_n)$，而后者的特性是很容易表示出来的.这就是(代替上面说的(42:1))下面的性质：

(42:3) $$\sum_{k=1}^n\mathscr{H}'_k(\tau_1,\cdots,\tau_n)\equiv s.\text{②}$$

总结如下：

(42:B) 我们所考虑的博弈的范围扩大了：从零和博弈扩大到了常和博弈.③同时，我们也扩充了 27.1.1 中引入的策略等价关系概念：我们以该处的变换(27:2)来定义它，而把条件(27:1)取消.

42.2.3 必须看到，我们上面的扩充并不改变我们关于策略等价关系的主要观念.为了阐明这一事实，最好的办法是考虑以下两点.

第一，我们在 25.2.2 中说过，我们希望只通过博弈的特征函数，就能了解博弈的全部量的

---

① 35.2.2 中对组成部分的处理正是这样的，这只要考察一下 35.2.2 的第二个注就可以清楚地看出来.

② s 是一个 $\gtreqless 0$ 的常数.从一个零和博弈产生这个博弈，在其所用到的变换(27:2)里，显然有

$$\sum_{k=1}^n\alpha_k^0=s.$$

③ 我们在 42.1 中提到，我们现在还不准备毫无限制地考虑所有的博弈；这里表示了它的确切的含义.

方面的性质.必须看到,在我们目前的常和博弈范围内同在原来的(较窄的)零和博弈范围内,这一要求是完全一样的.理由如下:

(42:C) 每一常和博弈在策略上等价于一个零和博弈.

证明:变换(27:2)显然使(42:3)里的 s 变为 $s+\sum_{k=1}^{n}\alpha_k^0$.我们能够选择 $\alpha_1^0,\cdots,\alpha_n^0$,使得 $s+\sum_{k=1}^{n}\alpha_k^0=0$,这就是说,能够把给定的常和博弈变成一个(策略等价的)零和博弈.

第二,我们的新的策略等价关系概念,仅仅对于我们引入的新的(非零和)博弈来说是必要的.对于原来的(零和)博弈说,新的概念与旧的概念是等价的.换一句话说:如果两个零和博弈能够通过27.1.1里的变换(27:2)而互相得出,则它们自动满足(27:1).事实上,这已在27.1.1的第二个注里指出.

42.3 新的理论里的特征函数

42.3.1 给定一个常和博弈 Γ'(以及满足条件(42:3)的 $\mathscr{H}'_k(\tau_1,\cdots,\tau_n)$),我们只要重复25.1.3里的定义,就能引入它的特征函数 $v'(S)$.[①]另一方面,我们也可以循着本章前面42.2.2,42.2.3的论点所指出的程序进行:我们能够像在42.2.2里一样,从零和博弈 Γ 及其函数 $\mathscr{H}_k(\tau_1,\cdots,\tau_n)$ 得出博弈 Γ' 及其函数 $\mathscr{H}'_k(\tau_1,\cdots,\tau_n)$;这就是说,首先令

(42:4) $$\mathscr{H}'_k(\tau_1,\cdots,\tau_n)\equiv\mathscr{H}_k(\tau_1,\cdots,\tau_n)+\alpha_k^0,$$

其中 $\alpha_1^0,\cdots,\alpha_n^0$ 是适当的常数(参看27.1.1的第一个注),然后借助于27.1.1里的(27:2)即

(42:5) $$v'(S)\equiv v(S)+\sum_{k\in S}\alpha_k^0$$

来定义 Γ' 的特征函数 $v'(S)$.

但是,这两种程序是等价的;这就是说,从(42:4),(42:5)得出的 $v'(S)$,与重新应用25.1.3而得出的是完全一致的.事实上,只要考察一下25.1.3里的那些公式,立即可以表明:把(42:4)代入那些公式,就得到(42:5)这个结果.[②③]

42.3.2 如在25.3.1和26.2中指出的,要使得 $v(S)$ 是一个零和博弈的特征函数,它必须而且只须满足25.3.1里的条件(25:3:a)至(25:3:c).(证明是在25.3.3和26.1里给出的.)在常和博弈的情形里,这些条件将被怎样的条件所代替?

为了回答这个问题,我们记得,上面提到的(25:3:a)至(25:3:c)蕴涵25.4.1里的(25:4).因此,我们可以把条件(25:4)也加在里面,并把(25:3:b)修改如下:在它的右端加上 $v(I)$(根据(25:4),这并不使等式有所改变).由此可见,全部零和博弈的 $v(S)$ 可以这样来描述:

---

① 虽然 Γ' 不再是零和博弈,25.1.3中全部讨论仍逐字逐句地适用,只有一点例外:在25.1.3的(25:2)里,我们必须在最右端加上 s.(这是因为我们现在以(42:3)代替了(42:1).)这一区别是完全无关紧要的.

② 等价于这个考虑的文字说明是很容易的.

③ 如果我们想要只通过(42:2),(42:5)来定义 $v'(S)$,则将产生有无歧义的问题.事实上:由于一个给定的常和博弈 Γ' 显然可以通过(42:4)而从许多个不同的零和博弈 Γ 得出,因此,我们要问,(42:5)总给出同一个 $v'(S)$ 吗?

不难直接证明,事实正是如此.然而,这是不必要的,因为我们已经证明,(42:5)里的 $v'(S)$ 与25.1.3里的那一个 $v'(S)$ 总是相等的;而那里的 $v'(S)$ 是只借助于 Γ' 而无歧义地定义的.

(42:6:a) $$v(\ominus)=0,$$
(42:6:b) $$v(S)+v(-S)=v(I),$$
(42:6:c) $$v(S)+v(T)\leqslant v(S\cup T),\text{若 } S\cap T=\ominus$$
以及
(42:6:d) $$v(I)=0.$$
我们知道,从这些 $v(S)$ 通过 42.3.1 里的变换(42:5),就得到全部常和博弈的 $v'(S)$. 这个变换对于(42:6:a)至(42:6:d)的影响是怎样的呢?

容易验证,(42:6:a)至(42:6:c)完全没有改变,而(42:6:d)则完全失效.[①]因此,我们得到:

(42:D) 要使得 $v(S)$ 是一个常和博弈的特征函数,它必须而且只须满足条件(42:6:a)至(42:6:c).

(从现在开始,我们以 $v(S)$ 代替 $v'(S)$.)

上面已经指出,(42:6:d)不再有效. 然而,我们看到

(42:6:d*) $$v(I)=s.$$
事实上,考虑到 25.1.3 的程序,这是很容易从(42:3)看出来的. 如果比较一下 42.2.2 的第一个注和上面最后一个注(我们现在的 $v(S)$ 在上面的注里是 $v'(S)$),也能够推导出(42:6:d*). 而且,从直观上看,(42:6:d*)也是很清楚的:由全部局中人组成的合伙,得到博弈的固定的和数 s.

42.4 新的理论里的转归、控制性和解

42.4.1 从现在开始,我们所考虑的是任意常和博弈的特征函数,即只受条件(42:6:a)至(42:6:c)限制的函数 $v(S)$.

在这个较宽的范围内,我们的头一件工作很自然地是:把 30.1.1 中所定义的转归、控制性和解的概念加以扩充.

让我们从分配即转归开始. 我们可以按照 30.1.1 把它们解释成为向量
$$\boldsymbol{\alpha}=\{\alpha_1,\cdots,\alpha_n\}.$$
在那里的条件(30:1),(30:2)中,我们可以保留(30:1)不变:

(42:7) $$\alpha_i\geqslant v((i));$$
这是因为,那里提出的理由[②]现在仍然成立. 然而,那里的(30:2)却必须加以修改. 由于博弈是常和博弈,和数是 s (参看上面的(42:3)和(42:6:d*)),因此,这个数额应当分配给每一转归,这就是说,假设下式成立是很自然的:

(42:8) $$\sum_{i=1}^{n}\alpha_i=s.$$
根据(42:6:d*),这与下式是等价的:

---

① 按照(42:5),(42:6:d)的右端变为 $\sum_{i\in I}\alpha_i^0$,即 $\sum_{i=1}^{n}\alpha_i^0$,而这个和数是完全任意的.

② $\alpha_i<v((i))$ 是不许可的,例如可参看 29.2.1 的开头处.

(42:8*) $$\sum_{i=1}^{n} \alpha_i = v(I).$$[1]

我们保留 30.1.1 中有效性、控制性、解的概念不变,[2]这是因为,在引出这些定义的讨论中,所有的论证都不会由于我们现在的推广而有所削弱.

42.4.2 以上的考虑通过下述事实而得到了最后的印证:

(42:E) 对于我们的常和博弈 Γ,Γ'间新的策略等价性概念,[3]在它们的转归之间存在着一个同构,即,从 Γ 的转归到 Γ'的转归上的一个一一映象,它使得30.1.1里的概念[4]都保持不变.

这与 31.3.3 里的(31:Q)是相似的,而且也可以按照同样的方式来证明.同那里一样,我们在 Γ 的转归 $\boldsymbol{\alpha}=\{\alpha_1,\cdots,\alpha_n\}$和 Γ'的转归 $\boldsymbol{\alpha}'=\{\alpha'_1,\cdots,\alpha'_n\}$之间定义一个对应关系

(42:9) $$\boldsymbol{\alpha} \rightleftarrows \boldsymbol{\alpha}'$$

如下:

(42:10) $$\boldsymbol{\alpha}'_k = \alpha_k + \alpha_k^0,$$

其中 $\alpha_1^0,\cdots,\alpha_n^0$ 就是 27.1.1 的(27:2)里所表示的.

这样,31.3.3 中(31:Q)的证明几乎逐字逐句地适用于现在的场合.唯一的一点不同的地方是:31.1.1 的(30:2)被我们的(42:8)所代替;但由 27.1.1 的(27:2)有

$$v'(I) = v(I) + \sum_{i=1}^{n} \alpha_i^0,$$

所以这一点也自行解决了.[5]读者如果重读 31.3,就会发现,那里的所有其他的论证,都同样适用于现在的情形.

42.5 新的理论里的本质性、非本质性和可分解性

42.5.1 我们从 42.2.3 里的(42:C)知道,每一个常和博弈与一个零和博弈是策略等价的.因此,(42:E)使得我们能够把 31 里的一般结果从零和博弈扩充到常和博弈,而从后一类博弈转换到前一类总是通过策略等价性来实现的.

这就迫使我们把非本质的常和博弈定义为与非本质零和博弈策略等价的博弈.我们可以叙述如下:

(42:F) 零和博弈为非本质博弈的必要和充分条件是:它与以$\bar{v}(S)\equiv 0$ 为特征函数的博弈是策略等价的(参看 23.1.3 或 27.4.2 里的(27:C)).根据上面所述,对于常和博弈,条件也一样(但我们必须用我们新的非本质性和策略等价性的概念).

---

① 在零和博弈这一特殊情形下,有 $s = v(I) = 0$,这时(42:8),(42:8*)与上引处的(30:2)相同,当然,这时它们原应相同.

② 即该处的(30:3);(30:4:a)至(30:4:c);(30:5:a)与(30:5:b)或(30:5:c).

③ 如在 42.2.2 之末所定义的,也就是由 27.1.1 里的(27:2)所定义的,但不要求(27:1).

④ 如在 42.4.1 里重新定义的.

⑤ 在这里所提到的证明里,这是用到 $\sum_{i=1}^{n} \alpha_i^0 = 0$ (即 27.1.1 里的(27:1),我们现在不再需要它)的唯一的一个地方.

本质性的定义当然就是非本质性的否定.

把 42.3.1 的变换公式(42:5)应用到第六章 27.4 的准则上,就可以看出,所产生的只是些微小的改变.

27.4.1 里的(27:8)必须换为

$$\gamma=\frac{1}{n}\left\{v(I)-\sum_{j=1}^{n}v((j))\right\}, \tag{42:11}$$

这是因为,这个公式的右端在(42:5)之下是不变的,而且当 $v(I)=0$ 时(即零和的情形)它就是(27:8).

以(42:11)代替(27:8)后,必须把 27.4.1 的准则(27:B)里两个公式右端的 0 都换为 $v(I)$. 27.4.2 的准则(27:C)和(27:D)在(42:5)之下都是不变的,因此,它们没有改变.

42.5.2 在我们现在所考虑的全部常和博弈这样一个较广泛的范围内,我们可以回到 41.3 至 41.4 里的合成和分解的讨论了.

41.3 可以全部逐字逐句地加以重复.

当我们进入 41.4 时,就再一次出现了(41:A)里提出的问题. 为了能够确定,在现在的情形下,除了 41.3.2 的(41:6)即(41:7)外是否还需要别的假设条件,我们现在所必须考察的不再是 25.3.1 里的(25:3:a)至(25:3:c),而是 42.3.2 里的(42:6:a)至(42:6:c)(对于三个特征函数 $v_\Gamma(R)$, $v_\Delta(S)$, $v_H(T)$ 都须考察).

正如同在 41.4 里对于(25:3:a),(25:3:c)的考察一样,(42:6:a),(42:6:c)都是立即就能解决的. 至于(42:6:b),41.4 中(25:3:b)的证明基本上是适用的,但在现在的情形下不再有外加的条件(像那里的(41:8)或(41:9)这样的条件)出现. 为了使问题简单化,我们给出全部证明.

关于(42:6:b):我们要从它对 $v_\Gamma(R)$ 成立这一假定,导出它对 $v_\Delta(S)$ 和 $v_H(T)$ 成立. 根据对称性,只须考虑 $v_\Delta(S)$.

需要证明的关系式是

$$v_\Delta(S)+v_\Delta(J-S)=v_\Delta(J). \tag{42:12}$$

根据(41:4),这就是说

$$v_\Gamma(S)+v_\Gamma(J-S)=v_\Gamma(J). \tag{42:12*}$$

为了证明(42:12*),对 $v_\Gamma(R)$ 应用(42:6:b)于 $R=J-S$ 和 $R=J$. 对于这些集合,分别有 $I-R=S\cup K$ 和 $I-R=K$. 因此,(42:12*)变为

$$v_\Gamma(S)+v_\Gamma(I)-v_\Gamma(S\cup K)=v_\Gamma(I)-v_\Gamma(K),$$

即

$$v_\Gamma(S\cup K)=v_\Gamma(S)+v_\Gamma(K),$$

而这就是(41:6)当 $T=K$ 时的特殊情形.

这样,41.4 里的结果(41:C)得到了改进如下:

(42:G) 在全部常和博弈范围内,要使得博弈 Γ 对于集合 J 和 K 为可分解的(参看 41.3.2),它必须而且只须满足条件(41:6)即(41:7).

42.5.3 把 41.4 里的(41:C)和 42.5.2 里的(42:G)对比一下,就能看到,对于可分解性来说,从零和博弈转到常和博弈使得我们摆脱了(41:8)即(41:9)这个不需要的条件.

现在,可分解性是只由(41:6)即(41:7)来定义了,而且它在策略等价性下是不变的——当然,情况原应是这样的.

我们也知道,当把一个博弈 Γ 分解成两个(组成部分)博弈 Δ 和 H(它们都仅是常和博弈!)时,我们总能够通过策略等价性使它们三者都成为零和博弈.(关于 Γ,参看42.2.3里的(42:C);关于 Δ 和 H,参看 42.2.1 里的(42:A)及其后.)

由此可见,在讨论一个问题时,我们总可以选择两类博弈(零和或常和博弈)之一——按照哪一类博弈对所考虑的问题更为方便而定.

以下除特别指明的地方外,我们所考虑的仍是常和博弈.

43 分解的分割

43.1 分裂集合.组成部分

43.1 我们并不是把博弈 Γ 的可分解性当作它本身的一个性质来定义的,而是通过把全部局中人的集合 I 分解成两个互余的集合 J,K 而定义的.

因此,我们可以这样来看问题:把 Γ 看作是给定的,而把集合 J,K 看作是可变的.由于 K 由 J 完全确定(事实上,$K=I-J$),所以只须把 J 看作是可变的.这样,就产生了下面的问题:

给定一个博弈 Γ(以 I 为其局中人集合).对于哪些集合 $J\subseteq I$(及其对应的 $K=I-J$)来说,Γ 是可分解的?

如果 Γ 对于 $J(\subseteq I)$是可分解的,我们称所有这些 J 是 Γ 的分裂集合.在这个分解里所得到的组成博弈 Δ(参看 41.2.1,以及 41.3.2 里的(41:4))叫作 Γ 的 J-组成部分.[①]

由此可见,分裂集合 J 是由 41.3.2 里的(41:6)即(41:7)定义的,其中 $K=I-J$.

读者将会注意到,这个概念有着很简单的直观上的意义:分裂集合是自成一体的一群局中人,就博弈的规则说,他们既不影响别的局中人,也不受别的局中人的影响.

43.2 由全部分裂集合组成的系统的性质

43.2.1 一个给定博弈的分裂集合的全体,它的特征可以通过一些简单的性质来说明.这些性质大部分都有着直接的直观意义,它们看起来会使得数学的证明似乎没有必要.但我们仍将系统地进行讨论,并给出证明,而把直观的解释放在附注中叙述出来.在以下的整个讨论中,我们把 $v_\Gamma(S)$(Γ 的特征函数)都写成 $v(S)$.

(43:A) 要使得 J 是分裂集合,必须而且只须它的余集合 $K=I-J$ 是分裂集合.[②]

证明:因为 Γ 的可分解性对于 J 和 K 是对称的.

---

① 按照同样的定义,博弈 H(参看 41.2.1,以及 41.3.2 里的(41:5))是 Γ 的 K-组成部分($K=I-J$).

② 在 43.1 的意义下,自成一体的局中人集合这一说法,显然相当于说,余集合是自成一体的.

(43:B) $\ominus$和 I 都是分裂集合.①

证明:由于 $v(\ominus)=0$,所以(41:6)或(41:7)当 $J=\ominus, K=I$ 时显然都成立.

43.2.2

(43:C) 如果 J', J''是分裂集合,则 $J'\cap J''$和 $J'\cup J''$都是分裂集合.②

证明:关于 $J'\cup J''$:由于 J', J''是分裂集合,(41:6)当 J, K 分别等于 $J', I-J'$和 $J'', I-J''$时成立.现希望证明,它对于 $J'\cup J'', I-(J'\cup J'')$成立.为此,考虑 $S\subseteq J'\cup J'', T\subseteq I-(J'\cup J'')$.设 S'是 S 在 J'中的部分,则 $S''=S-S'$在 J'的余集合中;而由于 $S\subseteq J'\cup J''$,所以 S''也在 J''中.因此,$S=S'\cup S'', S'\subseteq J', S''\subseteq J''$.因为 $S'\subseteq J', S''\subseteq I-J'$,因此,对 $J', I-J'$应用(41:6)就有

(43:1) $$v(S)=v(S')+v(S'').$$

其次,由于 $S''\subseteq I-J'$和 $T\subseteq I-(J'\cup J'')\subseteq I-J'$,所以 $S''\cup T\subseteq I-J'$.而且有 $S'\subseteq J'$. 显然,$S'\cup(S''\cup T)=S\cup T$.因此,对 $J', I-J'$应用(41:6)又有

(43:2) $$v(S\cup T)=v(S')+v(S''\cup T).$$

最后,由于 $S''\subseteq J''$和 $T\subseteq I-(J'\cup J'')\subseteq I-J''$,因此,对 $J'', I-J''$应用(41:6)就有

(43:3) $$v(S''\cup T)=v(S'')+v(T).$$

现在,把(43:3)代入(43:2),并利用(43:1)把右端化简,就得到

$$v(S\cup T)=v(S)+v(T),$$

这就是要证明的(41:6).

关于 $J'\cap J''$:应用(43:A)以及上面的结果.由于 J', J''是分裂集合,所以 $I-J', I-J''$, $(I-J')\cup(I-J'')=I-(J'\cap J'')$,③$J'\cap J''$都是分裂集合——最后一个结果就是需要证明的.

43.3 由全部分裂集合组成的系统的描述.分解的分割

43.3.1 如果除了$\ominus$和 I(参看上面的(43:B))之外不存在任何别的分裂集合,我们称博弈 Γ 是*不可分解的*.④我们对这个问题不作更多的讨论,⑤而要继续对 Γ 的分裂集合进行探讨.

(43:D) 设 J 是 Γ 的一个分裂集合,Δ 是 Γ 的 J-组成部分.于是,要使得 $J'\subseteq J$ 是 Δ 的分裂集合,必须而且只须,它是 Γ 的分裂集合.⑥

证明:考虑到(41:4),根据(41:6),J'是 Δ 的分裂集合的意义是:

---

① 说这些集合是自成一体的,只不过是同语的反复.

② 交集合 $J'\cap J''$:读者也许会感到不解,两个自成一体的集合 J', J''怎能有非空的交集合?然而这却是可能的,例如,$J'=J''$就是这种情形的一个例子.比较深刻的理由是:一个自成一体的集合有可能是一些较小的自成一体的集合(真子集合)之和.(参看 43.3 里的(43:H).)我们现在的断言是:如果两个自成一体的集合 J', J''有一非空的交集合 $J'\cap J''$,则这个交集合就是一个这样的自成一体的子集合.这种说法看来也许会易于理解些.

和集合 $J'\cup J''$:两个自成一体的集合之和仍是自成一体的集合.当非空的交集合 $J'\cap J''$存在时,这一断言的意义也许看起来有些模糊,但是,由上面的讨论可知,这种情形实在是无害的.下面的证明事实上主要地就是这种情形的精确说明.

③ 交的余集合是余集合之和.

④ 事实上,绝大多数的博弈都是不可分解的;如果是可分解的,则根据 42.5.2 里的准则(42:G),就需要满足 41.3.2 里的等式(41:6),(41:7).

⑤ 但请参看上面一个注及其所引处.

⑥ 在一自成一体的集合里是自成一体的,这一性质与下述性质相同:在原来的(整个)集合里是自成一体的.这一断言看起来好像是显然的;但事实上并不是这样,这可以从证明里看出来.

(43:4) $$v(S \cup T)=v(S)+v(T),\text{对于 } S \subseteq J', T \subseteq J-J'.$$

(我们把 $v_\Gamma(S)$ 写为 $v(S)$.)仍根据(41:6),J' 是 Γ 的分裂集合的意义是:

(43:5) $$v(S \cup T)=v(S)+v(T),\text{对于 } S \subseteq J', T \subseteq I-J'.$$

我们必须证明(43:4)与(43:5)的等价性.由于 $J \subseteq I$,所以(43:4)显然是(43:5)的特殊情形,因此,我们只须证明(43:4)蕴涵(43:5).

为此,假设(43:4)成立.我们可以对 Γ 和 $J, K=I-J$ 应用(41:6).

考虑 $S \subseteq J', T \subseteq I-J'$.

设 T' 是 T 在 J 中的部分,则 $T''=T-T'$ 在 $I-J$ 中.因此,$T=T' \cup T'', T' \subseteq J, T'' \subseteq I-J$,而对 Γ 和 $J, I-J$ 应用(41:6)就有

(43:6) $$v(T)=v(T')+v(T'').$$

其次,由于 $S \subseteq J' \subseteq J$ 和 $T' \subseteq J$,所以 $S \cup T' \subseteq J$.而且有 $T'' \subseteq I-J$.显然,$(S \cup T') \cup T''=S \cup T$.因此,对 Γ 和 $J, I-J$ 应用(41:6)又有

(43:7) $$v(S \cup T)=v(S \cup T')+v(T'').$$

最后,由于 $S \subseteq J'$ 和 $T' \subseteq I-J'$ 和 $T' \subseteq J$,所以 $T' \subseteq J-J'$.因此,由(43:4)得到

(43:8) $$v(S \cup T')=v(S)+v(T').$$

现在,把(43:8)代入(43:7),并利用(43:6)把右端化简,这样得到的恰好就是要证明的(43:5).

43.3.2 (43:D)使人有理由考虑下面这种特殊的分裂集合 J:$J \neq \ominus$,但 J 的任一个真子集合 $J' \neq \ominus$ 都不是分裂集合.很自然地,我们将称这样的集合 J 是一个*最小分裂集合*.

现在,考虑我们的不可分解性和最小性的定义.由(43:D)立即得到:

(43:E) 要使得(Γ 的)J-组成部分 Δ 为不可分解的,必须而且只须,J 是一个最小分裂集合.

最小分裂集合具有一些很简单的性质,而且由这些集合就能确定所有分裂集合的全体.我们把这些性质叙述如下:

(43:F) 任意两个不相同的最小分裂集合是不相交的.

(43:G) 全部最小分裂集合之和是 I.

(43:H) 如果对最小分裂集合的一切可能的集合形成它们所有的和集合,我们所得到的恰好是全部分裂集合的全体.①

证明:关于(43:F):设 J', J'' 是两个不相交的最小分裂集合.于是,根据(43:C),$J' \cap J'' \neq \ominus$ 是分裂集合,因为它既 $\subseteq J'$ 又 $\subseteq J''$.由 J' 和 J'' 的最小性可知,$J' \cap J''$ 既等于 J' 又等于 J''.因此,$J'=J''$.

关于(43:G):只须证明,I 中每一个 k 属于某个最小分裂集合.

包含局中人 k(即 I)的分裂集合是存在的;设 J 是所有这种集合的交集合.根据(43:C),J 是分裂集合.如果 J 不是最小的,则将有 $\subseteq J$ 的分裂集合 $J' \neq \ominus$,J 存在.根据(43:A),(43:C),$J''=J-J'=J \cap (I-J')$ 也是一个分裂集合,而且显然也有 $J'' \neq \ominus$,J.J' 或 $J''=J-J'$ 二者之一必须包含 k——假定 J' 包含 k.这样,J' 在以 J 为交集合的那些集合之中.因此,$J' \supseteq J$.但因

① 这些论断的直观意义应当是很清楚的.它们说明了 Γ 的分解的最大可能情形的结构.

$J' \subseteq J$而且$J' \neq J$,所以这是不可能的.

关于(43:H):根据(43:C),最小分裂集合的和总是分裂集合,所以我们只须证明反面的论断.

设K是一个分裂集合.如果J是最小分裂集合,则根据(43:C),$J \cap K$是分裂集合,而且$J \cap K \subseteq J$——因而或是$J \cap K = \ominus$或是$J \cap K = J$.如果是第一种情形,则J,K是不相交的;如果是第二种情形,则$J \subseteq K$.因此,我们得到:

(43:I) 每一个最小分裂集合J或是与K不相交或是$\subseteq K$.

设K'是前一种J的和集合,K''是后一种J的和集合.$K' \cup K''$是全部最小分裂集合的和,因此,根据(43:G)有

(43:9)
$$K' \cup K'' = I.$$

根据K'和K''的定义,K'与K是不相交的,而且$K'' \subseteq K$.即

(43:10)
$$K' \subseteq I - K, K'' \subseteq K.$$

把(43:9)与(43:10)合在一起,就有$K'' = K$;因此,K是某些最小集合的和集合,这就是要证明的.

43.3.3 从(43:F),(43:G)可以清楚地看出,全部最小分裂集合形成第二章8.3.1意义下的一个分割,以I为其和.我们称这个分割为Γ的分解分割,并记为Π_Γ.这样,我们可以把(43:H)表成下面的形式:

(43:H*) 一个分裂集合$K \subseteq I$的特征可以通过下面的性质来说明:对于K来说,Π_Γ的每一元素里的点是不可分的——这就是说,Π_Γ的每一元素或是全部都在K中,或是全部都在K之外.

由此可见,Π_Γ表示了在不破坏Γ的规则在局中人之间所建立起来的联系[①]的前提下,Γ在I中的分解能够达到怎样的程度.考虑到(43:E),Π_Γ的元素的特征也可以这样来描述:它们把Γ分解成不可分解的组成部分.

43.4 分解分割的性质

43.4.1 分解分割Π_Γ的定义既已确定,我们很自然地要研究这个分割的细密程度会产生怎样的效果.我们只预备分析两种极端情形:当Π_Γ是尽可能地细密,即当它把I剖分成单元素集合的情形,以及当Π_Γ是尽可能地粗糙,即当它对I根本毫无剖分的情形.换句话说:在第一种情形里,Π_Γ是(I中)全部单元素集合的系统;在第二种情形里,Π_Γ只由单独一个I组成.

这两种极端情形的意义是很容易看出来的:

(43:J) 要使得Π_Γ是(I中)全部单元素集合的系统,必须而且只须,博弈是非本质的.

证明:从(43:H)或(43:H*)可以清楚地看出,上述Π_Γ的性质与下面的说法是等价的:所有的集合$J(\subseteq I)$是分裂集合.这就是说(根据43.1),博弈Γ对于任意两个互余的集合J和$K(=I-J)$是可分解的.也就是说,(41:6)对所有这些情形都成立.但这时(41:6)对S,T(即$S \subseteq J$,$T \subseteq K$)所加的条件只意味着S,T是不相交的.因而上述性质变为

① 即,不破坏由分解而得到的集合的自成一体的性质.

$$v(S\cup T)=v(S)+v(T),\text{对于 } S\cap T=\ominus.$$

而根据27.4.2里的(27:D),这正是非本质性的条件.

(43:K) 要使得Π_Γ仅由I组成,必须而且只须,博弈Γ是不可分解的.

证明:从(43:H)或(43:H*)可以清楚地看出,上述Π_Γ的性质与下面的说法是等价的:$\ominus$和I是仅有的分裂集合.但这正是43.3开头处不可分解性的定义.

这些结果表明,对于一个博弈来说,不可分解性与非本质性是两个极端相反的情形.特别是,非本质性的意义是:43.3之末所描述的Γ的分解,能够一直分到单独的局中人,而不致切断Γ的规则在局中人之间所建立起来的任何联系.[①]读者应当把这里的陈述同27.3.1中我们原来的非本质性定义进行比较.

43.4.2 非本质性、可分解性与局中人的数目n之间的关系如下:

(a) $n=1$.这种情形在实际上可说是毫不重要的.这种博弈显然是不可分解的,[②]而根据27.5.2里的第一点说明,它同时又是非本质的.

应当注意的是:根据(43:J),(43:K),不可分解性与非本质性当$n\geqslant 2$时是不相容的,但当$n=1$时则不然.

(b) $n=2$.根据27.5.2里的第一点说明,这种博弈也必然是非本质的.因此,它是可分解的.

(c) $n\geqslant 3$.对于这些博弈来说,可分解性是一种例外的现象.事实上,可分解性对某些$J\neq\ominus,I$蕴涵(41:6);因此,$K=I-J\neq\ominus,I$.这样,我们能够选择$j\in J,k\in K$.这时对于$S=(j),T=(k)$应用(41:6)有

$$v((j,k))=v((j))+v((k)). \tag{43:11}$$

$v(S)$的值所必须满足的等式是25.3.1里的(25:3:a),(25:3:b)(如果所考虑的是零和博弈),或42.3.2里的(42:6:a),(42:6:b).(43:11)不是这些等式里的任一个,因为,当$n\geqslant 3$时,[③]在(43:11)里出现的集合只有(j),(k),(j,k),而它们都不是那些等式里所出现的集合——即$\ominus$或J或互余集合.由此可见,(43:11)是个外加的条件,它不是一般被满足的.

根据以上的分析,不可分解的博弈不可能有$n=2$,因而必然是$n=1$或$n\geqslant 3$.把这一事实同(43:E)结合起来,我们得到下面这个特别的结果:

(43:L) 分解分割Π_Γ的每一元素或者是一个单元素集合,或者有$n\geqslant 3$个元素.

应当注意到,Π_Γ里的单元素集合都是单元素分裂集合,[④]这就是说,它们对应于那些自成一体的、与博弈的其余部分分离开来的(从合伙的策略的观点看)局中人.他们是35.2.3和41.2.1第一个注意义下的"傀儡".按照这个意义,我们的结果(43:L)表示了下述事实:那些不是"傀儡"的局中人,都聚集在不可分解的组成博弈里,每一组成博弈含有$n\geqslant 3$个局中人.

这似乎正是社会组织的一个一般原则.

---

① 这就是说,在这个博弈里每一局中人是自成一体的.

② 由于I是个单元素集合,所以$\ominus,I$是它的仅有的子集合.

③ $n=2$时的情况不是这样;$(j,k)=I$,(j)和(k)是互余集合.

④ 当然,这样的一个分裂集合必然是最小集合.

44 可分解的博弈.理论的进一步扩充

44.1 (可分解的)博弈的解和它的组成部分的解

44.1.1 我们已完成了对合成与分解的研究的描述性部分.我们现在转入问题的中心部分:对可分解博弈的解的探讨.

设 Γ 是对于 J 和 $I-J=K$ 为可分解的一个博弈,它的 J-组成部分和 K-组成部分分别是 Δ 和 H.如同在 42.5.3 的开头处指出的,我们利用策略等价性使这三个博弈都成为零和博弈.

假设 Δ 的解和 H 的解都是已知的;能不能由此确定 Γ 的解呢?换句话说:一个可分解博弈的解怎样从它的组成部分的解得出?

关于这个问题有着一个看来是说得通的推测,我们将在下面把它叙述出来.

44.2 转归与转归集合的合成和分解

44.2.1 我们现在沿用 41.3.1 的记号.但因我们把 $v_\Gamma(S)$ 写成 $v(S)$,因此,根据(41:4),(41:5),$v_\Delta(S)$,$v_H(S)$ 也都被 $v(S)$ 所代替.

另一方面,我们必须把 Γ,Δ,H 的转归区别开来.[1]为了表示这种区别,最好是指出转归所属的那个局中人集合,而不是他们所参加的那个博弈.这就是说,我们要对它们注明的符号是 I,J,K,而不是 Γ,Δ,H.按照这个意义,我们把 I 的(即 Γ 的)转归记为

$$\boldsymbol{\alpha}_I=\{\alpha_{1'},\cdots,\alpha_{k'},\alpha_{1''},\cdots,\alpha_{l''}\}, \tag{44:1}$$

把 J,K 的(即 Δ,H 的)转归记为

$$\boldsymbol{\beta}_J=\{\beta_{1'},\cdots,\beta_{k'}\}, \tag{44:2}$$

$$\boldsymbol{\gamma}_K=\{\gamma_{1''},\cdots,\gamma_{l''}\}. \tag{44:3}$$

如果有三个这样的转归满足下面的关系式:

$$\begin{aligned}&\alpha_{i'}=\beta_{i'},\text{对于 } i'=1',\cdots,k',\\&\alpha_{j''}=\gamma_{i''},\text{对于 } j''=1'',\cdots,l'',\end{aligned} \tag{44:4}$$

那么,我们说:从 $\boldsymbol{\beta}_J,\boldsymbol{\gamma}_K$,通过合成而得到 $\boldsymbol{\alpha}_I$,从 $\boldsymbol{\alpha}_I$ 通过分解(对于 J,K)而得到 $\boldsymbol{\beta},\boldsymbol{\gamma}_K$,并且 $\boldsymbol{\beta}_J,\boldsymbol{\gamma}_K$ 是 $\boldsymbol{\alpha}_I$ 的(J-,K-)组成部分.

由于我们现在所考虑的是零和博弈,所有这些转归都必须满足 30.1.1 里的条件(30:1),(30:2).对于由(44:4)联系起来的 $\boldsymbol{\alpha}_I,\boldsymbol{\beta}_J,\boldsymbol{\gamma}_K$,很容易直接验证,它们满足这些条件.

关于 30.1.1 里的(30:1):它对于 $\boldsymbol{\beta}_J,\boldsymbol{\gamma}_K$ 成立显然等价于它对于 $\boldsymbol{\alpha}_I$ 成立.

关于 30.1.1 里的(30:2):对于 $\boldsymbol{\beta}_J,\boldsymbol{\gamma}_K$,这个条件的意义是(应用(44:4)):

---

[1] 现在,重新引用 41.3.3 里局中人的记号是很方便的.

(44:5)
$$\sum_{i'=1'}^{k'} \alpha_{i'} = 0,$$

(44:6)
$$\sum_{j''=1''}^{l''} \alpha_{j''} = 0.$$

对于 $\boldsymbol{\alpha}_I$,它相当于

(44:7)
$$\sum_{j'=1'}^{k'} \alpha_{i'} + \sum_{j''=1''}^{l''} \alpha_{j''} = 0.$$

由此可见,如果它对于 $\boldsymbol{\beta}_J,\boldsymbol{\gamma}_K$ 成立,则它对 $\boldsymbol{\alpha}_I$ 也成立;但若它对 $\boldsymbol{\alpha}_I$ 成立,则它对 $\boldsymbol{\beta}_J,\boldsymbol{\gamma}_K$ 不一定成立——事实上,从(44:7)可以推出(44:5),(44:6)的等价性,但不能推出二者中任一个成立.

因此,我们得到:

(44:A) 任意两个转归 $\boldsymbol{\beta}_J,\boldsymbol{\gamma}_K$ 能够合成为一个 $\boldsymbol{\alpha}_I$;但要使得一个转归 $\boldsymbol{\alpha}_I$ 能够分解成为两个 $\boldsymbol{\beta}_J,\boldsymbol{\gamma}_K$,则它必须而且只须满足(44:5)即(44:6).

我们称这样的 $\boldsymbol{\alpha}_I$ 是可分解的(对于 J,K).

44.2.2 这种情况是同博弈本身之间的情况相类似的:合成总是可能的,而分解则不然.在这里,可分解性仍然是个例外的现象.①

最后,应当注意到,转归的合成这一概念有着很简单的直观上的意义.同在41.2.1,41.2.3,41.2.4中对于博弈所作的解释一样,它相当于把两个互相独立的事件"当作一个来看待".要使得一个 $\boldsymbol{\alpha}_I$ 的分解(成为 $\boldsymbol{\beta}_J,\boldsymbol{\gamma}_K$)成为可能,必须而且只须,转归 $\boldsymbol{\alpha}_I$ 的集合所给予两个自成一体的局中人集合 J,K 的数额,恰好就是其"应得的份额"——即0.这就是条件(44:A)(即(44:5),(44:6))的意义.

44.2.3 考虑转归 $\boldsymbol{\beta}_J$ 的集合 V_J 和转归 $\boldsymbol{\gamma}_K$ 的集合 W_K.设 U_I 是这样的转归 $\boldsymbol{\alpha}_I$ 的集合:它们是从 V_J 中所有的 $\boldsymbol{\beta}_J$ 和 W_K 中所有的 $\boldsymbol{\gamma}_K$ 通过合成而得到的.这时,我们说:从 V_J,W_K 通过合成而得到 U_I,从 U_I 通过分解(对于 J,K)而得到 V_J,W_K,并且 V_J,W_K 是 U_I 的(J-,K-)组成部分.

很明显,不论 V_J,W_K 是什么,合成的程序总是能够实现的;而对于一个给定的 U_I,却不一定能够实现分解(对于 J,K).如果 U_I 能够被分解,我们称它是可分解的(对于 J,K).

应当注意的是,U_I 的可分解性是个很强的限制条件;它蕴涵着(不说别的),U_I 的一切元素 $\boldsymbol{\alpha}_I$ 都必须是可分解的(参看44.2.2之末的解释).

为了更全面地解释转归集合 U_I,V_J,W_K 的概念,我们只限于讨论博弈 Γ,Δ,H 的解,这样将更为方便.

44.3 解的合成与分解.主要的可能性与推测

44.3.1 设 V_J,W_K 分别是博弈 Δ,H 的两个解.通过它们的合成,产生出一个转归集合 U_I,人们可以预期,这个转归集合是博弈 Γ 的一个解.事实上,U_I 是以下即将叙述的一种行为标准的表达式.我们在以下正文的(44:B:a)至(44:B:c)中给出文字的叙述,而把与之等价的数

① 在博弈和转归的可分解性等概念之间,有着极大的技术上的不同之处.但应注意到41.3.2里的(41:4),(41:5),和41.4.2里的(41:8),(41:9),(41:10),以及我们现在的(44:4),(44:5),(44:6),(44:7)之间的相似之处.

学上的叙述放在附注里给出;读者不难验证,它们合在一起正是我们的合成的定义.

(44:B:a) J 里的局中人合在一起所得到的数额,永远等于它们"应得的份额"(即 0);K 里的局中人合在一起也一样.①

(44:B:b) 集合 J 中局中人的命运与集合 K 中局中人的命运,二者之间没有任何关系.②

(44:B:c) J 中局中人的命运受行为标准 V_J 的支配,③K 中局中人的命运受行为标准 W_K 的支配.④

如果设想两个组成博弈是绝对互相分离地出现的,那么,要把它们的单独的解 V_J,W_K 看作复合博弈 Γ 的一个解,这是一种说得通的方式.

然而,由于解是一个精确的概念,这个断言需要一个证明.这就是说,我们必须证明:

(44:C) 如果 V_J,W_K 是 Δ,H 的解,则它们的合成 U_I 是 Γ 的解.

44.3.2 顺便指出,这是说明常识与数学严格性之间典型关系的另一个例子.虽然从常识上能够得到一个论断(在我们现在的场合,就是:若 V_J,W_K 是解,则 U_I 是解),但若不从数学上加以证明,则它在理论(在我们现在的场合,以 30.1.1 的定义为基础)的范围内是无效的.在这样的意义上,看来似乎严格性比常识更为重要.然而,必须考虑到,如果数学的证明不能够得出常识上的结论,那么,就完全有理由拒绝接受这样的理论.由此可见,数学的方法首先在于要对理论进行检验——这样,就将不只限于从常识上来检验.

将会看到,(44:C)成立,虽然它不是很显然的.

人们也许会期望,(44:C)的逆命题也成立,即,企图证明:

(44:D) 如果 U_I 是 Γ 的一个解,则能够把它分解成 Δ,H 的解 V_J,W_K.

初看起来,这好像是说得通的;既然 Γ 是两个完全分离的博弈的合成,Γ 的任一个解怎能不表现出这一合成的结构呢?

但是,令人惊奇的是,(44:D)并不一般地成立.读者也许会认为,如果严肃地对待上述方法论的论点,我们将不得不放弃——或者至少在实质上加以修改——我们的理论(即 30.1.1).然而,我们将表明,(44:D)的"常识上的"基础是颇成问题的.事实上,我们的结果——与(44:D)相抵触的结果——将提供很好的解释,将很好地同社会组织中熟知的现象联系起来.

44.3.3 要正确地了解为什么(44:D)不成立,以及代替它的理论为什么成立,需要相当细致的考虑.在我们进入这些讨论之前,最好是先来考察一下,(44:D)在怎样的情况下不成立.

可以把(44:D)分成两个命题:

(44:D:a) 如果 U_I 是 Γ 的一个解,则它是可分解的(对于 J,K).

(44:D:b) 如果 Γ 的一个解 U_I 是可分解的(对于 J,K),则它的组成部分 V_J,W_K 是 Δ,H 的解.

将会看到,命题(44:D:b)为真,而(44:D:a)则不真.这就是说,有可能发生这样的情况:一

---

① U_I 的每一元素 $\boldsymbol{\alpha}_I$ 是可分解的.

② 在形成 U_I 时所用到的任一 $\boldsymbol{\beta}_J$,以及在形成 U_I 时所用到的任一 $\boldsymbol{\gamma}_K$,二者通过合成给出 U_I 的一个元素 $\boldsymbol{\alpha}_I$.

③ 上面提到的那些 $\boldsymbol{\beta}_J$ 恰好是 V_J 的元素.

④ 上面提到的那些 $\boldsymbol{\gamma}_K$ 恰好是 W_K 的元素.

个可分解的博弈 Γ 具有一个不可分解的解.[1]

我们知道,解的可分解性(或任一转归集合的可分解性)是由44.3.1里的(44:B:a)至(44:B:c)表出的.因此,对于上面提到的不可分解的解来说,这些条件中至少有一个不成立.将会看到(见46.11),不能被满足的条件是(44:B:a).看起来这是很严重的,因为(44:B:a)是首要的条件——这里首要的意义是:当它不成立的时候,条件(44:B:b),(44:B:c)甚至连表达出来都不可能.

可分解性的概念有着一定的伸缩性.这在42.2.1,42.2.2,42.5.2里可以看出来:在那里,我们修改了这个概念,从而摆脱掉了有关博弈的可分解性的一个不方便的辅助条件.将会看到,我们的困难将再一次通过这种办法得到解决——而(44:D)将被一个正确而令人满意的定理所代替.为此,我们必须致力于修改我们的处理方式,使得我们能够摆脱条件(44:B:a).

我们将做到这一点;然后,就可以发现,条件(44:B:b),(44:B:c)并不引起任何困难,而且我们能够得出一个完善的结果.

44.4 理论的扩充.外部来源

44.4.1 现在,我们可以把44.1中(暂时)引入的正规化条件——即,所考虑的是零和博弈——摆脱掉了.我们回到42.2.2里的常和博弈的情形.

有了这个了解之后,我们现在考虑一个可分解的(对于 J,K)博弈 Γ,它的 J-,K-组成部分分别是 Δ,H.

44.2.1,44.2.2中关于转归的合成与分解的理论,只须稍加修改,现在仍都成立.(44:1)至(44:4)逐字逐句地适用于现在的场合,而(44:5)至(44:7)则只在它们的右端需要一些更改.由于30.1.1的(30:2)已被42.4.1的(42:8*)所代替,所以上述(44:5)至(44:7)各式现在变为:

(44:5*) $$\sum_{i'=1'}^{k'}\alpha_{i'} = v(J),$$

(44:6*) $$\sum_{j''=1''}^{l''}\alpha_{j''} = v(K)$$

以及

(44:7*) $$\sum_{i'=1'}^{k'}\alpha_{i'} + \sum_{j''=1''}^{l''}\alpha_{j''} = v(I) = v(J) + v(K).$$

(最后一个等式是在42.3.2的(42:6:b)或41.3.2的(41:6)里令 $S=J,T=K$ 而得到的.)这里的情况与44.2.1里完全一样.事实上,它确实是从后者通过42.4.2里的同构而得到的.因此,$\boldsymbol{\alpha}_I$ 满足(44:7*),但要使得它具有可分解性,则需加上条件(44:5*),(44:6*)——(44:7*)蕴涵(44:5*)与(44:6*)的等价性,但并不蕴涵二者中任一个成立.

由此可见,44.2.1中可分解性的准则(44:A)仍然成立,但需要以我们现在的(44:5*),(44:6*)来代替那里的(44:5),(44:6).44.2.2中最后的结论可以重复如下:要使得一个 $\boldsymbol{\alpha}_I$ 的分解(成为 $\boldsymbol{\beta}_J,\boldsymbol{\gamma}_K$)成为可能,必须而且只需,转归 $\boldsymbol{\alpha}_I$ 所给予两个自成一体的局中人集合 J,K

---

[1] 这与下述现象是相类似的:一个对称博弈有可能具有一个不对称的解.参看37.2.1.

的数额，恰好就是它们应得的份额——现在是 $v(J)$，$v(K)$. [1]

我们知道，关于转归的可分解性的这一限制条件——44.3.1 中(44:B:a)的根据——是造成困难的一个因素，因此，我们必须把它摆脱掉. 这就意味着要把使得它们得以发生的条件(44:5*)和(44:6*)，即 42.4.1 里的条件(42:8*)摆脱掉.

44.4.2 按照以上所述，我们现在要从一个新的转归概念来考虑常和博弈 Γ 的理论，这个新的转归概念仅以 42.4.1 的(42:7)为其基础(即，仅以 30.1.1 的(30:1)为其基础)，而不需要 42.4.1 里的(42:8*). 换句话说：[2]

广义转归是一组数 $\alpha_1, \cdots, \alpha_n$，满足条件

(44:8) $$\alpha_i \geqslant v((i))\text{，对于 } i=1,\cdots,n.$$

我们对 $\sum_{i=1}^{n} \alpha_i$ 不加任何限制条件. 这些广义转归也可以看作是些向量：

$$\boldsymbol{\alpha} = \{\alpha_1, \cdots, \alpha_n\}.$$

44.4.3 以转归概念为基础的那些定义——即 30.1.1 及 44.2.1 里的定义，现在有必要全部重新加以考虑. 但在进行这一工作之前，最好是先来解释一下广义转归这个概念.

这个概念的实质在于：它表示某些数额在局中人之间的一种分配，而并不要求它们的总数等于博弈 Γ 的常数和.

这样的安排似乎已越出了下述情况的范围之外，即：局中人们只是在其相互之间有着打交道的关系. 然而，我们一直是把转归看作一种分配方案，它是对所有局中人的全体提出的建议.(例如，这种想法贯穿在全部 4.4，4.5 中；在 4.4.1 中是十分明显地表达出来的.)这种建议也许是出之于局中人之一，[3]但这是无关紧要的. 我们同样也可以想象，有着自外部而来的种种不同的转归，提供 Γ 的局中人们考虑. 这一切都与我们以往的考虑是一致的；但在这一切里，那些"外部来源"只以提供建议的形式出现，而对博弈的收入则不能有所贡献，也不能有所削减.

44.5 过 剩 额

44.5.1 但我们现在的广义转归概念则可以用来表示，"外部来源"能够提供这样的建议，其中确实包含着贡献或削减，即，转移. 对于广义转归 $\boldsymbol{\alpha} = \{\alpha_1, \cdots, \alpha_n\}$ 来说，这一转移的数额是

(44:9) $$e = \sum_{i=1}^{n} \alpha_i - v(I),$$

我们称它是过剩额. 于是

---

① 代替上引处的 0.

② 我们仍以 $1,\cdots,n$ 记局中人.

③ 他试图组成一个合伙. 因为我们把整个转归看作是他的建议，这就使得我们有必要假定，甚至对合伙所不拟包含的那些局中人，他也在对他们提出建议. 他可以对这些局中人提出他们各自的最小的 $v((i))$(有可能稍多一些，参看第七章 38.3.2 和 38.3.3). 也可能有些局中人是处在"包含与排斥之间"的中间地位(参看 37.1.3 中第二种情形). 当然，那些处于较为不利地位的局中人也有可能使他们的不满产生效果；这就会引向控制性等概念.

$$e>0 \text{ 相当于贡献},$$
$$(44:10) \qquad e=0 \text{ 相当于没有转移},$$
$$e<0 \text{ 相当于削减}.$$

有必要对它加上一些适当的限制条件,这样才能得到有现实意义的问题;这一点我们即将予以考虑.

必须理解,上面说的那些转移对博弈会产生怎样的作用.转移是自外部而来的建议的一部分,局中人们按照控制性等原则衡量各个转移的优劣得失,然后决定加以采纳或拒绝.[①]在这个过程里,任一不满足的局中人集合可以退到原来的博弈Γ;在不同的(广义)转归里它们可以有不相同的地位,Γ就是他们选择转归时唯一有效的准绳.[②]由此可见,这里所讨论的博弈,即,社会过程的物理背景,确定了全部组织细节的稳定性——但其开端则来自外部的建议,并满足上述过剩额的限制.

44.5.2 过剩额的"限制"所能取的最简形式,是明显地指出它的值e.要解释这种最简形式的意义,我们必须记住(44:10).

$e\gtrless 0$的情形是存在的;初看起来,这似乎不很符合我们的直观.

(a) 特别是当$e<0$.即,从外部而来的建议是削减的情形,更加违反直观.既然局中人们能够退回到一个常和为$v(I)$的博弈,他们为什么会接受一个较低的总额呢?这就是说,基于这样一种原则而建立起来的"行为标准"或"社会秩序",怎样能够是稳定的呢?下面是对于这个问题的回答:如果全部局中人形成一个合伙,并采取一致行动,则博弈只值$v(I)$.如果他们分成几个敌对的集团,则每一集团也许不得不朝着更为悲观的方向来估计它的机会,因而这样一种分法有可能使得较$v(I)$为低的总额成为稳定.[③]

(b) $e>0$的情形.即,如果从外部而来的是一种纯粹的馈赠,这种情形也许比较容易理解些.但在这种情形里,也有必要对博弈进行研究,这样才能看清楚,怎样通过稳定性的考虑,来安排这一馈赠在局中人之间的分配.必须期望,由于局中人们有着参加种种不同的合伙的可能性,使得他们对自己的机会有乐观的估价,从而决定局中人们提出怎样的要求.因此,理论必须在总数额中规定他们的调整额.

---

① 当然,这只是对社会过程的一种狭窄甚至可能有些任意的描述.然而,应当记住,我们这里只是为了一定的、有限的目的:确定稳定的平衡,即,博弈的解.从4.6.3结束处的说明看,这一点应当是很清楚的.

② 当然,我们这里指的是有效性和控制性的定义,参看44.1以及44.3开头处——在30.1.1中以精确的方式给出.我们将在44.7.1中把精确的定义扩充到我们现在的概念上.

③ 下面是以启发性的方式从量的方面作初步的测定:如果局中人分成不相交的集合(合伙)$S_1,\cdots,S_p$,则他们自己的估价的总和是$v(S_1)+\cdots+v(S_p)$.根据42.3.2里的(42:6:c),这个总和$\leqslant v(I)$.

十分奇怪的是,根据42.3.2里的(42:6:b),当$p=2$时,这一和数事实上是$=v(I)$,——这就是说,在这一模型里,三个或更多个集团间的意见不合,是造成损失的实际根源.

根据42.3.2里的(42:6:c),上述和数$v(S_1)+\cdots+v(S_p)$显然都$\geqslant \sum_{i=1}^{n} v((i))$.另一方面,最后这个表示式本身也是上述和数之一(令$p=n,S_i=(i)$).因此,如果每一局中人都与所有其他局中人相隔离,这时的损失为最大.

由此可见,当$\sum_{i=1}^{n} v((i)) = v(S_i)$时,即,当博弈非本质时,上面说的现象就整个都消失了(参看42.5.1里的(42:11)).

44.6 过剩额的限制.新的结构中博弈的非孤立特性

44.6.1 以上的讨论表明,过剩额 e 必须不是太小(当 $e<0$ 时),也不是太大(当 $e>0$ 时).在太小的场合,将会发生这样的情况:每一局中人即使是在最坏的情形下,即,即使是不得不孤立地参加博弈,他也会宁愿退到原来的博弈.[①]在太大的场合,将会发生这样的情况:"纯粹的馈赠"为数"太大",这就是说,在任一假想的合伙中,没有一个局中人能够提出这样的要求,使得总的数额能够被耗尽.这样,由于馈赠数额太大,将促使已有的组织机构趋于瓦解.

我们将在 45 中看到,上面这些质的方面的考虑是正确的;我们也要通过严格的推导,得出以上质的方面的讨论中的细节,以及使得它们得以成为有效的过剩额的精确值.

44.6.2 在所有这些考虑中,不能再把博弈 Γ 当作一个孤立的事件来看待,因为过剩额是从外部而来的一种贡献或削减.这就使人想到,以上一系列的想法都应当是同博弈 Γ 的分解的理论有联系的.事实上,组成博弈 Δ, H 都不再是完全孤立的,而是二者共同存在的.[②]因此,很有理由按照这种精神来看 Δ, H,——至于复合博弈 Γ 究竟应当按照老的方式(即,看作是孤立的)还是新的方式来处理,也许还有可讨论之处.然而,我们将会看到,关于 Γ 的这种不明确的地方,基本上是不会对结果有所影响的;而关于 Δ, H 所采取的较宽广的处理方式,则将被证实是绝对必要的(参看 46.8.3 以及 46.10).

如果按照上述意义把一个博弈 Γ 看作一个非孤立的事件,并且 Γ 有着从外部而来的贡献或削减,那么,人们也许会想到这样来做:把外部来源也当作一个局中人来处理,把他同别的局中人都包含在一个较大的博弈 Γ' 里.这时,必须以这样的方式来设计 Γ'(它包含 Γ)的规则,使得它能对所需的转移提供处理的办法.这一要求借助于我们最后的结果将能得到满足,但是,这一问题里有着一些错综复杂的因素需要考虑,只有到了那一阶段才能得到更好的解决.

44.7 新的结构 $E(e_0)$,$F(e_0)$的讨论

44.7.1 要重新考虑 44.4.3 开头处提到的我们的老的定义,是一件十分简单的事情.

关于广义转归,我们有了 44.4.2 中新的定义.关于有效性和控制性,我们不加改变地采用 30.1.1 中的定义,[③]就我们目前的推广来说,当初导致那些定义的讨论中所提出的种种论点,现在看来仍都有效.关于上引处我们的解的定义,[④]情况也完全一样,但有一点需要注意:按照上引处解的定义,一个解的概念依赖于全部转归的集合,它就是在这个集合里形成的.而在我们目前的广义转归的结构里,如同在 44.5.1 中指出的,我们将不得不考虑关于它们的限制条

---

① 当建议的总额 $v(I)+e<\sum_{i=1}^{n} v((i))$ 时,就会发生这种情况.由于最后这个表示式等于 $v(I)-n\gamma$(根据42.5.1里的(42:11)),这就意味着 $e<-n\gamma$.

我们将在 45.1 中看到,这正是 e"太小"的判断准则.

② 这里虽然没有"相互作用",但若仅就博弈的规则说,情况正是如此;参看 41.2.3,41.2.4.

③ 即,上引处的(30:3);(30:4:a)至(30:4:c).

④ 即,上引处的(30:5:a)和(30:5:b);或(30:5:c).

件——特别是关于它们的过剩额的限制.这些限制条件将确定出需要考虑的全部广义转归的集合,从而确定解的概念.

44.7.2 确切地说,我们将考虑两种类型的限制条件.

第一,我们将考虑这样的情形,其中过剩额的值是预先指定的.这时,我们有下面的等式:

(44:11) $$e=e_0,$$

这里 e_0 是给定的.这一限制条件的意义是:外来的转移额是预先指定的——按照44.5.2的讨论的意义.

第二,我们将考虑这样的情形,其中只指定了外来转移额的一个上限.这时,我们有下面的不等式:

(44:12) $$e\leqslant e_0,$$

这里 e_0 是给定的.这一限制条件的意义是:外来转移额有一个指定的最大值(从接受转移的那些局中人的观点看).

我们真正感兴趣的乃是第一种情形,即,44.5.2的情形.至于第二种情形,则将对第一种情形的阐明有其技术上的便利——虽然它的引入初看起来也许不很自然.我们不再考虑其他的情形,因为仅仅这两种情形就已能使我们完成上面指出的讨论了.

以 $E(e_0)$ 记满足(44:11)的全部广义转归的集合(第一种情形).考虑到44.5.1里的(44:9),我们可以把(44:11)写成如下的形式:

(44:11*) $$\sum_{i=1}^{n}\alpha_i = v(I)+e_0.$$

以 $F(e_0)$ 记满足(44:12)的全部广义转归的集合(第二种情形).考虑到44.5.1里的(44:9),我们可以把(44:12)写成如下的形式:

(44:12*) $$\sum_{i=1}^{n}\alpha_i \leqslant v(I)+e_0.$$

为了完整起见,我们把描述广义转归特征的式子重复写出如下:

(44:13) $$\alpha_i\geqslant v((i)),\text{对于 } i=1,\cdots,n;$$

必须对(44:11*)以及(44:12*)加上这个式子.

应当注意的是:在42.4.2的同构之下,(44:9)的定义以及(44:11*),(44:12*)和(44:13)的定义都是不变的.

44.7.3 现在,可以不加改变地采用30.1.1里解的定义了.由于这是一个起重要作用的概念,我们按照目前的条件把它的定义重述出来.在以下整个定义中,可以把 $E(e_0)$ 换为 $F(e_0)$;我们把它写在方括号内.

集合 $V\subseteq E(e_0)[F(e_0)]$ 如果满足下列条件:

(44:E:a) V 中没有一个 $\boldsymbol{\beta}$ 被 V 中一个 $\boldsymbol{\alpha}$ 控制,

(44:E:b) 不在 V 中但在 $E(e_0)[F(e_0)]$ 中的每一个 $\boldsymbol{\beta}$ 被 V 中某个 $\boldsymbol{\alpha}$ 控制,则称它是关于 $E(e_0)[F(e_0)]$ 的一个解.

(44:E:a)和(44:E:b)合在一起可以写成一个单独的条件:

(44:E:c) V 的元素是 $E(e_0)[F(e_0)]$ 中不被 V 的任何元素控制的那些元素.

可以看出,$E(0)$ 使我们回到原来的30.1.1(零和博弈)和42.4.1(常和博弈).

44.7.4 广义转归的合成、分解与组成部分这些概念,可以再一次通过 44.2.1 的(44:1)—(44:4)来定义.如同在 44.4.2 中指出的,我们为了技术上的目的要把转归的概念加以扩充,这一任务现在是完成了.现在,分解以及合成总是能够实现的了.

这些概念与集合 $E(e_0)$,$F(e_0)$之间的关系却不是这样简单;我们将在以后有必要的时候再加以考虑.

关于广义转归的集合的合成、分解与组成部分,44.2.3 的定义现在可以逐字逐句地加以重复.

45 过剩额的限制.扩充的理论的结构

45.1 过剩额的下限

45.1.1 在 30.1.1 以及 42.4.1 的结构里,转归总是存在的.现在的情况却不同了:对于某个 e_0,集合 $E(e_0)$或 $F(e_0)$都有可能是空的.显然,这种情况发生在 44.7.2 的(44:11*)或(44:12*)与(44:13)相抵触的时候,而在这两种情形里,这显然也就是

$$v(I)+e_0<\sum_{i=1}^{n}v((i))$$

的场合.由于根据 42.5.1 里的(42:11),上式右端等于 $v(I)-n\gamma$,所以上式变为

(45:1) $$e_0<-n\gamma.$$

如果 $E(e_0)$[$F(e_0)$]是空集合,则对于它来说,空集合显然是一个解,——而由于这是它仅有的子集合,所以这也是它仅有的一个解.[1]另一方面,如果 $E(e_0)$[$F(e_0)$]不是空集合,则它的每一个解都不是空的.要说明这一点,只须逐字逐句地重复 31.2.1 中(31:J)的证明.

不等式(45:1)的右端是由博弈 Γ 确定的;我们对它引进下面的记号(同它的符号相反,并应用 42.5.1 里的(42:11)):

(45:2) $$|\Gamma|_1=n\gamma=v(I)-\sum_{i=1}^{n}v((i)).$$

现在,我们可以把讨论的结果总结如下:

(45:A) 如果

$$e_0<-|\Gamma|_1,$$

则 $E(e_0)$,$F(e_0)$都是空的,而且空集合是它们仅有的一个解.如果不是这样,则 $E(e_0)$或 $F(e_0)$或它们的任一个解都不可能是空的.

这个结果表明,44.6.1 意义下的 e_0(即 e)的"太小"的值是存在的.事实上,它证实了 44.6.1的注里所作关于量的方面的估计.

① 这种情形虽然是不足道的,但却不应将它忽略掉.这里事实上就是 31.2.1 第二个注的重复.

45.2 过剩额的上限.分离和全分离的转归

45.2.1 我们现在转到那些在44.6.1意义下为“太大”的 e_0(即 e)的值.我们已在那里看到,e 的值“太大”将使组织趋于瓦解;现在要问:当 e 大到怎样的程度,就会产生这样的影响?

如在44:6.1中指出的,问题是这样的:过剩额可能是太大,以致任一假想的合伙中任一局中人不可能提出如此大的要求,使得过剩额被耗尽.我们现在把这一想法以量的方式描述出来.

最好的办法是考虑那些广义转归 $\boldsymbol{\alpha}$ 本身,而不是考虑它们的过剩额.对于这样一个 $\boldsymbol{\alpha}$ 来说,如果它指派给每一(非空)集合 $S\subseteq I$ 的局中人的值超过了这些局中人在 Γ 中组成一个合伙时所能得到的,这就是说,如果

(45:3) $$\sum_{i\in S}\alpha_i > v(S),\text{对于每一非空集合 } S\subseteq I,$$

那么,这个 $\boldsymbol{\alpha}$ 就成了任一合伙中提出的任一要求所不能达到的.把(45:3)同30.1.1里的(30:3)进行比较,可以看出,我们的准则相当于要求每一非空集合 S 对于 $\boldsymbol{\alpha}$ 不是有效集合.

在我们实际的推导中,把(45:3)稍加放宽,使它包括取等号的极限情形,将是有好处的.这样,我们的条件变成了

(45:4) $$\sum_{i\in S}\alpha_i \geqslant v(S),\text{对于每一个 } S\subseteq I.$$ [①]

为了讨论的方便,我们给这些 $\boldsymbol{\alpha}$ 一个名称.我们称(45:3)的 $\boldsymbol{\alpha}$ 是全分离的,(45:4)的 $\boldsymbol{\alpha}$ 是分离的.如上面指出的,在我们的证明里将需要用到后一种概念;两个术语都在于表示,广义转归是同博弈相分离的,这就是说,它在博弈内部不能从任一合伙得到实际的支持.

45.2.2 还有一点说明也是有用的:

加在广义转归上的唯一的一个限制条件是44.7.2的(44:13):

(45:5) $$\alpha_i\geqslant v((i)),\text{对于 } i=1,\cdots,n.$$

因此,如果分离性的限制条件(45:4)被满足(因而,如果全分离性的限制条件(45:3)被满足),那么,就没有必要同时再假设条件(45:5).事实上,(45:5)是(45:4)当 $S=(i)$ 时的特殊情形.

在以下的证明里,将不加说明地用到这一点.

45.2.3 我们现在可以回到过剩额的讨论,把那些属于分离(或全分离)转归的过剩额的特征叙述出来.下面是形式的结果:

(45:B) 博弈 Γ 决定一数 $|\Gamma|_2$,具有下列性质:

(45:B:a) 要使得以 e 为过剩额的全分离广义转归存在,必须而且只须

$$e>|\Gamma|_2.$$

(45:B:b) 要使得以 e 为过剩额的分离的广义转归存在,必须而且只须

$$e\geqslant|\Gamma|_2.$$ [②]

---

① 现在没有必要再排斥 $S=\ominus$,这是因为,不像(45:3),当 $S=\ominus$ 时(45:4)是成立的.事实上,这时两端都为零.

② 这些命题的直观意义是很简单的:不难理解,为了得到一个分离的或全分离的转归,需要有某个(正的)最小过剩额.$|\Gamma|_2$ 就是这个最小值,或者说是下限.由于“分离”和“全分离”的概念只在一个极限情形((45:4)里的等号)下有所不同,有理由认为它们的下限应当相等.(45:B)中精确地表示出了这一事实.

证明:分离的 $\boldsymbol{\alpha}$ 的存在性:[①]设 α^0 是一切 $v(S)$ 的最大值,其中 $S\subseteq I$(因而 $\alpha^0\geqslant v(\ominus)=0$).令 $\boldsymbol{\alpha}^0=\{\alpha_1^0,\cdots,\alpha_n^0\}=\{\alpha^0,\cdots,\alpha^0\}$. 于是,对于每一个非空的 $S\subseteq I$,我们有 $\sum_{i\in S}\alpha_i^0\geqslant\alpha^0\geqslant v(S)$. 这就是(45:4);因此,$\boldsymbol{\alpha}^0$ 是分离的.

分离的 $\boldsymbol{\alpha}$ 的性质:按照以上所述,分离的

$$\boldsymbol{\alpha}=\{\alpha_1,\cdots,\alpha_n\}$$

以及它们的过剩额 $e=\sum_{i=1}^{n}\alpha_i-v(I)$ 都是存在的. 根据(45:4)(令 $S=I$),所有这些 e 都$\geqslant 0$. 因此,根据连续性,这些 e 有一最小值 e^*. 选择一个以这个 e^* 为其过剩额的分离的

$$\boldsymbol{\alpha}^*=\{\alpha_1^*,\cdots,\alpha_n^*\}.$$ [②]

我们现在令

(45:6) $$|\Gamma|_2=e^*.$$

(45:B:a),(45:B:b)的证明:如果 $\boldsymbol{\alpha}=\{\alpha_1,\cdots,\alpha_n\}$ 是分离的,则由定义有

$$e=\sum_{i=1}^{n}\alpha_i-v(I)\geqslant e^*.$$

如果 $\boldsymbol{\alpha}=\{\alpha_1,\cdots,\alpha_n\}$ 是全分离的,那么,我们若从每一个 α_i 减去一个充分小的 $\delta>0$,(45:3)仍然成立. 因此,$\boldsymbol{\alpha}'=\{\alpha_1-\delta,\cdots,\alpha_n-\delta\}$ 是分离的. 根据定义,我们有

$$e-n\delta=\sum_{i=1}^{n}(\alpha_i-\delta)-v(I)\geqslant e^*,e>e^*.$$

现在,考虑分离的 $\boldsymbol{\alpha}^*=\{\alpha_1^*,\cdots,\alpha_n^*\}$,其中 $\sum_{i=1}^{n}\alpha_i^*-v(I)=e^*$.

(45:4)对于 $\boldsymbol{\alpha}^*$ 显然成立;由此可见,如果我们使每一个 $\boldsymbol{\alpha}_i^*$ 增加 $\delta>0$,则(45:3)成立. 因此,$\boldsymbol{\alpha}''=\{\alpha_1^*+\delta,\cdots,\alpha_n^*+\delta\}$ 是全分离的. 它的过剩额是 $e=\sum_{i=1}^{n}(\alpha_i^*+\delta)-v(I)=e^*+n\delta$. 于是,每一个 $e=e^*+n\delta(\delta>0)$,即,每一个 $e>e^*$ 是一全分离转归的过剩额,因而也是一个分离的转归的过剩额;这里的 e^* 当然就是分离的转归 $\boldsymbol{\alpha}^*$ 的过剩额.

这样,我们证明了:(45:B:a),(45:B:b)全部都对于(45:6)成立.

45.2.4 全分离和分离的广义转归也与控制性概念有着密切的联系. 下面的(45:C)和(45:D)里给出了有关的性质. 它们相互之间形成一种特有的对偶关系. 这一点是值得注意的,因为我们的两个概念相互之间有着十分类似的地方——事实上,第二个概念是从第一个加上它的极限情形而得到的.

(45:C) 全分离广义转归 $\boldsymbol{\alpha}$ 不控制任何其他的广义转归 $\boldsymbol{\beta}$.

证明:如果 $\boldsymbol{\alpha}\succ\boldsymbol{\beta}$,则 $\boldsymbol{\alpha}$ 必须具有一个非空的有效集合.

(45:D) 广义转归 $\boldsymbol{\alpha}$ 为分离的必要和充分条件是:它不被任何其他的广义转归 $\boldsymbol{\beta}$ 所控制.

证明:条件的充分性:设 $\boldsymbol{\alpha}=\{\alpha_1,\cdots,\alpha_n\}$ 是分离的. 与原设相反,假定 $\boldsymbol{\beta}\succ\boldsymbol{\alpha}$,以 S 为其有效集

① 应当注意,证明这一点是有必要的. 我们这里给出的只是一个粗糙的估计,关于精确的估计,参看下面的(45:F).

② 连续性的论证在这里是适用的,因为(45:4)中包含着"="号.

合. 于是,S不是空的;而且对于S中的i有$\alpha_i<\beta_i$. 因此,$\sum_{i\in S}\alpha_i<\sum_{i\in S}\beta_i\leqslant v(S)$,这与(45:4)相矛盾.

条件的必要性:假定$\boldsymbol{\alpha}=\{\alpha_1,\cdots,\alpha_n\}$不是分离的. 设$S$是一个(必定是非空的)使得(45:4)不成立的集合,即,使得$\sum_{i\in S}\alpha_i<v(S)$的集合. 于是,对于一个充分小的$\delta>0$,有

$$\sum_{i\in S}(\alpha_i+\delta)\leqslant v(S).$$

令$\boldsymbol{\beta}=\{\beta_1,\cdots,\beta_n)=\{\alpha_1+\delta,\cdots,\alpha_n+\delta\}$,则恒有$\alpha_i<\beta_i$,而且$S$对于$\boldsymbol{\beta}$是有效集合:$\sum_{i\in S}\beta_i\leqslant v(S)$. 因此,$\boldsymbol{\beta}\succ\boldsymbol{\alpha}$.

45.3 两个极限值$|\boldsymbol{\Gamma}|_1$,$|\boldsymbol{\Gamma}|_2$的讨论. 它们的比值

45.3.1 在45.1的(45:2)和45.2.3的(45:B)中定义的$|\Gamma|_1$和$|\Gamma|_2$这两个数,它们都在某种意义上是Γ的本质性在量方面的一种衡量. 更确切地说:

(45:E) 如果Γ是非本质博弈,则$|\Gamma|_1=0$,$|\Gamma|_2=0$. 如果Γ是本质博弈,则$|\Gamma|_1>0$,$|\Gamma|_2>0$.

证明:根据45.1的(45:2),$|\Gamma|_1=n\gamma$;关于它的两点论断,是同第六章27.3中非本质性与本质性的定义一致的,这已在42.5.1中再一次得到肯定.

关于$|\Gamma|_2$的两点论断,可以从关于$|\Gamma|_1$的论断中推出,只需应用下面(45:F)的不等式,而这些不等式我们在这里是可以应用的.

45.3.2 $|\Gamma|_1$和$|\Gamma|_2$在量的方面的关系可以表明如下:

恒有

(45:F) $$\frac{1}{n-1}|\Gamma|_1\leqslant|\Gamma|_2\leqslant\frac{n-2}{2}|\Gamma|_1.$$

证明:由于我们知道,$|\Gamma|_1$和$|\Gamma|_2$在策略等价关系下是不变的,因此,我们可以假定,博弈Γ是零和的,而且是在27.1.4意义下的简化博弈. 我们现在可以引用27.2的记法和关系式.

因为$|\Gamma|_1=n\gamma$,我们要证明的是:

(45:7) $$\frac{n}{n-1}\gamma\leqslant|\Gamma|_2\leqslant\frac{n(n-2)}{2}\gamma.$$

(45:7)中第一个不等式的证明:设$\boldsymbol{\alpha}=\{\alpha_1,\cdots,\alpha_n\}$是分离的. 于是,对于$(n-1)$元素的集合$S=I-(k)$,(45:4)给出$\sum_{i=1}^{n}\alpha_i-\alpha_k=\sum_{i\in S}\alpha_i\geqslant v(S)=\gamma$,即

(45:8) $$\sum_{i=1}^{n}\alpha_i-\alpha_k\geqslant\gamma.$$

把(45:8)对$k=1,\cdots,n$取和数,我们得到$n\sum_{i=1}^{n}\alpha_i-\sum_{k=1}^{n}\alpha_k\geqslant n\gamma$,即$(n-1)\sum_{i=1}^{n}\alpha_i\geqslant n\gamma$,即$\sum_{i=1}^{n}\alpha_i\geqslant\frac{n}{n-1}\gamma$. 由于$v(I)=0$,所以$e=\sum_{i=1}^{n}\alpha_i$. 由此可见,对于所有的分离转归,有$e\geqslant\frac{n}{n-1}\gamma$;

因此，$|\Gamma|_2 \geqslant \frac{n}{n-1}\gamma$.

(45:7)中第二个不等式的证明：

令 $\alpha^{00}=\frac{n-2}{2}\gamma$，并令 $\boldsymbol{\alpha}^{00}=\{\alpha_1^{00},\cdots,\alpha_n^{00}\}=\{\alpha^{00},\cdots,\alpha^{00}\}$. 这个 $\boldsymbol{\alpha}^{00}$ 是分离的，这就是说，对于所有的 $S\subseteq I$，它满足(45:4). 事实上，设 p 是 S 中元素的数目，则我们有

(a) $p=0$. $S=\ominus$，(45:4)显然成立.

(b) $p=1$. $S=(i)$，(45:4)变为 $\alpha^{00}\geqslant v((i))$，即 $\frac{n-2}{2}\gamma \geqslant -\gamma$. 最后这个不等式显然成立.

(c) $p\geqslant 2$. (45:4)变为 $p\alpha^{00}\geqslant v(S)$，但根据 27.2 里的(27:7)有

$$v(S)\leqslant(n-p)\gamma,$$

因此，只须证明 $p\alpha^{00}\geqslant(n-p)\gamma$，即 $p\,\frac{n-2}{2}\gamma\geqslant(n-p)\gamma$. 这个不等式相当于 $p\,\frac{n}{2}\gamma\geqslant n\gamma$，而这可以直接从 $p\geqslant 2$ 推出.

由此可见，α^{00} 确实是分离的. 由于 $v(I)=0$，过剩额是

$$e^{00}=n\alpha^{00}=\frac{n(n-2)}{2}\gamma.$$

因此，$|\Gamma|_2\leqslant\frac{n(n-2)}{2}\gamma$.

45.3.3 我们对 $n=1,2,3,4,\cdots$ 相继地考虑(45:F)的不等式：

(a) $n=1,2$. 在这两种情形里，不等式的下限的系数 $\frac{1}{n-1}$ 大于上限的系数 $\frac{n-2}{2}$.[①] 看来这似乎是矛盾的. 但因当 $n=1,2$ 时博弈必然是非本质的(参看 27.5.2 中第一点说明)，我们在这两种情形里有 $|\Gamma|_1=0$，$|\Gamma|_2=0$，所以矛盾就消失了.

(b) $n=3$. 在这种情形里，$\frac{1}{n-1}$ 和 $\frac{n-2}{2}$ 这两个系数相等：它们都等于 $\frac{1}{2}$. 因此，不等式合并成一个等式：

$$|\Gamma|_2=\frac{1}{2}|\Gamma|_1. \tag{45:9}$$

(c) $n\geqslant 4$. 在这些情形里，下限的系数 $\frac{1}{n-1}$ 肯定是小于上限的系数 $\frac{n-2}{2}$.[②] 因此，不等式对 $|\Gamma|_2$ 的值确定了一个长度不为零的区间.

下限 $|\Gamma|_2=\frac{1}{n-1}|\Gamma|_1$ 是没有问题的，这就是说，对于每一个 $n\geqslant 4$，存在着一个本质博弈，它取得这个 $|\Gamma|_2$ 的值. 对于每一个 $n\geqslant 4$，也存在着具有 $|\Gamma|_2>\frac{1}{n-1}|\Gamma|_1$ 的本质博弈；但是，我们的不等式的上限 $|\Gamma|_2=\frac{n-2}{2}|\Gamma|_1$ 却不一定能够达到. 上限的精确值至今还没有得到确

---

① 对于 $n=1$，它们是 ∞，$-\frac{1}{2}$；对于 $n=2$，是 1，0. 注意这里的不合理的值 ∞ 和 $-\frac{1}{2}$！

② $\frac{1}{n-1}<\frac{n-2}{2}$ 相当于 $2<(n-1)(n-2)$，这个不等式当 $n\geqslant 4$ 时显然成立.

定.我们在这里没有必要再继续讨论这些问题.[①]

45.3.4 从质的角度看,我们现在可以说,$|\Gamma|_1$ 和 $|\Gamma|_2$ 二者都是博弈 Γ 的本质性在量的方面的衡量.它们以两种不同的、而且在某种程度内是互相独立的方式,给出本质性的衡量.事实上,比值 $|\Gamma|_2/|\Gamma|_1$ 当 $n=1,2$ 时并不出现(没有本质的博弈);当 $n=3$ 时,是个常数$\left(\text{它的值是}\frac{1}{2}\right)$;而对于每一个 $n\geqslant 4$,它是随着 Γ 而变的.

我们已在45.1,45.2中看到,这两个量确实估出了极限值,过剩额若介于二者之间,就不致使局中人"瓦解"——在44.6.1的意义上.从我们的结果看,如果过剩额 $e<-|\Gamma|_1$,则它在这种意义上是"太小";若 $e>|\Gamma|_2$,则它是"太大".在46.8中,这种观点将在精确得多的意义上得到证实.

45.4 分离的转归和不同的解.联系 $E(e_0)$,$F(e_0)$ 的定理

45.4.1 从44.7.3中解的定义(44:E:c)和45.2.4中我们的结果(45:D),立即可以得到:

(45:G) 一个关于 $E(e_0)[F(e_0)]$ 的解 V 必须包含 $E(e_0)[F(e_0)]$ 的每一个分离的广义转归.

从它在以下的考虑中所起的作用,可以看出这一结果的重要性.

在有了44.7.2开头处所作关于 $E(e_0)$ 和 $F(e_0)$ 的作用的说明之后,要在这两种情形之间确定全部相互关系,这一工作的重要性就是十分明显的了.这就是说,我们必须确定关于 $E(e_0)$ 的解和关于 $F(e_0)$ 的解之间的关系.

但是,$E(e_0)$ 和 $F(e_0)$ 和它们的解之间的整个差别,并不容易通过直观的方式加以估定.很难由此看出,究竟是不是一定会有差别存在:在第一种情形里,自外部而来给予局中人们的"馈赠"有着预先指定的值 e_0;在第二种情形里,它有着预先指定的最大值 e_0.很难看出,既然"外部来源"愿意贡献的数额可以大到 e_0,怎能允许它在一个"稳定的"行为标准(即解)里贡献较 e_0 为小的数额?然而,我们过去的经验告诉我们,不应当对这个问题过早地作出轻率的结论.我们在33.1和38.3中看到,三人和四人博弈已具有这样的解:其中一个孤立的、被击败的局中人并没有"被剥削"到实际可能的限度——目前的情形就有着一些与此相类似的地方.

45.4.2 (45:G)使得我们可以更明确地陈述如下:根据(45:G),如果一个分离的广义转归 $\boldsymbol{\alpha}$ 属于 $F(e_0)$,则它属于 $F(e_0)$ 的每一个解.另一方面,如果 $\boldsymbol{\alpha}$ 不属于 $E(e_0)$,则它显然不可能属于 $E(e_0)$ 的任一个解.我们现在定义:

(45:10) $D^*(e_0)$ 是由全部属于 $F(e_0)$ 但不属于 $E(e_0)$ 的分离广义转归 $\boldsymbol{\alpha}$ 组成的集合.

这样,我们看到:$F(e_0)$ 的任一个解包含 $D^*(e_0)$ 的全部元素;$E(e_0)$ 的任一个解不包含 $D^*(e_0)$ 的任何元素.由此可见,如果 $D^*(e_0)$ 不是空的,则 $F(e_0)$ 和 $E(e_0)$ 确实没有共同的解.

$D^*(e_0)$ 中分离的 $\boldsymbol{\alpha}$ 具有这样的特征:它的过剩额是 $e\leqslant e_0$,但 $e\neq e_0$,即

① 当 $n=4$ 时,我们的不等式是 $\frac{1}{3}|\Gamma|_1\leqslant|\Gamma|_2\leqslant|\Gamma|_1$.如在上面提到的,我们知道,有着 $|\Gamma|_2=\frac{1}{3}|\Gamma|_1$ 的本质博弈,也有着 $|\Gamma|_2=\frac{1}{2}|\Gamma|_1$ 的本质博弈.

(45:11) $$e<e_0.$$

我们由此断定:

(45:H) $D^*(e_0)$为空集合的必要和充分条件是

$$e_0\leqslant|\Gamma|_2.$$

证明:由于上面的(45:B)和(45:11),$D^*(e_0)$的非空性与满足$|\Gamma|_2\leqslant e<e_0$的$e$的存在性——即$e_0>|\Gamma|_2$——等价.因此,$D^*(e_0)$为空集合相当于$e_0\leqslant|\Gamma|_2$.

由此可见,当$e_0>|\Gamma|_2$时,关于$F(e_0)$的解与关于$E(e_0)$的解必然是不相同的.这里又一次表明,当$e_0>|\Gamma|_2$时,e_0对正常的行为来说是"太大"了.

45.4.3 现在,我们可以证明,上面指出的差别是关于$E(e_0)$与关于$F(e_0)$的解之间仅有的差别.更确切地说:

(45:I) 关系

(45:12) $$V\Longleftrightarrow W=V\cup D^*(e_0)$$

在关于$E(e_0)$的全部解V与关于$F(e_0)$的全部解W之间确定一种一一对应的关系.

这将在下一节中加以证明.

45.5 定理的证明

45.5.1 我们首先证明一些辅助性的引理.

第一个引理是一个十分显然的结果,但却有着很广泛的应用范围:

(45:J) 设两个广义转归$\boldsymbol{\gamma}=\{\gamma_1,\cdots,\gamma_n\}$和$\boldsymbol{\delta}=\{\delta_1,\cdots,\delta_n\}$具有关系

(45:13) $\gamma_i\geqslant\delta_i$,对于所有的$i=1,\cdots,n$;于是,对于每一个$\boldsymbol{\alpha}$,$\boldsymbol{\alpha}\succ\boldsymbol{\gamma}$蕴涵$\boldsymbol{\alpha}\succ\boldsymbol{\delta}$.

这一结果的意义当然是这样的:(45:13)表示,$\boldsymbol{\delta}$在某种意义上不如$\boldsymbol{\gamma}$优越——尽管控制性不是可传递的.然而,这种优劣性并不像人们想象的那样完全.不能够因此就从$\boldsymbol{\delta}\succ\boldsymbol{\beta}$推断$\boldsymbol{\gamma}\succ\boldsymbol{\beta}$,因为一个集合$S$对于$\boldsymbol{\delta}$的有效性不一定蕴涵对于$\boldsymbol{\gamma}$的有效性.(读者应当回忆30.1.1的基本定义.)

还须注意到,(45:J)的出现只是由于我们扩充了转归的概念.对于我们老的定义(参看前面42.4.1)来说,我们就会有$\sum_{i=1}^n\gamma_i=\sum_{i=1}^n\delta_i$;因此,要使得$\gamma_i\geqslant\delta_i$,$i=1,\cdots,n$,就必须有$\gamma_i=\delta_i$,$i=1,\cdots,n$,这就是说,$\boldsymbol{\gamma}=\boldsymbol{\delta}$.

45.5.2 下面的四个引理直接引导到(45:I)的证明.

(45:K) 如果$\boldsymbol{\alpha}\succ\boldsymbol{\beta}$,$\boldsymbol{\alpha}$是分离的而且属于$F(e_0)$,$\boldsymbol{\beta}$属于$E(e_0)$,则存在着$\boldsymbol{\alpha}'\succ\boldsymbol{\beta}$,其中$\boldsymbol{\alpha}'$是分离的而且属于$E(e_0)$.

证明:设S是30.1.1的(30:4:a)至(30:4:c)中关于控制性$\boldsymbol{\alpha}\succ\boldsymbol{\beta}$的集合.若$S=I$,则将有$\alpha_i>\beta_i$,$i=1,\cdots,n$,从而将有

$$\sum_{i=1}^n\alpha_i-v(I)>\sum_{i=1}^n\beta_i-v(I).$$

但因$\boldsymbol{\alpha}$在$F(e_0)$中,且$\boldsymbol{\beta}$在$E(e_0)$中,所以

$$\sum_{i=1}^{n}\alpha_i - v(I) \leqslant e_0 = \sum_{i=1}^{n}\beta_i - v(I),$$

这与上式相矛盾.

由此可见,$S\neq I$. 因此,可以选择一个不在 S 中的 $i_0=1,\cdots,n$. 现在,定义 $\boldsymbol{\alpha}'=\{\alpha'_1,\cdots,\alpha'_n\}$ 如下:

$$\alpha'_{i0}=\alpha_{i0}+\varepsilon,$$
$$\alpha'_i=\alpha_i, \text{对于 } i\neq i_0,$$

并选择 $\varepsilon\geqslant 0$ 使得 $\sum_{i=1}^{n}\alpha'_i - v(I) = e_0$. 这样,所有的 $\alpha'_i\geqslant\alpha_i$;可见 $\boldsymbol{\alpha}'$ 是分离的,而且显然在 $E(e_0)$ 中. 由于对于 $i\neq i_0$ 有 $\alpha'_i=\alpha_i$,所以对于 S 中所有的 i 有 $\alpha'_i=\alpha_i$,因此,我们的 $\boldsymbol{\alpha}\succ\boldsymbol{\beta}$ 蕴涵 $\boldsymbol{\alpha}'\succ\boldsymbol{\beta}$.

(45:L) 每一个关于 $F(e_0)$ 的解 W 具有(45:I)里的(45:12)这种形式,其中 $V\subseteq E(e_0)$ 是唯一的. [①]

证明:这里所考虑的 V——如果它存在的话——就是交集合 $W\cap E(e_0)$,所以它是唯一的. 要使得(45:12)对于

$$V=W\cap E(e_0)$$

成立,我们只须证明,W 的其余部分等于 $D^*(e_0)$,即

(45:14) $$W-E(e_0)=D^*(e_0).$$

我们现在就来证明(45:14).

$D^*(e_0)$的每一元素是分离的,而且在 $F(e_0)$ 中,因而根据(45:G)它在 W 中. 同前面一样,它不在 $E(e_0)$ 中;因此,它在 $W-E(e_0)$ 中. 这样,我们得到

(45:15) $$W-E(e_0)\supseteq D^*(e_0).$$

如果同时又有

(45:16) $$W-E(e_0)\subseteq D^*(e_0),$$

则把(45:15)和(45:16)合在一起就得到(45:14). 因此,我们首先假定(45:16)不成立.

设 $\boldsymbol{\alpha}=\{\alpha_1,\cdots,\alpha_n\}$ 在 $W-E(e_0)$ 中,但不在 $D^*(e_0)$ 中. 于是,$\boldsymbol{\alpha}$ 在 $F(e_0)$ 中,但不在 $E(e_0)$ 中,所以 $\sum_{i=1}^{n}\alpha_i - v(I) < e_0$. 由于 $\boldsymbol{\alpha}$ 不在 $D^*(e_0)$ 中,所以它不可能是分离的. 由此可见,存在着非空集合 S,满足 $\sum_{i\in S}\alpha_i < v(S)$.

现在,定义 $\boldsymbol{\alpha}'=\{\alpha'_1,\cdots,\alpha'_n\}$ 如下:

$$\alpha'_i=\alpha_i+\varepsilon, \quad \text{对于 } S \text{ 中的 } i,$$
$$\alpha'_i=\alpha_i, \text{对于不在 } S \text{ 中的 } i,$$

并选择 $\varepsilon>0$ 使得 $\sum_{i=1}^{n}\alpha'_i - v(I)\leqslant e_0$ 和 $\sum_{i\in S}\alpha'_i\leqslant v(S)$ 仍成立. 于是,$\boldsymbol{\alpha}'$ 在 $F(e_0)$ 中. 如果它不在 W 中,则(因为 W 是关于 $F(e_0)$ 的一个解)存在着 W 中的 $\boldsymbol{\beta}$,满足 $\boldsymbol{\beta}\succ\boldsymbol{\alpha}'$. 因所有的 $\alpha'_i\geqslant\alpha_i$,根据(45:J) 有 $\boldsymbol{\beta}\succ\boldsymbol{\alpha}$. 但这是不可能的,因为 $\boldsymbol{\beta},\boldsymbol{\alpha}$ 二者都属于(解)W. 因此,$\boldsymbol{\alpha}'$ 必须在 W 中. 由于对于 S 中所有的 i 有 $\alpha'_i>\alpha_i$,而且有 $\sum_{i\in S}\alpha'_i\leqslant v(S)$,所以 $\boldsymbol{\alpha}'\succ\boldsymbol{\alpha}$. 但因 $\boldsymbol{\alpha}',\boldsymbol{\alpha}$ 二者都属于(解)W,

① 我们尚未肯定这个 V 是关于 $E(e_0)$的一个解——这一断言将在(45:M)中出现.

这是一个矛盾.

(45:M)　　(45:L)里的 V 是关于 $E(e_0)$ 的一个解.

证明:$V\subseteq E(e_0)$ 显然成立. 由于 W(它是关于 $F(e_0)$ 的一个解)满足 44.7.3 里的(44:E:a),而 $V\subseteq W$,所以 V 也满足(44:E:a). 因此,我们只须论证 44.7:3 里的(44:E:b).

设 $\boldsymbol{\beta}$ 在 $E(e_0)$ 中,但不在 V 中. 于是,$\boldsymbol{\beta}$ 也在 $F(e_0)$ 中而不在 W 中,因此,存在着 W 中的 $\boldsymbol{\alpha}$,满足 $\boldsymbol{\alpha}\succ\boldsymbol{\beta}$($W$ 是关于 $F(e_0)$ 的一个解). 如果这个 $\boldsymbol{\alpha}$ 属于 $E(e_0)$,则它也属于 $W\cap E(e_0)=V$,这就是说,我们得到了一个 $E(e_0)$ 中的 $\boldsymbol{\alpha}$,满足 $\boldsymbol{\alpha}\succ\boldsymbol{\beta}$.

如果 $\boldsymbol{\alpha}$ 不属于 $E(e_0)$,则它属于 $W-E(e_0)=D^*(e_0)$,所以它是分离的. 于是,$\boldsymbol{\alpha}\succ\boldsymbol{\beta}$,而 $\boldsymbol{\alpha}$ 是分离的且在 $E(e_0)$ 中. 因此,根据(45:K),存在着 $\boldsymbol{\alpha}'\succ\boldsymbol{\beta}$,$\boldsymbol{\alpha}'$ 是分离的且在 $E(e_0)$ 中. 根据(45:G),这个 $\boldsymbol{\alpha}'$ 属于 W(因为 $E(e_0)\subseteq F(e_0)$,而 W 是关于 $F(e_0)$ 的一个解);故其属于 $W\cap E(e_0)=V$. 这样,我们得到了一个 $E(e_0)$ 中的 $\boldsymbol{\alpha}'$,满足 $\boldsymbol{\alpha}'\succ\boldsymbol{\beta}$.

由此可见,44.7.3 里的(44:E:b)对任何情形都成立.

(45:N)　　如果 V 是关于 $E(e_0)$ 的一个解,则(45:I)中(45:12)的 W 是关于 $F(e_0)$ 的一个解.

证明:$W\subseteq F(e_0)$ 显然成立,因此,我们必须证明 44.7.3 里的(44:E:a),(44:E:b).

关于(44:E:a):假定对于 W 中的 $\boldsymbol{\alpha},\boldsymbol{\beta}$ 有 $\boldsymbol{\alpha}\succ\boldsymbol{\beta}$. $\boldsymbol{\alpha}\succ\boldsymbol{\beta}$ 和(45:D)排斥了 $\boldsymbol{\beta}$ 为分离的情形. 因此,$\boldsymbol{\beta}$ 不在 $D^*(e_0)$ 中,因而它在

$$W-D^*(e_0)=V$$

中. 这样,$\boldsymbol{\alpha}\succ\boldsymbol{\beta}$ 排斥了 $\boldsymbol{\alpha}$ 也在(解)V 中的情形. 因此,$\boldsymbol{\alpha}$ 在

$$W-V=D^*(e_0)$$

中. 由此可知,$\boldsymbol{\alpha}$ 是分离的.

根据(45:K),存在着 $\boldsymbol{\alpha}'\succ\boldsymbol{\beta}$,$\boldsymbol{\alpha}'$ 是分离的且在 $E(e_0)$ 中. 由于 $\boldsymbol{\alpha}'$ 是分离的,根据(45:G),它属于(关于 $E(e_0)$ 的解)V. 但 $\boldsymbol{\alpha}',\boldsymbol{\beta}$ 二者都属于(解)V,而且 $\boldsymbol{\alpha}'\succ\boldsymbol{\beta}$,这是一个矛盾.

关于(44:E:b):设 $\boldsymbol{\beta}=\{\beta_1,\cdots,\beta_n\}$ 在 $F(e_0)$ 中,但不在 W 中. 对于每一个 $\varepsilon\geqslant 0$,令

$$\boldsymbol{\beta}(\varepsilon)=\{\beta_1(\varepsilon),\cdots,\beta_n(\varepsilon)\}=\{\beta_1+\varepsilon,\cdots,\beta_n+\varepsilon\}.$$

令 ε 从 0 开始逐渐增大,直到头一次发生下面两件事情之一时为止:

(45:17)　　$\boldsymbol{\beta}(\varepsilon)$ 在 $E(e_0)$ 中,①

(45:18)　　$\boldsymbol{\beta}(\varepsilon)$ 是分离的. ②

我们分别考虑这两种情形:

(45:17)第一次发生于 $\varepsilon=\varepsilon_1\geqslant 0$ 时的情形:$\boldsymbol{\beta}(\varepsilon_1)$ 在 $E(e_0)$ 中,但它不是分离的.

如果 $\varepsilon_1=0$,则 $\boldsymbol{\beta}=\boldsymbol{\beta}(0)$ 在 $E(e_0)$ 中. 由于 $\boldsymbol{\beta}$ 不在 $V\subseteq W$ 中,所以在(关于 $E(e_0)$ 的解)V 中存在着一个 $\boldsymbol{\alpha}\succ\boldsymbol{\beta}$. 因此,$\boldsymbol{\alpha}$ 在 W 中.

其次,假定 $\varepsilon_1>0$,而且 $\boldsymbol{\beta}(\varepsilon_1)$ 在 V 中. 由于 $\boldsymbol{\beta}(\varepsilon_1)$ 不是分离的,存在着(非空的)$S\subseteq I$,满足

$$\sum_{i\in S}\beta_i(\varepsilon_1)<v(S).$$

---

① 这就是说,$\boldsymbol{\beta}(\varepsilon)$ 的过剩额 $=e_0$. 这是因为,$\boldsymbol{\beta}(0)=\boldsymbol{\beta}$ 在 $F(e_0)$ 中——即,它的过剩额 $\leqslant e_0$,——而 $\boldsymbol{\beta}(\varepsilon)$ 的过剩额是随着 ε 的增大而增大的.

② 这就是说,对于所有的 $S\subseteq I$ 有 $\sum_{i\in S}\beta_i(\varepsilon)\geqslant v(S)$. 每一个 $\sum_{i\in S}\beta_i(\varepsilon)$ 是随着 ε 的增大而增大的.

此外，$\beta_i(\varepsilon_1)>\beta_i$ 恒成立. 因此，$\boldsymbol{\beta}(\varepsilon_1)\succ\boldsymbol{\beta}$. 而 $\boldsymbol{\beta}(\varepsilon_1)$ 在 V 中，所以它也在 W 中.

最后，假定 $\varepsilon_1>0$，而且 $\boldsymbol{\beta}(\varepsilon_1)$ 不在 V 中. 由于 $\boldsymbol{\beta}(\varepsilon_1)$ 在 $E(e_0)$ 中，所以在(关于 $E(e_0)$ 的解)V 中存在着一个 $\boldsymbol{\alpha}\succ\boldsymbol{\beta}(\varepsilon_1)$. 由于 $\beta_i(\varepsilon_1)>\beta_i$ 恒成立，因此，根据(45:J)，$\boldsymbol{\alpha}\succ\boldsymbol{\beta}(\varepsilon_1)$ 蕴涵 $\boldsymbol{\alpha}\succ\boldsymbol{\beta}$. 而 $\boldsymbol{\alpha}$ 在 V 中，所以它也在 W 中.

(45:18)第一次发生或与(45:17)同时发生于 $\varepsilon=\varepsilon_2\geqslant0$ 时的情形：$\boldsymbol{\beta}(\varepsilon_2)$ 仍在 $F(e_0)$ 中，而且它是分离的.

如果 $\boldsymbol{\beta}(\varepsilon_2)$ 在 $E(e_0)$ 中，则根据(45:G)它在(关于 $E(e_0)$ 的解)V 中. 如果 $\boldsymbol{\beta}(\varepsilon_2)$ 不在 $E(e_0)$ 中，则它在 $D^*(e_0)$ 中. 因此，$\boldsymbol{\beta}(\varepsilon_2)$ 总在 W 中.

这就排斥了 $\varepsilon_2=0$ 的情形，因为 $\boldsymbol{\beta}=\boldsymbol{\beta}(0)$ 不在 W 中. 由此可知，$\varepsilon_2>0$.

对于 $0<\varepsilon<\varepsilon_2$，$\boldsymbol{\beta}(\varepsilon)$ 不是分离的，所以存在着非空的 $S\subseteq I$，满足 $\sum_{i\in S}\beta_i(\varepsilon)<v(S)$. 根据连续性，存在着非空的 $S\subseteq I$，满足 $\sum_{i\in S}\beta_i(\varepsilon_2)<v(S)$. 此外，$\beta_i(\varepsilon_2)>\beta_i$ 恒成立，因此，$\boldsymbol{\beta}(\varepsilon_2)\succ\boldsymbol{\beta}$. 由此可知，$\boldsymbol{\beta}(\varepsilon_2)$ 是属于 W 的.

总起来说，在每一种情形里，在 W 中存在着一个 $\boldsymbol{\alpha}\succ\boldsymbol{\beta}$.（这个 $\boldsymbol{\alpha}$ 在上面分别是 $\boldsymbol{\alpha}$，$\boldsymbol{\beta}(\varepsilon_1)$，$\boldsymbol{\alpha}$，$\boldsymbol{\beta}(\varepsilon_2)$.）因此，(44:E:b)成立.

我们现在能够给出(45:I)的证明了：

(45:I)的证明：把(45:L)，(45:M)，(45:N)合在一起立即得证.

45.6 总结和结尾

45.6.1 到现在为止我们所得到的主要结果可以总结如下：

(45:O) 如果

(45:O:a)
$$e_0<-|\Gamma|_1,$$

则 $E(e_0)$，$F(e_0)$ 都是空的，而且空集合是它们仅有的解.

如果

(45:O:b)
$$-|\Gamma|_1\leqslant e_0\leqslant|\Gamma|_2,$$

则 $E(e_0)$，$F(e_0)$ 都不是空的，二者具有同样的解，而且这些解都不是空集合.

如果

(45:O:c)
$$e_0>|\Gamma|_2,$$

则 $E(e_0)$，$F(e_0)$ 都不是空的，二者没有共同的解，而且它们的解都不是空集合.

证明：把(45:A)，(45:I)，(45:H)合在一起立即得证.

这一结果清楚地表明了点 $e_0=-|\Gamma|_1$，$|\Gamma|_2$ 的临界特性，也进一步加强了45.1之末及45.4.2中(45:H)之后提出的观点：正是在这些地方，e_0 变成44.6.1意义下的"太小"或"太大".

45.6.2 我们现在还可以证明一些关系，它们在以后(46.5中)将是有用的.

(45:P) 设 W 是关于 $F(e_0)$ 的一个非空解，即，假设 $e_0\geqslant-|\Gamma|_1$. 于是有

(45:P:a)
$$\mathrm{Max}_{\boldsymbol{\alpha}\in W}e(\boldsymbol{\alpha})=e_0.$$

(45:P:b) $$\mathrm{Min}_{\boldsymbol{\alpha}\in W}e(\boldsymbol{\alpha})=\mathrm{Min}(e_0,|\Gamma|_2),$$ [①]

并有

(45:P:c) $$\mathrm{Max}_{\boldsymbol{\alpha}\in W}e(\boldsymbol{\alpha})-\mathrm{Min}_{\boldsymbol{\alpha}\in W}e(\boldsymbol{\alpha})=\mathrm{Max}(0,e_0-|\Gamma|_2).$$ [②]

证明:因为

$$\begin{aligned}e_0-\mathrm{Min}(e_0,|\Gamma|_2)&=\mathrm{Max}(e_0-e_0,e_0-|\Gamma|_2)\\&=\mathrm{Max}(0,e_0-|\Gamma|_2),\end{aligned}$$

所以(45:P:c)可从(45:P:a),(45:P:b)推出.我们现在证明(45:P:a),(45:P:b).

依照(45:I),令 $W=V\cup D^*(e_0)$,其中 V 是关于 $E(e_0)$ 的一个解.由于 $e_0\geqslant\geqslant-|\Gamma|_1$,所以 V 不是空的(根据(45:A)或(45:O)).我们知道,在 V 中有 $e(\boldsymbol{\alpha})==e_0$,而在 $D^*(e_0)$ 中有 $e(\boldsymbol{\alpha})<e_0$.

当 $e_0\leqslant|\Gamma|_2$ 时,$D^*(e_0)$ 是空的(根据(45:H)),所以有

(45:19) $$\mathrm{Max}_{\boldsymbol{\alpha}\in W}e(\boldsymbol{\alpha})=\mathrm{Max}_{\boldsymbol{\alpha}\in V}e(\boldsymbol{\alpha})=e_0,$$

(45:20) $$\mathrm{Min}_{\boldsymbol{\alpha}\in W}e(\boldsymbol{\alpha})=\mathrm{Min}_{\boldsymbol{\alpha}\in V}e(\boldsymbol{\alpha})=e_0.$$

当 $e_0>|\Gamma|_2$ 时,$D^*(e_0)$ 不是空的(仍根据(45:H)),它是由满足 $e(\boldsymbol{\alpha})<e_0$ 的全部分离的 $\boldsymbol{\alpha}$ 组成的集合.因此,根据 45.2.3 里的(45:B:b),这些 $e(\boldsymbol{\alpha})$ 有一个最小值 $|\Gamma|_2$.在这个情形下,我们得到

(45:19*) $$\mathrm{Max}_{\boldsymbol{\alpha}\in W}e(\boldsymbol{\alpha})=\mathrm{Max}_{\boldsymbol{\alpha}\in V}e(\boldsymbol{\alpha})=e_0,$$

(45:20*) $$\mathrm{Min}_{\boldsymbol{\alpha}\in W}e(\boldsymbol{\alpha})=\mathrm{Min}_{\boldsymbol{\alpha}\in D^*(e_0)}e(\boldsymbol{\alpha})=|\Gamma|_2.$$

把(45:19),(45:19*)合在一起;我们得到(45:P:a);把(45:20),(45:20*)合在一起,我们得到(45:P:b).

46 在可分解的博弈中全部解的确定

46.1 分解的初等性质

46.1.1 我们现在回到博弈 Γ 的分解的讨论.

设 Γ 对于 $J,K(=I-J)$ 是可分解的,以 Δ,H 为其 J-,K-组成部分.

对于给定的关于 I 的任一广义转归 $\boldsymbol{\alpha}=\{\alpha_1,\cdots,\alpha_n\}$,设 $\boldsymbol{\beta},\boldsymbol{\gamma}$ 是它的 J-,K-组成部分(对于 J 中的 $i,\beta_i=\alpha_i$;对于 K 中的 $i,\gamma_i=\alpha_i$),并设它们的过剩额是:

① 我们的论断包含 $\mathrm{Max}_{\boldsymbol{\alpha}\in W}e(\boldsymbol{\alpha})$ 和 $\mathrm{Min}_{\boldsymbol{\alpha}\in W}e(\boldsymbol{\alpha})$ 的存在性.

② 用文字叙述为:解 W 中的最大过剩额是 $F(e_0)$ 中所允许的最大过剩额,即 e_0.除了 $e_0>|\Gamma|_2$ 的情形,解 W 的最小过剩额仍是 e_0;在前一情形下,最小过剩额只有 $|\Gamma|_2$.这就是说,考虑到最小值必须不超过 $|\Gamma|_2$,所以它是尽可能地接近于 e_0.

W 中过剩额的区间的"宽度"就是 e_0 超过 $|\Gamma|_2$ 的数额——如果有所超过的话.

$$(46:1)\quad \begin{cases} \boldsymbol{\alpha}\text{ 在 } I \text{ 中的过剩额}: e = e(\boldsymbol{\alpha}) = \sum_{i=1}^{n} \alpha_i - v(I), \\ \boldsymbol{\beta}\text{ 在 } J \text{ 中的过剩额}: f = f(\boldsymbol{\alpha}) = \sum_{i\in J} \alpha_i - v(J), \\ \boldsymbol{\gamma}\text{ 在 } K \text{ 中的过剩额}: g = g(\boldsymbol{\alpha}) = \sum_{i\in K} \alpha_i - v(K). \end{cases}$$ [1]

因为

$$(46:2)\quad v(J)+v(K)=v(I)$$

(根据 42.3.2 里的(42:6:b),或者根据 41.3.2 里的(41:6),其中令 $S=J,T=K$),所以有

$$(46:3)\quad e=f+g.$$

(46:A) 我们有

(46:A:a) $|\Gamma|_1=|\Delta|_1+|H|_1$,

(46:A:b) $|\Gamma|_2=|\Delta|_2+|H|_2$.

(46:A:c) Γ 为非本质的必要和充分条件是:Δ,H 二者都是非本质的.

证明:关于(46:A:a):对 Γ,Δ,H 依次应用 45.1 里的定义(45:2).

$$(46:4)\quad |\Gamma|_1 = v(I) - \sum_{i\in I} v((i)),$$

$$(46:5)\quad |\Delta|_1 = v(J) - \sum_{i\in J} v((i)),$$

$$(46:6)\quad |H|_1 = v(K) - \sum_{i\in K} v((i)).$$

以(46:4)与(46:5),(46:6)之和相比较,并应用(46:2),就得到(46:A:a).

关于(46:A:b):设 $\boldsymbol{\alpha},\boldsymbol{\beta},\boldsymbol{\gamma}$ 同前面一样((46:1)之前).于是,若

$$\sum_{i\in R} \alpha_i \geqslant v(R), \quad \text{对于所有的 } R\subseteq I,$$

则 $\boldsymbol{\alpha}$ 是分离的(在 I 中).应用 41.3.2 里的(41:6),可以把上式写成

$$(46:7)\quad \sum_{i\in S}\alpha_i + \sum_{i\in T}\alpha_i \geqslant v(S)+v(T), \text{对于所有的 } S\subseteq J, T\subseteq K.$$

同样,若

$$(46:8)\quad \sum_{i\in S} \alpha_i \geqslant v(S), \quad \text{对于所有的 } S\subseteq J,$$

$$(46:9)\quad \sum_{i\in T} \alpha_i \geqslant v(T), \quad \text{对于所有的 } T\subseteq K,$$

则 $\boldsymbol{\beta},\boldsymbol{\gamma}$ 是分离的(在 J,K 中).但(46:7)等价于(46:8),(46:9).事实上:(46:8),(46:9)相加即得(46:7);而(46:7)当 $T=\ominus$ 时的特殊情形就是(46:8),当 $S=\ominus$ 时的特殊情形就是(46:9).

由此可见,$\boldsymbol{\alpha}$ 为分离的必要和充分条件是:它的(J-,K-)组成部分 $\boldsymbol{\beta},\boldsymbol{\gamma}$ 都是分离的.由于它们的过剩额 e 和 f,g 是由(46:3)联系起来的,因而它们的最小值满足下列等式(参看(45:B:b)):

$$|\Gamma|_2=|\Delta|_2+|H|_2,$$

[1] 在此之前,并没有必要明显地表出 $\boldsymbol{\alpha}$ 的过剩额 e 对于 $\boldsymbol{\alpha}$ 的依赖关系.我们现在对 e 以及 f,g 都表出这种依赖关系.

这就是我们的公式(46:A:b).

关于(46:A:c):对Γ,Δ,H应用(45:E),并同(46:A:a)或(46:A:b)结合起来,立即得到证明.

$|\Gamma|_1,|\Gamma|_2$这两个量,都是45.3.1意义上对于博弈Γ的本质性在量的方面的衡量.我们上面的结果表明,二者对于博弈的合成来说都是可加的.

46.1.2 下面是另一个引理,在我们进一步的讨论中将是有用的:

(46:B) 如果$\boldsymbol{\alpha}\succ\boldsymbol{\beta}$(对于$\Gamma$),则可以选择关于这个控制关系的30.1.1的集合S,使它满足$S\subseteq J$或$S\subseteq K$,而不致丧失普通性.[①]

证明:对于控制关系$\boldsymbol{\alpha}\succ\boldsymbol{\beta}$,考察30.1.1的集合$S$.如果$S\subseteq J$或$S\subseteq K$,则没有什么需要证明的;所以我们可以假设,$S\subseteq J$与$S\subseteq K$都不成立.因此,$S\equiv S_1\cup T_1$,其中$S_1\subseteq J$,$T_1\subseteq K$,而且$S_1$和$T_1$都不是空集合.

对于S中所有的i,即,对于S_1中所有的i以及T_1中所有的i,我们有$\alpha_i>\beta_i$.

最后,我们有

$$\sum_{i\in S}\alpha_i\leqslant v(S).$$

左端显然等于$\sum_{i\in S_1}\alpha_i+\sum_{i\in T_1}\alpha_i$;而根据41.3.2里的(41:6),右端等于$v(S_1)+v(T_1)$.

由此有

$$\sum_{i\in S_1}\alpha_i+\sum_{i\in T_1}\alpha_i\leqslant v(S_1)+v(T_1),$$

因此

$$\sum_{i\in S_1}\alpha_i\leqslant v(S_1),\quad \sum_{i\in T_1}\alpha_i\leqslant v(T_1)$$

二者中至少有一个成立.

由此可见,30.1.1里控制性的三个条件(关于$\boldsymbol{\alpha}\succ\boldsymbol{\beta}$)中,(30:4:a),(30:4:c)对$S_1$,$T_1$二者都成立,而且(30:4:b)至少对二者之一成立.因此,我们可以把原来的S换为$S_1(\subseteq J)$或$T_1(\subseteq K)$.

这就完成了证明.

46.2 分解及分解与解的关系:关于$F(e_0)$的一些初步结果

46.2.1 我们现在把讨论转向这一部分理论的主要方面:可分解博弈Γ的全部解U_I的确定.这一工作将通过一系列七个引理而在46.6中完成.

我们从一些纯粹描述性的说明开始.

设Γ是一个博弈,考察关于它的$F(e_0)$的一个解U_I.如果U_I是空的,则没有什么需要说明的.因此,我们假设U_I不是空的——根据(45:A)(或(45:O)),这就相当于假设

$$e_0\geqslant-|\Gamma|_1=-|\Delta|_1-|H|_1.$$

① 这就是说.关于S的这一外加的限制条件(在这个情形下!)并不改变控制性的概念.

应用46.1.1中(46:1)的记号,我们构成:

(46:10)
$$\begin{cases}\mathrm{Max}_{\boldsymbol{\alpha}\in U_I} f(\boldsymbol{\alpha})=\overline{\varphi},\\ \mathrm{Min}_{\boldsymbol{\alpha}\in U_I} f(\boldsymbol{\alpha})=\underline{\varphi},\\ \mathrm{Max}_{\boldsymbol{\alpha}\in U_I} g(\boldsymbol{\alpha})=\overline{\psi},\\ \mathrm{Min}_{\boldsymbol{\alpha}\in U_I} g(\boldsymbol{\alpha})=\underline{\psi}.\text{①}\end{cases}$$

对于两个给定的$\boldsymbol{\alpha}=\{\alpha_1,\cdots,\alpha_n\}$,$\boldsymbol{\beta}=\{\beta_1,\cdots,\beta_n\}$,存在着一个唯一的$\boldsymbol{\gamma}\equiv\{\gamma_1,\cdots,\gamma_n\}$,它有着与$\boldsymbol{\alpha}$相同的$J$-组成部分,与$\boldsymbol{\beta}$相同的$K$-组成部分:

(46:11)
$$\gamma_i=\alpha_i,\quad \text{对于 } J \text{ 中的 } i,$$
$$\gamma_i=\beta_i,\quad \text{对于 } K \text{ 中的 } i.$$

46.2.2 我们现在证明:

(46:C) 如果$\boldsymbol{\alpha}$,$\boldsymbol{\beta}$属于U_I,则(46:11)的$\boldsymbol{\gamma}$属于U_I的必要和充分条件是:

(46:C:a)
$$f(\boldsymbol{\alpha})+g(\boldsymbol{\beta})\leqslant e_0.$$

附带地有

(46:C:b)
$$e(\boldsymbol{\gamma})=f(\boldsymbol{\alpha})+g(\boldsymbol{\beta}).$$

证明:公式(46:C:b):根据46.1.1里的(46:3),我们有$e(\boldsymbol{\gamma})=f(\boldsymbol{\gamma})+g(\boldsymbol{\gamma})$,而且显然有$f(\boldsymbol{\gamma})=f(\boldsymbol{\alpha})$,$g(\boldsymbol{\gamma})=g(\boldsymbol{\beta})$.

(1) (46:C:a)的必要性.因为$U_I\subseteq F(e_0)$,所以必定有$e(\boldsymbol{\gamma})\leqslant e_0$,而根据(46:C:b),这就是(46:C:a).

---

① 这些量都是能够构成的,即,问题中的最大值和最小值都存在而且都被取得;这可以通过连续性的简单考虑而加以证实.

事实上,$f(\boldsymbol{\alpha})=\sum_{i\in J}\alpha_i-v(J)$和$g(\boldsymbol{\alpha})=\sum_{i\in K}\alpha_i-v(K)$都是$\boldsymbol{\alpha}$的连续函数,即,都是它的支量$\alpha_1,\cdots,\alpha_n$的连续函数.因此,它们的最大值和最小值的存在性,是$\boldsymbol{\alpha}$的变化区域——集合U_I——的连续性质的一个熟知的推论.

对于熟悉必要的数学背景——拓扑学——的读者,我们给出精确的陈述及其证明.(所根据的数学理论可在41.3.3最后一个注中所引C. Carathéodory的书中找到.参看该书第136—140页,特别是该处的定理5.)

U_I是n维线性空间L_n(参看30.1.1)里的一个集合.为了能够肯定,每一连续函数在U_I中具有最大值和最小值,我们必须知道,U_I是有界的和闭的.

我们现在证明:

(*) 设Γ是一个n人博弈,则关于它的$F(e_0)[E(e_0)]$的任一个解U是L_n中一个有界闭集合.

证明:有界性:如果$\boldsymbol{\alpha}=\{\alpha_1,\cdots,\alpha_n\}$属于$U$,则每一个$\alpha_i\geqslant v((i))$,而且$\sum_{i=1}^{n}\alpha_i-v(I)\leqslant e_0$,因而有

$$\alpha_i\leqslant v(I)+e_0-\sum_{j\neq i}\alpha_j\leqslant v(I)+e_0-\sum_{j\neq i}v((j)).$$

由此可见,每一个α_i被局限在下面这个固定的区间$v((i))\leqslant\alpha_i\leqslant v(I)+e_0-\sum_{j\neq i}v((j))$中,所以这些$\boldsymbol{\alpha}$组成一个有界集合.

闭性:这相当于说,U的余集合是开集合.根据30.1.1里的(30:5:c),这个余集合是由全部被U中任一$\boldsymbol{\alpha}$所控制的$\boldsymbol{\beta}$组成的集合.(注意我们在这里引入了U作为一个解的特征!)

对于任一个$\boldsymbol{\alpha}$,以$D_{\boldsymbol{\alpha}}$记全部$\boldsymbol{\beta}\prec\boldsymbol{\alpha}$的集合.于是,$U$的余集合是全部$D_{\boldsymbol{\alpha}}$的和集合,其中$\boldsymbol{\alpha}$属于$U$.

由于任意多个(甚至可以是无穷多个)开集合的和仍是开集合,所以只需证明每一$D_{\boldsymbol{\alpha}}$是开的,即,只需证明:如果$\boldsymbol{\beta}\prec\boldsymbol{\alpha}$.则对于充分接近于$\boldsymbol{\beta}$的每一个$\boldsymbol{\beta}'$,也有$\boldsymbol{\beta}'\prec\boldsymbol{\alpha}$.但在30.1.1控制关系$\boldsymbol{\beta}\prec\boldsymbol{\alpha}$的定义(30:4:a)至(30:4:c)中,$\boldsymbol{\beta}$只在条件(30:4:c)中出现.而对于$\beta_i$的充分小的改变,(30:4:c)的有效性显然不受影响,因为(30:4:c)是一个<的关系.

(注意,同样的论证对于$\boldsymbol{\alpha}$是不成立的,因为$\boldsymbol{\alpha}$在(30:4:b)中也出现,而(30:4:b)是可以被任意小的改变所破坏的,原因在于(30:4:b)是一个$\leqslant$的关系.但我们只对$\boldsymbol{\beta}$要求这个性质,而不是对$\boldsymbol{\alpha}$!)

(2) (46:C:a)的充分性. 与 $\boldsymbol{\alpha},\boldsymbol{\beta}$ 一样,$\boldsymbol{\gamma}$ 显然也是一个广义转归,而(46:C:a),(46:C:b)保证 $\boldsymbol{\gamma}$ 属于 $F(e_0)$.[①]

现在假定 $\boldsymbol{\gamma}$ 不在 U_I 中. 于是,在 U_I 中存在着一个 $\boldsymbol{\delta} \succ \boldsymbol{\gamma}$. 根据(46:B),可以选择关于这个控制关系的 30.1.1 的集合 S,使它满足 $S \subseteq J$ 或 $S \subseteq K$. 显然,当 $S \subseteq J$ 时,$\boldsymbol{\delta} \succ \boldsymbol{\gamma}$ 蕴涵 $\boldsymbol{\delta} \succ \boldsymbol{\alpha}$,而当 $S \subseteq K$ 时,$\boldsymbol{\delta} \succ \boldsymbol{\gamma}$ 蕴涵 $\boldsymbol{\delta} \succ \boldsymbol{\beta}$. 由于 $\boldsymbol{\delta},\boldsymbol{\alpha},\boldsymbol{\beta}$ 都属于 U_I,所以这两种情形都是不可能的.

因此,$\boldsymbol{\gamma}$ 必须属于 U_I,这就完成了证明.

我们以显然是等价的形式把(46:C)重述如下:

(46:D) 设 V_J 是 U_I 的所有 J-组成部分的集合,W_K 是 U_I 的所有 K-组成部分的集合. 于是,U_I 可以从这两个 V_J 和 W_K 如下得出:

U_I 是一切这样的 $\boldsymbol{\gamma}$ 组成的集合,这些 $\boldsymbol{\gamma}$ 都有一个在 V_J 中的 J-组成部分 $\boldsymbol{\alpha}'$,和一个在 W_K 中的 K-组成部分 $\boldsymbol{\beta}'$,并满足

(46:12) $$e(\boldsymbol{\alpha}')+e(\boldsymbol{\beta}') \leqslant e_0.$$ [②]

46.3 续上节

46.3 回忆一下 44.3.1 的(44:B)中 U_I(对于 J,K)的可分解性定义,不难看到,这个定义等价于:

U_I 按照(46:D)所述方式从 V_J,W_K 得出,但无需满足条件(46:12).

这样,(46:12)可以解释如下:它确切地表出了在怎样的程度内 U_I 是不可分解的. 考虑到 44.3.3 中所作关于(44:D:a)的说明,这一点是相当有兴趣的.

还可以更深入一步:(44:D)中(44:12)的必要性是很容易看出来的.(它相当于(46:C:a),即相当于(46:C)的证明中很简单的最初两步.)因此,(46:D)表示,U_I 不再是从可分解性得出,而是不可避免的结果.

所有这些同 44.3.3 里的(44:D:b)联系起来看,很有理由相信,V_J,W_K 应当是 Δ,H 的解. 然而,在我们目前所有的概念都已扩充的情形下,有必要确定一下,应当取哪一个 $F(f_0)$,$F(g_0)$:f_0 是我们打算在 J 中采用的过剩额,g_0 是 K 中的过剩额.[③]我们将会看到,46.2.1 里的 $\overline{\varphi},\overline{\psi}$ 就是这些 f_0,g_0.

事实上,我们能够证明:

(46:E)

(46:E:a) V_J 是 Δ 关于 $F(\overline{\varphi})$ 的一个解,

(46:E:b) W_K 是 H 关于 $F(\overline{\psi})$ 的一个解.

但首先导出另一结果比较方便:

(46:F)

(46:F:a) $$\overline{\varphi}+\underline{\psi}=e_0,$$

---

① (46:C:a)只在这里用到.

② 注意,这些 $\boldsymbol{\alpha}',\boldsymbol{\beta}'$ 并不是(46:C)的 $\boldsymbol{\alpha},\boldsymbol{\beta}$——而是它们的 J-,K-组成部分,同时也是 $\boldsymbol{\gamma}$ 的 J-,K-组成部分. $e(\boldsymbol{\alpha}')$,$e(\boldsymbol{\beta}')$ 是 $\boldsymbol{\alpha}',\boldsymbol{\beta}'$ 在 J,K 中形成的过剩额. 但它们等于 $f(\boldsymbol{\alpha})$,$g(\boldsymbol{\beta})$,也等于 $f(\boldsymbol{\gamma})$,$g(\boldsymbol{\gamma})$.(所有这些都与(46:C)有关.)

③ 读者将会发现,这有点像下面的问题:给定了 I 中的过剩额 e_0,怎样把它在 J 和 K 之间加以分配.

(46:F:b) $$\underline{\varphi}+\overline{\psi}=e_0.$$

我们注意到,在(46:E)以及在(46:F)中,(a)和(b)两部分可以互相推出,只要把 $J,\Delta,\overline{\varphi},\underline{\varphi}$ 与 $K,H,\overline{\psi},\underline{\psi}$ 互换.因此,在每一种情形只需证明(a),(b)二者之一,我们来证明(a).

(46:F:a)的证明:在 U_I 中选择一个 $\boldsymbol{\alpha}$,使得 $f(\boldsymbol{\alpha})$ 取其最大值 $\overline{\varphi}$.因为 $e(\boldsymbol{\alpha})\ll e_0$ 必定成立,又因为由定义有 $g(\boldsymbol{\alpha})\geqslant\underline{\psi}$,所以由46.1.1里的(46:3)有

(46:13) $$\overline{\varphi}+\underline{\psi}\leqslant e_0.$$

现在,假定(46:F:a)不成立.于是,根据(46:13)又有

(46:14) $$\overline{\varphi}+\underline{\psi}<e_0.$$

应用上述 U_I 中满足 $f(\boldsymbol{\alpha})=\overline{\varphi}$ 的 $\boldsymbol{\alpha}$,并在 U_I 中选择一个 $\boldsymbol{\beta}$,使得 $g(\boldsymbol{\beta})$ 取其最小值 $\underline{\psi}$.于是有

$$f(\boldsymbol{\alpha})+g(\boldsymbol{\beta})=\overline{\varphi}+\underline{\psi}\leqslant e_0\text{(根据(46:13)或(46:14))}.$$

因此,(46:C)的 $\boldsymbol{\gamma}$ 也属于 U_I.由(46:C)和(46:14)又有

$$e(\boldsymbol{\gamma})=f(\boldsymbol{\alpha})+g(\boldsymbol{\beta})=\overline{\varphi}+\underline{\psi}<e_0,$$

即 $\sum_{i=1}^{n}\gamma_i<v(I)+e_0$.现在,定义

$$\boldsymbol{\delta}=\{\delta_1,\cdots,\delta_n\}=\{\gamma_1+\varepsilon,\cdots,\gamma_n+\varepsilon\},$$

并选择 $\varepsilon>0$ 使得 $\sum_{i=1}^{n}\delta_i=v(I)+e_0$.由此可知,$\boldsymbol{\delta}$ 属于 $F(e_0)$.

如果 $\boldsymbol{\delta}$ 不属于 U_I,则在 U_I 中将有一个 $\boldsymbol{\eta}\succ\boldsymbol{\delta}$ 存在.根据(45:J),将有 $\boldsymbol{\eta}\succ\boldsymbol{\gamma}$;这是不可能的,因为 $\boldsymbol{\eta},\boldsymbol{\gamma}$ 二者都在 U_I 中.因此,$\boldsymbol{\delta}$ 属于 U_I.但

$$\sum_{i\in J}\delta_i-v(J)>\sum_{i\in J}\gamma_i-v(J)=\sum_{i\in J}\alpha_i-v(J),$$

即 $f(\boldsymbol{\delta})>f(\boldsymbol{\alpha})=\overline{\varphi}$,这与 $\overline{\varphi}$ 的定义相矛盾.

由此可见,(46:F:a)必定成立.证明至此完毕.

(46:E:a)的证明:如果 $\boldsymbol{\alpha}'$ 属于 V_J,则它是 U_I 中某个 $\boldsymbol{\alpha}$ 的 J-组成部分.因此(参看46.2.2第二个注),$e(\boldsymbol{\alpha}')=f(\boldsymbol{\alpha})\leqslant\overline{\varphi}$,从而 $\boldsymbol{\alpha}'$ 属于 $F(\overline{\varphi})$.由此知 $V_J\subseteq F(\overline{\varphi})$.

这样,我们的任务在于证明44.7.3的(44:E:a),(44:E:b).

关于(44:E:a):假定对于 V_J 中的 $\boldsymbol{\alpha}',\boldsymbol{\beta}'$ 有 $\boldsymbol{\alpha}'\succ\boldsymbol{\beta}'$,则 α',β' 是 U_I 中某两个 $\boldsymbol{\gamma},\boldsymbol{\delta}$ 的 J-组成部分.但 $\boldsymbol{\alpha}'\succ\boldsymbol{\beta}'$ 显然蕴涵 $\boldsymbol{\gamma}\succ\boldsymbol{\delta}$,而这是不可能的.

关于(44:E:b):考察一个在 $F(\overline{\varphi})$ 中但不在 V_J 中的 $\boldsymbol{\alpha}'$.根据定义有 $e(\boldsymbol{\alpha}')\ll\overline{\varphi}$.应用上面(46:F:a)的证明中提到的 U_I 中满足 $g(\boldsymbol{\beta})=\underline{\psi}$ 的 $\boldsymbol{\beta}$.设 $\boldsymbol{\beta}'$ 是这个 $\boldsymbol{\beta}$ 在 W_K 中的 K-组成部分,满足 $e(\boldsymbol{\beta}')=g(\boldsymbol{\beta})=\underline{\psi}$.于是,

$$e(\boldsymbol{\alpha}')+e(\boldsymbol{\beta}')\leqslant\overline{\varphi}+\underline{\psi}=e_0\text{(应用(46:F:a))}.$$

构成以 $\boldsymbol{\alpha}',\boldsymbol{\beta}'$ 为其 J-,K-组成部分的 $\boldsymbol{\gamma}$(对于 I).于是有 $e(\boldsymbol{\gamma})=e(\boldsymbol{\alpha}')+e(\boldsymbol{\beta}')\leqslant e_0$,这就是说,$\boldsymbol{\gamma}$ 属于 $F(e_0)$.

$\boldsymbol{\gamma}$ 不属于 U_I,因为它的 J-组成部分 $\boldsymbol{\alpha}'$ 不属于 V_J.因此,在(关于 $F(e_0)$ 的解)U_I 中存在着一个 $\boldsymbol{\delta}\succ\boldsymbol{\gamma}$.

设 S 是30.1.1中关于控制关系 $\boldsymbol{\delta}\succ\boldsymbol{\gamma}$ 的集合.根据(46:B),我们可以假设 $S\subseteq J$ 或 $S\subseteq K$.

首先假定 $S\subseteq K$.由于 $\boldsymbol{\gamma}$ 有着与 $\boldsymbol{\beta}$ 相同的 K-组成部分 $\boldsymbol{\beta}'$,我们可以从 $\boldsymbol{\delta}\succ\boldsymbol{\gamma}$ 推断出 $\boldsymbol{\delta}\succ\boldsymbol{\beta}$.但因 $\boldsymbol{\delta},\boldsymbol{\beta}$ 二者都属于 U_I,所以这是不可能的.

由此知 $S\subseteq J$. 以 $\boldsymbol{\delta}'$ 记 $\boldsymbol{\delta}$ 的 J-组成部分；由于 $\boldsymbol{\delta}$ 属于 U_I，所以 $\boldsymbol{\delta}'$ 属于 V_J. $\boldsymbol{\gamma}$ 具有 J-组成部分 $\boldsymbol{\alpha}'$. 因此，我们可以从 $\boldsymbol{\delta}\succ\boldsymbol{\gamma}$ 推断出 $\boldsymbol{\delta}'\succ\boldsymbol{\alpha}'$.

这样，我们在 V_J 中找到了所需要的满足 $\boldsymbol{\delta}'\succ\boldsymbol{\alpha}'$ 的 $\boldsymbol{\delta}'$.

46.4 续 上 节

46.4.1 (46:D)，(46:E)以 Δ, H 的 V_J, W_K 的适当的解表示了 Γ 的一般解 U_I. 因此，我们很自然地希望能把这一程序倒转过来：从 V_J, W_K 出发而得出 U_I.

但是，必须记住，(46:D)的 V_J, W_K 并不是完全任意的. 如果我们按照(46:D)来重新考虑46.2.1 里的定义(46:10)，那么，我们看到，也可以把它们写成下面的形式：

(46:15)
$$\begin{cases}\mathrm{Max}_{\boldsymbol{\alpha}'\in V_J} e(\boldsymbol{\alpha}')=\overline{\varphi},\\ \mathrm{Min}_{\boldsymbol{\alpha}'\in V_J} e(\boldsymbol{\alpha}')=\underline{\varphi},\\ \mathrm{Max}_{\boldsymbol{\beta}'\in W_K} e(\boldsymbol{\beta}')=\overline{\psi},\\ \mathrm{Min}_{\boldsymbol{\beta}'\in W_K} e(\boldsymbol{\beta}')=\underline{\psi}.\end{cases}$$

而(46:F)表示了这些 $\overline{\varphi}, \underline{\varphi}, \overline{\psi}, \underline{\psi}$——它们是由 V_J, W_K 确定的——相互之间及与 e_0 的关系.

46.4.2 我们要证明，这是必须加在 V_J, W_K 上的仅有的限制条件. 为此，我们从 Δ, H 的两个任意的非空解 V_J, W_K（它们不需要是从 Γ 的任何解 U_I 而得出的）出发，并作如下的论断：

(46:G) 设 V_J 是 Δ 关于 $F(\overline{\varphi})$ 的一个非空解，W_K 是 H 关于 $F(\overline{\psi})$ 的一个非空解. 假设 $\overline{\varphi}, \overline{\psi}$ 满足(46:15)，并设对于(46:15)的 $\underline{\varphi}, \underline{\psi}$ 有

(46:16)
$$\overline{\varphi}+\underline{\psi}=\underline{\varphi}+\overline{\psi}=e_0.$$

对于满足

(46:17)
$$e(\boldsymbol{\alpha}')+e(\boldsymbol{\beta}')\leqslant e_0$$

的 V_J 中任一 $\boldsymbol{\alpha}'$ 和 W_K 中任一 $\boldsymbol{\beta}'$，构成以 $\boldsymbol{\alpha}', \boldsymbol{\beta}'$ 为其 J-，K-组成部分的 $\boldsymbol{\gamma}$（对于 I）.

以 U_I 记所有这些 $\boldsymbol{\gamma}$ 的集合.

按照这样的方式得到的 U_I 恰好是 Γ 对于 $F(e_0)$ 的全部解.

证明：具有所述特征的全部 U_I 是按照这样的方式得到的：对 U_I 应用(46:D)，并构成它的 V_J, W_K. 于是，我们的全部论断都已包含在(46:D)，(46:E)，(46:F)以及(46:15)中.

按照这样的方式得到的全部 U_I 都具有所述的特征：考察一个如上所述借助于 V_J, W_K 而构成的 U_I. 我们必须证明，这个 U_I 是 Γ 关于 $F(e_0)$ 的一个解.

对于 U_I 的每一个 $\boldsymbol{\gamma}$，根据我们的(46:17)有

$$e(\boldsymbol{\gamma})=e(\boldsymbol{\alpha}')+e(\boldsymbol{\beta}')\leqslant e_0,$$

所以 $\boldsymbol{\gamma}$ 属于 $F(e_0)$. 由此知 $U_I\subseteq F(e_0)$.

因此，我们的任务在于证明 44.7.3 里的(44:E:a)，(44:E:b).

关于(44:E:a)：假定对于 U_I 中的 $\boldsymbol{\eta}, \boldsymbol{\gamma}$ 有 $\boldsymbol{\eta}\succ\boldsymbol{\gamma}$. 设 $\boldsymbol{\alpha}', \boldsymbol{\beta}'$ 是 $\boldsymbol{\gamma}$ 的 J-，K-组成部分，$\boldsymbol{\delta}', \boldsymbol{\varepsilon}'$ 是 $\boldsymbol{\eta}$ 的 J-，K-组成部分，前者从后者按照上述方式得出. 设 S 是 30.1.1 中关于控制关系 $\boldsymbol{\eta}\succ\boldsymbol{\gamma}$ 的集合. 根据(46:B)，我们可以假设 $S\subseteq J$ 或 $S\subseteq K$. 如果是 $S\subseteq J$，则 $\boldsymbol{\eta}\succ\boldsymbol{\gamma}$ 将蕴涵 $\boldsymbol{\delta}'\succ\boldsymbol{\alpha}'$，而这是不可能的，因为 $\boldsymbol{\delta}', \boldsymbol{\alpha}'$ 二者都属于 V_J；如果是 $S\subseteq K$，则 $\boldsymbol{\eta}\succ\boldsymbol{\gamma}$ 将蕴涵 $\boldsymbol{\varepsilon}'\succ\boldsymbol{\beta}'$，这也是不可能的，因

为 $\boldsymbol{\varepsilon}'$,$\boldsymbol{\beta}'$二者都属于 W_K.

关于(44:E:b):归谬地假设,存在着一个在 $F(e_0)$中但不在 U_I 中的 $\boldsymbol{\gamma}$,使得 U_I 中没有一个 $\boldsymbol{\eta}$ 能够满足 $\boldsymbol{\eta}\succ\boldsymbol{\gamma}$. 设 $\boldsymbol{\alpha}'$,$\boldsymbol{\beta}'$是 $\boldsymbol{\gamma}$ 的 J-,K-组成部分.

首先假定 $e(\boldsymbol{\alpha}')\leqslant\overline{\varphi}$. 这时 $\boldsymbol{\alpha}'$属于 $F(\overline{\varphi})$. 由此可知,或者是 $\boldsymbol{\alpha}'$属于 V_J,或者是在 V_J 中存在着一个满足 $\boldsymbol{\delta}'\succ\boldsymbol{\alpha}'$的 $\boldsymbol{\delta}'$. 如果是后一种情形,我们在 W_K 中选择一个 $\boldsymbol{\varepsilon}'$,使得 $e(\boldsymbol{\varepsilon}')$取其最小值 $\underline{\psi}$. 构成以 $\boldsymbol{\delta}'$,$\boldsymbol{\varepsilon}'$为其 J-,K-组成部分的 $\boldsymbol{\eta}$. 由于 $\boldsymbol{\delta}'$,$\boldsymbol{\varepsilon}'$分别属于 V_J,W_K,又由于

$$e(\boldsymbol{\delta}')+e(\boldsymbol{\varepsilon}')\leqslant\overline{\varphi}+\underline{\psi}=e_0,$$

所以 $\boldsymbol{\eta}$ 属于 U_I. 此外,由 $\boldsymbol{\delta}'\succ\boldsymbol{\alpha}'$有 $\boldsymbol{\eta}\succ\boldsymbol{\gamma}$(它们的 J-组成部分就是 $\boldsymbol{\delta}'$,$\boldsymbol{\alpha}'$). 这样,$\boldsymbol{\eta}$ 就与我们原来关于 $\boldsymbol{\gamma}$ 的假设相矛盾. 因此,对于所考虑的情形说,我们已经证明了 $\boldsymbol{\alpha}'$必须属于 V_J.

换句话说:

(46:18)　　或者是 $\boldsymbol{\alpha}'$属于 V_J,或者是 $e(\boldsymbol{\alpha}')>\overline{\varphi}$.

我们注意到,在第一种情形下必定有 $e(\boldsymbol{\alpha}')\geqslant\underline{\varphi}$,而在第二种情形下当然有 $e(\boldsymbol{\alpha}')>\overline{\varphi}\geqslant\underline{\varphi}$. 因此

(46:19)　　在任何情形下总有 $e(\boldsymbol{\alpha}')\geqslant\underline{\varphi}$.

互换 J 与 K,则(46:18),(46:19)变为

(46:20)　　或者是 $\boldsymbol{\beta}'$属于 W_K,或者是 $e(\boldsymbol{\beta}')>\overline{\psi}$.

(46:21)　　在任何情形下总有 $e(\boldsymbol{\beta}')\geqslant\underline{\psi}$.

但若(46:18)中第二种情形成立,则把它同(46:21)合起来就有

$$e(\boldsymbol{\gamma})=e(\boldsymbol{\alpha}')+e(\boldsymbol{\beta}')>\overline{\varphi}+\underline{\psi}=e_0,$$

而这是不可能的,因为 $\boldsymbol{\gamma}$ 属于 $F(e_0)$. (46:20)中第二种情形也同样是不可能的.

因此,在(46:18)和(46:20)中我们都只剩下了第一种情形,这就是说,$\boldsymbol{\alpha}'$,$\boldsymbol{\beta}'$分别属于 V_J,W_K. 由于 $\boldsymbol{\gamma}$ 属于 $F(e_0)$,所以

$$e(\boldsymbol{\alpha}')+e(\boldsymbol{\beta}')=e(\boldsymbol{\gamma})\leqslant e_0.$$

由此可知,$\boldsymbol{\gamma}$ 必须属于 U_I——这与我们原来的假设相矛盾.

46.5　$F(e_0)$中全部结果

46.5.1　(46:G)中的结果虽然是完全的,但在一点上是不能令人满意的:它所依赖的条件(46:15),(46:16)是十分隐含的. 因此,我们要以与之等价但明显得多的条件来代替它们.

为此,我们从 $\overline{\varphi}$,$\overline{\psi}$ 这两个数来着手讨论,这两个数我们假定是首先给定的. 按照(46:G)的意义,我们应当取 Δ,H 的哪一些 V_J,W_K 作为它们关于 $F(\overline{\varphi})$,$F(\overline{\psi})$的解呢?

首先,V_J,W_K 必须不是空的;对 Δ,H(代替 Γ)应用(45:A)或(45:O)可以表明,这就意味着

(46:22)　　$$\overline{\varphi}\geqslant-|\Delta|_1,\quad \overline{\psi}\geqslant-|H|_1.$$

其次,考虑(46:15). 我们对 Δ,H(代替 Γ)应用 45.6.1 里的(45:P). 于是,由(45:P:a)知,(46:15)中两个最大值的等式成立,而(45:P: b)则使(46:15)中两个最小值的等式变为

(46:23)　　$$\underline{\varphi}=\mathrm{Min}(\overline{\varphi},|\Delta|_2),\quad \underline{\psi}=\mathrm{Min}(\overline{\psi},|H|_2).$$

因此,我们就以(46:23)来定义 $\underline{\varphi}$,$\underline{\psi}$.

我们现在表示(46:16)：

(46:16) $$\overline{\varphi}+\underline{\psi}=\underline{\varphi}+\overline{\psi}=e_0.$$

(46:16)的第一个等式也可以写成

$$\overline{\varphi}-\underline{\varphi}=\overline{\psi}-\underline{\psi},$$

根据(46:23)，这就是

(46:24) $$\mathrm{Max}(0,\overline{\varphi}-|\Delta|_2)=\mathrm{Max}(0,\overline{\psi}-|H|_2).$$ [①]

46.5.2 现在，有两种可能的情形：

情形(a)：(46:24)的两端都为零.这时，在(46:24)的每一个 Max 中，0 这一项都≥另一项，即：$\overline{\varphi}-|\Delta|_2\leqslant 0$，$\overline{\psi}-|H|_2\leqslant 0$，即

(46:25) $$\overline{\varphi}\leqslant|\Delta|_2,\quad \overline{\psi}\leqslant|H|_2.$$

反之，若(46:25)成立，则(46:24)变为 0=0，这就是说，(46:24)自然成立.这时我们的定义(46:23)变为

(46:26) $$\underline{\varphi}=\overline{\varphi},\quad \underline{\psi}=\overline{\psi},$$

所以(46:16)全部条件变为[②]

(46:27) $$\overline{\varphi}+\overline{\psi}=e_0.$$

由(46:25)和(46:27)又有

(46:28) $$e_0\leqslant|\Delta|_2+|H|_2=|\Gamma|_2.$$

情形(b)：(46:24)的两端都不为零.这时，在(46:24)的每一个 Max 中，0 这一项都<另一项，即：$\overline{\varphi}-|\Delta|_2>0$，$\overline{\psi}-|H|_2>0$，即

(46:29) $$\overline{\varphi}>|\Delta|_2,\quad \overline{\psi}>|H|_2.$$ [③]

反之，若(46:29)成立，则(46:24)变为 $\overline{\varphi}-|\Delta|_2=\overline{\psi}-|H|_2$，这就是说，(46:24)并不自动被满足.我们可以把(46:24)表示为

(46:30) $$\overline{\varphi}=|\Delta|_2+\omega,\quad \overline{\psi}=|H|_2+\omega,$$

于是，(46:29)变为

(46:31) $$\omega>0.$$

这时我们的定义(46:23)变为

(46:32) $$\underline{\varphi}=|\Delta|_2,\quad \underline{\psi}=|H|_2,$$

所以(46:16)全部条件变为[④]

$$|\Delta|_2+|H|_2+\omega=e_0,$$

即

(46:33) $$e_0=|\Gamma|_2+\omega.$$

由(46:31)和(46:33)又有

---

① 参看(45:P:c)及其证明.

② 我们得出(46:24)只用到(46:16)的第一部分，而这里的讨论所根据的就是(46:24).

③ 应当注意的重要的一点是：(46:25)，(46:29)包括了全部可能的情形——这就是说，我们不可能有 $\overline{\varphi}\leqslant|\Delta|_2$，$\overline{\psi}>|H|_2$，或 $\overline{\varphi}>|\Delta|_2$，$\overline{\psi}\leqslant|H|_2$.这当然是由于等式(46:24)成立，它的两端或者都为零，或者都不为零.

这一事实的意义将在下面的一些引理中表示.

④ 参看 46.5.2 第一个注.

(46:34) $$e_0 > |\Gamma|_2.$$

46.5.3 总结如下:

(46:H) (46:G)中条件(46:16),(46:17)相当于:下面两种情形之一必定成立:

情形(a):

(1) $$-|\Gamma|_1 \leqslant e_0 \leqslant |\Gamma|_2$$

以及

(2) $$-|\Delta|_1 \leqslant \overline{\varphi} \leqslant |\Delta|_2,$$

(3) $$-|H|_1 \leqslant \overline{\psi} \leqslant |H|_2$$

和(4) $$\overline{\varphi} + \overline{\psi} = e_0.$$

情形(b):

(1) $$e_0 > |\Gamma|_2$$

以及

(2) $$\overline{\varphi} > |\Delta|_2,$$

(3) $$\overline{\psi} > |H|_2$$

和

(4) $$e_0 - |\Gamma|_2 = \overline{\varphi} - |\Delta|_2 = \overline{\psi} - |H|_2.$$ [①]

证明:

情形(a):我们知道,$e_0 \geqslant -|\Gamma|_1$ 和 $\overline{\varphi} \geqslant -|\Delta|_1, \overline{\psi} \geqslant -|H|_1$ 总成立.其余的条件与(46:28),(46:25),(46:27)相同,而(46:28),(46:25),(46:27)包含了这一情形的全部描述.

情形(b):这些条件与(46:34),(46:29),(46:30),(46:33)相同,它们包含了这一情形的全部描述(只要把 ω 消去;ω 在(1)至(3)之下满足(46:31)).

46.6 $E(e_0)$中全部结果

46.6 (46:G)和(46:H)以完整而明显的方式说明了 Γ 关于 $F(e_0)$ 的解的特征.现在还可以清楚地看出来,(46:H)的情形(a),(b)与45.6.1里的(45:O:b),(45:O:c)相合;事实上,(46:H)的(a),(b)可以按照它们的条件(1)来区分,而这些条件正是(45:O:b),(45:O:c).

我们现在把(46:G),(46:H)的结果同(45:I),(45:O)的结果结合起来.利用我们所知道的全部结果,这将使我们对情况有更好的了解.

(46:I) 如果

(46:I:a) (1) $$e_0 < -|\Gamma|_1,$$

则空集合是 Γ 关于 $E(e_0)$ 和关于 $F(e_0)$ 的仅有的解.

如果

(46:I:b) (1) $$-|\Gamma|_1 \leqslant e_0 \leqslant |\Gamma|_2,$$

---

① 读者可以发现,虽然(1)至(3)对于(a)和对于(b)是十分地类似,但最后一个条件(4)对于(a)和对于(b)却是完全不同的.但所有这些却都是从同一个无矛盾的理论的严格讨论里得到的!

关于这一点,以后还将加以讨论.

则 Γ 关于 $E(e_0)$ 和关于 $F(e_0)$ 有同样的解 $\overline{U}_I$. 这些 U_I 恰好是按照下述方式得到的那些集合：

选择满足

(2) $$-|\Delta|_1 \leqslant \overline{\varphi} \leqslant |\Delta|_2$$

(3) $$-|H|_1 \leqslant \overline{\psi} \leqslant |H|_2$$

以及 (4) $$\overline{\varphi} + \overline{\psi} = e_0$$

的任意两个 $\overline{\varphi}, \overline{\psi}$.

选择 Δ, H 关于 $E(\overline{\varphi}), F(\overline{\psi})$ 的任意两个解 $\overline{V}_J, \overline{W}_K$.

于是，$\overline{U}_I$ 是 44.7.4 意义上 $\overline{V}_J, \overline{W}_K$ 的合成.

如果

(46:I:c) (1) $$e_0 > |\Gamma|_2,$$

则 Γ 关于 $E(e_0)$ 的解 $\overline{U}_I$ 和关于 $F(e_0)$ 的解 U_I 是不相同的. 这些 $\overline{U}_I$ 和 U_I 恰好是按照下述方式得到的那些集合：

构成满足

(2) $$\overline{\varphi} > |\Delta|_2,$$

(3) $$\overline{\psi} > |H|_2$$

的两个数 $\overline{\varphi}, \overline{\psi}$，(2)，(3)由下式定义：

(4) $$e_0 - |\Gamma|_2 = \overline{\varphi} - |\Delta|_2 = \overline{\psi} - |H|_2.$$

选择 Δ, H 于 $E(\overline{\varphi}), F(\overline{\psi})$ 的任意两个解 $\overline{V}_J, \overline{W}_K$.

于是，$\overline{U}_I$ 是下列集合的和集合：$\overline{V}_J$ 与满足 $e(\boldsymbol{\beta}') = |H|_2$ 的一切分离的 $\boldsymbol{\beta}'$（在 K 中）所组成集合的合成；满足 $e(\boldsymbol{\alpha}') = |\Delta|_2$ 的一切分离的 $\boldsymbol{\alpha}'$（在 J 中）所组成集合与 $\overline{W}_K$ 的合成；满足 $e(\boldsymbol{\alpha}') = \varphi$ 的一切分离的 $\boldsymbol{\alpha}'$（在 J 中）所组成集合与满足 $e(\boldsymbol{\beta}') = \psi$ 的一切分离的 $\boldsymbol{\beta}'$（在 K 中）所组成集合的合成，这里的数偶 φ, ψ 取满足

(5) $$|\Delta|_2 < \varphi < \overline{\varphi}, \quad |H|_2 < \psi < \overline{\psi}$$

和(6) $$\varphi + \psi = e_0$$

的一切值. U_I 按照同样的程序得到，只是条件(6)换为

(7) $$\varphi + \psi \leqslant e_0.$$

证明：关于(46:I:a)：这与(45:O:a)相同.

关于(46:I:b)：除了下面两点修改外，这是(46:H)中情形(a)的重述.

第一，Γ, Δ, H 关于 E 和 F 的解是相同的. 根据(46:I:b)的(1)，(2)，(3)，可以对 Γ, Δ, H 应用(45:O:b). 这就说明了修改是正确的.

第二，在略去条件(46:17)的情况下，我们从 $\overline{V}_J = V_J, \overline{W}_K = W_K$ 构成 $\overline{U}_I = U_I$ 的方式不同于(46:H)中所述的方式. 要说明修改的正确性，只需说明(46:17)自动成立：由于

$$V_J = \overline{V}_J \subseteq E(\overline{\varphi}), W_K = \overline{W}_K \subseteq E(\overline{\psi}),$$

所以对于 V_J 中的 $\boldsymbol{\alpha}'$ 和 W_K 中的 $\boldsymbol{\beta}'$ 总有 $e(\boldsymbol{\alpha}') = \overline{\varphi}, e(\boldsymbol{\beta}') = \overline{\psi}$，因此，根据(4)就有 $e(\boldsymbol{\alpha}') + e(\boldsymbol{\beta}') = e_0$.

关于(46:I:c)：除了下面一点修改外，这是(46:H)中情形(b)的重述.

我们考虑的是 Γ 关于 E 和 F 的解(不像在(46:H)中只考虑关于 F 的解),而对于 Δ, H 只用到它们关于 E 的解(不像在(46:H)中用的是关于 F 的解). 因此,从后者(Δ 的 $\overline{V}_J$,H 的 $\overline{W}_K$)构成前者(Γ 的 $\overline{U}_I, U_I$)所用的方式,同(46:H)中所描述的方式是有差别的.

为了消除这些差别,必须如下进行:根据(46:I:c)的(1),(2),(3),可以对 Γ, Δ, H 应用(45:I)和(45:O:c). 然后,把结果代到(46:H)中. 只要对(46:H)(在目前情形下就是(46:I:c))实现这些程序,则所得到的恰好就是上面描述的结论. [1]

46.7 部分结果的图形表示

46.7 (46:I)的结果看起来也许是很复杂的,但它们事实上只不过是一些简单的质的方面原则的精确表述. 我们在上面用了复杂的数学推导,这当然是因为这些原则绝不是很显然的,而为了揭露和证明它们,这是应取的方式. 另一方面,我们的结果可以通过一种简单的图示法来加以说明.

我们先作一点比较形式化的说明.

考察一下(46:I:a)至(46:I:c)这三种情形,可以看到,关于(46:I:a)虽然没有什么可说的,但是另外两种情形(46:I:b),(46:I:c)却有着一些共同的特点. 事实上,在两种情形里,所求的 Γ 的解 $\overline{U}_I, U_I$,都是借助于两个数 $\overline{\varphi}, \overline{\psi}$ 和 Δ, H 的一些相应的解 $\overline{V}_J, \overline{W}_K$ 而得到的. 从量的方面看,表示 $\overline{U}_I, U_I$ 的元素就是数 $\overline{\varphi}, \overline{\psi}$. 如在 46.3 的注中指出的,它们所表示的,有点像是把 I 中给定的过剩额 e_0 在 J 和 K 之间加以分配的问题.

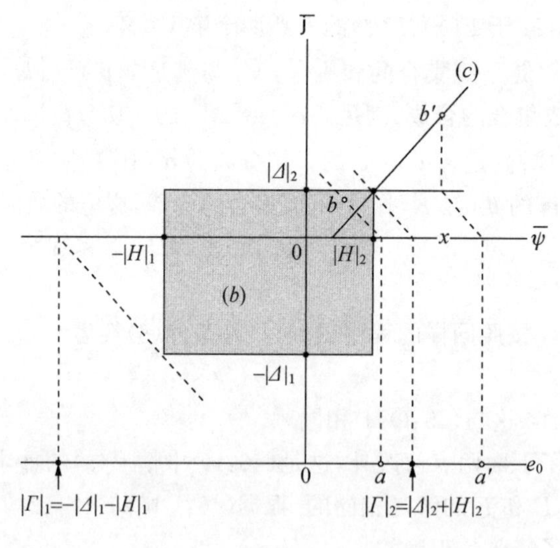

图 69

$\overline{\varphi}, \overline{\psi}$ 的特征在情形(46:I:b)和(46:I:c)中是由其相应的条件(2)至(4)表示的. 我们现在对(46:I:b)和(46:I:c)比较一下这些条件.

它们具有下述共同的特点:它们迫使过剩额 $\overline{\varphi}, \overline{\psi}$ 属于 Δ, H 的一种情形,这种情形是过剩

[1] 如果读者把这些程序加以实现,他将发现,这种变换虽然是相当地烦琐,其中却并没有任何困难.

额 e_0 对 Γ 来说所属的同一情形.

但它们在下述这一点上却有着本质的区别：在(46:I:b)中，它们加在 $\overline{\varphi},\overline{\psi}$ 上的条件只有一个等式；而在(46:I:c)中，却有两个等式. [①]当然，不等式有时也可能退化成为等式(参看 46.8.3 里的(46:J))，但一般情况则是如我们所指出的.

e_0 和 $\overline{\varphi},\overline{\psi}$ 之间的关系在图 69 中以图形表示.

这一图形表示了 $\overline{\varphi},\overline{\psi}$ 平面，并在它的下面画出了 e_0 的直线. 在 e_0 的直线上，点 $-|\Gamma|_1$，$|\Gamma|_2$ 把直线分为三个地带，对应于三种情形(46:I:a)至(46:I:c). 在 $\overline{\varphi},\overline{\psi}$ 平面中，标有(*b*)的带斜线矩形是属于情形(46:I:b)的 $\overline{\varphi},\overline{\psi}$ 区域；在 $\overline{\varphi},\overline{\psi}$ 平面中，标有(*c*)的直线是属于情形(46:I:c)的 $\overline{\varphi},\overline{\psi}$ 区域.

对于给定的任一个 $\overline{\varphi},\overline{\psi}$ 的点，沿着虚线-----可以达到它的 e_0 的值，例如，从点 b,b' 分别得到 a,a'. 对于给定的任一 e_0 的值，通过相反的程序可以得到它的全部 $\overline{\varphi},\overline{\psi}$ 的点，例如，从 a 得到过 b 的整个一段区间，而从 a' 则得到唯一的一个点 b'. [②]

46.8 解释：正常地带. 各种性质的可传性

46.8.1 图 69 需要进一步的说明，这将有助于对(46:I)的更全面的了解.

第一，前面曾一再指出(第一次是在(45:O)之后的说明里)，情形(46:I:a)和(46:I:c)——即 $e_0<-|\Gamma|_1$ 和 $e_0>|\Gamma|_2$ 的情形——是 44.6.1 意义下 e_0 的值"太小"或"太大"的情形；这就是说，情形(46;I: b)即 $-|\Gamma|_1\leqslant e_0\leqslant|\Gamma|_2$ 在某种意义上属于正常地带. 我们现在的图形表明，当 Γ 的过剩额 e_0 处于正常地带中时，Δ,H 的相应过剩额 $\overline{\varphi},\overline{\psi}$ 也处于它们相应的正常地带中. [③]

换句话说：正常现象(即(46:I:b)中过剩额的位置)从 Γ 到 Δ,H 是可传的.

第二，我们不止一次地看到，在情形(46:I:b)——正常地带——中，$\overline{\varphi},\overline{\psi}$ 并不由 e_0 完全确定. 另一方面，在情形(46:I:c)中，它们却由 e_0 完全确定. 这在图形里表现为：前一区域是 $\overline{\varphi},\overline{\psi}$ 平面中的矩形(*b*)，而后一区域却只是一条直线(*c*).

然而，值得注意的是，在情形(46:I:b)的两个端点，——即，对于 $e_0=-|F|_1,|\Gamma|_2$，——$\overline{\varphi},\overline{\psi}$ 的有效区间收缩成为一个点. [④]由此可知，从(46:I:b)的变量 $\overline{\varphi},\overline{\psi}$ 过渡到(46:I:c)中固定的 $\overline{\varphi},\overline{\psi}$，是连续的转变.

第三，在上面第一点说明里已经指出，正常现象(即，相应于(46:I:b)的过剩额的位置)从 Γ 到 Δ,H 是可传的. 应当注意的是，在一般情形，对于过剩额为零来说却不存在这种可传性；这就是说，$e_0=0$[⑤] 并不一般地蕴涵 $\overline{\varphi}=0,\overline{\psi}=0$. 正是过剩额为零的情形，使得我们目前的理论(44.7 的理论)特殊化，成为较老形式的理论(42.4.1 的理论；我们知道，42.4.1 的理论与 30.1.1中原来的理论是等价的). 我们将在最后一点(第六点)说明中更详细地检验当 $e_0=0$ 时

① 在两种情形里，(2)，(3)都是不等式. 在(46:I:b)中，(4)是一个等式：而在(46:I:c)中，(4)是两个等式.

② 图 69 的几何图形确实表出了(46:I:b)，(46:I:c)的条件，这一事实的简单论证工作我们留给读者去做.

③ 即：$-|\Gamma|_1\leqslant e_0\leqslant|\Gamma|_2$ 蕴涵 $-|\Delta|_1\leqslant\overline{\varphi}\leqslant|\Delta|_2$，$-|H|_1\leqslant\overline{\psi}\leqslant|H|_2$，参看(46:I:b).

④ 这是 46.7 末尾所说退化情形之一.

⑤ 当然，$e_0=0$ 属于正常情形(46:I:b)：$-|\Gamma|_1\leqslant 0\leqslant|\Gamma|_2$.

$\overline{\varphi},\overline{\psi}$ 的变动性. 但我们现在先把注意力集中在我们目前的理论与较老形式的理论二者之间的关系上.

第四,现在可以看得很清楚,目前的较广泛形式的理论是有必要加以考虑的,虽然我们主要的兴趣只集中在原来形式的理论上. 事实上,为了找出在原来意义上可分解博弈 Γ(关于 e_0)的解,我们需要用到较广泛的、新的意义上组成部分 Δ,H(关于可能不为零的 $\overline{\varphi},\overline{\psi}$)的解.

这使得 44.6.2 中的说明有了更确切的意义: 当博弈(Δ 或 H)被看作是非孤立的时,从老的理论过渡到新的理论,其必要性现在变得特别清楚了. 这一想法的精确陈述将在 46.10 中给出.

46.8.2 第五,我们现在可以证实关于前面 44.3.2 的(44:D)和 44.3.3 的(44:D:a),(44:D:b)的论断了. (46:I:b)表明,如果我们以新的理论来代替老的,则(44:D)在情形(46:I:b)中为真;(46:I:c)表明,即使是在新的理论里,(44:D)在情形(46:I:c)中也不为真. 可见,为了要保证看来是说得通的(44:D)成立,才使得我们想到要过渡到新理论,并且局限于情形(46:I:b)——正常情形.

如果我们坚持要以老的理论来解释(44:D),(44:D:a),(44:D:b),则(44:D),(44:D:a)不能成立,[①]而附有条件的命题(44:D:b)仍成立. [②]

46.8.3 第六,我们已经看到,$e_0=0$ 并不一般地蕴涵 $\overline{\varphi}=0,\overline{\psi}=0$. 这里"一般地"指的是什么呢?

$\overline{\varphi},\overline{\psi}$ 受到(46:I:b)中条件(2)至(4)的限制. 由于 $e_0=0$,所以(4)意味着 $\overline{\psi}=-\overline{\varphi}$,并且使我们能够仅通过 $\overline{\varphi}$ 而表示(2),(3). 它们变为

(46:35)
$$\left\{\begin{matrix}-|\Delta|_1\\-|H|_2\end{matrix}\right\}\leqslant\overline{\varphi}\leqslant\left\{\begin{matrix}|\Delta|_2\\|H|_1\end{matrix}\right\}.$$

现在,对 Δ,H 应用(45:E). 我们看到:

如果 Δ,H 二者都是本质的,则(46:35)的下限都<0,上限都>0,因而 $\overline{\varphi}$ 确实可以是$\neq 0$. 如果 Δ 或 H 是非本质的,则(46:35)蕴涵 $\overline{\varphi}=0$,因而 $\overline{\psi}=0$.

我们把这个结果明白地叙述如下:

(46:J) 要使得 $e_0=0$ 蕴涵 $\overline{\varphi}=0,\overline{\psi}=0$,即,要使得 44.3.2 的(44:D)在老的理论里也成立,必须而且只须 Δ 或 H 是非本质的.

46.9 傀 儡

46.9.1 我们现在可以解决 41.2.1 第一个注中所述较狭义形式的分解问题——在博弈中加入"傀儡"的问题——了.

设博弈 Δ 的局中人是 $1',\cdots,k'$. [③]把这个博弈加以"膨胀",加入一系列的"傀儡"K;这就是说,把 Δ 同一个以 $1'',\cdots,l''$为其局中人的非本质博弈 H 复合起来. 于是,复合博弈是 Γ.

---

① 因为我们可能有 $e_0=0,\overline{\varphi}\neq 0,\overline{\psi}=0$. 这时,如在 44.3.3 中指出的,44.3.1 中可分解性的条件(44:B:a)不成立.

② 它代表特殊情形 $e_0=0,\overline{\varphi}=0,\overline{\psi}=0$.

③ 现在,再度引用 41.3.1 中局中人的记号较为方便.

我们对所有这些博弈应用老的理论. 根据 31.2.1 里的(31:I),对于非本质的博弈 H,存在着恰好一个转归——设为 $\boldsymbol{\gamma}_K^0=\{\gamma_{1''}^0,\cdots,\gamma_{l''}^0\}$. [①]根据 31.2.3 里的(31:O)或(31:P),H 具有唯一的一个解:即单元素集合($\boldsymbol{\gamma}_K^0$).

现在,由(46:J)和(46:I:b)知,Γ 的一般解是通过 Δ 的一般解和 H 的一般解的合成而得到的,而后者是个唯一解!

换句话说:把 J(即 Δ)的每一转归 $\boldsymbol{\beta}_J=\{\beta_{1'},\cdots,\beta_{k'}\}$加以"膨胀",使它同 $\boldsymbol{\gamma}_K^0$ 复合起来,成为 I(即 Γ)的一个转归 $\boldsymbol{\alpha}_I$,这就是说,在 $\boldsymbol{\beta}_J$ 中加上 $\gamma_{1''}^0,\cdots,\gamma_{l''}^0$这些支量,成为

$$\boldsymbol{\alpha}_I=\{\beta_{1'},\cdots,\beta_{k'},\gamma_{1''}^0,\cdots,\gamma_{l''}^0\}.$$

这样,从 Δ 的一般解通过这一"膨胀"——即合成——的程序,就得到了 Γ 的一般解.

这一结果可以总结如下:把一个博弈通过加入"傀儡"的办法加以"膨胀",并不在根本上影响它的解——只需对每一转归加上一些代表"傀儡"的支量,这些支量的值就是每一"傀儡"在非本质博弈 H 中所应得的数额,他们相互之间的关系就是由 H 描述的.

46.9.2 最后,我们指出,(46:J)的意义是:当而且只当合成不属于上面讨论的特殊类型时,老的理论才不具有新理论的一些简单性质,它的可传性才不能成立,就像在 46.8.1 的第三点说明中指出的.

46.10 博弈的嵌入

46.10.1 我们在 46.8.1 的第四点说明中,曾再次肯定了 44.6.2 里所指出的事实:当博弈被看作是非孤立的时候,从老的理论过渡到新的理论就成为必要的了. 我们现在要对这一想法给出最终的精确陈述.

这一次我们要以 Δ 来记所考虑的博弈,并以 J 记它的局中人集合,这样比较方便. 应当注意的是,这个 Δ 是完全一般的——并不假设 Δ 是可分解的.

要把给定的博弈 Δ 当作非孤立的事物来处理,我们首先引入一些有关的概念:把 Δ 看作非孤立的,相当于把它不加改变地嵌入一个较大的组织中;为了讨论的方便,可以把这个较大的组织看作是另一个博弈 Γ. 我们定义如下:如果 Γ 是 Δ 与另一博弈 H 的合成,[②]则称 Δ 被嵌入 Γ,或者说,Γ 是 Δ 的一个嵌入. 换句话说,Δ 被嵌入所有以它为其组成部分的那些博弈中. [③]

46.10.2 我们现在把 Δ 当作一个非孤立的事物看待,而来探讨 Δ 的解. 按照以上所述,这就相当于列举出 Δ 的所有嵌入 Γ 的所有解,并在与 Δ 有关的范围内对它们加以解释. 最后一步工作当然就是取 44.7.4 意义上的 J-组成部分. 我们从 46.8.2 中第五点说明知道,如果我们不考虑正常地带(b)以外的解,这一工作是可以实现的.

人们也许会想到,究竟应当按照老的理论还是新的理论的意义来取 Γ 的解. 按照 44.6.2 的观点,前者看起来似乎更为合理:既然从 Δ 过渡到 H 已经考虑到了外部因素对于博弈的影

① 回忆 44.2 的记法.

② 博弈 H 及其局中人集合 K 都是完全任意的,但 K 和 J 必须是不相交的.

③ 由于组成部分的组成部分仍是一个组成部分(回忆有关的定义,特别是 43.3.1 里的(43:D)),所以嵌入的嵌入仍是一个嵌入. 换句话说,嵌入是一个传递性的关系. 这就使得我们无须去考虑建立在它上面的任何间接的关系.

响,就没有任何理由再越出老的理论的范围.[1]然而,事实表明,我们根本无须解决这一问题,因为不管我们对Γ应用哪一种理论,关于Δ的结果都将是一样的.但若我们对Γ应用新的理论,那么,就像上面的讨论指出的,我们必须局限于情形(46:I:b).

这样,问题的最终提法是这样的:

(46:K) 考虑Δ的所有嵌入Γ,以及这些Γ的所有的解:

(a) 在老的理论的意义上,即,关于$E(0)$,

(b) 在新的理论的意义上,在正常地带中,即,关于(46:I:b)中任一个$E(e_0)$.

解的J-组成部分是什么?

46.10.3 这一问题的解答是很简单的:

(46:L) (46:K)中提到的(Γ的解的)J-组成部分恰好是下面这些集合:Δ在正常地带中所有的解,即,关于(46:I:b)中任一$E(\overline{\varphi})$的解.这对于(46:K)中(a)和(b)两种情形都成立.

证明:$e_0=0$属于情形(46:I:b)(参看46.8.1最后一个注),所以(a)的范围较(b)为窄.因此,我们只须证明.从(*b*)得到的全部集合都已包含在上述那些集合之中,而且所有这些集合都能借助于(*a*)而得到.

第一点论断只不过是正常地带(b)的可传性质的论断.

第二点论断可从(46:I:b)推出,只要我们能够证明:对于一个给定的满足

$$-|\Delta|_1\leqslant\overline{\varphi}\leqslant|\Delta|_2$$

的$\overline{\varphi}$,能够找到一个博弈H和一个$\overline{\psi}$,满足$-|H|_1\leqslant\overline{\psi}\leqslant|H|_2$,$\overline{\varphi}+\overline{\psi}=0$,而且$H$具有关于$E(\overline{\psi})$的解.这样的$H$是存在的,而且甚至能够把它选为一个三人博弈.

事实上:设H是满足$\gamma>0$的本质三人博弈.于是,根据45.1里的(45:2)有$|H|_1=3\gamma$,根据45.3.3的(45:9)有$|H|_2=\frac{1}{2}|H|_1=\frac{3}{2}\gamma$.我们要求$\overline{\psi}=-\overline{\varphi}$,而我们现在所知道的相当于

$$-3\gamma\leqslant\overline{\psi}\leqslant\frac{3}{2}\gamma.$$

这显然是可以做得到的,只要我们选择γ充分地大.我们还需要H关于$E(\overline{\psi})$的一个解.这样的解$\left(对于-3\gamma\leqslant\overline{\psi}\leqslant\frac{3}{2}\gamma\right)$的存在性将在47中证明.

46.10.4 对于这个结果还应当补充两点说明:

第一,在实现嵌入的程序时,如果我们要求老的理论能保持它的可传性,我们就不得不照顾到这一点:从Δ和H到Γ的合成必须能使得$e_0=0$蕴涵$\overline{\varphi}=0$(从而$\overline{\psi}=0$).根据(46:J),这意味着Δ或H是非本质的.后一种情形意味着对Δ所加的只是些"傀儡".

总结如下:

(46:M) 要使得老的理论是可传的,必须而且只须,或是原来的博弈Δ为非本质博弈,或是嵌入只限于对Δ加上"傀儡".

第二,在44.6.2中已有这样的想法:把外部来源——它提供过剩额并使我们从老的理论过渡到新的理论——当作另一个局中人看待.

---

[1] 而且,46.10.1第二个注里指出的传递性表明,Γ的任何别的嵌入都可以直接当作Δ的嵌入来看待.

我们上面的结果(44:L)使我们想到一种稍稍不同的看法：44.6.2 的外部来源就是加在 Δ 上的博弈 H——或者说，是它的局中人集合 K.

我们已经看到，为了得到所要的结果，博弈 H 必须是本质的. 我们还知道，本质博弈必须有 $n\geqslant 3$ 个参加者，而(44:L)的证明表明，一个具有 $n=3$ 个参加者的适当的 H 确实存在.

因此，我们有：

(46:N) 44.6.2 的外部来源可以看作是一个新的局中人集团——而不是单独一个局中人. 事实上，这一集团的成员的最小有效数目是 3.

46.10.5 以上的讨论证实了我们从老的理论过渡到新的理论(在正常地带(b)中)这一程序的正确性，并阐明了这一过渡的性质. 我们现在看到，44.3 中"常识上的"推测在老的理论里不成立，但正是在我们改变后的新的领域内它是成立的. 这样，就以令人满意的方式完成了我们的理论.

44.4.3 至 46.10.4 的讨论，其主导原则是这样的：所考虑的博弈原来被看作是一个孤立的事物，但后来离开了孤立的状态而以一切可能的方式被不加改变地嵌入一个较大的博弈中. 这样的想法在自然科学特别是力学里并不少见. 第一个观点相当于所谓闭合体系的分析，第二个观点相当于在没有交互作用的假设下将它们嵌入一切可能的较大闭合体系中.

这种程序在其方法上的重要性，在近代关于理论物理的文献中，特别是在量子力学的结构分析中，曾被不同程度地强调提出. 值得注意的是，在我们目前的探讨中，这种程序竟能得到如此根本性质的应用.

46.11 正常地带的意义

46.11.1 (46:I:b)对于正常地带中博弈 Γ 的每一个解——因而，对于在老的理论意义上的每一个解——定义了两个数 $\bar{\varphi},\bar{\psi}$. 这一结果以及由此得到的与解有关的 $\bar{\varphi},\bar{\psi}$ 的一些性质看来是十分重要，有必要给以更全面的非数学的解释.

我们考虑的是两个博弈 Δ,H，由两个互不相交的局中人集合 J 和 K 参加. 这两个博弈的规则并不规定二者之间要有任何实际的联系. 但我们把它们当作一个单独的博弈 Γ 来看待——这个博弈当然是个复合博弈，具有两个独立的组成部分 Δ,H.

对于上述整个的安排，即，对于复合博弈 Γ，我们现在要找出它所有的解. 由于没有必要考虑 Γ 以外的任何事物，我们现在遵循 30.1.1 和 42.4.1 里原来的理论. [①]我们已经证明了每一个解 U_I 确定一个数 $\bar{\varphi}$，[②]满足下述条件：对于 U_I 的每一个转归 $\boldsymbol{\alpha}$，Δ 的(即 J 中的)局中人总共得到数额 $\bar{\varphi}$，H 的(即 K 中的)局中人总共得到数额 $-\bar{\varphi}$. 由此可见，体现于 U_I 的组织原则必须规定(先不说别的)，在一切情况下，H 的局中人必须转移给 Δ 的局中人以数额 $\bar{\varphi}$.

U_I 的特征——即，所体现的组织原则或行为标准——的其余部分如下：

第一，假定 Δ 从另一集团得到的转移额 $\bar{\varphi}$ 是没有争论余地的，则 Δ 的局中人们在其相互

① 即 $e_0=0$.

② 因为 $\bar{\varphi}+\bar{\psi}=e_0=0$，所以我们没有引入 $\bar{\psi}=-\bar{\varphi}$.

之间的关系上必须受到一种稳定的行为标准的约束.[①]

第二,假定 H 给予另一集团的转移额 $\overline{\varphi}$ 是没有争论余地的,则 H 的局中人们在其相互之间的关系上必须受到一种稳定的行为标准的约束.[②]

第三,转移额 $\overline{\varphi}$ 必须是在46.8.3的(46:35)中两个极限值之间:

$$\begin{Bmatrix} -|\Delta|_1 \\ -|H|_2 \end{Bmatrix} \leqslant \overline{\varphi} \leqslant \begin{Bmatrix} |\Delta|_2 \\ |H|_1 \end{Bmatrix}.$$

46.11.2 这些规则的意义显然是这样的:二集团之一付给另一集团以一定数额的贡奉;Γ 的任一个解,即,Γ 的任一种稳定的社会秩序,就是建立在这一支付上的.这一贡奉的数额是解的一个主要部分.数额的可能值,即,在解里可能出现的数额,是严格地受到上面(46:35)的限制的.这一条件特别说明了以下几点:

第一,贡奉为零(即,没有贡奉)这一种情况总是包含在可能情形之内的.

第二,要使得贡奉为零成为唯一可能的情形,必须而且只须二博弈 Δ,H 之一是非本质的(参看46.8.3中第六点说明).

第三,在所有其他情形下,正的和负的贡奉都是可能的,——这就是说,Δ 的局中人和 H 的局中人双方都有可能是付出贡奉的集团.

(46:35)的极限值是由博弈 Δ,H 二者确定的,这就是说,是由两个集团的客观的现实可能性确定的.[③]这两个极限值表示:每一集团有一个最小值 $-|\Delta|_1$,$-|H|_1$,任何形式的社会组织都不能把它压得更低;每一集团也有一个最大值 $|\Delta|_2$,$|H|_2$,在任何形式的社会组织下,都不可能把它提得更高.

由此可见,对于一个一定的物理背景即博弈 Γ 来说,可以这样解释 $|\Delta|_1$,$|\Delta|_2$ 这两个数:$-|\Delta|_1$ 是在一切情况下可能发生的最坏情形,$|\Delta|_2$ 是在一切情况下所能提出且能被外界接受的最大要求.[④]

45.3.1至45.3.2的结果(45:E)和(45:F)现在有了一种新的意义:按照(45:E)和(45:F),$|\Delta|_2$ 和 $|\Delta|_1$ 只能同时为零(当 Δ 为非本质博弈时),而且它们的比值永远处于两个确定的极限值之间.

46.12 转移现象的第一次出现:$n=6$

46.12 我们已经不止一次地看到(在46.8.3的(46:J)里,以及46.11.2的第二和第三点说明里),只有当两个组成部分 Δ,H 都是本质博弈时,复合博弈 Γ 的理论中新的特征因素才会表现出来.这就是 $e_0=0$ 但

① 这就是说,U_I 的 J-组成部分 V_J 是 Δ 关于 $E(\overline{\varphi})$ 的一个解.

② 这就是说,U_I 的 K-组成部分 W_K 是 H 关于 $E(-\overline{\varphi})$ 的一个解.

③ 但实际的数额 $\overline{\varphi}$ 究竟在这些极限值之间的什么地方,这并不由那些客观的材料确定,而是由解(即,被普遍地接受的行为标准)确定的.

④ 必须记住,在所有这些里,都假定了 Δ 全部局中人组成的合伙的值即 $v(J)$ 为零;这就是说,我们现在所讨论的损失,都纯粹是由于集团内部缺乏合作以及一般社会组织的不利条件所引起的;所讨论的利益,都纯粹是由于外部集团的缺乏合作以及一般社会组织的有利条件所引起的.

$$\overline{\varphi}=-\overline{\psi}\neq 0$$

(即,46.11 意义上的非零贡奉)的现象.

但是,我们知道,要使得一个博弈是本质的,它必须有≥3 个局中人.如果要求 Δ,H 二者都是本质的,则复合博弈 Γ 必须有≥6 个局中人.

下面的讨论表明,六个局中人确实是够了:设 Δ,H 都是满足 $\gamma=1$ 的本质三人博弈.于是,$|\Delta|_1=|H|_1=3$,$|\Delta|_2=|H|_2=\frac{3}{2}$(参看 46.10.3).因此,对于 $-\frac{3}{2}\leqslant\overline{\varphi}\leqslant\frac{3}{2}$,$\overline{\varphi}$ 和 $\overline{\psi}=-\overline{\varphi}$ 二者都处于 -3 和 $\frac{3}{2}$ 之间.如在 47 中将要证明的,这蕴涵着 Δ,H 关于 $E(\overline{\varphi}),E(\overline{\psi})$ 的解 V_J,W_K 的存在性.这时,它们的合成 U_I 是复合博弈 Γ 关于给定的 $\overline{\varphi}$ 的一个解.由于 $\overline{\varphi}$ 只受 $-\frac{3}{2}\leqslant\overline{\varphi}\leqslant\frac{3}{2}$ 的限制,所以我们能够选择它并使其不为零.

这样,我们证明了:

(46:O) 在我们复合博弈的理论里,要从一个合适的博弈看到理论的新的特征因素($e_0=0$ 而 $\overline{\varphi}=-\overline{\psi}\neq 0$ 的情形,参看上面),最小的局中人数目是 $n=6$.

我们曾一再地表示,我们有着这样的信念:当局中人的数目增加时,不但会使得已在较小数目场合中出现过的概念发生更复杂的作用,而且也有可能会在质的方面产生新的现象.当局中人的数目相继地增加到 2,3,4 时,我们已观察到这样的现象.现在,当局中人的数目达到六个时,又发生了同样的现象,这一点是很有兴趣的.[1]

47 新的理论中的本质三人博弈

47.1 讨论的必要

47.1.1 剩下来的工作,是按照新的理论讨论本质三人博弈的解.

这一工作是必要的,因为我们已在 46.10 和 46.12 中用到了这种解的存在性,而且,这一讨论也有它本身的兴趣.考虑到 46.12 中我们对这种解所作的解释,以及它们在分解理论[2]里的重要作用,看来对它们的结构应当有一个详尽的了解.此外,熟悉了细节之后,将能导致别种具有一定意义的解释(参看 47.8 和 47.9).最后,我们将会发现,在这一讨论中用来确定博弈的解的原则,有着更广泛的应用范围(参看 60.3.2,60.3.3).

47.2 预备性的考虑

47.2.1 我们考虑本质三人博弈,记为 Γ,并设它满足正规化条件 $\gamma=1$.于是,$|\Gamma|_1=3$,

① 关于只有当局中人数目达到六个时才会出现的质的方面其他新现象,参看 53.2.

② 在绝对一般性质的问题里,只有这一个问题是目前我们已有完全结论的!

$|\Gamma|_2=\frac{3}{2}$(参看 46.12).我们希望能确定这个 Γ 关于 $E(e_0)$ 的解.[①]在附注所提到的应用里,我们只用到了正常地带 $-3\leqslant e_0\leqslant\frac{3}{2}$,但我们现在则要讨论所有的 e_0.

这一讨论将通过图示法完成,我们在 32 中处理老的理论时用的就是这种图示法.因此,在有些方面我们将按照 32 的格式进行讨论.

特征函数同 32.1.1 里的一样:

(47:1) $$v(S)=\begin{cases}0,\\-1,\\1,\\0,\end{cases}\quad\text{若 } S \text{ 有}\begin{cases}0\\1\\2\\3\end{cases}\text{个元素.}$$

一个(广义)转归指的是一个向量

$$\boldsymbol{\alpha}=\{\alpha_1,\alpha_2,\alpha_3\},$$

它的三个支量必须满足 44.7.2 里的(44:13),这个条件现在变为

(47:2) $$\alpha_1\geqslant-1,\quad\alpha_2\geqslant-1,\quad\alpha_3\geqslant-1.$$

此外,在 $E(e_0)$ 中过剩额必须等于 e_0,而根据 44.7.2 里的(44:11*),它现在变为

(47:3) $$\alpha_1+\alpha_2+\alpha_3=e_0.$$ [②]

47.2.2 我们要用 32.1.2 的图示法来表示这些 $\boldsymbol{\alpha}$.但是,那里的程序只能画出和为零的三个数.因此,我们定义

(47:4) $$\alpha^1=\alpha_1-\frac{e_0}{3},\quad\alpha^2=\alpha_2-\frac{e_0}{3},\quad\alpha^3=\alpha_3-\frac{e_0}{3}.$$

于是,(47:2),(47:3)变为

(47:2*) $$\alpha^1\geqslant-\left(1+\frac{e_0}{3}\right),\quad\alpha^2\geqslant-\left(1+\frac{e_0}{3}\right),\quad\alpha^3\geqslant-\left(1+\frac{e_0}{3}\right),$$

(47:3*) $$\alpha^1+\alpha^2+\alpha^3=0.$$ [③]

现在,可以应用 32.1.2 的表示法了;我们只需把 $\alpha_1,\alpha_2,\alpha_3$ 换为 $\alpha^1,\alpha^2,\alpha^3$.除了这一条件外,图 52 是适用的.

为了这些理由,对于 $E(e_0)$ 的每一个向量

$$\boldsymbol{\alpha}=\{\alpha_1,\alpha_2,\alpha_3\},$$

我们不但形成它们在通常意义下的支量,同时构成它们在(47: 4)意义下的拟支量:$\alpha^1,\alpha^2,\alpha^3$.借助于这些拟支量,我们利用图 52 的图形表示法.

这个平面表示法正确地表出了条件(47:3*).因此,余下的条件(47:2*)相当于在图 52 的平面中加在 $\boldsymbol{\alpha}$ 上的一个限制条件.这一限制条件可以按照 32.1.2 中类似条件的同样方式得

---

① 我们现在用的记号是 Γ,e_0,而在以前的应用里则是 $\Delta,\bar{\varphi}$ 和 $H,\bar{\psi}(=-\bar{\varphi})$.

当然,现在的 Γ 同以前考虑的可分解的 Γ 毫无关联之处.

② 读者应当把(47:1)至(47:3)同 32.1.1 的(32:1)至(32:3)进行比较,唯一的不同之处在于(47:3).

③ 把(47:2*),(47:3*)同 32.1.1 的(32:2),(32:3)进行比较,可以发现,(47:3*)与(32:3)相同,而(47:2*)与(32:2)的差别只在于比例因子 $1+\frac{e_0}{3}$.

出：$\boldsymbol{\alpha}$ 必须位于三条直线所形成的三角形中.

$$\alpha^1=-\left(1+\frac{e_0}{3}\right),\quad \alpha^2=-\left(1+\frac{e_0}{3}\right),$$

$$\alpha^3=-\left(1+\frac{e_0}{3}\right)$$

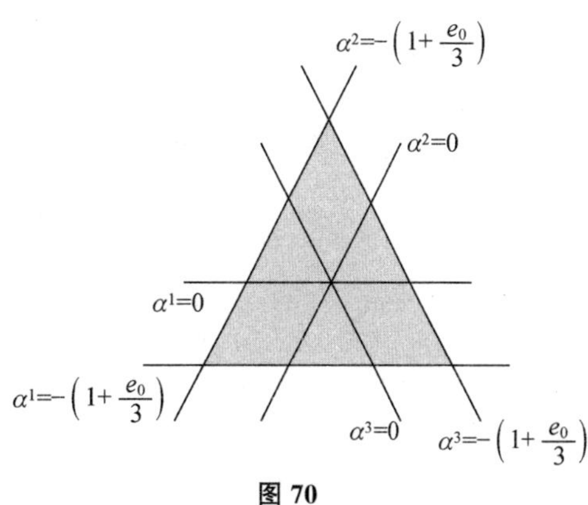

图 70

除了比例因子 $1+\frac{e_0}{3}$ 外,[①]这正是图 53 的情况,现在把它示于图 70 中.有斜线的区域称为基本三角形,它表示满足(47:2*),(47:3*)的 $\boldsymbol{\alpha}$,即,$E(e_0)$ 的 $\boldsymbol{\alpha}$.

47.2.3 我们要在这一图形表示中表出控制性的关系.由于我们用的是新的理论,所以 31.1 里有关 30.1.1 中关于控制关系 $\boldsymbol{\alpha}\succ\boldsymbol{\beta}$ 的集合 S——即,有关它的确实必要和确实不必要的性质——的考虑不再适用.因此,我们重新来考虑 S.

S 不能是一个单元素或三元素集合,这一点仍成立.在第一种情形下有 $S=(i)$,所以根据 30.1.1 有 $\alpha_i\leqslant v((i))=-1,\alpha_i>\beta_i$,因此,$\beta_i<-1$;而根据(47:2)有 $\beta_i\geqslant-1$,这是一个矛盾.在第二种情形下有 $S=(1,2,3)$,所以根据 30.1.1 有 $\alpha_1>\beta_1,\alpha_2>\beta_2,\alpha_3>\beta_3$,因此,$\alpha_1+\alpha_2+\alpha_3>\beta_1+\beta_2+\beta_3$,而根据(47:3)有 $\alpha_1+\alpha_2+\alpha_3=\beta_1+\beta_2+\beta_3=e_0$,这是一个矛盾.

由此可见,S 必须是一个二元素集合：$S=(i,j)$.[②]这时,控制性的意义是 $\alpha_i+\alpha_j\leqslant v((i,j))$ 和 $\alpha_i>\beta_i,\alpha_j>\beta_j$,即,

$$\alpha^i+\alpha^j\leqslant 1-\frac{2e_0}{3}\text{和 }\alpha^i>\beta^i,\alpha^j>\beta^j.$$

根据(47:3*),第一个条件可以写成

$$\alpha^k\geqslant-\left(1-\frac{2e_0}{3}\right).$$

我们重述如下：控制关系

$$\boldsymbol{\alpha}\succ\boldsymbol{\beta}$$

的意义是：

$$(47:5)\quad\begin{cases}\text{或是 }\alpha^1>\beta^1,\quad \alpha^2>\beta^2\text{ 和 }\alpha^3\geqslant-\left(1-\frac{2e_0}{3}\right),\\ \text{或是 }\alpha^1>\beta^1,\quad \alpha^3>\beta^3\text{ 和 }\alpha^2\geqslant-\left(1-\frac{2e_0}{3}\right),\\ \text{或是 }\alpha^2>\beta^2,\quad \alpha^3>\beta^3\text{ 和 }\alpha^1\geqslant-\left(1-\frac{2e_0}{3}\right).\text{[③]}\end{cases}$$

---

① 参看 47.2.2 第一个注.当然,这里我们假设 $1+\frac{e_0}{3}\geqslant0$,即

$$e_0\geqslant-3=-|\Gamma|_1.$$

如果 $1+\frac{e_0}{3}<0$,即 $e_0<-3=-|\Gamma|_1$,则(47:2*),(47:3)的条件相抵触,而事实上我们从(45:A)知道,在这个情形下 $E(e_0)$ 是空的.

② i,j,k 是 1,2,3 的一个排列.

③ 这与 32.1.3 中相应的(32:4)的区别,只在于每一行最后多了一个条件.

47.3　这一讨论中的六种情形. 情形(Ⅰ)—(Ⅲ)

47.3.1　有了这些预备性的考虑,我们现在可以对 e_0 的所有的值讨论 Γ 关于 $E(e_0)$的解 V 了.

将会发现,分成六种情形来讨论比较方便. 在这六种情形中,情形(Ⅰ)相当于(45:O: a),情形(Ⅱ)至(Ⅳ)以及(Ⅴ)的一个点相当于(45:O:b)(正常地带),而情形(Ⅴ)和(Ⅵ)(不包含上述的一个点)相当于(45:O: c)(都在 45.6.1 中).

47.3.2　情形(Ⅰ): $e_0<-3$. 在这种情形下有 $1+\frac{e_0}{3}<0$,所以(47:2*)与(47:3*)相抵触,而 $E(e_0)$是空的(参看 47.2.2 第二个注),因而 V 也必定是空的.

情形(Ⅱ): $e_0=-3$. 在这种情形下有 $1+\frac{e_0}{3}=0$,故(47:2*)和(47:3*)蕴涵 $\alpha^1=\alpha^2=\alpha^3=0$,即

$$\alpha_1=\alpha_2=\alpha_3=\frac{e_0}{3}=-1,\ \boldsymbol{\alpha}=\{-1,-1,-1\}.$$

因此,$E(e_0)$是一个单元素集合,而根据与 31.2.3 中(31:O)的证明里相同的论证,V 必须等于 $E(e_0)$. 由此可见,这里的条件与在一个非本质博弈里遇到的条件是十分相类似的;参看上引处.

情形(Ⅲ): $-3<e_0\leqslant 0$. 在这种情形下有 $1+\frac{e_0}{3}>0$,所以我们可以用图 70 来表示. 又因 $1+\frac{e_0}{3}\leqslant 1-\frac{2e_0}{3}$,所以 47.2.3 的(47:5)里额外的条件在整个基本三角形里自然成立. 因此,(47:5)与 32.1.3 里的(32:4)一样(参看 47.2.3 第二个注). 由此可见,只要乘上比例因子 $1+\frac{e_0}{3}$,32.1.3 至 32.2.3 的全部讨论仍然适用.

这样,在这一情形下,我们只要把 32.2.3 中所描述的解的每一支量乘以 $1+\frac{e_0}{3}$,再加以$\frac{e_0}{3}$(为的是从 α^i 转换到 α_i),就得到 $E(e_0)$的解.

47.4　情形(Ⅳ): 第一部分

47.4.1　情形(Ⅳ): $0<e_0<\frac{3}{2}$. 在这种情形下有 $0<1-\frac{2e_0}{3}<1+\frac{e_0}{3}$. 因此,对于图 70 中基本三角形来说,直线

$$\alpha^1=-\left(1-\frac{2e_0}{3}\right),\quad \alpha^2=-\left(1-\frac{2e_0}{3}\right),\quad \alpha^3=-\left(1-\frac{2e_0}{3}\right).$$

(它们是(47:5)中额外的条件的边界)的位置就像图 71 中所表示的. 它们把基本三角形分成七个区域,要表述各区域的特征,只要指出在各该区域中为有效的(按照(47:5)的意义)二元素集合 S. 这些集合在图 71 下面的表格中列出. 我们现在可以画出与图 54 相类似的图形,对于基

本三角形的每一个点，指出它所控制的阴影区域；[①]见图 72，它是根据(47:5)画出的. 必须对图 71 的七个区域分别加以处理；图 72 中每一个阴影区域必须延展到整个基本三角形上.

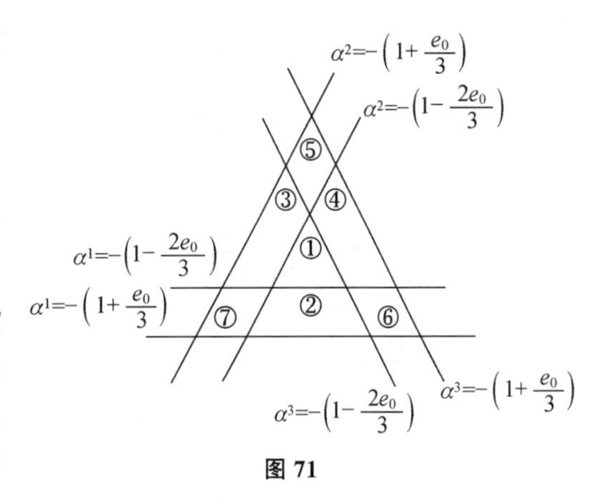

图 71

从图 72 可以清楚地看出来：区域①中没有一个点能被这一区域以外的任一点所控制，[②]因此，对于①来说(不是对于整个基本三角形即 $E(e_0)$而言)，44.7.3 中用以表示关于 $E(e_0)$(即关于整个基本三角形)的解 V 的条件(44:E)，它也必须对 V 在①中的部分成立. 但是，同图 53 的基本三角形一样，①也是一个三角形，它们的区别只在于一个比例因子 $1-\frac{2e_0}{3}$. [③]比较图 54 与图 72 里的①，就可以表明，控制性的条件是一样的.

区域	有效二元素集合 S		
①	(1,2)	(1,3)	(2,3)
②	(1,2)	(1,3)	
③	(1,2)		(2,3)
④		(1,3)	(2,3)
⑤			(2,3)
⑥		(1,3)	
⑦	(1,2)		

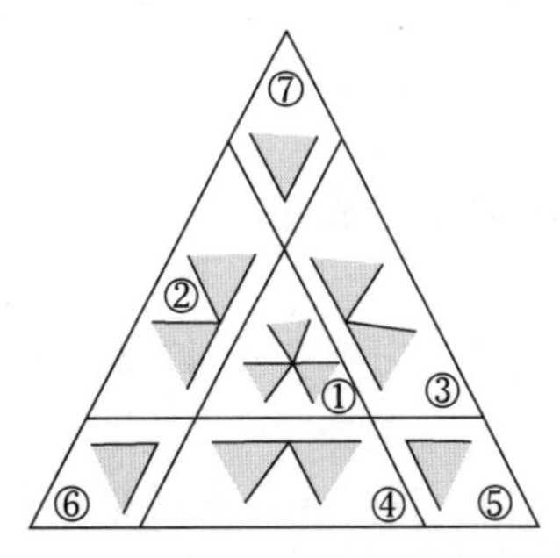

图 72

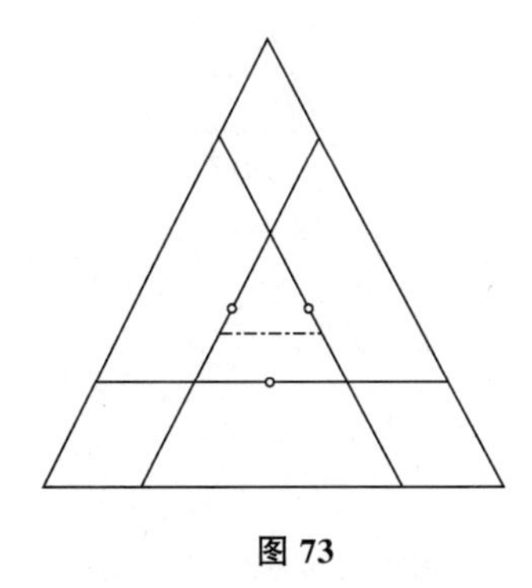

图 73

47.4.2 由此可见，只要乘上比例因子 $1-\frac{2e_0}{3}$，则 32.1.3 至 32.2.3 的全部讨论都对 V 在①中的部分适用. 因此，V 在①中的部分必定是图 73 中所画出的集合“°。°”或集合“------”. (线“------”可以是在点“° °”下面的任何位置.)不过，要得到全部的解，必须对线------进行所有 1,2,3 的排列——即把三角形旋转 0°,60°,120°. (参看 32.2.3；“°。°”是那里的(32:B)，“------”是(32:A).)

找到了 V 在①中的部分后，我们现在来确定 V 的其余部分. 因为 V 是一个解，所以上述其余部分必定位于不被 V 在①中部分所控制的区域内. 比较图 73 和图 72，可以看出，这一不受控制的区域有如下述：

对于集合“°。°”来说，它是图 74 中三个形如“(小三角形)”的三角形；对于集合------来说，它是图

① 不包含它们的边界.

② 包含它的边界.

③ 我们注意到 $1-\frac{2e_0}{3}>0$.

75 中三个形如“ ”的三角形.[①]

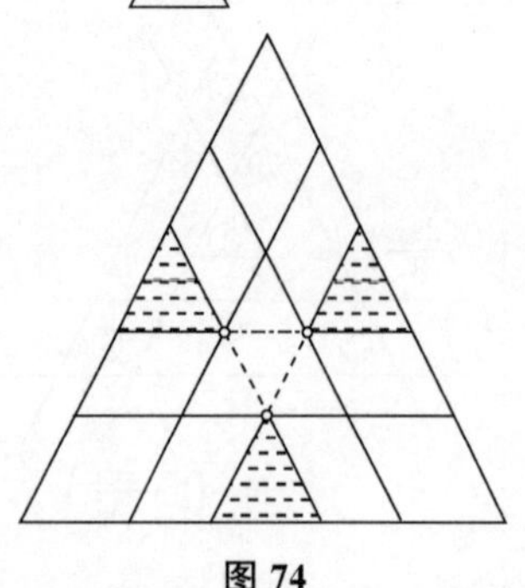

图 74

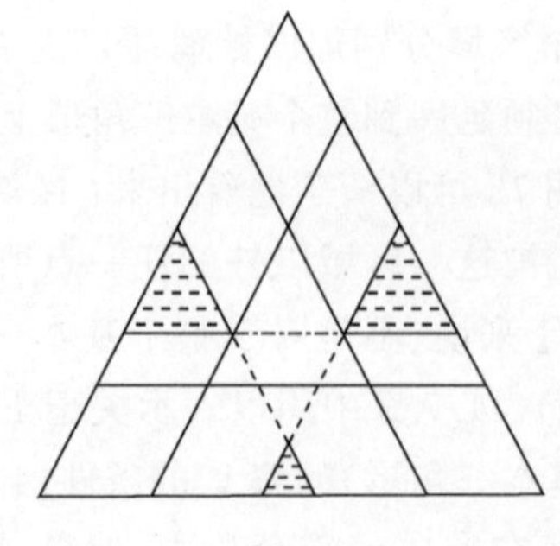

图 75

从图 72 可以清楚地看出来,在上面说的任一个三角形里,没有一个点能被另一三角形里的任一点所控制.[②]因此,44.7.3 中用以表示关于 $E(e_0)$(即关于整个基本三角形)的解 V 的条件(44:E:c),——而且,对于①来说(不是对于整个基本三角形而言),这个条件对 V 在①中的部分也成立,——它的确切含义是这样的:对于每一个形如“ ”的三角形来说,(44:E:c)对 V 在这个三角形内的部分成立.

47.5 情形(Ⅳ):第二部分

47.5.1 因此,我们现在来讨论这些三角形之一,把它记为 T. 它在基本三角形里的位置,[③]以及被它里面一个给定点所控制的阴影区域(利用图 72),都在图 76 中表出. 我们现在可以只限于讨论这一三角形 T,以及在它里面有效的控制性概念,对它来确定(44:E:c)的解. 我们把 T 和其中的结构重新单独画出,并在其中引入坐标系 x,y(图 77).

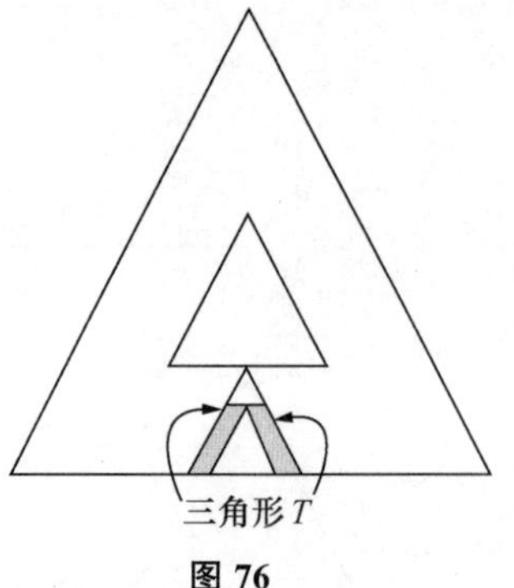

图 76

① 除了图 75 中最下面一个三角形外,这些三角形的位置都在图中很清楚地画了出来. 图 75 中最下面一个三角形当然位于内三角形(区域①)之外——这相当于 32.2.2 里的限制条件(32:8);参看那里的图 60. 但它相对于外三角形(基本三角形)的位置则不是这样明确:它可以缩成一个点,甚至完全消失.

不难看出,后一种现象是不会发生的,除非内三角形的(线性)大小≥外三角形的 $\frac{1}{4}$——这意味着

$$1-\frac{2e_0}{3}\geqslant\frac{1}{4}\left(1+\frac{e_0}{3}\right),$$

即 $e_0\leqslant 1$. 我们对这一问题不再作更多的讨论.

② 所有这些都是对图 74 或者都是对图 75 而说的——同一论点当然不是同时对二者说的!

③ 通过 0°,60°或 120°的旋转之后. 图 75 中最下面的三角形的顶点不在内三角形上,而在它的下面(参看 47.4.2 第一个注). 但这并不改变我们的讨论.

注意顶点"o"不受 T 的点所控制，所以它必定属于 V. [1][2]

47.5.2 现在，考虑 T 中具有不同高度 y 的两个 V 的点. 要使得较高的点不控制较低的点，后者必须不在属于前者的两个阴影区域内，这就是说，较低的一点必须是在较高点以下的当中一个区域内，反过来也一样. 由此可知，如果在 T 中给定了 V 的一个点，则 V 在 T 中具有不同高度 y 的所有点必定都在图 78 中画有 ▨ 的两个部分之一中.

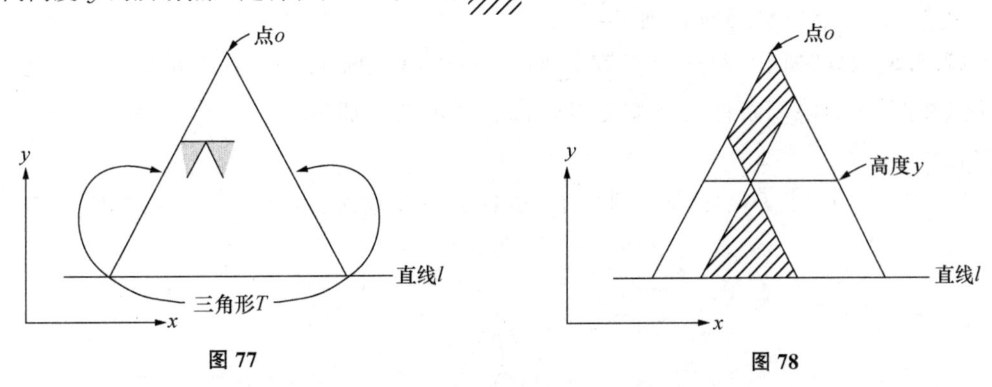

图 77　　图 78

47.5.3 现在假定，有不止一个 V 的点具有高度 y_1. 设 p 和 q 是 V 的两个不相同的点，它们的高度都是 y_1(图 79). 我们现在在三角形"▲"的内部选择一个点 r. 比较图 79 和图 77，可以表明，这个 r 控制 p 也控制 q. 因为 p，q 属于 V，所以 r 不可能属于它. 因此，在 V 中必定存在一个点 s，它控制 r. 再比较图 79 和图 77，就可以表明，一点若控制 r，则它必定也控制 p 或 q. 由于 s，p，q 都属于 V，这就得到了一个矛盾.

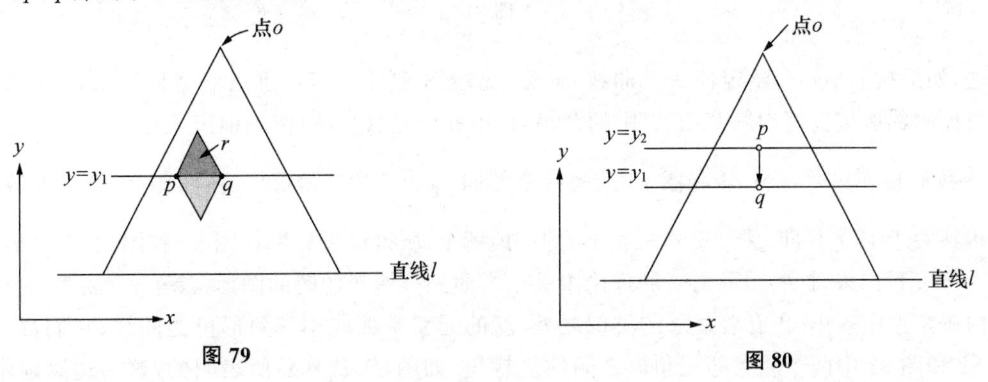

图 79　　图 80

47.5.4 其次，假定 V 的任一点的高度都不为 y_1(在三角形 T 中，即，在底 l 和顶点"o"之间). 高度为 $y \geqslant y_1$ 的 V 的点则确实存在，例如顶点"o"就是这样一个点. 选择一个 V 的点 p，使它具有高度 $y \geqslant y_1$，而且它的位置是尽可能地低，这就是说，使它的 y 为最小[3](图 80). 以 $y=y_2$ 记这个最小值. 显然有 $y_1 < y_2$. 根据 y_2 的定义，V 中没有一个点的高度 y 能满足 $y_1 \leqslant y < y_2$，而

---

① 除了图 75 中最下面的一个外，对于别的形如"△"的三角形(即 T)来说，这也可以通过另一种方式的考虑而推出：如图 74，75 所表明的，这种三角形的顶点位于内三角形(区域①)的边上，而且我们知道，它属于 V 在①中的部分.

② 当图 75 最下面一个形如"△"的三角形(即 T)退化成一个点(参看 47.4.2 第一个注)——这个点当然就是"o"——时，V 在 T 中的部分就由此确定了.

③ 因为 V 是一个闭集合，所以最小值必定存在. 参看 46.2.1 的注里的(*).

根据上面所述，p 是 V 中具有高度 $y=y_2$ 的唯一的一个点.

现在，把 p 垂直地投影到 $y=y_1$ 上，得到 q. q 不可能在 V 中，所以它必定被 V 中一个点 s 所控制. 因此，这个 s 不可能位于 q 之下，即，它的高度是 $y \geqslant y_1$. 由此有 $y \geqslant y_2$. 比较图 80 和图 77，可以表明，p 不控制 q. 因此，$s \neq p$，由此有 $y \neq y_2$. 由此可见，$y > y_2$，这就是说，s 必定位于 p 之上. 再一次比较图 80 和图 77，就可以表明，如果位于 p 之上的一个点 s 控制 q，则它也必定控制 p. 由于 s，p 都属于 V，这就得到了一个矛盾.

47.5.5 总结如下：每一个 y(在 l 和 o 之间)是 V 中恰好一个点的高度. 当 y 变动时，这个点在图 78 的限制条件之下变化，这就是说，不越出那里画有 ////// 的两个区域. 换句话说：

(47:6) V(在 T 中)是从 o 到 l 的一条曲线，它偏离顶点的方向永不超过 30°[①](参看图 81).

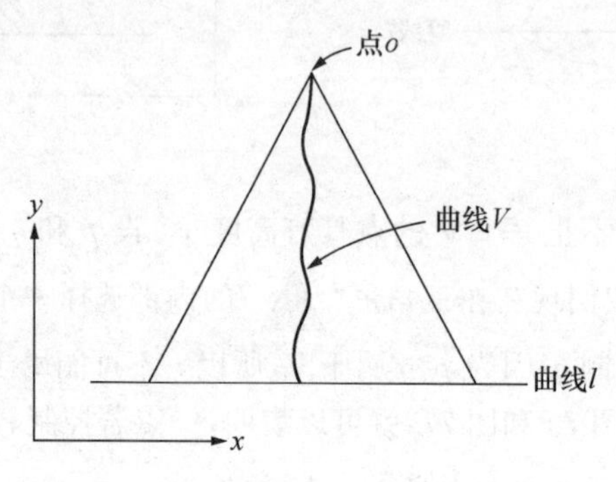

图 81

反之，如果按照(47:6)给定任一条曲线，那么，比较图 81 和图 77，可以清楚地看出来，被 V 的点所控制的区域恰好扫遍 V 在 T 中的余集合. 由此可见，(47:6)精确地定出了 V 在 T 中的部分.[②]我们现在只要在图 74 和图 75 的每一个形如"△"的三角形中，按照图 81 填入曲线，就能得到关于 $E(e_0)$(即，关于基本三角形)的一般解 V. 所得结果分别在图 82 和图 83 中表出.[③]

可以看出来，这些图形与老的理论中关于本质三人博弈的解的图形(参看 32.2.3，在图 73 的内三角形中表出)仍有着显著的类似之处. 新的元素是那些小三角形里的曲线，它们都位于图 82 和图 83 中两个较大的三角形之间的边缘里. 如图 71 及其后所表明的，这一边缘地带的宽度是 e_0.[④]因此，当 e_0 趋于零时，我们的新的解趋于老的解.

---

① 因而它是连续的.

② 当 T 退化成为一个点时. 这也同样是正确的，参看 47.4.2 第一个注.

③ 图 83 中最下面一个三角形有可能退化成为一个点，甚至完全消失，参看 47.4.2 第一个注.

④ 外三角形(基本三角形)的边是 $\alpha^i=-\left(1+\frac{e_0}{3}\right)$，内三角形的边则是 $\alpha^i=-\left(1-\frac{2e_0}{3}\right)$(参看图 71)两者之差是 e_0，即

$$-\left(1-\frac{2e_0}{3}\right)-\left\{-\left(1+\frac{e_0}{3}\right)\right\}=e.$$

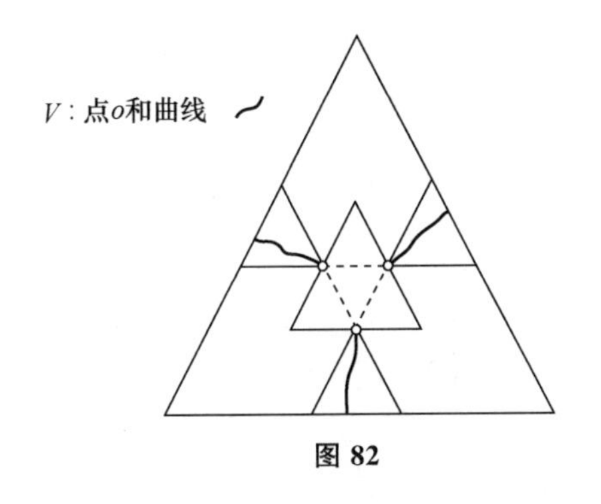

图 82

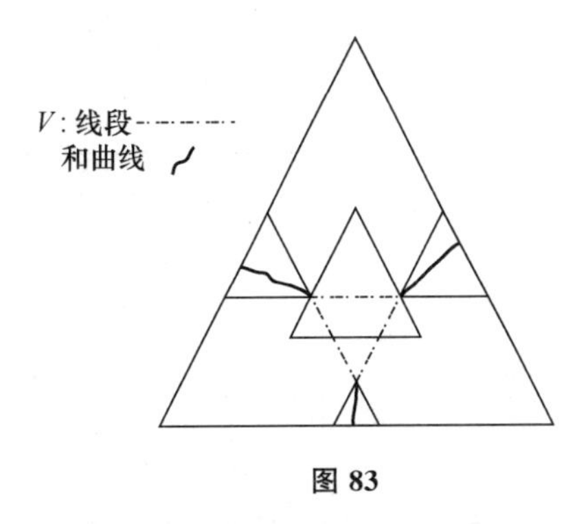

图 83

还有一点是值得指出的. 现在的解的种类比以前更要多得多: 整个曲线都可以是任意选择的(在上面(47:6)的限制条件之下). 我们在以后就会看到,这些曲线有着一种颇有意义的解释(参看 47.8).

47.6 情 形 (Ⅴ)

47.6.1 情形(Ⅴ): $\frac{3}{2}\leqslant e_0<3$. 在这种情形下,有

$$1-\frac{2e_0}{3}\leqslant 0<1+\frac{e_0}{3} \text{和} -2\left(1-\frac{2e_0}{3}\right)<1+\frac{e_0}{3}.$$ [①]

容易验证,这些不等式表示,图 71 的内三角形的定向倒了过来,但它仍全部位于外三角形(基本三角形)之内,见图 84. 基本三角形仍分成七个区域,要表述各区域的特征,只要指出在各该区域中为有效的(按照 47.2.3 中(47:5)的意义)二元素集合 S. 现在的情况与情形(Ⅳ)中情况(即图 71)之间,唯一的不同之点在于区域①. 现在把表格列在图 84 的下面.

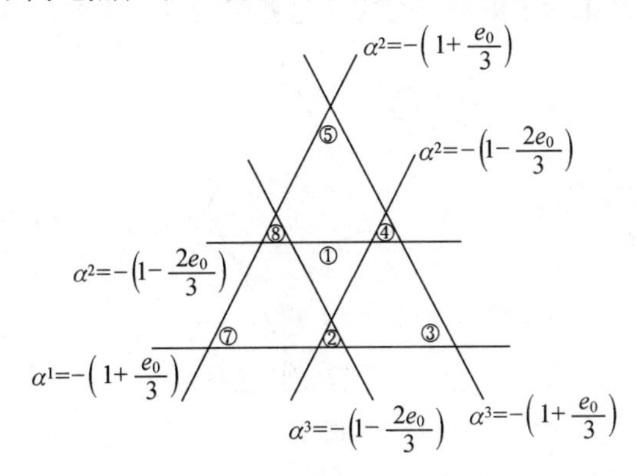

图 84

我们现在可以画出与图 54 和图 72 相类似的图形,对于基本三角形的每一个点,指出它所控制的阴影区域[②];见图 85,它是根据(47:5)画出的.

---

① 最后一个不等式等价于 $e_0<3$.

② 不包含它们的边界.

从图85可以清楚地看出来,在①这个区域[①]中,没有一个点能被任何点所控制.[②]因此,V必须包含全部①.

区域	有效二元素集合 S		
①			
②	(1,2)	(1,3)	
③	(1,2)		(2,3)
④		(1,3)	(2,3)
⑤			(2,3)
⑥		(1,3)	
⑦	(1,2)		

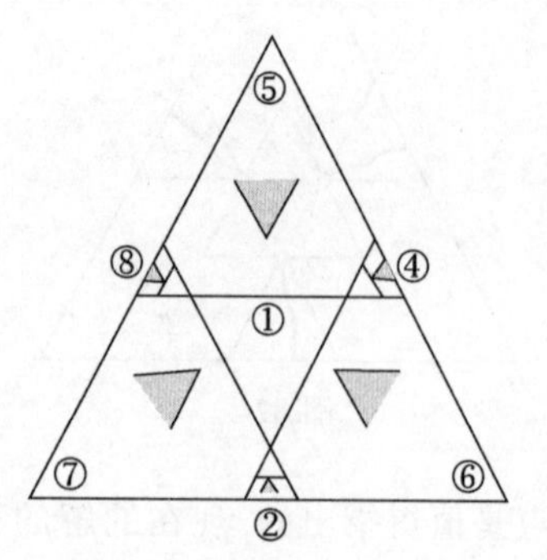

图85

47.6.2 找到了V在①中的部分后,我们现在来确定V的其余部分.因为V是一个解,所以上述其余部分必定位于不被V的已知部分即①所控制的区域内.考察图85不难表明,这一不受控制的区域正是三角形②,③,④.[③]

从图85可以清楚地看出来,在这三个三角形的任意一个里,没有一个点能被另一三角形的任一点所控制.因此,47.4.2的论点表明,我们的V的条件必定是这样的:对于每一个这样的三角形来说(不是对整个基本三角形即$E(e_0)$来说),44.7.3的(44:E:c)必定对V在这个三角形中的部分成立.

在三角形②,③,④里的条件同图76,77中对三角形T所表示的条件是一样的.因此,在这里可以逐字逐句地重复47.5.1至47.5.4中全部推理;V在②,③,④中的部分就是图81中的曲线,它们的特征由47.5.5里的(47:6)表示.

我们现在只要在图85的②,③,④中填入这样的曲线,就能得到关于$E(e_0)$(即,关于基本三角形)的一般解.所得结果示于图86中.关于这些解的进一步的说明,参看47.8,47.9.

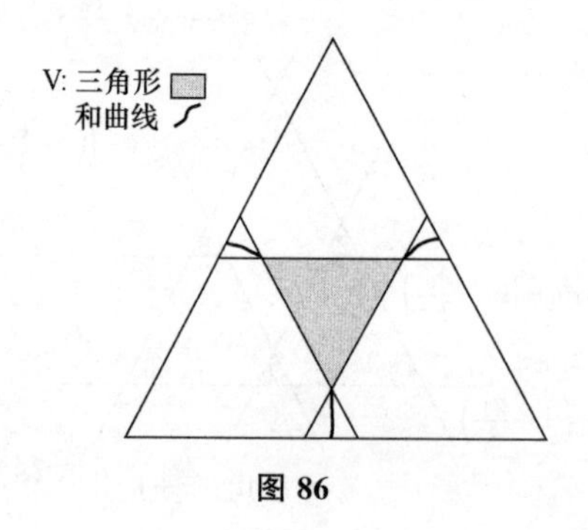

图86

① 包含它的边界.

② 这就是说,被$E(e_0)$中任一个$\boldsymbol{\alpha}$所控制.容易证明,它们根本不被任何$\boldsymbol{\alpha}$所控制——根据45.2.4里的(45:D),它们是分离的转归.

区域①的内部的点也不控制别的点.这就是说,它们不控制$E(e_0)$中的任何$\boldsymbol{\alpha}$.容易证明,它们根本不控制任何$\boldsymbol{\alpha}$——它们是全分离的转归,参看45.2.4里的(45:C).

这些论断也可以利用45.2的定义直接得到验证.

③ 基本三角形的其余部分被①的边界所控制,而①的边界是属于①的.

47.7 情 形 (Ⅵ)

47.7 $e_0>0$. 在这种情形下,有$\left(1-\frac{2e_0}{3}\right)<0<\left(1+\frac{e_0}{3}\right)$和$-2\left(1-\frac{2e_0}{3}\right)\geqslant\left(1+\frac{e_0}{3}\right)$①. 容易验证,这些不等式表示,图 84 的内三角形仍有着相同的定向,但它达到了外三角形(基本三角形)的边界,而且有可能越出它,②就像图 87 所表示的. 现在的情况与情形(Ⅴ)中情况(即图 84)之间,唯一的不同之点在于区域②,③,④不见了. 现在把表格列在图 87 的下面.

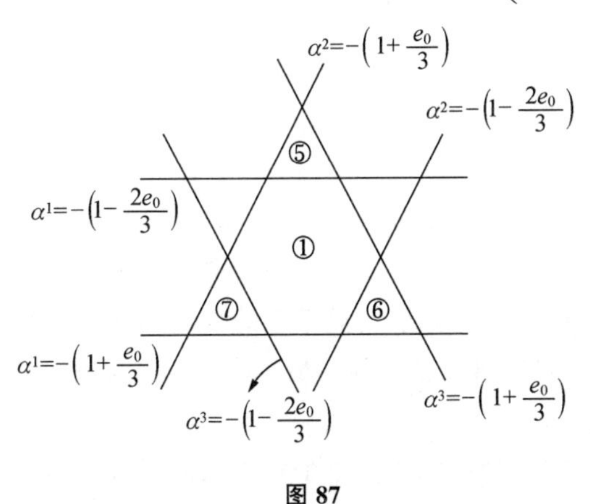

图 87

图 88 是与图 54,72 和 85 相类似的图形,它表示了控制关系.

47.6.1 的论证逐字逐句地适用于现在的情形,它证明了 V 包含全部①. 考察图 88 可以表明,基本三角形中没有任何部分是不受①中的点控制的. ③因此,V 就是①. 关于这个解的进一步的说明,参看 47.9.

区域	有效二元素集合 S
①	
⑤	(2,3)
⑥	(1,3)
⑦	(1,2)

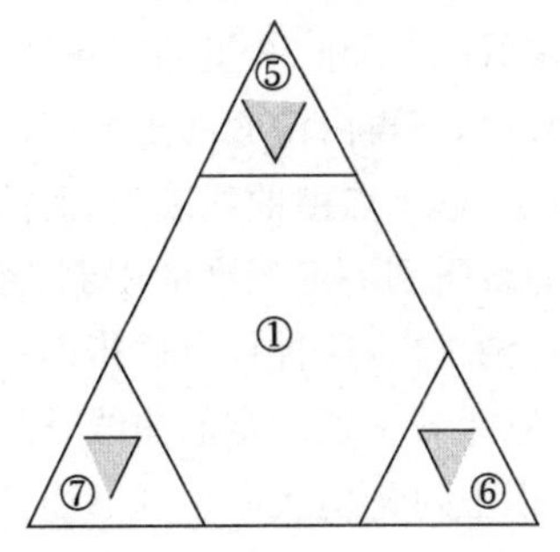

图 88

47.8 结果的解释:解里的曲线(一维部分)

47.8.1 47.2 至 47.7 的讨论中所得到的解值得予以简明的、解释性的分析. 十分明显,有少数质的方面的特点,它们一再地出现,对于确定和表述其结构是很有价值的——只就它们偏离老的理论中本质三人博弈的熟知形式的解而说. 这些特点是:一旦当 $e_0>o$(而且 $e_0<3$)时所出现的那些曲线——在 47.5.5 的限制条件(47:6)下是任意的,以及当 $e_0>\frac{3}{2}$时出现的那些二维区域. 我们现在要对它们加以解释.

① 最后这个不等式等价于 $e_0\geqslant 3$.

② 当 $e_0>3$ 时.

③ 基本三角形的其余部分被①的边界所控制,而①的边界是属于①的.

首先考察情形(Ⅲ)：$0 < e_0 < \frac{3}{2}$(在“正常”地带中). 我们考虑这一情形里的这样的解：它们是老的理论中无差别待遇的解(参看 33.1.3，以及 32.2.3 里的(32:B))的扩充. 这样的解在图 82 中表出.

图 82 中表出了形如“∘”的三个点，它们形成一个与老的理论中相类似的解. 例如，取最下面一个形如“∘”的点，则容易验证有

$$\alpha^1 = -\left(1 - \frac{2e_0}{3}\right) = -1 + \frac{2e_0}{3}, \quad \alpha^2 = \alpha^3 = \frac{1}{2}\left(1 - \frac{2e_0}{3}\right) = \frac{1}{2} - \frac{e_0}{3},$$

即

$$\alpha_1 = -1 + e_0, \quad \alpha_2 = \alpha_3 = \frac{1}{2}.$$

由此可见，这三个点表示的情况是：两个局中人形成了一个合伙，得到了总的收入(数额为 1)，并在两个局中人之间均分——但被击败的局中人并没有被压低到他的最小值 -1，因为他在最小值之外保住了总的过剩额 e_0.

从这些形如“∘”的点出发的曲线(在两个三角形之间的边缘地带中)，它们所表示的情况是：总的过剩额并不是无异议地归被击败的局中人所有. 获胜的合伙如果对过剩额提出任何要求，那么，它所索取的就会超过它在博弈里实际上能够得到的数额 1，——这就是说，它不再是有效集合(参看图 71 和 72 里的区域②，③，④). 因此，这一合伙处理事务的办法(在内部分配其收入的办法)，不再由博弈的现实情况(即，局中人之间存在着的相互威胁)来决定，而是由行为标准来决定. 这一点由曲线表出，而曲线是解的一部分. 局中人之间可能存在着的相互威胁，仍使这一曲线受到一定程度的限制(参看 47.5.5 里的(47:6))，但除此以外它完全是任意的. 必须再次强调指出，这种任意性指的只不过是稳定行为标准的多重性；而一个确定的行为标准(即解)则意味着一条确定的曲线(即，在这种情况下的行为准则).

47.8.2 以上讨论使我们想到下面带有推测性质的解释：

(47:A) 在有着正的过剩额的场合，一个合伙有可能在它有效的最大值之外，再获得过剩额的一部分. 这种可能性的存在，完全是由于行为标准所引起的，而不是由于博弈的现实可能性. 这样得到的部分过剩额，可以占全部过剩额的 0%到 100%，而且可以不由行为标准所确定. 但是，行为标准将预先明确地指定，所得到的部分过剩额应在合伙的成员之间如何分配. 这一分配的规则将依赖于从许多种可能的稳定行为标准中选用哪一种；当行为标准改变时，分配的规则随之将有很大的改变，虽然并不是毫无限制的改变.

我们已经看到，(47:6)中不确定的曲线在许多解里都出现；而且，它们在将来还要出现. 上面的解释看来在每一种情形下都是合适的.

过剩额在获胜的合伙与被击败局中人之间的分配的不确定性(在一个给定的解里)，可以作为一个例子，说明即使是在一个指定的社会组织中，某些社会调整也可以是未决定的. 我们的曲线还表出了这样的细微性质：即使是当这种不确定的分配准则有了抉择，某些局中人仍有可能是通过一些约定而有着相互的联系. (我们将在 67.2.3 的第三点说明和 67.3.3 的第三点说明以及 62.6.2 中看到这种情况的其他例子.)

47.9 续上节：解里的区域(二维部分)

47.9.1 47.8.2 里的解释(47:A)可以通过下述方式加以检验：把它应用到图 83 中表示的、老的理论中有差别待遇的解(参看 33.1.3，以及 32.2.3 里的(32:A))的扩充情形上. 这将使我们获得一些有意义的观点，特别是对于图 83 中最下面一个三角形里的曲线. 然而，我们不打算对这种情形再作更细致的分析了.

我们现在回到情形(Ⅴ)和(Ⅵ)当 $e_0>0$ 时的场合(这些就是 44.6.1，45.2 意义下过剩额"太大"的情形). 这些情形的特点是：它们的解包含二维区域. 事实上，有下述两种不同的情况会出现：

(a) 情形(Ⅴ)，即 $\frac{3}{2}<e_0<3$. 一个解 V 含有二维区域①，但此外也含有 47.8 中所讨论的曲线(参看图 86).

(b) 情形(Ⅵ)，即 $e_0\geqslant 3$. 唯一的解 V 是二维区域①，不包含任何别的部分(参看图 88).

二维区域在解里面出现，表示行为标准至少在一定的极限内不能包含分配的规则. 在情形(a)，(b)中，都指明了这些极限. 在情形(a)中，47.8 的曲线出现在极限之外，这就是说，某些合伙仍是行为标准所许可的，——而在情形(b)中则不是这样.

47.9.2 由此可见，"太大"的过剩额——即，来自外部的馈赠(参看 44.6.1)——"使组织瓦解"的作用在两个相继的阶段中表现出来：在情形(a)中，它出现在一个中间区域内，但它并不排斥某些带有约定性的合伙. 在情形(b)中，行为标准不再许可有合伙：但它规定了关于分配的某些极限原则.

我们已经看到，使组织瓦解的这两个相继的阶段，是分别在 $e_0=\frac{3}{2}$ 或 3 时达到的.[①]

对于行为标准和组织的种种可能性来说，以上的考虑从质的方面看似乎是很有意义的. 而且，对于理论的进一步发展，看来它也将起一定的指导作用. 但是，读者必须注意，绝不能从那些量的方面的结果就得出广泛的结论；这是因为，它们只适用于具有过剩额的三人博弈，[②]我们已经证明，这种博弈是使得它们为有效的最简单的模型. 当参加者的数目增加时，就会使条件发生根本性的改变，这一点现在应该已是十分清楚的了.

---

① 注意，$|\Gamma|_2=\frac{3}{2}$.

② 因而也适用于老的理论中可分解的六人博弈，参看 46.12(本章).

第十章　简单博弈

· Chapter X　Simple Games ·

48　获胜和失败的合伙以及出现这些合伙的博弈

48.1　41.1 里的第一类型. 取决于合伙

48.1.1　要把与 34.2.2 中引入的立方体 Q 的八个顶点相对应的博弈大加扩充，34.1 中所述的程序为我们作好了准备. 顶点Ⅷ（它也是Ⅱ，Ⅲ，Ⅳ的代表）是在 35.2.1 开始讨论的，它使得我们能够进行某种扩充，由此引出合成与分解的理论，而整个第九章所讨论的就是这一理论. 我们现在转到顶点Ⅰ（它也是Ⅴ，Ⅵ，Ⅶ的代表）；我们要用类似的方式来处理它.

从这个博弈中能够看出某种特殊的原则，把这个原则加以推广，我们就可以得出很广泛的一类博弈，这类博弈将被称为简单博弈. 将会看到，从这类博弈的研究中可以得到许多结果，它们将有助于对 34.1 意义上一般理论的进一步了解.

48.1.2　考虑 35.1 中所讨论的 Q 的顶点 I. 如在 35.1.1 中指出的，这一博弈有着下述显著的特点：局中人们的目的在于组成一些合伙，这些合伙或者是由局中人 4 及另一局中人组成，或者是由局中人 4 以外的全部三个局中人组成. 任何一个这样的合伙都是获胜的合伙. 除此以外的任一合伙都是彻底被击败的合伙. 这就是说，量的方面的因素，即由特征函数表示的支付，可以当作一种次要的因素来看待，在这一博弈里最主要的目的，在于组成某些具有决定意义的合伙.

从这些情况使我们完全有理由相信，局中人的数目 4 及其有决定意义合伙的这一形式，都是特殊和偶然的情况，而从这一特殊情况能够提炼出一种更一般的原则.

48.1.3　在实现这一推广时，下面所述将是有用的. 在我们上面的例子里，决定性的合伙——局中人们唯一的目的就在于组成这样的合伙——是：

(48:1)　　$(1,4)$，　$(2,4)$，　$(3,4)$，　$(1,2,3)$.

现在，如果我们不但把这些合伙看作是获胜的合伙，而且也把它们的（真）扩集合

(48:2)　　$(1,2,4)$，　$(1,3,4)$，　$(2,3,4)$，　$(1,2,3,4)$

看作是获胜的合伙，将是方便的. 这是因为，(48:2)里的合伙虽然包含着这样的参加者，他们的出现对于获胜来说并不是必要的，但这样的合伙终究是获胜的合伙——这就是说，对手是被击

败的.[①]这些对手所形成的合伙是(48:1),(48:2)中集合的余集合,即,集合

(48:3)
(2,3), (1,3), (1,2), (4).
(3), (2), (1), (⊖).

这样,(48:1),(48:2)所包含的都是获胜的合伙,而(48:3)所包含的则都是被击败的合伙.

容易验证,$I=(1,2,3,4)$的每一子集合属于而且只属于下列两个集合类之一:(48:1),(48:2),或(48:3).[②]

48.2 获胜和失败的合伙

48.2.1 我们现在考虑由 n 个局中人组成的集合 $I=(1,\cdots,n)$. 48.1.3 的形式可以加以推广:把 I 的所有子集合的系统分成两个类 W 和 L,使得 W 的子集合代表获胜的合伙,而 L 的子集合代表失败的合伙. 与 48.1.3 中相类似的性质可以陈述如下:

以 $\bar{I}$ 记 I 的全部子集合的系统.[③]从每一个 I 的子集合 S 到它的余集合(在 I 中)上的映象

(48:4) $$S \rightarrow -S$$

显然是 $\bar{I}$ 在它本身上的一个一一映象. 于是,我们有:

(48:A:a) 每一个合伙或者是获胜的,或者是被击败的,而不可能既是获胜的又是被击败的——这就是说,W 和 L 在 $\bar{I}$ 中互为余集合.

(48:A:b) 对一个获胜的合伙取余集合(在 I 中),便得到一个被击败的合伙,反过来也一样——这就是说,映象(48:4)使 W 和 L 彼此相映.

(48:A:c) 如果一个合伙的一个部分是获胜的,则它是获胜的合伙——这就是说,W 包含它的元素的所有扩集合.

(48:A:d) 如果一个合伙是某个失败的合伙的一个部分,则它是失败的合伙——这就是说,L 包含它的元素的所有子集合.

48.2.2 在我们从对于博弈的关系来讨论获胜和失败的概念之前,我们可以稍微深入地分析一下条件(48:A:a)至(48:A:d)的结构.

第一点显著的事实是:虽然我们需要用两个集合类 W 和 L 来解释博弈,但这两个类是能够彼此从一个确定另一个的. 事实上,如果给定了 W 和 L 二者之一,那么(48:A:a)和(48:A:b)可以用来构造另一个. 这就是说,从二者之一出发,可以按照下述方式得出另一个:

根据(48:A:a),把给定的集合当作一个整体,构成它的余集合(在 $\bar{I}$ 中).

根据(48:A:b),分别取给定集合的每一个元素,把它换为它的余集合(在 I 中).[④]

还应当注意,如果给定的集合 W 或 L 分别具有性质(48:A:c)或(48:A:d),则另一集

---

① 这就是说,余集合是在 31.1.4 意义下的平值集合. 参看 35.1.1 里的讨论.

② (1,2,3,4)有 $2^4=16$ 个子集合,其中 8 个在(48:1),(48:2)中,另外 8 个在(48:3)中.

③ 因为 I 有 n 个元素,所以 $\bar{I}$ 有 2^n 个元素.

④ 读者将会发现,这一条件有着下述值得注意的结构:无论是把给定的集合当作一个单独的整体取余集合,还是分别对它的元素取余集合,必定产生同一结果.

合——由前者通过(48:A:a)或(48:A:b)而得到——将具有另一性质(48:A:d)或者(48:A:c).[①]

由此可见,我们可以把现在所考虑的整个结构建立在集合 W 和 L 二者中的任何一个之上.我们必须仅仅要求,(48:A:a)和(48:A:b)这两个变换都把它变为同一个集合(这就是 W 和 L 二者中的另外一个),而且它必须满足(48:A:c)和(48:A:d)这两个条件中有关的一个(按照以上所述,这时自然也照顾到了(48:A:c)和(48:A:d)二条件中的另外一个).

这样,关于 W 或 L 我们只有两个条件:第一是(48:A:a)和(48:A:b)的等价性,第二是(48:A:c)或(48:A:d).

第一个条件的意义是:上述集合的非元素就是集合的元素的余集合(在 I 中).换句话说,两个余集合(在 I 中)S 和 $-S$,有一个而且只有一个属于上述集合.

总结如下:

集合 $W(\subseteq \bar{I})$ 的特征由下列性质表出:

(48:W)

(48:W:a)　　两个互余集合(在 I 中)S 和 $-S$,有一个,而且只有一个属于 W.

(48:W:b)　　W 包含它的元素的所有扩集合.

集合 $L(\subseteq \bar{I})$ 的特征由下列性质表出:

(48:L)

(48:L:a)　　两个互余集合(在 I 中)S 和 $-S$,有一个,而且只有一个属于 L.

(48:L:b)　　L 包含它的元素的所有子集合.

我们重述如下:

如果 $W[L]$ 满足(48:W)[(48:L)],则由(48:A:a)和(48:A:b)得到同一集合 $L[W]$. W 和 L 满足(48:A:a)至(48:A:d),而且 $L[W]$ 满足(48:L)[(48:W)].反之,如果 W,L 满足(48:A:a)至(48:A:d),则它们分别满足(48:W),(48:L).

---

① 这对于(48:A:a)以及(48:A:b)确实都是正确的,而且与(48:A:a)和(48:A:b)是否产生同一集合这一问题无关.确切地说:

(48:B)　　设集合 M 具有性质(48:A:c)[(48:A:d)],则由此通过(48:A:a)和(48:A:b)所得到的两个集合——我们并不假设它们是同一个集合——具有另一性质(48:A:d)[(48:A:c)].

证明:我们必须证明,(48:A:a)和(48:A:b)这两个变换都把(48:A:c)变为(48:A:d),而且反过来也对.

(48:A:c)显然等价于

(48:A:c*)　　如果 S 在 M 中,而 T 不在 M 中,则不可能有 $S\subseteq T$.

(48:A:d)则等价于

(48:A:d*)　　如果 S 不在 M 中,而 T 在 M 中,则不可能有 $S\subseteq T$.

现在,变换(48:A:a)使"在 M 中"与"不在 M 中"互换.因此,它使得(48:A:c*)与(48:A:d*)互换.变换(48:A:b)使得 $\subseteq$ 和 $\supseteq$ 互换(这是对元素 S,T 单独地取余集合的结果;此外,符号 S,T 必须互换).因此,它也使得(48:A:c*)与(48:A:d*)互换.

49 简单博弈特征的表述

49.1 获胜和失败的合伙的一般概念

49.1.1 我们现在转入博弈本身里的获胜和失败的合伙之间的关系的讨论.

为此,假设给定了一个 n 人博弈 Γ. 在以下所有的讨论中,我们限于考虑第六章 30.1.1 或 42.4.1 意义上的老的理论,这样比较方便. 因此,如同在 42.5.3 中指出的,我们可以按照我们的需要,假定 Γ 是零和或是常和博弈. 在目前,我们把 Γ 取作一个零和博弈.

除此以外,Γ 不受其他限制,特别是,并不假定它是正规化的.

49.1.2 我们首先分析失败的合伙的概念. 我们在实质上可以重复第七章 35.1.1 里所说的,并论述如下:[①]局中人 i 如果自己单独参加博弈,他得到的数额是 $v((i))$. 这显然是他所能遭遇到的最坏的情况了,因为没有任何别人的帮助他也能够保障自己不致受更多的损失. 因此,如果局中人 i 得到数额 $v((i))$,我们可以认为,他是被彻底击败了. 一个合伙若得到数额 $\sum_{i\in S}v((i))$,也可以认为是被彻底击败了,因为这时合伙中每一局中人必定得到 $v((i))$. [②]由此可见,被击败的判断准则是

$$v(S)=\sum_{i\in S}v((i)).$$

按照 31.1.4 的术语,这就是说,合伙 S 是平值的(同时参看 35.1.1 的第一个注).

这样,我们得到了全部失败的(被击败的)合伙的系统 L_Γ[③] 的定义,这一定义是令人满意的:

(49:L) L_Γ 是所有平值集合 $S(\subseteq I)$的集合.

现在,很容易说明,怎样的合伙是获胜的合伙了. 它就是这样的合伙:它的对手是失败的合伙;换句话说,全部获胜的合伙的系统 W_Γ[④] 是这样的:

(49:W) W_Γ 是使得 $-S$ 为平值的所有集合 $S(\subseteq I)$的集合.

从概念上看来应当很清楚,而且借助于 27.1.1, 27.1.2 也很容易直接得到验证,集合 W_Γ, L_Γ 在策略等价性下是不变的.

49.1.3 我们不能期望,上述 W_Γ, L_Γ 能满足 48.2.1 里的条件(48:A:a)至(48:A:d)(对于

---

① 不同之点在于,我们现在的 Γ 更为一般些.

② 因为每一个局中人 i 都没有必要得到比 $v((i))$为少的数额,而合伙 S 中的局中人总共得到 $\sum_{i\in S}v((i))$, 所以这是他们唯一的分配方法.

③ 为了避免混淆,我们用符号 W_Γ, L_Γ 代替 48.2.2 的 W, L. 二者的区别是:48.2.2 是对于一些性质的假设性的讨论,这些性质看来对"获胜"与"失败"的概念(由 W, L 描述)是必要的:而我们现在所分析的,则是从一个特定的博弈 Γ 得出的一些确定的集合.

这两个观点将在 49.3.3 的(49:E)中合并.

④ 见上面的注.

W,L). 目前所讨论的一般性的博弈,不一定属于上引处的简单类型;在那里,全体局中人的唯一目的是在形成某些决定性的合伙,除此以外,没有任何其他的因素是需要从量的方面加以描述的.[①]因此,为了表出我们想到的性质,有必要对博弈加以限制. 事实上,我们当前的任务就是要对这一限制给出精确的陈述.

但是,首先我们要来确定,对于目前所讨论的一般性的 Γ,(48:A:a)至(48:A:d)这些条件中究竟有多少是能够成立的. 我们把答案分成几步给出.

(49:A) W_Γ, L_Γ 总是满足(48:A:b)至(48:A:d).

证明:关于(48:A:b):比较 49.1.2 里的(49:L)和(49:W)立即得证.[②]

关于(48:A:c),(48:A:d):因为(48:A:b)成立,所以我们可以应用 48.2.2 里的(48:B),[③]因而(48:A:c)和(48:A:d)互相蕴涵.

但是,考虑到(49:L),(48:A:d)与第六章 31.1.4 里的(31:D:c)是一样的.

由此可见,我们目前的 W_Γ, L_Γ 与 48.2 里的结构,其间主要的区别在于(48:A:a),——这就是说,问题在于 W_Γ 和 L_Γ 是否互为余集合. 我们把论断分成两部分:

(49:1)

(49:1:a) $$W_\Gamma \cap L_\Gamma = \ominus,$$ [④]

(49:1:b) $$W_\Gamma \cup L_\Gamma = \bar{I}.$$ [⑤]

(49:1:a)使我们回到下列熟悉的概念:

(49:B)

(49:B:a) 要使得(49:1:a)成立,必须而且只须 Γ 是本质的.

(49:B:b) 如果 Γ 是非本质的,则 $W_\Gamma = L_\Gamma = \bar{I}$.[⑥]

证明:关于(49:B:a):(49:1:a)的否定是:存在着一个 S,使得 S 和 $-S$ 二者都是平值集合. 根据 31.1.4 里的(31:E:b),这就相当于非本质性.

关于(49:B:b):$W_\Gamma = L_\Gamma = \bar{I}$ 意味着 $\bar{I}$ 中每一个 S 是平值集合. 根据第六章 31.1.4 里的(31:E:c),这就相当于非本质性.

在转到(49:1:b)之前,我们注意到,W_Γ, L_Γ 具有一个性质,它是(48:A:a)至(48:A:d)中所不曾出现的.

(49:C) L_Γ 包含空集合和所有单元素集合.[⑦]

---

① 我们关于四人博弈的讨论,已为这样的因素提供许多例子,其中 36.1.2 之末就是一个很好的例子. 这一情况事实上就是通常的(一般的)情况,我们现在所要得出的博弈类在某种意义上是一种极端的情形,参看 49.3.3 结束处的说明.

② 事实上,"获胜"的概念正是通过这一余集合的运算而建立在"失败"的概念上的.

③ 现在可以看出来我们在 48.2.1 中把(48:A:a)从(48:A:b)分出来的理由了:我们现在有(48:A:b),但没有(48:A:a).

④ 这个条件——没有一个合伙能够既是获胜又是失败的合伙——必须单独地陈述出来,也许会使人感到不解. 这个条件将在(49:B)以及下面(49:B:b)里的注中看到.

⑤ 这就是说,每一合伙——即,I 的每一子集合——肯定地是获胜的或失败的. 当然,我们正是在这个想法的基础上,希望使 Γ 特殊化.

⑥ 因此,当博弈是非本质博弈时,一个合伙可以既是获胜的又是失败的合伙——因为在这种情形下两种现象都是不恰当的.

⑦ 这显然就是我们关于博弈的整个分析中的这一想法:由一个局中人组成的合伙应当看作是被击败的——因为这个局中人没有能找到一个合伙人同他组成合伙.

证明：这与 31.1.4 里的(31:D:a)，(31:D:b)相同.

(49:C)确实是个新的条件，这就是说，它不是(48:A:a)至(48:A:d)的一个推论；我们将在下面的 49.2 里证明这一点.由此可见，我们在 48.2 的讨论里漏掉了 W_Γ, L_Γ 的一个必要的特性.因此，我们必须证明，现在的条件确已包含了一切.这就是说，条件(48:A:b)至(48:A:d)和(49:C)，以及关于非本质性的结果(49:B)，确实表出了 W_Γ, L_Γ 的全部特征.这将在本章下面的 49.3 中证明.

49.2 单元素集合的特殊作用

49.2.1 先来看上面提出的第一个论断：存在着两个系统 W, L，它们满足(48:A:a)至(48:A:d)，[1]但不满足(49:C).实际上，我们能够确定所有这样的系统.

(49:D) 要使得 W, L 满足(48:A:a)至(48:A:d)但不满足(49:C)，它们必须而且只须具有下述形式：W 是所有包含 i_0 的 S 的集合，L 是所有不包含 i_0 的 S 的集合，这里 i_0 是一个任意但是确定的局中人.

证明：充分性：很容易验证，具有所述形式的 W, L 满足(48:A:a)至(48:A:d).它们不满足(49:C)，因为单元素集合(i_0)属于 W 而不属于 L.

必要性：假设 W, L 满足(48:A:a)至(48:A:d)但不满足(49:C).设(i_0)是不属于 L 的一个单元素集合.[2]于是，(i_0)属于 W.

每一个包含 i_0 的 S 满足 $S \supseteq (i_0)$，因此，根据(48:A:c)，它属于 W.如果 S 不包含 i_0，则 $-S$ 包含它；因此，根据(48:A:c)，$-S$ 属于 W，而根据(48:A:b)，S 属于 L.

最后，根据(48:A:a)，W, L 是不相交的，因此，W 恰好是所有包含 i_0 的 S 的集合，L 恰好是所有不包含 i_0 的 S 的集合.

49.2.2 对这个结果加以简单的说明，这也许会是有用的.

(49:D)里的 W, L 不可能是任何一个博弈的 W_Γ, L_Γ，因为它们不满足(49:C).这个事实看来也许会使人感到奇怪，因为(49:D)似乎是很清楚地通过 W, L 表出了"获胜"和"失败"的观念.事实上，W, L 所描述的情况是：如果局中人 i_0 属于一个合伙，则这个合伙获胜；如果 i_0 不属于它，则它是失败的合伙.为什么不能构造一个适合这种情况的博弈呢？

这是因为，在所述的条件下，"获胜"将根本不在于组成合伙与否：[3]局中人 i_0 总是"胜利者"，而不需要任何别人的帮助.更坏的是，按照我们的术语，i_0 的这种情况并不是胜利，这种情况并不是任何策略行为[4]的结果，而是博弈的规则为他规定的一种固定的情况.[5]在一个博弈

---

① 我们原来只说是(48:A:b)至(48:A:d)，但这里的加强并不需要任何额外的条件.

② 如果空集合不属于 L，那么，根据(48:A:d)，没有任何一个集合会属于 L；因此，这里可以取任意一个(i_0).

③ 与此相当的讨论已在第七章 35.1.4 中一个特殊情形里给出.

④ 我们总是把这个当作是组成适当的合伙同样地看待.

⑤ 参看第五章 22.3.4 中对三人博弈里对于基本值 a', b', c' 的处理.关于策略等价关系的整个讨论(参看 27.1.1)，也是按照同样的精神进行的：像这样的利益可以通过策略等价变换使它消除，但是，那些确实是由于组成合伙而产生的利益则不能消除.

里,如果合伙不能带来任何利益,这个博弈是非本质的,[1]即使在其中只有一个局中人 i_0 有固定的利益.

当然,读者应当了解,所有这些只不过是对于已在上面严格地证明了的结果(在(49:C),(49:D)中)的一种附加的说明.

49.3 真实的博弈中系统 W,L 的特征的表述

49.3.1 我们现在转到49.1.3之末所提到的第二个问题.设给定两个系统 $W,L(\subseteq\bar{I})$,它们满足条件(48:A:b)至(48:A:d)和(49:C),而且也满足(49:1:a).[2]我们要构造一个满足 $W_\Gamma=W,L_\Gamma=L$ 的本质博弈 Γ.为此,我们使 Γ 正规化,满足 $\gamma=1$.

L_Γ 里的集合 S 的特征由它们的平值性表述,即,由 $v(S)=-p$ 表述,其中 p 是 S 的元素的数目.[3]W_Γ 里的集合 S 的特征是 $-S$ 属于 L_Γ,根据上面所述,这就是 $v(-S)=-(n-p)$.由于 $v(-S)=-v(S)$,所以我们可以把上式写成 $v(S)=n-p$.

这样,我们证明了:

所需的关系式 $W_\Gamma=W,L_\Gamma=L$ 等价于:

(49:2) 对于一个 q 元素集合 $S(q=0,1,\cdots,n-1,n)$,

(49:2:a) $$v(S)=n-q$$

的必要和充分条件是 S 属于 W,

(49:2:b) $$v(S)=-q$$

的必要和充分条件是 S 属于 L.

这样,我们的任务在于构造一个博弈 Γ(正规化的,且 $\gamma=1$),使它具有一个满足(49:2)的特征函数 $v(S)$.

49.3.2 (49:2)对 W 和 L 的 S 确定了 $v(S)$,因此,我们只须对不属于这两个集合的 S 定义 $v(S)$ 的值.我们试以0作为它的值,定义如下:

$$v(S)=\begin{cases}n-q, & \text{若 } S \text{ 属于 } W,\\ -q, & \text{若 } S \text{ 属于 } L,\\ 0, & \text{对于其他的 } S,\text{[4]}\end{cases}$$

其中 S 是 q 元素集合,$q=0,1,\cdots,n-1,n$.

首先证明,$v(S)$ 是一个特征函数,也这就是说,它满足25.3.1里的(25:3:a)至(25:3:c).我们在25.4.2里的(25:A)这一与之等价的形式下证明这些条件:

$p=1$ 且取"="号的情形:这就是 $v(I)=0$.根据(48:A:b),(49:C),$\ominus=-I$ 属于 L,所以 I 属于 W,由此立即得到结论.

$p=2$ 且取"="号的情形:这就是 $v(S_1)+v(S_2)=0$,其中 S_1,S_2 互为余集合.如果 S_1,S_2

---

[1] 因此,它的 W_Γ,L_Γ 不是我们所需要的,即(49:D)中所描述的,而是(49:B:b)里的 W_Γ,L_Γ.

[2] 我们要求(49:1:a)这个条件,因为我们主要的目的在于本质博弈(参看(49:B)).我们以后会使我们的讨论完备——见(49:E).

[3] 我们记得,所有的 $v((i))=-\gamma=-1$.

[4] 头两种情形是不相抵触的,这可以从(49:1:a)看出.

二者都不在W,L中,则$v(S_1)=v(S_2)=0$.如果S_1,S_2二者之一在W或L中,则根据(48:A:b),另外一个分别在L或W中.考虑到对称性,可以假设,S_1在L中,S_2在W中.设S_1有q个元素,则S_2有$n-q$个元素.因此,$v(S_1)=-q$,$v(S_2)=q$.

由此可见,$v(S_1)+v(S_2)=0$恒成立.

$p=3$且取$\leqslant$号的情形:这就是$v(S_1)+v(S_2)+v(S_3)\leqslant 0$,其中$S_1$,$S_2$,$S_3$是两两不相交的集合,且以$I$为其和集合.如果$S_1$,$S_2$,$S_3$都不在$W$中,则$v(S_1)$,$v(S_2)$,$v(S_3)\leqslant 0$.[①]如果$S_1$,$S_2$,$S_3$中有一个在$W$中,则根据对称性,我们可以假设,$S_3$在$W$中.于是,根据(48:A:b),$-S_3=S_1\cup S_2$在$L$中;因此,根据(48:A:d),$S_1$,$S_2$都在$L$中.设$S_1$有$q_1$个元素,$S_2$有$q_2$个元素,则$S_3$有$n-q_1-q_2$个元素.因此,$v(S_1)=-q_1$,$v(S_2)=-q_2$,$v(S_3)=q_1+q_2$.

由此可见,$v(S_1)+v(S_2)+v(S_3)\leqslant 0$恒成立.

49.3.3 上面证明了$v(S)$属于一个博弈Γ.我们现在来证明余下的论断.

$v(S)$(即Γ)是正规化的,且$\gamma=1$:事实上,根据(49:C),所有的$v((i))=-1$.

$v(S)$满足(49:2):根据(48:A:b)和$v(-S)=-v(S)$,如果我们互换S和$-S$,则(49:2)的两个部分也随之互换.因此,我们只考虑第二部分.

如果S在L中,则显然有$v(S)=-q$.如果S不在L中,则$v(S)=-q$将蕴涵$0=-q$,[②]即$q=0$.但这意味着S是空集合,这与(49:C)相矛盾.

由此可见,博弈Γ具有所需的一切性质.

我们现在可以证明下面这个完备的论断了:

(49:E) 要使得两个给定的系统W,$L(\subseteq\bar{I})$是某个博弈Γ的W_Γ,L_Γ,下面的条件是必要而且充分的:

Γ非本质:$W=L=\bar{I}$.

Γ本质:(48:A:b)至(48:A:d),(49:C),(49:1:a).

证明:Γ非本质:由(49:B:b)立即得证.

Γ本质:条件的必要性已在(49:A),(49:B:a),(49:C)中证实.条件的充分性包含在我们已完成的构造的过程里.

作为结束,我们指出(49:2)的另一种解释.27.2里的不等式(27:7)(它也在图50中表出)表出了对于$v(S)$的限制;现在可以发现,W_Γ是使得$v(S)$达到上极限值的那些S所组成的集合,L_Γ是使得$v(S)$达到下极限值的那些S所组成的集合.

49.4 简单性的精确定义

49.4 我们在48.1.2和48.2.1中提到过,并在49.1.3的开头处较详细地描述过这样一类博弈:博弈中全体局中人唯一的目的是在形成某些决定性的合伙,此外没有任何其他因素是需要加以定量的描述的.(49:E)使我们能够给这类博弈以精确的定义.

把(49:E)中关于本质博弈的部分同(49:1)结合起来,可以发现,这一概念的形式的表示

---

① 如果S不在W中,则显然有$v(S)\leqslant 0$.

② 由于$n-q\neq -q$,所以S不可能在W中;因此,$v(S)=0$.

式是

(49:1:b) $$W_\Gamma \cup L_\Gamma = \bar{I}.$$

事实上,这一条件所表示的是:一个任意给定的合伙 S 或是属于获胜的类型,或是属于失败的类型——此外没有任何其他的限制.

据此,我们定义如下:本质博弈若满足(49:1:b),叫作简单博弈.

因为集合 W_Γ, L_Γ 在策略等价关系下是不变的,所以简单性概念在策略等价关系下是不变的.

49.5 简单性的一些初等性质

49.5.1 在对这一概念进行详尽的数学讨论之前,让我们再一次地考虑一下 49.3.3 结束处的说明.按照那里的解释,如果对于每一个 S,一个本质博弈的 $v(S)$ 都处于 27.2 中不等式(27.7)所确定的区域的边界上,[①]则这个本质博弈是个简单博弈.

全部本质 n 人博弈(正规化的,$\gamma=1$)的各种类型,可以看作是某一维数的一个几何构型,就像在图 65 中表出的.更确切地说,上面提到的不等式在相应维数的线性空间中确定一个凸多面形域 Q_n,而这个域里的点就代表所有这些博弈.[②]

49.5.2 例如,对于 $n=3$,维数是零,而域 Q_n 是一个单独的点.对于 $n=4$,维数是 3,而域 Q_n 是 34.2.2 里的立方体 Q.

我们已经知道,简单博弈就是与上述不等式所确定区域的边界相对应的博弈.对于凸多面形域 Q_n 来说,这意味着:简单博弈是 Q_n 的顶点,$n=3,4$.

例如,对于 $n=3$,Q_3 是一个单独的点,这就是说,除了一个顶点外就没有别的了;因此,本质三人博弈是简单博弈.[③]对于 $n=4$,Q_4 是立方体 Q,因此,简单博弈是那些顶点,即,顶点 Ⅰ 至 Ⅷ.[④]

49.6 简单博弈和它们的 W, L. 最小获胜合伙:W^m

49.6.1 把(49:E)同简单性的定义结合起来,我们得到:

(49:F) 要使得两个系统 $W, L(\subseteq \bar{I})$ 是某个简单博弈 Γ 的 W_Γ, L_Γ,下面的条件是必要而且充分的:(48:A:a)至(48:A:d),(49:C).

(49:2)里提到的 S 包含了 I 的所有子集合,这一事实正符合简单性的定义.因此,对于简

---

① 边界由两个点组成:上极限值 $n-p$ 和下极限值 $-p$,($\gamma=1$). $v(S)$ 必须是这二者之一,至于究竟是哪一个则没有关系.

② 熟悉 n 维线性几何学的读者将会注意到:因为 Q_n 由线性不等式定义,所以它是一个多面体.由第六章 27.6 的讨论可知,它是凸的.

③ 同时可参看 50.1.1 里的(50:A).

④ 对于顶点 Ⅰ,Ⅴ,Ⅵ,Ⅶ 来说,这是很自然的:我们在 48.1 就是从这些顶点出发进行讨论的,而我们的简单性概念是从它们通过扩充而得到的.

至于顶点 Ⅱ,Ⅲ,Ⅳ,Ⅷ 的出现,则比较费解:我们在第七章 35.2 里是把它们当作可分解性的典型来处理的.然而,它们也都是简单博弈,这不难从(50:A)和 51.6 的开头处看出.

单博弈来说，而且只在这种情形下，$v(S)$由W_Γ，L_Γ完全确定，但须假定博弈是正规化的且$\gamma=1$.这也就是说，如果没有最后的两项假定，则W_Γ，L_Γ在精确到一个策略等价关系的程度内确定博弈.

我们重述如下：

(49:G) 在简单博弈的情形，而且只在这种情形下，博弈Γ在精确到一个策略等价关系的程度内由它的W_Γ，L_Γ确定.

由(49:F)和(49:G)可知，简单博弈的理论以及满足(48:A:a)至(48:A:d)，(49:C)的那些系统偶W，L的理论，二者是共存的.

49.6.2 在研究上述系统偶W，L时，应当记住48.2.2，特别是那里的(48:W)，(48:L)和(49:2).按照这些性质，要确定系统偶W，L，只须确定W或L二者之一.

这样，条件(48:A:a)至(48:A:d)可以用下述条件来代替：若采用W，则以(48:W)代替；若采用L，则以(48:L)代替.

至于(49:C)，它直接适用于L.我们同样也可以使它适用于W，只要应用(48:A:b)——这时，其中所提及的集合必须换为它们的余集合.

为了完整起见，我们把(48:W)和(48:L)以及与之相应的(49:C)重述如下：

集合$W(\subseteq\bar{I})$的特征由下列性质表出：

(49:W*)

(49:W*:a) 两个互余集合(在I中)S和$-S$，有一个而且只有一个属于W.

(49:W*:b) W包含它的元素的所有扩集合.

(49:W*:c) W包含I以及全部$(n-1)$元素集合.

集合$L(\subseteq\bar{I})$的特征由下列性质表出：

(49:L*)

(49:L*:a) 两个互余集合(在I中)S和$-S$，有一个而且只有一个属于L.

(49:L*:b) L包含它的元素的所有子集合.

(49:L*:c) L包含空集合和全部单元素集合.

如在上面指出的，我们可以把整个理论建立在满足(49:W*)的W上，也可以把它建立在满足(49:L*)的L上.

49.6.3 通常在考虑这些事情时，总是把那些获胜的合伙加以描述，而不是去指出失败的合伙.因此，我们将采取上述第一种程序，这样更符合于通常的考虑方式.

就这个程序来说，我们注意到，W的某个子集合有着与W相同的重要性.这就是由W的这样的元素S组成的集合：这些元素的任一真子集合都不属于W.我们称这些S是W(即W_Γ)的最小元素，并把这一集合记为W^m(即W_Γ^m).

这一概念的直观意义是很清楚的：这些最小获胜合伙事实上就是那些决定性的合伙，也就是这样的获胜合伙：其中的任何一个参加者都是不可缺少的.(我们记得，我们在前面48.1.3讨论那里所考虑的博弈时，首先就是从枚举博弈的这些合伙开始的.)

49.7 简单博弈的解

49.7.1 导致简单博弈概念的启发式考虑使我们想到，对这一类型的博弈加以讨论，也许会比一般(零和)n 人博弈的讨论容易些. 要证实这一想法,我们必须考察一下,在一个简单博弈里,它的解是怎样确定的. 由于现在是在老的形式的理论下考虑问题,我们必须用到 30.1.1.[①]首先,我们注意到,在一个简单博弈里,由于每一个集合或是确实必要的,或是确实不必要的(参看 31.1.2),因此,可以预期,必定会有相当程度的简化.

49.7.2 为了说明这一论断,我们首先证明:

(49:H) 在任一个本质博弈 Γ 里,W_Γ 的所有集合 S 都是确实必要的,L_Γ 的所有集合 S 都是确实不必要的.

证明:如果 S 属于 L_Γ,则它是平值的,因此,根据 31.1.5 里的(31:F),它是确实不必要的. 如果 S 属于 W_Γ,则 $-S$ 是平值的(因为它属于 L_Γ),而且 $S\neq\ominus$(因为$\ominus$属于 L_Γ,因而不属于 W_Γ). 由 31.1.5 里的(31:G)可知,S 是确实必要的.

我们现在能够证明上面提出的关于简单博弈的论断了——事实上,这可以按照两种不同的方式来实现.

(49:I) 在任一个简单博弈 Γ 里,W_Γ 的所有集合 S 都是确实必要的,所有其他的集合都是确实不必要的.

证明:对于一个简单博弈来说,L_Γ 恰好是 W_Γ 的余集合;把(49:H)同这个事实结合起来,就证明了(49:I).

(49:J) 在任一个简单博弈 Γ 里,W_Γ^m 的所有集合 S 都是确实必要的,所有其他的集合都是确实不必要的.[②]

证明:根据 31.1.3 里的(31:C),我们可以把(49:I)里的 W_Γ 换为它的子集合 W_Γ^m,这就是说,我们可以把 $W_\Gamma—W_\Gamma^m$ 里所有的 S,从确实必要的类转换成为确实不必要的类. 事实上,W_Γ 中每一个 S 以 W_Γ^M 里的一个 T 作为它的子集合.

在(49:I)和(49:J)这两个准则里,后一个比较起来更为有用. 在具体地确定了简单博弈的解之后,这两个准则的重要性就会显示出来.[③]事实上,在具有多个参加者的博弈理论里,到目前为止我们所能得到的最深刻的认识,就是通过这种简单博弈的分析而获得的.[④]

50 多数博弈和主要的解

50.1 简单博弈的例:多数博弈

50.1.1 在继续进行讨论之前,我们给出简单博弈的一些例子,即 49.6.1 的(49:F)中系

① 按照新的形式的理论——在 44.7.2 及其后引入的——的术语,这意味着:我们正在寻求关于 $E(0)$ 的解,也就是说,过剩额只限于取 0 这个值.

在 51.6 的第三点说明中,将能更清楚地看到这一限制的意义.

② 比较(49:I)和(49:J),可以表明,$W_\Gamma—W_\Gamma^m$ 里的 S 既是确实必要的,同时也是确实不必要的. 这是第六章 31.1.2 最末一个注中所述情况的另一个例子.

③ 参看 50.5.2 和 55.2.

④ 参看 55.2 至 55.11,此外,特别是 54 里的一般说明.

统偶 W,L 的一些例子. 我们从 49.6.2 知道,只须讨论那里的(49:W*)所表述的 W.

为此,我们考虑引进这样的 W 的一些可能的方式——也就是说,考虑获胜这个概念的一些可能的定义.

我们认为,多数这个原则特别适于作为获胜的定义. 看来可以把 W 定义为由包含全体局中人中大多数的那些 S 所组成的系统. 然而,应当注意的是,我们必须排斥和局的情形——事实上,(49:W*:a)中陈述出这个 W 的特征: 对于每一个 S 来说,S 或 $-S$ 必须包含全体局中人中的大多数,这样,就排斥了二者都恰好包含半数局中人的情形. 换句话说: 参加者的总数必须是个奇数.

于是,当 n 为奇数时,我们可以把 W 定义为一切具有 $>\frac{n}{2}$ 个元素的 S 的集合.[①]按照这种方式得到的简单博弈[②]将被称为**直接多数博弈**.

使得这种方式得以实现的最小的 n[③] 是 3. 我们知道,只存在着一个本质三人博弈,而且,对于这个 W 来说,它由全部二元素和三元素集合——即,具有 $>\frac{3}{2}$ 个元素的集合——组成. 于是,我们得到:

(50:A) (唯一的一个)本质三人博弈是简单博弈;它就是具有三个参加者的直接多数博弈.

对于合乎条件的其他的 n,即 $n=5,7,\cdots$ 来说,直接多数博弈只不过是许多简单博弈里的一个.

50.1.2 只有在 n 是奇数的情形,才有直接多数博弈. 但是,简单博弈对于偶数的 n 也存在——事实上,我们的简单博弈的模型(参看 48.1.2,48.1.3)就是 $n=4$ 的博弈.

然而,多数这个概念也很容易加以扩充,使它包含 n 为偶数的情形. 为此,我们引进**加权多数**的概念如下: 假定每一个局中人 $1,\cdots,n$ 有一个**权**,设它们分别是 $w_1,\cdots,w_n$. 我们把 W 定义为由全部包含总权中大多数的那些 S 所组成的集合. 这就是说:

(50:1)
$$\sum_{i\in S} w_i > \frac{1}{2}\sum_{i=1}^{n} w_i,$$

或者等价地写为

(50:2)
$$\sum_{i\in S} w_i > \sum_{i\in -S} w_i.$$

我们必须再一次注意,要排斥和局的情形. 不过,考虑到我们目前的结构具有较大的一般性,我们最好是立即对(49:W*)加以完全的讨论.

50.1.3 因此,我们来看一看,(49:W*)所加于 $w_1,\cdots,w_n$ 的是些怎样的限制条件.

关于(49:W*:a): 由于我们能够通过(50:2)来表示 S 属于 W 这一性质,因此,当

(50:3)
$$\sum_{i\in S} w_i < \sum_{i\in -S} w_i$$

时,$-S$ 属于 W. 由此可知,(49:W*:a)的意义是: (50:2)或(50:3)恒成立,但二者不可能同时

---

① 因为 $>\frac{n}{2}$ 的最小整数是 $\frac{n+1}{2}$(n 为奇数),我们也可以说: S 必须具有 $\geqslant\frac{n+1}{2}$ 个元素.

② 确切地说,就是: 策略等价博弈(具有 n 个参加者)的类.

③ 这就是说,能够使得博弈为本质的奇数 n.

成立.这显然意味着下式恒不成立:

(50:4) $$\sum_{i\in S} w_i = \sum_{i\in -S} w_i;$$

或者,等价地说,下式恒不成立:

(50:5) $$\sum_{i\in S} w_i = \frac{1}{2}\sum_{i=1}^{n} w_i.$$

关于(49:W*:b):应用(50:1)这一形式的 W 的定义,如果所有的 $w_i \geqslant 0$,[①]则这一限制条件显然成立.

关于(49:W*:c):仍应用(50:1),显然可见,$I=(1,\cdots,n)$ 属于 W.对于一般的 $(n-1)$ 元素集合 $S=I-(i_0)$ 来说,条件(50:1)表示

$$w_{i_0} < \frac{1}{2}\sum_{i=1}^{n} w_i.$$

总结如下:

(50:B) 要使得权 $w_1,\cdots,w_n$ 能够用来通过(50:1)或(50:2)定义一个满足(49:W*)的 W,它们必须而且只须满足下列条件:

(50:B:a) 对于所有的 $i_0=1,\cdots,n$,有

$$0 \leqslant w_{i_0} < \frac{1}{2}\sum_{i=1}^{n} w_i.$$

(50:B:b) 对于所有的 $S\subseteq I$,有

$$\sum_{i\in S} w_i \neq \frac{1}{2}\sum_{i=1}^{n} w_i.$$

用话叙述如下:每一局中人的权总是非负的,但不可能等于或多于总权的一半;局中人的任一组合的权不能恰好等于总权的一半.[②]

我们将称从这个 W 得到的简单博弈[③]是**加权多数博弈**(具有 n 个参加者,以 $w_1,\cdots,w_n$ 为其权).我们用记号$[w_1,\cdots,w_n]$来表示这个博弈.

这样,直接多数博弈的记号就是[1,…,1].

我们注意到,可以把48.1.2,48.1.3中讨论过的、由 Q 的顶点 I 所表示的四人博弈看作一个加权多数博弈.事实上,48.1.3中找到的获胜的原则可以这样来说明:局中人1,2,3具有相同的权,而局中人4则具有加倍的权.这就是说,这个博弈的记号是[1,1, 1,2].

50.2 齐 性

50.2.1 多数博弈及其形象性记号$[w_1,\cdots,w_n]$的引进,是对简单博弈进行定量的(数值的)分类和描述工作中的一步.我们有充分的理由认为,全部实现这一工作是十分必要的:由

① 这当然是个说得通的条件;事实上,出乎意外的事情是:我们并没有被迫要求 $w_i>0$ 这个条件——这就是说,我们可以允许权为零的情形.

② 头一个条件排除了49.2里的困难,第二个条件排斥了和局的情形.

③ 确切地说,就是策略等价博弈的类.

于简单性是用组合集合论的术语定义的,可以预期,数值的描述将会使它们更易于掌握.这种方式的描述,通常会使人对所考虑的概念更容易得到一个较完竭的、定量的了解.此外,在我们现在的问题里,我们的最终目标在于寻求博弈的解,而这些解是用数量来定义的,因此,数量性的描述大概会比组合性的描述更能直接地适应它们.

但是,对于完成上述转换来说,我们已有的第一步工作只不过是个开端.

一方面,一个简单博弈可以有不止一个记号$[w_1,\cdots,w_n]$——事实上,每一个简单博弈只要有一个这样的记号,就有无穷多个这样的记号.[1]另一方面,我们还不知道,是否所有的简单博弈都具有这样的记号.[2]

我们先来考虑第一个问题.由于同一个简单博弈可以具有不同的记号$[w_1,\cdots,w_n]$,我们很自然地想到这样的程序:通过某种适当的选择原则,从这些记号里划出其中的一个.在这个选择原则里,应当有一些这样的规定,使得$w_1,\cdots,w_n$的意义和用处能够更突出地表现出来.

首先,下面是一些预备性的结果.(50:1),(50:2)这两个条件使我们想到对差

(50:6) $$a_S = 2\sum_{i\in S}w_i - \sum_{i=1}^{n}w_i = \sum_{i\in S}w_i - \sum_{i\in -S}w_i$$

进行考察.这个a_S表示,合伙S胜过它的对手有多少——它具有多少加权多数.下面是a_S的一些直接的性质:

(50:C) $$a_S = -a_{-S}.$$

证明:应用(50:6)中a_S的最后一种表示形式.

(50:D:a) $a_S>0$必须而且只须S属于W.

(50:D:b) $a_S<0$必须而且只须S属于L.

(50:D:c) $a_S=0$是不可能的.

证明:关于(50:D:a):根据定义得证.

关于(50:D:b):由(50:D:a)和(50:C)立即得证.

关于(50:D:c):由(50:D:a),(50:D:b)立即得证,因为W,L包含了所有的S.这也与(50:B:b)相同.

50.2.2 现在,我们很自然地希望这样来选择权$w_1,\cdots,w_n$,使得得以保证胜利的a_S的数额具有下述性质:对于每一个获胜的合伙,它是一样的.不过,如果对W中所有的S都要求这一性质,则是不合理的:如果S属于W,则它的真扩集合T也属于W,但这些真扩集合有可能满足$a_T>a_S$.[3]由于这样的T包含着对于获胜来说是不必要的参加者,不考虑这样的T看来是很自然的.这就是说,我们只对W中这样的S要求a_S是常数,这些S不是W中其他元素的真扩集合.按照49.6.3中引进的术语来说:对于W的最小元素(即W^m的元素),a_S应当是常数.

我们据此定义如下:

(50:E) 若对于W^m中所有的S,(50:6)里的a_S具有常数值,记为a,则称权$w_1,\cdots,w_n$

---

① 显然,w_i的充分小的改变不会影响(50:1)的成立,特别是因为(50:B:b)排斥了(50:5).

② 我们将在本章53.2中看到,某些简单博弈不具有这样的记号.

③ 对于$T=I\supseteq S$,有$a_I>a_S$,——除去下述情形:对于不在S中所有的i有$w_i=0$.

是齐性的.

当(50:E)成立时,我们将用记号$[w_1,\cdots,w_n]_h$来代替$[w_1,\cdots,w_n]$.

显然,$a>0$.由于正的公因子不影响$w_1,\cdots,w_n$的主要性质,因此,我们可以在齐性的情形下利用这个事实进行正规化:取$a=1$.

最后,我们注意到,50.1.3之末提到的那些博弈都是齐性的,而且都由于$a=1$而是正规化的.这些博弈是:具有奇数个参加者的直接多数博弈$[1,\cdots,1]$,以及Q的顶点I所代表的博弈$[1,1,1,2]$,——按照上述记法,它们可以分别记为$[1,\cdots,1]_h$和$[1,1,1,2]_h$.事实上,读者不难验证,在这两个例子里,对于W^m中所有的S都有$a_S=1$.

50.3 直接应用转归概念形成博弈的解

50.3.1 上面介绍的齐性的情形,是与通常经济学中的转归概念有密切联系的.我们现在来说明这一点.

更确切地说:我们在30.1.1里定义了转归的一般概念,并在这个基础上定义了解的概念.在形成这些概念时,我们是以经济学中所应用的同样判断原则为指导的,因此,它们同通常经济学中的转归之间一定会有某种联系.但是,我们的考虑已经同这一概念有了相当远的距离.特别是对于那些必要的构造过程来说,情形更是如此;我们在那里发现,我们的理论的主题必须是转归的集合(即解),而不是单个的转归.现在,将会发现,对于某些简单博弈来说,能够以更为直接的方式确定它们同通常经济学中转归概念之间的联系.人们可以这样说:对于所考虑的特殊的博弈来说,这一原始概念同我们的解之间的联系,是能够直接加以确定的.事实上,它将提供一种简单的方法,用来对这些博弈中的每一个博弈找出它的一个特殊解.

50.3.2 这两种解的概念,即,这两种程序,它们之间十分有效地起着相互支持和配合的作用.通常经济学中的概念对于一个解的形式提供了有用的推测.而我们的数学理论则可以用来确定所考虑的解,并使得通常的考虑方式所需的条件完备化.(关于第一方面,参看50.4;关于另一方面,参看50.5及其后.)

这些考虑也足以十分清楚地说明,通常的考虑方式有它的局限性.在解的形式方面,通常的考虑方式只对简单博弈起作用;即使是在那里,也并不完全不受我们的数学理论的帮助.而且,对于所考虑的博弈来说,这种方式并不能揭露出它全部的解.(有关这一问题的其他说明,可在整个讨论中看到,特别是在50.8.2里.)

关于这一点,我们再一次强调指出:任一个博弈是某种可能的社会或经济组织的一个模型,任一个解是其中一个可能的稳定的行为标准.因此,上面提到的方法——即,未加改进的经济学中的转归概念——所不能包括的那些博弈和解,将被判明为社会学或经济学理论中十分重要的一些.将会看到,那些能够通过这种特殊的方法加以处理的简单博弈,它们作为齐性加权多数博弈的一种推广,是同后者有着密切的联系的.

50.4 关于这一直接方法的讨论

50.4.1 考虑一个简单博弈Γ,我们假定它取其简化形式,并且$\gamma=1$,但此外我们对它还没有任何其他的限制.让我们在通常经济学概念的意义下来讨论它,而不用到我们的系统理论.

很清楚,在这个博弈里,局中人们的唯一目的在于形成一个获胜的合伙,一旦形成了一个这种类型的最小合伙后,就不再有任何动机促使它的参加者允许别的人进入这个合伙.因此,可以假定,最小获胜合伙——W^m 里的 S——就是所要形成的那种结构.由此可见,不妨假定,一个局中人的命运只有两种有意义的可能情形:他或是能够参加到所希望的合伙之一中,或是不能够.在后一种情形里,他是被击败的,所以他得到的数额是 -1.在前一种情形里,他是获胜的,因此,按照通常的想法,应当给予这一胜利一个值.这个值对不同的局中人可以是不一样的;我们以 $-1+x_i$ 表示局中人 i 的值,这样,对于局中人 i 来说,x_i 就是他的失败和胜利之间的差额.①

50.4.2 现在来叙述,在一个习惯上的经济学的讨论过程中所必须加在这些 $x_1,\cdots,x_n$ 上的限制条件.

第一,根据 x_i 的意义,必须有

(50:7)
$$x_i \geqslant 0.$$

第二,如果发生了这样的情形:某个局中人 i 没有被包含在任何一个最小获胜合伙中,那么,对于这个局中人来说,他的值除了 -1 之外不可能是别的,所以我们对他无需定义任何 x_i.②

第三,如果一个最小获胜合伙 S 是个有效集合,那么,局中人之间的分配将是这样的:不在 S 中的每一局中人 i 得到 -1,在 S 中的每一局中人 i 得到 $-1+x_i$.这些数额的和必须为零.这就是说:

$$0=\sum_{i \notin S}(-1)+\sum_{i \in S}(-1+x_i)=-n+\sum_{i \in S}x_i,$$

即

(50:8)
$$\sum_{i \in S}x_i=n.$$

按照我们的记法,这一分配由向量 $\boldsymbol{\alpha}=\{\alpha_1,\cdots,\alpha_n\}$ 表示,其中的支量是

$$\alpha_i=\begin{cases}-1, & \text{对于不在 } S \text{ 中的 } i,\\ -1+x_i, & \text{对于 } S \text{ 中的 } i.\end{cases}$$

我们以 $\boldsymbol{\alpha}^S$ 记这个向量.事实上,我们的第一个条件和现在这个条件所表示的是:$\boldsymbol{\alpha}^S$ 是第六章30.1.1意义下的一个转归.

50.4.3 我们继续按照平常的方式进行论证.我们现在要通过上面第三点说明里的等式和不等式来确定 $x_1,\cdots,x_n$.在这样做的时候,还有一点是必须加以考虑的:我们已在第三点说

---

① 我们在这里假定,获胜的方式只有一种,这就是说,不论局中人 i 参加哪一个(最小获胜)合伙,这一差额 x_i 都是一样的.这是说得通的,因为在一个简单博弈里只有一种类型的胜利:完全的胜利——每一合伙或是完全地被击败,或是完全地得到胜利.

在50.7.2和50.8.2中将会看到,这一观点能够贯彻到怎样的程度.只要这一观点得到贯彻,就能够有力地把它同我们的系统理论结合起来.

② 对于真正重要的简单博弈来说,这样的 i 是不存在的——这就是说,每一局中人必定属于某个最小获胜合伙.参看51.7.1里的第一点说明,以及51.7.3里的(51:O).

明中指出,S 必须是最小获胜合伙,这就是说,它必须属于 W^m. 然而,我们要问的是：是否 W^m 中所有的 S 都是可用的?

事实上,我们现在的程序只不过是通过多余商品价值的种种可能用法,把它们的转归加以确定的普通程序. [①]但是,这些可能的用法,在数量上可以比所考虑的商品为多——这就是说,W^m 的元素的数目可能大于 n. [②]在这种情况下,可以预期,有些用法不是有利的,因而无需包含在第三点说明中. 事实上,我们已然应用了这个原则：我们只取 W^m 里的 S,而没有取 W 中所有的元素,因为 $W-W^m$ 中的 S(非最小获胜合伙)显然是没有用处的. 我们现在能不能肯定,W^m 中所有的 S 都必须当作同等有利的用法加以考虑? 在上面提出的 S 的粗糙意义上说,它们显然不是无用的;W^m 的 S 中任何一个参加者都是不可少的,否则就将导致失败. 但是,许多经济学的例子表明,不利的因素会以比较间接的方式出现. 因此,第三点说明中应当采用 W^m 中哪一些 S,这一问题尚未得到回答.

但是,很清楚,如果 W^m 中的一个 S 没有被包含在那里,即,如果

(50:8)
$$\sum_{i \in S} x_i = n$$

对它不成立,则它肯定不是有利的. 这就是说,这时在(50:8)中必定不是取"="号,而是取">"号：

(50:9)
$$\sum_{i \in S} x_i > n.$$

这样,就发生了下面的问题：我们应当根据怎样的准则来确定,在 W^m 中究竟哪一些 S 是属于第三点说明的范围的——即,是使得(50:8)必须成立的. 我们以 $U(\subseteq W^m)$ 记它们的集合. 于是,(50:9)必须对 W^m-U 里的 S 成立. 因此,问题在于确定 U. [③]

50.5 与一般理论的关系. 精确描述

50.5.1 关于这一点,我们不打算采取文字的描述,而要回过来采用我们的系统理论. 根据 50.4 中所述,这样来进行讨论：考察最小获胜合伙的一个系统,即,考察一个集合 $U \subseteq W^m$ 及其 x_i. 构成下列转归：

$$\boldsymbol{\alpha}^S = \{\alpha_1^S, \cdots, \alpha_n^S\},$$

同 50.4 中一样,它们的支量是

$$\alpha_i^S = \begin{cases} -1, & \text{对于不在 } S \text{ 中的 } i, \\ -1 + x_i, & \text{对于 } S \text{ 中的 } i, \end{cases}$$

其中 S 属于 U. 我们知道,当 S 在 U 中时,这些 $\boldsymbol{\alpha}^S$ 确实是转归,这一事实可以通过下列 50.4 里的条件表明：

(50:7)
$$x_i \geq 0,$$

---

① 在这种情形下,更适当的说法是：局中人的贡献. 这里考虑的对象,是局中人 i 参加了一个合伙后他在合伙的合作中作出的总的贡献.

② 参看 53.1 中第四点说明.

③ 如果想要通过(50:9)来定义 W^m-U(以及 U),那将是极端错误的. 这样做将不能够充分地限制 $x_1, \cdots, x_n$,——而我们的真正目标却在于确定它们!

(50:8) $$\sum_{i \in S} x_i = n, \quad \text{当 } S \text{ 属于 } U \text{ 时}.$$

构成 $\boldsymbol{\alpha}^S$ 的集合 V,其中 S 属于 U. 我们现在要确定,U 和那些 x_i 是不是令人满意的;为此,只要确定 $\mathbf{V}$ 是不是 30.1.1 意义下的一个解.

将会看到,按照这样的方式所得到的结果,能够用文字加以叙述,而且从通常经济学的观点看来是十分合理的. 但是,人们也许会问,是不是有可能通过通常的程序把它建立起来. 这可以作为一个例子,说明即使是对于通常经济学方法中纯粹文字的讨论,我们的数学理论也能起指导的作用(参看 50.7.1).

50.5.2 我们现在要来探讨一下,V 究竟是不是一个解.

首先,我们要确定,在怎样的情况下,一个给定的转归 $\boldsymbol{\beta}=\{\beta_1,\cdots,\beta_n\}$ 是被一个给定的 $\boldsymbol{\alpha}^T$ 所控制的,其中 T 属于 U. 由于博弈是简单的,可以假设,30.1.1 中关于这个控制关系的集合 S 是属于 W 的(或者更进一步假定它属于 W^m;应用 49.7.2 里的(49:I)或(49:J)). 对于 S 中每一个 i,有 $\alpha_i^T>\beta_i\geqslant-1$;对于不在 T 中的每一个 i,有 $\alpha_i=-1$;因此,$S\subseteq T$. 但因 T 属于 $U\subseteq W^m$,S 属于 W,所以由 $S\subseteq T$ 得到 $S=T$. 因此,我们看到:30.1.1 中关于这个控制关系的集合 S 必定就是我们的 T. 根据上面所述,T 属于 $U\subseteq W^m\subseteq W$,所以它是确实必要的,因而可以把它取作 30.1.1 里的 S. 由此可见,控制关系 $\boldsymbol{\alpha}^T\succ\boldsymbol{\beta}$ 相当于下列关系:$\alpha_i^T>\beta_i$,对于 T 中的 i;这就是说:

(50:10) $$\beta_i<-1+x_i,\text{对于 } T \text{ 中的 } i.$$

对于任意一个转归 $\boldsymbol{\beta}=\{\beta_1,\cdots,\beta_n\}$,我们以 $R(\boldsymbol{\beta})$ 表示满足

(50:11) $$\beta_i\geqslant-1+x_i$$

的一切 i 的集合. 于是,(50:10)表示,$R(\boldsymbol{\beta})$ 和 T 是不相交的. 这也可以写成下面的形式:

(50:12) $$-R(\boldsymbol{\beta})\supseteq T.$$

我们重述如下:

(50:F) $\boldsymbol{\alpha}^T\succ\boldsymbol{\beta}$ 等价于(50:12).

由此可以推出下面的结果:

(50:G) 设 $P(\subseteq I)$ 具有某个属于 U 的子集合,U^* 是由所有的 P 组成的集合.

设 $R(\subseteq I)$ 是使得 $-R$ 不属于 U^* 的集合,U^+ 是由所有的 R 组成的集合.

于是,要使得 $\boldsymbol{\beta}$ 不被 V 的任何元素所控制,必须而且只需 $R(\boldsymbol{\beta})$ 属于 U^+.

证明:$\boldsymbol{\beta}$ 被 V 的某个元素控制——被某个 $\boldsymbol{\alpha}^T$ 控制,其中 T 属于 U——的意义是:(50:12)对 U 中某个 T 成立. 这相当于 $-R(\boldsymbol{\beta})$ 属于 U^*,即 $R(\boldsymbol{\beta})$ 不属于 U^+.

因此,要使得 $R(\boldsymbol{\beta})$ 属于 U^+,必须而且只须 $\boldsymbol{\beta}$ 不被 V 的任何元素控制.

50.5.3 在继续进行讨论之前,我们指出(50:G)中集合 U^+ 的四个简单性质.

(50:H:a) $$U^*=U^+=W,\text{若 } U=W^m.$$

证明:假设 $U=W^m$,则 U^* 是由具有属于 W^m 的子集合——即最小获胜子集合——的那些集合组成的. 因此,$U^*=W$. 在(50:G)中从 U^* 导致 U 的程序,即 48.2.1 中的变换(48:A:a)和(48:A:b)二者的组合. 但是,我们已在那里注意到,如果对 W 应用这两个变换,则它们是两个互补的变换. 因此,由 $U^*=W$ 得到 $U^+=W$.

(50:H:b) U^* 是一个单调运算,U^+ 是一个反单调运算. 即:$U_1\subseteq U_2$ 蕴涵 $U_1^*\subseteq U_2^*$ 和 $U_1^+\supseteq U_2^+$.

证明：我们只需回忆(50:G)里的定义，就可以看出，$U_1 \subseteq U_2$ 蕴涵 $U_1^* \subseteq U_2^*$，而后者又蕴涵$U_1^+ \supseteq U_2^+$.

(50:H:c)　　所有的 $U \subseteq W^m$ 都具有性质 $U^* \subseteq W \subseteq U^+$.

证明：把(50:H:a)和(50:H:b)结合起来(以 U, W^m 代替 U_1, U_2)，就得到结论.

(50:H:d)　　U^* 和 U^+ 都包含它们的元素的所有扩集合.

证明：对于 U^* 来说，这是很显然的. 我们现在所考虑的性质，同 48.2.1 的(48:A:c)中所陈述的完全一样.(在那里，W 代替了我们的 U^*, U^+.)现在，在(50:G)中从 U^* 导致 U^+ 的程序，就是 48.2.1 中的变换(48:A:a)和(48:A:b)二者的组合.(参看(50:H:a)的证明.)对这两个变换应用 48.2.2 里的(48:B)，就可以表明，当我们从 U^* 过渡到 U^+ 时，我们现在所考虑的性质保持不变.

50.5.4 我们注意到，U^* 和 U^+ 有着很简单的文字解释. 如果我们只知道属于 U 的合伙是获胜合伙，那么，对于怎样的合伙，我们能够断定它们是必定获胜的，怎样的合伙不是必定被击败的呢？

一个合伙如果有子集合属于 U，则它是必定获胜的；这就是说，U^* 中的合伙都是必定获胜的. 必定被击败的合伙就是这些合伙的余集合，即，不在 U^+ 中的合伙. 因此，U^* 是上述第一种合伙的集合，而 U^+ 是上述第二种合伙的集合.

现在，(50:H:a)至(50:H:c)的意义变得很清楚了：对于 $U=W^m$，一切都是无歧义的：必定获胜的合伙正好就是那些不一定被击败的合伙，它们形成集合 W. 当 U 从 W^m 逐渐减小时，二者之间的间隙逐渐变大. 第一个集合逐渐减小，成为 W 的子集合，第二个集合逐渐增大，成为 W 的扩集合.

(50:H:d)里的论断也是同样易于理解的.

50.6 结果的重新表述

50.6.1 50.5.2 里的(50:G)使我们得到下面的：

(50:I)　　V 是一个解的必要和充分条件是：恰好当 $\boldsymbol{\beta}$ 属于 V 时，$R(\boldsymbol{\beta})$ 属于 U^+.

因此，我们所必须确定的是：(50:I)在什么情况下成立. 为了这个目的，我们考虑一个 U^+ 中的 R，并确定使得 $R(\boldsymbol{\beta})=R$ 的 $\boldsymbol{\beta}$.

考虑下面三种可能情形：

(50:13)
$$\sum_{i \notin R}(-1)+\sum_{i \in R}(-1+x_i) \gtreqless 0,$$

即

(50:14)
$$\sum_{i \in R} x_i \gtreqless n.$$

如果有一个满足 $R(\boldsymbol{\beta})=R$ 的 $\boldsymbol{\beta}$ 存在，则有

(50:15)
$$0=\sum_{i=1}^{n} \beta_i \geqslant \sum_{i \notin R}(-1)+\sum_{i \in R}(-1+x_i),$$

这就是说，在(50:13)，(50:14)中有≤号. 因此，(50:13)，(50:14)里>的情形排斥任何满足 $R(\boldsymbol{\beta})=R$ 的 $\boldsymbol{\beta}$ 的存在性. 这就是说，使得(50:13)，(50:14)中>号成立的 U^+ 中的集合 R 无需再

加以考虑. 现在,考虑使得(50:13),(50:14)中"$<$"号成立的 U^+ 中的一个集合 R. 这时,有着无穷多种方式来选择满足

$$\sum_{i=1}^{n} \beta_i = 0$$

和

$$\beta_i \geqslant \begin{cases} -1, & \text{对于不在 } R \text{ 中的 } i \\ -1+x_i, & \text{对于 } R \text{ 中的 } i \end{cases}$$

的 $\boldsymbol{\beta}$. 对于所有这些选择的方式,$R(\boldsymbol{\beta})$都必定$\supseteq R$. 因此,根据(50:H:d),它属于 V. 由于 V 是有穷的,这些 $\boldsymbol{\beta}$ 不可能都属于 $\mathbf{V}$. 这是一个矛盾. 因此,使得(50:13),(50:14)中"$<$"号成立的 U^+ 中的集合 R 必定不存在.

50.6.2 剩下需要考虑的,是使得(50:13),(50:14)中"$=$"号成立的 U^+ 中的集合. 根据上面的分析,这些集合必须提供出 $\mathbf{V}$ 中全部 $\boldsymbol{\beta}$.

如果 $\boldsymbol{\beta}$ 属于 $\mathbf{V}$,即,$\boldsymbol{\beta}=\boldsymbol{\alpha}^T$,其中 T 属于 U,则我们有这样的情况: $R(\boldsymbol{\beta})$是 T 加上由那些使得 $x_i=0$ 的 i 所组成的集合. 因为 T 属于 $U\subseteq U^* \subseteq T^+$(第二个关系式由(50:H:c)得出),所以 $R(\boldsymbol{\beta})$属于 U^+. 而且有

$$\sum_{i\in R(\boldsymbol{\beta})} x_i = \sum_{i\in T} x_i = n.$$

因此,我们在(50:13),(50:14)中有"$=$"号. 由此可知,$\mathbf{V}$ 中所有的 $\boldsymbol{\beta}$ 都已被考虑到.

反过来: 考虑使得(50:13),(50:14)中"$=$"号成立的 U^+ 中的一个 R. 把满足 $x_i=0$ 的所有的 i 加在 R 上,既不影响 R 属于 U^+ 这一事实(根据(50:H:d)),也不会改变(50:14)里的等式. 因此,我们可以假设,R 包含所有这样的 i.

现在,如果有一个转归 $\boldsymbol{\beta}$ 满足 $R(\boldsymbol{\beta})=R$,那么,对于 R 中的 i 有 $\beta_i\geqslant -1+x_i$. 我们知道,$\beta_i\geqslant -1$恒成立. 因为 $\sum_{i=1}^{n}\beta_i = 0$, 由此推得

$$\beta_i = \begin{cases} -1, & \text{对于不在 } R \text{ 中的 } i, \\ -1+x_i, & \text{对于 } R \text{ 中的 } i. \end{cases} \tag{50:16}$$

反之: (50:16)蕴涵下列事实: $\boldsymbol{\beta}$ 是满足 $R(\boldsymbol{\beta})=R$ 的一个转归. 因此,在这种情形下,我们的条件必定是这样的: (50:16)里的 $\boldsymbol{\beta}$ 是一个 $\boldsymbol{\alpha}^T$,这里 T 属于 U. 这个条件的意义是: T 和 R 只在那些使 $x_i=0$ 的元素 i 上有所不同. 而由于我们原来已对 R 作了修改,把所有这样的 i 都已包含在 R 里面,所以这一性质是无关紧要的.

总结如下:

(50:J) 下面是 $\mathbf{V}$ 为解的必要和充分条件. 当 $x_i=0$ 时,称 i 是不重要的.[①]

---

① 这些 i 使得情况变得有些混乱,而由于我们没有一个博弈的例子,其中确实有这样的 i 出现,以致情况更为恶化. 也许他们是根本不存在的;一个不重要的 i 所表示的是这样一个局中人: 他属于某些最小获胜合伙,但他永远得不到任何收入.

在三人博弈的有差别待遇的解里,被排斥的局中人所处的地位就是这样的(参看 32.2.3 里的(32:A),其中 $c=1$). 但那里的解是个无穷集合,而我们的 $\mathbf{V}$ 却必须是有穷的.

如果这一存在问题能够得到确定,将是很有兴趣的. 但在目前我们必须对这种不重要的 i 有所考虑,以免丧失普遍性或严格性.

对于 U 中的 T，以及那些只在不重要的元素上与之有所不同的 T，我们有

(50:8*) $$\sum_{i\in T} x_i = n.$$

而且，对于 U^+ 中一切其他的 T，我们必须有

(50:9*) $$\sum_{i\in T} x_i > n.$$

在利用这个结果时，可以首先选择集合 $U\subseteq W^m$，然后试着按照(50:8*)来确定 x_i，最后，验证这些 x_i 是否满足不等式

(50:7) $$x_i \geqslant 0$$

和(50:9*).

50.7 结果的解释

50.7.1 (50:J)里的结果使得50.5.1中所允诺的文字解释得以实现.现在叙述如下：

一个解 **V** 可以按照下述方式得到：任选最小获胜合伙的集合 U(即 $U\subseteq W^m$)，这些合伙是要作为有利益的合伙来看待的.这时，x_i 必须满足相应的等式(50:8*).然后，必须验证，某些别的合伙在(50:9*)的意义下肯定是没有利益的.必须不仅对那些已知为获胜的合伙(即 W)要求这个条件，而且也要对下列合伙要求这个条件：它们是不能够只通过 U 里的合伙而断定为必定被击败的(即 U^+)——当然，要除去 U 本身里的合伙.[①]

读者现在可以判断，这里所述的是否证明了50.5.1结束处的说明为合理.

50.7.2 为(50:I)寻求适当的 U 的问题，是个相当细致的问题.U 的反单调性(参看50.5.3里的(50:G:b))使我们对它有这样的认识：当 U 减小即等式的数目减小时，U^+ 随之增大即不等式的数目随之增大，而且反过来也一样.

特别是，如果我们选 U 尽可能地大，即 $U=W^m$，则与 U^+ 相联系的不等式根本不会引起任何困难.事实上，根据50.5.3里的(50:H:a)，$U=W^m$ 蕴涵 $U^+=W$.W 里的 T 必定具有在 W 中为最小的子集合 S，这就是说，它属于 $U=W^m$.现在，如果 T 与这个 S 在不重要的元素以外的元素上有所不同，则对于 $T-S$ 里的某个 i 有 $x_i>0$，因而有

$$\sum_{i\in T} x_i > \sum_{i\in S} x_i = n,$$

这就是我们所要的条件(50:9*).

由此可见，$U=W^m$ 总能够产生一个解 **V**，只要它的方程组(50:8*)(连同(50:7))能够解出来.

但是，如我们在50.4.3中指出的，我们并没有权利在事先期望，情况永远会像上面所述的那样——特别是考虑到(50:8*)中方程的数目(即 W^m 中元素的数目)可能比变量 x_i 的数目为多.

上面说的这一点并不是绝对的；事实上，不难找到一个简单博弈，它的方程的数目超过变量的数目，而解却是存在的.[②]另一方面，也存在着简单博弈，它的方程组是没有解的.这种情

① 以及那些只同它们在不重要的元素上有所不同的合伙.

② 这种现象的头一次出现是在 $n=5$ 的情形里，参看53.1里的第五点说明.

形的例子比较隐蔽,[①]但这种现象却可能是相当普遍的.当这种现象出现时,我们必须探究,通过适当地选择 $U \subset W^m$,能不能找到一个解 $\mathbf{V}$.这一问题的困难和它的细致性,已在本节开头处指出.[②]

50.8 与齐性多数博弈的关系

50.8.1 我们现在仅限于讨论 $U=W^m$ 的情形.这就是说,我们假定方程组

(50:17) $$\sum_{i \in S} x_i = n, \quad \text{对于 } W^m \text{ 中所有的 } S$$

连同

(50:7) $$x_i \geqslant 0$$

的解是存在的.我们已经看到,在这种情形下,由全体 $\boldsymbol{\alpha}^S$ 组成的集合 $\mathbf{V}$ 是一个解,其中 S 属于 W^m.在这种情形而且只在这种情形下,我们称 $\mathbf{V}$ 是博弈的一个主要的简单解.

在这些条件和表示齐性加权多数博弈的条件之间,有着某种相似之处.事实上,后者是由下面的(50:18)和(50:19)定义的:

(50:18) $$\sum_{i \in S} w_i = b, \quad \text{对于 } W^m \text{ 中所有的 } S,$$

其中

$$b = \frac{1}{2}\Big(\sum_{i=1}^{n} w_i + a\Big), \quad a > 0$$

(结合 50.2 中的(50:D),(50:E)而得到),

(50:19) $$w_i \geqslant 0.$$

事实上,二者之间还不只是相似而已.如果给定满足条件(50:18),(50:19)的一组 w_i,则可以按照下述方式得到满足(50:17),(50:7)的一组 x_i.(50:18)里的量 b 是正的.[③]以一个正的公因子乘所有的 w_i,一切都不会有所改变;只要选 n/b 作为这个因子,我们就能把(50:18)里的 b 换为 n.这样,我们只须令 $x_i \equiv w_i$,则(50:18),(50:19)变为(50:17),(50:7).

反之,如果给定满足(50:17),(50:7)的一组 x_i,则有着一个额外的困难之处.我们可以令 $w_i \equiv x_i$.[④]于是,(50:7)变为(50:19),而(50:17)则成为(50:18),其中 $b=n$,即 $a = 2n - \sum_{i=1}^{n} w_i$.但这时发生了最后一个条件 $a>0$ 是否满足的问题,——即,是否有

---

① 这种现象的头一次出现是在 $n=6$ 的情形里,参看 53.2.5 里的第五点说明.

② 能够从 $U \subset W^m$ 导出一个解 V 的简单博弈,现在还没有已知的实例,但也没有被证明,这样的博弈一定不存在.至于每一简单博弈是否对于适当的 $U \subseteq W^m$ 具有解 V,这个进一步的问题也同样没有得到解决.

这里提出的问题,看来是有一定的重要性的.要解决这个问题,可能是很困难的.看来它同第三章 17.6 第二个注里提到的已解决的问题有着一些类似之处,但它们之间的关系至今还没有能揭露出来.

③ 不然的话,根据(50:18)和(50:19),在 W^m 的 S 中出现的一切 i 都将有 $w_i=0$.这时,对于 W^m 的 S,由 50.2.1 里的(50:6)和上面的(50:19),将有 $a_S \leqslant 0$,因而 $a \leqslant 0$,而这是不可能的.

④ 不属于任何最小获胜集合的 i 会引起一些麻烦,因为它们没有 x_i(参看 50.4.2 里第二点说明),而我们却需要它们的 w_i.但是,这种偶然的情况是不重要的(参看上引处):我们可以令这些 $w_i=0$,这可以很容易地从 50.4.2 里的注所引之处推断出来.

(50:20) $$\sum_{i=1}^{n} x_i < 2n.$$

总结如下:

(50:K) 每一个齐性加权多数博弈具有主要的简单解.

反之,一个(简单)博弈如果具有主要的简单解,那么,要使得博弈的齐性的权能够由此导出,必须而且只须(50:20)能够被满足.

50.8.2 齐性的权与主要简单解之间的这一关系,是有重要意义的.但是,必须强调指出,齐性加权多数博弈除了有主要的简单解之外,一般说还有着别的解.[①]而且,具有主要简单解的博弈可以不满足(50:20),这就是说,在

(50:21) $$\sum_{i=1}^{n} x_i \lesseqgtr 2n$$ [②]

中不一定有"<"号.

最后,除了上面所说的以外,我们必须记住在这些考虑中总的前提:对于"通常的"转归概念,不管我们取50.8.1里它的狭义形式(即$U=W^m$),还是取50.6,50.7.1里它的较广义的原来的形式(即$U\subseteq W^m$,参看50.6.2里的(50:I)),它们当然都是只对简单博弈而说的.在50.3的末尾已经指出:有必要越出这种限制,并越出这里所描述的特殊的解的范围,因而就迫使我们回到30.1.1里的系统理论.

51 枚举全部简单博弈的方法

51.1 初步的说明

51.1.1 从50.1.1开始,我们引进了一些特别的简单博弈,它们的特征可以通过数值的准则来表述,而不是通过原来的集合论的准则(参看50.2.1开头处).然而,我们也看到,这些数值的程序能够以若干种不同的方式来实现,而借助于这些方法并不能保证全部简单博弈都能被考虑到.因此,有必要寻求一些组合的(集合论的)方法,对全部简单博弈进行系统的枚举.

事实上,为了对简单博弈的可能性有深刻的了解,特别是为了说明上述数值的程序能够使我们的分析达到什么地方,组合的方法是不可少的.将会看到,只有当局中人的数目相对地说

① 本质三人博弈(即$[1,1,1]_h$,参看50.2的末尾)的主要简单解是29.1.2中原来的解,即第六章32.2.3里的(32:B).我们从32.2.3和33.1知道,还存在着别的解.

Q的顶点I(即$[1,1,1,2]_h$,参看50.2的末尾)的主要简单解是第七章35.1.3中原来的解.我们将在本章后面55中讨论这个博弈,以及更一般的博弈$[1,\cdots,1,n-2]_h$(n个参加者),并得出所有的解.

所有这些清楚地说明,主要简单解以外的别的解都是有重要意义的,参看第六章33.1和54.1.

② =号的头一次出现是在$n=6$的情形里,参看53.2.4中第四点说明.>号的头一个出现是在$n=6$或7的情形里,参看53.2.6中第六点说明.

这些例子就它们本身说都是很有趣的.

来是比较大的时候,[①]才会得到非显然可能性的具有决定性意义的例子,才会使得仅仅通过文字的分析不足以得到很有效的效果.

51.1.2 我们曾在 49.6.3 之末指出,对全部简单博弈的枚举相当于对它们的集合 W 的枚举,即,对于所有满足 49.6.2 中(49:W*)的集合 W 的枚举.我们也曾在那里指出,采用 W^m(全部最小获胜合伙)来代替 W(全部获胜合伙),可能会是有好处的.

这两种程序都提供了对于全部简单博弈的枚举方法.从概念的观点看,采用 W 比较好,因为 W 的定义比较简单,而 W^m 是借助于 W 间接地引出来的.如果要在实际上枚举出全部简单博弈——这是我们当前的目标,则采用 W^m 比较好,因为 W^m 是个较 W 小的集合,[②]因而更易于描述些.

这两种程序我们都将成功地给出.将会看到,这些讨论为 30.3 中引入的适合性和饱和性概念提供很自然的应用.

51.2 饱和法:利用W的枚举法

51.2.1 集合 W 的特征由 49.6.2 的(49:W*)表示,即由条件(49:W*:a)至(49:W*:c)表示.

我们现在暂时不考虑(49:W*:c),只考虑(49:W*:a)和(49:W*:b).这两个条件蕴涵着这样的事实:W 的任意两个元素都不是不相交的.[③]换句话说:如果以 $S\mathfrak{R}_1T$ 表示不相交的否定——即,$S\cap T=\ominus$的否定,则(49:W*:a),(49:W*:b)蕴涵 $\mathfrak{R}_1$-适合性.[④]这方面的更完善的结论是这样的:

(51:A) (49:W*:a),(49:W*:b)等价于 $\mathfrak{R}_1$-饱和性.[⑤]

证明:W 的 $\mathfrak{R}_1$-饱和性的意义是这样的:

(51:1) S 属于 W 的必要和充分条件是:对于 W 中所有的 T,有 $S\cap T\neq\ominus$.

(49:W*:a),(49:W*:b)蕴涵(51:1):假设 W 满足(49:W*:a),(49:W*:b).如果 S 属于 W,则我们知道,对于 W 中所有的 T,有 $S\cap T\neq\ominus$.如果 S 不属于 W,那么,根据(49:W*:a),$T=-S$ 属于 W,因而有 $S\cap T=\ominus$.

(51:1)蕴涵(49:W*:a),(49:W*:b):假设 W 满足(51:1).我们按照相反的次序证明(49:W*:a)和(49:W*:b).

关于(49:W*:b):如果 S 满足(51:1)里的判断准则,则 S 的每一子集合也满足.因此,W 包含它的元素的扩集合.

关于(49:W*:a):由上面的证明可知,要使得 $-S$ 不在 W 中,必须而且只须,$-S$ 的任一

---

① $n=6,7$,参看 53.2.

② W,L 是不相交的集合.根据 48.2.1 里的(48:A:b),它们有着同样数目的元素.它们合在一起构成 $\bar{I}$,共有 2^n 个元素.因此,W 和 L 都恰好有 2^{n-1}个元素.

W^m 中元素的数目是可变的,但它总比 W 中元素数目要小不少.(参看 53.1 中第四点说明.)

③ 证明:设 S,T 属于 W,$S\cap T=\ominus$.于是,$-S\supseteq T$,因此,根据(49:W*:b),$-S$ 属于 W,这就破坏了(49:W*:a).

④ 参看 30.3.2 里的定义.

⑤ 同上.

子集合不在 W 中.这就是说,必须而且只须,W 的每一个 T 不$\subseteq -S$,即,W 的每一个 T 满足 $S\cap T\neq\ominus$.

由此可见,S 和 $-S$ 二者恰好有一个属于 W.

但 $S\mathfrak{R}_1 T$ 显然是对称的,因此,我们可以应用 30.3.5 里的(30:G).[①]

51.2.2 为了在这个基础上来讨论(49:W*),我们也必须考虑到(49:W*:c).这可以通过两种方式来实现.第一种方式在以后进行一项对比时将是有用的.

(51:B) W 满足(49:W*)的必要和充分条件是:它是 $\mathfrak{R}_1$-饱和的,而且既不包含$\ominus$,也不包含任何单元素集合.

证明:(49:W*)是(49:W*:a),(49:W*:b)和(49:W*:c)的合取.根据(51:1),前两个条件相当于 $\mathfrak{R}_1$-饱和性.如果认为(49:W*:a)当然成立,则(49:W*:c)可以陈述如下:若 S 是 I 或$(n-1)$元素集合,则 $-S$ 不在 W 中.这就是说,$\ominus$或任何单元素集合都不在 W 中.

第二种方式有着更直接的用处.

设 V_0 是(49:W*:c)中所有集合的系统——即,I 以及 I 的所有$(n-1)$元素集合的系统.于是,我们有:

(51:C) 要使得 V 是满足(49:W*)的一个 W 的子集合,必须而且只须,$V\cup V_0$ 是 $\mathfrak{R}_1$-适合的.

证明:$W\supseteq V$ 和 W 满足(49:W*)相当于下列条件:$W\supseteq V$;W 满足(49:W*:a),(49:W*:b)——根据(51:A),这就是说,W 是 $\mathfrak{R}_1$-饱和的;W 满足(49:W*:c)——即 $W\supseteq V_0$.换句话说,我们是在寻求一个 $\mathfrak{R}_1$-饱和的集合 $W\supseteq V\cup V_0$,也就是说,我们的问题是:$V\cup V_0$ 能否扩张成为一个 $\mathfrak{R}_1$-饱和的集合.

但是,我们知道,30.3.5 里的(30:G)是适用的,因此,30.3.5 中最后一部分的讨论也适用.[②]这一可扩张性等价于 $V\cup V_0$ 的 $\mathfrak{R}_1$-适合性.

51.2.3 我们把(51:C)以更显明的形式重述如下:

(51:D) 要使得 V 是满足(49:W*)的一个 W 的子集合,必须而且只须,它具有下列性质:

(51:D:a) V 的任何两个 S,T 都不是不相交的.

(51:D:b) V 既不包含$\ominus$,[③]也不包含任何单元素集合.

证明:我们必须根据(51:C)把 $V\cup V_0$ 的 $\mathfrak{R}_1$-适合性表述出来.这就是:V 或 V_0 的任何两个 S,T 都不是不相交的.

S,T 都在 V 中:这与(51:D:a)是一样的.

S,T 都在 V_0 中:二者都有$\geqslant n-1$ 个元素,因此,它们不可能是不相交的.[④]

---

① 应当记得,我们在 30.3.5 中也假定了 $x\mathfrak{R}x$ 一般地成立——在现在的情形下就是 $S\mathfrak{R}_1 S$ 一般地成立.这意味着 $S\neq\ominus$——因而它对于 $S=\ominus$不成立.

但因(49:W*:a),(49:W*:c)排斥$\ominus$属于 W 的情形,因此,作为 30.3.2 意义下的变化范围 D,我们可以不取 $\bar{I}$(I 的全部子集合的系统),而取 $\bar{I}-(\ominus)$(I 的全部非空子集合的系统).这就使我们摆脱了 $S=\ominus$的情形.

② 注意变化范围 $D=\bar{I}-(\ominus)$(参看 51.2.1 最后一个注)是有穷集合.

③ 关于这一点,也请参看 51.2.1 最后一个注.

④ 我们在这里用到 $2(n-1)>n$,即 $n>2$,即 $n\geqslant 3$.这一点本应当在一开始时就明白地叙述出来的,——但这是个很自然的假设,因为简单博弈(即满足(49:W*)的集合)只当 $n\geqslant 3$ 时存在(参看 49.4,49.5).

S,T二者有一个在V中,另一个在V_0中:根据对称性,我们可以假定,S是前者,T是后者.于是,V的一个S与I或任何$(n-1)$元素集合必须不是不相交的.这正好是(51:D:b).

(51:D)解决了枚举全部W的问题:从满足(51:D:a),(51:D:b)的任一个V出发,[①]我们可以在不破坏(51:D:a),(51:D:b)的原则下使V逐渐增大.当这一程序到了不能再继续下去的时候,我们就得到了一个V,它是W的子集合(满足(49:W*)的)中的最大者——这就是说,我们就得到了一个这样的W.

以一切可能的方式实现这一逐渐增大的过程,我们就得到要求的全部W.

读者可以对$n=3$或$n=4$试做这一工作.将会发现,即使是对于小的n,这种程序也是十分烦琐的,虽然这种程序对于一切n都是严格而且完竭的.

51.3 从W转到W^m的理由.采用W^m的困难

51.3.1 我们现在考虑49.6里的集合W^m.

我们希望把这些W^m的特征直接加以表述,并找出一种简单的程序把它们全部构造出来.我们要在下面导出两种不同的表述方式,它们都是属于饱和类型的表述方式.第一种方式是通过一种非对称的关系来实现的,第二种方式则通过一种对称的关系.因此,适于用来进行构造的乃是第二种方式,它是与51.2中W的构造方式相似的.

虽然如此,我们将给出两种表述方式,因为指出二者之间的等价性是十分有益的:第一种方式在某些(技术上的)方面是同解的定义(参看30.3.3和30.3.7)有些相象的,因此,从第一种方式到与之等价的第二种方式的转换,是很有兴趣的,因为它为解决这一类型的问题指出了一种方法.我们以前曾经提到(在30.3.7中),对于我们的解的概念来说,我们是多么地需要这种相应的转换.

51.3.2 设W是一个系统,它包含它的元素的所有扩集合,例如,满足(49:W*:b)的一个系统.于是,它的最小元素的系统W^m确定了W:事实上,W显然就是由W^m的所有元素的扩集合组成的系统.

因此,如果给定了一个系统V,而我们要寻求一个满足(49:W*)的W,使得$V=W^m$,那么,这个W必定就是由V的所有元素的扩集合组成的系统$\widetilde{V}$.

由此可知,要使得对于满足(49:W*)的W有$V=W^m$,必须而且只须,这两个条件被$W=\widetilde{V}$满足.[②]我们现在要把$V=W^m$的这一表述方式变换成为一种饱和形式的表述方式.

以$S\mathfrak{R}_2T$表示$S\cap T=\ominus$和$S\supset T$二者都不成立.于是,我们有:

(50:E) 要使得对于满足(49:W*)的W有$V=W^m$,必须而且只须,V是$\mathfrak{R}_2$-饱和的,而且它既不包含$\ominus$,也不包含任何单元素集合.

证明:根据以上所述,我们所必须证明的,只在于$W=\widetilde{V}$是否具有所需的性质:

$V=W^m$:设S是这个W的一个最小元素.于是,对于V的某个T,有$S\supseteq T$.因此,T属于W,而S的最小性质排斥$S\supset T$.由此有$S=T$,即S属于V.

---

① 原则上,我们可以从空集合出发.读者可以注意到,把$\ominus$从V中排斥掉(参看上文),并不影响$V=\ominus$这种可能性.

② 这就是说,$W=\widetilde{V}$是有可能满足这些条件的唯一的一个系统,但即使是这个系统也有可能不满足这些条件.

由此可见,所必须讨论的只是反面的性质：V 的每一个 S 是否确实在 W 中是最小的. V 的每一个 S 显然属于 W. 因此,最小的性质意味着不可能有 $S \supset T'$,其中 T' 属于 W;这就是说,不可能有 $S \supset T' \supseteq T$,其中 T 属于 V. 这蕴涵着不可能有 $S \supset T$,其中 T 属于 V,而且反面的蕴涵关系也成立(令 $T'=T$). 这样,我们得到下列条件：

(51:2)　　对于 V 中的 S,T,不可能有 $S \supset T$.

W 满足(49:W*)：我们必须分别考虑(49:W*:a),(49:W*:b),(49:W*:c). 我们按照与此不同的次序来考虑它们.

关于(49:W*:b)：$W=\widetilde{V}$ 显然包含它的元素的所有扩集合,所以这一条件自然被满足.

关于(49:W*:c)：假定(49:W*:a)成立(参看下面). 于是,(49:W*:c)可以陈述如下：如果 S 是 I 或任何 $(n-1)$ 元素集合,则 $-S$ 不属于 W. 这就是说,$\ominus$和任何单元素集合都不在 W 中;也就是说,这些集合的任何子集合都不在 V 中. 这样,我们得到下列条件：

(51:3)　　$\ominus$和任何单元素集合都不在 V 中.

关于(49:W*:a)：我们分两部分来考虑它：

$S',-S'$ 二者不可能都属于 W：这就是说,如果 S,T 属于 V,则我们不可能有 $S \subseteq S'$, $T \subseteq -S'$. 但是,这样的 S' 的存在性蕴涵 $S \cap T=\ominus$,而且反面的蕴涵关系也成立(令 $S'=S$). 因此,我们得到下列条件：

(51:4)　　对于 V 中的 S,T,不可能有 $S \cap T=\ominus$.

$S,-S$ 二者中必须有一个属于 W：假定 $S,-S$ 都不属于 W. 这意味着 V 的每一个 T 都不满足 $T \subseteq S$ 或 $T \subseteq -S$,而后者的意思是 $S \cap T=\ominus$. 这就是说,V 的每一个 T 都不满足 $T=S$ 或 $S \supset T$ 或 $S \cap T=\ominus$. 或者说：S 不在 V 中,而且 V 的每一个 T 都不满足 $S\mathfrak{R}_2 T$ 的否定.[①]

换一句话说,S 不在 T 中,但对于 V 中所有的 T 有 $S\mathfrak{R}_2 T$.

但是,这是不可能的,即

(51:5)　　如果对于 V 中所有的 T 有 $S\mathfrak{R}_2 T$,则 S 属于 V.

(51:2)至(51:5)就是我们所要的准则.

(51:2)和(51:4)合在一起可以这样来陈述：对于 V 中所有的 S,T,有 $S\mathfrak{R}_2 T$. 即

(51:6)　　如果 S 属于 V,则对于 V 中所有的 T 有 $S\mathfrak{R}_2 T$.

(51:5)和(51:6)合在一起所表示的恰好是 V 的 $\mathfrak{R}_2$-饱和性. 因此,这个性质连同(51:3)形成我们所要的准则——而这正是我们要证明的.

(51:E)有着一定的趣味,因为它是与(51:B)完全相类似的. 这些表述 W 和 W^m 的特征的条件,其区别只在于把

$$S\mathfrak{R}_1 T:\ S \cap T=\ominus \text{ 不成立}$$

换成了

$$S\mathfrak{R}_2 T:\ S \cap T=\ominus \text{ 和 } S \supset T \text{ 都不成立.}$$

但是,由于这使得对称的 $\mathfrak{R}_1$ 换成了非对称的 $\mathfrak{R}_2$,所以不能够按照我们应用(51:B)——或者说,作为它的基础的(51:A)——的同样方式来应用(51:E).

---

① 事实上,这就是 $S \supset T$ 或 $S \cap T=\ominus$.

51.4 另一种方法：利用 W^m 的枚举法

51.4.1 我们现在转到第二种程序. 这就是要分析下面的问题：给定了一个系统 V，对于满足(49:W*)的一个 W，关系式 $V\subseteq W^m$ 的意义是怎样的？

$V\subseteq W^m$ 的意义是这样的：V 的每一个 S 是 W 的一个最小元素. 这就是说，这样的 S 必须属于 W，但它的真子集合必须不属于 W. 由于 W 满足(49:W*:b)，即：W 包含它的所有元素的扩集合，所以只须对 S 的最大真子集合说明 $V\subseteq W^m$ 的意义就够了；也就是说，只需对 $S-(i)$ 说明它的意义，其中 i 属于 S. 由于 W 满足(49:W*:a)，我们可以不说 $S-(i)$ 不属于 W，而说 $-(S-(i))=(-S)\cup(i)$ 属于 W. 这样，我们得到：

(51:F) $V\subseteq W^m$(W 满足(49:W*))的确切含义是这样的：对于 V 的每一个 S，S 属于 W；对于这个 S 的每一个 i，$(-S)\cup(i)$ 属于 W.

我们现在证明：

(51:G) 设 W 满足(49:W*). 要使得 V 是 W^m 的子集合，必须而且只需，它具有下列性质：

(51:G:a) V 中任何两个 S,T 都不是不相交的.

(51:G:b) V 中任何两个 S,T 都不满足 $S\supset T$.

(51:G:c) 对于 V 中的 S,T，$S\cup T=I$ 蕴涵着 $S\cap T$ 是个单元素集合.

(51:G:d) $\ominus$和任何单元素集合和 I 都不是必须属于 V.

证明：设 V_1 是由一切 $(-S)\cup(i)$ 组成的集合，其中 S 属于 V，i 属于 S. 于是，根据(51:F)，$V\subseteq W^m$ 意味着 $V\cup V_1\subseteq W$. 根据(51:D)，如果 $V\cup V_1$ 满足(51:D:a)，(51:D:b)，则上面的关系式对于满足(49:W*)的某个 W 是有可能成立的.

因此，我们对 $V\cup V_1$ 叙述(51:D:a)，(51:D:b).

(1) 关于(51:D:a). S,T 都在 V 中，所以这个条件与(51:G:a)相同.

S,T 都在 V_1 中：这就是说，$S=(-S')\cup(i)$，$T=(-T')\cup(j)$，其中 S',T' 在 V 中，i 在 S' 中，j 在 T' 中.

S,T 不相交的意义是：$-S'$ 与 $-T'$ 不相交，即 $S'\cup T'=I$；(i) 与 (j) 不相交，即 $i\neq j$；$-S'$ 与 (j) 不相交，即 j 在 S' 中；$-T'$ 与 (i) 不相交，即 i 在 T' 中.

总结如下：$S'\cup T'=I$；i 和 j 是 S' 也是 T' 的两个不相同的元素——即，是 $S'\cap T'$ 的元素. 但是，这是不可能的. 这就是说，如果 $S'\cup T'=I$，则 $S'\cap T'$ 不可能有两个不相同的元素. 根据(51:G:a)，$S'\cap T'$ 不是空集合，所以它必定是个单元素集合.

这样，我们正好得到了(51:G:c)(以 S',T' 作为那里的 S,T).

S,T 二者中有一个属于 V，另一个属于 V_1：根据对称性，我们可以假设，S 属于 V，T 属于 V_1. 于是，$T=(-T')\cup(j)$，其中 T' 属于 V，j 属于 T'. S 与 $(-T')\cup(j)$ 不相交的意义是：S 与 $-T'$ 是不相交的，即 $S\subseteq T'$；S 与 (j) 是不相交的，即 j 不属于 S.

总结如下：$S\subseteq T'$，j 是属于 T' 而不属于 S 的一个元素. 但是，这是不可能的. 这就是说，不可能有 $S\subset T'$. 这样，我们正好得到了(51:G:b)(以 T',S 作为那里的 S,T).

(2) 关于(51:D:b). $\ominus$和任何单元素集合都不是必须属于 V，也都不是必须属于 V_1. 后者意味着$\ominus$和任何单元素集合都不必须是个$(-S)\cup(i)$,其中S属于V,i属于S.只有单元素集合有可能是个这样的$(-S)\cup(i)$,而这时将有$-S=\ominus$,即$S=I$.

总结如下:$\ominus$和任何单元素集合和I都不是必须属于V.这就是(51:G:d).

这样,我们恰好得到了所要证明的条件(51:G:a)至(51:G:d).

(51:G)解决了枚举全部W^m的问题,这同通过(51:D)解决关于W的相应问题是完全相类似的:从满足(51:G:a)至(51:G:d)的任一个V出发,[①]我们可以在不破坏(51:G:a)至(51:G:d)的原则下使V逐渐增大.当这一程序到了不能再继续下去的时候,我们就得到了一个V,它是W^m(W满足(49:W*))的子集合中的最大者——这就是说,我们就得到了一个这样的W^m.

以一切可能的方式实现这一逐渐增大的过程,我们就得到要求的全部W^m.

51.4.2 从以上最后所作的说明可以看出,全部简单博弈的实际枚举工作,我们可以根据(51:G)作出——事实上,我们将在52中实现这一工作,但最好是先进行一些其他的考虑.

我们曾经说过,(51:G)是个饱和型的条件.我们现在要对这一论断作比较深入的分析.

首先,我们注意到,由于(51:G:b)涉及V的两个任意的S,T,所以我们可以在(51:G:b)里使它们互换.这就是说,我们可以把(51:G:b)换为

(51:G:b*) V的任何两个S,T都不满足$S\supset T$和$S\subset T$.

以$S\mathfrak{R}_3T$表示S,T满足(51:G:a),(51:G:b*),(51:G:c)——即:既没有$S\cap T=\ominus$,也没有$S\supset T$,也没有$S\subset T$,而且,若$S\cap T$不是单元素集合,也没有$S\cup T=I$.

于是,(51:G)中所述的只不过是:V是$\mathfrak{R}_3$-适合的,以及(51:G:d).现在,设域D是由I中满足(51:G:d)的那些子集合组成的系统$\overline{\overline{I}}$——即:既不是$\ominus$,也不是单元素集合,也不是I.这样,从51.4.1最后所作的说明可以看出,W是$\overline{\overline{I}}$中最大的$\mathfrak{R}_3$-适合的子集合.

$S\mathfrak{R}_3T$显然是对称的.[②]因此,我们可以应用30.3.5里的(30:G).我们得到:

(51:H) 要使得对于满足(49:W*)的W有$V=W^m$,必须而且只需,V是$\mathfrak{R}_3$-饱和的(在$\overline{\overline{I}}$中).

比较(51:E)和(51:H),可以表明,我们已经完成了从非对称的$\mathfrak{R}_2$转换到对称的$\mathfrak{R}_3$这一程序——这就实现了在30.3.7的注里所作的诺言.

51.4.3 把$\mathfrak{R}_2$(在51.3.2中)与我们的$\mathfrak{R}_3$进行比较,是很有益处的:

$S\mathfrak{R}_2T$:既没有$S\cap T=\ominus$,也没有$S\supset T$.

$S\mathfrak{R}_3T$:既没有$S\cap T=\ominus$,也没有$S\supset T$,也没有$S\subset T$,而且,$S\cap T$若不是单元素集合,也没有$S\cup T=I$.

仅仅通过$\mathfrak{R}_2$的对称化(参看30.3.2),只能得到$\mathfrak{R}_3$的前三部分,而得不到最后一部分.最后一部分是从(51:G)和(51:H)得到的,它同其余三部分之间没有任何明显的联系.

从这里可以看出,实现30.3.7中的程序所需的工作——如果这一程序是能够实现的话——是多么的深奥.

---

① 原则上,我们可以从空集合出发.

② 而且$S\mathfrak{R}_3S$在$\overline{\overline{I}}$中成立:只当$S=\ominus$时有$S\cap S=\ominus$;不可能有$S\supset S$;只当$S=I$时有$S\cup S=I$——因此,对于$\overline{\overline{I}}$的S,这些都不可能发生.

51.5 简单性和分解

51.5.1 我们现在考虑简单博弈和分解这两个概念之间的关系.

为此,假设 Γ 是可分解的博弈,以 Δ, H 为其组成部分(I 中的 $J-$, $K-$余集合). 于是,我们必须回答下面这个问题: Γ 是简单博弈,这对于 Δ, H 来说其意义是什么?

我们首先来确定集合 W, L. 由于我们必须对所有三个博弈 Γ, Δ, H 来考虑它们,有必要把这种依赖关系表示出来. 因此,我们以 $W_\Gamma, L_\Gamma; W_\Delta, L_\Delta; W_H, L_H$ 来记它们.

应当说明的是: 我们并没有对博弈 Γ, Δ, H 假设本质性,也没有假设任何正规化的性质. 然而,为了讨论的方便,我们假设它们都是零和博弈. ①

(51:I) 要使得 $S=R\cup T(R\subseteq J, T\subseteq K)$ 属于 $W_\Gamma[L_\Gamma]$,必须而且只需,R 属于 $W_\Delta[L_\Delta]$,而且 T 属于 $W_H[L_H]$.

证明: 如果把 S 换为它(在 I 中)的余集合 $I-S$,②则 R, T 换为它们(在 J, K 中)相应的余集合. 这一变换使得 W_Γ, W_Δ, W_H 与 L_Γ, L_Δ, L_H 互换. 因此,有关 W 的命题蕴涵有关 L 的命题,而且反过来也一样. 我们现在要证明的是后者.

S 属于 L_Γ 这一事实可以表示如下:

$$v(S) = \sum_{i\in S} v((i)). \tag{51:7}$$

由于 Δ, H 是 Γ 的组成部分,我们有 $v(S)=v(R)+v(T)$. 因此,我们可以把(51:7)写成下面的形式:

$$v(R) + v(T) = \sum_{i\in R} v((i)) + \sum_{i\in T} v((i)). \tag{51:8}$$

R 属于 L_Δ 且 T 属于 L_H 这一事实可以表示如下:

$$v(R) = \sum_{i\in R} v((i)), \tag{51:9}$$

$$v(T) = \sum_{i\in T} v((i)). \tag{51:10}$$

因此,我们所必须证明的论断乃是(51:7)与(51:9),(51:10)的等价性.

(51:9),(51:10)显然蕴涵(51:7);反方向的蕴涵关系也很容易导出,因为恒有

$$v(R) \geqslant \sum_{i\in R} v((i)),$$
$$v(T) \geqslant \sum_{i\in T} v((i))$$

(参看 31.1.4 里的(31:2)).

51.5.2 现在,我们可以证明下面的论断了:

(51:J) Γ 为简单博弈的必要和充分条件是: 两个组成部分 Δ, H 中,一个是简单的,另

---

① 读者如果还记得第九章 46.10 里的讨论,到了这里也许会希望知道,应当怎样来处理过剩额(在 Γ, Δ, H 中;即所引处的 $e_0, \bar{\varphi}, \bar{\bar{\varphi}}$)的问题. 这一问题将在本章 51.6 的讨论中阐明.

② 我们以这种方式来表示余集合,而不用通常的 $-S, -R, -T$,这样比较好,因为我们是在不同的集合里取余集合.

一个是非本质的.

证明：条件是必要的：Γ 的简单性的意义是：

(51:11) 对于任意的 $S \subseteq I$，下述两条中有一条而且只有一条为真：

(51:11:a) S 属于 W_Γ.

(51:11:b) S 属于 L_Γ.

令 $S = R \cup T (R \subseteq J, T \subseteq K)$，并对(51:11)应用(51:I). 于是，我们得到：

(51:12) 对于任意的 $R \subseteq J, T \subseteq K$，下述两条中有一条而且只有一条为真：

(51:12:a) R 属于 W_Δ 且 T 属于 W_H.

(51:12:b) R 属于 L_Δ 且 T 属于 L_H.

现在，令 $R = \ominus, T = K$. 于是，R 属于 L_Δ 且 T 属于 W_H. 因此，如果(51:12:a)成立，则 W_Δ 和 L_Δ 有一共同元素 R；如果(51:12:b)成立，则 W_H 和 L_H 有一共同元素 T. 根据本章 49.3.3 里的(49:E)(把它应用到 Δ, H 上)，前一种情形蕴涵 Δ 是非本质的，后一种情形蕴涵 H 是非本质的.

这样，我们得到：

(51:13) 如果 Γ 是简单博弈，则 Δ 或 H 是非本质博弈.

条件也是充分的：根据对称性，可以假设 H 是非本质的. 于是，由 49.3.3 里的(49:E)(把它应用到 H 上)可知，每一个 $T \subseteq K$ 同时属于 W_H 和 L_H. 因此，我们现在可以把 Γ 的简单性的特征(51:12)重新表述如下：

(51:14) 对于任意的 $R \subseteq J$，下述两条中有一条而且只有一条为真：

(51:14:a) R 属于 W_Δ.

(51:14:b) R 属于 L_Δ.

这正好是 Δ 的简单性的陈述. 因此，我们得到：

(51:15) 如果 $H[\Delta]$是非本质的，则 Γ 的简单性等价于 $\Delta[H]$的简单性.

(51:13)与(51:15)合在一起，就完成了(51:J)的证明.

51.6 非本质性、简单性与合成. 过剩额的处理

51.6 把(51:J)与 46.1.1 里的(46:A:c)加以比较，是有益处的. 我们在(46:A:c)中看到，要使得可分解博弈为非本质的，必须而且只须，它的两个组成部分为非本质的，——这就是说，非本质性在合成之下是可传的. 对于简单性(我们知道，简单性是非本质性的最简形式)来说，则情况不是如此：根据(51:J)，如果一个可分解博弈的两个组成部分是简单的，则这个博弈不是简单博弈. (51:J)表明，要使得一个简单博弈 Δ 经过合成以后仍然保持它的简单性，必须而且只须，同它结合的是一个非本质博弈 H——即，是一组“傀儡”(参看 41.2.1 中第一个注).

还有四点有关的说明应当在这里提出：

第一，如果简单博弈 Γ 是像以上所述从组成(简单)博弈 Δ 通过增加一些“傀儡”(即，加上

非本质博弈 H)而得到的,则 Γ 的解可以直接从 Δ 的解得出.事实上,这已在 46.9 中详尽地给出.[①]

第二,我们已在 49.7 的开头处指出,我们采用老的形式下的简单博弈理论.因此,值得注意的是,我们的讨论使我们归结到这样一种类型的合成(参看上一条说明):它恰好是使得老的形式的理论为可传的一种.(参看 46.9 之末,或 46.10.4 中第一点说明里的(46:M).)

第三,就这里所讨论的问题来说,也使人更清楚地看到,对于简单博弈理论,为什么我们不得不避免考虑除零以外的过剩额——即,44.7 意义下新的形式的理论.

事实上,如果我们真能成功地完成这一考虑,则 46.6 和 46.8 的结果将能使我们解决简单博弈的一切合成问题.但是,我们已经看到,简单博弈的合成并不是一个简单博弈.换句话说,具有一般过剩额的简单博弈理论也将间接地包含非简单博弈.因此,我们不能够进行一般的讨论,这是不足为奇的.[②]

第四,按照 46.10 的分析的精神,上面关于过剩额的说明有着下述重要意义:这些说明表明,简单性不能经受一般的嵌入运算程序.[③]这表明:46.10.5 中所考虑的方法上的原则不是在一切条件下都适用的.

51.7 以 W^m 表可分解性的判断准则

51.7.1 我们在 51.5 里讨论了可分解博弈 Γ 在什么时候是简单博弈的问题.我们现在要来解决反面的问题:我们要确定,简单博弈在什么时候是可分解的.

设给定一个简单博弈 Γ.将会看到,下述概念是很重要的:I 中的 i 若属于 W^m 的某个 S,则称它是显著的.[④]以 I_0 记 I 中全部显著元素的集合——即,W^m 中全部 S 的和集合.

我们现在分成相继的几步来进行讨论:

(51:K) 设 Γ 是简单的而且是可分解的.如果简单的组成部分是 Δ(参看 51.5 里的(51:J)以及记号的用法),则 Γ 和 Δ 具有同一个 W^m.

证明:根据(51:I),W_Γ 的 $S=R\cup T(R\subseteq J, T\subseteq K)$ 是通过取 W_Δ 的任一个 R 和 W_H 的任一个 T 而得到的.由于 H 是非本质博弈(根据(51:J)),所以 W_H 的 T 就是所有的 $T\subseteq K$(参看(51:J)的证明).因此,要使得这个 $S=R\cup T$ 为最小——即,它属于 W^m_Γ——只要它的 R,T 都是最小的.这意味着 R 属于 W^m_Δ 且 $T=\ominus$,即 $S=R$.

由此可见,W^m_Γ 与 W^m_Δ 相合,即 Γ 和 Δ 具有同一个 W^m.

(51:L) 在(51:K)的同样假设条件下,必定有 $J\supseteq I_0$.

证明:Γ 和 Δ 具有同一个 W^m(根据(51:K)),因而具有同样的显著元素,——因此,Γ 的显

---

① 当然,从常识上看,人们总会这样期望的.然而,分解理论的意外情况——特别是,请参看 46.11 里的说明——表明,忽略精确的结果是不安全的.在这种情形下 46.9 为它提供了坚实的基础.

② 在某种意义上,可以把这看作是 30.3.6 中第二个注里提到的方法上的原则的一个应用.

③ 除非它只是增加一些"傀儡",就像上面所讨论的那样.

④ 按照这个定义,如果存在着最小获胜合伙,而局中人 i 属于这个合伙,则 i 是显著的;这就是说,如果他能给合伙带来某种好处.

将会看到,与此相反的概念是"傀儡"(参看 51.7.3 之末).

当然,所有这些都是对简单博弈说的.

著元素(它们形成集合 I_0)全部都在 Δ 的参加者(它们形成集合 J)之中.

(51:M) 如果只假设 Γ 是简单的,则 I_0 是分裂集合,[1]它的 I_0-组成部分 Δ 是简单的,而且 $(I-I_0)$-组成部分 H 是非本质的(参看(51:J)).

证明:考察一个 $S=R\cup T, R\subseteq I_0, T\subseteq I-I_0$. 我们有:

(51:16) 要使得 S 属于 W,必须而且只须,R 属于 W.

事实上:如果 R 属于 W,则 $S\supseteq R$ 也属于 W. 反之:设 S 属于 W. 于是,在 W 中存在着满足 $T\subseteq S$ 的最小的 T. 因此,T 属于 W^m,T 的每一个 i 属于 I_0. 由此有 $T\subseteq I_0$. 从而有

$$T\subseteq S\cap I_0=R,$$

可见 R 同 T 一样也属于 W.

(51:17) T 属于 L.

事实上:把 S 换为 $T(\subseteq I-I_0)$;这使得 R,T 被 $\ominus$, T 代替. 由于 $\ominus$ 属于 L,由(51:16)可知,T 也属于 L.

我们现在证明:

(51:18) $$v(S)=v(R)+v(T).$$

我们分别考虑 L 里的 S 和 W 里的 S:

S 属于 L:这时,$R,T\subseteq S$ 也都属于 L. 因此

$$v(S)=\sum_{i\in S}v((i))=\sum_{i\in R}v((i))+\sum_{i\in T}v((i))=v(R)+v(T),$$

这就是(51:18).

S 属于 W:根据(51:16),(51:17),R 属于 W,T 属于 L. 因此

$$v(S)=-\sum_{i\notin S}v((i)),$$

$$v(R)=-\sum_{i\notin R}v((i))=-\sum_{i\notin S}v((i))-\sum_{i\in T}v((i)),$$

$$v(T)=\sum_{i\in T}v((i)).$$

由此得到

$$v(S)=v(R)+v(T),$$

这就是(51:18).

(51:18)恰好是 I_0 为分裂集合的陈述. 对于所有的 $T\subseteq I-I_0$,由(51:17)有

$$v(T)=\sum_{i\in T}v((i)),$$

因此,$(I-I_0)$-组成部分 H 是非本质的. 由(51:J)可知,I_0-组成部分 Δ 必须是简单的.

证明至此完毕.

51.7.2 我们现在能够完全地描述一个简单博弈的可分解性了——这就是说,我们能够按照43.3的意义给出它的分解分割 Π_Γ 了.

(51:N) 在与(51:M)相同的假设条件下,分解的分割 Π_Γ 由集合 I_0 和 $I-I_0$ 中所有 i 的单元素集合 (i) 组成.

---

[1] 在43.1的意义上.

证明：对于 $I-I_0$ 中所有的 i，(i)属于 Π_Γ：根据(51:M)，$I-I_0$ 是 Γ 的一个分裂集合，Γ 有一个非本质的组成部分 H. 因此，对于 $I-I_0$ 的每一个 i，(i)是 H 的一个分裂集合(例如可应用 43.4.1 里的(43:J)得到)，因而也是 Γ 的分裂集合(应用 43.3.1 里的(43:D)). (i)既然是个单元素集合，它必定是最小的. 因此，它属于 Π_Γ.

I_0 属于 Π_Γ：根据(51:M)，I_0 是个分裂集合. 如果 J 是个$\neq\ominus$的分裂集合，则可对 J 或 $I-J$应用(51:L)；因此，或是 $J\supseteq I_0$，或是 $I-J\supseteq I_0$，$I_0\cap J=\ominus$. 二者都排斥 $J\subset I_0$. 由此可知，I_0 是最小的. 因此，它属于 Π_Γ.

没有其他的 J 属于 Π_Γ：Π_Γ 中任何其他的 J 必须与 I_0 是不相交的，也同所有的(i)是不相交的，这里 i 属于 $I-I_0$(应用 43.3.2 里的(43:F)). 由于这些集合的和是 I，因而将有 $J=\ominus$，但是，$\ominus$不是 Π_Γ 的元素(参看 43.3.2 开头处).

这就完成了证明.

51.7.3 把 43.4.1 里的(43:K)同上面的(51:N)结合起来，我们得到：[①]

(51:O) 要使得一个简单博弈 Γ 是可分解的，必须而且只需 $I_0=I$，即必须而且只需，它的所有参加者都是显著的.

最后，我们证明：

(51:P) 一个简单博弈具有恰好一个简单而且不可分解的 J-组成部分，即：当 $J=I_0$ 时.

证明：根据(51:M)，I_0-组成部分是能够形成的，而且它是简单的.

现在，考虑一个简单的 J-组成部分. 根据(51:K)，它与 Γ 本身有着同一个 W^m，也有着相同的显著元素，——因此，这些显著元素形成集合 I_0. 由(51:O)可知，J-组成部分的不可分解性等价于 $J=I_0$.

我们称 Γ 的 I_0-组成部分 Δ_0 为 Γ 的核. 所有其他的参加者——即，$I-I_0$ 的元素——都是"傀儡".(参看(51:M)或(51:N)，以及 43.4.2 最后一部分.)由此可见，在博弈 Γ 里，一切有关系的事情都发生在它的核 Δ_0 里；要说明这一点，只需应用 51.6 里的第一点说明.

52 n 值较小时的简单博弈

52.1 讨论程序：$n=1,2$ 无需讨论. $n=3$ 的解决

52.1 我们的次一任务是对 n 的较小值枚举所有的简单博弈. 我们要把这一决疑式的分析进行到这样的程度，即：到足以给出下列各节中提及的例子的程度：50.2(参看 50.2.1 里的第二个注)，50.7.2(参看 50.7.2 里的全部三个注)，50.8.2(参看 50.8.2 里的两个注).

由于每一个简单博弈是本质的，我们只需考虑 $n\geqslant3$ 的博弈.

① 或者更直接地把第九章 43.4.1 里的(43:K)同(51:L)，(51:M)结合起来.

当$n=3$时,情况是这样的:(唯一的)本质三人博弈是简单的,且其记号是$[1,1,1]_h$.[①]

因此,从现在开始,我们可以假设$n\geqslant 4$.

52.2 $n\geqslant 4$时的程序:二元素集合及其在W^m的分类中的作用

52.2.1 设给定一个$n\geqslant 4$.我们希望对这个n枚举出全部简单博弈.为了这个目的,宜于对这种博弈引进另一种分类原则,这种原则对较小的n值是很有效果的.

这里说的枚举相当于对W^m的枚举,我们已有种种可资利用的方法来表述它的特征——例如,51.4.1里的(51:G)就是一种.

考虑可能属于W^m的那些最小的集合.根据上引处的(51:G:d),W^m排斥空集合和单元素集合,因此,这里意味着考虑W^m中的二元素集合.这些集合具有下述性质:

(52:A) 要使得一个二元素集合属于W^m,必须而且只须,它属于W.[②]

证明:条件显然是必要的.反之,假设二元素集合S属于W.S的真子集合是空集合或单元素集合,所以都不在W中.因此,S属于W^m.

我们现在要按照W^m里的二元素集合来进行分类.

52.2.2 可以想象,W^m有可能根本不含有任何二元素集合.我们以符号C_0表示这种可能情形.

第二种可能情形是:W^m含有恰好一个二元素集合.通过对局中人$1,\cdots,n$的适当排列,我们可以使这个集合为(1,2).我们以符号C_1表示这种可能情形.

此外,W^m有可能含有两个或更多个二元素集合.考虑其中的两个.据上引处的(51:G:a),它们必须有一个共同元素.通过对局中人$1,\cdots,n$的适当排列,我们可以使这个共同元素为1,而这两个集合的另外两个元素是2和3.

因此,W^m含有(1,2)和(1,3).

我们以符号C_2表示W^m不再包含其他二元素集合这种可能情形.

52.2.3 现在假设W^m还含有其他二元素集合.此外,并假设这些二元素集合不是全部都含有1.

据此,我们考虑W^m中不含有1的一个二元素集合.据上引处的(51:G:a),它必须与(1,2)和(1,3)都具有共同元素——由于1已被排斥,这些共同元素必定是2和3,故这个集合必定是(2,3).

因此,(1,2),(1,3),(2,3)属于W^m.(到这里为止,对于1,2,3是完全对称的.)

现在,考虑可能属于W^m的任一个其他的二元素集合.它不可能含有全部三个1,2,3;通过对这些局中人进行适当的排列,我们可以使这里所考虑的集合不含有1.它必须与(1,2)和(1,3)具有共同元素(由于1已被排斥,这些共同元素必定是2和3),故这个集合必定是(2,3),但是,我们已经假定(除别的事情外),它是个异于(2,3)的集合.

由此可见,W^m含有二元素集合(1,2),(1,3),(2,3),此外不再含有别的二元素集合.我们

---

① 参看50.1.1里的(50:A)和50.2.2里最后一点说明.

② 这就是说,W中的非最小集合必须至少有三个元素.

以符号 C^* 表示这种可能情形.

52.2.4 剩下的可能情形是：W^m 除(1,2),(1,3)外还含有其他二元素集合,但它们都含有 1.

通过对局中人 $4,\cdots,n$ 进行适当的排列,我们可以使这些集合中另外的局中人是 $4,\cdots,k+1$,其中 $k=3,\cdots,n-1$.

于是,W^m 含有二元素集合(1,2),(1,3),(1,4),…,$(1,k+1)$,此外不再含有别的二元素集合.我们以符号 C_k 表示这种可能情形.

52.2.5 把 52.2.2 里的情形 C_0,C_1,C_2 和 52.2.4 里的 $C_k,k=3,\cdots,n-1$,合在一起,我们得到下列可能情形：

$$C_k, k=0,1,\cdots,n-1.$$

现在,在情形 C_k 中,W^m 含有二元素集合(1,2),…,$(1,k+1)$,此外不再含有别的二元素集合.对局中人 $1,\cdots,n$ 再进行一次排列,[①]我们可以把这些集合变为$(1,n),\cdots,(k,n)$.

我们在以下就按照这种形式来考虑情形 $C_k,k=0,1,\cdots,n-1$.现在,C_k 含有二元素集合 $(1,n),\cdots,(k,n)$,此外不再含有其他二元素集合.

除这些 C_k 外;唯一的一种可能情形是 52.2.3 里的 C^*,这种情形我们不再加以变换.

52.3 情形 C^*,C_{n-2},C_{n-1} 的可分解性

52.3.1 在所有这些可能情形里,有三种情形是能够立即加以解决的,即：C^*,C_{n-2},C_{n-1}.我们按照与此不同的次序分别讨论这些情形.

关于 C^*：考虑一个 $S\subseteq I$.如果 S 含有 1,2,3 中的两个或多于两个,比方说,(至少)含有 1,2,则有 $S\supseteq(1,2)$.(1,2)属于 W,所以 S 也属于 W.如果 S 含有 1,2,3 中的一个或少于一个,比方说,(至多)含有 1,则有 $S\subseteq-(2,3)$.(2,3)属于 W,$-(2,3)$属于 L,所以 S 也属于 L.于是,我们看到：W 是由含有 1,2,3 中两个或多于两个的那些 S 组成的.因此,W^m 恰好是由(1,2),(1,3),(2,3)三个集合组成.[②]由此可知,对于这个博弈来说,(1,2,3)是它的 51.7 里的 I_0.

换句话说：这里所考虑的博弈的核是个三人博弈,以 1,2,3 为其参加者,这个三人博弈的 W^m 仍是(1,2),(1,3),(2,3).如在以前提到过的——最后一次是在 52.1 中,这个博弈的记号是$[1,1,1]_h$.余下的 $n-3$ 个局中人,即 $4,\cdots,n$,都是"傀儡".

这样,我们看到：

情形 C^* 由恰好一个博弈来代表,即：三人博弈$[1,1,1]_h$,附有必要的 $n-3$ 个"傀儡".

52.3.2 关于 C_{n-1}：考虑一个 $S\subseteq I$.首先,假设 n 属于 S.如果 S 不再有其他的元素,则它就是单元素集合(n),因而它属于 L.如果 S 还有其他的元素,设为 $i=1,\cdots,n-1$,则 $S\supseteq(i,n)$.由于这个(i,n)属于 W,所以 S 也属于 W.换句话说：如果 n 属于 S,则 S 属于 W,除非 $S=(n)$.对 $-S$ 应用这一事实,我们得到：如果 n 不属于 S,则当 $-S$ 不属于 W 时,S 属于 W;这就是说,当而且只当 $-S=(n)$,即 $S=(1,\cdots,n-1)$时,S 属于 W.

---

① 即$\begin{pmatrix}1,2,3,\cdots,n\\ n,1,2,\cdots,n-1\end{pmatrix}$,参看 28.1.1(第六章).

② 根据定义,它们都是 W^m 里的二元素集合,而我们现在已经证明,它们是 W^m 的全部元素.

因此,W 恰好由这些 S 组成：所有含有 n 的集合都在这些 S 中,除去最小的一个：(n);所有不含有 n 的集合都不在这些 S 中,除非它是最大的一个：$(1,\cdots,n-1)$. 容易验证,这个 W 确实满足条件(49:W^*). 也不难验证,可以把这个博弈描述为一个加权多数博弈,所有的局中人 $1,\cdots,n-1$ 具有一个共同的权,而局中人 n 有一个$(n-2)$倍的权. 这就是说,这个博弈的记号是 $[1,\cdots,1,n-2]_h$.

由 W 立即可以得到 W^m,它恰好由这些 S 组成：$(1,n),\cdots,(n-1,n)$和$(1,\cdots,n-1)$.[①]现在,容易验证,这个博弈是齐性的,而且是由于 $a=1$ 而正规化的. 这就是说,对于这个 W^m 的所有的 S,有 $a_S=1$(参看 50.2). 因此,我们可以把它记为$[1,\cdots,1,n-2]_h$.

这样,我们看到：

情形 C_{n-1} 由恰好一个博弈来代表,即：n 人博弈$[1,\cdots,1,n-2]_h$.

52.3.3 关于 C_{n-2}：考虑一个 $S\subseteq I$. 首先,假设 n 属于 S. 如果 S 除了可能含有 $n-1$ 外不再有其他的元素,则 $S\subseteq(n-1,n)$. 由于$(n-1,n)$不属于 W^m,所以它不属于 W(根据 52.2.1 里的(52:A)). 因此,S 同$(n-1,n)$一样都属于 L. 如果 S 还含有异于 $n-1$ 的其他元素,设为 $i=1,\cdots,n-2$,则 $S\supseteq(i,n)$. 由于这个(i,n)属于 W,所以 S 也属于 W. 于是,我们看到：如果 n 属于 S,则 S 属于 W,除非 $S=(n)$或$(n-1,n)$. 对$-S$应用这个事实,我们得到：如果 n 不属于 S,则当$-S$不属于 W 时,S 属于 W;这就是说,当而且只当$-S=(n)$或$(n-1,n)$,即 $S=(1,\cdots,n-1)$或$(1,\cdots,n-2)$时,S 属于 W.

因此,W 恰好由这些 S 组成：所有含有 n 的集合都在这些 S 中,除去(n)和$(n-1,n)$;所有不含有 n 的集合都不在这些 S 中,除非它是$(1,\cdots,n-1)$或$(1,\cdots,n-2)$. 容易验证,这个 W 确实满足条件(49:W^*).

由 W 立即可以得到 W^m. 它恰好由这些 S 组成：$(1,n),\cdots,(n-2,n)$和$(1,\cdots,n-2)$.[②]由此可知,对于这个博弈来说,$(1,\cdots,n-2,n)$是它的 51.7 里的 I_0.

换句话说,这里所考虑的博弈的核是个$(n-1)$人博弈,以 $1,\cdots,n-2,n$ 为其参加者,这个$(n-1)$人博弈的 W^m 仍是$(1,n),\cdots,(n-2,n),(1,\cdots,n-2)$. 由此可知,这就是当局中人数目是 $n-1$ 时的情形 C_{n-2}——类似于上面讨论的局中人数目为 n 时的情形 C_{n-1}(把 n 换为 $n-1$). 因此,它的记号是$[1,\cdots,1,n-3]_h$. 剩下的局中人 $n-1$ 是个"傀儡".

这样,我们看到：

情形 C_{n-2} 由恰好一个博弈来代表,[③]即：$(n-1)$人博弈$[1,\cdots,1,n-3]_h$,附有一个傀儡.

---

① 由此知,W^m 里的二元素集合是$(1,n),\cdots,(n-1,n)$;这是根据定义就能知道的. 我们现在证明的事实是：W^m 还有唯一的一个另外的元素,即$(1,\cdots,n-1)$.

我们注意到,最后一个集合之所以不是二元素集合,只是由于 $n\geqslant4$.

② 由此知,W^m 里的二元素集合是$(1,n),\cdots,(n-2,n)$;这是根据定义就能知道的. 我们现在证明的事实是：W^m 还有唯一的一个另外的元素,即$(1,\cdots,n-2)$.

当 $n=4$ 时,最后这个集合也是一个二元素集合,因而不属于这一类博弈的范围.(它变为 C^*,而不是 C_{n-2},即 C_2.)因此,除非 $n\geqslant5$,否则这一类(C_{n-2})是空的.

③ 对 $n\geqslant5$ 而言——当 $n=4$ 时它是空的. 参看上一个注.

52.4 $[1,\cdots,1,l-2]_h$(附有傀儡)以外的简单博弈: 情形 C_k, $k=0,1,\cdots,n-3$

52.4 52.3 的结果值得予以进一步的考虑,并重新加以陈述.我们已经看到,对于每一个 $l\geqslant4$, l 个局中人的齐性加权多数博弈 $[1,\cdots,1,l-2]_h$ 总是能够形成的.[①]甚至对于 $l=3$,我们也能够形成这个博弈: 这时它就是具有三个参加者的直接多数博弈 $[1,1,1]_h$.因此,我们以后要对所有的 $l\geqslant3$ 应用它.

当 $n\geqslant4$ 时,我们只要对任意的 $l=3,\cdots,n$ 形成这个 $[1,\cdots,1,l-2]_h$,再加上必要数目的"傀儡",就能得到一个简单 n 人博弈.

52.3 的结果是这样的: 这个博弈当 l 取 $3,n$ 和(对于 $n\geqslant5$) $n-1$ 的值时就竭尽了情形 C^*, C_{n-1}, C_{n-2}.

关于这一结果,奇怪的是: l 的这些值并没有竭尽它的所有可能的值 $l=3,\cdots,n$(参看上面).这就是说,当 $n=4,5$ 时, l 的值都被用遍;但当 $n\geqslant6$ 时, l 的值未被用尽.当 $n\geqslant6$ 时,还剩下 $l=4,\cdots,n-2$.它们的意义是什么呢?

回答是这样的: 考虑附有 $n-l$ 个"傀儡"的博弈 $[1,\cdots,1,l-2]_h$(l 个局中人).我们只假设 $l=3,\cdots,n$,且 $n\geqslant4$. W^m 由 $(1,l),\cdots,(l-1,l)$ 和 $(1,\cdots,l-1)$ 组成.[②]因此,当 $l=3$ 时,我们得到情形 C^*,而当 $l=4,\cdots,n$ 时,得到情形 C_{l-1}.[③]

由此可见,在这些博弈里,我们有着情形 C^*, $C_3,\cdots,C_{n-1}$ 的样本. 52.3 的结果现在可以陈述如下: 这些博弈中某些适切者竭尽了情形 C^*, C_{n-2}, C_{n-1}.[④]

我们把这个结论重述如下:

(52:B) 我们的目的是要对 $n\geqslant4$ 枚举全部简单 n 人博弈.对于所有的 $l=3,4,\cdots,n$,博弈 $[1,\cdots,1,l-2]_h$(l 个局中人)加上必要数目的 $(n-l)$ 个"傀儡",是个简单 n 人博弈.它的情形分别是 C^*, $C_3,\cdots,C_{n-1}$.所有别的简单 n 人博弈(如果有的话)都在情形 $C_0,C_1,\cdots,C_{n-3}$ 中.[⑤]

52.5 $n=4,5$ 的解决

52.5.1 我们以下要全面地讨论 $n=4,5$ 的场合,并讨论 $n=6,7$ 时的一些富有特征的例子.

$n=4$ 是容易解决的.根据上面的(52: B),我们只须对这个 n 探讨它的 C_0,C_1.在这些情形

---

① 参看上面的情形 C_{n-1},以 l 代替那里的 n.

② 我们取局中人 $1,\cdots,l$ 作为核 $[1,\cdots,1,l-2]_h$ 的参加者,并取局中人 $l+1,\cdots,n$ 作为"傀儡".这与 52.3 中情形 C_{n-1} 里的假设有所不同: 在那里, $l=n-1$,而且局中人 $n-1$ 是"傀儡";现在则把局中人 $n-1$ 和 n 互换了.

③ 对于 $l=3$, C^* 代替了 C_2,因为在这种情形下 $(1,\cdots,l-1)$ 是个二元素集合.

④ 由此知,当 $n\leqslant4$ 时, C_2 是空的,因为它出现在第二个表上,而现在却出现在第一个表上.参看 52.3.

⑤ 到现在为止已被我们讨论穷尽的所有那些情形,都是空的或包含恰好一个博弈.但一般说来不一定如此.参看 53.2.1 里的第一点说明.

里,W^m 所含有的二元素集合的数目≤1.但是,这是不可能的.这是因为:既然二元素集合的余集合是个二元素集合,所以 W 和 L 必定含有相同数目的二元素集合.这就是说,各含有总数6个中的一半.W 含有三个二元素集合,所以 W^m 也含有三个二元素集合.[①]

由此可见,当 $n=4$ 时,仅有的简单博弈就是(52:B)里的那些简单博弈.我们把它陈述如下:

(52:C) 如果不考虑加傀儡于<四个人的简单博弈而得到的博弈,[②]则存在着恰好一个简单博弈,即:$[1,1,1,2]_h$.

52.5.2 其次,考虑 $n=5$.根据上面的(52:B),我们必须探讨 $l=0,1,2$.与 $n=4$ 的场合不同,所有这些都代表具体的可能性.

C_0:W^m 中没有二元素集合,因而 W 中也没有.因此,它们都在 L 中,而它们的余集合即三元素集合都在 W 中.由此可见,W 由所有含有≥3个元素的集合组成,W^m 由所有三元素集合组成.因此,这就是直接多数博弈$[1,1,1,1,1]_h$.

C_1:(1,2)是 W^m 中仅有的二元素集合,因而也是 W 中仅有的二元素集合.转到余集合上:(3,4,5)是 L 中仅有的三元素集合——这就是说,其他的三元素集合都在 W 中.因此,W 由下列集合组成:(1,2);除(3,4,5)以外所有的三元素集合;所有的四元素和五元素集合.容易验证,这个 W 满足(49:W^*),而且它的 W^m 由下列集合组成:

(1,2);(a,b,c),其中 $a=1,2$,而 $b,c=3,4,5$ 中的任意两个.

现在,不难验证,这个博弈具有记号$[2,2,1,1,1]_h$.

C_2:(1,2),(1,3)是 W^m 中仅有的二元素集合,因而也是 W 中仅有的二元素集合.转到余集合上:(3,4,5),(2,4,5)是 L 中仅有的三元素集合——这就是说,其他的三元素集合都在 W 中.因此,W 由下列集合组成:(1,2),(1,3);除(2,4,5),(3,4,5)以外的所有三元素集合;所有的四元素和五元素集合.容易验证,这个 W 满足(49:W^*),而且它的 W^m 由下列集合组成:

(1,2), (1,3), (2,3,4), (2,3,5), (1,4,5).

现在,不难验证,这个博弈具有记号$[3,2,2,1,1]_h$.

因此,当 $n=5$ 时,简单博弈是上面列出的三个,再加上(52:B)中的一个.我们把这个结果陈述如下:

(52:D) 如果不考虑加傀儡于<五个人的简单博弈而得到的博弈,则存在着恰好四个简单五人博弈,即:

$[1,1,1,1,1]_h$,$[1,1,1,2,2]_h$,[③]$[1,1,2,2,3]_h$,[③]$[1,1,1,1,3]_h$.

---

① 根据52.2.1里的(52:A).这一事实将在以下不断引用,不再一一注明.

② 即,加在唯一的一个简单三人博弈$[1,1,1]_h$上.

③ 我们把这些(属于 C_1 和 C_2 的)博弈的局中人加以排列,为的是要按权的递增次序列出这些博弈.

53 $n\geqslant 6$ 时简单博弈的新的可能性

53.1 对 $n<6$ 观察到的规则性

53.1 在进一步讨论以前，让我们先从以上的结果中提炼出一些结论.

第一，到目前为止，我们所得到的全部简单博弈都有一个记号$[w_1,\cdots,w_n]_h$，就是说，它们是齐性加权多数博弈. 对 $n=4,5$ 验证了这一点以后，自然产生这是不是永远成立的问题. 像50.7.1的第三个注里所说的那样，回答应该是否定的；第一个反例由 $n=6$ 就可以得到.

第二，到这里为止，每一个类 C_k 若有博弈，则只有一个博弈. 这由 $n=6$ 开始也是不成立的(参看53.2.1里的第一个说明).

第三，也许会有人从演绎方面想，认为对于一个齐性加权多数博弈，在权的选取上有很大的自由度. 然而前面的结果表明，可能性的数目是很有限的. 对于 $n=3,4$，各有一个可能性；对于 $n=5$，有四个可能性.[①]我们强调：因为以上的结果是穷尽的，所以这一点是个严格建立了的客观事实，而不是处理程序上的一个或多或少可以任意的特点.

第四，我们可以验明51.1.2里的第一个注，说明 W 里元素的数目由 n 决定(它就是 2^{n-1})而对同一个 n 的简单博弈，W^m 里元素的数目却可以改变. 这个现象由 $n=5$ 开始出现.

对于 $n=3$：W 有4个元素，W^m 在唯一的情形里有3个元素. 对于 $n=4$：W 有8个元素，W^m 在唯一的情形里有4个元素. 对于 $n=5$：W 有16个元素，W^m 在四个情形里却分别有10个，7个，5个，5个元素.

第五，我们可以验明50.7.2的第一个注，说明在50.4.3，50.6.2里，方程(50:8)(具有 $U=W^m$)的个数比变量的个数多，然而却有解——即在通常意义下的一组转归. 前者的意思是说，W^m有$>n$个元素；后者则肯定是对于齐性加权多数博弈的情形而说的(50.8.1里的(50:K)).

以上我们看到，对于 $n=3,4$，W^m 必然有 n 个元素，但是对于 $n=5$，它可能有10个或7个元素. 并且所有这些博弈都是齐性加权多数的博弈.[②]

对于不存在这些解的一个简单博弈，可以参看53.2.5里的第五点说明.

53.2 六个主要的反例(对于 $n=6,7$)

53.2.1 现在我们过渡到 $n=6,7$ 的讨论. 甚至只对于 $n=6$，要完全述尽这些情形也是很费笔墨的. 因此我们就作罢论，对 $n=6,7$ 的简单博弈，我们将仅给出一些特征性的例子，用以说明某些(如上所述的)现象由这些 n 开始出现.

第一，我们曾经在53.1的第二个说明里叙述过：对于 $n=6$，一个情形 C_k 可能包含几个

---

① 不算局中人的排列.

② 这样就得到了对于 $n=5$ 的第一个反例：$[1,1,1,1,1]_h$(直接多数博弈)和$[1,1,1,2,2]_h$.

博弈.事实上不难验明两个齐性加权多数博弈.

$$[1,1,1,2,2,4]_h,\quad [1,1,1,3,3,4]_h$$

(参看 52.5.2 的第一个注)彼此不同,但是都属于同一个 C_2.

53.2.2 第二,我们曾经在 53.1 的第一点说明里提到过,对于 $n=6$,存在一个不是齐性加权多数的简单博弈,也就是说,这博弈不具备任何记号$[w_1,\cdots,w_n]_h$.根据 50.8.1 的(50:K),当不存在主要简单解的时候,就必然出现这种情形;这也就是:在通常意义下不存在转归的组(参看 53.1 里的第五个注).

这样的博弈确实是存在的,而且甚至可能作进一步的区分:要找到一个加权多数博弈(而没有齐性!)是可能的——就是说,它有一个记号$[w_1,\cdots,w_n]$;并且甚至于没有这个性质的博弈也是可能找到的.

我们由以上的第一种可能性来开始讨论.

令 $n=6$:把 W 定义为全部那些有下列属性的集合 $S\subseteq I=(1,\cdots,6)$的系统:$S$ 包含全部局中人的一个多数(即有$\geqslant 4$ 个元素);或者,S 恰巧包含半数局中人(即有 3 个元素),但是含有局中人 1,2,3 中的多数(即这些局中人中的$\geqslant 2$ 个).换句话说:局中人 1,2,3 形成与局中人 4,5,6 对立的一个有特权的群——但是他们的特权却很有限:通常是绝对多数取胜,仅在记录均等的情形,特权群的多数才有作用.

容易验明,这个 W 满足(49:W*).这个博弈显然是加权多数博弈.为此只需相对于局中人(4,5,6)而附加给特权群(1,2,3)的成员的权多些就行了,但这个权必须不越过绝对多数.任何记号

$$[w,w,w,1,1,1]$$

具有 $1<w<3$ 都可以应用.[①]

W^m 则可立刻得到确定;它包含的集合是:

$$(S_1)\begin{cases}(S_1') & (1,2,3) & \\ (S_1'') & (a,b,h) & \text{其中}\quad a,b=1,2,3\text{ 里的任意两个},\\ & & \qquad h=4\text{ 或 }5\text{ 或 }6.\\ (S_1''') & (a,4,5,6) & \text{其中}\quad a=1\text{ 或 }2\text{ 或 }3.\text{[②]}\end{cases}$$

50.4.3 和 50.6.2 里的方程(50:8)(具有 $U=W^m$)——这些方程确定了 50.8.1 意义下的一个主要简单解——是:

$$(E_1)\begin{cases}(E_1') & x_1+x_2+x_3=6, & \\ (E_1'') & x_a+x_b+x_h=6, & \text{其中 }a,b=1,2,3\text{ 里的任二个},\\ & & h=4\text{ 或 }5\text{ 或 }6.\\ (E_1''') & x_a+x_4+x_5+x_6=6, & \text{其中 }a=1\text{ 或 }2\text{ 或 }3.\end{cases}$$

这些方程(E_1)是不能求解的.[③]实际上(E_1'')具有 $a=1,b=2$ 和 $h=4,5,6$ 说明 $x_4=$

---

① $w>1$ 是必要的,这就是说,要使 $S=(1,2,4)$击败$-S=(3,5,6)$(即 $2w+1>w+2$).$w<3$ 是必要的,这就是说,要使 $S=(3,4,5,6)$击败$-S=(1,2)$(即 $w+3>2w$).

② 这样 W^m 就有 $1+9+3=13$ 个元素.

③ 它们是有 6 个变量的 13 个方程,然而就这一点说并不是问题,53.1 里的第五个说明已有所述.

$x_5=x_6$；(E_1''')具有 $a=1,2,3$ 说明 $x_1=x_2=x_3$；现由(E_1')有 $3x_1=6, x_1=2$；因此(E_1'')给出 $4+x_4=6, x_4=2$；于是根据(E_1''')便有 $2+6=6$——这是个矛盾.

应该注意，这种现象在通常经济方面的表现是：(S_1'')(即(E_1''))说明局中人 4,5,6 的作用是可以彼此互相代替的——因此它们的价值相同.(S_1''')(即(E_1'''))说明对 1,2,3 有同样的情况.现在比较(S_1')和(S_1'')则说明：群 1,2,3 里的一名局中人可以代替群 4,5,6 里的一名局中人——但是(S_1'')和(S_1''')的比较说明，前一群里的一名局中人可以代替后一群里的两名局中人.由此可见，在这两群之间根本无法定义代替的比例.解决这个问题的自然方法将可能是：宣称(S_1)内所列的那些 W^m 的集合中，有一些是局中人的作用的"无获益的利用".这样在 50.4.3 的意义下结果就是选 $U\subset W^m$.(也可参看 50.7.1 和 50.7.2 的第三个注)在这个博弈里，是否一个 $U\subset W^m$. 能够有所要求的特性(参看 50.7.1)，可以由简单而篇幅较长的组合讨论来决定.我们还没有在这方面的工作.这样的一个 V 好像很不可能存在，因为可以说明，若存在，则它就会有在数学上不通顺的特征.

这个博弈在别的方面也有很特别的地方：可以证明，仅包含有穷多个转归，而且具备博弈本身的完整对称的解 V 是不存在的；所谓完整对称，指的是对于局中人 1,2,3 的排列和局中人 4,5,6 的排列的不变性.这里我们不去讨论这个相当长的证明.[①]于是，可能称为自然解的那种解的类型，是不存在的.

这就指明了，在把特殊解命名为"不自然的"解，或者要排除它们的时候，应该特别的慎重.

53.2.3 第三，现在让我们来考虑以上第二个说明里的第二种可能性：对 $n=6$ 的一个简单博弈，但绝不是多数性博弈——即它不具备记号$[w_1,\cdots,w_n]$.这种可能性可以再分得细一些：可能找到具备一个主要简单解的博弈(参看以上的叙述)，又可找得到不具备主要简单解的博弈.

先考虑第一种情形：

令 $n=6$.定义 W 为全部那些有下列性质的集合 $S(\subseteq I=(1,\cdots,6))$的系统：$S$ 含有全部局中人的一个多数(即有$\geqslant 4$ 个元素)；或者恰含有半数(即有 3 个元素)，但需含有局中人 1,2,3 里的偶数个局中人(即其中的 0 或 2 个).与上面的第二个说明里的例子比较，这里还应该提出下述的事实：局中人 1,2,3 仍然形成一个有特殊意义的解，但是不能把这特殊意义称为一种特权，这是因为，他们在联合的(即三元素的)集合 S 中的缺席正像他们的强代表(即其中恰有两名出席)一样的有利；并且，他们全体都出席正像他们的弱代表(即其中恰有一名出席)一样的有害.他们并不按他们在 S 里的出现来作决定，而按一个算术关系来决定：[②]

容易验明这个 W 满足 49.6.2 里的(49:W^*).[③]

现在让我们来决定 W^m.由于 W 包含全部$\geqslant 4$ 个元素的集合，因而$\geqslant 5$ 个元素的集合不能在 W^m 里出现.现在考虑 W 里的 3 个元素的集合.

---

① 我们不知道是否确实存在任何有穷的解 **V**.我们猜想甚至这个问题的回答也是否定的.

② 注意 4,5,6 的群也有一个类似的意义：因为 S 必须有三个元素(为了使这些准则可以应用)，所以 1,2,3 中有偶数个在 S 中出现等价于 S 中要含有 4,5,6 中的奇数个局中人.

这就进一步地强调了——如果需要强调的话——我们迭次观察到的社会组织可能形成的巨大复杂性和从属现象的极端丰富性.

③ 特别注意，永远是 S 和 $-S$ 的一个属于 W.如果两者之一有$\geqslant 4$ 个元素(从而另一个的元素$\leqslant 2$)，则这一点是显然的.不然 S 和 $-S$ 就都有 3 个元素，因而它们的一个包含局中人 1,2,3 的偶数个，另一个包含奇数个.

如果它里面的局中人1,2,3数目是偶数,则把一个局中人4或5或6从它里面除掉.[1]如果局中人1,2,3的数目是奇数,则把一个局中人1或2或3从它里面除掉.[2]总之,无论如何都可以得到一个3个元素的子集合,它包含局中人1,2,3当中的奇数个局中人——即W中的一个子集合.因此4个元素的集合不能在W^m中出现.从而W^m包含的是W里的3个元素的集合.这些集合就是:

(S_2) $\begin{cases} (S_2') & (4,5,6), \\ (S_2'') & (a,b,h), \quad \text{其中 } a,b=1,2,3 \text{ 中的任意两个;} \\ & \qquad h=4 \text{ 或 } 5 \text{ 或 } 6. \end{cases}$[3]

如果这个博弈具备一个记号$[w_1,\cdots,w_n]$,则将有

$$\sum_{i\in S} w_i > \sum_{i\notin S} W_i \text{ 对 } W \text{ 里的全部 } S \text{ 成立.}$$

把这不等或应用到(S_2)里所罗列的W^m的集合,则特别可以得出:

$$\begin{aligned} w_4+w_5+w_6 &> w_1+w_2+w_3, \\ w_1+w_2+w_6 &> w_3+w_4+w_5, \\ w_1+w_3+w_5 &> w_2+w_4+w_6, \\ w_2+w_3+w_4 &> w_1+w_5+w_6. \end{aligned}$$

把这四个不等式加到一起,则得到一个矛盾:

$$2(w_1+w_2+w_3+w_4+w_5+w_6) > 2(w_1+w_2+w_3+w_4+w_5+w_6).$$

另一方面,决定一个主要简单解的、50.4.3,50.6.2的方程(50:8)(具有$U=W^m$)则是:

(E_2) $\begin{cases} (E_2'): & x_4+x_5+x_6=6, \\ (E_2''): & x_a+x_b+x_h=6, \quad \text{其中 } a,b=1,2,3 \text{ 当中任意的两个;} \\ & \qquad h=4 \text{ 或 } 5 \text{ 或 } 6. \end{cases}$

这些方程显然可以由$x_1=\cdots=x_6=2$所满足.[4]

按照普通经济学的语言,这就可以说是:局中人群1,2,3和4,5,6中间的构造区别不能由权和多数来表达,而若就价值而言,则它们之间没有区别.

53.2.4 第四,注意上面的例子对于建立齐性加权多数原则与主要简单解存在之间的关系也是合适的.如50.8.2所述,事实上,它就是50.8.2里的(50:21)等号成立的一个例子:由于$x_1=\cdots=x_6=2$(请与上面比较),因而

$$\sum_{i=1}^{n} x_i = 12 = 2n.$$

53.2.5 第五,现在考虑以上第三个说明里的第二种情形:对于$n=6$的简单博弈,其中既不存在记号

$$[w_1,\cdots,w_n],$$

又不存在主要简单解.

---

① 由于1,2,3仅不过是3个局中人,这是可能的.

② 由于4,5,6仅不过是3个局中人,这是可能的.

③ 这样,W^m就有1+9=10个元素.

④ 容易看出,这是它们唯一的解.

与前面(上述第二、第三个说明里的)两个例子比较,则这一情形所基于的原则是不够清楚的. 这一点并不奇怪,因为现在我们所有的简化准则都不成立.

我们现在的例子是:

令 $n=6$. 定义 W 为全部具有下列性质的集合 $S(\subseteq I=(1,\cdots,6))$ 的系统: S 含有全体局中人的一个多数(即有≥4 个元素);或者它恰含有半数局中人而满足进一步的条件: S 含局中人1,但它不能为(1,3,4)或(1,5,6);[①]或者,S 是(2,3,4)或(2,5,6). [②③]

容易验明,这个 W 满足 49.6.2 里的(49:W^*).

W^m 的确定并没有什么特别困难. 可以看到它包含的集合是:

$$(S_3)\quad\begin{cases}(S_3'):\quad (1,2,b), & \text{其中 } b=3 \text{ 或 } 4 \text{ 或 } 5 \text{ 或 } 6,\\ (S_3''):\quad (1,a,b), & \text{其中 } a=3 \text{ 或 } 4, b=5 \text{ 或 } 6,^{④}\\ (S_3'''):\quad (2,p,q), & \text{其中 } p=3,q=4 \text{ 或 } p=5,q=6,^{④}\\ (S_3^{IV}):\quad (3,4,5,6).^{⑤} & \end{cases}$$

如果这个博弈有记号$[w_1,\cdots,w_n]$,则会有

$$\sum_{i\in S}w_i > \sum_{i\in -S}w_i,\text{对于 } W \text{ 里的全部 } S \text{ 都成立.}$$

对于(S_3)里所列举的 W^m 的集合,应用这个不等式则特别可以得到:

$$w_1+w_3+w_5>w_2+w_4+w_6,$$
$$w_1+w_4+w_6>w_2+w_3+w_5,$$
$$w_2+w_3+w_4>w_1+w_5+w_6,$$
$$w_2+w_5+w_6>w_1+w_3+w_4.$$

把这四个不等式相加,则得到一个矛盾:

$$2(w_1+w_2+w_3+w_4+w_5+w_6)>2(w_1+w_2+w_3+w_4+w_5+w_6).$$

另一方面 50.4.3,50.6.2 里决定主要简单解的方程(50:8)(具有 $U=W^m$)为:

$$(E_3)\quad\begin{cases}(E_3'):\quad x_1+x_2+x_b=6, & \text{其中 } b=3 \text{ 或 } 4 \text{ 或 } 5 \text{ 或 } 6,\\ (E_3''):\quad x_1+x_a+x_b=6, & \text{其中 } a=3 \text{ 或 } 4, b=5 \text{ 或 } 6,\\ (E_3'''):\quad x_2+x_p+x_q=6, & \text{其中 } p=3 \text{ 或 } 4,\text{或者 } p=5,q=6,\\ (E_3^{IV}):\quad x_3+x_4+x_5+x_6=6. & \end{cases}$$

这些方程是不能求解的. [⑥]实际上(E_3'')指明 $x_3=x_4$ 和 $x_5=x_6$,因而(E_3''')给出 $x_2+2x_3=6$, $x_2+2x_5=6$,于是 $x_3=x_5$,从而 $x_3=x_4=x_5=x_6$. 现由(E_3^{IV})有 $4x_3=6$, $x_3=\frac{3}{2}$,因此(E_3''),(E_3''')

---

① 就是说,S 为$(1,a,b)$,$a=2$,$b=3$ 或 4 或 5 或 6: 或者,$a=3$ 或 4;$b=5$ 或 6.

② 这些是前面所除外的集合(1,5,6)和(1,3,4)的补集.

③ 如果略去这最后一个(关于(1,3,4),(1,5,6)和(2,3,4),(2,5,6)的)例外,则 W 将依以下原则来定义:局中人 1 是有特权的——通常是绝对多数获胜,但平局由局中人 1 来决定胜负.

容易验明,这种情况根本就是博弈$[2,1,1,1,1,1]_h$. 也就是说,本情形比较前面第二个说明里的例子还要简单(在某些方面则就是类似的),原因是这里存在的特权在适当的意义下有一个数值.

这样,关于(1,3,4),(1,5,6)和(2,3,4),(2,5,6)的复杂例外则是揭露本例真实的特征的决定性因素.

④ 注意,a,b 的变化是相互独立的,而 p,q 却不是.

⑤ 这样 W^m 就有 4+4+2+1=11 个元素.

⑥ 它们是 6 个变量的 10 个方程,参看 53.2.2 里的第二个注.

则给出 $x_1+3=6, x_2+3=6$，即 $x_1=x_2=3$. 最后由(E_3')就得到一个矛盾：$3+3+\frac{3}{2}=6$.

至于不能求解的解释，本质上和前面的第二点说明里相应的讨论是一致的.

53.2.6 第六，我们已经指明了均匀权多数原则与50.8.2里所述的主要简单解存在之间的区别. 这是在以上的第四点说明里所做的事，其中我们得出了50.8.2的(50:21)里等号成立的例子. 现在我将要举出(50:21)里不等号成立的例子.

因为我们已经知道了，对于 $n\leqslant 5$ 全部简单博弈都是均匀权多数博弈，所以现在必须假定 $n\geqslant 6$. 对于 $n=6$，我们不知道所要的那种例子是否存在，以下要举出的是 $n=7$ 的情形.

令 $n=7$. 设 $S\subseteq I=(1,\cdots,7)$含有下列7个三元素的集合之一：

(S_4)： (1,2,4)， (2,3,5)， (3,4,6)， (4,5,7)，
(5,6,1)， (6,7,2)， (7,1,3)，

定义 W 为全部这些 S 组成的系统.[①]

这个定义里所包含的原则可以用各种的方法来举例说明.

例如这就是一个：(S_4)的7个集合可按循环排列由头一个集合(1,2,4)来得到. 这就是：只要把数目8,9,10,11,12,13与1,2,3,4,5,6恒等起来，[②]则把0,1,2,3,4,5,6当中的任意一个——并且是同样的一个——加到(1,2,4)上去就行了.

换句话说：它们可以由图89中的可允许的7个图形旋转当中的任一个旋转由画 * * * 的集合来得到.

另外一个说明的例子是：图90指明，局中人1,…,7的安排可以使(S_4)的7个集合都能够直接的标示出来. 6条直线和一个圆就是用以标明它们的.[③]

验明 W 满足(49:W*)是不困难的. 读者若对这种组合的类型有兴趣，可以自己进行考虑这一点. W^m 显然包含(S_4)的7个集合.

按上面的第三和第五点说明里的方法，容易证明这不是一个加权多数博弈. 我们现在不作这方面的讨论.

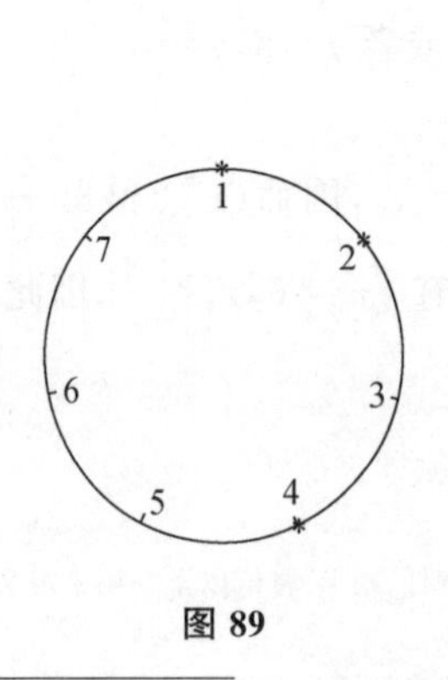

图 89

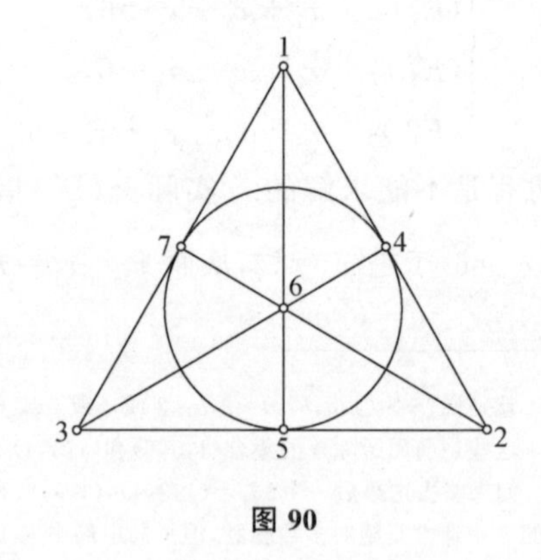

图 90

① 因而 W^m 有7个元素.

② 用数论的名词说，就是：既约模7.

③ 熟习射影几何的读者可以看到，图90就是所谓7点平面的几何图形. 其中的7个集合便是圆内的直线，每条直线通过3个点，这里的圆也算一条直线.

必须指出，对我们现在的目的来说，除了7点几何以外其他的射影几何似乎都不合适.

另一方面,50.4.3;50.6.2里决定主要简单解的方程(50:8)(具有$U=W^m$)为

(E_4): $x_a+x_b+x_c=7$ 其中(a,b,c)遍历(S_4)的7个集合.这些方程显然可以由$x_1=\cdots=x_7=\frac{7}{3}$所满足.①

现在我们能建立50.8.2的(50:21)里的不等号成立.事实上

$$\sum_{i=1}^{n} x_i = \frac{49}{3} > 14 = 2n.$$

像第二、第三和第五点说明里所讨论的博弈一样,这一个博弈也对应一个值得仔细研究的组织原则.在这个博弈里,W^m的集合(也就是决定获胜的合伙)都是少数的(即三个元素的集合).然而,任一名局中人对别的局中人来说,都没有什么特权.图89和它的讨论指明,局中人1,…,7的任意循环排列——即图89中圆的任意旋转——都不影响博弈的构造.采用这种方法,则任意局中人都可以调换到任意另一局中人的位置.②这样,博弈的构造不是由局中人的个别性质来决定③(我们已经看到了他们的地位是完全相同的),而是由局中人之间的关系来决定.事实上,决定胜负的是:(S_4)④联系起来的三名局中人之间所达成的了解.

54 适当博弈里的全部解的确定

54.1 在简单博弈里考虑主要解以外的其他解的理由

54.1.1 到这里为止,我们在简单博弈的讨论中对于50.5.1至50.7.2里的特殊种类的解作了最大的强调.特别地说,我们强调了50.8.1的主要简单解.以我们前面各节里所掌握的事实(特别是53.2的例子)为基础,看来这种强调并不是对于问题的各方面都合适的.

首先,我们已经看到了:不能希望全部的简单博弈都有所述类型的解.对于$n=6$已经就产生了丰富多样的可能性了.这一点是值得注意的,因为从组合观点来看虽然6这个数目不算小,但从社会组织的角度说,它还是个小的数目.

进一步说,甚至于这些解存在的时候,即使对于齐性加权多数博弈,这些解也还是不能解决全部的问题.对于这一类博弈当中最初等的标本:本质三人博弈(我们知道它是有记号$[1,1,1]_h$的),就有许多的解存在.我们在33里的讨论指明,这些解对于我们了解理论的特征和有关的含义都是很重要的.事实上,一些基本解释就是在那里首次得到的.

54.1.2 因此,决定简单博弈的所有的解是件重要的事.如果我们不能对全部的简单博弈都

---

① 容易看出,这是它们唯一的解.

② 然而,在28.2.1的意义下,这博弈是不够公平的.因为其中的两个三元素的集合(1,2,4)和(1,3,4)的作用不同,前者属于W,后者属于L.(所以,在博弈的简化形式下,具有$\gamma=1$,前者的$v(S)=4$,后者的则等于-3.)

③ 他们的性质可能是由博弈的规则所规定的.

④ 这个博弈里,两名局中人之间不存在有意义的关系.原因是:任意指定的两名局中人可以通过一个适当的(全体局中人1,…,7的)排列而调换到另外指定的两名局中人的位置,并且这排列使博弈不变.

做到这一点,那么就该对尽可能多的博弈来进行. 特别,对每一个 n 的值至少应该有一个简单博弈要作出全部的解来. 这样的结果对于构造可能性和 n 个局中人的解的分类都提供了线索.

这是真的: 如果这种线索可以由讨论简单博弈以外的博弈来得到,也是很好的. 然而系统地确定解的时候,简单博弈较之于别的博弈具有一个显著的优点. 对于简单博弈,第六章 30.1.1 的所谓的原始条件不会引起困难(参看 31.1.2),原因是那里每一个集合 S 都是一定必要或一定不必要的(参看 49.7).

这同样是真的: 我们能够作出的(解的)确定,当然只可能提供几个孤立的情形的线索. 虽然如此,它们却可以概括所有的 n 的值——即我们可以随意改变 n. 这将使我们得到对博弈的本质上的了解.

54.2 所有的解都为已知的博弈的列举

54.2.1 现在我们把已经知道所有的解的那些博弈做个编目. 它们共分三类:

(a) 所有的非本质博弈(参看 31.2.3 里的(31:P);附带可参看 31.2.1 里的(31:I)).

(b) 旧理论中(过剩额为零的)和新理论中(有一般过剩额的)本质三人博弈. (关于前者可参看 32.2.3;关于后者可参看 47.2.1 至 47.7 的分析.)

(c) 组成部分的所有的解都为已知的、所有的可分解的博弈(参看 46.6 里的(46:I)).

显然我们可以把(a)和(b)所提供的博弈借助于(c)结合起来. [①]在这个结合的过程当中,(a)仅提供"傀儡"(参看 43.4.2 的末尾),而我们要的是构造方面的事实,因此我们可以把它除掉. 因此,现在我们所剩下的博弈,就是对(b)累次运用(c)所得到的博弈了. 按这个方法,我们就可以得到由本质三人博弈复合成的博弈. [②]

54.2.2 这样我们就得到了 $n=3k$ 个人的博弈,它们的解都是已知的. 由于 k 的任意性,可以使 n 任意大. 到这里为止,一切都很顺利. 然而有一个事实还仍然没有解决,就是: 这种 n 人博弈恰是本质三人博弈的总汇——实际上局中人们形成的都是 3 个元素的集合,而博弈的规则却不能把这些集合联系起来. 虽然我们对于可分博弈的解所得到的结果指明典型的解——即典型的行为标准——的确可以提供这种局中人集合之间的联系,但是自然我们要知道,由博弈规则明显提出的那种普通联系如何影响局中人的组织,即如何影响解或标准. 并且,

---

① 这也可以用下列方式来叙述:

按第九章 43.3 的末尾和(43:E)对于分解分割的定义,一已知博弈是由它的不可分解的组成部分复合而成的. 我们由 43.4.2 里的(43:L)知道,这样分,所得到的参加者的集合是有 1 个或≥3 个元素的集合.

于是,最简单的可能性是: 它们都是单元素的集合. 按 43.4.1 里的(43:J),这意味着博弈是非本质博弈——也就是说,我们考虑的是上面的情形(a).

其次简单的可能性是: 它们都是 1 个或 3 个元素的集合,这些恰巧是我们按(c)由(a)和(b)所形成的博弈. 也就是说,我们所知道的是这些博弈的全部解.

这个结合方法是可以使人满意的,因为它表明,基于不可分解的组成部分(即: 分解分割的元素,参看 43.4.2 里的(43:L))的大小来分类,是一种自然的分类法. 我们求得全部的解的程序恰巧是依着这个路线进行的.

这方法也强调了这些结果的局限性: 一个博弈若真是可分解,是个特殊的现象. (请回想 41.3.2 里的(41:6)或(41:7)的定义方程;再参考 42.5.2 结尾处的准则.) 典型的 n 人博弈是不可分解的,并且不能用(c)的方法得到.

② 应用策略等价关系,我们可以假定这里的博弈都在简化形式下出现. 但是,以 $\gamma_1,\cdots,\gamma_k$ 分别表示它们各个的 γ,我们却不能希望用变换单位的方法使 $\gamma_1,\cdots,\gamma_k$ 都等于 1($k=1$ 例外). 事实上,它们的比 $\gamma_1:\gamma_2:\cdots:\gamma_k$ 不受变换单位的影响.

我们要对于为数众多的局中人知道这一点.

因此,我们必须找出能够确定所有的解的其他 n 人博弈.

54.3 考虑简单博弈$[1,\cdots,1,n-2]_h$ 的理由

54.3.1 如以上所述,我们将要在简单博弈当中去寻求这种标本.[①]现在我们看到,对于每一个 $n\geqslant3$,存在某一个简单博弈,对它可以实行这种确定.这个博弈,对一般的 n,是唯一的在所述程度上做一般的确定可以获得成功的 n 人博弈.这显然就使得它特别引人注意.我们还会看到,它在好几方面都能够让我们做出有意义的解释来.

所述的博弈已经在 52.3 和 52.4 的(52:B)里出现过了.它就是均匀权多数 n 人的博弈$[1,\cdots,1,n-2]_h$.

54.3.2 如 52.3 所述,在这个博弈里,最小获胜合伙是 S:$(1,n),\cdots,(n-1,n)$和$(1,\cdots,n-1)$.这就是说,局中人 n 只要与别人取得了合作,他就会得胜;但是若他保持完全孤立,那他就失败了.[②]这个结果引出一些说明:

第一,这一条规则的陈述特别提出了局中人 n 的特权地位.他只需与一个局中人联系好了就能取胜;而别的局中人却需要互相合作,没有例外.确切地说,就是:局中人 n 需要一个二人合伙,而别人都需要 $n-1$ 人合伙,因此只要 $n-1>2$(即 $n\geqslant4$),特权就存在.

诚然对 $n=3$ 三个局中人之间是没有区别的.这时候我们的博弈则是$[1,1,1]_h$,这是唯一的本质三人博弈,它显然是对称的.

第二,局中人 n 的特权是最大的限度的特权.我们要求,为了取胜,n 必须至少找出一个人来和他合作.这个要求已经不能再减少了.[③]不可能说 n 什么合作都不需要就能获胜.这等于宣称一个元素的集合(n)非胜不可——这是与博弈的实质不符合的.(这一点曾在本章 49.2 里广泛地讨论过.)

*55 简单博弈$[1,\cdots,1,n-2]_h$

*55.1 初步的说明

55.1 以上我们所讨论的对于博弈的全部解的确定将会表明:可以把这些解作一个复杂的分类,揭露各种广泛变化的特征.这种分类就提供了对前述的解释进行讨论的有利条件.我们将要讨论其中一部分的解释,依同样路线的进一步讨论有待于以后的研究.

---

① 由于这个原因,所以我们采用旧的理论,从而过剩额为零.参看 51.6 里的第三点和第四点说明.

② 像每个单元素集合在这种情况下失败一样.

③ 上面我们说过,当 $n=3$ 的时候,局中人 n 在这个博弈里根本就没有什么特权;而现在我们却说,他有最大限度的特权!事实上 $n=3$ 并不形成这个陈述的例外情况,原因是:由于仅存在一个本质三人博弈,一名局中人所处的地位也是仅有一个,所以可以称这地位是最好的.

解的完整表格就要在下面的几节(55.2—55.11)里确切地推导出来.推导并不是不能想象的那样复杂.我们将要详尽地来叙述它,原因类似于第九章里关于可分解博弈的解所作的推导:证明本身就可以既方便而又自然地负担起某些解释的任务.我们将会看到,在好几个地方单用口头的语言,就可以把所考虑的组织所现出的结构面貌阐明出来.事实上,这种情况在本章的证明里比第九章那里的还要更显著.

*55.2 控制关系.主导局中人.情形(Ⅰ)和(Ⅱ)

55.2.1 做了这些初步的说明以后,我们就来进行对(n个局中人的)博弈$[1,\cdots,1,n-2]_h$的系统研究.假定它已经化成了简化形式,并且$\gamma=1$.

我们由对于控制关系的一个直接观察开始:

(55:A) 对于 $\boldsymbol{\alpha}=\{\alpha_1,\cdots,\alpha_n\}$, $\boldsymbol{\beta}=\{\beta_1,\cdots,\beta_n\}$,有

$$\boldsymbol{\alpha}\succ\boldsymbol{\beta}$$

的必要和充分条件为:

(55:1) $\alpha_n>\beta_n$ 和 $\alpha_i>\beta_i$ 对某些 $i=1,\cdots,n-1$ 成立,

或

(55:2) $\alpha_i>\beta_i$ 对全部的 $i=1,\cdots,n-1$ 成立.

证明:由于 W^m 包含的集合是$(1,n),\cdots,(n-1,n)$和$(1,\cdots,n)$,所以这个断言是和本章中49.7.2里的(49:J)一致的.

注意 $\sum_{i=1}^{n}\alpha_i=\sum_{i=1}^{n}\beta_i=0$,我们可以由(55:2)推知

(55:3) $$\alpha_n<\beta_n$$

的正确性.从而则有

(55:B) $\boldsymbol{\alpha}\begin{smallmatrix}\succ\\ \prec\end{smallmatrix}\boldsymbol{\beta}$ 必然使 $\alpha_n\neq\beta_n$.

证明:由于对称性,我们只需考虑$\boldsymbol{\alpha}\succ\boldsymbol{\beta}$.我们曾经看到这个式子蕴涵(55:1)或(55:3),所以无论如何$\alpha_n\neq\beta_n$是成立的.

这两个结果虽然简单,但却值得作一些解释性的评语.

我们在54.3里讨论过,局中人n在本博弈里有特权地位.[①]他的处境可以与一个寡头相比,受到的只有一个不可避免的限制,就是他必须至少与一个别的局中人合作(参看54.3的第二点说明).这就是说,只有全体其余的局中人组成一般合伙才能击败他.我们将要称他为本博弈里的主导局中人.[②]

55.2.2 这些情况是在(55:1)和(55:2)里阐述清楚了的.我们可以说,(55:1)是主导局中人和一个任意的(与局中人$1,\cdots,n-1$的)联合所形成的控制的直接形式,而(55:2)则可以说成是反对他的一个一般合作的情况.(55:1),(55:3)或(55:B)指明,在一个控制关系里,主导局

---

① 除非$n=3$,这个情况我们以后还要再加叙述.

② 至于对$n=3$的情形,读者则应该记得54.3里的第一点说明中最后的几句话.

中人的确受到了影响：情形(55:1)是顺境的(有主导局中人的控制的直接形式)，情形(55:2)是逆境的(反对主导局中人的一般合作)．在一个控制里，任何其他的局中人可以不受影响，可以不加考虑．[①]

55.2.3 现在考虑这个博弈的一个解 V．[②]从

$$\mathrm{Max}_{\boldsymbol{\alpha}\in V}\alpha_n=\bar{\omega},$$

$$\mathrm{Min}_{\boldsymbol{\alpha}\in V}\alpha_n=\underline{\omega}$$ [③]

显然有

$$-1\leqslant\underline{\omega}\leqslant\bar{\omega}.$$

$\underline{\omega},\bar{\omega}$ 的意义是清楚的：它们表示在解 V 里主导局中人的最坏和最好的收获．

我们区别两种可能性：

(Ⅰ) $$\underline{\omega}=\bar{\omega},$$

(Ⅱ) $$\underline{\omega}<\bar{\omega}.$$

*55.3 情形(Ⅰ)的解决

55.3.1 考虑情形(Ⅰ)．这个情形意味着对于 V 里的全部 $\boldsymbol{\alpha}$ 有

(55:4) $$\alpha_n=\bar{\omega},$$

也就是：在解的范围内，任何情况下主导局中人得到的总数是一样的．换句话说，(Ⅰ)表示了：在 33.1 的意义下，主导局中人在博弈里是被隔离的．考虑到主导局中人中心作用，则顺着这一条思路进行讨论第一种可能的情形不是没有理由的．[④]

55.3.2 现在让我们来讨论情形(Ⅰ)里的 V．

(55:C) V 恰是满足(55:4)的全部 $\boldsymbol{\alpha}$ 的集合．

证明：我们已经知道了，V 的全部 $\boldsymbol{\alpha}$ 满足(55:4)．反之，如果一个 $\boldsymbol{\beta}$ 满足(55:4)，则 V 的每

---

① 这就是说：可能出现对一个 $i=1,\cdots,n-1$ 有 $\boldsymbol{\alpha}\succ\boldsymbol{\beta}$ 和 $\alpha_i=\beta_i$．事实上，这个可能性仅在 $n\geqslant4$ 的时候出现．请再次看看对于 $n=3$ 所作过的说明．

② 这是在旧理论意义下的解．参看 54.3.1 的第一个注．

③ 这些量可以形成(即假定极大极小存在)的事实，能够像第九章 46.2.1 的第一个注所说的那样得到肯定．特别可看 46.2.1 里的(*)．

④ 对 33.1 所作的参考重新强调了，这种步骤与本质三人博弈里的步骤类似．

如果我们回忆一下本质三人博弈是现在我们所考虑的博弈的特别情形——属于 $n=3$，那么这一点就显然更加自然了(例如，可参考 54.3 里的第一点说明的结尾)．

然而仔细地考虑情形 $n=3$ 指明，这种类似性要受到相当的限制，不能令人满意．在这个情形里，博弈其实是对称的，所以三名局中人中任何一名都可以称为主导局中人(请再参看 55.2.1 的第二个注)．在第六章 33.1 里，问题中的隔离，事实上可以加到三名局中人任意一名身上去，而我们现在却任意地把隔离限制在 n 名局中人身上了．

如果要求我们的讨论对于所有的 $n\geqslant3$(即不仅 $n=3$)都能够成立，怎么才能应用这个隔离，现在还没有什么方法：对于 $n\geqslant4$，主导局中人和它的作用是唯一的．

只有在一种意义下，我们(暂时)可以承认这样运用隔离是合法的，就是我们总要认为情形(Ⅱ)无论如何必须是个复合情形．

于是，对于 $n=3$ 的情形，与 32.2.3 的分类相比较(这在 33.1 里分析过)就能表明，情形(Ⅰ)是那里(32:A)的可能性之一，即：对于局中人 3 的差别待遇的情形．另一方面，情形(Ⅱ)则包含了(33:A)的两种可能性，即：对于局中人 1,2 的差别待遇的情形，以及没有差别待遇的解(32:B)．所以，当 $n=3$ 的时候(Ⅱ)其实就是三种可能情形的总汇．

这个方案是确实可以对所有的 n 进行扩充的．参看 55.12.5 的第四个说明里的(e)．

一个 $\boldsymbol{\alpha}$ 有 $\alpha_n=\beta_n$，从而(55:B)排除了 $\boldsymbol{\alpha}\succ\boldsymbol{\beta}$. 因此，$\boldsymbol{\beta}$ 属于 V.

这样，V 就很容易地确定了，但是我们所需要回答的反面问题是：给定一个 $\bar{\omega}\geqslant-1$，由(55:4)(及(55:C))所定义的 V 是不是个解？换句话说，它是不是满足 30.1.1 的(30:5:a)，(30:5:b)？

现在，(55:B)和(55:4)在 V 里对 $\boldsymbol{\alpha},\boldsymbol{\beta}$ 把 $\boldsymbol{\alpha}\succ\boldsymbol{\beta}$ 排除了，因此(30:5:a)自动地得到了满足. 从而我们只需要研究 30.1.1 的(30:5:b). 也就是，必须保证有性质：

(55:5) 若 $\beta_n\neq\bar{\omega}$，则 $\boldsymbol{\alpha}\succ\boldsymbol{\beta}$ 对具有 $\alpha_n=\bar{\omega}$ 的某一些 $\boldsymbol{\alpha}$ 成立.

更明显地说：我们必须把(55:5)所加到 $\bar{\omega}$ 上的限制确定出来.

(55:5)的 $\beta_n\neq\bar{\omega}$ 可以分类为：

(55:6) $$\beta_n>\bar{\omega},$$

(55:7) $$\beta_n<\bar{\omega}.$$

首先我们往证：

(55:D) 对于(55:6)的情形，条件(55:5)自动满足.

证明：设 $\beta_n>\bar{\omega}$，即 $\beta_n=\bar{\omega}+\varepsilon$，$\varepsilon>0$. 由 $\alpha_i=\beta_i+\dfrac{\varepsilon}{n-1}$ $(i=1,\cdots,n-1)$ 和 $\alpha_n=\beta_n-\varepsilon=\bar{\omega}$ 来定义

$$\boldsymbol{\alpha}=\{\alpha_1,\cdots,\alpha_n\},$$

则根据(55:2) $\boldsymbol{\alpha}$ 是具有 $\boldsymbol{\alpha}\succ\boldsymbol{\beta}$ 的所要类型的转归.

于是就只剩下情形(55:7)需要讨论. 关于这个情形，我们说：

(55:E) 对于 $\bar{\omega}=-1$，(55:7)是不可能的.

证明：因为 $\beta_n\geqslant-1$，所以 $\beta_n<\bar{\omega}=-1$ 不成立.

可能性 $\bar{\omega}\geqslant-1$ 比较难一些.①

(55:F) 设有 $\bar{\omega}>-1$ 和情形(55:7)，则条件(55:5)等价于 $\bar{\omega}<n-2-\dfrac{1}{n-1}$.

证明：设 $\beta_n<\bar{\omega}$. 对于具有 $\alpha_n=\bar{\omega}$ 的一个 $\boldsymbol{\alpha}$，55.2.1 的(55:3)是除外的，就是说：控制关系要通过(55:A)里的(55:1)(而不是(55:2)!)来起作用. 由于 $\alpha_n>\beta_n$，这个条件只不过说明：

(55:8) $\alpha_i>\beta_i$ 对一些 $i=1,\cdots,n-1$ 成立.

于是(55:5)要求存在一个具有 $\alpha_n=\bar{\omega}$ 的转归 $\boldsymbol{\alpha}$ 和(55:8)成立.

首先对于一个固定的 $i=1,\cdots,n-1$ 考虑(55:8). 于是这个条件和 $\alpha=\bar{\omega}$ 可以由一个转归 $\boldsymbol{\alpha}$ 所满足的必要和充分条件是：β_i 和 $\bar{\omega}$ 加上 $n-2$ 个 -1 结果要小于零. 即：

$$\beta_i+\bar{\omega}-(n-2)<0,\beta_i<n-2-\bar{\omega}.$$

因此，对全部 $i=1,\cdots,n-1$，(55:8)不能满足的必要和充分条件是：

(55:9) $\beta_i\geqslant n-2-\bar{\omega}$ 对全部 $i=1,\cdots,n-1$ 成立.

---

① $\bar{\omega}=1$ 意味着主导局中人不仅受到隔离，而且要(根据 V)得到最坏的差别待遇.

这样，对 $\bar{\omega}=-1$ 的解可以立刻求得，而 $\bar{\omega}>-1$ 却需要详细分析(55:F). 这一点并不奇怪：差别待遇的极端形式是较为简单的假定，不像中间形式那样需要仔细整理.

(55:5)表示,对于具 $\beta_n<\bar{\omega}$ 的 $\boldsymbol{\beta}$,这个式子不成立. 也就是说:不存在转归 $\boldsymbol{\beta}$,具 $-1\leqslant\beta_n<\bar{\omega}$[①] 而又满足(55:9). 这意味着 $n-1$ 个 $n-2-\bar{\omega}$ 加上 -1,结果要大于零. 即:

$$(n-1)(n-2-\bar{\omega})-1>0,\ n-2-\bar{\omega}>\frac{1}{n-1},$$

从而 $\bar{\omega}<n-2-\dfrac{1}{n-1}$,这就是所要的结果.

结合(55:E),(55:F),并且回想(55:D),我们可以对(55:5)和(55:6),(55:7)做出下列的总结:

(55:G) 设 $\bar{\omega}$ 为满足 $-1\leqslant\bar{\omega}<n-2-\dfrac{1}{n-1}$ 的任一数,$\boldsymbol{\alpha}$ 满足

$$\alpha_n=\bar{\omega},^{②}$$

而 V 为所有的这种 $\boldsymbol{\alpha}$ 的集合. 于是在情形(Ⅰ)里 V 恰是全部的解. 量 $n-2-\dfrac{1}{n-1}$ 的最初几个值是:

n	3	4	5	6
$n-2-\dfrac{1}{n-1}$	$\dfrac{1}{2}=0.5$	$\dfrac{5}{3}=1.67$	$\dfrac{11}{4}=2.75$	$\dfrac{19}{5}=3.8$

图 91

55.3.3 这个结果的解释是不困难的.

这个行为的标准(解)基于在博弈里把主导局中人除外. 于是其余的局中人之间的分配就十分不确定了——就是说:任何能够给予主导局中人"指定"数额 $\bar{\omega}$ 的转归都属于解. 至于"指定"数额 $\bar{\omega}$ 的上限 $n-2-\dfrac{1}{n-1}$,也可以按第六章 33.1.2 的方式来探讨. 但是我们不预备再考虑这个问题了.

*55.4 情形(Ⅱ):$\underline{V}$ 的确定

55.4.1 现在我们来研究比较困难的情形(Ⅱ)(参看 55.3.1 的注的最后一部分). 于是我们就有

$$-1\leqslant\underline{\omega}<\bar{\omega}.$$

这个不等式提示了我们可以把 V 分解为三个两两互不相交的集合:

$$\underline{V}:V\text{ 里所有那些具有 }\alpha_n=\underline{\omega}\text{ 的 }\boldsymbol{\alpha}\text{ 的集合},$$

---

① 我们假定了(55:9)蕴涵 $\beta_i\geqslant-1$ 对 $i=1,\cdots,n-1$ 成立. 这意味着 $n-2-\bar{\omega}\geqslant-1$,$\bar{\omega}\leqslant n-1$. 实际上,$\bar{\omega}\geqslant n-1$ 必须除外,原因是它通过转归而使(55:4)不能够满足:$\bar{\omega}$ 和 $n-1$ 个 -1 相加,结果大于零.

因此,(55:F)的假设就蕴涵 $\bar{\omega}\leqslant n-1$.

② 为了考虑到与 33.1 里情形 $n=3$ 的(55.3.1 的脚注所指出的)讨论的平行性,我们注意这个量对应于 33.1 里的 c. 对 $n=3$,我们的 $n-2-\dfrac{1}{n-1}$ 就变为那里的 $\dfrac{1}{2}$.

$\overline{V}$: V 里所有那些具有 $\alpha_n=\overline{\omega}$ 的 $\boldsymbol{\alpha}$ 的集合,

V^*: V 里所有那些具有 $\underline{\omega}<\alpha_n<\overline{\omega}$ 的 $\boldsymbol{\alpha}$ 的集合.

按 $\underline{\omega},\overline{\omega}$ 的性质(参看 55.2.3 的开始), $\underline{V},\overline{V}$ 不能是空集合,而 V^* 却不一定.[①]

55.4.2 我们首先研究 $\underline{V}$.

(55:H) 若 $\boldsymbol{\alpha}\in\underline{V}$, $\boldsymbol{\beta}\in\overline{V}\cup V^*$,则 $\alpha_i\geqslant\beta_i$ 对全部 $i=1,\cdots,n-1$ 成立.

证明:否则对一个适当的 $i=1,\cdots,n-1$,就会有 $\beta_i>\alpha_i$. 现在 $\alpha_n=\underline{\omega},\beta_n>\underline{\omega}$,所以 $\beta_n>\alpha_n$;因而按(55:1), $\boldsymbol{\beta}\succ\boldsymbol{\alpha}$. 由于 $\boldsymbol{\alpha}\in V,\boldsymbol{\beta}\in V$,这是不可能的.

作

$$\underline{\alpha}_i=\mathrm{Min}_{\boldsymbol{\alpha}\in\underline{V}}\alpha_i,\quad i=1,\cdots,n-1.$$ [②]

则由(55:H)我们立即可以得到:

(55:I) 若 $\boldsymbol{\beta}\in\overline{V}\cup V^*$,则 $\underline{\alpha}_i\geqslant\beta_i$ 对全部 $i=1,\cdots,n-1$ 成立.[③]

我们进一步证明

(55:J)
$$\sum_{i=1}^{n-1}\underline{\alpha}_i+\underline{\omega}\geqslant 0.$$ [④]

证明:设 $\sum_{i=1}^{n-1}\underline{\alpha}_i+\underline{\omega}<0$,则我们可以对 $i=1,\cdots,n-1$ 选取 $\gamma_i>\underline{\alpha}_i,\gamma_n=\underline{\omega}$ 具有 $\sum_{i=1}^{n}\gamma_i=0$,从而形成转归 $\boldsymbol{\gamma}=\{\gamma_1,\cdots,\gamma_n\}$.[⑤]

$\overline{V}$ 不是空集合,在 $\overline{V}$ 里选取一个 $\boldsymbol{\beta}$. 于是按(55:I), $\beta_i\leqslant\underline{\alpha}_i<\gamma_i$ 对所有的 $i=1,\cdots,n-1$ 成立,因而按(55:2)可得 $\boldsymbol{\gamma}\succ\boldsymbol{\beta}$. 由于 $\boldsymbol{\beta}$ 属于 V, $\boldsymbol{\gamma}$ 就由 V 里除去了.

于是在 V 里就存在一个具有 $\boldsymbol{\alpha}\succ\boldsymbol{\gamma}$ 的 $\boldsymbol{\alpha}$. 如果 $\boldsymbol{\alpha}$ 属于 $\underline{V}$,则 $\alpha_n=\underline{\omega}=\gamma_n$,因而 $\boldsymbol{\alpha}\succ\boldsymbol{\gamma}$ 与(55:B)相矛盾. 所以 $\boldsymbol{\alpha}$ 必须属于 $\overline{V}\cup V^*$. 现按(55:I), $\alpha_i\leqslant\underline{\alpha}_i<\gamma_i$ 对所有的 $i=1,\cdots,n-1$ 成立. 由于 $\boldsymbol{\alpha}\succ\boldsymbol{\gamma}$,(55:A)里的(55:1)和(55:2)都要求 $\alpha_i>\gamma_i$ 至少对于一个 $i=1,\cdots,n-1$ 成立. 这样我们就得到了一个矛盾.

现在 $\underline{V}$ 的确定就可以完成了.

(55:K) $\underline{V}$ 恰有一个元素:

$$\boldsymbol{\alpha}^0=\{\underline{\alpha}_1,\cdots,\underline{\alpha}_{n-1},\underline{\omega}\}.$$

证明:设 $\boldsymbol{\alpha}=\{\alpha_1,\cdots,\alpha_{n-1},\alpha_n\}$ 为 $\underline{V}$ 的一个元素. 于是按 $\alpha_i,\underline{\alpha}_i,(i=1,\cdots,n-1),\alpha_n,\underline{\omega}$ 的定义,可得

(55:10)
$$\begin{cases}\alpha_i\geqslant\underline{\alpha}_i, & \text{对于}\quad i=1,\cdots,n-1;\\ \alpha_n=\underline{\omega}.\end{cases}$$

现在 $\sum_{i=1}^{n}\alpha_i=0$,又由(55:J)有 $\sum_{i=1}^{n-1}\underline{\alpha}_i+\underline{\omega}\geqslant 0$,因此(55:10)里的所有的不等号就都去掉了. 于

---

① V^* 在(55:V)的前面讨论的情形里实际上是空集合.

② 这些量可以作出这一事实(即假定这些极小值存在),可以用 46.2.1 的第一个脚注里的方法来肯定. 特别可参看那里的(*). 那里关于 V 的叙述对 $\underline{V}$ 成立,对 V 和具有 $\alpha_n=\underline{\omega}$ 的 $\boldsymbol{\alpha}$ 形成的闭集的交集也成立.

③ 注意这个叙述对 $\underline{V}$ 的 β 无效,原因是 β_i 大于 α_i 的极小值. 总之,可参看(55:L).

④ 参看下面的(55:12).

⑤ 注意按它们的定义,所有的 $\underline{\alpha}_i\geqslant-1,(i=1,\cdots,n-1)$,并且 $\underline{\omega}\geqslant-1$. 因此所有的 $\gamma_i\geqslant-1,(i=1,\cdots,n-1,n)$.

是得到

$$(55{:}11)\qquad \begin{cases}\alpha_i = \underline{\alpha}_i, & \text{对于}\quad i=1,\cdots,n-1;\\ \alpha_n = \underline{\omega}, & \end{cases}$$

即

$$\{\alpha_1,\cdots,\alpha_{n-1},\alpha_n\} = \{\underline{\alpha}_1,\cdots,\underline{\alpha}_{n-1},\underline{\omega}\}.$$

所以$\underline{V}$ 除了$\{\underline{\alpha}_1,\cdots,\underline{\alpha}_{n-1},\underline{\omega}\}$之外没有别的元素. 由于 V 不空,这就是它的唯一元素.

55.4.3 注意因为$\boldsymbol{\alpha}^0=\{\underline{\alpha}_1,\cdots,\underline{\alpha}_{n-1},\underline{\omega}\}$属于$\underline{V}$,所以它必然是一个转归. 从而我们可以把(55:J)加强,成为:

$$(55{:}12)\qquad \sum_{i=1}^{n-1}\underline{\alpha}_i + \underline{\omega} = 0.$$

我们也可以把(55:I)加强成为:

(55:L) 若 $\boldsymbol{\beta}\in V$,则

$\underline{\alpha}_i \geqslant \beta_i$ 对全部的 $i=1,\cdots,n-1$ 成立.

证明:对于 $\overline{V}\cup V^*$ 里的 $\boldsymbol{\beta}$,这不等式的真实性已经在(55:I)中叙述了. 对于$\underline{V}$ 里的 $\boldsymbol{\beta}$,由(55:K)甚至于可以推得 $\beta_i=\underline{\alpha}_i$.

结束这一部分的分析,我们往证:

$$(55{:}\mathrm{M})\qquad \underline{\omega}=-1.$$

证明:设$\underline{\omega}>-1$,即$\underline{\omega}=-1+\varepsilon,\varepsilon>0$. 由$\beta_i=\underline{\alpha}_i+\dfrac{\varepsilon}{n-1},i=1,\cdots,n-1$ 和$\beta_n=\underline{\omega}-\varepsilon=-1$ 来定义

$$\boldsymbol{\beta}=\{\beta_1,\cdots,\beta_{n+1},\beta_n\},$$

则 $\boldsymbol{\beta}$ 就是一个转归(参看上面的(55:11)). 按 $\beta_n<\underline{\omega}$ 或(55:L),$\boldsymbol{\beta}$ 应该由 V 里除外.

因此在 V 里存在一个具有 $\boldsymbol{\alpha}\succ\boldsymbol{\beta}$ 的 $\boldsymbol{\alpha}$. 按(55:L),可知 $\alpha_i\leqslant\underline{\alpha}_i<\beta_i$ 对所有的 $i=1,\cdots,n-1$ 成立. 然而由于 $\boldsymbol{\alpha}\succ\boldsymbol{\beta}$,(55:A)里的(55:1)和(55:2)要求 $\alpha_i>\beta_i$ 至少对于一个 $i=1,\cdots,n-1$ 成立,这样,我们就得到了一个矛盾.

注意现在(55:12)就变成:

$$(55{:}\mathrm{N})\qquad \sum_{i=1}^{n-1}\underline{\alpha}_i = 1.$$

我们这个分析所得到的结果主要是(55:K),(55:L),(55:M). 可以把它们总结如下:[①]

对于主导局中人最不利的结果是完全被击败(值为-1). 在 V 里,有而且仅有一种安排——即:转归——可以做到这一点;而对全体其余的局中人来说,在 V 里这个结果是最佳的.

这个(V 里的)安排是和主导局中人对立的完美合作的情况.[②]

读者将会注意到,虽然这些用文字所做的归纳一点儿也不复杂,但是要建立它们的真实性却只能用数学的办法,不能用文字的办法.

*55.5 情形(Ⅱ):$\overline{V}$ 的确定

55.5.1 现在我们能够研究 $\overline{V}$ 了.

---

① 所有这些总结当然只可以在情形(Ⅱ)上应用.

② 这个表达也曾经(在相关的略有不同的意义下)在 55.2 的最后一部分里应用过.

(55:O)　　考虑一个转归 $\boldsymbol{\beta}=\{\beta_1,\cdots,\beta_n\}$，对某些 $i=1,\cdots,n-1$ 具有

$$\beta_i \geqslant \underline{\alpha}_i，而且\ \beta_n \geqslant \bar{\omega}.\ 于是\ \boldsymbol{\beta} \in V.$$

证明：设 $\boldsymbol{\beta}$ 不属于 V，则 V 里存在一个 $\boldsymbol{\alpha}$，具有 $\boldsymbol{\alpha}\succ\boldsymbol{\beta}$. 于是(55:A)的(55:1)或(55:2)必须成立. 由于 $\boldsymbol{\alpha}$ 属于 V，$\alpha_n\leqslant\bar{\omega}\leqslant\beta_n$，从而(55:1)无效. 按(55:L)，$\alpha_i\leqslant\underline{\alpha}_i$ 对全部 $i=1,\cdots,n-1$ 成立，因而 $\alpha_i\leqslant\underline{\alpha}_i\leqslant\beta_i$ 至少对于一个 $i=1,\cdots,n-1$ 成立，于是(55:2)也无效. 这样，不论是哪种情形我们都得到了一个矛盾.

(55:P)　　$\underline{\alpha}_i\geqslant n-2-\bar{\omega}$ 对 $i=1,\cdots,n-1$ 成立.

证明：假定对于一个适当的 $i=1,\cdots,n-1$，有 $\underline{\alpha}_i<n-2-\bar{\omega}$，即

$$-(n-2)+\underline{\alpha}_i+\bar{\omega}<0.$$

于是可选取 $\beta_i\geqslant -1(j=1,\cdots,n-1,j\neq i$；即 j 的 $n-2$ 个值)，$\beta_i\geqslant\underline{\alpha}_i$，$\beta_n>\bar{\omega}$ 具有 $\sum_{j=1}^{n}\beta_j=0$. 从而形成转归

$$\boldsymbol{\beta}=\{\beta_1,\cdots,\beta_n\}.$$

这个 $\boldsymbol{\beta}$ 满足(55:O)的条件，所以它属于 V. 但是按这些量的定义，由此必然引出 $\beta_n\leqslant\bar{\omega}$ ——这和 $\beta_n>\bar{\omega}$ 矛盾.

现在，令

(55:13)
$$\alpha_*=\mathrm{Min}_{i=1,\cdots,n-1}\underline{\alpha}_i.\ ①$$

这样，(55:P)所说的就是

(55:14)
$$\alpha_*\geqslant n-2-\bar{\omega}.\ ②$$

以 S_* 表示使

(55:15)
$$\underline{\alpha}_i=\alpha_*$$

成立的全部的 i 的集合. 按这个定义，S_* 必然有两个性质：

(55:Q)
$$S_*\subseteq(1,\cdots,n-1)，S_*\ 不空.$$

55.5.2　继续研究，我们往证：

(55:R)
$$\alpha_*=n-2-\bar{\omega}.$$

(55:S)　　$\bar{V}$ 所包含的元素是：$\boldsymbol{\alpha}_i$；其中 i 遍历整个的 S_*；并且 $\boldsymbol{\alpha}^i=\{\alpha_1^i,\cdots,\alpha_{n-1}^i,\alpha_n^i\}$ 具有

$$\alpha_j^i=\begin{cases}\underline{\alpha}_i=\alpha_* & 对于\ j=i,\\ \bar{\omega}, & 对于\ j=n,\\ -1, & 对其余的\ j.\end{cases}$$

(55:R)和(55:S)的证明：我们从 $\bar{V}$ 的一个元素 $\boldsymbol{\beta}$ 来开始.

如果 $\beta_i<\underline{\alpha}_i$ 对全部 $i=1,\cdots,n-1$ 成立，则由 $\boldsymbol{\alpha}^0=\{\underline{\alpha}_1,\cdots,\underline{\alpha}_{n-1},\underline{\omega}\}$ 可知，按(55:2)可得出 $\boldsymbol{\alpha}^0\succ\boldsymbol{\beta}$. 因为按(55:K)，$\boldsymbol{\alpha}^0$ 属于 V，所以 $\boldsymbol{\alpha}^0$，$\boldsymbol{\beta}$ 都在 V 里——这是不可能的，于是知道

(55:16)　　$\beta_i\geqslant\underline{\alpha}_i\geqslant\alpha_*$ 对 $i=1,\cdots,n-1$ 成立.

现在必然有

(55:17)　　$\beta_j\geqslant -1$ 对全部 $j=1,\cdots,n-1,j\neq i$ 成立，

① 这里的最小值是对于一个有穷的变程所取的.

② 请参看下面的(55:R).

又由于 $\boldsymbol{\beta}$ 在 $\overline{V}$ 里，所以可得到

(55:18) $$\beta_n = \bar{\omega}.$$

因为 $\sum_{j=1}^{n} \beta_j = 0$，而且由(55:14)，$-(n-2)+\alpha_* + \bar{\omega} \geqslant 0$，所以(55:16)，(55:17)里的不等号都要取消. 于是就得到了 $\underline{\alpha}_i = \alpha_*$，即 i 属于 S_*. 而且

$$\beta_j = \begin{cases} \underline{\alpha}_j = \alpha_*, & \text{对于 } j = i, \\ \bar{\omega}, & \text{对于 } j = n, \\ -1, & \text{对于其余的 } j. \end{cases}$$

由以上的定义，这也就是 $\boldsymbol{\beta} = \boldsymbol{\alpha}^i$.

这样，我们看到：

(55:19) $\overline{V}$ 的每一个 $\boldsymbol{\beta}$ 必然是一个 $\boldsymbol{\alpha}^i$，具有 $i \in S_*$.

现在 $\overline{V}$ 是不空的，故 V 里有 $\boldsymbol{\alpha}^i (i \in S_*)$ 存在. 结果这个 $\boldsymbol{\alpha}_i$ 就是一个转归，从而 $\sum_{j=1}^{n} \alpha_j^i = 0$，即：$-(n-2)+\alpha_* + \bar{\omega} = 0$. 这与(55:R)等价.

最后，考虑 S_* 的任意一个 i. 因为(55:R)成立，所以有

$$-(n-2) + \alpha_* + \bar{\omega} = 0.$$

从而 $\sum_{j=1}^{n} \alpha_j^i = 0$，即 $\boldsymbol{\alpha}^i$ 是个转归. 然而 $\alpha_j^i = \underline{\alpha}_i = \alpha_*$，$\alpha_n^i = \bar{\omega}$，因此(55:O)保证 $\boldsymbol{\alpha}^i$ 属于 V. 又由于 $\alpha_n^i = \bar{\omega}$，$\boldsymbol{\alpha}^i$ 甚至是在 $\overline{V}$ 里的，这就是说：

(55:20) 每个 $\boldsymbol{\alpha}^i (i \in S_*)$ 是一个转归，而且属于 $\overline{V}$.

(55:19)和(55:20)在一起就建立了(55:R). (55:R)在上面已经证好了. 于是证明全部完毕.

55.5.3 我们这个分析的主要结果是(55:R)，(55:S)，其中同时引入了集 S_*. 现在用文字来做个总结仍然是可能的. [①]

对主导局中人来说，最好的结果是他能得到某一个值 $\bar{\omega}$. 为了达到这个目的，他恰巧需要在某一局中人集合 S_* 里任意选取一个同盟. 这集合 S_* 所包含的是：局中人 $1, \cdots, n-1$ 当中最不满意反对主导局中人的(55.4 的结尾所指出的那样的)完美合作状态的那些局中人.

于是，当局中人 $1, \cdots, n-1$ 联合起来而去完全击败主导局中人的时候，主导局中人在他获胜情形的行动就要受局中人 $1, \cdots, n-1$ 所做的安排的影响. 这种基本不同情况当中的"相互作用"是值得注意的. [②]还有个引人注目的事是：当主导局中人的目标为获胜的时候，他的自然的同盟是可能与他绝对对立的组织里最不受欢迎的成员. [③]

---

① 所有这些当然仅可在情形(Ⅱ)上应用.

② 在第一章 4.3.3 里，我们强调了转归——即属于某一行为标准(或解)——"实质"的存在对于同样标准的其他转归所起的影响. 几乎 $n \geqslant 3$ 人博弈的全部的解都可以用来说明这个原则. 在讨论的前一个阶段，第六章 25.2.2 里，已经在这方面作过特殊的参考，而现在的情形却特别突出.

③ 说明这个原则的政治性的情况是人所共知的；在这一方面，它的普遍真实性能经常受到肯定. 然而难以否认的是：说明这个原则的真实性在文字上所能够举出的例子，并不见得会比说明其他复杂的原则所能举的例子更有助于我们对它(原则的真实性)的肯定.

这里关键在于，对于我们现在考虑的特别博弈——即社会组织，这个原则或者其他的原则都不成立，要建立这个原则的真实性，相当复杂的数学证明是必要的. 所有在口头上言之有理的论证都不够确切，易于混淆.

55.4里关于结果的陈述与证明之间的对比所做的总结说明在这里还可以应用.

*55.6 情形(Ⅱ): $\mathfrak{A}$ 和 S_*

55.6.1 我们在55.4,55.5里把V的两个部分$\underline{V}$,$\overline{V}$确定了,[①]现在我们就应该来确定V的最后一个部分:V^*.

设$\mathfrak{A}$为具有$\alpha_i=\underline{\alpha}_i=\alpha_*$,$i\in S_*$的所有的$\boldsymbol{\alpha}$的集合.则有

(55:T) $$\underline{V}\cup V^*\subseteq\mathfrak{A}.$$

证明:考虑$\underline{V}\cup V^*$里的一个$\boldsymbol{\alpha}$.我们必须证明的是:$\alpha_i=\underline{\alpha}_i$对$S_*$的全部$i$成立.

现按(55:L)知道,$\alpha_i\leqslant\underline{\alpha}_i$对全部$i=1,\cdots,n-1$成立.因此,只需要说明当$i$属于$S_*$的时候,$\alpha_i<\underline{\alpha}_i$不出现就行了.

对于S_*里的i,形成(55:S)的$\boldsymbol{\alpha}^i$.它属于$\overline{V}$,所以$\alpha^i_n=\bar{\omega}$;$\boldsymbol{\alpha}$属于$\underline{V}\cup V^*$,所以$\alpha_n<\bar{\omega}$.因此$\alpha^i_n>\alpha_n$,现在$\alpha_i<\underline{\alpha}_i$意味着$\alpha^i_i=\underline{\alpha}_i>\alpha_i$,因此根据(55:1)就知道$\boldsymbol{\alpha}^i\succ\boldsymbol{\alpha}$——但这是不可能的,因为$\boldsymbol{\alpha}^i$,$\boldsymbol{\alpha}$都属于$V$.

(55:U) $V\subseteq\mathfrak{A}$的必要和充分条件是:S_*是单元素集合或$\alpha_*=-1$;不然$\overline{V}$和$\mathfrak{A}$就是互不相交的.

证明:考虑$\overline{V}$里的一个$\boldsymbol{\alpha}$.于是(按(55:S))$\boldsymbol{\alpha}=\boldsymbol{\alpha}^i$,$i$属于$S_*$.比较$\boldsymbol{\alpha}^i$和$\mathfrak{A}$的定义就可以明白,它属于$S_*$的必要和充分的条件是$S_*$仅有一个元素$i$或$\alpha_*=-1$.

用普通的语言表述,(55:T),(55:U)的意义就是:主导局中人不完全成功的时候,每一个分配中(即在$\underline{V}\cup V^*$里)最不利的群(S_*,参看55.5的结尾)里的每一名局中人可以取得最大限度的收获.[②]当主导局中人完全被击败(即在$\underline{V}$里)的时候,这一点甚至于对全体局中人$1,\cdots,n-1$成立(参看55.4的结尾).当主导局中人完全成功的时候,则这一点恰巧对一名局中人成立,这一名可以是最不利的一群(S_*,参看55.5的结尾处)里的任意成员.

*55.7 情形(Ⅱ′)和(Ⅱ″).情形(Ⅱ′)的解决

55.7.1 考虑情形$S_*=(1,\cdots,n-1)$,我们称它为情形(Ⅱ′).在这个情形里,$\underline{\alpha}_i=\alpha_*$对全部$i=1,\cdots,n-1$成立,所以由(55:N)可得到$(n-1)\alpha_*=1$,即$\alpha_*=\dfrac{1}{n-1}$,而由(55:R)可得到

$$\bar{\omega}=n-2-\frac{1}{n-1}.$$

如果$\boldsymbol{\alpha}$属于$\mathfrak{A}$,则$\alpha_i=\underline{\alpha}_i=\alpha_*=\dfrac{1}{n-1}$对$i=1,\cdots,n-1$成立.因此$\alpha_n=-1$,即

① S_*虽然由(55:Q)所限定,但它仍然是个未知的集合.数$\underline{\alpha}_1,\cdots,\underline{\alpha}_{n-1}$也都是未知量,但要受到(55:N)的限制,由这些量可确定α_*(它们的极小值).$\underline{\omega}$,$\bar{\omega}$则可由(55:M),(55:R)得到,这些量的确定将要在后面述及.参看(55:O′)(即(55:L′),(55:N′)和(55:P′)).

然而$\underline{V}$的和$\overline{V}$的形式却是已经求得了的,还剩下的就都是次要性质的不确定性了.

② 这就是:在已知标准(即解)V下,他的个别的最大限度收获.按(55:L),对于局中人$i(=1,\cdots,n-1)$,这种最大收获(最大值)是$\underline{\alpha}_i$——虽然$\underline{\alpha}_i$本来的定义是它在V的一部分$\underline{V}$里的最小收获(最小值).

$$\boldsymbol{\alpha}=\left\{\frac{1}{n-1},\cdots,\frac{1}{n-1},-1\right\},$$

根据(55:T),这对$\underline{V}\cup V^*$里的全部$\boldsymbol{\alpha}$也成立.

按(55:K),这个$\boldsymbol{\alpha}$就是$\underline{V}$的唯一元素$\boldsymbol{\alpha}^0$,所以V^*是空集合.因此$V=\underline{V}\cup\overline{V}$,现在由(55:K),(55:S)就知道:

(55:V)　　V包含的元素是:

(a) $\boldsymbol{\alpha}^0=\left\{\frac{1}{n-1},\cdots,\frac{1}{n-1},-1\right\}$,

(b) $\boldsymbol{\alpha}^i$,其中$i=1,\cdots,n-1$,而里面的$\boldsymbol{\alpha}^i=\{\alpha_0^i,\cdots,\alpha_{n-1}^i,\alpha_n^i\}$具有

$$\alpha_j^i=\begin{cases}\dfrac{1}{n-1}, & \text{对于 } j=i,\\ n-2-\dfrac{1}{n-1}, & \text{对于 } j=n,\\ -1, & \text{对于其余的 } j.\end{cases}$$

在情形(Ⅱ′)里,(55:V)确定的是唯一可能的解V.然而这并不必然蕴涵V是一个解或V属于情形(Ⅱ′).实际上,如果V不能满足这两个要求,那么我们已经证明了的——虽然这证明的方式相当间接——不过是情形(Ⅱ′)里的解不存在.因此,我们将往证这两个要求确可满足.[①]

55.7.2

(55:W)　　在情形(Ⅱ)里,(55:V)的V是唯一的解.

证明:我们只需要说明这个V在情形(Ⅱ′)里是一个解,唯一性则可由以上的(55:V)得到.

情形(Ⅱ′)是容易建立的:显然对这个V有

$$\underline{\omega}=-1,\quad \bar{\omega}=n-2-\frac{1}{n-1},$$

$$\underline{\alpha}_1=\cdots=\underline{\alpha}_{n-1}=\alpha_*=\frac{1}{n-1},$$

$$S_*=(1,\cdots,n-1).$$

我们剩下要证明的是V为一解,也就是要验证30.1.1里的(30:5:c).为了这个目的,我们必须确定不受V的元素所控制的转归$\boldsymbol{\beta}$.

由于$\alpha_n^0=-1$,对于$\boldsymbol{\alpha}^0\succ\boldsymbol{\beta}$,(55:1)是除外了的.所以这个转归仅可以通过(55:2)来起作用.这样,它的结果就是$\alpha_i^0>\beta_i$,即$\beta_i<\frac{1}{n-1}$对$i=1,\cdots,n-1$成立.

对于$\boldsymbol{\alpha}^k\succ\boldsymbol{\beta}$,$k=1,\cdots,n-1$,当$i\neq k$时(55:1)是除外了的;而且由于对$i\neq k$有$\alpha_i^k=-1$,(55:2)也是除外了的;所以这个控制仅能通过具$i=k$的(55:1)来起作用.这样,它的结果就是$\alpha_i^k>\beta_j$对$j=k,n$成立,即$\beta_k<\frac{1}{n-1}$,$\beta_n<n-2-\frac{1}{n-1}$.

于是,$\boldsymbol{\beta}$不受V的元素所控制的必要和充分条件为:$\beta_i\geqslant\frac{1}{n-1}$对某些$i=1,\cdots,n-1$成立;

① 请把这里的情况与研究情形(Ⅰ)的(55:G)做个比较.那里我们不需要这种附带的讨论,因为(55:G)根本就是必要和充分的条件.

而且在$\beta_n<n-2-\frac{1}{n-1}$的情形,它甚至对全部这些 i 成立.

这样,由$\beta_n<n-2-\frac{1}{n-1}$必然得到$\beta_1,\cdots,\beta_{n-1}\geqslant\frac{1}{n-1}$. 此外,$\beta_n\geqslant-1$也成立. 因此,由$\sum_{i=1}^{n}\beta_i=0$可以知道在全部这些"$\geqslant$"号的关系里,只有等号成立,即$\boldsymbol{\beta}=\boldsymbol{\alpha}^0$. 另一方面,由$\beta_n\geqslant n-2-\frac{1}{n-1}$必然可得到$\beta_i\geqslant\frac{1}{n-1}$对于一个$i(=1,\cdots,n-1)$成立,而$\beta_i\geqslant-1$对于其他的$n-2$个 j 的值成立. 于是由$\sum_{j=1}^{n}\beta_j=0$又可以知道,全部有"$\geqslant$"号的关系里只有等号成立,即$\boldsymbol{\beta}=\boldsymbol{\alpha}^i$.

因此,不受 V 所控制的 $\boldsymbol{\beta}$ 就是 $\boldsymbol{\alpha}^0$ 和 $\boldsymbol{\alpha}',\cdots,\boldsymbol{\alpha}^{n-1}$;也就是我们所希望的:它们恰巧为 V 的元素.

55.7.3 这个解的重要性在于它是一个有穷集合. 我们将会看到,它是唯一的有穷的解. 如果与主导局中人对立的一般合伙可以形成,那么其中的 $n-1$ 个成员能分得的数额是均等的——即由 $\boldsymbol{\alpha}^0$ 来说明. 如果主导局中人找到了一个同盟,那么主导局中人就得给他像 $\boldsymbol{\alpha}^0$ 一样的数额,而保留其余的——由 $\boldsymbol{\alpha}',\cdots,\boldsymbol{\alpha}^{n-1}$说明的数额.

这个解的全部结果都十分合理,而且没有差别待遇.[①]但是它并不是唯一可能的解——我们在 55.3 里找到过一个(参看(55:G)),而且在下面的几节里还要有更多的解出现.

*55.8 情形(Ⅱ″):$\mathfrak{A}$ 和 V'. 控制关系

55.8.1 其次,我们考虑情形 $S_*\neq(1,\cdots,n-1)$,我们将把它称为情形(Ⅱ″).

利用(55:Q)我们也可以把这个情形陈述为

(55:X) $S_*\subset(1,\cdots,n-1)$, S_*不空.

我们又可以说:情形(Ⅱ′)和(Ⅱ″)的特征分别在于:与主导局中人相敌对的可能的一般合伙里,没有差别待遇和有差别待遇.

进入情形(Ⅱ″)的讨论以前,我们提出一点说明:

本章 55.4 至 55.7 里的论证是数学性的,然而那里所得到的(中间性的)结果却可以作简单的文字归结. 这就是说,在数学的推导当中,可以相当频繁地插入文字的例证,说明我们的研究达到了哪一个阶段.

现在的情形就不然了,至少我们需要一个较长的数学推导,才能达到一个适宜于做口语解释的段落.

55.8.2 现在我们就进行这个推导.

引入记号 $V'=\mathfrak{A}\cap V$(V 在 $\mathfrak{A}$ 里的部分). 由(55:T),(55:U),根据(55:U)的条件是否可以满足而有 $V'=\underline{V}\cup V^*$ 或 $V'=\underline{V}\cup V^*\cup\overline{V}=V$.

---

① 这个解的特殊情形 $n=3,4$ 是常见的. 对于 $n=3$,它就是本质三人博弈的无差别待遇解;对 $n=4$,它就是第七章 35.1 里所讨论的情况.

(55:Y)　　条件(30:5:c)对 $\mathfrak{A}$ 里的 V' 成立.

证明:在 30.1.1 里把(30:5:c)换成与之等价的(30:5:a),(30:5:b).

关于(30:5:a):因为 $V'\subseteq V$,而 V 的元素不能相互控制,所以 V' 的元素也不能.

关于(30:5:b):设 $\boldsymbol{\beta}$ 属于 $\mathfrak{A}$ 而不属于 V',则我们必须在 V' 里求得一个具有 $\boldsymbol{\alpha}\succ\boldsymbol{\beta}$ 的 $\boldsymbol{\alpha}$.

首先,$\boldsymbol{\beta}$ 甚至不属于 V,因而 V 中有一个具有 $\boldsymbol{\alpha}\succ\boldsymbol{\beta}$ 的 $\boldsymbol{\alpha}$ 存在,若这个 $\boldsymbol{\alpha}$ 不在 $\overline{V}$ 里,则必属于 V'(参看(55:Y)前面的说明),这样我们的陈述就得到了证明.因此,我们只需要说明 $\boldsymbol{\alpha}$ 不属于 $\overline{V}$.

假设 $\boldsymbol{\alpha}$ 属于 $\overline{V}$,即(按(55:S))对于 S_* 里的 k 有 $\boldsymbol{\alpha}=\boldsymbol{\alpha}^k$.我们有 $\boldsymbol{\alpha}^k\succ\boldsymbol{\beta}$.当 $i\neq k$ 的时候,(55:1)是除外的;又由于对 $i\neq k$,有 $\alpha_i^k=-1(i=1,\cdots,n-1)$,所以(55:2)也是除外的.因此控制仅可能通过具有 $i=k$ 的(55:1)来起作用,从而知道 $\alpha_k^k>\beta_k$,即 $\beta_k<\underline{\alpha}_k=\alpha_*$.然而由于 $\boldsymbol{\beta}$ 属于 $\mathfrak{A}$,这是不可能的.

55.8.3 于是我们现在的任务就是对于 $\mathfrak{A}$ 求出所有的解(即:满足 30.1.1 里的(30:5:c)的全部集合).这必然要求我们确定 $\mathfrak{A}$ 里的控制关系的性质.

(55:Z)　　对 $\mathfrak{A}$ 里的 $\boldsymbol{\alpha},\boldsymbol{\beta},\boldsymbol{\alpha}\succ\boldsymbol{\beta}$ 等价于:$\alpha_n>\beta_n$ 和 $\alpha_i>\beta_i$,对某些 $i\in(1,\cdots,n-1)-S_*$ 成立.

证明:对于 $\boldsymbol{\alpha}\succ\boldsymbol{\beta}$,当 i 属于 S_* 的时候,(55:1)是除外的;又因为对于 S_* 里的全部 k,有 $\alpha_k=\beta_k(=\underline{\alpha}_k=\alpha_*)$,所以(55:2)也是除外的.

由此可见,这一控制关系仅能够通过具有 i 属于$(1,\cdots,n-1)-S_*$ 的(55:1)而起作用.而这意味着 $\alpha_n>\beta_n$ 和 $\alpha_i>\beta_i$,就是所要证明的.

我们已经用 $\mathfrak{A}$ 替代了全部转归的集合,用(55:Z)里所描写的控制概念替代了(55:A)所描写的控制概念.除了这些以外,寻求全部的解的问题都是保持不变的.我们取得的进步就是:(55:Z)里的控制概念较(55:A)的容易处理,这一点在下面就会看到.

*55.9　情形(Ⅱ″):V' 的确定

55.9.1 设 p 为 S_* 里元素的数目.

于是有

(55:A′)
$$1\leqslant p\leqslant n-2.$$

证明:这是(55:X)的直接推论.

(55:B′)
$$-1\leqslant\alpha_*<\frac{1}{n-1}.$$

证明:$-1\leqslant\alpha_*$ 是显然的.其次,对于 S_* 里的 i,有 $\alpha_i=\alpha_*$;对于$(1,\cdots,n-1)-S_*$ 的 i,有 $\alpha_i>\alpha_*$.根据(55:A′),这些集合都不是空的,所以 $\sum_{i=1}^{n-1}\underline{\alpha}_i>(n-1)\alpha_*$,从而由(55:N)可以知道,

$$1>(n-1)\alpha_*,\alpha_*<\frac{1}{n-1},\text{即为所证.}$$

$\mathfrak{A}$ 的一个 $\boldsymbol{\alpha}$ 有 p 个固定的支量 $\alpha_i(=\underline{\alpha}_i=\alpha_*)$,$i\in S_*$;有 $n-p$ 个可变的支量

$$\alpha_i,i\in(1,\cdots,n)-S_*.$$

这些支量要适合以下条件:

(55:21) $$\alpha_i \geqslant -1 \text{ 对 } i \in (1,\cdots,n) - S_* \text{ 成立}$$

和 $\sum_{i=1}^{n} \alpha_i = 0$，即

(55:22) $$\sum_{i \in (1,\cdots,n)-S_*} \alpha_i = -p\alpha_*.$$

(55:21)的下限相加，得到的和要比(55:22)所指定的小，即$-(n-p) < -p\alpha_*$. 事实上，这意味着$\alpha_* < \frac{n-p}{p} = \frac{n}{p} - 1$. 又根据(55:A′)，$p < n-1$，所以$\frac{n}{p} - 1 > \frac{n}{n-1} - 1 = \frac{1}{n-1}$，并且(55:B′)保证$\alpha_* < \frac{1}{n-1}$.

这样，我们就得到了：

(55:C′) 域$\mathfrak{A}$是$(n-p-1)$维的.

55.9.2 现在我们对V'和$\mathfrak{A}$来进行比较仔细的分析.①

令

(55:23) $$\omega^* = n - p - 1 - p\alpha^*.$$

按(55:R)我们可以写下

(55:24) $$\omega^* = \bar{\omega} - (p-1)(\alpha_* + 1).$$

(55:D′) $\omega^* = \bar{\omega}$的必要和充分条件是：S_*为一个单元素集合(即$p=1$)或$\alpha_* = -1$. 这也就是：(55:U)的条件不得满足，否则即有$\omega^* < \bar{\omega}$.

证明：由(55:A′)，(55:B′)有$p \geqslant 1$和$\alpha_* \geqslant -1$，所以这是(55:24)的直接推论.

(55:E′) $$\mathrm{Max}_{\boldsymbol{\alpha} \in \mathfrak{A}} \alpha_n = \omega^*.$$

(55:F′) 这一最大值仅对$\mathfrak{A}$里的一个$\boldsymbol{\alpha}$可以取得：

$$\boldsymbol{\alpha}^* = \{\alpha_1^*, \cdots, \alpha_{n-1}^*, \alpha_n^*\}$$

具有

$$\alpha^* = \begin{cases} \alpha_i = \alpha_*, & \text{对于 } i \in S, \\ \omega^*, & \text{对于 } i = n, \\ -1, & \text{对于其余的 } i. \text{②} \end{cases}$$

(55:E′)和(55:F′)的证明：由$\mathfrak{A}$的定义显然可以知道，对于$\mathfrak{A}$里的$\boldsymbol{\alpha}$，可变支量α_n在别的可变支量$(\alpha_i, i \in (1,\cdots,n-1) - S_*)$取它们的最小值的时候，则可以取得最大值. 这些$\alpha_i$的最小值为$-1$. 所以对这个最大值有

$$\alpha_i = \begin{cases} \alpha_i = \alpha_*, & \text{对于 } i \in S_*, \\ -1, & \text{对于 } i \in (1,\cdots,n-1) - S_*. \end{cases}$$

---

① 下面的引理(55:D′)至(55:P′)就是47.5.2至47.5.4的图解推理的分析等价. 这两种证明的技术背景虽然不同，然而它们之间的类似性却很显著——读者有兴趣的话，可逐步地把它们检查一下.

(55:C′)指明，图解的讨论应该在$(n-p-1)$维的空间里进行(根据(55:A′)，这个维数要在1与$n-2$之间). 这也就是我们为什么采用分析讨论的理由.(上引处的图解证明是在平面上进行的，也就是它仅需要二维的空间).

② 比较这一定义和(55:D′)，可以看出，要使得这个$\boldsymbol{\alpha}^*$是一个$\boldsymbol{\alpha}^i$，$i \in S$(即：它属于$\hat{V}$)，必须而且只需(55:U)里的条件被满足.

由于$\boldsymbol{\alpha}^*$属于$\mathfrak{A}$，这一点是和(55:U)的结果是一致的.

现在 $\alpha_n=-\sum_{i=1}^{n-1}\alpha_i=-p\alpha_*+(n-1-p)=n-p-1-p\alpha_*$. 按(55:23)这就意味着 $\alpha_n=\omega^*$.

这就证明了我们的断言.

(55:G′) $\boldsymbol{\alpha}^*$ 属于 V'.

证明：$\boldsymbol{\alpha}^*$ 属于 $\mathfrak{A}$,对于 $\mathfrak{A}$ 的任一个 $\boldsymbol{\alpha}$,由(55:E′),(55:F′)有

$$\alpha_n\leqslant\alpha_n^*(=\omega^*).$$

所以根据(55:Z)就排除了 $\boldsymbol{\alpha}\succ\boldsymbol{\alpha}^*$,因而(55:Y)必然蕴涵 $\boldsymbol{\alpha}^*$ 属于 V'.

55.9.3 做了这些准备以后,以下我们进行叙述推导的决定性部分.

(55:H′) 若 $\boldsymbol{\alpha},\boldsymbol{\beta}$ 属于 V',则 $\alpha_n=\beta_n$ 蕴涵 $\boldsymbol{\alpha}=\boldsymbol{\beta}$.

证明：考察 V' 里具有 $\alpha_n=\beta_n$ 的两个 $\boldsymbol{\alpha},\boldsymbol{\beta}$.

令 $\gamma_i=\mathrm{Min}(\alpha_i,\beta_i)(i=1,\cdots,n-1,n)$,并且先假设 $\sum_{i=1}^{n}\gamma_i<0$,例如说 $\sum_{i=1}^{n}\gamma_i=-\varepsilon,\varepsilon>0$.

令 $\boldsymbol{\delta}=\{\delta_1,\cdots,\delta_{n-1},\delta_n\}$,其中

$$\delta_i=\begin{cases}\gamma_i, & \text{对于 } i\in S_*,\\ \gamma_i+\dfrac{\varepsilon}{n-p}, & \text{对于 } i\in(1,\cdots,n-1,n)-S^*.\end{cases}$$

这个 $\boldsymbol{\delta}$ 显然是一个转归;并且由于 $i\in S_*$ 可以知道 $\delta_i=\gamma_i=\alpha_i=\beta_i=\underline{\alpha_i}=\alpha_*$,所以 $\boldsymbol{\delta}$ 属于 $\mathfrak{A}$. 我们又知道 $\delta_n>\gamma_n=\alpha_n=\beta_n$,而且对 $i\in(1,\cdots,n-1)-S_*$,$\delta_i>\gamma_i=\alpha_i$ 或 β_i,因此 $\boldsymbol{\delta}\succ\boldsymbol{\alpha}$ 或 $\boldsymbol{\delta}\succ\boldsymbol{\beta}$. 由于 $\boldsymbol{\alpha},\boldsymbol{\beta}$ 属于 V',这就是在 V' 里排除了 $\boldsymbol{\delta}$. 所以 V' 里存在具有 $\boldsymbol{\eta}\succ\boldsymbol{\delta}$ 的 $\boldsymbol{\eta}$.

现在按(55:Z)有 $\eta_n>\delta_n$,又对某个 $i\in(1,\cdots,n-1)-\delta_*$ 有 $\eta_i>\delta_i$. 此外还有

$$\eta_n>\delta_n>\gamma_n=\alpha_n=\beta_n,\ \eta_i>\delta_i>\gamma_i=\alpha_i \text{ 或 } \beta_i.$$

于是 $\boldsymbol{\eta}\succ\boldsymbol{\alpha}$ 或 $\boldsymbol{\eta}\succ\boldsymbol{\beta}$. 由于 $\boldsymbol{\alpha},\boldsymbol{\beta},\boldsymbol{\eta}$ 都属于 V',这就是一个矛盾.

由此可见,$\sum_{i=1}^{n}\gamma_i<0$ 是不可能的,所以

(55:25)
$$\sum_{i=1}^{n}\gamma_i\geqslant 0.$$

现在 $\gamma_i\leqslant\alpha_i,\gamma_i\leqslant\beta_i$,而且 $\sum_{i=1}^{n}\alpha_i=\sum_{i=1}^{n}\beta_i=0$. 所以由(55:25)可知,对所有的这些有≤号的关系,只有等号成立,即 $\gamma_i=\alpha_i=\beta_i$. 这就证明了所要的 $\boldsymbol{\alpha}=\boldsymbol{\beta}$.

(55:I′) 对所有的在 V' 里的 $\boldsymbol{\alpha}$,α_n 的值恰巧构成区间

$$-1\leqslant\alpha_n\leqslant\omega^*.$$

证明：对 V' 里的 $\boldsymbol{\alpha}$,$\alpha_n\geqslant-1$ 是显然的,而且 $\alpha_n\leqslant\omega^*$ 可由(55:E′)得到. 因此,我们只需要说明具有下述性质的 y_1 不存在：

$$-1\leqslant y_1\leqslant\omega^*,\ \alpha_n\neq y_1,\text{对于全部的 }\boldsymbol{\alpha}\in V'.$$

V' 里自然要有具有 $\alpha_n\geqslant y_1$ 的 $\boldsymbol{\alpha}$：事实上,根据(55:G′),$\boldsymbol{\alpha}^*$ 属于 V',而且 $\alpha_n^*=\omega^*\geqslant y_1$. 作

$$\mathrm{Min}_{\boldsymbol{\alpha}\in V'\text{具有}\alpha_n\geqslant y_1}\alpha_n=y_2,$$[①]

又在 V' 里选出一个具有 $\alpha_n^+\geqslant y_1$ 的 $\boldsymbol{\alpha}^+$，使它取这个最小值：$\alpha_n^+=y_2$. 根据(55:H′)，这 $\boldsymbol{\alpha}^+$ 是唯一的.

所以 $y_2\geqslant y_1$，又因为必然有 $\alpha_n^+\neq y_1$，从而 $y_2\neq y_1$，即

(55:26)
$$y_1<y_2.$$

由 y_2 的定义可以得到

(55:27)
$$y_1\leqslant\alpha_n<y_2\ \text{对}\ \boldsymbol{\alpha}\in V'\ \text{不成立}.$$

现在，令 $y_1=y_2-\varepsilon,\varepsilon>0$ 而且形成转归

$$\boldsymbol{\beta}=\{\beta_1,\cdots,\beta_{n-1},\beta_n\},$$

其中 $\beta_n=\alpha_n^+-\varepsilon=y_2-\varepsilon=y_1$；$\beta_i=\alpha_i^+=\alpha_i=\alpha_*,i\in S_*$；$\beta_i=\alpha_i^++\dfrac{\varepsilon}{n-1-p},i\in(1,\cdots,n-1)-S_*$. 显然 $\boldsymbol{\beta}$ 属于 $\mathfrak{A}$，而 $\beta_n=y_1$ 就把 $\boldsymbol{\beta}$ 在 V' 里排除了. 因此，V' 里存在一个 $\boldsymbol{\gamma}$ 具有 $\boldsymbol{\gamma}\succ\boldsymbol{\beta}$.

根据(55:Z)，这意味着 $\gamma_n>\beta_n$ 和 $\gamma_i>\beta_i$ 对某个 $i\in(1,\cdots,n-1)-S_*$ 成立.

现在根据(55:26)由 $\gamma_n>\beta_n=y_1$ 必然可得到 $\gamma_n\geqslant y_2$. $\gamma_n=y_2$ 将蕴涵 $\boldsymbol{\gamma}=\boldsymbol{\alpha}^+$（根据(55:H′)，参看以上所述）. 因此，$\gamma_i=\alpha_i^+<\beta_i$ 对上述 $i\in(1,\cdots,n-1)-S_*$ 成立，而不是所要的 $\gamma_i>\beta_i$ 成立. 所以有 $\gamma_n>y_2$.

于是 $\gamma_n>y_2=\alpha_n^+$ 和 $\gamma_i>\beta_i>\alpha_i^+$ 对于上面的 $i\in(1,\cdots,n-1)-S_*$ 成立. 从而 $\boldsymbol{\gamma}\succ\boldsymbol{\alpha}^+$ 成立. 可是 $\boldsymbol{\gamma},\boldsymbol{\alpha}^+$ 都属于 V'，所以这就是个矛盾.

55.9.4 由(55:I′)和(55:H′)，我们知道：对每一个适合

$$-1\leqslant y\leqslant\omega^*$$

的 y，在 V' 里存在一个具有 $\alpha_n=y$ 的唯一的 $\boldsymbol{\alpha}$. 用

$$\boldsymbol{\alpha}(y)=\{\alpha_1(y),\cdots,\alpha_{n-1}(y),\alpha_n(y)\}$$

来表示这个 $\boldsymbol{\alpha}$，则显然 $\alpha_n(y)=y$ 和 $\alpha_i(y)=\alpha_i=\alpha_*$ 对 $i\in S_*$ 成立. 所以起作用的函数就是具有 $i\in(1,\cdots,n-1)-S_*$ 的 $\alpha_i(y)$.

把这一点与(55:I′)结合起来，则得到

(55:J′) V' 包含的元素是：$\boldsymbol{\alpha}(y)$，其中 y 遍历区间 $-1\leqslant y\leqslant\omega^*$，并且其中 $\boldsymbol{\alpha}(y)=\{\alpha_1(y),\cdots,\alpha_{n-1}(y),\alpha_n(y)\}$ 具有

$$\alpha_i(y)\begin{cases}\alpha_i=\alpha_*, & \text{对于 } i\in S_*,\\ y, & \text{对于 } i=n,\\ y(\text{和 } i)\text{ 的一个适当函数}, & \text{对于 } i\in(1,\cdots,n-1)-S_*.\end{cases}$$

55.9.5 现在总结如下：

(55:K′) (55:J′)里的函数 $\alpha_i(y)$，$i\in(1,\cdots,n-1)-S_*$ 满足下列的条件：

(55:K′:a) $\alpha_i(y)$ 的变程是区间 $-1\leqslant y\leqslant\omega^*$.

---

① 在这个情形里，我们不必去形成确切的最小值，但我们指出，达到这个最小值的程序比较下面所用的程序略长一些. 最小值能够形成(即它存在而且可以取得)这一事实，可以像 46.2.1 里第一个注那样得到肯定. 特别可参看那个注里的(*). 那里对 V 所说的事实对下列的集合也成立：$\mathfrak{A}$ 里的类似集合 V'；V' 和具有 $\alpha_n\geqslant y_1$ 的 $\boldsymbol{\alpha}$ 的闭集合的交集.

由于这里需要闭包，所以，虽然我们真正的目的是 $\alpha_n>y_1$，但是不能用它，而必须采用条件 $\alpha_n\geqslant y_1$. 然而，在所探讨的情形下，我们将会看到，这两个条件是等价的(参看下面的(55:26)).

(55:K′:b)　　$y_1 \leqslant y_2$ 蕴涵 $\alpha_i(y_1) \geqslant \alpha_i(y_2)$,[①]

(55:K′:c)　　$$\alpha_i(-1)=\underline{\alpha}_i.$$

(55:K′:d)　　$$\alpha_i(\omega^*)=-1.$$

(55:K′:e)　　$$\sum_{i\in(1,\cdots,n-1)-S_*}\alpha_i(y)=-p\alpha_*-y.$$ [②③]

证明：关于(55:K′:a)：已包含在(55:J′)里.

关于(55:K′:b)：设反面成立,即 $y_1 \leqslant y_2$ 和 $\alpha_i(y_1) < \alpha_i(y_2)$ 对某一个 $i\in(1,\cdots,n-1)-S_*$ 成立.这就排除了 $y_1=y_2$,所以 $y_1>y_2$.于是有 $\boldsymbol{\alpha}(y_2) \succ \boldsymbol{\alpha}(y_1)$;但由于 $\boldsymbol{\alpha}(y_1)$,$\boldsymbol{\alpha}(y_2)$都属于 V',这是不可能的.

关于(55:K′:c)：这是 $\boldsymbol{\alpha}^0$ 属于 V'的重述,事实上它属于$\underline{V}$(参看(55:K),(55:M)).

关于(55:K′:d)：这是 $\boldsymbol{\alpha}^*$ 属于 V'的重述(参看(55:G′)).

关于(55:K′:e)：$\boldsymbol{\alpha}(y)$是一个转归,因而 $\sum_{i=1}^{n}\alpha_i(y)=0$.

根据(55:J′),这意味着 $\sum_{i\in(1,\cdots,n-1)-S_*}\alpha_i(y)+p\alpha_*+y=0$,也就是所要的

$$\sum_{i\in(1,\cdots,n-1)-S_*}\alpha_i(y)=-p\alpha_*-y.$$

*55.10　情形(Ⅱ″)的解决

55.10.1　本章 55.8 至 55.9 里所得到的结果包含了解的一个完整描述.诚然,我们在

---

① 即 $\alpha_i(y)$是 y 的一个反单调函数.

② 由这些关系可得到全部函数 $\alpha_i(y)$ 的连续性,$i\in(1,\cdots,n-1)-S_*$.事实上,我们甚至于还可以多证明一些,说明它们可以满足所谓的李卜西兹条件:

(55:28)　　$$|\alpha_i(y_2)-\alpha_i(y_1)|\leqslant|y_2-y_1|.$$

证明：这个关系对于 y_1,y_2 是对称的,因此我们可以假定 $y_1\leqslant y_2$.现在把(55:K′:e)运用到 $y=y_1$ 和 $y=y_2$ 上,然后相减,就得到

$$\sum_{i\in(1,\cdots,n-1)-S_*}\{\alpha_i(y_1)-\alpha_i(y_2)\}=y_2-y_1.$$

根据(55:K′:b),和式里所有的项 $\alpha_i(y_1)-\alpha(y_2)$ 都 $\geqslant 0$,因此,每一项不会超过它们的总和,于是

$$0\leqslant\alpha_i(y_1)-\alpha_i(y_2)\leqslant y_2-y_1.$$

显然这些不等式的中间项就是 $|\alpha_i(y_2)-\alpha_i(y_1)|$,而最右一项就是 $|y_2-y_1|$.这样也就得到了我们所要的关系

$$|\alpha_i(y_2)-\alpha_i(y_1)|\leqslant|y_2-y_1|.$$

读者会看到,我们从来没有假定任何的连续性.(而是证明了它!)这一点在数学的技术观点看来是十分有意思的事.

③ 注意(55:K′:c),(55:K′:d)并不与(55:K′:e)矛盾.事实上：对于 $y=-1$,由(55:K′:e)可得

$$\sum_{i\in(1,\cdots,n-1)-S_*}\alpha_i(-1)=-p\alpha_*+1,$$

因此(55:K′:c)要求 $\sum_{i\in(1,\cdots,n-1)-S_*}\underline{\alpha}_i=-p\alpha_*+1$,$\sum_{i=1}^{n-1}\underline{\alpha}_i=1$,这与(55:N)一致.

对于 $y=\omega^*$,由(55:K′:e)可得

$$\sum_{i\in(1,\cdots,n-1)-S^*}\alpha_i(\omega^*)=-p\alpha_*-\omega^*,$$

因此(55:K:d)要求 $-(n-p-1)=-p\alpha^*-\omega^*$,$\omega^*=n-p-1-p\alpha^*$,这与(55:23)一致.

55.8.2 的开始曾经看到了 $V=V'\cup\overline{V}$,这式子里的加项 $\overline{V}$(由于 $\subseteq V'$ 的缘故)可以忽略的必要和充分条件是条件(55:U)被满足. $\overline{V}$,V' 分别由(55:S),(55:J′)的叙述来描写. 这些特征化的叙述要利用参数.

$$\underline{\alpha}_i(i=1,\cdots,n-1),\alpha_*,S_*,\overline{\omega},\omega^*,\alpha_i(y)$$
$$(i\in(1,\cdots,n-1)-S_*,-1\leqslant y\leqslant\omega^*),$$

而这些参数应适合下面各式里所陈述的限制:(55:N);55.5.1 里的(55:13),(55:15);(55:R);55.9.2 里的(55:23),(55:24);(55:K′).

由于这些材料分散出现在七个小节里,所以为了方便最好在一个地方把完整的结果总述一下:

(55:L′)

(55:L′:a)　$S_*\subset(1,\cdots,n-1)$ 是个非空集合.

设 p 为 S_* 的元素数目,则 $1\leqslant p\leqslant n-2$.

(55:L′:b)　$\underline{\alpha}_1,\cdots,\underline{\alpha}_{n-1}$ 都是 $\geqslant -1$ 的数,具有 $\sum_{i=1}^{n-1}\underline{\alpha}_i=1$.

(55:L′:c)　对全部的 $i\in S_*$,$\underline{\alpha}_i=\alpha_*$;

对全部的 $i\in(1,\cdots,n-1)-S_*$,$\underline{\alpha}_i>\alpha^*$.

(55:L′:d)　令 $\overline{\omega}=n-2-\alpha_*$,$\omega^*=n-p-1-p\alpha_*$,

则 $\overline{\omega}-\omega^*=(p-1)(\alpha_*+1)$.

(55:L′:e)　$\alpha_i(y)$ 对于 $i\in(1,\cdots,n-1)-S_*$ 有定义

$$-1\leqslant y\leqslant\omega^*.$$

这些函数满足条件(55:K′:a)—(55:K′:e). V 包含的元素是:

(a) $\boldsymbol{\alpha}(y)$,其中 y 遍历区间 $-1\leqslant y\leqslant\omega^*$,

而且其中的 $\boldsymbol{\alpha}(y)=\{\alpha_1(y),\cdots,\alpha_n(y)\}$ 具有

$$\alpha_i(y)=\begin{cases}\alpha_i=\alpha_* & \text{对于 } i\in S_*,\\ y, & \text{对于 } i=n,\\ (55:L':e)\text{的 }\alpha_i(y), & \text{对于 } i\in(1,\cdots,n-1)-S_*.\end{cases}$$

(b) $\boldsymbol{\alpha}^i$,其中 i 遍历全部的 S_*,而且其中的 $\boldsymbol{\alpha}^i=\{\alpha_1^i,\cdots,\alpha_{n-1}^i,\alpha_n^i\}$ 具有

$$\alpha_j^i=\begin{cases}\underline{\alpha}_i=\alpha_*, & \text{对于 } j=i,\\ \overline{\omega}, & \text{对于 } j=n,\\ -1, & \text{对于其余的 } j.\end{cases}$$

说明:若 $p=1$(S_* 为一个单元素集合)或 $\alpha_*=-1$,则 $\overline{\omega}=\omega^*$;而且对于 $y=\omega^*$,(b) 的 $\boldsymbol{\alpha}^i$ 与(a)的 $\boldsymbol{\alpha}(y)$ 相重合. 若不是这样的情形(即 $p\geqslant 2$,$\alpha_*>-1$),则 $\overline{\omega}>\omega^*$,而且(b)的 $\boldsymbol{\alpha}^i$ 与(a)的 $\boldsymbol{\alpha}(y)$ 互不相交.

读者会毫无困难地验明,全部这些陈述只不过是以上所引结果的重述.

55.10.2　(55:L′)必须类似于(55:V)那样进行考虑. 我们必须研究:是否由(55:L′)所得到的全部 V 都是解,并且是否在情形(Ⅱ″)里也是解. 满足这两个条件的那些解就形成了情形(Ⅱ″)里的全部解的完整系统. 我们将往证(55:L′)的所有的 V 适合这些要求.

(55:M′)　　　(55:L′)的 V 在情形(Ⅱ″)里恰是全部的解.

证明：我们只需要说明(55:L′)的每一个 V 在情形(Ⅱ″)里是一个解——这些 V 恰是全部的这种解则由(55:L′)可以知道.

情形(Ⅱ″)是容易建立的：显然，对这个 V，有 $\underline{\omega}=1$，而且

$$\bar{\omega},\underline{\alpha}_1,\cdots,\underline{\alpha}_{n-1},S_*.$$

(在本章 55.2 至 55.5 所述的定义的意义下)恰是(55:L′)里由这些符号所表示的那些量，[①]因此，根据(55:L′:a)则有

$$S_* \subset (1,\cdots,n-1).$$

我们剩下要证的是 V 为一解. 在现在的情形里，我们就由验明 V 满足第六章 30.1.1 里的(30:5:a)，(30:5:b)来说明这一点.

(30:5:a)的验证：设 $\boldsymbol{\alpha}\succ\boldsymbol{\beta}$ 对 V 里的 $\boldsymbol{\alpha},\boldsymbol{\beta}$ 成立. 我们必须区分 $\boldsymbol{\alpha},\boldsymbol{\beta}$ 属于(55:L′)的(a)，(b)中的哪一个情形. 这一共有四种可能的组合：

(1) $\boldsymbol{\alpha},\boldsymbol{\beta}$ 属于(a). 即 $\boldsymbol{\alpha}=\boldsymbol{\alpha}(y_1)$，$\boldsymbol{\beta}=\boldsymbol{\alpha}(y_2)$，从而 $\boldsymbol{\alpha}(y_1)\succ\boldsymbol{\alpha}(y_2)$. 现当 $i\in S_*$ 时，(55:1)是除外的，而且因为对 $i\in S_*$ 有 $\alpha_i(y_1)=\alpha_i(y_2)=\underline{\alpha}_i=\alpha_*$，所以(55:2)是除外的. 因此，这个控制关系只能通过具有 $i\in(1,\cdots,n-1)-S_*$ 的(55:1)而起作用. 根据(55:L′:e)，这就意味着

$$\alpha_n(y_1)>\alpha_n(y_2),\ y_1>y_2,$$

而且对一个适当的 $i\in(1,\cdots,n-1)-S_*$ 有 $\alpha_i(y_1)>\alpha_i(y_2)$，这与(55:K′:b)矛盾.

(2) $\boldsymbol{\alpha}$ 属于(a)，$\boldsymbol{\beta}$ 属于(b). 即 $\boldsymbol{\alpha}=\boldsymbol{\alpha}(y)$，$\boldsymbol{\beta}=\boldsymbol{\alpha}^i\ (i\in S_*)$，从而 $\boldsymbol{\alpha}(y)\succ\boldsymbol{\alpha}^i$. 现因

$$\alpha_n(y)=y\leqslant\omega^*\leqslant\bar{\omega}=\alpha_n^i,\ \text{(55:1)是除外的；}$$

又因 $\alpha_i(y)=\alpha_i^i=\underline{\alpha}_i=\alpha_*$，(55:2)是除外的. 于是我们就得到了一个矛盾.

(3) $\boldsymbol{\alpha}$ 属于(b)，$\boldsymbol{\beta}$ 属于(a). 即 $\boldsymbol{\alpha}=\boldsymbol{\alpha}^i\ (i\in S_*)$，$\boldsymbol{\beta}=\boldsymbol{\alpha}(y)$，从而 $\boldsymbol{\alpha}^i\succ\boldsymbol{\alpha}(y)$. 现在

$$\alpha_i^i=\alpha_i(y)=\underline{\alpha}_i=\alpha_*,\ \text{而且对 } j\neq i,n \text{ 有 } \alpha_j^i=-1\leqslant\alpha_i(y),$$

也就是对全部 $j=1,\cdots,n-1$ 有 $\alpha_j^i\leqslant\alpha_j(y)$. 这就把(55:1)和(55:2)都除外了，于是得到一个矛盾.

(4) $\boldsymbol{\alpha},\boldsymbol{\beta}$ 属于(b). 即 $\boldsymbol{\alpha}=\boldsymbol{\alpha}^i$，$\boldsymbol{\beta}=\boldsymbol{\alpha}^k\ (i,k\in S_*)$，从而 $\boldsymbol{\alpha}^i\succ\boldsymbol{\alpha}^k$. 现在 $\alpha_n^i=\alpha_n^k=\bar{\omega}$，于是与(55:B)矛盾.

(30:5:b)的验证：设 $\boldsymbol{\beta}$ 不受 V 的元素所控制. 我们希望证明，这就蕴涵 $\boldsymbol{\beta}$ 属于 V，因此建立(30:5:b).

首先，设 $\beta_n\geqslant\bar{\omega}$. 若对全部的 $i=1,\cdots,n-1$ 有 $\beta_i<\underline{\alpha}_i=\alpha_*$，则 $\boldsymbol{\alpha}(-1)\succ\boldsymbol{\beta}$，与我们的假定相矛盾. 因此，对某些 $i=1,\cdots,n-1$，$\beta_i\geqslant\underline{\alpha}_i$ 成立. (55:R)的证明所用的论点指明，现在必然有 $i\in S_*$ 和 $\boldsymbol{\beta}=\boldsymbol{\alpha}^i$. 因此，在本情形里 $\boldsymbol{\beta}$ 属于 V.

其次，设 $\beta_n<\bar{\omega}$. 若 $\beta_i<\underline{\alpha}_i=\alpha_*$ 对某些 $i\in S_*$ 成立，则显然有 $\boldsymbol{\alpha}^i\succ\boldsymbol{\beta}$，与我们的假定相矛盾. 于是，对全部的 $i\in S_*$ 有 $\beta_i\geqslant\underline{\alpha}_i=\alpha_*$.

现在由 $\sum_{i=1}^{n}\beta_i=0$ 可得 $\beta_n=-\sum_{i=1}^{n-1}\beta_i\leqslant n-p-1-p\alpha_*=\omega^*$，即 $-1\leqslant\beta_n\leqslant\omega^*$. 令 $y=\beta_n$. 设对全部的 $i\in(1,\cdots,n-1)-S_*$ 有 $\beta_i\geqslant\alpha_i(y)$，则我们显然可以知道，对全部的 $i=1,\cdots,n$

① $\bar{\omega}$ 由(b)得到；$\underline{\alpha}_1,\cdots,\underline{\alpha}_{n-1}$ 由具有 $y=-1$ 的(a)得到；然后 α_*，S_* 由(55:L′:c)得到.

有 $\beta_i \geqslant \alpha_i(y)$.(对于 $i \in S_*$ 和 $i=n$ 甚至可以得到等号成立,参看上面的叙述.)因此,由

$$\sum_{i=1}^{n} \beta_i = \sum_{i=1}^{n} \alpha_i(y) = 0$$

必然推得：在所有这些有≥的关系当中,等号成立.于是 $\boldsymbol{\beta}=\boldsymbol{\alpha}(y)$,从而在这个从属情形里 $\boldsymbol{\beta}$ 也是属于 V 的.

剩下还有个可能性没有解决,就是对一个适当的 $i \in (1,\cdots,n-1)-S_*$ 有 $\beta_i < \alpha_i(y)$ 的情形. y 的(由 $y=\beta_n$ 到某一 $y>\beta_n$ 的)一个充分小的增加并不影响到关系式 $\beta_i < \alpha_i(y)$.[①]对这个新的 y 我们知道 $y>\beta_n$, $\alpha_i(y)>\beta_i$,因而 $\boldsymbol{\alpha}(y) \succ \boldsymbol{\beta}$,这与我们的假定矛盾.

这样,所有的可能性就全都考虑到了.

*55.11 完整结果的重新归属

55.11.1 我们把问题分述成了三个情形(Ⅰ),(Ⅱ′),(Ⅱ″),它们分别由(55:G),(55:W),(55:M′)完全确定了.现在就让我们来检查一下这三类解在什么程度上相互有所关系.

(55:L′)里——就是在描述情形(Ⅱ″)的(55:M′)里——所出现的未确定的参量当中有一个是集合 S_*.根据(55:L′:a),这就是：除了(1,…,$n-1$)和⊖以外的任意集合⊆(1,…,$n-1$).由此便发生了一个问题：对于这些例外的情形 $S_*=(1,\cdots,n-1)$,是否不可能找到一些解释?对 $S_*=$⊖也有这个问题.

对于 $S_*=(1,\cdots,n-1)$,回答是容易的.如果我们应用这个 S_*(暂不考虑(55:L′:a),而利用(55:L′)的其余的部分),则我们可以得到：按(55:L′:a)有 $p=n-1$,按(55:L′:b),(55:L′:c)有 $\underline{\alpha}_1=\cdots=\underline{\alpha}_{n-1}=\alpha_*=\dfrac{1}{n-1}$;按(55:L′:d)有 $\bar{\omega}=n-2-\dfrac{1}{n-1}$, $\omega^*=-1$.由于 $(1,\cdots,n-1)-S_*$ 是空集合,这里没有引入(55:L′:e)的函数 $\alpha_i(y)$ 的机会.只要区间 $-1 \leqslant y \leqslant \omega^*$(在(55:L′:e)的(a)里)起作用,就必须注意到,它应该退化为一点 $y=-1$(因为 $\omega^*=-1$).现在与(55:V)对比就可以指明：在这些条件下(55:L′)与(55:V)一致.

因此我们就得到：

(55:N′) 若在(55:L′:a)里把 $S_*=(1,\cdots,n-1)$ 也包含在内(从而 $p=n-1$),则(55:L′)在情形(Ⅱ′)和(Ⅱ″)里就列述了所有的解：情形(Ⅱ′)对应于 $S_*=(1,\cdots,n-1)$,情形(Ⅱ″)对应于 $S_* \neq (1,\cdots,n-1)$.

55.11.2 得到这一结果以后,我们不免倾向于把例外的 $S_*=$⊖与剩下的情形(Ⅰ)关联起来.然而,检查(55:L′)和 $S_*=$⊖,又与(55:G)比较,就知道这是不可能的——至少不能这样直接关联.

事实上：利用具有 $S_*=$⊖的(55:L)(从而 $p=0$)得到的(b)是空的,因此一个 V 与(a)一致——即 V 为全部

$$\boldsymbol{\alpha}(y) = \{\alpha_1(y),\cdots,\alpha_{n-1}(y),y\}$$

① $\alpha_i(y)$ 是连续的！参看55.9.5里的第二个注.

的集合，$-1\leqslant y\leqslant\omega^*$，$\alpha_1(y),\cdots,\alpha_{n-1}(y)$为适当的函数. 且不说别的缺点，[①]我们注意到：在这个安排里，V中一个$\boldsymbol{\alpha}$的α_n决定它的$\alpha_1,\cdots,\alpha_{n-1}$；而在(55:G)里$\alpha_n$是常数，并且

$$\alpha_1,\cdots,\alpha_{n-1}$$

是任意的[②]！

总结如下：

(55:O′) 对于情形(Ⅰ)，(55:G)列举了全部的解V；对于情形(Ⅱ′)和(Ⅱ″)，(55:N′)列举了V. 当(55:L′:a)扩大到包含全部具$S_*\neq\ominus$的$S_*\subseteq(1,\cdots,n-1)$之时，(55:N′)与(55:L′)重合. 把$S_*=\ominus$除外是必要的；这种选择会产生一个不是(55:G)的解的V，而且事实上根本就不是解.

55.11.3 作为结束，我们指出下列各点：

(55:P′)

(55:P′:a) 在情形(Ⅱ′)里(即当$S_*=(1,\cdots,n-1)$，$p=n-1$的时候)，我们有$\omega^*=-1$(即：(55:L′:e)的区间$-1\leqslant y\leqslant\omega^*$缩为一点)，并且$\alpha_*=\dfrac{1}{n-1}$.

(55:P′:b) 在情形(Ⅱ″)里(即$S_*\subset(1,\cdots,n-1)$，$p<n-1$的时候)，我们有$\omega^*>-1$(即：(55:L′:e)的区间$-1\leqslant y\leqslant\omega^*$不缩为一点)，并且$\alpha_*<\dfrac{1}{n-1}$.

证明：关于(55:P′:a)：恰在(55:N′)的前面，这些陈述是证明了的.

关于(55:P′:b)：在(55:B′)的证明里，我们看到了$\alpha_*<\dfrac{n-p}{p}$，因此

$$\omega^*+1=n-p-p\alpha_*>0,\omega^*>-1.$$

$\alpha^*<\dfrac{1}{n-1}$曾经在(55:B′)里说过了.

*55.12 结果的解释

55.12.1 现在我们可以开始解释这个结果了. 有两个原因使得彻底解释几乎不可能. 第一，包含在(55:O′)，即(55:G)，(55:K′)，(55:L′)里的最后结果十分丰富，因而确切的陈述必然是数学的而不是文字上的. 任何文字上的归结都会失之于不能正确表现数学结果所表示的许多微细差别当中的某些差别. 第二，对类似于现在这样的情形，要做一个真正透彻的解释，我们还缺乏必要的经验和总括能力. 如54.1.2和54.3的提法，我们现在所考虑的博弈在某些关键处是一个特征n人博弈. 但是我们在确定它的全部的解上的成功，还是件孤立的事(54.2.1的情形例外). 在想作特征n人博弈的真正彻底的解释以前，像现在这样的讨论还得进行许多次才行.

---

① 由于$p=0$，从(55:23)现在可以得到$\bar{\omega}-\omega^*=-(\alpha_*+1)$，所以可能有$\omega^*>\bar{\omega}$，因而$\mathrm{Max}_{\boldsymbol{\alpha}\in V}\alpha_n=\mathrm{Max}_{-1\leqslant y\leqslant\omega^*}\,y=\omega^*$. 但是应该得到的却是$\bar{\omega}$.

对于$S_*\neq\ominus$，从(55:L′:b)，(55:L′:c)可得$\mathrm{Min}_{i=1,\cdots,n-1}\alpha_i=\alpha_*$；对于$S=\ominus$，则可得$\mathrm{Min}_{i=1,\cdots,n-1}\alpha_i>\alpha_*$. 但是前一个最小值却是$\alpha_*$的定义！

② 于是(55:L′)的具$S=\ominus$的V不是我们的解的表格里的一个集合，从而它根本就不是个解. 这一点很容易验证.

然而不要求完整而做一定限度的解释还是有用的.我们曾经在前面的好几个地方看到,这样的解释对于理论的进一步发展起了有价值的指导作用.此外,解释的程序也确实使我们明确了一些相当复杂的数学结果的意义.

因为我们不求完整,所以解释最好采用几点说明的形式来进行.

55.12.2 第一,(55:G)里所描写的情形(Ⅰ)的解是转归的一个无穷集合.(55:L′)里所描写的(Ⅱ″)的解也是这样(比较(55:N′)),因为那里提到的 y 在一个不退化为一点的整个区间上变化(参看(55:P′:b)).另一方面,如55.7的结尾处所看到的,情形(Ⅱ′)是转归的一个有穷集合.[①]这个解还有一个引人注意的性质,就是它也有博弈的完全对称性——也就是说:在局中人 $1,\cdots,n$ 的全部排列下它保持不变.

于是,在好几个方面它是我们的博弈的最简单的解.博弈的特别情形 $n=3,4$ 的(分别在22和25.1里的)启发式讨论,就曾引出了这一个解;并且容易把它们扩充到一般的 n.[②]求其他的解则可以充分利用我们的形式理论.

现在,读者可以很清楚地看到,这些其余的解并不能忽视.此外,有穷的解的存在和唯一,在本博弈里只是个有利的偶然之事,决不是一般能成立的事.[③]

55.12.3 第二,上面的解对应于最大可能的 S_*:$(1,\cdots,n-1)$.其他的极端是与 $S_*=\ominus$ 相联系的解(参看前面的(55:O′)).这就是情形(Ⅰ)里由(55:G)描写的解.像前一说明里的那个解一样,它有着博弈的完全对称性.实际上,情形(Ⅰ)和(Ⅱ′)的两个解是具有这种对称性的仅有的解.[④]

另一方面,这个解是无穷的.我们在55.3里看到过,它表示在33.1的意义下主导局中人被隔离这一组织原则.检查(55:G)可以揭露:这个行为标准(即解)绝对不产生其他局中人间的分化原则——就是说,所有的使主导局中人获得指定数额的转归都属于这个解.这从常识上看是相当合理的:主导局中人被排除了,其他局中人只能完全一致地相互联合.所有有碍其关系的定量影响(即附合主导局中人的可能性)都要消除,他们之间互相交往的结果是谈不到的.

55.12.4 第三,剩下的解就是(55:L′)里所描写的情形(Ⅱ″)中的那些了(参看(55:N′)).这也就是:具有 $S_*\neq\ominus(1,\cdots,n-1)$ 的那些解.比起以上所处理的两个解,它们形成更复杂的

---

① 为此目的,读者同样可以参看(55:P′:a),(55:P′:b).

② 启发式的论证可以是这样的:主导局中人为了获胜需要一个同盟,有了任何一个这种同盟,他就可以获得 $n-2$.于是,如果他希望取得数额 ω(这对应于精确推导中的 $\bar{\omega}$),它可以分给每个同盟者 $n-2-\omega$.如果它的 $n-1$ 个可能的同盟联合起来可以获得更多,即

$$(n-1)(n-2-\omega)<1,$$

那么他寻求同盟的机会就会受到了破坏,这是他所受到的唯一威胁.于是 ω 仅受到限制 $(n-1)(n-2-\omega)\geqslant1$,即:

$$\omega\leqslant n-2-\frac{1}{n-1}.\text{因此},\omega=n-2-\frac{1}{n-1}.$$

由此可见,主导局中人若组织合伙成功,他就得到 $n-2-\frac{1}{n-1}$;若失败,就得到 -1.对于其余的局中人,相应的数额是 $\frac{1}{n-2}$ 和 -1.

读者可以验证,这正是情形(Ⅱ′)的(55:V)里所得到的解.

③ 对于存在性的不确定性,请参看53.2.2里的第二点说明.唯一性不成立的例子在38.3.1里有所分析.

④ 任何其他的解都属于情形(Ⅱ″).因而有 $S_*\neq\ominus(i=1,\cdots,n-1)$.所以局中人 $1,\cdots,n-1$ 之间的一个适当排列可以把 S_* 的元素变为不属于 S_* 的元素,从而改变了 S_* 和所考虑的解.

一群.实际上,它们占了我们相当大的一部分(而且是相当麻烦的一部分)数学推导.它们的解释也是更困难和更繁复的.我们将仅指出一些要点.

在(55:L′)里我们详细地描写过,在一个行为标准(即解)下,在这一类的全部转归当中,$(1,\cdots,n-1)-S_*$ 里的局中人如何与主导局中人有因果的联系.也就是说,他们所分别得到的数额如何由指定给主导局中人的数额来唯一确定.这个联系是由一定的函数表示的.[①]这些函数可以在不同的方式下选取,从而产生不同的行为标准(解),但是一个一定的标准意味着这些函数的一个一定选取.因此,在第二点说明里很突出的,局中人 $1,\cdots,n-1$ 之间的不相关性,现在就没有了.在主导局中人和 $(1,\cdots,n-1)-S_*$ 里的局中人之间显然进行着某种不确定的交往,[②]但是 $(1,\cdots,n-1)-S_*$ 里的局中人之间的关系却完全由标准所决定了.

这里值得再强调一次第二点说明所描写的情况与现在的情况当中的区别——即:情形(Ⅰ)和(Ⅱ″)的区别.在前一情形中,除主导局中人以外全部局中人之间的交往绝对不受规则或者相互的关连的约束.[③]因而行为的标准也就不该反映这方面的情况.

现在的情形中,主导局中人与一些其他局中人之间是有交往的,但是行为的标准必须为主导局中人的对手们规定一定的相互关连和规则.当然可能的标准是有很多的.

上面所述的情况(Ⅰ)和(Ⅱ″)里产生的不确定性的定性类型,是我们在 47.8 和 47.9 里所研究的类型的一个更广泛的形式.那里,关于那些解的说明中,2 维(面积)和 1 维(曲线)的部分确实可以在现在的情形(Ⅰ)和(Ⅱ″)上分别应用.

虽然用普通文字上的启发式论证可能发现这个区分,但是说服力却差得很远.只有从(像我们所做的这样的)数学推导才能得到真正的原因;并且这推导相对的复杂性表明,把它翻译成普通语言是多么困难.这是可以用文字表示而不能用文字证明的结果的又一实例.

55.12.5 第四,其余在 S_* 里的局中人的情况也有引人注意的方面.

检查(55:L′)可以表明,在解的每一个转归中,或者是全体这些局中人获得数额 α_*,或者是当中一名获得 α_*,其他的则获得 -1.由这个事实立即可以指明:

(a) 若 S_* 是单元素集合,则 S_* 里的局中人永远获得数额 α_*.

(b) 若 $\alpha_*=-1$,则 S_* 的每一名局中人永远获得数额 -1.

(c) 若既不是情形(a)也不是情形(b),——即:(55:U)的条件(这在(55:D′)里也提到过)被满足,——则 S_* 里的每一名局中人永远可获得两个不同的数额 α_* 和 -1 之一,其中哪个都不能忽略.[④]

由这些论断我们可以提出下列解释性的结论:

(d) 在两个情形(a)和(b)里,而不是在(c)里,S_* 的局中人在 33.1 的意义下受到隔离.

(e) S_* 是单元素集合的情形(a):$S_*=(i)$,$i=1,\cdots,n-1$,表示只有局中人 i 受到隔离.这时指定给它的数值 α_* 由(55:B′)来限定:

$$-1\leqslant\alpha_*<\frac{1}{n-1}. \tag{55:29}$$

---

① 这些函数是 $\alpha_i(y)$,$i\in(1,\cdots,n-1)-S_*$.

② 这对应于(55:L′:e)里 y 的可变性.请再参看(55:P′:b).

③ 指定给主导局中人的数额不在此例,他是被隔离了的.

④ 即:在解的适当的转归里,这两者都出现.

这是第二点说明里描写的情形(Ⅰ)中主导局中人受隔离的适当补充.[①]这时指定给主导局中人的数值 $\bar{\omega}$ 由(55:G)来限定:

(55:30) $$-1\leqslant\bar{\omega}<n-2-\frac{1}{n-1}.$$

(f) 若 S_* 是单元素集合,则情形(a),(b)当中只有情形(b)成立: $\alpha_*=1$. 换句话说: 若有多于一名的局中人受到隔离,则隔离的集合当中必不能包含主导局中人,也不能包含其余局中人的全体;受隔离的局中人们必须都被指定给予数值

(55:31) $$\alpha_*=-1.$$

(g) 从(e),(f)我们可得到结论: 可以隔离的那些局中人的集合正是 L 的集合[②]——被击败的集合.

(h) 若只有一名局中人被隔离,则(e)表明,他不必然受到绝对不利方式下的差别待遇. 也就是说,他可能获得的较 -1 为多. (55:29),(55:30)也说明了这个获得量的可能的上限. 显然在第一点说明里讨论的情形(Ⅰ)的有穷解中,这个局中人可能得到的数额就是这个上限.[③]这把33.1.2(第六章)的结果由 $n=3$ 扩充到所有的 n,是很令人满意的.

(i) 另一方面,若多于一名局中人受到隔离,[④]则(55:31)指明没有讨论的余地: 他们都须取绝对的最小值 -1.

(j) 这个断语必须修正到下列的程度为止: 若 S_* 有多于一个的元素,则(55:29)的 α_* 仍然都是可能的——实际上(55:L′)和(55:B′)明显地说明它们可能. 但是,这时 S_* 里的局中人们的情况则由(c)来描写,就不能再叫作隔离了: 他们可以加入合伙,从而改善他们的处境.

从这些说明,特别是(g),(h),(i),显然可以引出更多的注解. 然而我们现在仅限于指出上面这几点,以后还另有机会讨论这个题目.

55.12.6 第五,我们求得了许多的解,它们的特征是由许多的参量所表述的;这些参量当中有一些甚至是可以在一定程度上自由地选取的函数. 然而主要的分类却是相当简单的: 分类可以根据集合 $S_*\subseteq(1,\cdots,n-1)$ 来作.[⑤]显然一对 S_*, $-S_*$ 把 $I=(1,\cdots,n)$ 的全部分割都纳入了两个集合. 也许这就是可以作为一个分类原则的第一个象征. 在简单博弈里,能分成两个互补集合的分割似乎可以决定一切,因为其中的一个集合必然获胜而另一个必然被击败. 在一般的博弈里,能分为更多的集合的分割,可以是同样的重要. 总之,在现在的特殊情形里,S_* 的作用指出了对于全部博弈成立的分类原则的初步概念.

我们现在的知识还不足以把这个猜想写为更明确的形式.

---

① 这就解决了本章 55.3.1 里的第一个注所指出的困难.

② 为了验明这一点,最好是回顾(52.3 里情形 C_{n-1} 中的)W 的——从而也就是 L 的——元素的枚举.

③ 对于主导局中人,上限是 $n-2-\frac{1}{n-1}$;对于其余的局中人,是 $\frac{1}{n-1}$. 指定的数额要比这些数额少.

④ 即: S_* 里的元素数目 $p\geqslant 2$. 理由是这情形仅在 $n-2\geqslant 2$(即 $n\geqslant 4$)的时候才会发生,而 $p\leqslant n-2$(参看(55:L:a)). 这也就是为什么在 $n=3$ 的讨论里(i)和(j)不出现的原因.

⑤ 像在第二点说明里一样,我们采用 $S_*=\ominus$ 做为典型化情形(Ⅰ)的记号;(55:O′)前面的讨论不在内.

博弈论，英文名 Game Theory，又称对策论、竞局理论，是研究冲突对抗条件下最优策略问题的理论。据说，冯·诺伊曼博弈论的思维方式是他打牌时获得的灵感。

西方学者认为，博弈思想的最早文字记载，可以追溯到公元5世纪时巴比伦的犹太法典，它记载了公元1—5世纪的古代法律及传统。其中讨论了一个“婚姻合同问题”：一个男人如何将死后的财产分给三个妻子的难题，被人们认为是最早地使用了现代合作博弈理论。

古巴比伦城复原图

近代对博弈论性质的决策问题的研究，可追溯到18世纪甚至更早。英国著名政治哲学家霍布斯 (Thomas Hobbes，1588—1679) 用类似战场上逃跑行为的逻辑在其《利维坦》（*Leviathan*）中得出结论说，人与人的合作是不可能的，于是政府只能在无政府状态与强制之间取其轻，施予暴政惩治任何不履行诺言的人如同对逃兵的惩罚。

1651年《利维坦》英文第一版封面

法国数学家瓦德哥锐（James Walsegrave，1684—1741）

1713年，法国数学家瓦德哥锐第一个提出双人博弈的极小极大值解，这个解就是极小极大混合策略均衡，他注意到了这种混合策略有别于纸牌的一般游戏规则，当时也并未用到极小极大值这个术语，极小极大这个思想已显现，但他未将其结果做理论上的进一步延伸。

1838 年，法国哲学家和数学家库尔诺（Antoine Augustin Cournot，1801—1877）讨论了一个二头垄断（一种寡头垄断形式，只有两个竞争者存在于市场当中）的特例，这其实是后来博弈论研究的有限形式。

1865 年，法国数学家吐德哈特在他的《概率的数学理论史》中曾提到过极小极大的解并做了一些说明，但这在当时并没引起概率论专家的注意。

库尔诺（Antoine Augustin Cournot, 1801—1877）

数学家吐德哈特（Isaac Todhunter, 1820—1884）

达尔文故居前的“思索之路”（Thinking Path）

1871 年，达尔文发表《人类的由来及性选择》最早含蓄地给出了进化生态学的博弈论观点，认为自然选择会使得男女比例相等。

1881 年，弗朗西斯 · 伊西德罗 · 埃奇沃思 (Francis Ysidro Edgeworth，1845—1926) 提出了凭借契约曲线来预测个人之间的贸易收入。这表现出早期经济博弈论的思想。

1921 年，法国数学家波莱尔发现极小极大的解，比瓦德哥锐更进了一步。1927 年波莱尔给出了一般性定理真实性的猜想，这比冯 · 诺伊曼对一般定理的证明早一年。P.A. 蒙泰尔 (Montel) 说：“波莱尔的思想将会长久地继续在研究中发挥影响，就像遥远的星光，散布到广阔的空间。”冯 · 诺伊曼受波莱尔的影响很大。

埃奇沃思（Francis Ysidro Edgeworth，1845—1926）

波莱尔（Emile Borel，1871—1956）

博弈论的创立和发展

1944 年，冯·诺伊曼和摩根斯坦经过几年合作出版了《博弈论与经济行为》，第一次系统地将博弈论引入经济学中，概括了经济主体的典型行为特征，详述了双人零和博弈，以及对以后经济学影响深远的诸如合作的概念、可传递的效用，同盟形式和静态设置。

▶ 冯·诺依曼与摩根斯坦合影

《博弈论与经济行为》的出版，奠定了经济博弈论大厦的基石，标志着博弈论的创立。《博弈论与经济行为》被翻译为德语、日语、俄语、西班牙语、意大利语和中文出版。

20 世纪 50 年代，合作博弈处于发展的鼎盛时期，非合作博弈也开始产生。

1950 年，纳什提出了著名的纳什均衡，又称非合作博弈均衡，阐明了不限于两人零和博弈。这是纳什对非合作博弈的最重要贡献。

▲ 年仅 22 岁的纳什获得了普林斯顿大学博士学位

纳什均衡对经济学思想发展产生了重大影响，自此之后博弈论得到了飞速发展。

◀ 1928 年，纳什出生于美国西弗吉尼亚州的工业城布鲁菲尔德（Bluefield）的一个中产阶级家庭，图为布鲁菲尔德的城市俯瞰图。

纳什均衡是指博弈中这样的局面，对于每个参与者来说只要其他人不改变策略，他就无法改善自己的状况。纳什证明了在每个参与者都只有有限种策略选择、并允许混合策略的前提下， 纳什均衡一定存在。纳什均衡的重要应用如谈判市场的讨价还价问题，参与者讨价还价不会考虑比目前更坏的结果（顶多维持现状）。如中国历史上著名的完璧归赵的故事，秦王没有诚意拿城池换和氏璧，蔺相如与和氏璧共存亡，秦王拿他没办法，只能答应或者维持现状。

两个共谋犯被关入监狱，不能互相沟通情况。如果两个人都不揭发对方，则由于证据不确定，每个人都坐牢一年；若一人揭发，而另一人沉默，则揭发者因为立功而立即获释，沉默者因不合作而入狱十年；若互相揭发，则因证据确实，两者都判刑八年。由于囚徒无法信任对方，因此倾向于互相揭发，而不是同守沉默。最终导致纳什均衡仅落在非合作点上的博弈模型。

1950年，美国兰德公司的弗勒德（Merrill Flood）和德雷希尔（Melvin Dresher1）拟定出相关困境的理论，后来由顾问（也是纳什的导师）塔克（Albert Tucker，1905—1995）以囚徒方式阐述，并命名为“囚徒困境”，说明为什么即使在合作对双方都有利时，保持合作也是困难的。囚徒困境反映个人最佳选择并非团体最佳选择。

囚徒困境漫画

纳什和其导师塔克两人的工作奠定了现代非合作博弈的基石。从此，合作博弈和非合作博弈论得到飞速发展，非合作博弈发展速度更快，在经济学其他学科中的应用更为广泛。

美国兰德公司在匹兹堡的驻地，冯·诺伊曼生前也是兰德公司的顾问之一。

纳什均衡的缺陷是，一般情况下能够保证存在性，但不能保证唯一性。大多数情况下纳什均衡有多个，由此带来的问题就是：无法确定多个纳什均衡中究竟哪一个才是博弈的理性结局。

1953 年，美国经济学家夏普利（Lloyd Shapley，1923—2016）定义了合作博弈解的概念，即著名的转移效用的合作博弈问题，从而完善和发展了博弈论。

1965 年，德国波恩大学教授泽尔腾首次将动态分析引入博弈论，在多个纳什均衡中剔除一些不合理的均衡点，提出了纳什均衡的第一个重要改进概念——子博弈精炼纳什均衡和相应的求解方法（逆向归纳法）。从此，不完全动态博弈论得到迅速发展。

泽尔腾（Reinhard Selten, 1930— ），生于德国一个并不富裕的家庭，中学时期曾不得不辍学做工。1961 年获得法兰克福大学数学博士学位，期间他得到了摩根斯坦的赏识和帮助。

海萨尼与冯·诺伊曼是同乡和布达佩斯大学校友，1944 年 3 月因纳粹迫害而逃亡，1947 年 6 月获得哲学博士学位。1950 年 4 月，由于与当局政见不同，开始先后辗转在澳大利亚、美国工作。

1967 年，海萨尼（J.C.Harsanyi，1920—2000）首次把信息不完全性引入博弈论分析，定义了“不完全信息静态博弈”的基本均衡概念——贝叶斯 - 纳什均衡，构建了不完全信息静态博弈的基本理论。在此基础上后人建立了信息经济学。

法兰克福大学

20 世纪 70 年代以后，博弈论形成了一个完整的体系。约从 80 年代开始，博弈论逐渐成为主流经济学的一部分，甚至可以说成为微观经济学的基础。

1991 年，哈佛大学经济学教授朱·弗登博格（Drew Fudenberg，1957—　）和被誉为当今天才经济学家的让·梯若尔定义了不完全信息动态博弈基本均衡概念——精炼贝叶斯 - 纳什均衡。

20 世纪 90 年代以后，先后有 7 届诺贝尔奖授予在博弈论领域的杰出贡献者。

因博弈论而获得诺贝尔经济学奖的学者

年　份	人　物	贡　献
1994 年	美国数学家、经济学家纳什，匈牙利经济学家海萨尼和德国经济学家泽尔腾	在非合作博弈方面的贡献进一步拓宽了博弈论的适用范围和预测能力
1996 年	英国经济学家莫里斯（Mirrlees）、加拿大经济学家维克里（Vickrey）	不对称信息下激励经济理论作出的奠基性贡献
2001 年	美国经济学家阿克洛夫（Akerlof）、斯蒂格利茨（Stiglitz）和斯宾塞（Spence）	运用博弈论研究信息经济学所取得的成就
2005 年	美国—以色列经济学家奥曼（R.J. Aumann）和美国经济学家谢林（T.C. Schelling）	改进了普通百姓对冲突和合作的理解
2007 年	美国经济学家赫尔维茨（L. Hurwicz）、马斯金（E. Maskin）、迈尔森（R. B.Myerson）	为机制设计理论做了奠基性工作
2012 年	美国经济学家夏普利（L. Shapley）和罗斯（A.Roth）	创立稳定的用于婚配、就业匹配理论和市场设计实践
2014 年	法国经济学家让·梯若尔（J.Tirole）	在“市场力量及管制”的分析方面取得的巨大成就

莫里斯不对称信息条件下的经济激励理论的论述，开创了委托－代理的模型化方法，奠定了委托－代理的基本的模型框架，后由霍姆斯特姆（Holmstrom）等人进一步发展，被称为莫里斯－霍姆斯特姆模型方法。维克里在信息经济学、激励理论、博弈论等方面都作出了重大贡献，提出了第二价格密封拍卖。两位因此于1996年荣获诺贝尔经济学奖。

莫里斯，1936年生于苏格兰的明尼加夫，与亚当·斯密是同乡。33岁被聘为牛津大学的教授，是英国科学院院士、美国艺术与科学院院士，1997年被英国女王授予“爵士”爵位。

美国经济学家斯蒂格利茨、阿克洛夫和斯宾塞对市场和信息不对称的分析奠定了现代微观经济理论的基础。他们创立的信息不对称理论应用的范围非常广泛：从金融市场到产业组织直至到发展经济等领域。三位于2001年荣获诺贝尔经济学奖。

斯蒂格利茨，24岁获得麻省理工学院博士学位。年仅26岁被耶鲁大学聘为经济学教授。当代世界著名经济学家，在经济学的几乎所有主要分支领域都作出了重要贡献。他所倡导的一些前沿理论已成为经济学家和政策制定者的标准工具。

赫尔维茨创立了机制设计基本思想和框架，迈尔森对其显示原理进行了一般化研究，并将其应用到规制和拍卖等领域，而马斯金给出了机制执行理论的基础性单调条件。机制设计是现代经济分析的一种非常重要工具，广泛应用于经济社会发展的多个领域。三位于2007年荣获诺贝尔经济学奖。

赫尔维茨，1917年生于莫斯科，“一战”期间和家人一起迁往波兰。“二战”时从瑞士迁往美国，并成为经济学家萨缪尔森的助理。1976年，获哈佛大学应用数学博士学位。1990年，因“机制设计理论”的开创性工作而获得美国国家科学奖。

2002 年 8 月 21 日，纳什参加在北京举办的国际数学大会，并作题为《通过代理来研究博弈中的合作》的报告。

影片《美丽心灵》电影剧照。以纳什为原型，演绎了他的传奇经历。2001 年上映，一举获得 8 项奥斯卡奖提名。

奥曼和谢林非合作博弈的理论开始涉及社会学领域中的问题。他们指出，人们所熟知的社会交互作用可以从非合作博弈的角度加以理解和分析，这促进了博弈论在社会科学领域的运用。

谢林改变了传统上运用数学分析博弈论的方法，而是采用普通人能够理解的日常语言叙述，因而其研究领域被称为“非数理博弈”。他曾先后为马歇尔计划、白宫和总统行政办公室工作。有学者认为，20 世纪世界经历了可怕的核竞赛，而没有发生核大战，几次有惊无险，这其中有谢林思想的影响。

法国经济学家让·梯若尔（Jean Tirole，1953—　）

经济学越来越转向人与人关系的研究，特别是人与人之间行为的相互影响和相互作用，人与人之间利益和冲突、竞争与合作，而这正是博弈论的研究对象。一般认为，博弈论的潜力还远远没有发掘出来。

第十一章　一般非零和博弈

· *Chapter Ⅺ　General Non-Zero-Sum Games* ·

56　理论的扩充

56.1　问题的陈述

56.1.1　我们的研究进行到这个阶段,取消加在博弈上的零和限制,是可能的事了.我们曾经一度把这个限制放松到考察不为零的常数和博弈.但是由于这些博弈与零和博弈之间有策略等价关系(参看第九章 42.1 及42.2),它们并不是真正有意义的扩充.现在我们预备采取彻底的办法,取消关于和的全部限制.

以前我们曾指出,零和的限制在可观的程度上减弱了博弈与经济问题之间的联系.[①]特别地说,对"生产"问题中的损耗,它特殊强调了比例分派问题(参看 4.2.1,特别是其中的第二个注;又可参看 5.2.1).这对一人博弈的情形是十分清楚的.在一人的场合下,局中人的行动显然仅仅是生产的事情,并没有什么参加者之间的转归(比例分派).事实上,在零和的情形,一人博弈根本不出现任何问题;在非零和的情形则完全是个最大值的问题(参看第三章 12.2.1).

自然,我们现在把理论扩充到所有的非零和博弈的纲领必然会引导我们进一步接触常见的经济类型的问题.读者在下面的讨论中不久就会观察到,说明性的例题与解释的倾向有一种改变:我们将开始处理双边垄断,寡头垄断,市场等问题.

56.1.2　如 42.1 中所指明,完全取消零和限制的意思是:在 11.2.3 的意义下,说明零和限制的函数 $\mathscr{H}_k(\tau_1,\cdots,\tau_n)$现在完全不受限制.就是说,无条件地放弃 11.4 及 25.1.3 的要求:

$$\sum_{k=1}^{n}\mathscr{H}_k(\tau_1,\cdots,\tau_n)\equiv 0. \tag{56:1}$$

从现在起,我们自然在这个基础上进行讨论.

---

① 应该注意:零和博弈不仅包括文娱类型的博弈,而且还包括别的,其中有许多十分精确地描述一定社会性质的关系.看过前面各章的读者,回忆我们在很多情形中所做过的解释,便可完全了解这个陈述的正确性.

于是,零和与非零和的博弈间的差别在一定程度上反映纯粹社会问题与社会经济问题的差别.(正文中下面一句话说明同样的概念.)

这个变化使得我们必须完全重新考虑我们的理论以及它的基础——它的所有的从属概念：特征函数，控制性，解，所有这些概念在放弃了条件(56:1)的时候就不再有定义了. 我们强调的事实是：这里所产生的是概念性的问题，与第六章到第十章内在零和博弈论的基础上所处理的那些问题不同，那里的只是技术性问题. [①]

56.1.3 展望一切都要重新搞过，不免令人沮丧. 因为我们曾经在这些概念和以这些概念为基础的理论上花费了相当可观的劳动. 此外，我们还面临着一个概念性问题，建立我们的理论基础的定性原则似乎无法扩充到零和情形的外边来. 这样，这最后的扩充——由零和过渡到非零和——似乎把我们过去的努力全部抹杀了. 从而我们必须寻求避免这个困难的方法.

在这一点上，也许有人会回忆42.2内所出现的类似情形. 那里，从零和过渡到非零和的情形——在比较狭窄的范围内——遭到出现相似的后果的威胁. 如42.3及42.4所采取的办法，我们是适当地用了策略等价同构关系而避免了这种困难的.

然而这个特殊的方法已经由所提及的情形用尽了：策略等价把所有的零和博弈类恰能扩充到常数和博弈，不能再扩充了.(由4.2.2;42.2.3;42.3.1的考虑，这应该是清楚的.)

所以我们必须寻求某些其他的步骤来联系非零和博弈与已经建立的零和博弈论.

56.2 虚设局中人. 零和扩充 $\bar{\Gamma}$

56.2.1 在进一步的探讨之前，我们必须把术语说清楚些. 如前面56.1.2中所述，对于我们将要考察的博弈，条件(56:1)是放弃了的，也没有别的条件来代替它. 我们把这些称做了零和博弈，但重要的是应了解这个表示的意思是具有中性意义的，——也就是说，我们并不希望把(56:1)成立的博弈除外. 因此，对这些博弈采用比较不否定的名字更合适些. 一个博弈 $\mathcal{H}_k(\tau_1,\cdots,\tau_n)$ 若不受任何限制，我们就自然地称它为一般博弈. [②]

我们已经提出了以某种方式连接博弈的一般理论与零和博弈理论的纲领. 事实上还能够提得更明确些：任意已给的一般博弈可以重新解释为一个零和博弈.

由于一般博弈比较零和博弈类要广泛得多，这种提法似乎有些似是而非. 然而我们将要采取的步骤是把 n 人一般博弈解释为 $n+1$ 人的零和博弈. 于是，由一般博弈过渡到零和博弈而引起的限制将——而且的确可能——由增加参与者的数目产生的扩张所补偿. [③]

56.2.2 把已给一般 n 人博弈重释为 $n+1$ 人的零和博弈的步骤是很简单和自然的.

它包含的是：引入第 $n+1$ 个(虚设的)人，他的损失数量为其余 n 个(实在的)人所获得的数量，反之亦然. 当然，他必须对于博弈的进程没有直接的影响.

让我们把这个变成数学的表达：考虑局中人 $1,\cdots,n$ 的 n 人博弈 Γ，在第二章11.2.3的意义下具函数 $\mathcal{H}_k(\tau_1,\cdots,\tau_n)$. 我们按定义

---

① 这些技术性的问题当中，有一个常和博弈的情形，我们愿意采用包含某些概念性扩充的方法来处理. 这在下面的正文中将要提及.

② 这与12.1.2是一致的.

③ 这可作为下列原理的一个进一步说明：参与者的数目的任一增多必然有博弈构造可能性的扩充及复杂化的后果.

(56:2) $$\mathscr{H}_{n+1}(\tau_1,\cdots,\tau_n)\equiv-\sum_{k=1}^{n}\mathscr{H}_k(\tau_1,\cdots,\tau_n)$$

来引入虚设局中人 $n+1$.

变量 $\tau_1,\cdots,\tau_n$ 分别由(真实的)局中人 $1,\cdots,n$ 所控制,代表他们对于博弈过程的影响,而虚设局中人控制的一个变量 τ_{n+1} 没有引入.[①]

这样,作为 Γ 的零和扩充,我们就得到了一个 $n+1$ 人博弈,以 $\bar{\Gamma}$ 表示.

56.3 关于 $\bar{\Gamma}$ 的特性的问题

56.3.1 把一般 n 人博弈当作零和 $n+1$ 人博弈来重释的叙述中,我们首先暗示了 $\bar{\Gamma}$ 的全部理论对 Γ 有效.这个断言当然需要仔细检察.

我们现在将进行这项研究.必须了解,这不是纯数学的分析.我们是再一次地分析一个计划的理论基础.从而这分析基本上必然有似是而非的论证性质,甚至于夹杂了次要的数学考虑的时候也是这样.这里的情况与以前我们建立零和的 2,3,n 人博弈理论的时候所碰到的那些例子完全一样.(关于零和二人博弈,参看 14.1 至 14.5,17.1 至 17.9;关于零和三人博弈,参看第五章;关于零和 n 人博弈,参看第六章 29,30.1,30.2;关于一般 n 人博弈——即 $\bar{\Gamma}$ 与 Γ 的理论间的关系——参看 56.2 至 56.12.)

我们的分析结果将表明,并不是 $\bar{\Gamma}$(在 30.1.1 的意义下当作零和 $n+1$ 人博弈)的全部理论对 Γ 都可以应用,而只是其中的一部分,这一部分我们将加以确定.换句话说,只有某一子系统形成的结果将要解释为 Γ 的解.

56.3.2 虚设局中人是作为一种数学的方法引入的,目的是为了使所有的局中人获得的总和等于零.因此,绝对重要的是:他必须对博弈的过程不起任何影响.这原则是应该由 56.2.2 里 $\bar{\Gamma}$ 的定义看出来的,然而我们要问:与博弈有关的所有的处理中,虚设局中人是否要绝对地除外?

提这个问题一点也不多余.像我们在前一阶段的分析里所看到的那样,只要 $\bar{\Gamma}$ 包含三个或更多个人,[②]则博弈就由合伙所控制.虚设局中人参加到任何合伙中去(很可能涉及参加者之间的补偿的支付),都会违反引入他(虚设局中人)的精神.说得明白些:虚设局中人根本不是局中人,只不过是形式目的的形式手段而已.只要他不在任何直接或间接的形式下参与博弈,这样做是允许的.但是,只要他一开始干预,则把他引入博弈(由 Γ 过渡到 $\bar{\Gamma}$)就不合法了.这时 $\bar{\Gamma}$ 也就不能看作是 Γ 的等价博弈或重释了,因为 $\bar{\Gamma}$ 的真实局中人$1,\cdots,n$可能利用在 Γ 里并不存在的机会来避免损失或取得利益.

56.3.3 也许会有人以为,按虚设局中人被引入的方式,这个异议是无的放矢.的确,在一

---

① 11.2.3 的形式方法对于每一个局中人 k 准备了一个变量 τ_k.(为了把它改为目前的情形,我们需要以现在的 $n+1$代那里的 n.)因此,也许有人要坚持虚设局中人的变量 τ_{n+1} 必须出现.

这个要求很容易满足.只需引入仅取一个值的变量 τ_{n+1} 就可以了(即在上引的一节内令 $\beta_{n+1}=1$).事实上,只要所有的$\mathscr{H}_k(\tau_1,\cdots,\tau_n)$与 τ_{n+1} 无关,τ_{n+1} 取值域就可以是任意的(即 β_{n+1} 任意),从而它们其实就是正文内的$\mathscr{H}_k(\tau_1,\cdots,\tau_n)$.

② 也就是 $n+1\geqslant3$ 即 $n\geqslant2$ 的情形,从而只有一般的一人博弈不受下文所述异议的影响.这与我们曾屡次述及的事实——一般 n 人博弈仅当 $n=1$ 时为一纯粹极大值问题——一致.

局的终了,真实局中人 $1,\cdots,n$ 所获得的数额

$$\mathscr{H}_1,\cdots,\mathscr{H}_n$$

并不依赖于他所控制的任何变量[①]——即：在博弈的局中没有他的"着".这样他怎么能在一个合伙中受到欢迎呢?

乍一看,似乎这种论证有些道理.所述的条件使人认为,似乎真实局中人的任意合伙里有没有虚设局中人参加都是一样的.难道他是个傀儡么?要是这样,那么 Γ 的理论不加任何进一步的限制就可以运用到 $\bar{\Gamma}$ 上了.然而事实并非如此.

虚设局中人对博弈的过程没有影响,对任意合伙也不是受欢迎的参加人,这是事实.也就是说,局中人或局中人组不会愿意因为与他合作而担负一项(正的)补偿.然而他本人是可以对找到合作的人有兴趣的.一局终了的时候,他所得到的数额 $\mathscr{H}_{n+1}(\tau_1,\cdots,\tau_n)$ 依赖于其他的博弈"人的着"——依赖于 $\tau_1,\cdots,\tau_n$,为了使他免去与别人的交往,而赋予一个或多个别的局中人一项(正的)补偿可能是值得的.重要的是不要误会这一点：只要进行的博弈是 Γ(即只要虚设局中人真正是一个形式的虚设),则这种补偿不会发生.但是,若真正进行的博弈是 $\bar{\Gamma}$(即若虚设局中人的行为与一个真实局中人在他所处的地位上的行为一样),则必须考虑到他给予别人的补偿.

56.3.4 只要虚设局中人为了与别人合作而付出补偿,像上面看到的那样,使他免去与别人交往的麻烦,他就是被计算在内的一种影响.他的加入博弈,以及为了他的特权而付出代价,并且愿意付出,这些与局中人进行他的"人的着"的能力一样,是对于博弈的直接的影响.

这样,虚设局中人除了不能由他本人的"着"而直接影响博弈过程外,他是参加了博弈的.事实上,正是由于在这点上他缺乏能力而决定他赋予别人补偿的政策,从而使上述的办法得以发挥作用.

为了更好地了解这种情况,举出一个特殊的例子是可能有帮助的.

56.4 应用 $\bar{\Gamma}$ 的限制

56.4.1 考虑一般二人博弈,其中每个局中人 1 或 2 若自己参加博弈,则只能保证得到数额-1;而二人在一起,则可保证得到数额 1,容易对博弈加以一定的规则来实现这一点.[②]具备这个特点的一个特别简单的组合安排如下：[③]

每个局中人由他的"人的着"来选择 1,2 二数中之一,每个人在不知道别人的选择下进行选择.

然后支付办法是：若二人都选择了数 1,则每人得到的数额为$\frac{1}{2}$,不然则每人得到的数额

① 也不依赖于他所获得的数额

$$\mathscr{H}_{n+1}=-\sum_{k=1}^{n}\mathscr{H}_k.$$

② 将要在 60.2,61.2,61.3 中看到,双边垄断恰巧对应于这种情况.

③ 这里的构成应该与 21.1 内定义三人简单多数博弈的构成相比较,它们之间有些相似的地方.

为-1.[①]

容易验明,这个博弈有着所要求的特性.让我们现在考察虚设局中人 3,并且形成56.2.2所定义的博弈,具特征函数 $v(S)$,$S\subseteq(1,2,3)$.根据上面的叙述,则

$$v((1))=v((2))=-1,$$
$$v((1,2))=1.$$

显然

$$v(\ominus)=0,$$

又根据(零和博弈)特征函数的一般性质,有:

$$v((3))=-v((1,2))=-1,$$
$$v((1,3))=-v((2))=1,$$
$$v((2,3))=-v((1))=1,$$
$$v((1,2,3))=-v(\ominus)=0.$$

总结如下:

$$(56:3)\qquad v(S)=\begin{cases}0,\\-1,\\1,\\0,\end{cases}\quad \text{若 } S \text{ 有}\begin{cases}0\\1\\2\\3\end{cases}\text{个元素.}$$

这个公式(56:3)正是 29.1.2 的(29:1);这就是说:$\bar{\Gamma}$ 为已化形式的本质零和三人博弈,具有 $\gamma=1$,于是它与 21 里所论的简单多数三人博弈重合.[②]

现在我们已经由第五章 21 至 23 的启发式讨论知道了这个博弈根本就是全体局中人对于合伙的争取.事实上,考虑到简单多数三人博弈的性质,这一点是明显的.因此,虚设局中人必然有加入合伙的强烈倾向,实际上只要所指的是特征函数,博弈对它的三个局中人是完全对称的.结果二真实局中人与虚设局中人的地位一样,因而没有理由说他们参加合伙的能力和他的能力有什么不同.[③]

56.4.2 我们也可以回到 56.3.3 的最后一部分所用的论证,并且把它用到现在的博弈上来:若 $\bar{\Gamma}$ 里的虚设局中人 3 像真实局中人一样行动,则他有各种理由设法阻止局中人1,2形成合伙,因为这合伙一旦形成,他就得损失一个数额-1;若不形成,他就获得数额 2.[④]因此,为了阻止这个合作,也就是,为了选取 τ_1 或 τ_2 等于 2 而不等于 1,他将要付给局中人 1 或 2 一个补

---

① 利用全部 11.2.3 的记号,这就是说:$\beta_1=\beta_2=2$,而且

$$\mathscr{H}_1(\tau_1,\tau_2)=\mathscr{H}_2(\tau_1,\tau_2)=\begin{cases}\frac{1}{2}, & \text{对 } \tau_1=\tau_2=1,\\ -1, & \text{对其余的情形.}\end{cases}$$

② 当然只是对它们的特征函数说,所有这些博弈重合;但是 30.1.1 的全部理论是仅基于特征函数的.

③ 为了避免误解,我们再次强调:博弈 $\bar{\Gamma}$ 的规则完全由 $\mathscr{H}_k$ 表示,对局中人 1,2,3 并没有任何对称性;$\mathscr{H}_k$ 依赖于 τ_1,τ_2,但不依赖于 τ_3,只是特征函数 $v(S)$,$S\subseteq(1,2,3)$对于 1,2,3 有对称性,但是我们知道仅有 $v(S)$是起作用的(参看上面的注).

④ 根据 56.4.1 的第三个注和(56:2):

$$\mathscr{H}_3(\tau_1,\tau_2)=-\mathscr{H}_1(\tau_1,\tau_2)-\mathscr{H}_2(\tau_1,\tau_2)=\begin{cases}-1, & \text{对于 } \tau_1=\tau_2=1,\\ 2, & \text{对于其他的 } \tau_1,\tau_2.\end{cases}$$

偿.补偿可以由第五章的 22,23 的考虑来决定,结果为$\frac{3}{2}$.[①]读者可以自行验明这一点,同时也可验明:这种程序会引出简单多数三人博弈的已知结果.

56.4.3 对于 56.3.3 和 56.3.4 里提到的反面意见,56.4.1 里的例子提供了具体材料.这样,虚设局中人 $n+1$ 就不是直接通过人的着而是以间接支付补偿来影响博弈 $\bar{\Gamma}$,从而修改了争取合伙的条件和后果.56.3.3 的末尾指出,只要虚设局中人是个形式的虚设,这意思就不是说 Γ 里真正有任何这样的事情发生.但是,若从字义上运用 30.1.1 的理论,即:若允许虚设局中人像真正局中人一样,可以行动(支付补偿),则上面的事情的确可以在 $\bar{\Gamma}$ 里发生.换句话说,上一段的考虑并不意味着我们要给予虚设局中人一种能力,同时这能力又与引入虚设局中人的精神背道而驰.那段考虑的用处只是说明对 $\bar{\Gamma}$ 不适当地运用我们的旧理论,会引起所述的混淆.因此我们必须断言:零和博弈 $\bar{\Gamma}$ 不能无条件地视为一般博弈的等价博弈.

那么我们怎样修正它呢?为了回答这个问题,最好回到 56.4.1 对特殊例子的分析,那里是把困难完全揭露了的.

56.5 两种可能的程序

56.5.1 也许有人察觉到我们现在的困难是由于 56.4.1 里明显应用特征函数的结果,因而希望由这个地方来避免它.诚然,博弈 $\bar{\Gamma}$ 仅在有相同的特征函数(但有不同的 $\mathscr{H}_k$)的程度上,与简单多数三人博弈一致(特别可参看 56.4.1 的第四、第五两个注),其中合伙的形成方式不容置疑.于是取消只有特征函数起作用的要求,而把理论仅建立在 $\mathscr{H}_k$ 上,可能是个有效的办法.

然而仔细的探讨指明,这个建议——至少对我们考虑的问题——是完全没有好处的.

第一,偏重于基本的 $\mathscr{H}_k$ 而放弃特征函数 $v(S)$ 就解除了我们处理问题的全部工具.对于零和博弈,除了完全基于 30.1.1$v(S)$的理论以外,我们没有其他的一般理论.因此若采用这个纲领,把一般博弈 Γ 过渡到零和博弈的措施就没用了.这是因为:像原来的一般博弈一样,这时我们对零和博弈也无能为力了.所以只在下述的情况下牺牲现存的理论才合乎情理,就是:除了各方面的准确性以外,还得十分肯定不会发生其他的缺欠.可是这两个条件都不能满足.

第二,由特征函数退回到基本的 $\mathscr{H}_k$ 并不能清除前面各节提到的障碍.实际上在 56.3.2 的末尾和 56.4.2 里,我们的讨论方式已经考虑到了 $\mathscr{H}_k$.我们建立了,在 $\bar{\Gamma}$ 里虚设局中人以直接方式付出补偿的必要性.然而这个必要性和用具同样特征函数的不同博弈代替 $\bar{\Gamma}$ 毫无关系.[②]

第三,从下面的讨论会看到,牺牲基于特征函数的理论是不必要的,必要的是简单地限制理论应用的范围,用以解决以上的困难.

56.5.2 重新考虑 56.3.2 至 56.4.2 就知道,把现在的关于虚设局中人行为的困难完全归咎于 30.11.1 的理论是不恰当的.

---

① 这是(与虚设局中人 3 合作的)局中人 1 或 2 由损失 -1 挽救到获得$\frac{1}{2}$所需要的补偿.这$\frac{1}{2}$是他在(局中人 1 和 2 的)合伙内可能得到的数额,这补偿当然也把虚设局中人的获得由 2 降低到$\frac{1}{2}$,事实也正该这样.

② 我们曾在 56.4.1 里迭次应用过这种代替;但是在后面的 56.4.2 的推理中却没用过!

56.3.2 至 56.3.4 的考虑完全是启发式的.这对于 56.4.2 的情形特别重要,那里我们对于一个特殊的例子以一定的方法求得了不理想的结果.实际上 56.4.2 的论述指向第五章 21 至 23 里对本质三人博弈"初步"启发式的讨论,并不指向它在 32 里的确切理论.

56.4.2 和 56.4.1 里所发生的情况,用确切理论的话来说,可以叙述如下:由 56.4.1 的一般二人博弈 Γ 引出一个零和三人博弈 $\bar{\Gamma}$,$\bar{\Gamma}$ 与三人简单多数博弈一致.30.1.1(第六章)的确切理论为这个博弈准备了各种的解决,在 33.1 里已经分类和分析过了.现在 56.4.1 和 56.4.2 的考虑结果是要在这些解当中选出一个特殊的解:33.1.3 里的无差别待遇解.

于是我们要问:就取这个(无差别待遇的)解是不是有道理?这些解当中,是不是别的解——例如 33.1.3 的意义下有差别待遇的一个解——就不可能避免我们的困难?

56.6 有差别待遇的解

56.6.1 假如我们曾经从任何别的角度考虑过本质零和三人博弈(即简单多数三人博弈),并且也有必要在它的解当中选取一个特别的解,则产生偏重选取无差别待遇解的推测会很强烈.这个解(也就是:它代表的行为标准)对于争取合伙,给予三个局中人同等的可能性;并且,当差别待遇没有什么一定的动机的时候,把它作为这博弈的最"自然的"解则最理想.[①]

然而在我们现在的情形里,差别待遇却有种种的理由存在:博弈 $\bar{\Gamma}$ 里的局中人 1,2 是真实的,而局中人 3 却是一个形式的虚设,这在以前已屡次强调指出过.在前面各节的通篇讨论里,我们强调了这个局中人不该争取合伙,并且不该受到与别人一样的待遇.换句话说,倘若我们希望可以把 30.1.1 的理论用上一些的话,那么就有把虚设局中人分出来的绝对必要,也就是:要在 33.1 命名为有差别待遇的那些解里面选取解,其中被排除的是虚设局中人.

33.1 里曾提到这些有差别待遇的解的特征是:被排除的局中人——就是按解(即行为标准)而被取消争取合伙资格的局中人——在解的全部转归里被指定给予一个数额.33.1.2曾指明,这个总额不一定是被排除的局中人仅在他个人的行动下所得的极小值——即:不一定 $c=-1$.事实上,c 可取某一间 $-1\leqslant c<\frac{1}{2}$ 上的值.

56.6.2 为了简单介绍在最坏可能的情况下(即 $c=-1$)被排除的虚设局中人的有差别待遇解,在这里暂时中断一下讨论会有些好处.根据 33.1.1,这解包含的正好是使虚设局中人 3 获得数额 -1,二真实局中人各得数额 $\geqslant -1$ 的那些转归.

上引处指出了,这意味着解(即:行为的标准)对于二真实局中人间获益的划分绝不加限制.那里叙述的理由,现在仍然成立,而且显得更主要了:局中人 1,2 的交往变得完全没有限制,不仅因为公认的行为标准排除了局中人 3 的干涉(这对局中人 1,2 间的关系影响很平常),而且还有更好的原因:局中人 3 并不存在.容易看到,这就消灭了一种威胁,就是:真实局中人 1 或 2 倘若由于他的同伴不肯允让"合理利益"而背弃合作,又与局中人 3 去合作从而得到补偿.

---

① 在 30.1.1 的严格意义下,当然别的解也同样有效;但是上面的叙述显然是合乎情理的.

56.7 各种的可能性

56.7.1 现在让我们来继续 56.6.1 的结尾处中断了的讨论.

一定要 $c=-1$,或者许可 c 取全部变程 $-1\leqslant c<\frac{1}{2}$ 里的值,似乎都有问题.猛然一看,好像第一种可能性比较言之成理,理由是:$c>-1$ 意味着真实局中人不把虚设局中人利用到最大限度,即他们并不努力争取实际可以得到的最大总额.或许有人会把这种自制看为是由于公认的稳定行为标准的原因,对虚设局中人付出的一种补偿.因为在合伙和补偿的交往里,我们排除了虚设局中人的全部参与,所以不要 $c=-1$ 也可以得到一定的证实.

然而必须承认,这种推理是不完全可靠的.一个正的补偿,由虚设局中人支付和别人付给他,完全是两回事.前者显然没道理,因为虚设局中人并不存在,谈不到由他付出,另一方面后者却很有道理.它只不过表明在利用一个集体利益当中的一种自制,并且我们已经有了好几个例子,说明稳定的行为标准要求这样的行动.[①]在现在的情形里要说谈不到这种自制,在演绎上并不显然.[②]排除这种自制就意味着:稳定的行为标准(在完全了解各种可能性的条件下)必然会引出获得最大的集体利益.熟悉现有的社会学文献的读者会知道,关于这一点的讨论还远不能作结论.

虽然如此,在我们的理论范围内,借助于说明 c 必须限定于它的极小值,就能成功地处理这个问题.[③]

56.7.2 总之暂时我们必须并行地发展这两种可能情况.

为了这个目的,我们回到一般的 n 人博弈 Γ 和对应的零和 $n+1$ 人博弈 $\bar{\Gamma}$.现在我们能够严格提出有关的概念了.

(56:A:a) 以 Ω 表示 $\bar{\Gamma}$ 的全部解 $\bar{V}$ 的集合.

(56:A:b) 已给一数 c,以 Ω_c 表示 $\bar{\Gamma}$ 里有下述性质的解 $\bar{V}$ 的系统:$\bar{V}$ 里的每一个转归 $\boldsymbol{\alpha}=\{\alpha_1,\cdots,\alpha_n,\alpha_{n+1}\}$ 里的 $\alpha_{n+1}=c$.[④]

(56:A:c) 以 Ω' 表示全部集合 Ω_c 的和集.

(56:A:d) 以 Ω'' 表示 $c=v((n+1))=-v((1,\cdots,n))$ 的 Ω_c.[⑤]

关于(56:A:c),我们注意:

对某些 c,Ω_c 是空集合,当 Ω' 形成了的时候,这些 c 显然可以略掉,于是由

---

① 当然,这正是 33.1.2 里的情况的另一种表达方式.38.3.2 里的(38:F)表示了对于四人零和博弈的情形的另一个例子.在 46.11 里还有其他对全部可分博弈成立的例子.(这个例子里,当 $\bar{\varphi}<0$ 的时候,Δ 的局中人实行自制;$\bar{\varphi}>0$ 的时候,H 的局中人实行自制.参看那一节的叙述.)

我们强调:虽然在理论里一直都假定了局中人完全了解博弈各种可能性,但是这种自制还是在公认的行为标准的压力下实行的.

② 这种自制如果出现的话通常可以看成是一种稳定而缺乏效能的社会组织里发生的情况.

③ 这就是说,问题中的自制并不出现,而且总可以获得最大的公众利益.这个结果似乎是网罗尽致的,但事实并不如此,因为我们假定了利益是数值的并且可以不限制转移的,还假定了对各种可能性的完全了解.

④ 就是说,这时在解的全部转归里,虚设局中人获得同样的数额.

⑤ 就是说,这时在解的全部转归里,虚设局中人只获得甚至于他与所有其余的人对立的时候都能取得的数额.我们知道,这意味着真实局中人共同获得最大的集体利益.

$\alpha_{n+1} \geqslant v((n+1)) = -v((1,\cdots,n))$必然可得到 $c \geqslant -v((1,\cdots,n))$，否则 Ω_c 就是空集. 又由

$$\alpha_{n+1} = -\sum_{k=1}^{n} \alpha_k \leqslant -\sum_{k=1}^{n} v((k))$$

必然得到 $c \leqslant -\sum_{k=1}^{n} v((k))$，否则 Ω_k 也是空集，所以 c 应该受到限制：

(56:4) $$-v((1,\cdots,n)) \leqslant c \leqslant -\sum_{k=1}^{n} v((k)).$$

事实上，通常它受到的限制还要更多.①

(56:A:d)里的 Ω 属于(54:4)里最小的 c.

56.8 理论的新的构成

56.8.1 56.3.2至56.4.3的讨论指明 Ω 里的解对于 Γ 并不都有意义. 56.6.1的分析把这些解加了进一步的限制，可是全部有意义的解的系统是 Ω' 还是 Ω''? 这问题还没得到回答. 系统 Ω' 和 Ω'' 对应于曾经指出的两种可能性.

现在我们来区别 Ω' 和 Ω''.

考虑博弈 $\bar{\Gamma}$ 的转归

(56:5) $$\boldsymbol{\alpha} = \{\alpha_1,\cdots,\alpha_n,\alpha_{n+1}\},$$

其中支量 $\alpha_1,\cdots,\alpha_n,\alpha_{n+1}$ 里的前 n 个：$\alpha_1,\cdots,\alpha_n$ 表示真实的量，即真实局中人分别由这转归所获得的数额；另一方面，最后的一个支量 α_{n+1} 表示一种虚设的手续，即：指定给虚设局中人 $n+1$的数额. 进一步说，支量 α_{n+1} 不仅在 $\bar{\Gamma}$ 的解释里是虚设的，而且在数学上也是不独立的——若 $\alpha_1,\cdots,\alpha_n$ 已给定，α_{n+1} 就可以被决定，事实上(根据转归 $\boldsymbol{\alpha}$ 的全部支量的和为零)，有

(56:6) $$\alpha_{n+1} = -\sum_{k=1}^{n} \alpha_k.$$

因此，记住 α_{n+1} 在必要的时候可以由(56:6)决定，而仅指定支量 $\alpha_1,\cdots,\alpha_n$ 来表现 α_{n+1} 也许更合适. 于是，我们将把它记为

(56:7) $$\boldsymbol{\alpha} = \{\{\alpha_1,\cdots,\alpha_n\}\}.$$

要注意，这样写并不是企图恢复原来的记号，而是说：我们希望灵活运用(56:5)和(56:7)，哪个方便就用哪一个. 正是为了避免这种双重记号可能引起的混淆，代替(56:5)里的单括号，才在

① 于是在本质零和三人博弈里，由(56:4)就得到

$$-1 \leqslant c \leqslant 2.$$

而我们又由32.2.2知道，c 的确切变程(具非空集 Ω_c)是

$$-1 \leqslant c < \frac{1}{2}.$$

(56:7)里用了双层括号{{ }}.[①]

56.8.2 形式(56:5)下的转归受到了零和限制,此外还有下列限制条件:

(56:8) $\alpha_i \geqslant v((i))$对 $i=1,\cdots,n,n+1$ 成立.

我们必须(用(56:6))以(56:8)来表示(56:7).

对于 $i=1,\cdots,n$,经过(56:5)到(56:7)的改变,(56:8)不受影响;但是对于 $i=n+1$,必须利用(56:6),因此它变成

$$\sum_{i=1}^{n} \alpha_i \leqslant - v((n+1)) = v((1,\cdots,n)),$$

从而(56:8)变成

(56:9) $\alpha_i \geqslant v((i))$对 $i=1,\cdots,n$ 成立;

(56:10) $$\sum_{i=1}^{n} \alpha_i \leqslant v((1,\cdots,n)).$$

56.9 Γ 为零和博弈的情形的重新考虑

56.9.1 让我们暂停片刻,用以解释这些限制.

(56:9)并不是新东西.它不过再次表明我们对零和博弈所掌握的事实:在任何情况下,不会有人愿意接受比别人都反对他的时候得到的还要少的总额.(56:10)却是在这里首次出现的.仔细考虑量 $v((1,\cdots,n))$的意义,就可以显示它的意义.

$v((1,\cdots,n))$是博弈对于由全体真实局中人 $1,\cdots,n$ 组成的复合局中人的值,他们的对手是虚设局中人 $n+1$.一局结束的时候,这复合局中人得到的数额当然是

$$\sum_{k=1}^{n} \mathscr{H}_k(\tau_1,\cdots,\tau_n).$$

这个表达式里的全部变量 $\tau_1,\cdots,\tau_n$ 都由他所控制.于是,在这个零和二人博弈里,真实局中人控制全部的着,虚设局中人对博弈进程没有影响.

对比这里的情况和第九章 41.1.1 里所说的零和二人博弈方案,现在的 $\sum_{k=1}^{n} \mathscr{H}_k$ 就对应于那里的 $\mathscr{H}$,全部变量 $\tau_1,\cdots,\tau_n$ 对应于那里的 τ_1;但是现在的构成里却没有和那里的 τ_2 相应的变程.

---

① 当然我们可以一直采用这个记号,即:对原来的零和 n 人博弈也采用.因为

$$\alpha_{i_0} = -\sum_{i \neq i_0} \alpha_i$$

所以这里的转归

$$\boldsymbol{\alpha} = \{\alpha_1,\cdots,\alpha_n\}$$

仅当它的支量 $\alpha_i, i \neq i_0$(i_0 任意固定)给定的时候才能确定.配合这一点,在第六章 31.2.1 的(31:1)里我们说过:本质零和 n 人博弈的转归形成的流形是 $n-1$ 维的,而不是 n 维的.

然而,取消 α_{i_0} 并没有特别的好处,即使有好处,也没有办法决定哪个 α_{i_0} 应该消掉(如果希望消掉的话).在本质三人博弈的图解讨论里,实际上是设法把全部的 α_i 都保留在图形里的(参看 32.1.2).现在把 α_{n+1} 特殊看待,情况就完全不同了,消去 α_{n+1} 对以后的推导将很重要.

这种博弈对第一个局中人的值在直观上可以从全部变量取最大值得到(因为全部变量都由他所控制).在现在的构成里,这就是

(56:11) $$\mathrm{Max}_{\tau_1,\cdots,\tau_n}\sum_{k=1}^{n}\mathscr{H}_k(\tau_1,\cdots,\tau_n).$$

在第三章 14.1.1 的方案里,相应的表示是

(56:12) $\mathrm{Max}_{\tau_1}\mathscr{H}(\tau_1,\tau_2)$(事实上 τ_1 不出现).

当然由 14,17 的系统理论也可得出同样的结果:因为运算 Min_{τ_2} 是空的,所以(14.4.1)里的 v_1,v_2 相等,而且等于(56:12).这样,博弈是严格确定的,并且在 14.4.2 和 14.5 的意义下博弈的值是(56:12).因此,17 里的一般理论必然产生同样的值.

所以得到

(56:13) $$v((1,\cdots,n))=\mathrm{Max}_{\tau_1,\cdots,\tau_n}\sum_{k=1}^{n}\mathscr{H}_k(\tau_1,\cdots,\tau_n).$$

由此可见,(56:10)就表示:转归应该不能付给真实局中人的全体比最顺利的情况下可获得的还要多的总额,所谓最顺利,指的是假定有完美的合作和最好可能的策略.[①][②]

总结如下:

(56:B) (56:7)的转归应受下列的限制:

(56:B:a) 真实局中人获得的数额不该比别的局中人都和他对立的时候能得到的还少(参看(56:9)).

(56:B:b) 真实局中人的全体获得的总额不该比最有利的情形里所能得到的还多.所谓最有利,就是:假定有完美的合作和最好可能的策略(参看(56:10)和(56:13)).

这种提法使得我们的限制条件(56:9),(56:10)(即(56:B:a)和(56:B:b))在常识上意义十分清楚了:破坏了条件(56:9)(即(56:B:a))意味着真实局中人当中有一名得到的待遇比别人都和他对立的时候所得的待遇还坏.破坏了(56:10)(即(56:B:b))意味着真实局中人的全体获得的总额超出他们在最好的情况下所能得到的数额.按一般的情理说,这些事实正可以看作是健全的局中人拒绝考虑一个显然没道理的分配方案(转归)的条件.

56.9.2 在往下讨论以前,有必要把所采取的步骤反复一下;在新的和旧的理论都能用的情况下,比较一下新旧理论的构成.

明确地说:假定我们要用前面几节所说的程序来考虑一个根本就是零和的 n 人博弈.对于零和的博弈,当然也可以用 56.2.2 的办法形成零和扩充 $\overline{\Gamma}$,然后像 56.8.2 那样进行讨论.

千万不要误解这种手续的意义.既然 Γ 本身就是零和的,那么 56.2.2 和 56.8.2 的手续当然完全不必要;因为我们早就有了一种理论来处理它了,可是若想在这个基础上建立一个更一般的、对任何博弈都成立的理论,就必须要求一般的和特殊的(旧的)理论一致,至少在旧理论

---

① 注意,对于真实局中人的全体的最好的可能策略是明显定义了的:若有完美的合作,则局中人的全体面对的是个纯粹的最大值问题.

② 原来形式下的(即进行 12.1.1 和 11.2.3 的正规化以前的)博弈若含有机会的,则上面所说的"最顺利情形"不应该还含有这些"着".也就是说:只假定完美的合作和策略的最优选择,"机会的着"应该由期望值的形成来说明.事实上,正是用这个方法我们才在 11.2.3 里把 $\mathscr{G}_k(\tau_0,\tau_1,\cdots,\tau_n)$($\tau_0$ 表示全部"机会的着"的影响)改成了现在所用的$\mathscr{H}_k(\tau_1,\cdots,\tau_n)$.

成立的时候应该一致.换句话说就是:在新理论成为多余的那种旧理论的范围内,新旧理论应该一致.[①]

56.9.3 Γ是零和n人博弈意味着

$$\sum_{k=1}^{n}\mathscr{H}_k(\tau_1,\cdots,\tau_n)\equiv 0,$$

即:$\mathscr{H}_{n+1}(\tau_1,\cdots,\tau_n)\equiv 0$.因此在集合$S$上添上(或减去)虚设局中人$n+1$,$v(S)$不受影响,即

(56:14) $v(S)=v(S\cup(n+1))$对$S\subseteq(1,\cdots,n)$成立.

对于特别的情形$S=\ominus,(1,\cdots,n)$,则是

(56:15) $$v((n+1))=0,$$

(56:16) $$v((1,\cdots,n))=0.$$

(56:14),(56:15)放在一起,指明博弈$\bar{\Gamma}$是可分解的,分裂集合为$(1,\cdots,n)$和$(n+1)$.它的$(1,\cdots,n)$组成部分就是原有的博弈Γ,而虚设局中人$n+1$则是个傀儡.[②](关于分解,请参看42.5.2的结尾和43.1;关于傀儡,请参看41.2.1的第一个注和43.4.2的结尾.)

现在我们能看到:

56.9.4 第一,因为$\bar{\Gamma}$是由Γ添上一个傀儡得到的,所以Γ和$\bar{\Gamma}$的解(在旧的理论里)互相对应,唯一的区别就在于,后者还考虑到了傀儡(即虚设局中人$n+1$),给他指定一个数额$v((n+1))=0$(参看46.9.1或46.10.4里的(46:M)).

所建立的新理论会使我们由$\bar{\Gamma}$的(旧理论的)解得出Γ的解.因此,上面的考虑证明了,对于Γ要得到的解都得包含在旧解之内.另外我们又知道,在这个情况里的解可以——事实上必须——取56.7.2里的(56:A:a)的全部Ω.总之应该注意:在这个情形里Ω所有的解会自动指定给虚设局中人$(n+1)$一个数额$v((n+1))$.这就是说,这里的$\Omega=\Omega_c$有$c=v((n+1))$,即$\Omega=\Omega''$(参看上引处的(56:A:b)和(56:A:d)).由此可见,在Ω和Ω''之间无论我们定义什么集合——特别说,例如上引处(56:A:c)和(56:A:d)的Ω'和Ω''——总是和Ω一致,并且对于我们的目的来说,这些集合都可以一样采用.

换句话说就是:摆在我们面前的Ω'与Ω''间的取舍问题,在现在的特殊情形里没什么作用,这里的两种可能性都与旧理论相合;事实上这里也根本没有放弃旧理论的必要.[③]

56.9.5 第二,在旧理论里,零和n人博弈的转归是这样定义的:

(56:C:a) $$\boldsymbol{\alpha}=\{\alpha_1,\cdots,\alpha_n\};$$

(56:C:b) $\alpha_i\geqslant v((i))$对$i=1,\cdots,n$成立;

(56:C:c) $$\sum_{i=1}^{n}\alpha_i=0.$$

56.8.1里(56:7)的新的安排与这不一样.这里的是:

---

① 这是个有名的关于数学扩充的方法论上的原则.

② 请读者回想:虚设局中人在博弈$\bar{\Gamma}$里一般不是傀儡.看起来这里似乎有些不能自圆其说,可是在56.3里对于一般二人博弈的特殊情形这确是已经建立了的事实.实际上正是因为博弈$\bar{\Gamma}$的规则一般不指定他当傀儡,才需要限制博弈$\bar{\Gamma}$的解$\bar{V}$,使他扮演这个角色.56.3.2至56.6.2里的讨论意义也就在这一点.

我们将在57.5.3里确定,$\bar{\Gamma}$的那些性质是虚设局中人作为傀儡的必要和充分的条件.

③ 限制Ω的必要性是在56.5至56.6里从考虑一个非零和博弈Γ推出来的.

(56:C:a*) $\boldsymbol{\alpha}=\{\{\alpha_1,\cdots,\alpha_n\}\}$;

并且从(56:9),(56:10)和(56:16)知道:

(56:C:b*) $\alpha_i \geqslant v((i))$对 $i=1,\cdots,n$ 成立;

(56:C:c*) $$\sum_{i=1}^{n}\alpha_i \leqslant 0.$$

从上面的说明已经知道,对现在考虑的情形,新[①]旧理论间不能有真正的区别.然而,直接(由旧理论的观点)来说明一下,(56:C:a)至(56:C:c)和(56:C:a*)至(56:C:c*)这两种程序真正没有不相符合的地方,这总是有用处的.

这两种安排的唯一异点就在于(56:C:c)和(56:C:c*).回想第九章 44.7.2 的定义,我们就知道(56:C:a)至(56:C:c)和(56:C:a*)至(56:C:c*)的差别也可以说成是:前一种办法是考虑求$E(0)$的解,后一种是考虑求 $F(0)$的解.现在我们已经在 46.8.1 里注意到了 0 位于博弈的"正常"地带内,根据 45.6.1 里的(45:O: b),$E(0)$和 $F(0)$的解一样.于是两者完全一致.

上面这两点说明,为了分析我们探求新的程序对于零和博弈 Γ 的影响,系统地应用了第九章的合成与分解的理论.这个程序主要在于把 Γ 转化为$\bar{\Gamma}$,它的结果是在 Γ 上添加一个傀儡.较之于上引处所说的一般分解,这个办法是相当特殊的.所用到的特定结果,自然也可以用省事的办法求到,不像应用那里的广泛得多的定理来求那么费事.在这个题目上我们不想再多费笔墨了,因为第九章的一般结果总是可以应用的;而且上面的论述把我们目前的考虑纳入了一个适当的地位,已经是明明白白的了.

56.10 控制概念的分析

56.10.1 现在我们回过头来检查 n 人博弈 Γ,它的零和扩充 $\bar{\Gamma}$ 和 56.8 引入的关于转归的新的处理.

在 56.5 至 56.6 里用是非判断的办法考察了一种特殊的博弈,从而知道了用 Γ 全部的解来定义 Γ 的解的概念并不理想.现在我们要系统地来研究这个问题:对于博弈应用第六章30.1.1里的解的形式定义,然后最一般地确定出哪一方面不理想,需要修正.

在讨论过程中,要用到 56.8.1 里 $\bar{\Gamma}$ 的转归概念的新的安排(56:7),这安排的要点在于一开始仅强调了 $\bar{\Gamma}$ 里真实局中人的头等重要性,使我们(对 Γ 说)更注意 $\bar{\Gamma}$.这当然并不减弱一个事实:我们是对零和 $n+1$ 人博弈 $\bar{\Gamma}$ 应用 30.1.1 的形式理论,而不是对一般 n 人博弈应用,对后者的应用是不可能的.

30.1.1 的全部概念的基础是控制概念.因此,我们首先就要把那里的(对于 $\bar{\Gamma}$ 的转归定义的)控制意义用 56.8.1 里的新的安排(56:7)表示出来.

考虑两个转归

$$\boldsymbol{\alpha}=\{\{\alpha_1,\cdots,\alpha_n\}\},\ \boldsymbol{\beta}=\{\{\beta_1,\cdots,\beta_n\}\}.$$

控制关系

① 确切一些说,因为我们还没有决定 Ω'和 Ω''的取舍,所谓新理论,可以是根据所述的思路建立的任一新理论.

$$\boldsymbol{\alpha} \succ \boldsymbol{\beta}$$

的意思是：存在一个非空集合 $S \subseteq (1,\cdots,n,n+1)$，它对于 $\boldsymbol{\alpha}$ 是有效集合，即

(56:17) $$\sum_{i \in S} \alpha_i \leqslant v(S),$$

使得

(56:18) $\alpha_i > \beta_i$ 对全部 $i \in S$ 成立.

我们希望把这个意思用只对 $i=1,\cdots,n$ 的 α_i，β_i 表示出来. 因此，必须区分两种可能性：

56.10.2 第一，S 不含 $n+1$. 从而

(56:19) $S \subseteq (1,\cdots,n)$，S 不空.

上面的条件(56:17)，(56:18)不需要重新建立，因为它们只含对于 $i=1,\cdots,n$ 的 α_i，β_i. 此外，在(56:17)的 $v(S)$ 里，$S \subseteq (1,\cdots,n)$.

第二，S 含有 $n+1$. 令 $T = S-(n+1)$，则

(56:20) $T \subseteq (1,\cdots,n)$，T 可以是空的.

上面的条件(56:17)，(56:18)必须重新建立，因为它们包含 α_{n+1}，β_{n+1}.

很自然地，要在 $(1,\cdots,n,n+1)$ 里形成 $-S$，并在 $(1,\cdots,n)$ 里形成 $-T$；前一个指的是 $(1,\cdots,n+1)-S$，后一个指的是 $(1,\cdots,n)-T$. 虽然这两个集合显然相等，但仍宜于用不同的记号表示，前者记为 $\perp S$，后者记为 $-T$.

因为 $\sum_{i=1}^{n+1} \alpha_i = 0$，所以

$$\sum_{i \in S} \alpha_i = -\sum_{i \in \perp S} \alpha_i = -\sum_{i \in -T} \alpha_i,$$
$$v(S) = -v(\perp S) = -v(-T).$$

因而(56:17)变为

(56:21) $$\sum_{i \in -T} \alpha_i \geqslant v(-T),$$

其中仅包含对于 $i=1,\cdots,n$ 的 α_i，并且 $v(-T)$ 里的 $-T \subseteq (1,\cdots,n)$. 其次，(56:18)变为

(56:22) $\alpha_i > \beta_i$ 对全部 $i \in T$ 成立

和

$$\alpha_{n+1} > \beta_{n+1}.$$

后一不等式的意思是

(56:23) $$\sum_{i=1}^{n} \alpha_i < \sum_{t=1}^{n} \beta_i.$$

(56:22)，(56:23)也是只包含对于 $i=1,\cdots,n$ 的 α_i，β_i.

总括如下：

(56:D) $\boldsymbol{\alpha} \succ \boldsymbol{\beta}$ 意味着有下列两个可能：

(56:D:a) 具有(56:19)，(56:17)和(56:18)的一个 S 存在；

或者

(56:D:b) 具有(56:20)，(56:21)和(56:22)(56:23)的一个 T 存在.

注意这些准则只包含集合 S，T，$-T \subseteq (1,\cdots,n)$ 和 $\alpha_i\beta_i$，即它们的叙述仅指向原来的博弈 Γ 和真实局中人 $1,\cdots,n$.

56.10.3 控制的准则(56:D)是按字义上运用 30.1.1 原来的定义得到的;先是直接对 $\bar{\Gamma}$ 运用,然后转释为对 Γ 的说法.作了这种严格的处理以后,再从解释的角度来检查结果,看看(56:D)的条件是不是对现在研究的情况会提供一个合理的控制定义.

根据(56:D),对(56:D:a)和(56:D:b)的两种情形控制是成立的.

(56:D:a)不过是重述了 30.1.1 里原来的定义.[①]它表示存在一组真实局中人(即(56:19)里的集合 S),对个人情况说,他们每个人的喜好都偏向于 $\boldsymbol{\alpha}$ 而不偏向于 $\boldsymbol{\beta}$(这就是(56:18)).此外他们还知道,作为一个组,联合起来会加重这个偏向(这就是(56:17)).

另一方面,从 Γ 和只考虑真实局中人的角度说,(56:D:b)却完全是新的东西,它也要求存在一组真实局中人,(即(56:20)里的集合 T),其中每个人都偏向 $\boldsymbol{\alpha}$ 而不偏向 $\boldsymbol{\beta}$ 里的个人情况(这就是(56:22)).但是关于联合成一个组是不是会加重这个偏向,却不加断语.代替这一点的条件是:只要问题里所偏向的转归对这组局中人起作用,那么组外的局中人就必须不能阻碍这个转归(这就是(56:21)).[②]

最后,还有一个奇怪的条件:所有真实局中人的总体——作为整个的团体——的经济状况,在(所偏重的)制度 $\boldsymbol{\alpha}$ 下反而比在(所排斥的)制度下更坏(这就是(56:23)).

56.10.4 这个奇怪的可能情况(56:D:b)当然是由于把虚设局中人看成实有物造成的.如果不这样看,而从真实性(真实局中人)的考虑出发,那么(56:D:b)就变得难以解释了.关于(56:D:b)我们最好是说,它似乎假定了某种影响的有效作用,它肯定地对整个团体(全部真实局中人的总体)是有损害的.特别当某一真实局中人群中的所有局中人都偏重 $\boldsymbol{\alpha}$ 里的个人情况,而不偏重于 $\boldsymbol{\beta}$ 里的那些的时候,若其余的真实局中人不能阻碍这种偏重的安排,这安排又肯定地损害整个团体,那么控制关系就是存在的.

把这个控制关系(56:D:b)和通常的控制关系(56:D:a)对比一下,就知道下列的差异特别显见.第一,在(56:D:a)里,局中人把偏好付诸实施的能力是主要的;在(56:D:b)里,要点都是

---

① 现在是对 $\bar{\Gamma}$ 应用这定义;以前的理论当然是不会考虑到 $\bar{\Gamma}$ 的.

② 组外的($-T$ 内的)那些局中人如果分别可以获得比 $\boldsymbol{\alpha}$ 指定给他们全体的总额还多:

$$\sum_{i\in -T}\alpha_i < v(-T),$$

则他们就能够阻碍所偏向的转归.(注意我们必须把等号去掉,不然就不能有阻碍了.)上式的否定其实就是:

$$\sum_{i\in -T}\alpha_i \geqslant v(-T). \tag{56:21}$$

原来的局中人组加重偏向的能力的表达式是

$$\sum_{i\in T}\alpha_i \leqslant v(T). \tag{56:17}$$

(56:21)可与(56:17)相比较.

应该注意(56:17),(56:21)当中的任一个并不蕴涵另一个,只要 $\boldsymbol{\alpha}$ 影响组 T 的成员,T 就完全可能加重 $\boldsymbol{\alpha}$;同时只要 $\boldsymbol{\alpha}$ 影响组 $-T$ 的成员,$-T$ 也就可能阻碍 $\boldsymbol{\alpha}$.另一方面,也可能哪一个组都不加重或阻碍什么.

可是若 Γ 是个零和博弈,而且(像旧的理论那样)要求 $\sum_{i=1}^{n}\alpha_i = 0$,则(56:17)和(56:21)是等价的.因为这时候

$$v(T)+v(-T)=v((1,\cdots,n))=0,$$

所以

$$\sum_{i\in -T}\alpha_i = -\sum_{i\in T}\alpha_i,\ v(-T) = -v(T).$$

这就说明了所述的等价性.

其他的局中人阻碍这种能力. 第二,在(56:D:a)里,主动的局中人组必须是一个非空的集合,而在(56:D:b)里,它可以是个空集合(参看(56:19)和(56:20)). 第三,(56:D:b)里有反对团体的观点而(56:D:a)里没有.

现在读者会看到: (56:D:b)似乎有点不很合理,可是并不完全陌生. 扩大影射和比喻,使(56:D:b)成为确切的形式化也不难,只是这里用不着再在这个题目上多费笔墨了. 要紧的是,得掌握情形(56:D:b)里那些困难的一般原因的各项道理. 这对一个特别的情形,56.5 至 56.6 已有所分析. 如果说,用(56:D:a)表达控制概念立即言之成理,则在同样意义下(56:D:b)就不行.

因此,我们将用既简单又方便的办法来解决困难,就是: 索性把(56:D:b)置之不理.

56.11 严格的讨论

56.11.1 我们已经决定,在 56.10.2 的(56:D)里排除(56:D:b)而保留(56:D:a),来重新定义控制关系. 这个新的控制概念可以用两种方式陈述,似乎都值得考虑.

第一,56.10.3 的开始就说过,(56:D:a)的效果不过是重复 30.1.1 的相应定义,唯一的区别是原 Γ 为 n 人零和博弈,现在是一般的 n 人博弈.

于是,我们现在的程序就是: 不管零和条件有没有,硬把 30.1.1 里的控制概念作扩充的应用,而一字不改. [①]

第二,现在我们不从 Γ 而从 $\bar{\Gamma}$ 的角度来观察一下限于考虑(56:D:a)的意义. 原来 56.10 里的讨论产生两个情形(56:D:a),(56:D:b). 它们的出现依赖下面的析取. 在30.1.1的意义下,$\bar{\Gamma}$ 里的控制必须基于一个集合 S. 当 $n+1$ 不属于 S 的时候,(56:D:a)成立;当 $n+1$ 属于 S 的时候,(56:D:b)成立. 因此,限于考虑(56:D:a)的意思就是集合 S 必须不含 $n+1$.

重复一遍: 用 $\bar{\Gamma}$ 的话来说,新的控制概念意味着在 30.1.1 的控制概念中在集合 S 的条件(30:4:a)至(30:4:c)上又补充了一个条件,就是 S 必不含一个特殊的元素 $n+1$.

这也可以解释为在上引处的有效性概念上所加的限制: 仅当集合 S 不含 $n+1$ 的时候,才把 S 看成是有效的. (当然上引处的原条件(30:3)仍在要求之例.)

56.11.2 现在进而研究 $\bar{\Gamma}$ 的解的新概念. 也就是研究 Γ 的解,不过要以 56.11.1 引进的新的控制概念为基础. 在分析的过程中,我们将要采用 $\bar{\Gamma}$ 和转归的形式(56.15)(而不采用博弈 Γ 和转归的形式(56:7))以及 56.11.1 的第二点说明里的控制定义.

我们的结果可以由相继证明四个引理得到:

(56:E) 若 $\bar{V}$ 在新的意义下是 $\bar{\Gamma}$ 的一个解,则 $\bar{V}$ 的每个

$$\boldsymbol{\alpha}=\{\alpha_1,\cdots,\alpha_n,\alpha_{n+1}\}$$

里有 $\alpha_{n+1}=v((n+1))$.

证明: 设引理不真,则必然有 $\alpha_{n+1}\geqslant v((n+1))$,从而 $\bar{V}$ 里存在 $\boldsymbol{\alpha}=\{\alpha_1,\cdots,\alpha_n,\alpha_{n+1}\}$ 具有

---

① 我们花了好大的力气才达到这个简单的原理,好像挺奇怪. 其实,在完全接受这个原理之前,我们还需要56.11.2的考虑呢! 总之,除了现在所作的极广泛的扩充之外,30.1.1 的定义全不改动,是很要仔细的事情. 对这个目的,这几段内的详细推理性探讨大概是顶合适的了.

$\alpha_{n+1} > v((n+1))$. 令 $\alpha_{n+1} = v((n+1)) + \varepsilon, \varepsilon > 0$. 定义 $\boldsymbol{\beta} = \{\beta_1, \cdots, \beta_n, \beta_{n+1}\}$ 如下：

$$\beta_i = \alpha_i + \frac{\varepsilon}{n} \quad 对 \quad i = 1, \cdots, n;$$

$$\beta_{n+1} = \alpha_{n+1} - \varepsilon = v((n+1)).$$

因为 $\sum_{i=1}^{n} \beta_i = -\beta_{n+1} = -v((n+1)) = v((1, \cdots, n))$; $\beta_i > \alpha_i$ 对 $i = 1, \cdots, n$ 成立，所以应用 $S = (1, \cdots, n)$ 就可以知道 $\boldsymbol{\beta} \succ \boldsymbol{\alpha}$ 成立. [①]因为 $\boldsymbol{\alpha} \in \bar{V}$，所以 $\boldsymbol{\beta} \notin \bar{V}$. 于是 $\bar{V}$ 里存在一个 $\boldsymbol{\gamma}$ 具有 $\boldsymbol{\gamma} > \boldsymbol{\beta}$. 考虑施行这个控制关系的集合 S. 因为 $n+1 \notin S$，所以 $S \subseteq (1, \cdots, n)$. 由于 $\beta_i > \alpha_i$ 对 $i = 1, \cdots, n$ 成立，因而 $\boldsymbol{\gamma} \succ \boldsymbol{\beta}$ 蕴涵 $\boldsymbol{\gamma} \succ \boldsymbol{\beta}$. 但是 $\boldsymbol{\gamma}$ 和 $\boldsymbol{\alpha}$ 都属于 $\bar{V}$，从而得到矛盾.

(56:F) 若 $\bar{V}$ 为新意义下 Γ 的一个解，则它也是旧意义下的解.

证明：必须说明 30.1.1 的(30:5:a)，(30:5:b)若对新意义的控制成立，则对旧意义的控制也成立. 既然新意义的控制蕴涵旧意义的控制，所以断言对(30:5:b)成立是显然的. 于是只需仔细考察(30:5:a).

设(30:5:a)在旧的意义下不成立，即 $\bar{V}$ 里有两个 $\boldsymbol{\alpha}, \boldsymbol{\beta}$，在旧意义下 $\boldsymbol{\alpha} \succ \boldsymbol{\beta}$. 令 S 为施行这个控制的集合. 按(56:E)，$\alpha_{n+1} = \beta_{n+1} (= v((n+1)))$，所以 $n+1 \notin S$，结果在新意义下 $\boldsymbol{\alpha} \succ \boldsymbol{\beta}$，从而(30:5:a)在新意义下也不成立了，证毕.

(56:G) 若 $\bar{V}$ 在旧意义下为 $\bar{\Gamma}$ 的一个解，$\bar{V}$ 的每个

$$\boldsymbol{\alpha} = \{\alpha_i, \cdots, \alpha_n, \alpha_{n+1}\}$$

里有 $\alpha_{n+1} = v((n+1))$，则 $\bar{V}$ 也是新意义下的解.

证明：必须说明 30.1.1 的(30:5:a)，(30:5:b)若对旧意义的控制成立，则对新意义的控制也成立. 既然新意义的控制蕴涵旧意义的控制，因而断言对(30:5:a)的部分显然成立. 以下只需仔细考察(30:5:b).

设有 $\boldsymbol{\alpha} = \{\alpha_1, \cdots, \alpha_n\}$，$\boldsymbol{\alpha} \notin \bar{V}$. 因为(30:5:b)在旧意义下成立，所以 $\bar{V}$ 里存在一个 $\boldsymbol{\beta} = \{\beta_1, \cdots, \beta_n, \beta_{n+1}\}$ 使 $\boldsymbol{\beta} \succ \boldsymbol{\alpha}$ 在旧意义下成立. 令 S 为施行这个控制的集合. $\alpha_{n+1} \geqslant v((n+1))$ 必然成立. 根据假定，$\boldsymbol{\beta} \in \bar{V}$，因此 $\beta_{n+1} = v((n+1))$，从而 $n+1 \notin S$. 结果 $\boldsymbol{\beta} \succ \boldsymbol{\alpha}$ 在新意义下成立，即得到了矛盾：(30:5:b)在新意义下也是成立的，证毕.

(56:H) $\bar{V}$ 在新意义下为 $\bar{\Gamma}$ 的解的必要和充分条件是：$\bar{V}$ 属于 56.7.2 里(56:A:d)的系统 Ω''.

证明：条件的必要性和充分性可以分别由(56:E)，(56:F)和(56:G)得到.

56.11.3 解释(56:H)的结果的时候，必须记得讨论起源是为了 Γ 的理论成立，有必要把 $\bar{\Gamma}$ 的全部解的系统加以限制. 56.7 的讨论说明了这种限制的言之成理的结果是应该得到集合 Ω' 或 Ω''(也许是介于 Ω'，Ω'' 当中的集合). 这以后，我们曾致力于决定这两种可能性的取舍. 后来则在 56.10 至 56.11.1 里得到结论：修正 $\bar{\Gamma}$ 里的控制概念，也许能回答取舍问题. 现在(56:H)则说的是：控制概念的这种修正，正好引至集合 Ω''，这些并存的结果显然指明了取舍的决定该是：拿 Ω'' 来作为 Γ 的全部解的系统.

---

① 本证明里的控制都是新的意义下的控制.

56.12 解的新定义

56.12 解的定义及其取舍所根据的主要结果,可一并重述如下:

(56:I)

(56:I:a) 对于一般 n 人博弈 Γ,所谓一个解便是:Γ 的零和 $n+1$ 人扩充 $\bar{\Gamma}$(在 30.1.1 的原意下)的任意一个解 $\bar{V}$,$\bar{V}$ 里的

$\boldsymbol{\alpha}=\{\alpha_1,\cdots,\alpha_n,\alpha_{n+1}\}$

具有

(56:24) $\alpha_{n+1}=v((n+1))$.

全体这种解正好构成 56.7.2 里(56:A:d)的集合 Ω''.

(56:I:b) 利用形式(56:7),以 $\boldsymbol{\alpha}=\{\{\alpha_1,\cdots\alpha_n\}\}$表示转归,(从而对 $\bar{\Gamma}$ 说,强调了 Γ 和它的局中人),则(56:24)变为

(56:25) $$\sum_{i=1}^{n}\alpha_i = v((1,\cdots,n)).$$

这显然是 56.8.2 里(56:10)的一种加强了的形式.

(56:I:c) 对于 Γ 根本就是零和博弈的特殊情形,解的新旧概念一致,从而30.1.1的定义仍可应用,不需修正(参看 56.9.4 的第一个注).这样,理论也就无需再有新旧之分了(参看 56.9.2 的注).

(56:I:d) 对于 Γ 是一般 n 人博弈的情形,运用 30.1.1 仅对零和博弈所作的定义,不加修正,也可以求得解,这时 Γ 的转归概念必须取(56:7)的形式方可应用(参看 56.11.1 的第一个说明).

(56:I:e) (56:I:d)成立意味着形式(56:7)下的转归只有 56.8.2 所述的特征.然而根据(56:I:b),这时方程(56:25)在每一解 $\bar{V}$ 里自动成立.因此,在有必要的时候可以把(56:25)也称为一个特征,从而把 56.8.2 的(56:10)加强到(56:25). [①]

(56:I:f) (56:I:a)对 Γ 的解所加的限制也可以由修正 $\bar{\Gamma}$ 的控制概念得到,但是这时必须采用修正意义下的所有的解.修正的内容是:在 30.1.1 的意义下的有效集合上,加上不含 $n+1$ 的条件(参看 56.11.1 的第二个说明).

---

① 这里把

(56:10) $$\sum_{i=1}^{n}\alpha_i \leqslant v((1,\cdots,n))$$

限制为

(56:25) $$\sum_{i=1}^{n}\alpha_i = v((1,\cdots,n)).$$

可以办得到这一点,是与 56.9.5 里的第二点说明所述的 $E(0)$ 和 $F(0)$ 等价类似的(但是更广泛).

57 特征函数和有关的讨论问题

57.1 特征函数：扩充的和限制的形式

57.1 现在我们已经掌握了一种可以对所有的博弈应用的理论. 像 30.11 的未经扩充的零和博弈理论一样，它是完全建立在特征函数上的. 这就是，实际定义博弈的 11.2.3 的函数 $\mathscr{H}_k(\tau_1,\cdots,\tau_n)$，$k=1,\cdots,n$，并不直接影响理论，而是通过特征函数 $v(S)$ 来影响.[①]

但是对零和与非零和的博弈运用特征函数是有差别的. 对于零和 n 人博弈 Γ，特征函数对全部的集合 $S\subseteq(1,\cdots,n)$ 有定义，而且仅对这些集合有定义（参看 25.1). 对一般的 n 人博弈，我们必须作出它的零和 $n+1$ 人博弈扩充 $\bar{\Gamma}$，然后才像旧意义的特征函数一样，作出 $\bar{\Gamma}$ 的特征函数 $v(S)$.（这就是在全部的最近讨论——特别是所有以下各节：56.4.1；56.5.1；56.7.2；56.8.2；56.9.1；56.9.3 至 56.10.3；56.11.2 至 56.12——里出现的 $v(S)$.）当然，现在 $v(S)$ 对全部集合 $S\subseteq(1,\cdots,n,n+1)$ 有定义，而且仅对这些集合有定义. 可是必要的话我们也可以仅对集合 $S\subseteq(1,\cdots,n)$ 考虑 $v(S)$. 这时候，我们就把它称为**限制的特征函数**. 对于原来包含全部 $S\subseteq(1,\cdots,n,n+1)$ 的变程的情形，$v(S)$ 则称为**扩充的特征函数**.

这样，对于零和博弈的特殊情形，旧理论的特征函数就是新理论的限制的特征函数.[②]

回顾一般的博弈，我们知道，特征函数是我们现在的全部理论的基础. 在理论的各种等价的陈述中，56.12 里的(56:I:a)用的是扩充的特征函数，(56:I:a)用的则是限制的特征函数.

因此，我们下一个目标便必然是要来确定这些特征函数的性质和它们的相互关系.

57.2 基本性质

57.2.1 考虑一般的 n 人博弈和它的两个（上面所定义的）特征函数. 限制的特征函数 $v(S)$ 对 $I=(1,\cdots,n)$ 的全部子集合 S 有定义，而扩充的 $v(S)$ 对 $\bar{I}=(1,\cdots,n,n+1)$ 的全部子集合 S 有定义.[③]

如 56.10.2 里的第二点说明所述，我们必须对于 $-S$ 分清两种记号，对 $S\subseteq\bar{I}=(1,\cdots,n,n+1)$，$\bar{I}$ 里的 $-S$ 指的是 $\bar{I}-S$；对 $S\subseteq I=(1,\cdots,n)$，$I$ 里的 $-S$ 指的是 $I-S$.[④] 我们还是用 $\perp S$ 表示第一个集合，$-S$ 表示第二个集合.

正像研究 25.3 和 26 里的零和博弈特征函数一样，我们预备把一般 n 人博弈的两种特征

① 当然 $v(S)$ 是借助于 $\mathscr{H}_k(\tau_1,\cdots,\tau_n)$ 来定义的. 参看第六章 25.1.3 和 58.1.

② 所有的不同点和定义都不该影响（而且的确不影响）已经严格建立了的事实，就是：对于全部零和博弈，新旧二理论相互等价（参看 56.12 里的(56:I:c)).

③ 我们用了同一个记号代表它们，因为在两者都有定义的情形下，它们的值一样.

④ 对同一个 $S(S\subseteq I)$，这两个集合显然不同. 上引处则是对不同的集合 S 和 T 取余集合，所以可以要求两个集合一样.

函数的主要性质确定出来.

先考虑扩充的特征函数.因为它是零和 $n+1$ 人博弈 $\bar{\Gamma}$ 在旧意义下的特征函数,所以必须有 25.3.1 里所提出的性质(25:3:a)至(25:3:c),只是那里的 $I=(1,\cdots,n)$ 要换成 $\bar{I}=(1,\cdots,n+1)$.这样,我们就得到:

(57:1:a) $v(\ominus)=0$,

(57:1:b) $v(\perp S)=-v(S)$,

(57:1:c) $v(S\cup T)\geqslant v(S)+v(T)$,

若 $S\cap T=\ominus \quad (S,T\subseteq\bar{I})$.

其次,考虑限制的特征函数.限制于考虑 I 的子集,可以由(57:1:a)至(57:1:c)得到它应该满足的条件.由(57:1:a),(57:1:c)得到条件比较容易,由(57:1:b)却很难.[①]根据这个想法,我们得到

(57:2:a) $v(\ominus)=0$,

(57:2:c) $v(S\cup T)\geqslant v(S)+v(T)$,

若 $S\cap T=\ominus \quad (S,T\subseteq I)$.

注意:对于 $-S$,和(57:1:b)等价的关系不存在.诚然,对于 $-S$,我们只能在(57:1:c)里令 $T=-S$,得到

(57:2:b) $$v(-S)\leqslant v(I)-v(S).$$

至于对于不必然出现的情形 $v(I)=0$,(57:2:b)只不过变为

(57:2:b*) $$v(-S)\leqslant -v(S),$$

而不是变为和 25.3.1 的(25:3:b)等价的

$$v(-S)=-v(S).$$

由推导的过程可以知道,(57:1:a)至(57:1:c)与(57:2:a),(57:2:c),只是扩充的或限制的特征函数的必要性质,我们现在必须检查它们是不是也是充分的.

57.2.2 设 $\bar{\Gamma}$ 为一个任意的零和 $n+1$ 人博弈,根据 26.2 的结果,则有:满足(57:1:a)至(57:1:c)的任意 $v(S)$ 是一个适当的 $\bar{\Gamma}$ 的(旧意义下的)特征函数,即 $v(S)$ 是一个适当的一般 n 人博弈的扩充的特征函数.这就会证明条件(57:1:a)至(57:1:c)是必要和充分的条件,因为在数学上它们包含了全部可能的一般 n 人博弈 Γ 的特征函数的完整特征.

然而 $\bar{\Gamma}$ 却不是任意的.我们在 56.2.2 里看到,虚设局中人 $n+1$ 对于博弈的进程没有影响,他没有人的着;$\mathscr{H}_k(\tau_1,\cdots,\tau_n,\tau_{n+1})$ 实质上与他的变量 τ_{n+1} 无关.进一步说,根据56.2.2显然可以知道,$\bar{\Gamma}$ 必须受到的限制是:若零和 $n+1$ 人博弈 $\bar{\Gamma}$ 的局中人 $n+1$ 对博弈进程没有影响,就可以把 $\bar{\Gamma}$ 看成是其余的局中人 $1,\cdots,n$ 构成的 n 人博弈的零和扩充.[②]

现在产生了下列的问题:(57:1:a)至(57:1:c)是零和 $n+1$ 人博弈的旧意义的特征函数的必要和充分条件.怎样加强这些条件,才能使它们对于局中人 $n+1$ 不影响博弈进程的零和 $n+1$人博弈,也是旧意义的特征函数的必要和充分条件?

---

① 因为 $S,\perp S$ 中的一个必须含 $n+1$,它们不能都属于 $I=(1,\cdots,n)$.

② 从博弈的规则来说,可以把 $n+1$ 看为虚设局中人.当然,我们知道,对于 $\bar{\Gamma}$ 存在着解 $\bar{V}$,这说明了他是真实的局中人.($\bar{V}$ 是在 Ω 里而不在 Ω' 里的那些解,参看 56.7.2 里的(56:A:a)至(56:A:d)和 56.12 里的(56:I:a);同时请参看 56.3.2 和56.3.4.)

要回答这个问题,就相当于对全部一般 $n+1$ 人博弈的扩充的特征函数在数学上完整地表述出它们的特征.然而,对于限制的特征函数在数学上表述它们的特征,这个问题仍然是存在的.

我们会看到:先着手解决后面这个问题,更便于探讨;前一个问题借助于后一个问题的解决用几行文字就可以解决.虽然如此,上面的考虑还要在我们的研究中起主导的作用.

57.3 全部特征函数的确定

57.3.1 现在我们证明必要条件(57:2:a)也是充分的:对任意满足(57:2:a),(57:2:c)的数值集合函数 $v(S)$,存在一个一般 n 人博弈 Γ,使它的限制的特征函数是$v(S)$.[1]

为了避免混淆,宜于采用 $v_0(S)$来表示满足(57:2:a),(57:2:c)的已给数值集合函数.借助于 $v_0(S)$,我们将定义某一个一般 n 人博弈 Γ,并且以 $v(S)$来表示这个 Γ 的限制的特征函数.然后则需要证明 $v(S)=v_0(S)$.

现在设满足(57:2:a),(57:2:c)的一个数值集合函数 $v_0(S)$已经给定.我们定义一般 n 人博弈 Γ 如下[2]:

每一个局中人 $k=1,\cdots,n$,通过"人的着"选择 I 的包含 k 的一个子集合 S_k.每人所做的选择与别的局中人的选择没有关系.

这以后,所做的支付如下:

任意局中人的集合 S 若满足下列条件:

(57:3) $\qquad S_k=S$ 对每一个 $k\in S$ 成立,

称为一个环.任意有共同元素的两个环是恒等的.换句话说,所有的(在一博弈中确实形成的)环的总体是 I 的两两不相交子集合的一个系统.

不包含在任一个如上定义的环里的每一个局中人,自己形成一个(单元素的)集合,称为单干集合.这样,(在博弈中确实形成的)环和单干集合的全体就是 I 的一个分解,即:I 的两两不相交子集合的系统,这些子集合的和为 I.以 $C_1,\cdots,C_p$ 表示这些子集合,以$n_1,\cdots,n_p$分别表示它们的元素的数目.

现在,考虑一个局中人 k.他恰属于集合 $C_1,\cdots,C_p$ 中的一个,例如说属于 C_q.于是,局中人 k 所得数额是

(57:4)
$$\frac{1}{n_q}v_0(C_q).$$

这就完成了对于博弈 Γ 的描述.Γ 显然是一个一般的 n 人博弈,而且它的零和扩充是什么,也是显然的.特别,我们强调:在 $\overline{\Gamma}$ 中虚设局中人 $n+1$ 所得到的总数额是

(57:5)
$$-\sum_{q=1}^{p}v_0(C_q).$$[3]

---

① 下面关于理论的建立与 26.1 的做法有许多共同的地方.

② 读者现在应该比较这里和 26.1.2 里的细节.

③ 按(57:4),C_q 里的 n_q 个局中人共同得到数额 $v_0(C_q)$;因此,所有的局中人 $1,\cdots,n$,即 $C_1,\cdots,C_p$ 中所有的局中人,共同得到数额 $\sum_{a=1}^{p}v_0(C_q)$.由此即得(57:5).

现在我们往证：Γ 具备所要求的限制的特征函数 $v_0(S)$.

57.3.2 以 $v(S)$表示 Γ 的限制的特征函数. 要记住由于 $v(S)$是限制的特征函数,因而(57:2:a),(56:2:c)对 $v(S)$是成立的;又根据假定,对 $v_0(S)$也成立.

若 S 为空集合,则按(57:2:a)有 $v(S)=v_0(S)$. 所以我们可以假定 S 不是空的. 在这个情形中,属于 S 的全体局中人的合伙,能够控制本伙的 S_k 的选择,使得 S 一定成为一个环. 这只需 S 中每个 k 都选择他的 $S_k=S$ 就够了. 这样,无论 $-S$ 里其他的局中人采取什么步骤,S 总是集合(环或单干集合)$C_1,\cdots,C_p$ 中的一个. 例如说是 C_q. $C_q=S$ 中每一个 k 得到数额(57:4),因而整个合伙得到数额 $v_0(S)$. 结果就有

(57:6) $$v(S)\geqslant v_0(S).$$

现在考虑余集合 $-S$. $-S$ 的全体局中人的合伙能够控制本伙的 k 的选择,使得 S 一定是环和单干集合的一个和集合. 若 $-S$ 是空的,则这自然成立. 若 $-S$ 不是空的,则只需 $-S$ 中每个 k 都选择他的 $S_k=-S$ 即可. 因此 $-S$ 是一个环,从而 S 是环和单干集合的和.

于是 S 是集合 $C_1,\cdots,C_p$ 当中某几个的和集合. 例如说,这几个集合是

$$C_{1'},\cdots,C_{r'}$$

($1',\cdots,r'$为数 $1,\cdots,p$ 中的某几个). C_q 中的每个 $k(q=s'=1',\cdots,r')$得到数额(57:4),因此 C_q 中的 n_q 个局中人共同得到数额 $v_0(C_q)$,从而 S 的全体局中人共同得到数额 $\sum_{s=1}^{r} v_0(C_{s'})$. 因为 $C_{1'},\cdots,C_{r'}$ 是两两不相交的集合,它们的和是 S,所以累次运用(57:2:C)可得出

$$\sum_{s=1}^{r} v(C_{s'}) \leqslant v_0(S).$$

这就是说：无论 S 里的局中人怎样行动,他们共同所得的数额$\leqslant v_0(S)$. 结果就得到

(57:7) $$v(S)\leqslant v_0(S).$$

现在,把(57:6),(57:7)合在一起得到

(57:8) $$v(S)=v_0(S),$$

这就是要证明的.

57.3.3 现在考虑扩充的特征函数. 我们知道,条件(57:1:a)至(57:1:c)是必要的. 我们将往证它们也是充分的：对于任意满足(57:1:a)至(57:1:c)的数值集合函数,存在一个一般 n 人博弈 Γ,使 $v(S)$是它的扩充的特征函数.

为了避免混淆,仍宜于以 $v_0(S)$来表示满足(57:1:a)至(57:1:b)的已给数值集合函数. 就要用到的一般 n 人博弈的扩充的特征函数以 $v(S)$表示.

于是,设满足(57:1:a)至(57:1:c)的一个数值集合函数 $v_0(S)$已经给定. 暂时仅对于集合 $S\subseteq I=(1,\cdots,n)$来考虑,则它满足(57:2:a),(57:2:c). 因此,57.3.1,57.3.2 的结果可以对这个 $v_0(S)$应用. 这样就得到一个一般的 n 人博弈 Γ,使得它的限制的特征函数永远有 $v(S)=v_0(S)$,[1]从而它的扩充的特征函数对于 $S\subseteq I$ 有 $v(S)=v_0(S)$. 换句话说,若我们回头来考虑这些 S 的自然变化范围,[2]则有

---

[1] 当然,在这个情形里的"永远"只是对 $S\subseteq I$ 而说的.

[2] 在现在情形里,它由所有的 $S\subseteq \bar{I}$ 组成.

(57:9) $v(S)=v_0(S)$ 若 $n+1$ 不在 S 中.

现设 $n+1$ 属于 S,则它不属于 $\perp S$. 于是从(57:9)得出 $v(\perp S)=v_0(\perp S)$. 因为 $v(S)$ 是一扩充的特征函数,所以(57:1:a)至(57:1:c)成立;根据假定,这些关系对 $v_0(S)$ 也成立. 因而由(57:1:b)得出 $v(\perp S)=-v(S)$,$v_0(\perp S)=-v_0(S)$. 把所有这些方程结合起来,就有

(57:10) $v(S)=v_0(S)$ 若 $n+1$ 不在 S 中.

现在,把(57:9),(57:10)合在一起得到

(57:11) $$v(S)=v_0(S)$$

无限制地成立,这就是要证明的.

57.3.4 总结起来:对所有可能的一般 n 人博弈的限制的和扩充的特征函数 $v(S)$,我们都得到了完整的数学描述. 前者由(57:2:a),(57:2:c)来描述,后者由(57:1:a)至(57:1:c)来描述.

因此,比较 26.2 的程序,也可按那里的办法把满足这些条件的函数分别称为*限制的特征函数*或*扩充的特征函数*——只要条件满足,就这样称呼,不需要联系到任何博弈.

57.4 局中人的可移去集合

57.4.1 我们对扩充的特征函数所得到的结果也可以叙述如下:任意零和 $n+1$ 人博弈的每一个(旧意义下的)特征函数,也是一个适当的一般 n 人博弈的扩充的特征函数.[①] 回忆 57.2.2 的讨论,这意味着:任意零和 $n+1$ 人博弈的每个特征函数,也是一个适当的零和 $n+1$ 人博弈的特征函数,其中局中人 $n+1$ 对于博弈的进程没有影响.

把这个陈述中的 $n+1$ 换作 n,就得到对于零和 n 人博弈及局中人 n 的作用的等价陈述. 为了便于总括这一结果,我们定义:

(57:A) 设一零和 n 人博弈 Γ 和一个集合 $S\subseteq I=(1,\cdots,n)$ 已给定. 如果对于 Γ,我们可以找到另一个零和 n 人博弈 Γ',它的特征函数与 Γ 的一样,但是属于 S 的局中人都对于博弈的进程没有影响,则称 S 对 Γ 是*可移去*的.

利用这一定义,我们的断言就变成了:集合 $S=(n)$ 是可移去的. 给定任一局中人 $k=1,\cdots,n$,我们可以对调 k 与 n 所处的地位,因而集合 $S=(k)$ 也是可移去的. 这样我们就得到:

(57:B) 每个博弈 Γ 里的每一个单元素集合 S 是可移去的.

现在应该注意的是,按照我们的理论,博弈里的合伙的全部策略与补偿只依赖于博弈的特征函数. 因而从这个观点来看,(57:A)的两个博弈 Γ 与 $\bar{\Gamma}$ 完全类似.

于是(57:B)可以解释如下:在任意零和 n 人博弈里,任一名单个局中人的作用——只要所论的是合伙的策略可能性与补偿——可以在一个安排中做出完全的重复,而这安排剥夺他对于博弈进程的全部直接影响. 这里我们说的所谓他的"作用",意思是最广泛的:包括他与所有的其他局中人之间的关系,以及他对他们相互间的关系的影响.

换句话说,我们在 56.3.2 至 56.3.4 里描写了一种办法,根据这种办法,一个局中人对于博弈

① 事实上条件(57:1:a)至(57:1:c)与 25.3.1 的(25:3:a)至(25:3:c)重合,不过那里的 $I=(1,\cdots,n)$ 要换成 $\bar{I}=(1,\cdots,n,n+1)$.

的进程虽没有直接影响,但却可以影响关于合伙和补偿的协商.现在我们在(57:B)内已经说明,对于描述任意博弈里的任意局中人在这方面可能有的影响,这办法是完全合适的.这个叙述必须绝对从定义上来了解:我们的结果保证,所有的可以想到的细节和微细的差别都将重现.

57.4.2 按(57:B),每一名单个的局中人 $k=1,\cdots,n$ 都是可移去的——就是说,单元素集合 $S=(k)$ 是可移去的,——但这意思并不是说所有这些局中人同时都可移去,即集合

$$S=I=(1,\cdots,n)$$

可移去.事实上我们有:

(57:C) 集合 $S=I$ 为可移去的必要和充分条件是:Γ 是非本质博弈.

证明:局中人 $k=1,\cdots,n$ 对于博弈 Γ' 的进程有影响的意思是:所有的函数 $\mathscr{H}'_k(\tau_1,\cdots,\tau_n)$ 与它们所有的变量 $\tau_1,\cdots,\tau_n$ 无关,即它们是常数

(57:12) $$\mathscr{H}'_k(\tau_1,\cdots,\tau_n)=\alpha_k.$$

由此有

(57:13) $$\mathrm{v}(S)=\sum_{k\in S}\alpha_k \quad \text{对全部 } S\subseteq I \text{ 成立.}$$

反之,(57:12)也可以保证(57:13)成立.

因此,(57:13)是使得 Γ' 存在的一个博弈 Γ 的特征函数,而且(57:13)正是非本质性的定义.

对于 $n=1,2$,每一博弈 Γ 都是非本质的,因而其中的集合 $S=I$——以及与它有关的每个集合——是可移去的.[①]对于 $n\geqslant 3$,存在着本质的博弈,因而 $S=I$ 一般不是可移去的.

现在产生了问题:

(57:D) 对本质博弈 Γ,哪些集合是可移去的?

(57:B),(57:C)包含一部分的答案:单元素集合是可移去的,n 元素的集合($S=I$)却不是.分界线在哪里呢?

57.4.3 除了 I 以外,所有的其他的集合,$n-1$ 个元素的集合,$n-2$ 个元素的集合等等,都可移去的时候,就达到了上界极端.我们称这样的博弈为*极端的*.这个性质所含的必然结果值得说明一下.在这种博弈里,从策略关系看,等价于只有一个局中人对博弈的进程有影响,其中所有别的局中人所做的事只是设法影响他的决定.影响他的手段自然是付与他补偿;动机则是使他所做的决定对于支付补偿的一个或几个局中人有利.

现在我们能够证明:

(57:E) 对于 $n=3$:本质零和三人博弈是极端的.

(57:F) 对于 $n=4$:极端的与非极端的本质零和四人博弈都是存在的.

更详细一些:

(57:E*) 对于本质零和三人博弈,所有的二元素集合是可移去的.

(57:F*) 对于本质零和四人博弈,所有的三元素集合是可移去的;或者除一个之外,所

---

① 按照零和二人博弈的主要结果,每个这种类型的博弈对每个局中人有一定的值(例如说 $v,-v$,参看17.8;17.9的讨论);这结果正是说明:博弈等价于两个局中人得到固定的数额 $v,-v$,而且在这种安排下他们谁都不起作用.

另一方面,在每个本质博弈里存在关于合伙和补偿的协商,从而排除了全体局中人的同时可移去性.

有的都是可移去的.[①][②]

这些陈述不难证明,这里我们不预备证了.

(57:B),(57:C),(57:E),(57:F)这些结果指明,关于可移去集合和极端博弈的一般理论似乎不很简单.这一理论的系统考察将在以后发表.

57.5 策略等价关系.零和与常和博弈

57.5.1 我们已经彻底地叙述了一般 n 人博弈的零和扩充 $\bar{\Gamma}$ 的用处.因此,从现在起,我们就不再引用这个概念来讨论一般 n 人博弈的理论.从这里以后,除非特别说明,我们将只用到博弈 Γ 本身和它的限制的特征函数.由于这个原因,形容词"限制的"便可以不要了,我们将只说是 Γ 的特征函数.这和以前我们对零和 n 人博弈所用的专门名词是合拍的,因为现在特征函数的新旧用法是一致的了.

有了这些安排,解的概念的定义就必须是像 56.12 的(56:I:d)里所描述的那个样子.转归概念最好由(56:I:b)和同处的(56:I:e)的后一部分里的陈述来定义.后面这个定义似乎值得再明显地加以重述:

转归是一个向量

(57:14) $$\boldsymbol{\alpha}=\{\{\alpha_1,\cdots,\alpha_n\}\},$$

它的支量 $\alpha_1,\cdots,\alpha_n$ 适合条件:

(57:15) $$\alpha_i\geqslant v((i)),\quad i=1,\cdots,n;$$

(57:16) $$\sum_{i=1}^{n}\alpha_i = v(I).$$ [③]

现在我们能够把策略等价关系的概念扩充到目前的结构里来了.办法完全和第九章42.2,42.3.1 里所说的一样.类似于第六章的 27.1.1:

已给一般 n 人博弈 Γ,具有函数 $\mathscr{H}_k(\tau_1,\cdots,\tau_n)$ 和一组常数 $\alpha_1^0,\cdots,\alpha_n^0$,我们定义一个新的博弈 Γ',具有函数 $\mathscr{H}'_k(\tau_1,\cdots,\tau_n)$,这里

(57:17) $$\mathscr{H}'_k(\tau_1,\cdots,\tau_n)\equiv\mathscr{H}_k(\tau_1,\cdots,\tau_n)+\alpha_k^0.$$

由此我们推断:完全像以前一样,这两个博弈的特征函数 $v(S)$ 和 $v'(S)$ 之间的关系是

(57:18) $$v'(S) = v(S) + \sum_{k\in S}\alpha_k^0.$$

这样的两个博弈和它们的特征函数,我们都称为是策略等价的.

由于我们去掉了所有的零和限制,常数 $\alpha_1^0,\cdots,\alpha_n^0$ 都是没有限制的,正像 42.2.2 的(42:B)那里的一样.

---

① 每一个二元素集合是两个三元素集合的子集合(注意 $n=4$).而按以上所述,其中至少有一个是可移去的,因此,在任何情况下每个二元素集合是可移去的.

② 第七章 34.2.2 里的立方体 Q 的相应于这些不同可能性的部分,可以明显地确定出来.

③ 像上引处所指出的,我们也可以采用等价的

$$\sum_{i=1}^{n}\alpha_i\leqslant v(I).$$

事实上,这是本条件原来的形式.然而我们喜欢用(57:16).

我们注意,这个策略等价关系引出了Γ和Γ'的转归之间的一个同构,正像上面提到的以前的两个例子内的情形一样.特别地说,第六章31.3.3和第九章42.4.2的全部考虑和结论可以完全不改变地移到目前的情形里来,所以似乎就不必要再重新归述它们了.

57.5.2 所有的全部一般n人博弈的特征函数的范围已经由条件(57:2:a),(57:2:c)说明了.再叙述一下,就是:

(57:2:a) $$v(\ominus)=0,$$

(57:2:c) $$v(S\cup T)\geqslant v(S)+v(T) \quad \text{对 } S\cap T=\ominus \text{成立}.$$

其中零和博弈和常和博弈的特征函数形成两个特别的类.前面一个由25.3.1的(25:3:a)至(25:3:c)说明(参看26.2),这就是说:我们在(57:2:a),(57:2:c)(这与所提及的(25:3:a),(25:3:c)重合)上,还要加上条件

(57:19) $$v(-S)=-v(S).$$

后面的一个由42.3.2的(42:6:a)—(42:6:c)说明(参看同处).就是说:在(57:2:a),(57:2:c)(这与所提到的(42:6:a),(42:6:c)一致)上,还要加上条件

(57:20) $$v(S)+v(-S)=v(I).$$

因为零和博弈是常和博弈的一个特殊情形,所以,假定了(57:2:a),(57:2:c)之后,(57:20)就必须是(57:19)的一个推论.事实也的确是这样的;甚至可以多证明一些,即

(57:G) (57:19)等价于(57:20)与$v(I)=0$的契合.

证明:[1]设$v(I)=0$,则(57:19)和(57:20)显然是同样的断言.因此,只要说明(57:19)蕴涵$v(I)=0$就行了.事实上,(57:2:a)(57:19)给出$v(I)=v(-\ominus)=-v(\ominus)=0$.

因为当$S\cup T=I$成立[2]的时候,(27:20)断言(57:2:c)里的等号成立,所以常和博弈的$v(S)$可由下述性质来表述:两个不相同的合伙S和T合在一起如果包含全部局中人,则两合伙的联合就会得到更多的利益.

对于零和博弈的$v(S)$,必须还要加上条件$v(I)=0$.

作为总结,我们强调:外加的条件(57:19)或(57:20)并不意味着具有所述特征函数的任何博弈必然是零和或常和的博弈.它们只不过说明所述的特征函数必须至少属于一个零和或常和的博弈.可能存在一个博弈,它不是零和的(或常和的),但却具有所述的特征函数;就是说,具有零和(或常和)博弈的特征函数.在这种情形,从合伙的策略与补偿的角度来看,博弈的进行在外表上像一个零和(或常数和)的一样,实际上却不是.

57.5.3 叙述到这里,我们可以回答一个在讨论的开始就出现过几次的问题.56.3.2至56.4.3的分析已经关系到了这样的事实:虚设局中人——除了他的非现实性以外——实际并不是一个傀儡.就是说:在零和扩充$\bar{\Gamma}$的分解理论和扩充的特征函数的意义下,他不是傀儡.[3]这个题目又在56.9.3的开头出现过,我们曾注意到,他对零和博弈$\bar{\Gamma}$是个傀儡.

现在我们将要回答的问题自然是:对于哪些一般博弈Γ,虚设局中人是个傀儡?[4] 我们

---

① 实质上这个论证已经在42.3.2里做过了.

② 事实上,$S\cup T=I$和(57:2:c)的通常假定$S\cap T=\ominus$意味着$T=-S$.

③ 我们必须把解由Ω明显地限制为Ω'',从而把虚设局中人由博弈里排除出去.

④ 56.9.4里的第一点说明里的论证指出,对这种博弈,Ω与Ω''重合,即$\bar{\Gamma}$的解的限制是不必要的.

往证：

(57:H)　　虚设局中人为傀儡的必要和充分条件是：Γ 具有与常和博弈一样的特征函数，即(57:20)被满足.

证明：43.4.2 的结尾指明，一个局中人为傀儡的必要和充分条件是：他(作为一个单元素集合)形成博弈的一个组成部分. 我们必须把这一点应用到零和博弈 $\bar{\Gamma}$ 的虚设局中人 $n+1$ 上来. $(n+1)$是一个组成部分的意思显然是

(57:21)　　$v(S)+v((n+1))=v(S\cup(n+1))$对所有的 $S\subseteq(1,\cdots,n)$

成立.

现在我们有

$$v((n+1))=-v(I),$$
$$v(S\cup(n+1))=-v(\perp S\cup(n+1))=-v(-S).$$

因此，(57:21)变为

$$v(S)-v(I)=-v(-S),$$

即

(57:22)
$$v(S)+v(-S)=v(I).$$

这正是条件(57:20).

58　特征函数的解释

58.1　定义的分析

我们已经得到了总括一般 n 人博弈理论的一种提法；又看到了，像对于零和 n 人博弈理论一样，对这一般的理论，特征函数也是重要的. 因此宜于把这个概念再做一次鸟瞰，把它的数学定义写成显明的形式，并且加上几点解释性的说明.

为此，我们要考虑第二章 11.2.3 的意义下由函数 $\mathscr{H}_k(\tau_1,\cdots,\tau_n)(k=1,\cdots,n)$所描写的一般 n 人博弈 Γ. 对于一个集合 $S\subseteq I=(1,\cdots,n)$，要得到特征函数的值 $v(S)$，只要对零和 $n+1$ 人博弈 $\bar{\Gamma}$——Γ 的零和扩充——作 $v(S)$来得到.[①]因此，我们可以用定义性的公式 25.1.3(第六章)把它表示出来：

(58:1)　　$v(S)=\mathrm{Max}_{\boldsymbol{\xi}}\mathrm{Min}_{\boldsymbol{\eta}}K(\boldsymbol{\xi},\boldsymbol{\eta})=\mathrm{Min}_{\boldsymbol{\eta}}\mathrm{Max}_{\boldsymbol{\xi}}K(\boldsymbol{\xi},\boldsymbol{\eta})$，

其中

$\boldsymbol{\xi}$ 是一个向量，它的支量是 ξ_{τ^S}，

$$\xi_{\tau^S}\geqslant 0,\quad \sum_{\tau^S}\xi_{\tau^S}=1;$$

① 我们只限于考虑 $S\subseteq I=(1,\cdots,n)$，即考虑限制的特征函数. 采用所有的 $S\subseteq\bar{I}=(1,\cdots,n+1)$，即扩充的特征函数，是和我们目前的出发点矛盾的(参看 57.5.1 的开始处).

$\boldsymbol{\eta}$ 是一个向量,它的支量是 $\eta_{\tau^{-S}}$,

$$\eta_{\tau^{-S}} \geqslant 0, \sum_{\tau^{-S}} \eta_{\tau^{-S}} = 1;$$

τ^S 为变量 τ_k 的集合,$k \in S$;τ^{-S} 是变量 τ_k 的集合,$k \in -S$;[①]最后

(58:2) $$K(\boldsymbol{\xi}, \boldsymbol{\eta}) = \sum_{\tau^S, \tau^{-S}} \overline{\mathscr{H}}(\tau^S, \tau^{-S}) \xi_{\tau^S} \eta_{\tau^{-S}},$$

其中

(58:3) $$\overline{\mathscr{H}}(\tau^S, \tau^{-S}) = \sum_{k \in S} \mathscr{H}_k(\tau_1, \cdots, \tau_n).$$ [②]

58.2 争取获得和转嫁损失的企图

58.2.1 若合伙 S 采用混合策略 $\boldsymbol{\xi}$,而与之对立的合伙 $-S$[③] 采用混合策略 $\boldsymbol{\eta}$,则 $K(\boldsymbol{\xi}, \boldsymbol{\eta})$ 显然就是对于合伙 S 的博弈 Γ 的一局期望值.因此,假定合伙 S 企图期望值 $K(\boldsymbol{\xi}, \boldsymbol{\eta})$ 为最大,对立的合伙 $-S$ 企图使它为最小,而且他们分别采取(混合)策略 $\boldsymbol{\xi}$ 和 $\boldsymbol{\eta}$,那么(58:1)就定义了一局对于合伙 S 的值 $v(S)$.

这个原则对于零和 $n+1$ 人博弈 $\bar{\Gamma}$[④] 当然是正确的,可是我们实际上讨论的却是一般 n 人博弈 Γ,$\bar{\Gamma}$ 只不过是个"工作上的假定".在 Γ 里,合伙 $-S$ 阻碍与之对立的合伙 S 的企图绝不是显著的.事实上,与其说合伙 $-S$ 的自然希望是想让合伙 S 的期望值 $K(\boldsymbol{\xi}, \boldsymbol{\eta})$ 减小,不如说是想让它自己的期望值 $K'(\boldsymbol{\xi}, \boldsymbol{\eta})$ 增大.假如 $K(\boldsymbol{\xi}, \boldsymbol{\eta})$ 的每一个减小等价于 $K'(\boldsymbol{\xi}, \boldsymbol{\eta})$ 的一个增大,那么

---

① $-S$ 表示 $I-S$.因为我们所处理的是 $\bar{\Gamma}$,所以我们应该形成的是 $\perp S$,也就是 $\bar{I}-S$(参看 57.2.1 的开始处).然而这并不关紧要,因为变量 τ_{n+1} 是不存在的(参看 56.2.2 的结尾).

② 我们只应用原来的 $\mathscr{H}_k$,$k=1,\cdots,n$.56.2.2 的(56:2)里的 $\mathscr{H}_{n+1}$:

(58:4) $$\mathscr{H}_{n+1}(\tau_1, \cdots, \tau_n) = -\sum_{k=1}^{n} \mathscr{H}_k(\tau_1, \cdots, \tau_n)$$

在这里并不出现.这当然是由于 $S \subseteq I = (1, \cdots, n)$ 的缘故.

应该记得,上面的公式(58:3)就是 25.1.3 里的第一个公式(25:2).从(25:2)的第二个公式可得出

(58:5) $$\overline{\mathscr{H}}(\tau^S, \tau^{-S}) = -\sum_{k \in \perp S} \mathscr{H}_k(\tau_1, \cdots, \tau_n).$$

(注意对于上引处的 $-S$ 我们现在必须肯定采用 $S\perp = \bar{I}-S$,因为我们所处理的是 $\bar{\Gamma}$.请参看本节第二个注.)由于

$$n+1 \notin S, n+1 \in \perp S;$$

所以(58:5)的和式 $\sum_{k \in \perp S}$ 的确包含(58:4)的 $\mathscr{H}_{n+1}$.然而(58:4)应该——而且的确——保证(58:3)和(58:5)的右方恒等.

③ 上节的第二个注所作的说明这里还可以应用.

④ 就是说:如果我们把 $-S=I-S$ 看成真正代表 $\perp S = \bar{I}-S$,那么原则就是正确的.

这两个原则就是一样的了. Γ 为零和博弈的时候,当然就是这样的情形. [①]但是对一般的博弈 Γ,却完全不必要也是这样的.

以上所说的也就是：在一个一般博弈 Γ 里,一组局中人的利益与其他局中人组的损失,并不是同义语. 在这种一般博弈里,对于两组都有利益的“着”(甚至策略的改变)是可以存在的. 换句话说,同时在社会的所有部门中,生产实际上都增加的机会是可以存在的.

58.2.2 事实上,这并不仅仅是个可能性——它所反映的情况是经济学和社会学理论必须研究的主题之一. 因此,就应该考虑到,我们的探讨是不是完全忽略了这个方面的问题. 由于我们特别强调了社会关系中的对立性、互抗性的方面,是否就忽略了它们之间合作的一方面?

我们想,并没有忽略. 要陈述一个完整的事例是困难的,因为一个理论的真实性终究是要在实际应用中经受了考验才能确立起来的. 而到此为止,我们在讨论中还没有作过实际应用. 因此,我们将仅仅提出一些似乎能够支持我们理论程序的要点,然后再提出实际的应用来加以证实.

58.3 讨　　论

58.3.1 在这一方面,下列的考虑值得特别注意:

第一,在一般的(即不必然是零和的)博弈里,把损失加给对手可能没有直接的好处,然而这却是对他施加压力的方法. 他可能因为受到威胁而付出一种补偿,以一种适宜的方式来调整他的策略等等. 因此,这种类型的策略可能性也该放在考虑的范围以内,并非没有道理;以上我们所分析的形成特征函数的程序,对考虑这一点来说,可能就是恰当的说明. 然而必须承认,这并不是我们的程序的一个确证,它只不过为真正的确证准备了一个基础,确证要由实践上的成功来构成.

第二,指向同一方向的进一步的考虑如下:我们已经看到,在我们的理论中,所有的解相应于全部局中人的总体得到最大的集体利益. [②]当这个最大值达到了的时候,一组局中人的任何更多的获得,都必须由别组局中人的至少相等的损失来补偿. 事实上,过量补偿是可能存在的. 这就是:一组局中人可能由于加给别组局中人更多的损失而有所获得. 然而我们已经假定

---

① 这里的原因是:由于 Γ 是零和的,所以

(58:6) $$K(\boldsymbol{\xi},\boldsymbol{\eta})+K'(\boldsymbol{\xi},\boldsymbol{\eta})\equiv 0.$$

这在常识上是明显的;一个形式的证明可以得到如下:显然

(58:7) $$K'(\boldsymbol{\xi},\boldsymbol{\eta})\equiv\sum_{\tau^S,\tau^{-S}}\overline{\mathscr{H}'}(\tau^S,\tau^{-S})\xi_{\tau^S}\eta_{\tau^{-S}},$$

其中

(58:8) $$\overline{\mathscr{H}'}(\tau^S,\tau^{-S})\equiv\sum_{k\in -S}\mathscr{H}_k(\tau_1,\cdots,\tau_n).$$

(注意这不是(58:5)里出现的 $\sum_{k\in\perp S}\mathscr{H}_k(\tau_1,\cdots,\tau_n)$.) 现在比较(58:2)与(58:7),可知(58:6)等价于

(58:9) $$\overline{\mathscr{H}}(\tau^S,\tau^{-S})+\overline{\mathscr{H}'}(\tau^S,\tau^{-S})\equiv 0,$$

并且根据(58:3),(58:5),从(58:9)可以得到

$$\sum_{k=1}^{n}\mathscr{H}_k(\tau_1,\cdots,\tau_n)\equiv 0.$$

这就是 Γ 为零和博弈的条件.

② 参看 56.7.1;特别是那一节的最后一个注.

了所有的局中人都具有完全的情报,并且他们之间的威胁、反威胁和补偿都完全是双方互相起作用的.[①]所以可以假定过量补偿的可能性的来源只是由于威胁;而且相应的行动永远由协商和补偿来解除.所谓解除,并不意味着这种威胁是些总不会出现的"偷鸡".当然,由于全体局中人都具有完全的情报,任何怀疑是都不会有的.可是当一个行动受到威胁——一组获得的比另一组损失的少——的时候,采用对于双方都有利的一种补偿来避免它,这种可能性实际上是存在的.[②]而当这种情形发生的时候,一方的获得恰是另一方的损失,就又成立了.

若承认这个论点普遍正确,那么我们的困难也就解决了.

58.3.2 第三,可能有人以为上面两点说明里的论证太粗略,不足以说明我们要应用的理论应该有的确切形式.这是对的.然而56.2.2至57.1里对于理论的详细引导却正可以回答这个问题:倘若读者借助于以上两点说明来重新考虑那几节的内容,就可以看到,那里所讨论的题目就是证实理论应有的形式.事实上,现在我们所能想到的、可能的异议,正是我们把理论讨论得这样详细,而不采取表面上说得通的捷径的理由.[③]

第四,除了所有这些以外,读者可能感到我们过于强调了威胁,补偿等等的作用;而这可能在应用上使我们得到片面的结果.关于这一点,最好的回答是以前屡次指出的:检验那些应用本身.

因此,我们将要考察与日常经济问题对应的确定的应用.这方面的研究将揭露:由理论所得到的结果,在一定程度内,和我们对所述的问题在常识上的看法是一致的.只要下列两个条件满足的时候,情况就是这样:(1)理论的构成足够简单,使得单用口语就可以进行分析,而不需借助于任何数学工具;(2)通常的口语分析中被除去的,那些不能与理论分割开来的因素——合伙,补偿——本质上不起作用.这种情况的存在,在61.2.2至61.4里的应用中就可说明.事实上,那里的例子就对我们的程序提供了决定性的确证.

此外,若第二个条件不满足,而第一个仍然成立,则我们恰巧在这方面可以找到差异,并且在差异的范围内,找到观点的不同来证实它.这在61.5.2,61.6.3和62.6的应用里将会特别明显.

最后,甚至有一个条件也不成立的情形.由于这时的问题不再是初等的了,我们就逐渐推进讨论的范围,使得主导地位必然由通常纯口语的程序转到理论的程序.[④]

59 一般的考察

59.1 程序的讨论

59.1.1 现在我们来进行考察一般 n 人博弈的应用.开始考察应用的最好方法,是把

① 在零和博弈理论里,我们对于合伙和补偿的全部观点就已经是基于这一点上的了.

② 我们不预备在这里确定补偿的数额和协商的性质.这是我们已有的精确理论的任务,是每个应用上要讨论的主要问题(参看本章61至63里的多种解释).这里只希望指出,给全体局中人带来损失的行动可以借助于上面所说的办法来避免.

③ 可能的一个捷径是:像58.1那样定义特征函数,然后把所得到的理论对于零和博弈作平常的扩充,作出56.12的(56:I:d).

④ 这种由简单情形里的可靠的常识结果来验证理论,逐渐加重理论的分量,而越过理论范围内的复杂情形的非理论性讨论,当然是形成科学理论的一个特征.

全部一般 n 人博弈对于小的 n 值作出一个系统的讨论. 我们会看到,可以对 $n\leqslant 3$ 作出绝对完整的讨论,像对同样的 n 在零和博弈的情形一样完整. 对于较大的值,即 $n\geqslant 4$,则讨论的困难必然不亚于零和博弈的情形. 对零和博弈,我们只不过是能够处理一些类型的特殊情形.

这一次我们在分析博弈的过程中不预备多谈 $n\geqslant 4$ 的情形. 与零和博弈情形的讨论相比较,我们现在有条件进行简短得多的叙述了. 为了再次保证我们的程序以及一般的概念和作为背景的方法论原则都适当,零和情形那里的讨论是必要的. 在目前我们已经达到的阶段上,理论的一般构成已经得到了验明,我们要的只是关于本章所做的扩充这一步骤的保证. 为了这一目的,在应用上作一个比较简单的分析,应该是足够的了.

再进一步,把具 $n\leqslant 3$ 的一般博弈与一些典型的经济问题(双边垄断,二头垄断与垄断等等)联系起来也会成为可能. 这可以使我们判明理论在前述意义下的适宜性.

具有 $n\geqslant 4$ 的一般博弈的较详细的研究将在以后再发表.

59.1.2 为了引入新理论的系统应用,最好作一个类似于 31 的一般讨论. 然而详细地作出相应的考虑是不必要的;我们只需要分析一下,在什么程度上那里得到的结果可以移到目前的情形里来,或是指明要作哪些修正.

我们不需要再像第六章 31.3 的叙述那样来讨论策略等价关系的作用;因为这个题目已经在57.5.1里论述得令人满意了. 另一方面,我们将要提出别处——31.3 之外——所产生的一些问题: 简化形式、对于特征函数成立的不等式、非本质性和本质性(参看 27.1 至 27.5);还有绝对值 $|\Gamma|_1$, $|\Gamma|_2$(参看 45.3),和最后对第九章分解理论的一些说明.

59.2 简化形式. 不等式

59.2.1 57.5.1 里引入的策略等价概念,按 27.1 的办法,可以用来定义全部特征函数的简化形式.

给定一特征函数 $v(S)$,它的一般策略等价变换可以由 57.5.1 里的(57:18)得到,即由

$$v'(S)=v(S)+\sum_{k\in S}\alpha_k^0 \tag{59:1}$$

得到. 这正是 27.1.1 里的(27:2);但是现在 $\alpha_1^0,\cdots,\alpha_n^0$ 完全没有限制,而在上引处它们要适合条件(27:1): $\sum_{k=1}^{n}\alpha_k^0=0$. 因此,现在 $\alpha_1^0,\cdots,\alpha_n^0$ 是 n 个独立的参变量,而以前它们只代表 $n-1$ 个独立的参变量(参看 27.1.3). [①]

如果说,这会导致比 27.1.4 中更多的正规化限制的机会,就是错误的了. 诚然,在上引处,我们曾希望得到一个特殊的 $v'(S)$——用 $\bar{v}(S)$来表示,它满足 $n-1$ 个条件(27:3):

$$\bar{v}((1))=\bar{v}((2))=\cdots=\bar{v}((n)). \tag{59:2}$$

然而那时所考虑的特征函数属于零和博弈,因此我们自然有

$$\bar{v}((1,\cdots,n))=0. \tag{59:3}$$

把这个算做一个正规化条件,现在我们有 n 个条件: (59:2)和(59:3). 所以我们得到

① 在这一方面,我们目前的观点与第九章 42.2.2 里考虑常和博弈的观点是类似的.

(59:4) $$v(I)+\sum_{k=1}^{n}\alpha_k^0=0,$$

(59:5) $$v((1))+\alpha_1^0=v((2))+\alpha_2^0=\cdots=v((n))+\alpha_n^0.$$

(59:4)说明(59:3);(59:5)说明(59:2). 这些等式对应于上引处的(27:1*),(27:2*);而且容易验证,它们恰有一组解 $\alpha_1^0,\cdots,\alpha_n^0$:

(59:6) $$\alpha_k^0=-v((k))+\frac{1}{n}\Big\{\sum_{k=1}^{n}v((k))-v(I)\Big\}.$$ ①

所以我们可以说:

(59:A) 我们称一特征函数是简化的,必须而且只需它满足(59:2),(59:3).②于是,每一个特征函数 $v(S)$ 恰与一个简化的 $\bar{v}(S)$ 是策略等价的. 这个 $\bar{v}(S)$ 由公式(59:1)和(59:6)表示,我们称它为 $v(S)$ 的简化形式.

59.2.2 对于 n 个参变量 $\alpha_1^0,\cdots,\alpha_n^0$ 的另一个可能的要求是: $v'(S)$——用 $\tilde{v}(S)$ 表示——必须适合 n 个条件:

(59:7) $$\tilde{v}((1))=\tilde{v}((2))=\cdots=\tilde{v}((n))=0.$$

这意思就是:

(59:8) $$v((1))+\alpha_1^0=v((2))+\alpha_2^0=\cdots=v((n))+\alpha_n^0=0,$$

也就是

(59:9) $$\alpha_k^0=-v((k)).$$

所以我们可以说:

(59:B) 我们称一特征函数是零简化的,必须而且只需它满足(59:7). 于是,每一个特征函数 $v(S)$ 恰与一个零简化的 $\tilde{v}(S)$ 是策略等价的. 这个 $\tilde{v}(S)$ 由公式(59:1)和(59:9)给出,我们称它为 $v(S)$ 的零简化的形式.

59.2.3 我们来考虑简化的特征函数 $\bar{v}(S)$. 用 $-\gamma$ 表示(59:2)里 n 个式子的共同值,即

(59:10) $$-\gamma=\bar{v}((1))=\bar{v}((2))=\cdots=\bar{v}((n)).$$

于是有 $-\gamma=v((k))+\alpha_k^0$,从而由(59:6)得出

(59:11) $$\gamma=\frac{1}{n}\Big\{v(I)-\sum_{k=1}^{n}v((k))\Big\}.$$

如果我们采用同一个 $v(S)$ 的零简化形式 $\tilde{v}(S)$,则有 $\tilde{v}(I)=v(I)+\sum_{k=1}^{n}\alpha_n$,因而根据(59:9)有

$$\tilde{v}(I)=v(I)-\sum_{k=1}^{n}v((k)),$$

再利用(59:11),有

(59:12) $$n\gamma=\tilde{v}(I).$$

转回到简化的形式 $\bar{v}(S)$,我们就看到,27.2 的一些等式和全部的不等式仍然是成立的.

---

① 证明:以 β 表示(59:5)里 n 个式子的共同值. 于是(59:5)相当于 $\alpha_k^0=-v((k))+\beta$,从而(59:4)变为 $v(I)-\sum_{k=1}^{n}v((k))+n\beta=0$,即 $\beta=\frac{1}{n}\Big\{\sum_{k=1}^{n}v((k))-v(I)\Big\}$.

② 这正是 27.1.4 的定义.

首先,(59:10)可以陈述如下:

(59:13) $\bar{v}(S)=-\gamma$ 对每个单元素集合 S 成立.

这与上引处的(27:5*)相重合,而同处的(27:5**)却不成立,因为我们在 57.2.1 里已经看到:与 25.3.1中的(25:3:b)相应的关系现在没有了.而它在那里是由(27:5*)推导(27:5**)所需要的条件.

对于集合(1),…,(n)重复应用 57.2.1 里的(57:2:c),则由(59:13)得出 $-n\gamma\leqslant 0$,即:

(59:14) $\gamma\geqslant 0.$

这与 27.2 里的(27:6)一致.

再考虑 I 的任一个子集合 S. 设 p 为它的元素的数目: $S=(k_1,\cdots,k_p)$. 对于集合 $(k_1),\cdots,(k_p)$ 重复应用 57.2.1 里的(57:2:c),则从(59:13)可得到

$$\bar{v}(S)\geqslant -p\gamma.$$

把这个结果应用到具有 $n-p$ 个元素的 $-S$. 由于 57.2.1 里的(57:2:b)和(59:3),我们有

$$\bar{v}(-S)\leqslant -\bar{v}(S),$$ ①

因而前面的不等式现在变为

$$\bar{v}(S)\leqslant (n-p)\gamma.$$

结合这两个不等式,则得出

(59:15) $-p\gamma\leqslant\bar{v}(S)\leqslant(n-p)\gamma$ 对每个单元素集合成立.

这与 27.2 里的(27:7)一致.

(59:13)和 $\bar{v}(\ominus)=0$(即 57.2.1 里的(57:2:a))也可以表述如下:

(59:16) 对于 $p=0,1$,(59:15)的第一个关系式里的等号成立.

这与 27.2 里的(27:7*)一致. $\tilde{v}(I)=0$(即(59:3))也可以表述如下:

(59:17) 对 $p=n$,(59:15)的第二个关系式里的等号成立.

这与上引处的(27:7**)一致,只是其中不出现 $p=n-1$,原因和相当于同处(27:5**)的关系不存在一样(参看(59:13)下面的说明).

59.3 几个讨论题目

59.3.1 现在,可以像 27.3.1 里的办法一样,来探讨这些不等式了.

基于(59:14),有两种可能性:

第一种情形: $\gamma=0$. 这时(59:15)对于所有的 S 给出 $\bar{v}(S)=0$. 这恰巧是 27.3.1 所讨论的非本质的情形;那里所陈述的全部属性现在也都有. 考虑到(59:A),非本质的博弈正是那些与具有 $\bar{v}(S)\equiv 0$ 的博弈等价的博弈,即完全"空的"博弈.

第二种情形: $\gamma>0$. 采用适当的单位,可以使 $\gamma=1$,并且具 27.3.2 里指出的结果. 像那里一样,我们并不立刻就采用这种单位. 现在的博弈里,合伙的策略是起决定性作用的. 理由也是与那里指出的一样. 在这种情形,我们称博弈为本质的.

27.4 里对于非本质性和本质性的准则(27:B),(27:C),(27:D)仍然是成立的:在(27:B)

---

① 注意在现在的应用中,这个不等式代替了这里不出现的 25.3.1 的(25.3.b),后者曾在 27.2 里采用过.

里，$\sum_{k=1}^{n} v((k))$ 必须换成

$$\sum_{k=1}^{n} v((k))-v(I),$$

而(27:C),(27:D)却完全不受影响.事实上,容易验明,那里的证明可以转移到现在的情形中来,它们的基础已经由59.2.1准备好了.

在目前的场合下运用27.5(对本质的情形,具有正规化 $\gamma=1$)的探讨这一点,我们留给读者自己去做.

59.3.2 现在我们可以转向对应于第六章31的探讨.

关于控制概念的结构和确实必要及确实不必要的集合,在30.1.1至31.1.3所作的说明,可以不加任何改变地重述.凸性和平值性的概念可像31.1.4那样地引入.除了31.1.4里的(31:E:b)和31.1.5里的(31:G)以外,30.1.4至31.1.5的结论不受影响;同处对 $p=n-1$ 的(31:H)也是一样.仅有这些地方是用到了25.3.1的(25:3:b)(参看57.2.1).

最后,31.1.5末尾处所作的说明必须加以修正.根据以上的叙述,值 $p=n-1$ 像上引处(31:8)里包含的那些值一样,是有问题的.就是说,在 S 的必要性上存在怀疑的那些 p 受到限制: $p\neq 0,1,n$,即限于区间

(59:18) $$2\leqslant p\leqslant n-1.$$

于是这区间当 $n\geqslant 3$ 时便开始有作用了——与上引处不同,那里是当 $n\geqslant 4$ 时才有作用.[①]

其次,考虑31.2的结果.读者把那一节检查一下就不难验明,(31:I),(31:J),(31:K)是不受影响的.在(31:L)里借助于 $\boldsymbol{\alpha}$ 来构成 $\boldsymbol{\beta}$,可以如法炮制而不加任何改动;第一个断言,$\boldsymbol{\beta}\succ\boldsymbol{\alpha}$,不能保留了,因为它要用到31.1.5里(31:H)的不再成立的那一部分;第二个断言,非 $\boldsymbol{\alpha}\succ\boldsymbol{\beta}$,却不受影响.(31:L)的这个减弱便削去了(31:M).(31:N)仍然成立,因为它用到的只是(31:L)还有效的那一部分.(31:O),(31:P)不受影响.

59.3.3 总结一下,让我们考虑第九章里的一些概念.

那里,先后在第九章45.1和45.2.3中,我们分别定义了两个数 $|\Gamma|_1$,$|\Gamma|_2$,并在45.3里讨论了它们的性质.

两个定义(即45.1和45.2里的恰当的考虑)可以逐字地移用过来.然而,在45.3里却要有本质的改动:(45:F)中只有第二部分证明是有效的;第一部分无效,因为(仅有)这一部分应用了25.3.1的(25:3:b)(参看57.2.1).明白地说,我们仍然有

(59:19) $$|\Gamma|_2\leqslant\frac{n-2}{2}|\Gamma|_1,$$

从而可以利用 $|\Gamma|_1$ 来估计 $|\Gamma|_2$;但是我们既没有

(59:20) $$|\Gamma|_1\leqslant(n-1)|\Gamma|_2,$$ [②]

也不能用 $|\Gamma|_2$ 来估计 $|\Gamma|_1$.事实上,我们在60.2.1里将会看到,对某些博弈,出现

① 这一点是与一般 n 人博弈和零和 $n+1$ 人博弈的联系相协调的,在全部的56.2至56.12的讨论里都很显著.

② (59:20)和(59:19)分别表出(45:F)的两个部分.

(59:21) $$|\Gamma|_1>0, |\Gamma|_2=0.$$

由于这个结果,45.3.3 至 45.3.4 的说明就成了无的放矢了. 45.3.1 也是一样,只要所论的是$|\Gamma|_2$,则它的结果(45:E)无效. 它对$|\Gamma|_1$ 是有效的,但这不过是重述定义而已. 考虑到这一点,以及以上的(59:19),(59:21),我们看到,(45:E)必须减弱如下:

(59:C) 若 Γ 是非本质的,则$|\Gamma|_1=0, |\Gamma|_2=0$.

若 Γ 是本质的,则$|\Gamma|_1>0, |\Gamma|_2\geqslant 0$.

第九章的主要目的——合成和分解的理论,其实质部分可以扩充到现在的结构中来. 上面所讨论到的,$|\Gamma|_1$ 与$|\Gamma|_2$ 的性质间的差别,迫使我们采取一些次要的变动,而这些是容易处理的. 当然,集合 $E(e_0)$和 $F(e_0)$里的解和过剩额的理论(参看第九章),必须扩充到现在的情形中来,但是这也没有什么真正的困难.

这一题目的详细分析将会增加我们的叙述,超出 59.1.1 提及的范围. 此外,结果的解释实质上与第九章里当考察零和博弈时所得到的不会有什么不同的价值.

60 $n\leqslant 3$ 的全部一般博弈的解

60.1 $n=1$ 的情形

60.1 我们进而系统地讨论 59.1.1 所提出的全部一般 n 人博弈,$n\leqslant 3$.

首先考虑 $n=1$. 这个情况已经在第三章 12.2 里探讨过了(并且对实用目的来说,已经解决了). 特别是,我们曾在 12.2.1 里指出过,对 $n=1$ 而且仅对 $n=1$,我们所处理的是个纯粹的最大值问题. 然而,由这个(显然的)特殊情形来验明我们的理论是否产生与常识一致的结果,还是合于需要的. [1]因此,我们还是用完备的数学上严格的一般理论来讨论它.

具有 $n=1$ 的一般博弈 Γ 必然是非本质的:从简化形式下的特征函数 $\bar{v}(S)$的考虑看来,这是很清楚的;因为这时从 59.2.3 的(59:16)和(59:17)可得出(对于 $p=1=n$)$-\gamma=0$,即 $\gamma=0$. 我们也可以采用 27.4 的(不经简化的)任意一个准则(27:B),(27:C),(27:D)(参看 59.3.1). 例如:上引处的(27:C)显然满足,具有 $\alpha=v((1))$. 注意这就是 $\bar{v}(I)$,即:根据 56.9.1 里的(56:13)(用 12.2.1 的记号),也就是 $\mathrm{Max}_\tau\mathscr{H}(\tau)$. 把这一点重述如下:

(60:1) $$\alpha_1=v((1))=v(I)=\mathrm{Max}_\tau\mathscr{H}(\tau).$$

因为 Γ 是非本质的,我们可以运用 31.2.3 里的(31:O)或(31:P)(参看 59.3.2). 于是得到:

(60:A) Γ 恰有一个解,它是单元素集合$(\boldsymbol{\alpha})$,其中

$$\boldsymbol{\alpha}=\{\{\alpha_1\}\}$$

具有(60:1)的 α_1.

这显然就是——而且应该是——第三章 12.2.1 的"常识上的"结果.

---

① 请回忆 58.3.2 里的第四点说明.

60.2　$n=2$ 的情形

60.2.1　其次,考虑 $n=2$. 主要的事实是:具有 $n=2$ 的一般博弈不一定是非本质的,从而与具有 $n=2$ 的零和博弈不同.(按第六章 27.5.2 里的第一个说明,后者是非本质的.)

事实上,特征函数 $\overline{v}(S)$ 在简化形式下由 59.2.3 里的(59:16)和(59:17)完全确定. 这就是:

$$(60:2)\qquad \overline{v}(S)=\begin{cases}0, \\ -\gamma, \\ 0,\end{cases} \quad \text{若 } S \text{ 有} \begin{cases}0, \\ 1, \\ 2\end{cases} \text{个元素}.$$

现在可以直接验证,(60:2)的 $\overline{v}(S)$ 满足 57.2.1 的(57:2:a),(57:2:c),就是说,它作为一个适当博弈 Γ 的特征函数(参看 57.3.4)的必要和充分条件是 $\gamma\geqslant 0$. 这恰巧是 59.2.3 里的条件(59:14). 所以我们看到:59.2.3 中(59:14)里的 $\gamma\geqslant 0$ 正是(60:2)里的可能性.

由此可见,$\gamma>0$——即本质性——的确是一种可能性,如所断言. 对本质性的情形,我们更可以正规化 $\gamma=1$,从而完全确定(60:2). 这样,本质一般二人博弈仅仅存在一种类型.

注意这时候 $|\Gamma|_1=2\gamma$ 可能大于零,但是(对 $n=2$)永远有 $|\Gamma|_2=0$. 现只需对简化形式即(60:2)来证明这一事实.

事实上,回忆 45.2.1 和 45.2.3 的定义可以知道,当 $\alpha_1,\alpha_2\geqslant -\gamma,\alpha_1+\alpha_2\geqslant 0$ 时,$\boldsymbol{\alpha}=\{\{\alpha_1,\alpha_2\}\}$ 是分离的. 而且对应的 $e=\alpha_1+\alpha_2$ 的最小值为零.[①] 从而 $|\Gamma|_2=0$,这就是要证明的.

总结如下:对于 $n=2$,零和博弈必为非本质博弈,而一般的博弈则不一定为非本质博弈. 自然,前者必有 $|\Gamma|_1=0$;而后者也可能有 $|\Gamma|_1>0$. 然而两者必永远都有 $|\Gamma|_2=0$.

请读者自行参照前面的讨论(特别是 45.3.4)解释这一结果.

60.2.2　$n=2$ 时一般博弈 Γ 的解是容易确定的.

根据 31.1.5 里的(31:H)的有效的部分所述(参看 59.3.2 中有关的解说),全部具有 0,1 或 n 个元素的集合 $S\subseteq I$ 都是确实不必要的,——但由于 $n=2$,这些便是全部的子集合了. 因此,为了确定 Γ 的解,不必考虑控制关系存在不存在. 结果,解可以用以下的性质简单地定义:任一转归都不能在解的范围之外. 也就是说,恰巧存在一个解:全部转归的集合.

在这个情形中,一般的转归由 $\boldsymbol{\alpha}=\{\{\alpha_1,\alpha_2\}\}$ 表出,它适合 57.5.1 里的条件(57:15),(57:16);这些条件现在变成了:

$$(60:3)\qquad \alpha_1\geqslant v((1)),\quad \alpha_2\geqslant v((2)),$$

$$(60:4)\qquad \alpha_1+\alpha_2=v((1,2))=v(I).$$

我们重述一下结果:

(60:B)　　Γ 恰有一个解,它就是全部转归的集合.

这些集合是

$$\boldsymbol{\alpha}=\{\{\alpha_1,\alpha_2\}\},$$

具有(60:3),(60:4)的 α_1,α_2.

---

① 例如当 $\alpha_1=\alpha_2=0$ 的时候,这就可以满足.

注意(60:3),(60:4)确定唯一的一对 α_1,α_2(即 $\boldsymbol{\alpha}$)的必要和充分条件是

(60:5) $$v((1))+v((2))=v((1,2)).$$

根据 27.4 的准则,这恰巧表示了 Γ 的非本质性.这个结果应该是,而且的确是与 31.2.3 里的(31:P)协调的(参看 59.3.2).

若不然,则有

(60:6) $$v((1))+v((2))>v((1,2)),$$

并且存在无穷多对 α_1,α_2——即 $\boldsymbol{\alpha}$.这是 Γ 为本质博弈的情形.

我们将在 61.2 至 61.4 里解释这些结果.

60.3 $n=3$ 的情形

60.3.1 最后,考虑 $n=3$.这些博弈包括 $|\Gamma|_1>0$ 和 $|\Gamma|_2>0$ 的本质零和三人博弈(参看 45.3.3).所以我们看到:

对于 $n=3$,零和博弈和一般博弈一样,可以是本质的,而且 $|\Gamma|_1>0$ 和 $|\Gamma|_2>0$ 都是可能的.

Γ 为非本质博弈的情形,已经由 31.2.3 里的(31:O)或(31:P)说明了.因此我们假定 Γ 是本质的.

采用正规化 $\gamma=1$ 的 Γ 的简化形式.于是我们可以借助于 59.2.3 里的(59:16)和(59:17)来描写它的特征函数 $\bar{v}(S)$:

(60:7) $$\bar{v}(S)=\begin{cases}0,\\-1,\\0,\end{cases}\quad 若 S 有\begin{cases}0,\\1,\\3,\end{cases}\quad 个元素$$

和

(60:8) $$\bar{v}((2,3))=a_1,\bar{v}((1,3))=a_2,\bar{v}((1,2))=a_3,$$
若 S 有 2 个元素.

并且可以立刻验明,(60:7),(60:8)的 $\bar{v}(S)$ 满足 57.2.1 的条件(57:2:a),(57:2:c);这就是说,它作为一个适当博弈 Γ(参看 57.3.4),其特征函数的必要和充分条件是:

(60:9) $$-2\leqslant a_1,a_2,a_3\leqslant 1.$$

我们注意到,要使得这个博弈可以选为零和博弈,即 25.3.1 的(25:3:b)成立,必须而且只需

(60:10) $$a_1=a_2=a_3=1.$$

换句话说:变程(60:9)代表所有的一般博弈,而它的上界点(60:10)代表本情形的(唯一的)零和博弈.

60.3.2 现在我们来确定这个(本质)一般三人博弈的解.

在这个情形里,一般的转归由 $\boldsymbol{\alpha}=\{\{\alpha_1,\alpha_2,\alpha_3\}\}$ 表出,它满足 57.5.1 里的条件(57:15),(57:16);现在这些条件变为:

(60:11) $$\alpha_1\geqslant -1,\quad \alpha_2\geqslant -1,\quad \alpha_3\geqslant -1,$$

(60:12) $$\alpha_1+\alpha_2+\alpha_3=0.$$

这些恰巧是第六章32.1.2中对$\alpha_1,\alpha_2,\alpha_3$的条件(参看那里的(32:2),(32:3)),即在本质零和三人博弈理论中应用到的条件.除了因子$1+\frac{e_0}{3}$之外,它们也和第九章47.2.2中对$\alpha^1,\alpha^2,\alpha^3$所加的条件一致(参看那里的(47:2*),(47:3*)).换句话说就是,和具有过剩额的本质零和三人博弈理论中应用到的条件一致.从而我们可以采用32.1.2里描写的图示法,特别可以采用图52.作为$\boldsymbol{\alpha}$的变程,我们得到32.1.2的图53里的基本三角形.它和47.2.2的图70里的那个三角形也是相类似的.

在这个图形表示里,我们所表示的是控制关系.对于一个控制关系$\boldsymbol{\alpha}\succ\boldsymbol{\beta}$,关于30.1.1里的集合$S$,可以叙述如下:按31.1.5中(31:H)的有效的那一部分(参看59.3.2内的探讨),所有具有0,1或n个元素的集合$S\subseteq I$是确实不必要的.由于$n=3$,我们就可以仅限于分析二元素集合S.

于是,令$S=(i,j)$.[①]于是控制关系意味着

$$\alpha_i+\alpha_j\leqslant\bar{v}((i,j))=a_k \text{ 和 } \alpha_i>\beta_i,\alpha_j>\beta_j.$$

根据(60:12),第一个条件也可以写为$\alpha_k\geqslant-a_k$.

我们把这一点重述一下:控制关系

$$\boldsymbol{\alpha}\succ\boldsymbol{\beta}$$

意味着下面的三个陈述之一成立:

$$(60:13)\quad \begin{cases}\alpha_1>\beta_1,\alpha_2>\beta_2 \text{ 和 } \alpha_3\geqslant-a_3; \text{ 或}\\ \alpha_1>\beta_1,\alpha_3>\beta_3 \text{ 和 } \alpha_2\geqslant-a_2; \text{ 或}\\ \alpha_2>\beta_2,\alpha_3>\beta_3 \text{ 和 } \alpha_1\geqslant-a_1.\end{cases}$$ [②]

现在可以把(60:13)里所描写的情况加到基本三角形的图形上来.现在的情况类似32,更类似于47.运算对应于从图70到图71,72,或到图84,85,或到图87,88的转换.事实上,与图71,84,87(这些顺次在情形(Ⅳ),(Ⅴ),(Ⅵ)里都描写同一个运算)不同的地方仅仅是:

形成构图的六条直线

$$(60:14)\quad \begin{cases}\alpha^1=-\left(1+\frac{e_0}{3}\right),\quad \alpha^2=-\left(1+\frac{e_0}{3}\right),\quad \alpha^3=-\left(1+\frac{e_0}{3}\right),\\ \alpha^1=-\left(1-\frac{2e_0}{3}\right),\quad \alpha^2=-\left(1-\frac{2e_0}{3}\right),\quad \alpha^3=-\left(1-\frac{2e_0}{3}\right),\end{cases}$$

现在分别改成了

$$(60:15)\quad \begin{cases}\alpha_1=-1,\alpha_2=-1,\alpha_3=-1,\\ \alpha_1=-a_1,\alpha_2=-a_2,\alpha_3=-a_3,\end{cases}$$

所以,(由后面三条直线形成的)第二个三角形不一定像所提及的图形那样,对称地出现在(由前面三条直线形成的)基本三角形里.

---

① i,j,k是1,2,3的一个排列.

② 这是与47.2.3里的(47:5)很类似的;只是那里在3个a_1,a_2,a_3的地方都要用$1-\frac{2e_0}{3}$来代替.此外,参照(60:11),(60:12),由于因子$1+\frac{e_0}{3}$的出现,还有一个度量上的改变.

(60:13)和32.1.3里的(32:4)的关系,与47.2.3里的(47:5)和它的关系一样,参看47.2.3的第二个注.

60.3.3 为了方便,我们根据下列考虑来区分两种情形.(a):(60:15)的后三条直线划分的区域中适合

(60:16) $\alpha_1 \geqslant -a_1, \quad \alpha_2 \geqslant -a_2, \quad \alpha_3 \geqslant -a_3$

的各部分(这里(60:13)的三个控制关系成立)有公共面积;或者(b):没有公共面积.按(60:12),前者意味着

(60:17:a) $a_1 + a_2 + a_3 > 0;$

后者意味着

(60:17:b) $a_1 + a_2 + a_3 \leqslant 0.$

情形(a):我们有图 71,72 的那些条件,不同的只是内三角形的位置不必然对称于基本三角形.注意到这一点,那么 47.4 至 47.5 里的情形(IV)的讨论便可以逐句地重复下来,因而有同样特性的解就是图 82,83 所表现的那些了.

我们注意到,若有一个 $a_i = 1$,则内三角形与基本三角形的对应边相重合(参看(60:15)),而对应的曲线就消失了.①

情形(b):我们在实质上有图形 84,85 的条件——其中图形 87,88 的那些条件只不过是些变形,不同的地方是像上面情形(a)一样,有非对称性.

我们现在重新来画出图 84 的安排;基本三角形用实线—表示,内三角形用虚线---表示,得到图 92.因为内三角形可以按不同的方式由基本三角形穿出来,所以这安排有几种变形.②图 92 至 95 就是表现这些变形的.③④

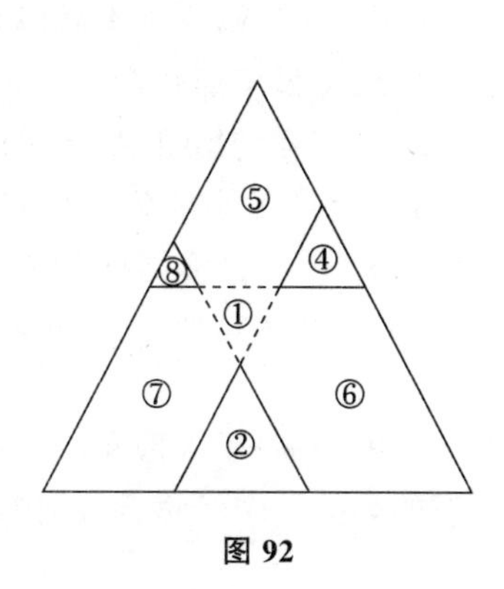

图 92

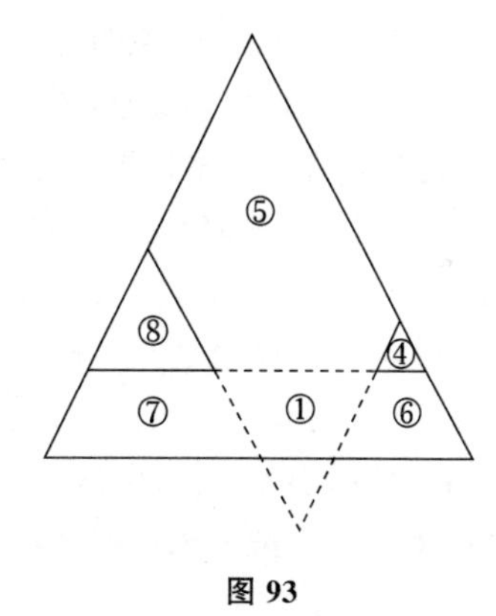

图 93

① 这样,在零和的情形里(其中 $a_1 = a_2 = a_3 = 1$)这些曲线都不出现——这与 32 的结果是协调的.

② 根据(60:9),$-2 \leqslant a_i \leqslant 1$.读者自己容易验明,这意味着"内"三角形的每一个边必须在基本三角形的对应边和它的对顶点之间通过.在这个条件下,图形 92 至 95 表示了所有的可能性.

③ 零和博弈里(即对于 $a_1 = a_2 = a_3 = 1$)能够出现的是对称的变形,见图 92,95.当然,图 92 对应于图 84,图 95 对应于图 87.

④ 图 92 至 95 彼此之间不同的地方在于面积②③④的相继消失.此外,面积①和⑤,⑥,⑦中的一个或多个可以退化为一个直线段,或者甚至退化为一个点.有的时候,要区分以上所说的"消失"和这个"退化",并不是很容易的.在这种困难不存在的情况下,为了判别对应于图 92 至 95 的四种情形,有下列的规律:与图 92 至 95 分别对应的情形是"内"三角形与基本三角形的 0,1,2,3 个边相交.(与一顶点相交算做与含顶点的两边相交.)

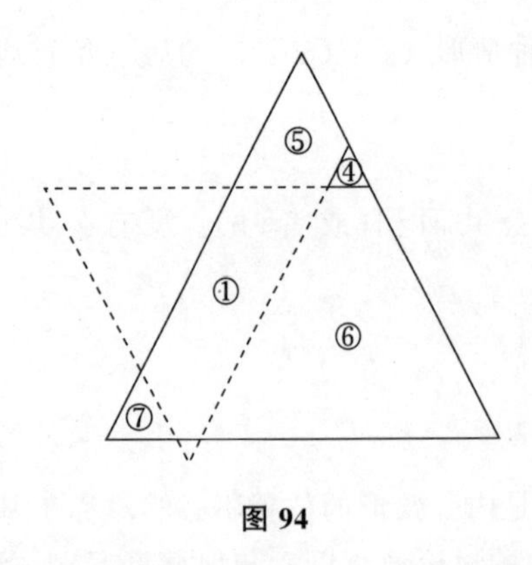

图 94

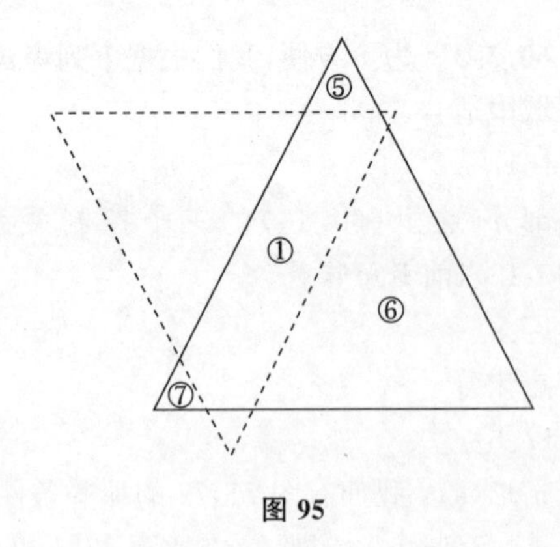

图 95

留意到这些情况,那么47.6里表示的情形(V)的讨论就可以逐字逐句地重复.[①]因而解就是图86里所表现的那些;当然,有必要附带说明非对称性,以及面积①至⑦当中有一些可能消失或退化(参看图92至95和本节的最末一个注).

60.4 与零和博弈的比较

60.4.1 我们已经严格地确定了全部具有$n=3$的一般n人博弈的解,但是我们还没有试图分析结果的意义.现在我们就来作这个分析.

我们从一些形式性质的说明开始.我们已经看到,一般n人博弈能够成为本质博弈,至少要$n=2$,而对于零和博弈,相应的数目是$n=3$.我们也已看到(假定做了简化和正规化$\gamma=1$),对于$n=2$,恰巧存在一个本质的一般博弈;而在零和博弈的情形,同样的结果对$n=3$成立.另外,对于$n=3$,本质一般博弈(在同样的假定之下)形成一个有三个参变量的流形;而对零和博弈,这当$n=4$时成立.所有这些都指出了一般n人博弈与零和$n+1$人博弈之间的类似性.当然,我们知道,类似的原因是:一般n人博弈的零和扩充是零和$n+1$人博弈,并且我们看到了每个零和$n+1$人博弈可以由这个方法得到.[②]

60.4.2 然而必须记得,由这个程序虽然可以得到全部的零和$n+1$人博弈,却不能得到它们全部的解——一般n人博弈的解,仅仅是它的零和扩充的解的一个子集合.(例如可参看56.12里的(56:I:a).)

这样,确定了全部一般三人博弈的所有的解,仅意味着我们知道了全部零和四人博弈的一部分解,而不是所有的解.实际上,第七章中篇幅很长但却并不完整的讨论指明,确定全部零和四人博弈的所有的解,是一件还要多费不少笔墨的任务.总之,关于一般三人博弈,我们的结果只不过蕴涵:对每一个零和四人博弈,解是存在的.(第七章中决疑式的讨论并没有揭露这一点.)

---

① 47.7里的情形(Ⅵ)的讨论也可以看成是这样的重述,而条件却更为简单.

② 确切地说:它和这样得到的一个博弈是策略等价的(参看57.4.1的开始处).

61 $n=1,2$ 的结果的经济学的解释

61.1 $n=1$ 的情形

61.1 现在我们来讨论我们目前所进行的分析的主要目的：对 $n=1,2,3$ 的结果加以解释.

先考虑 $n=1$：与这种情形有关的事情，已在 60.1 中表明或提到了.我们所得的结果是(正如它必须是)：对简单的最大值原则的重述，这个原则说明了这种情形——而且只能说明这种情形——的特征，因此，它描述了"鲁滨逊"经济或完全计划的共产主义经济.

61.2 $n=2$ 的情形. 二人市场

61.2.1 再考虑 $n=2$：我们在 60.2.2 中所得的这种情形的结果，可以用文字表述如下：

这个问题正好有一个解.这个解包括所有这样一些转归，在这些转归中，每一个局中人的个人所得，至少是他自己所能取得的数额，同时，这两个局中人所得的总数，正好是他们一同所能取得的最大数额.

在这里，"一个局中人自己所能取得的数额"，必须理解为他自己所能取得的数额，而不管他的对手怎样行动，即使假定他的对手的行动原则是"宁愿自己蒙受损失，而不愿对手获得利益".①

对问题的解加以考察，我们找到了实现 58.3.2 的第四条说明中所提出的诺言的机会：我们必须看到，究竟我们上面所述的"一个局中人自己所能取得的数额"的定义——这个定义基于对手"宁愿自己蒙受损失，而不愿对手获得利益"假定的愿望——是否能够导致常识的结果.②为了按照这种方式来把我们的理论的结果与"常识"进行比较，最好是用这样一种形式来提出一般性的二人博弈，使它能够很容易地被普通的直观所感受.只要考虑在两个人之间可能存在的某些基本的经济关系，就可以立即找到这样一种形式.

61.2.2 因此，我们考虑在一个市场上的两个人的情形，这两个人中的一个是卖者，另一个是买者.我们只想分析一次交易，而分析将表明：它相当于一般的二人博弈.显然，它也相当于古典的双边垄断经济问题的最简单形式.

---

① 参看 58.2.1 末和 58.3 的详细讨论.局中人 k 自己所能取得的数额，当然是 $v((k))$.

② 读者将能理解：我们并不将这一愿望归之于对手，只是我们的理论可以这样来陈述，好像他有这种愿望似的.有关系的事情并不是这种可能的陈述，而是我们的理论的结果.

的确，对手的这种"恶意"的行为，只是决定了问题的解的某些特点，而不是全部特点：它确定每一个局中人个人必须取得的数额的下限，但是，两人共同所得的数额，只能用相反的完全合作的假设来描述(参看前面所述).

这正是一般性事实的一个特殊情形，它说明：只有完整的、严密的理论才能在所有的情况下都是可靠的指导，另一方面，它的各个部分的文字说明都只有有限的适应性，而且可以互相矛盾.

这一切能够在 58.3 的详细讨论中说明得更清楚.

这两个参加者是1和2：卖者是1,买者是2.我们所考虑的交易是由1将某种商品的一个单位A卖给2.用u表示1占有A的价值,而用v表示2占有A的价值.这就是说,u代表A对卖者的最好的可供选择的用途,而v代表A在出售以后对买者的价值.

为了使这样的一次交易有意义,A对买者的价值必须超过A对卖者的价值.这就是说,我们必须有：

(61:1) $$u<v.$$

为了方便起见,最好将交易未发生时卖者的情况——即他的原来的财务状况——作为他的效用的零.[①]

现在让我们把它作为一个博弈来描述.在作这样的描述时,最好是把A完全略去,而来研究与它的转移或它的可供选择的用途相联系的价值.于是,我们可以将博弈的规则陈述如下.

1对2提出一个“价格”p,对于p,2可以“采纳”,也可以“拒绝”.在前一种情况下,1和2分别得到数额p和$v-p$.在第二种情况下,他们分别得到数额u和0.[②]

常识的结果是：价格p将具有这样的价值,它的下限和上限是由这两个参加者的不同的估价所确定的,即

(61:2) $$u\leqslant p\leqslant v.$$

在(61:2)的范围内,p事实上将在何处,这取决于这一描述所不考虑的那些因素.的确,这个博弈规则只适合于一次要价,这次要价必须被采纳或拒绝——这显然是这次交易的最后要价.在此之前,可以有谈判、磋商、讲价、订约和再订约,对于这些,我们概不讨论.因此,一个对这个大大简化了的模型的令人满意的理论,应当让p适合于整个的(61:2)区间.

61.3 对二人市场及其特征函数的讨论

61.3.1 在作进一步讨论之前,我们对这个博弈(这个博弈乃是我们所考虑的经济结构的模型)的描述,再补充两点说明.

第一,我们有可能采用更精细的模型,它允许更多次数(但却是有限的次数)可供选择的要价等.

关于考虑这样的变化,有一个表面上确凿的证据,因为现有的一切市场,都被具有一定精密性的关于所有参加者的相继要价的规则所制约,而这些规则看来是理解这些市场的特性所必需的.此外,我们确实在第四章的19中详细研究了“扑克博弈”.这个博弈的基础是所有参加者的叫价的相互作用,而且在上引章节中,我们看到：这些叫价的次序和排列,对于它的结构和理论有着决定性的意义.(详细情形参看19.1至19.3的描述部分、19.11至19.14所讨论的变形和19.16结束处的总结.)

然而,更仔细的考察表明：在我们目前所研究的论题中,这些细节并不是决定性的.我们目前所考虑的情况与“扑克博弈”完全不同,因为扑克是一个零和博弈,一个局中人的任何损失

---

① 我们有意识地不考虑把商品出售描述为商品交换的可能性.根据前面反复说明过的理由,我们的理论迫使我们采用可以任意转移的数量效用的概念,对于这一概念,我们也可以用货币来描述.

我们将只是在第十二章中采取不同的观点.

② 我们让读者自己用我们最初的博弈的组合定义来把它表述出来.

都是另一个局中人的所得.[①]特别是我们的读者可以按照我们将在 61.3.3 的简单说明中所采用的方法,来讨论任何一种更复杂的市场(但这个市场只有两个参加者!).读者将发现:他所得到的特征函数与我们在 61.3.3 中所得的(61:5)和(61:6)是相同的.的确,在那里所作的推论,在加以必要的变更以后,适合于任何市场(二人市场!):凡进行了这样的比较的读者,都能发现,这些证明[②]的整个关键是:如果卖者(或买者)愿意的话,他可以绝对地坚持 61.3.3 中具体提到的价格,而不管对方将怎样还价,也不管需要有多少次相继的叫价.[③]

这些较精细的结构,实质上导致与我们的简单模型相同的结果.因此,我们不打算对它们加以讨论.

61.3.2 第二,在另一方面,我们的模型可以进一步简化.的确,在(合作的)局中人之间的补偿机构(在我们的理论的所有各部分,都作了这样的假定),完全足以代替叫价.这就是说,并没有必要把出价、采纳或拒绝作为博弈规则引入我们的理论.补偿机构完全能够考虑到这一类的叫价,包括最初的谈判、磋商、讲价、订约和再订约.

这样的简化了的博弈规则可以表述如下:局中人 1 和 2 都可以在是否进行交换的问题上有所选择.如果两人中任何一人的选择结果是不进行交换,那么,1 和 2 分别得到数额 u 和 0.如果两人都愿意进行交换,那么,他们分别得到数额 u' 和 u''——u' 和 u'' 是两个任意的但却是确定的量,它们的和是 v.[④]

换句话说,博弈规则可以规定一个任意的"价格"$p=u'$(于是 $v-p=u''$),这个"价格"是局中人们所不能影响的——尽管如此,他们将以恰当的补偿来实现他们所期望的任何其他价格.

这样,我们可以看出,61.2.2 中所选定的处理方法,既不是最简单的,也不是最完全的.我们采用它的原因是:它看来最能显示出这种形势的特点,而没有不必要的细节.

61.3.3 用转归的术语来说,61.2.2 的"常识"的结果相当于:这个问题正好有一个解,这个解就是所有转归的集合

$$\boldsymbol{\alpha}=\{\{\alpha_1,\alpha_2\}\},$$

其中

$$\alpha_1\geqslant u,\quad \alpha_2\geqslant 0, \tag{61:3}$$

$$\alpha_1+\alpha_2=v. \tag{61:4}$$

与 60.2.2 中我们的理论的应用比较,我们可以看出,当(61:3),(61:4)与(60:3),(60:4)全同时,二者是一致的.这表示,我们必须有

$$v((1))=u,\quad v((2))=0, \tag{61:5}$$

$$v((1,2))=v. \tag{61:6}$$

---

① 正如我们在 19 中所讨论的,这种情形直接适合于作为二人博弈的扑克.如果参加者人数超过两个,那么,我们所采用的"合伙"的处理方法,可以导致同样的情况.

② 重要的是 61.3.3 中的(61:5)的证明.

③ 回到我们前面所作的关于扑克的说明:读者可以自己验证,对于扑克来说,一个相应的简单的不变的策略是怎样失去作用的——这是由于:按照博弈规则,任何极端的、过分的或者任何其他简单的不变的叫价计划,是要受到处罚的.

当然,人们可以在制约市场的规则中加入类似的条件.事实上也确有某些传统的交易形式,如期货交易,它们可能是属于这种类型的.但是,把它们包括在对这一问题的起始的、初步的考察中,看来是不恰当的.

④ 这两种处理方法(指 61.2.2 中的和上面所述的)所得到的特征函数,将在 61.3.3 中加以确定,可以发现,它们是相同的.

我们很容易证明：(61:5)和(61:6)确实是可以成立的. 为了取得完整性，我们同时表述 61.2.2 和 61.3.1,61.3.2 的两种处理方法. 对于前一种方法，我们在正文中叙述，至于第二种方法所需的变化，则在括号[ ]中叙述.

(61:5)的补充：如果局中人 1 所要求的价格 $p=u$[即如果他不愿交换]，则他肯定可以得到 u. 如果局中人 2 拒绝任何价格[即如果他不愿交换]，则他可以肯定：局中人 1 将取得 u. 因此，$v((1))=u$.

将上述的 $p=u$ 用 $p=v$ 来代替[两个局中人的同样行为]，同样可以得到 $v((2))=0$.

(61:6)的补充：这两个局中人所取得的总的数额，或者是 u，或者是 v——后者是由于：$p+(v-p)$[即由于 $u'+u''$]. 根据(61:1)，v 是更有利的；因此，

$$v((1,2))=v.$$

61.4 58 中所采取的观点的验证

61.4 我们在 61.3.3 中看到，特征函数 $v(S)$的值与 $u,0,v$ 相等，这看来可能是一件很平常的事. 然而，它有一个重要意义：它是以我们的关于特征函数的定义取得的，而 58.3 和 61.2 的批评对这个定义是适用的. 这就是说，它依存于每一个局中人将宁愿使别人蒙受损失而不愿自己获利这种愿望，归之于对手——我们的理论的某一部分是如此，而不是我们的全部理论是如此.

这种依存关系确实是有重要意义的，理解这一点是重要的，这就是说，对这一假设加以修正，将使结果改变，从而使它成为虚假的，因为原来所得的结果看来是正确的. 这最好以 61.2.2 的处理方法来说明.

的确，假定局中人 2 在某些种情况下宁愿自己获利，而不愿使局中人 1 蒙受损失. 假定这些情况是存在的，例如，假定局中人 1 要求某一价格 p_0，$p_0>u$，但$<v$. 在这种情况下，如果局中人 2 采纳这一价格，则他得到 $v-p_0$；如果他拒绝，则他得到 0. 因此，采纳这一价格，对他是有利的. 另一方面，如果局中人 2 采纳这一价格，则局中人 1 得到 p_0；如果局中人 2 拒绝，则局中人 1 得到 u. 因此，局中人 2 的拒绝将使局中人 1 蒙受损失. 所以我们现在的关于局中人 2 的意图的假定，说明他是愿意采纳这一价格的.

因此，在这些情况下，局中人 1 可以期望：他将得到数额 p_0. 这与我们在前面所得的结果是矛盾的，根据前面所得的结果，整个价格区间(61:2)都是许可的，而且我们在 61.2.2 中看到，正是后一个结果，才必须被认为是自然的.

总起来说，61.2 至 61.4 的讨论表明：在一般性二人博弈问题中，我们很难决定究竟是否应当在我们的理论中作出和应用特征函数. 论题十分简单，它允许以“常识”来预测结果——而在作出特征函数的程序中，任何变动都会使理论的结果发生重要的改变. 这样，我们通过理论的应用，得到了 58.3 第四点所说的确证.

61.5 可分割的商品. “边际对偶”

61.5.1 61.2 至 61.4 的讨论涉及一个很初步的情况，尽管如此，对于我们所要求的“确

证”工作来说,它是足够的.此外,只要解释了一个根本性质的一般性二人博弈,就解释了所有的二人博弈,因为它们在策略上全都相当于一个简化了的形式(这个形式可以正规化,使 $\gamma=1$).

直到此处,一切都令人满意.但是,最好更进一步验证,我们的理论同样适合于较重要的经济结构.为了这个目的,我们将在一定程度上扩展二人市场的描述.我们将会看到,它事实上没有引出新的东西.然后,我们将转入一般性的三人博弈.在三人博弈问题上,我们将真正发现新的确证,并有可能得到更基本的解释.

61.5.2 让我们回到 61.2.2 所描述的情形:市场上的卖者 1 和买者 2.我们现在允许有包含一种商品的任何或全部 s 单位(它们是不能分割的,而且可以互相代替)$A_1,\cdots,A_s$ 的交易.[①]将 1 占有 $t(=0,1,\cdots,s)$ 单位的价值用 u_t 来表示,而将 2 占有 t 单位的价值用 v_t 来表示.这样

(61:7) $$u_0=0,u_1,\cdots,u_s,$$

(61:8) $$v_0=0,v_1,\cdots,v_s,$$

这些量描述了这些单位对每一个参加者的可变的效用.如在 61.2.2 中一样,我们把买者的原来的地位,作为他的效用的零.

我们不必重复 61.2.2,61.3.1 和 61.3.2 中关于作为这一结构的模型的博弈规则的讨论.

我们很容易看出,它的特征函数必须是什么.由于每一个局中人都能阻挠所有的买卖,[②]因此,如同在 61.3.3 中一样,可以得出

(61:9) $$v((1))=u_s,\quad v((2))=0.$$

由于两个局中人可以一同决定要转移的单位数,由于在转移 t 个单位的情况下,他们两人所得的总的数额是 $u_{s-t}+v_t$,因此

(61:10) $$v((1,2))=\mathrm{Max}_{t=0,1,\cdots,s}(u_{s-t}+v_t).$$

这个 $v(S)$ 是一个特征函数,因此,它必须满足 57.2.1 的不等式(57:2:a)和(57:2:c).对(61:9)和(61:10)加以考察,唯一需要说明的是:

(61:11) $$v((1,2))\geqslant v((1)).$$

根据(61:10)(令 $t=0$),上式的左边 $\geqslant u_s+v_0=u_s$,而上式的右边则 $=u_s$,因此,上式可以成立.

61.5.3 现在试考虑(61:10)中的最大值所假定的 t,比方说,$t=t_0$.它可以这样来说明:对于所有的 t,$u_{s-t_0}+v_{t_0}\geqslant u_{s-t}+v_t$.这只需要说明 $t\neq t_0$ 的情况.我们可以分别说明 $t>t_0$ 和 $t<t_0$ 的情况.

(61:12) 对于 $t>t_0$,$u_{s-t_0}-u_{s-t}\geqslant v_t-v_{t_0}$,

(61:13) 对于 $t<t_0$,$u_{s-t}-u_{s-t_0}\leqslant v_{t_0}-v_t$.

在(61:12)中,令 $t=t_0+1$($t_0=s$ 例外,当 $t_0=s$,(61:12)是无意义的):

(61:14) $$u_{s-t_0}-u_{s-t_0-1}\geqslant v_{t_0+1}-v_{t_0};$$

在(61:13)中,令 $t=t_0-1$($t_0=0$ 例外,当 $t_0=0$,(61:13)是无意义的):

(61:15) $$u_{s-t_0+1}-u_{s-t_0}\leqslant v_{t_0}-v_{t_0-1}.$$

---

① 我们也可以允许有连续的可分割性,但是,这并没有重要的差别.

② 局中人 1 可以要求一个不可能被采纳的高价,而局中人 2 可以拒绝每一个价格.

注意：(61:12)和(61:13)($t=t_0\pm1$ 导致(61:14)和(61:15)，今不令 $t=t_0\pm1$)可以写为

(61:16) 对于 $t>t_0$，$\sum_{i=t_0+1}^{t}(u_{s-i+1}-u_{s-i})\geqslant\sum_{j=t_0+1}^{t}(v_j-v_{j-1})$，

(61:17) 对于 $t<t_0$，$\sum_{i=t+1}^{t_0}(u_{s-i+1}-u_{s-i})\leqslant\sum_{j=t+1}^{t_0}(v_j-v_{j-1})$.

一般说来，我们可以说，(61:14)和(61:15)只是必要的，而(61:16)和(61:17)乃是必要的和充分的. 然而，现在我们可以有效益地引入效用递减的假定——这就是：不论对参加者1或2来说，当占有的总数增加时，每一个增加的单位的效用是减少的. 作为一个公式

(61:18) $$u_1-u_0>u_2-u_1>\cdots>u_s-u_{s-1},$$

(61:19) $$v_1-v_0>v_2-v_1>\cdots>v_s-v_{s-1}.$$

这里所蕴涵的是：

(61:20) $$\begin{cases}\left.\begin{aligned}&\sum_{i=t_0+1}^{t}(u_{s-i+1}-u_{s-i})\geqslant(t-t_0)(u_{s-t_0}-u_{s-t_0-1})\\&\sum_{j=t_0+1}^{t}(v_j-v_{j-1})\leqslant(t-t_0)(v_{t_0+1}-v_{t_0})\end{aligned}\right\}\text{对于 } t>t_0,\\ \left.\begin{aligned}&\sum_{i=t+1}^{t_0}(u_{s-i+1}-u_{s-i})\leqslant(t_0-t)(u_{s-t_0+1}-u_{s-t_0})\\&\sum_{j=t+1}^{t_0}(v_j-v_{j-1})\geqslant(t_0-t)(v_{t_0}-v_{t_0-1})\end{aligned}\right\}\text{对于 } t<t_0.\end{cases}$$

因此，现在(61:14)和(61:15)蕴涵(61:16)和(61:17). 所以(61:14)和(61:15)也是必要的和充分的. 将(61:14)，(61:15)与(61:18)，(61:19)的一部分结合起来，我们也可以这样写：

(61:21) $$\begin{cases}u_{s-t_0}-u_{s-t_0-1},\ v_{t_0}-v_{t_0-1}\text{ 的每一个}\\ \text{都大于 } u_{s-t_0+1}-u_{s-t_0},\ v_{t_0+1}-v_{t_0}\text{ 的每一个.}\end{cases}$$ ①

按照一般的观念，趋于最大的 $t=t_0$，乃是实际转移的单位数. 我们已经表明，它以(61:21)来描述，而读者可以验证：(61:21)正好是波姆·巴瓦克(Böhm-Bawerk)的"边际对偶"的定义. ②

因此，我们看到：

(61:A) 交易的规模，即转移的单位数 t_0，是按照波姆·巴瓦克的"边际对偶"的准则来决定的.

在这个程度上，我们可以看出，普通的常识的结果是被我们的理论重现了.

最后，可以指出，当这个博弈是非本质的，它有一个简单的意义. 在这里，非本质性表示：

$$v((1,2))=v((1))+v((2)),$$

即按照(61:9)，它相当于(61:11)的等式. 对(61:9)和(61:10)加以考察，这表示：后者的最大值假定 $t=0$，即 $t_0=0$. 因此，我们看到：

---

① 将第一行中的第一项与第二行中的第二项比较，就得到(61:14)；将第一行中的第二项与第二行中的第一项比较，就得到(61:15). 将第一行中的第一项与第二行中的第一项比较，就得到(61:18)中的不等式：将第一行中的第二项与第二行中的第二项比较，就得到(61:19)中的不等式.

② E. von Böhm-Bawerk：Positive Theorie des Kapitals，4th Edit. Jena 1921，第266页以下.

(61:B) 在不发生转移——即 $t_0=0$——的情况下,而且只有在这种情况下,我们的博弈是非本质的.[①]

61.6 价格.讨论

61.6.1 现在让我们进一步来讨论这一结构中价格的决定问题.为了在这方面提供一个解释,我们必须更仔细地考虑60.2.2的讨论所提供的我们的博弈的(唯一的)解.

在数学上,现在考虑的结构,较之以前在61.2至61.4中所分析的,并不更有一般性:二者都代表本质的一般的二人博弈,而且我们知道:这样的博弈只有一种.尽管如此,前一个结构只是现在考虑的结构的一种特殊情形:相当于 $s=1$.当我们现在进一步加以解释时,这一差别将被觉察到.

将61.3.3中的(61:5),(61:6)与61.5.2中的(61:9),(61:10)加以比较,可以看出:这两个结构在数学上的等同的基础,是按以下等式将前者中的 u 和 v 加以替代:

(61:22)
$$u=u_s,$$
$$v=\mathrm{Max}_{t=0,1,\cdots,s}(u_{s-t}+v_t).$$

因此,(唯一的)解包括所有的满足61.3.3中的(61:3),(61:4)的转归

$$\boldsymbol{\alpha}=\{\{\alpha_1,\alpha_2\}\}.$$

用 α_2 来表示,这就是

(61:23)
$$0\leqslant\alpha_2\leqslant v-u.$$[②]

现在让我们以普通的价格概念来把它表述出来——而不采用作为我们的理论的表达手段的转归.[③]既然如同我们在61.5.3中所得的结论那样,t_0 个单位将被转移至买者2,如果所付的价格是 p 每单位,那么,就必须有

(61:24)
$$v_{t_0}-t_0p=\alpha_2.$$

因此,用 p 来表示,(61:23)的含义是:

(61:25)
$$\frac{1}{t_0}(u_s-u_{s-t_0})\leqslant p\leqslant\frac{1}{t_0}v_{t_0}.$$[④]

这也可以写成:

(61:26)
$$\frac{1}{t_0}\sum_{i=1}^{t_0}(u_{s-i+1}-u_{s-i})\leqslant p\leqslant\frac{1}{t_0}\sum_{j=1}^{t_0}(v_j-v_{j-1}).$$

61.6.2 现在,(61:26)中的上限和下限,完全不是波姆·巴瓦克理论所提供的.按照波姆·巴瓦克理论,价格必须处于61.5.3的(61:21)所指明的两个边际对偶的效用之间,也就是说,必须处于下列区间:

---

① 注意:在61.2.2的较早的处理方法中,我们硬性规定:转移的出现要求(61:1),即 $u<v$.按照我们现在的结构,两种可能性都是许可的.

② 我们可以同样很好地以 α_1 作为我们讨论的基础,但现在的程序,对于以后在三人市场问题中加以重述,是更加合适的.

③ 这乃是一个解释,而不是理论本身!再次强调这一点,可能是值得的.

④ 注意,按(61:22),$u=u_s$,$v=u_{s-t_0}+v_{t_0}$.

(61:27) $$\begin{Bmatrix} u_{s-t_0+1}-u_{s-t_0} \\ v_{t_0+1}-v_{t_0} \end{Bmatrix} \leqslant p \leqslant \begin{Bmatrix} u_{s-t_0}-u_{s-t_0-1} \\ v_{t_0}-v_{t_0-1} \end{Bmatrix}.$$

这也可以写成：

(61:28) $$\mathrm{Max}(u_{s-t_0+1}-u_{s-t_0}, v_{t_0+1}-v_{t_0}) \leqslant p \leqslant \mathrm{Min}(u_{s-t_0}-u_{s-t_0-1}, v_{t_0}-v_{t_0-1}).$$

为了将这个区间与(61:26)比较,进一步作出下列区间是比较便利的:

(61:29) $$u_{s-t_0+1}-u_{s-t_0} \leqslant p \leqslant v_{t_0}-v_{t_0-1}.$$

从 61.5.3 中(61:20)的后两个不等式(令 $t=0$)得出：(61:29)的下限≥(61:26)的下限；(61:29)的上限≤(61:26)的上限.因此,区间(61:29)是包含在区间(61:26)之内的.再者,(61:29)显然包含了区间(61:27),即(61:28).总起来说,区间(61:26),(61:29),(61:28),按照这个顺序,前一个包含后一个.

因此,我们看到：

(61:C) 单位价格 p 只是被限于区间(61:26),而波姆·巴瓦克的理论则把它限于更窄的区间(61:28).

61.6.3 前述两个结果(61:A)和(61:C)清楚地表明了在目前的运用中我们的理论与普通的常识观点的关系.[1]它们表明：在关于事实上将发生什么事情——即转移的单位数——的问题上,二者是完全一致的,但是,对于事情在什么样的条件下发生——即单位价格——的问题,则是有分歧的.具体地说,与普通的观点比较,我们的理论提供了一个较宽的区间.

分歧会在此处出现,而且在这个方向,这是很容易理解的.我们的理论主要依存于(在其他假定之外)局中人间完善的补偿机构的假定.这相当于：在局中人间有可能支付与不同的转移单位数相联系的可变的贴水或回扣.另一方面,众所周知,普通观点的较窄的价格区间(为波姆·巴瓦克的"边际对偶"所定义了的),则依存于一个唯一的价格的存在——对所发生的一切转移都同样适用.如同上面所指出的,由于我们事实上允许贴水和回扣,唯一的价格是被取消了.我们的单位价格 p 只是一个平均价格(的确,在 61.6.1 中,(61:24)对它作出了这样的定义),因此,我们所得到的区间比"边际对偶"所定义的区间要宽,是很自然的.

最后,我们看到：在价格结构的形成中的这种不正常现象,也是与下列事实十分符合的,即我们所考虑的市场是一个双边垄断市场.

62 $n=3$ 的结果的经济学的解释：特殊情形

62.1 $n=3$ 的情形,特殊情形.三人市场

62.1.1 最后让我们考虑 $n=3$.我们打算按照 61.2.1 中所概括叙述的意义,来求得一个解释.把 61.2.2 的关于市场上的两个人的模型推广为三个人的模型,就可以做到这一点.

[1] 我们将波姆·巴瓦克的方法作为这种观点的代表.的确,自卡尔·门格尔(Carl Menger)以来,在这个问题上,大多数其他作者的观点,基本上是与他相同的.

如同我们在前面已经指出的,二人市场的讨论不可能不是穷尽的,因为本质的一般的二人博弈只有一个. 另一方面,我们知道,本质的一般的三人博弈形成一个 3 参数族,而且,在 60.3.2中对它们的详细讨论,迫使我们区分多种不同的情形. [1]因此,为了说明本质的一般的三人博弈的全部可能性,需要几个模型. 我们将把我们的讨论限于一个典型的类. 一个详尽的讨论将会是相当冗长的,为了理解我们的理论,并不值得作这样冗长的讨论——但是,进行这样的讨论,并无额外的困难.

62.1.2 因此,我们考虑在一个市场上的三个人的情形,一个卖者和两个买者. 两个卖者和一个买者的讨论,将会导致同样的数学结构,并得出相应的结论. 为了简明起见,我们讨论这个问题的第一种形式,而把与之平行的第二种形式的讨论,留给读者自己去作.

这三个参加者是 1,2 和 3——卖者是 1,(未来的)买者是 2 和 3. 我们将依序考虑 61.2.2 的特殊处理方法和 61.5.2 的较一般的处理方法. 对照我们在这些章节中所看到的,后者现在将真正是将前者加以普遍化.

让我们从 61.2.2 的结构开始:我们所考虑的交易是由 1 将某种商品的一个(不可分割的)单位 A 卖给 2 或 3. 用 u 表示 1 占有 A 的价值,用 v 表示 2 占有 A 的价值,用 w 表示 3 占有 A 的价值.

为了使这些交易能够对所有的参加者有意义,A 对每一个买者的价值必须超过它对卖者的价值. 同时,除非买者 2 和 3 恰好处于完全相等的地位,二人中之一人必须比另一人更强——即能够从 A 的占有中得到更大的效用. 我们可以假定:在这个例子中,较强的买者是 3. 这些假定表示:我们有

$$u<v\leqslant w. \tag{62:1}$$

如同在 61.2.2 和 61.5.2 中一样,我们以每一个买者的原来的地位作为他的效用的零.

如同在 61.5 中一样,我们没有必要重复 61.2.2,61.3 中关于作为这一结构的模型的博弈规则的讨论.

我们很容易看出,它的特征函数必须是什么:由于每一个买者都能阻挠他自己的购买,由于卖者,或者所有的买者在一起,能够阻挠所有的买卖(参看 61.5.2),因此,如同在 61.3.3 中一样,我们得到

$$v((1))=u,\quad v((2))=v((3))=0, \tag{62:2}$$

$$v((1,2))=v,\quad v((1,3))=w,\quad v((2,3))=0, \tag{62:3}$$

$$v((1,2,3))=w. \tag{62:4}$$ [2]

这个 $v(S)$ 是一个特征函数,因此,它必须满足 57.2.1 中的不等式(57:2:a),(57:2:c). 验证这一点是没有什么困难的,我们把这一工作留给读者.

按照事情的性质,$v(S)$所隶属的博弈不是常和的,[3]因此,它更加是本质的.

---

[1] 两种主要的情形是(a)和(b),后者又进一步分为四种情形,它们以图 92 至 95 表示.

[2] 当然,在这里,我们运用了 $u<v\leqslant w$.

[3] 证明:57.5.2 中的(57:20)是被违反了,例如,它被下式所违反:

$$v((1))+v((2,3))=u<w=v((1,2,3)).$$

62.2 初步讨论

62.2 现在我们可以应用在 60.3 中所得到的关于本质的一般的三人博弈的讨论结果，来取得目前所讨论的问题的全部的解. 我们将再次把数学的结果与应用普通常识方法所得的结果作比较.

直到某一点为止，我们将发现：二者的一致性，较之 61.5.2 至 61.6.3 中所比较的，要更好一些——特别是这两种方法所得出的价格的区间是相同的. 这可能是由于：正如在61.2.2中一样，我们现在只研究一个单位的商品. 当我们在 63.1 至 63.6 中进一步讨论 s 个单位时，61.5.2至 61.6.3 的复杂性将会重现.

然而，在上述这一点之外，在我们的理论和普通的观点之间，将有性质上的分歧. 我们将会看到：这是由于存在着组成合伙的可能性. 对于三个参加者的情形，这种可能性第一次成为现实；必须预计到：我们的理论将十分恰当地处理这个问题——另一方面，普通的方法常常忽视这个问题. 因此，从我们的理论的观点来看，这两种程序的分歧正好也是合理的.

62.3 解：第一种分支情形

62.3.1 我们开始将 60.3.1 和 60.3.2 应用于上述(62:2)至(62:4)的 $v(S)$.

这个结构中的转归是

$$\boldsymbol{\alpha}=\{\{\alpha_1,\alpha_2,\alpha_3\}\},$$

其中

$$\alpha_1\geqslant u,\quad \alpha_2\geqslant 0,\quad \alpha_3\geqslant 0, \tag{62:5}$$

$$\alpha_1+\alpha_2+\alpha_3=w. \tag{62:6}$$

为了应用 60.3.1 和 60.3.2，必须把上式转为简化形式，然后正规化 $\gamma=1$.

第一步运算相当于把 $\alpha_1,\alpha_2,\alpha_3$ 用 $\alpha'_1,\alpha'_2,\alpha'_3$ 替代，至于 $\alpha_1,\alpha_2,\alpha_3$ 与 $\alpha'_1,\alpha'_2,\alpha'_3$ 的关系，在57.5.1中已提到过，并在 31.3.2 和 42.4.2 中讨论过，这就是：

$$\alpha'_k=\alpha_k+\alpha^0_k. \tag{62:7}$$

按照 59.2.1 中的导致(59:A)的讨论所描述的方法，我们得到 $\alpha^0_1,\alpha^0_2,\alpha^0_3$. 具体地说

$$\alpha'_1=\alpha_1-\frac{w+2u}{3},\alpha'_2=\alpha_2-\frac{w-u}{3},\alpha'_3=\alpha_3-\frac{w-u}{3}. \tag{62:8}$$

对 $v(S)$的相应的变化，已在 59.2.1 的(59:1)中说明；它们把(62:2)至(62:4)变成：

$$v'((1))=v'((2))=v'((3))=-\frac{w-u}{3}, \tag{62:9}$$

$$v'((1,2))=\frac{3v-2w-u}{3}, \tag{62:10}$$

$$v'((1,3))=\frac{w-u}{3},$$

$$v'((2,3))=-\frac{2(w-u)}{3},$$

(62:11) $$v'((1,2,3))=0.$$

这样，$\gamma=\frac{w-u}{3}$，而第二步运算是把一切都用这个量来除. 但我们不这样做，而是直接应用 60.3.1和 60.3.2，在所有的地方(在那里，假定 $\gamma=1$)都代入比例因子$\frac{w-u}{3}$. ①

与 60.3.1 的(60:8)比较，可以看出

$$a_1=-\frac{2(w-u)}{3},a_2=\frac{w-u}{3},a_3=\frac{3v-2w-u}{3}.$$

现在，60.3.2 中的(60:15)的描述三角形的六条线(从这个三角形，我们得到了我们的解)成为：

(62:12)
$$\begin{cases}\alpha_1'=-\frac{w-u}{3},\alpha_2'=-\frac{w-u}{3},\alpha_3'=-\frac{w-u}{3}, ②\\ \alpha_1'=\frac{2(w-u)}{3},\alpha_2'=-\frac{w-u}{3},\alpha_3'=-\frac{3v-2w-u}{3}. ③\end{cases}$$

62.3.2 我们现在可以按 60.3.3 的意义来讨论这个结构. 显然

$$a_1+a_2+a_3=v-w\leqslant 0,$$

因此，我们有上述的(60:17:b)——也即我们有情形(b)，而剩下来要决定的事情是：在图92—95所表示的四种分支情形中，究竟出现哪一种. 因此，从这里起，我们用图解来说明.

如同前面一样，为了图解，我们采用图 52 的平面. 我们按照图 92 至 95 表示 60.3.2 中(60:15)的线的方法，来把(62:12)的六条线表示出来，就得到图 96. 从以下的讨论中，可以引出这个图的性质特点：

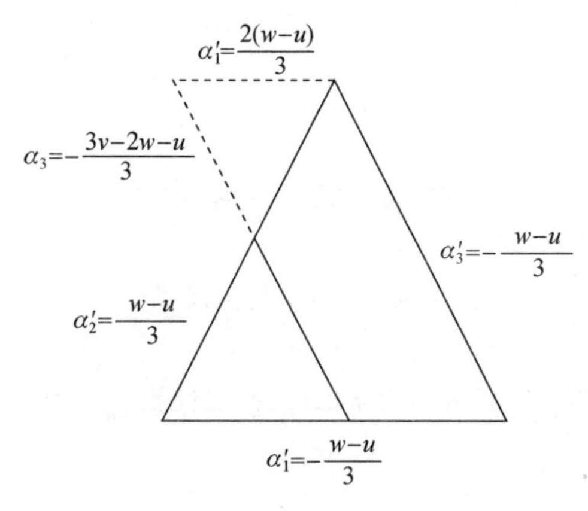

图 96

(62:A:a) 第二条 α_1'-线通过第一条 α_2'-和 α_3'-线的交点. 的确

① 这一程序与我们在讨论具有过剩额的本质的零和三人博弈时所采用的程序相似，这一讨论见 47，特别是 47.2.2 和 47.3.2(情形(Ⅲ))，47.4.2(情形(Ⅳ)的一种状态).

② 以上所引(60:15)中的-1代表$-\gamma$，因此，我们必须乘以上面提到的比例因子$\frac{w-u}{3}$.

③ 以上所引的在这里重新出现的(60:15)中的$-a_1$，$-a_2$，$-a_3$，已经包含了因子$\frac{w-u}{3}$.

$$\frac{2(w-u)}{3}-\frac{w-u}{3}-\frac{w-u}{3}=0.$$

(62:A:b)　　两条 α_2'-线是相等的.

(62:A:c)　　第二条 α_3'-线是在第一条的左边.的确,它有较大的 α_3'-值,因为

$$-\frac{3v-2w-u}{3}+\frac{w-u}{3}=w-v\geqslant 0.$$

将这个图与图 92 至 95 比较,可以看出,它是图 94 的一个(旋转了的和)退化了的形式.[①] 面积⑤退化成为一点(基本三角形的顶点),面积①,⑦也退化了,但成为两个直线区间(基本三角形的左边的上部和下部),同时,面积⑥,②却仍然没有退化(指梯形和较小的三角形,在我们的图中,基本三角形被分为这两个部分).图 94 的五个面积的这种性质,在图 97 中表示出来.如同在 60.3.3 末所述的,把图 86 的图像配入图 97 所描述的情形,就得到了一般的解 V.图 98 表明了这个结果.[②]

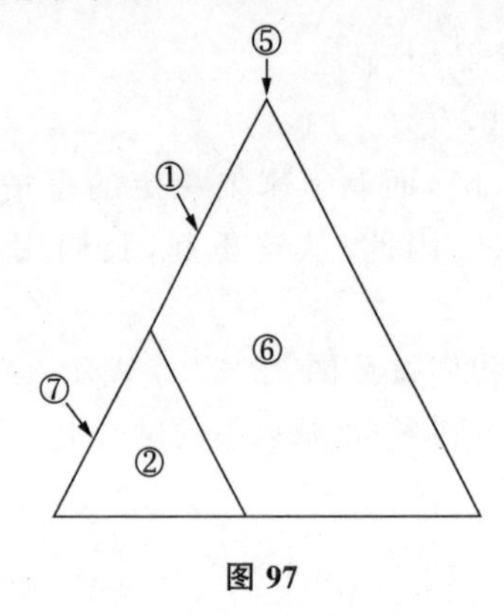

图 97

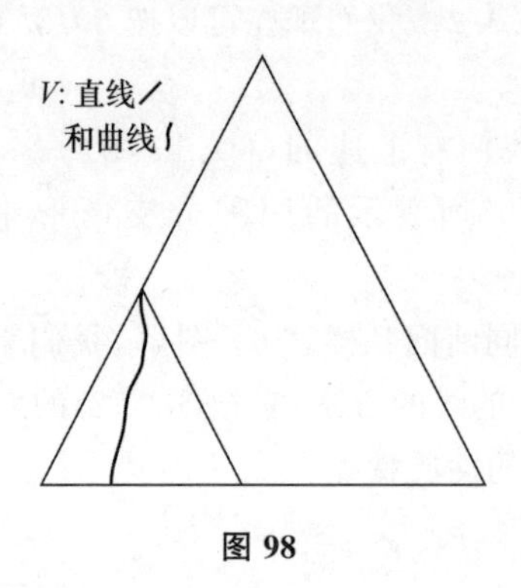

图 98

62.4　解:一般形式

62.4　在我们作进一步的讨论之前,我们注意到,假定

(62:13)　　$u<v\leqslant w,$

图 97 就是普遍合适的,但是,它所表示出来的图像,在性质上是指

(62:14)　　$v<w.$

当

(62:15)　　$v=w,$

那么,图 97 中的面积①——即基本三角形的左边的上一段区间——退化成为一点(参看 62.3.2的(62:A:c)).因此,在这种情况下,图 98 具有图 99 的形态.

① 关于这一点及其说明,参看 60.3.3 的第四个注.

② 图 98 中的曲线,像图 86 中的曲线一样,受到 47.5.5 的(47:6)所述的限制.

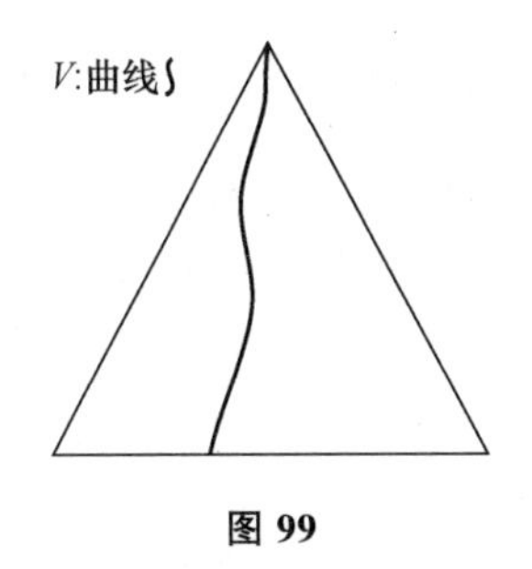

图 99

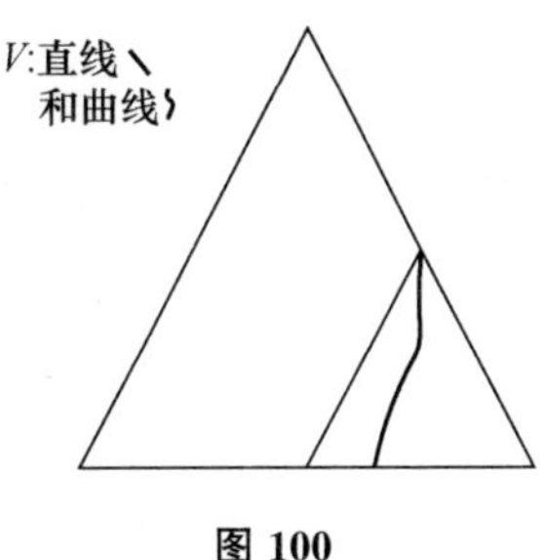

图 100

假定以下的条件,这个讨论,对于局中人 2 和 3——两个买者——来说,可以是完全对称的,即:

假定(62:14)或(62:15),我们可以用较弱的条件

(62:16) $$u<v,w$$

来代替(62:13).因此,让我们只假定(62:16)——而不假定(62:13)以及(62:14),(62:15).这表示:与卖者比较,每一个买者都从 A 的占有中得到较大的效用,但是,它并不肯定 A 的效用对哪一个买者较大(参看 62.1.2 第一部分的讨论).

现在,(62:16)允许有三种可能性存在:(62:14),(62:15)和

(62:17) $$v>w.$$

图 98,99 表明了(62:14),(62:15)的解.把局中人 2 和 3——两个买者——以及 v 和 w 互换,就由(62:14)得到(62:17).这表示:图 98(在将 v 和 w 互换以后)必须以它的垂直的中线为准,得到一个对称的图像.图 100 表示出这个图像.

总结如下:

(62:B) 假定(62:16),对于 v"$<$","$=$"和"$>$"w,一般的解 V 分别由图 98,99 和 100 得出.

62.5 结果的代数形式

62.5.1 图 98 所表明的结果,可以用代数形式表述如下:[①]

解 V 是由基本三角形左边的上段和曲线"～"组成的.

V 的第一部分的特性是:

$$\alpha_2'=-\frac{w-u}{3},-\frac{3v-2w-u}{3}\geqslant\alpha_3'\geqslant-\frac{w-u}{3}.$$

由于 62.3.1 的(62:8),这表示

$$\alpha_2=0,w-v\geqslant\alpha_3\geqslant0.$$

现在,由 62.3.1 的(62:6)得出

$$\alpha_1=w-\alpha_3,$$

因此,上述条件可以写成

(62:18) $$v\leqslant\alpha_1\leqslant w,\quad \alpha_2=0,\quad \alpha_3=w-\alpha_1.$$

① 注意:只要 $v\leqslant w$,这就能成立,姑且不论(62:B).

V 的第二部分(曲线)由上面的最小的 α_1' 延伸至 α_1' 的绝对的最小值$\left(-\frac{w-u}{3}\right)$. 它的几何图形(参看 47.5.5 的(47:6))的特性可以表述为：沿着这条曲线，α_2'，α_3' 都是 α_1' 的单调递减函数. 按照 62.3.1 的(62:8)，我们又可以由 α_1'，α_2'，α_3' 转为 α_1，α_2，α_3. 于是，α_1 的变化范围是由上面的(62:18)中的最小值(v)起，到它的绝对的最小值(u)止，而 α_2，α_3 又都是 α_1 的单调递减函数. 因此，我们有

(62:19) $u \leqslant \alpha_1 \leqslant v$, α_2，α_3 是 α_1 的单调递减函数.[①][②]

这样，一般的解 V 就是(62:18)和(62:19)所给的两个集合之和. 应当注意：在(62:19)中所提到的函数(在一定限度内)是任意的，但是，一个确定的解(即一个确定的行为标准)相当于对这些函数所作的一个确定的选择. 这种情形与 47.8.2 的(47:A)和 55.12.4 所分析的情形，是完全相似的.

62.5.2 只要 $v \leqslant w$，我们就可以应用(62:18)，(62:19)(参看 62.5.1 的第一个注). 对于 $v=w$，(62:18)简化为

(62:20) $\alpha_1 = v, \alpha_2 = \alpha_3 = 0.$

因此，我们只是在 $v<w$ 的情况下应用(62:18)，(62:19)，而在 $v=w$ 的情况下，我们应用(62:20)，(62:19).[③]

如果 $v>w$，那么，我们可以利用(62:18)，(62:19)，而把局中人 2 和 3——两个买者——以及 v 和 w 互换. 这样，(62:18)，(62:19)成为

(62:21) $w \leqslant \alpha_1 \leqslant v$, $\alpha_2 = v - \alpha_1$, $\alpha_3 = 0$.[④]

(62:23) $u \leqslant \alpha_1 \leqslant w$, α_2，α_3 是 α_1 的单调递减函数.[⑤]

总结如下：

(62:C) 假定(62:16)，对于 v“$<$”，“$=$”和“$>$”w，一般的解分别由(62:18)和(62:19)，(62:20)和(62:19)，(62:21)和(62:23)得出.

62.6 讨 论

62.6.1 现在让我们把普通的常识的分析应用于一个卖者与两个买者和一个不可分割的商品的市场，以便将其结果与(62:C)所述的数学分析结果进行比较.

这一常识的程序的轮廓是表现得很清楚的：事实上我们是在处理“边际对偶”理论的一种

---

① 当然，它们必须满足 62.3.1 的(62:5)，(62:6).

② 如图 98 所示，直线“/”的最低点与曲线的最高点重合. 这就是说，(62:18)和(62:19)的 $\alpha_1=v$ 的点，是同一的. 因此，我们可以在(62:18)和(62:19)的任意一个当中排除 $\alpha_1=v$ (但不能在两个中都排除!).

③ 在 62.5.1 关于(62:18)，(62:19)的第三个注中所观察到的情形，也适合于(62:20)，(62:19)，因此，我们完全可以把(62:20)略去，但是，为了 62.6 中的解释，保留它是更方便的.

④ 注意：由于上述互换，62.1.2 的(62:4)变成

(62:22) $v((1,2,3)) = v,$

因而 62.3.1 的(62:6)变成

(62:6*) $\alpha_1 + \alpha_2 + \alpha_3 = v.$

⑤ 在 62.5.1 关于(62:18)，(62:19)的第三个注中所观察到的情形，也适合于(62:21)，(62:23). 当然，我们必须把其中的 v 用 w 来替代.

最简单的特殊情形. 它的论点可以表述如下：

卖者只提供所述的那种商品的一个单位，而买者却有两个. 因此，一个买者将被包括在这个交易之中，而另一个则被摒除在外. 显然，较强的买者将处于第一个地位——除非这两个买者正好一样强，而在这种情况下，任何一个都是合格的. 因此，交易所达成的价格将处于被包括的和被摒除的买者的界限之间——如果他们正好一样强，价格必须恰好是他们的界限. 为了有一个真正的三人市场，必须假定卖者的界限低于任何一个买者的界限，卖者的界限是不起作用的.

在我们所作的数学的表述中，卖者和两个买者的界限是 u,v,w. 上面的说明意味着：

(62:16) $$u<v,w.$$

关于价格的说明相当于：

(62:24) 对于 $v<w$，$v\leqslant p\leqslant w$，

(62:25) 对于 $v=w$，$p=v$，

(62:26) 对于 $v>w$，$w\leqslant p\leqslant v$.

一个被摒除的买者，在他起始之点——我们将效用正规化，使始点为零——结束.

因此，我们现在所作的说明，如同(62:C)所表明的那样，恰好相当于(62:18)，(62:20)，(62:21).

直到这里，数学的和常识的结果是一致的. 但是，这种一致性的限度也是明显的：(62:C)提供了另外的转归，即(62:19)，(62:23)，而如上所述，在普通的处理方法中，则根本没有这些转归.

那么，(62:19)，(62:23)的意义何在？它们是否表示在我们的理论与常识观点之间存在着矛盾？

要回答这个问题是容易的. 可以看出：二者之间并无矛盾，而是(62:19)，(62:23)代表了常识观点的一个完全正当的引申.

62.6.2 在一个已知的转归中，卖者所得的数额 α_1，显然是当这个转归出现时所达成的价格 p. 在(62:19)，(62:23)中，α_1 的变化范围是由 u 至 v 或 w(要看二者之中哪一个较小)——即价格由卖者的界限变化至较弱的买者的界限. 在两个买者所得的(可变的)数额之间，也有一个确定的(单调的)函数联系. [1]

这两个事实有力地表示：(62:19)，(62:23)可以有以下的文字解释：这两个买者已经结成一个合伙，并与卖者进行议价，他们所结成的合伙的基础是对所获得的任何利益的某种确定的分配规则. 这个分配规则，体现在(62:19)，(62:23)所述的单调函数中. 任何议价都不能够把卖者压至他自己的界限以下. [2]另一方面，一个价格超过了较弱的买者的界限，将使这个买者不可能发挥任何作用.

对于(62:19)，(62:23)所包含的这些特殊的原则，以及对于在这些情况下所有参加者的作用，可以给予更广义的文字解释. 我们不打算在此作这方面的说明，因为以上所说的已经足以建立我们的主要论点：一方面，(62:18)，(62:20)，(62:21)(即图 98 至 100 中 V 的上面的部分)

---

① 所有这些"数额"是指我们所估量的商品效用——我们所考虑的商品，只有一个不可分割的单位.

② 卖者的界限是 A 对他的最好的可供选择的用途(除了出售之外).

相当于两个买者在交易中的竞争——在竞争中,如果有一个买者较强,那么,他肯定是要赢的.另一方面,(62:19),(62:23)(即图98至100中V的下面的部分,也即曲线部分)相当于两个买者结成的旨在对付卖者的合伙.

因此,可以看出,古典的论点——至少是以62.6.1中所述的那种形式表现的论点——只论及第一种可能性,而不考虑合伙的情形.在我们的理论中,合伙从一开始就提供了决定性的意义,当然我们的理论也就必须在这方面有所不同:它包含了所有这两种可能性;的确,在它所提供的解中,它把它们结合在一起,成为一个整体.把它们分开的做法(按照有合伙或没有合伙的方案),仅仅表现为对较简单的三人博弈的文字说明——没有理由相信:这个文字说明可以推广至所有的博弈;而另一方面,数学的理论却在所有情况下都是严格地适用的.

63 $n=3$的结果的经济学的解释:一般情形

63.1 可分割的商品

63.1.1 正如61.2.2的二人的结构在61.5.2和61.5.3中得到引申一样,我们在下一步还要以同样的方式将62.1.2的三人的结构加以引申.

因此,让我们回到62.1.2所描述的情形:在一个市场的卖者1和(未来的)买者2,3.现在允许有包含某种商品的任何或全部s单位(它们是不能分割的,而且可以互相代替)$A_1,\cdots A_s$的交易(同时参看61.5.2的第一个注).把t个单位($t=0,1,\cdots,s$)对1的价值以u_t来表示,对2的价值以v_t来表示,对3的价值以w_t来表示.这样

(63:1) $$u_0=0,u_1,\cdots,u_s,$$

(63:2) $$v_0=0,v_1,\cdots,v_s,$$

(63:3) $$w_0=0,w_1,\cdots,w_s,$$

这些量描述了这些单位对每一个参加者的可变的效用.

同前面一样,我们把每一个买者的原来的地位,作为他的效用的零.

如同在61.5.2,61.5.3和62.1.2中一样,我们不必重复61.2.2,61.3.1和61.3.2中关于作为这一结构的模型的博弈规则的讨论.

我们很容易看出,它的特征函数必须是什么:由于每一个买者都能阻挠他自己的购买,由于卖者,或者所有的买者在一起,能够阻挠所有的买卖(参看61.5.2和62.1.2),因此,如同在61.3.3中一样,我们得到

(63:4) $$v((1))=u_s,\quad v((2))=v((3))=0,$$

(63:5) $$v((2,3))=0.$$

把从卖者1转移给买者2和3的单位数分别以t和r来表示,我们可以很容易地把其余的合伙(1,2),(1,3),(1,2,3)——即卖者与任何一个买者或所有买者的合伙——所能得到的数额表示出来.从我们所熟悉的论点,可以得出

(63:6) $$v((1,2))=\mathrm{Max}_{t=0,1,\cdots,s}(u_{s-t}+v_t),v((1,3))=\mathrm{Max}_{r=0,1,\cdots,s}(u_{s-r}+w_r),$$

(63:7) $$v((1,2,3))=\mathrm{Max}_{\substack{t,r=0,1,\cdots,s\\ t+r\leqslant s}}(u_{s-t-r}+v_t+w_r).$$ ①

这个 $v(S)$ 是一个特征函数.我们让读者自己来验证其中所蕴涵的不等式.

在什么情况下这个博弈是本质的,这个问题可以按 61.5.2 和 61.5.3 的方法来讨论;我们把它留给读者.②我们也可以确定:在什么时候买者 2 和 3 中的一人,将成为我们在分解理论中所说的傀儡.对此,我们也不加以讨论;结果是不难得到的,它虽不惊人,但也不是不能引起人们的兴趣的.

63.1.2 把(63:7)的最大值中 r 的值限于 0,它就转为(63:6)的第一个最大值.再把 t 的值限于 0,则又转为 u_s.根据上述的每一步骤,我们建立其间的≤关系,即

(63:8) $$v((1))\leqslant v((1,2))\leqslant v((1,2,3)).$$

如果我们把 r 和 t 等于 0 的顺序倒过来,我们同样得到

(63:9) $$v((1))\leqslant v((1,3))\leqslant v((1,2,3)).$$

试考虑(63:8)的第一个不等式.如二者相等,这表示,我们假定在(63:6)的第一个最大值中 $t=0$.按照对这个论题的通常的概念,这表示:在买者 3 不在的情况下,卖者和买者 2 不发生交易.也就是说,在买者 3 不在的情况下,买者 2 无力发生市场作用.

试考虑(63:8)的第二个不等式.如二者相等,这表示,我们假定在(63:7)的最大值中 $r=0$.按照对这个论题的通常的概念,这表示:在买者 2 在场的情况下,卖者与买者 3 不发生交易.也就是说,在买者 2 在场的情况下,买者 3 无力参加市场.

同时考虑把买者 2 和 3 互换所得的(63:9)的相应的说明,总起来说,我们有

(63:A) 在(63:8)和(63:9)的四个不等式中出现任何一种相等的情形,都表示买者中的一人的某种软弱性.

在(63:8)[(63:9)]的第一个不等式中出现相等的情形,这表示:在买者 3[2]不在的情况下,买者 2[3]无力发生市场作用.在(63:8)[(63:9)]的第二个不等式中出现相等的情形,这表示:在买者 2[3]在场的情况下,买者 3[2]无力影响市场.

显然,当所有这些软弱性均被摒除时,就产生了真正令人感到有趣的情形.因此,作出如下的假设是合理的:

(63:B:a) 不论在(63:8)或(63:9)中,第一个不等式是"<"关系.

(63:B:b) 不论在(63:8)或(63:9)中,第二个不等式是"<"关系.

63.2 不等式的分析

63.2.1 让我们暂时假定(63:B:a),但否定(63:B:b).这表示:两个局中人中的一人绝对地比另一人强大.更精确地说,即使当他试图把另一个局中人完全排除出市场时,他至少同另一个局中人一样强大.

因此,我们可以预期,在这种情况下我们所得到的结果,将与 62.1.2 至 62.5.2 中所得到

---

① 在这个最大值符号下的附加条件 $t+r\leqslant s$ 表明:售出的单位数 $t+r$,不能超过卖者原来拥有的单位数.

② 当 $s=1$,与 62.1.2 中(62:1)或与 62.4 中(62:16)的关系,也是很容易讨论的.应当记住 61.5.3 末和 61.5.3 第三个注中关于(61:B)的讨论.

的在只有一个(不可分割的)单位 A 的情况下的结果相似. 也就是说,在这里,我们所假定的供给的可以分割为单位 $A_1,\cdots,A_s$ 的性质,应当成为有效的了.

实际情形的确是这样. 为了证明这一点,我们按下式引入 u,v,w 这三个量:

(63:10) $$v((1))=u,\quad v((1,2))=v,\quad v((1,3))=w.$$

于是,从(63:8)与(63:9)的第二个不等式和(63:B:b)的否定,得出

(63:11) $$v((1,2,3))=\mathrm{Max}(v,w),$$

而另一方面,从(63:8)与(63:9)的第一个不等式和(63:B:a),得出

(63:12) $$u<v,w.$$

现在,我们正好得到 62.1.2 至 62.5.2 的条件:(63:12)与 62.4 的(62:16)是相同的,同时,从(63:4),(63:10)得出 62.1.2 的(62:2),(62:3),而从(63:11)得出 62.1.2 的(62:4)(当 $v\geqslant w$)或 62.5.2 的(62:22)(当 $v\leqslant w$).

因此,62.4 和 62.5.2 的结果,连同(63:10)的 u,v,w 是可以成立的. 按照图 98 至 100,我们得到前面描述过的,如在 62.4 的(62:B)中所描述过的一般的解.

63.2.2 从现在起,我们假定(63:B:a)和(63:B:b)都是可以成立的.

我们按下式引入 u,v,w,z 这四个量:

(63:13) $$v((1))=u,\quad v((1,2))=v,\quad v((1,3))=w,$$

(63:14) $$v((1,2,3))=z.$$

于是,(63:8),(63:9)和(63:B:a),(63:B:b)表明:

(63:15) $$u<\begin{Bmatrix}v\\w\end{Bmatrix}<z.$$

这个处理方法与 62.1.2 不同,尽管如此,把它们作详细的比较是值得的:(63:15)相当于上面所说章节中的(62:1),而(63:4),(63:13),(63:14)相当于同一章节中的(62:2)至(62:4).

如同在 61.5.2,61.5.3 中已经利用过的那样,现在再次引入效用递减的假定是便利的. 事实上,与那时的利用比较,我们现在在一定程度上是在一个较早的阶段中就需要用到它:现在,我们的理论的数学部分(至少是其中的一部分)需要用到它,[①]而在那里,我们只是在解释部分需要用到它.

我们表述所有这三个参加者 1,2,3 的递减的效用如下:

(63:16) $$u_1-u_0>u_2-u_1>\cdots>u_s-u_{s-1},$$

(63:17) $$v_1-v_0>v_2-v_1>\cdots>v_s-v_{s-1},$$

(63:18) $$w_1-w_0>w_2-w_1>\cdots>w_s-w_{s-1}.$$

在直接应用中,所需要的只是(63:16). 这就是

(63:19) $$v+w>z+u.$$ [②]

证明:由于(63:6),(63:7)和(63:13),(63:14),我们可以把(63:19)这一断言写成

$$\mathrm{Max}_{t=0,1,\cdots,s}(u_{s-t}+v_t)+\mathrm{Max}_{r=0,1,\cdots,s}(u_{s-r}+w_r)$$

---

① 但并不是非用它不可,缺少这一性质只是使讨论在一定程度上复杂化.

② 在 62.1.2 中,这是显而易见的. 的确,在那种情形,(63:13),(63:14)的应用使我们得到

$$u<v\leqslant w=z,$$

而这就立即得出(63:19).

$$>\mathrm{Max}_{\substack{t,r=0,1,\cdots,s\\ t+r\leqslant s}}(u_{s-t-r}+v_t+w_r)+u_s.$$

试考虑右边的最大值所假定的 t 与 r. 由于我们有(63:B:b),即(63:8),(63:9)的第二个不等式中的"<"关系,我们可以从 63.1.2 的论点中得出结论: t 和 $r\neq 0$. 我们把它们用 t_0 和 r_0 来表示. 因此,我们的断言就是

$$\mathrm{Max}_{t=0,1,\cdots,s}(u_{s-t}+v_t)+\mathrm{Max}_{r=0,1,\cdots,s}(u_{s-r}+w_r)$$
$$>u_{s-t_0-r_0}+v_{t_0}+w_{r_0}+u_s.$$

也就是说,我们要求有两个 t 与 r,而且

$$u_{s-t}+v_t+u_{s-r}+w_r>u_{s-t_0-r_0}+v_{t_0}+w_{r0}+u_s.$$

现在,这事实上就是 $t=t_0$, $r=r_0$ 的情形. 于是,上面的不等式可以写成

(63:20) $$u_{s-r_0}-u_{s-t_0-r_0}>u_s-u_{s-t_0}.$$

我们必须在概念上弄清楚: 这是从我们的关于效用递减的假定得出来的. 正式地说,它是按以下方式从(63:16)得出来的: (63:20)表明

(63:21) $$\sum_{i=1}^{t_0}(u_{s-r_0-i+1}-u_{s-r_0-i})>\sum_{i=1}^{t_0}(u_{s-i+1}-u_{s-i}).$$

(63:16)蕴涵着: 只要 $s'<s''$

$$u_{s'}-u_{s'-1}>u_{s''}-u_{s''-1},$$

因此,作为其中的一种具体情形

$$u_{s-r_0-i+1}-u_{s-r_0-i}>u_{s-i+1}-u_{s-i},$$

而从这里就得出(63:21).

63.3 初步讨论

63.3 我们现在将 60.3.1 和 60.3.2 应用于目前所考虑的结构. 可以证明: 这与我们在 62.3 中所进行的对 62.1.2 的结构的应用是十分相似的. 因此,以下所作的说明将更加简单一些,而且最好是与 62.3 的相应的部分对照阅读.

至于说到数学结果与普通的常识方法的结果的比较,62.2 的说明是同样适用的. 在那里,我们已经指出: 目前所考虑的结构会产生什么样的复杂情形. 虽然这种情形是颇为重要的,但我们将只作简单的讨论. 我们先前的较简单的例子,已经充分说明了一般的观点,而对于这个结构的具体的、详细的解释分析——以及其他的甚至是更一般性的分析——我们完全有权把它放在以后的出版物中来讨论.

63.4 解

63.4.1 目前所考虑的结构的转归是

$$\boldsymbol{\alpha}=\{\alpha_1,\alpha_2,\alpha_3\}$$

其中

(63:22) $$\alpha_1\geqslant u,\quad \alpha_2\geqslant 0,\quad \alpha_3\geqslant 0,$$

(63:23) $$\alpha_1+\alpha_2+\alpha_3=z.$$

我们又有必要引入简化形式.如 62.3 所述,这相当于如下的变换:

(63:24) $$\alpha'_k=\alpha_k+\alpha^0_k.$$

在 62.3 中讨论过的程序,可以确定 $\alpha^0_1,\alpha^0_2,\alpha^0_3$,于是,现在(63:24)成为

(63:25) $$\alpha'_1=\alpha_1-\frac{z+2u}{3},\quad \alpha'_2=\alpha_2-\frac{z-u}{3},\quad \alpha'_3=\alpha_3-\frac{z-u}{3}.$$

对 $v(S)$的相应的变化,又可以用 59.2.1 的(59:1)来确定;它们把(63:4),(63:13),(63:14)变成

(63:26) $$v'((1))=v'((2))=v'((3))=-\frac{z-u}{3},$$

(63:27) $$v'((1,2))=\frac{3v-2z-u}{3},$$

$$v'((1,3))=\frac{3w-2z-u}{3},$$

$$v'((2,3))=-\frac{2(z-u)}{3},$$

(63:28) $$v'((1,2,3))=0.$$

这样,$\gamma=\frac{z-u}{3}$;我们再次避免了 $\gamma=1$ 的正规化.

因此,像在 62.3 中描述的那样,我们必须在应用 60.3.1 和 60.3.2 时,再一次插入一个比例因子.现在,这个比例因子是$\frac{z-u}{3}$.

现在,与 60.3.1 的(60:8)比较,可以看出

$$a_1=-\frac{2(z-u)}{3},\quad a_2=\frac{3w-2z-u}{3},\quad a_3=\frac{3v-2z-u}{3}.$$

现在,60.3.2 中(60:15)所描述的那个导出我们的解的三角形的六条线是

(63:29) $$\begin{cases}\alpha'_1=-\frac{z-u}{3},\quad \alpha'_2=-\frac{z-u}{3},\quad \alpha'_3=-\frac{z-u}{3},\\ \alpha'_1=\frac{2(z-u)}{3},\quad \alpha'_2=-\frac{3w-2z-u}{3},\quad \alpha'_3=-\frac{3v-2z-u}{3}.\end{cases}$$

63.4.2 应用 60.3.3 的标准,我们发现

$$a_1+a_2+a_3=v+w-2z\leqslant 0.$$

因此,我们再次得到上引章节中的(60:17:b)——即同一章节中的情形(b),而剩下来要决定的事情是:在图 92 至 95 所表示的四种分支情形中,究竟出现哪一种.

按照与 62.3 相同的图解程序,我们得到图 101.从以下的讨论中,可以引出这个图的性质特点:

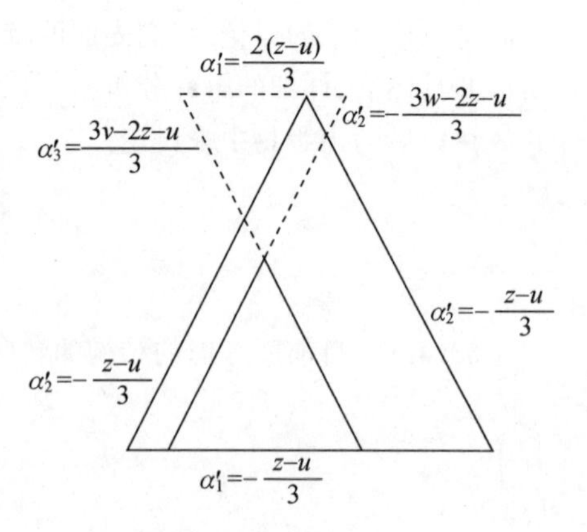

图 101

(63:C:a) 第二条 α'_1-线通过第一条 α'_2-和 α'_3-线的交点.的确

$$\frac{2(z-u)}{3}-\frac{z-u}{3}-\frac{z-u}{3}=0.$$

(63:C:b) 第二条 α'_2-[α'_3-]线是在第一条的右

[左]边.

(63:C:c) 的确,它有较大的α'_2-[α'_3-]值,因为

$$-\frac{3w-2z-u}{3}+\frac{z-u}{3}=z-w>0,$$

$$-\frac{3v-2z-u}{3}+\frac{z-u}{3}=z-v>0.$$

(63:C:d) 第一条α'_1-线位于第二条α'_2-和α'_3-线的交点之下.的确,按照63.2.2的(63:19)

$$-\frac{z-u}{3}-\frac{3w-2z-u}{3}-\frac{3v-2z-u}{3}=z+u-v-w<0.$$

将这个图与图92至95比较,可以看出,它又是图94的一个(旋转了的和)退化了的形式(参看62.3.2第一个注),尽管它比62.3中相应的图96的退化程度要小一些:面积⑤再次退化为一点(基本三角形的顶点),但面积①,②,⑥,⑦都未退化(在我们的图中,基本三角形被分为这四个部分).图102表明了图94的这五个面积的性质.现在,如在60.3.3末所述的那样,将图86的图像配入图102所描述的情形,就得出一般的解.图103表明了这个结果(参看62.3.2第二个注).

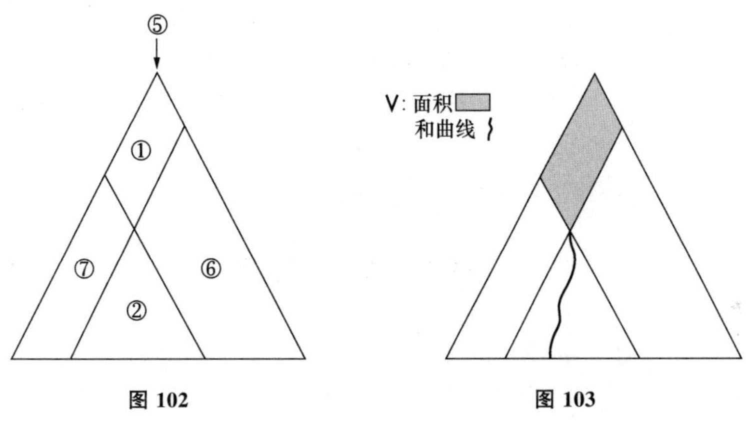

图 102　　　　图 103

总结如下:

(63:D) 假定(63:B:a),(63:B:b)和(63:16),一般的解V由图103得出.

将这个图与62.3,62.4的图比较,可以看出,图103是图98至100之间的中间形式,这些图依次是图103的退化了的形式.

63.5 结果的代数形式

63.5 图103所表示的结果可以用在62.5.1中对图98所采取的方法,以代数形式表述出来.

在图103中,解V是由面积"▭"和曲线"～"组成的.

V的第一部分的特性是

$$-\frac{3w-2z-u}{3}\geqslant\alpha'_2\geqslant-\frac{z-u}{3},$$

$$-\frac{3v-2z-u}{3}\geqslant\alpha_3'\geqslant-\frac{z-u}{3}.$$

由于 63.4.1 的(63:25),这表示

$$z-w\geqslant\alpha_2\geqslant0,\quad z-v\geqslant\alpha_3\geqslant0.$$

现在,由 63.4.1 的(63:23)得出

$$\alpha_1=z-\alpha_2-\alpha_3,$$

因而 α_1 的精确的范围是

$$v+w-z\leqslant\alpha_1\leqslant z.$$

(前面已经说过,按 63.2.2 的(63:19),$v+w-z>u$.)我们把所有这些条件同时表述出来,所得的结果就在一定程度上比 62.5.1 中与它相似的(62:18)要更复杂一些.它就是

(63:30) $$\begin{cases}v+w-z\leqslant\alpha_1\leqslant z,\quad 0\leqslant\alpha_2\leqslant z-w,\quad 0\leqslant\alpha_3\leqslant z-v,\\ \alpha_1+\alpha_2+\alpha_3=z.\end{cases}$$

(63:30)的第一行就是 $\alpha_1,\alpha_2,\alpha_3$ 的精确的范围.

如同 62.5.1 一样,V 的第二部分(曲线)可以用文字来讨论:α_1 由上面的(63:30)的最小值变化至它的绝对的最小值(u),而 α_2,α_3 是 α_1 的单调递减函数.因此,我们有

(63:31) $u\leqslant\alpha_1\leqslant v+w-z$,$\alpha_2,\alpha_3$ 是 α_1 的单调递减函数.[①②]

这样,一般的解 V 就是(63:30)和(63:31)所给的两个集合之和.应当注意,(63:31)中的函数的作用与 62.5.1 末所讨论的是相同的.

总结如下:

(63:E) 假定(63:B:a),(63:B:b)和(63:16),一般的解 V 由(63:30),(63:31)得出.

63.6 讨论

63.6.1 现在让我们作与 62.6 相当的讨论,并将普通的常识的分析应用于一个卖者与两个买者和某种商品的 s 个不可分割的单位的市场,以便将它的结果与(63:E)的数学结果进行比较.

事实上,我们现在所应作出的解释,必须把 61.5.2 至 61.6.3 的概念与 62.6 的概念结合起来:前者的应用是由于我们已经把商品分割为 s 个单位;后者的应用是由于这个市场是由三个人组成的.如同在 63.3 中所指出的,我们不打算在此作十分详细的讨论.

构成我们现在的解的两个部分,(63:30)和(63:31),与 62.5 所得到的两个部分,即(62:18)和(62:19)(或(62:20),(62:19),或(62:21),(62:23))是十分相似的(同时参照比较 63.5 中的(63:E)与 62.5.2 中的(62:C)).因此,我们采用对 62.6.2 中的相应的情形所用的方法来解释它们,这看来是最合理的:(63:30)描述两个买者为获取卖者所占有的 s 个单位而竞争的情形,而(63:31)描述他们组成了合伙并联合起来对付卖者的情形.按照 62.6.2 的方式,读者可

---

① 当然,它们必须满足 63.4.1 的(63:22),(63:23).

② 如图 103 所示,面积"▒"的最低点与曲线的最高点迭合.这就是说,(63:30)和(63:31)的 $\alpha_1=v+w-z$ 点是同一的.

因此,我们可以在(63:30)和(63:31)的任意一个当中排除 $\alpha_1=v+w-z$(但不能在两个中都排除 $\alpha_1=v+w-z$!).

以没有困难地来补充这方面的细节.

在明确了这些以后,对于(63:31),我们没有什么新的东西要说,在这里,买者已经联合起来,他们之间没有竞争.然而,描述他们之间的竞争的(63:30)却仍有值得注意之处.

让我们考虑(63:30)所包含的转归,并且让我们用普通的价格概念来表述它们的内容.这相当于我们在61.6.1和61.6.2的相应之处所做的.

我们再次引入 t 和 r;在下列最大值中,我们假定 t 和 r 分别等于 t_0 和 r_0:

(63:7) $$v((1,2,3))=\mathrm{Max}_{\substack{t,r=0,1,\cdots,s\\ t+r\leqslant s}}(u_{s-t-r}+v_t+w_r).$$

由于我们的转归

$$\boldsymbol{\alpha}=\{\{\alpha_1,\alpha_2,\alpha_3\}\} \quad 和 \quad \alpha_1+\alpha_2+\alpha_3=v((1,2,3))$$

实际上分配了数额 $v((1,2,3))$,因此,这些 t_0 和 r_0 必须代表实际上由卖者分别转移给买者2和3的单位数.

现在,在加以必要的变更以后,我们可以重述61.5.2和61.5.3的导出(61:A)的分析.可以证明:被转移的单位数 t_0 和 r_0 可以按照波姆·巴瓦克的"边际对偶"的标准来描述——正如在上引章节中对相应的转移单位数 t_0 所作的描述那样.由于这一讨论并没有提出什么新的东西,因此,我们不再在这一点上作详细的讨论.

63.6.2 现在我们来讨论价格问题.我们已经看到,买者2和3分别得到 t_0 和 r_0.在另一方面,转归 $\boldsymbol{\alpha}$ 给他们以数额 α_2 和 α_3.要使这两个描述协调,只有建立以下的方程,并把方程中的 p 和 q 分别解释为买者2和3所支付的单位价格:

(63:32) $$v_{t_0}-t_0p=\alpha_2,$$

(63:33) $$w_{r0}-r_0q=\alpha_3.$$

(63:32)和(63:33)是与61.6.1的(61:24)相当的,但是,必须着重指出,对于两个买者,我们得到两个不同的价格!

现在,(63:30)可以用 p 和 q[①] 来作如下的说明:

(63:34) $$\frac{1}{t_0}(v_{t_0}-z+w)\leqslant p\leqslant\frac{1}{t_0}v_{t_0},$$

(63:35) $$\frac{1}{r_0}(w_{r0}-z+v)\leqslant q\leqslant\frac{1}{t_0}w_{r0}.$$

这两个不等式是与61.6.1的(61:25)相似的.我们可以用类似的方法来处理,并将它们与应用波姆·巴瓦克理论所得的界限进行比较.由于63.3中所述的理由,我们不拟作详细的讨论.虽然如此,稍加说明仍是合适的.

(63:34)和(63:35)的区间又比波姆·巴瓦克的区间宽——正如61.6中所述的一样(参看同一章节中的(61:C)).然而,一些具体数字的例子表明:这一差别趋于缩小.因此,进一步增加买者的人数,有可能——虽然在这方面还没有提出任何证明——使这一差别在买者间没有合伙的那一部分解中趋于消失.然而,在作出这一猜测时,必须十分慎重,因为我们十分清楚,当参加者人数增加时,解的复杂性将迅速增加,从而对解的不同部分作出解释将可能是非常困难的.

---

① 这就是说,借助于(63:32)和(63:33),它的关于 α_2,α_3 的说明可以转为对 p 和 q 的说明.

同时,我们可以看出,对于两个买者,我们不得不引入两个(可能)不同的价格,尽管我们曾经作出的完备情报的假设是仍然成立的.这与61.6.3的解释是完全协调的:在那里,我们曾经看到,我们所说的价格事实上仅仅是若干个不同的交易的平均价格,而在交易的进行中,卖者和买者一定有过贴水和折扣——这一切必然要促使两个买者间的差别待遇的形成.

最后,我们必须表述与61.6.3的最后一段相当的说明.在价格结构的形成中的所有这些不正规的情况,是与下列事实十分符合的,即我们所考虑的是一个独占对双头垄断的市场.

64 一般市场

64.1 问题的陈述

64.1.1 直到现在为止,我们所考虑的市场都有很多限制:它们是由两个或三个参加者组成的.我们现在将向前推进一步;我们将考虑一个较一般性的市场,这个市场包含 $l+m$ 个参加者:l 个卖者和 m 个买者.这当然还不是最一般性的安排.最一般性的安排将具备——除了其他的一些条件之外——这样的可能性,即每一个参加者可以在买与卖之间进行选择;再者,他可能是某一类商品的卖者,同时又是另一类商品的买者.然而,在现在的讨论中,我们将满足于前面所述的那种情形.

更进一步,我们打算只考虑一种商品,这种商品有 $A_1,\cdots,A_s$ 共 s 个单位.

为了方便起见,我们用 $1,\cdots,l$ 来代表卖者,用 L 来代表卖者的集合:

$$L=(1,\cdots,l);$$

我们用 $1^*,\cdots,m^*$ 来代表买者,用 M 来代表买者的集合:

$$M=(1^*,\cdots,m^*);$$

同时,我们用 I 来代表所有参加者的集合:

$$I=L\cup M=(1,\cdots,l,1^*,\cdots,m^*).$$ [①]

用 s_i 来表示卖者 i 原来占有的这种商品的单位数.于是,显然,

$$\sum_{i=1}^{l} s_i = s. \tag{64:1}$$

用 u_t^i 来表示 $t(=0,1,\cdots,s_i)$ 单位商品对卖者 i 的效用;用 $v_t^{j^*}$ 来表示 $t(=0,1,\cdots,s)$ 单位商品对买者 j^* 的效用.这样,以下这些量就描述了这些单位对每一个参加者的可变的效用:

$$u_0^i=0,u_1^i,\cdots,u_{s_j}^i \quad (i=1,\cdots,l), \tag{64:2}$$

$$v_0^{j^*}=0,v_1^{j^*},\cdots,v_s^{j^*} \quad (j=1^*,\cdots,m^*). \tag{64:3}$$

同前面一样,我们把每一个买者的原来的地位,作为他的效用的零.

如同在61.5.2,61.5.3,62.1.2和63.2.1中一样,我们不必重复61.2.2,61.3.1和61.3.2中关于作为这一结构的模型的博弈规则的讨论.

---

① 我们采用这个符号,而不采用惯常所用的 $1,\cdots,l,l+1,\cdots,l+m$.

64.1.2 这一博弈的特征函数 $v(S)$是很容易确定的：

显然,$S\subseteq I=L\cap M$. 现在我们依序来考虑三种互斥的可能性.

第一种,$S\subseteq I$. 在这种情形下,S 只包含卖者,而卖者不能在他们自己之间进行交易. 我们可以立即看出,$v(S)$只是说明了他们的原来的地位：

(64:4) $$v(S)=\sum_{i\in S}u^i_{s_i}.$$

第二种,$S\subseteq M$. 在这种情形下,S 只包含买者,而买者同样不能在他们自己之间进行任何交易. 我们又看到,$v(S)$只是说明了他们的原来的地位：

(64:5) $$v(S)=0.$$

第三种,既非 $S\subseteq L$,也非 $S\subseteq M$——即 S 既与 L 又与 M 有着共同的分子. 在这种情形下,S 既包含卖者,也包含买者,因此,在他们之间进行交易肯定是可能的. 在此基础上,得到以下的公式：

(64:6) $$v(S)=\mathrm{Max}_{\substack{t=0,1,\cdots,s_i(i\in s\cap L)\\ r_{j}*=0,1,\cdots,s(j^*\in S\cap M)}}\left(\sum_{i\in S\cap L}u^i_{t_i}+\sum_{j^*\in S\cap M}v^j_{r_j*}\right).$$

$$\sum_{i\in S\cap L}t_i+\sum_{j^*\in S\cap M}r_j{}^*=\sum_{i\in S\cap L}s_i.$$

在上式中,$S\cap L$ 是 S 中的所有卖者的集合,$S\cap M$ 是 S 中的所有买者的集合,t_i 是从卖者 i($S\cap L$ 中的)那里转移出来的单位数,r_{j*} 是转移给买者 j^*($S\cap M$ 中的)的单位数.[①]现在,读者可以没有困难地验证公式(64:6).

64.2 一些特性.卖方独占和买方独占

64.2.1 我们远不能对这个博弈——l 个卖者和 m 个买者的市场——的理论,进行详尽的讨论. 目前,我们只是对一些特殊情形,有了一些片断的情报,而越出这个限度,就只能对更广的领域,作少许推测. 在这方面产生的问题,看来除了具有经济学的重要性之外,还有一定的数学意义. 然而,在进行更深入的研究之前,对这个题目进行讨论,看来条件是不成熟的.

我们转而从我们的两个较简单的等式——(64:4)和(64:5)——引出一些直接的推论. 这些推论如下：

(64:A) 所有的集合 $S\subseteq L$ 和所有的集合 $S\subseteq M$ 都是平值的.

证明：这表示

$$\text{对于 } S\subseteq L \text{ 和对于 } S\subseteq M,\quad v(S)=\sum_{k\in S}v((k)),$$

这可以直接从(64:4)和(64:5)引出.

(64:B) 在非本质的博弈的情况下,而且只有在这种情况下,博弈是常和的.

证明：充分性：非本质性显然蕴涵着常和.

必要性：假定博弈是常和的.

---

① 在此没有必要说明哪一个卖者将每一个具体的单位转移给哪一个买者：作为结果的效用——仅这个效用进入 $v(S)$——并不受此影响.

个人之间的所有的谈判、合伙、补偿等,一定会在我们理论的应用中自动地被考虑进去的.

由于 L,M 是对立的集合,因此

(64:7) $$v(I)=v(L)+v(M).$$

现在,根据(64:A)(当 $S=L,M$),

(64:8) $$v(L)=\sum_{k\in L}v((k)),\quad v(M)=\sum_{k\in M}v((k)).$$

将(64:7)和(64:8)结合起来,我们得到

(64:9) $$v(I)=\sum_{k\in I}v((k)).$$

现在,对 27.4 的(27:B)加以变更(按照 59.3.1,它适合于我们的情形),就正好得出(64:9),作为非本质性的标准.

值得指出:如果把非本质性的标准(64:9)明确地用(64:4)至(64:6)加以说明,这个标准成为:(64:6)中的最大值等于 $\sum_{i\in L}u^i_{s_i}$. 现在,这就是当 $t_i\equiv s_i$ 和 $r_{j^*}\equiv 0$ 时,在(64:6)中取最大值的表示式的值.因此,我们可以这样来说明:当 $t_i\equiv s_i$ 和 $r_{j^*}\equiv 0$ 时,即当没有交易发生时,我们假定(64:6)有最大值.

因此,(64:B)又可以表述如下:

(64:B*) 在根本不发生交易情况下——即当 $t_i\equiv s_i$ 和 $r_{j^*}\equiv 0$ 时,我们假定(64:6)有最大值——卖者和买者的个人的效用是如此,这一事实相当于:博弈是常和的;同样也可以说(对这种情形来说!),博弈是非本质的.

这个结果的最突出之点是:我们的博弈(它代表着一个市场),只是在市场价格完全失效的情况下才能是常和的.因此,我们的问题事实上属于非常和博弈.

64.2.2 我们现在顺着一个不大相同的方向继续进行讨论.

(64:C) 试考虑以下两个转归:

$$\boldsymbol{\alpha}=\{\{\alpha_1,\cdots,\alpha_1,\alpha_{1^*},\cdots,\alpha_{m^*}\}\},$$
$$\boldsymbol{\beta}=\{\{\beta_1,\cdots,\beta_1,\beta_{1^*},\cdots,\beta_{m^*}\}\}.$$

假定

$$\boldsymbol{\alpha}\succ\boldsymbol{\beta},$$

S 是第六章 30.1.1 中所述的这个控制关系的集合.那么,不论是 $S\cap L$ 或 $S\cap M$,都不能是空集合.[①]

证明:否则,我们将有 $S\subseteq M$ 或 $S\subseteq L$. 因此,根据(64:A),S 是平值的,而因此,当然也是非必要的(参看 59.3.2).

由(64:C),我们得出结论:对于这种情形

(64:10) $$\alpha_i>\beta_i\quad \text{在 } L \text{ 中至少有一个 } i,$$

(64:11) $$\alpha_{j^*}>\beta_{j^*}\quad \text{在 } M \text{ 中至少有一个 } j^*.$$

当 L 或 M 是一个单元素集合时,即当 $l=1$ 或 $m=1$ 时,(64:10)和(64:11)这两个公式有一个令人颇感兴趣的职能.这表示:卖者或买者恰好只有一个——即我们所碰到的情形是**卖方独占或买方独占**.

① 即 S 必须既包含卖者又包含买者.

在这些情形中,(64:10)的 i 或(64:11)的 j^* 是唯一确定的: $i=1$ 或 $j^*=1^*$. 因此,我们有

(64:D) $\boldsymbol{\alpha}\succ\boldsymbol{\beta}$ 蕴涵:

(64:12) $\alpha_1>\beta_1$, 当 $l=1$,

(64:13) $\alpha_{1^*}>\beta_{1^*}$, 当 $m=1$.

值得注意的是: 不论(64:12)或(64:13)都是传递的关系,而 $\boldsymbol{\alpha}\succ\boldsymbol{\beta}$ 的控制关系则否. 当然,在这里并没有矛盾——(64:12)或(64:13)仅仅是 $\boldsymbol{\alpha}\succ\boldsymbol{\beta}$ 的一个必要条件. 尽管如此,一个实际博弈中的控制关系,还是第一次这样密切地与一个传递的关系联系起来.

这个联系看来是卖方独占(或买方独占)情形的一个十分本质的特点.[①]它将在65.9.1中担任一个相当重要的职能.

① (64:12),(64:13)的文字解释是简而明的: 没有这个独占卖者(或独占买者),不可能有有效的控制关系.

第十二章　控制关系和解的概念的推广

· *Chapter Ⅻ　Extension of the Concepts of Domination and Solution* ·

65　推广. 特殊情形

65.1　问题的陈述

65.1.1　我们对 n 人博弈的数学研究，自第六章 30.1.1 的定义出发，利用了转归、控制和解的概念，在那时，这些概念是很清楚地确立了的. 然而，在理论的进一步的发展中，却反复地出现了一些场合，在这些场合中，这些概念起了变化. 这些场合分为三类：

第一类，在我们进行严格地以原来的定义为基础的数学推理的过程中，发生了这样的情况，即有一些概念越来越显得重要，它们与原来的概念(转归、控制、解)显然是相似的，但是并不完全与原来的概念相同. 这种情形，用这些名词来代表它们是方便的，当然要记住其间的差别. 在 47.3 至 47.7 中，对具有过剩额的本质三人博弈的研究，可以作为这种情形的例子，在那里，对基本三角形的讨论，变成对其中的各个较小的三角形之一的讨论. 另一个例子，是在 55.2 至 55.11 中对一个特殊的简单 n 人博弈的研究，在那里，对原来的域的讨论，变成对 $\mathfrak{A}$ 中的 V' 的讨论(参看第十章 55.8.2 和 55.8.3 的分析).

第二类，我们在第九章对可分解性进行研究的过程中，曾经明确地在 44.4.2 至 44.7.4 中对转归、控制和解的概念重新下了定义(加以普遍化). 这相当于自零和博弈至常和博弈理论的推广. 在接下去的全部讨论中，我们强调：我们研究的是一个新的理论，它与 30.1.1 的原来的理论相似，但是并不相同.

事实上，我们的概念的这两类变化，并不是根本不同的：第二类可以包含在第一类中. 的确，新的理论的引入，是为了要更有效地处理原来理论中的分解问题. 在引导到这一普遍化程序的全部非数学的讨论中，这个动机是被强调了的. 在 46：10 中，特别是在那里的(46：K)和(46：L)中，当分析嵌入时，我们严密地确立了：正是在这个意义上，新的理论可以从属于原来的理论.

第三类，在第十一章中，具体地说，在 56.8，56.11，56.12 中，转归、控制和解的概念，再次被重新下了定义(加以普遍化). 这相当于将理论最后推广到一般的博弈. 我们再次强调，从那里起，我们研究一个新的理论，它与以前的理论相似，但是并不相同.

然而,这一普遍化程序,与前面两种根本不同:它代表理论的真正的概念的扩大,而不仅仅是技术上的方便.

65.1.2 在整个的上述变化中,很明显的是:当转归、控制和解的概念变化(特别是推广)时,它们之间的某种联系,是始终不变的.为了对这些变化——以及其他一些可能随之产生的相似的变化——的实质取得一个一般的了解,必须找到一个对这一不变的联系的精密的表述方法.在完成了这一工作后,我们在所有的方面,都可以允许有普遍性,并在这个基础上重新对理论加以表述.

再考虑 65.1.1 中所列举的那些场合,可以看出,这个不变的联系是一个从转归和控制概念引出解的概念的过程.这就是 30.1.1 中的条件(30:5:c)(或与之相当的(30:5:a)和(30:5:b)).因此,如果我们解除对转归和控制概念的一切限制,而按所述的这个方法来对解下定义,那么,我们就能达到完全的普遍性.

依照这个方案,我们进行如下的讨论:

我们考虑一个任意的但却是固定的域(集合)D 的元素,来代替转归.

我们考虑 D 的元素 x 和 y 之间的一个任意的但却是固定的关系 $\mathfrak{S}$,来代替控制.[①]

现在,一个解(在 D 中,对 $\mathfrak{S}$ 而言)是一个 $V \subseteq D$ 的集合,它满足以下的条件:

(65:1) V 的元素正好是 D 的那些元素 y,对于这些元素来说,$x\mathfrak{S}y$ 这一关系对 V 的任何的 x 元素都不能成立.[②]

65.2 一般的说明

65.2 这些定义,在前面所述的意义上,为一个更加普遍的理论提供了基础.

应当注意,我们现在的解的概念,与 30.3 中所分析的(具体地说,与 30.3.5 中所分析的)作为 30.1.1 的起始概念的饱和性概念,有着相同的关系.特别是我们应当把(65:1)与 30.3.3 中的第四个例子作比较,现在的 $\mathfrak{S}$ 相当于那里的 $\mathfrak{R}$ 的否定.特别重要的是:在求解中,与所考虑的关系缺乏对称性相联系的一切困难,又再一次发生.也就是说,在 30.3.6 和 30.3.7 中所作的说明,在这个意义上再一次有效.

往后,我们将看到,至少在某些特殊情形中,这些困难怎样能够被解决.[③]

为了更好地理解整个形势,我们必须考虑 $x\mathfrak{S}y$ 关系的某些特殊情形.的确,在我们现在的说明中,$\mathfrak{S}$ 是完全不受限制的,而在 $\mathfrak{S}$ 保持这种普遍性的情况下,我们不可能希望找到任何特别深入的结果.另一方面,如同在 30.1.1 中所下的定义,最初的解的概念,仍然是 $\mathfrak{S}$ 的最重要的应用;看来很难发现这一特殊关系的任何简单而显著的性质.因此,引入特殊情形的明显的途径是没有的,不论我们怎样希望找到这一途径.

尽管如此,我们将对 $x\mathfrak{S}y$ 关系讨论三个经常用到的特殊情形的方案,最后找出第四方案,这个第四方案,对于我们的主题,具有某种有限的适用性.为了导出这个方案,我们需要

---

① $x\mathfrak{S}y$ 表示:在特定的元素 x 和 y 之间存在着这一关系.读者应当记得 30.3.2 开始部分的讨论.

② 如同已指出的,这相当于 30.1.1 中的(30:5:c).

③ 参看本章 65.4 和 65.5 的结果以及 65.6 至 65.7 的较深入的结果.

进行如下的一些数学上的准备工作.

65.3 顺序关系,传递性,非循环性

65.3.1 我们首先考虑这样的 $x\mathfrak{S}y$ 关系(以 D 为定义域),这个关系有着"大于"和"小于"概念的基本特点.这种概念体系,在数学文献中曾经有过详细的和谨慎的讨论,在今天,一般都同意这样的说法,即这些性质的全部,可以一一列举如下:

(65:A:a) 对于 D 的任何两个 x 和 y,在以下三个关系中,有一个而且只有一个可以成立:

$$x=y,\ x\mathfrak{S}y,\ y\mathfrak{S}x.$$

(65:A:b) $x\mathfrak{S}y$ 和 $y\mathfrak{S}z$ 二者结合起来,蕴涵着 $x\mathfrak{S}z$. ①

我们把具有这些性质的 $\mathfrak{S}$ 关系称为 D 的完全顺序关系.

完全顺序关系的例子,是很容易找到的,并且是与普通的直观相一致的:如所有实数集合或它的任何一部分的普通的"大于"概念. ②"小于"概念也属于同样的情况,即使是平面上的点,也有完全顺序关系,如 $x\mathfrak{S}y$ 表示:x 必须比 y 有较大的纵坐标,或者相等,但在相等时,x 必须比 y 有较大的横坐标. ③

65.3.2 完全顺序关系概念可以在一定程度上减弱,这样,一个重要的概念仍然被保持下来.这一点,同样在数学文献中受到注意,④而且在效用理论中占重要地位.这个概念的获得,是把上述(65:A:a)减弱,但(65:A:b)保持不变.也就是说:

(65:B:a) 对于 D 的任何两个 x 和 y,在以下三个关系中,至多有一个可以成立:

$$x=y,\ x\mathfrak{S}y,\ y\mathfrak{S}x.$$

(65:B:b) $x\mathfrak{S}y$ 和 $y\mathfrak{S}z$ 二者结合起来,蕴涵着 $x\mathfrak{S}z$.

我们把具有这些性质的 $\mathfrak{S}$ 关系称为 D 的偏序关系. ⑤如果(65:B:a)所列举的三个关系都不能成立(由于是偏序关系,故有此可能),则 D 的两个 x 和 y 被称做是不可比较的(对于 $\mathfrak{S}$).

偏序关系的例子是很容易找到的:以平面上的点为例,$x\mathfrak{S}y$ 表示,x 的纵坐标大于 y 的纵坐标(参看 65.3.1 的第三个注).我们也可以这样来下定义:x 的纵坐标和横坐标都大于 y 的相应坐标. ⑥正整数域也是一个很好的例子,$x\mathfrak{S}y$ 表示:x 能被 y 除尽,但 x 和 y 不等.

65.3.3 前面的两个顺序关系的概念,在同一形式上将(65:A:b)保持下来,而

---

① 读者可以把(65:A:a)和(65:A:b)中的 $x\mathfrak{S}y$ 用普通的"大于"概念 $x>y$ 来代替,这样,就能验证:这些性质的确是"大于"的基本性质.

② 如整数或任何一个区间等.

③ 没有最后这个条件,我们的 $\mathfrak{S}$ 将归入下一节.

④ 参看前面引过的 G. Birkhoff: Lattice Theory,第一章.在这本书中,顺序关系、偏序关系和类似的题目,是依照近世数学的精神来讨论的.在这本书中,列出了大量的参考文献.

⑤ 注意:此处所用的"偏"字的含义,是中性的,即完全顺序关系是偏序关系的一种特殊情形,因为(65:A:a)蕴涵(65:B:a).

⑥ 注意:这与按第一章 3.7.2 最后一段说明来解释的自明的偏序效用是相近的.每一个想象中的事件可以用两个数量特征来加以影响,所有这两个数量特征都必须增大,以便产生一个清楚的和可重现的选择.

(65:A:a)则被修改(减弱)为(65:B:a). 这就强调了(65:A:b),即传递性的性质的重要性.[①]我们将着手进一步减弱(65:B:a)和(65:A:b)的组合,因而(65:A:b)必然也要受到影响.

首先注意:(65:B:a)相当于这样两个条件:

(65:C:a) 决不许可 $x\mathfrak{S}x$.

(65:C:b) 决不许可 $x\mathfrak{S}y$ 和 $y\mathfrak{S}x$ 同时存在.

的确,(65:B:a)排斥这样三个组合: $x=y, x\mathfrak{S}y$; $x=y, y\mathfrak{S}x$; $x\mathfrak{S}y, y\mathfrak{S}x$. 现在可以看出,第一个和第二个组合仅仅是(65:C:a)的两种写法,而第三个组合正好就是(65:C:b).

我们现在来证明:

(65:D) 试考虑下列断言:

(A_m): 决不许可 $x_1\mathfrak{S}x_0, x_2\mathfrak{S}x_1, \cdots, x_m\mathfrak{S}x_{m-1}$, 在这里, $x_0=x_m$, 而 $x_0, x_1, \cdots, x_{m-1}$ 属于 D.

于是我们有:

(65:D:a) (65:B:a)相当于(A_1)和(A_2)结合起来.

(65:D:b) (65:B:a)和(65:A:b)结合起来,蕴涵着所有的(A_1), (A_2), (A_3), …

证明: 关于(65:D:a): 显然, (A_1)是(65:C:a), 而(A_2)是(65:C:b).

将(A_m)关系反过来写,并应用(65:A:b) $m-1$ 次,就得出 $x_m\mathfrak{S}x_0$. 由于 $x_m=x_0$, 这表示 $x_0\mathfrak{S}x_0$, 于是与(65:B:a)相矛盾.

这个结果暗示我们,把所有(A_1), (A_2), (A_3), …条件作为一个整体来加以考虑. 它们被(65:B:a)和(65:A:b)所蕴涵,即被偏序关系所蕴涵,而且,我们将能看出,它们代表了这个性质的进一步减弱.

因此,我们下定义:

(65:D:c) 关系 $\mathfrak{S}$ 是非循环的,如果它满足所有(A_1), (A_2), (A_3), …条件.

读者将能理解,为什么我们把它称为非循环性: 如果任何的(A_m)不能成立,那么就会有一条链的关系

$$x_1\mathfrak{S}x_0,\ x_2\mathfrak{S}x_1, \cdots, x_m\mathfrak{S}x_{m-1},$$

而这条链是一个循环,因为它的末元素 x_m 与首元素 x_0 相同.

我们已经说明了: 非循环性是被偏序关系所蕴涵的(这当然是(65:D:b)的内容),于是也就不用说,是被完全顺序关系所蕴涵的. 尚待证明的是: 它事实上是一个比偏序关系更广的概念,也就是说,一个关系可以是非循环的,但却不是有序的(偏序或全序).

顺序关系的例子如下: 设 D 是所有正整数的集合,而 $x\mathfrak{S}y$ 是紧接后继的关系,即 $x=y+1$. 或者,设 D 是所有实数的集合,而 $x\mathfrak{S}y$ 是大于关系,但 x 并不比 y 大很多——譬如说,不大于 1——即 $y+1\geqslant x>y$ 的关系.

在结束这一节时,我们应当注意到: 我们可以很容易地再举出许多关于完全顺序关系和偏序关系以及非循环关系的例子. 限于篇幅,我们不能在此多举例子,但建议读者以此作为一个很有帮助的练习. 参阅第二章 8.2.2 的附注中和 65.3.2 的第一个附注所列的参考文献,将

① 某些其他的重要关系,完全不具有顺序性质,同样也有传递性: 如相等关系, $x=y$.

是有益的.

65.4 解:对于对称关系.对于完全顺序关系

65.4.1 现在让我们来讨论在65.2末提到过的特殊情形的方案.

第一,$\mathfrak{S}$ 在第六章30.3.2的意义上是对称的.在这种情形,回到与饱和性的联系(这在65.2的开始部分曾经指出过),是合适的.由于 $\mathfrak{S}$ 的对称性,它将能提供我们所需的有关解的全部情报.

第二,$\mathfrak{S}$ 是完全顺序关系.在这种情形,我们同往常一样来下定义:如果对于 y,$y\mathfrak{S}x$ 均不成立,则 x 是 D 的一个最大值.有时,为了指明与完全顺序关系的联系,把它称为 D 的绝对最大值,是方便的.(读者可把它与下一个说明中的相应之处作比较.)显然,D 或者没有最大值,或者正好有一个.[①]

现在我们有:

(65:E) 如果 V 是一个包含 D 的最大值的单元素集合,而且只有在这种情况下,V 是解.

证明:必要性:设 V 是解.既然 D 不是空集合,V 也不是空集合.

试考虑 V 中的一个 y.如果 $x\mathfrak{S}y$,则 x 不能在 V 中,因此,在 V 中就有一个 u 存在,而对于这个 u,$u\mathfrak{S}x$.由传递性得出 $u\mathfrak{S}y$,然而,由于 u,y 都在 V 中,因此,这是不可能的.这样,就不存在 $x\mathfrak{S}y$ 的 x(在 D 中!),[②]而 y 必须是 D 的最大值.

于是,D 有一个最大值,这个最大值必须是唯一的(参看上面所述).因此,V 是一个包含这个最大值的单元素集合.

充分性:设 x_0 是 D 的最大值,则 $V=(x_0)$.给定一个 y(在 D 中!),在 V 中不存在 $x\mathfrak{S}y$ 的 x,这不过是相当于 $x_0\mathfrak{S}y$ 的否定.由于 $y\mathfrak{S}x_0$ 是被排除了的,这一否定就相当于 $y=x_0$.这样,这些 y 构成了 V 集合.因此,V 是解.

65.4.2 因此,如果 D 没有最大值,就不存在解 V;反之,如果 D 有最大值,解就存在,而且是唯一的.

如果 D 是有穷的,当然就属于后一种情形.这在直观上是十分显然的,而且也是容易证明的.尽管如此,为了保持完整性,同时,为了使与下一个说明中的相应部分的对比研究更加明显起见,我们仍然作出完整的证明:

(65:F) 如果 D 是有穷的,则它有一个最大值.

证明:试作相反的假定,即假定它没有最大值.先在 D 中选择任何一个 x_1;再选一个 x_2,$x_2\mathfrak{S}x_1$;再选一个 x_3,$x_3\mathfrak{S}x_2$;余此类推.根据(65:A:b),对于 $m>n$,$x_m\mathfrak{S}x_n$,因此,根据(65:A:a),$x_m\neq x_n$.也就是说,$x_1,x_2,x_3,\cdots$都是互不相同的,因而 D 是无穷的.

这些结果表明:不论是 V 的存在或其唯一性,都是与 D 的最大值平行的.

---

① 证明:如果 x 和 y 同时是 D 的最大值,那么,$y\mathfrak{S}x$ 和 $x\mathfrak{S}y$ 被摒除,(65:A:a)要求 $x=y$.

② 一个类似的情形已经在4.6.2中讨论过了.

65.5 解：对于偏序关系

65.5.1 第三，$\mathfrak{S}$ 是偏序关系. 在这种情形，我们完全采纳以前的说明中的关于 D 的**最大值**的定义. 有时，为了指明与偏序关系的关系，把它称为 D 的**相对最大值**，是方便的.（读者可以把它与以前的说明中的相应之处作比较. 尽管有本节的第一个附注，这一比较是很有帮助的.）D 可能没有最大值，可能有一个，也可能有几个. ①因此，相对最大值不一定是唯一的，而绝对最大值则是唯一的. ②

与绝对最大值比较，对于相对最大值来说，最大值的存在问题也具有不同的职能. 可以看出，现在，决定性的性质如下：

(65:G) 如果 D 中的 y 不是最大值，那么，$x\mathfrak{S}y$ 的最大值 x 是存在的.

对于绝对最大值——即如 $\mathfrak{S}$ 是完全顺序关系——(65:G)正好表明最大值的存在. ③对于相对最大值，就不一定是这样，也就是说，对于偏序关系，仅仅是某些（相对）最大值的存在，并不一定蕴涵(65:G). 这种情形的例子，是容易找到的，但是，我们不打算进一步探讨这个问题. 我们说明这样一点就够了：可以证明，(65:G)把绝对最大值的存在（参看前面的说明）恰当地推广到相对最大值的情形（参看下面所述）.

现在我们有：

(65:H) 如果满足了(65:G)（被 D 和 $\mathfrak{S}$!），而且 V 是所有（相对）最大值的集合，只有在这种情况下，V 是解.

证明：必要性：设 V 是解.

如果 y 不在 V 中，那么，在 V 中存在着 $x\mathfrak{S}y$ 的 x，因此，y 不是最大值. 这样，所有的最大值都属于 V.

如果 y 在 V 中，那么，在以前的说明中用来证明(65:E)的论点，完全可以在此重述，表明 y 是最大值.

因此，V 正好是所有最大值的集合.

如果 y 不是最大值，即不在 V 中，那么，在 V 中存在着 $x\mathfrak{S}y$ 的 x，即存在着一个最大值，这样，就满足了(65:G)（被 D 和 $\mathfrak{S}$）.

充分性：假定满足了(65:G)，并假定 V 是所有最大值的集合.

对于 V 中的 x 和 y，$x\mathfrak{S}y$ 是不可能的，因为 y 是最大值. 如果 y 不在 V 中，即不是最大值，那么，根据(65:G)，$x\mathfrak{S}y$ 的 x 是存在的，x 是最大值，即在 V 中. 因此，根据(65:1)，V 是解.

---

① 65.4.1 的第一个附注的论点不能成立，因为它依存于(65:A:a)，而(65:A:a)现在已减弱为(65:B:a).

例如，把平面上的单位正方形作为 D，并按照 65.3.2 末的前两个例子，采用其中的两个程序中的任何一个，来把它定义为偏序关系. 于是，D 的最大值分别形成它的整个上边，或者它的上边连同它的右边.

② 读者应当注意，切勿将我们的相对最大值概念与函数论中所出现的相对最大值概念混同起来：在那里，一个局部的最大值常常被称为相对最大值. 由于在那里所包含的量是数值的，因而属于完全顺序关系，这与我们现在的讨论没有关系.

③ 证明：由于 D 不是空集合，(65:G)蕴涵最大值的存在.

反之：设 x_0 是 D 的最大值. 于是，对于不是最大值的每一个 y，即 $y \neq x_0$，由于摒除了 $y\mathfrak{S}x$，而(65:A:a)（完全顺序关系!）是可以成立的. 因此，就得到 $x_0\mathfrak{S}y$.

读者应当验证：如顺序关系是完全的，(65:H)这一结果怎样转化为前面的说明中的特殊情形(65:E).

我们的结果(65:H)表明：如果 D 和 $\mathfrak{S}$ 不能满足(65:G)的条件，解 V 就不存在；反之，如果满足了这个条件，就存在一个唯一的解.

65.5.2 如果 D 是有穷的，当然就属于后一种情形. 我们作出完整的证明如下：

(65:I) 如果 D 是有穷的，那么，它满足(65:G)的条件.

证明：试作相反的假定，即假定 D 不能满足(65:G). 如果 y 不是最大值，而且没有最大值 x 适合于 $x\mathfrak{S}y$，我们就把它称为例外的 y. (65:G)不能成立，这表示这个例外的 y 是存在的.

试考虑一个例外的 y. 由于它不是最大值，因而存在着 $x\mathfrak{S}y$ 的 x. 由于 y 是例外的，这个 x 不是最大值. 如果存在着 $u\mathfrak{S}x$ 的最大值 u，那么，根据(65:B:b)，就会有 $u\mathfrak{S}y$，这与 y 的例外的特性是矛盾的. 因此，这样的 u 是不存在的，也就是说，x 也是例外的，即

(65:J) 如果 y 是例外的，那么，就存在着 $x\mathfrak{S}y$ 的例外的 x.

现在选择一个例外的 x_1；再选一个例外的 x_2，$x_2\mathfrak{S}x_1$；再选一个例外的 x_3，$x_3\mathfrak{S}x_2$；余此类推. 根据(65:B:b)，对于 $m>n$，$x_m\mathfrak{S}x_n$，因此，根据(65:B:a)，$x_m\neq x_n$. 也就是说，$x_1,x_2,x_3,\cdots$ 都是互不相同的，因而 D 是无穷的.

(参看前面的说明中用来证明(65:F)的这一论点的最后部分. 注意，我们可以把其中的(65:A:a)换成较弱的(65:B:a).)

这些结果表明，现在解的存在并不相当于最大值的存在，而是相当于(65:G)的条件. 与前面的说明 65.4.2 中的结束部分对照，这一点是十分突出的. 它证实了我们以前的观察，即在现在的偏序关系的情形下，最大值的存在可以恰当地代之以(65:G).

解的唯一性甚至是更加突出的. 按照我们前面的说明中的最后部分，解的唯一性与最大值的唯一性的联系，看来应当是一件很自然的事. 但是，现在我们看到：解是唯一的，而(相对)最大值却如同已述及的那样，未必是唯一的. ①

65.6 非循环性和严格非循环性

65.6.1 第四，$\mathfrak{S}$ 是非循环的. 我们知道，这种情形包含前两种情形，也就是说，它是比这二者更普遍的一种情形.

在前两种情形中，我们确定了解的存在的必要和充分条件，同时，我们看到，当它们被满足时，解是唯一的(参看(65:E)和(65:H)). 更进一步，我们看到：如果 D 是有穷的，就一定能够满足这些条件(参看(65:F)和(65:I)).

在非循环的情形中，我们将寻求在许多方面与它们相似的一些条件，而在某些方面，我们将作比以前更深入的探讨. 然而，在我们的讨论过程中，把我们的观点稍加变更，是必要的；而我们的结果将受到某些限制. 对于有穷的 D 的情形，我们将再一次作出详尽和完善的处理.

---

① (65:H)表明：解 V 与任何一个特定的(非唯一的)最大值并无联系，而是与(唯一的)所有最大值的集合发生联系.

为了方便起见，最大值概念再一次被引入，[①]而且，我们不仅对 D 本身，同时也对它的子集合，都引入了最大值概念. 于是，我们下这样的定义：如果 x 属于 $E(\subseteq D)$，而且在 E 中不存在 $y\mathfrak{S}x$ 的 y，则 x 是最大值. 我们用 $E^m(\subseteq E)$ 来表示 E 的所有的最大值的集合.

我们的讨论将证明，D 和 $\mathfrak{S}$ 是否具有以下的性质，是有决定性的意义的：

(65:K)　　$E\neq\ominus$（对于 $E\subseteq D$）蕴涵 $E^m\neq\ominus$.

这就是说：D 的每一个不是空集合的子集合，都有最大值. [②]乍看起来，(65:K)好像与非循环性毫无关系，但是，实际上二者有着很密切的联系. 在讨论我们的主题以前，即在讨论目前这种情形中解的职能问题以前，让我们先考察一下这一联系.

65.6.2　为了这个目的，我们取消关于 D 和 $\mathfrak{S}$ 的一切限制，甚至取消非循环性的限制.

为了方便起见，我们引入一个性质，这个性质是 65.3.3 中(65:D)的(A_m)的一个变化，以后可以发现，它与(A_m)有着本质上的联系：

(A_∞)：　　绝不许可 $x_1\mathfrak{S}x_0, x_2\mathfrak{S}x_1, x_3\mathfrak{S}x_2, \cdots$，在这里，$x_0, x_1, x_2, \cdots$ 属于 D. [③]

由于不久将能看出的理由，我们下这样的定义：

如果关系 $\mathfrak{S}$ 满足条件(A_∞)，则它是严格非循环的.

我们现在来证明以下五个助定理，这五个助定理的证明将能同时明确严格非循环性——即(A_∞)——与(65:K)的关系以及它与非循环性的关系. 根本性的结果是(65:O)和(65:P)；(65:L)至(65:N)是(65:O)的预备定理.

(65:L)　　严格非循环性蕴涵非循环性.

证明：假定 $\mathfrak{S}$ 不是非循环的. 那么，在 D 中就存在着 $x_0, x_1, \cdots, x_{m-1}$ 和 $x_m=x_0$，而 $x_1\mathfrak{S}x_0$，$x_2\mathfrak{S}x_1, \cdots, x_m\mathfrak{S}x_{m-1}$. 现在，令

$$\begin{aligned} x_0 &= x_m = x_{2m} = \cdots, \\ x_1 &= x_{m+1} = x_{2m+1} = \cdots, \\ &\cdots \\ x_{m-1} &= x_{2m-1} = x_{3m-1} = \cdots, \end{aligned}$$

使这一序列 $x_0, x_1, \cdots, x_{m-1}$ 扩张为无穷序列 $x_0, x_1, x_2, \cdots$. 于是，显然，$x_1\mathfrak{S}x_0, x_2\mathfrak{S}x_1, x_3\mathfrak{S}x_2$，$\cdots$，余此类推，因此，严格非循环性不能成立.

(65:M)　　不是严格非循环性的非循环性蕴涵：

(B_∞^*)：　　在 D 中存在着一个具有下列性质的序列 $x_0, x_1, x_2, x_3, \cdots$：[④]

---

① 既然我们在第二个说明中对"最大值"加上"绝对"的形容词，而在第三个说明中加上"相对"的形容词，我们现在就应当采用一个更弱的形容词. 然而，在这个场合，另创一个这样的术语看来是不必要的.

② 即使 $\mathfrak{S}$ 是完全顺序关系，(65:K)这一性质在集合论中也有重大意义. 熟悉这个理论的读者将能看出，(65:K)正好是良序的基本概念.（在这种情形，$\mathfrak{S}$ 必须解释为"在前"，而不是"大于".）这方面的文献，参看前面所引 A. Fraenkel 的著作，第 195 页以下和第 299 页以下，以及前面所引 F. Hausdorff 的著作. 第 55 页以下，均见 8.2.1 的第一个注；同时参看前面所引 E. Zermelo 的著作，见 30.3.5 的第三个注. 同一个性质居然在我们的对于任意关系的解的概念方面发挥作用，这一点是突出的. 自此以后，这一章的主要部分将讨论这一性质及其结果.

事实上，从数学的观点来看，这个论题及其分支，正好是值得进一步作较深入的研究的.

③ 序列 $x_0, x_1, x_2, \cdots$ 应当是无穷的，这表示，指标必须延续下去，以至无穷，但是各个 x_i 不一定全都彼此不同.

④ 将这一序列与本节的第一个注比较，并参看这一助定理的最后部分.

对于 $x_p \mathfrak{S} x_q$, $p=q+1$ 是充分的,而 $p>q$ 是必要的.[①]

(B_∞^*)蕴涵: $x_0, x_1, x_2, \cdots$ 是两两互不相同的,因此,在这种情形,D 必须是无穷的.

证明:由于 $\mathfrak{S}$ 不是严格非循环的,因而在 D 中存在着 $x_0, x_1, x_2, \cdots$,而 $x_1 \mathfrak{S} x_0$, $x_2 \mathfrak{S} x_1, \cdots$. 因此,对于 $x_p \mathfrak{S} x_q$, $p=q+1$ 是充分的.

现在假定 $x_p \mathfrak{S} x_q$. 我们要想证明 $p>q$ 的必要性. 试作相反的假定: $p \leqslant q$. 现在,

$$x_{p+1} \mathfrak{S} x_p, x_{p+2} \mathfrak{S} x_{p+1}, \cdots, x_q \mathfrak{S} x_{q-1}, ^{②} x_p \mathfrak{S} x_q,$$

而当 $m=q-p+1$,这些关系与(A_m)发生矛盾:它足以用我们的 $x_p, x_{p+1}, \cdots, x_q$ 和 x_p 来代替(A_m)的 $x_0, x_1, \cdots, x_{m-1}$ 和 $x_m=x_0$. 这与 $\mathfrak{S}$ 的非循环性相矛盾.

于是,(B_∞^*)的全部都已建立.

现在,(B_∞^*)的结果:如果 $x_0, x_1, x_2, \cdots$ 不是两两不同的,那么,对于某个 $p>q$,将出现 $x_p=x_q$. 根据(B_∞^*),$x_{q+1} \mathfrak{S} x_q$,因此,$x_{q+1} \mathfrak{S} x_p$;根据(B_∞^*),这蕴涵: $q+1>p$,即 $q \geqslant p$. 但是,$q<p$. 因此,$x_0, x_1, x_2, \cdots$ 是两两不同的,因而 D 必须是无穷的.

(65:N) 非非循环性蕴涵:对于某个 $m(=1,2,\cdots)$,我们有:

(B_m^*): 在 D 中存在着具有以下性质的 $x_0, x_1, \cdots, x_{m-1}$ 和 $x_m=x_0$:对于 $x_p \mathfrak{S} x_q$, $p=q+1$是必要的和充分的.[③]

证明:由于 $\mathfrak{S}$ 不是非循环的,因而在 D 中存在着 $x_0, x_1, \cdots, x_{m-1}$ 和 $x_m=x_0$,而 $x_1 \mathfrak{S} x_0$, $x_2 \mathfrak{S} x_1, \cdots, x_m \mathfrak{S} x_{m-1}$. 选择这样一个体系,使它的 $m(=1,2,\cdots)$尽可能地小.

显然,$p=q+1$ 对 $x_p \mathfrak{S} x_q$ 是充分的. 我们要证明它也是必要的. 因此,假定 $x_p \mathfrak{S} x_q$,但$p \neq q+1$.

现在,$x_0, x_1, \cdots, x_{m-1}, x_m=x_0$ 的循环的重新排列,并不影响它们的性质,而我们可以这样来应用它,使 x_p 成为末元素——即把 p 移至 m. 也就是说,我们可以假定 $p=m$,这并不减少普遍性. 现在,$p \neq q+1$,即 $q \neq m-1$. 由于 $q=m$ 可以用 $q=0$ 来代替,因此,我们也可以假定 $q \neq m$. 这样,$q \leqslant m-2$. 经过这些预备步骤,我们就可以用 $x_0, x_1, \cdots, x_q, x_m=x_0$[④] 来代替 $x_0, x_1, \cdots, x_{m-1}, x_m=x_0$ 而不影响它们的性质. 这就以 $q+1$ 代替了 m,但 $q+1<m$,因而这就与我们所假定的 m 的最小值性质相矛盾.

于是,(B_m^*)的全部都已建立.

65.6.3 总结如下:

(65:O)

(65:O:a) 非循环性相当于所有(B_1^*),(B_2^*),$\cdots$的否定.

(65:O:b) 严格非循环性相当于所有(B_1^*),(B_2^*),$\cdots$和(B_∞^*)的否定.

(65:O:c) 对于所有的 D,严格非循环性蕴涵非循环性,但对于有穷的 D,严格非循环性相当于非循环性.

---

① 与这一结果有关,同时参看 65.8.3.

② 这些正好是 $q-p$ 关系,因此,如果 $p=q$,将不出现这些关系.

③ 注意:对 $x_0, x_1, x_2, \cdots$的相互联系性的特征的描述,在(B_m^*)中是完全的,而在(B_∞^*)中则不是完全的. 以后,这一点将是重要的.

④ 即略去 $x_{q+1}, \cdots, x_{m-1}$.

证明：关于(65:O:a)：这条件是必要的，因为(B_m^*)与(A_m)相矛盾，因而与非循环性相矛盾．根据(65:N)，这条件是充分的．

关于(65:O:b)：这条件是必要的，因为根据(65:L)，非非循环性与严格非循环性相矛盾，而(B_∞^*)与(A_∞)相矛盾，因此，它们与严格非循环性相矛盾．这条件是充分的，因为严格非循环性的否定，在非循环性的情形，允许(65:M)的应用，而在非循环性的情形，允许上述(65:O:a)的应用．

关于(65:O:c)：前向蕴涵已在(65:L)中说明．如果 D 是有穷的，逆向蕴涵——因而二者的相当——就自(65:M)的最后的说明中得出．

最后，我们来建立与(65:K)的联系：

(65:P)　　　　(65:K)相当于严格非循环性．

证明：必要性：假定 $\mathfrak{S}$ 不是严格非循环的．在 D 中选择 $x_0, x_1, x_2, \cdots$，它们的关系是 $x_1 \mathfrak{S} x_0, x_2 \mathfrak{S} x_1, x_3 \mathfrak{S} x_2, \cdots$．于是，$E=(x_0, x_1, x_2, \cdots) \subseteq D$，而且 $\neq \ominus$．E 显然没有最大值．因此，(65:K)不能成立．

充分性：假定(65:K)不能成立．选择一个非空集合 E，$E \subseteq D$，而且没有最大值．[①]在 E 中选择 x_0．x_0 不是 E 中的最大值，于是，在 E 中选择 $x_1 \mathfrak{S} x_0$ 的 x_1．x_1 不是 E 中的最大值，于是，在 E 中选择 $x_2 \mathfrak{S} x_1$ 的 x_2，余此类推．这样，就得到 E 中的(因而也是 D 中的)一个序列 $x_0, x_1, x_2, \cdots$，它们的关系是 $x_1 \mathfrak{S} x_0, x_2 \mathfrak{S} x_1, x_3 \mathfrak{S} x_2, \cdots$．这与严格非循环性相矛盾．

因此，我们看到：严格非循环性正好相当于性质(65:K)，这是我们所期望的基本性质．非循环性与严格非循环性是密切相互关联的．有穷的 D 的特殊职能，已开始使我们认识到这一点：对于有穷的 D，上述这两个概念是相当的．

65.7　解：对于非循环关系

65.7.1　现在转到我们的主要任务：研究在 D 中对 $\mathfrak{S}$ 的解．就在这里，我们将看出，为什么我们认为性质(65:K)具有根本性的重要意义：我们将发现，(65:K)是与正好有一个解存在很密切地相关联的．

我们从证明这一点开始：如果(65:K)被满足，就正好有一个解存在(在 D 中，对 $\mathfrak{S}$)．在证明这一点时，我们将限于有穷的 D 集合，在这种情形，解甚至可以用明显的结构来求得．这一结构是用数学归纳法来完成的．D 的有穷性，实际上不是必要的，但是，对于无穷集合 D，有关的结构将是更加复杂的．[②]

由于我们必须作出(65:K)的假定，这就表示，根据(65:P)，D 必须是严格非循环的．由于 D 是有穷的，根据(65:O:c)，这与普通非循环性是不可区分的．因此，在目前，不论我们说我们要求非循环性，或者说我们要求严格非循环性，都是没有分别的．尽管如此，记住以下这一点是合宜的：应当记住，我们正在应用(65:K)，即严格非循环性，而这一使上述差别消失的有穷性

---

① 读者应当将这一证明与 65.4.2 中(65:F)的证明作比较．

② 这将有必要利用较高深的集合论的概念(参看第六章 30.3.5 的第三个注和 65.6.1 的第二个注所引的参考书)，特别是要用到超穷归纳法或某种与之相当的技术，

这些问题将在别处加以研究．

的假定,是可以除去的.

我们再重复一遍:自此之后,在这一节的剩余部分,我们假定 D 的有穷性和(65:K)的性质——即非循环性,也即严格非循环性.

现在让我们作出前述归纳结构.我们将先完成这一步,然后再建立所宣布的性质.

我们对每一个 $i=1,2,3,\cdots$ 把三个集合 A_i,B_i,C_i(它们都$\subseteq D$)定义为:$A_1=D$.如果对于一个 $i(=1,2,3,\cdots)$,A_i 是已知的,那么,就能用下列方法得出 B_i,C_i 和 A_{i+1}:$B_i=A_i^m$,即 B_i 是 A_i 中的那些 y 的集合,对于这些 y,在 A_i 中没有 $x\mathfrak{S}y$ 的 x.C_i 是 A_i 中的那些 y 的集合,对于这些 y,在 B_i 中有某个 $x\mathfrak{S}y$ 的 x.最后,$A_{i+1}=A_i-B_i-C_i$.

现在我们来证明:

(65:Q) B_i,C_i 是不相交的.

证明:这直接由定义得出.

(65:R) $A_i\neq\ominus$蕴涵 $A_{i+1}\subset A_i$.[①]

证明:根据(65:K),$A_i\neq\ominus$蕴涵 $B_i=A_i^m\neq\ominus$,[②]因此

$$A_{i+1}=A_i-B_i-C_i\subset A_i.$$

(65:S) $A_i=\ominus$的 i 是存在的.

证明:否则,根据(65:R),$D=A_1\supset A_2\supset A_3\cdots$,这与 D 的有穷性相矛盾.

(65:T) 设 i_0 是(65:S)的最小的 i,那么

$$D=A_1\supset A_2\supset A_3\cdots\supset A_{i_0-1}\supset A_{i_0}=\ominus.$$

证明:这是(65:R)和(65:S)的重述.

(65:U) $B_1,\cdots,B_{i_0-1},C_1,\cdots,C_{i_0-1}$是不相交集合,它们的和是 D.

证明:根据 A_{i+1}的定义,我们有 $B_i\cup C_i=A_i-A_{i+1}$,因此,$B_1\cup C_1,\cdots,B_{i_0-1}\cup C_{i_0-1}$是两两不相交的,它们的和是

$$A_1-A_{i_0}=D-\ominus=D.$$

把这个结果与(65:Q)结合起来,这表明:$B_1,C_1,\cdots,B_{i_0-1},C_{i_0-1}$,也即

$$B_1,\cdots,B_{i_0-1},C_1,\cdots,C_{i_0-1}$$

是两两不相交的,它们的和也是 D.

65.7.2 现在我们令

(65:2) $V_0=B_1U\cdots UB_{i_0-1}$.

于是,由(65:U)得出

(65:3) $D-V_0=C_1U\cdots UC_{i_0-1}$.

现在我们来证明:

(65:V) 如果 V 是解(在 D 中,对 $\mathfrak{S}$),那么,$V=V_0$.

证明:我们首先证明,对于所有的 $i=1,\cdots,i_0-1,B_i\subseteq V$.

试作相反的假定,并考虑一个最小的 i,对于这个 $i,B_i\subseteq V$ 不能成立,设 z 是这个 B_i 的一个元素,它不在 V 中.于是,对于 V 中的某个 $y,y\mathfrak{S}z$.z 是 A_i 的最大值,因此,y 不在 A_i 中.考

① 要点是我们有$\subset$而不仅仅是$\subseteq$!

② 这是(65:K)的唯一的——然而是有决定意义的——一次应用.

虑一个最小的 k,对于这个 k,y 不在 A_k 中.于是,$k \leqslant i$,而且,由于 y 在 $D=A_i$ 中,因而 $k \neq 1$.令 $j=k-1$,则 $1 \leqslant j < i$.y 在 A_j 中,但不在 $A_{j+1}=A_k$ 中,因此,它在 $B_j \cup C_j = A_j - A_{j+1}$ 中.

z 在 $B_i \subseteq A_i \subset A_j$ 中.因此,如果 y 在 B_j 中,$y \mathfrak{S} z$ 将蕴涵:z 在 C_j 中.这是不正确的,因为 z 在 B_i 中.因此,y 是在 C_j 中.

现在,在 B_j 中必须有一个 $x \mathfrak{S} y$ 的 x.由于 y 在 V 中,故在 V 中摒除了 x.这样,$B_j \subseteq V$ 不能成立.由于 $j < i$,这就与所假定的 i 的最小值性质相矛盾.

因此,我们看到:

(65:4) 对于所有的 $i=1,\cdots,i_0-1, B_i \subseteq V$.

如果 y 在 C_i 中,那么,在 B_i 中有一个 $x \mathfrak{S} y$ 的 x.由于根据(65:4),这个 x 在 V 中,因而 y 不能在 V 中.

因此,我们看到:

(65:5) 对于所有的 $i=1,\cdots,i_0-1, C_i \subseteq -V$.

将(65:4),(65:5)与前面的(65:2),(65:3)比较,可以看出,如同所断言的那样,V 必须与 V_0 全同.

(65:W) V_0 是解(在 D 中,对 $\mathfrak{S}$).

证明:我们分两步来证明.

如果 x,y 属于 V_0,那么,$x \mathfrak{S} y$ 被摒除:试作相反的假定:x,y 在 V_0,$x \mathfrak{S} y$.

x,y 属于 V_0,比方说,x 属于 B_i,y 属于 B_j.如果 $i \leqslant j$,那么,y 在 $B_j \subseteq A_j \subseteq A_i$ 中.x 在 B_i 中,因此,$x \mathfrak{S} y$ 蕴涵:y 在 C_i 中.这是不正确的,因为 y 是在 B_j 中.如果 $i > j$,那么,x 在 $B_i \subseteq A_i \subset A_i$ 中.y 是 A_j 中的最大值,因此,$x \mathfrak{S} y$ 是不可能的.

可见,无论怎样,我们都可以发现矛盾.

如果 y 不在 V_0 中,那么,对于 V_0 中的某个 x,$x \mathfrak{S} y$:y 在 $-V_0$ 中,因此,它在某个 C_i 中.因此,对于 B_i 中的某个 x,$x \mathfrak{S} y$,而这个 x 当然是在 V_0 中.

这就使证明完全了.

把(65:V)和(65:W)结合起来,我们可以这样来叙述:

(65:X) 有一个而且只有一个解(在 D 中,对 $\mathfrak{S}$)存在,这个解就是上述(65:2)的 V_0.

65.8 解的唯一性,非循环性和严格非循环性

65.8.1 让我们重新考虑最后三个说明,为了不使问题进一步复杂化,我们暂时仍然保持有穷性的假定.这些说明虽然有着不同的假定,但是显然,它们都产生同样的结果.在每一种情形,我们都证明了唯一的解的存在,但是,最初的假设是完全顺序关系,然后是偏序关系,最后是(普通的或严格的)非循环性——也就是说,它是逐步减弱的.

既然如此,人们将会很自然地提出这样的问题:我们是不是已经在最后一个说明中使这一减弱达到了极限——究竟非循环性能不能以更弱的假设代替,但却不影响唯一的解的存在.

必须承认,这一研究途径使我们离开博弈论.的确,在博弈论中,解的存在是有首要意义的,但是,我们已经知道,唯一性是不成问题的.

尽管如此,由于我们现在对唯一的解的存在的问题有了一些结果,我们将继续研究这一情

形. 以后我们将会看到: 它甚至间接地与博弈论有着某种联系(参看 67).

因此,在上述意义上,我们应当提出这样的问题: 为了有一个唯一的解,关系 $\mathfrak{S}$ 的那些性质是必要的和充分的? 然而,很容易看出,这个问题看来不大会有简单的和令人满意的回答. 的确,关于 D 的结构(连同关系 $\mathfrak{S}$),解(在 D 中,对 $\mathfrak{S}$)所揭露的是很少的. 非循环的情形是比较不适宜于对这方面作出判断的,因为它是颇为复杂的,但是,完全顺序或偏序关系的情形却使这一点变得很清楚. 在这些情形,解只是与 D 的最大值有关,它根本不表明: D 的其他元素的性质是什么.

要消除这一障碍是不困难的. 试考虑集合 $E\subseteq D$ 来代替 D. 在 D 中的关系 $\mathfrak{S}$ 也是 E 中的一个关系,而且如果它是 D 中的完全顺序或偏序或(普通的或严格的)非循环的关系,那么,这在 E 中也将是一样的. [①]因此,我们的结果(65:X)蕴涵: 在每一个 $E\subseteq D$ 中,存在着一个唯一的解(对 $\mathfrak{S}$). 现在,当对所有的 $E\subseteq D$ 都作出了解时,这些解对于 D 的结构,能够揭露很多. 我们最好再次把问题限于完全顺序或偏序关系的情形. 显然,对于所有的 $E\subseteq D$ 集合,关于 E 的最大值的知识提供了关于 D 的结构(连同 $\mathfrak{S}$)的很详细的情报.

65.8.2 这样就把我们引导到下面的问题: 为了使每一个 $E\subseteq D$ 都有一个唯一的解(在 E 中,对 $\mathfrak{S}$),关系 $\mathfrak{S}$ 的那些性质是必要的和充分的? 我们可以证明: 在这里,非循环性和严格非循环性是重要的概念,虽然这个问题并没有完全穷尽地加以讨论. 以下的两个助定理包含了在这方面我们所能断言的事情.

(65:Y) 为了使每一个 $E\subseteq D$ 都有一个唯一的解(在 E 中,对 $\mathfrak{S}$),严格非循环性是充分的.

对于有穷的 D,这由(65:X)得出,而且,按照(65:O:c),严格非循环性可以被非循环性代替.

对于无穷的 D,这取决于把(65:X)推广至无穷集合(参看 65.7.1 的开始部分).

证明: 如果 D 是(普通或严格)非循环的,那么,这对所有的 $E\subseteq D$ 同样是真实的(参看前面所述). 现在,我们的助定理的所有的断言,都成为很明显的了.

(65:Z) 为了使每一个 $E\subseteq D$ 都有一个唯一的解(在 E 中,对 $\mathfrak{S}$),非循环性是必要的.

证明: 如果 D 不是非循环的,那么,由(65:O:a)就得出(65:N)中的(B_m^*)的有效性, $m=1,2,\cdots$. 试作出它的 $x_0,x_1,\cdots,x_{m-1}$ 和 $x_m=x_0$,并令 $E=(x_0,x_1,x_2,\cdots,x_{m-1})$. 于是, $E\subseteq D$ 和(B_m^*)完全地描述了 E 中的 $\mathfrak{S}$. 让我们考虑 E 中(对 $\mathfrak{S}$)的解 V.

考虑这样的一个解 V. 如果 x_i 在 V 中,那么, x_{i+1} 就不在 V 中,因为 $x_{i+1}\mathfrak{S}x_i$. 如果 x_i 不在 V 中,那么,在 V 中就存在着一个 $y\mathfrak{S}x$ 的 y,即 $y=x_j$,而 $x_j\mathfrak{S}x_i$. 这表示: $j=i+1$, [②]于是, $y=x_{i+1}$,而因此, x_{i+1} 在 V 中. 这样,我们看到:

(65:6) 如果 x_{i+1} 不在 V^* 中,而且只有在这种情况下, x_i 在 V 中.

---

① 即至少是一样的——可能发生这样的情形: D 中的偏序关系是 E 中的完全顺序关系,或者, D 中的非循环关系是 E 中的顺序关系.

② 如果 $i=m$,那么,就把它以 $i=0$ 来代替.

用迭代法由(65:6)得出:

(65:7) 当 k 是偶数,如果 x_k 在 V 中,而且只有在这种情况下,x_0 在 V 中.
当 k 是奇数,如果 x_k 不在 V 中,而且只有在这种情况下,x_0 在 V 中.

当 $x_0=x_m$,如果 m 是奇数,(65:7)包含了一个矛盾.因此,如果 m 是奇数,在 E 中(对 $\mathfrak{S}$)没有解.如果 m 是偶数,那么,(65:7)蕴涵:V 或者是所有 x_k 的集合,而 k 是偶数;或者是所有 x_k 的集合,而 k 是奇数.很容易验证:所有这两个集合的确是 E 中(对 $\mathfrak{S}$)的解.

这样,我们有:

(65:8) 依照 m 是偶数还是奇数,$E=(x_0,x_1,\cdots,x_{m-1})$中对 $\mathfrak{S}(x_0,x_1,\cdots,x_{m-1}$具有$(B_m^*)$的性质)的解的数目,是 2 或 0.

因此,在这个 $E(\subseteq D)$中,不存在一个唯一的解.

将(65:Y)和(65:Z)结合起来,我们看到:对所有的 $E\subseteq D$ 的唯一的解(在 E 中,对 $\mathfrak{S}$)的存在,完全是对有穷集合所作的描述:对于有穷集合,它相当于非循环性,即相当于严格非循环性(在这种情形,二者是同一的).对于无穷集合 D,我们只能说,非循环性是必要的,而严格非循环性则是充分的.

65.8.3 在这种情形中出现的缺口,只能以对非循环的,但却不是严格非循环的(无穷)集合 D 及其子集合 E 进行研究来弥补.比较(65:O:a),(65:O:b),我们看到:这样的 D 满足了(B_∞^*).试作出它的 $x_0,x_1,x_2,\cdots$,并令 $D^*=(x_0,x_1,x_2,\cdots)$.这个 D^* 也是非循环的,但不是严格非循环的,因此,我们可以对 D^* 的研究来代替对 D 的研究.

这样,我们的问题成为:

(65:9) 设 $D^*=(x_0,x_1,x_2,\cdots)$满足(B_∞^*).此时,是不是每一个 $E\subseteq D^*$ 都有一个唯一的解(在 E 中,对 $\mathfrak{S}$)?

对(65:9)的回答,是不能立即得出的,因为(B_∞^*)只是不完全地描述了 D 中的 $x\mathfrak{S}y$ 关系——即 $x_p\mathfrak{S}x_q$ 关系.对$(B_m^*)(m=1,2,\cdots)$的相应的问题,在(65:Z)的证明中得到了否定的回答,但是,(B_m^*)完全地描述了它的集合中的 $x\mathfrak{S}y$ 关系——即 $x_p\mathfrak{S}x_q$ 关系.于是,对(65:9)的回答,要求对满足(B_∞^*)的 $x_p\mathfrak{S}x_q$ 关系的所有的可能形式,作出详尽的分析.这个问题看来是一个相当困难的问题.[①]

65.9 应用至博弈:离散性和连续性

65.9.1 如同前面已经指出的,我们的上述关于非循环性和严格非循环性的结果,与博弈论没有直接关联.

关于严格非循环性,指出以下两点就够了:即应当强调它相当于(65:K)(根据(65:P)),并记住,在博弈论中,即使是 D 本身(所有转归的集合),也不具有最大值(即不被控制的元素).[②]

普通的非循环性也被破坏,例如,它已经在本质的三人博弈中被破坏.[③]

---

① 它处于组合论与集合论的边界线上,看来应当进一步注意这个问题.

② 这对所有的本质的博弈都是确实的.参看 31.2.3 中的(31:M).

③ 希望读者自己验证这一点,例如,在图 54 的图形上验证.很容易确定:对于所有的 $m\geqslant3$ 的情形,(B_m^*)可以成立(而(A_m)不能成立).

尽管如此,在对某些博弈进行数学讨论的过程中,出现了一些可以应用非循环性概念的情形.这些情形是按照 65.1.1 的第一个说明的精神来考虑的,那里所提到的一些例子则更是如此.

这样,在 47.5.1 中所讨论的三角形 T 中,我们有控制关系的非循环概念,对图 76,77 加以考察,就能看出这一点.[①]此外,在 55.8.2 中所描述的集合 $\mathfrak{A}$ 中,也有控制关系的非循环概念,(55:Z)的准则使这一点变得很明显.[②]

最后,64 中所讨论的市场问题,在卖方和买方独占的情形中,有着控制关系的非循环概念,在那里,64.2.2 末,特别是(64:12),(64:13)的讨论,表明了这一点.[③]我们可以强调那里的结束语,这个结束语是在观察到在经济学领域中的独占情形与控制关系的非循环性数学概念之间很可能存在着内在联系这一点以后作出的.

因此,很突出的一点是:我们发现,在所有这些情形,特别广的解的族是存在的.的确,不仅数值的参数,而且甚至高度不定性的曲线或函数进入了这些解.关于这一点,第一,可以参看 47.5.5 和图 81;第二,可以参看 55.12 的第五个说明;第三,我们只能提出一个特殊情形的数学讨论:即在 62.3,62.4 和 63.4 中分析的三人市场——独占对二头垄断.

65.9.2 如果强调这些 D(所考虑的转归的集合)的无穷性,上述的非循环情形的大量的解,可以看成是一件很自然的事.毕竟只是在有穷集合 D 中,非循环性才蕴涵解的唯一性,而对于无穷集合,严格非循环性成为决定性的概念(参看 65.8 最后部分,特别是65.8.2).所有这些例子,当然不是严格非循环的,这一点可以很容易地被验证.

尽管如此,这种情形是不合理的,理由是:对效用概念的修正(这将在 67.1.2 中加以讨论),可以这样来应用,即使所论及的集合变成有穷的.于是,上述的非循环的博弈将有唯一的解.现在,我们可以把这些有穷修正做得使它们任意接近地与原来的未经修正的博弈相似.因此,有很多解的原来的非循环博弈(无穷的 D!)可以任意接近地用近似的修正的非循环博弈(有穷的 D!)来代替,而修正的非循环博弈是有唯一的解的.唯一的解怎样能够成为非唯一的解的"任意接近的"近似呢?

这一不合理的情形将在 67 中详细地加以描述.我们将在那里进行的分析,将明确这个连续性缺乏问题,并使某些有一定意义的解释成为可能.

---

① 在此,控制关系蕴涵:有较大的纵坐标.

② 在此,控制关系蕴涵:有较大的 n-支量,而由此,显然就得出非循环性.

③ 在此,控制关系蕴涵:有较大的 1-(或 1^*-)支量,而由此,显然就得出非循环性.

如果卖方和买方独占都不存在,即如果按照前面所用的符号,$l,m>1$,那么,可以应用的不是(64:12),(64:13),而是(64:10),(64:11).很容易验证:在这种情形,非循环性是不能成立的.

66 效用概念的普遍化

66.1 普遍化.理论处理的两个阶段

66.1.1 在前几节中,我们以最广泛的方式把解的概念普遍化——以关系 $\mathfrak{S}$ 为基础,它担负着控制关系的职能.在我们的理论中,这些普遍化应当这样来应用:我们的转归、控制和解的概念,是以更基本的效用概念为基础的.现在,如果我们要想变更所用的形式体系来描述后者,我们可以试将前者合适地加以普遍化,来使这些变更成为适当的.

当然,我们并不打算为它们本身进行普遍化,但是,有某些修正是能够使我们的理论更加具有现实意义的.特别是:我们曾经以一种较为狭窄和武断的方式来处理效用概念.我们不仅假设它是数量的——对于这一点,可以作出一个不算坏的情形(参看第一章 3.3 和3.5)——而且还假设它是可调换的,并且可以不受限制地在各个局中人之间转移(参看 2.1.1).为了技术上的理由,我们这样来进行:数量效用是零和二人博弈理论所需要的——特别是因为期望值必须在其中发挥作用.为了使转归成为具有数值支量的向量和具有数值的特征函数,可调换性和可转移性是零和 n 人博弈理论所必需的.所有这些必要性都隐含在每一个由前面发展而来的理论构造中——这样,最后就隐含在我们的一般 n 人博弈理论中.

这样,对我们的效用概念的修正——普遍化性质的修正——看来是需要的,但同时,为了实现这个方案,显然必须克服一定的困难.

66.1.2 我们的博弈论明显地分为两个不同的阶段:第一个阶段包括对零和二人博弈的处理,并导致它的值的定义;第二个阶段研究以特征函数为基础的零和 n 人博弈,这是借助于二人博弈的值来定义的.我们在前面曾经指出:每一个阶段是怎样应用效用概念的特性的.因此,如果要把这些性质中的任何一个加以普遍化、修正或舍弃,我们必须研究这样的变更在每一阶段中的影响.因此,这表明,应当把这两个阶段分开来分析.

66.2 第一阶段的讨论

66.2.1 将第一阶段普遍化的困难是很严重的.第三章所阐明的零和二人博弈理论,充分地应用了效用的数量性质.

特别是:对于一个博弈,怎样才能给予一个确定的值,这是很难理解的,除非每一个局中人,在任何情形下都有可能作出决定:从他的观点来看,在可能发生的各个情形中,哪一个将是对他有利的.这表示:个人的选择必须定义为效用的完全顺序.

其次,将效用与数量概率结合起来的运算,也是不可缺少的.我们已经看到,如果博弈规则允许机会着,那就可能明确地要求这样的运算.但是,即使不是这种情形,第三章的理论也一般地引导到具有同样作用的混合策略的应用(参看 17).

现在,大家都能知道,效用的完全顺序性质并不蕴涵数量性质.但是,我们曾经在 3.5 中看到：完全顺序关系，连同效用与数量概率相结合的可能性，蕴涵着效用的数量性质.

因此，除非数量效用是可以成立的，我们在现时没有办法规定零和二人博弈的值.

在 n 人博弈中，特征函数是借助于各种(辅助性的)零和二人博弈中的值来定义的.另外，我们的将一般 n 人博弈简化为零和博弈的做法，应用了效用的由一个局中人至另一个局中人的可转移性.的确，像 56.2.2 中的

$$\mathscr{H}_{n+1} \equiv -\sum_{k=1}^{n} \mathscr{H}_k$$

的构造，很难给予任何其他意义.这样，n 人博弈中的特征函数的定义是在技术上与效用的数量性质紧紧结合在一起的，而在现时，我们无法摆脱这种结合.

这样一种博弈的特征函数的值 $v(S)$ 是相应的局中人集合——合伙——S 的值.因此，我们的结论也可以这样来表述：我们的使每一个可能的局中人合伙都有值的一般方法，在本质上决定于效用的数量性质，而在现时，我们还不能弥补这一点.

我们在前面曾经指出，效用的数量性质的假设，并不像一般所相信的那样特殊.(参看第一章 3 中的讨论.)此外，把我们的讨论限于严格的货币经济，就能免除所有的概念上的困难.尽管如此，如果能够从我们的理论中取消这些限制，那就更加令人满意了——必须承认，完成这件工作的可能性，直到现在还没有建立.

66.2.2 尽管总的说来有这样的不足之处，然而，对于许多博弈，定义特征函数的困难却绝不是严重的.例如，第六章 26.1 和第十一章 57.3 的例子就是这样：我们可以不真正需要对零和二人博弈作细致的研究而直接确定特征函数.的确，这些就是为了取得一个已知的、事先给定的特征函数而加以综合的例子——因此，在这方面，它们可以很容易地被处理，这是不足为奇的.然而，也有同一现象的其他例子，这些例子有一定的重要性：例如，特征函数在整个第十章的简单博弈理论中都不引起任何困难.[①]此外，在 61.2 至 64.2 中所研究的各种市场，全都有可以很容易和直接加以确定的特征函数.

在这些情形，将数量效用以更一般性的概念来代替是容易的.我们打算在另外的场合对这些情形进行研究.

66.3 第二阶段的讨论

66.3.1 如果假定有特征函数，我们就可以进入第二阶段.

在这里，数量效用的要求可以完全设法免去.我们并不打算对此作详尽的描述，因为对整个问题作出最后的数学形式体系，看来时机还不成熟.的确，如同前面所述，在第一阶段中碰到了未解决的困难.此外，看来有理由相信，一个更加统一的理论形式，可能把我们引向所希望达到的目的，但在现时，我们还只能看到这一理论形式的轮廓.

因此，我们将只提出与第二阶段的处理有关的某些一般的说明.

首先，当我们舍弃效用的可转移性以及当我们舍弃效用的数量性质时，对于像零和或常和博弈这样的概念，我们是没有直接下定义的.因此，最好是直接研究一般的博弈.

---

① 这些博弈的定义说明，哪一个是取胜的合伙，这蕴涵：特征函数被含蓄地加以确定.

因此，让我们考虑一般的 n 人博弈. 由于我们有第十一章的理论，因而我们可以把它的在零和博弈理论中的起源忘掉，而试图把它直接引申到更加普遍的(非数量的、不可转移的)效用的情形.

转归

$$\boldsymbol{\alpha}=\{\{\alpha_1,\cdots,\alpha_n\}\}$$

将仍旧是向量，但它们的支量 $\alpha_1,\cdots,\alpha_n$ 可能不是数. 必须指出，如果我们舍弃效用的数量性质，最好要承认：每一个参加者 $i(=1,\cdots,n)$ 都有他自己的个人效用的域 $\mathfrak{A}_i$. 也就是说，$\mathfrak{A}_1,\cdots,\mathfrak{A}_n$ 一般是不同的. 在这个结构中，支量 α_i 必须属于 $\mathfrak{A}_i$.

必须指出，即使所有的效用都是数量的——即如果 $\mathfrak{A}_1,\cdots,\mathfrak{A}_n$ 彼此全同，并与所有实数的集合全同——我们仍然可以省去可转移性的假设. 同时，我们也可以考虑可转移性存在但却受到一定限制的情形. 的确，这方面的一个例子将在 67 中详细加以讨论.

66.3.2 现在，必须考虑对这些支量 α_i 的限制. 它们可分为两类：

第一，在第一章 56.8.2 中，所有转归的域被定义为：

(66:1) 对于 $i=1,\cdots,n,\ \alpha_i\geqslant v((i))$,

(66:2) $$\sum_{i=1}^{n}\alpha_i\leqslant v((1,\cdots,n)).$$ ①

第二，我们借助有效性概念对控制关系下了定义，有效性概念的基础是：

(66:3) $$\sum_{i\in S}\alpha_i\leqslant v(S),$$

这就是第六章 30.1.1 的(30:3).

所有这些不等式属于同一类型：给定某一个集合 T(在(66:1)中 $T=(i)$，在(66:2)中 $T=(1,\cdots,n)=I$，在(66:3)中 $T=S$)，转归 $\boldsymbol{\alpha}$ 要求将集合——合伙——T 放在一个位置，此位置至少与 $v(T)$ 所述的一样好(在(66:1)中)，或者至多与它一样好(在(66:2)和(66:3)中).

合伙 T 的位置——即它的所有参加者的合成位置——是在所有这些不等式中以他们的支量的和来表示的：$\sum_{k\in T}\alpha_k$. 对于非数量效用，$\mathfrak{B},\cdots,\mathfrak{B}_n$ 的域可能彼此不同，此外，在它们之间可能不存在加法运算——这样就使像 $\sum_{k\in T}\alpha_k$ 这样的结构没有意义. 但是，即使效用是数量的，按上述意义应用 $\sum_{k\in T}\alpha_k$ 显然相当于假定了不受限制的可转移性. 的确，合伙的位置只有在下列情况下才能以给予各个成员的数额的和来描述——而完全不考虑个人的数额本身：即这些成员能够按照任何一种大家都同意的方式，将这个总额在他们之间进行分配，也就是说，对于转移，并不存在着具体困难.

因此，一般说来，我们将不得不采用 $\sum_{k\in T}\alpha_k$. 不然，对于由给定的合伙 T 的所有成员所组成的复合成员，我们必须引入效用的域. 将这个域以 $\mathfrak{B}(T)$ 来表示. 显然，$\mathfrak{B}((k))$ 与 $\mathfrak{B}_k$ 是一样的. $\mathfrak{B}(T)$ 一定能够用某种综合 T 中所有的 k 的 $\mathfrak{B}_k$ 的过程取得. 要设计这一过程所需的适当的数学程序，是一点也不困难的，但是，我们打算在另外的场合讨论这个问题.

---

① 我们认为：在这里，最好是应用(56:10)，而不是 56.12 中另一个可以应用的(56:I:b)和(56:25).

α_k 的总和(k 在 T 中)以及特征函数的值 $v(T)$,必须是这个体系的元素.于是,(66:1),(66:2),(66:3)的不等式涉及这个效用体系的选择.

66.4 统一这两个阶段的愿望

66.4 为了希望使读者不感到66.3的分析过于简略,我们现在指出:怎样才可以找到所希望的统一这两个阶段的方法.与后来的关于零和 n 人博弈,甚至是关于一般 n 人博弈的转归、控制关系和解的结构比较,我们的零和二人博弈事实上是以同样的一般原则作基础的.特别是:在第三章14.5,17.8,17.9——即在好的策略概念的分析——中,我们曾经作出有决定意义的关于零和二人博弈的各种策略的相互关系的讨论,这个讨论在许多方面是与我们对转归的控制关系的应用相似的.

现在看来,我们目前的理论的弱点,在于它的分两个阶段进行的必要性:即首先产生零和二人博弈的解,然后,应用这个解来定义特征函数,以便以特征函数为基础,产生一般n 人博弈的解.数学和物理科学的一般经验表明:这样的一个分两个阶段的程序,在其间有一个停顿(在我们的理论中表现为特征函数),它有两个基本的方面.在最初的研究阶段,它可能是方便的,因为它把难点分散开来.然而,在后来的阶段,当我们希望得到充分的概念上的普遍性时,它可能是一个障碍.我们的程序要求在中间产生一个严格地定义了的量(在我们的理论中,这就是特征函数),这可能是一个不必要的技术性的措施,但却为我们的主要问题带来巨大的困难.

把这个经验具体应用于我们的博弈:我们曾不得不把难点分散开来,为的是要克服它们,并依序研究具有严格确定性的零和二人博弈、具有一般严格确定性的零和二人博弈、零和 n 人博弈、一般 n 人博弈.然而,所有这些阶段,除了两个之外,最后都并入一般理论中:最后只剩零和二人博弈和一般 n 人博弈.我们坚持特征函数,这相当于坚持这样的看法,即认为:对于零和二人博弈,我们要求取得一个中间的结果,这个结果,较之我们对 n 人博弈所认为满意的结果,要更加深刻.[①]当然,如果我们有数量的、可以无限转移的效用,我们就能够满足这一要求.然而,当我们舍弃关于效用的这些假设时,情况可以有所不同.我们在n 人博弈方面的困难可以归之于:我们对零和二人博弈继续坚持这一特殊的结构,这一点看来是颇为明显的.我们目前采用的技术程序,迫使我们在这方面坚持下去,但尽管如此,这种坚持可能是不合适的.

因此,对整个 n 人博弈理论的统一处理方法——在零和二人博弈和特征函数那里,没有(像现在所表现出来的)人为的停顿——最终可能证明是克服这些困难的方法.

---

① 对于零和二人博弈,我们得到一个唯一的值——即"转归".对于一般 n 人博弈(对于零和 n 人博弈也是一样),我们只有一个——通常不是唯一的——解,而且甚至单独的解也是一个转归集合!

67 对一个例子的讨论

67.1 这个例子的描述

67.1.1 现在我们将讨论一个例子,在这个例子中,效用和可转移性概念是被修正了.这些修正并不表示我们对这些概念的观点有特别重要的扩大.我们的例子的意义无疑是:它使我们有可能应用关于非循环性的结果,并由此得到可以对 65.9 末所讨论的问题作出某种新的说明的结论.具体地说,我们希望,这种程序将被证实是对磋商价格这一现象进行研究的一个更加合适的数学途径.

67.1.2 我们所要考虑的修正是:我们假定,效用——或它的货币等价——是由不可分割的单位构成的.也就是说,我们对它的数量性质并不怀疑,但要求它的价值——采用合适的单位来表示——是一个整数.于是,效用的转移也必须限于整数,但我们不再加以更多的限制.我们打算像以往一样应用特征函数,但也要求它具有整数的值.除此之外,控制关系和解的概念未加以更动.

如果这个观点被应用于一般的一人和二人博弈,则并没有重要的变化发生;即一切基本上与我们原来的理论一样.因此,没有必要对这些情形进行详细的讨论.三人博弈则不然,即使是原来的零和三人博弈,也有一些新的特点.它产生一些相当特别的困难,这些困难看来是很有意义的,但在目前还没有充分地加以分析.因此,我们认为,把这一讨论延后是合适的.

据此,我们并不对新的结构中的一般三人博弈进行详尽的讨论.然而,我们将分析一个特例,这个特例与价格磋商的性质直接有关.这就是由一个卖者和两个买者组成的三人市场.

67.1.3 在以前对这种情形所进行的分析中,我们得到不同的解,这些解决定于:我们假定只能发生一个(单独的)交易,还是可以发生几个交易,同时,也决定于这两个买者的相对强弱.这些解曾在第十一章 62.5.2 的(62:C)和 63.5 的(63:E)中描述过.在所有这些情形,我们看到:一般的解是由两个部分组成的,即(62:18)(或(62:20),(62:21),(63:30))和(62:19)(或(62:23),(63:31)).在那里进行的讨论表明:(62:18)类型的各个部分相当于两个买者互相博弈的情形;而(62:19)类型的各个部分相当于他们组成合伙来对付卖者的情形.(62:18)类型部分是唯一地确定了的,而且与普通的常识的经济学概念对这个题目的分析基本上一致.另一方面,(62:19)类型部分是借助于某些高度不定的函数联系来说明的.正如在 62.6.2 中所看到的那样,它们表示:在联合起来的买者之间,有着各种可能性来建立对所取得的利益进行分配的规则.也就是说,他们在合伙的范围内制定行为标准.我们现在的讨论,将对社会机构的这一部分所发生的作用,补充提出一些情报.

为了有效地进行这一讨论,把所有那些对这方面没有帮助的元素从我们的问题中除去,是合理的.也就是说,我们希望除去解的(62:18)类型部分.根据 62.5.2,62.6.1,我们知道,按照前面所用的符号,当 $v=w$,这一部分的面积最小——事实上可以完全略去(参看 62.5.2 的第一个注).这表示:只有一个(不可分割的)交易可以发生,而且这两个买者的力量恰好相等.于是,解由62.5的(62:20)和(62:19)得出,((62:20)成为多余的,参看前面所述),或者同样地可由图99得出.

这样,在62.1.2的方案中,假定$v=w$.我们可以令“卖者的另外的用途”“$u=0$来进一步简化这种情形,而无任何重大的损失.这就把用来说明特征函数的62.1.2的(62:2)至(62:4)简化为

(67:1)
$$\begin{cases} v((1))=v((2))=v((3))=0, \\ v((1,2))=v((1,3))=w,\ v((2,3))=0, \\ v((1,2,3))=w. \end{cases}$$

现在,转归被定义为

$$\boldsymbol{\alpha}=\{\{\alpha_1,\alpha_2,\alpha_3\}\},$$

其中

(67:2:a)
$$\alpha_1\geqslant 0,\quad \alpha_2\geqslant 0,\quad \alpha_3\geqslant 0,$$

(67:2:b)
$$\alpha_1+\alpha_2+\alpha_3\leqslant w.$$ [①]

67.1.4 现在假定所有这些量都是整数——即给定的w以及所有许可的(67:2:a),(67:2:b)中的$\alpha_1,\alpha_2,\alpha_3$均为整数.

我们同前面一样来定义控制关系,即依照56.11.1——这表示,我们逐字重述第六章30.1.1的定义.

因此,有必要确定$S\subseteq I=(1,2,3)$的各个集合的性质(对它们在定义控制关系中所起的职能而言).很容易证明,集合.

$$S=(1,2),(1,3)$$

是确实必要的,而其余的都是确实不必要的.[②]这样,我们可以应用$S=(1,2),(1,3)$的控制关系的定义.也就是说

$$\boldsymbol{\alpha}\succ\boldsymbol{\beta}$$

表示:

(67:3:a)
$$\alpha_1>\beta_1$$

和

(67:3:b)
$$\alpha_2>\beta_2\quad 或\quad \alpha_3>\beta_3.$$

这样,控制关系蕴涵(67:3:a),因此,它显然是非循环的(参看65.9的相应的讨论).更进

---

① 注意:我们在(67:2:b)中用“$\leqslant$”而不用“$=$”.这就是在66.3.2中(66:2)的讨论中所采取的看法.按照第十一章56.12中(56:I:b)的术语,这相当于应用(56:10),而不是(56:25).这种做法的理由是:前一种情形是原来的(参看56.8.2作为例子),而二者的相当(在56.12中曾经应用过),在目前将被应用的结构中是不能成立的.

在67.2.3的第一个说明中,可以看出,(67:2:b)中的“$\leqslant$”和“$=$”,一定会产生不同的结果,然而,这个差别是与总的情况相符合的.此外,与我们现在要想求得的结果比较,如果在(67:2:b)中用“$=$”而不用“$\leqslant$”,那只是在次要的细节上产生差别.

② 确实必要和确实不必要集合的条件,在31.1中引出,而在59.3.2中重新讨论过.由于我们的观点又变更了(参看以上所述,特别是67.1.3的注),因此有必要再次重新加以考虑.看来重新加以说明是更加简单一些:

由于前述(67:2:a)和30.1.1中的条件(30:3),每一个$v(S)=0$的S是确实不必要的.这就处理了$S=(1),(2),(3),(2,3)$.又,由前面的(67:1),(67:2:a),(67:2:b)得出:$\alpha_1+\alpha_2\leqslant w=v((1,2))$,$\alpha_1+\alpha_3\leqslant w=v((1,3))$,因此,$S=(1,2),(1,3)$是确实必要的.同时,由于31.1.3的(31:C)很明显仍然有效,因而就使$S=(1,2,3)$成为确实不必要的.

一步，$\boldsymbol{\alpha}$ 的(67:2:a)，(67:2:b)的域是有穷的，因为支量 $\alpha_1,\alpha_2,\alpha_3$ 必须是整数.[①]

现在，我们可以应用65.7.2的(65:X)：即有一个而且只有一个解 V_0，它以那里所选的公式(65:2)，(65:3)来说明.

67.2 解及其解释

67.2.1 为了应用65.7.2的公式(65:2)，(65:3)，我们必须确定65:7.1开始部分所定义的 B_i,C_i 集合. 让我们来确定 B_1,C_1.

B_1 是不能被控制的那些 $\boldsymbol{\alpha}$ 的集合. 要控制 $\boldsymbol{\alpha}$，我们必须增大 α_1 和 α_2 或 α_3，但不能违反67.1.3的(67:2:a)，(67:2:b). 这些增加至少是1，而 α_2 和 α_3 中有一个可以一直减少至0. 因此，$\boldsymbol{\alpha}$ 可以被控制，条件或者是

$$(\alpha_1+1)+(\alpha_2+1)\leqslant w,$$

或者是

$$(\alpha_1+1)+(\alpha_3+1)\leqslant w.$$

于是，B_1 就被定义为

(67:4) $$(\alpha_l+1)+(\alpha_2+1)>w,\quad (\alpha_1+1)+(\alpha_3+1)>w.$$

根据(67:2:a)，(67:2:b)，这蕴涵 $\alpha_3<2,\alpha_2<2$，即 $\alpha_2,\alpha_3=0,1$. 现在，与(67:2:a)，(67:2:b)结合，由(67:4)得出以下可能情形：

(67:A) $$\alpha_2=\alpha_3=0,\quad \alpha_1=w,w-1;$$

(67:B) $$\left\{\begin{array}{l}\alpha_2=1,\quad \alpha_3=0\\ \text{或}\\ \alpha_2=0,\quad \alpha_3=1\end{array}\right\},\quad \alpha_1=w-1;$$

(67:C) $$\alpha_2=\alpha_3=1,\quad \alpha_1=w-2.$$

C_1 是被 B_1 中元素——即被(67:A)—(67:C)的那些元素——所控制的那些 $\boldsymbol{\alpha}$ 的集合. 很容易验证，它们以

(67:D) $$\left\{\begin{array}{c}\alpha_2=0\\ \text{或}\\ \alpha_3=0\end{array}\right\},\quad \alpha_1\leqslant w-2.$$

来描述.

67.2.2 现在，最好让我们采取与65.7.2的(65:2)，(65:3)的方案不同的方法来进行，即不继续确定 $B_2,C_2,B_3,C_3,\cdots$，而采用归纳法过程，这将更加适合于这一特例. 这个过程进行如下：

试考虑 $\boldsymbol{\alpha}$ 而使

(67:E) $$\alpha_2=0\quad \text{或}\quad \alpha_3=0.$$

它们正好构成(67:A)，(67:B)，(67:D). 我们知道，在它们中间，V_0 正好包含(67:A)，(67:B). 其余的 $\boldsymbol{\alpha}$ 具有

---

① 当然，在原来的连续结构中，就不是这种情形.

(67:F) $\alpha_2,\alpha_3 \geqslant 1$;

因而不被(67:A),(67:B)所控制.因此,我们在(67:F)之外采取(67:A),(67:B),来作出 V_0,并重复这一过程,在(67:F)中求解.

将(67:F)与67.1.3中的(67:2:a),(67:2:b)比较.仅有的差别是 α_2,α_3 增加了1.因此,必须把 w 当作 $w-2$ 来处理.V_0 现在进一步包含:

(67:G) $\alpha_2=\alpha_3=1,\quad \alpha_1=w-2,\quad w-3$;

(67:H) $\left.\begin{cases}\alpha_2=2,\ \alpha_3=1\\ \text{或}\\ \alpha_2=1,\ \alpha_3=2\end{cases}\right\},\ \alpha_1=w-3$;

而我们必须重复这一过程,在

(67:I) $\alpha_2,\alpha_3 \geqslant 2$

中求解.这一过程的重复,使 V_0 包含

(67:J) $\alpha_2=\alpha_3=2,\quad \alpha_1=w-4,\ w-5$;

(67:K) $\left.\begin{cases}\alpha_2=3,\ \alpha_3=2\\ \text{或}\\ \alpha_2=2,\ \alpha_3=3\end{cases}\right\},\ \alpha_1=w-5$;

同时,又要求我们重复这一过程,在

(67:L) $\alpha_2,\alpha_3 \geqslant 3$

中求解.余此类推.

这样,V_0 包含(67:A),(67:B),(67:G),(67:H),(67:J),(67:K),….这个集合可以描述如下:

(67:M) $\alpha_1=0,1,\cdots,w$;

(67:N) $\alpha_2=\alpha_3=\dfrac{w-\alpha_1}{2}$,如果 $w-\alpha_1$ 是偶数;

(67:O) $\left.\begin{cases}\alpha_2=\alpha_3=\dfrac{w-1-\alpha_1}{2},\\ \text{或}\\ \alpha_2=\dfrac{w+1-\alpha_1}{2},\ \alpha_3=\dfrac{w-1-\alpha_1}{2}\\ \alpha_2=\dfrac{w-1-\alpha_1}{2},\ \alpha_3=\dfrac{w+1-\alpha_1}{2}\end{cases}\right\}$, 如果 $w-\alpha_1$ 是奇数.

67.2.3 (67:M)至(67:O)的结果可以这样来理解:

第一,在这个解中的 $\alpha_1+\alpha_2+\alpha_3$ 的值是 w 和 $w-1$.于是,我们不能用=来代替67.1.3的(67:2:b)中的≤,56.12的(56:I:b)中所表述的结果不再是真实的.最大的社会利益不一定被获得——这看来是由于存在着效用的一个不可分割的单位而产生的直接结果.[①]

第二,如 $w\to\infty$,这一"离散"的效用表,向我们的通常的、连续的效用表收敛.(参看19.12关于扑克中离散和连续的"手"的相应的讨论.)上述的 $\alpha_1+\alpha_2+\alpha_3$ 和 w 的差数至多是1.因此,

① 参看56.7.1的第三个注.

当 $w\to\infty$，它就越来越不重要，也就是说，现在论及的情形的这一方面，趋于以前讨论过的连续效用中的情形.

第三，α_2 和 α_3 彼此相差至多是 1. 因此，当 $w\to\infty$，这一差数也变得不重要. 也就是说，当我们接近连续情形，解可以看成是

(67:P) $$0\leqslant\alpha_1\leqslant w,$$

(67:Q) $$\alpha_2=\alpha_3=\frac{w-\alpha_1}{2}.$$

如同在 67.1.3 的第一部分所指出的，这个解必须与 62.5.1 中的(62:19)比较，令 $u=0,v=w$. 这两个解确实是相似的，但是，我们的解只能概括(62:19)的一个特例：在那里提到的 α_1 的单调递减函数互相全同，并与 $\frac{w-\alpha_1}{2}$ 全同.

如同在 62.6.2 中所讨论的，这些函数描述了两个买者在组成合伙时(这以(62:19)来表示)所同意的分配规则. 在连续情形，这一规则是高度不定的. 但现在，在离散情形，我们发现它是完全确定的——必须完全一样地对待这两个买者！

这一对称性的意义是什么？在“离散”情形，是不是其他的分配规则——即对(62:19)中的函数的其他选择——事实上都不可能呢？

67.3 普遍化：不同的离散效用表

67.3.1 为了回答上面的问题，我们试取消对称性(两个买者之间的)，但保留“离散性”.

要做到这一点，我们可以对 67.1 的结构作这样的变更：对于买者 2，我们对不可分割的效用单位给定一个与买者 3 不同的值. 具体地说，让我们规定，α_1,α_2 的值必须是整数，而 α_3 的值必须是偶数. 除此之外，67.1 的一切均保持不变.

现在我们要作出与 67.2 相应的讨论. 因此，我们首先来确定 65.7 中的 B_1,C_1 集合.

B_1 是不能被控制的那些 $\boldsymbol{\alpha}$ 的集合. 要控制 $\boldsymbol{\alpha}$，我们必须增大 α_1 和 α_2 或 α_3，但不能违反 67.1.3 中的(67:2:a)，(67:2:b). 这些增加至少是 1(对 α_1,α_2)或 2(对 α_3)，而 α_2 和 α_3 中有一个可以一直减少至 0. 因此，$\boldsymbol{\alpha}$ 可以被控制，条件或者是

$$(\alpha_1+1)+(\alpha_2+1)\leqslant w,\text{或者是}(\alpha_1+1)+(\alpha_3+2)\leqslant w.$$

这样，B_1 就被定义为

(67:5) $$(\alpha_1+1)+(\alpha_2+1)>w,\quad (\alpha_1+1)+(\alpha_3+2)>w.$$

根据(67:2:a)，(67:2:b)，这蕴涵 $\alpha_3<2,\alpha_2<3$，即 $\alpha_2=0,1,2,\alpha_3=0$. 现与(57:2:a)，(67:2:b)结合，由(67:5)得出以下可能情形：

(67:R) $$\alpha_2=0,\ \alpha_3=0,\ \alpha_1=w,w-1;$$

(67:S) $$\alpha_2=1,\ \alpha_3=0,\ \alpha_1=w-1,w-2;$$

(67:T) $$\alpha_2=2,\ \alpha_3=0,\ \alpha_1=w-2.$$

C_1 是被 B_1 中元素——即被(67:R)—(67:T)的那些元素——所控制的那些 $\boldsymbol{\alpha}$ 的集合. 很容易验证，它们以

(67:U) $$\alpha_2=0,\ \alpha_1\leqslant w-2,$$

(67:V) $\alpha_2=1,\ \alpha_1\leqslant w-3$

来描述.

67.3.2 现在,我们重复 67.2.2 的变形:我们不确定 $B_2,C_2,B_3,C_3,\cdots$,而采用不同的归纳过程.

试考虑 $\boldsymbol{\alpha}$ 而使

(67:W) $\alpha_2=0,1.$

它们正好构成(67:R),(67:S),(67:U),(67:V).[①]我们知道,在它们中间,V_0 正好包含(67:R),(67:S).其余的 $\boldsymbol{\alpha}$ 具有

(67:X) $\alpha_2\geqslant 2;$

因而不被(67:R),(67:S)所控制.因此,我们在(67:X)之外采取(67:R),(67:S)来作出 V_0,并重复这一过程,在(67:X)中求解.

将(67:X)与 67.1.3 中的(67:2:a),(67:2:b)比较.仅有的差别是 α_2 增加了 2.因此,必须把 w 当作 $w-2$ 来处理.[②]这样,V_0 现在进一步包含

(67:Y) $\alpha_2=2,\ \alpha_3=0,\ \alpha_1=w-2,\ w-3;$

(67:Z) $\alpha_2=3,\ \alpha_3=0,\ \alpha_1=w-3,\ w-4;$

而我们必须重复这一过程,在

(67:A′) $\alpha_2\geqslant 4$

中求解.这一过程的重复,使 V_0 包含

(67:B′) $\alpha_2=4,\ \alpha_3=0,\ \alpha_1=w-4,\ w-5;$

(67:C′) $\alpha_2=5,\ \alpha_3=0,\ \alpha_1=w-5,\ w-6;$

同时又要求我们重复这一过程,在

(67:D′) $\alpha_2\geqslant 6$

中求解.余此类推.

这样,V_0 包含(67:R),(67:S),(67:Y),(67:Z),(67:B′),(67:C′),….这个集合可以描述如下:

(67:E′) $\alpha_1=0,1,\cdots,w;$

(67:F′) $\alpha_2=w-\alpha_1,\ w-1-\alpha_1$(当 $\alpha_1=w$,后一个除外);

(67:G′) $\alpha_3=0.$

67.3.3 (67:E′)至(67:G′)的结果可以这样来理解:

第一和第二,关于总和 $\alpha_1+\alpha_2+\alpha_3$ 以及它与 w 的关系,我们可以逐字重复 67.2.3 的相应部分.

第三,在这里,事情与 67.2.3 完全不同.我们始终不变地得到 $\alpha_3=0$.当接近连续情形时,即当 $w\to\infty$ 时,解可以看成是

(67:H′) $0\leqslant\alpha_1\leqslant w,$

(67:I′) $\alpha_2=w-\alpha_1,$

---

① 注意:α_3 不能是 1,因为它必须是偶数.

② 注意在这里所采取的步骤与 67.2.2 中(67:F)以下相应步骤的不同.

(67:J′) $\alpha_3=0.$

如同在 67.2.3 中相应部分所作的那样,我们再与 62.5.1 中的(62:19)进行比较,于是我们看到,现在的情形是:对于这两个联合起来的买者,用来描述分配规则的(62:19)的单调函数(参看前面所述),再次是完全确定了的——但这一次我们发现,全部利益归买者 2 所得(而不是两个买者得到 67.2.3 所述的同等待遇)!

现在,我们必须将这一结果与 67.2.3 的相应的结果进行比较,并解释整个现象.

67.4 关于价格磋商的结论

67.4.1 由 67.2.3,67.3.3 的结果所得的结论是明显的.在前一种情形,这两个买者有完全相同的识别能力——即相同的效用单位,于是,我们发现,分配规则给他们相同的待遇.在后一种情形,买者 2 比买者 3 有更好的识别能力——即买者 2 的效用单位是 3 的一半,于是,在分配规则中,利益全部归买者 2 所得.显然,如果他们的能力倒转,结果也会相反.我们也可以说,如果联合起来的两个买者有同样精密的效用表,他们之间的分配规则将利益等分,如果其中之一有较精密的效用表,则利益全部归他所得.[①]

在离散情形,每一个参加者的确都有一个确定的效用表,而分配规则(即解)是唯一地确定了的.在连续情形,效用表的"精密程度"是未经定义的,同时,我们已经看到,分配规则可以按很多不同的方法来选择.

因此,我们第一次看到,一个局中人的识别能力——特别是他的主观的效用表的精密程度——对于他与同盟者磋商价格时的地位,具有一种决定性的影响.[②]因此,可以预期,这一类的问题只有恰当地和系统地考虑了所涉及的心理条件时,才能完全解决.最后一段的讨论,可能是第一次指出了恰当的数学研究途径.

---

① 我们可以考虑更细致的处理方法:我们可以对 α_2 和 α_3 规定可变密度的范围.在这种情形,根据与前面相同的理由,我们仍然有唯一的解.α_2,α_3 的相关,当绘在 α_2,α_3-平面上时,将是以前描述过的三种类型的组合:α_2,α_3 对称,即平行于两个坐标轴的等分线;平行于 α_3-轴;平行于 α_2-轴.

事实上,如果恰当地选择 α_2 和 α_3 的范围,我们有可能得到所希望的这些元素的任何组合.采用这种方法,任何所希望的曲线的形状,都可以任意地近似.原来的连续情形的普遍性,就这样地被恢复.

我们不打算在此详细讨论这一问题和与之有关的各个问题.

② 当然,这只是在连续效用的理论允许在同盟者之间有几个不同的分配规则的情况下才能发生——这显然是价格磋商发生作用的情形.

原书附录　效用的公理化

· *Appendix of First Edition The Axiomatic Treatmentof Utility* ·

A.1　问题的表述

A.1.1　我们将在这个附录中证明：3.6.1 中所列举的效用的公理，使效用成为一个适合于线性变换的数.[①]更精确地说，我们将证明：这些公理至少在 3.5.1 的意义上蕴涵有一个(事实上，当然有无穷多的)具有性质(3:1:a)，(3:1:b)的效用在数上的映象；我们也将证明：两个这样的映象互为线性变换式，即它们以关系(3:6)联系起来.

在对 3.6.1 的公理(3:A)—(3:C)进行这一分析以前，我们先提出以下两个有关的补充说明，这对于消除可能的误解，可能是有帮助的.

A.1.2　第一个说明是，这些公理，特别是(3:A)这一组，描述了以$>$，$<$关系为基础的完全顺序概念.我们并不将$=$关系公理化，而把它解释为真正的相等.另一个可供选择的程序，是同时把$=$公理化，这在数学上也是完全站得住脚的，也可以被采用成为我们的程序.这两个程序显然是相当的，它们只表示兴趣上的差异.在有关的数学和逻辑学文献中的实际做法是不统一的，因此，我们选用了较简单的程序.

第二个说明是，如同在 3.5.1 的开始部分所指出的，不论对于影响效用 u,v 的"自然"关系 $u>v$，或者是对于影响数 ρ,σ 的数量关系 $\rho>\sigma$，我们都采用$>$符号；同时，不论对于影响效用 u，v 的"自然"运算 $\alpha u+(1-\alpha)v$，或者是对于影响数 ρ,σ 的数量运算 $\alpha\rho+(1-\alpha)\sigma$(在这两种情形，$\alpha$ 都是一个数)，我们都采用 $\alpha\cdots+(1-\alpha)\cdots$.人们可能提出反对的意见，认为：这种做法可能引起误解和混乱；然而，只要我们始终清楚地注意我们所论及的量究竟是效用(u,v,w)还是数($\alpha,\beta,\gamma,\cdots,\rho,\sigma$)，这种情况就不会发生.对这两种情形中的关系和运算("自然的"和数量的)采用同一符号，具有某种简明之处，并便于记住"自然的"和数量的相似对偶关系.由于这些原因，在数学文献中论及类似的情形时，这种方法是相当普遍地被采纳的，而我们也打算应用这种方法.

A.1.3　在 A.2 中所要采用的推理，是相当冗长的，而且对于没有数学训练的读者，将是颇为乏味的.从纯粹技术的与数学的观点来看，还可以进一步提出反对的意见，即这些推理不能被认为是深刻的——作为这些推理的基础的观念，是十分简单的，但是，不巧的是，为了完整起见，技术上的处理不得不占很多篇幅.以后也许有可能找到一个较简短的阐述方法.

不论怎样，我们将不得不采用在 A.2 中的由美学上看不能令人十分满意的阐述方法.

---

① 即不固定效用的零或单位.

A.2　由公理所得推论

A.2.1　我们现在着手从3.6.1的公理(3:A)—(3:C)来作出推论.整个推论将分为几个相接连的步骤,它将在这一节和以下四节中进行.最后的结果将在(A:V),(A:W)中加以表述.

(A:A)　　如果$u<v$,那么$\alpha<\beta$蕴涵

$$(1-\alpha)u+\alpha v<(1-\beta)u+\beta v.$$

证明:显然$\alpha=\gamma\beta, 0<\gamma<1$.根据(3:B:a)(以$u, v,, 1-\beta$代替$u, v, \alpha$),$u<(1-\beta)u+\beta v$,因此,根据(3:B:b)(以$(1-\beta)u+\beta v, u, \gamma$代替$u, v, \alpha$),

$$(1-\beta)u+\beta v>\gamma((1-\beta)u+\beta v)+(1-\gamma)u.$$

根据(3:C:a),这可以写成

$$(1-\beta)u+\beta v>\gamma(\beta v+(1-\beta)u)+(1-\gamma)u.$$

现在,根据(3:C:b)(以$v, u, \gamma, \beta, \alpha=\gamma\beta$代替$u, v, \alpha, \beta, \gamma=\alpha\beta$),右边是$\alpha v+(1-\alpha)u$,因此,根据(3:C:a),就是$(1-\alpha)u+\alpha v$.于是,正如我们所要证明的,$(1-\alpha)u+\alpha v<(1-\beta)u+\beta v$.

(A:B)　　给定两个固定的$u_0, v_0, u_0<v_0$,考虑映象

$$\alpha\rightarrow w=(1-\alpha)u_0+\alpha v_0.$$

这是区间$0<\alpha<1$在区间$u_0<w<v_0$的一部分上的一对一及单调映象.[①]

证明:映象是在区间$u_0<w<v_0$的一部分:$u_0<w$与(3:B:a)全同(以$u_0, v_0, 1-\alpha$代替u, v, α),$w<v_0$与(3:B:b)全同(以v_0, u_0, α代替u, v, α).

一对一性质:这来自我们即将在下面建立的单调性.

单调性质:与(A:A)全同.

(A:C)　　(A:B)的映象事实上在$u_0<w<v_0$的所有的w上映射了$0<\alpha<1$的α.

证明:假定不是如此,即有某个$u_0<w<v_0$的w_0被略去.那么,对于$0<\alpha<1$中的所有的α,$(1-\alpha)u_0+\alpha v_0\neq w_0$,即$(1-\alpha)u_0+\alpha v_0\lesseqgtr w_0$.按照<或>情况的不同,分别令$\alpha$属于I类或II类.于是,显然互相排斥的Ⅰ类和Ⅱ类,二者合起来,就概括了区间$0<\alpha<1$.现在,我们看到:

第一,I类不是空的.这可以直接由(3:B:c)得出(以$u_0, w_0, v_0, 1-\alpha$代替u, w, v, α).

第二,II类不是空的.这可以直接由(3:B:d)得出(以v_0, w_0, u_0, α代替u, w, v, α).

第三,如果α在I中,而β在II中,那么,$\alpha<\beta$.的确,由于I和II是不相交的,因而必然$\alpha\neq\beta$.因此,除了$\alpha<\beta$之外的另外的情形,只能是$\alpha>\beta$.但是,在这种情况下,(A:B)的映象的单调性将蕴涵:由于α在I中,β必须也在I中——但是β却在II中.因此,只有$\alpha<\beta$是可能的.

考虑到I,II的这三个性质,必须存在着$0<\alpha_0<1$的α_0,α_0把它们分开,即对于I的所有

① 在(A:C)中可以看出,这一部分事实上是整个的$u_0<w<v_0$区间.

的 α,$\alpha\leqslant\alpha_0$,而对于 II 的所有的 α,$\alpha\geqslant\alpha_0$.[①]现在,α_0 本身必须属于 I 或 II. 因此,我们分别来论述.

第一,α_0 在 I 中. 于是,$(1-\alpha_0)u_0+\alpha_0v_0<w_0$. 同时,$w_0<v_0$. 应用(3:B:c)(以 $(1-\alpha_0)u_0+\alpha_0v_0$,$w_0$,$v_0$,$\gamma$ 代替 u,w,v,γ),我们得到一个 γ,$0<\gamma<1$,而且,$\gamma[(1-\alpha_0)u_0+\alpha_0v_0]+(1-\gamma)v_0<w_0$,即根据(3:C:b)(以 u_0,v_0,γ,$1-\alpha_0$,$1-\alpha=\gamma(1-\alpha_0)$ 代替 u,v,α,β,$\gamma=\alpha\beta$),$(1-\alpha)u_0+\alpha v_0<w_0$. 因此,$\alpha=1-\gamma(1-\alpha_0)$ 属于 I. 虽然我们应当得到 $\alpha\leqslant\alpha_0$,然而,$\alpha>1-(1-\alpha_0)=\alpha_0$.

第二,α_0 在 II 中. 于是,$(1-\alpha_0)u_0+\alpha_0v_0<w$. 同时,$u_0<w_0$. 应用(3:B:d)[以 $(1-\alpha_0)u_0+\alpha_0v_0$,$w_0$,$u_0$,$\gamma$ 代替 u,w,v,α],我们得到一个 γ,$0<\gamma<1$,而且,$\gamma[(1-\alpha_0)u_0+\alpha_0v_0]+(1-\gamma)u_0>w_0$,即根据(3:C:a),$\gamma[\alpha_0v_0+(1-\alpha_0)u_0]+(1-\gamma)u_0>w_0$,因此,根据(3:C:b)(以 v_0,u_0,γ,α_0,$\alpha=\gamma\alpha_0$ 代替 u,v,α,β,$\gamma=\alpha\beta$),$\alpha v_0+(1-\alpha)u_0>w_0$,即根据(3:C:a),$(1-\alpha)u_0+\alpha v_0>w_0$. 因此,$\alpha=\gamma\alpha_0$ 属于 II. 虽然我们应当得到 $\alpha\geqslant\alpha_0$,然而,$\alpha<\alpha_0$.

于是,对于每一种情形,我们都发现有矛盾. 因此,原来的假设是不可能的,而我们也就建立了所要求的性质.

A.2.2 至此,让我们暂缓往下讨论,这是有益的. (A:B)和(A:C)已经在数量区间 $0<\alpha<1$ 上产生了一个效用区间 $u_0<w<v_0$ 的一对一映象(u_0,v_0 是固定的,$u_0<v_0$,在其他方面则是任意的!). 这显然是建立效用的数量表示法的第一步. 然而,我们所得的结果,在几个方面,仍然是很不完全的. 主要的限制,看来是:

第一,所得的数量表示,只适合于一个效用区间 $u_0<w<v_0$,而不能同时适合于所有的效用 w. 同时,与不同的对偶 u_0,v_0 相应的映象,怎样能够互相配合,这一点也不明确.

第二,(A:B),(A:C)的数量表示法,还没有与我们的要求(3:1:a),(3:1:b)联系起来. 现在,(3:1:a)显然是满足了的: 它不过是由(A:B)所得的单调性的另一种表示方法. 然而,(3:1:b)的有效性却仍然有待证明.

我们将同时满足所有这些要求. 我们将首先按照第一个说明所提出的途径进行,但在进行过程中,第二个说明的要求和适当的唯一性结果也将建立.

我们将从证明一组助定理开始,这组助定理是更多地为了第二个说明和唯一性的结果,然而,对于达到第一个说明所提出的目标,它们也是基本的.

(A:D) 令 u_0,v_0 同上面所述的那样: u_0,v_0 是固定的,$u_0<v_0$. 对于区间 $u_0<w<v_0$ 内的所有的 w,数值函数 $f(w)=f_{u_0,v_0}(w)$ 的定义如下:

(i) $f(u_0)=0$.

(ii) $f(v_0)=1$.

(iii) 对于 $w\neq u_0$,v_0,即对于 $u_0<w<v_0$,$f(w)$ 是数 α,$0<\alpha<1$,它相当于(A:B),(A:C)中的 w.

(A:E) 映象

---

① 这在直观上是很明显的. 更进一步,它是一个完全严格的推论. 的确,它与引入无理数的古典定理之一完全相同,即与戴德肯(Dedekind)分划的定理全同. 这方面的细节,可以参看实函数论或分析基础的教科书. 例如,可参看前面在 41.3.3 的第一个注中所引的 Carathéodory 的著作. 参看该书 11 页的公理 VII. 我们的 I 类可以代替那里所述的集合 $\{a\}$. 于是,那里所述的集合(A)包含我们的 II 类.

$$w \to f(w)$$

具有以下性质：

(i′) 它是单调的.

(ii′) 对于 $0<\beta<1$ 和 $w \neq u_0$，

$$f[(1-\beta)u_0+\beta w]=\beta f(w).$$

(iii′) 对于 $0<\beta<1$ 和 $w \neq v_0$，

$$f[(1-\beta)v_0+\beta w]=1-\beta+\beta f(w).$$

(A:F) $u_0 \leqslant w \leqslant v_0$ 中所有的 w 在任何数的集合上的映象，如果具有性质(i)，(ii)，同时又具有性质(ii′)或(iii′)，则与(A:D)的映象相同.

证明：(A:D)是一个定义；我们必须证明(A:E)和(A:F).

关于(A:E)：关于(i′)：对于 $u_0<w<v_0$，根据(A:B)，映象是单调的. 这一区间的所有效用，都映射在 >0，<1 的数上，即映射在 $>u_0$ 的映象和 $<v_0$ 的映象的数上. 因此，在整个 $u_0 \leqslant w \leqslant v_0$ 区间，我们都得到单调性.

关于(ii′)：对于 $w=v_0$：我们所陈述的是 $f[(1-\beta)u_0+\beta v_0]=\beta$，而这与(A:B)中的定义全同(以 β 代替 α).

对于 $w \neq v_0$，即 $u_0<w<v_0$：令 $f(w)=\alpha$，即根据(A:B)

$$w=(1-\alpha)u_0+\alpha v_0.$$

于是，根据(3:C:b)(以 v_0，u_0，β，α 代替 u，v，α，β，并应用(3:C:a))，$(1-\beta)u_0+\beta w=(1-\beta)u_0+\beta[(1-\alpha)u_0+\alpha v_0]=(1-\beta\alpha)u_0+\beta\alpha v_0$ 因此，根据(A:B)，$f[(1-\beta)u_0+\beta w]=\beta\alpha=\beta f(w)$，这就是要证明的.

关于(iii′)：对于 $w=u_0$：我们所要陈述的是 $f[(1-\beta)v_0+\beta u_0]=1-\beta$，而这与(A:B)中的定义全同[以 $1-\beta$ 代替 α，并应用(3:C:a)].

对于 $w \neq u_0$，即 $u_0<w<v_0$：令 $f(w)=\alpha$，即根据(A:B)

$$w=(1-\alpha)u_0+\alpha v_0.$$

于是，根据[3:C:b)(以 u_0，v_0，β，$1-\alpha$ 代替 u，v，α，β，并应用(3:C:a)]，$(1-\beta)v_0+\beta w=(1-\beta)v_0+\beta((1-\alpha)u_0+\alpha v_0)=\beta(1-\alpha)u_0+[1-\beta(1-\alpha)]v_0$. 因此，根据(A:B)

$$f((1-\beta)v_0+\beta w)=1-\beta(1-\alpha)=1-\beta+\beta\alpha=1-\beta+\beta f(w),$$

这就是要证明的.

关于(A:F)：试考虑映象

(A:1) $$w \to f_1(w),$$

它具有性质(i)，(ii)，同时又具有性质(ii′)或(iii′). 映象

(A:2) $$w \to f(w)$$

是 $u_0 \leqslant w \leqslant v_0$ 在 $0 \leqslant \alpha \leqslant 1$ 上的一对一映象，因此，可以得到它的逆映象

(A:3) $$\alpha \to \psi(\alpha).$$

现在，把(A:1)与(A:3)，即与(A:2)的逆映象结合起来：

(A:4) $$\alpha \to f_1[\psi(\alpha)]=\varphi(\alpha).$$

由于不论是(A:1)或(A:2)都满足(i)，(ii)，因而对于(A:4)，我们得到

(A:5) $$\varphi(0)=0, \quad \varphi(1)=1.$$

如果(A:1)满足(ii′)或(iii′),那么,由于(A:2)同时满足(ii′)和(iii′),因而对于(A:4),我们得到

(A:6) $$\varphi(\beta\alpha)=\beta\varphi(\alpha),$$

或

(A:7) $$\varphi(1-\beta+\beta\alpha)=1-\beta+\beta\varphi(\alpha).$$

现在,在(A:6)中令 $\alpha=1$,并应用(A:5),我们得到

(A:8) $$\varphi(\beta)=\beta,$$

又在(A:7)中令 $\alpha=0$,并应用(A:5),我们得到 $\varphi(1-\beta)=1-\beta$. 以 $1-\beta$ 代替 β,又得到(A:8).

于是,在任何情况下(A:8)都是有效的. (ii′),(iii′)把它限于 β,$0<\beta<1$. 然而,(A:5)把它进一步伸展到 $\beta=0,1$,即伸展至 $0\leqslant\beta\leqslant1$ 的所有的 β. 按(A:3),(A:4)来考虑 $\varphi(\alpha)$ 的定义,(A:8)的普遍有效性表明了(A:1)和(A:2)的相同,这正是我们所要证明的.

(A:G) 令 u_0,v_0 如前面所述的那样: u_0,v_0 是固定的,$u_0<v_0$. 同时给定两个固定的 $\alpha_0,\beta_0,\alpha_0<\beta_0$. 对于区间 $u_0\leqslant w\leqslant v_0$ 中的所有的 w,数值函数 $g(w)=g_{u_0,v_0}^{\alpha_0,\beta_0}(w)$ 的定义如下:

$$g(w)=(\beta_0-\alpha_0)f(w)+\alpha_0,$$

[按照(A:D),$f(w)=f_{u_0,v_0}(w)$].

我们有

(i) $g(u_0)=\alpha_0$,

(ii) $g(v_0)=\beta_0$.

(A:H) 这一映象

$$w\to g(w)$$

具有以下性质:

(i′) 它是单调的.

(ii′) 对于 $0<\beta<1$ 和 $w\neq u_0$,

$$g[(1-\beta)u_0+\beta w]=(1-\beta)\alpha_0+\beta_g(w).$$

(iii′) 对于 $0<\beta<1$ 和 $w\neq v_0$,

$$g[(1-\beta)v_0+\beta w]=(1-\beta)\beta_0+\beta_g(w).$$

(A:I) 对于 $u_0\leqslant w\leqslant v_0$,所有 w 在任何数的集合上的映象,如果具有性质(i),(ii),同时又具有性质(ii′)或(iii′),则与(A:G)的映象相同.

证明:应用函数之间的对应关系

$$g_1(w)=(\beta_0-\alpha_0)f_1(w)+\alpha_0,$$

也即

$$f_1(w)=\frac{g_1(w)-\alpha_0}{\beta_0-\alpha_0}$$

[对 $f_1(w)$,$g_1(w)$ 而言,同时也对 $f(w)$,$g(w)$ 而言],(A:G)—(A:I)的陈述就转为(A:D)—(A:F)的陈述. 因此,由(A:D)—(A:F)得出(A:G)—(A:I).

(A:J) 假定(A:G)中的(i),(ii),当 $u=u_0$,$v\neq u_0$,等式

$$g[(1-\beta)u+\beta v]=(1-\beta)g(u)+\beta g(v)$$

$(u_0\leqslant u<v\leqslant v_0)$，相当于(A:I)中的(ii′)，而当 $u\neq v_0$，$v=v_0$，它相当于(A:I)中的(iii′).

证明：关于(ii′)：以 v_0，w，β 代替 u，v，β.

关于(iii′)：以 w，v_0，$1-\beta$ 代替 u，v，β.

A.2.3 在(A:G)—(A:J)中，对于效用区间 $u_0\leqslant w\leqslant v_0$ 在数量区间 $\alpha_0\leqslant\alpha\leqslant\beta_0$ 上的映象，已经给予了技术上适当的形式，并使它具有必需的唯一性的性质. 现在，我们可以开始将各种映象

$$w\to g(w)=g_{u_0,v_0}^{\alpha_0,\beta_0}(w)$$

配合在一起.

(A:K) 试考虑 $g_{u_0,v_0}^{\alpha_0,\beta_0}$ 和 w_0，$u_0\leqslant w_0\leqslant v_0$. 令

$$\gamma_0=g_{u_0,v_0}^{\alpha_0,\beta_0}(w_0).$$

于是，在 $g_{u_0,w_0}^{\alpha_0,\gamma_0}(w)$ 的定义域 $u_0\leqslant w\leqslant w_0$，(如 $w_0\neq u_0$，即 $u_0<w_0$)内，$g_{u_0,v_0}^{\alpha_0,\beta_0}(w)$ 与 $g_{u_0,w_0}^{\alpha_0,\gamma_0}(w)$ 全同，而在 $g_{w_0,v_0}^{\gamma_0,\beta_0}(w)$ 的定义域 $w_0\leqslant w\leqslant v_0$(如 $w_0\neq v_0$，即 $w_0<v_0$)内，$g_{u_0,v_0}^{\alpha_0,\beta_0}(w)$ 与 $g_{w_0,v_0}^{\gamma_0,\beta_0}(w)$ 全同.

证明：关于 $g_{u_0,w_0}^{\alpha_0,\gamma_0}(w)$：对于 α_0，γ_0，u_0，w_0，$g_{u_0,v_0}^{\alpha_0,\beta_0}(w)$ 具有性质(i′)，(ii′)[(A:G)，(A:H)的性质]，因为对于 α_0，β_0，u_0，v_0，它们与之全同(因为它们只包含下端 α_0，u_0). 对于 α_0，γ_0，u_0，w_0，它也具有(ii)[(A:G)的性质]，因为 $g_{u_0,v_0}^{\alpha_0,\beta_0}(w)=\gamma_0$. 因此，由(A:I)得出：在 $u_0\leqslant w\leqslant w_0$ 内，$g_{u_0,v_0}^{\alpha_0,\beta_0}$ 满足 $g_{u_0,w_0}^{\alpha_0,\gamma_0}$ 的唯一的特征描述.

关于 $g_{w_0,v_0}^{\gamma_0,\beta_0}$：对于 γ_0，β_0，w_0，v_0，$g_{u_0,v_0}^{\alpha_0,\beta_0}$ 具有性质(ii)，(iii′)[(A:G)，(A:H)的性质]，因为对于 α_0，β_0，u_0，v_0，它们与之全同(因为它们只包含上端 β_0，v_0). 对于 γ_0，β_0，w_0，v_0，它也具有性质(i) [(A:G)的性质]，因为 $g_{u_0,v_0}^{\alpha_0,\beta_0}(w_0)=\gamma_0$. 因此，由(A:I)得出：在 $w_0\leqslant w\leqslant v_0$ 内，$g_{u_0,v_0}^{\alpha_0,\beta_0}$ 满足 $g_{w_0,v_0}^{\gamma_0,\beta_0}$ 的唯一的特征描述.

(A:L) 试考虑 $g_{u_0,v_0}^{\alpha_0,\beta_0}$ 和两个 u_1，v_1，$u_0\leqslant u_1<v_1\leqslant v_0$. 令 $\alpha_1=g_{u_0,v_0}^{\alpha_0,\beta_0}(u_1)$，$\beta_1=g_{u_0,v_0}^{\alpha_0,\beta_0}(v_1)$. 于是，在 $g_{u_1,v_1}^{\alpha_1,\beta_1}(w)$ 的定义域 $u_1\leqslant w\leqslant v_1$ 内，$g_{u_0,v_0}^{\alpha_0,\beta_0}(w)$ 与 $g_{u_1,v_1}^{\alpha_1,\beta_1}(w)$ 全同.

证明：首先将(A:K)应用于 $g_{u_0,v_0}^{\alpha_0,\beta_0}$ 和 $g_{u_0,v_1}^{\alpha_0,\beta_1}$[即以 u_0，v_0，α_0，β_0，v_1，β_1 代替 u_0，v_0，α_0，β_0，w_0，γ_0；注意 $\beta_1=g_{u_0,v_0}^{\alpha_0,\beta_0}(v_1)$]——这就表明：在 $g_{u_0,v_1}^{\alpha_0,\beta_1}(w)$ 的定义域 $u_0\leqslant w\leqslant v_1$ 内，$g_{u_0,v_0}^{\alpha_0,\beta_0}(w)$ 与 $g_{u_0,v_1}^{\alpha_0,\beta_1}(w)$ 全同. 然后，将(A:K)应用于 $g_{u_0,v_1}^{\alpha_0,\beta_1}$ 和 $g_{u_1,v_1}^{\alpha_1,\beta_1}$[即以 u_0，v_1，α_0，β_1，u_1，α_1 代替 u_0，v_0，α_0，β_0，w_0，γ_0；注意 $\alpha_1=g_{u_0,v_0}^{\alpha_0,\beta_0}(u_1)=g_{u_0,v_1}^{\alpha_0,\beta_1}(u_1)$]——这就表明：在 $g_{u_1,v_1}^{\alpha_1,\beta_1}(w)$ 的定义域 $u_1\leqslant w\leqslant v_1$ 内，$g_{u_0,v_1}^{\alpha_0,\beta_1}(w)$ 与 $g_{u_1,v_1}^{\alpha_1,\beta_1}(w)$ 全同，因而 $g_{u_0,v_0}^{\alpha_0,\beta_0}(w)$ 也与之全同.

(A:L)必须与第二种推理方法结合起来. 在此，我们又假定选定了两个 u^*，v^*，$u^*<v^*$；从现在起，在(A:V)和(A:W)以前，我们都假定它们是固定的.

我们现在来证明：

(A:M)　　如果 $u_0 \leqslant u^* < v^* \leqslant v_0$，那么，就存在着一个唯一的 $g_{u_0,v_0}^{\alpha_0,\beta_0}(w)$，而

(i) $g_{u_0,v_0}^{\alpha_0,\beta_0}(u^*)=0$,

(ii) $g_{u_0,v_0}^{\alpha_0,\beta_0}(v^*)=1$.

我们把这个 $g_{u_0,v_0}^{\alpha_0,\beta_0}(w)$ 以 $h_{u_0,v_0}(w)$ 来表示.

证明：作出(A:D)的 $f(w)=f_{u_0,v_0}(w)$. 由于 $u^*<v^*$，因而 $f(u^*)<f(v^*)$. 对于变量 α_0,β_0，由(A:G)得出：$g_{u_0,v_0}^{\alpha_0,\beta_0}(w)=(\beta_0-\alpha_0)f(w)+\alpha_0$. 因此，上述的(i)，(ii)表示：$(\beta_0-\alpha_0)f(u^*)+\alpha_0=0$，$(\beta_0-\alpha_0)f(v^*)+\alpha_0=1$，而这两个等式唯一地确定了 α_0,β_0.[①]因此，我们所希望得到的 $g_{u_0,v_0}^{\alpha_0,\beta_0}(w)$ 是存在的，而且是唯一的.

(A:N)　　如果 $u_0 \leqslant u_1 \leqslant u^* < v^* \leqslant v_1 \leqslant v_0$，那么，在 $h_{u_1,v_1}(w)$ 的定义域 $u_1 \leqslant w \leqslant v_1$ 内，$h_{u_0,v_0}(w)$ 与 $h_{u_1,v_1}(w)$ 全同.

证明：令 $\alpha_1=h_{u_0,v_0}(u_1)$，$\beta_1=h_{u_0,v_0}(v_1)$. 于是，根据(A:L)，在 $g_{u_1,v_1}^{\alpha_1,\beta_1}(w)$ 的定义域 $u_1 \leqslant w \leqslant v_1$ 内，$h_{u_0,v_0}(w)$ 与 $g_{u_1,v_1}^{\alpha_1,\beta_1}(w)$ 全同. 将此应用于 $w=u^*$ 和 $w=v^*$，就得到：$g_{u_1,v_1}^{\alpha_1,\beta_1}(w)=h_{u_0,v_0}(u^*)=0$ 和 $g_{u_1,v_1}^{\alpha_1,\beta_1}(v^*)=h_{u_0,v_0}(v^*)=1$. 因此，根据(A:M)，$g_{u_1,v_1}^{\alpha_1,\beta_1}(w)=h_{u_1,v_1}(w)$. 于是，在 $h_{u_1,v_1}(w)$ 的定义域 $u_1 \leqslant w \leqslant v_1$ 内，$h_{u_0,v_0}(w)$ 与 $h_{u_1,v_1}(w)$ 全同.

我们现在可以建立下列具有决定性的事实：函数 $h_{u_0,v_0}(w)$ 全都配合在一起，成为一个函数. 具体地说：

(A:O)　　给定任何 w，可以选择 u_0,v_0，使 $u_0 \leqslant u^* < v \leqslant v_0$，而且 $u_0 \leqslant w \leqslant v_0$. 对于所有这样选择的 u_0,v_0，$h_{u_0,v_0}(w)$ 都有相同的值. 也就是说，$h_{u_0,v_0}(w)$ 只决定于 w. 因此，我们用 $h(w)$ 来表示它.

证明：u_0,v_0 的存在：$u_0=\mathrm{Min}(u^*,w)$ 和 $v_0=\mathrm{Max}(v^*,w)$ 显然具有所希望的性质.

$h_{u_0,v_0}(w)$ 只决定于 w：选择这样的两对 u_0,v_0 和 u'_0,v'_0：$u_0 \leqslant u^* < v^* \leqslant v_0$，$u_0 \leqslant w \leqslant v_0$ 和 $u'_0 \leqslant u^* < v^* \leqslant v'_0$，$u'_0 \leqslant w \leqslant v'_0$，令 $u_1=\mathrm{Max}(u_0,u'_0)$，$v_1=\mathrm{Min}(v_0,v'_0)$. 于是，$u_0 \leqslant u_1 \leqslant u^* < v^* \leqslant v_1 \leqslant v_0$，$u_1 \leqslant w \leqslant v_1$；$u'_0 \leqslant u_1 \leqslant u^* < v^* \leqslant v_1 \leqslant v'_0$，$u_1 \leqslant w \leqslant v_1$. 现在，应用(A:N)两次(先用 u_0,v_0,u_1,v_1,w，再用 u'_0,v'_0,u_1,v_1,w)，就得出 $h_{u_0,v_0}(w)=h_{u_1,v_1}(w)$ 和 $h_{u'_0,v'_0}(w)=h_{u_1,v_1}(w)$. 因此

$$h_{u_0,v_0}(w)=h_{u'_0,v'_0}(w),$$

这就是我们要证明的.

A.2.4　(A:O)的函数 $h(w)$ 的定义，是对所有效用而言的，它是有数值的. 现在，我们不难证明，它具有我们所需要的所有的性质.

在两个助定理的帮助下，证明是很容易作出的.

(A:P)　　给定任何两个 u,v，$u<v$，就存在两个 u_0,v_0，$u_0 \leqslant u^* < v^* \leqslant v_0$，$u_0 \leqslant u < v \leqslant v_0$.

证明：令 $u_0=\mathrm{Min}(u^*,u)$，$v_0=\mathrm{Max}(v^*,v)$.

① $\alpha_0=-\frac{f(u^*)}{f(v^*)-f(u^*)}$，$\beta_0=\frac{1-f(u^*)}{f(v^*)-f(u^*)}$.

(A:Q)　　给定任何两个 $u,v,u<v$，令 $h(u)=\alpha,h(v)=\beta$. 于是，$\alpha<\beta$，而在 $g_{u,v}^{\alpha,\beta}(w)$ 的定义域 $u\leqslant w\leqslant v$ 内，$h(w)$ 与 $g_{u,v}^{\alpha,\beta}(w)$ 全同.

证明：如(A:P)所示，选择 u_0,v_0. 根据(A:M)，$h_{u_0,v_0}(w)$ 是具有两个合适的 α_0,β_0 的 $g_{u_0,v_0}^{\alpha_0,\beta_0}(w)$. 根据(A:O)，在 $h_{u_0,v_0}(w)$ 的定义域 $u_0\leqslant w\leqslant v_0$ 内，$h(w)$ 与 $h_{u_0,v_0}(w)$ 全同，即与 $g_{u_0,v_0}^{\alpha_0,\beta_0}(w)$ 全同. 将此应用于 $w=u$ 和 $w=v$，就得到：$g_{u_0,v_0}^{\alpha_0,\beta_0}(u)=h(u)=\alpha$ 和 $g_{u_0,v_0}^{\alpha_0,\beta_0}(v)=h(v)=\beta$. 由于 $g_{u_0,v_0}^{\alpha_0,\beta_0}(w)$ 是单调的，因而这蕴涵 $\alpha<\beta$. 再者，根据(A:L)(以 $u_0,v_0,\alpha_0,\beta_0,u,v,\alpha,\beta$ 代替 $u_0,v_0,\alpha_0,\beta_0,u_1,v_1,\alpha_1,\beta_1$)，在 $g_{u,v}^{\alpha,\beta}(w)$ 的定义域 $u\leqslant w\leqslant v$ 内，$g_{u_0,v_0}^{\alpha_0,\beta_0}(w)$ 与 $g_{u,v}^{\alpha,\beta}(w)$ 全同. 因此，这对 $h(w)$ 同样是确实的.

在作了这些准备工作之后，我们可以建立 $h(w)$ 的有关的性质.

(A:R)　　所有 w 在数的集合上的映象

$$w\rightarrow h(w)$$

具有以下性质：

(i) $h(u^*)=0$.

(ii) $h(v^*)=1$.

(iii) $h(w)$ 是单调的.

(iv) 对于 $0<\gamma<1$ 和 $u<v$，

$$h[(1-\gamma)u+\gamma v]=(1-\gamma)h(u)+\gamma h(v).$$

(A:S)　　所有 w 在任何数的集合上的映象，如果它具有性质(i)，(ii)和(iv)，那么，它就与(A:R)的映象相同.

证明：关于(A:R)：关于(i)，(ii)：由(A:O)和(A:M)直接得出.

关于(iii)：包含在(A:Q)中.

关于(iv)：按照(A:P)选择 u,v，然后按照(A:Q)选择 α,β 和 $g_{u,v}^{\alpha,\beta}(w)$. 现在，根据(A:H)，(ii′)(以 u,v,v,γ 代替 u_0,v_0,w,γ)，$g_{u,v}^{\alpha,\beta}(1-\gamma)u+\gamma v)=(1-\gamma)g_{u,v}^{\alpha,\beta}(u)+\gamma g_{u,v}^{\alpha,\beta}(v)$. 因此，根据(A:Q)

$$h[(1-\gamma)u+\gamma v]=(1-\gamma)h(u)+\gamma h(v),$$

这就是我们要证明的.

关于(A:S)：试考虑所有效用 w 在数上的映象

$$w\rightarrow h_1(w),$$

它满足(i)，(ii)和(iv). 选择两个 $u_0,v_0,u_0\leqslant u^*<v^*<v_0$，并令 $\alpha_0=h_1(u^*),\beta_0=h_1(v^*)$. 于是，根据(A:I)，在 $g_{u_0,v_0}^{\alpha_0,\beta_0}(w)$ 的定义域 $u_0\leqslant w\leqslant v_0$ 内，$h_1(w)$ 与 $g_{u_0,v_0}^{\alpha_0,\beta_0}(w)$ 全同. 令 $w=u^*$ 和 $w=v^*$，我们得到：$g_{u_0,v_0}^{\alpha_0,\beta_0}(u^*)=h_1(u^*)=0,g_{u_0,v_0}^{\alpha_0,\beta_0}(v^*)=h_1(v^*)=1$. 因此，根据(A:M)，$g_{u_0,v_0}^{\alpha_0,\beta_0}$ 是 h_{u_0,v_0}. 因此，在 $u_0\leqslant w\leqslant v_0$ 内，$h_1(w)$ 与 $h_{u_0,v_0}(w)$ 全同，即与 $h(w)$ 全同. 根据(A:O)，这表示：$h_1(w)$ 与 $h(w)$ 是完全相同的.

A.2.5　由(A:R)，(A:S)得出所有效用在数上的映象，它具有自明的性质，而且这些性质对它的特征给予唯一的说明，因此，对于这个问题，我们可以讨论到这里为止. 然而，由于下列理由，我们仍不能十分满意：(A:R)中的特征描述与(3:1:a)，(3:1:b)中的特征描述不是全同的——(A:R)的(iv)还不够普遍[在(3:1:b)中是对所有的 u,v 而言的,而在(iv)中只对 $u<v$ 的情形而言];而且,(A:R)在(i),(ii)中引入了任意的正规化(采用了任意的 u^*,v^*).以下,我们将消除这些不适当的处理.这是不难做到的.

我们首先推广(A:R)中的(iv).

(A:T) $(1-\gamma)u+\gamma u=u$,这一等式总能成立.

证明:对于 $u\lesseqgtr(1-\gamma)u+\gamma u$,我们说,$\gamma$ 属于Ⅰ类(上面的情形)或Ⅱ类(下面的情形).如果 γ 是Ⅰ类或Ⅱ类,同时,$0<\beta<1$,那么,根据(3:B:a)和(3:B:b)

$$u\lesseqgtr(1-\beta)u+\beta[(1-\gamma)u+\gamma u]\lesseqgtr(1-\gamma)u+\gamma u.$$

(对于 γ 在Ⅰ类或Ⅱ类,我们分别进行:第一,以 $u,(1-\gamma)u+\gamma u,1-\beta$ 代替(3:B:a)或(3:B:b)中的 u,v,α;第二,以 $(1-\gamma)u+\gamma u,u,\beta$ 代替(3:B:b)或(3:B:a)中的 u,v,α.)根据(3:C:a)和(3:C:b)(以 u,u,β,γ 代替 u,v,α,β)

$$(1-\beta)u+\beta[(1-\gamma)u+\gamma u]=(1-\beta\gamma)u+\beta\gamma u.$$

因此,$u\lesseqgtr(1-\beta\gamma)u+\beta\gamma u\lesseqgtr(1-\beta)u+\beta u$.令 $\delta=\beta\gamma$.由于 β 在 $0<\beta<1$ 内自由变化,因此,δ 在 $0<\delta<\gamma$ 内自由变化.假定 $0<\gamma<1,0<\delta<1$,我们由此得出

(A:9) 如果 γ 在Ⅰ类或Ⅱ类,那么,每一个 $\delta<\gamma$ 都在同一个Ⅰ类或Ⅱ类.

(A:10) 在(A:9)的条件下,分别有

$$(1-\delta)u+\delta u\lesseqgtr(1-\gamma)u+\gamma u.$$

如果以 $1-\gamma$ 代替 γ,表示式 $(1-\gamma)u+\gamma u$ 不变.由于 $1-\gamma<1-\delta$ 相当于 $\gamma>\delta$,我们可以用 $1-\gamma,1-\delta$ 代替(A:9)中的 γ,δ.于是,(A:9)和(A:10)成为

(A:11) 如果 γ 在Ⅰ类或Ⅱ类,那么,每一个 $\delta>\gamma$ 都在同一个Ⅰ类或Ⅱ类.

(A:12) 在(A:11)的条件下,分别有

$$(1-\delta)u+\delta u\lesseqgtr(1-\gamma)u+\gamma u.$$

现在,(A:9)和(A:11)表明:如果 γ 在Ⅰ类或Ⅱ类,那么,每一个 δ($<\gamma$ 或 $=\gamma$ 或 $>\gamma$)都在同一个Ⅰ类或Ⅱ类.也就是说,如果Ⅰ类或Ⅱ类不是空的,那么,它就包含所有的 δ,而 $0<\delta<1$.假定是这种情形(对于Ⅰ类或Ⅱ类),并考虑两个 $\gamma,\delta,\gamma<\delta$.于是,根据(A:10),$(1-\delta)u+\delta u\lesseqgtr(1-\gamma)u+\gamma u$,而根据(A:12)(以 δ,γ 代替 γ,δ),$(1-\delta)u+\delta u\gtreqless(1-\gamma)u+\gamma u$.因此,不论如何,在 $(1-\delta)u+\delta u\lesseqgtr(1-\gamma)u+\gamma u$ 中,$<$和$>$同时成立.这是矛盾的.因此,不论是Ⅰ类或Ⅱ类都必须是空的.

据此,不可能有:$u\lesseqgtr(1-\gamma)u+\gamma u$,即我们总是有:$(1-\gamma)u+\gamma u=u$,这就是要证明的.

(A:U)
$$h[(1-\gamma)u+\gamma v]=(1-\gamma)h(u)+\gamma h(v)$$
$$(0<\gamma<1,\text{任何 } u,v),$$

这一等式总是能成立的.

证明:对于 $u<v$,这就是(A:R),(iv).对于 $u>v$,在(A:R),(iv)中以 $v,u,1-\gamma$ 代替 u,v,γ 即得.对于 $u=v$,则可由(A:T)得出.

我们现在可以依照所要求的形式来证明存在与唯一性定理,即与(3:1:a)和(3:1:b)相应.在(A:M)以前,我们引入了 u^*,v^*,在这里,我们也取消这一假定的固定的选择.

(A:V) 所有 w 在数的集合上的映象

$$w\rightarrow v(w)$$

是存在的,它具有下列性质:

(i) 单调性.

(ii) 对于 $0<\gamma<1$ 和任何 u,v,

$$v[(1-\gamma)u+\gamma v]=(1-\gamma)v(u)+\gamma v(v).$$

(A:W) 对于任何两个映象 $v(w)$ 和 $v'(w)$,如果它具有性质(i),(ii),那么,对于两个合适的但却是固定的 ω_0,ω_1 和 $\omega_0>0$,我们有

$$v'(w)=\omega_0 v(w)+\omega_1.$$

证明:设 u^*,v^* 是两个不同的效用,① $u^*\leqq v^*$.

如果 $u^*>v^*$,那么,把 u^* 和 v^* 互换.这样,不论如何,$u^*<v^*$.把这两个 u^*,v^* 用于建立 $h(w)$,即用于(A:L)—(A:U).我们现在证明:

关于(A:V):根据(A:R),(iii),映象

$$w\rightarrow h(w)$$

满足(i),根据(A:U),它满足(ii).

关于(A:W):先考虑 $v(w)$.根据(i),$v(u^*)<v(v^*)$.令

$$h_1(w)=\frac{v(w)-v(u^*)}{v(v^*)-v(u^*)}.$$

于是,$h_1(w)$自动地满足(A:R)中的(i),(ii),而根据上面的(i),(ii),它满足(A:R)中的(iii),(iv).因此,根据(A:S),$h_1(w)=h(w)$,即

$$v(w)=\alpha_0 h(w)+\alpha_1, \tag{A:13}$$

其中 α_0,α_1 是定数:$\alpha_0=v(v^*)-v(u^*)>0,\alpha_1=v(u^*)$.对于 $v'(w)$,我们得到类似的等式:

$$v'(w)=\alpha'_0 h(w)+\alpha'_1, \tag{A:14}$$

其中 α'_0,α'_1 是定数:$\alpha'_0=v'(v^*)-v'(u^*)>0,\alpha'_1=v(u^*)$.现在,把(A:13)和(A:14)结合起来,我们得到

$$v'(w)=\omega_0 v(w)+\omega_1, \tag{A:15}$$

其中 ω_0,ω_1 是定数:$\omega_0=\frac{\alpha'_0}{\alpha_0}>0,\omega_1=\frac{\alpha_0\alpha'_1-\alpha_1\alpha'_0}{\alpha_0}$.这就是所要求的结果.

A.3 结 束 语

A.3.1 (A:V)和(A:W)显然是 3.5.1 中所要求的存在和唯一性定理.因此,3.5—3.6 的断言是完整地建立了.

在这里,读者最好重新读一读 3.3 和 3.8 中对效用概念及其数量解释所作的分析.有两个要点,它们都曾在那里讨论过,至少曾提到过,但现在看来,它们是值得重新强调的.

A.3.2 第一个要点论及我们的程序与互补概念的关系.仅仅是加法公式,如(3:1:b),似

① 严格地说,按我们的公理,不存在两个不同效用的情形是许可的.这一可能性意义不大,但它很容易处理.如果没有两个不同的效用,那么,它们的数是零或1.在第一种情形,我们的断言是无意义的,但也被证实了.因此,假定是第二种情形:有一个而且只有一个效用 w_0.函数只是一个常量 $v(w_0)=\alpha_0$.任何一个这样的函数都满足(A:V)中的(i),(ii).在(A:W)中,$v(w)=\alpha_0,v'(w)=\alpha'_0$,我们选择 $\omega_0=1,\omega_1=\alpha'_0-\alpha_0$.

乎表明了这样的看法,即我们假定:在那些对其效用加以结合的事物之间,不存在任何形式的互补性.应当着重指出,我们完全是在确实不可能有互补性的情形下才这样做的.如同在3.3.2的第一部分所指出的,我们的 u,v 不是确定的——而且可能是共存的——物品或服务的效用,而是想象中的事件的效用.特别是(3:1:b)的 u,v 所指的,是可供选择的想象中的事件,其中只有一个将成为现实.也就是说,(3:1:b)所论及的是:或者得到 u(按概率 α),或者得到 v(按其余的概率 $1-\alpha$)——但由于不能想象这二者将会同时发生,因而它们决不是普通意义上的互补.

应当指出,当互补概念可以正当地被应用时,博弈论确实提供了一个处理这个概念的恰当的方法:如在25中所描述的,在计算合伙 S(n 人博弈中的)的值 $v(S)$ 时,必须考虑所有可能出现的物品之间或服务之间的互补形式.更进一步,公式(25:3:c)表明:合伙 $S\cup T$ 的值可以大于它的两个组成合伙 S,T 的值的和,因此,它表明了合伙 S 成员的服务和合伙 T 成员的服务之间的可能的互补性(同时参看27.4.3).

A.3.3 第二个说明所论及的问题是:我们的方法是否迫使人们完全同等地估量一个损失和一个(在货币上)相等的收益,它是否允许将效用或反效用与赌博联结起来(即使期望值相平衡),等等.在3.7.1的最后部分,我们已经接触过这些问题(同时参看这一节的第二、第三个附注).然而,再作一些补充的和更具体的说明,可能是有帮助的.

试考虑以下的例子:丹尼尔·贝努里提出(参看3.7.1的第二个注),货币收益 $\mathrm{d}x$ 的效用,不仅应当与收益 $\mathrm{d}x$ 成正比,而且(假定收益无穷小——即对很小的收益 $\mathrm{d}x$ 渐近)与所有者的以货币表示的总占有数额 x 成反比.因此(采用一个合适的数量效用的单位),这个收益的效用是 $\frac{\mathrm{d}x}{x}$.于是,占有 x_1 比占有 x_2 所超过的效用是 $\int_{x_2}^{x_1}\frac{\mathrm{d}x}{x}=\ln\frac{x_1}{x_2}$.获得(有穷的)数额 η 比失去同一数额所超过的效用是 $\ln\frac{x+\eta}{x}-\ln\frac{x}{x-\eta}=\ln\left(1-\frac{\eta^2}{x^2}\right)$.这 <0,也就是说,对于相等的收益和损失,后者要比前者更强烈地被感觉到.具有相等损失风险的50%—50%的赌博,肯定是不利的.

尽管如此,贝努里的效用满足了我们的公理,并遵守我们的结果:然而,占有货币 x 单位的效用,与 $\ln x$ 成正比,而不是与 x 成正比![①][②]

这样,赌博的特殊效用或反效用,乍看起来,是存在的,但是,一个适当的效用的定义(在这一类情形,我们的公理在本质上唯一地确定了这一定义),则在这一情形中把它除去了.

我们曾经强调了贝努里的效用,这并不是由于我们认为它特别重要,也不是由于我们认为它比许多其他或多或少类似的结构更加接近现实.我们的意图完全是为了表明数量效用的应用不一定要包含这一类的假定,如假定具有相等货币损失风险的50%—50%的赌博必须按同等事件处理,诸如此类.[③]

---

① 上述50%—50%赌博所包含的相同的损失风险,以 x 来表示,而不以 $\ln x$ 来表示.

② x 个货币单位的效用可能是可量度的,但并不与 x 成正比,这一点已在3.3.2的第四个注中指出过.

③ 如同在3.7.3中说明(1)所指出的,我们不考虑在几个人之间的效用转移.如同在2.1.1中所简述的,本书中其他地方所采取的更严格的观点,特别是效用的自由转移性,确实要求我们假定效用与货币量度之间的比例关系.然而,这与现阶段的讨论没有关系.

对于赌博，满足数学期望计算的数量效用，不能用任何过程直接地或间接地来加以说明，要组成一个使赌博在任何情况下都具有确定的效用或反效用的体系，乃是一个十分深刻的问题. 在这样的一种体系中，我们的某些公理必然失效. 在现时还很难预见，哪一条或哪一组公理最可能进行这样的修正.

A. 3. 4 然而，某些观察结果可以在这方面有所启示.

第一，公理(3:A)——或者，更具体地说，(3:A:a)——表明了所有效用的顺序的完全性，即个人选择体系的完全性. 很可怀疑，认为这个假设有效地把现实理想化的做法，究竟是否合适，或者甚至是否方便. 也就是说，人们可能要允许以下情形的存在：对于两个效用 u, v，存在着不可比性的关系，它以 $u \parallel v$ 来表示，含义是：既非 $u=v$，又非 $u>v$，也非 $u<v$. 应当指出，现行的同等曲线的方法，并没有恰当地对待这一可能性. 的确，这种情形，“既非 $u>v$ 又非 $u<v$”的合取，相当于“或者是 $u=v$ 或者是 $u \parallel v$”的折取，它以 $u \approx v$ 来表示. 对于这种关系，可以这样来处理，即它只是相等概念(效用的相等概念，同时参看 A. 1. 2 中关于相等的说明)的扩大.

这样，如果 $u \parallel u'$, $v \parallel v'$，那么，在任何关系中，u', v' 都可以代替 u, v，例如，在这种情形，$u<v$ 蕴涵 $u'<v'$. 因此，具体地说，从 $u \parallel u'$ 和 $v=v'$ 可以得出这一结果，从 $u=u'$ 和 $v \parallel v'$ 也可以得出这一结果. 也就是说，当我们分别以 v, w, u 代替 u, v, u' 和以 u, v, w 代替 u, v, v' 时，我们有

(A:16) $u \parallel v$ 和 $v<w$ 蕴涵 $u<w$.

(A:17) $u<v$ 和 $v \parallel w$ 蕴涵 $u<w$.

然而，对于确实令人感到有趣的偏序体系的情形，(A:16)和(A:17)都是不真实的. (可以参看 65. 3. 2 末的第二个例子，这 65. 3. 2 的第三个注中也曾论及这个例子，在那里，指出了与效用概念的联系. 这就是一个平面的顺序，$u>v$ 表示：u 比 v 有较大的纵坐标和横坐标.)

第二，在(3:B)这一组中，公理(3:B:a)和(3:B:b)表明了单调性的性质，这一性质是很难舍弃的. 另一方面，公理(3:B:c)和(3:B:d)表明了几何学公理体系中所称的阿基米德性质：不论 v 的效用超过 u 的效用(或者 u 的效用超过 v 的效用)的差是多么大，不论 w 的效用超过 u 的效用(或者 u 的效用超过 w 的效用)的差是多么小，如果用一个充分小的数量概率把 v 与 u 混合起来，这一混合物与 u 的差，将能小于 w 与 u 的差. 要求在所有情况下都有这一性质，可能是我们所希望的，因为如把它舍弃，这将相当于引入无穷的效用差. ①

在这方面，还值得进行以下的观察：给定任何一个完全顺序的效用体系 $\mathfrak{A}$，这个体系不允许以概率把事件组合起来，同时，也未对效用作数量的解释. (例如，以我们所熟悉的同等曲线的顺序为基础的体系. 如同前面的第一个说明所指出的，将相等概念加以扩大——也就是说，我们在那里引入的 $u \approx v$ 概念，被当作相等概念来处理——就得到了这一顺序的完全性. 在这

---

① 从根源上叙述几何学公理体系中阿基米德性质的文献，可参看 10. 1. 1 的第二个注所引的 D. 希尔伯特的著作. 在那里，参看公理 V. 1. 此后，阿基米德性质曾广泛地应用于数系和代数的公理化.

我们对阿基米德性质的处理方法，与我们所提到的大多数文献中的处理方法稍有不同. 我们不受限制地应用实数概念，而通常在所述及的文献中却避免这种做法. 因此，习惯上采用的方法是以连续加上“较小”的量的方法，来“增大”“较大”的量(可参看前面所引的希尔伯特的程序)，而我们则以一个适当的小的倍数(在我们的例子中，指 α 倍)乘上“较大”的实体(在我们的例子中，指 v 与 u 的效用差)的方法，来“减小”“较小”的实体(在我们的例子中，指 w 与 u 的效用差).

这种处理方法上的差别，纯粹是技术性的，而在概念上没有影响. 读者也可看出，我们谈到像“v 超过 u 的差”，或“u 超过 v 的差”，或(将这两种情形合起来)“u 与 v 的差”一类的实体，这仅仅是为了方便利用文字进行讨论——它们并非我们的严密的公理体系的一部分.

种情形,$u \approx v$ 当然表示:u 和 v 位于同一条同等曲线.)现在,引入受概率影响的事件.这表示,我们引入具有各自概率 $\alpha_1,\cdots,\alpha_n$ $(\alpha_1,\cdots,\alpha_n \geqslant 0, \sum_{i=1}^{n} \alpha_i = 1)$ 的 $n(=1,2,\cdots)$ 个事件的组合.这要求引入相应的(符号的)效用组合 $\alpha_1 u_1 + \cdots + \alpha_n u_n$($u_1,\cdots,u_n$ 在 $\mathfrak{A}$ 中).我们有可能对这些 $\alpha_1 u_1 + \cdots + \alpha_n u_n$(处于上述条件下的任何的 $n=1,2,\cdots$ 和任何的 $\alpha_1,\cdots,\alpha_n$ 和 $u_1,\cdots,u_n$)给予完全的顺序,而不必使它们成为数量的——如果允许这个顺序是非阿基米德的.的确,比方说,将 $\alpha_1 u_1 + \cdots + \alpha_n u_n$ 与 $\beta_1 v_1 + \cdots + \beta_m v_m$ 加以比较,我们可以假定 $n=m$ 和假定 $u_1,\cdots,u_n$ 与 $v_1,\cdots,v_m$ 迭合(把 $\alpha_1 u_1 + \cdots + \alpha_n u_n$ 和 $\beta_1 v_1 + \cdots + \beta_m v_m$ 写成 $\alpha_1 u_1 + \cdots + \alpha_n u_n + 0v_1 + \cdots + 0v_m$ 和 $0u_1 + \cdots + 0u_n + \beta_1 v_1 + \cdots + \beta_m v_m$,然后,用 $n;u_1,\cdots,u_n;\alpha_1,\cdots,\alpha_n;\beta_1,\cdots,\beta_n$ 代替 $n+m;u_1,\cdots,u_n,v_1,\cdots,v_m;\alpha_1,\cdots,\alpha_n,0,\cdots,0;0,\cdots,0,\beta_1,\cdots,\beta_m$).于是,我们将 $\alpha_1 u_1 + \cdots + \alpha_n u_n$ 与 $\beta_1 u_1 + \cdots + \beta_n u_n$ 加以比较.然后,进行适当的排列,重新安排 $1,\cdots,n$,就使 $u_1 > \cdots > u_n$.在这些准备步骤之后,我们使 $\alpha_1 u_1 + \cdots + \alpha_n u_n > \beta_1 u_1 + \cdots + \beta_n u_n$ 的定义具有以下的含义:对于最小的 $i(=1,\cdots,n)$,$\alpha_i \neq \beta_i$,比方说,$i=i_0$,我们有 $\alpha_{i_0} > \beta_{i_0}$.

显然,这些效用是非数量的.如果注意到,在这里,一个影响 u_{i_0} 的任意小的 $\alpha_{i_0} - \beta_{i_0}$ 的概率差,将胜过其余 u_i($i=i_0+1,\cdots,n$,换句话说,其余 u_i 指 $< u_{i_0}$ 的效用)的任何潜在的相反的 $\beta_i - \alpha_i$ 所超过的概率,那么,这些效用的非阿基米德性质也就是明显的.(于是,这就排除了像 3.3.2 的第二个注中所述的那一类的判断标准的应用.)显然,它们违反我们的公理(3:B:c)和(3:B:d).

这样的一种非阿基米德的顺序,显然与我们的关于效用和选择的性质的正常观念相矛盾.另一方面,如果我们要想在引入了概率的体系中,对满足我们的公理(3:A)—(3:C)——因此也就具有阿基米德性质——的效用(及其顺序)下一定义,那么,由于我们的 A.2 的推理是适用的,因而效用必须是数量的.

第三,真正应当修正的一组公理,看来可能是(3:C)——或者,更具体地说,是公理(3:C:b).这个公理表明了各种机会选择的组合规则,然而,显然,只有在这个简单的组合规则被舍弃的情况下,赌博的特殊效用或反效用才能存在.

对(3:A)—(3:C)体系作某种变更,无论如何要包含(3:C:b)的舍弃,至少是重大的修正,这样就可能导致在数学上完全的和令人满意的效用的计算,它允许赌博的特殊效用或反效用存在的可能性.我们希望,将来能找到完成这一任务的途径,但是,数学上的困难看来是很巨大的.当然,要实现纯粹用文字的论述来成功地完成这一任务的希望,看来将需要更长的时间.

从上面的说明,可以清楚地看出,对于克服这些困难的尝试,现行的同等曲线的方法,没有提供帮助.它只是扩大了相等概念(参看上面的第一个说明),但是,对于人们应当怎样处理包含概率(概率不可避免地要与所期望的效用联系起来)的各种情形,它没有提供有帮助的说明——当然更没有特殊的说明.

60 周年纪念版附录*

· *Appendix of Sixtieth-Anniversary Edition* ·

国际重要学术期刊对本书的评论

1.《美国社会学》评论

赫尔伯特 · A. 西蒙(Herbert A. Simon),1978 年诺贝尔经济学奖获得者;卡内基梅隆大学教授
《美国社会学杂志(*The American Journal of Sociology*)》1945 年 5 月
第 50 卷第 6 册,558—560 页

《博弈论与经济行为》既给出了一套依靠严谨数学表达的博弈策略理论,同时也将这套理论应用于分析若干经济问题.尽管博弈论在社会学和政治学领域尚无明确的应用,但其理论的一般性和广度,却毫无疑问地足以使其对这些领域产生根本性影响.

在这部著作的前言中,作者十分睿智地写道:“数学工具之所以被当作一种基本元素使用,是因为不涉及高等代数和微积分……但是,读者……不得不首先使他们自己超越一切成规和符号,熟悉数学的分析方式.”因此,这部著作对读者的要求并不是必须经过大量的数学训练以至于成为一个“数学家”.评论者发现《博弈论与经济行为》在任何时候读起来都是清晰而又细致的表述方式的典范.

关于数学的思考方法是否能够应用于各自的专业,社会科学的研究者们进行了数十年成果甚微的争论.就像所有关于方法论的争论一样,这一争论只有经过长期的实践才能被检验.至今为止,除了数理经济学这一例外,数学推理(区别于定量数据的运用或者是统计学)在社会科学之中并没有太多的体现.当然,这个唯一的例外是引人注目的——经济理论的推理越来越依赖于微积分的应用,边际分析在过去五十年所取得的成就大部分要归功于接受过数学思考方法训练的经济学家,尽管他们有时会将其思想转换为更加容易被接受的语言表述出来.

在社会学和政治学领域,建立数理理论的尝试屈指可数,并且迄今为止其成果可以忽略不计.尽管有使用符号乃至“方程”,然而无论是帕尔森(Parson)的《社会行为结构》(*The Structure*

* 北京航空航天大学段颀译。

of Social Action),还是多德(Dodd)的《社会的维度》(*Dimensions of Society*),都无法被任何数学家认为是“数学的”——尽管后者显然有志于此. 齐普夫(Zipf)的《国民的一致性与不一致性》(*National Unity and Disunity*)中的“数学”没有超过简单的算术的范围,并且齐普夫得出的结论也和他所用的算术方法毫无关系. 其余为数不多的为我所知的例子,包括卡尔·门格尔(Karl Menger)1938 年 3 月发表在《美国社会学杂志》(*The American Journal of Sociology*)上的论文,以及拉雪夫斯基(Rashevsky)在《心理测量学》(*Psychometrika*)及其他杂志上的一系列论文.[①]前者尽管具有启发性,但未能取得较大的进展;后者显然是从索罗金(Sorokin)的工作中汲取了社会学方面的灵感,通过引入咬文嚼字的假设,试图解决一些显然不是我们今天拥有的技术和理论所能够解决的复杂问题.

与之前的一切成果相比,《博弈论与经济行为》一书更加朴实,其成果也更令人印象深刻. 这部著作要建立的只是一套关于理性人行为的系统而严谨的理论. 要展现人的理性,最简单的环境就是在博弈之中,于是两位作者选择将 1928 年冯·诺伊曼提出的博弈论作为全书的出发点.

尽管社会科学中的大部分数学运用所使用的工具都是微积分和微分方程,但冯·诺伊曼则选择了完全不同的方向——他使用的数学工具主要是点集和拓扑理论. 实际上,冯·诺伊曼坚持认为——他在数学方面的卓越成就是他形成这一观点的重要原因——数学在社会科学领域的应用之所以不够成功(他当然是夸大了这种不成功,至少就与经济学有关的数学应用而言),在很大程度上是因为使用了与物理学发展密切关联的数学工具,而这些数学工具并不适用于社会科学. “因而可以预见,”他写道,“要想在这一领域之中获得具有决定意义的成果,需要有堪与微积分相比的数学发现……只是重复使用那些在物理学中取得成功的数学技巧,不太可能在研究社会现象时取得同样的成功. ”(原书第 6 页)

博弈论的第一步是要为博弈建立一种正式的数学表述. 这一任务在这部著作的第二章被完美地完成,该章本质上是以冯·诺伊曼 1928 年发表的文章为基础. 本人认为,这也是这部著作对于整个社会科学最重要的理论贡献. 社会科学一直被迫将人的行为(至少是其理性方面)区分为“目的”(ends)和“手段”(means):比如这就是《社会行为结构》一书采用的基本分类. 容易证明的是:这两个概念使得对于人的理性的分析更加复杂而非简单,而无论是社会学还是伦理学现在都有望丢弃这两个概念,代之以为了描述策略博弈而提出的新概念:“选择”(alternatives)、“结果”(consequences),和赋予“结果”的“价值”(values)(此处使用的术语来自本文作者而非《博弈论与经济行为》一书). 这些概念明显来自于经济学的效用计算,但是至少在描述性意义上,这些概念的一般性使得它们可以被应用于分析所有理性或非理性的行为.

与此同时,第二章提出的概念还首次展示了一种社会行为体系,体系中每一个成员行为的结果都明确地依赖于其他成员的行为. 在这个体系之中,“竞争”(competition)与“合作”(co-operation)这两个在社会学、政治学和经济学理论中非常重要的概念有望被清晰地定义和分析. 我相信,这部著作也将成为一个完好的行政组织理论的起点.

这部著作的后续章节包括描述一个“好的策略”(good strategy),也就是进行博弈时的理性选择,以及对博弈参与人行为体系稳定性的分析. 书中对“稳定性”(stability)这一概念

---

① 详见《心理测量学》第 9 卷(1944 年 9 月),第 215 页参考文献.

的定义在细节上也许并非毫无争议，但是其显然指明了正确的方向. 并且，这一概念能够引出最为重要的社会学结论——在超过两人参与的博弈中，联盟(即合伙，指由两人或者多人组成的组织，组织内所有成员彼此协调其行为)会普遍出现.

随后是用以介绍这一理论本身的，该理论最直接的应用. 作者列举了博弈论在经济学领域的一些简单应用——包括双边垄断和双寡头——但在社会学和政治学领域还包含着许多其他可能的应用. 例如，运用特定博弈中“行为标准”的稳定性和不稳定性理论，有可能可以辨别革命理论. 然而要实现这一目标，可能就不得不将博弈论由目前的静态发展到动态. 在政治学领域，也许能够构造出分别描绘两党和多党体系形成过程的博弈，这将让我们得以比较和判断在什么情况下一种均衡优于另一种均衡.

在此我不愿对博弈论能够立即应用于“热点问题”表示出过度的乐观，而只是指出许多在社会科学研究者看来具有重要意义的问题，都能够直接地被表示为博弈论问题，进而得到严谨的分析处理. 之前对于这些问题的“文字层面的”分析，当然不曾确凿和严谨到让我们可以抛弃“数学处理纯属多余”的观点.

我仅希望，将来的评价能够有助于阐明这部著作的重要性，并且鼓励每一位相信有必要实现社会科学理论数学化的研究者——也包括那些思想尚未转变，对此仍不确定的研究者——去完成和掌握博弈论这项任务. 学生通过阅读学习《博弈论与经济行为》一书也可以了解，如果想要对正式的社会科学理论有所贡献的话，他们应当接受怎样的数学教育. 阅读这部著作获得的关于博弈理论应用和发展的思想财富，将成为社会科学分析的基本工具.

2.《美国数学学会会刊》评论

阿瑟 · H. 科普兰德(Arthur H. Copeland)，莱斯大学和密歇根大学教授
《美国数学学会会刊(*Bulletin of the American Mathematical Society*)》1945 年 7 月
第 51 卷第 7 册，498—504 页

这部著作或将被后世视为 20 世纪前半叶最重要的科学成就之一. 如果能够以此重建一门科学——经济学——这将更加毋庸置疑. 而作者通过这部著作奠定的基础，无疑有着极为光明的前景. 由于继续发展这一理论既需要数学家，也需要经济学家，因此，对阅读这部著作所需要的背景知识做出评论就非常必要. 阅读所需的数学基础知识之中，难度超过初等代数和解析几何的知识在书中都有讲解. 对于未经数学训练的读者，要想理解书中的理论需要有高度的耐心. 接受过良好数学训练的读者，则要接受来自分析推理的刺激和挑战. 就经济学而言，有限的背景知识就已足够.

这部著作的作者观察到商业往来在许多方面都具有博弈的属性，于是他们基于二者的相似之处深入研究了人们在进行这些“博弈”时的策略(也因此有了这部著作的书名). 在现实的博弈之中，利益不必是金钱，而可以仅仅是效用(满足感). 在讨论效用时作者发现，相对于存在问题的边际效用理论，一种新的效用理论更加适用于他们的分析. 他们强调，无论是生活中的博弈还是社会博弈，博弈参与人面临的选择常常是依概率的而不是确定性的.

作者证明：如果博弈的一个参与人总是能够依照其偏好序排列其所有可能的选择，那么就能够为其每一种选择赋予一个数值或者效用值，来表示该参与人对该选项的偏好程度.赋值的方法并不唯一，但是任意两种赋值法之间的关系必须是一个线性变换.[①]

博弈的定义被标准化为一系列先决条件的集合.甚至每一名参与人在其每一次行动时的信息状态，都被用一个特定集合之中的一部分来加以刻画和明确.博弈的参与人 k 在博弈结束时的所得 $\mathfrak{F}_k$，是所有行动 $\sigma_1,\sigma_2,\ldots,\sigma_v$ 的函数 $\mathfrak{F}_k(\sigma_1,\sigma_2,\ldots,\sigma_v)$，其中的一部分 σ 可能是依概率的行动(交易卡、掷骰子，等等).[②]

以这样的方式定义博弈，使得在实际的博弈中参与人所要做的工作被极大地简化.设想当所有参与人的所有可能策略都已经被罗列，那么参与人 k 就可以直接告诉他的秘书他想要选择的策略 τ_k.当他的秘书查看这个策略的时候，她得到的是一个关于在所有可能的情况下如何行动的完整的预定描述.于是，如果能够找到一种公平的方法来依给定的概率决定随机事件的实现，那么只要所有参与人的秘书聚到一起并按照各自对应的参与人告诉自己的策略行事，就能够完全决定博弈的结果.但是，概率进入博弈的方式，十分类似于博弈的一个参与人.因此，我们可以设想概率的一个可能"策略"——现在假设概率所选择的策略是 τ_0，而其他 n 个参与人选择的策略分别是 $\tau_1,\tau_2,\ldots,\tau_n$，然后策略决定了行动.于是，博弈的结果得以被所有策略决定，而 $\mathfrak{F}_k(\sigma_1,\sigma_2,\ldots,\sigma_v)$ 是所有人(包括概率)策略的函数 $\mathfrak{G}_k(\tau_0,\tau_1,\ldots,\tau_n)$.那么，$\tau_0$ 又该如何确定呢？秘书们不选择 τ_0，而是在给定参与人选择的策略 $\tau_1,\tau_2,\ldots,\tau_n$ 的情形下，依照 τ_0 赋予任何一名参与人 k 一笔期望的数额 $\mathfrak{H}_k(\tau_1,\tau_2,\ldots,\tau_n)$.依据由 τ_0 决定的每一名参与人每一行动的概率，$\mathfrak{H}_k$ 是 $\mathfrak{G}_k$ 的数学期望.

这时博弈被简化到每名参与人只采取一步行动——选择自己的策略.每一名参与人在选择其策略时，完全无视其他参与人的选择.作者完全遵照由如前所述的先决条件确定的法则，严格地完成了对博弈的简化.

只有一名参与人的博弈，对应着处于荒岛之上的个人经济.这是一个"鲁滨逊·克鲁索式"的经济，或者完全与世隔绝的社会.如果参与人是明智的，他将选择其策略 τ_1，使得 $\mathfrak{H}_1(\tau_1)$ 最大化.这也是唯一在求解博弈时只需考虑一个简单最大化问题的情况.

在一个共有 n 名参与人的零和博弈中，对于 $\sigma_1,\sigma_2,\ldots,\sigma_v$ 的所有选择，π_k 之和都等于零，于是对于 $\tau_1,\tau_2,\ldots,\tau_n$ 的所有选择，$\mathfrak{H}_k$ 之和也都等于零.社会博弈是零和的，但经济学之中的博弈绝非如此，原因在于如果每个人都能选择恰当的行为，社会作为一个整体将能够获得改善.然而通过引入一个虚构的第 $n+1$ 位参与人，并令其所得 $\mathfrak{H}_{n+1}(\tau_1,\ldots,\tau_n)$ 等于其余 n 名参与人所得总和的相反数，任何一个 n 名参与人的博弈都可以被简化为一个 $n+1$ 名参与人的零和博弈.注意函数 $\mathfrak{H}_k$ 的自变量之中不包括 τ_{n+1}，也就是说，这名虚构的第 $n+1$ 位参与人不被允许进行策略选择.我们将会看到，为了防止这一虚构的参与人影响博弈的结果，我们需要对其行为作出进一步的限制.

一个两名参与人的零和博弈 Γ 可以用一个函数 $\mathfrak{H}(\tau_1,\tau_2)=\mathfrak{H}_1(\tau_1,\tau_2)$ 来刻画，因为

① 此篇评论作者在这里的表述忠实了原著，但实际上，应该是"任意两种赋值法之间必须是一个单调正变换".——译者注

② 此处译文遵照此篇评论作者在原文中的表述(action)，尽管这些表述以今天标准看来不够严谨.——译者注

由 $\mathfrak{H}_1+\mathfrak{H}_2=0$ 可以得到 $\mathfrak{H}_2(\tau_1,\tau_2)=-\mathfrak{H}_1(\tau_1,\tau_2)$. 在这个博弈中，参与人 1 将试图使 $\mathfrak{H}$ 最大化（或者使 $\mathfrak{H}_1$ 最大化），而参与人 2 则试图使 $\mathfrak{H}$ 最小化（或者使 $\mathfrak{H}_2$ 最小化）. 由于两名参与人有着截然相反的行为倾向，看上去这一问题的解无法被决定. 但是，通过考虑将这一博弈调整为一个新的博弈 Γ_1，其中参与人 1 首先行动，并且当轮到参与人 2 行动时参与人 2 知道参与人 1 的行动，我们实际上能够更加深入地理解这一问题. 在进行博弈 Γ_1 时，参与人 1 选择了 τ_1 之后，为了使 $\mathfrak{H}$ 最小，参与人 2 选择 τ_2. 因此，参与人 1 应该选择策略 τ_1 以使 $\min_{\tau_2}\mathfrak{H}(\tau_1,\tau_2)$ 最大化. 这时参与人 1 将获得

$$v_1=\max_{\tau_1}\min_{\tau_2}\ \mathfrak{H}(\tau_1,\tau_2)$$

而参与人 2 将获得 $-v_1$. 接下来我们再考虑与 Γ_1 相仿的博弈 Γ_2，其中参与人 2 首先行动，并且当轮到参与人 1 行动时参与人 1 知道参与人 2 的行动. 在进行博弈 Γ_2 时，如果两位参与人都是明智的，参与人 1 将获得

$$v_2=\min_{\tau_2}\max_{\tau_1}\ \mathfrak{H}(\tau_1,\tau_2)$$

而参与人 2 将获得 $-v_2$. 在原博弈 Γ 中，如果两位参与人都是明智的，参与人 1 将至少获得 v_1 且至多获得 v_2；参与人 2 将至少获得 $-v_2$ 且至多获得 $-v_1$. 于是 $v_1\leqslant v_2$，二者就是原博弈（分配）结果的界限.

注意到：当参与人 2 发觉参与人 1 的策略时，博弈 Γ 就变成了 Γ_1；而当参与人 1 发觉参与人 2 的策略时，博弈 Γ 就变成了 Γ_2. 因此，参与人应该设法隐藏他们自己的策略. 隐藏策略通过运用不确定性来完成——参与人 1 以概率 ξ_{τ_1} 选择策略 τ_1，参与人 2 以概率 η_{τ_2} 选择策略 τ_2. 这时，参与人 1 参与博弈所得的均值 $K(\xi,\eta)$，是 $\mathfrak{H}(\tau_1,\tau_2)$ 对于概率 ξ_{τ_1} 和 η_{τ_2} 的数学期望. 其中 ξ 是一个向量，由一系列元素 $\xi_1,\xi_2,\ldots,\xi_n$ 构成；η 是一个向量，由一系列元素 $\eta_1,\eta_2,\ldots,\eta_n$ 构成. 这些概率的引入改变了原博弈 Γ，因此也改变了博弈 Γ_1 和 Γ_2，以及界限 v_1 和 v_2. 新的界限这时是①

$$v'_1=\max_\xi\min_\eta K(\xi,\eta)$$

以及

$$v'_2=\min_\eta\max_\xi K(\xi,\eta)$$

易证 $v_1\leqslant v'_1\leqslant v'_2\leqslant v_2$，也就是说在引入了随机性策略之后，任何一名参与人在博弈中获得的收益都至少与引入随机性之前一样好. 进一步地，可以证明

$$v'_1=v'_2=v$$

即博弈的结果是确定的. 对于上面等式的证明来自于以下事实：由 $\chi_{\tau_2}=\sum_{\tau_1}\mathfrak{H}(\tau_1,\tau_2)\xi_{\tau_1}$ 构成的向量 χ 依赖于 ξ 向量，而由所有可能的 ξ 决定的向量 χ 的端点，构成一个凸的点集.

接下来考虑一个有 n 名参与人的博弈，其中所有的参与人可以被分成两个相互对立的群组，分别记为 S 和 $-S$. 这样一个博弈也可以被视为一个只有两名参与人的博弈，两名参与人分别是 S 和 $-S$. 如果仍以上述方式引入不确定性，那么 S 将通过博弈获得

$$v(S)=v'_1=v'_2=v$$

而 $-S$ 将获得

① 此处原文为 $v'_1=\min_\xi\max_\eta K(\xi,\eta)$，疑误. ——译者注

$$\upsilon(-S)=-\upsilon(S)$$

如果 I 是由所参与人组成的集合,那么 $\upsilon(I)=0$,即博弈是零和的.最后,如果 S 和 T 是互斥的群组,那么

$$\upsilon(S+T)\geqslant\upsilon(S)+\upsilon(T)$$

即通过合作,群组 $S+T$ 中的全部参与人能够获得的收益总和至少与他们被分为 S 和 T 两个群一样多.满足上述性质的函数 $\upsilon(S)$ 被称为博弈的一个特征函数(*characteristic function*);反之,对应满足上述性质的任何一个函数 $\upsilon(S)$,都存在一个以之为特征函数的博弈.构造这样一个博弈,涉及将参与人集合 I 拆分成被称为"独立环集合"的子集合.

如果等式 $\upsilon(S+T)=\upsilon(S)+\upsilon(T)$ 始终成立,即如果 $\upsilon(S)$ 是可分可加的,那么联盟是无效率的,而博弈的结果是确定的——这里是 $n=2$ 的情况.另外,任意两个彼此相差一个可加可分函数的特征函数(无论是否是可分可加的),将产生同样的联盟策略.如果一个博弈的特征函数 $\upsilon(S)$ 不是可分可加的,那么可以再加上一个适当的可分可加函数和一个规模因子,使得对于所有的单元素集 S,$\upsilon(S)=-1$.于是当 $n=3$ 时,$\upsilon(S)$ 的各种情况如下所示

$$\upsilon(S)=\begin{cases}0\\-1\\+1\\0\end{cases}\quad 若\begin{cases}集合\ S\ 是空集(即\ S=-I,也就是\ I\ 的补集)\\集合\ S\ 包含\ 1\ 个元素(即\ S\ 是一个单元素集合)\\集合\ S\ 包含\ 2\ 个元素(即\ S\ 是一个单元素集合的补集)\\集合\ S\ 包含\ 3\ 个元素(即\ S=I)\end{cases}$$

当 $n\geqslant4$ 时,特征函数 $\upsilon(S)$ 不再是确定的,可能性的数量之多将会让人困惑.不过,考虑这些博弈,将会始终让读者感觉非常有意思.我们已经看到,$n=1,2,3,4$ 之中的任意一种情况都有所不同.当 $n=5$ 时的情况(与 $n=4$ 的情况相比)没有什么不同,但是当 $n\geqslant6$ 时,我们将首次遇见这样一种可能:一个博弈可以被拆分成两个或者多个彼此间完全不同却又潜在地彼此影响的博弈,这种现象对应着现实世界中经济状况不同,而又相互依存的国家之间的博弈.

现在还需要考虑的是:在一个给定的博弈之中,可能会出现怎样的联盟,而在出现了这样的联盟之后,利益又将如何在每个联盟的内部进行分配.利益的分配也被称作一种"归责"(imputation),用向量 $\alpha=(\alpha_1,\alpha_2,\cdots,\alpha_n)$ 表示,其中 α_k 表示的是联盟内部第 k 名参与人获得的数额.可以设想,如果是一群新手在进行这样一个博弈,一定会出现某种程度的混乱.当博弈的每一名参与人都努力改善其处境时,联盟将会形成或者被打破.最后,当博弈的参与人对博弈越来越了解之后,一些利益分配(归责)法则将得到信任,因为与这些法则相对应的联盟既具有稳定性,又能够为有效率的联盟带来利益.于是,将会出现一个"可置信归责"(trusted imputations)的集合 V.当然会有一部分参与人对于任何一个可置信归责法则都不满意,但是他们没有强大到足以促成规则的改变,除非他们能够贿赂支持原来归责法则的人背离其联盟.但这样的贿赂必定是无效的,因为潜在的受贿者将会意识到,如果自己接受贿赂背离原来的联盟,最终将会使自己的处境变坏.于是,集合 V 对应着一种群体行为模式,这是一种产生自"觉悟了的自利"(enlightened self interest)的制度或者道德约束.

那么,在数学上应该如何描述集合 V 呢?我们先从一个定义开始.我们称一种归责法则 α 占优于另一种归责法则 β,如果存在一个有效的参与人群组,其中的每一名参与人在 α

下的福利都不差于在 β 下的福利. 其中,参与人群组是有效的,如果该群组能够保证由 α 所确定的该群组成员的利益,不会被群组之外(博弈参与人)的任何力量所否定. 如果一个可置信归责集合 V 之中包含的所有归责法则都不被 V 之中的任何其他归责法则占优;同时 V 之外的任何归责法则都被 V 之中包含的某些归责法则占优,那么集合 V 就被称为博弈的一个解. 所以,V 是一个由互不占优的最大化点组成的集合. 不幸的是,这并不是一个可传递的关系——甚至无法依据"占优"对所有归责法则之中的一部分进行排序——这使得发现博弈的解成为一项困难的任务. 然而,我们还是会给出一种求解 $n=3$ 的博弈的方法.

当 $n=3$ 时,我们有

$$\alpha = (\alpha_1, \alpha_2, \alpha_3), \text{其中 } \alpha_1 + \alpha_2 + \alpha_3 = 0$$

即博弈是零和的. 于是 α 集合位于一个穿过坐标原点,且与所有坐标轴等夹角的平面内,该平面与三个坐标平面的交线段,将该平面分割为 6 个相等的部分.

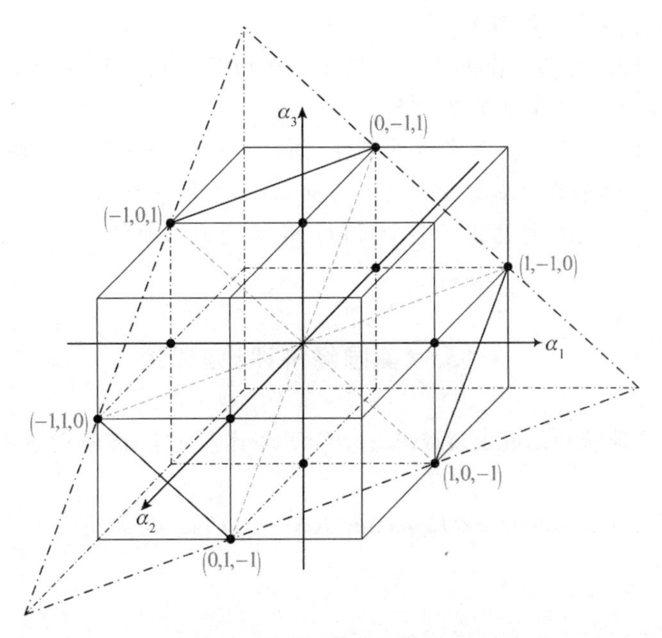

另外,因为每一名参与人即使不通过与他人联盟获得任何好处,也至少能够获得 -1(参见上面的函数),$\alpha_k \geqslant -1$(对于 $k=1,2,3$). 这意味着 α 集合是一个正三角形:该正三角形的中心(也是坐标原点)位于该正三角形与三个坐标平面之相交线段的共同交点;正三角形的三条边,分别与该正三角形与三个坐标平面之相交线段平行. 作为一种归责,α(集合内的所有点)占优于位于这样三个平行四边形之内的点所代表的归责,其中每一个平行四边形都有两条边与上述正三角形的边重合,一个顶点位于 α 的顶点上. 基于上述几何分析,容易求解归责集合 V. 首先,考虑可置信归责集合 V 中所包含的归责并非全部位于某条直线 $\alpha_k = c$(对于 $k=1,2,3$ 和任意的常数 $c \in [-1,2]$)之上的情况,易知这时 V 之中包含的(可置信归责)解只有三个:

$$V: \left(\frac{1}{2}, \frac{1}{2}, 0\right), \left(\frac{1}{2}, 0, \frac{1}{2}\right), \left(0, \frac{1}{2}, \frac{1}{2}\right)$$

如果 V 中所包含的归责全部位于某条如上所述的直线之上——记这样的 V 为 V_c,对应的

直线不妨设为 $\alpha_3 = c$——这时 V 之中包含的元素是无穷多的：

$$V_c:(a, -a-c, c)$$

其中，a 和 c 需要满足一定的限制条件. V 之中包含的不同解，对应着 a 的不同取值. 以上穷尽了可置信归责集合 V 所有可能的情况. 前者看上去十分合理，而 V_c 看上去就不那么正常，并且难以解释——我们之后会讲到这一点.

我们来考虑一个二人非零和博弈. 每一个参与人(1 或者 2)在数字 1 和 2 之间任选其一：如果每一个参与人都选择了数字 1，每个参与人将获 1/2；在其他所有情况下，每个参与人将获得 −1. 如果通过引入一个虚构的参与人 3 将这一博弈改写为一个三人零和博弈，那么这一新的三人零和博弈的特征方程就会恰好如上所述. 这时，如果考虑上述第一类解，可以发现参与人 3 将会成为联盟形成过程之中的一个积极因素(而这是不合理的，虚构的参与人 3 应该是对博弈的任何进程和结果都无差异的). 因此，如果我们想要保持博弈的二人属性，就必须选择上述第二类解 V_c，并令 $c=-1$.

运用这套理论，这部著作的作者分析了一个由单一买者和单一卖者构成的市场，和一个由两个买者和单一卖者构成的市场.

这部著作留下了许许多多未竟的工作，而这一点也让它更加有趣. 无论是沿着经济学应用和解释的方向，还是沿着数学研究的方向，许多扩展工作都可望产生丰富的效果. 事实上，这部著作的作者也已经建议了若干可能产生研究成果而值得探索的方向.

3.《美国经济评论》评论

莱昂尼德·赫尔维茨(Leonid Hurwicz)，2007 年诺贝尔经济学奖获得者；明尼苏达大学教授

《美国经济评论》(*The American Economic Review*)1945 年 12 月[①]
第 35 卷第 5 册，909—925 页

即使只是考虑这部著作使人们注意到经济学理论中存在的一些基本分歧，并且指出这些分歧的确切性质，冯·诺伊曼和摩根斯坦的《博弈论与经济行为》也堪称是一本具有特殊重要意义的著作. 但是，这部著作的贡献和意义远不止如此. 这部著作在本质上具有构建性意义：由于已有的理论被认为不能充分地回答已有的问题，作者便设计了一套新的分析工具来解决一系列的问题.

如果说这部著作只是对于经济学有所贡献，那么对作者是不公平的——这部著作所涉及的范围比经济学要宽广得多. 作者在这部著作中用来处理经济问题的分析工具，其一般性足以保证其被用于政治学和社会学分析，甚至是军事战略. 从这部著作的名字就可以看

---

① 考尔斯委员会论文，新编序列第 13A 号. 本文作者(当时处于学术休假期间)时为爱荷华州立大学(Iowa State University)副教授，现为古根海姆学者(Guggenheim Memorial Fellowship)，同时作为助理研究员在考尔斯经济研究委员会(Cowles Commission for Research in Economics)工作. 本文之中所使用的图表，由芝加哥大学的弗雷德兰德尔(Friedlander)女士绘制.

出其谈论的问题是关于博弈(象棋或者扑克)的恰当性的.此外,纯粹从数学上看,这部著作也有着相当的意义.不过,本篇评论仅限于《博弈论与经济行为》在经济学方面的意义.

在很大程度上,本篇评论具有解释原作的意义.[①]由于原作不仅具有重要地位,同时使用了一些并不常见的概念,并且有着大段的很可能会使部分读者感觉严重困扰的篇幅,解释原作的做法看上去是合理的.

这部著作所尝试弥合的距离,至少早在古诺(Cournot,1838)的双寡头模型时代就已经被经济学家们所了解——尽管直至今日,许多人似乎仍然没有充分地意识到这种距离的存在的严重性.对于被定义为"理性经济行为"的问题,仅从单个个人的立场,无法给出充分的答案.因为单个个人行为的理性与否依赖于其他个人可能的行为——在寡头竞争的例子中,也就是其他卖家的行为.古诺和他的许多后继者们尝试通过假设每一个个人在给定条件下都完全理解其他人将会如何行动的方式非正式地解决了这一问题.由于对他人行为的预期不同,有两种不同的特解:古诺解和伯特兰(Bertrand,1883)解,还有 A. L. 鲍利(A. L. Bowley,1924)提出的更具一般性的概念"推测方差"(conjectural variation).[②]于是,要确定任何个人行为是理性的,只有假设"其他人"的行为模式在事先就是已知的.但是,如果"其他人"的行为也是理性的,那么他们的行为就不可能被事先知道!这就出现了逻辑上的僵局.

早在《博弈论与经济行为》这部著作问世的十余年之前,其作者就指出了解决这一困难的出路,或者出路之一.[③]其基本点在于抛弃对于最大化原则的狭义解释.并不是关于(效用[④]或者利润的)最大化可能的不合意性,而是:当决定结果的若干因素之中只有一部分受到某个决策个体的控制时(例如寡头竞争),可能不存在真正的最大化.

考虑这样一个双寡头竞争的例子,两家寡头厂商 A 和 B,分别试图最大化其各自的利润.[⑤] A 的利润不仅依赖于其自身的行为(策略),同时也依赖于 B 的策略.因此,如果 A 能够(直接地或者间接地)控制 B 将采取的策略,他将分别为自己和 B 选择一个策略,来最大化自己的利润.但是,A 不能选择 B 的策略.所以,A 无法仅仅通过选择一个自己的恰当策略,来实现自己利润的无条件最大化.

在这种情况下,看上去我们无法定义两个寡头厂商各自的理性行为.但是,正是在此处

---

① 这些解释大部分是通过简单的数字比较实例来给出的——这样的例子缺乏一般性和严谨性,但也许能够使得解释更加容易被接受.

② 近期的研究产生了"折线需求曲线"(kinked demand curve)的观点.这一观点尽管十分有趣,但实质上只是推测方差的一个特例.(关于推测方差的概念,详见 A. L. Bowley, *The Mathematical Groundwork of Economics*. Oxford: Clarendon Press, 1924.)

③ 参见冯·诺伊曼:《关于博弈理论》(*Zur Theorie der Gesellschaftsspiele*),《数学年刊》(*Math. Annalen*)1928年.

④ 这部著作讨论的一个次要问题,但是也是具有相当意义的问题,就是效用函数的可测度性问题.为了建立在稍后的例子中将会呈现的那样一种表格(支付矩阵),其中参与人要最大化的是效用而非利润,作者需要参与人的效用函数是可测度的.这部著作并未给出对于效用函数的可测度性的证明,然而,给出这一证明的论文可望很快问世,对于相关问题的评价,似乎也因此应该稍待时日.但需要强调的是,这部著作核心部分的合理性并不依赖于效用的可测度性和可转移性——对这一问题感到难以释怀的读者,在阅读这部著作的时候不妨以"利润"来代替"效用",以避免以一个不必要的假设作为出发点,来理解和评价这部著作的意义.

⑤ 假设购买者的行为(需求函数)是已知的.

作者提出了新的解概念. 我们将用一个例子来说明这一点.

假设每个寡头都有(且仅有)三种可以选择的策略,[①]分别用 A_1、A_2 和 A_3 表示 A 的策略,用 B_1、B_2 和 B_3 表示 B 的策略. 寡头 A 的利润,用 a 表示,显然同时依赖于两个寡头的策略. 用 a 的下标来表示这种依赖关系,下标中的第一个数字代表 A 的策略,第二个数字代表 B 的策略: 例如 a_{13} 表示"当 A 选择 A_1,B 选择 B_3 时,A 的利润";类似的,b_{13} 表示"当 A 选择 A_1,B 选择 B_3 时,B 的利润". 于是,可以用以下的两张表格来描绘这一"双寡头竞争"的各种可能的结果.

表 1a　A 的利润

	B_1	B_2	B_3
A_1	a_{11}	a_{12}	a_{13}
A_2	a_{21}	a_{22}	a_{23}
A_3	a_{31}	a_{32}	a_{33}

表 1b　B 的利润

	B_1	B_2	B_3
A_1	b_{11}	b_{12}	b_{13}
A_2	b_{21}	b_{22}	b_{23}
A_3	b_{31}	b_{32}	b_{33}

表 1a 显示了 A 的利润如何依赖于 A 的策略和 B 的策略. 其中三行分别对应 A 的三种策略,三列对应 B 的三种策略. 表 1b 显示了各种对应情况下 B 的利润. 为了说明 A 和 B 将如何选择各自的策略,我们给出如表 2a 和表 2b 所示的数字举例.

表 2a　A 的利润

	B_1	B_2	B_3
A_1	2	8	1
A_2	4	3	9
A_3	5	6	7

表 2b　B 的利润

	B_1	B_2	B_3
A_1	11	2	20
A_2	9	15	3
A_3	8	7	6

现在我们来看 A 在考虑选择哪一策略时的思考过程. 首先,他会注意到只要他选择策略 A_3,他将获得不低于 5 的利润,而选择另外两种策略时,他将面对只能获得 3 甚至是 1 的危险. 但是对于 A 而言,选择 A_3 还有另一个理由. 假设存在这样一种"泄密"的风险: B 在做出选择之前,得知了 A 的选择. 这时,假如 A 选择的是 A_1,那么给定 B 知道了这一点,他将选择 B_3 以最大化其自身的利润,这将导致 A 只能获得 1;假如 A 选择的是 A_2,那么知道了这一点的 B 将选择 B_2,这时 A 的利润还是低于 5;而只要 A 选择 A_3,他就肯定将获得 5.

到此为止,一个可能的争论是: A 在这样的情况之下选择策略 A_3,是不是在这一问题之中定义理性行为的唯一方式? 但是,这至少是在这一问题之中定义理性行为的方式之一,并且我们即将看到,这是一种富有意义的定义方式. 采用如上方法,读者可以很容易地证明 B 的最优选择是策略 B_1. 于是,这一双寡头竞争(博弈)的结果就被决定了,该结果可以被表述为: A 选择策略 A_3,B 选择策略 B_1,A 获得 5,B 获得 8.

这一解的一个有趣的性质是,当每个寡头发现了对方选择的策略之后,任何一个寡头都不会单方面改变其策略,尽管他有这样做的自由.

要理解这一点,我们假设 B 看到了 A 的选择是 A_3,这时看表 2b 的第三行,B 将立即意识到: 给定 A 的选择不变,自己的最优选择就是 B_1. 这一解具有一种十分稳定的性质,不会

① 实际上,寡头可以选择的策略可能非常多,甚至是无限的.

因为一方发现另一方的策略而改变.

但是,在一些重要的方面,上面的例子都是特意设计的.其中之一便是,这里忽略了博弈中可能出现的"勾结"(collusion)——用更中性的话来说,也就是 A 和 B 之间可能建立联盟(coalition).依据我们在上面得到的解,A 选择策略 A_3,B 选择策略 B_1,A 和 B 这时获得的总利润等于 13.而通过共同行动,他们能够获得更多.如果双方同意,A 选择策略 A_1,B 选择策略 B_3,他们将获得等于 21 的总利润,再通过分割这一总利润,相对于在上面得到的解,双方的利益都将获得改善.

而这部著作的主要成就之一,正是其对于(博弈之中)联盟性质和形成条件的分析.这一点的完成方式将在下面有所介绍.但是在此刻,让我们暂时不考虑可能出现联盟的问题,首先来看另一个虽然有些特殊但是具有重要理论意义的例子:总利润不变的情况.表 3a 和表 3b 给出了这样一个例子.

表 3a　A 的利润

	B_1	B_2	B_3
A_1	2	8	1
A_2	4	3	9
A_3	5	6	7

表 3b　B 的利润

	B_1	B_2	B_3
A_1	8	2	9
A_2	6	7	1
A_3	5	4	3

表 3a 和表 2a 完全相同,表 3b 中的数字做了调整,使得在所有情况下,两家寡头获得的总利润都相同(等于 10).在这种情况下,A 之所得即是 B 之所失,反之亦然.因此,在直观上显而易见[①]的是,这时不会有联盟形成.

再次采用前例之中的方法,可以得到这时的解:A 选择策略 A_3,B 选择策略 B_1,A 获得 5,B 获得 5,总获益为 10.而上面所说的解的稳定性,以及发现对手[②]策略无法带来优势,在此处仍然成立.

但是,在这一例子之中解之所以是确定的,是因为设定所满足的一个特殊条件.要理解这一点,只需将表 3a 之中的数字 5 和数字 6 的位置对调,得到如表 4 描述的 A 在各种策略组合下的利润情况.[③]

表 4　A 的利润

	B_1	B_2	B_3
A_1	2	8	1
A_2	4	3	9
A_3	6	5	7

这时,不再存在具有之前例子中的稳定性的解.假设 A 仍然选择 A_3,那么如果 B 知道了 A 的这一选择,他将选择 B_2 以最大化自己的利润.但是,这时(给定 B 选择 B_2)A_3 将不再是 A 的最优选择,他应该选择 A_1;但是给定 A 选择 A_1,B 就不应选择 B_2,而应该选择

① 尽管在原著中,作者花费很大气力给出了严格证明.

② 在这一例子中,两家寡头的利益是恰好对立的,因此"对手"一词恰如其分.在前例之中则并非如此.

③ 由于假设两家寡头的利润之和保持不变,这里略去了描述 B 的利润的表格.显然,这时 B 的最大化自身利润的选择,等价于最小化 A 的利润的选择.

B_3,依此类推.不存在一个解,能够保证任何一方在发现其对手的选择的情况下,都没有改变自己的选择的动机.也就是,不存在稳定的解.[①]

在表3a和表3b所描绘的例子之中,是什么因素保证了解的确定性,而这种因素在表4所描绘的例子之中不存在了?答案是:在表3a和表3b所描绘的例子之中存在一个鞍点(saddle point),即"最小最大点"(minimax),而在表4所描绘的例子之中不存在.

鞍点具有如下两点性质:它是所有行最小值之中最大的,同时是所有列最大值之中最小的.在表3a中,一方面,行最小值分别为1、3和5,其中5是最大值(最大最小值);另一方面,列最大值分别为5、8和9,其中5是最小值(最小最大值).二者是一致的,二者对应的行与列的结合,(A_3,B_1),同时是所有行最小值之中的最大值和所有列最大值之中的最小值,因此是一个鞍点.容易验证,在表4所描绘的例子之中不存在鞍点.这时所有行最小值之中的最大值仍然等于5,但是所有列最大值之中的最小值等于6:二者的不一致意味着不存在鞍点,也就不存在确定性的解.

为什么存在唯一的鞍点构成了存在确定性解的必要条件(同时也是充分条件)呢?答案蕴含于对前例的分析之中:如果A在选择其策略时,旨在保证其在"信息泄密"情况下的利润最大化(在双方总利润保持不变,因此B的利润最大化选择总是使得A的利润最小的情况下),他将选择所有行最小值之中的最大值所对应的行,也就是表4之中的A_3,这样即使B知道了A的选择,A也将获得不少于5的利润.遵循同样的原则(在双方总利润保持不变,因此B的利润最大化选择总是使得A的利润最小的情况下),B将选择所有列最大值之中的最小值(所对应的列),也就是表4之中的B_1,这样即使A知道了B的选择,B也将获得不少于4的利润.

在这种意义上,两家寡头能够保证获得的最小利润分别是5和4,但是二者之和仅等于9(而事实上无论如何,二者获得的利润之和都等于10).剩余的1单位利润尚待分配,而分配的结果取决于双方对于对手行为的猜测.正是这一剩余项为解的不确定性提供了一种解释和度量方式.对于熟悉这类源自双边垄断理论的现象的经济学家而言,这一剩余项的出现并不意外.但是,也的确存在该剩余项等于0的情况,这时最小最大值与最大最小值正好相等,意味着存在鞍点和解的确定性.

进行到这一阶段,这部著作的作者不得不做出一个选择.他们自然可以接受鞍点并不总是存在的事实,从而接受博弈通常不存在确定性的解的现象.然而,这部著作的作者却更愿意排除掉这种不确定性,通过极具天赋地改变对参与人决策过程的描述,得到博弈参与人恰当的策略,他们实现了这一点.

到目前为止,我们对于双寡头策略选择行为的描述,都是在所有可供选择的行动程序之中选择最优的一种(即纯策略).现在我们稍微调整这一情形,赋予寡头厂商一组骰子,假设他们将通过掷骰子来决定其选择的策略——这样,概率因素就被引入了决策的过程(也即混合策略).[②]但是,也并不是将所有的事都交给概率决定.每个寡头都必须事先制定一套

① 但是站在相反的方向看,在这一例子中仍然存在一定程度的确定性,因为可以排除一部分(不会成为解的)策略组合.例如(A_2,B_1):如果A知道B选择了B_1,他必定不会选择A_2;反之亦然.

② 对于引入"混合策略"的合理性,作者的解释是:在参与人决策之中加入概率因素,是阻止信息泄密的一个有效方法——即使是做出决策的参与人自己,也并不确切地知道最终哪一种纯策略将被执行.

各自的决策规则，将各自掷骰子的各种可能结果和其各种策略联系起来. 为了说明这一点，我们将使用一个与之前相比更加简单的表格，尽管这样一个表格与之前相比也不是那样有趣. 在下表（表 5）[①]中，每一家寡头只有两个可供选择的纯策略.

表 5　A 的利润

	B_1	B_2	行最小值
A_1	5	3	3
A_2	1	5	1
列最大值	5	5	

（行最小值：最大最小；列最大值：最小最大）

假设寡头 A 事先制定的决策规则是（假设他只有一枚骰子）：如果掷出的点数是 1 或者 2，就选择策略 A_1；如果掷出的点数是 3、4、5 或者 6，就选择策略 A_2. 按照这一规则，寡头 A 选择策略 A_1 的概率就是 1/3，选择策略 A_2 的概率就是 2/3. 而如果事先制定另一不同的决策规则，例如如果掷出的点数是 1、2 或者 3，就选择策略 A_1，那么寡头 A 选择策略 A_1 的概率就将是 1/2. 我们将寡头 A 选择策略 A_1 的概率称为 A 的可能性系数（chance coefficient）：在上述两种决策规则下，A 的可能性系数分别等于 1/3 和 1/2. [②]

作为一个特例，可能性系数的取值可以等于 0（意味着 A 将确定地选择策略 A_2）或者 1（意味着 A 将确定地选择策略 A_1）：于是，纯策略在某种意义上可以被视作混合策略的一个特例. 但是，这一表述必须满足若干重要的限制条件——这些限制条件的性质较为复杂，因此在此处不做介绍.

现在，寡头 A 要选择的不再是两个纯策略之中的任意一个，而是要选择一个最优的可能性系数（这时“最优”的含义尚未定义）. 对于可能性系数的选择如何进行？答案是建立这样一张在两个重要的方面不同于此前的表格（如表 6）. 这时表中的每一行代表的是 A 的可能性系数，对应的，每一列代表的是 B 的可能性系数. 由于可能性系数可以被指定在 0 和 1 之间的任何位置（也包括两个端点），表 6 之中所呈现的只是一部分示例——其余未及部分，可以理解为各行和列之间的间隙.

表 6　A 的期望利润

	0	1/3	2/3	1	行最小值
0	5	11/3	7/3	1	1
1/3	13/3	11/3	3	7/3	7/3
2/3	11/3	11/3	11/3	11/3	11/3
1	3	11/3	13/3	5	3
列最大值	5	11/3	13/3	5	

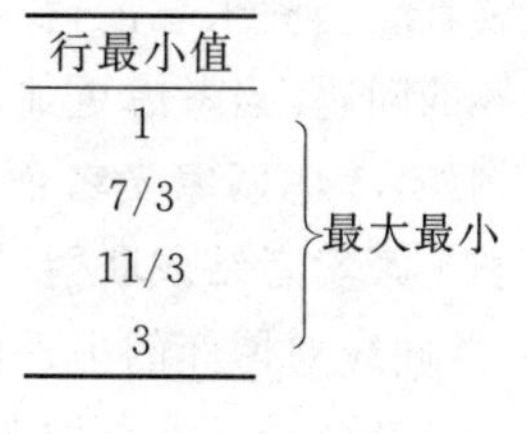

最小最大

① 表 5 之中不存在鞍点.

② 寡头 A 选择策略 A_2 的概率，总是等于 1 减去其选择策略 A_1 的概率. 因此，只要规定 A 选择策略 A_1 的概率，就已经完全确定了一种决策规则. 但是，当可供选择的纯策略数目大于 2 时，就需要规定更多这样的可能性系数.

表6中的各个位置的数字,等于与该行所表示的A的可能性系数和该列所表示的B的可能性系数对应的利润均值(数学期望).需要注意,表6只是作为一个例子展示:原著中采用的是代数方法,计算起来要简单得多.

要理解这一点,我们不妨以表6中第2行第3列的数字(即数字3)为例,构造一张辅助表格,表7(这一辅助表格仅针对与该位置相对应的可能性系数组合,即A的可能性系数等于1/3,B的可能性系数等于2/3).

表7　表6中第2行第3列的数学期望

	$B_1(2/3)$	$B_2(1/3)$
$A_1(1/3)$	5	3
$A_2(2/3)$	1	5

$$\frac{1}{3}\times\frac{2}{3}\times5+\frac{1}{3}\times\frac{1}{3}\times3+\frac{2}{3}\times\frac{2}{3}\times1+\frac{2}{3}\times\frac{1}{3}\times5=3$$

与表5相比,表7的不同之处仅在于删去了给出行最小值的一列,以及给出列最大值的一行,同时加入了表6给出的每一家寡头选择相应纯策略的概率.由此计算出的数学期望,就是表6之中对应位置填写的数字.

现在,我们按原著作者所采取的做法,假设每一家寡头都试图最大化其各自利润的数学期望(如表6所示),而不是最大化其给定纯策略组合下的利润本身(如表5所示),如果仍然恰好不存在鞍点,那么之前的困难似乎依旧存在.但是,混合策略的引入并非只是花哨的形式而已.原著作者证明了在一个由数学期望构成的矩阵(如表6)中,鞍点必定存在,从而博弈总是有确定的解(该证明最早由冯·诺伊曼在1928年给出).①

对于在博弈参与人决策过程中引入骰子这一方法抱有一定怀疑的读者,可能会认为这是一个相当令人吃惊的结果.而与第一感觉不同的是,这确实使得博弈总有确定的解.但为此也需付出代价:看上去,至少必须接受混合策略的概念,并且假设只有利润的期望是重要的(利润的其他方面,例如方差,是不重要的).许多经济学家会认为,这样的代价有些太高了.另外,人们也会质疑在考虑这类性质的问题(即博弈)时,是否有必要保证总是有确定的解.也许,我们可以将处于最大最小值和最小最大值这两个关键点之间的区间上的不确定性直接视为博弈的一种"解".

读者应当尚未忘记,我们在这篇评论的前述部分曾提到的博弈参与人之间存在勾结的可能性的问题.当考虑更加复杂的经济学问题时,这一问题更加显著.

例如,考虑两家卖者面对两家买者情况.这时,两家买者可能结成一个联盟,或者两家买者和一家卖者结成联盟.同时,也可以设想一家买者向一家卖者行贿,以求双方达成某种合作,共同应对博弈的另外两个参与人.很容易就可找到若干种其他的这类组合方式.

当只有两个人参与博弈时,就如上面双寡头的例子(其中忽略了买者的作用),我们看到当两人的总收益保持不变时,联盟无法形成.但是当参与人的数量达到三个或者更多时,即使所有参与人的总收益保持不变,一部分参与人组成子联盟也可能是有利的:在上述四人博弈的例子中,两家卖者联合起来应对买者可能是有利的,即使是(或者可以说尤其是)

① 表6之中的鞍点位于第3行第2列.需要强调的是,表5之中并不存在鞍点.

在全部四人的总收益保持不变的情况下.

因此,要充分考虑博弈参与人可能结成联盟的问题,我们不必放弃可以带来极大简化的总收益不变的假设.实际上,当所有参与人的总收益在不同情况下会发生变化时,可以引入一个虚构的参与人,令该参与人在博弈每种可能结果之下获得的收益总是等于其他所有参与人收益之和的相反数.通过使用这种方法,就可以将一个(比如说)共有三人参与的、总收益并非给定的博弈,转化成为一个共有四人参与的、总收益给定的博弈.尽管现实世界中经济问题的基本法则之一就是所有参与人的总收益并非给定不变,但之所以将大部分讨论限定为总收益不变的博弈(无论是在原著之中,还是在这篇评论之中),这一方法也提供了一个额外的支持.

现在我们开始研究最简单的,参与人总收益给定的、允许结盟的三人博弈.前面用于分析两人博弈的方法,这时就显得不够了.可能出现的情况将大为增多:每个参与人可能会独立地行动,或者三种可能的二人组合(A 和 B 共同应对 C,A 和 C 共同应对 B,B 和 C 共同应对 A)之一,将会结成联盟.如果没有参与人总收益给定这一设定,就还存在另一种可能:所有三个参与人结成联盟.

在这里我们再一次认识到了原著作者所给出方法的创新性.关于特定联盟的形成(或者无法形成),大部分传统的经济学理论仅仅限于假想.[①]举一个例子来说,我们讨论卡特尔,但实际上我们并没有对形成卡特尔的充分和必要条件进行过严谨的经济学研究.不仅如此,在进行经济学分析时我们倾向于先验地排除在买者和卖者之间出现联盟的可能,尽管这种现象在现实世界中是已知存在的.冯·诺伊曼和摩根斯坦的《博弈论与经济行为》一书虽然看上去似乎比已知的经济学理论更加抽象一些,但在这一点上却更加接近现实.对这一经济学理论问题的完整答案,需要回答有关联盟的形成、贿赂和勾结等全部问题.现在,我们已经得到了这一答案,尽管在某种程度上,它具有某些形式上的性质,使其可以被应用于更加复杂的问题,也尽管对于市场的实际运行它并不总能提供充分的见解.

我们回到上面的三人博弈的情况:假设其中有两人是卖者,一人是买者.传统的理论会告诉我们商品的价格以及每一个卖者卖出商品的数量.但我们知道,在讨价还价的过程中,两个卖者之一可能会向另一个卖者行贿,以求(在一定程度上)避免竞争.于是,卖者将因为抑制市场运作的行为而获利;与此同时,行贿的一方获得的名义收益将会大于其实际收益.

所以,正式引入"收益"(gain)的概念能够为下面的论述提供方便:比如受贿的卖者的收益等于贿金的数额;行贿的卖者的收益,等于其销售利润减去贿金.博弈的收益在所有参与人之中的一种给定配置,称为博弈的"归责"(imputation).一个归责不是一个数字,而是一组数字.例如,假设在一种特定的情况下,三个参与人(记为 A、B 和 C)获得的收益分别是 g_A、g_B 和 g_C,那么这三个收益共同构成博弈的一个归责.归责是对博弈的经济过

---

① 在其著作《纯粹成本理论的数学基础》(*Grundlagen einer reinen Kostentheorie*)(1932 年,维也纳出版)中(第 89 页),H.冯·斯塔克伯格曾指出:"竞争者(寡头)之间必须以某种程度联合,……,其中的经济机制和原理目前是不充分的,需要得到经济学和政治学研究的补充."但是,(直到冯·诺伊曼和摩根斯坦的这部著作出现之前)并没有考虑这一问题的严谨理论出现(尽管有着一个对可能发展方向的概述).这正是冯·诺伊曼和摩根斯坦的《博弈论与经济行为》取得真正进步之所在.

程所产生结果的一个概括.在任何一种给定的情况下,博弈都可以有很多不同的可能归责.因此,经济学理论的一个主要任务,就是在所有可能的归责之中找到那些在参与人理性行为下将会被观察到的归责.

在刚才描述的情景(三个参与人,且总收益给定不变)之下,每个参与人在一开始都会问自己:通过独立行动,那么即使出现最坏的情况,也就是另外两人结盟共同应对他,他将获得多少收益?在考虑这种"最坏的情况"时,他可以将博弈视为一个两人博弈(将共同应对他的二人联盟视为一个人),找到这时的最大最小值点,或者鞍点(如果存在的话):如果运用混合策略的概念,鞍点必定存在.然后,每个参与人将会考虑与另外一人或者另外两人结成同盟的可能性.现在来到了关键的问题:在什么条件下这样的同盟能够出现?

在对细节进行讨论之前,我们首先使用表8,来提供一些与博弈参与人在各种情况下获得的收益相关的基本信息.

表 8

Ⅰ.	若 A 独立行动,他能够获得	5
	若 B 独立行动,他能够获得	7
	若 C 独立行动,他能够获得	10
Ⅱ.	若 A 和 B 结盟,他们能够一共获得	15
	若 A 和 C 结盟,他们能够一共获得	18
	若 B 和 C 结盟,他们能够一共获得	20
Ⅲ.	若 A、B 和 C 共同行动(结盟),他们能够一共获得	25

与表8之中提供的信息相对应,在许多可能的归责之中,我们考虑以下三种.见于表9.

表 9

	A	B	C
#1	6.5	8.3	10.2
#2	5.0	9.5	10.5
#3	4.0	10.0	11.0

可以看到,在归责#1之下,参与人 B 和 C 获得的收益(8.3和10.2)均大于其各自独立行动时获得的收益(7和10).因此,参与人 B 和 C 具有结盟的动机,因为(对照表8)若不结盟,就不可能实现归责#1所对应的收益.但是一旦 B 和 C 结成同盟,他们可以获得比在归责#1之下更多的收益,对应归责#2,这时参与人 B 和 C 分别获得9.5和10.5的收益(分别大于8.3和10.2).在这一例子之中,我们说归责#2占优于归责#1(对于参与人 B 和 C 而言).依此类推,看上去归责#3似乎又要占优于归责#2,因为在归责#3之下,参与人 B 和 C 获得的收益(10和11)分别大于其各自在归责#2之下获得的收益.但是,归责#3所承诺的收益过高了:在该归责之下,参与人 B 和 C 获得的总收益等于21,超过了其联盟所能够获得的收益(对照表8).因此,归责#3作为一个不现实的选项(对于参与人 B 和 C 而言)被排除了,不能认为该归责占优于任何其他归责.

占优关系(在博弈中)是一种特别有趣的关系类型.首先,这种关系不具有传递性:在一个博弈中,可能有一个归责 i_1 占优于另一个归责 i_2,同时 i_2 又占优于另一个归责 i_3,但是我们不能由此得到 i_1 占优于 i_s.不仅如此,实际上,i_s 有可能占优于 i_1.①此外,我们很容易构造一个这样的例子:博弈存在两个归责,其中任何一个都不占优于另一个.②

要用几何图形的方式来演示上述非常规的情况,我们来看图1,其中圆环上的点表示不同的可能归责(提醒读者:尽管是有用的,但图1只是一个几何图形示例).现在我们这样定义:如果归责#2位于归责#1顺时针方向,并且与归责#1的角距离小于90°,就表示归责#1占优于归责#2.于是在如图1所示的例子中,我们显然可以得到:归责#1占优于归责#2,同时归责#2占优于归责#3——尽管如此,归责#1并不(一定)占优于归责#3.

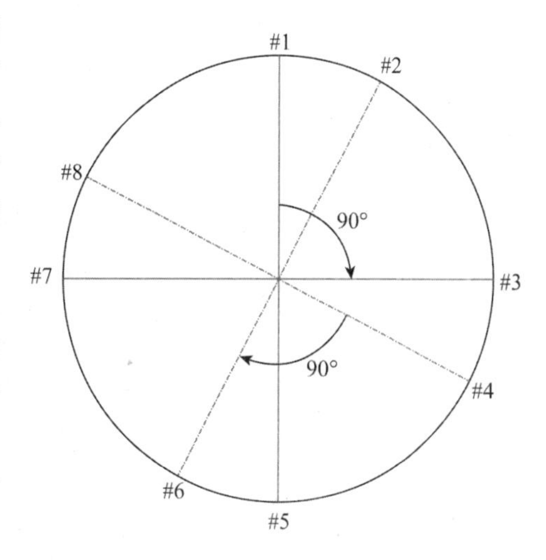

图1

这一几何图示有助于定义解的基本概念.考虑图1中的点(归责)#1、点#3、点#5和点#7:其中没有任何一个占优于任何另一个,因为任何两个点之间的角距离都大于或者等于90°.但是,圆环之上除上述四个点之外的任何一个点,都无一例外地被上述四个点之中的至少一个(在这一例子中,恰好是一个)占优:圆环上任何位于点#1和点#3之间的点,都被点#1占优,依此类推.我们将博弈的解定义为具有以下两个性质的点(归责)集:(1)点集之内没有任何一点占优于点集之内的其他任何点;(2)点集之外的任何点,都必须被点集之内的至少一个点所占优.

我们已经看到,图1中由点#1、点#3、点#5和点#7组成的集合具有上述两个性质,因此该集合构成一个解.值得注意的是,没有一个单元素(点)集合可以构成一个解.实际上,如果我们舍弃上述四个点之中的任何一个,剩下的三个都不足以成为一个解:例如,如果我们舍弃点#1,那么位于点#1和点#3之间的所有点都不被点#3、点#5和点#7之中的任何一个占优.于是,解所要求的第二个性质不被满足,因此由点#3、点#5和点#7组成的集合不是一个解.与此同时,如果在上述四个点之外,再加入第五个点,那么由这样五个点组成的集合也不可能是一个解:假设新加入的是点#2,可以看到,点#2一方面被点#1占优,同时点#2又占优于点#3.于是,解所要求的第一个性质将不被满足.

---

① 也就是说,可能出现循环的占优关系.例如,考虑以下三个归责:表9之中的归责#1和归责#2,以及下面的归责#4:

	A	*B*	*C*
#4	6.0	7.0	12.0

如前所述,这时归责#2占优于归责#1(对于参与人 *B* 和 *C* 组成的联盟而言),归责#4占优于归责#2(对于参与人 *A* 和 *C* 组成的联盟而言),同时归责#1占优于归责#4(对于参与人 *A* 和 *B* 组成的联盟而言).

② 例如,表9之中的归责#2和归责#3.

与人们的直觉猜测不同,解之外的一些点可能占优于解之内的一些点:例如,图1之中的点#8占优于点#1等.

解很可能不止一个.读者可以很容易地证明:由点#2、点#4、点#6和点#8组成的集合也是一个解,并且显然存在无穷多个这样的解.

那么,博弈是否永远存在至少一个解呢?这个问题到目前为止还没有答案.在原著作者验证过的所有例子之中,没有一个是不存在解的.但是,所有博弈至少存在一个解的结论到现在也还没能被证明.要理解这一问题(博弈不存在解)在理论上的可能性,我们可以对前面对于"占优"的概念稍做改变,如图2所示:如果归责#2位于归责#1顺时针方向,并且与归责#1的角距离不超过180°,就表示归责#1占优于归责#2.

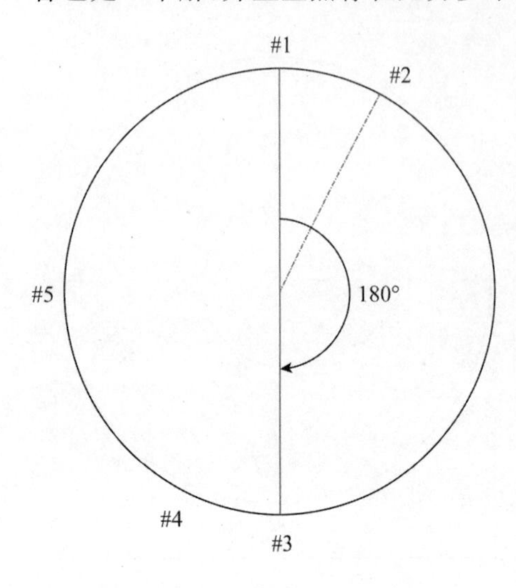

图2

这样的话,在如图2所示的例子之中,点#1占优于点#3,但不占优于点#4——可以证明,这时不存在解.不妨假设存在某个解,同时不失一般性地假设#1是位于该解内部的点.显然,点#1本身不能构成一个解,因为圆环上存在不被点#1占优的点(例如点#4),因此,在该解之中至少有两个元素.但是,圆环上的其他点,要么占优于点#1(例如点#4),要么被点#1占优(例如点#2),要么既占优于点#1又被点#1占优(例如点#3),从而解所要求的第一个性质不被满足.因此,不存在包括两个元素的解,更不要说包括超过两个元素的解了.如此,我们就构造出了一个不存在解的例子.但是,在经济学问题之中(或者,在博弈之中)是否会出现这类情况,仍是一个未知的问题.

现在,我们要对解的概念给出经济学的解释.在解的内部,由于没有任何一个归责占优于其他任何归责,因此没有理由在解的内部从一种归责改变为另一种归责.此外,由于在解的外部的任何一个归责,都会被解内部的至少一个归责占优,因此也没有理由从位于解内部的一种归责改变为位于解外部的另一种归责.但是,正如我们已经见到的,相反的说法常常也同样成立:解内部的若干归责可能被解外部的若干归责所占优.假如我们忽略掉后一种可能性,那么除了一些偶然情况,这时的解就具有了一种与社会制度有关的性质.用原著作者的话说,这时的解可能就等价于被一个社会之中的个体普遍接受的"行为标准".

解的不唯一性于是可以被理解为分别对应不同的制度设定:对于任何一个给定的制度框架,只有一个解是恰当对应的.但即使如此,在任何一个给定的制度框架下仍然存在大量的可能性,因为一个解之中通常包括不止一个归责.如果不引入混合策略,将会出现关于解的更多不确定性.

因此,如果应用冯·诺伊曼和摩根斯坦的理论,不能发现社会博弈之中迄今仍被忽略的归责,那才将是令人感到奇怪的.在其著作中,尤其是最后一章中,一些相当有趣同时又是"非正统的"结论被指出.

至少在其中一个例子中,作者所要求的超出经济学理论的一般性,以近期理论研究的观点来看,尚不能被完全接受.这个例子本质上与双边垄断相对应(原著第 564 页,定理 61:C).在这个例子中作者运用他们新开发的方法得到了一个价格的不确定性区间——与庞巴维克(*Böhm-Bawerk*)提出的价格不确定性区间相比,这一区间更宽(正如作者自己所指出的),原因是舍弃了庞巴维克理论中关于唯一价格的假设.但是作者对这一假设的舍弃,只是为了在其消费者剩余理论部分给出一个例子,其中包括价格不确定性区间的类似扩张.

必须再次强调的是,《博弈论与经济行为》一书的确提供了其他著作难以比肩的极具一般性的方法.作者通过纯粹的理论分析发现的"歧视解"(discriminatory solutions)的存在性就是例子之一.以及,对于三人和四人博弈之中存在导致不同交易类型以及前面提到的勾结的可能性,作者得到了远超由通常使用的经济学方法和技术所能得到的结论.

由冯·诺伊曼和摩根斯坦在这部著作中提供的新方法极具潜力,并且有望丰富和更新许许多多的经济学理论.但这些在很大程度上仍然只是潜力:结果如何,大部分还取决于今后的发展.

即使运用更加有力的数学工具,在处理超过三个参与人的博弈时,研究者所要面对的困难仍然令人望而生畏.在目前的研究阶段,甚至连卖方和买方垄断的问题都在可企及的范畴之外.同样的问题也存在于完全竞争理论之中,尽管该理论给出的并不是一个"合法的解",这是因为该理论没有考虑存在占优于竞争性归责的联盟的可能性.对于寡头问题,这部著作已经提供了许多见解,但是相对于经济学理论家所要求的程度而言,这些结论还远远不够.

因此,对于这部著作在第一章针对今天经济学理论家所使用分析工具进行的相当具有歧视性的攻击,作为本篇评论的作者,本人表示一定程度的遗憾.毋庸讳言,《博弈论与经济行为》一书所指出的经济学理论的不足是完全正确的:如能给出刻画一个包括 m 个卖者和 n 个买者的经济系统的一般性质的模型,从而使得垄断、寡头和完全竞争都成为该模型所提供的一般性分析的特例,那将会让人感到受欢迎之至.然而,不幸的是,目前还看不到这样的模型.在这种情况下,不那么令人满意但仍然十分有用的经济模型仍旧在被并且无疑将继续被经济学家们所使用.尽管即使最好的经济学理论也相当粗糙,但是社会对于经济学理论成果的需要却是任何人都无法忽视的.经济波动理论得到如此之多的研究,并不能成为对于"有多少伴随经济学理论产生的困境都被低估了"(原著第 5 页)的证明.这一事实只是表现了当就业率上下波动、社会迫切需要经济学理论的成果时,经济学家无法奢侈地继续投身于开发理论上最合逻辑的分析工具.

尽管可以这样设想,但同样不能够十分确定的是:沿着冯·诺伊曼和摩根斯坦给出的路线,如若能够产生一套严谨的理论,那么与依据现有工具(的确并不完美)在一些重要问题上得到的结论相比,依据该理论得出的结论将会大相径庭,而这又将进一步证实第一章之中若干对于经济学理论更加严厉的批评.不应忘记的是,举例来说,虽然得到关于联盟形成过程的理论具有重要意义,但是作为理论的一个替代,我们还有与这一现象相关的经验知识(的确也不完美).例如,在一些情况下,卡特尔的形成可能已经如此清晰,以至于经济学家只是将其包括在了某条假设之中,而冯·诺伊曼和摩根斯坦将(至少在原则上)能够证明卡特尔的形成,从而减少一条在逻辑上没有必要的假设.

作者对于在经济学中使用数学方法的批评,即便有着相反方向的辩解,也还是可能会使一部分读者误以为冯·诺伊曼和摩根斯坦对于许多领域中,经济学通过运用数学工具所获得的进展缺乏了解.作者似乎也忽略了经济学在文字表述上的发展,同样潜在地来自于作者所批评的对数学工具的使用(因此,作者质疑的实际上并不是经济学使用的数学工具,而是经济学理论之中,同时体现在文字表述和数学工具之上的某些元素).虽然即使是数学处理也并不总是严密的,但是数学处理相对于文字表述而言更加严密,却是一条基本法则——尽管后者在若干重要方面常常能够更加贴近现实.

在本篇评论的作者看来,在这一点上,原著作者无疑只是为了支持和安抚那些反对经济学严谨思考的人,或者增加他们的满足感.不过,这只是原著第一章之中一些含混不清的批评所造成的影响,与这部著作其余部分所取得的建设性成就相比,这些小缺陷完全不能相提并论.

这部著作对近期经济学研究的引用如此之少,以至于经济学家也许都会感到诧异.甚至读者可能会形成这样一种印象:书中的经济学,仅仅是庞巴维克加上帕累托(Pareto)而已.无论是19世纪的先驱(例如古诺),还是过去数十年的学者(例如张伯伦(Chamberlin)、琼·罗宾逊(Joan Robinson)、弗里希(Frisch)、斯塔克伯格),都不曾被提及.但是,由于其作品中所包含的规模宏大的建设性工作,作者或许可以破例不将其工作与前人的成果相联系.对于几乎体现在这部著作中每一页之上的视角之不厌其新、细节之不厌其精、思想之不厌其深刻,唯让人感到钦佩.

不管涉及何种程度的争论,书中的阐述都尤为条理清晰.作者努力避免给出那些虽为读者所熟知,但是实际上更多属于数学基本范畴的假设;更精炼的分析工具,都只是在其"被需要之时"才会被锻造出来.

虽然有些超出了这篇评论的范围,但我们同时需要提醒读者注意,相对于博弈论的经济学应用,在现实的策略博弈(例如象棋、扑克牌)领域,实际产生的结果要具体得多.如果读者感兴趣的是象棋之中确定性的性质,或者是扑克牌游戏之中应该如何"虚张声势",或者是夏洛克·福尔摩斯(Sherlock Holmes)面对其著名对手莫里亚蒂(Moriarty)教授时所应采取的策略,他们将在阅读这部著作与经济学无直接关系的章节之时兴趣盎然.读者关于军事和外交策略的一些观点,也可能会在阅读这部著作之后发生变化.

因此,阅读这部著作对于读者而言既是一种乐趣,又将成为促进智力发展的一个驿站.即使有时可能会感到进展缓慢,但是绝大部分的经济学家都应该阅读这部著作——这是完全值得付出的努力.出现一本如冯·诺伊曼和摩根斯坦的《博弈论与经济行为》这般水准的著作,本属罕见之事.

4.《经济学刊》评论

T·巴纳(T. Barna)
《经济学刊(*Economica*)》1946 年 5 月
第 13 卷第 50 册,136—138 页

冯·诺伊曼和摩根斯坦完成了一部旨在成为经济学理论基础教材的著作.本质上,该部著作并非是对现有数理经济学的一次修缮或者概括,而是直接彻底地推翻经济学对数学工具的若干使用,代之以一套完全不同的数学方法,以考虑经济学理论的核心问题.

在这部著作的作者看来,(与其他学科相比)之前经济学对数学工具的使用之所以不成功,并不是由于先天因素,而在于未能使用正确的数学方法.要进行经济学分析,必须首先解决两个基本问题:对经济学问题的清晰刻画,以及以充分的研究经验作为背景.在这两个基本点之外,这部著作在一个更加抽象的层次上,用数学方法来分析处理人类一般行为的经济学意义.这部著作最有可能取得的进步,在于对若干迄今为止被贴上"心理学"标签而被当作属于经济学范畴之外的因素进行了定量分析.经济学所一直使用的数学方法(微积分),就其类型而言,适于处理"鲁滨逊·克鲁索"式的问题:这是一种十分清楚的最大化问题.但当我们考虑的是一个有着两个或者更多参与人的交换经济时,问题的性质就发生了变化,因为这时每一个参与人所想要最大化的目标,都依赖于其他参与人的行动.

在一个交换经济中存在着许多不同的利益(动机)——其中一些是并行的,还有一些是彼此冲突的——经济均衡就是这些利益相互作用的结果.要描绘这样一个系统,需要以不同于物理学和其他自然科学的方式运用数学工具:在抽象的意义上,一个交换经济就好比是一个策略博弈.因此,要建立一套经济学理论,第一步就是创造出一套完整的博弈理论.后者要求一套新的数学方法——诺伊曼教授从事这方面的研究已有 15 年——直到目前,这套数学方法在其他学科中还鲜有运用.现在,完整的《博弈论与经济行为》首次得以出版,这套数学方法构成了其主体部分.

这套数学方法是组合理论(combinatorics)和集论(set theory).与常见的微积分方法相比,这套方法看上去要更复杂些,但这可能仅仅是因为人们对此尚不熟悉——无论是经济学家还是大部分科学家.与此同时,要掌握这套方法,并不需要预先了解更高级的数学知识.实际上,这部著作的一开始,作者就对其引入的每一个数学概念都进行了解释.所以,我们有理由相信这套方法将被经济学家们接受,否则,能否通过这套方法实现进步,就将仍然是未知之数.

博弈理论从考虑两人博弈开始,逐渐发展到处理有许多参与人的博弈.当然,在其列举的大部分例子中,博弈是"零和"的:一部分参与人的所得总是等于另一部分参与人的所失,然而在现实的经济社会中,由于生产的存在,博弈通常不是"零和"的.通过在博弈之中加入一个虚拟的参与人,并且证明所有非零和的博弈都可以等价于加入了这个虚拟参与人之后的一个零和博弈,作者巧妙而艺术地克服了零和博弈的一般性这一困难.在这点上,作者简直可以被称为天才.而当博弈理论由两人博弈发展成为 n 人博弈时,作为特例,与之对应的

经济学理论则由双边垄断一直过渡到完全竞争.

这套方法的主要优点之一,是将数学工具置于经济学之中更具基础性的位置,并且不止于将经济学文字转化成符号,而是能够由此出发,揭示新的真相.从垄断竞争的例子出发,而为了保证理论的一般性最终达到完全竞争的情况,让这套方法看上去与传统的经济学理论方法相比更加具有现实意义.如果我们回想起希克斯(Hicks)教授在考虑"经济学理论关于垄断的假设所产生的恶果"时的担忧——相关的经济学理论,也许已经可算是产生于这部著作所批评方法的最完整成果[①]——这一对比显得更加鲜明.而这部著作所提供的分析技术的一个重要优点就是能够处理参与人的"联盟"问题,解释联盟形成的原因并且描绘其结果.这部著作同时清楚地说明,当博弈参与人的数量增加时,问题的性质将可能发生变化,而不仅是变得更加复杂.

依据这套新的方法,能够得到什么样的结果?在相对简单的例子中,例如,作为一种极端情况的双边垄断,或者是作为另一种极端情况的完全竞争市场,我们不应当期待得到新的结果.但是,我们确实可以期待使用这套方法对不同经济学问题进行完全严谨的处理,并穷尽各种可能的结果.同时可以审慎地检查旧方法关于完全竞争的假设,检验其结论是否可以在新的方法下被证实.在这部著作中新的结论不时地出现,例如对"歧视"的确切定义,以及当存在歧视时结果的种种不确定性.[②]

冯·诺伊曼和摩根斯坦教授当然也接受了经济学理论的若干公理,其中值得一提的是博弈参与人的利润动机.原著中,作者只使用其理论处理了静态的经济学问题,但我们必须承认这套理论完全可以被用于分析动态问题.如果只是以数学家的视角来看,经济学理论的问题只是形式问题.然而,除了是因为对于数学工具的使用不成功,经济学发展的倒退,难道不也是由于社会科学与自然科学的本质不同吗?例如,在社会科学领域,受控实验极少甚至基本上不可能实现.因此,尽管在其他自然科学领域,形成假设并对其进行经验检验被证明是一个成功的方法,却无法被照搬到社会科学领域.虽然相关的经验研究可望取得巨大发展,但由于经济动态的无常,如自然科学般的完美仍然是可望而不可即的.不过,对一本具有此等性质的著作,现在下结论还为时过早.这当然会是一本为人们所愿意阅读和学习的著作,但是,唯有当经济学家能够以其理论为基础,应用于最终的经济学研究时,这部著作才可算是真正成功.[③]

---

① 参见原著第83页,价值与资本.

② 顺便地,这部著作将经济学中的一个基本概念,效用,作为可度量的具体数字来处理.原因在于,个人偏好系统中的任意两个可能事件,通过对其发生概率赋值,都可以等价到行为人唯一的偏好序列中.尽管相关阐述非原著主旨,经济学家却毫无疑问地会对这一点感兴趣.

③ 读者可能会意识到——但愿不会因此而不能充分认识这部著作的优点——对于一套完整的博弈论来说,经济学或许并不是其应用最为成功的领域.其在政治学(无论是政党政治还是强权政治)领域的应用可能更加有趣.一个包括两个或者三个政党的系统,也许可以对应于经济学例子之中的双边或者三边垄断的情况,而如果应用到国际领域,则形式会更加复杂.也许,我们已经拥有了一个能够同时处理经济因素和政治因素的理论的开端.

5.《心理测量学》评论

沃尔特·A.罗森布里斯(Walter A. Rosenblith),麻省理工学院教授

《心理测量学》(*Pyschometrika*)1951年3月
第16卷第1册,141—146页

首先需要解释为何在这么晚才评论这部著作.作为本篇评论的作者,我知道已经有许多对于这部著作的评论,并且其中的一部分无疑是好的评论.其好处在于将这部650页的原著的精神,提炼并展现在一篇只有15~20页的说明性质的文章之中[①],[②].可以理解,大部分的评论发表在了经济学或者数学的专业期刊上.但是,这部著作的影响超出了这些领域:其向从事定量研究的科学家们提出的问题,也同样提给了在新武器测试中提出批评意见的军队参谋们.

知道了这一点,我们就可以不必再费力地去言及其他,而是直接坦承:这是一部很难读懂的著作.之所以难以读懂,并不如臆想的那般在于读者的数学背景不足,或者是对经济学的问题不熟悉,而是因为它所表达的是新的思想,并且使用人们不熟悉的新工具来支撑其思想.作者试图创造的,是一套关于经济行为的新的一般性理论.由于看重严谨性,作者在通过举例推演其理论的过程中难以同时让读者感受到这种新方法的力量和美感.

这部著作的作者,约翰·冯·诺伊曼,一位数学家中的数学家,以及奥斯卡·摩根斯坦,一位著名的奥地利学派经济学家,开宗明义地表达了他们的信条:传统的数理经济学之所以不成功,是因为其使用的数学工具不正确.原著作者所说的这些工具,是形成于牛顿经典物理学诞生时期的微积分."如今,社会现象的复杂程度已经至少与物理学现象的复杂程度相当.因此,若要在这一领域取得决定性的成功,需要期待为社会科学量身定做的、可与微积分相比拟的数学发现."于是,社会科学(经济学在这里被当作了社会科学的一个样板)的当务之急是双重的:(1)在描述性方法的方向上继续前进("我们对于经济现象的理解,与我们对于物理现象的理解相比要少得多,尽管经济学也实现了数学化.");以及(2)在有限的领域之内,开发出精确的数学工具.作者作为学者的谦逊,及其科学和社会哲学思想,体现在了这些话语中:"在任何一门科学之中,所有伟大进步的取得,都要求所研究的问题与终极目标相比必须是适度的,所使用的方法必须能够不断被改进……合理的步骤,是首先在有限的领域内尽可能准确,理解这些领域,然后再考虑将这种方法推广到更宽的领域,如此下去.这将使我们避免因为使用那些被称作经济学理论或者社会改革理论,实则毫无用处的东西而产生的恶果."对于许多处于发展初期的学科而言,这一方法论都是重要的.

因此,可以将作者的建议这样概括:远离那些"热点"问题,因为关心这类问题只会阻碍进步;尽可能地发现和理解个人行为以及最简单的交易形式;从"细致分析对经济现象的朴素的通常的描述"出发,逐步发展出一套经济学理论.这是一个启发式的过程:你需要从一些非数学化的、只是看上去合理的观点之中摸索出一条道路,逐步走向结构严谨的理论.这真是糟糕!

---

① Hurwicz, L., *Amer. econ. Rev.*, 1945, 35, 909-925.

② Marshak, J., *J. pol. Econ.*, 1946, 54, 97-115.

但是,如果要让你的最终理论具有数学上的严谨性和概念上的一般性,这是必须经过的道路.第一次应用你的理论时,结论看上去将是微不足道的,原因在于这一理论还未被质疑.但是渐渐地,你将其(你的理论)用于处理更加复杂的问题,直到你最终能够在数学上预见到将要发生的事情,你就取得了真正的成功.

作为本篇评论的作者,我并非经济学家,因此在此必须坦承自己的困惑.我毫不怀疑,在以受控实验保证理论沿着最佳道路发展的自然科学领域,这样的方法已经被证明是成功的.但是,在构造所谓的"经济学理论"时,对于是否有可能排除"热点"问题或者存在争议的问题,我并不感到乐观.生活中的经济现象看上去是与个人及社会行为(无论是或者不是理性地)紧密交织的,仅仅咏唱"某个经济学事实是一个事实",在用于解决下一个个人或者社会所关心的问题时可能就不再是一条管用的咒语.毫无疑问,原著作者所追求的是科学的无偏性.但是,仍有至少一位评论者"怀疑这一本质上基于生产的资本形式的方法,是否可以应用于所有的经济行为".[①]可以这样说,在社会的目标需要与经济学理论的构造之间,存在着复杂的相互影响.[②]《博弈论与经济行为》这部著作所考虑的问题属于经济学和军事策略领域,因此可以说,这一数学体系也联系着热点问题.[③]这些在某种程度上带有批评性的评价,并不能减损这部著作的内在价值,也不会削减那些愿意在繁复的脚注和索引中深挖的严谨读者的阅读乐趣.[④]阅读这部著作的学生很快就会发现自己着迷于书中那些来自硬币投掷者和扑克牌玩家的令人信服的组合论、集论和线性代数.

《博弈论与经济行为》从个人角度出发研究经济学理论.因此,必须对个人的行为动机做出一定的假设.作者完全接受了传统经济学在这一点上的假设:消费者希望最大化自身的满足感(效用),企业希望最大化自身的利润.一旦效用最大化被当作理性行为的原则,那么在我们用数字来表示不同的"效用"之前(例如,简单起见,我们可以用货币单位来衡量效用),必须做出一个更进一步的假设.我们必须接受"个人的偏好系统是完整的和包罗万象的,也就是说,对于任意想象的两个事物(或者以一定概率加权的随机事件的组合),个人都必须拥有一个清晰的偏好关系."在其对于效用的公理化处理中,冯·诺伊曼和摩根斯坦将这一偏好系统的完备性条件与偏好关系的传递性调价相结合,得到一个唯一而完整的偏好序列.[⑤]作者强调,他们所考虑的效用(数值)只表示对于特定个人具有的意义,不同个人的效用数值之间,不具有比较意义.因此,不要指望翻开这部著作就能够找到一个刻画社会群体效用的加权函数.要建立这样的联系,冯·诺伊曼和摩根斯坦指出,所谓"为最大可能数量的个人创造最大可能数量的产

---

① Gumbel, E. J., *Ann. Amer. Acad. pol. soc. Sci.*, 1945, 239, 209-210.

② 在科学共同体研究院(The Institute for the Unity of Science)波士顿会议之前的一些近期的论文考虑了这样的相互影响.特别是A.卡普兰(A. Kaplan)博士的"科学方法与社会政策",和菲利普·弗兰克(Philipp Frank)教授的"科学的逻辑和社会学方面".卡普兰博士关心的主要是科学主义中预见、规划和方法的作用,弗兰克教授则尝试分析了影响一种理论被接受程度的超科学因素.

③ McDonald, J., A theory of strategy, *Fortune*, 1949, June, pp. 100-110.

④ 一个例子是,原著15.4.3(第119页)部分:"我们在此处将要给出对于13.5.3所得结论的解释,是基于14.2至14.5部分的分析,特别是14.5.1和14.5.2两部分的分析,这也是在13.5.3部分我们没有提及此点的原因."

⑤ 公理化的处理方法使得效用成为一个取决于线性变化的数值.关于效用数值和心理量表(psychological scale,是依据一定的心理学理论,将人的心理特征数量化的方法)之间关系的讨论,参见《实验心理学手册》(*Handbook of Experimental Psychology*)之中由S.S.史蒂芬斯(S. S. Stevens)撰写的章节"数学、度量和心理物理学".

品”的社会最大化是自相矛盾的，因为“一个指导性原则不允许同时最大化两个或更多函数”.

现在，我们几乎要开始分析什么可以构成一个解，也就是在一个经济博弈之中，参与人所遵循的一套法则.[①]由于我们不可能讨论所有类型的博弈，我们首先来看是否可以对单个个人所可能面对的情况进行分类.一种这样的分类可以概括为一个数数系统：一个、两个和多个.理论上，“鲁滨逊·克鲁索式”的经济所涉及的数学是简单的：有一定数量的需求和一定数量的产品，问题是最大化满足感.显然，这是一个普通的允许多个选择变量的最大化问题.现在来看一个由两个参与人组成的社会交换经济的例子，对于整个理论的建立而言尤为重要.这时，一些最大化问题所共有的元素仍然存在，但是当然也有极具创新性的因素加入——每个参与人这时都想要最大化一个并非所有变量都受自己控制的函数.

当处于这一经济场景之中的参与人超过两个时，一个新的概念就会出现，那就是“联盟”.运用联盟这一概念，在本质上，我们可以尝试将一个更加复杂的交换经济简化为一个两人交换经济，但是这一任务既不容易，也不是总能令人信服地完成.但就像在物理学中一样，仍然存在这样的希望：将来的某一天，在统计学上处理一个由 1.51 亿人组成的经济中的问题，要比在今天处理一个关于“屠户、面包师和蜡烛制作者”的问题更加容易.但是，这部著作的作者强烈坚持：“只有当关于有限个参与人的博弈的理论得到发展成熟之后，才有可能知道参与人数量极大的博弈是否可能被简化.”原著作者强调，将统计学类比于天体运行机制是错误的.关于若干个个体运行机制的一般理论，已经众所周知.问题在于，要从该一般理论的一种具体算术应用发展到理解整个太阳系的运行，与理解诸如 10^{23} 个(见本书正文 p. 11 及页下注)自由运动的星体相比要更加困难.

现在我们已经看到了在什么样的情况之下，效用这一概念可以被处理成具体的数字，我们也已经对所要研究的经济学问题有了一定的了解.剩下的问题是，找到一套能够完整定义一个社会经济之中参与人的“理性行为”的数学原理.尽管这样的原理应该是具有完全的一般性的，但是从求解一些特殊的例子开始可能会更加简单一些.在我们得到一个解之后，就是该如何认识这个解的问题.依照原著作者的观点，关于博弈的解的一个直观上合理的概念是：每个参与人必须拥有一套行为规则，这套规则会告诉他自己在每一种可能出现的情况之下应该如何行动(也就是说，这套规则允许其他参与人非理性行为的存在).

正是此处体现了经济学和“博弈的通常概念”之间的极大相似性.博弈现在成为关于社会和经济学问题的数学模型.作者给出了理想的理论结构所应该具备的性质：它应该能够被不断改进以臻于准确和全面，同时没有过于复杂的定义；在此基础上，本质上根据要以之来分析的问题，它应该能够模拟现实世界的若干特征.具备这样的性质的博弈解概念，实际上是一个相关组合的完整列表——概括了每一个参与人如果“理性”地行动，那么在每一种可能的情况之下，他所能够获得的数量——这是他能够获得的最少数量，如果其他参与人犯错(也就是“不理性”地行动)，他将获得更多.

在特别简单的博弈之中，解只包含一种归责，也就是对于最终的所得如何在参与人之间实现分配，只有唯一的情况.但是，一旦我们开始考虑更加复杂的博弈，解就会变得多起来，单一归责将被同时存在的许多可能归责替代：由所有这些归责组成的集合是无序的，也就是说，不

---

① 此处翻译遵照此篇评论原文，但评论作者此处对于博弈“解”的理解有误.——译者注

存在任何一种归责占优于其他所有归责.对于这部著作的作者而言,归责之间的这种不可传递性是存在于社会组织之中的一个最为典型的现象.在一个社会中,如果不同状态之间的占优关系(即优先顺序)表现出某种"循环性"(例如 B 占优于 A,A 占优于 C,C 占优于 B:读者愿意的话,也可以将其与赛马或者篮球队的情况相对应),那么我们就不只是有着许多种可能的均衡,而且有着从其中一种均衡转变到另一种均衡的可能.

这使我们来到下一个重要问题,也就是这一套理论的静态属性——这部著作的作者意识到,一个动态的理论才更加完整并令人满意.但他们认为,在尚未充分分析静态均衡状态之时就试图去建立这样一种动态的理论是没有意义的.若要应用于研究某种适应过程或者学习过程,该理论的这样一种静态属性当然会成为一种严重的缺陷.

我们以上讨论的,大部分都属于这部著作的第一章.在第二章,作者给出了关于策略博弈的一个一般性的、基于集论的描述:许多重要的术语都在这40页之中给出了定义.在此出现了对于参与人"策略"的统一定义:任何一个参与人的一个策略,是一个为参与人在其可能遇见的每种情况之下规定所应采取的行动的完整计划.

这一正式的模型现在需要被付诸应用.如果我们离开"鲁滨逊·克鲁索"的荒岛游戏,那么剩下最简单的博弈就是双人零和博弈了.顾名思义,零和博弈表示在博弈结束之时,所有参与人获得的支付之和总是等于零.零和博弈是所有博弈中重要的一类.而双人博弈之所以简单,是因为不可能出现联盟.在这类博弈中,主要问题可以规范地表述为:一名参与人应该怎样规划其策略?他拥有多少信息,这些信息在其决定行动时将发挥怎样的作用?换句话说,双人零和博弈很好地代表了整个博弈理论所要研究的问题.

我们来看在这一双人零和博弈中会发生什么.吉姆(Jim)的最优行动取决于博弈的规则和其自身获得尽可能大的胜利的动机.但他应该谨慎行事:他假设自己的策略已经被对手乔(Joe)所获知.对于吉姆而言,这显然是可能发生的最糟的情况.于是吉姆需要选择一种策略,以保证其所得在可能的最糟情况下不低于一定的水平(或者,其所失不超过一定的水平).而如果乔并不如吉姆所设想的那样聪明,吉姆将获得超出预期的收益.

双人零和博弈的核心在于最小最大问题.基于这一点,原著作者证明了完美信息博弈(例如象棋)是尤为理性或者严格确定性的:在这样的博弈中,存在着绝对最优的策略.在这种意义上,如果象棋的理论(也就是所有可能的走法)被完全地了解,再下象棋也就没有意义了.

那么,对于并非严格确定性的博弈,例如"猜硬币",情况又将如何呢?是否可以期待参与人的"常识性"行动能够成为得到解的暗示呢?在这样的博弈之中,由于难以探察对手的意图,博弈参与人所能做的最好的就是避免让对手知道自己的意图.要做到这一点,可以使用一种统计意义上的策略,或者叫作"混合策略"(例如,分别以50%对50%的概率选择硬币的正面和背面),来使自己避免损失.于是博弈的解可以用混合策略来表示.

在进行进一步的理论分析之前,我们先来玩一些基本的博弈游戏,例如"石头、剪子、布".我们还要给夏洛克·福尔摩斯选择一个好的策略,帮助他从莫里亚蒂教授那里逃脱.而作为一个特别的测验,我们进入错综复杂的"扑克牌标准梭哈游戏".游戏的重点在于虚张声势.

以双人零和博弈的理论为基础,我们现在进入三人零和博弈.此处分析的重点在于联盟这一概念:关于其产生、内部组织安排、力量和稳定性.从这里开始,原著进入了对于 n 人零和博弈的一般性处理——而在最后考虑最具一般性的博弈之时,再去掉关于和的限制.我们将离开娱乐性博弈,进入现实经济中的博弈,这时所有参与人获得的总收益,或者总社会产品,将不再是零和的.

可以证明,对于一个 n 人非零和博弈,总是能够通过在其中加入一个虚构的参与人,称之为"$n+1$ 先生",来简化为一个 $n+1$ 人零和博弈. 在博弈之中,这一后加入的虚构参与人只是一个提供分析便利的工具,同时也是一个悲剧人物. 通过为其他所有参与人买单,他使所有参与人的收益之和永远等于零. 为了能够做到这一点,他必须保证不会对博弈的过程产生任何影响,同时被排除在一切与博弈有关的交易之外.

现在,从"鲁滨逊·克鲁索式"的简单最大化问题直到"$n+1$ 先生"的离奇市场,我们演奏了全部的经济学音阶. 在这部著作剩下的章节之中,冯·诺伊曼和摩根斯坦讨论了其解的概念的一般性、占优关系以及有关效用的问题.

笔者认为,并非所有读者都会对这一理论深入到上述程度. 但笔者以为,如果读者能够仔细阅读这部著作的前五章,也就是直到三人零和博弈的部分,将会大有收获. 这部著作大部分的基本思想,包括经典的最小最大问题,以及对于联盟问题的处理,都已经包含在这 240 页之中. 这时,读者或许已经可以考虑这一理论的若干应用,或者已经积累了足够的勇气,去开拓新的研究方向.

若要对这部著作在未来可能取得的地位作出评判,评论者感到难以胜任. 同样,对于笔者亦不敢断言这部书会成为需要处理相关领域复杂定量问题的研究者的灵丹妙药. 笔者认为,对于社会科学研究而言,冯·诺伊曼和摩根斯坦的这部著作的作用,与其说是一剂良药,毋宁说是一个有益的催化剂.

关于扑克牌游戏的数学理论:商业应用

威尔·利斯纳(Will Lissner)

一种寻求通过提出一套关于类似扑克牌、象棋和纸牌游戏之中的策略的"博弈论"来解决那些至今悬而未决的商业策略问题的经济分析方法,如今已在经济学家中引起轰动.

首先提出这一理论的是普林斯顿大学高级研究中心(Institute for Advanced Study, Princeton)的数学教授约翰·冯·诺伊曼博士,以及普林斯顿大学经济学教授奥斯卡·摩根斯坦博士. 这一理论发展至今,经过了过去十五年的研究,其中还不包括冯·诺伊曼博士在 1928 年以前进行的博弈基础性理论研究.

作为曾为原子弹研发作出重要数学贡献的阿尔伯特·爱因斯坦(Albert Einstein)的共事者之一,冯·诺伊曼博士被其同事们奉为当今数学领域具有重大原创性思想的研究者之一. 他同时也是《量子力学的数学基础》(*Mathematical Foundations of Quantum Mechanics*))》一书的作者. 曾担任维也纳大学奥地利商业周期研究院(Austrian Institute for Business Cycle Research at the University of Vienna)负责人的奥斯卡·摩根斯坦博士,被认为是世界顶尖的数理经济学家之一. 他同时是《经济预测》(*Economic Forecasting*)一书的作者.

两位作者将其多年的研究成果发表在了《博弈论与经济行为》这本长达 625 页的著作之

中,其中几乎每一页之上都布满了各种公式,主要包括集论、群论和线性几何. 该书于1944年9月由普林斯顿大学出版社出版.

这部著作中体现的智慧与知识是如此令人"望而生畏",以至于在一篇相关的专业评论之中,评论者将其描述成"常有错综复杂的数学推导",和对"各种逻辑上的可能性"的深入讨论. 这部著作在其出版后一年半的时间里几乎被经济学专业期刊所忽视,唯一的例外是《美国政治与社会科学学会年刊》(*Annals of the American Academy of Political and Social Science*).

作为美国经济学会的会刊,《美国经济评论》现在以一篇完整论文的篇幅,将这部著作称颂为"罕见之作",而发表在其他专业期刊上的评论也断言这是一个伟大的贡献.

可以预见的巨大潜力

爱荷华州立大学的莱昂尼德·赫尔维茨教授(现正在芝加哥大学考尔斯经济研究委员会进行学术访问)在《美国经济评论》上的文章中写道:"冯·诺伊曼和摩根斯坦所给出的这一新的方法,可能具有巨大的潜力,有望在许多领域修缮和丰富经济学理论."

赫尔维茨教授这样写道:"如果说这部著作只是对经济学有所贡献,那么对作者而言是不公平的.""这部著作所涉及的范围要宽广得多,"他接下来说,"作者在处理经济学问题时所使用的方法有着足够的一般性,使其同样能够被应用于政治学、社会学甚至军事策略当中."

诺伊曼-摩根斯坦的方法在数学方面对于传统的突破,一如其在经济学方面对于传统的突破. 这套博弈论的数学方法以概率计算为基础,也就是在扑克牌游戏的每一个阶段,都要计算剩下牌的可能分布.

例如,作者证明了任何一个玩家在一副扑克牌之中抽到所有40种可能的同花顺中的任何一种的概率等于六万四千九百七十三分之一;在已经抽到两对的情况下,再抽到与其中任何一对相同的第三张牌的概率是十一分之一. 作者也列举了18世纪经典的"霍伊尔纸牌游戏"(Hoyle's Game)和赛马的例子,计算了许多牌类游戏和赛马之中的一些概率,虽然这里的计算都只是初步的.

然而现有的数学工具,特别是微分和积分计算,不足以解决博弈中的一些问题. 其中的一个问题,新社会学学派的E. J. 冈贝尔引述道,就是在一个有多名参与人的博弈之中,每一名参与人都想要在不能控制其他参与人行动的情况下最大化自己的收益.

为了解决这一问题,冯·诺伊曼教授在1928年的《数学年刊》上发表了名为"关于博弈理论"的论文,并在现在这部与摩根斯坦博士合著的著作中给出了一套主要由集论、数学逻辑和函数分析构成的新方法.

策略分析

运用这些新的数学工具,作者分析了在一个诸如"掷骰子"和"猜硬币"这类包含随机性的博弈之中,以及在一个诸如扑克牌、桥牌和象棋这类的策略博弈之中,参与人可以选择怎样的策略. 作者证明,对于一个参与人而言可能不存在最优策略,或者说可能存在若干个同样好的策略.

比如，在“猜硬币”的游戏中，当对手掷出硬币任其随机落下时，你的最优策略就是既不猜正面，也不猜反面. 因为冯·诺伊曼和摩根斯坦已经证明：如果你的对手按照某一种事先的计划对其硬币做手脚，你可以通过采取随机策略(混合策略)而获胜，即不妨也通过掷硬币来决定自己的选择(猜正面或者猜反面).

不过，在象棋这样的博弈之中，由于信息是完美的，即每个参与人在博弈的每个阶段都知道之前发生的一切，作者证明参与人的最优策略是存在的.

类似于混合策略博弈，在信息不完美的博弈之中，作者证明参与人的最优策略也可能存在. 对于其列举的每一个博弈，作者都给出了其特征方程. 于是，就如亨特学院(Hunter College)的路易斯·威斯纳(Louis Weisner)所指出的那样，在任何一个参与人超过两人的博弈之中，参与人之间可能的结盟行为对于策略选择具有决定性意义，“所有与结盟相关的问题，例如导致联盟形成的力量、联盟内部一些成员可能抛弃另一些成员、联盟之间的合并和斗争，以及联盟内部的利益分配等问题，都可以通过博弈的特征函数来回答.”

实际应用

博弈的求解过于技术化，不适宜在简要阐释中详细给出.《美国经济评论》用 17 页的篇幅，对其中的一部分做了介绍. 然而，对于掌握了更高级数学工具的人而言，这套理论可以被用于包含随机性和策略的实际博弈之中.

一个商业策略分析的示例

为了让约翰·冯·诺伊曼博士和奥斯卡·摩根斯坦博士的数学思维更加容易地被理解，在芝加哥大学弗雷德兰德尔女士的帮助下，考尔斯经济研究委员会的莱昂尼德·赫尔维茨教授将这部著作中的一些数学方程转化成了具体数字的例子. 下表是其中之一，同样来自《美国经济评论》.

下列表格刻画了双寡头竞争的情况，市场被两个寡头卖家 A 和 B 所控制，每一家寡头都想要最大化自己的利润. 分别用 A_1、A_2 和 A_3 表示寡头 A 的策略，用 B_1、B_2 和 B_3 表示寡头 B 的策略：左边一张表格描述了寡头 A 的利润如何依赖于其自身选择的策略和寡头 B 选择的策略，右边一张表格则描述了对应情况下寡头 B 的利润.

A 的利润

	B_1	B_2	B_3
A_1	2	8	1
A_2	4	3	9
A_3	5	6	7

B 的利润

	B_1	B_2	B_3
A_1	11	2	20
A_2	9	15	3
A_3	8	7	6

寡头 A 将注意到，通过选择策略 A_3，他将确定获得不低于 5 的利润，而在选择另外两种策略的情况下，将会面临也许只能获得等于 3 甚至 1 的利润的风险. 选择策略 A_3 的另一个原因是，如果存在自己的策略泄密的风险，也就是 B 可能会事先知道 A 将要选择的策略，那么如果 A 选择 A_1，B 将选择 B_3 以最大化其自身利润，这将使得 A 只能获得等于

1的利润.而这时如果A选择A_2,B将选择B_2,A获得的利润仍旧少于其在选择A_3时能够获得的最低利润.

通过对寡头B的策略的类似分析,可以知道B_1是其最优策略.于是,冯·诺伊曼和摩根斯坦推理,这一双寡头竞争博弈的结果是确定的:寡头A将会选择策略A_3,寡头B将会选择策略B_1;并且,任何一方即使事先知道了对方的策略,也不会改变自己的上述策略.当然,在一般性和严谨性方面,这样一个具体例子比不上数学方程.

关于冯·诺伊曼和摩根斯坦究竟是如何发现博弈论可以被用于分析经济学问题的,这部著作并没有交代.在一封写给本篇评论作者的信中,摩根斯坦解释说,在其研究数理经济学问题的过程中,遇到了许多不能用基于微积分的传统数学工具解决的问题,他甚至于得到这样一个结论:若是主要依靠这些工具,经济学将走向死胡同.

但是,作者在这部著作之中却又言明:他们并非仅将博弈与经济学问题进行比照,而是要表明"经济行为中的典型问题,能够严格地一致于博弈论中的数学概念."他们撰写这部著作的目的在于开发出一套具有概念一般性和数学严谨性的理论,让经济学像所有其他科学那样,继续向着产生具有真正预见性的理论前进.

这部著作用六分之五的篇幅展开其数学理论,剩下的六分之一是关于该理论的经济学应用.后者包括双寡头和多寡头竞争的情况,也就是市场被两家或者少数几家销售者所控制,联盟的形成,也即其中一部分买者和卖者结成联盟,共同应对另一部分买者和卖者结成的联盟,以及卡特尔组织.该理论不仅解释了"理性的"经济行为,也解释了"不理性的"经济行为.

赫尔维茨教授认为,对于未来绝大部分经济学家而言,这部著作将成为其接受经济学教育的一个新阶段;而对于其他人而言,这部著作可能会显得有些难以读懂.

读者观点

赫尔维茨表示,由于在这部著作中,经济学以外的结论更加具体,那些"对象棋之中的确定性问题,或者扑克牌游戏之中应该如何'虚张声势'理论,或者是夏洛克·福尔摩斯面对其著名对手莫里亚蒂教授时所应采取的策略感兴趣"的读者,将会在阅读与策略有关的章节时兴趣盎然.他同时补充说,"读者关于军事和外交策略的一些观点,也可能会在阅读这部著作之后发生变化."

这套理论的一个缺点在于其只能用于分析资本经济.冈贝尔在《美国政治与社会科学学会年刊》上的论文,以及威斯纳在《科学与社会》(*Science and Society*)上的论文,都指出了这一点.但是,这一批评所针对的是以边际效用为基础的经济学解释,而不是这一数学方法.威斯纳亦认为这套方法本身"具有坚实的基础",并对其表示了崇敬之情.

在社会学界,对于这部著作的观点则存在分歧.《美国社会学杂志》(*American Journal of Sociology*)上的评论文章则认为"'博弈论'在任何时候都是一个清晰而细致的模型."《社会力量》(*Social Forces*)上的评论文章则认为"这既有可能是一个有着极端重要价值的新方向,也有可能只是一种有趣而无用的理论."尽管尚未将这一理论应用于分析任何严格意义上的社会学问题,但冯·诺伊曼和摩根斯坦相信,对于社会计量学问题(sociometric problems)的研究沿着这一方向将获得最佳的分析工具.

关于策略的理论

约翰·麦克唐纳德(John McDonald)
《财富》杂志作家

数学从物理学的世界进入了人的世界——包括经济和军事——许多结论出人意料.

在斯巴达式环境简陋的五角大楼内,一位年轻的空军科学家说道,“我们希望这能够成功,就像我们在 1942 年希望原子弹能够成功一样.”他希望能够成功的,实际上在某种意义上也是他所认为成功的,是一种关于策略的全新理论,许多科学家都认为该理论在军事、经济以及其他社会科学领域有巨大的应用潜力.如今,这一理论被熟悉它的军方称为“博弈论”,尽管其任何实际应用都具有高安全级别——从这一点可以看出,该理论的意图绝非微不足道.在期待更多之前,应该说“博弈论”只是在智力层面上蔚为壮观,如果这个用词是恰当的话,也只能够在智力层面上对其进行欣赏.提出这一理论的是美国原子弹计划的主要参与人之一,年纪轻轻但已享有盛名的数学家约翰·冯·诺伊曼.在 1948 年 3 月的《财富》(*Fortune*)杂志上,一篇关于扑克牌游戏的文章对冯·诺伊曼关于博弈的理论做了简单介绍.

> 一年多以前,本篇评论的笔者在无意间开始研究扑克牌游戏之中的策略,以便对这一风靡全国的策略性游戏作出一些评论,供《财富》杂志读者消遣.不过,当这些评论的第一部分在 1948 年 3 月出版后,我们看起来真的触及了某些重要的东西.冯·诺伊曼,一位尚不为扑克牌兄弟会所熟知的数学家,才是最早研究这一问题,并且有着实质性的发现的人.冯·诺伊曼的扑克牌理论成为策略的真髓,以至于在经过进一步的了解之后,美国国防部的官员们也开始紧张起来.作为去年评论的续集,本篇评论亦是一个澄清.无论是对于游戏感兴趣的人,还是对于理论感兴趣的人,这一新的理论都值得推荐,它将在许多地方显得光辉异常.

博弈论本质上是一种关于策略的理论.[①]该理论关心的是人与人之间可能的冲突与矛盾的性质,而这种冲突与矛盾贯穿于各种人际关系之中,从罢工和市场上的讨价还价,到可怕的战争冲突.它绝非文人墨客的天真假说.它既极尽人之诚实,同时又比萨特(Sartre)[②]还要前卫,比耶稣还要微妙.虽然与关于价值的未解之谜紧密联系,但是这套理论是正式而中立的.无论是否喜欢数学,都无所偏袒.

---

① 约翰·冯·诺伊曼和奥斯卡·摩根斯坦:《博弈论与经济行为》,普林斯顿大学出版社 1944 年出版.1947 年第二版,定价 10 美元.

② 让-保罗·萨特(Jean-Paul Sartre, 1905—1980),“二战”后法国著名存在主义哲学家、小说家、剧作家、政治活动家,存在主义思潮的全球领军人物,1964 年诺贝尔文学奖获得者,被认为是 20 世纪最重要的哲学家之一.——译者注

虽然已经有了马基雅维利(Machiavelli)和克劳塞维茨(Clausewitz)的相关表述,但是在研究社会冲突的文献中,准确描述策略的性质一直以来仍有所欠缺,也没有哪本字典给出了相关的定义.冯·诺伊曼提出的概念不只是一个定义,而是在纯粹科学层面上的一套完整理论.这一理论在军事科学领域的应用成为美国空军“兰德计划”的首要工作之一,该系列计划的执行者兰德公司(Rand Corporation)是一家由顶尖科学家组成的位于加利福尼亚圣莫尼卡(Santa Monica, California)的独立非盈利研究机构.这一理论同时也进入了美国海军,成为催生“艾森豪威尔高级研究小组”(Eisenhower Advanced Study Group)的因素之一——在这一小组中担任参谋的是三位极具天赋的学者,他们的工作就是从事深度思考.与其他领域相比,这一理论在军事科学领域更接近于投入使用,而通过对其他社会科学,特别是经济学和统计学的影响,这一理论也彰显出了重要的意义.

实际上,“博弈”这一说法源于冯·诺伊曼,在其与杰出经济学家奥斯卡·摩根斯坦的合作中得以发展,并且被具体应用于经济学理论——博弈论对该领域造成的影响,就算称不上是革命性的,至少也具有高度的促进作用.如今在许多大学的经济系,这一理论已经成为标准话题之一.即使是最严厉的批评者,也只是质疑这一理论是否能够为整个经济学奠定新的基础,但也承认这套理论确实提出了新的问题,给出了新的见解,同时对于大部分的现有经济学理论,特别是关于市场性质的理论,提出了挑战.由于这部著作的写成大量使用数学符号,因此就其整体而言,这一理论没有也永远不会被门外汉所理解.但由于其思路是清晰的,勇敢的读者即使不能理解书中的数学符号,仍可发现其思想的价值.

技巧与概率

冯·诺伊曼描绘了在两人或更多人之间博弈的策略问题,其中每一个人的行为都要基于对不受其控制的他人行为的预测.博弈的结果取决于所有参与人的行为.每一名参与人确定这些行为的计划就是策略.无论是军事战略家,还是商业界人士,都在不断地以这样一种假想画面的方式来进行决策.不论信息充分与否,最终他们通常只能依据预判而行动:即在不能准确计算风险的情况下,只好赌一赌.就像伟大的英国经济学家约翰·梅纳德·凯恩斯(John Maynard Keynes)曾看到的,“商业人士所从事的是一种混合了技巧与概率的博弈,每个参与人并不能完全地知道自己将得到什么样的结果.”冯·诺伊曼的理论旨在缩小其中赌博的性质,其含义是:在博弈中采取最优计划(策略)之外的行动都是不理性的.它要使无法衡量之事变得可以衡量.

例如一场二人决斗:两人背靠背而立,每人手拿一把只装有一个子弹的手枪,同时开始向着相反方向走出一定的步数后同时转身……要么直接朝对方射击,要么向着对方走近再射击.在最远的距离上直接射击,命中的概率也最低——首先开枪而未命中,意味着送给对手确定杀死自己的机会;每向对手走近一步再开枪,命中的概率都会上升,但随时也面临着开枪前就被对方击中的风险.于是在两种优化之间存在矛盾:是应该更早开枪,还是应该在更有利的距离上开枪?决斗者不能两全其美,因此问题是何时开枪才是最优策略.

兰德计划关于博弈论的研究课题用一篇接近 100 页的备忘录论文,得到了在给定距离和枪法的情况下的准确数学解.传统的决斗被模型化为若干军事问题,一个最简单的情形就是两架彼此接近的战斗机.坦克战同样是这一问题,由于“静默开火”,也就是直到对方开火从而暴露目标再开火,这时的情况可能更加复杂.“静默开火”适用于所有不知道对手确切位置的情况,与枪炮是否有声无关.理论上,核武器问题也与博弈有关,这时的策略可能包括释放假象和虚张声势.

在经济学中,基本的例子是一个买者和一个卖者之间的交易关系.每个人都以其相对过剩的东西来交换相对短缺的东西,每个人都试图最大化自己的收益,当然,每个人也都能够获得收益.但在经济学的意义上,双方收益的大小总是依赖于达成的交易价格.卖者不能直截了当地最大化自己的收益,他在叫价时必须预计买者的想法.同样的,买者也不能只想着最大化自己的收益,什么都不付出就得到产品,他在出价时必须预计卖者的想法.任何一方都必须考虑对方的想法.叫价和出价之间的对立,最终被一个双方一致同意的交易价格所解决:该交易价格并不是一个最大化问题的解,而是在各人都希望最优化自身的情况下,对彼此冲突利益进行协调的一种解.每一个买者和卖者,都有其直观的交易计划或者策略,以达成这样一种优化:此时的他们,无不具有商业天赋.

从某种意义上说,这是不言而喻的:这就对应着现实.但这也总是让经济学家在描述经济行为时感到困惑.例如,如何解释应如何设定一种产品的价格?譬如,克莱斯勒公司降低汽车价格时,没有任何一种传统方法可以解释通用公司为何提升其汽车价格这类的现象.

对上述相互冲突的利益最大化问题,1948 年 9 月《财富》(*Fortune*)杂志上发表的一则关于施格兰酒庄(House of Seagram)的故事,[①]给出了一幅直观图景.当施格兰公司的塞缪尔·布朗夫曼(Samuel Bronfman)取得前所未有的辉煌销售业绩之时,[②]公司也已经用去了大部分的产品库存.面对即将出现的存货短缺,他要么高价收购散装威士忌进行再加工,以较低的利润率维持公司产品的销售量,要么继续以现有的高利润率销售产品,直至库存耗尽——或者采取二者的某种折中方案——无论如何,他都无法既最大化销售量,又最大化利润率.而作为布朗夫曼的主要竞争对手,申利公司(Schenley)的刘易斯·罗森斯蒂尔(Lewis Rosenstiel)的产品销售量较低,但同时手握着较大的产品库存.罗森斯蒂尔可以不付出任何成本地直接将其产品存货以散装威士忌酒的高价出售给布朗夫曼,从而最大化自己的眼前利润;也可以将其产品存货投入申利品牌酒的生产,支付成本并承担风险,以较低利润率增加产品销售量,来打一场价格战.与布朗夫曼的处境类似——但是原因不同——罗森斯蒂尔也无法既最大化销售量,又最大化利润率.这一对对手之间的利益冲突也不可能消除:若要调和两者的冲突,作为拥有产品库存的罗森斯蒂尔,自然可以选择眼前利润而将市场让与布朗夫曼,即以长期利益换取短期利润.面对着眼前的约束,布朗夫曼自然愿意

---

① 施格兰公司是世界最大的酒类公司之一,1857 年成立于加拿大魁北克省滑铁卢(公司原总部现属于加拿大麦吉尔大学(McGill University),改名为“马特利特楼”(Martlet House)),公司现注册地和总部所在地均为美国纽约.公司名字来自于公司自 1869 至 1883 年的合伙人之一,亦是公司自 1883 至 1919 年的所有者,约瑟夫·E.施格兰(Joseph E. Seagram).金酒(即“杜松子酒”,是世界第一大类的烈酒)是施格兰公司的主要产品,1980 年以后,施格兰一直被认为是北美顶级的金酒.——译者注

② 1924 年,塞缪尔·布朗夫曼在加拿大魁北克省蒙特利尔建立了酒酿有限公司(Distillers Corporation Limited).1928 年,布朗夫曼的酒酿有限公司兼并了施格兰公司,但是合并后的公司保留了施格兰这一名字.正是在布朗夫曼时期,施格兰公司得到迅速发展——当美国的禁酒法案于 1933 年被取消时,施格兰公司早已为这一新打开的市场预备好了充足的库存.——译者注

为市场占有率买单(以短期利润换取长期利益)—— 前提是,如果罗森斯蒂尔愿意这样做的话. 但是,罗森斯蒂尔不愿意这样做. 任何一方都要基于策略性考虑来确定所要采取的行动.[①]这样一类的策略性问题,同样也困扰着经济学家. 在现代理论中,这一问题被一般化地认识为"垄断竞争"或者"不完全竞争"问题,也就是说:其中既包含了垄断的元素(操控市场或者价格),又包含了竞争的元素;同时,竞争以策略形式发生在少数竞争者之间. 应该注意并申明的是,在这个故事之中,施格兰公司和申利公司在某种程度上被描绘成了"双寡头"(两家卖者面对众多买者). 实际上,就像美国的汽车制造业和许多其他产业一样,美国的酿酒业更接近于一种"多寡头"(有数家卖者,其中任何一家卖者都必须考虑其他几家卖者对于市场的影响)的结构. 当考虑处于产业内领先地位的两家厂商间的竞争时,可以近似为双寡头结构. 理论上,施格兰公司和申利公司还有另外一个选择,那就是合并. 尽管有许多支持不合并的理由,但是通过合并,任何一家公司(品牌)都能够大大增加其产品的销售量.

竞争还是垄断?

尽管合并是现代经济生活中的典型现象,但是其发生的必要条件却在经济学家的理论方法所能够考虑的范围之外. 只是在过去的 20 年里,"现代"经济学理论才认识到竞争性经济系统的核心,应该是"垄断竞争"而不是存在概念性分歧的完全竞争. 古典经济学的计算是在完全竞争的假设之下展开的. 在完全竞争的条件下,没有一家厂商的产品产量能够在市场的总供给量之中占到足够大的份额,以至于可以影响价格的变化. 这种情况有可能存在于农业(也有可能不是这样),但是在制造业之中极少如此(一个值得一提的例外是女装产业,参见刊文"第 7 大道上的亚当·斯密",《财富》杂志 1949 年 1 月). 逐渐地,在经济学的认知体系中,众多个体之间的自由竞争开始被少数的个体组合(表现为公司、工会和各种协会形式)之间的竞争所取代.

博弈论对经济生活的研究以个体(一个人或者一个单位)作为出发点. 将其微观视角同斯密(显现于其后继者们)、马克思和凯恩斯的具有历史影响的宏观体系进行对比,就如同原子物理相比于天文学. 宏观与微观的分析方法,或许会在经济学思想中的某处相遇,就像天文学和物理学在牛顿那里相遇一样. 1936 年出版的凯恩斯的重要著作《通论》,是探讨经济生活中诸如国民收入、消费、储蓄和投资这类总量的最后一部具有历史性意义的著作. 基于对总量均衡(即总收入等于总消费加总储蓄)的分析,凯恩斯认为,要克服资本的动态"萧条"(类似于马克思所说的"利润率下降"(falling rate of profit)),保证经济运行在高水平的均衡位置(即"充分就业"水平),必须人为地,也就是依靠宏观经济政策对至少一个(总量经济)变量进行调控(例如罗斯福的信贷政策). 就经济学与政治经济学的一体性而言,这是其与凯恩斯主义经济学最接近的地方. 凯恩斯主义经济学未能给出解释的部分,包括可能出现在经济的各个层面上的,部分是以操纵总量变量为目标的不同个体之间的策略性结合. 例如,它无法回答沃尔特·李普曼(Walter Lippmann)最近提出的问题:"为什么在供给仍

① 在发表于《财富》(*Fortune*)杂志的完整故事中,给出了他们的第一步行动、各种选择、风险,以及最终的结果.

然不足,价格却持续上涨的情况下,第 80 届国会的减税计划却要以刺激消费为目标."[1]无论明智与否,这都不是火星人的行为,而是来自于现实经济的至少一部分构成者的策略性行为.人们可以去猜测这一事件的原因和结果,但是无法从经济学理论上对其原因给出完整的解释,对其结果的预见也是模糊不清的.

博弈论的作者并不是最早考虑个体经济行为的人.许多经济学家("边际主义者")都曾经努力去理解个体偏好的主观基础,但却并未达成理解个体行动的目标.他们(即边际主义经济学家)看似合理地认为,任何一种产品对于个人(消费者)而言,消费每一单位所带来的满足感都会小于消费上一单位所带来的满足感.但是,他们没有考虑不同个体之间的策略关系,而通常假设每个人独立地最大化自身的满足感.与边际主义相反,博弈论认为效用(即产品满足个人需要的能力)可以被排列顺序,却不能够被定量地衡量.博弈论的作者证明,如果你的偏好具有一致性并且可以给出所有可能结果的某种排序,那么就可以用具体数字来表示你的效用.这里的数字不必是以货币为单位(对于分别拥有 5 美元、5000 美元和 50000 美元的人而言,同样的 5 美元是否具有相同的意义呢?).然而,如果一个博弈之中的所有参与人确实只为获得货币而进行博弈的话,由于可以直接以美元来对博弈的各种结果之下每一个参与人获得的效用进行"评价",这一理论运用起来就最为简单.

站在个人的角度,这个世界上所有可能的经济问题可以分为三种:单人问题、两人问题或者三人及以上的问题.单人问题就是独处于荒岛之上的"鲁滨逊·克鲁索"面对的问题.在他最大化自己所得的过程中,除了自然的力量——例如下雨或出现龙卷风的可能性,这在一定程度上是可以预见的——不需要再面对其他任何的问题.[2]如果是在一个有两个人的世界上,个体就面对着(买卖)交换关系,这时有关对方的问题就出现了:每个人不能只是简单地最大化自己,而是必须寻求一种双方达成一致的最优解.但是如果有三个人的话,又会出现一个新的问题:其中两人有可能结成同盟共同应对第三人(例如两个卖者联合起来共同应对一个买者,或者相反的情况),从而获得更大的收益.博弈之中包含了这样三种可能发生的情况.

由于科学总是始于简单的例子,冯·诺伊曼和摩根斯坦也是从若干简单例子入手,考虑个人面对的经济问题.博弈是关于所有参与人的种种殚精竭虑,其中的每一个策略在其本质上就是真实经济生活中的策略.在博弈中,策略是简单可见的,在策略操作过程中的各种影响因素可以很容易地被抽象掉.博弈本身是由一系列规则组成的集合,是现实的经济生活中各种规则的抽象对应.围绕着这些规则,博弈参与人的策略得以展开.与经济学不同的是,博弈通常不具有生产性,但对于数学家而言这完全不是问题:只需在博弈中加入一个虚拟的参与人,并且令该参与人必须向博弈之中的真实参与人提供生产性收益即可.一般情况下,我们考虑的博弈没有市场那样复杂,但是,数学可以容纳无限复杂的博弈.要构建

---

① 沃尔特·李普曼(1889—1974),美国当代著名专栏作家、记者、政治评论家,其批评媒体和民主政治的著作《公共观点》(*Public Opinion*, 1922)颇具影响.李普曼曾作为研究总监,在托马斯·伍登·威尔逊(Thomas Woodrow Wilson, 1856—1924)总统的一战战后处置委员会(Board of Inquiry)中起到关键作用,李普曼同时是"二战"后"冷战"概念的提出者.——译者注

② "鲁滨逊·克鲁索"同时也构成了这样一种理论上的纯粹社会,其中财富分配是固定的(因此,不存在财富分配问题),这样的社会因而只是个人与自然之间的斗争:就我们所知,斯大林式的社会主义要求使用一定的强制来维持这种财富分配的固定性.

关于市场的经济学理论,真正的困难之处不在于其复杂性,而在于我们未曾确切地知道其中的规则.如果知道了关于市场的所有规则,那么它就是一个"博弈".

即使博弈论在其他方面毫无意义,其对于博弈研究本身的贡献也足以使其成为一项重要的工作.它恰到好处地实现了策略博弈与非策略博弈的区分,使得仅仅基于传统概率论的策略博弈成为历史(出于偶然,概率论启发了对包含不确定性的博弈的研究).单人博弈,比如单人纸牌游戏(solitaire),直接基于概率论就可以进行:纸牌既不会说不,也不会起身离开.如果是公平游戏的话,掷骰子和轮盘赌也只是概率问题,而与策略无关.桥牌则是一种策略游戏,搭档之间需要发送信号,以便尽可能充分地了解信息(剩余的部分则是计算概率).而由于对于双方来说信息都是完美的,象棋不能算是一种策略博弈:"……当关于象棋的理论得到完全解决的时候,再下象棋也就没有意义了."冯·诺伊曼的理论表明,策略的性质决定了寻求信息具有核心意义.扑克牌游戏是一种基于不完美信息的博弈,其中涉及反向的发送信号(也就是虚张声势以迷惑对手).[①]

单人纸牌游戏对应着"鲁滨逊·克鲁索经济".这是一个人与纸牌(或者自然力量)之间的博弈——无论如何,概率论都足够解决问题.最简单的两人策略博弈是"猜硬币".在这一博弈之中,除非某一个参与人能够事先知道对手的行为模式,同时不让对手知道自己的行为模式(采取任何一种确定的猜正面或是反面的行为模式,都有可能被你的博弈对手所知晓,从而击败你),否则无法对最终结果施加影响.而能够完全保证自己的行为模式不被对手知道的唯一方法,就是采取某种随机的选择.最优的解,是以公平概率随机选择正面和反面.这一博弈引出了策略的一个重要元素,就是随机选择:即使在一个如此简单的博弈中,一个明智的参与人也会主动接受一些完全决定于概率的风险.

人们如何在不同的风险之间做出选择,是困扰经济学家的问题之一.将问题再复杂化一些,人们在接受风险时也不是能够自行其是的.在一个给定的博弈中,任何一个参与人在进行价值判断的时候,都必须考虑其对手采取随机应对的可能性.他必须能够估计自己获得各种可能收益数额的概率.如果认为效用可以计算的话,冯·诺伊曼假设:以10%的概率获得一辆林肯轿车,同时以90%的概率获得一辆雪佛兰轿车,这一事件对于当事人而言有着一个确切的总价值,使其可以与确定地获得一辆迪索托轿车或者克莱斯勒轿车这一事件相比较.在博弈论的军事应用中,问题不再被表述为你的平均收益是多少,而被表述为你的获胜概率是多少.不过数学家会说,这只需要在为博弈不同结果下当事人的收益赋值时,让胜负之间的差距足够大即可.

扑克牌游戏

扑克牌游戏既是博弈论的起源,也是基本策略问题的理想模型.冯·诺伊曼去除表象,还原了扑克牌游戏的本质.他将游戏参与人的数量限定为两人,可以轮空,也可以二选一地(大或

---

① 此处译文遵照原文,但原文在这里的表述并不恰当:所有参与人都拥有完美信息,并未取消博弈或者是策略的存在,相反,这是一类重要的博弈.同时,在扑克牌这类不完美信息博弈之中,虚张声势本身往往也只是一种暴露自己信息的做法,并不能起到迷惑对手的作用.——译者注

者小)下赌注,获胜者获得的收益等于 1. 与现实中的许多扑克牌玩家一样,冯·诺伊曼也在其博弈之中引入了独特的变化——无需抽牌,但是事先发好的牌面朝下放置——他将其称为“酷赌”(Stud). 扑克牌游戏的实质在这里得到保留: 对于对手手中的牌的信息是不完全的,这种信息的不完全性通过虚张声势地示强或示弱得以维持,而要在两个彼此冲突的最大化意图之间达成一致的解,只能通过打赌: 两人同时翻开自己手中的牌,比较大小. 每个玩家都会面临无法预测对手行为,甚至是可能性的麻烦,因为对手同样也可以思考,并且提前策划. 那么,这个问题的核心就是玩家怎样确保自己在对手的任何行为下都至少能得到一个确定的最小收益. 这是一个让市场(买家-卖家)或竞争中的一切行为都成为非理性赌博的问题,同样也是干扰了经济学和社会学理论的问题. 冯·诺伊曼理论的难题正在于此.

冯·诺伊曼的理论充满了想象力,但是并非魔法. 它是一种曲折迂回的逻辑应用,可以使用数学计算来进行表述和推演. 这一理论的一个基本出发点,是博弈的参与人会事先假设自己已经暴露: 其选择的策略已经被对手知道. 尽管这一显然的悲观主义与赌博天性格格不入,但它的确消除了这样一种众所周知而又普遍存在的焦虑: 在博弈之中如果一个参与人真得暴露了自己的策略,那么他会非常诧异,然后只能被打败. 然而,通过采取随机选择,“理性的”参与人能够阻止其对手了解(同时也是在某种程度上阻止自己了解)自己将会执行哪一种具体的策略. 这种信息保密和自我保密在多大程度上是有意义的,因具体的博弈而不同(解释这一点正是博弈论的内容之一). 例如,在“猜硬币”游戏中,应该以一半对一半的概率随机地猜正面和反面. 扑克牌玩家可能会以一定的概率不规律地虚张声势,例如,他可能会将自己握有的牌面实力夸大 10%(即设法示强),而当他当真握有那样的牌时,又会选择不告诉你(即设法示弱). 这里就是冯·诺伊曼以其“波斯诗篇”(Persian poetry)般的数学证明证明其论点之处,[①]那就是: 只要策略的定义是广义的,那么“参与人策略被对手事先知晓”这一“悲观”假设,就不会造成任何损失. 对于以如此方式行事的参与人而言,“假设他和他的对手在博弈之中都是明智的(也就是总是采取各自的最优策略),那么他就不必担心自己得到的结果会比自己在已知对手策略情况下得到的结果更差.”这有些曲折,不过由相关假设来看,这一点是确定无疑的. 在策略性竞争中,你能够做到最好的情况,就是在知道对手策略的情况下采取相应的行动. 但是,如果你的对手在选择其策略之时,已经假设他的策略将被你知道,从而采取了“策略已经被知道”的情况下的最优策略,这时再知道他的策略,就也不能让你获得更多了. 于是,你已经能够知道在你的对手采取其最优策略时,你的最大化收益的最小值,也能够知道这时你的最小收益的最大值. [②]在冯·诺伊曼的扑克牌游戏中,最大最小值和最小最大值是相同的. 冯·诺伊曼在数学上证明了,在所有类似扑克牌游戏(其中一人所得总是等于另一人所失)的两人博弈中,这一点都无一例外地成立. 换言之,如果你和你在博弈中的对手都是理性的,那么假设一方的策略会被另一方事先知道(直至一方的策略确实被另一方事先

① 以数学形式表达,博弈论中的核心定理是:

$$\mathrm{Max}_{\vec{\xi}}\,\mathrm{Min}_{\vec{\eta}}\,K(\vec{\xi},\vec{\eta})=\mathrm{Min}_{\vec{\eta}}\,\mathrm{Max}_{\vec{\xi}}\,K(\vec{\xi},\vec{\eta})$$

看到这一表达式,数学家们将会感到审美的愉悦.

② 这一段分析均基于零和博弈假设,只是此篇评论的作者并未说明这一点——但是,被用作例子的扑克牌游戏,显然符合零和博弈假设. ——译者注

知道)就是无害的. 实际上,两个参与人都应该做这样的假设.

该理论被称为“最大最小”或者“最小最大”理论(见原著第 706 页图示)——这一点也直接关乎冯·诺伊曼的理论的成败. 在科学领域之中,这是一个全新的而又重要的词汇,也是如今学术界谈论这部著作创新性最多的地方之一. 目前还没有哪位数学家对其在所构造的博弈条件下的相关数学证明提出争议. 它是唯一能够定义在被传统地认为是非理性的环境之下,如何理性地展开行动的理论. 它得到了这样的推论：即使你的对手采取非理性的行为从而偏离了该理论给出的预测,那么你的理性行为也将迫使他回到理性行为,原因是这时他将获得比在采取非理性行为时更高的收益.

还是通过扑克牌游戏的例子,作者说明了：采取最小最大策略,如何可以让自己即使在对手偏离其正确策略时也不会蒙受损失. 下面这段对冯·诺伊曼数学证明的文字表述,扑克牌游戏的玩家将能够理解. 对于其他人而言,可以将接下来的 8 页当作一段插入语,加以忽略.

在对初级博弈做出描述时,冯·诺伊曼发现：

> 手气好的玩家更有可能下大赌注——常常是过大的赌注——原因是他有理由预期自己会赢. 久而久之,一个先验的手气好的玩家因为常常下大赌注甚至过大的赌注,会被他的对手后验地认为是手气好的. 这将会向对手提供一个“提前放弃”的动机. 但是,由于在提前放弃之时,底牌尚未亮出,因此有些时候,通过下大赌注甚至过大的赌注从而给对方造成自己手气好的错误印象,让对手提前放弃,手气差的玩家也能战胜手气好的玩家.
>
> 这种策略就叫作“虚张声势”. 毫无疑问,所有有经验的玩家都使用过. 玩家的真实动机是否如上所述值得怀疑：实际上另一种解释是可能的. 那就是,如果众所周知一个玩家只有在手气确实好时才会下大赌注,他的对手在这种情况下会选择提前放弃. 因此,这个手气好的玩家就无法赢得更多的赌注,或者说尽管无数次地下注,但是获胜的机会只是出现在他真的握有好牌之时. 于是,他应该设法在这种自己的手气好和下大的赌注之间的相关性之中加入一定的不确定性——也就是要让对手知道,他有时确实会在手气不好时虚张声势.
>
> 总结一下虚张声势的两种可能的动机：第一种是在自己手中的牌确实不好的情况下,给对手造成自己手中的牌很好的错误印象；第二种是在自己手中的牌确实好的情况下,给对手造成自己手中的牌差的错误印象. 二者都是发送反向信号的例子,也就是以误导对手为目的. 然而,应该能够注意到：在进行第一种虚张声势时,“虚张声势的成功”是为误导对手的成功,也就是如果对手真得提前放弃,自己因而获得了想要获得的收益；在进行第二种虚张声势时,“虚张声势的失败”是为误导对手的成功,也就是让对手“看到”自己是在虚张声势,从而向其传递自己想要传递的干扰信息.
>
> 由于下注行为可能存在着这样一种间接的动机——因此这样下注显然是不理性的——下注行为有着另一重意义. 下注行为必须是具有风险性的,因而可以确信,采取某些反制措施增加这种风险性(也就是增加对手采取虚张声势策略的成本)也是有意义的——以此来限制对手的虚张声势.

首先，最基本的理性策略一定是：通常只有在手气好时才下大赌注，手气差时只下小赌注，但是也“偶尔无规律地虚张声势”. 冯·诺伊曼说明了这种策略在绝大多数情况下都是合理的，只有当偶然的虚张声势发生错误时，才会出现相对于理性策略的显著偏离. 对上述基本理性策略的任何偏离，例如只要手气不好就一定只下小赌注，都会产生损失. 不正确的虚张声势，例如在手气不好时过于频繁地虚张声势，可能会带来暂时的收益，但是理性的对手随后就会适当地调整其策略，对你这种不正确的虚张声势进行惩罚，迫使你回到理性策略. 这导致了一个关于扑克牌游戏的令人惊奇的结论：“在理性的玩家之间，‘虚张声势’的意义不在于实际发生的游戏之中，而在于保证对手不会偏离其理性策略.”[①]任何曾经和手气极佳的对手玩过扑克牌的游戏玩家都会知道，进行防御性的虚张声势是一种有效的应对办法.

对理性的玩家而言，当他们以赢得实质性的赌注为目标而参与某个游戏时，即使是在初级阶段，也会自然而然地遵从这些法则. 例如在上面的酷赌游戏中，第一原则应该是：如果你不能相当确切地看到胜利，那么提早放弃；而在抽牌游戏中，第一原则应该是：不要抽“将会让你陷于被动的”牌（小于 Jack 的一对牌）. 理性玩家的这种保守主义决定了他们只有在偶尔故意想要干扰对手，同时这样做的成本也不过高时，才会虚张声势，而他们绝不会过于激进地虚张声势. 不过，仍有必要时时注意对手是否有偏离其理性策略的行为，有时需要让对手获得一定的好处，让他保持在正确的道路（即理性策略）上.

简单地说，冯·诺伊曼区分了“两种类型的‘虚张声势’”：一种是进攻性的，另一种是防御性的. 我们不时地“发现”这样的对手，我们怀疑他们在虚张声势，而实际上他们手中的牌只能算尚可. 防御性的虚张声势是一种最小最大策略，如果你的对手提前放弃，你就赢了.

尽管确实有着关于扑克牌游戏的理论贡献，冯·诺伊曼并未给出一个完整的扑克牌游戏玩家所应采取的策略. 真实的扑克牌游戏就像市场一样，其中存在许多其他的复杂因素.

这些复杂因素的其中之一便是扑克牌游戏的玩家可能不只两人，这就引出了该理论要说明的第二个重要问题. 在得到最小最大解的两人博弈中，除了以某种“价格”（例如打赌）达成交易，两个参与人没有其他办法调和彼此间的矛盾. 在这一点上，他们就像买者和卖者，只能通过确定一个交换价格（通过叫价和出价）来达成一致. 三人博弈的重要性，在于其摧毁了这种彼此间利益的纯粹对立. 在分析三人博弈时，作者给出了一个的模型蓝本. 虽然不知道该蓝本的现实对应是什么，但是可以证明，任何一个有着类似法则的三人策略博弈都会得到相同的结论.

这时不再是纯粹的利益对立，取而代之的是三种可能出现的情况. 第一，三个参与人可能联合起来，像在一个单人博弈中那样行动（将纸牌或者自然视为对手）. 第二，如果博弈规则允许的话可能会有某两个人联合起来，共同应对第三个人，从而形成一个两人博弈（有三种可能的二对一）. 第三，一个纯粹的三人博弈，即每一个参与人均独立行事. 在这三种可能出现的情况之中，最重要的是第二种，即形成一部分参与人之间的联盟的情况. 因此，要理解三人博弈的内在机制和结果，理解两人博弈可以被视为一个前奏. 在规则允许并且结盟具有好处的情况下，博弈论给出了关于联盟将会如何形成的结论. 实际上，在这种情况下，任何一个尝试与其他

---

① 想要投机的扑克牌玩家在考虑应对对手偏离理性策略的虚张声势时，可能会直观地设想这样一种法则：“给定对手手中握有的牌，如果对手过度地虚张声势，那么可以这样对其进行惩罚：当自己手中的牌较弱时，以相对于理性策略偏低的程度虚张声势；当自己手中的牌较强时，以偏高的程度虚张声势.”反之亦然. 于是，这样一种防御性的反击就是在自己手中的牌较强时模仿对手的错误，而在自己手中的牌较弱时反其道而行之.

参与人结盟失败的参与人都可能蒙受损失，或者更准确地说，都有可能只获得更少的收益. 在人们总是追求更高收益的经济学前提之下，这意味着每个参与人必定寻求与他人结盟. 对于研究竞争性经济的经济学而言，这一点具有重要的意义：在不被规则所禁止的情况下，与他人结盟的"天性"在很大程度上可以被认为是一种生存法则，也就是说，不结盟就要面对竞争对手结盟共同应对自己的风险(仅仅依靠反垄断法，从来不足以抗拒这种压力). 在其博弈模型中作者完整地演绎了所有这些分析，得到了假设条件的全部含义. 尤其令人印象深刻的是，其模型分析的有效性得到了来自现实经济世界经验的如此有力的证实.

北卡罗来纳州西北山区的纸牌游戏"适可而止"(Set Back)——它是著名的"虚拟投标"(Pitch)游戏的一种演变[①]——提供了一个很好的关于结盟的博弈模型，显示了联盟的形成及其随环境变化而发生的改变. 比起冯·诺伊曼的数学模型，这个游戏同样包含了关于结盟的基本思想，而且理解起来要更加容易一些. "适可而止"是一种扑克牌虚拟叫价游戏，一共有 5 种叫价选择(高、低、Jack、小丑(Joker)以及"游戏"). 如果你竞价成功(成为中标者)，在接下来出牌环节中你将决定"制胜花色"，然后每轮争取得到至少 5 分(否则将被罚分)；如果你竞价失败，在接下来出牌环节中，你在每一轮要争取得到尽可能高的分数. 先得到 11 分者获胜. 当有

① 虚拟投标(Pitch)游戏又叫"高低杰克"(High Low Jack)，是一种流行于美国的纸牌技巧游戏. 基本的 Pitch 游戏使用一副扑克牌(不含小丑)，可以有 3 人或 4 人同时参与——既可以每人独自参与，在 4 人参与时，也可以 2 人一组搭对参与. 每人每局共 6 张牌，整局牌分为"投标"和"出牌"两个阶段.

在投标阶段，首先挑选一名发牌人(dealer)，由该发牌人给每名参与人(包括他自己)发 6 张牌，每张牌代表一定的"分数"(pips / points)：

	2	3	4	5	6	7	8	9	10	Jack	Queen	King	Ace
点数	0	10	1	2	3	4							

然后，从位于发牌人左手边的第一名参与人开始，所有参与人以顺时针方向，在 2、3、4 之中依次选择自己的报价(投标)，也可以选择"弃权"(即放弃此轮报价)——因此，发牌人最后一个报价. 对于报价的要求是：发牌人之外每一人的报价都必须高于其前面一人的报价，发牌人的报价必须不低于其前面一人的报价——无论是谁，当然都可以直接选择"弃权". 如果发牌人选择了"弃权"，那么之前报价最高者成为"中标者"(winning bidder)；如果发牌人选择报出与之前一位报价者相同的报价，那么发牌人成为中标者；如果在发牌人之前的所有人都选择了"弃权"，那么发牌人不能再选择"弃权"，这时他必须选择一个报价并成为中标者.

在确定了中标者之后，进入出牌阶段，参与人以顺时针方向一轮一轮出牌(因此一共 6 轮出牌). 第一轮首先出牌的是中标者——之后每轮首先的出牌人，均为前一轮出牌的胜者——中标者在第一轮打出第一张牌的花色，自动成为整局的"制胜花色"(trump suit). 每一轮首先的出牌人，都可以在其手里的牌中任意挑选一张打出，第一张出牌的花色(也可以是制胜花色)，成为该轮的"首要花色"(lead suit)：如果该轮的首要花色就是制胜花色，那么只要后面的参与人在该轮出牌时手中还有制胜花色牌，就必须从中挑选一张打出，否则可以出其他任意花色的牌；如果该轮的首要花色不是制胜花色，只要后面的参与人在该轮出牌时手中还有首要花色牌，或者制胜花色牌，就必须从中挑选一张打出，否则可以出其他任意花色的牌. 在每一轮的所有出牌中，只有第一张牌是正面朝上的，后面的跟牌均为"暗牌"——在每一轮结束时一起亮出. 按照 2 最小、Ace 最大的顺序，在每一轮的所有出牌中：如果没有制胜花色牌，那么所有首要花色牌之中最大者获胜；如果有制胜花色牌，那么所有制胜花色牌之中最大者获胜. 每一轮出牌的获胜者(组)，获得该轮的所有出牌(目的是得到其所代表的分数). 对于中标者之外的其他参与人(组)，以上计分就是其在该轮的得分；对于中标者(或其所在组)，如果以上计分不低于其在投标阶段的报价，则以上计分就是其在该轮的得分，否则，其在该轮的得分等于其报价减去以上计分.

待全部 6 轮出牌结束后，计算所有参与人(组)在游戏中的获得的分数. 除了上述由牌面所直接代表的分数之外，还有 5 个可能获得的加分：赢得最大制胜花色牌的参与人(组)，加 1 分；赢得最小制胜花色牌的参与人(组)，加 1 分；赢得制胜花色 Jack 的参与人(组)，加 1 分；一开始被发到最小制胜花色牌的参与人(组)，加 1 分；赢得(唯一)最高牌面分数的参与人(组)，加 1 分. 如果中标者(或其所在组)在一局牌中获得至少 11 分，并且也是最高得分，那么中标者(或其所在组)获胜；如果参与人(或其所在组)在一局牌中获得至少 11 分，并且也是最高得分，那么该参与人(组)获胜. 如果在一局之中有两人(组)获得分数相同，或者得分最高者的得分低于 11 分，则没有获胜者.

每局牌结束后，由上一局发牌人左手边第一名参与人担任发牌人，开始新的一局.

在美国的不同地方，Pitch 游戏有许多不同的演变，作者在此处介绍的"适可而止"(Set Back)游戏是其中比较出名的之一. 与基本的 Pitch 游戏相比，Set Back 游戏使用包含小丑的一副扑克牌，并且加入了一个"拍卖"的环节. ——译者注

三人参与游戏时，总是会有一个参与人在其他两个参与人之前，到达可能率先占据 6 分或者更高分数“制高点”的威胁位置. 在这种情况下，另外两个参与人就被迫立刻相互配合对方出牌，以此来阻止领先的参与人，这时游戏就暂时地变成了二对一(也就是冯·诺伊曼此前的两人博弈).

这时所有联盟都面临的关键问题就出现了：如何在两名成员之间分配联盟利益? 在冯·诺伊曼的博弈示例和分析中他给出了若干非凡的启示，那就是要让任何一个参与人留在联盟中，联盟向其支付的价格不能低于作为联盟对手的单个参与人能够为打破联盟向其支付的价格. 在适可而止游戏中，为了阻止第三人获胜，联盟中的两人必须相互支付价格：于是如何维持联盟的问题就清楚而明确了. 然而，联盟的一员很快就会从中受益，获得 6 分或者更高的分数，从而对于另外两名参与人来说成为首先获胜的威胁. 原先的联盟这时会马上瓦解，由于相互畏惧，两名较强的参与人以对付彼此为目的，在游戏中会分别与较弱的参与人结成联盟，向较弱的参与人支付一定的价格. 这引出了联盟的所产生的另一个特殊性质，那就是在一定的条件下，弱小并非是劣势. 由于这一原因，也意味着并不是在所有情况下都是“最适者”能够生存(更准确地说，应该是能够生存下来的最适者，并不是在所有情况下都是最强者).

在经济学中，这一原理常常表现为大的组织允许或者鼓励小的组织在经济中运营，以维持最起码的竞争态势，避免可能因垄断产生的各种风险. 如今，在被若干大公司主导的产业中，在竞争中使用这样一种“特殊照顾”并称其对象为“竞争者”，几乎已经成为习惯甚至常论. 在博弈论中，习惯、偏见以及形成联盟的可能，都被当作复杂的“标准化行为”来研究. 于是，在进行“适可而止”这一游戏时，当全部三人都接近 11 分的获胜分时，结盟的动机不再存在，联盟消失而代之以纯粹的竞争. 博弈的规则以及体育比赛之中的标准禁止任意两名参与人通过某种特殊的协议来形成联盟，从而让其中一人获胜.

三人博弈对于经济学的重要性，在于其为介于纯粹竞争和纯粹垄断之间的垄断竞争这一困扰经济学思想的问题提供了基本的分析结构. 与其他人的做法不同，冯·诺伊曼和摩根斯坦在他们的整个理论之中整体性地解决了联盟问题. 而进一步的重要意义则在于，如果联盟的性质能够被完全理解的话，当代另外两个重大的相关问题——经济周期和经济政策，也就有望得到更多的理解.

在博弈之中新增一个参与人所带来的复杂性，对于博弈论而言有利有弊(例如，在四人博弈中有可能出现二对二的情况，也可能出现三对一的情况——两种情况都回到了两人博弈问题). 有利的一面在于，新增一名参与人解释了关于联盟的法则，这对于经济学、军事和政治学都是有用的. 与此同时，新增一名参与人也显示了随着博弈参与人数的增多，博弈在数学计算上的复杂性将极大地增加. 即使只是在一个 10 人博弈中，所有参与人也可以以 511 种不同方式被分为彼此对立的两组.

但是，如此众多的联盟组成方式也并不都能成为现实. 工会运动显示了大量的经济个体如何能够组成少数展开策略性思考的单位. 而大数量参与人的问题，也是博弈论作者所要面对的最大挑战. 在现实经济的博弈中，除了大数量的参与人，还有经济环境等动态变化问题. 博弈论不仅不能处理大数量参与人的问题，而且在目前阶段，它还是具有一览无遗的静态性，也就是说，它不考虑动态变化问题. 这两个问题被该理论的反对者提出. 对于该理论的作者而言，这两个问题并不能构成对于该理论的有效否定，而是受限于该理论目前的发展阶段. 如果能够解决动态的和大数量参与人的问题,这套理论将实现进行科学预测的理想目标.理论距离这一目标,还有很长的路要走.

然而,大数量参与人的问题,就其本身而言并不能对数学家构成困扰.物理学中的大气理论,涉及的分子数量之大令人难以想象,正是因为其研究对象的巨大的数量级而使其成为一门确实的科学.这意味着理想的完全竞争也许是一种可以被计算的情况,其中自由参与的企业将处于最为理性的情况:对应着亚当·斯密的隐含假设,即分别追求各自利益的大量个体,在整体上将能够实现所有资源的充分就业.乌托邦的思想,即使以如同斯大林的纸牌游戏那般革命性的方式,也是具有吸引力的.针对目前类型的"垄断竞争",理论需要回答的问题包括企业最大化的利润是否对应着最优的产量,以及是否对应着社会和个体福利的最优水平.如果能够知道是纯粹竞争还是垄断竞争更能带来资源的充分利用,那将是很有意义的.理论尚未给出答案,但这一理论发现了人们而非无生命的自然,在做着决定,并且也研究了这些决定.

博弈论在军事领域的运用,开始于战后早期的反潜战战术研究小组(Anti-Submarine Warfare Operations Research Group,ASWORG,是美国海军现在的战术评估小组(Operations Evaluation Group)的前身),实际上还要略微早于整个理论的出版.该小组中的数学家们手中的,是冯·诺伊曼 1928 年发表的关于扑克牌游戏的论文.他们的成功工作催生了相关理论在如今美国海军和空军中的应用(兰德项目),而这些项目都是军事保密的.不过,我们还是可以对其谈论一二.

大部分的军事问题,都可以被简化为一种与此前介绍过的二人决斗相似的博弈类型:"调度"(Deployment,参见如下文所示醉汉上校的问题)和"搜寻"(Search).二者之中的后一问题与诸如飞机与潜艇之间的战斗有关,最早被 ASWORG 用于集中分析敌方潜艇破坏我方海上运输线时的情况.

醉汉上校的博弈:一个调度问题

"醉汉上校的博弈"是一个军事推演类型的问题,见于凯列班(Caliban)的《周末读书》(*Weekend Problems Book*).此处给出的版本,旨在以图示形式简单说明冯·诺伊曼博弈论的基本思想.稍有耐心的话,即使是门外汉理解起来也不会感到太困难.

为了检验其才能,"醉汉上校"的将军向他提出了这一个问题."醉汉上校"拥有 4 单位的军队,他需要以此来对付 3 单位的敌方军队.在敌我双方之间是一座有着 4 条通道的大山,分别有一个堡垒扼守每一条通道.战争在傍晚爆发,决策将要在翌日早晨完成.决策的基本点在于,在每一条通道中哪一方的军队将取得数量优势.每占领一条通道能够获得 1 分,每战胜 1 单位敌军也能够获得 1 分.在这一博弈的基本形式中,假设敌方第二天一早将其军队部署在何处的决定完全是随机做出的.那么,当"醉汉上校"决定应该如何调度自己的军队时,他已经知道敌方军队共三种可能的部署:在三条通道分别部署 1 单位军队(剩下的一条通道则没有军队);或者在其中一条通道部署 2 单位军队,另一条通道部署 1 单位军队(剩下的两条通道则没有军队);或者将其全部 3 单位军队部署在同一条通道之中(剩下的三条通道则没有军队).

在"二战"之后的普林斯顿大学,两位研究实际军事问题的数学家查尔斯·P. 温莎(Charles P. Winsor)和约翰·W. 杜克(John W. Tukey),花费了大量时间使"醉汉上校"的问题更加贴近现实.他们允许“醉汉上校”的敌军单位之间进行相互沟通,并且采取反制策略.承蒙杜克教授惠允,下图描绘了此时博弈的解(其中横轴表示“醉汉上校”的策略,纵轴表示“醉汉上校”的“得分”(期望收益),三条折线分别对应对手采取三种纯策略的情况).

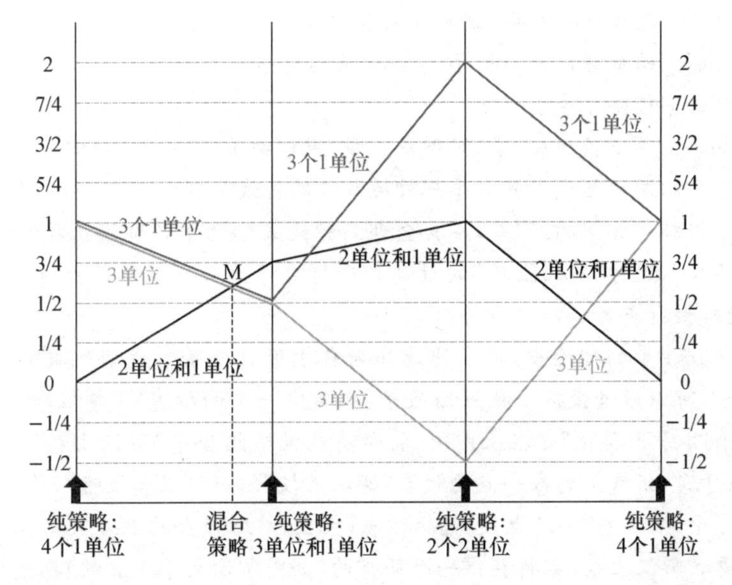

“醉汉上校”共有四种“纯”策略(与“混合”策略相区别):他可以将其全部 4 单位军队部署在其中某一处;或者在其中某一处部署 3 单位,在其中某另一处部署 1 单位;或者在其中两处分别部署 2 单位;或者在每处分别部署 1 单位.为了此处说明的需要,我们将问题进一步地简化,假设不允许“醉汉”将其全部 4 单位军队部署在一处.于是,“醉汉上校”还有三种纯策略——如前所述,他的对手也有三种纯策略.

从上图的最左边开始,首先考虑当对手采取纯策略“2 单位和 1 单位”(分别部署在某两处通道中)时,“醉汉上校”采取纯策略“4 个 1 单位”(分别部署在每一处通道中)的情况.这时,他们在全部 4 个通道之中的相遇情况将是:

1	1	1	1
2	1		

这时在第一条通道中,“醉汉上校”将失去 1 个堡垒和 1 单位的军队,因此一共会丢失 2 分;在第二条通道中,双方陷入僵局;在第三条和第四条通道中,“醉汉上校”将分别占领 1 个堡垒,因此分别得到 1 分.无论“醉汉上校”的对手将军队部署在哪两条通道中,这时的结果都是一样的(当“醉汉上校”及其对手采取其他的策略组合,从而结果不一样时,将通过对所有结果下“醉汉上校”的收益取平均值,得到该种策略组合之下“醉汉上校”的得分).这时“醉汉上校”及其对手各得 2 分:或者说都得到 0 分,任何一方都没有取得任何收益(胜利).在上图中,这对应着当“醉汉上校”采取纯策略“4 个 1 单位”,其对手采取纯策略“2 单位和 1 单位”时的情况(即与对手纯策略“2 单位和 1 单位”相对应的折线与左侧纵轴的交点).

经过同样的简单计算,可以得到当“醉汉上校”仍采取纯策略“4 个 1 单位”,而其对手分别采取纯策略“3个1单位”(分别部署在某三处通道中)和“3单位”(同时部署在某一处通道中)时,“醉汉上校”的期望得分均等于1.

从左向右的第二条纵轴,表示“醉汉上校”采取纯策略“3单位和1单位”(分别部署在某两处通道中).通过计算可得,这时如果其对手采取纯策略“3个1单位”或者“3单位”,那么“醉汉上校”的期望得分均等于1/2;如果其对手采取纯策略“2单位和1单位”,那么“醉汉上校”的期望得分等于3/4.

从左向右的第三条纵轴,表示“醉汉上校”采取纯策略“2单位和2单位”(分别部署在某两处通道中),同样与代表其对手三种纯策略的折线分别相交.从左向右的第四条纵轴,则与第一条纵轴是相同的.于是,在其全部三种纯策略之中,“醉汉上校”的最佳选择是“3单位和1单位”,这时“醉汉上校”的最高期望得分等于2,[①]最低的可能得分等于1/2.但是,他还能够做得更好吗?

在冯·诺伊曼的理论中,更多的选择来自于用混合策略代替纯策略(要实现策略的这种“混合”,可以通过投掷一枚五面骰子,在其中一个面标有“3单位和1单位”,另外四个面均标有“4个1单位”).在上图中,将所有纯策略组合下“醉汉上校”的期望得分以折线段相连(于是,折线上的每一点均代表“醉汉上校”的一种混合策略),所有三条折线同时交于M点.于是,只要“醉汉上校”选择该点(横坐标)所代表的混合策略,那么无论对手选择何种策略,“醉汉上校”都将获得一个同样的(如图所示大于1/2的)期望得分.如果对手采取其最优策略的话,这实际上也就是“醉汉上校”所能够做到的最好选择.该点就是“最小最大值点”——“醉汉上校”所有最低期望得分之中的最高值,和所有最高期望得分之中的最低值.

在经济学中,一个类似的例子是备件的配置(部署)问题.因此,正如杜克教授所观察到的那样,“博弈论…在许多领域都可能具有相当可观的应用价值.”

关于搜寻问题,在一篇发表于《美国数学学会会刊》(*Bulletin of the American Mathematical Society*)(1948年7月)的文章中,时任ASWORG负责人的菲利普·M.摩尔斯(Philip M. Morse)给出了如下描述:

> 在一定的区域之内,一个拥有某种手段可以接触到其目标的观察者,通过移动或者被移动,展开有规律或者无规律的搜寻:目的在于在一定的条件之下,寻求能够实现与观察目标的最有效接触的方式.该问题可以适用于许多情况:接触的方式,可以是目视、雷达或者声呐;观察者实现移动的方式,可以是乘坐飞机或者潜艇;而所谓的“观察者”,也可以是一枚装有近炸引信弹头的制导导弹,其所要实现的“接触”则可能是摧毁目标以及在和平时期地质学方面的应用,等等.
>
> 搜寻问题通常可以被分为若干部分:接触问题——给定观察者和观察目标的相对位置,处理侦测设备的物理性质和与目标实现接触的概率之间的关系;轨道或者模式问题——在给定的条件之下,解决最佳搜寻模式问题;以及战术对策问题——解决当目标

① 此处原文为“这时“醉汉上校”的最高期望得分等于3/4”,疑有误.——译者注

也拥有侦测设备时双方的相互作用问题.对战术对策问题的分析,通常需要冯·诺伊曼的博弈论所提供的工具.在其每一个方面,搜寻问题都与概率论的基本概念和方法有关,前者只是站在一个与传统的概率论距离足够远的角度来进行阐述,从而对其中的一部分概念和方法给出新的见解.

和扑克牌游戏一样,飞机和潜艇之间也可以展开一场两人"博弈".潜艇要穿过一道海峡,海峡的长度决定了其间潜艇必须浮出水面若干次.飞机在海峡上空来回飞行,努力发现上浮时的潜艇.飞机的航程决定了搜寻的距离.飞机应该采取怎样的搜寻模式,潜艇又应该怎样安排下潜和上浮?这类战术和战术对策之间的关系问题,存在于大多数的军事问题中.例如,飞机到底是应该选择海峡最宽的地方来回飞行搜索,从而只能搜索较少个来回;还是应该选择海峡最窄的地方来回飞行搜索,从而搜索较多个来回?如果飞行员确定无疑地选择了其中的一种或另一种方案,并且其方案被泄露给了潜艇指挥官,那么他就永远也无法发现潜艇.博弈论说明,飞行员的问题是要找到一种不怕泄露的策略,同时争取了解潜艇指挥官的计划——如果后者不够谨慎的话.这就需要在选择之中包含一定的随机性.如果两人都是"理性的",他们就应该能够保证彼此执行正确的策略(就像在扑克牌游戏中,当一方偏离正确的虚张声势策略时,其对手所做的那样).在搜寻博弈中,正确的最小最大策略非常复杂——以至于即使是一个简单的示例,如果仅仅用语言的话也表述清楚——但这还只是一个相对简单的军事问题.事实上,博弈论是否可以用数学方法来解决实际的军事问题,这本身就是一个军事机密.

但是,在模型化两架飞机之间空战的两人决斗博弈中,则需要进行推测——当两架飞机不断接近时,如果两架飞机的弹药都有限,飞行员应该随机地决定在接近到何种程度时开火.在这种情况下飞行员不大可能有时间来掷骰子,因此,这时看来需要有一个包含随机组件的机制,来决定这一随机策略.由于求解过程涉及大量的计算,这些计算基于距离与射击精确度之间的函数关系,同时还要考虑飞行速度的影响,因此除了在战斗之前就用计算机求解,几乎看不到有别的可能.在这种情况下,整个过程都将被程序化,甚至可能不再需要飞行员.就其理想状态而言,这是一个数学家的独立宣言.

然而,即使是只需要按动按钮的战争,也不会是理想化的.战争是一场实验,如果所有各方都能够准确衡量彼此实力的话,这场实验通常就不会发生.除非双方力量悬殊,否则要做这样的衡量如同天方夜谭.

即使是这样一种"线性规划"问题——将一个要最大化的具体军事目标与可获得的资源相联系——也只是求解的初步.以美国空军的博弈论应用为例:空军并不总是能够想扔出多少炸弹就扔出多少炸弹,还要考虑整个军事行动的最优化这一背景.那么,在一定的时间内,综合考虑包括物料供应和人员训练的延展性在内的各种限制条件,在彼此关联的许多军事行动中究竟一共应该扔出多少吨炸弹呢?这同样可以被视为一个两人博弈.空军面临的典型问题,通常是要决定一个"最大化"的投弹数量,而这个数量取决于大约 500 个因素.要求解这样一个问题,可能需要数十亿次的计算.与其他一些事情一道,这也正是新型高速计算设备所要做的事.

核弹战略

在国家防御方面,一个严峻问题是无法最大限度地保证一片大陆免受来自载有核弹的火箭攻击. 因为对这些火箭的拦截必须是当其距离攻击目标很远的时候在很短的时间内完成. 并非每枚火箭之中都载有核弹——其中一大部分都只是在虚张声势. 调动全部资源来摧毁每一枚来袭的火箭,所要花费的成本可能会比核弹本身造成的摧毁还要大. 于是再一次地,必须实现这样一种最佳状况:建立一个最优的侦察系统并确定一个最优的拦截数量,使得敌方如果冒险发动进攻,将会面临过高的成本. 战争即是冒险,其现代哲学必然是最小最大化.

在将来的某一天,博弈论或许能够被应用于许多社会领域. 但即使是现在,仅仅作为一种理论,博弈论在说明策略的意义上已经起到了重要的作用.

60 周年纪念版后记*

· *Afterword of Sixtieth-Anniversary Edition* ·

在过去的十年里,普林斯顿大学出版社完成了一件意义非凡的工作——对早期起源于该校的博弈论研究的重要成果进行了整理和再版.新版本设计精美而又引人注目.在《博弈论与经济行为》的六十华诞之际再次出版这部著作,延续着对于博弈论的纪念.自这部著作初版至今,博弈论已经从经济学的边缘发展成为主流理论,经济学理论家和博弈理论家之间的界限几不可见.将 1994 年的诺贝尔经济学奖授予约翰·纳什(John Nash)、约翰·海萨尼(John Harsanyi)和莱因哈特·泽尔滕(Reinhard Selten),不仅是对这三位伟大学者的认可,也是博弈理论作为一门学科的胜利.尽管人们一直试图寻找书中观点的更古老的起源,可是这部著作作为博弈论领域第一部重要著作的事实,已经得到公认——这也证明了这部著作在博弈论发展过程中地位之重要.它奠定了博弈论后半个世纪的研究基调,在那之后,博弈论得以与瓦尔拉斯经济一道,成为经济学的主要范式之一.

博弈理论家在阅读时,不需要再去专门了解这部著作的重要性或者是博弈论的发展过程.在经济学领域之内,很少再有其他著作能够如此受到推崇并具有如此高的影响力.在现代经济学之中,只有很少几个问题受到了如博弈论一般的重视,或者被同等频繁地研究.非专业的读者,如果只是想要对博弈论在这部著作问世以后的发展有所了解,也可以选择阅读一些非常好的介绍性读物.这些读物在写作风格和数学复杂性上各自不同,既有面向业余爱好者的,也有面向经济学、法律、政治学、管理学、数学乃至生物学专业学者的.

那么,还有什么要说的呢?我选择提供对博弈论具有怀疑性的若干见解——总体而言,正是怀疑主义使学术论争这一博弈变得更加有趣.

无论是谁最早提出“博弈论”(game theory)一词,他都不仅是一位数学天才,更是一位公共关系领域的天才.试想,如果把这一理论叫作“关于理性和互动式经济形势下的决策制定的理论”,那么这本著作和整个博弈理论还会如同今天一样地流行吗?“博弈”(game)一词听起来年轻而又亲切.我们每个人都在博弈——棋类游戏、电脑游戏、政治博弈.但是博弈论并不是一个能够帮助我们在博弈中更加成功的魔法箱,博弈论之中鲜有见解能提高一个人的象棋或者扑克牌技巧.这些现实的博弈,在博弈论中只是作为例子方便讲解而出现.

那么博弈论有什么用处吗?关于这一点,在大众出版物中充斥着无稽之谈.然而,博弈理论家的圈子对于博弈论的意义和潜在价值存在着激烈的分歧.有研究者相信,博弈理论的最终

---

* 北京航空航天大学段颀译。

目标,是准确预测人们的策略性行为——即使我们现在还做不到这一点,但只要不断丰富模型参数,并且找到刻画真实博弈参与人考虑因素的更好方法,我们终将实现这一目标.我不确定这种看法的基础何在.大多数的情况都可以用若干不同的方法进行分析,遵循这些方法通常会得到相互矛盾的"预测".更重要的是,在社会科学领域,要想预测人的行为,还必须面对和处理这样一个基本的困难:预测本身也是博弈的一部分,预测者也是博弈的参与人.

另有一些研究者相信,博弈论能够提升现实生活中的人们在策略性互动时的表现.我本人从不认为这一观点有任何令人信服的基础,而学术界对于该观点的偏爱恰好使其更加不能被相信.在关于博弈理论的实验中,策略性行为似乎显著地表现出一些规律性.发现不同社会之中人们行为模式的相似性有时也的确令人高兴.但是,这些规律性真的与博弈论的经典预测有关吗?

其他的研究者(也包括我自己)认为,博弈论的主要目的在于研究人们在互动条件下做决策时所考虑的因素.博弈论旨在探究人们分析推理的模式,并研究这种模式在策略性互动条件下对于决策制定的影响.依照这种观点,博弈论不具有规范意义(normative implications),其在经验上的重要性(empirical significance)也非常有限.博弈论就像是逻辑的姊妹理论——正如逻辑并不能够帮助我们识别一种说法的真假,抑或是判断是非;博弈论也并不能够告诉我们什么样的行为更可取,或者是预测他人的行为.如果博弈论仍然是有用的或者有实际意义的话,这种价值也只是间接地被体现.在任何情况下,只有那些使用博弈理论来提供政策建议的人,需要去考虑证明其有用性的问题——对于那些一开始就质疑博弈论实际意义的人来说,则没有这种负担.

顺便提一句,我时常会好奇:为什么人们会如此痴迷于寻找一般的经济学理论,特别是博弈论的"有用性".我们应该用有用性标准来评价学术研究吗?

博弈论为我们的语言提供了一些新的术语.例如:被广为使用的说法"零和博弈"即源于博弈论的影响,尽管这一说法常常只是被演讲者用来表示他们拥有先进的知识.博弈论也让"囚徒困境"的表述变得流行,这种说法在畅销书和政客那里被广泛使用——然而只为以此来表达一个十分简单的含义,即在一些情况下自利的行为最终将会伤害所有参与人.

我将经济学(乃至一般概念上的整个社会科学)视为一种文化——经济学是思考经济关系问题的人们使用的一系列表达方式、考虑因素、模型和理论的总和.博弈论改变了经济学的文化.大部分现代经济学家在从其对经济条件的假设出发导出结论的过程中,把博弈论视为一种基本的工具.从本质上看,博弈论已经成为一个工具箱,经济学家从中挑选工具来将他们的假设转化为预测.

就个人而言,我不确定博弈论是否能够"让世界变得更好".经济学,特别是博弈论,总体上并不只是对于人们行为的一种描述.当我们在讲授博弈论的时候,可能正在对人们在经济和策略性互动条件下的思考方式和行为方式产生影响.研究和学习经济学中的博弈论,会使人们变得更加工于心计或者自私自利吗?

博弈论的吸引力也来自于其使用的语言.类似于"策略"和"解"这样的用语,并不是作为数学概念的随意命名.这些用语的使用方式是恰当的吗?这并不是一个容易回答的问题,因为我们没有一种客观工具可以用来判断博弈论(或者更加广泛的社会科学)之中正式概念的表述.评价一个正式理论模型和对该模型的解释之间的联系完全依赖于常识.例如,我本人的观点是：博弈论中的关键概念“策略”最常见的用法都难以与其本义“一系列行为的过程”相恰；博弈论对于“解”的概念的使用，可能会使人们产生“博弈论能够解决真实世界中的问题”的预期——而事实上，博弈论中的解不过是用来分析博弈类型的一套准则，博弈论中包含了许多不同的解概念，对于结果不同的解概念产生彼此冲突的预测. 博弈论用语的模糊性问题具有潜在的误导作用——在这些日常用语中的模糊词汇和对于正式概念的误导性表达之间，我们是否已经建立起了恰当的转换？

本书在将经济学转化为数学的法则的实践中具有里程碑意义. 将经济学变得更加数学化，其好处在于为这个可能会被视作模糊的社会科学的学科之中引入了秩序、准确性和客观性. 当然也有不利之处. 对数学的大量使用使得能够理解这些专业资料的人非常有限，有时会使人感到只有少数的“高级神职人员”才能理解和掌握这些资料，剩下的人则怀疑这数学上的复杂性会被用来隐藏因果循环式的假设. 博弈论需要这样高级的数学吗？未来的革命性见解将大部分以数学语言呈现，还是将部分地回归日常的语言？

正是因为博弈论目前的成功，我感到博弈论的理论源泉现今已几近干涸. 博弈论已经是经济学家工具箱中的一个基本工具，但在过去的十年之中，我们几乎没能见到博弈论领域的新思想观点. 因此，现今的时代也在呼唤突破常规，并且能够撼动整个经济学的研究工作，就像 60 年之前这部著作一样. 当然，原创性的思想观点不可能呼之即来. 但是，营造出一种吸引具备宽广教育背景和思想方法，不因循守旧，能够产生创新性思想的人才从事经济学和博弈论研究的氛围，正是学术界之义务. 人们参与博弈的能力取决于若干尚未被博弈理论恰当刻画的能力：例如记忆力，信息处理能力，以及相互协作水平. 如何吸收这些概念，也是博弈论未来要面对的主要挑战之一. 我们是否能够看到新的概念加入纳什均衡及其他均衡概念的队列之中，成为经济学思想的新标杆？

最后，我必须提醒大家注意：这部著作写成于第二次世界大战期间，出版于充斥着失落和悲剧的 1944 年. 这样一种巧合，以及此后一些研究机构出于国家安全的考虑在博弈论发展过程中发挥的作用，使得一些人得出了“博弈即阴谋”的荒诞结论. 我自己也时常感到好奇：在那样一个满是动荡的时代，这样的智力成就是怎样被创造出来的？这也许是因为越是在不稳定的时期，我们越能感觉到理解这个世界的紧迫性. 我们不仅能够作为一个孩子参与到游戏之中，也能够作为一名学者参与到博弈之中，在任何时候我们都应该对此感到庆幸——但我们也应牢记，世界在今天所面对的挑战，和任何博弈矩阵所刻画的情形相比都要复杂得多.

阿莱尔·鲁宾斯坦(Ariel Rubinstein)
特拉维夫大学和纽约大学经济学教授

科学元典丛书

1	天体运行论	[波兰] 哥白尼
2	关于托勒密和哥白尼两大世界体系的对话	[意] 伽利略
3	心血运动论	[英] 威廉·哈维
4	薛定谔讲演录	[奥地利] 薛定谔
5	自然哲学之数学原理	[英] 牛顿
6	牛顿光学	[英] 牛顿
7	惠更斯光论（附《惠更斯评传》）	[荷兰] 惠更斯
8	怀疑的化学家	[英] 波义耳
9	化学哲学新体系	[英] 道尔顿
10	控制论	[美] 维纳
11	海陆的起源	[德] 魏格纳
12	物种起源（增订版）	[英] 达尔文
13	热的解析理论	[法] 傅立叶
14	化学基础论	[法] 拉瓦锡
15	笛卡儿几何	[法] 笛卡儿
16	狭义与广义相对论浅说	[美] 爱因斯坦
17	人类在自然界的位置（全译本）	[英] 赫胥黎
18	基因论	[美] 摩尔根
19	进化论与伦理学（全译本）（附《天演论》）	[英] 赫胥黎
20	从存在到演化	[比利时] 普里戈金
21	地质学原理	[英] 莱伊尔
22	人类的由来及性选择	[英] 达尔文
23	希尔伯特几何基础	[德] 希尔伯特
24	人类和动物的表情	[英] 达尔文
25	条件反射：动物高级神经活动	[俄] 巴甫洛夫
26	电磁通论	[英] 麦克斯韦
27	居里夫人文选	[法] 玛丽·居里
28	计算机与人脑	[美] 冯·诺伊曼
29	人有人的用处——控制论与社会	[美] 维纳
30	李比希文选	[德] 李比希
31	世界的和谐	[德] 开普勒
32	遗传学经典文选	[奥地利] 孟德尔 等
33	德布罗意文选	[法] 德布罗意
34	行为主义	[美] 华生
35	人类与动物心理学讲义	[德] 冯特
36	心理学原理	[美] 詹姆斯
37	大脑两半球机能讲义	[俄] 巴甫洛夫
38	相对论的意义：爱因斯坦在普林斯顿大学的演讲	[美] 爱因斯坦
39	关于两门新科学的对谈	[意] 伽利略
40	玻尔讲演录	[丹麦] 玻尔
41	动物和植物在家养下的变异	[英] 达尔文
42	攀援植物的运动和习性	[英] 达尔文

43 食虫植物 [英] 达尔文
44 宇宙发展史概论 [德] 康德
45 兰科植物的受精 [英] 达尔文
46 星云世界 [美] 哈勃
47 费米讲演录 [美] 费米
48 宇宙体系 [英] 牛顿
49 对称 [德] 外尔
50 植物的运动本领 [英] 达尔文
51 博弈论与经济行为（60 周年纪念版） [美] 冯·诺伊曼 摩根斯坦
52 生命是什么（附《我的世界观》） [奥地利] 薛定谔
53 同种植物的不同花型 [英] 达尔文
54 生命的奇迹 [德] 海克尔
55 阿基米德经典著作集 [古希腊] 阿基米德
56 性心理学、性教育与性道德 [英] 霭理士
57 宇宙之谜 [德] 海克尔
58 植物界异花和自花受精的效果 [英] 达尔文
59 盖伦经典著作选 [古罗马] 盖伦
60 超穷数理论基础（茹尔丹 齐民友 注释） [德] 康托
61 宇宙（第一卷） [德] 亚历山大·洪堡
62 圆锥曲线论 [古希腊] 阿波罗尼奥斯
化学键的本质 [美] 鲍林

科学元典丛书（彩图珍藏版）

自然哲学之数学原理（彩图珍藏版） [英] 牛顿
物种起源（彩图珍藏版）（附《进化论的十大猜想》） [英] 达尔文
狭义与广义相对论浅说（彩图珍藏版） [美] 爱因斯坦
关于两门新科学的对话（彩图珍藏版） [意] 伽利略
海陆的起源（彩图珍藏版） [德] 魏格纳

科学元典丛书（学生版）

1 天体运行论（学生版） [波兰] 哥白尼
2 关于两门新科学的对话（学生版） [意] 伽利略
3 笛卡儿几何（学生版） [法] 笛卡儿
4 自然哲学之数学原理（学生版） [英] 牛顿
5 化学基础论（学生版） [法] 拉瓦锡
6 物种起源（学生版） [英] 达尔文
7 基因论（学生版） [美] 摩尔根
8 居里夫人文选（学生版） [法] 玛丽·居里
9 狭义与广义相对论浅说（学生版） [美] 爱因斯坦
10 海陆的起源（学生版） [德] 魏格纳
11 生命是什么（学生版） [奥地利] 薛定谔
12 化学键的本质（学生版） [美] 鲍林
13 计算机与人脑（学生版） [美] 冯·诺伊曼
14 从存在到演化（学生版） [比利时] 普里戈金
15 九章算术（学生版） （汉）张苍 耿寿昌
16 几何原本（学生版） [古希腊] 欧几里得